Über dieses Buch

Wo sind die Ursprünge und Vorstufen unseres modernen naturwissenschaftlichen Weltbildes zu suchen? Die Frage wurde von der Wissenschaft bisher nur spärlich beantwortet. Zwar beschäftigen sich die historischen Disziplinen mit Religion, Kunst und Politik, doch die Geschichte der Naturwissenschaft findet immer noch zu wenig Berücksichtigung.

Diesem Mangel versucht das vorliegende Buch abzuhelfen. Shmuel Sambursky hat mit den 318 Texten dieses Bandes – ein Teil davon ist hier erstmals ins Deutsche übersetzt – ein Standardwerk vorgelegt, das den Fortschritt des physikalischen Denkens von den Anfängen im antiken Griechenland bis ins 20. Jahrhundert dokumentiert. Es ist überraschend zu sehen, wie geist- und assoziationsreich diese Lektüre ist, wie sich oft Brücken bilden zu erkenntnistheoretischen Themen, wie verwandt sich wissenschaftliche und künstlerische Interpretation sind.

Shmuel Sambursky, selbst jahrzehntelang Physiker an der Universität von Jerusalem und schließlich dort Ordinarius für Geschichte und Philosophie der Wissenschaft, gibt in sachkundigen Einleitungen zu den einzelnen Kapiteln einen Überblick über das physikalische Denken des jeweiligen Zeitalters. So wird das Werk für jeden, der sich mit der Geschichte der Naturwissenschaft auseinandersetzt, zur unentbehrlichen Quellensammlung.

dtv-bibliothek
Literatur · Philosophie · Wissenschaft

Der Weg der Physik
2500 Jahre physikalischen Denkens

Texte von Anaximander bis Pauli

Ausgewählt und eingeleitet von
Shmuel Sambursky

Deutscher Taschenbuch Verlag

Ungekürzte Ausgabe
April 1978
Deutscher Taschenbuch Verlag GmbH & Co. KG, München

ISBN 3-7608-0384-9
Umschlaggestaltung: Celestino Piatti unter Verwendung
eines Modells der Planetenbahnen
Gesamtherstellung: C. H. Beck'sche Buchdruckerei,
Nördlingen
Printed in Germany · ISBN 3-423-06093-X

INHALT

VORWORT

Diese Anthologie soll einem Leserkreis dienen, der an der Geschichte wissenschaftlicher Ideen und der Wechselwirkung von Naturwissenschaft und Philosophie interessiert ist. Historikern und Philosophen kann das Buch von Nutzen sein, sowohl bei eigenen Arbeiten als in ihrer Lehrtätigkeit. Dem Herausgeber scheint es, daß das Studium von Quellen, selbst im Auszug, viel aufschlußreicher und illustrativer ist als die Lektüre ausführlicher entwicklungsgeschichtlicher Darstellungen.

Die Textauswahl in einer solchen Anthologie ist im wesentlichen durch die subjektive Einstellung und wissenschaftliche Auffassung des Herausgebers bestimmt. Diese Willkür ist nicht größer als beispielsweise die, welche der Herausgabe einer Anthologie der Dichtung zugrundeliegt, d.h. man muß sich an irgendwelche Auswahlprinzipien halten, um das Werk auf einen vernünftigen und praktischen Umfang zu beschränken. Um das enorme Material auf den handlichen Rahmen eines einzigen Bandes zu reduzieren und die Anthologie nicht zu einer Enzyklopädie anschwellen zu lassen, hat der Herausgeber Texte ausgewählt, die nur einige Aspekte der vielen Zweige der Physik, Astronomie, Kosmologie und Wissenschaftsphilosophie behandeln (nur wenige Passagen berühren Chemie und Mathematik), welche zur Illustration der Entwicklung des physikalischen Denkens dienen können. Bei alledem umfaßt der hier vorgelegte Stoff kaum die wesentlichsten Themata.

Eine weitere wichtige Erwägung zwang zu einer scharfen Handhabung der Stoffauswahl: technische Einzelheiten, wie mathematische Ableitungen und experimentelle Methodik, mußten in den ausgewählten Texten auf ein Minimum reduziert werden. Diese Beschränkung bezieht sich besonders auf die Abschnitte, die von neueren Entwicklungen handeln, bei denen wissenschaftliche Publikationen für den Laien immer komplizierter und schwerer verständlich werden. Andrerseits jedoch wird diese spezielle Beschränkung durch die Entwicklung einer wissenschaftlichen Literatur nichttechnischen Charakters im Laufe der letzten 150 Jahre wieder ausgeglichen. Von den ersten Jahrzehnten des 19. Jahrhunderts an finden wir in wachsendem Maße zusammenfassende Artikel und retrospektive Übersichten aus der Feder bedeutender Forscher. Hervorragende Naturwissenschaftler haben ihre Entdeckungen und die philosophischen Konsequenzen ihrer Forschungen in Aufsätzen und Büchern dargestellt, die für Leser bestimmt waren, die nicht vom Fach sind. Einige Beispiele dieser relativ jungen Kategorie wissenschaftlichen Schrifttums sind in die beiden letzten Abschnitte dieser Anthologie mit aufgenommen.

Die allgemeine Einleitung soll Lesern, die in Naturwissenschaft und Wissenschaftsgeschichte nur wenig bewandert sind, einige Anhaltspunkte und Aufschlüsse geben. Auch hier hat der enge Rahmen Einschränkungen unvermeidlich gemacht. Einige der zahlreichen Gesichtspunkte sind ausführlicher behandelt, andere nur flüchtig, und manche sind überhaupt nicht erwähnt. Die speziellen Einleitungen zu jedem der sechs Abschnitte der Anthologie handeln in der Hauptsache von den Problemen der entsprechenden Periode, mit besonderer Bezugnahme auf die wiedergegebenen Texte. Wenn man bedenkt, daß dieses Werk die kontinuierliche Aktivität eines wesentlichen Aspekts menschlichen Denkens während einer Zeitspanne von etwa 2500 Jahren (von der Mitte des 6. Jahrhunderts v. Chr. bis zum ersten Drittel des 20. Jahrhunderts) darstellen will, so kann man nicht daran zweifeln, daß selbst ein halbes Dutzend ähnlicher Anthologien des physikalischen Denkens das Thema keineswegs erschöpfen würden.

Dieses Buch hätte die Kontinuität der Naturwissenschaft nicht vollständig widerspiegeln können, wenn nicht mein Freund und Kollege Prof. Shlomo Pines mit Hand angelegt hätte. Mit seiner tiefen Fachkenntnis von Philosophie und wissenschaftlichem Denken des Mittelalters hat er die Textauswahl für den zweiten Abschnitt vorgenommen und die Einleitung dazu geschrieben. Auch an dieser Stelle möchte ich ihm meinen wärmsten Dank für diesen wesentlichen Beitrag aussprechen. Ferner danke ich meiner Frau für ihre unermüdliche Hilfe bei den schwierigen Vorarbeiten zu diesem Werk. Dem Artemis Verlag bin ich für die sorgfältige Ausstattung des Bandes, seinem Verleger Dr. Bruno Mariacher für sein aktives Interesse an dem Buch in allen Stadien seiner Entstehung und seinem Lektor Dr. Martin Müller für seine fruchtbare und kompetente Zusammenarbeit zu großem Dank verpflichtet.

Jerusalem, im Sommer 1975
Shmuel Sambursky

ALLGEMEINE EINLEITUNG

Der Zweck dieser Anthologie

Die vorliegende Anthologie soll vor allem die Entwicklung des physikalischen Denkens als eines Kapitels der Ideengeschichte darstellen, wenn auch eine solche Darstellung notwendigerweise lückenhaft und fragmentarisch bleiben muß. Bei den ausgewählten Texten handelt es sich demnach im wesentlichen um Begriffsbildung und Theorienbildung und erst in zweiter Linie um methodologische Probleme. Hingegen wird die experimentelle Technik nur gelegentlich berührt, und mathematische Formeln oder Ableitungen sind so gut wie ganz weggelassen. Mit anderen Worten: während der prozedurale Aspekt der Naturwissenschaft im Hintergrund bleibt, ist der Hauptakzent auf den konzeptuellen Aspekt gelegt.

Der Leser wird daher ein Bild von der Entwicklung der Physik erhalten, das viel einseitiger ist als das, welches ihm eine der üblichen Quellensammlungen vermittelt. Andrerseits enthält die Anthologie eine ganze Reihe von Texten, welche die Wechselwirkung physikalischer Ideen mit solchen aus anderen gedanklichen Gebieten wie Philosophie und Religion widerspiegeln, wodurch die Rolle betont wird, die das physikalische Denken in der Kulturgeschichte der zweieinhalb Jahrtausende von den Vorsokratikern bis zum ersten Drittel des 20. Jahrhunderts gespielt hat.

Die Stoffauswahl jeder Anthologie – aus dem Gebiet der Wissenschaft nicht weniger als dem der Dichtung – wird immer mit einem gerüttelten Maß von Willkür behaftet sein. Allein die Notwendigkeit, die Fülle des vorhandenen Stoffes auf einen Umfang zu reduzieren, der den eines Bandes nicht übersteigt, zwingt den Herausgeber, die nach bestimmten Gesichtspunkten erfolgte Auswahl so knapp wie möglich zu halten. Die Skala der Prioritäten bleibt in jedem Falle letzten Endes das Resultat einer rein subjektiven Entscheidung.

Fassen wir die Geschichte der Naturwissenschaft als einen Teil der Ideengeschichte auf, so werden wir sie zunächst einmal als einen ununterbrochenen Versuch des Menschen ansehen, zu einem rationalen Erfassen von Naturvorgängen zu gelangen, um darauf ein logisch konsistentes Bild der Natur konstruieren zu können. Der Hauptzweck dieser Anthologie ist, einige Aspekte dieses Ringens um eine solche Vorstellung der Natur als einer

Summe rationalisierbarer Phänomene wiederzugeben. Die Geschichte dieser Versuche ist im großen und ganzen die einer fortschreitenden Erkenntnis, wenn auch dieser akkumulative Fortschritt der Wissenschaft immer wieder von Perioden der Stagnation unterbrochen wurde. Dies wird – so hoffe ich – aus den im Buch zitierten Texten hervorgehen, obwohl sie nur auf wenige Querschnitte der weitverzweigten Struktur des physikalischen Gedankengebäudes beschränkt sind. Es handelt sich hierbei nicht nur um einen Fortschritt von den teils aphoristischen, teils dichterischen Formulierungen der Griechen des 6. Jahrhunderts v. Chr. bis zur Kristallisierung einer systematischen Disziplin, in deren weitreichenden Verzweigungen sich schon die Grundzüge eines einheitlichen Weltbildes erkennen lassen. Man kann darüber hinaus auch von einem konzeptuellen Fortschritt in dem Sinne sprechen, daß die stetige Ausweitung und Vertiefung unseres Weltbildes eine progressive Serie von Darstellungen bildet, die auf eine letzte Realität hin konvergieren, ohne sie jedoch je erreichen zu können.

Ein charakteristischer Zug dieser schrittweisen Annäherung an eine transzendente Außenwelt im Laufe der Vereinheitlichung unseres Weltbildes ist, daß jede erfolgreiche Darstellung in ihrem begrifflichen Rahmen die ältere Theorie unter gewissen Voraussetzungen als eine Approximation enthält. Offensichtliche Beispiele sind die Relativitätstheorie, die sich in den Fällen auf die klassische Mechanik zurückführen läßt, wo es sich um Geschwindigkeiten handelt, die klein sind im Vergleich zur Lichtgeschwindigkeit, und die Quantentheorie, der gegenüber wir die klassische Physik als Approximation ansehen können, wenn es sich um Wirkungen handelt, bei denen das Plancksche Wirkungsquant vernachlässigt werden kann.

Hier darf man nicht in den Irrtum verfallen, den Begriff der Approximation in dem Sinne aufzufassen, daß es sich um eine glatt verlaufende Reihe von Darstellungen der Wirklichkeit handelt, deren jede aus der vorigen durch eine leichte Korrektion ihrer Thesen oder Resultate hervorgeht. Ganz im Gegenteil: sowohl Relativitätstheorie wie Quantentheorie bieten gute Beispiele eines wesentlichen Merkmals der Entwicklung wissenschaftlicher Ideen, nämlich der Tatsache, daß jeder große Fortschritt, den man post factum als eine Darstellung ansehen kann, die in Spezialfällen das vorige Bild auf eine Approximation des neuen reduziert, die Folge einer gedanklichen Revolution war, die mit einer radikalen Revision der epistemologischen und metaphysischen Grundlagen des früheren Weltbildes verknüpft ist. In solchen Wendepunkten offenbart sich am klarsten das wissenschaftliche Denken als schöpferisches Spekulieren, dessen Flug durch experimentelle Evidenz und Vergleich mit der Erfahrung je und je in gewissen Grenzen gehalten wird. In diesen höchsten und häufig unerwarteten Momenten der Konfrontation des menschlichen Geistes mit der physikalischen Welt zeigt sich eine überraschende Verwandtschaft der wissenschaftlichen Denkweise mit jener Inspiration, welche die großen Kunstschöpfungen hervorbringt. In beiden offenbaren sich plötzliche, nicht voraussagbare Einsichten in die Realität, die durch keinerlei Kunstgriffe oder mechanische Vorrichtungen, wie elektronische Rechenmaschinen, erzielt werden können. Aber auch in den Fällen einer begrifflichen Klärung, wo eine Theorie erst nach einem langen Kampf zweier entgegengesetzter Hypothesen siegreich hervorgeht – wie die Geschichte der Theorien des Lichts zeigt –, kann man den Werdeprozeß der Wissenschaft eher als ein Experimentieren mit Ideen ansehen als eine Suche nach empirischen Daten.

Wenn auch – im Gegensatz zur Geschichte religiöser oder philosophischer Ideen – die Geschichte wissenschaftlicher Ideen die eines stetigen Fortschritts ist, so darf man doch nicht übersehen, daß die verschiedenen Phasen dieses Fortschritts, von der Zeit der ionischen Naturphilosophen bis zur Gegenwart, nicht immer den gleichen Schritt eingehalten haben oder im selben Maß von Erfolg gekrönt wurden.

Die Anfänge der Naturwissenschaft in der griechischen Antike und ihre Renaissance in der Neuzeit

Ich werde keinen Versuch machen, eine rationale Erklärung – wenn überhaupt eine solche möglich ist – des explosiven Ereignisses zu geben, das in der Mitte des 6. Jahrhunderts v. Chr. an der Westküste von Kleinasien stattfand und das gewöhnlich mit der Geburt der Naturwissenschaft, wie wir sie heute kennen, assoziiert wird. Die Plötzlichkeit des Überganges vom Mythos zum Logos, gemessen am Maßstab der menschlichen Geschichte, soll uns jedoch nicht die Tatsache vergessen lassen, daß die Transformation mythologischer Konzepte in ihre wissenschaftlichen Gegenstücke einen langsamen Prozeß darstellte. Hier begegnen wir in der Wissenschaftsgeschichte einem der vielen Beispiele für einen allgemeinen Vorgang, der jedem Prozeß der Begriffsbildung eignet. Sobald eine neue Situation als Folge gewisser Entdeckungen auftaucht, erzeugt sie notwendigerweise neue Begriffe, die jedoch weitgehend vom konzeptuellen Rahmen und der Terminologie der vorhergehenden Periode abhängen. Diese Abhängigkeit hat einen dialektischen Charakter: einerseits fördert sie weitere Entwicklungen, indem sie den Wissenschaftlern eine Reihe von Termini und Begriffen an die Hand gibt, die ihnen im Bedarfsfall zur Verfügung stehen; andrerseits kann sie aber zu einer Quelle von Unklarheiten und Vieldeutigkeiten werden, die auf den gedanklichen Fortschritt hemmend wirken. Die Geschichte der modernen Naturwissenschaft wimmelt von solchen Beispielen, jedoch lohnt es sich, auf einen früheren Fall hinzuweisen – die Rolle der Mythologie als Vorläuferin des konzeptuellen Rahmens der griechischen Naturwissenschaft.

Ein wesentlicher Zug der antiken Mythologie in ihrer Konfrontation mit der Natur war die Personifizierung von Dingen, Kräften, Qualitäten und Zuständen. Himmel und Erde, die Winde, der Ozean, Tag und Nacht – sie alle wurden personifiziert, und Götter wurden mit den Elementen identifiziert, in denen sie hausten. Auf diese Weise lieferte die intuitive Phase des Mythos eine ganze Serie von Begriffen für den Gebrauch der konzeptuellen Phase der frühen Wissenschaft. Später jedoch, als eine Differenzierung der Begriffe sich als notwendig erwies, war die alte Terminologie einem weiteren Klärungsprozeß hinderlich; eines von vielen Beispielen ist die Idee der vier Elemente, die sich jahrhundertelang als Folge einer Art von geistigem Beharrungsvermögen am Leben erhielt.

Es ist auch interessant zu sehen, wie die genealogischen Geschichten der griechischen Theogonie intuitiv gewisse Züge der wissenschaftlichen Phase vorwegnahmen, die begann, sobald sich die Kosmogonie von der Theogonie abtrennte und das Problem der Materie in den Vordergrund trat. Ein gutes Beispiel für diesen Vorgang bietet Hesiods Sage von der Zeugung des Okeanos durch Gaia, die Göttin der Erde, und Uranos, den Himmelsgott, eine allegorische Beschreibung der Wechselwirkung der Elemente, die nachher eine so prominente Rolle in den Schriften der vorsokratischen Philosophen spielte. Ähnlich ist die Sage von der Geburt des Tages oder des Lichts aus der Nacht oder Dunkelheit als vorwissenschaftliche Stufe des Problems der Gegensätze und ihrer Wechselwirkung aufzufassen, das einen so wichtigen Platz in der griechischen Wissenschaft – von der Naturphilosophie der Pythagoreer an – einnahm. Es ist durchaus möglich, daß repetitive Phänomene wie der ewige Wechsel von Tag und Nacht und die Drehung des gestirnten Himmels sich seit Urzeiten dem Unterbewußtsein des prähistorischen Menschen eingeprägt haben und zur Entstehung gewisser archetypischer Vorstellungen führten, wie die Idee der Gegensätze, oder die des Kreises als vollkommener Figur, oder die der gleichförmigen Kreisbewegung als der vollkommenen Bewegung par excellence.

Nachdem das Zeitalter der Naturwissenschaft im alten Griechenland das der Mythologie abgelöst hatte, begann der steile Aufstieg einer Entwicklung vom 6. bis zum Ende des 3. Jahrhunderts v. Chr., die sich durch den erstaunlichen Flug wissenschaftlicher Phantasie und die Tiefe des intuitiven Erfassens der wesentlichen Probleme auszeichnete. Die Entdeckung und

Ausarbeitung der wissenschaftlichen Methode zugleich mit den großen Errungenschaften der Griechen in Philosophie, Kunst und Literatur ist und bleibt ein an das Wunderbare grenzendes historisches Phänomen. In diesen wenigen Jahrhunderten – um nur die exakten Wissenschaften zu nennen – entstanden wesentliche Teile der Mathematik, insbesondere der Geometrie, und wurden die Fundamente zu einer mathematischen Astronomie gelegt. An die Ergebnisse dieser Disziplinen knüpfte die Wissenschaft an, als die große Renaissance des 16. Jahrhunderts begann. Jene Pionierepoche der griechischen Antike sah die Entstehung der Grundzüge einer geometrischen Optik und die Entdeckung und Formulierung einer Fülle physikalischer Tatsachen, wie z.B. der Körperlichkeit der Luft, sowie die Evolution des Begriffs eines materiellen Elements. Der Prozeß der Theorienbildung begann an einem Thema von zentraler Bedeutung für die gesamte Naturwissenschaft, nämlich durch die Konzeption und Ausarbeitung zweier gegensätzlicher physikalischer Systeme, der Atomistik und der Kontinuumslehre, die bis in unsere Zeit hinein immer wieder auf verschiedenen Stufen der Erkenntnis diskutiert und analysiert wurden. Bei beiden Systemen geht es um das Wesen der Materie und die Art und Weise physikalischer Wirkungen. Während die Atomlehre von Leukipp, Demokrit und Epikur auf der Partikelvorstellung aufgebaut und mit den Konzepten von Stoß, Anordnung und Form assoziiert war, stand im Mittelpunkt der Kontinuumslehre der Stoiker die Vorstellung vom alldurchdringenden Pneuma, dem wissenschaftlichen Analogon des allgegenwärtigen Gottes, verbunden mit dem Begriff der Spannung und dem Prinzip der Superposition von Zuständen. Diese beiden miteinander rivalisierenden Systeme waren die Vorläufer der jahrhundertelangen Antithese der Begriffe von Korpuskel und Feld, die die Physik beherrschten und erst in der modernen Interpretation der Quantenmechanik vor etwa fünfzig Jahren zu einer Synthese gelangten.

Um den Beginn des 2. Jahrhunderts v. Chr. setzte eine Verlangsamung im Fortschritt des wissenschaftlichen Denkens und der wissenschaftlichen Entdeckungen ein, obwohl einige der größten Wissenschaftler der griechischen Antike, wie Hipparch, Galen und Ptolemaios, der späteren Epoche vom 2. Jahrhundert v. Chr. bis zu den zwei ersten nachchristlichen Jahrhunderten angehören. Das Nachlassen der wissenschaftlichen Spannung während dieser Zeit war ein Vorbote des Niederganges des klassischen Geistes der Wissenschaft, in dessen Gefolge im Mittelalter die Naturforschung aufhörte, eines der zentralen Themen zu sein, die den menschlichen Geist beschäftigten. An ihre Stelle kamen die Theologie und das Problem der Stellung des Menschen in der Welt und seine Beziehung zu den Mitmenschen und zu Gott.

Die neuplatonische Philosophie vom 3. bis zum 6. Jahrhundert unserer Zeitrechnung mit ihrer Betonung der irrationalen Elemente der Realität hatte tiefgehende Einflüsse auf die rein rationalistische Auffassung der Naturwissenschaft, wobei als wesentliche Katalysatoren dieser Entwicklung auch die Konzeptionen orientalischer Religionen dienten. Die Metaphysik der späten Neuplatoniker von Jamblichos an zeichnete sich unter anderem durch höchst bedeutende und originelle Analysen physikalischer Begriffe aus, wie die des Raumes und der Zeit. Andrerseits blieb die konventionelle wissenschaftliche Tradition auch dann noch in manchen dieser Schriften lebendig, wie z.B. in den Werken von Proklos (412–485) über Mathematik und Astronomie und den Schriften des Aristoteleskommentators Johannes Philoponos, dessen physikalische Ideen den Beginn einer neuen Epoche der Wissenschaft um tausend Jahre vorwegnahmen.

Für die ersten christlichen und islamischen Denker bildeten Natur und wissenschaftliche Probleme lediglich sekundäre Themen, die nur in dem Maße zur Sprache kamen, als sie für Probleme der Theologie von Bedeutung waren. Der Umstand, daß die Naturwissenschaft während jener Jahrhunderte überhaupt am Leben blieb, kann auf zwei Hauptmomente zurückgeführt werden: auf die Kontinuität der Tradition griechischen philosophischen und wissenschaftlichen Denkens in Byzanz und auf die islamische Renaissance, die im 9. Jahrhundert ihren Anfang nahm. Eine der Folgen dieser Renaissance war die Einverleibung der aristotelischen Philosophie und ihrer naturwissenschaftlichen Aspekte in die weltanschaulichen Dogmen der drei monotheistischen Religionen. Die Naturwissenschaft des Islam folgte anfangs den Fußstapfen der griechischen Medizin, Alchemie, Optik und Astronomie, entwickelte jedoch nachher originelle Ideen, die sich im wesentlichen an das aristotelische Weltbild anlehnten. Die Scholastiker Westeuropas übernahmen zunächst die Resultate islamischer Forschung und fanden dann den Anschluß an die antiken Quellen. Auf diese Weise wurde die Naturwissenschaft vor dem Verlöschen bewahrt und ihr Fortbestehen im Rahmen der aristotelischen Lehre gesichert.

Während mehr als eines Jahrtausends boten die Versuche einer Rationalisierung der Natur nur ein Zerrbild dar, weil sie im wesentlichen Produkte von Buchgelehrsamkeit waren, welche Doktrinen und Vorstellungen von Natur und physikalischer Welt als ein dogmatisches System behandelten und ausarbeiteten. Für die europäische Christenheit war dieser gesamte Wissensstoff weitgehend ein integraler Teil ihrer Weltanschauung. Als nun im 16. und anfangs des 17. Jahrhunderts die wissenschaftliche Forschung wieder auf dem unmittelbaren Kontakt mit der Natur zu fußen begann, bedeutete diese Wiederentdeckung der Natur als etwas, an das man rationale

Fragen richten muß, wenn man konkrete Antworten erhalten will, keine geringere Revolution als der Übergang vom Mythos zum Logos in der frühen Antike. Während aber im alten Griechenland jener Wendepunkt den Übergang zu einer völlig andersartigen Gruppe von Kategorien involvierte, wobei für Mythologie und Naturwissenschaft der Gegenstand der gleiche blieb – Wind, Wasser, Feuer, die Sterne und ihre Bewegungen –, lagen die Dinge zu Beginn der Neuzeit genau umgekehrt. Die gleiche Summe rationaler Konzepte und der gleiche Rahmen logischen Argumentierens blieben, wenigstens in erster Annäherung, erhalten, während die Hauptschwierigkeit darin bestand, daß der Übergang einen Wechsel der behandelten Themen bedeutete.

Als die Forschung wiederum direkten Zugang zur Natur und ihren Phänomenen fand und der Kontakt mit der Erfahrung erneuert wurde, entwickelte sich die Wissenschaft in demselben schwindelerregenden Tempo wie im 5. und 4. Jahrhundert v. Chr. Vor allem muß hier auf die zentrale Rolle hingewiesen werden, welche die Astronomie in der Entwicklung der physikalischen Wissenschaften gespielt hat. Ein unmittelbar einleuchtender Grund hierfür sind die Periodizitäten der täglichen Himmelsdrehung und der Bewegungen von Sonne, Mond und Planeten; hier hat die Natur dem Menschen einfache Laboratoriumsbedingungen geliefert, die es ihm ermöglichen, dieselben Beobachtungen praktisch beliebig oft zu wiederholen. Immer wieder sah man dieselben Vorgänge und Konstellationen, und Generationen von Beobachtern konnten ihre Ergebnisse immer wieder überprüfen und verbessern. Obwohl die Himmelsbeobachtung mit bloßem Auge schon im Altertum ihre Genauigkeitsgrenze erreicht hatte, blieb doch die Faszination dieser endlosen Periodizität ein wesentlicher Ansporn zur astronomischen Forschung, vielleicht noch machtvoller als die einem praktischen Zweck dienende Kalenderrechnung.

Die weitaus größte Bedeutung der Astronomie für den Beginn der neuzeitlichen Naturwissenschaft lag in dem Umstand, daß das heliozentrische System des Kopernikus den Zugang zu einer neuen Behandlung der Mechanik und Dynamik bahnte. Durch die kopernikanische Lehre wurden ferner die Wissenschaftler des 16. Jahrhunderts vor zwei völlig verschiedene umfassende Theorien oder Weltsysteme gestellt, das alte ptolemäische und das neue des Kopernikus, die beide auf der gleichen Summe bekannter Tatsachen beruhten. Die Vor- und Nachteile der miteinander rivalisierenden Erklärungen konnten daher nur durch philosophische Überlegungen abgewogen werden, durch eine erkenntnistheoretische Analyse, welche die tiefere metaphysische Frage nach dem Wahrheitsgehalt einer Theorie aufrollte. Handelt es sich bei der neuen Lehre um eine bessere Approximation an die reale Außenwelt oder lediglich um eine zweckmäßigere Darstellung und Zusammenfassung der beobachteten Daten? Die neuartige Situation führte zu einer Konzeption, welche die Wechselwirkung von Hypothese und Theorie einerseits und von Beobachtung und Experiment andrerseits zu einem integralen Bestandteil der Wissenschaft machte und ihr rapides Wachstum förderte.

Diese Expansion, die vom 17. Jahrhundert an die Naturwissenschaft als ein autonomes Feld menschlichen Denkens etablierte, übte einen weitgehenden Einfluß auf alle Gebiete des Geisteslebens aus und leitete so einen über die Naturwissenschaften hinausgehenden Transformationsprozeß ein. In den physikalischen Wissenschaften war das Tempo des Fortschritts je nach dem Wissenszweig verschieden. Am auffallendsten war der schnelle Progreß der Mechanik und der Astronomie, obwohl interessanterweise das erste moderne naturwissenschaftliche Werk, das experimentelle Untersuchungen und theoretische Überlegungen kombinierte, den Magnetismus zum Gegenstand hatte. Sein Verfasser war William Gilbert (*De magnete,* 1600), der die von alters her bekannten magnetischen Erscheinungen zum ersten Mal wissenschaftlich behandelte und den Erdmagnetismus entdeckte.

Verschiedene Momente beschleunigten die Entwicklung der Mechanik derart, daß sie alle anderen Disziplinen der Physik überflügelte. Es lag dies zum Teil daran, daß der Ausgangspunkt der Mechanik das Studium der Bewegungen, die Kinematik ist, und daß die Bewegungen der Himmelskörper schon in der Antike von den Astronomen studiert wurden. Nachdem durch Galilei die Schranken fielen, welche die Phänomene des Himmels und der Erde trennten, wurde die Kinematik zu einer Wissenschaft der Bewegung schlechthin, und die hierfür benötigten konzeptuellen und mathematischen Hilfsmittel wurden entsprechend ausgearbeitet. Später, als Newton den Begriff der Kraft als Ursache der Beschleunigung einführte und erfolgreich etablierte, entwickelte sich die Dynamik als das zentrale Thema der Mechanik und schuf so die Grundlage für die Theorie der universellen Gravitation und einen ganzen Komplex von Phänomenen, die einer mechanischen Erklärung oder Beschreibung zugänglich waren. Ein anderer sehr gewichtiger Grund für die führende Stellung der Mechanik ist die Tatsache, daß Zug, Druck und Stoß, oder allgemein jeder direkte Kontakt zwischen zwei Körpern, das konkreteste und anschaulichste Darstellungsmittel zur Erklärung aller möglichen physikalischen Vorgänge bilden. Mit andern Worten: es ist eine grundlegende Tatsache, daß durch mechanische Modelle und Analogien der Mechanismus einer Erscheinung am besten demonstriert und geklärt werden kann.

Die mechanistische Denkweise hatte schon seit der Antike einen prominenten Platz in physikalischen Erklärungen eingenommen, und von Descartes an verstärkte sich diese Tendenz, bis sie sich zu einer mechanistischen Weltanschauung entwickelte. Zweifellos wurzeln die psychologischen Gründe für diese Tendenz in tiefen Schichten, die in der anthropomorphen Welt der Urmenschheit und in der frühen Kindheit zu suchen sind. Die Art und Weise, in der der Mensch zuerst seiner Umwelt gewahr wird, das Tasten und Greifen nach den ihn umgebenden Dingen, ist ja mechanischer Natur, und dieser Kontakt ist früher als das Sehen oder die anderen Sinneswahrnehmungen. Von den Zeiten Anaximanders an wurden mechanische Modelle für die Darstellung der Bewegung der Himmelskörper und insbesondere der Planeten benutzt, später zur Erklärung der Gravitationserscheinungen, des Magnetismus und der Elektrizität und schließlich in Atom- und Molekulartheorien. Die mechanistische Einstellung zu physikalischen Vorgängen war so fest im menschlichen Bewußtsein verankert, daß sogar noch gegen Ende des 19. Jahrhunderts viele bedeutende Physiker der Meinung waren, daß ein überzeugender und schlüssiger Beweis zugunsten einer wissenschaftlichen Theorie erst dann geliefert sei, wenn sie an Hand mechanischer Analogien demonstriert werden könne.

Denjenigen physikalischen Disziplinen, deren Entwicklung zu Beginn des vorigen Jahrhunderts hinter der der Mechanik zurückgeblieben war, kam die fortgeschrittene mathematische Technik dieses ersten Zweiges der Wissenschaft in reichem Maße zugute, wie es sich vor allem an der Elektrostatik und der mechanischen Theorie des Lichts zeigte. Andrerseits bedeutete in konzeptueller Hinsicht die mechanistische Einstellung ein wesentliches Hindernis auf dem weiteren Entwicklungsweg dieser und anderer Zweige der Physik, und ein Wendepunkt in der Geschichte des physikalischen Denkens war es, als Maxwell sich im Jahre 1864 entschloß, in seiner letzten Version der Theorie des Elektromagnetismus auf jede mechanische Verbildlichung zu verzichten. Dieser Schritt war Vorbote eines noch radikaleren Verzichts auf die mechanistische Denkweise, die schon in den frühen Stadien der Quantentheorie an Boden verlor und schließlich mit der Aufstellung der Quantenmechanik durch andere Vorstellungsweisen abgelöst wurde.

Die Quantentheorie und Einsteins spezielle Relativitätstheorie leiteten eine neue Phase intensiver Wechselwirkung von Naturwissenschaft und Philosophie ein. Die Relativitätstheorie begann mit einer epistemologischen Analyse der Grundlagen der Physik, während die Quantentheorie durch eine solche Analyse über einen toten Punkt in ihrer Entwicklung hinwegkam. Diese gründliche Revision fundamentaler physikalischer Annahmen führte zu einer Renaissance der Philosophie der Naturwissenschaft, die nur mit der des 17. Jahrhunderts vergleichbar ist.

Das enge Zusammenwirken von Theorie und Experiment in der auf neue Grundlagen gestellten Physik erreichte bis zum ersten Drittel dieses Jahrhunderts – der für diese Anthologie gesetzte zeitliche Abschluß – einen Höhepunkt, der bisher noch nicht überschritten worden ist. Es mag dies an dem Umstand liegen, daß die Fortschritte der theoretischen Physik mit den Entdeckungen der Experimentalphysik im zweiten Drittel des Jahrhunderts nicht Schritt halten konnten. Die gewaltige Anreicherung der empirischen Daten, welche die Forschung auf den Gebieten der Kernphysik, der Physik der Elementarteilchen und der Astrophysik gezeitigt hat, harrt noch einer umfassenden theoretischen Deutung, ähnlich der, wie sie die Quantenmechanik von 1923 an erzielt hat. Es ist anzunehmen, daß der große (in dieder Anthologie nicht berücksichtigte) Aufschwung der Kosmologie in den letzten Jahrzehnten, zu dem die allgemeine Relativitätstheorie und die astrophysikalische Technik in gleichem Maße beigetragen haben, auf die gesamten physikalischen Wissenschaften einen befruchtenden Einfluß haben wird.

Kontinuität und Diskontinuität im wissenschaftlichen Denken

Die kurze und sehr allgemein gehaltene Übersicht über den Fortschritt des physikalischen Denkens sollte zunächst einmal die Kontinuität der Naturwissenschaft als einer intellektuellen Aktivität im Laufe der Zeiten hervorheben. Nachdem die wissenschaftliche Denkweise von den jonischen Philosophen eingeführt worden war, vertiefte und erweiterte sie sich und eröffnete neue Horizonte, wobei sie sogar die Fährnisse der großen sozialen, politischen und geistigen Wandlungen der Spätantike und des frühen Mittelalters überstehen konnte. Kontinuität, Stetigkeit, ist ein bemerkenswerter Zug in der Entwicklung der Naturwissenschaft, und viele Passagen in dieser Anthologie sind im Hinblick auf diesen Aspekt und seine vielfachen Facetten ausgewählt worden. Insbesondere zeigt er sich auch in der Wiederkehr derselben grundlegenden Ideen, die immer wieder, kraft der inneren Logik wissenschaftlicher Argumentation, auf verschiedenen Niveaus der Erkenntnis und des akkumulierten Wissens von neuem auftauchen. Die gegensätzlichen Begriffe von Partikel und Kontinuum sind natürlich Beispiele, die besonders ins Auge fallen, aber es gibt auch andere, wie z.B. die kontinuierliche Diskussion und Klärung der Prinzipien wissenschaftlicher Forschung im Lichte früherer Erfahrungen, die auf die mögliche Richtung hindeuten, die die zukünftige Entwicklung nehmen kann. Kontinuität kann man auch in den Rekapitulationen erkennen, in welchen verschiedene

Naturwissenschaftler – und manchmal die größten unter ihnen – die Ergebnisse ihrer Vorgänger zusammenfassen oder die Fortschritte der Wissenschaft einer früheren Epoche überblicken, auf denen sie ihre eigenen Untersuchungen oder Theorien basierten. Derartige Ausführungen, in denen Forscher in der Perspektive der Wissenschaftsgeschichte auf die Resultate eines früheren Zeitalters zurückblicken, sind sehr aufschlußreiche Beispiele für die graduelle Klärung von Begriffen und die Kristallisation von Theorien in der kontinuierlichen Kette der wissenschaftlichen Entwicklung.

Der Kontinuität des wissenschaftlichen Denkprozesses überlagert sich ein anderer wesentlicher Aspekt, der nicht immer in seiner vollen Bedeutung unmittelbar erkenntlich ist – sein diskontinuierlicher Charakter, der in dem plötzlichen Auftauchen neuer Ideen, in den «Quantensprüngen» der Einsicht in die physikalische Realität zutage tritt, unter denen die kopernikanische Revolution ein auf der Hand liegendes Beispiel bildet. Andere offenkundige Beispiele solcher blitzartiger Einsichten, die neue historische Situationen schaffen, sind die Entdeckungen neuer Phänomene, das Bewußtwerden der Bedeutung physikalischer Tatsachen, die beobachtet oder durch Experimente aufgedeckt werden. Dazu gehört Newtons Entdeckung, daß natürliches Sonnenlicht in Komponenten verschiedener Brechbarkeit, mit anderen Worten in verschiedene Farben zerlegt werden kann; oder Ørsteds Entdeckung der Ablenkung einer Magnetnadel durch den elektrischen Strom; oder auch Rutherfords Entdeckung, daß einige α-Teilchen bei ihrem Durchgang durch dünne Metallblättchen große Ablenkungen von fast 180° erleiden. Rømers astronomische Messung der endlichen Lichtgeschwindigkeit war eine Entdeckung von fundamentaler Bedeutung, aber die Idee einer möglichen Endlichkeit der Fortpflanzungsgeschwindigkeit des Lichts war vierzig Jahre früher von Galilei antizipiert worden. Auf die Frage der Antizipation und Priorität in der Naturwissenschaft komme ich später zurück.

Zu den Hypothesen oder Theorien, die ein neues Kapitel wissenschaftlichen Denkens eröffneten, muß auch die rein spekulative Doktrin der griechischen Atomisten gezählt werden, das geniale Postulat der Existenz unteilbarer und unveränderlicher Teilchen; desgleichen Newtons Gravitationstheorie, welche dem Kraftbegriff seine universelle Bedeutung verlieh; ferner Carnots Gedankenexperiment mit seiner zyklischen Maschine, das ein völlig neues, später als zweiter Hauptsatz der Thermodynamik formuliertes Forschungsfeld eröffnete, dessen philosophische Bedeutung nicht hinter seiner physikalischen zurücksteht. Es ist fraglich, ob der Satz von der Erhaltung der Energie zu dieser Kategorie gehört, denn hier war der Boden schon während einer geraumen Zeit bereitet, so daß trotz Robert Mayers

Arbeit und Helmholtz' autoritativer und bedeutender Analyse die Formulierung dieses Gesetzes wohl in die Klasse «Kontinuität der Wissenschaft» einzureihen ist. Jedoch muß Plancks Hypothese des Wirkungsquantums zu den großen «Quantensprüngen» in der Geschichte des wissenschaftlichen Denkens gezählt werden, sowie Einsteins Interpretation der Proportionalität von träger und schwerer Masse in seiner allgemeinen Relativitätstheorie und ebenso de Broglies Gedanke, einem materiellen Teilchen eine Frequenz zuzuschreiben. Diese drei Ideen eröffneten eine ganze Welt neuer Konzeptionen und Entdeckungen, ähnlich den Folgen von Maxwells Vergleich eines veränderlichen elektrischen Feldes in einem oszillierenden Stromkreis mit einem elektrischen Strom. Diese Analogie löste eine Entwicklungskette aus, deren letztes Glied die Radiotechnologie war.

Es gibt nur wenige Analogien, die so brillant waren wie die Maxwellsche, und die als Wendepunkte in der Wissenschaftsgeschichte angesehen werden können. Ein Vergleich von ähnlicher Bedeutung, wenn auch ohne jede technische Implikation, wurde beinahe 2500 Jahre früher gemacht, als Anaxagoras die Größe der Sonne mit der des Peloponnes verglich, und dies zu einer Zeit, in der die Sonne als eine der höchsten Gottheiten ihre absolute Herrschaft hielt. Historisch gesehen befreite dieser Ausspruch den Menschen von uralten Hemmungen und brachte ihn schließlich dahin, himmlische und irdische Phänomene als eine physikalische Einheit anzusehen. Obwohl diese Hemmungen erst zu Galileis Zeiten endgültig überwunden wurden, so hat doch Anaxagoras' Einstellung bewußt oder unbewußt die Versuche von Forschern wie Aristarch, Eratosthenes und Poseidonios gefördert, kosmische Dimensionen und Abstände mit Hilfe geometrischer Methoden zu berechnen.

Eine bedeutende methodologische Neuerung, die den Charakter einer Analogie hatte, war die graphische Darstellung der Zeit als einer linearen Dimension, wie sie durch Galilei 1638 eingeführt wurde. Die graphische Darstellung hatte sich allmählich vom späten Mittelalter an entwickelt, und man kann keinen bestimmten Namen mit dieser umwälzenden Methode assoziieren. Die Auffassung der Zeit als einer Koordinate ermöglichte eine ganz neue Denkweise, die veränderliche Größen als zeitabhängige Variable betrachtet, wobei die Zeit die Rolle einer unabhängigen Veränderlichen spielt – eine Denkweise, die uns heute so geläufig ist, daß wir sie als selbstverständlich hinnehmen. Diese Neuerung führte auch zu einer anderen fundamentalen Erfindung, der Infinitesimalrechnung, eines im Zeitalter der Dynamik unentbehrlichen Hilfsmittels. Ohne auf Prioritätsstreitigkeiten einzugehen, wird diese Erfindung immer mit den Namen Newton und Leibniz verknüpft sein.

Das Trägheitsgesetz mit seinen verschiedenen Formulierungen bietet ein gutes Beispiel für die Schwierigkeiten, auf die man trifft, wenn man eine Entdeckung einer bestimmten Persönlichkeit zuschreiben oder sie als einzigartigen oder einmaligen Vorgang in der Ideengeschichte ansehen will. Betrachtet man dieses Gesetz als eines der grundlegenden Gesetze der Mechanik, wie Newton sie formuliert hat, so wäre seine Entdeckung auf das Jahr 1687 anzusetzen, in dem die *Principia* publiziert wurden. In diesem Falle wären Descartes' und zum Teil auch Galileis Beiträge zu dem Problem lediglich als Antizipationen Newtons anzusehen, womit man aber sicherlich Galilei nicht gerecht wird, dessen Mechanik das Fundament bildete, auf dem zumindest das Newtonsche Trägheitsprinzip ruht. Andrerseits kann man die Priorität nicht Galilei zuschreiben; das hieße die umfassendere und allgemeinere (kurz nach Galilei aufgestellte) Formulierung Descartes' ignorieren, deren Begründung uns allerdings heute weniger wissenschaftlich erscheint als die Galileis. Zu dem ganzen Problem ist ferner noch folgendes zu bemerken: Sehen wir das Trägheitsprinzip von einem generellen Blickpunkt aus an, indem wir irgend einen bestimmten Bewegungszustand dem Zustand der Ruhe gleichsetzen, wenn nur diese Bewegung eine anharrende und geometrisch gleichförmige ist, so muß man Philoponos (im 6. Jahrhundert n. Chr.) als Vater dieses Prinzips betrachten, der die gleichförmige Kreisbewegung des Himmels mit dem Zustand der Ruhe identifizierte: «Das andauernde Verharren in demselben Bewegungszustand ist Ruhe.» Es ist wohl richtiger, all diese Formulierungen, die aus den Zeiten vor Newton datieren, nicht als Vorläufer des Trägheitsgesetzes anzusehen, sondern eher als verschiedene Versionen dieses Prinzips, die zu verschiedenen Zeiten und in verschiedenen Zusammenhängen formuliert wurden, jedoch alle den wesentlichen Kern des Gedankens treffen.

Im Laufe der langen Wachstumsgeschichte der Naturwissenschaft hat es allerdings nicht an echten Antizipationen späterer Gedanken durch Wissenschaftler gefehlt, welche die wesentlichen Punkte eines wichtigen Problems erfaßt hatten und ihm eine Formulierung gaben, die den Lauf der Dinge schon zu einem früheren Zeitpunkt hätte ändern können. In diesen Fällen fehlte das günstige geistige Klima, die Resonanz des zeitgenössischen Denkens und eine entsprechende positive Reaktion, die einen ganzen Komplex von Ideen hätte auslösen müssen, die mit dem betreffenden Problem assoziiert sind. Mit anderen Worten: etwas muß schon «in der Luft liegen», damit ein neuer Gedanke allgemein akzeptiert werden kann und so von der Hauptströmung der intellektuellen Entwicklung weitergetragen wird. Wenn eine Idee in diesem Sinne Einlaß gefunden hat, so stellt es sich häufig heraus, daß sie von mehreren Denkern ganz unabhängig voneinander ausgesprochen wurde, während verfrühte Vorwegnahmen von Ideen gewöhnlich isolierte Äußerungen ohne jedes Echo waren. Diese Anthologie bringt eine Reihe von Beispielen für solche Antizipationen, wie etwa Aristoteles' Ausspruch, daß die Dinge im Laufe der Zeit von selber zerbröckeln, aber nicht von selber besser werden – eine erste Erkenntnis des einseitigen Ablaufs der Zeit, die dann im Entropiesatz ihren wissenschaftlichen Ausdruck gefunden hat. Ähnlich ging es mit Philoponos' Betonung der Einheit von Himmel und Erde, die Galilei um 1100 Jahre vorwegnahm. Daniel Bernoullis Erklärung des Gasdrucks, an einem Diagramm illustriert, antizipierte die kinetische Gastheorie um ein Jahrhundert. Prouts Artikel, in dem er darauf hinwies, daß die Atomgewichte der Elemente möglicherweise ganze Vielfache des Gewichts von Wasserstoff sein könnten, erschien hundert Jahre vor der Entdeckung des Protons. Schließlich seien Mendelejews Ausführungen erwähnt, in denen er davon spricht, daß die Mängel der Proutschen Hypothese eventuell auf die Äquivalenz von Masse und Energie zurückgeführt werden können. Obwohl seine Formulierung naturgemäß nicht so prägnant sein konnte, wie sie fünfzig Jahre später von Einstein gegeben wurde, so war dies doch eine bemerkenswerte Antizipation seiner Resultate vom Jahre 1905 und Astons Entdeckung des Packungseffekts in Atomkernen vom Jahre 1920.

Die Entwicklung von wissenschaftlicher Sprache und wissenschaftlichem Stil ist einer der Aspekte der Entwicklung der Naturwissenschaft, die sich in dieser Anthologie widerspiegeln sollen. Klarheit des Ausdrucks, wenn es um die Erklärung von Entdeckungen und Theorien geht, kann sich notwendigerweise nur langsam entwickeln, zugleich mit dem allmählichen Reifen und Kristallisieren der Ideen selbst. Eine spätere Generation, die mit den früheren Ergebnissen vertraut ist und sich an sie gewöhnt hat, kann sie häufig klarer und eleganter darstellen als die Urheber der Idee. Jedoch gerade das Ringen um neuformulierte Konzepte, diese Schwierigkeiten, einem neuen Gedanken Ausdruck zu geben oder eine neue Entdeckung zu erklären, sind gute Illustrationen des Werdeprozesses der Wissenschaft. Selbstverständlich ist Klarheit des Stils auch eine weitgehend von der Person des Autors abhängige Eigenschaft. Bekanntlich besteht keine Korrelation zwischen Forschungsvermögen und Lehrvermögen, und manche der brillantesten Forscher zählen zu den schlechtesten Lehrern. Wenn aber diese beiden Begabungen sich zufällig in ein und derselben Person zusammenfinden, so kann diese Kombination zu einer Quelle höchsten intellektuellen Genusses werden. Eine Anthologie, die lediglich von dem Gesichtspunkt ausgewählt wäre, beste wissenschaftliche Prosa wiederzugeben, würde ganz anders aussehen als die vorliegende, aber selbst dann würden die Schriften eines Galilei oder eines Laplace als außergewöhnliche Leistungen glänzen. Im Gegensatz hierzu sind die wissenschaftlichen Veröffentlichungen mancher bedeutender Autoren des 19. Jahrhunderts häufig enttäuschend, weil ihr Stil oft flach und zu prosaisch ist. Aber es gab auch Ausnahmen, und gerade viele populäre Darstellungen aus den letzten hundert Jahren, die nicht in diese Anthologie aufgenommen werden konnten, zeichnen sich durch ihren glänzenden Stil aus, darunter einige von Maxwells und Boltzmanns Artikeln und die Schriften von Einstein und Eddington.

Leitprinzipien in den physikalischen Wissenschaften: strukturale und dynamische Betrachtungsweise

Nunmehr möchte ich einen Überblick über die Geschichte des physikalischen Denkens vom Gesichtspunkt der verschiedenen Zugangsmöglichkeiten zum Verständnis der Natur geben, wie sie sich im Laufe der Zeit entwickelten und zusammen ein Bild teils entgegengesetzter, teils einander ergänzender Anschauungsweisen ergeben. Eine solche Gegensätzlichkeit ist die von der Idee der Natur, die nach Plan und Endzweck handelt, und der Auffassung einer rein mechanischen Notwendigkeit, die den Vorgängen der physikalischen Welt zugrundeliegt. Die erstere, die teleologische Auffassung, war die in der griechischen Antike vorherrschende, die insbesondere in den Schriften von Aristoteles und seiner Schule zum Ausdruck kam; die letztere, die mechanistische oder kausale Einstellung, spielte eine wichtige Rolle während kürzerer Perioden des Altertums, in der vorsokratischen und in der hellenistischen Zeit, konnte sich jedoch dem teleologischen Standpunkt gegenüber nicht behaupten. In der Neuzeit hingegen gewann sie immer mehr an Boden – zumindest in den physikalischen Disziplinen – und blieb, abgesehen von kurzlebigen Ausnahmen in den Arbeiten von Leibniz und Maupertuis, die herrschende Anschauung vom 18. Jahrhundert an.

Andeutungen der Idee eines Endzwecks in der Natur finden sich beim Vorsokratiker Diogenes von Apollonia, der davon spricht, daß viele Erscheinungen, wie z.B. die Folge der Jahreszeiten, von der bestmöglichen Einrichtung aller Dinge zeugen. Ähnlich läßt Platons allegorische Beschreibung der Erschaffung der Welt durch den Demiurgen, das Hauptthema des «Timaios», seines Dialoges über die Naturwissenschaften, entschieden die Deutung zu, daß hier die Idee des Universums als das Produkt eines nach einem Plane handelnden Geistes ihren Ausdruck findet. Jedoch die Auffassung der Welt als einer Summe von Vorgängen, die einem Ziele zustreben und deren jeder im Hinblick auf den ihm folgenden stattfindet, die Teleologie also, war die Schöpfung von Aristoteles. Er entwickelte aus ihr ein System der physikalischen Welt, das für nahezu zwei Jahrtausende das dominierende Weltbild war, bis es schließlich zu Beginn des 17. Jahrhunderts, im wesentlichen durch die Arbeiten von Galilei und Descartes, zu Fall gebracht wurde. Die klarste und treffendste Formulierung der Teleologie wurde von Aristoteles selber gegeben, als er die Natur mit einem schöpferischen Künstler verglich, einem Architekten, der ein Haus nach einem wohlentworfenen Plan baut.

Aristoteles' Vergleich ist insofern sehr lehrreich, als er die Beziehung der Teleologie zu einer anderen Grundeinstellung zur Natur aufdeckt, die man als die strukturale Betrachtungsweise bezeichnen kann. Diese, im Gegensatz zur dynamischen Betrachtungsweise, in der Kräfte und daraus resultierende Bewegungen die Hauptrolle spielen, sieht die Natur vor allem als eine wohlgeordnete Einheit an, als eine Struktur, deren Teile auf das Ganze und aufeinander nach einem bestimmten Plan bezogen sind. Die strukturale Auffassung des Universums ist nicht notwendig mit der teleologischen verquickt; sie existierte schon vor dem Auftauchen der Teleologie und ist während der letzten hundert Jahre, lange nachdem die Teleologie aus den physikalischen Wissenschaften verbannt wurde, in zunehmendem Maße die in ihnen herrschende geworden. Es ist jedoch einleuchtend, daß die Betonung der strukturalen Aspekte der Natur leicht den Gedanken eines Meisterplanes, eines großzügigen Entwurfs aufkommen ließ, dessen Durchführung schließlich zur Verwirklichung einer Weltstruktur führen muß, analog der Beziehung zwischen Architekt und Bauplan.

Die strukturale Konzeption des Universums war das Fundament der gesamten pythagoreischen Naturphilosophie. Sie ist unmittelbar an der grundlegenden Doktrin dieser Schule zu erkennen, daß die Zahl das essentielle Element der physikalischen Realität sei und daß es Zahlen und numerische Beziehungen und nicht materielle Substrate sind, die uns die Fundamente dieser Realität offenbaren. Die große Entdeckung der Pythagoreer, daß musikalische Harmonien in einfachen Zahlenverhältnissen ausdrückbar sind, wurde durch eine naheliegende Analogie verallgemeinert, und diese Überlegungen bildeten die Basis für eine Erklärung aller Vorgänge und Gegebenheiten im Universum unter dem Gesichtspunkt von Harmonie und Zahl.

Es war jedoch ein anderer pythagoreischer Begriff, der mehr noch als der Zahlbegriff zur Entwicklung einer strukturalen Naturauffassung führte, und zwar die Idee des Universums als eines Wirkungsfeldes von Gegensatzpaaren wie gerade – ungerade, Licht – Dunkel, Wärme – Kälte, Ruhe – Bewegung. Die Schau der Welt als einer Summe solcher Polaritäten war die elementarste Form ihrer Schau als einer Gegebenheit strukturaler Differenzierungen. Diese Konzeption tritt besonders in einigen der frühen Kosmogonien hervor, z.B. der des Anaximander, nach der die Erschaffung der Welt mit der Ausscheidung der Gegensätze von Wärme und Kälte aus dem unbegrenzten und unbestimmten Substrat begann.

Die Annahme von Polaritäten oder allgemeiner von strukturalen Grundzügen ist typisch für die pythagoreische Auffassung von der Gestalt oder der Form der Dinge sowie von der Art und Weise ihres Ablaufs. Das Vorhandensein einer Struktur, sei es als einer Summe von Polaritäten oder als eines differenzierten Ganzen, involvierte das Vorhandensein einer Bewegung, deren Tendenz ist, jene Polaritäten oder Spannungen zu beseitigen, die ein Ausdruck dieser Differenzierungen sind. Struktur und Dynamik bedingen sich demnach gegenseitig, und der wesentliche Unterschied zwischen der strukturalen und dynamischen Konzeption des Universums lag daher in der Betonung einer der beiden Auffassungen. Im Zeitalter Newtons, als die dynamische Auffassung die vorherrschende war, betrachtete man Potentialdifferenzen oder Feldgradienten als Ursachen der Veränderung von Bewegung; die Theorien der Elektrizität und des Magnetismus jedoch führten wieder Polaritäten ein, in der Form entgegengesetzter elektrischer Ladungen und entgegengesetzter Magnetpole.

Platon übernahm die strukturale Auffassung der pythagoreischen Schule und legte sie seiner Naturphilosophie zugrunde, in der er die Harmonie mit der Weltseele identifizierte; die Neuplatoniker setzten diese Tradition fort, und die Harmonie war eines der Fundamente, auf denen ihre Idee der Natur ruhte. Da die Einstellung der griechischen Antike zur Natur eine wesentlich biologische war und aus den Quellen der platonischen Tradition schöpfte, die das Universum als ein lebendes Wesen ansah, stellte der Kosmos der alten Griechen eine hochentwickelte organische Struktur dar, deren Harmonie in der kontinuierlichen Wechselwirkung und dem Ineinandergreifen aller Teile und des Ganzen bestand. Eine Erweiterung und Verallgemeinerung dieser Auffassung war der Begriff der Sympathie, in dem der Glaube an den gegenseitigen Einfluß aller, selbst der entferntesten Teile des Universums seinen prägnanten Ausdruck fand. In der Spätantike verschmolz die Idee der universellen Sympathie mit den mystischen Tendenzen des Neuplatonismus, und der religiöse Glaube an die wesentliche Einheit und Harmonie der Welt hatte seine Verzweigungen und Ausläufer in den mystischen und kosmologischen Doktrinen des Mittelalters. Zu Beginn der Neuzeit übte diese neuplatonische Auffassung des Universums als eines vollkommen harmonischen Ganzen einen tiefen Einfluß auf Kepler aus, dessen astronomische Beobachtungen und drei Gesetze zwar wesentliche Beiträge zu den Grundlagen der modernen Naturwissenschaft sind, der jedoch in seiner strukturalen Einstellung zur Natur und in seinen mystischen Neigungen ein ausgesprochener Pythagoreer und Platoniker war.

Keplers Weltanschauung war die letzte wichtige Manifestation der strukturalen Auffassung des Universums für nahezu dreihundert Jahre. Sein Zeitgenosse Galilei leitete das Zeitalter der dynamischen Konzeption ein, das man auch als das Newtonsche Zeitalter bezeichnen kann und dessen Niedergang mit einer Erneuerung der strukturalen Einstellung auf einem höheren Niveau zusammenfiel, dem der Quantenphysik. Bevor ich jedoch an die Übersicht dieser neuen Entwicklung gehe, möchte ich auf die Antike zurückkommen und kurz die Physik von Aristoteles besprechen, dessen Naturauffassung zugleich eine strukturale und eine teleologische war. Aristoteles lehnte zwar die Philosophie der Harmonie in der Form ab, wie sie von Pythagoras und Platon entwickelt war, aber sein physikalisches System hatte einen ausgesprochen strukturalen Charakter und ist auch aus dem Grunde von überragender Bedeutung, weil es die Weltanschauung des Mittelalters und des Beginns der Neuzeit bis zu Galilei beherrschte. Ein wesentlicher Aspekt der strukturalen Eigenheit der aristotelischen Kosmologie ist die Dichotomie von Himmel und Erde, die Zweiteilung der geschlossenen Welt in eine himmlische und eine sublunare Region. Die himmlische Region enthält die konzentrischen, aus Äther bestehenden Sphären und die an sie gehefteten Sterne, deren Kreisbewegungen ewig sind. In der sublunaren Region befinden sich die aus den vier Elementen Feuer, Luft, Wasser und Erde zusammengesetzten Körper, die entweder ruhen oder deren Bahnen je nach der Bewegungsursache entweder geradlinig oder unregelmäßig sind. Die Kinematik dieser Region ist eine unmittelbare Konsequenz von Aristoteles' Theorie der natürlichen Bewegung, nach der jeder Körper, sei er «schwer» oder «leicht», sich auf seinen natürlichen Ort hin bewegt und dort bleibt, wenn er nicht aus seinem Ruhezustand durch eine «erzwungene» Bewegung entfernt wird. Aristoteles' dynamische Doktrin ist ein integraler Teil seiner Teleologie, die mit den von ihm geprägten Begriffen der Potentialität und Aktualität eng verknüpft ist. So z. B. strebt ein schwerer Körper, der sich nicht an seinem natürlichen Ort befindet, danach, von seinem Zustand potentieller Schwere in den der aktuellen Schwere überzugehen, und daher fällt er nach unten. Man kann demnach die natürliche Bewegung als eine solche ansehen, die der Aktualisierung eines natürlichen Zustandes zustrebt, ähnlich der Entwicklung des Samens eines Baumes zum Baum, die man als eine Bewegung vom Zustand des potentiellen in den des aktuellen Baumes betrachten kann. Beide Fälle sind typische Beispiele für die teleologische Naturphilosophie des Aristoteles.

Die dynamische Konzeption findet sich in der Antike zuerst in der physikalischen Lehre der Stoiker, im Zeitalter des Hellenismus. Auch sie, gleich ihren Vorgängern, schrieben dem Kosmos eine organische Struktur zu, ähnlich der eines Lebewesens, aber sie sahen diese Struktur als ein Kontinuum an, das von inhärenten Kräften durchdrungen und beherrscht wird, welche die Kohärenz des ganzen Weltbaus und die Bewegung seiner Teile bewirken. Diese Kräfte wurden ebenfalls als kontinuierlich angenommen, ihre Quelle war das alldurchdringende Pneuma, eine Mischung von Feuer und Luft, dessen Spannungen alle physikalischen Vorgänge bestimmen. Historisch gesehen kann man das Pneuma als einen Vorläufer des modernen Kraftfeldes betrachten, des zentralen Begriffs der Physik von Faraday und Maxwell. Die nicht-mathematische Kontinuumslehre der Stoiker blieb naturgemäß eine rein qualitative Antizipation der Feldtheorie, die jedoch auf das physikalische Denken des 17. und 18. Jahrhunderts einen tiefen Einfluß ausübte, insbesondere auf die modernen Ideen des physikalischen Kontinuums und die Ätherhypothesen, die in jener Epoche gang und gäbe waren.

Die dynamische Auffassung der Neuzeit wurde durch Newton begründet, obwohl Galileis Untersuchungen über die Beschleunigung frei fallender Körper den Weg hierzu bereiteten. Galileis Erforschung eines speziellen kinematischen Phänomens bedeutete zugleich eine Absage an Keplers strukturale Konzeption sowie an die sehr ins Allgemeine gehenden kosmologischen Theorien der Antike. Seine in jeder Hinsicht bemerkenswerten Arbeiten tragen alle den Stempel moderner Forschung. Statt die Schwerebeschleunigung durch Beobachtung eines frei fallenden Körpers zu messen, wobei er mit den ihm zur Verfügung stehenden Mitteln keine auch nur annähernd genauen Resultate hätte erhalten können, berechnete er diese Beschleunigung aus den Geschwindigkeiten von Kugeln, die eine schiefe Ebene hinabrollen. Er erhöhte die Meßgenauigkeit durch systematische Wiederholung seiner Beobachtungen, wobei er eine ausführliche Beschreibung der benutzten Geräte und der experimentellen Anordnung gab. Galileis graphische Darstellung der Zeit als linearer Koordinate gab den Anstoß zur modernen Auffassung der Zeit als einer unabhängigen Variablen, ohne die keine Darstellung einer physikalischen Veränderung als Funktion der Zeit denkbar ist. Seine klare Definition der Geschwindigkeit und der Beschleunigung und ihre Übertragung in die Sprache der Mathematik waren die ersten Beispiele einer exakten Formulierung mathematisch-physikalischer Begriffe. Man kann Galileis Arbeiten über die Mechanik in dreifacher Hinsicht als einen Wendepunkt in der Geschichte der Physik bezeichnen: Mit ihnen begann die moderne Experimentalwissenschaft, sie begründeten die Auffassung, daß Fortschritte in der Naturwissenschaft vor allem auf dem Wege der Spezialisierung der Forschung erzielt werden, und sie leiteten das Zeitalter der Newtonschen Dynamik ein.

Ein anderer Wendepunkt, der zeitlich ungefähr mit dem von Galilei herbeigeführten zusammenfiel, war die mechanistische Konzeption von Descartes, deren Konsequenzen in bezug auf das Weltbild der darauf folgenden Jahrhunderte noch weitgehender waren als seine großen mathematischen Leistungen. Als Physiker war Descartes von kleinerer Statur als Galilei; seine Naturphilosophie jedoch war von höchster Bedeutung, indem sie die teleologische Auffassung von Aristoteles demolierte. Descartes' Wirbeltheorie, mit der er unter anderem die Planetenbewegungen zu erklären versuchte, seine mechanische Interpretation der Lichtbrechung und sein mechanistischer Zugang zu biologischen Phänomenen, wenn sie auch alle durch spätere Theorien widerlegt wurden, übten insofern den größten Einfluß auf das moderne wissenschaftliche Denken aus, als sie die naturwissenschaftliche Erklärung auf rein kausale Überlegungen und mechanische Analogien beschränkten. Hier ist «mechanisch» im Sinne von «nichtteleologisch» zu verstehen, denn der springende Punkt hierbei ist, daß von Descartes an teleologische Tendenzen aus dem physikalischen Weltbild verbannt wurden, abgesehen von der schon vorher erwähnten kurzen, aber wichtigen Episode im 18. Jahrhundert. Descartes versuchte seine Auffassung von der Materie als reiner Ausdehnung auf das physikalische Weltbild als Ganzes anzuwenden, aber sein Programm einer Geometrisierung der Physik schlug fehl. Erst Newton gelang es, physikalische Begriffe systematisch zu mathematisieren und die Mathematik zu einem integralen Teil der physikalischen Forschungsmethode zu machen.

Newton und das Zeitalter der klassischen Physik

Newton war bei weitem der prominenteste unter der erstaunlich großen Zahl bedeutender Naturwissenschaftler des 17. Jahrhunderts; ja, man kann sagen, daß er einer der größten Physiker aller Zeiten war, und seine «Mathematischen Prinzipien der Physik» (1687) sind ein Markstein in der gesamten Wissenschaftsgeschichte. Dies Werk, sowie seine «Optik» (1704), sind in vielfacher Hinsicht höchst bemerkenswerte Leistungen, von denen einiges weiterhin näher besprochen werden soll. In diesem Zusammenhang aber möchte ich zunächst einmal betonen, daß die «Principia» fast alle konzeptuellen Hilfsmittel zur Ausarbeitung einer dynamischen Auffassung der physikalischen Welt geschaffen haben. Die Begriffe der Beschleunigung, Kraft und Masse, zusammen mit dem Trägheitssatz, dem Kraftgesetz und dem Satz von der Gleichheit von Wirkung und Gegenwirkung enthalten alle wesentlichen Voraussetzungen für die Weiterentwicklung der Physik bis in das 19. Jahrhundert hinein. Ferner war in der Infinitesimalrechnung, die Newton und Leibniz unabhängig voneinander erfanden, das mathematische Instrument für die Erforschung einer Fülle von Erscheinungen geschaffen, die der konzeptuellen Analyse der Dynamik zugänglich sind. Man kann einen bekannten Ausspruch von Whitehead paraphrasieren und sagen, daß die gesamte Mechanik des 18. Jahrhunderts im Grunde genommen nur eine Randbemerkung zu Newtons «Principia» war, denn ihr wesentlicher Fortschritt in jenem Jahrhundert bestand nicht so sehr in konzeptuellen als in technischen Neuerungen. So wurden z. B. Differentialgleichungen anstelle schwerfälliger geometrischer Methoden eingeführt, während die wichtigen in diesem Zeitabschnitt präzisierten Begriffe von Impuls, Drehimpuls, Arbeit, potentieller und kinetischer Energie vor allem als Hilfsmittel zur Formulierung allgemeiner Prinzipien dienten, von denen die Newtonschen Gesetze in einer fruchtbareren und eleganteren Form abgeleitet werden konnten.

Die historische Bedeutung der «Principia» geht jedoch weit darüber hinaus. In diesem Werk wurde der erste ernsthafte Versuch gemacht, die Mechanik, und insbesondere die Dynamik, als eine systematische wissenschaftliche Disziplin zu entwickeln, die mit Definitionen und Axiomen beginnt und deren Fortsetzung Lehrsätze und allgemeine Schlußfolgerungen bilden, wobei von der Gesamtsumme des theoretischen und experimentellen Wissensschatzes Gebrauch gemacht wurde, welcher der Physik des 17. Jahrhunderts zur Verfügung stand. Dieser Versuch implizierte auch die metaphysischen Voraussetzungen, auf welche sich die Newtonsche Physik gründete, so z. B. die Begriffe des absoluten Raumes und der absoluten Zeit, die erst in Einsteins Relativitätstheorie umgestürzt wurden. Die «Principia» enthielten auch die Newtonsche Gravitationstheorie als wichtigste Anwendung seiner Grundgesetze, mittels der auch die Planetenbewegungen, die Kometenbahnen und die Gezeiten der Meere erklärt wurden.

Die Tatsache, daß die mathematische Theorie der Gravitation exakte Voraussagen in der Astronomie möglich machte, hatte einen überragenden Einfluß auf das Weltbild des 18. und 19. Jahrhunderts, vor allem dadurch, daß sie die Grundlagen schuf, auf denen sich eine deterministische Naturauffassung aufbaute. Durch eine kühne Verallgemeinerung der Errungenschaften der Astronomie gelangten Wissenschaftler wie Laplace zu dem

Schluß, daß Newtons Methode eine Voraussage aller Ereignisse im gesamten Gebiet der Naturerscheinungen ermöglichen werde. Dieser Determinismus lehnte sich weitgehend an das mechanistische Weltbild an, welches das Universum mit einem Uhrwerk vergleicht, und für viele Wissenschaftler bedeutete die Möglichkeit, eine Hypothese mittels mechanischer Modelle zu beschreiben, eine wesentliche Stütze für ihren Wahrheitsgehalt. Man darf jedoch nicht übersehen, daß Newtons Gravitationstheorie schließlich akzeptiert wurde, obwohl Newton selbst von jeder mechanischen Erklärung der Gravitationsanziehung Abstand nahm, wie sie etwa Descartes in seiner von Newton widerlegten Wirbeltheorie des Äthers versucht hatte. Immerhin ist es bezeichnend, daß Newton selber während seines langen Lebens die Suche nach einer derartigen Erklärung nicht aufgab und unter anderem versuchte, ein Äthermodell zu konstruieren, dessen Dichtegradienten sowohl die Gravitation als verschiedene optische Phänomene erklären sollten. Von Descartes' mechanischer Ätherhypothese an bis in die zweite Hälfte des 19. Jahrhunderts hinein haben Physiker immer wieder nach mechanischen Modellen zur Erklärung der Gravitation, der Elektrizität und des Magnetismus gesucht. Auch heute noch wird von mechanischen Analogien Gebrauch gemacht; seitdem Maxwell jedoch auf jede mechanische Erklärung des Elektromagnetismus verzichtet hatte, sieht man in solchen Modellen nur Notbehelfe und temporäre Aushilfsmittel, aber keine bildlichen Darstellungen der physikalischen Außenwelt.

Auch Newtons Optik hatte beträchtliche Auswirkungen auf das wissenschaftliche und philosophische Denken. Seine Entdeckung des Spektrums als eines Resultats der Lichtbrechung im Prisma und seine Definition einer bestimmten Farbe durch eine Zahl, welche die Brechbarkeit des damit verbundenen Lichtstrahls ausdrückt, schufen das objektive konzeptuelle Gegenstück zur subjektiven Farbempfindung, wie sie Locke in seiner Theorie der sekundären Qualitäten entwickelt hatte.

Nach der Publikation der «Principia» vergingen noch ungefähr 150 Jahre, bis die Newtonsche Mechanik in dem Maße ausgearbeitet und mit den entsprechenden mathematischen Hilfsmitteln versehen war, daß sie sich als die erste mathematisch und konzeptuell konsistente Disziplin der physikalischen Wissenschaften kristallisieren konnte. Sobald dies geschehen war, diente sie als Vorbild für die Ausarbeitung der anderen Zweige der Physik, die sich gegen Ende des 18. Jahrhunderts noch in einem embryonalen Zustand befanden. Nachdem Newtons großer Zeitgenosse, der holländische Physiker Huygens, einige wichtige Probleme der Mechanik behandelt hatte, trugen mehrere der ersten Wissenschaftler des 18. Jahrhunderts zur Klärung und Formulierung der Prinzipien der Mechanik bei, darunter Leibniz, d'Alembert, die Bernoullis, Euler, Laplace und Lagrange, und schließlich, zu Beginn des 19. Jahrhunderts, Hamilton, der ihnen die endgültige mathematische Fassung gab.

Die Entdeckung eines dieser Prinzipien, des Prinzips der kleinsten Wirkung, und die Interpretation, die ihm gegeben wurde, führte zum Wiederaufflackern einer Diskussion, die mit Descartes' mechanistischer Einstellung zu den Naturphänomenen ein Ende genommen zu haben schien. Schon in der Mitte des 17. Jahrhunderts hatte Fermat sich auf den alten griechischen Satz berufen «Die Natur macht nichts vergebens», als er den Satz aufstellte, daß ein Lichtstrahl zwischen zwei gegebenen Punkten immer den Weg nimmt, der die kürzeste Zeit dauert. Leibniz im Jahre 1712 und ein paar Jahrzehnte nach ihm Maupertuis sahen das Prinzip der kleinsten Wirkung als den wahren Ausdruck für das Wirken der Natur an und stellten die Behauptung auf, daß dieses Prinzip sich nicht von einer mechanischen Notwendigkeit und einer effektiven Ursache herleite, sondern von einem höheren Zweck und einer finalen Ursache. Leibniz insbesondere betonte, daß jede Ableitung der Bewegungsgesetze nach rein mechanischen Gesichtspunkten, die das planende Walten einer Vorsehung nicht mit einschließen, unvollständig bleiben müsse. Kurz – die Teleologie als Antithese der mechanischen Kausalität erstand zu neuem Leben in einer für die Fundierung der Mechanik entscheidenden Periode. Vom Gesichtspunkt der Ideengeschichte ist diese Renaissance von nicht unbeträchtlichem Interesse, denn das Prinzip der kleinsten Wirkung in der Formulierung, die ihm Hamilton gegeben hat, stellte sich als das anpassungsfähigste und fruchtbarste aller allgemeinen Prinzipien der Physik heraus und war auch höchst erfolgreich in seinen Anwendungen auf nicht-mechanische Phänomene, in der Thermodynamik, dem Elektromagnetismus und der Quantentheorie.

Die teleologische Interpretation des Prinzips der kleinsten Wirkung beruht auf der Voraussetzung, daß ein physikalisches System sich von einem gegebenen Punkt aus auf ein gegebenes Ziel hin bewegt. Das Prinzip besagt, daß unter allen möglichen Wegen, die diese beiden Punkte verbinden, der tatsächlich beschriebene Weg die Eigenschaft hat, die Wirkung des Systems (d.h. die Summe der Produkte der involvierten Massen, Strecken und Geschwindigkeiten) zu einem Minimum zu machen. Die Physiker des 19. Jahrhunderts lehnten es jedoch ab, die besondere Rolle des Prinzips der kleinsten Wirkung mit der metaphysischen Idee eines in der Natur waltenden Endzwecks zu verbinden, und hielten vielmehr an dem Descartesschen Standpunkt fest, daß die Naturwissenschaft sich mit einer mechanischen oder kausalen Erklärungsweise begnügen könne und müsse. Trotz alledem sollte man eine Bemerkung Plancks nicht außer acht lassen, die von ihm im Vortrag «Religion und Naturwissenschaft» (Leipzig, 1937, S. 25) mehr als 200 Jahre nach Leibniz gemacht worden ist. Er stellt zwar fest, daß es sich beim Prinzip der kleinsten Wirkung «lediglich um eine der Form nach verschiedene, sachlich jedoch vollkommen gleichberechtigte Betrachtungsweise» handelt, wie sie auf physikalischer Kausalität basierte Prinzipien ausdrücken; zugleich aber betont Planck, «daß die theoretisch-physikalische Forschung in ihrer historischen Entwicklung auffallenderweise zu einer Formulierung der physikalischen Ursächlichkeit geführt hat, welche einen ausgesprochen teleologischen Charakter besitzt».

Das Wiederaufflackern der Kontroverse über Endzweck und mechanische Notwendigkeit war nur ein kurzes Zwischenspiel in der modernen Wissenschaftsgeschichte. Der Gegensatz von strukturaler und dynamischer Naturauffassung jedoch zog sich bis in das 20. Jahrhundert hinein, wie noch weiterhin ausgeführt werden wird. Hier aber sei noch ein anderer grundlegender philosophischer Gegensatz besprochen, den das wissenschaftliche Denken in einem langen Prozeß allmählich zu einer Synthese heranreifen ließ, nämlich den Gegensatz zwischen Empirismus und Rationalismus. Im Hinblick auf die Anfänge dieser beiden rivalisierenden philosophischen Systeme ist vielleicht die Bemerkung am Platz, daß ein neuer Gesichtspunkt sich nicht selten mit einem gewissen Maß von Übertreibung einführt. Während die Empiriker behaupteten, daß der Verstand des Menschen bei seiner Geburt einem leeren Blatt gleiche, das von den Sinneswahrnehmungen erst allmählich beschrieben werde, erklärten die Rationalisten, daß der Mensch schon seine ersten Erfahrungen durch das Medium eingeborener, dem Verstand von vornherein eingeprägter Ideen mache, und daß es nur der Verstand sei, der eine sichere Garantie des Wahrheitsgehalts von Aussagen über die Außenwelt gewähre.

Francis Bacon, der, obwohl selber kein ausübender Naturwissenschaftler, viele bedeutende Forscher des 17. Jahrhunderts durch seine Philosophie beeinflußte, lehnte die spekulative Einstellung zur Natur und die rein deduktive Argumentation der mittelalterlichen Scholastiker entschieden ab und betonte als erster in der Neuzeit die Notwendigkeit von Beobachtung und Experiment als Unterlagen jeder wissenschaftlichen Forschung. Besonders verdienstvoll war auch seine an die Wissenschaftler gerichtete Warnung vor verschiedenen Vorurteilen, oder «Trugbildern» in seiner Terminologie, die dazu angetan sind, den Weg zu einem echten wissenschaftlichen Verstehen zu versperren oder einer objektiven Beurteilung der Dinge hinderlich zu sein. Das Vertrauen hingegen, das er in die induktive Methode als den wesentlichen Kern der wissenschaftlichen Prozedur setzte, war zweifellos übertrieben. Ein näheres Studium der jahrhundertelangen Diskussion des Problems der Induktion führt zu dem unvermeidlichen Resultat, daß man hier zu keiner einigermaßen befriedigenden Lösung kommen kann, ohne sich irgendeiner Annahme nicht-empirischer Natur zu bedienen, wie z. B. der Hypothese einer allen Naturphänomenen inhärenten Regularität – ein ausgesprochen metaphysisches Postulat.

Descartes war der erste moderne Vorkämpfer des Rationalismus, der These, daß nicht die Sinneswahrnehmung, sondern der Verstand die einzige sichere Grundlage sei, auf der die Erkenntnis der Außenwelt beruhe. Er betonte, daß jede echte Wahrnehmung eines Gegenstandes ihren Ursprung nicht in den Sinnesorganen allein habe und daß wir vielmehr erst dann zur Vorstellung eines Objekts als einer wirklichen Gegebenheit gelangen könnten, nachdem alle Wahrnehmungsdaten durch das kritische Vermögen unseres Verstandes integriert seien, durch das die von unseren Sinnen vermittelten, zufälligen und unzusammenhängenden Informationen miteinander verbunden würden. Seine feste Überzeugung von der Überlegenheit des Verstandes gegenüber den Sinnen brachte Descartes, einen der größten Geometer aller Zeiten, zu dem Schluß, daß die deduktive Methode das eigentliche Rückgrat der Wissenschaft sei und daß Naturforschung, wie jede andere Wissenschaft, nur *more geometrico* betrieben werden muß. Mit anderen Worten: wir müssen gewisse Wahrheiten voraussetzen, die unser Verstand als absolut sicher erkannt hat, und dann mit Hilfe der unumstößlichen Prinzipien logischer Deduktion zum Beweis weiterer Wahrheiten vorgehen.

Die einander entgegengesetzten philosophischen Lehren des Empirismus und Rationalismus wurden durch die Entwicklung der exakten Wissenschaften im Laufe der letzten dreihundert Jahre zu einer Synthese gebracht, die man als das Produkt der wissenschaftlichen Methodik ansehen kann. Überblickt man insbesondere die Geschichte der Physik seit Galilei und Newton, so zeigt es sich, daß die Bildung von Theorien mit der Aufstellung von Hypothesen beginnt, sobald sich ein Minimum empirischer Daten angesammelt hat. Der nächste Schritt besteht dann in der Ableitung der aus der aufgestellten Hypothese folgenden Konsequenzen, die als Sätze oder faktische Behauptungen formuliert werden, deren Wahrheitsgehalt durch Vergleich mit der Erfahrung geprüft werden kann. Theorie und Experiment stehen somit in dauernder Wechselwirkung und stützen sich gegenseitig, wobei die Frage, wer von beiden zuerst kam, irrelevant ist. Es ist aber vielleicht nicht überflüssig, darauf hinzuweisen, daß diese Synthese nicht als eine Verschmelzung zweier «reiner» Komponenten beschrieben werden kann, sogenannter «reiner» Tatsachen und «reiner» Begriffe. Man muß nämlich bedenken, daß im Verlauf des langen Prozesses, in dem «faktische» und «konzeptuelle» Elemente in eine höhere Einheit aufgehen, die «reinen», unmittelbar von der Sinneswahrnehmung sich herleitenden Tatsachen allmählich von «Tatsachen höherer Ordnung» abgelöst werden, die dann die Funktion der faktischen Elemente übernehmen. Diese Tatsachen höherer Ordnung begreifen in sich sowohl die stillschweigende Voraussetzung einfacher Tatsachen als auch einer wachsenden Zahl theoretischer Elemente. Andrerseits entfernen sich die konzeptuellen Komponenten immer mehr von den elementaren Abstraktionen, welche die allgemein akzeptierte Begriffswelt des «gesunden Menschenverstands» ausmachen, und gehen in wissenschaftliche Konstruktionen über, welche die Resultate rein theoretischer Überlegungen mit der Hinnahme von Tatsachen höherer Ordnung kombinieren. Man kann demnach den ideengeschichtlichen Aspekt der modernen Naturwissenschaft kurz folgendermaßen formulieren: Die Synthese faktischer und konzeptueller Komponenten der wissenschaftlichen Erkenntnis entstand als das Resultat einer langen, graduellen Entwicklung, in deren Verlauf jede dieser Komponenten selber sich in das Produkt einer Synthese faktischer und theoretischer Elemente verwandelt hatte.

Von Beginn des 19. Jahrhunderts an tritt die allmähliche Entfaltung eines einheitlichen physikalischen Weltbildes immer deutlicher in Erscheinung. Dieses Bild enthält sowohl beobachtbare Tatsachen als wissenschaftliche Konstruktionen, die beide als gleichberechtigte Elemente der physikalischen Realität angesehen werden müssen, vor allem wenn man daran denkt, daß wissenschaftliche Beobachtungen und theoretische Deduktionen auch in anderen Gebieten als dem der Mechanik sich gegenseitig zu stützen und zu bestätigen begannen. Optik, Elektrizität, Magnetismus und Wärmevorgänge entwickelten sich in relativ kurzer Zeit zu konsistenten und systematischen Gebieten der Physik. Über diese Erfolge hinaus wurde es immer klarer, daß mehrere dieser Teilgebiete der Realität miteinander verquickt sind. So verband sich die Lehre von den Wärmeerscheinungen mit der Mechanik zur Thermodynamik, die Theorien der Elektrizität und des Magnetismus verschmolzen zum Elektromagnetismus, und wesentliche Eigenschaften des Lichts fanden ihre Erklärung im Rahmen der Theorie elektromagnetischer Phänomene. Man kann mit Recht schon die Tatsache dieser sukzessiven Verschmelzung von Teilbildern in ein Bild von zunehmend allgemeiner Gültigkeit als eine Bestätigung der synthetischen Methode der physikalischen Wissenschaften betrachten und in ihr eine Verifizierung der Prinzipien sehen, auf denen diese Wissenschaften fundiert sind. Aus demselben Grunde wurde es auch immer unwahrscheinlicher, daß eines der wesentlichen Gesetze der Physik widerlegt werden könne, ohne daß diese Widerlegung nicht auch alle anderen Gesetze in Mitleidenschaft ziehen würde. In der Tat kann man die moderne Naturwissenschaft mit einem Gebäude vergleichen, das baufällig wird, wenn man auch nur einen seiner Ecksteine beseitigt.

Im Zusammenhang damit sei daran erinnert, daß dieser Prozeß der Vereinheitlichung und Konsolidierung in bedeutendem Maße durch die wachsende Mathematisierung der Physik gefördert wurde, denn eine geglückte mathematische Formulierung kann innere logische Zusammenhänge aufdecken und ihre Darstellung in einer vorher unbekannten Form ermöglichen. Während in der griechischen Antike und später bis zum Ende des 17. Jahrhunderts Geometrie und Proportionenlehre die einzigen mathematischen Hilfsmittel der Naturwissenschaft waren, führte die Entdeckung der Infinitesimalrechnung und ihrer vielfachen mathematischen Anwendungen zu einer enormen Bereicherung der Mathematik und ihrer Etablierung als der Sprache der Physik, die ihren deduktiven Überlegungen am besten angepaßt ist. Differentialgleichungen, die Variationsrechnung und andere Zweige der höheren Mathematik, die im 18. und 19. Jahrhundert entwikkelt wurden, bildeten das Rückgrat der mathematischen Physik. Mathematische Ableitungen und Analogien ergänzten in wachsendem Maße die bildlichen Analogien mechanischer Modelle und verdrängten sie schließlich. Selbstverständlich war Faradays intuitives Erfassen des Kraftfeldes von ungeheuerer Bedeutung; in ihm erstanden der dynamische Kontinuumsbegriff der Stoiker und die Ätherhypothesen des 17. Jahrhunderts zu neuem Leben, jedoch mit einer Präzision und Tiefe der Konzeption, die die jener Lehren bei weitem übertraf. Aber erst dank der mathematischen Sprache von Maxwells Gleichungen erhielt die Idee des elektromagnetischen Feldes mit allen ihren Implikationen und Konsequenzen ihre endgültige Fassung, und auch vielen anderen Gebieten des physikalischen Denkens wurde der Stempel des modernen Kontinuumbegriffs aufgeprägt. So fand Einstein in seiner speziellen Relativitätstheorie eine mathematische Bestätigung für den Zusammenhang von Energie und Impuls in seiner neuen Mechanik durch den Umstand, daß derselbe Zusammenhang auch für das elektromagnetische Feld Maxwells gilt. Ein weiteres Beispiel für die Bedeutung der Mathematik als Sprache der Physik ist der Satz von der Äquivalenz von Masse und Energie, wohl das wichtigste Resultat der speziellen Relativitätstheorie. Dieser Satz erhielt seine feste Fundierung in jener mathematischen Darstellung, die mit soviel Klarheit und Eleganz durch Hermann Minkowski gegeben wurde.

Das 19. Jahrhundert auf dem Wege zu einem einheitlichen Weltbild

Die Bedeutung des Anteils der Physik und Chemie des 19. Jahrhunderts an der Vereinheitlichung des physikalischen Weltbildes kann schwerlich überschätzt werden. Es trugen dazu bei sowohl die stetig wachsende Genauigkeit und Sophistikation der Experimentaltechnik wie auch in nicht geringem Maße die Bildung von Begriffen, die den Prozeß der Quantifikation beschleunigten, in deren Gefolge Hypothesen aufgestellt wurden, welche diese Begriffe in einem weiteren Rahmen von entsprechenden Theorien miteinander verbanden. Dies bewirkte in der zweiten Hälfte des 18. Jahrhunderts eine rapide Umwandlung mehrerer rückständiger Wissenschaftszweige in zusammenhängende Disziplinen, die so das Niveau erreichten, auf das die klassische Mechanik schon Jahrzehnte vorher gelangt war. Die chemische Forschung wurde vor allem durch Lavoisier auf eine streng wissenschaftliche Grundlage gestellt; seine Experimente, die sich durch ihre Exaktheit und Gewandtheit auszeichneten, insbesondere durch die Sorgfalt, mit der er die analytische Waage benutzte, leiteten das Zeitalter der modernen Chemie ein. Unter anderem versetzte er dem Begriff des Phlogistons den Todesstoß, jenem mysteriösen Stoff, dem man ein negatives Gewicht zuschrieb und der eine merkwürdige Ähnlichkeit mit den Elementen aufwies, die nach Aristoteles eine «absolute Leichtheit» haben sollten. Lavoisier und die Generation seiner zeitgenössischen Chemiker ebneten den Weg für Daltons wissenschaftliche Neubelebung der spekulativen atomistischen Doktrin von Demokrit und Epikur. Es entstand ein Begriff des chemischen Elements, der quantitativ definiert und weiterentwickelt werden konnte, und man begann, zwischen einem Atom, der kleinsten chemisch nicht zerlegbaren Einheit eines Elements, und einem Molekül zu unterscheiden, also der kleinsten Einheit einer nicht elementaren Substanz, die aus einer bestimmten chemisch zerlegbaren Kombination von Atomen besteht. Als es sich im Laufe der Entwicklung der organischen Chemie herausstellte, daß verschiedene Moleküle, welche dieselbe Kombination von Atomen aufweisen, völlig verschiedene Eigenschaften besitzen, führte dies zur Entdekkung der Molekularstruktur und damit zu einem neuen Aufschwung der strukturalen Naturauffassung. Anfangs war diese auf die chemische Forschung beschränkt, aber nachher ging sie auf das Gebiet der Physik mit der Entdeckung des Atombaus, der Kernstruktur und schließlich der Physik der Elementarteilchen über. Diese letzten Stadien gehören aber ins 20. Jahrhundert, und man kann sagen, daß die Physik unseres Jahrhunderts dadurch charakterisiert ist, daß sie die Synthese einer dynamischen und strukturalen Konzeption der physikalischen Phänomene darstellt. Denn die moderne strukturale Erklärung basiert auf der Erforschung der dynamischen Manifestationen verschiedener Strukturen und bedient sich ihrer weitgehend in ihrer Methodik.

Ein völlig neues Merkmal der modernen strukturalen Auffassung der Materie, das in früheren Stadien der Naturforschung fehlte, ist die Idee der Periodizität. Mit der wachsenden Zahl der neuentdeckten chemischen Elemente wurde das Atomgewicht, d.h. das Gewicht eines Atoms relativ zu dem leichtesten Element, dem Wasserstoff, zu derjenigen charakteristischen Eigenschaft eines Elements, die sich am leichtesten quantifizieren und klassifizieren ließ. Lavoisier kannte schon 23 verschiedene Elemente, im ersten Drittel des 19. Jahrhunderts wuchs ihre Zahl auf über 50, im zweiten Drittel waren schon mehr als 60 bekannt, und zu Beginn unseres Jahrhunderts waren 92 Elemente klassifiziert. Hier sah sich die Chemie von jener besorgniserregenden Vervielfältigung grundlegender Wesenheiten bedroht, welche die Wissenschaftler zu allen Zeiten zu vermeiden suchten. Dieser gefährlichen Tendenz wurde durch eine Entwicklung Einhalt getan, deren erster Schritt Mendelejews Entdeckung des periodischen Systems der Elemente (1869) war, die fast gleichzeitig und unabhängig von ihm auch von Lothar Meyer gemacht wurde. Mendelejew fand, daß wenn die Elemente nach ihren Atomgewichten angeordnet werden, ihre physikalischen und chemischen Eigenschaften sich durch auffallende Periodizitäten auszeichnen. Geschieht diese Anordnung derart, daß die Elemente in horizontalen Reihen stehen, die an bestimmten Stellen abbrechen, so befinden sich Elemente mit ähnlichen Eigenschaften in derselben vertikalen Spalte. Der Aufstellung dieses Gesetzes folgte eine Reihe ähnlicher Entdeckungen, welche die Struktur des Atoms und seine Periodizitäten klarlegten, so z.B. die schalenförmige Anordnung seiner Elektronenhülle, und später die Einzelheiten der Kernstruktur. Durch diese Serie von Entdeckungen ging der Begriff der Periodizität aus dem Gebiet der Chemie in das umfassendere der Physik über. Indem es den Physikern gelang, diese Strukturen in ihre Bestandteile zu zerlegen, konnten sie die Vielfalt der Elemente aus einer kleinen Zahl fundamentaler Gegebenheiten ableiten. Der Erfolg dieser Reduktion gibt Anlaß zur Hoffnung, daß die strukturale Konzeption es auch in Zukunft ermöglichen wird, des Problems der Vervielfältigung der Wesenheiten Herr zu werden, das gegenwärtig der Theorie der Elementarteilchen zu schaffen macht.

Die Quantifikation der Elektrizität entwickelte sich beinahe gleichzeitig mit derjenigen der Chemie. Anstelle des nebelhaften Begriffs eines «elektrischen Fluidums», der das 18. Jahrhundert beherrschte, trat der Begriff der elektrischen Ladung, und die formale Analogie des Gesetzes der elektrischen

Anziehung und Abstoßung einerseits und der Gravitationsanziehung andrerseits erleichterte und förderte die Aufstellung einer mathematischen Theorie der Elektrostatik, dem ersten in sich geschlossenen Kapitel der mathematischen Physik nach der klassischen Mechanik.

In der Entwicklungsgeschichte des 19. Jahrhunderts machen sich zwei verschiedene, voneinander so gut wie unabhängige Tendenzen bemerkbar. Die eine ist die Evolution des modernen Begriffs des physikalischen Kontinuums, der von Faradays Feldtheorie und Maxwells elektromagnetischen Gleichungen bis zur Gravitationstheorie Einsteins in unserem Jahrhundert führte. Die andere ist der Partikelbegriff und alle mit ihm verknüpften Entdeckungen der strukturalen Grundzüge der Materie, welche Schlag auf Schlag aufeinander folgten, nachdem es sich herausgestellt hatte, daß Eigenschaften wie die chemische Affinität eng mit elektrischen Phänomenen zusammenhängen. Faradays Gesetze der Elektrolyse zeigten, daß die Materie aus elektrisch geladenen Teilchen aufgebaut ist, obwohl sie in ihrer Erscheinung als Ganzes elektrisch neutral auftritt. Ein halbes Jahrhundert später führten eine wesentlich verbesserte Vakuumtechnik und die Benutzung elektrischer und magnetischer Felder beim Studium bewegter Ladungen zur endgültigen Etablierung der Realität des Elektrons und der positiven Ionen einschließlich des einfachsten, des Wasserstoffkerns oder Protons. Die kinetische Gastheorie und die statistische Mechanik vervollständigten ein Bild der korpuskularen Struktur der Materie, das auf den Konzeptionen der klassischen Mechanik beruhte.

Es vergingen jedoch Jahrzehnte, ehe die Existenz der Atome als eine Tatsache hingenommen wurde; die meisten Physiker sahen sie lediglich als eine Konstruktion an, als ein bequemes Aushilfsmittel oder nützliches Produkt wissenschaftlicher Phantasie. Diese Abneigung, die Atome als Gegebenheiten anzuerkennen, deren Realitätsgehalt in keiner Weise hinter dem sichtbarer Dinge zurücksteht, ist von beträchtlichem historischen Interesse, denn hier haben wir es mit einem der wesentlichen Aspekte des Positivismus zu tun, in dessen Bann das wissenschaftliche Denken des 19. Jahrhunderts stand. Positivistische Tendenzen gehörten schon vorher zu den charakteristischen Merkmalen der Wissenschaft, von der Zeit an, da sie sich von der Vormundschaft der institutionalen Religion emanzipiert hatte und sich als ein autonomes Betätigungsfeld des menschlichen Geistes etablierte. Eines der wesentlichen Kennzeichen dieses Loslösungsprozesses bestand darin, daß die Notwendigkeit betont wurde, eine scharfe Demarkationslinie zwischen Glauben und Wissen zu ziehen, was vor allem in den energischen Bemühungen zutagetrat, die Wissenschaft von metaphysischen Elementen zu säubern. Die deutsche Naturphilosophie, eine Frucht der romantischen Bewegung um das Ende des 18. Jahrhunderts, gab dieser Tendenz neue und nicht unbeträchtliche Antriebe. Hier sei insbesondere an die Schriften von Schelling und seiner Schüler erinnert, in denen neuplatonische Ideen wiederbelebt wurden, zu denen auch kosmologische Spekulationen und allumfassende Doktrinen vom Bau der Natur als einem harmonischen Ganzen gehörten. Die Reaktion hierauf war ein ganz entschiedener Widerstand der Wissenschaftler vom Fach, die in dieser Periode die Früchte der systematischen und ins Einzelne gehenden Anwendung von Theorie und Experiment in allen wissenschaftlichen Forschungsgebieten reifen sahen. Dieser Widerstand wurde noch bestärkt, als im Gefolge der naturphilosophischen Doktrinen Männer vom Range Goethes und Schopenhauers ihre scharfen Angriffe auf Newtons Physik und insbesondere seine Optik richteten. Hegels «Encyclopädie der philosophischen Wissenschaften» (1817), in der er Physik und Biologie als einen integralen Bestandteil seiner dialektischen Philosophie behandelte, trug zu einer weiteren Vergrößerung des Antagonismus zwischen Naturwissenschaft und Philosophie bei, obwohl in seiner Darstellung der Mechanik sich manche brillanten und originellen Ideen finden, die allerdings erst in der Perspektive von heute voll gewürdigt werden können.

Es dürfte vielleicht genügen, zwei hervorstechende Beispiele für die Reaktion der Fachleute auf die verschiedenen naturphilosophischen Publikationen anzuführen, eine Reaktion, die sich in vielfacher Weise während des 19. Jahrhunderts bemerkbar machte. Einmal war es die widerstrebende und sogar feindliche Einstellung vieler führender Vertreter der Naturwissenschaft auf die ersten Publikationen zum Gesetz der Erhaltung der Energie. Nachdem die Beobachtungen von Rumford und die vielen quantitativen Experimente von Joule mit der Konzeption der Wärme als eines der vielen «Fluida» aufgeräumt hatten, nahmen die Physiker von neuem den schon von Daniel Bernoulli hundert Jahre vorher vertretenen Gedanken auf, daß Wärme eine Äußerung der kinetischen Energie der kleinsten Partikeln der Materie sei. Damit war der Weg für die ersten allgemeinen Formulierungen des Gesetzes von der Erhaltung der Energie geebnet, oder, mit anderen Worten, für den ersten Hauptsatz der Thermodynamik. Es bestand jedoch ein tiefes Mißtrauen gegen jede Form universeller Naturgesetze, und der Energiesatz wurde als eine Art von Rückfall in die umfassende Konzeption der Natur angesehen, wie sie die alten Griechen hatten, als einen metaphysischen Versuch, eine «Weltformel» von ausgesprochen metaphysischer Färbung aufzustellen. Man kann leicht die Ablehnung verstehen, die Robert Mayers Veröffentlichung mit ihrer philosophischen Begründung des Energieprinzips erfuhr, aber selbst Helmholtz' berühmte

Arbeit «Über die Erhaltung der Kraft» (1847) mit ihrer sorgfältigen, auf rein wissenschaftlichen Überlegungen basierenden Analyse, erregte manche Bedenken in den Kreisen seiner Fachkollegen.

Das andere Beispiel für den großen Einfluß des Positivismus war die lange Auseinandersetzung über die Realität der Atome, die sich in den letzten Jahrzehnten des 19. Jahrhunderts zwischen Ostwald und Mach einerseits und Boltzmann andrerseits hinzog. Für die ersteren war der Atombegriff ein nützlicher Kunstgriff, welcher der Erklärung gewisser makroskopischer Beobachtungen förderlich sein konnte, oder auch lediglich ein Übereinkommen, auf das man sich einigt, um verschiedene theoretische Ableitungen zu erleichtern. Boltzmann hingegen war davon überzeugt, daß Atome real seien, nicht weniger als Tische und Stühle – physikalische Gegebenheiten, deren Realität durch völlig plausible Schlüsse sichergestellt ist, auch wenn sie nicht einer direkten Sinneswahrnehmung zugänglich sind. Die Entwicklung der Atom- und Kernphysik hat Boltzmanns Standpunkt vollkommen gerechtfertigt, und heute besteht keine Spur eines Zweifels an der Realität von Atomen und Elementarteilchen. Sie sind selbstverständlich «Tatsachen höherer Ordnung», die eine erhebliche Anzahl von Experimenten erfordern und eine Zahl theoretischer Annahmen voraussetzen, die größer ist als die der sogenannten «einfachen Tatsachen», für die unsere Sinne unmittelbar Zeugnis ablegen; aber es sind Tatsachen, die nicht bestritten werden können.

Der naturwissenschaftliche Positivismus des 19. Jahrhunderts fand treue Anhänger unter den Philosophen nicht weniger als unter den Wissenschaftlern, wie es z.B. die Lehre von J. St. Mill veranschaulicht. Den Kernpunkt seines Systems der Logik, dem später Werke neuerer Philosophen folgten, die ein größeres Maß von Differenziertheit aufweisen, kann man kurz etwa so charakterisieren: Das Endziel, dem ein Wissenschaftler zustrebt, ist methodologischer Natur, nämlich die Ausarbeitung von Gesetzen, die von der Koexistenz und Aufeinanderfolge von Phänomenen handeln. In dieser Hinsicht, so glaubte Mill, kann die Philosophie der Naturwissenschaft als Wegweiser dienen, indem sie eine allgemeine Richtschnur für die experimentelle Methodik auf induktiver Grundlage aufstellt. Eine solche Richtschnur sollte für jede wissenschaftliche Theorie Gültigkeit haben, von den ersten Aussagen über elementare Tatsachen und den ersten wissenschaftlichen Begriffsbildungen bis zu den letzten theoretischen Konsequenzen. Das wesentliche Credo des Positivismus, daß die Naturwissenschaft ausschließlich Methodologie sei, wurde von vielen Wissenschaftlern auch dann noch akzeptiert, als die beiden großen Systeme der modernen Physik schon entstanden waren, nämlich Relativitätstheorie und Quantentheorie, die beide klar gezeigt hatten, daß Theorienbildung ein schöpferischer Akt ist, der über methodologische Regeln weit hinausgeht und wesentlich von der intuitiven Vorwegnahme weiterer konzeptueller und tatsächlicher Entwicklungen abhängt. Einstein und Planck haben immer wieder betont, daß der Glaube an eine reale Außenwelt von jeher der Hauptantrieb und vielleicht die ursprüngliche Motivation der wissenschaftlichen Forschung war. Dieser irrationale Glaube kann durch die Erfahrung weder bewiesen noch widerlegt werden, aber ohne ihn wäre es nie zu der Konzeption der großen Systeme der Naturwissenschaft gekommen. Ferner ist ja der ganze Prozeß der wissenschaftlichen Erkenntnis ein schlagender Beweis für die Tatsache, daß Glaube und Wissen aufs engste miteinander verquickt sind, sowohl bei der Aufstellung von Naturgesetzen als bei der Bildung umfassender Theorien. Kein experimenteller oder theoretischer Forscher kann die ersten Schritte seiner Untersuchungen ohne Arbeitshypothesen oder stillschweigende Annahmen machen, die zwar letzten Endes der Erhärtung durch die Erfahrung bedürfen, aber zunächst einmal ihrem Wesen nach Glaubenssache sind, wobei selbstverständlich die Grenze zwischen Glauben und Wissen im Laufe des Erkenntnisprozesses sich dauernd verschieben wird.

Schließlich sei noch auf die Fragwürdigkeit der positivistischen These hingewiesen, daß eine echte wissenschaftliche Theorie sich nur an beobachtbare Dinge halten oder sie zum Inhalt haben müsse. Die Geschichte der großen physikalischen Theorien zeigt, daß sie beobachtbare Tatsachen mit unbeobachtbaren, ja, mehr als das, unanschaulichen, abstrakten Vorstellungen erklären, und häufig in ihren neuen Konzeptionen Bekanntes durch Unbekanntes, Konkretes durch Abstraktes verständlich machen. Gerade derartige metaphysische Konzeptionen bilden den essentiellen Gehalt einer jeden Theorie, und sie sind es, die auf das physikalische Weltbild der zeitgenössischen oder ihr folgenden Generation einen entscheidenden Einfluß ausüben.

Den Bemühungen des Positivismus zum Trotz, Naturwissenschaft und Philosophie – oder genauer Metaphysik – säuberlich voneinander zu scheiden, haben sich die philosophischen Implikationen wissenschaftlicher Entdeckungen je und je sowohl Wissenschaftlern wie Philosophen unerbittlich aufgedrängt. Ein Beispiel hierfür ist der zweite Hauptsatz der Thermodynamik, dessen mathematische Formulierung kurz nach der Aufstellung des Satzes von der Erhaltung der Energie erfolgte und dessen zentraler Begriff die Entropie ist. Die Entropie ist ein abstrakter mathematisch-physikalischer Ausdruck, in den Wärmemengen und Temperaturen eingehen, die den Zustand eines gegebenen physikalischen Systems kennzeichnen. Clausius' Formulierung des Satzes, daß die Summe der Entropien eines geschlossenen Systems immer wächst, oder jedenfalls nicht abnimmt, beschwor sofort das Problem des Zeitablaufs herauf, von dem die Mechanik unberührt blieb; denn die mathematische Bedeutung rein mechanischer Erscheinungen ändert sich nicht, wenn man die positive und negative Zeitrichtung, also Zukunft und Vergangenheit, miteinander vertauscht. Deutet der zweite Hauptsatz der Thermodynamik auf einen einseitigen Ablauf des physikalischen Weltgeschehens hin und muß dessen Ende, das durch das Maximum der Entropie charakterisiert ist, als unvermeidlich angesehen werden? Und was folgt hieraus in bezug auf das Alter der Welt und ihren Beginn? Zeit und Zeitablauf sind eminent metaphysische Begriffe, und dennoch müssen auf derartige Fragen Antworten gegeben werden, seien sie auch nur tentativer Natur. Nach der Aufstellung der Atomhypothese und der Anwendung der statistischen Mechanik auf thermische Vorgänge wie die Wärmediffusion verwandelte sich der zweite Hauptsatz von einer deskriptiven Theorie dynamischer Phänomene in ein Gesetz von strukturalem Charakter. Sein zentraler Begriff wurde der der Ordnung, denn die Behauptung, daß bei jedem in sich abgeschlossenen thermodynamischen Vorgang die gesamte Unordnung aller dabei beteiligten Systeme immer wächst, ist ein ausgesprochen strukturaler Satz. Viele Physiker – und nicht nur Positivisten – lehnten jede Verknüpfung des zweiten Hauptsatzes der Thermodynamik mit Fragen nach dem Zustand der Welt als Ganzem ab. Die Geschichte der Astrophysik und Kosmologie im 20. Jahrhundert scheint diesen engen Gesichtspunkt jedoch zu widerlegen. Es ist durchaus sinnvoll, aufgrund empirischer Befunde und theoretischer Überlegungen die Frage aufzuwerfen, ob es nicht im Universum Regionen gibt, in denen die Entropie abnimmt, oder, um eine drastischere Formulierung zu gebrauchen, ob die Zeit auch rückwärts ablaufen kann. Metaphysiker, Psychologen und Biologen suchen gemeinsam mit Physikern nach einer befriedigenden Antwort auf derartige Fragen.

Der Einfluß der Physik des 20. Jahrhunderts auf die Philosophie

Der zweite Hauptsatz der Thermodynamik war nur der Vorbote einer Periode, die durch eine intensivere Wechselwirkung von Naturwissenschaft und Philosophie gekennzeichnet ist. Der auffallendste Zug dieses neuen Zeitabschnitts war der Umstand, daß die Naturwissenschaft selbst die Initiative zu dieser neuen Beziehung ergriff, als mit der Relativitätstheorie und der Quantenphysik die Physiker wieder zur Grundlagenforschung zurückkehren mußten und so zu einer erkenntnistheoretischen Revision ihrer Wissenschaft gezwungen wurden. Die metaphysische Natur dieser Grundlagen kann wohl von keinem in Zweifel gezogen werden, der das neue wissenschaftliche Weltbild näher betrachtet. Die Aspekte dieser Revolution des physikalischen Denkens sind so zahlreich, daß nur einige von ihnen im Rahmen einer Einleitung summarisch behandelt werden können; andere werden kaum zur Erwähnung kommen.

Einsteins spezielle Relativitätstheorie geht von einer neuen Analyse der fundamentalen Begriffe des absoluten Raumes und der absoluten Zeit aus, wie sie in Newtons «Principia» postuliert wurden. Diese Postulate waren wesentliche Voraussetzungen für die Gültigkeit der klassischen Mechanik, in der Kräfte als Ursachen von Beschleunigungen erklärt wurden, d.h. als Ursachen der Abweichungen vom Zustand der Ruhe oder der gleichförmig-geradlinigen Bewegung, der sogenannten Trägheitsbewegung. In der Newtonschen Mechanik waren Kraftgesetze die wichtigste Klasse grundlegender Naturgesetze, und daher war der Nachweis, daß eine bestimmte Erscheinung als Folge solcher Gesetze erklärt werden kann und nicht etwa durch den Bewegungszustand des Beobachters vorgetäuscht wird, von primärer Bedeutung für die klassische Physik. Nur ein Beobachter, der selber im absoluten Raume ruht oder sich daselbst im Zustand der Trägheitsbewegung befindet, kann eindeutig entscheiden, ob eine beobachtete Bewegung wirklich beschleunigt ist, und nur er ist in der Lage, eine wirkliche, nicht vorgetäuschte Kraft festzustellen. Ferner führt das Trägheitsgesetz der Newtonschen Mechanik zu der generellen Folgerung, daß alle Beobachter, die sich relativ zueinander im Zustand der Trägheitsbewegung befinden, in der privilegierten Lage sind, zwischen «wahren» und «vorgetäuschten» Kräften zu unterscheiden und so die gleichen definitiven Aussagen über bestimmte Naturgesetze zu machen. Dies war das klassische Relativitätsprinzip, das zum Teil den alten aristotelischen Gegensatz von Ruhe und Bewegung aufhob und an seiner Stelle den Gegensatz von Trägheitsbewegung und Bewegung unter dem Einfluß einer Kraft statuierte. Man kann das klassische Relativitätsprinzip auch folgendermaßen formulieren: Naturgesetze sind invariant in bezug auf alle Beobachter, die sich relativ zueinander im Zustand der Trägheitsbewegung befinden.

Newtons Idee des absoluten Raumes blieb in mancher Hinsicht eine höchst zweifelhafte und unsichere Grundlage für die Überlegungen, die zum klassischen Relativitätsprinzip geführt hatten. Es war unmöglich, einen festen Bezugspunkt zu entdecken, der den absoluten Raum in irgend einer Weise im positivistischen Sinne zu einer «beobachtbaren» Gegebenheit macht. Darüber hinaus zwang die Beobachtung von Relativbewegungen nicht-mechanischer Erscheinungen zu Erklärungen, deren physikalische Asymmetrie unhaltbar war. Dazu kamen noch «die mißlungenen Versuche, eine Bewegung der Erde relativ zum ‹Lichtmedium› zu konstatieren», wie Einstein zu Beginn seiner klassischen Arbeit vom Jahre 1905 hervorhebt. Mit anderen Worten: der Bewegungszustand des Äthers, der angeblich den ganzen interstellaren Raum und die Zwischenräume der materiellen Partikeln erfüllen sollte, ließ sich nicht eindeutig feststellen. Dadurch wurde jener langen Reihe von Hypothesen ein Ende gemacht, die dem letzten noch verbliebenen «subtilen Stoff» der Physik so viele einander widersprechende Eigenschaften beilegten. Die Physiker des 19. Jahrhunderts hatten hartnäckig an der Ätherhypothese festgehalten, weil die Wellentheorie des Lichts und des Elektromagnetismus die Postulierung eines solchen Mediums involvierten, in dem sich die Wellen fortpflanzen, analog zu den Schallwellen in elastischen Medien. Einsteins Interpretation der Fehlschläge, eine Bewegung relativ zum Äther zu entdecken, war in mehrfacher Hinsicht von umwälzender Bedeutung. Der Verzicht auf den Äther implizierte die Erkenntnis, daß mechanische Modelle und Analogien nur begrenzt anwendbar sind – ein Schluß, zu dem schon Maxwell gekommen war –, und daß man sich die Fortpflanzung elektromagnetischer Wellen ohne Zuhilfenahme eines Mediums, in dem diese Fortpflanzung stattfindet, vorstellen muß. Einsteins Postulat, daß die Lichtgeschwindigkeit eine für jeden Beobachter gültige, von seinem Bewegungszustand unabhängige Konstante ist, bedeutete nichts anderes als die Entdeckung eines grundlegenden Naturgesetzes und lief zugleich auf die Erkenntnis hinaus, daß diese Geschwindigkeit zwar eine endliche mathematische Größe ist, die aber dennoch physikalisch eine nicht überschreitbare obere Grenze der Fortpflanzungsgeschwindigkeit von Signalen darstellt. Die Lichtgeschwindigkeit erhielt demnach den Charakter einer universellen Konstante, die in alle physikalischen Disziplinen einging und so zu einem integralen Bestandteil der Mechanik und Elektrizitätstheorie wurde; es war dies einer der konkreten Beweise für eine entschiedene Vereinheitlichung des physikalischen Weltbildes. Die wesentliche Bedeutung von Einsteins Konzeption kann man dahin zusammenfassen, daß sie das klassische Relativitätsprinzip mit dem Prinzip der Konstanz der Lichtgeschwindigkeit kombinierte und in seinem Prinzip der relativistischen Mechanik zur Vereinigung brachte. Hier feierte die deduktive, erkenntnistheoretisch fundierte physikalische Argumentation einen ihrer großen Triumphe, der durch seine vielfachen Auswirkungen vollständig erhärtet wurde. Die spezielle Relativitätstheorie gab der Mechanik eine konzeptuell befriedigende Fundierung, brachte die Gesetze der Mechanik und des Elektromagnetismus miteinander in Einklang und führte zur Entdeckung eines so grundlegenden Gesetzes wie dem der Äquivalenz von Masse und Energie.

Einsteins Relativitätsprinzip hatte einen tiefen Einfluß auf das philosophische und insbesondere das erkenntnistheoretische Denken vor allem dadurch, daß es die Begriffe von absolutem Raum und absoluter Zeit aufhob, an deren Stelle die absolute Größe der Lichtgeschwindigkeit trat. Längen und Zeitintervalle wurden zu relativen Größen, die vom Bewegungszustand des Beobachters relativ zum beobachteten Körper abhängen. Die Relativierung des Zeitablaufs revolutionierte die philosophische und psychologische Auffassung der Zeit nicht weniger als die physikalische. Das vielumstrittene sogenannte Paradox der Verlangsamung bewegter Uhren wurde im Laufe der Jahre verschiedentlich experimentell geklärt und bestätigt, z.B. durch die Beobachtung der Zerfallszeiten schneller Mesonen in der Atmosphäre. Schon von den ersten Jahren der speziellen Relativitätstheorie an gab die Relativierung des Begriffs der Gleichzeitigkeit von Ereignissen Philosophen und Physikern einen Schock, der noch stärker war als der, welcher 150 Jahre vorher auf die Entdeckung folgte, daß das Licht sich mit endlicher Geschwindigkeit fortpflanzt. Raum für sich und Zeit für sich sanken völlig zu Schatten herab, nach Minkowskis berühmter Formulierung, und nur das raumzeitliche Intervall zwischen zwei Ereignissen in der vierdimensionalen Welt erwies sich als eine Invariante. Auch dieses Ergebnis war von überragender philosophischer Bedeutung, denn hier zeigte es sich, daß lediglich die anthropozentrische Umgebung des Menschen, nämlich von Beobachtern, die sich mit Geschwindigkeiten bewegen, die gegenüber der des Lichts klein sind, ihn dazu gebracht hatte, das wirkliche vierdimensionale Weltkontinuum in drei räumliche Dimensionen und eine zeitliche Dimension aufzuspalten, die scheinbar voneinander unabhängig sind. Der Schluß lag nahe, daß die physikalische Realität abstrakter ist als die Welt des «gesunden Menschenverstandes», an die uns die tägliche Erfahrung gewöhnt hat. Demgegenüber ließ die Verknüpfung der Begriffe von Naturgesetz und Invarianz im Rahmen der Relativitätstheorie eine mathematische Darstellung zu, deren Eleganz den alten pythagoreischen Glauben zu neuem Leben erweckte, daß die Hauptideen der Natur durch die Mathematik harmonisch dargestellt werden können.

Das Abstrakte des physikalischen Weltbildes wurde durch die allgemeine Relativitätstheorie noch erhöht. Einsteins allgemeines Relativitätsprinzip besagte, daß Naturgesetze relativ zu allen Beobachtern invariant sein müssen, inklusive denen, die sich in einer beschleunigten Bewegung befinden; die mathematische Konsequenz davon war eine neue Gravitationslehre. Ihr Ausgangspunkt war Einsteins neue Deutung der seit Galilei bekannten Tatsache, daß alle Körper, ohne Rücksicht auf ihr Gewicht, beim freien Fall unter dem Einfluß der Gravitation gleich beschleunigt werden. Da das Gravitationsfeld – zumindest in engen Bezirken – die Eigenschaft besitzt, allen Körpern die gleiche Fallbeschleunigung zu verleihen, so wird ein außerhalb eines solchen Feldes befindlicher, jedoch entsprechend beschleunigter Beobachter dieselben dynamischen Erscheinungen wahrnehmen wie ein im Gravitationsfeld ruhender Beobachter. Diese Überlegungen führten Einstein dazu, die Antithese von Trägheit und Kraft für den Fall der Gravitationskraft aufzuheben. Dies war ein weiterer Schritt in der Richtung auf eine konzeptuelle Synthese der Phänomene, die allerdings durch die abstrakte Vorstellung einer vierdimensionalen Welt von nicht-euklidischer Metrik erkauft wurde. In dieser Welt folgen Körper ausschließlich dem Gesetz der Trägheit, wobei sie sich auf geodätischen Linien bewegen, den Verallgemeinerungen der Geraden in der euklidischen Geometrie. Der besondere Charakter der Metrik in einer gegebenen Weltregion hängt von der Verteilung der Massen in dieser Region ab, und nur in genügend weitem Abstande von diesen Massen wird die Metrik «eben», d.h. eignet dem raumzeitlichen Kontinuum eine euklidische Geometrie.

Diese Geometrisierung eines physikalischen Begriffs wie der Gravitation löste eine Flut philosophischer Diskussionen aus. Nichteuklidische Geometrien waren seit dem Beginn des 19. Jahrhunderts bekannt, als Mathematiker geometrische Systeme konstruierten, in denen Euklids Parallelenaxiom durch andere Axiome ersetzt wurde, und das Interesse an dem ganzen Problem wurde später durch die Arbeiten von Riemann und Helmholtz weiter verstärkt. Vorher hatte schon Gauß versucht, durch Winkelmessungen an einem Dreieck, das durch drei Berggipfel determiniert ist, festzustellen, ob der Raum in der Umgebung der Erde euklidisch sei. In der allgemeinen Relativitätstheorie jedoch wurde die empirische Natur der Raumgeometrie zum ersten Mal ein integraler Teil der Grundlagen einer physikalischen Theorie, die ferner durch die Erfahrung gestützt wurde; in erster Approximation kann man aus ihr Newtons Gravitationsgesetz und die aus ihm abgeleiteten Tatsachen deduzieren, aber darüber hinaus enthielt sie die Voraussage von kleinen, aber prinzipiell wichtigen Effekten, die experimentell bestätigt werden konnten.

Die Idee, daß der empirische Raum nichteuklidisch ist, wurde von Philosophen und Naturwissenschaftlern teils abgelehnt, teils erst nach langem Zögern akzeptiert. So z.B. behaupteten manche Kantianer, daß in der Vorstellung des Raumes als einer reinen Anschauung a priori notwendigerweise seine euklidische Natur eingeschlossen sei. Der Einwand, daß das Vorhandensein einer Raumkrümmung aus dem Grunde abzulehnen sei, daß es ihr an unmittelbarer Anschaulichkeit mangelt, hatte nur wenig Gewicht zu einer Zeit, da die abstrakte Natur der physikalischen Wirklichkeit in vielen

Disziplinen der Naturwissenschaft immer offenkundiger zutagetrat. Andrerseits war die Hauptthese der allgemeinen Relativitätstheorie, daß Raum und Materie sich gegenseitig bedingen, vom philosophischen Standpunkt aus gesehen viel befriedigender als die Newtonsche Vorstellung des Raumes als eines nur passiven Behälters der Materie. Ähnliches gilt von der Einsteinschen Verkoppelung von Zeit und Materie, die den philosophisch fragwürdigen Newtonschen Begriff der Zeit, die «von selbst» gleichmäßig dahinfließt, ersetzte. Ferner führte die Verschmelzung von Trägheit und Gravitation zu dem plausiblen Schluß, daß die träge Masse eines Körpers durch das Vorhandensein aller anderen Massen im Universum bedingt ist. Abgesehen von der erkenntnistheoretisch zufriedenstellenden Bedeutung dieser Ergebnisse folgten hieraus auch wissenschaftliche Konsequenzen von großer Reichweite, denn die allgemeine Relativitätstheorie barg in sich den Keim zu einer neuen Kosmologie, die definitivere und besser fundierte Aussagen über die Struktur und Evolution des Universums machen konnte. Einstein selber stellte die erste relativistische Kosmologie auf, 160 Jahre nach Kants Arbeit über die Evolution des Sonnensystems, die, auf Newtons Physik fußend, das Zeitalter der modernen Kosmologien eingeleitet hatte. Einsteins statisches Modell des Universums ist jetzt nur noch von historischem Interesse, aber es ergab die erste plausible Abschätzung der Gesamtmasse der in einem Raum von gegebenen Ausmaßen enthaltenen Materie, und sie wurde zum Ausgangspunkt der heutigen relativistischen Kosmologien, die sich immer noch in ihrem Anfangsstadium befinden.

Dies jüngste Kapitel physikalischen Denkens konnte in der vorliegenden Anthologie nicht berücksichtigt werden, jedoch sei hier das Folgende kurz erwähnt: Die großen Fortschritte in der Beobachtungstechnik der modernen Astronomie haben dem Astrophysiker eine ungeheure Fülle von Einzelheiten am Himmel erschlossen, die zu einem erheblichen Teil klassifiziert werden können. Diese Klassifikation der verschiedenen Himmelsobjekte führt aber zwangsläufig dazu, daß die Astrophysik nur dann in einen systematischen Zusammenhang gebracht werden kann, wenn diese Objekte vom Gesichtspunkt der Evolution der Welt betrachtet und interpretiert werden. Der Astrophysiker verwandelt sich demnach in einen Kosmologen, indem er simultan gegebene Objekte als Gebilde deutet, die sich in jeweils verschiedenen Stadien ihrer kosmischen Entwicklung befinden und Glieder einer zusammenhängenden Evolutionskette darstellen. Die heutige Kosmologie mit ihrer phantasievollen Ausnutzung aller theoretischen Hilfsmittel der modernen Physik bietet in ihrer rapiden Entfaltung ein faszinierendes Beispiel für die Fruchtbarkeit wissenschaftlicher Spekulation. Philosophisch bedeutsam ist z. B. die heute allgemein akzeptierte Interpretation der Rotverschiebung in den Spektren der Galaxien; ihre Deutung als die Folge einer Ausdehnung des Universums nach einem explosiven Beginn hat der Frage nach einem endlichen Alter der Welt in dem Zustand, wie sie uns physikalisch bekannt ist, konkreten Inhalt gegeben. Das räumliche Seitenstück zu dieser zeitlichen Begrenzung des Universums ist dadurch gegeben, daß der beobachtete Raum auf eine Ferne beschränkt ist, in der die scheinbare Fluchtgeschwindigkeit der Galaxien den Grenzwert der Lichtgeschwindigkeit erreicht. Jene allen Anzeichen nach isotrope kosmische Explosion, aus der die expandierende Welt hervorgegangen ist, involviert einen Anfangszustand von chaotischem, ungeordnetem Charakter. Die heutige Kosmologie steht daher vor dem Rätsel, wie aus diesem Zustand der Unordnung eines allumfassenden Systems sich ein Zustand höherer Ordnung gebildet haben kann, der eine ausgesprochene Struktur aufweist, nämlich die Zusammenballung von Materie und Energie zu Galaxien. Dieses Bild einer im Evolutionsprozeß begriffenen Welt, die offenbar dem zweiten Hauptsatz der Thermodynamik nicht gehorcht, wirft ebenfalls ein prinzipielles Problem von philosophischer Bedeutung auf.

Im Gefolge von Einsteins Geometrisierung der Gravitationskraft, die als Ausfluß der besonderen metrischen Struktur des raumzeitlichen Kontinuums erklärt wird, wurden verschiedentlich Versuche gemacht, in analoger Weise die elektromagnetischen Kräfte dadurch zu eliminieren, daß sie als zusätzliche strukturelle Eigenheiten der metrischen Felder interpretiert werden. Insbesondere hat Einstein die letzten fünfundzwanzig Jahre seines Lebens auf seine Bemühungen konzentriert, die mathematische Darstellung einer solchen «einheitlichen Feldtheorie» zu konstruieren, die allerdings erfolglos blieben. Die Aufdeckung der gemeinsamen Wurzeln solcher universellen Kräfte wie die der Gravitation und der Elektrizität mittels einer geeigneten mathematischen Konstruktion war zweifellos ein Ziel, das einer Lebensarbeit würdig ist. Einstein hat gelegentlich der ihr zugrundeliegenden Philosophie den folgenden Ausdruck gegeben: «Unsere bisherige Erfahrung rechtfertigt unseren Glauben, daß die Natur die Verwirklichung der denkbar einfachsten mathematischen Ideen ist. Ich bin davon überzeugt, daß wir mittels mathematischer Konstruktionen die Begriffe und die diese miteinander verbindenden Gesetze entdecken können, die den Schlüssel zum Verständnis der Naturerscheinungen liefern.» Es war dies die alte Vision des Pythagoras und Platons, eines Descartes und eines Kepler, die manchmal als das Credo des Rationalisten und zu anderen Zeiten als das des Mystikers ihren Ausdruck gefunden hat. Einsteins Bemühungen waren, in einem grandioseren Maßstab, eine Wiederbelebung von Newtons geheimen und gelegentlich zögernd geäußerten Hoffnungen, daß der Äther sich als gemeinsame Ursache der Erscheinungen des Lichts und der Gravitation herausstellen würde. Faraday hegte ähnliche Erwartungen, als er Experimente durchführte, welche eine Induktion von Elektrizität durch die Schwerebeschleunigung nachweisen sollten. Jedoch Einsteins Unterfangen, eine letzte Synthese physikalischer Realität mittels mathematischer Symbole und Gleichungen zu vollziehen, übertraf in der Weite seiner Konzeption alle früheren Versuche. Es war wieder einmal die Suche nach der «Weltformel», und sie scheiterte, nicht aus dem Grunde, weil sie von einer strukturalen Konzeption ausging, sondern zweifellos, weil sie die Idee der Kontinuität bis zu einem Extrem trieb, das mit physikalischen Realitäten nicht in Einklang zu bringen war. Vom Standpunkt der Ideengeschichte bestand die allgemeine Relativitätstheorie in der Realisierung zweier Konzeptionen, der einer strukturalen Naturauffassung und derjenigen der Idee eines physikalischen Kontinuums. Die erstere, welche Strukturen und Invarianten als die absoluten und permanenten Elemente annahm, die den in Raum und Zeit veränderlichen Phänomenen zugrundeliegen, war zweifellos ein wichtiger Schritt in der richtigen Richtung. Die letztere jedoch war zum Scheitern verurteilt, weil der Begriff eines metrischen Kontinuums notwendigerweise mit dem einer Kontinuität physikalischer Vorgänge gekoppelt ist, d.h. mit dem Determinismus.

Mit der Quantentheorie jedoch hatten sich die Anzeichen einer diskontinuierlichen Natur der physikalischen Erscheinungen derart gehäuft, daß sie praktisch zur Gewißheit wurden. Im Jahre 1900 führte Planck das Wirkungsquantum, eine weitere universelle Konstante der Physik, als eine Hypothese ad hoc ein, deren universelle Bedeutung sich aber nach wenigen Jahren als gesichert herausstellte. Während der ersten Phase der Quantenphysik führte eine rapide Entwicklung der Experimentaltechnik der Atomphysik zu wichtigen Entdeckungen, die sowohl die atomare Struktur von Energie und Materie als auch den Äquivalenzsatz von Materie und Energie bestätigten. Der diskontinuierliche Charakter alles Mikrogeschehens bekundete sich in den Wechselwirkungen von Energiequanten und materiellen Partikeln aller Art sowie in der Tatsache, daß die Energiezustände komplexer Strukturen, wie die von Atomen und Molekülen, eine Serie diskreter Werte bilden, die sich sprunghaft beim Übergang von einem Zustand zu einem anderen ändern. Die erste Phase der Quantenphysik bietet ein anschauliches Beispiel für die Entwicklung wissenschaftlichen Verstehens. Die Physiker versuchten zunächst mit Hilfe der neuentdeckten empirischen Quantenregeln, auf atomare Vorgänge und Strukturen jene Prinzipien der klassischen Mechanik anzuwenden, welche lange Jahre hindurch der Makrophysik so dienlich gewesen waren. Niels Bohrs berühmtes Modell des Wasserstoffatoms (1913) exemplifiziert diesen Interimszustand, der sich nicht lange halten konnte, weil die angewandten Methoden keine Verallgemeinerung auf kompliziertere Fälle zuließen und zu inneren Widersprüchen und Resultaten führten, die mit der Erfahrung kollidierten.

Ähnlich wie Einstein in der Tensorrechnung das mathematische Hilfsmittel gefunden hatte, mit dem er seine allgemeine Relativitätstheorie erfolgreich ausarbeiten konnte, fiel der Mathematik 1926 wieder die Rolle eines Führers zu, der die Physik aus der Sackgasse herausleitete. In jenem Jahre gelang es Schrödinger, einen mathematischen Algorithmus, der vorher in einer anderen Disziplin der theoretischen Physik benutzt wurde, auf die Beschreibung des Wasserstoffatoms und anderer atomarer Gegebenheiten anzuwenden. Schrödingers Wellenmechanik, die kurz danach von Dirac ergänzt wurde, und der unmittelbare Erfolg der quantenmechanischen Wellengleichung des Wasserstoffatoms leitete die zweite Phase der Quantenphysik ein. Diese setzte sich erst nach einer auf Heisenbergs grundlegende Arbeiten folgenden Diskussion durch, in deren Mittelpunkt die Interpretation eines aus der Wellengleichung resultierenden mathematischen Ausdrucks stand. Die Interpretation von Born und Jordan, der sich die Mehrheit der führenden Physiker, jedoch nicht Einstein und Schrödinger, anschlossen, war von epochemachender Wichtigkeit. Sie deutete die mathematische Darstellung des Quadrats einer Wellenamplitude als das Maß der Wahrscheinlichkeit eines gegebenen physikalischen Vorgangs oder Zustands, z.B. im Falle des Wasserstoffatoms als die Wahrscheinlichkeit, das Elektron an einem gewissen Punkt in der Umgebung des Protons aufzufinden. Als Konsequenz dieser probabilistischen Auslegung sieht der Quantenphysiker die primären Gesetze der Physik als Wahrscheinlichkeitsgesetze an, die lediglich statistische Voraussagen zulassen, was also auf das Eingeständnis hinausläuft, daß ein Einzelfall nicht dem klassischen Kausalgesetz unterliegt. Die deterministischen Gesetze der klassischen Physik sind demnach als sekundär zu betrachten, denn sie beziehen sich nur auf makroskopische Vorgänge, die aus der Superposition einer sehr großen Anzahl von Einzelfällen bestehen.

Der klassische Determinismus, der wohl seine klarste Formulierung durch Laplace erhalten hatte, mußte aufgegeben werden – ein Wendepunkt von enormer philosophischer Bedeutung. Man braucht dies aber nicht als einen Verzicht auf das Kausalprinzip in seiner allgemeinen Form auszulegen, z.B. in der Form, die ihm Kant in der ersten Fassung seiner «Kritik der reinen Vernunft» gegeben hat: «Alles, was geschieht, setzt etwas voraus, worauf es nach einer Regel folgt.» Denn Regeln sind ja Vorschriften, die sich mathematisch formulieren lassen, sei es durch die deterministischen Differentialgleichungen der klassischen Physik oder aber durch die probabilistischen Formeln der Quantenmechanik. Eine empirisch verifizierbare mathematische Ableitung einer ganzen Klasse von Erscheinungen kann sehr wohl als eine kausale Beschreibung angesehen werden, und die Quantenmechanik hat gezeigt, daß Vorgänge im Gebiet der Mikrophysik sich mathematisch als ein konsistentes Schema deduktiver Beweisführung darstellen lassen, auch wenn man über sie nur statistische Voraussagen machen kann.

Die neue konzeptuelle Situation, wie sie sich in der Quantenmechanik ergab, kann auch, ähnlich wie im Fall der Relativitätstheorie, vom operationalen Gesichtspunkt aus analysiert werden, und zwar als die Wechselwirkung zwischen dem Beobachter eines Mikrophänomens und dem Phänomen selber. Die Theorien, die vor der Quantenphysik aufgestellt waren – und dazu gehört auch die Relativitätstheorie –, waren in dem Sinne deterministisch, daß sie von dem Zustand eines Systems zu einem gegebenen Zeitpunkt seinen Zustand in jedem andern, früheren oder späteren, Zeitpunkt mathematisch ableiten konnten. In der klassischen Mechanik war der Anfangszustand eines Systems durch zwei von einander unabhängige Daten festgelegt, nämlich die Lagen und Geschwindigkeiten der Körper, die dieses System darstellen. Dabei wurde stillschweigend vorausgesetzt, daß diese Daten im Prinzip mit unbegrenzter Genauigkeit bekannt sein können, denn makroskopische Experimente konnten immer so durchgeführt werden, daß der unvermeidliche Eingriff des messenden Beobachters in den Zustand des gemessenen Objekts praktisch vernachlässigt werden kann. Für makroskopische Vorgänge konnten ja die Beobachtungsmittel jeweils relativ zum beobachteten System genügend reduziert und die mit dem Messungsprozeß verbundenen Eingriffe derart verkleinert werden, daß sie unterhalb der üblichen Grenzen von Beobachtungsfehlern blieben. Die Dinge liegen aber anders im Bereich des Mikrogeschehens, weil da Beobachtungsmittel und beobachtete Objekte von derselben Größenordnung sind, denn bei beiden handelt es sich um Atome, Photonen, Elektronen oder andere Elementarteilchen. In diesen Fällen kann der störende Effekt der Beobachtung niemals durch determinierbare Korrekturen eliminiert werden. Man muß demnach jede Messung als eine kleine, aber endliche Wechselwirkung zwischen beobachtendem Subjekt und beobachtetem Objekt ansehen, als einen Eingriff, der den Kausalnexus der Vorgänge, die ihm vorhergehen, und der, die ihm folgen, in einem nicht vorherbestimmbaren Maße unterbricht und in einer entsprechend unbestimmten Weise den Zustand von Subjekt und Objekt zugleich beeinflußt.

Die wichtigste philosophische Konsequenz der Quantenmechanik ist die Revision des Begriffs eines Phänomens. Wenn die Beschreibung einer gegebenen Tatsache sowohl das beobachtete Objekt wie das beobachtende Subjekt in sich schließt, so heißt das, daß ein beobachtetes Phänomen nicht vollständig von der experimentellen Anordnung, welche die betreffende Beobachtung ermöglicht, abgetrennt werden kann. Die Notwendigkeit, einen Zustand oder die damit verknüpften Vorgänge zu beschreiben, wird zwar den Forscher immer dazu zwingen, einen willkürlichen Schnitt zwischen sich und dem beobachteten Objekt zu machen, dieser Schnitt jedoch bedeutet keine echte Trennung eines «objektiven», vom Beobachter unabhängigen Phänomens und des Beobachters selbst. Der Dualismus von Partikel und Welle, oder genauer von dem diskontinuierlichen Partikelaspekt und dem kontinuierlichen Feldaspekt von Licht und Materie, ist nichts anderes als die experimentelle Bestätigung der Idee, daß der Beobachter inklusive seiner Apparatur einen integralen Bestandteil eines Phänomens bildet. Die jahrhundertelange Diskussion, ob das Licht «in Wirklichkeit» aus Wellen oder aus Partikeln besteht, ist auf diese Weise gegenstandslos geworden. Es hat ähnliche Fälle in der Geschichte des physikalischen Denkens gegeben, wo ein konzeptueller Fortschritt eine lange Polemik bedeutungslos gemacht hat, z. B. nahmen die hitzigen Debatten über das Primat von Bewegungsgröße oder vis viva (kinetische Energie) schließlich ein Ende, als es sich herausstellte, daß Impuls und Energie lediglich verschiedene Aspekte ein und desselben Bewegungsgesetzes repräsentieren. Die Debatte über Partikeln und Wellen wird wohl nicht die letzte dieser Art gewesen sein.

Der neue Begriff eines Phänomens, der die Existenz einer vom Beobachter unabhängigen Realität leugnet, hat auch auf die Beziehung zwischen physikalischem Denken und anderen Gebieten menschlicher Erkenntnis neues Licht geworfen. Niels Bohr hat den Begriff der Komplementarität geprägt und hat damit die Aufmerksamkeit auf die universelle Bedeutung dieser Gegenüberstellung von Mensch und Außenwelt gelenkt, oder allgemeiner auf das philosophische Problem der Subjekt-Objekt-Beziehung. Im Mittelpunkt seiner Interpretation von Heisenbergs berühmten Unbestimmtheitsrelationen stand der Begriff eines komplementären Gegensatzpaares der beiden einen physikalischen Zustand charakterisierenden Größen; es sind dies die Werte des Ortes und des Impulses (oder auch die der Zeit und der Energie) für ein physikalisches System in einem gegebenen Moment. Diese Wertepaare bestehen nicht aus von einander unabhängigen Größen, vielmehr sind sie durch eine reziproke Relation miteinander gekoppelt, in der jeder Partner den anderen bei der Zustandsbestimmung ergänzt und ihm zugleich entgegengesetzt ist, weil eine größere Genauigkeit in der Bestimmung des einen eine geringere in der des anderen involviert. Nach Bohr stellt diese physikalische Komplementarität eine logische Erweiterung des klassischen Kausalbegriffs dar und ist darüber hinaus als Spezialfall einer universellen Tatsache anzusehen, die der gesamten menschlichen Erfahrungswelt eignet. Er wies auf mehrere solcher sich ergänzender Gegensatzpaare hin, die nichtphysikalischer Natur sind, wie Denken und Fühlen, die beide für die Beschreibung menschlicher Situationen unentbehrlich sind; andere von Bohr angeführte Beispiele sind der Ethik, Ästhetik, Erkenntnistheorie und Soziologie entnommen, so z.B. das Problem der Willensfreiheit und die komplementäre Beziehung von Gerechtigkeit und Liebe.

Bohrs aufschlußreiche Ausführungen zeigen, in welchem Maße die Quantenphysik und ihre konzeptuelle Analyse physikalischer Erscheinungen den Geisteswissenschaften und ihrer Darstellungsweise vieler Aspekte der menschlichen Erfahrung näher gekommen ist. Dieses neuartige Verhältnis von Physik und Geisteswelt resultiert aus dem Umstand, daß das Plancksche Wirkungsquantum, das die Diskontinuität jedes mikrophysikalischen Geschehens charakterisiert, eine endliche, nicht weiter unterteilbare Größe ist. Diese Unteilbarkeit hat in die Physik den Begriff der Ganzheit eingeführt, eines der wesentlichen Kennzeichen geistiger und psychischer Phänomene. Das Bewußtsein des Menschen, das eine solche Ganzheit darstellt, ist nicht imstande, ein Phänomen in Teilphänomene zu zerlegen, ohne gleichzeitig das Phänomen selbst in seiner Totalität wesentlich zu beeinflussen. Die Unmöglichkeit, eine eindeutige Demarkationslinie zwischen dem Subjekt und dem Objekt einer physikalischen Erscheinung zu ziehen, spiegelt demnach einen viel allgemeineren Stand der Dinge wider; es ist dieses die Tatsache, daß die Objekte menschlicher Erfahrung und das Bewußtsein des erfahrenden Menschen dauernd ineinander übergehen und infolge davon jedesmal eine gegebene Situation in einer Weise verändern können, die nicht im voraus bestimmt werden kann.

In den fast fünfzig Jahren seit dem letzten großen theoretischen Durchbruch hat sich ein enormer Reichtum an experimentellen Resultaten in der Physik der Elementarteilchen, der Astrophysik und der Kosmologie angesammelt. Es darf wohl gesagt werden, daß in den letzten Jahrzehnten die Fortschritte der Theorie mit denen des Experiments nicht haben Schritt halten können. Viele der bedeutendsten Physiker der vorigen Generation, vor allem Bohr und Pauli, haben sich dahin geäußert, daß die Quantenmechanik sehr wohl nur einer von vielen Schritten sein mag, welche die Physik von den vertrauten klassischen Begriffen immer weiter entfernen werden. Es ist durchaus möglich, daß ein wesentlicher theoretischer Fortschritt nur durch neue Ideen erzielt werden kann, die durch weitere radikale Verzichtleistungen auf Konzeptionen erkauft werden müssen, an die sich die Physiker im Zeitalter des Determinismus gewöhnt haben, das auch das der mechanistischen Auffassung war, und dessen Höhepunkt durch die dynamische Natureinstellung gekennzeichnet ist.

Inzwischen wird die strukturale Einstellung, die mit der modernen Chemie begonnen hatte und die heutige Theorie der Materie charakterisiert, immer ausgeprägter. Hierzu sei folgendes bemerkt: Beim Studium der Elementarteilchen beobachtet man dynamische Vorgänge, wie die Wegspuren und Zusammenstöße elementarer Partikeln, und macht dabei ausgiebigen Gebrauch von dynamischen Begriffen, z.B. der Klassifikation verschiedener Typen von Wechselwirkungskräften; jedoch zugleich werden Symmetriebetrachtungen immer mehr zu einem Leitprinzip in der Physik der Materie. Alle diese Symmetrien und die mit ihnen verknüpfte Symbolik lassen aufs deutlichste die heute vorherrschende strukturale Auffassung erkennen. Von besonderem Interesse ist es, daß in dieser neuesten Phase der physikalischen Forschung die Frage der Symmetrie gegensätzlicher Größen eine zentrale Bedeutung erhalten hat, wie z.B. die spiegelbildlichen Eigenschaften elementarer Teilchen und Antiteilchen, oder die Probleme der Links-Rechts-Symmetrie und der Ladungssymmetrie.

Dies ruft uns die Rolle von Symmetrien und Gegensätzen in der strukturalen Doktrin der Pythagoreer in Erinnerung; jedoch in dieser Wiederkehr formaler gedanklicher Bilder im Laufe der Geschichte offenbart sich ein ständiger Fortschritt der Erkenntnis und ein dauernder Aufstieg zu höheren Stufen des Verstehens. Es besteht kein Zweifel daran, daß jeder weitere Schritt neue Fragen mit sich bringen wird, auf die eine Antwort gegeben werden muß, und daß neue Rätsel auftauchen werden, die einer Lösung harren. Pascal hat diesen Prozeß mit einem eindrucksvollen Bilde illustriert, das die menschliche Erkenntnis mit einer sich dauernd ausdehnenden Kugel vergleicht: je mehr ihr Umfang wächst, um so größer wird die Zahl ihrer Berührungspunkte mit dem Unbekannten.

ANTIKE

EINLEITUNG

Das wissenschaftliche Denken der gesamten griechischen Antike umschließt eine Zeitspanne von ungefähr elfhundert Jahren, beinahe die halbe Lebensdauer jener menschlichen Aktivität, die wir heute mit dem Namen Naturwissenschaft bezeichnen. An der Küste Kleinasiens entwickelten sich im 6. Jahrhundert v. Chr. die Anfänge einer wissenschaftlichen Sprache zur Beschreibung von Naturphänomenen, die allmählich die Sprache der Mythologie verdrängte. Mythologische Begriffe, die zur Erklärung der physikalischen Welt dienten, wurden von wissenschaftlichen und rationalen Kategorien wie z. B. Kräften und Elementarsubstanzen sowie von philosophischen Prinzipien und mechanischen Modellen abgelöst. Eine Fülle von Tatsachenmaterial, das sich in früheren Generationen angesammelt hatte, erhielt einen konzeptuellen Rahmen und wurde zum Rohmaterial für ein rationales Weltbild, das sich aus einer Reihe von Fragen und Antworten herausbildete, die im wesentlichen dieselben sind, die uns auch heute noch beschäftigen.

Nur eine kleine Zahl von Texten aus dieser sogenannten vorsokratischen Periode (600–450 v. Chr.) sind in ihrer ursprünglichen Fassung erhalten geblieben, während der größte Teil des dokumentarischen Materials in Umschreibungen in den Schriften späterer Autoren zu finden ist. In jedem Fall sind Anachronismen in der Darstellung der Frühperiode des griechischen Denkens kaum vermeidlich, vor allem weil die aus dem Zusammenhang gerissenen Fragmente zu kurz sind, als daß ihr Sinn ohne Zuhilfenahme von Interpretationen vollständig erfaßt werden könnte.

Eine Frage von ausgesprochen erkenntnistheoretischem (oder richtiger: metaphysischem) Charakter beschäftigte jene ersten Naturphilosophen: Was ist das unveränderliche, permanente Prinzip, das dem Wechsel der Phänomene zugrundeliegt, was ist die eine Wurzel, aus der die Vielheit der Dinge in der physikalischen Welt entspringt? Diese Frage wurde auf zweierlei Weise beantwortet; es gab Denker, die ein wesentlich materielles Grundprinzip postulierten, während andere das Maß oder die Zahl als die Grundlage alles Seienden betrachteten.

Die ersten Philosophen, die die Materie als ein fundamentales Prinzip ansahen, waren extreme Monisten; hinsichtlich der spezifischen Qualität dieser Urmaterie jedoch waren sie verschiedener Meinung. Thales von

Milet, von dessen Schriften keine originalen Fragmente erhalten sind, behauptete, dieser Grundstoff sei das Wasser, Anaximenes nahm die Luft und Heraklit das Feuer als solchen an. Die Antwort von Anaximander, einem Zeitgenossen von Thales, auf diese Frage ist von besonderem Interesse. Er bezeichnete die Urmaterie als «das Unbegrenzte», ein nicht ganz eindeutiger Terminus, der sowohl qualitativ wie quantitativ gedeutet werden kann. Anaximanders Auffassung zeugt von einem tiefen Erfassen des Problems, denn die Reduktion bestimmter Qualitäten kann keineswegs in einer weiteren bestimmten Qualität resultieren, weil dies uns wieder vor die Frage nach dem Wesen des Grundprinzips stellen würde. Wir müssen vielmehr bis in die Schicht eindringen, in der die Materie aller spezifischen Eigenschaften entkleidet wird und wo das Urelement vollständig undefiniert und unbegrenzt erscheint. Im Originalfragment Anaximanders wird das Entstehen und Vergehen der Dinge poetisch behandelt. Im Gleichgewicht von Schöpfung und Verfall offenbart sich eine Gesetzmäßigkeit, welche die Ordnung im zeitlichen Ablauf der Phänomene bestimmt.

Heraklit betont die Kontinuität der Schöpfung und des dauernden Wechsels im gesamten Gefüge der materiellen Struktur. Das Phänomen des Wechsels stellt ein Kontinuum dar, dessen Anzeichen man in allen Vorgängen der sichtbaren Welt erkennen kann. Heraklit sah eine verborgene Harmonie in den Erscheinungen, in der er die wahre Realität hinter den sichtbaren Veränderungen vermutete. Eine solche Harmonie zeigt sich auch in den polaren Gegensätzen, die im Bau der materiellen Welt zu finden sind, und diese Polaritäten betrachtet er als Quelle alles Geschehens und bringt als Beispiele die Spannung der Saiten einer Leier oder der Sehne eines Bogens. Ausdrücklicher führt Empedokles den Gedanken gegensätzlicher Kräfte ein, die im ganzen Universum wirken, in moderner Terminologie: Anziehungskraft und Abstoßungskraft, die er in seiner poetischen Sprache «Liebe» und «Haß» nennt. Ihr dynamisches Gleichgewicht erhält die Welt, die dadurch vor der Zerstörung bewahrt wird, welche die Folge der Vorherrschaft einer einzigen Kraft wäre.

Empedokles' Konzeption, die er mit vielen Vorsokratikern teilt, ist eine mechanistische und materialistische. Physikalische Wirkungen, so nahm er an, breiten sich durch Ausflüsse oder Emanationen aus, die den Poren aller Körper entströmen und von einem Körper zum anderen übergehen. Die Emanationslehre ist auch die Grundlage von Empedokles' Erklärung der magnetischen Attraktion, und in ähnlicher Weise behandelt er das Licht als eine strömende Substanz, die von einem leuchtenden Körper, wie die Sonne, ausgestrahlt wird. Empedokles sagte sich vom extremen Monismus seiner Vorgänger los und begründete die Lehre von den vier Elementen Erde,

Wasser, Luft und Feuer, deren verschiedene Kombinationen alle nur möglichen Formen der Materie in der Natur ausmachen. Die Doktrin der vier Elemente blieb die vorherrschende bis zum Ende des Mittelalters.

Eine extrem pluralistische Auffassung des Problems der Materie war die von Anaxagoras. Er nahm an, daß jeder beliebige Teil einer Substanz, selbst die kleinste Partikel, eine Mischung aller nur möglichen Materiesorten enthalte. Dieser Konzeption, von Aristoteles «die Lehre von den gleichen Teilen» genannt, lag der Versuch einer Erklärung des Stoffwechsels zugrunde, bei dem die von einem Lebewesen aufgenommene Nahrung sich in Sehnen, Muskeln, Knochen und Blut verwandelt. Nach dieser Annahme ist in jeder Nahrung die Gesamtheit aller organischen Stoffe enthalten («Alles ist in allem einbegriffen»), und nach Anaxagoras besteht der Stoffwechsel in nichts anderem als in einer Aufspaltung jedes Elements einer Nahrung in seine verschiedenen Komponenten. Die Kühnheit der materialistischen Einstellung von Anaxagoras ist besonders erstaunlich, wenn es sich um Gebiete handelt, die durch uralten Glauben geheiligt waren, wie z.B. Sternanbetung und Astrologie. Er nahm an, daß Sonne und Sterne glühende Steine oder Felsblöcke seien, die infolge des Luftwiderstandes, der durch ihre Rotationsgeschwindigkeit um die Erde entsteht, entflammt sind. Auch seine Kosmogonie beruht auf einem physikalischen Prinzip: Durch den Schwung der Rotation des Weltalls wurden die feinen und heißen Elemente von den dichtgepackten und kalten abgeschieden. Andrerseits findet sich in seiner physikalischen Lehre ein nicht-materialistisches Prinzip, das er zur Erklärung der Ursache der Bewegung und speziell der Drehbewegung heranzog. Er bezeichnete dieses Prinzip als «Geist» und beschrieb es ausdrücklich als etwas, was eine von der Materie gesonderte Existenz hat.

Der Höhepunkt der vorsokratischen Lehren von der Materie war die Atomlehre des Leukipp und Demokrit, von der leider nur sehr wenig in der originalen Fassung erhalten geblieben ist. Die griechische Atomistik war eine rein spekulative Theorie, aber ihre fundamentalen Annahmen sind in der Tat durch die moderne Physik bestätigt worden. Die wissenschaftliche Einfachheit von Leukipps und Demokrits Postulaten ist bewundernswert; die Atome, die sich durch ihre Gestalt voneinander unterscheiden, bewegen sich im unendlichen Vakuum, und alle Vorgänge unterliegen dem Gesetz der Notwendigkeit. Der Kerngedanke der griechischen Atomisten war der, durch logische Deduktion zu erklären, daß alle makroskopischen Erscheinungen die Resultate von Kombinationen unsichtbarer Gegebenheiten sind. Die atomistische Theorie der Sinneswahrnehmung war teilweise von den Gedanken des Empedokles beeinflußt.

Eine andere Antwort auf die Frage nach dem Wesen des Prinzips, das der

Natur zugrundeliegt, wurde von der pythagoreischen Schule gegeben. Diese Philosophen behaupteten, daß der eigentlich bestimmende Faktor im physikalischen Geschehen nicht die Materie sei, denn das wahre Element der Realität sei in der Zahl zu suchen. Philolaos und Archytas formulierten mit großer Klarheit den Gedanken der strukturalen Bedeutung der ganzen Zahlen. Die musikalischen Harmonien, welche von den Pythagoreern besonders eingehend studiert wurden, beruhen auf einfachen numerischen Verhältnissen der Zahlen von eins bis vier. Arithmetik und Musik sind demnach verwandte Disziplinen, und als dritte grundlegende Wissenschaft kommt die Astronomie hinzu, denn die Regularität der planetarischen Umlaufszeiten weist ebenfalls Harmonien auf, wobei die Gesamtheit der himmlischen Sphären mit den Saiten einer Leier und ihren harmonischen Akkorden verglichen werden kann. Die Zahlenharmonie, die alle Teile des Universums durchdringt, bestimmt auch die Formen aller Dinge, wie es die fünf vollkommenen Körper zeigen, die gegen Ende der pythagoreischen Periode entdeckt wurden. Andrerseits bedeutet aber Harmonie keineswegs Verneinung von Gegensätzen, wie es schon Heraklit gelehrt hat. Im Gegenteil – der Gegensatz ist ein essentieller Bestandteil der Harmonie, und die Pythagoreer zählten zehn solcher Gegensatzpaare auf, darunter gerade – ungerade, Ruhe – Bewegung, Licht – Dunkelheit, die alle kosmischen Erscheinungen beherrschen. Der pythagoreische Arzt Alkmaion behauptete, daß das Gleichgewicht dieser Gegensätze eine notwendige Bedingung für den Gesundheitszustand des Menschen sei.

Historisch gesehen ist die pythagoreische Lehre von größter Bedeutung, denn sie war der hauptsächliche Antrieb für die Entwicklung der Mathematik, und ihre Ideen förderten in nicht geringem Maße den Fortschritt der Astronomie; es waren dies die beiden Wissenszweige, in denen die alten Griechen am meisten zur Wissenschaft beigetragen haben. Andrerseits sollte man nicht vergessen, daß die Philosophie der Zahl auch einen mystischen Kern in sich barg, vor allem die Tendenz, in jedem Zahlenverhältnis eine symbolische Bedeutung zu suchen. Ein typisches Beispiel hierfür ist die Einführung der heiligen Zehnzahl in die pythagoreische Kosmologie, als die Zahl der im planetarischen System einbegriffenen Himmelskörper; diese Zahl wurde dadurch erzielt, daß das Zentralfeuer und ein unsichtbarer Stern, die Gegenerde, zu Sonne, Mond, Erde und den fünf Planeten hinzugerechnet wurden. Die pythagoreische Schule erlitt eine schwere Krise, als es sich herausstellte, daß die ganzen Zahlen nicht alle geometrischen Formen und deren Verhältnisse erklären können. Die Entdeckung, daß das Verhältnis der Diagonale eines Quadrats zu seiner Seite nicht in ganzen Zahlen ausgedrückt werden kann (mit anderen Worten, die Entdeckung der Irrationalzahlen), stellte die Pythagoreer vor das Kontinuumsproblem. Die sich hier verbergenden Schwierigkeiten wurden in der klarsten und schärfsten Form von dem Eleaten Zenon in seinen Paradoxen aufgezeigt, die auch ein Schlaglicht auf die Probleme werfen, welche dem Begriff der Bewegung als einem kontinuierlichen Vorgang eignen. Manche der Fragen, die Zenon aufgeworfen hat, blieben Themen wissenschaftlicher Diskussion bis in unser Jahrhundert hinein.

Im vierten Jahrhundert v. Chr. begann ein neues Kapitel des wissenschaftlichen Denkens mit den physikalischen Theorien von Platon und Aristoteles. In seinen Dialogen betont Platon die Bedeutung der Mathematik und den zentralen Platz, den sie in der Naturforschung einnimmt; hierbei zeigt es sich, wie groß der Einfluß der Pythagoreer auf ihn gewesen ist. Im *Timaios,* seiner kosmologischen Schrift, gibt er auch eine Darlegung seiner prinzipiellen Einstellung zu den Naturwissenschaften. Für Platon existiert nur *eine* Wissenschaft, an deren Wahrheit und Gewißheit nicht gerüttelt werden kann – seine Ideenlehre. Alle anderen wissenschaftlichen Disziplinen, in denen die physikalische Welt mit ihrem dauernden Wechsel beschrieben wird, können nur wahrscheinliche Erklärungen geben, also nur ein plausibles Bild des Universums und aller seiner Erscheinungen vermitteln. Platon gibt seinem bedingten Glauben an die Möglichkeit einer rationalen Erklärung der Welt in einer Allegorie Ausdruck, in der von dem ständigen Ringen der Vernunft mit dem brutalen Widerstand der Materie, den Mächten der blinden Willkür die Rede ist. Nur durch Überredung kann die Vernunft die «Notwendigkeit» überwinden, sie wird jedoch niemals einen vollständigen Sieg davontragen können; mit anderen Worten: jedes rationale Weltbild wird stets einen irrationalen Rest enthalten.

Ein lehrreiches Beispiel für diese «plausible Darstellung» findet sich im *Timaios* in der geometrischen Theorie der Materie, wo Platon seine Gedanken über die Mathematik als die Sprache der Naturwissenschaft entwickelt. In dieser Theorie kann man den Beginn der mathematischen Physik sehen, die sich mathematischer Symbole zur Erklärung der physikalischen Realität bedient. Platon ordnet jedem der vier Elemente einen der vier vollkommenen Körper zu; das Tetraeder symbolisiert das Feuer, das Oktaeder die Luft, das Ikosaeder das Wasser und der Würfel die Erde. Da ein Tetraeder aus vier gleichseitigen Dreiecken zusammengesetzt ist, ein Oktaeder aus acht und ein Ikosaeder aus zwanzig solcher Dreiecke, so läßt sich eine einfache mathematische Beziehung zwischen diesen Körpern aufstellen und z. B. die Tatsache, daß Wasser durch Wärme verdunstet, symbolisch wiedergeben: Eine Einheit Feuer trifft auf eine Einheit Wasser, wobei diese sich auflöst und daraus zwei Einheiten Luft und eine Einheit Feuer entstehen.

Platon, obwohl selbst kein Naturwissenschaftler, behandelte verschiedentlich die Probleme der Astronomie seiner Zeit, wie man aus Passagen im *Timaios*, im *Staat* und in den *Gesetzen* ersehen kann. Seine Forderung, «die Phänomene zu retten», hatte weitreichenden Einfluß auf die mathematische Astronomie – von seinem Schüler Eudoxos an bis zu Ptolemaios –, die sich als Ziel stellte, die Planetenumläufe als Kombinationen gleichförmiger Kreisbewegungen darzustellen, jener vollkommenen Bewegungen, die allein den Himmelskörpern eignen. Im ewigen Rhythmus einer periodisch wiederkehrenden Bewegung sah Platon den sinnfälligen Ausdruck der Weltseele. In dieser Einstellung zu den Himmelserscheinungen erkennt man die Anfänge einer Dichotomie von Himmel und Erde, der Zweiteilung des Universums in eine sublunare und eine himmlische Region. Diese Dichotomie, einer der Hauptaspekte der aristotelischen Physik, war während vieler Generationen, bis in die Neuzeit hinein, ein essentieller Bestandteil der Weltanschauung und hemmte entschieden den Fortschritt der Naturwissenschaften. Erst Galilei brach ihre Vorherrschaft.

In Platons Kosmologie ist noch ein weiterer Aspekt der Physik des Aristoteles vorweggenommen, nämlich die teleologische Einstellung zu den Naturphänomenen, die in der Allegorie vom Demiurgen, der die Welt nach einem vorbedachten Plan erschafft, klar zum Ausdruck kommt. Andeutungen dieser Auffassung gab es schon in vorsokratischer Zeit, z.B. in einem in der Anthologie zitierten Fragment des Diogenes von Apollonia, der von der vernünftigen Einteilung der Jahreszeiten spricht. Aristoteles' Teleologie erscheint schon am Anfang seiner *Physik*, wo er über die Prinzipien der Naturerkenntnis spricht. Die vier «Ursachen», die Aristoteles aufzählt, sind dort nicht so sehr als Glieder eines Kausalnexus zu deuten, sondern vor allem als Vorbedingungen einer rationalen Erklärung der in der Natur herrschenden Regularität. Das erste Erfordernis ist die materielle Ursache, also das Vorhandensein der Materie als Voraussetzung für eine solche Erklärung; die formale Ursache deutet auf die mathematische Darstellung von Naturgegebenheiten hin; die wirkende Ursache bezeichnet die Rolle der Bewegung in Natur und Naturbeschreibung. Die vierte, finale Ursache hingegen begreift alle andern in sich: ohne den Begriff der Zweckhaftigkeit aller Erscheinungen der belebten und unbelebten Natur bleiben die drei ersten Aspekte des Naturgeschehens nur Stückwerk.

Aristoteles' Universum, zeitlich unbegrenzt und räumlich begrenzt, ist eine Kugel, deren Umfang durch die Sphäre der Fixsterne bestimmt ist und deren Zentrum mit dem Erdmittelpunkt zusammenfällt. Der gesamte Kosmos ist ein physikalisches Kontinuum, das in der sublunaren Region sich aus den vier Elementen Erde, Wasser, Luft und Feuer zusammensetzt, während seine himmlische Region mit ihren Sphären und den an sie gehefteten Sternen aus dem fünften Element, dem Äther besteht. Aristoteles negiert aufs entschiedenste die Existenz eines Vakuums und gibt eine Reihe von Gründen hierfür an, z. B. den, daß alles Geschehen nur durch das Medium definiert ist, in dem es vor sich geht. Daher auch seine Definition des Raumes als des Ortes eines Körpers relativ zu seiner materiellen Umgebung; dieser Ort ist demnach durch die innere Oberfläche der angrenzenden Körper definiert.

In Aristoteles' tiefschürfender Analyse des Zeitbegriffs erkennt man seine Bemühungen um eine Definition und Isolierung des punktartigen Jetzt innerhalb des dauernden Zeitflusses von der Vergangenheit in die Zukunft. Das Jetzt, als Punkt aufgefaßt, kann selber nicht Zeit sein, denn der Moment kann nicht mit Bewegung verknüpft werden. Wenn man aber zwei Momente ins Auge faßt, einen früheren und einen späteren, so kann man den Zeitablauf zwischen zwei solchen Momenten als Maß jeder Bewegung nehmen, indem man jedem Moment eine Zahl zuordnet. Daher Aristoteles' Definition der Zeit: «Zeit ist die Zahl der Bewegung in bezug auf früher und später.»

Was die Materie betrifft, so bestehen qualitative Veränderungen im wesentlichen in Umwandlungen eines Elements in ein anderes. Da die vier Elemente nach Aristoteles Kombinationen der vier Qualitäten sind (d. h. der zwei Gegensatzpaare warm – kalt und feucht – trocken), kann jede solche Umwandlung durch den Austausch einer Komponente mit einer anderen erklärt werden. Jeder Wandel, mit anderen Worten: jedes Entstehen und Vergehen, ist also letzten Endes nichts anderes als Mischung und Trennung von Qualitäten oder ihren Kombinationen. Ein aus der Mischung mehrerer Stoffe bestehender Körper enthält die verschiedenen Komponenten in der Form potentieller Körper, die bei seinem Zerfall wiederum als aktuelle Körper entstehen. In dieser Hinsicht war jedoch Aristoteles nicht ganz konsequent; er nahm an, daß wenn eine Komponente quantitativ die andere bei weitem überwiege, die schwächere Komponente sich sozusagen an die stärkere assimiliere. Ein Tropfen Wein in einer großen Wassermenge wird demnach seine Identität verlieren.

Bei Ortsveränderungen haben wir zwischen natürlichen Bewegungen, d. h. Bewegungen von Körpern auf ihren natürlichen Ort hin vermöge eines ihnen eingeborenen Strebens, und erzwungenen Bewegungen zu unterscheiden, die durch eine äußere Kraft verursacht werden. Der natürliche Ort der schweren Körper Erde und Wasser befindet sich im Zentrum der Erde oder in seiner näheren Umgebung, während derjenige der leichten Körper Feuer und Luft das Grenzgebiet zwischen der sublunaren und der himmlischen Region ist. Daher sind die natürlichen Bewegungen der vier materiellen Elemente gradlinig und endlich, durch die Grenzen der sublunaren Region bestimmt; die natürliche Bewegung des Äthers hingegen ist kreisförmig und ewig und findet an seinem natürlichen Ort, dem Himmel, statt; sie spiegelt damit geometrisch den ewigen Charakter des qualitätslosen Äthers wider. Die erzwungene Bewegung eines Körpers, z.B. eines Wurfgeschosses, hält solange an, als ein direkter Kontakt zwischen ihm und dem die Bewegung verursachenden Körper besteht. Mit anderen Worten: Ohne eine dauernd wirkende Kraft gibt es keine erzwungene Bewegung. Aristoteles mühte sich sehr ab, dieses falsche Gesetz durch die Annahme einer endlichen Kette von bewegenden und bewegten Körpern zu erklären. Immerhin sei darauf hingewiesen, daß seine Überlegungen eine erste Andeutung jenes Begriffs des Impetus enthalten, der sich erst in der hellenistischen Zeit auszubilden begann. Ferner ist zu beachten, daß Aristoteles, indem er die Zeit der Bewegung eines Körpers, seine Masse und die von ihm zurückgelegte Strecke mit der bewegenden Kraft verknüpfte, die erste quantitative Formulierung eines Bewegungsgesetzes gab, und daß dies Gesetz seine Gültigkeit behielt, bis es durch Newton widerlegt wurde.

Aristoteles' Theorie der Himmelssphären ist charakteristisch für seine realistische Einstellung und seinen Versuch, ein einheitliches System aufzustellen. Die konzentrischen Sphären des Eudoxos und Kallippos waren geometrische Kunstgriffe zur «Rettung der Phänomene» der Planetenumläufe, um damit die unregelmäßigen Bewegungen jedes Wandelsterns auf eine Kombination gleichförmiger Kreisbewegungen zurückzuführen. Aristoteles hingegen machte aus diesen Sphären physikalische Gegebenheiten, die aus dem fünften Element, dem Äther bestehen. Ferner stellte er alle Planeten (Sonne und Mond mit einbegriffen) als ein einziges System dar, vom Saturn, dessen Sphäre an die der Fixsterne grenzt, bis zum Mond, unterhalb dessen Sphäre sich die irdische Region befindet. Die Annahme einer solchen Einheit zwang Aristoteles zur Einführung einer Zahl von «aufrollenden Sphären», die zwischen jeder Sphäre und ihren Nachbarn eingeschaltet wurden und deren Funktion die Vereinigung aller Kreisbewegungen in die Bewegung eines einzigen Systems ist. Die Gesamtsumme aller Sphären für die sieben Planeten beläuft sich so auf fünfundfünfzig – ein hoher Preis, den Aristoteles für diese Vereinheitlichung zu zahlen hatte. Die von der Sonne ausgestrahlte Wärme erklärte er als Folge der Reibung, die durch die rapide Rotation der Sonnensphäre entsteht, denn der Äther, aus dem die Sonne besteht, ist ja qualitätslos und kann also selber nicht heiß werden.

Aristoteles' erkenntnistheoretische Ausführungen zeigen ihn auch als den Begründer der wissenschaftlichen Terminologie. Der Weg des Wissenschaftlers geht vom konkreten Ganzen, der Sinneswahrnehmung leichter Zugänglichen, zur Analyse der Vielfalt seiner Teile. Die konkrete Totalität, vor die der Naturforscher gestellt ist, ist die Natur, *physis,* ein Wort, dessen ursprüngliche Bedeutung «Wachstum» ist. Natürliche Dinge enthalten also ein Prinzip von Veränderung und Bewegung, die auch örtliche Bewegung in sich schließt, deren Beschreibung ohne die Begriffe von Raum und Zeit unmöglich ist; daher stellt Aristoteles ihre Untersuchung an den Anfang seiner Betrachtungen. Aus seiner Analyse des Satzes «Morgen wird eine Seeschlacht stattfinden» geht hervor, daß Aristoteles kein Determinist war, zumindest in bezug auf Geschehnisse, in die der Mensch eingreift.

Das Problem des Gegensatzes von Willensfreiheit und Schicksal tritt in seiner ganzen Schärfe erst im Zeitalter des Hellenismus auf, und zwar mit Epikur, dessen physikalische Erklärung der Willensfreiheit auf der Annahme ursachloser Abweichungen der Atome von ihren vorgeschriebenen Wegen beruht. Epikurs Philosophie ist im Lehrgedicht des Lukrez *Von der Natur der Dinge* dargestellt. Dieses Werk, 250 Jahre nach Epikur geschrieben, entrollt vor uns den wesentlichen Inhalt der Atomlehre, und seine poetische Form vermindert in keiner Weise die Klarheit und Präzision der Darstellung. Lukrez' Verse bilden eine gute Ergänzung der Ausführungen Epikurs, die in den Briefen an seine Schüler enthalten sind. In dem, was Epikur über die wissenschaftliche Erklärung der Himmelserscheinungen zu sagen hat, tritt die wesentliche Schwäche seiner Philosophie zutage, welche die Seelenruhe einer klaren und konsequenten wissenschaftlichen Einstellung vorzog. Andrerseits finden wir in Epikurs Atomlehre konzeptuelle Fortschritte über die demokritische Lehre hinaus, z.B. die zahlenmäßige Begrenzung der Atomformen auf einen sehr großen, aber endlichen Wert. Diese Begrenzung ist eine Folge von Epikurs Forderung, daß die Größe eines Atoms stets unterhalb der Grenze der Sichtbarkeit bleiben muß, denn ein sichtbares und qualitätsloses Atom würde einen inneren Widerspruch bedeuten.

Die mit der epikureischen Physik rivalisierende Kontinuumstheorie der Stoiker hielt sich, wie die stoische Philosophie als Ganzes, beinahe fünfhundert Jahre lang. Die Physik der Stoiker, durch wissenschaftliche Logik und Einheitlichkeit des Denkens ausgezeichnet, war im wesentlichen die Frucht der Arbeiten von Zenon, Chrysipp und Poseidonios. Diese Philosophen betrachteten das Universum als ein dynamisches Kontinuum, welches durch das Pneuma, das die gesamte Welt und die in ihr enthaltene Materie in totaler Mischung durchdringt, zu einer kohärenten Einheit gemacht wird, deren Teile durch die kosmische Sympathie zusammengehalten werden. Das Pneuma, eine Mischung der aktiven Elemente Feuer und Luft, durchzieht die Materie in einer Spannungsbewegung, ähnlich der Bewegung einer stehenden Welle, und verleiht ihr so eine Struktur und ihre spezifischen Eigenschaften. Nicht nur das organische Leben in allen seinen Äußerungen, also *Physis* und *Psyche,* wird durch das Pneuma bestimmt, sondern auch die *Hexis,* d.h. der physikalische Zustand anorganischer Körper. Die Stoiker haben auch als erste die Fortpflanzung eines physikalischen Zustands und die Ausbreitung von Schallwellen analog der von Wasserwellen erkannt und beschrieben. Durch seine Spannung wird das Pneuma zu einer Art von elastischem Medium, das zur Weiterleitung physikalischer Wirkungen dient. Ihre radikale Auffassung der Kontinuität des Universums und alles Geschehens machte die Stoiker zu konsequenten Deterministen. Sie versuchten, Willensfreiheit und Determinismus durch ihre These zu versöhnen, daß zwar des Menschen Wollen und Handeln einen integralen Teil des Kausalzusammenhangs aller Weltgeschehnisse bilde, daß es aber von den persönlichen Parametern jedes Individuums determiniert sei und seiner spezifischen Veranlagung entspringe, die ihm daher sein Gefühl der inneren Freiheit verleihe. Der Begriff des dynamischen Kontinuums brachte die Stoiker bis an die Schwelle der Infinitesimalrechnung, z.B. bei ihrer Definition der Gegenwart durch einen Einschachtelungsprozeß von zeitlichen Intervallen, aber das Fehlen einer mathematischen Symbolik verhinderte weitere Fortschritte in dieser Richtung.

Das goldene Zeitalter der griechischen Wissenschaft ist mit den Namen von Euklid, Archimedes, Eratosthenes, Apollonios von Perga und Hipparch verknüpft, in deren Forschungen die antike Wissenschaft ihren Höhepunkt erreichte. Zwei Auszüge aus Archimedes' Schriften sind in der Anthologie wiedergegeben. Der eine ist seiner Abhandlung *Der Sandrechner* entnommen, in der er eine Methode zur Darstellung sehr großer Zahlen entwickelt. Diese Methode wendete er auf die Berechnung der Zahl von Sandkörnern an, die in einer Kugel enthalten sind, deren Radius gleich der zu seiner Zeit angenommenen Entfernung der Erde von der Sonne ist. Dabei berichtet er von der heliozentrischen Hypothese seines Zeitgenossen Aristarch, die von der Mehrzahl der antiken Astronomen abgelehnt wurde, jedoch als Antizipation der kopernikanischen Idee von Interesse ist. In seinem Werk über *Die Methode* benutzt Archimedes der Mechanik entlehnte Überlegungen zur Aufstellung geometrischer Sätze. Wir finden dort auch Andeutungen einer Idee vom wissenschaftlichen Progreß; diese Idee kommt in klarer Formulierung in den Schriften des Stoikers Seneca zum Ausdruck. Er spricht über das Rätsel der Kometen und erklärt dabei, daß wissenschaftliche Forschung eine Aufgabe für Generationen ist, denn eine einzige Generation kann unmöglich alle Probleme der Wissenschaft lösen.

Die Vielfalt wissenschaftlicher Ideen der verschiedenen philosophischen

Schulen in der hellenistischen Zeit spiegelt sich in den Schriften Plutarchs wider (Beginn des 2. Jahrhunderts n. Chr.). Seine Abhandlung *Über das Mondgesicht* besteht aus einer Unterhaltung über wissenschaftliche und religiöse Themen, geführt von Anhängern verschiedener philosophischer Systeme. Das Hauptthema ist die Natur des Mondes, und hier finden wir astrophysikalische Vorstellungen von erstaunlicher Einsicht und naher Verwandtschaft mit modernen Ideen, wie z.B. die Hypothese von der universellen Natur der Gravitationskraft.

Das große Werk des Ptolemaios, der *Almagest,* verfaßt in der Mitte des 2. Jahrhunderts n. Chr., blieb das astronomische Standardwerk 1400 Jahre hindurch bis zu Kopernikus. Die in der Anthologie gebrachten Auszüge, die von den theoretischen und empirischen Grundlagen der geozentrischen Lehre handeln, können kein vollständiges Bild von der enormen Bedeutung des *Almagest* für die Geschichte der Astronomie vermitteln; diese Bedeutung beruht vor allem auf der ausführlichen Behandlung der mathematischen Probleme, die mit der Darstellung der Bewegungen von Mond, Sonne und den fünf Planeten zusammenhängen. Ptolemaios, gleich groß als beobachtender Astronom und als Mathematiker, faßt in seinem Buch seine eigenen Forschungen und die seiner Vorgänger zusammen, vor allem die Ergebnisse von Hipparch (2. Jahrhundert v. Chr.). Schon zu Beginn der hellenistischen Periode hatten astronomische Beobachtungen gezeigt, daß Eudoxos' Hypothese der konzentrischen Sphären unhaltbar war, denn die veränderliche Helligkeit der Planeten zeugt davon, daß ihre Abstände von der Erde nicht konstant sind. Apollonios, Hipparchos und Ptolemaios hielten jedoch an dem Prinzip fest, daß die Sternumläufe als Kombinationen gleichförmiger Kreisbewegungen darzustellen seien. Die zu dem Zweck von ihnen benutzten Kunstgriffe waren die Methode der exzentrischen Kreise, die der Epizykeln, oder die Kombination beider Methoden. Ptolemaios, der im allgemeinen den letzteren Weg einschlug, nahm für jeden Planeten einen Hauptkreis an, dessen Mittelpunkt mit dem der Erde nicht zusammenfiel, und einen Nebenkreis (Epizykel), auf dessen Peripherie sich der Planet bewegt; der Mittelpunkt des Epizykels bewegt sich zur gleichen Zeit auf der Peripherie des Hauptkreises. Die sich im Laufe der Jahrhunderte ständig verfeinernden Beobachtungen zwangen die Astronomen, die Einzelheiten dieser geometrischen Methode den empirischen Befunden je und je anzupassen, und dadurch wurde das ptolemäische System immer komplizierter. Im Prinzip erreichte es jedoch sein Ziel, «die Phänomene zu retten», in einem Maße, wie es vor der Erfindung des Teleskops kaum verbessert werden konnte.

Trotz dieser großen Erfolge des geozentrischen Systems konnten die

Kompliziertheit seiner Details und die Unmöglichkeit, zur Einheitlichkeit des einfachen Bildes der konzentrischen Sphären zu gelangen, Ptolemaios nicht restlos befriedigen. Im letzten Teil seines *Almagest* versucht er, sein Modell zu rechtfertigen, dessen Schwerfälligkeit von jener Einfachheit weit entfernt ist, welche nach der Auffassung der Pythagoreer und Platons die Bewegungen der Himmelskörper auszeichnen soll. Noch schwerere Bedenken bezüglich des ptolemäischen Systems finden sich im Lehrbuch der Astronomie des Proklos (Mitte des 5. Jahrhunderts). Sowohl in seiner Einleitung als auch in den abschließenden Worten spürt man die Zweifel eines orthodoxen Platonikers, der den originalen Gedanken Platons von der Einfachheit und Regularität der Himmelsbewegungen mit den Hypothesen und Berechnungen der mathematischen Astronomen vergleicht. Proklos scheint im ptolemäischen System kein wahres Abbild der Realität zu sehen, sondern nimmt es als einen rationalen Kunstgriff hin, der den Astronomen zur Erreichung ihrer praktischen Resultate verhelfen kann.

Das Erbe des wissenschaftlichen Denkens der klassischen und hellenistischen Zeit lebte in der philosophischen Literatur der Spätantike weiter, vor allem in den Schriften der Neuplatoniker. Im Geiste dieser Richtung war auch der christliche Philosoph Johannes Philoponos erzogen, der im 6. Jahrhundert in Alexandrien lehrte und einer der letzten Aristoteleskommentatoren war. Philoponos besaß eine umfassende naturwissenschaftliche Bildung und war ein Denker von großer Originalität und geistiger Unabhängigkeit. In seinen Kommentaren zu Aristoteles' physikalischen Schriften setzt er sich häufig mit ihm auseinander, und hier und da erweitert und ergänzt er die aristotelischen Konzeptionen. Dabei benutzt er gelegentlich äußerst lehrreiche Beispiele, die von seiner großen wissenschaftlichen Phantasie zeugen. In seinen Versuchen, Phänomene angemessen zu erklären, die mit der Idee einer universellen Harmonie unvereinbar sind, zeigt sich ein unverkennbarer Einfluß der Stoiker und Neuplatoniker. So unternimmt er es, eine Erscheinung, die nicht «gemäß der Natur» ist, mittels einer Art von «Störungstheorie» zu beschreiben. Ferner erweiterte er den zentralen aristotelischen Begriff vom Übergang von der Potentialität zur Aktualität durch den Begriff der «Tauglichkeit». Ein solcher Übergang ist nur dann möglich, wenn der in Frage kommende Körper für eine physikalische Aktualisierung tauglich ist. Interessant ist auch Philoponos' mechanistische Einstellung, z.B. wenn er den menschlichen Körper als eine Maschine auffaßt, die durch die Seele nicht mehr reaktiviert werden kann, wenn der Körper einmal aufgehört hat zu funktionieren.

Von historischer Bedeutung ist Philoponos' Auffassung der Bewegungsgesetze, die der aristotelischen Lehre widerspricht, und insbesondere sein

Ausbau der Idee des Impetus, mehrere Jahrhunderte nachdem sie von Hipparch zuerst ausgesprochen worden war. Die arabischen Philosophen übernahmen sie von Philoponos, und die europäischen Scholastiker setzten diese Tradition im Mittelalter fort; in der modernen Physik kam der Gedanke im Vektorbegriff der Bewegungsgröße oder im skalaren der kinetischen Energie wieder auf. Philoponos wendete den Impetusbegriff auch auf seine Lichttheorie an, indem er die von einer Lichtquelle emittierten Strahlen als einen Spezialfall des Impetus ansah. Noch wichtiger aber ist Philoponos' Kosmologie, die seiner monotheistischen Weltanschauung entsprang. Ausgehend von seinem Glauben an die Erschaffung von Himmel und Erde durch Gott aus dem Nichts, richtete er seine schärfsten Angriffe auf die aristotelische Annahme einer ewigen Dauer der Welt und ihrer Zweiteilung in eine himmlische und sublunare Region. Insbesondere versuchte er, durch physikalische Überlegungen Aristoteles' Theorie zu widerlegen, daß Sonne und Sterne aus Äther bestehen, und behauptete, daß sie Feuerherde seien, von derselben Art wie irdische Feuer und gleich diesen dem Gesetz des Entstehens und Vergehens unterliegend. Jede beliebige Materie, so betonte er, sei im Grunde genommen nichts anderes als eine dreidimensionale Ausdehnung, und auch in dieser Hinsicht bestehe daher kein Unterschied zwischen Himmel und Erde. Philoponos' Philosophie fand in der Spätantike keinen Widerhall, und es vergingen elfhundert Jahre, bis der Einfluß von Galileis Lehren eine Umwälzung des wissenschaftlichen Denkens herbeiführte.

DIE VORSOKRATIKER

ANAXIMANDER

1

Unter denen, die das Eine sowohl bewegend wie unbegrenzt angenommen haben, war Anaximander, Sohn des Praxiades aus Milet, Anhänger und Nachfolger des Thales: er behauptete, daß der Ursprung und das Element der seienden Dinge das Unbegrenzte sei, und er gebrauchte als erster diese Bezeichnung für das erste Prinzip. Er sagte, es sei weder Wasser noch irgendein anderes der als Elemente bezeichneten Stoffe, sondern ein anderer, unbegrenzter Stoff, aus dem alle Himmel und die in ihnen enthaltenen Welten geworden seien. Woraus aber das Werden ist der seienden Dinge, in das hinein geschieht auch ihr Vergehen gemäß der Notwendigkeit; denn sie zahlen einander gerechte Strafe und Buße für ihre Ungerechtigkeit gemäß der Ordnung der Zeit.

ANAXIMENES

2

Anaximenes von Milet, der Sohn des Eurystratos, sagte, wie sein Kollege Anaximander, daß der Urstoff eins und unbegrenzt ist. Jedoch im Gegensatz zu Anaximander sah er ihn nicht als unbestimmt an, sondern hielt ihn für einen bestimmten Stoff, nämlich für Luft. Sie erscheint in den Dingen, je nach ihrer Dünne oder Dichte, in verschiedener Form. Verdünnt wird sie zu Feuer und verdichtet zu Wind, dann zu Wolken, danach zu Wasser und schließlich zu Erde und Stein und aus diesen zu allem anderen. Auch nimmt er eine ewige Bewegung an, durch die der Wechsel entstehe.

3

Wie unsre Seele, die Luft ist, uns beherrschend zusammenhält, so umfaßt auch die ganze Weltordnung Hauch und Luft.

HERAKLIT

4
Wir steigen in dieselben Flüsse und tun es doch wieder nicht; denn wir sind und sind nicht.

5
Sie verstehen nicht, wie (das Eine), auseinanderstrebend, in sich übereinstimmt: Harmonie ist gegenstrebige Vereinigung wie beim Bogen und der Leier.

6
Die unsichtbare Harmonie ist stärker als die sichtbare.

7
Austausch für Feuer sind alle Dinge und Feuer für alle Dinge, wie Waren für Gold und Gold für Waren.

8
Die Natur liebt es, sich zu verbergen.

DIE PYTHAGOREISCHE SCHULE

9
Pythagoras aus Samos, Sohn des Mnesarchos, der Schöpfer des Wortes «Philosophie», bezeichnet als erste Prinzipien die Zahlen und die in ihnen enthaltenen Verhältnisse, die er auch Harmonien nennt; was aus beiden zusammengesetzt ist, sind die Elemente, die geometrische heißen. Auch die Einheit und die unbegrenzte Zweiheit gehören zu den ersten Prinzipien. Seiner Meinung nach zielen die einen dieser ersten Prinzipien auf die wirkende und formale Kraft hin, das ist Geist und Gott, die anderen auf die passive und materielle, das ist der sichtbare Kosmos. Die Wesenheit der Zahl aber ist die Zehn. Bis zur Zehn nämlich zählen alle Griechen, alle Barbaren; wenn sie dort angelangt sind, kehren sie wieder zur Eins zurück. Die Stärke der Zehn liegt, wie er sagt, in der Vier und der Vierzahl. Der Grund dafür: wenn man zur Eins die Zahlen bis zur Vier zusammenzählt, erhält man als Summe die Zehn.

10

Es scheint nun, daß diese Denker die Zahl für den Ursprung halten, als Materie der Dinge und auch zur Begründung ihrer Zustände und Verhaltensweisen. Als Elemente der Zahl nennen sie das Grade und Ungrade, und zwar das eine als unbegrenzt, das andere als begrenzt; die Eins bestünde aus beidem, da sie sowohl grad wie auch ungrad sei; von der Eins sei die Zahl abgeleitet, und aus Zahlen bestünde, wie schon gesagt, der ganze Himmel.

Andere aus derselben Gruppe sagen, es gebe zehn Prinzipien, und zwar in zwei Parallelreihen: Grenze und Unbegrenztes, Ungrades und Grades, Eines und Vielzahl, Rechts und Links, Männlich und Weiblich, Ruhend und Bewegt, Gerade und Krumm, Licht und Dunkel, Gut und Schlecht, Quadrat und Rechteck.

11

Man kann die Frage aufwerfen, ob, wie manche behaupten, dieselbe Zeit wiederkehren wird [...] Wenn man den Pythagoreern Glauben schenken kann, so wird alles einmal zahlenmäßig dasselbe sein, und ich werde wieder zu euch sprechen mit dem Stab in der Hand, und ihr werdet wie jetzt vor mir sitzen, und genau so wird es sich mit allem anderen verhalten; und es liegt auf der Hand, daß auch die Zeit dieselbe sein wird. Denn die Bewegung ist ein und dieselbe, und ebenso die Folge vieler Dinge, die sich wiederholen, und dies gilt auch von der Zahl. Daher wird alles identisch sein, also auch die Zeit.

12

Daraus ergibt sich auch, daß die Behauptung, es entstünde bei der Bewegung der Gestirne eine Musik, indem die Töne zusammenstimmten, zwar fein und originell ist, aber keineswegs wahr. Einige meinen nämlich, es sei notwendig, daß so große Körper, wenn sie sich bewegen, ein Geräusch vollführen, wie es auch die Körper bei uns tun, die doch nicht dieselbe Masse haben und auch nicht mit solcher Schnelligkeit bewegt werden. Wenn aber Sonne und Mond und die Gestirne in solcher Zahl und Größe sich bewegen, sei es ausgeschlossen, daß dadurch nicht ein ungeheures Geräusch entstehe. Wird nun dies vorausgesetzt und ebenso, daß die Geschwindigkeiten infolge der Abstände das Verhältnis der musikalischen Harmonie hätten, so folgt, daß der Ton der Kreisbewegung der Gestirne ein harmonischer sei. Da es ferner unglaubhaft scheint, daß wir nicht diesen Ton hören, so geben sie als Ursache davon an, der Ton sei gleich von unserer Geburt an vorhanden, so daß wir ihn gar nicht von einer ihm entgegengesetzten Stille abheben könnten. Denn Ton und Stille würden nur durch Vergleich erkennbar sein; so wie es bei den Schmieden infolge der Gewöhnung keinen Unterschied mehr zu machen scheint, so geschehe es in diesem Falle mit den Menschen überhaupt.

13

Obwohl die meisten Leute sagen, daß die Erde im Zentrum liege [...], behaupten die Italiker, Pythagoreer genannt, das Gegenteil. Sie sagen, daß in der Mitte ein Feuer sei; die Erde aber sei eines der Gestirne und würde sich im Kreise um die Mitte drehen und Nacht und Tag machen. Sie nehmen außerdem noch eine zweite, dieser gegenüberstehende Erde an, die sie die Gegenerde nennen; indem sie dabei ihre Theorien und Erklärungen nicht nach den Phänomenen richten, sondern vielmehr die Phänomene zu bestimmten Theorien und Anschauungen herzuzwingen und anzupassen suchen.

Freilich mögen auch viele andere diese Ansicht teilen, daß man der Erde nicht den Platz in der Mitte zuteilen dürfe, indem sie die Beweise nicht aus den Phänomenen zusammensuchen, sondern eher aus theoretischen Erwägungen. Sie meinen nämlich, daß das Ehrwürdigste den ehrwürdigsten Platz erhalten solle; das Feuer sei aber ehrwürdiger als die Erde und die Grenze ehrwürdiger als das Dazwischen.

ALKMAION

14

Alkmaion erklärt, die Gesundheit werde zusammengehalten durch das Gleichgewicht der Kräfte: des Feuchten und Trockenen, des Kalten und Warmen, des Bitteren und Süßen, und so aller übrigen. – Die Alleinherrschaft des einen oder des anderen Prinzips bei ihnen errege Krankheit. Denn verderblich wirke die Alleinherrschaft einer der gegensätzlichen Kräfte. Krankheit ergebe sich, was ihre Ursache betrifft, durch das Übermaß von Wärme oder Kälte, ihr Anlaß aber aus dem Übermaß oder Mangel an Speisen. – Der Ort der Krankheit sei zu suchen im Blut, dem Mark oder dem Hirn. Manchmal entstünden aber auch hier Krankheiten infolge äußerer Ursachen: infolge bestimmter Wasser und deren Zusammensetzung, durch eine bestimmte Gegend, durch Überanstrengung, durch Not oder dergleichen. Gesundheit dagegen beruhe auf der gleichmäßigen Mischung der Qualitäten.

PHILOLAOS

15
Alles, was man erkennen kann, hat Zahl. Ohne diese kann man mit dem Gedanken nichts erfassen oder erkennen.

16
Mit Natur und Harmonie aber verhält es sich folgendermaßen: Das Wesen der Seinsdinge, das ewig ist, und die Natur selbst erfordert göttliche und nicht menschliche Erkenntnis; allerdings würde nichts von der seienden Dingwelt von uns auch nur erkannt werden können, wenn dem Erkennen das Wesen der Seinsdinge, aus dem die Weltordnung entstand, nicht zugrunde läge, der begrenzten wie der unbegrenzten. Da aber diese beiden Prinzipien [die Eins und die Zwei] als in sich ungleich und unverwandt zugrunde lagen, so wäre es sichtlich unmöglich gewesen, aus ihnen eine Weltordnung zu begründen, wenn nicht die Harmonie dazugetreten wäre, gleichgültig, auf welche Weise auch immer diese entstanden sein mag. Das einander Gleiche und das Verwandte bedurfte ja nimmer der Harmonie; dagegen muß notwendigerweise das Ungleiche und Unverwandte und ungleich Gerichtete durch eine solche Harmonie zusammengeschlossen werden, durch das sie imstande ist, im Kosmos zusammenzubleiben.

17
Denn die Harmonie ist Einigung von Buntgemischtem und Zusammenstimmung von verschieden Gestimmtem.

18
Der Körper [Elemente] der Weltkugel sind es fünf: in der Kugel Feuer, Wasser, Erde und Luft und als fünftes der Kugel Lastschiff.

ARCHYTAS

19
Schön erscheinen mir die Erkenntnisse, die die Mathematiker erworben haben, und es braucht nicht zu verwundern, daß sie über die einzelnen Dinge, so wie sie wirklich sind, in richtiger Weise denken. Denn da sie sich

über die Natur des Alls richtige Einsicht verschafft haben, mußten sie folglich auch über die Beschaffenheit der einzelnen Dinge den rechten Blick gewinnen. Daher haben sie uns auch über die Geschwindigkeit der Gestirne und ihre Auf- und Untergänge ein klares Wissen überliefert und ebenso über Geometrie, Arithmetik und Sphärik und nicht zum geringsten über Musik. Denn diese Wissenschaften scheinen verschwistert zu sein. Beschäftigen sie sich doch mit den beiden verschwisterten Urgestalten des Seienden [Zahl und Größe].

ZENON

20
Zenon schafft die Bewegung ab, wenn er erklärt: «Das Bewegte besitzt weder Bewegung an dem Ort, an dem es sich gerade befindet, noch bewegt es sich an dem Ort, wo es sich nicht befindet.»

21
Hinsichtlich der Bewegung gibt es vier Beweise des Zenon, die denen, die sie umstoßen wollen, Schwierigkeiten machen. Der erste Beweis dafür, daß Bewegung nicht stattfindet, ist der, daß das Bewegte zur Hälfte des Weges gelangt sein muß, bevor es zu dessen Ende kommt.

22
Der zweite Beweis ist der sogenannte «Achilleus». Er zielt dahin, daß das langsamste Wesen im Laufe niemals von dem schnellsten eingeholt werden kann. Der verfolgende Teil muß immer erst zu dem Punkte gelangen, von dem der fliehende schon aufgebrochen ist. Das langsamere Wesen muß also immer einen gewissen Vorsprung haben.

23
Der dritte Beweis ist der: daß der fliegende Pfeil ruht. Das rührt her von der Annahme, die Zeit sei eine Folge von gegenwärtigen Augenblicken.

24
Der vierte Beweis betrifft zwei gleich große Fahrzeuggruppen auf der Rennbahn; die eine erstreckt sich von einem Ende der Rennbahn bis zu ihrer Mitte, die andere von ihrer Mitte bis zum andern Ende. Wenn beide sich in

entgegengesetzter Richtung mit gleicher Schnelligkeit aneinander vorbeibewegen, so folge nach Zenon daraus, daß die halbe Fahrzeit gleich ihrem Doppelten sei.

EMPEDOKLES

25
Zweierlei will ich dir künden. Einmal nämlich wächst ein einziges Sein aus Mehrerem heran, ein andermal scheidet es sich wieder und wird so aus Einem zu Mehrerem. Zweifach ist also der sterblichen Dinge Entstehung, zweifach auch ihre Abnahme. Denn der Zusammenschluß aller Stoffe wirkt zeugend und zerstörend auf die eine, die andere aber, eben zusammengewachsen, verfliegt, wenn sie sich wieder trennen. Und diese ständige Wandlung kommt nimmer zur Ruhe: bald vereinigt sich alles zu Einem durch die Liebe, bald aber trennen sich wieder die einzelnen Stoffe im Haß des Streites. Insoweit nun Eines aus Mehrerem zu entstehen gelernt hat und aus dem Zerfall des Einen wieder Mehreres entwächst, entstehen sie, und ihr Leben bleibt nicht unverändert; insofern aber ihre ständige Umwandlung nie aufhört, bleiben sie während des Kreislaufs unveränderlich. [...] Feuer, Wasser, Erde und der Luft unendliche Höhe; von diesen aber abgesondert der unselige Streit, der überall gleich gewichtige, und inmitten die Liebe, in Länge und Breite die gleiche. [...] Diese sind alle gleichstark und von gleicher Entstammung. Jedes aber von ihnen hat ein anderes Amt und sein besonderes Wesen, eines ums andere gewinnen sie Macht im Umlauf der Zeiten.

26
Wie wenn Maler Weihetafeln bunt verfertigen, Männer, die sich auf Kunst infolge ihrer Begabung wohl verstehen, – nachdem sie nun vielfarbige Gifte mit ihren Händen ergriffen und harmonisch gemischt haben, das eine mehr, das andere weniger, bereiten sie daraus Gestalten, die allem möglichen gleichen, indem sie Bäume schaffen und Männer sowie Frauen und Tiere und Vögel und wassergenährte Fische, und auch Götter, langlebige, an Ehren reichste –: so soll dir nicht Trug den Sinn bezwingen, anderswoher stamme die Quelle aller sterblichen Dingen, soviele – unzählige – offenbar geworden sind.

27
Abwechselnd aber gewinnen sie [die Elemente und Kräfte] die Oberhand im Umschwung des Kreises und vergehen ineinander und wachsen im Wechsel der Bestimmung. Denn eben nur diese sind, doch durcheinander laufend werden sie zu Menschen und anderer Tiere Geschlechtern, indem sie sich bald in Liebe vereinigen zu einer gefügten Ordnung, bald auch wieder die einzelnen Dinge sich trennen im Hasse des Streites, bis sie, zum All-Einen zusammengewachsen, wieder unterliegen.

Warum die Erde unbewegt ist

28
Andere wie Empedokles sagen, daß die Bewegung des Himmels, die im Kreise herumläuft und schneller ist als die Bewegung der Erde, diese hindere wie bei dem Wasser in den Bechern; denn auch dieses kommt, während der Becher im Kreise bewegt wird, oft unterhalb des Erzes zu liegen und wird aus derselben Ursache nicht nach unten bewegt, obschon dies seine naturgemäße Bewegung ist.

Die Lehre von den «Ausflüssen»

29
Manche meinen, eine Wirkung komme immer dadurch zustande, daß das letzte und hauptsächliche Wirkungsmittel durch gewisse feine Kanäle oder Poren eindringe, und auf diese Weise könnten wir auch sehen und hören und die andern Wahrnehmungen machen; wir könnten ferner durch Luft und Wasser und durchsichtige Stoffe hindurch sehen, weil diese Poren enthielten, die wegen ihrer Kleinheit unsichtbar seien, dicht und reihenweise, um so mehr, je durchsichtiger der Stoff sei. Manche, wie Empedokles, haben diese Erklärung noch weiter geführt und nicht nur auf Wirken und Leiden angewandt, sondern behaupten, auch mischen ließe sich nur, was zueinander passende Poren habe.

30
Weshalb der Magnet Eisen anzieht. Empedokles behauptet, daß auf Grund der Ausflüsse, die von beiden Seiten stattfinden, und auf Grund der Poren des Magneten, die den Ausflüssen des Eisens symmetrisch sind, sich das Eisen auf den Magneten zu bewege. Denn dessen Ausflüsse stoßen die Luft,

die an den Poren des Eisens lagert, fort und setzen die die Poren verstopfende Luft in Bewegung. Wenn diese verdrängt sei, dann folge das Eisen seinem Ausfluß, der in seiner Gesamtheit auf einmal erfolge. Denn wenn sich die Ausflüsse des Eisens auf die Poren des Magneten zu in Bewegung setzten, folge, weil sie diesen symmetrisch wären und in sie hineinpaßten, auch das Eisen mitsamt seinen Ausflüssen und gerate so in Bewegung.

31
Empedokles sagte, daß das Licht eine strömende Substanz sei, die nach Aussendung von der Lichtquelle erst den Raum zwischen Himmel und Erde erreicht und von dort zu uns kommt. Infolge der Geschwindigkeit seiner Bewegung können wir dies nicht wahrnehmen.

ANAXAGORAS

Die Lehre von den gleichartigen Teilen

32
Uranfänge seien die gleichartigen Körperchen [Homoiomerien]; wie nämlich das Gold aus Goldstäubchen bestehe, so sei das Ganze aus den gleichartigen kleinen Körpern zusammengesetzt. Der Anfang der Bewegung sei der Geist.

33
Denn weder gibt es beim Kleinen ja ein Kleinstes, sondern stets ein noch Kleineres (denn es ist unmöglich, daß das Seiende zu sein aufhöre) – aber auch beim Großen gibt es immer ein Größeres. Und es ist dem Kleinen an Menge gleich; für sich ist aber jedes Ding sowohl groß wie klein.

34
Wenn sich dies aber so verhält, so muß man annehmen, daß in allem, was sich vereinigt, Vieles und Mannigfaltiges enthalten ist und Keime von allen Dingen, die mannigfaltige Gestalten, Farben und Geschmäcke haben.

35
Und da gleichviel Teile vom Großen und vom Kleinen vorhanden sind, auch so betrachtet dürfte in allem alles enthalten sein. Auch kann es kein Sonderdasein geben, sondern alles hat an allem seinen Anteil. Da kein Kleinstes sein kann, so könnte es sich nicht absondern, auch nicht für sich sein, sondern wie anfangs so auch jetzt muß alles beisammen sein. In allen Dingen aber sind viele Stoffe enthalten und von den sich abscheidenden Stoffen die gleiche Menge in den größeren wie in den kleineren Dingen.

Der Geist beherrscht die Bewegungen der Materie

36
Das Übrige besitzt an allem Anteil. Aber der Geist ist etwas Unendliches und unbeschränkt Mächtiges und mit keinem Dinge vermischt, sondern allein, selbst, für sich. Denn wäre er nicht für sich, sondern irgend etwas beigemengt, hätte er an allen Dingen Anteil, wenn er mit irgend etwas vermischt wäre. Denn in allem ist ein Anteil von allem enthalten, wie ich es vorhin darlegte. Darum würden die beigemengten Stoffe ihn behindern, so daß er nicht auf dieselbe Weise über irgendein Ding herrschen könnte, wie wenn er allein nur für sich existierte. Denn von allen Dingen ist er das feinste und das reinste, hat von allem Kenntnis und ist am gewaltigsten an Kraft. Und über alles, was nur immer eine Seele besitzt, Größeres wie Kleineres, herrscht der Geist.

Es herrscht auch der Geist über die Gesamtheit der wirbelnden Bewegung, so daß er auch dieser Bewegung den ursprünglichen Antrieb verleiht. Und ganz zu Anfang nahm dieser Wirbel von einer kleinen Stelle seinen Ausgang, er greift aber weiter aus und wird noch weiter ausgreifen. Und alles, was sich da mischte und voneinander sonderte und sich schied, all das erkannte der Geist.

Und allem schuf der Geist seine Ordnung, so wie es in Zukunft werden sollte und wie es vordem war, und wie es jetzt nicht mehr besteht, und so wie es gegenwärtig ist; ebenso die Wirbelbewegung, die jetzt die Gestirne und die Sonne, der Mond und die Luft und der Äther, die sich voneinander schieden, vollführen. Eben diese Wirbelbewegung ist die Ursache für ihre Ausscheidung. Und zwar scheidet sich vom Dünnen das Dichte, vom Kalten das Warme, vom Dunkeln das Helle und vom Feuchten das Trockene. Daran haben viele Anteile vieler Stoffe teil. Vollständig aber scheidet sich nichts vom andern oder kann sich trennen voneinander, mit Ausnahme des Geistes.

37
Und als der Geist die Bewegung begann, sonderte er sich ab von allem, was da in Bewegung gesetzt wurde; und soviel der Geist in Bewegung setzte, das wurde alles voneinander geschieden. Während der Bewegung und Scheidung aber bewirkte die Umdrehung eine noch viel stärkere Scheidung voneinander.

38
Aus diesen sich abscheidenden Mengen verfestigt sich die Erde. Denn aus den Wolken scheidet sich das Wasser ab, aus dem Wasser die Erde, aus der Erde festigen sich die Steine unter Einwirkung des Kalten, diese aber drängen sich noch mehr heraus als das Wasser.

Die Natur der Himmelskörper

39
Denn es war nach dem Glauben der meisten ein ungeheurer Stein vom Himmel in den Ziegenfluß gefallen, und er wird noch jetzt gezeigt, und die Chersonesiten erweisen ihm Verehrung. Es heißt auch, Anaxagoras habe vorausgesagt, von den am Himmel befestigten Körpern werde infolge einer eintretenden Schwankung oder Erschütterung einer sich losreißen und herabstürzen. Auch befinde sich von den Sternen nicht jeder an dem ihm wesensgemäßen Orte; denn sie seien steinartig und schwer und leuchteten vermöge des Gegenstoßes und Rückpralls des Äthers, und sie würden durch die ungeheure Gewalt des Umschwungs festgehalten und mitgerissen.

40
Sonne, Mond und Sterne sind feurige Steine, die die Umdrehung des Äthers mitmachen [. . .] Die Sonne übertrifft den Peloponnes an Größe. Der Mond hat kein eigenes Licht, sondern er erhält es von der Sonne.

41
Auf dem Mond gibt es bewohnte Orte, aber auch Hügel und Täler.

Sinne, Wahrnehmung und Wirklichkeit

42
Infolge der Schwäche unserer Sinne sind wir außerstande, die Wahrheit zu erkennen.

43
Das Sichtbare öffnet uns die Schau ins Unsichtbare.

DIOGENES VON APOLLONIA

44
Denn ohne Einwirkung des Geistes wäre eine solche Verteilung unmöglich, daß es von allen Dingen ein bestimmtes Maß gebe, von Winter und Sommer, Tag und Nacht, Regen, Wind und schönem Wetter. Auch von allem anderen, wenn man nur richtig darüber nachdenken will, wird man finden, daß es in einer Art geordnet ist, wie sie schöner nicht sein könnte.

LEUKIPPOS

Die atomistische Erklärung der Materie

45
Leukippos nun und sein Gefährte Demokrit bezeichnen als Elemente das Volle und das Leere und nennen jenes seiend, dieses nicht-seiend: das Volle und das Feste ist das Seiende, das Leere aber das Nicht-seiende (darum sagen sie auch, daß das Seiende nicht eher sei als das Nicht-seiende und so auch der Körper nicht eher als das Leere), und diese beiden sind die Ursachen der Dinge im Sinne der Materie. Und wie nun diejenigen, die die zugrunde liegende Wesenheit als eine ansetzen und das übrige durch deren wechselnde Zustände entstehen lassen, indem sie das Dünne und das Dichte als die ursprünglichen Zustände nehmen, auf dieselbe Weise nennen auch diese die Differenzierungen als die Ursachen alles Weiteren. An solchen Differenzierungen führen sie drei auf, die Gestalt, die Anordnung und die Lage. Sie

sagen ausdrücklich, daß sich das Seiende nur durch «Formung», «Verbindung» und «Wendung» differenziere, wobei sie unter «Formung» die Gestalt verstehen, unter «Verbindung» die Anordnung und unter «Wendung» die Lage. Und zwar unterscheidet sich A von N durch die Gestalt, AN von NA durch die Anordnung, endlich Z von N durch die Lage.

46
Leukippos sagt in seiner Schrift über den Geist: «Nichts ereignet sich von selbst, sondern alles geschieht aus einem sinnvollen Grund und unter dem Druck der Notwendigkeit.»

DEMOKRIT

Atomismus

47
Demokrit nimmt an, daß es die Natur der ewigen Substanzen sei, aus unzähligen kleinen Seinsbestandteilen sich zusammenzusetzen. Für diese stellt er sich einen anderen, unendlich ausgedehnten Raum vor. Er gibt aber diesem Raum folgende Bezeichnungen: Das Leere, das Nichts, das Unendliche. Jeden dieser Seinsbestandteile nennt er das Irgendetwas, das Feste und das Wesende. Er glaubt, daß die Seinsbestandteile dermaßen klein seien, daß sie sich unserer Wahrnehmung entziehen. Ihnen eignet eine große Mannigfaltigkeit von Formen und Gestaltungen. Auch an Größe seien sie verschieden. Aus diesen läßt er, gleichwie aus Urelementen, die für unsere Augen erkennbaren und die überhaupt sinnlich wahrnehmbaren Körper entstehen und sich zusammensetzen. Sie befänden sich in unruhiger Bewegung und würden infolge ihrer Ungleichheit und wegen der anderen erwähnten Unterschiedlichkeiten im leeren Raum herumgetrieben. Bei ihrer Bewegung aber stießen sie aufeinander und verflöchten sich zu einer derartig engen Verbindung, daß sie untereinander ganz nahe zusammengerieten. Aber er läßt dabei aus ihnen keinerlei wirkliche Einheit entstehen. Denn es wäre doch völlig unsinnig, daß aus zwei oder mehreren Seinsbestandteilen jemals ein einziges werden könne. Dafür aber, daß sie eine gewisse Zeit über miteinander vereinigt bleiben, sieht er den Grund in ihrer wechselseitigen Verbindung und in dem Aneinanderhaften der Urkörper. Denn die einen von ihnen hätten Formen von ungleichseitiger Begrenzung, andere seien hakenartig gebogen, wieder andere muldenartig eingebuchtet oder nach außen

gewölbt, noch andere zeigten unzählige Varianten unterschiedlicher Gestaltung.

Sie hafteten, so meint er, genau so lange Zeit über aneinander und blieben solange beisammen, bis von außen her irgendein stärkerer Zwang sich einstelle und durch sein Dazutreten ihre Verbindung erschüttere, sie trenne und sie endlich zerstreue.

48

Das Sehen nun läßt er [Demokrit] durch Abbildung erfolgen. Über diese aber hat er eine besondere Meinung. Die Abbildung erfolge nämlich nicht sofort in der Pupille, sondern die Luft zwischen dem Auge und dem gesehenen Gegenstand empfange von dem Gegenstand und dem Sehenden einen Eindruck, indem sie sich zusammenziehe. Denn von jedem Ding erfolge ständig ein Ausfluß. [...]

Schwer und leicht unterscheidet Demokrit auf Grund der Größe. Denn wenn jedes Ding in seine einzelnen Teile zerlegt würde, dann würde, wenn die Teile sich auch der Form nach unterschieden, die Substanz ihr Gewicht auf Grund der Größe haben. Unter den gemischten Körpern sei freilich derjenige leichter, der mehr Leeres enthalte; schwerer dagegen der, der weniger davon habe. An einigen Stellen hat er sich so geäußert. An anderen Stellen aber erklärt er als leicht einfach das Feine. Ähnlich äußert er sich auch über das Harte und Weiche. Hart sei nämlich das Feste, weich das Lockere, und das «mehr» und das «weniger» usw. ergebe sich aus dieser Regel. In gewisser Weise unterscheide sich die Lage und die Verteilung der leeren Stellen beim Harten und Weichen von der beim Schweren und Leichten. Deshalb sei das Eisen härter, das Blei dagegen schwerer. Denn das Eisen sei ungleichmäßig zusammengesetzt und habe an vielen Stellen und in großem Umfang Leeres in sich, in einigen jedoch sei es dicht zusammengeballt, aber im Ganzen habe es mehr Leeres als das Blei. Das Blei, das weniger Leeres enthalte, sei an allen Stellen gleichmäßig zusammengesetzt, deshalb sei es schwerer, aber weicher als Eisen. [...] Das Scharfe also sei seiner Form nach eckig, stark gebogen, klein und dünn. Wegen seiner Ätzkraft dringe es schnell und an allen Stellen in den Körper ein, und weil es rauh und eckig sei, ziehe es ihn zusammen. Deshalb erwärme es auch den Körper, weil es Hohlräume schaffe; am besten erwärme sich nämlich, was das meiste Leere in sich habe. Das Süße bestehe aus runden, nicht allzu kleinen Formen. Deshalb verteile es sich gänzlich über den Körper und gelange – nicht gewaltsam und nicht schnell – überall hin. [...] Von den Farben bezeichnet Demokrit vier als die einfachen. Weiß sei das Glatte. Denn alles das, was nicht rauh sei, nichts verberge, beim Durchgang keinem Widerstand begegne, sei glänzend. [...] Das Schwarze bestehe aus Formen entgegengesetzter Art, aus rauhen, ungleichmäßigen und ungleichförmigen. Dadurch bewirke es Dunkel, und die Poren seien nicht gerade und nicht leicht durchlässig. Ferner seien die Abflüsse träge und ungeregelt. Auch beim Abfluß mache es nämlich einen Unterschied aus, in welcher Beschaffenheit er sich dem Vorstellungsvermögen darstelle, das je nach Aufnahme der Luft seine Beschaffenheit ändere. Das Rote setze sich aus ähnlichen Formen wie das Warme zusammen, nur seien sie größer. Denn wenn die Zusammensetzungen größer seien – bei im übrigen gleicher Beschaffenheit der Formen –, sei das Rot intensiver. Ein Beweis dafür, daß das Rote aus derartigen Formen besteht, sei folgendes: Wenn wir uns erwärmen, werden wir rot, und ebenso alles andere, das in Glut gerät, bis es feuerartige Farbe annimmt. Röter sei, was aus großen Formen bestehe, wie ja auch die Flamme und das Holzfeuer aus frischem Holz röter seien als aus trockenem Holz. Das gelte auch vom Eisen und von allem anderen, das in Glut versetzt wird. Glänzender sei nämlich, was das meiste und feinste Feuer habe, röter aber, was das dickere und weniger intensive Feuer habe. Deshalb sei das, was röter ist, auch weniger heiß. Denn heiß sei das feine Feuer.

Die Grenzen der Erkenntnis

49
Aber auch diese Meinung offenbart, daß wir von nichts etwas wissen, sondern eines jeglichen Ansicht bildet sich aus dem Zustrom von Wahrnehmungseindrücken.

50
Und doch wird es klar werden, daß es seine Schwierigkeiten hat, zu erkennen, wie jedes Ding in Wirklichkeit beschaffen ist.

51
«Von der Erkenntnis aber gibt es zwei Formen, die echte und die dunkle; und zur dunklen gehören folgende allesamt: Gesicht, Gehör, Geruch, Geschmack, Getast, die andere aber ist die echte, von jener abgesonderte.» Im Folgenden setzt er den Vorrang der echten vor der dunklen Erkenntnis auseinander und fügt die Worte hinzu: «Wenn die dunkle nicht mehr ins Kleinere sehen oder hören oder riechen oder schmecken oder in der Berührung wahrnehmen kann, sondern die Untersuchung ins Feinere geführt werden muß, dann tritt an ihre Stelle die echte, die ein feineres Erkenntnisorgan besitzt.»

52
Nachdem Demokrit sein Mißtrauen gegen die Sinneswahrnehmungen in dem Satze ausgesprochen hat: «Der gebräuchlichen Redeweise nach gibt es Farbe, Süßes, Bitteres, in Wahrheit aber nur die Atome und das Leere», läßt er die Sinne gegen den Verstand reden: «Armer Verstand, von uns nahmst du die Beweisstücke und willst uns damit niederwerfen? Dein Sieg ist dein Fall!»

DIE KLASSISCHE PERIODE: PLATON

Die rationale Erklärung des Universums

53
Denn die Entstehung dieser Weltordnung beruht auf einer Mischung, die sich aus der Vereinigung von Notwendigkeit und Vernunft ergab. Indessen regierte die Vernunft über die Notwendigkeit, indem sie sie dazu überreden konnte, das meiste von dem Entstehenden zum Besten zu führen; aus diesem Grunde also und weil sich die Notwendigkeit der vernünftigen Überredung unterwarf, kam dieses All von Anfang an so zustande.

54
SOKRATES: Nun geht aber doch, glaube ich, das Wissen und die verschiedenen Lehrgebiete zum Teil auf die schöpferische Tätigkeit aus, zum anderen aber auf die Erziehung und die Bildung; oder wie?

PROTARCHOS: Ja, so ist es.

SOKRATES: Nehmen wir also zunächst die handwerksmäßigen Künste und überlegen uns, ob ein Teil davon mehr und ein anderer weniger mit dem Wissen zusammenhängt und ob wir also das eine als im höchsten Grade rein, das andere aber als weniger rein bezeichnen sollen.

PROTARCHOS: Ja, das sollten wir.

SOKRATES: Von beiden Arten des Wissens müssen wir nun doch diejenigen aussondern, die eine maßgebende Rolle spielen.

PROTARCHOS: Welche denn und wie?

SOKRATES: Wenn man zum Beispiel von allen Künsten die Rechenkunst und die Meßkunst und die Statik absonderte, so wäre doch das, was von jeder noch übrig bleibt, sozusagen bedeutungslos.

PROTARCHOS: Jawohl, ganz bedeutungslos.

SOKRATES: Wenigstens blieben uns danach nur noch Schätzungen übrig und die Übung unserer Wahrnehmungen mit Hilfe der Erfahrung und einer gewissen Routine, wobei wir dazu noch die Kräfte des Vermutens anwendeten, die viele als Künste bezeichnen, die aber nur nach mühevoller Übung ihre Wirkung ausüben können.

Die geometrische Atomlehre

55

Daß zunächst nun Feuer und Erde und Wasser und Luft Körper sind, das ist wohl jedem klar; zum Wesen jedes Körpers gehört es aber, daß er räumliche Ausdehnung besitzt. Und ferner muß die räumliche Ausdehnung unbedingt eine Oberfläche um sich herum haben; jede geradlinige Grundfläche aber besteht aus Dreiecken. Alle Dreiecke jedoch gehen ursprünglich auf zwei zurück, von denen jedes einen rechten und zwei spitze Winkel hat. Von diesen zeigt das eine auf beiden Seiten die Hälfte eines rechten Winkels, der durch zwei gleiche Seiten auseinandergehalten ist; das andere hat ungleiche Teile eines rechten Winkels, zugeteilt an ungleiche Seiten. Diesen Ursprung nehmen wir also an für das Feuer und für die übrigen Körper, indem wir dem Gedankengang folgen, der sich aus der Wahrscheinlichkeit und der Notwendigkeit ergibt. Ihre Ursprünge aber, so weit sie noch weiter zurückliegen, kennt Gott allein und von den Menschen nur, wer ihm lieb ist. Wir müssen nun also erklären, dank welcher Beschaffenheit gerade vier Körper zu den schönsten werden, die sich zwar unähnlich sind, aber doch, indem sie sich auflösen, die Möglichkeit haben, der eine aus dem anderen zu entstehen; denn wenn wir so weit gelangt sind, besitzen wir auch schon die Wahrheit über die Entstehung von Erde und Feuer und von den Elementen, die sich in entsprechenden Abständen zwischen diesen befinden. Und wir werden niemandem einräumen, daß irgendwo schönere Körper als diese zu sehen sind, ein jeder seiner besonderen Gattung gemäß. Wir müssen uns also bemühen, diese vier Gattungen von Körpern, die sich durch ihre Schönheit auszeichnen, miteinander in Verbindung zu bringen und zu beweisen, daß wir ihre Natur hinlänglich begriffen haben. Bei diesen beiden Dreiecken nun hat das gleichschenklige nur eine Beschaffenheit, das ungleichschenklige dagegen zahllose. So müssen wir denn unter diesen unendlich vielen das schönste aussuchen, wenn wir auf die richtige Weise beginnen wollen. Falls nun aber jemand zur Zusammensetzung dieser Körper etwas Besseres auswählen und nennen kann, so sehen wir in ihm, wenn er sich uns überlegen zeigt, nicht unseren Feind, sondern einen Freund. – Nun also, wir setzen von den vielen Dreiecken eines als das schönste und lassen die anderen beiseite; es ist das, aus deren zwei das gleichseitige Dreieck als drittes entstanden ist. Warum das so ist, dafür brauchte es eine zu lange Erklärung; wer aber nachweist und herausfindet, daß sich das so verhält, dem gehört in aller Freundschaft der Kampfpreis. Es sollen also zwei Dreiecke ausgewählt werden, aus denen die Körper des Feuers und der übrigen Elemente gebildet sind; eines davon ist das gleichschenklige, das andere ist jenes, bei dem stets das Quadrat über der größeren Seite das Dreifache ist von dem Quadrat über der kleineren Seite. Was wir aber vorhin nur ungefähr gesagt haben, das müssen wir jetzt genauer bestimmen. Es machte nämlich den Anschein, als würden die vier Gattungen alle eine aus der anderen entstehen; das war aber ein falscher Eindruck. Denn es entstehen wohl die vier Gattungen aus den Dreiecken, die wir ausgewählt haben, drei davon aus dem einen, das ungleiche Seiten hat, aber nur die vierte allein ist aus dem gleichschenkligen Dreieck zusammengefügt. Es ist also nicht möglich, daß alle sich gegenseitig ineinander auflösen und daß aus vielen kleinen ein paar wenige große entstehen und umgekehrt, sondern das ist nur bei den ersten drei möglich; denn da diese alle aus *einer* Art Dreieck entstanden sind, werden durch Auflösung der größeren viele kleine aus ihnen entstehen und die Formen annehmen, die ihnen zukommen. Und umgekehrt, wenn zahlreiche kleine Körper in Dreiecke zerlegt sind, so wird daraus eine einzige Zahl entstehen, die *einer* Masse entspricht, und diese würde schließlich wieder *eine* andere große Gestalt ausmachen.

So viel soll also gesagt sein über ihre Entstehung aus einander; wie aber jede ihrer Arten und aus dem Zusammentreffen wie vieler Zahlen sie entstanden sind, das wäre nun anschließend zu erklären. Den Anfang wird denn also die erste Art machen, diejenige, die aus den kleinsten Teilen zusammengesetzt ist; ihr Bauelement ist das Dreieck, dessen Hypotenuse doppelt so lang ist wie die kleinere Kathete. Wenn nun je zwei dieser Art mit der Hypotenuse als Diagonale zusammengelegt werden und wenn das dreimal in der Weise gemacht wird, daß die drei Diagonalen und die drei kurzen Katheten alle in einem Punkt wie in einem und demselben Zentrum zusammenstoßen, so hat sich damit aus den sechs Dreiecken ein einziges, gleichseitiges ergeben. Vier solche gleichseitige Dreiecke aber, mit je drei Flächenwinkeln zusammengefügt, bilden zusammen einen stereometrischen Winkel, der unmittelbar auf den stumpfsten der vier flächenhaften Winkel folgt. Sind nun aber vier solche Winkel gebildet, so ergibt sich daraus die erste Art eines stereometrischen Gebildes, das die Eigenschaft hat, die gesamte Oberfläche einer Kugel in gleiche und ähnliche Stücke zu teilen.

Die zweite Raumfigur ergibt sich aus den selben Dreiecken, wobei sich aber je acht zu einem gleichseitigen Dreieck vereinigt und zusammen einen einzigen stereometrischen Winkel aus vier flächenhaften gebildet haben; hat man dann sechs dieser Art entstehen lassen, so wurde damit der zweite Körper vollendet. Der dritte aber ergab sich aus der Zusammenfügung von zweimal sechzig Grunddreiecken und zwölf stereometrischen Winkeln, wobei jeder von fünf Flächen aus gleichseitigen Dreiecken umfaßt wird; er bekam so zwanzig gleichseitige Dreiecke als Grundflächen.

Nachdem nun das eine der beiden Grunddreiecke diese drei Körper hervorgebracht hatte, war es seiner Aufgabe ledig. Dagegen brachte nun das gleichschenklige Dreieck die Natur des vierten Körpers hervor: je vier solche traten zusammen; ihre rechten Winkel vereinigten sich im Mittelpunkt und bildeten so ein einziges gleichseitiges Viereck. Wenn man aber sechs dieser Art zusammenfügte, ergaben sich acht stereometrische Winkel, deren jeder aus drei rechtwinkligen Flächen zusammengefügt war. Die Form aber des Körpers, der so entstand, war ein Kubus, dessen Grundflächen sechs gleichseitige Vierecke sind. [...] Verteilen wir nun die vier Gattungen, wie sie sich jetzt durch unsere Untersuchung ergeben haben, auf Feuer und Erde und Wasser und Luft. Der Erde wollen wir also die kubische Form zuweisen; denn sie ist die unbeweglichste von den vier Gattungen und der bildsamste von allen Körpern; mit aller Notwendigkeit kann aber nur der so beschaffen sein, der auch die festesten Grundlagen hat, und von den Dreiecken, die wir zu Beginn angenommen haben, ist dasjenige mit zwei gleichen Seiten von Natur aus eine sicherere Grundlage als jenes mit ungleichen Seiten, und auch die gleichseitige Fläche, die aus diesen beiden zusammengesetzt ist, hat als Viereck sowohl in ihren Teilen als im Ganzen notwendig einen festeren Stand, als wenn die Oberfläche ein gleichseitiges Dreieck ist. Wenn wir daher diese Form der Erde zuweisen, bleiben wir damit bei der Aussage, die die Wahrscheinlichkeit für sich hat. Dem Wasser dagegen geben wir die Gestalt, die von den drei noch übrigen die schwerbeweglichste ist; die am leichtesten bewegliche geben wir dem Feuer und die mittlere der Luft. Und den kleinsten Körper geben wir dem Feuer, den größten dem Wasser und den mittleren der Luft; ferner den spitzigsten dem Feuer, den zweitspitzigsten der Luft und den dritten dem Wasser. Bei diesen allen muß also dasjenige, was von Natur die kleinsten Grundflächen hat, das beweglichste sein; es ist auch das in jeder Hinsicht am besten teilbare und spitzigste von allen, zudem auch das leichteste, weil es aus den wenigsten gleichen Teilen besteht; das zweite aber muß das alles in geringerem Maße zeigen und das dritte noch weniger. Wenn wir das richtig überlegen und dabei die Wahrscheinlichkeit berücksichtigen, so muß also die körperhafte

Form der Pyramide Baustein und Same des Feuers sein; diejenige Gestalt, die sich uns anschließend als die zweite ergab, bezeichnen wir als Baustein der Luft, und die dritte sei der des Wassers. Diese alle müssen wir uns nun aber so klein denken, daß jedes einzelne von jeder Gattung wegen seiner Kleinheit für uns nicht sichtbar ist, daß wir aber wohl, wenn sie in großer Zahl versammelt sind, ihre Massen wahrnehmen können. Und was im besonderen die Verhältnisse hinsichtlich ihrer Menge und ihrer Bewegungen und ihrer übrigen Eigenschaften betrifft, so hat Gott diese Teile überall, soweit es die Natur der Notwendigkeit, freiwillig oder von ihm überredet, zuließ, ganz genau ausgeführt und sie in richtiger Proportion harmonisch zusammengefügt.

Nach alledem dürfte es sich mit den Gattungen, die wir vorhin beschrieben haben, wahrscheinlich wie folgt verhalten: Wenn Erde beim Zusammentreffen mit Feuer durch dessen Spitzigkeit aufgelöst wurde – mag das nun im Feuer selbst geschehen sein oder in einer Masse von Luft oder Wasser –, so wird sie wohl so lange umhergetrieben, bis ihre Teile wieder irgendwo zusammentreffen und sich miteinander verbinden und so wieder zu Erde werden – denn in eine andere Erscheinungsform könnten sie nie übergehen. Wasser aber, das von Feuer oder auch von Luft in Stücke geteilt wird, läßt es zu, daß, wenn die Teile wieder zusammentreten, ein Körper von Feuer und zwei von Luft entstehen; wenn aber Luft aufgelöst wurde, so dürften die Teile von *einem* Stück wohl zwei Körperchen Feuer ergeben. Und umgekehrt, wenn ein kleines Stück Feuer von einer Masse Luft oder Wasser oder irgend von Erde umschlossen wird und von deren Bewegung mitgerissen und im Kampfe überwältigt und in Stücke geschlagen wird, so verdichten sich zwei Körperchen Feuer zu einem Gebilde von Luft. Und wenn die Luft überwältigt und zerstückelt wird, so wird sich aus zwei ganzen und einem halben Teil davon ein ganzes Gebilde Wasser zusammengesetzt haben. Wir wollen uns das nämlich auch folgendermaßen überlegen: wenn im Feuer irgendeine der anderen Gattungen von diesem ergriffen wird und daran ist, durch die Schärfe von dessen Ecken und Kanten zerschnitten zu werden, so wird sie, wenn sie die Natur des Feuers annimmt, nicht länger zerschnitten; denn keine Gattung, die sich ähnlich oder mit sich selbst identisch ist, kann eine Veränderung bei etwas bewirken oder etwas erleiden, durch das, was ebenfalls mit sich identisch und sich ähnlich ist. So lange es aber in irgendein anderes gerät und als schwächeres gegen ein stärkeres kämpfen muß, wird es immer wieder zersetzt. Umgekehrt die kleineren Elemente: wenn eine geringe Zahl von diesen von zahlreichen größeren umschlossen ist, so wird sie zwar in Stücke zerschlagen und zersetzt; sind sie aber damit einverstanden, in die Gestalt des überlegenen Elements einzugehen, so werden sie nicht länger ausgelöscht, und so wird dann aus Feuer Luft oder aus Luft Wasser. Wenn sich dagegen die beiden gleich sind und so ein Element an das andere gerät und mit ihm kämpft, so nimmt die Zersetzung kein Ende, bis entweder das eine, völlig ausgestoßen und aufgelöst, zu seiner verwandten Gattung Zuflucht nimmt oder bis es besiegt und aus einer Vielzahl zu einem Eins geworden ist, das dem obsiegenden Element ähnlich ist und dort nun dauernd mit diesem zusammenlebt. [...]

Alle die unvermischten und ursprünglichen Körper sind also durch solche Ursachen entstanden; für die Tatsache aber, daß sich innerhalb der vier Arten verschiedene Gattungen gebildet haben, ist die Zusammensetzung der beiden Grundbestandteile verantwortlich zu machen; denn jede der beiden brachte anfangs nicht nur ein Dreieck von einer bestimmten Größe hervor, sondern auch kleinere und größere und so zahlreiche, wie es bei den vier Arten verschiedene Gattungen gibt. Wenn sich infolgedessen diese Dreiecke entweder untereinander oder gegenseitig miteinander vermischen, so ergeben sie eine unbegrenzte Mannigfaltigkeit. Diese muß also in Betracht gezogen werden, wenn man sich über ihre Natur mit einer wahrscheinlichen Erklärung auslassen will.

Vernunft und Beobachtung in der Naturwissenschaft

56

«Und wenn du mir nun eben vorgeworfen hast, Sokrates, daß ich die Astronomie aus gemeinen Gründen lobe, so will ich sie nun nach deiner Art loben. Denn das ist offenbar jedem klar, daß sie die Seele nötigt, nach oben zu blicken, und daß sie sie von den Dingen hier fort nach drüben führt.»

Vielleicht, sagte ich, ist das jedem klar, nur mir nicht; denn ich bin anderer Meinung.

«Welcher denn?» fragte er.

Daß sie so, wie sie heute von denen betrieben wird, die zur Philosophie hinaufführen wollen, gerade bewirkt, daß man nach unten blickt.

«Wie meinst du das?» fragte er.

Ich glaube, du machst dir von der Art, wie die Gewinnung der Lehre über die Dinge dort oben vor sich geht, einen recht ungewöhnlichen Begriff, sagte ich. Wenn jemand an der Decke Gemälde betrachtet und sich hintenüberbeugt, um etwas zu erkennen, dann meinst du offenbar auch, er betrachte sie mit dem einsichtigen Denken und nicht mit den Augen. Vielleicht ist deine Ansicht richtig und die meine einfältig. Denn ich kann nicht glauben, daß eine andere Lehre die Seele nach oben blicken läßt als die vom

Seienden und vom Unsichtbaren. Und wenn auch jemand mit offenem Mund nach oben oder mit geschlossenem Munde nach unten gafft und so etwas Wahrnehmbares erkennen möchte, so sage ich doch nie und nimmer, daß er eine Lehre gewinne – denn dergleichen hat nichts mit Wissenschaft zu tun –, und seine Seele schaut nicht nach oben, sondern nach unten, und wenn er dabei auch zu Lande oder zu Wasser auf dem Rücken schwimmt.

«Da habe ich meine Strafe», erwiderte er; «du hast recht, daß du mich gescholten hast. Doch wie meintest du das, man müsse die Astronomie auf andere Art lernen, als das heute geschieht, wenn dieses Lernen für unsere Zwecke förderlich sein soll?»

Auf folgende Weise, sagte ich. Die glänzenden Bilder am Himmel, die ja im Sichtbaren geschaffen sind, sollen wir wohl für die schönsten und genauesten dieser Art halten, aber doch für etwas, das hinter den wahren Gebilden weit zurückbleibt und hinter jenen Bewegungen, welche die wirkliche Schnelligkeit und die wirkliche Langsamkeit in der wahren Zahl und in allen wahren Figuren im Verhältnis zueinander ausführen und dabei das, was in ihnen begriffen ist, bewegen, alles Dinge, die ja wohl in vernünftiger Rede und im Nachdenken faßbar sind, nicht aber mit dem Gesichtssinn. Oder meinst du?

«Auf keinen Fall», sagte er.

Jenes glänzende Bildwerk am Himmel, fuhr ich fort, soll man nun also nur als Illustration verwenden, um die Lehren von jenem anderen zu gewinnen, ähnlich, wie wenn jemand auf die hervorragenden Bilder stößt, welche Daidalos oder ein anderer Künstler oder Maler gezeichnet und ausgearbeitet hat. Wenn sie einer sieht, der sich auf die Geometrie versteht, so wird er wohl finden, daß sie in der Ausführung sehr schön seien, daß es aber lächerlich wäre, sie ernsthaft zu studieren, als könnte man darin die Wahrheit über das Gleiche oder das Doppelte oder sonst ein Verhältnis erfassen.

«Natürlich wäre das lächerlich», sagte er.

Meinst du nicht, fuhr ich fort, es werde einem wirklichen Astronomen ganz gleich ergehen, wenn er die Bewegungen der Sterne betrachtet? Er wird finden, der Himmel und was an ihm ist, sei von seinem Baumeister so schön zusammengefügt worden, wie solche Werke nur gefügt werden können. Das Verhältnis der Nacht zum Tage aber und dasjenige dieser beiden zum Monat und das des Monats zum Jahre und das der übrigen Gestirne zu diesen und zueinander – glaubst du, er würde den nicht für einfältig halten, der da meint, alles das sei ewig und ändere sich nie, während es doch körperliche und sichtbare Gebilde sind, und man müsse an ihnen durchaus die Wahrheit zu erfassen suchen?

«Das glaube ich auch, wenn ich es jetzt so höre», sagte er.

Wir wollen sie also nur als Anlässe zum Nachdenken gebrauchen und die Astronomie gleich wie die Geometrie behandeln, fuhr ich fort, wollen aber die Gebilde am Himmel beiseite lassen, wenn wir uns wirklich mit der Astronomie beschäftigen wollen, um das von Natur Vernünftige in der Seele, das zunächst unbrauchbar ist, brauchbar zu machen.

«Da forderst du freilich viel mehr als das, was heute die Astronomen leisten», sagte er. [...]

Daß sich unsere Zöglinge ja nicht unterstehen, auf diesem Gebiet etwas Halbes zu lernen, das nicht stets auf das hinausläuft, wohin alles führen soll, wie wir das eben von der Astronomie gesagt haben. Oder weißt du nicht, daß man es mit der Harmonie ganz ebenso hält? Die Konsonanzen und Töne, die sie hören, messen sie gegeneinander ab und machen sich damit endlose Mühe, ganz ebenso wie die Astronomen.

«Ja, bei den Göttern», rief er, «und das auf recht lächerliche Weise. Da reden sie von irgendwelchen Verdichtungen und neigen ihr Ohr, um noch einen Laut in der Nachbarschaft zu erhaschen. Die einen behaupten dann, sie hörten dazwischen noch irgendeinen Ton und das kleinste Intervall, das als Maß dienen müsse; die anderen bestreiten das und sagen, die Töne seien nunmehr gleich. Und beide stellen dabei das Ohr höher als die vernünftige Einsicht.»

Du sprichst gewiß von den guten Leuten, sagte ich, die die Saiten quälen und foltern, indem sie sie auf Wirbel schrauben. Damit aber der Vergleich nicht zu weit geht und wir nicht von Schlägen mit dem Plektron und von Anklagen, vom Leugnen und von den Ausreden der Saiten sprechen müssen, will ich ihn nicht weiterführen. Ich erkläre, daß ich nicht diese Leute meine, sondern jene Pythagoreer, von denen wir eben sagten, wir wollten sie über die Harmonie befragen. Denn diese machen es ganz gleich wie die Astronomen. Sie suchen die Zahlen, die in den gehörten Konsonanzen liegen, aber sie lassen sie nicht zu Anlässen des Nachdenkens werden, um zu untersuchen, welche Zahlen harmonisch sind und welche nicht, und weshalb sie das oder jenes sind.

Die Prinzipien der Naturerkenntnis

57
Da bei allen Forschungsgegenständen, bei denen nach Prinzipien, Ursachen oder Elementen gefragt wird, ein Wissen und Verstehen dadurch zustande kommt, daß man jenes begreift (denn wir sind der Meinung, daß wir jedes Einzelne dann begreifen, wenn wir seine ersten Ursachen, seine ersten Prinzipien und schließlich seine Elemente erkannt haben), so ist es klar, daß man auch im Felde der Naturwissenschaft versuchen muß, das zu bestimmen, was die Prinzipien angeht. Der naturgemäße Weg führt nun von dem, was uns bekannter und deutlicher ist, zu dem, was seiner eigenen Natur nach deutlicher und bekannter ist; denn das, was uns erkennbar ist, und das, was schlechthin erkennbar ist, ist nicht dasselbe. Darum ist es notwendig, auf eben diese Weise fortzuschreiten von dem, was seiner Natur nach undeutlicher, uns aber deutlicher ist, zu dem, was seiner eigenen Natur nach deutlicher und erkennbarer ist. Für uns nun ist fürs erste klar und deutlich dasjenige, was eher miteinander vermischt ist; später werden aus diesem die Elemente und die Prinzipien erkennbar, wenn man nämlich dieses analysiert. Darum muß man vom Allgemeinen zum Einzelnen fortschreiten; erkennbarer ist nämlich dasjenige, was für die Wahrnehmung ein Ganzes ist; das Allgemeine aber ist eine Art von Ganzem; denn das Allgemeine umfaßt vieles als seine Teile.

58
Nun müssen aber gewiß die Prinzipien der wahrnehmbaren Dinge wahrnehmbar sein, der ewigen ewig und der vergänglichen vergänglich und überhaupt alle ihrem Substrat entsprechend.

59
Von dem, was existiert, existiert das eine von Natur, das andere aus anderen Ursachen. Von Natur existieren die Tiere und ihre Teile, ferner die Pflanzen und die einfachen Körper, wie Erde, Feuer, Luft und Wasser (von diesen und ähnlichen Dingen sagen wir nämlich, daß sie von Natur existieren). Es zeigt sich, daß dies alles unterschieden ist von dem, was nicht von Natur zusammengesetzt ist. Von diesen Dingen hat nämlich jedes den Ursprung der Bewegung und Ruhe in sich selbst; und zwar handelt es sich um die Ortsbewegung, um die Bewegung des Wachsens und Abnehmens und um diejenige der qualitativen Veränderung. Ein Bett jedoch und ein Mantel

und dergleichen haben, sofern sie als ein Bett und ein Mantel ins Auge gefaßt werden und sofern sie ein Produkt der Technik sind, von Natur keinen Ursprung einer Bewegung in sich selbst; sie haben einen solchen nur insofern und insoweit sie aus Stein oder Erde oder aus einer Mischung solcher Dinge bestehen. So ist also die Natur ein Ursprung und eine Ursache von Bewegung und Ruhe für diejenigen Dinge, denen Bewegung und Ruhe primär und an sich und nicht bloß zusätzlich zukommen.

60

Nachdem wir dies bestimmt haben, müssen wir an den Ursachen untersuchen, welcher Art und wieviele an Zahl sie sind. Da nämlich unsere Arbeit auf das Wissen zielt und wir der Meinung sind, daß wir etwas erst dann wissen, wenn wir bei jedem einzelnen das Warum erfaßt haben (und dies bedeutet: die erste Ursache erfaßt haben), so ist es klar, daß wir in der selben Weise auch vorgehen müssen im Bezug auf Werden und Vergehen und überhaupt auf jede natürliche Veränderung; wir müssen die Prinzipien davon kennenlernen und dann versuchen, jedes einzelne Problem auf die Prinzipien zurückzuführen.

Auf eine erste Weise heißt Ursache das, aus dem als aus seinen Bestandteilen etwas entsteht, also etwa das Standbild aus Erz, die Schale aus Silber und entsprechend aus den übergeordneten Gattungen.

Auf eine andere Weise ist Ursache die Form und das Modell, d.h. der Begriff des Wesens und seine Gattungen; in diesem Sinne ist das Verhältnis 2:1 der Wesensbegriff der Oktave und noch allgemeiner die Zahl, und ebenso auch die Teile einer solchen Definition.

Weiterhin ist Ursache der Ursprung von Veränderung und Ruhe, wie etwa Ursache derjenige ist, der eine Handlung veranlaßt hat, oder wie der Vater die Ursache seines Kindes ist und wie allgemein das Bewirkende die Ursache des Bewirkten ist und das Verändernde die Ursache des Veränderten.

Endlich gibt es die Ursache als das Ziel. Dieses ist dasjenige, um dessentwillen etwas geschieht, wie man etwa um seiner Gesundheit willen spazieren geht. Denn warum geht einer spazieren? Da werden wir antworten: «Damit er gesund bleibt», und wenn wir diese Antwort gegeben haben, sind wir der Meinung, daß wir die Ursache seines Tuns angegeben haben. Dasselbe gilt auch für alles, was zwischen dem Ursprung der Bewegung und dem Zielpunkt in der Mitte steht, also für die Gesundheit etwa das Abmagern oder das Purgieren, die Arzneien oder die ärztlichen Instrumente. All dies dient nämlich dem Endzweck und unterscheidet sich nur darin, daß das eine Tätigkeiten sind, das andere instrumentale Mittel.

In so vielen Bedeutungen ungefähr sprechen wir also von Ursachen.

61
Daß nun das Seiende ist wann es ist, und das Nichtseiende nicht ist wann es nicht ist, ist notwendig. Gleichwohl ist nicht notwendig, weder daß alles Seiende ist, noch daß alles Nichtseiende nicht ist. Denn es ist nicht dasselbe, daß alles Seiende notwendig ist wann es ist, und daß es schlechthin notwendig ist, und gleiches gilt von dem Nichtseienden.

Und mit der Kontradiktion hat es dieselbe Bewandtnis. Es ist notwendig, daß alles entweder ist oder nicht ist und sein wird oder nicht sein wird. Es ist aber nicht notwendig, daß man eins von beiden getrennt für sich behauptet. Ich will z. B. sagen: es ist notwendig, daß morgen eine Seeschlacht sein oder nicht sein wird, es ist aber nicht notwendig, daß morgen eine Seeschlacht sein wird oder daß sie nicht stattfindet; notwendig aber ist, daß sie entweder stattfindet oder nicht.

Da somit die Behauptungen in derselben Weise wahr sind wie die Dinge, so muß offenbar bei allem, was sich so verhält, daß in dem einen wie in dem anderen Falle auch das Gegenteil möglich ist, die kontradiktorische Aussage sich ebenso verhalten. Das erfüllt sich eben bei dem, was nicht immer ist oder nicht immer nicht ist. Denn da muß zwar ein Glied der Kontradiktion wahr sein, bzw. falsch, aber nicht dieses oder jenes bestimmte Glied, sondern beliebig das eine oder das andere von beiden, und es muß vielleicht auch das eine eher wahr sein als das andere, aber doch nicht so, daß es notwendig wahr wäre oder falsch.

Alle Dinge sind im Hinblick auf einen Zweck entworfen

62
Auch von den abstrakten Dingen kann keines Gegenstand der Naturwissenschaft sein, da die Natur alles zu einem bestimmten Zweck macht. Wie nämlich in den Werken der Kunst die Kunst, so zeigt sich auch in den natürlichen Gegenständen ein bestimmtes Prinzip und eine Ursache ähnlicher Art, die wir vom All her besitzen, wie das Warme und Kalte. Darum ist es auch wahrscheinlicher, daß der Himmel durch eine derartige Ursache entstanden ist, wenn er entstanden ist, und daß noch eher er durch eine derartige Ursache ist als die sterblichen Lebewesen. Denn das Geordnete und Bestimmte ist an den Himmelsdingen viel sichtbarer als bei uns; das bald so und bald anders Sein und das Zufällige findet sich weit mehr bei den sterblichen Dingen.

Die Naturphilosophen freilich behaupten, daß von den Lebewesen jedes einzelne durch die Natur existiere und geworden sei, daß aber der Himmel durch Zufall und von selbst so sich zusammengesetzt habe, wobei doch von Zufälligem und Ungeordnetem überhaupt nichts zu sehen ist.

Überall reden wir von solcher Zweckgerichtetheit, wo ein Ziel zu sehen ist, auf das die Bewegung hinsteuert, soweit nichts sie hindert. Es ist also klar, daß es etwas Derartiges gibt, was wir Natur nennen.

63

Es erhebt sich nun die Frage, warum man nicht annehmen kann, daß die Natur ohne Zweck wirkt und nicht, weil es so besser ist, sondern lediglich aus Notwendigkeit; so regnet es etwa vom Himmel herunter, nicht damit das Getreide wächst, sondern weil die aufgestiegene Luft sich notwendigerweise abkühlt, die abgekühlte Luft Wasser wird und als Wasser wieder herunterkommt; nur nebenbei ergibt es sich, daß das Getreide wächst, wenn dies geschieht. Dasselbe gilt, wenn etwa einem Bauern das Getreide in der Scheune verfault; es regnet ja nicht, damit das Getreide verfault, sondern beim Regen ergibt es sich eben so. Dementsprechend scheint auch nichts die Annahme zu verbieten, daß es sich mit den Teilen eines lebenden Organismus gleich verhält, etwa daß notwendigerweise die vorderen Zähne scharf sind und geeignet, die Speise zu zerkleinern, die hinteren aber breit und tauglich dazu, die Nahrung weich zu machen; die Zähne sind nicht etwa um dieses Zweckes willen so gestaltet, sondern es hat sich bloß so ergeben. Dasselbe könnte auch von den anderen Teilen angenommen werden, bei denen man eine Zweckmäßigkeit zu erkennen glaubt.

Wo nun, allgemein gesagt, alles sich so ergab, als ob es um eines Zweckes willen entstanden wäre, da hat es sich am Leben erhalten, da es von selbst sich auf eine passende Weise bildete. Was jedoch nicht auf diese Weise zustande kam, das ging zugrunde und geht auch heute noch zugrunde, wie es Empedokles sagt von den Wesen, «die die Gestalt von Rindern und das Gesicht von Menschen haben».

So etwa wäre das Problem zu entwickeln, und vielleicht auch noch auf andere Weise. Es ist jedoch unmöglich, daß es sich auf diese Weise verhält. Diese Dinge nämlich und alles, was von Natur ist, entsteht immer auf diese Weise oder doch mindestens in der Mehrzahl der Fälle; bei dem jedoch, was zufällig und von selbst entsteht, ist dies niemals der Fall. Es sieht nämlich durchaus nicht nach einem Zufall oder nach einem bloßen Zusammentreffen aus, wenn es im Winter immer wieder regnet, sondern nur, wenn dies in den Hundstagen geschieht. Ebenso ist die große Hitze kein Zufall in den Hundstagen, wohl aber im Winter. Wenn nun diese Erscheinungen nur entweder zufällig oder auf einen bestimmten Zweck hin entstehen können, und wenn es unmöglich ist, daß sie durch ein bloßes Zusammentreffen und von selbst entstehen, so bleibt doch wohl nur die Annahme übrig, daß sie um eines Zweckes willen entstehen. Daß aber alle diese Erscheinungen von Natur sind, werden wohl auch diejenigen zugeben, die jenes behaupten. Also gibt es in dem, was von Natur entsteht und ist, etwas Zweckgerichtetes.

Weiterhin geschieht überall, wo es einen Zweck gibt, das frühere und das, was nachher kommt, um dieses Zweckes willen. Wie nun etwas geschieht, so ist es auch von Natur, und wie es von Natur ist, so geschieht auch jedes einzelne, falls nicht ein Hindernis dazwischen kommt. Die Dinge geschehen nun um eines Zweckes willen; also sind sie auch von Natur um eines Zweckes willen. Wenn etwa ein Haus von Natur entstehen würde, so würde es wohl genau so entstehen, wie es jetzt durch die Technik entsteht; und wenn das, was von Natur entsteht, nicht nur von Natur, sondern auch durch die Technik entstehen würde, so entstünde es genau so, wie es von Natur entstanden ist.

In diesem Sinne also entsteht das Eine um des Andern willen.

Allgemein gesagt vollendet die Technik einerseits dasjenige, was die Natur zustandezubringen nicht fähig ist; andererseits ahmt sie die Natur nach. Wenn nun alles, was im Sinne der Technik geschieht, um eines Zweckes willen geschieht, so ist es klar, daß dasselbe auch für das Naturgemäße gilt. Denn das Spätere und das Frühere verhalten sich in den Vorgängen der Technik und in denjenigen der Natur in gleicher Weise zueinander.

Das Unbegrenzte

64

Die Annahme, daß es etwas Unbegrenztes gibt, könnte man wohl aus fünf Gründen bei der Überlegung glaubwürdig finden: erstens wegen der Zeit (diese ist nämlich unbegrenzt), zweitens wegen der unbegrenzten Teilbarkeit der Körpergrößen (in diesem Sinne verwenden ja auch die Mathematiker den Begriff des Unbegrenzten), drittens weil nur dann das Werden und Vergehen nicht aussetzen wird, wenn der Vorrat, von dem das Werdende genommen wird, unbegrenzt ist; weiterhin muß das Begrenzte immer an etwas anderes angrenzen, so daß es notwendigerweise überhaupt keine letzte Grenze gibt, wenn immer eines an das andere angrenzt. Der größte und wichtigste Punkt, der allen Philosophen die gleiche Schwierigkeit bereitet, ist aber der folgende: es scheint möglich zu sein, eine unendliche und unbegrenzte Zahlenreihe zu denken, ebenso die mathematischen Größen und ebenso den Raum jenseits des Himmels. Wenn nun dieser äußere Raum unbegrenzt ist, dann muß es dort auch einen unbegrenzten Körper geben und unbegrenzt viele Welten. Denn warum sollte es hier eher etwas Leeres geben als dort? Wenn es also eine Körpermasse an einer Stelle gibt, so gibt es sie auch an allen Stellen. Anders gesagt muß es auch einen unbegrenzten Körper geben, wenn es ein unbegrenztes Leeres und einen unbegrenzten Raum gibt. Denn im Bereich des Ewigen gibt es keinen Unterschied zwischen dem, was möglich ist und dem, was wirklich ist.

Die Untersuchung des Unbegrenzten hat freilich ihre Schwierigkeiten. Denn mag man das Unbegrenzte annehmen oder nicht, in beiden Fällen ergibt sich viel Unmögliches. Schwierig ist es auch festzustellen, auf welche Weise es existiert: existiert es als eine Wesenheit oder als etwas, was einer Wesenheit von Natur und an sich zukommt, oder gilt keines von beiden, und müssen wir dennoch ein unbegrenzt Großes oder unbegrenzt Vieles annehmen?

65

Allgemein gesagt ist es offensichtlich unmöglich, gleichzeitig einen unbegrenzten Körper anzunehmen und andererseits den Körpern einen bestimmten Ort anzuweisen, wenn nämlich jeder wahrnehmbare Körper entweder schwer oder leicht ist, und wenn er schwer ist, sich von Natur zum Mittelpunkt hin bewegt, wenn aber leicht, dann nach oben. Notwendigerweise müßte auch der unbegrenzte Körper sich gleich verhalten, und zwar so, daß er entweder in seiner Totalität die eine der beiden Bewegungen ausführt, oder, daß die eine Hälfte von ihm eine, die andere die entgegengesetzte Bewegung ausführt. Doch all dies ist unmöglich. Denn wie wird man dies trennen? Oder wie wird es beim Unbegrenzten ein Oben und ein Unten, eine Peripherie und einen Mittelpunkt geben können?

Weiterhin befindet sich jeder wahrnehmbare Körper an einem bestimmten Ort im Raum; ihrer Art nach unterscheiden sich aber diese Orte als Oben und Unten, Vorne und Hinten, Rechts und Links. Diese Unterschiede bestehen nicht nur im Bezug auf uns und konventionell, sondern sie sind auch im All selbst vorhanden. Beim Unbegrenzten jedoch kann es sie nicht geben.

Allgemein gesagt: wenn es keinen unbegrenzten Raum geben kann, aber jeder Körper in einem Raum ist, so ist es auch unmöglich, daß es einen unbegrenzten Körper gibt.

Überdies befindet sich das, was sich irgendwo befindet, im Raum, und was sich im Raum befindet, befindet sich irgendwo. Wenn nun das Unbegrenzte keine Quantität sein kann (es müßte ja eine bestimmte Quantität sein, wie etwa zwei Ellen oder drei Ellen; denn dergleichen verstehen wir unter Quantität), so müßte auch das, was im Raume ist, an einem bestimmten Ort sein, nämlich oben oder unten oder nach irgend einer anderen der sechs Bestimmungen. Von diesen aber ist eine jede gleichzeitig eine Grenze.

Aus dem Gesagten ergibt es sich, daß es faktisch keinen unbegrenzten Körper geben kann.

Raum oder Ort, natürlicher Ort und natürliche Bewegung

66

Bei der Frage, was denn der Raum ist, stellen sich viele Schwierigkeiten ein. Berücksichtigt man nämlich alles, was ihm zukommt, so scheint keine einheitliche Bestimmung möglich zu sein. Es kommt dazu, daß unsere Vorgänger über diesen Punkt weder Fragen formuliert noch Antworten vorgelegt haben.

Daß der Raum existiert, scheint sich aus dem gegenseitigen Platzwechsel klar zu ergeben. Wo nämlich jetzt Wasser ist, wird, wenn das Wasser wie aus einem Gefäß ausgelaufen sein wird, Luft vorhanden sein, und ein anderes Mal kann wiederum ein anderer Körper den selben Platz besetzen. Dieser Platz scheint nun verschieden zu sein von den Dingen, die sich in ihm befinden und ihn abwechselnd besetzen. Wo nämlich jetzt Luft ist, da war vorher Wasser, woraus sich klar ergibt, daß der Raum und der Platz verschieden ist von den beiden Dingen, die in ihn eintreten und aus ihm austreten.

Weiterhin zeigen die Bewegungen der einfachen physischen Körper, also des Feuers, der Erde usw. nicht nur, daß der Ort im Raume etwas ist, sondern auch, daß er über bestimmte Eigenschaften verfügt. Denn jeder Körper bewegt sich, wenn er nicht gehindert wird, an seinen eigenen Ort, der eine nach oben, der andere nach unten. Dies sind aber gerade die Teile und die Arten des Raumes, nämlich das Oben und das Unten sowie die übrigen unter den sechs Bestimmungen. Diese Bestimmungen existieren nicht nur im Bezug auf uns, nämlich das Oben und Unten, das Rechts und Links. Für uns gelten nämlich diese Bestimmungen nicht immer in der selben Weise, sondern je nach der Lage, in die wir uns versetzen, werden sie andere (darum ist oftmals rechts und links, oben und unten, vorn und hinten dasselbe); in der Natur dagegen ist jedes ein für allemal genau bestimmt. Denn das Oben befindet sich nicht an einem beliebigen Ort, sondern dort, wohin sich das Feuer und das Leichte bewegen; desgleichen ist das Unten nicht beliebig, sondern dort, wo das Schwere und das Erdartige sich befindet. Also unterscheidet sich dies nicht nur nach seiner Lage, sondern auch nach bestimmten Eigenschaften. Dies zeigen auch die mathematischen Gegenstände. Diese sind nämlich als solche nicht an einem bestimmten Ort, aber je nach der Lage zu uns befinden sie sich rechts oder links; dies sind also in diesem Fall bloße konventionelle Bezeichnungen, die nicht in der Natur solcher Gegenstände selbst begründet sind.

67

Was nun der Ort ist, mag etwa auf folgende Weise klar werden. Wir halten an ihm zunächst alles fest, was der Wahrheit gemäß ihm an sich zuzukommen scheint. Demnach stellen wir fest: erstens ist der Ort das, was dasjenige umfaßt, für das er der Ort ist, und zwar ohne ein Teil dieses Gegenstandes zu sein; zweitens ist der Ort des Gegenstandes im primären Sinne weder kleiner noch größer als der Gegenstand selber; drittens kann er von jedem Gegenstand verlassen werden und ist von ihm abgetrennt; endlich hat jeder Ort sein Oben und Unten, und jeder Körper bewegt sich von Natur zu dem ihm eigentümlichen Ort hin und bleibt an diesem Ort, und dieser Ort wird entweder oben oder unten sein.

68

Aus dem Gesagten ergibt sich nun klar, was der Ort ist. Notwendigerweise muß er nämlich eines der vier folgenden Dinge sein: er ist entweder die Gestalt oder die Materie oder eine Art Abstand zwischen den Grenzen oder endlich die Grenzen selbst, wenn es nämlich neben der Größe des an dem Ort befindlichen Körpers keinen Abstand gibt. Daß drei Möglichkeiten unter diesen ausgeschlossen sind, ist klar.

Die Gestalt scheint er zu sein, weil die Gestalt den Ort umgrenzt. Denn die Grenzen des Umfassenden und des Umfaßten sind eine und dieselbe. In der Tat sind beides Grenzen, aber nicht der selben Sache, sondern das eine ist die Grenze der Form des Gegenstandes, das andere, der Ort, ist die Grenze des den Gegenstand umschließenden Körpers.

Da weiterhin das Umfaßte und Abgegrenzte vielfach ein anderes wird, während das Umfassende das selbe bleibt, wie ein Gefäß, wenn das Wasser abfließt, so scheint der Ort der Abstand zwischen den Grenzen zu sein, der bestehen bleibt, auch wenn der Körper ein anderer wird. Dies trifft indessen nicht zu: an die freie Stelle setzt sich einfach ein beliebiger Körper, der so beschaffen ist, daß er seinen Ort wechseln und berührt werden kann. Wenn nun der Abstand von Natur für sich selbst existierte und dauerhaft bliebe, so gäbe es an der selben Stelle unzählige verschiedene Orte [...]

Die Materie könnte der Ort zu sein scheinen, wenn man sie im ruhenden Zustand betrachtete, und zwar nicht abgetrennt vom Ort, sondern im Zusammenhang mit ihm. Wie es nämlich bei der qualitativen Veränderung etwas gibt, was jetzt weiß ist und vorher schwarz war, ebenso etwas, was jetzt hart ist und vorher weich war (und eben darum sprechen wir von einer Materie), so haben wir eine ähnliche Vorstellung vom Ort, nur daß in jenem Fall dasjenige, was vorher Luft war, jetzt Wasser ist, während in diesem Falle dort, wo vorher Luft war, jetzt Wasser ist. Wie wir indessen schon früher sagten, ist die Materie vom Gegenstand selbst nicht abtrennbar und umfaßt auch nicht den Gegenstand; für den Ort dagegen gilt beides.

Wenn nun der Ort keine dieser drei Möglichkeiten ist, weder die Gestalt, noch die Materie, noch irgend ein Abstand, der unabhängig von dem Gegenstand, der seinen Ort wechselt, immer bestehen bliebe, so ist es notwendig, daß auf den Ort die vierte der genannten Möglichkeiten zutrifft: er ist die Grenze des umfassenden Körpers, insofern er den umfaßten Körper berührt. Ich verstehe unter dem umfaßten Körper denjenigen, dem die Ortsbewegung zukommt.

Es scheint allerdings eine große und schwierige Aufgabe zu sein, zu begreifen, was der Ort ist, weil nämlich die Materie und die Gestalt mit einwirken, und weil sich die Ortsveränderung des Bewegten vollzieht, während das Umfassende in Ruhe bleibt. So scheint es, als ob noch ein anderer Abstand existieren könnte, unabhängig von den bewegten Größen.

Es kommt dazu, daß auch die Luft den Eindruck erweckt, unkörperlich zu sein. So sieht es aus, als ob der Ort nicht nur die Grenzen des umfassenden Gefäßes sei, sondern auch der Abstand dazwischen, als ob dieser Raum leer wäre. Wie nun aber ein Gefäß ein beweglicher Ort ist, so ist auch der Ort ein unbewegliches Gefäß. Wenn sich darum dasjenige, was in einem Bewegten drin ist, selbst auch bewegt und sich verändert, wie etwa ein Schiff auf einem Flusse, so hat das Umgebende eher die Funktion eines Gefäßes als eines Ortes. Denn der Sinn eines Ortes ist es, unbewegt zu sein; darum wird man eher den ganzen Fluß als Ort bezeichnen, sofern der Fluß als ganzes unbewegt ist.

Demnach ist der Ort die innerste unbewegte Grenze des Umfassenden.

Bewegung und das Leere

69

Auf dieselbe Weise gehört es, wie man annehmen muß, zur Aufgabe des Naturforschers, die Frage zu untersuchen, ob es das Leere gibt oder nicht, und auf welche Weise es das Leere gibt, und was es ist, genau wie beim Ort. Denn, was es an Annahmen darüber gibt, führt in ähnlicher Weise teils zur

Ungewißheit, teils zur Gewißheit. Diejenigen, die das Leere annehmen, verstehen es nämlich als eine Art von Ort und Gefäß; man meint dann, daß es voll sei, wenn es die Masse aufgenommen hat, die es aufzunehmen fähig ist; wenn dagegen die Masse fehlt, nennt man es leer, so daß also das Leere, das Volle und der Ort eine und dieselbe Sache wären, obschon ihre Seinsweise nicht die selbe ist [...]

Diejenigen nun, die meinen, das Leere müsse notwendigerweise existieren, wenn eine Bewegung zustandekommen soll, gelangen in Wirklichkeit zu der entgegengesetzten Folgerung, wenn man die Dinge genau prüft; da zeigt es sich nämlich, daß nicht die geringste Bewegung möglich ist, wenn das Leere existiert. Genau so nämlich, wie diejenigen behaupten, die erklären, daß die Erde still stehe wegen der Gleichartigkeit des Ganzen, so ist es auch notwendig, daß im Leeren alles in Ruhe ist. Es gibt nämlich keine Möglichkeit, weshalb sich etwas eher hierhin als dorthin bewegen sollte; sofern nämlich das Leere existiert, macht es überhaupt keinen Unterschied.

Außerdem vollzieht sich jede Bewegung entweder mit Gewalt oder naturgemäß. Wo eine gewaltsame Bewegung vorliegt, da muß es auch eine naturgemäße Bewegung geben (denn die gewaltsame Bewegung ist naturwidrig und die naturwidrige Bewegung ist gegenüber der naturgemäßen Bewegung sekundär). Wenn nun jeder der natürlichen Körper keine naturgemäße Bewegung besitzt, so hat er noch weniger irgendeine der anderen Bewegungen. Wie soll es aber eine naturgemäße Bewegung geben, da es im Leeren und im Unbegrenzten keinerlei Unterschied gibt? Soweit es nämlich das Unbegrenzte gibt, gibt es überhaupt kein Oben, kein Unten und keinen Mittelpunkt; und soweit es das Leere gibt, gibt es keinen Unterschied zwischen dem Oben und dem Unten. Wie es nämlich beim Nichtseienden keinen Unterschied gibt, so gibt es auch keinen beim Leeren; das Leere nämlich scheint in gewisser Weise ein Nichtseiendes und ein bloßer Mangel zu sein. Die naturgemäße Bewegung hat aber Unterschiede, und darum wird es auch naturgemäße Unterschiede geben. Also gibt es entweder nirgendwo und für nichts eine naturgemäße Bewegung, oder, wenn es sie gibt, dann gibt es kein Leeres.

Weiterhin ist es eine Tatsache, daß sich ein geschleuderter Körper weiter bewegt, auch wenn er die Berührung mit der schleudernden Kraft nicht mehr besitzt. Die einen sagen nun, dies geschehe durch den Austausch des Ortes, die anderen dadurch, daß die weggestoßene Luft ihrerseits weiter stößt mit einer größeren Schnelligkeit, als es diejenige ist, mit der sich das Gestoßene selbst auf seinen ihm eigentümlichen Ort hin bewegt.[1] Im Lee-

[1] Eine der antiken Hypothesen besagt, daß die von einem bewegten Wurfgeschoß verdrängte Luft zu dem Platz hinter ihm hinströmt und dort als treibende Kraft wirkt. (Hg.)

ren dagegen ist keines von beidem möglich, und eine Bewegung wird überhaupt nicht stattfinden können außer in der Weise, daß das Bewegte von etwas anderem getragen wird.

Weiterhin wäre niemand in der Lage, einen Grund anzugeben, weshalb dasjenige, was in Bewegung gesetzt worden ist, irgendwo einmal stehenbleiben sollte. Denn wieso sollte dies eher hier als dort geschehen? Also wird alles entweder immer in Ruhe bleiben oder notwendigerweise ins Unbegrenzte weiterbewegt werden, es sei denn, daß etwas Stärkeres hindernd dazwischenträte.

Weiterhin ist man geneigt anzunehmen, daß die Bewegung in das Leere verläuft, weil das Leere nachgibt. Im Leeren jedoch ist alles überall gleichartig, so daß die Bewegung sich nach beliebigen Richtungen vollziehen wird.

Weiterhin wird unsere These auch aus folgendem klar. Wir stellen nämlich fest, daß eines und dasselbe Gewicht und derselbe Körper in eine schnellere Bewegung geraten aus zwei Ursachen: entweder wird das Medium, in dem sich die Bewegung vollzieht, ein anderes, etwa so, daß die Bewegung durch Wasser hindurch geht statt durch Erde oder durch Wasser statt durch Luft; oder aber das Bewegte selbst verändert sich, während das übrige gleich bleibt, nämlich so, daß es schwerer oder leichter wird.

Das Medium, durch das sich etwas bewegt, kann Ursache sein, weil es Widerstand leistet, entweder dadurch, daß es sich in entgegengesetzter Richtung bewegt, oder auch dadurch, daß es ruht. Vor allem gilt dies für ein Medium, das nicht leicht zerteilt werden kann; solcher Art ist das Dichtere.

Ein Körper A soll durch das Medium B bewegt werden in der Zeit C; das dünnere Medium D dagegen wird er durchlaufen in der Zeit E. Wenn nun die Länge der Strecken B und D dieselbe ist, so werden die Durchlaufzeiten C und E der Dichte des Körpers, der Widerstand leistet, proportional sein. Es sei nun das Medium B Wasser, das Medium D Luft. Soweit nun die Luft dünner und unkörperlicher ist als das Wasser, umso rascher wird der Körper A die Strecke D durchlaufen als die Strecke B. Die eine Schnelligkeit wird sich zur anderen verhalten wie die Luft zum Wasser. Wenn also die Luft doppelt so dünn ist, dann wird der Körper in doppelter Zeit die Strecke B durchlaufen als die Strecke D, und die Zeit C wird doppelt so lang sein als die Zeit E. Allgemein gilt demnach: je unkörperlicher und weniger Widerstand leistend und durchlässiger das Medium ist, durch das sich der Körper A bewegt, desto schneller wird er sich bewegen.

Das Leere dagegen steht überhaupt in keinem Verhältnis zu einem Körper, der es an Dichte überragt, wie ja auch das Nichts zur Zahl in keinem Verhältnis steht. So ist auch die Zahl vier um die Eins größer als die Zahl drei, und um noch mehr größer als die Zahl zwei, und wiederum größer als die Zahl eins, doch dem Nichts gegenüber gibt es kein Verhältnis, um das sie größer wäre. Das Größere muß nämlich aufgeteilt werden können in die Differenz und in das Kleinere; die Zahl vier würde in diesem Falle aufgeteilt werden in die Differenz vier und das Nichts. Darum übertrifft auch die Linie den Punkt nicht an Länge, es sei denn, die Linie sei aus Punkten zusammengesetzt. Genau so steht das Leere in keinem Verhältnis zum Vollen, und entsprechend auch nicht die Bewegung. Wenn der Körper sich durch das denkbar dünnste Medium in einer bestimmten Zeit durch eine bestimmte Strecke hindurch bewegt, so wird die Bewegung durch das Leere hindurch eine Geschwindigkeit haben, die außerhalb jedes Verhältnisses steht[1] [...]

Dies geschieht also, sofern sich die Medien unterscheiden, durch die die Bewegungen verlaufen. Was nun die Verschiedenheit der bewegten Körper selbst betrifft, so geschieht folgendes: wir sehen, daß diejenigen Körper, die eine größere Schwere oder Leichtigkeit besitzen, dieselbe Strecke (nach unten oder nach oben) schneller durchlaufen, wenn alle übrigen Verhältnisse dieselben sind, und zwar in dem selben Verhältnis, in dem sich ihre Größen zueinander verhalten. Das müßte nun auch für das Leere gelten. Doch dies ist unmöglich. Denn aus welchem Grund sollte sich der eine Körper schneller bewegen als der andere? In einem vollen Medium geschieht dergleichen notwendigerweise. Denn das Größere zerteilt mit seiner Wucht das Medium schneller; diese Teilung vollzieht sich entweder durch die Gestalt oder durch die Kraft, die das Bewegte besitzt, oder mit der die Bewegung in Gang gebracht wurde. Im Leeren wird demnach alles dieselbe Geschwindigkeit haben; und dies stimmt offensichtlich nicht.

Zeit

70

Im Anschluß an das Gesagte müssen wir nun über die Zeit diskutieren. Es ist richtig, zuerst die einschlägigen Probleme zu formulieren und uns dabei auch an die publizierten Texte zu halten und zu fragen, ob die Zeit etwas Seiendes ist oder etwas Nichtseiendes, und dann, welches ihre Natur ist.

Daß nun die Zeit entweder überhaupt nicht existiert oder doch nur auf eine prekäre und schattenhafte Weise, könnte man bei folgenden Überlegungen vermuten.

[1] Da die Null (»das Nichts«) keine Zahl darstellt und das Leere ein Medium von der Dichte Null ist, kann es kein Verhältnis zwischen der Geschwindigkeit in einem Medium und im Leeren geben. (Hg.)

Von der Zeit ist das eine schon gewesen und ist nicht mehr; das andere wird sein und ist noch nicht. Aus diesen beiden Teilen ist sowohl die unbegrenzte wie auch die jeweilige Zeit zusammengesetzt. Was aber aus Nichtseiendem zusammengesetzt ist, dies kann unmöglich, wie es scheint, am Sein teilhaben.

Außerdem muß von jedem Teilbaren, sofern es ist, und dann, wann es ist, entweder die Gesamtheit der Teile existieren oder doch einige von ihnen. Die Zeit ist nun zwar teilbar, doch von ihr ist das eine vergangen und das andere zukünftig, doch gegenwärtig existiert nichts. Der jetzige Augenblick ist kein Teil; der Teil ist nämlich eine Größe, mit der man mißt, und das Ganze muß aus solchen Teilen zusammengesetzt sein. Die Zeit dagegen scheint nicht aus den jetzigen Augenblicken zusammengesetzt zu sein.

71

Da nun die Zeit vorzugsweise eine Art von Bewegung und Veränderung zu sein scheint, so muß man diese Möglichkeit prüfen. Die Veränderung und Bewegung jedes einzelnen Dinges vollzieht sich ausschließlich an dem, was sich verändert, oder ausschließlich an dem Ort, an dem sich das Bewegte und sich Verändernde gerade befindet. Die Zeit dagegen ist in gleicher Weise überall und bei allen. Weiterhin vollzieht sich eine Veränderung schneller und langsamer, doch von der Zeit gilt dies nicht. Schnell und langsam werden vielmehr an der Zeit gemessen; Schnelligkeit besteht dort, wo sich eine große Bewegung in kurzer Zeit abspielt, Langsamkeit, wo eine geringe Bewegung in langer Zeit abläuft. Die Zeit selber wird nicht durch die Zeit gemessen, weder nach ihrer Quantität noch nach ihrer Qualität. Also ist es klar, daß die Zeit nicht eine Bewegung ist. Für den gegenwärtigen Zusammenhang brauchen wir zwischen Bewegung und Veränderung keinen Unterschied zu machen. [...]

Es ist also klar, daß die Zeit weder Bewegung ist noch ohne Bewegung ist. Wenn wir nun fragen, was die Zeit ist, so müßten wir an eben diesem Punkte beginnen und zu erkennen suchen, was an der Bewegung sie ist. Wir nehmen nämlich gleichzeitig die Bewegung und die Zeit wahr. Selbst wenn es dunkel ist und wenn unser Körper keine besonderen Empfindungen hat, dagegen in unserer Seele eine Bewegung ist, haben wir sofort den Eindruck, daß auch die Zeit vergangen sei. Ebenso meinen wir, wenn eine bestimmte Zeit abgelaufen zu sein scheint, daß sich gleichzeitig auch eine Bewegung abgespielt hat. Da nun die Zeit entweder Bewegung ist oder etwas an der Bewegung, und da sie nicht Bewegung ist, so muß sie notwendigerweise etwas an der Bewegung sein.

Da nun jedes Bewegte und jede kontinuierliche Größe sich von einem bestimmten Punkt zu einem anderen bestimmten Punkt bewegt, so ist die Bewegung an die Größe gebunden; weil nämlich die Größe kontinuierlich ist, ist auch die Bewegung kontinuierlich, und weil die Bewegung es ist, so ist es auch die Zeit. Dem Quantum der Bewegung entspricht jeweils das Quantum der verflossenen Zeit.

Die Begriffe des Früheren und Späteren gelten primär für den Raum; hier beziehen sie sich auf die Lage im Raum. Da es nun an der Größe ein Früher und Später gibt, so muß es notwendigerweise ein Früher und Später auch bei der Bewegung geben, das jenem entspricht. Doch auch bei der Zeit gibt es ein Früher und Später, da die Größen, die Bewegungen und die Zeit gegenseitig voneinander abhängig sind. Das Früher und Später in der Bewegung ist das jeweils Seiende als Bewegung. Die Seinsweise freilich ist eine andere und nicht einfach Bewegung. Auch die Zeit erkennen wir, wenn wir die Bewegung bestimmen, und zwar in der Weise, daß wir sie nach dem Früher und Später bestimmen. Wir sagen auch, daß dann eine Zeit vergangen ist, wenn wir bei der Bewegung das Früher und Später wahrnehmen. Wir bestimmen dies so, daß wir immer wieder andere und andere Zeitmomente ins Auge fassen und zwischen diesen Momenten wieder etwas anderes ansetzen. Wenn wir nämlich die Enden als etwas von der Mitte Verschiedenes auffassen und die Seele zwei jetzige Augenblicke annimmt, einen früheren und einen späteren, dann und in dieser Hinsicht sprechen wir von Zeit. Die Zeit scheint nämlich gerade das zu sein, was durch den jetzigen Augenblick begrenzt ist, und dies sei hier auch so angenommen.

Wenn wir nun den jetzigen Augenblick als Einen wahrnehmen und nicht als einen früheren und späteren in der Bewegung und auch nicht als den Berührungspunkt, in welchem das Frühere und das Spätere zusammenstoßen, dann scheint uns keine Zeit vergangen zu sein, weil auch keine Bewegung sich vollzogen hat. Wenn wir dagegen das Frühere und Spätere wahrnehmen, dann sprechen wir von der Zeit. Dies ist nämlich die Zeit: die Zahl der Bewegung im Hinblick auf das Frühere und Spätere.

Also ist die Zeit nicht Bewegung, sondern nur sofern die Bewegung zählbar ist. Dies zeigt sich daran: das Mehr und Weniger bestimmen wir durch die Zahl und die größere und geringere Bewegung durch die Zeit. Also ist die Zeit eine Art von Zahl.

72

Da nun dasjenige, was sich in einer Zeit befindet, sich so in ihr befindet wie in einer Zahlenreihe, so wird man immer eine Zeit in Rechnung stellen können, die länger ist als die Zeit des Ganzen, das sich in der Zeit befindet.

Darum muß notwendigerweise alles, was sich in der Zeit befindet, durch die Zeit umfaßt werden, gleich wie auch alles andere, was in einem anderen drin ist; so etwa das im Raum Befindliche durch den Raum.

Außerdem wirkt die Zeit auf dasjenige ein, was in der Zeit ist, wie wir ja auch zu sagen pflegen, daß die Zeit etwas auflöst und daß alles durch die Zeit altert, ebenso, daß wir die Dinge durch die Zeit vergessen, während wir niemals sagen, daß man etwas durch die Zeit gelernt hat oder daß man durch die Zeit jung und schön geworden sei. Denn die Zeit an sich ist vorzugsweise die Ursache des Verfalls; sie ist ja die Zahl der Bewegung, und die Bewegung beseitigt das Bestehende. [...]

Ein hinreichendes Zeichen dafür ist die Tatsache, daß nichts entsteht, ohne daß das Entstehende selbst sich irgendwie bewegt und handelt; dagegen geht alles auch ohne eigene Bewegung zugrunde. Gerade dieses pflegen wir vor allem das Zugrundegehen durch die Zeit zu nennen. Allerdings bewirkt dies nicht die Zeit selbst, sondern es ergibt sich so, daß diese Veränderung in der Zeit abläuft.

Erzwungene Bewegung und das Gesetz der Kraft

73

Da nun notwendigerweise alles, was bewegt ist, durch etwas bestimmtes in Bewegung gesetzt wird, so wird auch jede Ortsveränderung ihren Anstoß durch etwas anderes, das selbst wieder bewegt ist, erhalten; ebenso wird das Bewegende von einem anderen, das selbst bewegt ist, in Bewegung versetzt, und dieses wieder von einem anderen, und so immer weiter. Es muß aber ein erstes Bewegendes geben, da die Reihe nicht ins Unbegrenzte weiterlaufen kann. [...]

Das erste Bewegende (nicht im Sinne des Zweckes, sondern im Sinne des Bewegungsanstoßes) ist zusammen mit dem von ihm Bewegten (ich verstehe unter Zusammensein dies, daß nichts zwischen den beiden ist); dies nämlich gilt gleichmäßig für alles Bewegende und Bewegte.

Da es nun drei Bewegungsarten gibt, die Ortsbewegung, die qualitative Veränderung und die quantitative Veränderung, so muß es auch drei Arten von Bewegungsanstößen geben: denjenigen, der die Ortsbewegung veranlaßt, dann denjenigen, der eine qualitative Veränderung hervorruft, endlich denjenigen, der eine quantitative Vermehrung oder Verminderung verursacht.

Zuerst wollen wir nun über die Ortsbewegung sprechen. Sie ist nämlich die elementarste Form der Bewegung.

Alles, was sich von einem Ort zum andern bewegt, bewegt sich entweder durch sich selbst oder durch etwas anderes. Was sich nun durch sich selbst bewegt, bei dem ist es klar, daß das Bewegte und das Bewegende beisammen sein werden. Denn in solchen Dingen befindet sich der erste Bewegungsanstoß in ihnen selbst, so daß es kein Drittes geben kann, das dazwischen läge. Bei allem, was durch ein Anderes in Bewegung gesetzt wird, kann es nur vier Möglichkeiten geben. Es gibt nämlich vier Arten, wie etwas durch ein Anderes bewegt werden kann: Ziehen, Stoßen, Tragen, Drehen. Alle Bewegungen im Raume lassen sich auf diese vier zurückführen.

74

Jedes Bewegende bewegt immer etwas, und zwar in einem bestimmten Zeitraum und bis zu einem bestimmten Punkt; ich meine damit, daß eine Strecke von einer bestimmten Länge durchlaufen wird; und zwar hat der bewegende Körper, wenn er bewegt, immer schon einen Teil der Bewegung vollendet, derart, daß der bewegte Körper immer schon eine gewisse Strecke und eine bestimmte Zeit hinter sich gebracht hat. Wir können dies etwa so formulieren:

Wenn A das Bewegende ist und B das Bewegte, ferner C die Strecke, die die Bewegung durchlaufen hat, und D die Zeit, in der die Bewegung abläuft, dann wird in der gleichen Zeit dieselbe Kraft A die Hälfte von B über eine Strecke hin bewegen, die doppelt so lang ist wie C, über die Strecke C hinweg dagegen in der Hälfte der Zeit D; so nämlich bleibt die Proportion gewahrt.

Wenn weiterhin die selbe Kraft A den selben Gegenstand B in der bestimmten Zeit D über die bestimmte Strecke C hinwegbewegt und über die halbe Strecke C hinweg in der Hälfte der Zeit D, dann wird auch die halbe Kraft A die Hälfte des Gegenstandes B in der selben Zeit D über die selbe Strecke C hinwegbewegen. Die Hälfte der Kraft A sei als E bezeichnet, die Hälfte des Gegenstandes B als F. Es stehen nun also die bewegende Kraft und der zu bewegende Gegenstand in einem direkten Verhältnis zueinander, d.h. die Bewegung wird sich in der gleichen Zeit über die gleiche Strecke hinweg vollziehen.

Wenn ferner die Kraft E den Gegenstand F in der Zeit D über die Strecke C hinwegführt, so ist es nicht notwendig, daß die Kraft E das Doppelte des Gegenstandes F in der gleichen Zeit D über die Hälfte der Strecke C hinwegführt. Wenn demnach die Kraft A den Gegenstand B in der Zeit D über die Strecke C hinwegführt, dann wird die Kraft E (also die Hälfte von A) den Gegenstand B nicht in der Zeit D oder in einem Teil der Zeit D über eine Strecke hinwegführen, die sich zur Gesamtstrecke C so verhält wie A zu E. Es könnte sich nämlich so treffen, daß E den Gegenstand B überhaupt nicht in Bewegung versetzen wird. Man darf nämlich nicht aus der Tatsache, daß eine ganze Kraft einen bestimmten Gegenstand über eine bestimmte Strecke hinweg in einer bestimmten Zeit bewegen kann, schließen, daß die halbe Kraft ihn in einer entsprechenden Zeit über eine entsprechende Strecke hin bewegt. Wäre dies nämlich so, so könnte auch ein einziger Mann ein ganzes Schiff in Bewegung setzen, wenn man nämlich die gesamte Kraft der Schleppmannschaft aufteilen dürfte auf die Zahl der Leute und auf die Strecke, über die sie alle zusammen das Schiff gezogen haben.

75

Hinsichtlich der Ortsbewegung ist es richtig, zunächst die folgende Schwierigkeit zu diskutieren.

Wenn alles, was bewegt wird und sich nicht selber bewegt, durch etwas anderes bewegt wird, wie ist es dann möglich, daß einiges sich kontinuierlich weiterbewegt, auch wenn dasjenige, was in Bewegung gesetzt hat, nicht mehr mit dem Bewegten in Berührung ist, wie dies etwa für geworfene Gegenstände gilt? Auch wenn man annimmt, daß das Bewegende noch etwas anderes in Bewegung setzt, etwa die Luft, die ihrerseits in Bewegung kommt und selber bewegt, so ist es dennoch in gleicher Weise unmöglich, daß diese Luft in Bewegung bleibt, wenn der erste Bewegungsanstoß nicht mehr tätig ist und mit ihr in Berührung steht. Man sollte doch wohl vielmehr annehmen, daß alles bewegt wird und dann mit der Bewegung aufhört in dem Augenblick, in dem das Bewegende zu bewegen aufgehört hat; dies gilt auch in dem Falle, daß das Bewegende selbst anderes mit der Fähigkeit ausstatten kann, Bewegung zu erzeugen, wie dies beim Magneten der Fall ist.

Nun ist es allerdings notwendig, daß das erste Bewegende die Luft oder das Wasser oder irgend etwas anderes dieser Art, das fähig ist, bewegt zu werden und selber zu bewegen, mit der Fähigkeit zu bewegen ausstattet. Es braucht indessen die Bewegung des Bewegenden und diejenige des Bewegten nicht gleichzeitig aufzuhören, sondern in dem Augenblick, in dem das Bewegende zu bewegen aufhört, hört das Bewegte zwar auch auf, bewegt zu werden, behält aber noch seine Fähigkeit, zu bewegen. Darum kann es auch ein Anderes in Bewegung setzen, das mit ihm in Berührung steht. Für dieses gilt wiederum dasselbe. Dieser Prozeß kommt erst dann zum Stillstand, wenn das Anschließende eine immer geringer werdende Fähigkeit, in Bewegung zu setzen, erhält. Das Ende der Bewegung ist schließlich erreicht, wenn das vorletzte Glied das letzte nur noch in Bewegung setzen, aber ihm nicht mehr die Fähigkeit weitergeben kann, anderes in Bewegung zu bringen. Dann ist notwendigerweise alles am Ende, das Bewegen, das Bewegtwerden und damit die Bewegung im ganzen. Diese Art der Bewegung findet sich bei denjenigen Gegenständen, die bald in Bewegung, bald in Ruhe zu sein vermögen; eine solche Bewegung scheint nur kontinuierlich zu sein, ist es aber in Wirklichkeit nicht; sie ist nämlich eine Bewegung durch eine Reihe von Gliedern hindurch oder an mehreren Gegenständen, die miteinander in Berührung stehen. Da ist also dasjenige, das in Bewegung setzt, nicht ein einziges, sondern mehrere Dinge, die miteinander in Berührung stehen. Demnach entsteht eine derartige Bewegung in der Luft und im Wasser; es ist diejenige, die von einigen als Platztausch bezeichnet wird.

Es ist indessen unmöglich, das Problem anders als auf die angegebene Weise zu lösen.

Das erste Bewegende

76
Nachdem dies festgestellt ist, ist es auch klar, daß das erste unbewegt Bewegende keine Größe besitzen kann. Besäße es nämlich Größe, so müßte es entweder begrenzt oder unbegrenzt sein. Daß es keine unbegrenzte Größe geben kann, haben wir früher in der Physik bewiesen. Daß aber umgekehrt eine begrenzte Größe unmöglich eine unbegrenzte bewegende Kraft besitzen kann und daß es ebenso unmöglich ist, daß eine begrenzte Größe irgend etwas während einer unbegrenzten Zeit in Bewegung halten kann, dies ist nun bewiesen.

Das erste Bewegende bewirkt bekanntlich eine ewige Bewegung durch eine unbegrenzte Zeit hindurch. Also ist es klar, daß es unteilbar ist, keine Teile und auch keine Größe besitzt.

Die erste der Bewegungen ist die Kreisbewegung

77
Daß unter den Ortsbewegungen die Kreisbewegung die erste ist, ist klar. Jede Bewegung nämlich vollzieht sich, wie wir schon früher gesagt haben, entweder im Kreise oder in gerader Linie oder als Mischung aus beiden. Notwendigerweise müssen die beiden ersten Bewegungen der gemischten gegenüber primär sein; diese besteht ja aus jenen. Der geradlinigen Bewegung ist wiederum die Kreisbewegung vorgeordnet; sie ist nämlich in hö-

herem Grade einfach und vollkommen. Es kann nämlich keine unbegrenzte gradlinige Bewegung geben, da es ein derartiges Unbegrenztes nicht gibt; selbst wenn es dies gäbe, könnte sich keine entsprechende Bewegung vollziehen; das Unmögliche kann nämlich nicht geschehen, und es ist unmöglich, eine unbegrenzte Linie zu durchlaufen.

Eine Bewegung auf einer begrenzten Linie, die hin und her ginge, wäre eine zusammengesetzte Bewegung und bestünde in Wirklichkeit aus zwei Bewegungen; geht sie aber nicht hin und her, so ist sie unvollkommen und nimmt ein Ende.

Es ist nun aber sowohl der Natur wie auch dem Begriff wie auch der Zeit nach das Vollkommene dem Unvollkommenen vorgeordnet, ebenso das Unvergängliche dem Vergänglichen. Vorgeordnet ist auch diejenige Bewegung, die ewig zu dauern vermag, vor derjenigen, die dies nicht vermag. Die Kreisbewegung kann ewig dauern; von den andern Bewegungen dagegen vermag dies weder eine der Ortsbewegungen noch irgend eine andere Bewegung; bei allen diesen Arten muß einmal ein Stillstand eintreten, und wenn der Stillstand eingetreten ist, ist die Bewegung zu Ende.

Es trifft sich weiterhin sinnvoll, daß nur die Kreisbewegung einheitlich und kontinuierlich ist, dagegen nicht die geradlinige Bewegung. Die Bewegung auf einer geraden Linie ist determiniert durch Anfang, Ende und Mitte. [...] Bei der Kreisbewegung jedoch sind keine solchen Bestimmungen möglich. Denn warum sollte von den Punkten auf der Kreislinie eher dieser als jener ein Endpunkt sein? Vielmehr kann hier jeder einzelne Punkt in gleicher Weise als Anfang, Mitte oder Ende der Linie gelten.

Die fünf Elemente, ihre natürlichen Bewegungen und die vier ursprünglichen Qualitäten

78

Da nun von den Körpern die einen einfach sind und die andern aus jenen zusammengesetzt (einfache nenne ich alle die, die einen naturgemäßen Ursprung der Bewegung haben, wie Feuer und Erde und was ihnen verwandt ist), so müssen notwendigerweise auch die Bewegungen teils einfache, teils irgendwie gemischte sein, und zwar die Bewegungen der einfachen Körper einfach, diejenigen der gemischten gemischt, und dies so, daß sich die Bewegung nach dem Überwiegenden richtet.

Wenn es nun eine einfache Bewegung gibt und die Kreisbewegung einfach ist und dem einfachen Körper die einfache Bewegung und der einfachen Bewegung der einfache Körper zugeordnet ist (denn auch wenn sie die

Bewegung eines zusammengesetzten ist, wird sie sich nach dem Überwiegenden richten), so muß es notwendigerweise einen einfachen Körper geben, der gemäß seiner eigenen Natur die Kreisbewegung vollzieht. Denn gewiß kann er gewaltsam die Bewegung eines andern und andersartigen Körpers vollziehen, aber daß er es seiner Natur nach täte, ist unmöglich, da jeder der einfachen Körper seiner Natur gemäß nur eine einzige Bewegung hat.

Ferner, wenn die naturwidrige Bewegung der naturgemäßen entgegengesetzt ist und immer nur Eines Einem entgegengesetzt ist, so muß notwendigerweise die Kreisbewegung, da sie eine einfache ist, entweder dem bewegten Körper naturgemäß oder aber gegen seine Natur sein; falls also das Feuer oder ein anderer derartiger Körper der im Kreis bewegte Körper wäre, so wäre seine natürliche Ortsbewegung der Kreisbewegung entgegengesetzt. Aber Eines ist nur Einem entgegengesetzt; und die Bewegung nach oben und die nach unten sind schon untereinander entgegengesetzt. Wenn also ein anderer Körper der naturwidrig im Kreise bewegte Körper wäre, so müßte ihm irgendeine andere Bewegung naturgemäß sein. Dies ist aber ausgeschlossen. Denn wenn es jene nach oben wäre, so wäre er Feuer oder Luft, und wenn jene nach unten, so wäre er Wasser oder Erde.

Die kreisförmige Ortsbewegung muß notwendigerweise auch die ursprünglichste sein. Denn das Vollkommene ist von Natur ursprünglicher als das Unvollkommene, und der Kreis gehört zu den vollkommenen Dingen, von den geraden Linien aber keine einzige: weder die unbegrenzte (denn sie müßte eine Vollendung und eine Grenze besitzen) noch irgendeine von den begrenzten (denn bei allen diesen gibt es etwas, was außerhalb von ihnen ist, da man jede beliebige vergrößern kann).

Wenn also die ursprünglichere Bewegung dem von Natur ursprünglicheren Körper zugeordnet ist und die Kreisbewegung ursprünglicher ist als die geradlinige und, wenn die geradlinige Bewegung den einfachen Körpern zugeordnet ist (denn das Feuer bewegt sich gerade in die Höhe und was aus Erde ist, gerade nach unten zur Mitte), so muß auch die Kreisbewegung einem der einfachen Körper zugeordnet sein. Was nämlich die Ortsbewegung der gemischten Körper angeht, so sagten wir schon, daß sie sich nach dem einfachen Körper richtet, der in der Mischung überwiegt.

Daraus ergibt sich, daß es eine körperliche Wesenheit außerhalb und neben den hier vorhandenen Gebilden gibt, die göttlicher und ursprünglicher als diese alle ist. [...]

Wenn nun von dem Gesagten das eine vorausgesetzt und das andere bewiesen wurde, so ist es weiterhin klar, daß nicht jeder Körper leicht oder schwer ist. Wir müssen freilich voraussetzen, was wir unter leicht und schwer verstehen, wenigstens soweit es für den gegenwärtigen Zweck notwendig ist; genauer werden wir darüber sprechen, wenn wir nach dem Wesen beider fragen. Als schwer soll gelten, was sich seiner Natur nach gegen die Mitte zu bewegt, als leicht, was sich von der Mitte weg bewegt, als das schwerste, was unter allem, was sich nach unten bewegt, noch zu unterst ist, und als das leichteste, was noch alles übersteigt, was sich nach oben bewegt.

Es muß also alles, was sich nach unten oder oben bewegt, entweder Leichtheit haben oder Schwere oder beides, aber dann nicht in derselben Hinsicht. Denn die Dinge sind relativ zueinander leicht oder schwer, wie die Luft im Verhältnis zum Wasser und das Wasser im Verhältnis zur Erde. Der kreisbewegte Körper kann aber unmöglich Leichtheit oder Schwere besitzen. Denn er vermag sich weder seiner Natur nach noch gegen seine Natur zur Mitte hin oder von der Mitte weg zu bewegen. Denn naturgemäß ist ihm die geradlinige Bewegung nicht, da jeder der einfachen Körper nur eine einzige Bewegung hat und er also in diesem Falle mit einem der geradlinig bewegten Körper identisch sein müßte. Wenn er sich aber gegen seine Natur so bewegte, so müßte für ihn, wenn er sich naturwidrig abwärts bewegte, die Aufwärtsbewegung naturgemäß sein, und wenn er sich naturwidrig aufwärts bewegte, dann die Abwärtsbewegung. [...]

Ebenso muß man vernünftigerweise von ihm annehmen, daß er unentstanden und unvergänglich ist und nicht zunimmt und sich nicht verändert. Denn alles Werdende wird aus einem Entgegengesetzten und einem Zugrundeliegenden und ebenso geht es zugrunde durch ein Entgegengesetztes und so, daß etwas zugrunde liegt, und in ein Entgegengesetztes, wie wir in den ersten Untersuchungen gesagt haben; und vom Entgegengesetzten sind auch die Bewegungen entgegengesetzt. Wenn nun diesem Körper nichts entgegengesetzt sein kann, weil es auch keine Bewegung gibt, die der Kreisbewegung entgegengesetzt wäre, so scheint also mit Recht die Natur dasjenige, was unentstanden und unvergänglich sein sollte, aus den Gegensätzlichkeiten herausgenommen zu haben. Zu den Gegensätzlichkeiten gehören Entstehen und Vergehen. [...]

Daß nun der erste Körper ewig ist und ohne Zunahme und Abnahme, sondern alterslos und unveränderlich und unverletzlich, das ist, wenn man die Voraussetzungen annimmt, aus dem Gesagten klar. Und zwar scheint die Theorie die Erscheinungen zu bestätigen und die Erscheinungen die Theorie. [...] Ebenso zeigt auch der Name, der von der Urzeit bis zu unserer Gegenwart überliefert worden ist, daß schon jene dieselbe Vorstellung hatten, die wir formuliert haben. Man muß nämlich annehmen, daß dieselben Meinungen nicht nur einmal oder zweimal, sondern unendlich oft bis zu uns gelangen. Darum haben jene, da der erste Körper etwas anderes ist als

Erde, Feuer, Luft und Wasser, den obersten Ort als *Aither* bezeichnet und den Namen daher abgeleitet, daß er ewige Zeit hindurch stets läuft (aei thei). [...]

Aus dem Gesagten ist auch klar, weshalb die Zahl der sogenannten einfachen Körper unmöglich größer sein kann. Dem einfachen Körper ist nämlich eine einfache Bewegung zugeordnet und an einfachen Bewegungen gibt es nur die Kreisbewegung und die geradlinige Bewegung, und diese in zwei Arten, die eine vom Mittelpunkt weg und die andere auf den Mittelpunkt hin.

79

Anschließend ist von Wirken und Leiden zu sprechen. Da haben wir nun von unsern Vorgängern widersprechende Ansichten überkommen. Die meisten behaupten einmütig dies, daß Gleichartiges Gleichartigem gegenüber ganz unempfindlich sei, weil das eine auf das andere nicht eher zu wirken als durch es zu leiden fähig sei: dem Gleichgearteten liege ja alles gleich. Nur das Ungleiche, was sich unterscheide, könne seiner Natur nach gegenseitig Wirkung ausüben und erleiden. Selbst dann, wenn die kleinere Flamme von der größeren vernichtet werde, sei ein Gegensatz an dieser Einwirkung schuld; denn viel und wenig seien eben Gegensätze. Nur Demokritos verficht den andern gegenüber seinen eigenen Standpunkt; er behauptet, Wirkendes und Leidendes müßten dasselbe und einander ähnlich sein. Denn es gehe nicht an, daß andersgeartete und verschiedene Dinge aufeinander einwirkten; auch da, wo andersartige aufeinander wirkten, täten sie es nicht, sofern sie von anderer Art seien, sondern von gleicher. Das sind die Ansichten, und diejenigen, die solche Ansichten vertreten, scheinen einander zu widersprechen. Der Grund dieses Widerspruchs liegt darin, daß beide Parteien von dem Ganzen, das sie hätten betrachten sollen, nur einen Teil ins Auge fassen. Was nämlich ähnlich und ganz ohne Unterschiede ist, kann sinnvollerweise von dem Ähnlichen keine Wirkung erfahren: warum sollte auch das eine eher das Wirkende sein als das andere? Und wenn es von einem derart Ähnlichen beeinflußt werden könnte, dann könnte es das auch von sich selber erleiden. Unter diesen Umständen wäre aber nichts unvergänglich und unbeweglich, wenn das Ähnliche als solches einwirken kann, weil sich dann alles selber bewegen wird. Was aber ganz und gar verschieden und in keiner Hinsicht dasselbe ist, kann ebensowenig einwirken. Weißes kann ja von Linie und Linie von Weißem keinen Eindruck bekommen, höchstens einmal mittelbar, wenn die Linie gerade weiß oder schwarz ist. Denn was nicht gegensätzlich ist oder aus Gegensätzen stammt, kann einander nicht aus seinem Wesen verdrängen. Da aber nicht Beliebiges aufeinander einwirken kann, sondern nur solches, das gegensätzlich ist oder einen Gegensatz an sich hat, so muß also Wirkendes und Leidendes der Gattung nach ähnlich sein und dasselbe, der Art nach dagegen unähnlich und entgegengesetzt. Es ist der Natur gemäß, daß Körper von Körper, Geschmack von Geschmack, Farbe von Farbe Wirkung erfährt, allgemein ein Ding von einem andern der gleichen Gattung. Das liegt daran, daß alle Gegensätze zur selben Gattung gehören und nur Gegensätze aufeinander einwirken. Daher muß in einer Weise Wirkendes und Leidendes dasselbe sein, in anderer Weise jedoch verschieden und einander unähnlich. Da nun Leidendes und Wirkendes gleicher Gattung, aber verschiedener Art sind und dies auch auf die Gegensätze zutrifft, so ergibt sich, daß Gegensätze und deren Zwischenglieder die Fähigkeit haben, aufeinander einzuwirken. Und überhaupt beruht auf ihnen Werden und Vergehen.

80

Also sind die obersten tastbaren Merkmale und Gegensätze zunächst zu sondern. Nach der Tastbarkeit gibt es folgende Gegensätze: warm–kalt, trocken–feucht, schwer–leicht, spröde–weich, saftig–dürr, rauh–glatt, dicht–dünn. Von diesen sind schwer und leicht nicht fähig, zu wirken und zu leiden, da sie nicht darauf zurückzuführen sind, daß der Körper Einwirkung ausübt oder erfährt. Die Elemente müssen jedoch in gegenseitiger Einwirkung stehen, weil sie sich mischen und ineinander umwandeln. Warm und kalt dagegen und feucht und trocken ist teils als wirkend, teils als leidend zu verstehen. Warm nämlich ist, was Stoffe gleicher Gattung sammelt (jenes Trennen, was man dem Feuer zuschreibt, ist ja nur ein Sammeln des Gleichartigen, wobei natürlich das Fremdartige ausgeschieden wird); kalt ist, was zusammenzieht und in gleicher Weise sowohl das Verwandte wie auch das nicht Gleichartige sammelt; flüssig ist, was ohne sich selbst zu formen leicht jede Form annimmt, trocken, was eigene Form hat und sich schwer formen läßt. [...]

Da es vier Ureigenschaften gibt und diese sechs Verbindungen eingehen können, wobei aber die Gegensätze sich nicht paaren lassen – warm und kalt kann sich ja nicht am gleichen Gegenstand finden, ebensowenig trocken und feucht –, so wird es ersichtlich nur vier Verbindungen geben, warm und trocken, warm und feucht, kalt und trocken, kalt und feucht. Dies läßt sich sinnvoll verknüpfen mit den vier einfachen Körpern unserer Erfahrung, Feuer und Luft und Wasser und Erde. Feuer ist ja warm und trocken, Luft warm und feucht (die Luft ist ja eine Art Dampf), Wasser kalt und feucht, Erde kalt und trocken. Daher verteilen sich die Unterschiede sinnvoll auf die Urkörper, und ihre Zahl hat einen guten Grund.

81

Da früher festgestellt ist, daß die einfachen Körper auseinander entstehen und dies auch mit unserer Erfahrung übereinstimmt [...], so ist über die Art der Umwandlung zu reden und zu sagen, ob alles aus allem werden kann oder ob dies teilweise möglich und teilweise unmöglich ist. Daß sich alles ineinander wandeln kann, ist klar, denn das Entstehen führt zu Gegensätzen und kommt aus Gegensätzen; die Urkörper wiederum stehen alle zueinander in einem Gegensatz, weil ihre Merkmale gegensätzlich sind. Bald haben sie zwei Gegensätze, z. B. Feuer und Wasser (das eine ist trocken und warm, das andere feucht und kalt), bald nur einen, z. B. Luft und Wasser (das eine ist feucht und warm, das andere feucht und kalt). Daher ist auch ganz allgemein zu erkennen, daß von Natur alles aus allem entstehen kann; und im einzelnen Falle ist nicht schwer zu sehen, wie dies zugeht. Alles nämlich wird aus allem hervorgehen, nur verschieden schnell und verschieden leicht. Denn was aneinander angrenzt, wird sich schnell umwandeln, was nicht, langsam, weil es leichter ist, eine Eigenschaft zu wandeln, als zwei. So wird Luft aus Feuer entstehen, wenn nur die eine Eigenschaft sich wandelt: das eine war warm und trocken, das andere ist warm und feucht, so daß nur das Trockene vom Feuchten überwältigt zu werden braucht, damit Luft entsteht. Und wieder wird aus Luft Wasser, wenn das Warme vom Kalten überwältigt wird: das eine war warm und feucht, das andere ist kalt und feucht, so daß Wasser entstehen wird, sobald die Wärme sich wandelt. Ebenso entsteht aus Wasser Erde und aus Erde Feuer, da beide mit beiden Gemeinsamkeiten haben, das Wasser ist feucht und kalt, die Erde kalt und trocken, so daß Erde da sein wird, sobald die Feuchtigkeit überwunden ist. Und wiederum ist das Feuer trocken und warm, die Erde kalt und trocken, und wenn die Kälte zugrundegegangen ist, wird Feuer entstanden sein.

Die physikalische Lehre von den konzentrischen Sphären

82

Eudoxos stellte die Bewegung von Sonne und Mond in je drei Kugeln hinein; die erste davon war die der Fixsterne, die zweite mit dem Tierkreis als Äquator, die dritte mit einem gegen den Tierkreis geneigten Äquator, und zwar habe die Kugel, in der der Mond läuft, im Äquator eine größere Neigung als die, in der die Sonne läuft. Jeder der Planeten werde bewegt von vier Kugeln, von denen die ersten beiden denen von Sonne und Mond gleich seien (die Fixstern-Kugel reiße alle andern mit und auch die ihr eingeordnete, deren Äquator mitten durch den Tierkreis läuft, sei allen gemeinsam), während die Pole der dritten für alle auf dem Tierkreis liegen, die vierte wieder auf einem Äquator umläuft, der gegen den Äquator der vorigen geneigt ist. Die Pole der dritten Kugel seien für die übrigen alle verschieden, nur Venus und Merkur hätten dieselben. Kallippos setzte die Lage der Kugeln ebenso an wie Eudoxos, soweit es die Ordnung der Abstände betrifft, was jedoch die Zahl angeht, so gab er dem Jupiter und Saturn die gleiche Anzahl von Kugeln wie jener, bei Sonne und Mond meinte er zwei, bei den übrigen je eine hinzufügen zu müssen, wenn man den Phänomenen gerecht werden soll. Es ist aber notwendig, wenn die Kugeln in ihrer Gesamtwirkung die tatsächliche Erscheinung wiedergeben sollen, bei jedem Planeten noch zurückdrehende Kugeln hinzuzufügen, an Zahl um eins weniger als die schon genannten, welche der Lage nach die erste Kugel des darunter befindlichen Sterns wiederherstellen müssen. Nur so kann das Ganze die Bewegungen der Planeten hervorbringen. Da es nun einmal 8 (für Jupiter und Saturn) Kugeln sind, in denen sie laufen, und dann noch 25 (je 5 für Sonne, Mond, Merkur, Venus, Mars), von diesen aber die nicht zurückgedreht zu werden brauchen, in denen der unterste Planet, der Mond, läuft, so kommen für Jupiter und Saturn 6 zurückdrehende Kugeln heraus, für die weiteren 4 noch 16, so daß die Gesamtzahl der tragenden und rückwärtsdrehenden Kugeln 55 beträgt.

DAS HELLENISTISCHE ZEITALTER

EPIKUR

Die Atome und das Leere

83

Weiterhin besteht das All aus Körpern und Leerem. Daß die Körper existieren, bezeugt in jedem einzelnen Falle die Sinneswahrnehmung, der gemäß man durch Überlegung das Nichtwahrnehmbare erschließen muß, wie ich vorhin gesagt habe. Wenn es andererseits jenes nicht gäbe, das wir das Leere, den Raum und die unberührbare Natur nennen, so gäbe es nichts, wo die Körper wären und worin sie sich bewegten, so wie man sie sich bewegen sieht. Neben diesen beiden läßt sich nichts auch nur denken, weder als erfahrbar noch analog dem Erfahrbaren, so wie diese beiden als Gesamtnaturen verstanden werden und nicht als Zustände und Eigenschaften von solchen.

Ferner: Von den Körpern sind die einen Zusammensetzungen, die anderen solche, aus denen die Zusammensetzungen gebildet sind. Diese sind unzerteilbar und unveränderlich, wenn anders nicht Alles in das Nichtseiende vergehen soll, sondern Etwas kräftig beharrend die Auflösungen der Zusammensetzungen überdauert, da es seiner Natur nach voll ist und ohne die Möglichkeit, irgendwo und irgendwie aufgelöst zu werden. So müssen die Ursprünge unzerteilbare körperliche Naturen sein.

Ferner ist das All unbegrenzt. Denn das Begrenzte hat ein Äußerstes. Das Äußerste kann aber von etwas außer ihm her betrachtet werden. Was aber kein Äußerstes hat, hat auch keine Grenze, und was keine Grenze hat, ist unbegrenzt und nicht begrenzt.

Ferner ist das All unbegrenzt in bezug auf die Menge der Atome und auf die Größe des Leeren. Denn wenn das Leere unbegrenzt wäre, die Atome aber von begrenzter Zahl, so würden die Atome nirgends beharren, sondern würden zerstreut durch das grenzenlose Leere hinfahren, da sie nichts fänden, was Widerstand leistete und durch den Anprall zusammendrängte. Wenn andererseits das Leere umgrenzt wäre, so gäbe es für die grenzenlose Menge der Atome kein Unterkommen.

Außerdem sind die unzerteilbaren und dichten Atome, aus denen die Zusammensetzungen werden und in die sie sich auflösen, unübersehbar in den Verschiedenheiten ihrer Gestalten. Denn es ist nicht möglich, daß so große Verschiedenheiten aus denselben übersehbaren Gestalten entstehen. Und bei jeder Gestaltung ist die Zahl der ähnlichen Atome schlechthin unbegrenzt, ihren Unterschieden nach sind sie dagegen nicht schlechthin unbegrenzt, sondern nur unübersehbar; denn andernfalls müßte man sie auch der Größe nach schlechthin ins Unbegrenzte auslaufen lassen.

Ferner bewegen sich die Atome unaufhörlich die ganze Zeit hindurch. Und zwar fahren die einen weit auseinander, die anderen haben an Ort und Stelle eine schwingende Bewegung, wenn sie etwa in eine Verflechtung eingeschlossen sind oder umschlossen sind von solchen, die sich verflechten. Denn die Natur des Leeren, die jedes einzelne Atom abtrennt, bewirkt dies, da sie nicht fähig ist, Widerstand zu leisten. Andererseits bewirkt die den Atomen eigentümliche Härte beim Zusammenstoß das Abschwingen, soweit die Verflechtung ein Zurücktreten aus dem Zusammenstoß gestattet. Einen Anfang davon gibt es nicht, da die Atome und das Leere ewig sind.

Diese Aussagen geben, wenn man sich all dies ins Gedächtnis eingeprägt hat, einen hinreichenden Umriß für die Einsicht in die Natur der Dinge.

84
Ferner sind auch die Welten grenzenlos an Zahl, teils dieser hier ähnlich, teils unähnlich. Denn die Atome, deren Zahl grenzenlos ist, wie wir eben gezeigt haben, bewegen sich auch in die unendlichste Ferne. Denn die Atome solcher Art, daß aus ihnen eine Welt entstehen oder durch sie eine Welt geschaffen werden kann, verbrauchen sich nicht auf eine einzige Welt, noch auf eine begrenzte Zahl von solchen, weder alle, die der unsrigen gleichen, noch alle, die von ihr verschieden sind. Nichts steht also der Annahme einer unbegrenzten Zahl von Welten im Wege.

Sinneswahrnehmung und die Lehre von den «Bildern»

85
Auch gibt es Abdrücke von derselben Gestalt wie die festen Gebilde, die aber an Feinheit die wahrnehmbaren Dinge weit überragen. Es ist nämlich nicht ausgeschlossen, daß derartige Ablösungen in dem Umgebenden entstehen können, ferner geeignete Umstände für die Verfertigung von Gehöhltem und Glattem und schließlich Abflüsse, die dieselbe Lage und Stellung beibehalten, die sie an den festen Gebilden hatten. Derartige Abdrücke nennen wir Bilder. Ihre Bewegung durch das Leere vollendet, da ihnen nichts begegnet, was sie hemmen könnte, jede faßbare Distanz in einer unausdenkbar kurzen Zeit. Denn Widerstand und Nicht-Widerstand ist gleichbedeutend mit Langsamkeit und Schnelligkeit.

86
Dazu kommt, daß die Entstehung der Bilder sich so schnell wie ein Gedanke vollzieht. Denn der Abfluß von der Oberfläche der Körper ist ununterbrochen, ohne daß der Verlust sichtbar wird, da immer Ersatz nachkommt. Der Abfluß bewahrt die Lage und Ordnung der Atome am festen Körper lange Zeit hindurch, auch wenn sie zuweilen verwirrt wird. Zusammensetzungen zu solchen Bildern entstehen auch rasch im Umgebenden, da ja eine Erfüllung zu körperlicher Tiefe nicht notwendig ist. Es gibt auch andere Arten der Entstehung solcher Naturen. Denn nichts davon widerspricht den Sinneswahrnehmungen, wenn man sich überlegt, auf welche Weise man die evidenten Einsichten und die Gesamtheit der Qualitäten von den äußeren Dingen zu uns übermitteln kann.

Man muß auch annehmen, daß es etwas von den Außendingen in uns Eintretendes ist, was bewirkt, daß wir die Gestalten sehen und daß wir denken. Denn niemals würden die Außendinge ihre eigene Natur und die ihrer

Farbe und ihrer Gestalt abprägen können etwa mit Hilfe der Luft zwischen uns und ihnen oder mit Hilfe der Strahlen oder durch irgendwelche Strömungen, die von uns zu ihnen gelangen; dies geschieht vielmehr, wenn von den Gegenständen aus gewisse Abdrücke in uns eintreten, die von gleicher Farbe und Gestalt sind wie sie und in der passenden Größe in unser Auge oder Denken eintreten, und zwar mit großer Schnelligkeit; und wenn sie ferner aus eben diesem Grunde die Vorstellung eines einheitlichen und zusammenhängenden Gegenstandes hervorbringen und die Gesamtheit der Qualitäten von ihrem Ausgangspunkt her bewahren, sofern ihnen die Schwingung der Atome in der Tiefendimension des festen Körpers einen angemessenen Halt verleiht.

Und welche Vorstellung auch immer wir durch das Begreifen unseres Geistes oder unserer Sinnesorgane entweder von einer Gestalt oder von zufälligen Eigenschaften einer solchen erhalten, so ist dies wirklich die Gestalt eines festen Körpers, wie sie entsteht gemäß der in kontinuierlicher Folge stattfindenden Wiederholung des Bildes oder dessen hinterlassenem Eindruck.

Die Anzahl und Eigenschaften der Atome

87

Ferner muß man annehmen, daß die Atome keine der Qualitäten der Sinnesdinge an sich tragen außer Gestalt, Schwere und Größe und was mit der Gestalt notwendigerweise verbunden ist. Denn jede Qualität verändert sich, die Atome aber verändern sich nicht. Bei den Auflösungen der Zusammensetzungen muß ja etwas Festes und Unauflösliches übrig bleiben, das bewirkt, daß die Veränderungen weder in das Nichtseiende noch aus dem Nichtseienden erfolgen, sondern im allgemeinen durch Umgruppierungen, zuweilen auch durch Zugang und Abgang. Darum muß das, was sich umgruppiert, notwendigerweise unvergänglich sein und nicht die Natur des Veränderlichen besitzen, dagegen eigentümliche Massen und Gestaltungen; und auch diese müssen notwendigerweise dauerhaft sein. Denn auch in den Umgestaltungen, die sich bei uns durch das Wegnehmen vollziehen, wird die Gestalt als das in ihnen Beharrende aufgefaßt, die Qualitäten dagegen beharren nicht und bleiben nicht wie jene in dem sich Verändernden zurück, sondern entweichen aus dem gesamten Körper und gehen zugrunde. Jenes Zurückbleibende nun ist hinreichend, um die Verschiedenheiten der Zusammensetzungen zu erzeugen. Denn notwendig ist, daß irgend etwas zurückbleibe und nicht in das Nichtseiende zugrunde gehe.

Man darf auch nicht annehmen, daß jede Größe bei den Atomen möglich ist; denn dem steht das Zeugnis der Sinnesdinge entgegen. Aber an gewisse Abweichungen in der Größe muß man glauben. Denn wenn dies dazukommt, so läßt sich das, was bei den Empfindungen und Wahrnehmungen geschieht, besser erklären. Daß hingegen jede Größe vorhanden sei, ist teils nicht nötig für das Zustandekommen der Qualitätsunterschiede, teils müßten dann auch sichtbare Atome bis zu uns gekommen sein. Daß dies geschieht, ist aber nicht wahrzunehmen, und es ist auch nicht auszudenken, wie es ein sichtbares Atom geben könnte.

Außerdem darf man nicht meinen, daß in dem umgrenzten Körper unbegrenzt viele Partikel von jeder beliebigen Größe vorhanden seien. So muß man nicht nur die Zerteilung ins Unbegrenzte nach der Kleinheit hin ablehnen, damit wir nicht alles zerbröckeln und beim Erfassen der Zusammenballungen nicht gezwungen werden, das Seiende ins Nichtseiende hinauszudrücken und so aufzubrauchen, sondern es darf auch nicht angenommen werden, daß in den umgrenzten Dingen ein Übergang ins Grenzenlose, und sei es auch nach der Kleinheit hin, stattfinden könne. Denn wenn nun einer sagt, es befänden sich in irgend etwas grenzenlos viele Partikel und von jeder beliebigen Größe, so kann man sich das gar nicht ausdenken. Denn wie wäre dann dies noch eine begrenzte Größe? Es ist doch klar, daß die zahllosen Partikel von einer bestimmten Größe sein müssen. Und wie immer man diese Größe ansetzen mag, so erhält das Ganze doch eine unbegrenzte Größe.

Kosmogonie

88
Zum Gesagten hinzu muß man annehmen, daß die Welten und jede begrenzte Zusammensetzung, die eine gleiche Art hat wie das häufig Geschaute, aus dem Grenzenlosen entstanden ist, indem sich all dies, das Größere wie das Kleinere aus eigentümlichen Verbindungen ausgesondert hat. Und es wird sich auch alles wieder auflösen, das eine schneller, das andere langsamer, das eine durch die Einwirkung von dem, das andere durch die Einwirkung von jenem.

Ferner darf man auch nicht meinen, daß die Welten notwendig eine einzige Gestaltung haben, sondern daß die einen kugelförmig sind, andere eiförmig und wieder andere von anderer Gestalt. Doch haben sie nicht jede beliebige Gestalt und sind auch keine Lebewesen, die sich vom Unbegrenzten abgesondert hätten. Auch das wird niemand beweisen können, daß in einer

Welt von einer Art Samen von solcher Art eingeschlossen sein könnten oder auch nicht, aus denen die Lebewesen, Pflanzen und alles, was wir sehen, zusammentritt, daß dies dagegen in einer Welt von anderer Art nicht möglich wäre.

Der Mensch und sein Verhältnis zu den Himmelserscheinungen

89

Ferner darf man die Bewegung der Himmelskörper, ihre Wendungen, Verfinsterungen, Aufgang und Untergang und was dazu gehört, nicht als das Werk eines Verwalters betrachten, der ordnet und ordnen wird und der doch gleichzeitig die gesamte Glückseligkeit und Unvergänglichkeit haben soll. Denn Geschäfte, Sorgen, Zorn und Gunst stimmen nicht überein mit der Glückseligkeit, sondern zeigen Schwäche, Furcht und Abhängigkeit vom Nächsten. Noch darf man glauben, daß das, was nur zusammengewirbeltes Feuer ist, die Glückseligkeit besitzt und nach eigenem Willen diese Bewegungen annimmt. Sondern wir müssen ihre volle Erhabenheit bewahren in allen Bezeichnungen, die wir bei derartigen Vorstellungen anwenden, damit sich nicht aus diesen selbst Widersprüche zu ihrer Erhabenheit ergeben; denn in solchem Falle wird gerade der Widerspruch die größte Verwirrung in der Seele anrichten. So muß man denn annehmen, daß bei den ursprünglichen Absonderungen dieser Wirbel bei der Entstehung der Welt gleichzeitig auch diese Notwendigkeit und diese regelmäßige Bahn sich vollendet haben.

90

Fürs erste darf nicht angenommen werden, daß die Erkenntnis der Himmelserscheinungen, mögen sie in größerem Zusammenhange oder selbständig für sich besprochen werden, ein anderes Ziel verfolgt als die Beruhigtheit und feste Zuversicht, wie das ja auch bei allen andern Dingen der Fall ist.

Man darf weder unmögliche Erklärungen mit Gewalt erzwingen noch bei allen Fragen eine Methode anwenden, die ähnlich wäre den Untersuchungen über die Lebensformen oder über die Klärung der anderen naturphilosophischen Probleme wie etwa im Bezug auf Lehrsätze wie: «Das All besteht aus Körpern und der unberührbaren Natur» oder: «Die Elemente sind unteilbar» und alle diese Dinge, bei denen es nur eine einzige Erklärung gibt, die mit den Phänomenen übereinstimmt. Dies trifft für die Himmelserscheinungen nicht zu. Diese lassen mehrere Ursachen ihrer Entstehung zu und mehrere Beschreibungen ihres Wesens, die alle mit den Sinneswahrnehmungen übereinstimmen. Also soll man nicht Naturwissenschaft treiben auf Grund leerer Behauptungen und Verfügungen, sondern so, wie es die Phänomene fordern. Denn unser Leben bedarf nicht der Unvernunft und des leeren Meinens, sondern daß wir ohne Störung leben.

Ohne Erschütterung vollzieht sich nun alles in all jenen Dingen, die übereinstimmend mit den Phänomenen auf verschiedene Weise geklärt werden können, wenn man in richtiger Weise bei dem bleibt, was in diesen Dingen als wahrscheinlich ausgemacht werden kann. Wenn man aber das eine festhält und das andere verwirft, das doch genau so gut mit den Phänomenen übereinstimmt, dann ist es klar, daß man überhaupt den Bereich naturwissenschaftlicher Forschung verläßt und dem Mythos verfällt.

Hinweise auf das, was sich bei den Himmelserscheinungen vollzieht, finden sich an manchen Erscheinungen bei uns; diese können wir beobachten, wie sie sich vollziehen, dagegen nicht die Phänomene am Himmel, die auf mehrfache Weise entstehen können. Doch muß man auch da den Sinneseindruck, den jedes Einzelne macht, festhalten und bei dem, was mit ihm zusammenhängt, genau unterscheiden, welche Dinge ohne Widerspruch zu den Phänomenen bei uns auf mehrfache Weise entstehen können.

LUKREZ

Die sichtbaren Wirkungen von unsichtbaren Teilchen

91

Nun also, da ich gelehrt habe, daß die Dinge nicht aus Nichts geschaffen werden und auch, nachdem sie entstanden sind, nicht wieder zu Nichts zurückgerufen werden können, so vernimm weiterhin (damit du nicht auf irgendeine Weise etwa anfängst, an meinen Worten zu zweifeln, weil nämlich die Ursprünge der Dinge nicht mit den Augen wahrgenommen werden können), von welchen Körpern du selbst notwendigerweise eingestehen mußt, daß sie unter den Dingen vorhanden sind und dennoch nicht gesehen werden können.

Fürs erste peitscht die erregte Kraft des Windes das Meer, läßt riesige Schiffe untergehen und zerstreut die Wolken; zuweilen läuft sie in raschem Wirbel über die Felder hin und bedeckt sie mit großen Bäumen; und sie bedrängt die Gipfel der Berge mit Stößen, die die Wälder zum Brechen bringen. Derart rast der Wind mit scharfem Brüllen und wütet mit drohendem Grollen.

Es gibt also unzweifelhaft unsichtbare Körper des Windes, die das Meer, die Länder und die Wolken des Himmels fegen, sie mit plötzlichem Wirbel bedrängen und fortreißen.

Sie fließen auf keine andere Weise dahin und verbreiten Verwüstung als die weiche Natur des Wassers, wenn es plötzlich in übermäßiger Fülle dahinströmt, da ein großer Zufluß von Wasser von den hohen Bergen herunter es zu einem breiten Strome anschwellen läßt. Es wirft zusammen Bruchstücke aus den Wäldern, und ganze Bäume und auch die kräftigen Brücken vermögen die plötzliche Gewalt des herankommenden Wassers nicht auszuhalten; so stürmt der Fluß wirbelnd in seiner Wassermasse mit gewaltigen Kräften gegen die Brückenpfeiler an. Mit großem Krachen schafft er Verwüstung, wälzt unter seinen Wogen riesige Steine und zerbricht sie und ebenso alles, was seinen Lauf hemmt.

Auf dieselbe Weise also muß auch das Blasen des Windes dahinfahren. Wenn es wie ein mächtiger Fluß in irgendeiner Richtung vorandrängt, stößt es die Dinge vor sich hin und stürzt sie um mit unaufhörlichen Angriffen; zuweilen dreht es ihren Wipfel und reißt sie mit sich und entführt sie rasch in kreisendem Wirbel. Darum muß man immer und immer wieder betonen, daß es unsichtbare Körper des Windes gibt, da sie sich in ihren Wirkungen und ihrer Art den großen Strömen, die aus sichtbaren Körpern bestehen, als ähnlich erwiesen haben.

Weiterhin empfinden wir auch verschiedene Gerüche von den Dingen und sehen sie doch niemals zur Nase hinkommen. Wir beobachten auch nicht Wärme und Hitze, wir vermögen nicht die Kälte mit unseren Augen zu erfassen oder die Töne zu erblicken. Trotzdem ist es notwendig, daß dies alles eine körperliche Natur besitzt, da es auf unsere Sinne einwirken kann. Denn nur, was ein Körper ist, kann berühren oder berührt werden.

Endlich pflegen Kleider, die am wellenbrechenden Meeresufer aufgehängt sind, feucht zu werden, und wenn sie in der Sonne ausgebreitet werden, werden sie trocken. Es ist jedoch noch nie beobachtet worden, auf welche Weise sich die Feuchtigkeit des Wassers festsetzte, noch umgekehrt, auf welche Weise sie bei der Hitze wieder entfloh. Die Feuchtigkeit ist also in winzige Partikel zerteilt, die die Augen auf keine Weise zu sehen vermögen.

Ebenso wird der Ring am Finger während vieler Jahre, in denen die Sonne wiederkehrt, durch das Tragen unten dünn, der Fall steter Tropfen höhlt den Stein aus, und die gebogene Pflugschar aus Eisen nimmt auf dem

Acker unvermerkt ab; wir sehen auch, wie der steinerne Belag der Straßen durch die Füße der Leute abgetreten wird. Es zeigt sich auch, wie an den Bronzestatuen neben den Stadttoren die rechten Hände schmäler werden durch die dauernde Berührung der Grüßenden und Vorbeigehenden. Wir sehen in der Tat, wie diese Dinge abnehmen, weil sie abgenutzt sind; doch die mißgünstige Natur verschloß uns die Möglichkeit, anschaulich zu beobachten, welche Körper in welchem Zeitpunkt weggehen.

Endlich, was immer die Zeit und die Natur allmählich den Dingen zufügt, wenn sie sie zwingt, langsam heranzuwachsen, das vermag kein noch so scharfer Blick der Augen wahrzunehmen, ebenso wenig wie das, was durch Zeit und Auszehrung alt wird; und was die Felsen, die ins Meer hinunterhängen und von Salzkörnern zerfressen werden, zu jedem einzelnen Zeitpunkt verlieren, auch das vermagst du nicht zu sehen.

So verwaltet also die Natur die Dinge mit unsichtbaren Körpern.

Die stetige Bewegung der Atome

92
Nun also will ich erklären, durch was für eine Bewegung die zeugungskräftigen Körper der Materie die verschiedenen Dinge hervorbringen und die hervorgebrachten wieder auflösen, und durch welche Kraft sie gezwungen werden dies zu tun, und welche Beweglichkeit ihnen gegeben ist, um das Große Leere zu durchmessen; du denke daran, meinen Worten Aufmerksamkeit zu schenken. Denn sicherlich hängt die Materie nicht dicht gedrängt in sich zusammen, da wir ja sehen, wie jede Sache abnimmt, und da wir beobachten, wie in der langen Zeit Alles gewissermaßen dahinfließt und das Alter es unseren Augen entzieht, während doch die Summe unverletzt zu beharren scheint, da nämlich die Körper jedesmal, wo sie weggehen, das vermindern, von dem sie weggehen, und das, zu dem sie kommen, mit Vermehrung ausstatten; sie zwingen jenes zu altern, dieses dagegen heranzublühen. Doch sie verweilen nie, wo sie sind. So erneuert sich die Summe der Dinge ununterbrochen, und im gegenseitigen Austausch leben die Sterblichen. Die einen Völker wachsen, die anderen vermindern sich, und in einem kurzen Zeitraum vertauschen die Geschlechter der Lebewesen ihre Plätze, und wie die Läufer geben sie die Fackel des Lebens weiter.

Wenn du glaubst, daß die Ursprünge der Dinge stillstehen und im Stillstehen neue Bewegungen der Dinge erzeugen können, dann irrst du weit ab von der wahren Einsicht. Denn da sie ja durch das Leere dahinschweifen, ist es notwendig, daß alle Ursprünge der Dinge entweder durch ihr eigenes

Gewicht bewegt werden oder etwa durch einen Stoß von einem anderen. Wenn sie nämlich in ihrer Bewegung oftmals einander begegnen und zusammenprallen, dann geschieht es, daß sie plötzlich in entgegengesetzten Richtungen auseinander springen; dies ist keineswegs erstaunlich, da sie überaus hart sind, kompakte Gewichte besitzen und ihnen auch nichts ein Hindernis im Rücken bereitet.

Und damit du noch eher begreifst, wie alle Körper der Materie hin und her geschleudert werden, erinnere dich daran, daß es im gesamten All kein Unterstes gibt, und daß kein Ort existiert, wo die ersten Körper stehen bleiben könnten, da ja der Raum ohne Grenze und Maß ist, und weil ich dir auf vielfache Weise gezeigt habe, daß überall und nach allen Richtungen das Unbegrenzte offen steht, was auch durch sichere Gründe bewiesen ist. Da dies also feststeht, ist natürlich den ersten Körpern keine Ruhe verstattet im tiefen Leeren, sondern sie sind vielmehr in unaufhörlichen, verschiedenen Bewegungen geübt; einige stoßen aus großen Distanzen zusammen und springen wieder zurück, andere werden in kurzen Distanzen von Schlägen getrieben.

Alle diejenigen, die in dichterem Zusammenschluß und in winzigen Distanzen zusammenprallen und auseinander springen, selber behindert durch ihre eigenen verflochtenen Gestalten, diese konstituieren die starken Wurzeln der Felsen und die wilden Körper des Eisens und das übrige von derselben Art. Die anderen wiederum, die durch das Große Leere hinschweifen, die treffen selten zusammen und entfernen sich wieder weit voneinander in großen Distanzen. Sie liefern uns die dünne Luft und das strahlende Licht der Sonne. Und viele außerdem schweifen dahin durch das Große Leere, die zurückgestoßen sind von den Verbindungen der Dinge, niemals aufgenommen wurden und niemals ihre Bewegungen mit denjenigen der anderen verknüpfen konnten.

Ein Gleichnis und Abbild dieser Sache befindet sich, wie ich sage, immer vor unseren Augen und drängt sich uns auf. Schau nämlich genau hin, wenn das Licht der Sonne und die einfallenden Strahlen sich ergießen durch das Dunkle der Häuser. Da wirst du sehen, wie viele winzige Körper auf viele Weisen durch das Leere hindurch sich mischen mitten im Licht der Strahlen; und wie in einem ewigen Streit liefern sie Schlachten und Kämpfe, gruppenweise kämpfend und ohne je Ruhe zu geben, getrieben durch unaufhörliches Zusammentreten und Auseinandertreten. Daraus kannst du erschließen, wie es zugeht, daß die Ursprünge der Dinge immerzu hin und her gestoßen werden in dem Großen Leeren, soweit jedenfalls eine kleine Sache ein Paradigma für große Dinge und Spuren, die auf ihren Begriff hinführen, geben kann.

Auch aus diesem Grunde ist es billig, daß du den Geist hinwendest zu diesen Körpern, die in den Strahlen der Sonne umherzuwirbeln scheinen, weil derartige Wirbel anzeigen, daß unter ihnen auch verborgene und unsichtbare Bewegungen der Materie vorhanden sind. Du wirst nämlich vieles sehen, das durch unsichtbare Stöße angetrieben seine Richtung verändert und zurückgestoßen nach rückwärts zurückkehrt, bald hierhin, bald dorthin, überall in alle Richtungen. Für alle nämlich kommt dieses Umherirren von den Ursprüngen her.

Denn als erste bewegen sich von selbst die Ursprünge der Dinge; von da an werden dann diejenigen Körper, die in kleinen Verbindungen stehen und gewissermaßen den Kräften der Ursprünge am nächsten sind, durch unsichtbare Stöße von jenen vorangetrieben, und sie wiederum bringen etwas größere in Bewegung. So steigt die Bewegung von den Ursprüngen auf und gelangt allmählich bis zu unsern Sinneswahrnehmungen, so daß dann auch jene sich bewegen, die wir im Lichte der Sonne zu erblicken vermögen, ohne daß es offen sichtbar wird, durch welche Schläge sie dies tun.

Die abweichenden Atome

93

Ich wünsche, daß du in diesen Dingen auch jenes erfährst: Wenn die Körper senkrecht nach unten durch das Leere bewegt werden durch ihr eigenes Gewicht, dann weichen sie zu unbestimmter Zeit und an einem unbestimmten Orte nur eben ein wenig von ihrer Bahn ab, gerade nur so viel, daß man sagen könnte, die Bewegung habe sich verändert.

Wenn sie nicht in dieser Weise abzuweichen pflegten, so würde alles, wie die Tropfen des Regens, senkrecht hinunterfallen durch das tiefe Leere, und es würde niemals eine Berührung entstanden und ein Zusammenstoß geschaffen worden sein für die Ursprünge; und so hätte die Natur niemals irgendetwas geschaffen.

Wenn aber zufällig einer glaubt, es sei möglich, daß schwerere Körper, sofern sie schneller senkrecht durch das Leere hindurch bewegt werden, von oben her auf die leichteren stoßen und auf diese Weise die Stöße erzeugen, der weicht weit ab von der wahren Einsicht.

Denn alles, was durch Gewässer hindurchfällt oder durch die dünne Luft, dies muß notwendigerweise je nach seinem Gewicht seinen Fall beschleunigen, weil nämlich der Körper des Wassers und die feine Natur der Luft nicht jedes Ding in derselben Weise aufhalten können; sie geben vielmehr rascher nach, wenn sie durch schwerere Dinge überwältigt werden. Dagegen kann an keinem Orte und zu keiner Zeit das Leere irgendeinem Dinge Widerstand leisten; es gibt vielmehr ununterbrochen den Platz frei, wie dies seine Natur verlangt. Darum muß alles durch das ruhige Leere mit gleicher Schnelligkeit angetrieben sich bewegen, obschon es nicht das gleiche Gewicht hat.

Darum können auch niemals von oben her schwerere Körper auf die leichteren fallen und von sich aus die Stöße hervorbringen, die die Bewegungen verändern, durch die dann die Natur die Dinge zustande bringt.

Darum ist es immer und immer wieder notwendig, daß die Körper ein wenig abweichen, nicht mehr als ein Minimum, damit wir nicht den Anschein erwecken, als wollten wir schräge Bewegungen erfinden, was durch die Wirklichkeit widerlegt wird.

Denn dies sehen wir evident und augenscheinlich, daß Gewichte, was an ihnen liegt, sich nicht schräg bewegen können, wenn sie von oben herunterstürzen, jedenfalls soweit als du dies zu beobachten vermagst. Doch daß schlechterdings nichts von der senkrechten Richtung des Weges abweicht, wen gibt es, der dies beobachten könnte?

Wenn endlich jede Bewegung stets mit einer anderen verknüpft ist und aus der alten Bewegung eine neue hervorgeht in einer bestimmten Ordnung und die Ursprünge nicht etwa durch die Abweichung irgendeinen Anfang setzen, der die Gesetze des Schicksals brechen würde derart, daß nicht seit unbegrenzter Zeit eine Ursache auf die andere folgt, woher existiert dann für die Lebewesen über die Erde hin, woher existiert, so frage ich, jener freie, dem Schicksal entrissene Wille, durch den wir voranschreiten, wohin einen jeden die Lust führt, und ebenso unsere Bewegungen abbiegen zu keiner bestimmten Zeit und an keinem bestimmten Orte, sondern wohin gerade unser Geist uns geführt hat? Denn ohne jeden Zweifel gibt diesen Dingen der Wille jedes Einzelnen den Ursprung, und von daher fließen die Bewegungen durch die Glieder.

Geist und Körper

94

Aus welcher Art von Körper und woher dieser Geist nun besteht, dies will ich dir im folgenden durch meine Worte erklären. Fürs erste behaupte ich, daß er überaus fein ist und aus überaus winzigen Körpern gebildet ist und besteht. Daß dies so ist, magst du aus folgendem erkennen, wenn du deine Aufmerksamkeit darauf lenkst.

Es zeigt sich, daß nichts mit solcher Schnelligkeit geschieht wie das, was sich der Geist vornimmt, daß es geschehen soll, und was er selbst in Gang bringt. Demnach setzt sich der Geist selbst schneller in Bewegung als irgend eine andere Sache, deren Natur uns evident vor Augen steht. Doch was derart beweglich ist, muß aus überaus runden und überaus winzigen Samen bestehen, so daß sie schon durch einen geringen Anstoß angetrieben in Bewegung versetzt werden. Denn ähnlich bewegt sich das Wasser und fluktuiert bei einem minimalen Anstoß, da es eben aus beweglichen und kleinen Gestalten geschaffen ist. Die Natur des Honigs dagegen ist stabiler, seine Flüssigkeit träger und seine Bewegung zögernder. Denn da hängt die Masse der Materie mehr in sich zusammen, natürlich, weil sie nicht aus so leichten, so feinen und so runden Körpern besteht. Ein vorübergehendes leichtes Lüftchen kann es erzwingen, daß dir ein hoher Haufen von Mohnkörnern von der Spitze hinunter auseinanderfließt; doch bei einem Haufen von Steinen oder Ähren ist dies in keiner Weise möglich. In dem Maße also als die Körper äußerst klein und leicht sind, sind sie auch mit Beweglichkeit ausgestattet. Was aber eher ein großes Gewicht hat und rauh ist, das ist dementsprechend eher stabil.

Da es sich nun also erwiesen hat, daß die Natur des Geistes außerordentlich beweglich ist, so muß sie notwendigerweise aus überaus kleinen, leichten und runden Körpern bestehen. Diese Einsicht wird sich dir, mein Bester, in vielen Dingen als nützlich bewähren und als zweckmäßig gelten.

Auch die folgende Tatsache zeigt seine Natur an, aus wie dünnem Gewebe er nämlich besteht und einen wie geringen Raum er einnehmen würde, wenn er massiert werden könnte: Sobald die sorgenfreie Ruhe des Todes den Menschen ergriffen hat und die Natur des Geistes wie der Seele entwichen ist, dann könntest du nicht bemerken, daß irgendetwas vom ganzen Körper weggenommen worden wäre, weder hinsichtlich des Aussehens noch hinsichtlich des Gewichtes. Der Tod bewahrt alles außer der lebendigen Empfindung und dem warmen Hauche. Die gesamte Seele muß also aus überaus kleinen Samen bestehen, verflochten durch die Venen, das Fleisch und die Muskeln. Darum, sobald sie schon aus dem gesamten Körper entwichen ist, behauptet sich dennoch der äußere Umriß der Glieder unverletzt, und es fehlt am Gewicht nicht das mindeste.

Ein Vorgang derselben Art ist es, wenn die Blume des Weins sich verflüchtigt oder wenn der süße Duft eines Parfums sich im Winde zerstreut hat oder wenn von irgendeinem Körper schon der Geschmack entwichen ist. Die Sache selbst scheint trotzdem für die Augen nicht kleiner geworden zu sein, natürlich, weil die Geschmäcke aus vielen winzigen Samen gebildet sind und ebenso der Geruch am ganzen Körper der Dinge.

Darum hat man sich immer und immer wieder einzuprägen, daß die

Natur des Geistes und der Seele aus äußerst kleinen Samen geschaffen ist, da sie, wenn sie entflieht, vom Gewicht nichts hinwegnimmt.

95

Diese Natur der Seele also wird vom ganzen Körper festgehalten und ist selbst für den Körper Wächter und Ursache seines Lebens. Denn sie hängen unter einander zusammen durch gemeinsame Wurzeln, und man sieht, daß sie nicht ohne Zerstörung auseinander gerissen werden können. In ähnlicher Weise ist es nicht leicht, aus Klumpen von Weihrauch den Geruch herauszureißen, ohne daß auch seine eigene Natur zugrundegeht. Genau so ist es nicht leicht, die Natur des Geistes und der Seele aus dem gesamten Körper herauszuziehen, ohne daß alles aufgelöst wird. Da also vom ersten Anfang an ihre Ursprünge derart miteinander verflochten sind, so werden sie ausgestattet mit einem Leben, das sie gemeinsam haben; noch kann die Kraft des Körpers und des Geistes je für sich allein augenscheinlich etwas wahrnehmen ohne die Fähigkeit des anderen, sondern durch gemeinsame Bewegungen von beiden Seiten wird uns durch den Körper hin die Sinneswahrnehmung entfacht und entzündet.

Außerdem wird der Körper niemals durch sich selbst erzeugt oder wächst heran, noch sieht man, daß er nach dem Tode weiterdauert. Denn es ist nicht so wie bei der Feuchtigkeit des Wassers, die oftmals den Dampf aus sich entläßt, der ihr gegeben ist, und die etwa aus diesem Grunde selbst zerstört würde, sondern unverletzt bleibt; nicht so also, behaupte ich, können die zurückgelassenen Glieder den Abschied der Seele aushalten, sondern sie gehen völlig zugrunde, werden zerstört und verfaulen.

So lernen also vom Beginn ihres Daseins an die gegenseitige Vereinigung von Körper und Seele die Bewegungen des Lebens, und zwar, schon wenn sie in den Gliedern und im Leibe der Mutter ruhen, derart, daß eine Trennung nicht geschehen kann ohne Verderben und Unheil.

Da also die Ursache des Lebens für beide verbunden ist, so mußt du sehen, daß auch ihre Natur als eine verbundene besteht.

DIE STOIKER: ZENON UND CHRYSIPP

Das Universum als ein dynamisches Kontinuum

96
Die physikalischen Zustände sind nichts anderes als luftförmige Erscheinungen; durch sie nämlich werden die Körper zusammengehalten. Die Luft, die sie zusammenhält, ist die Ursache dafür, daß jeder der in der *hexis* zusammengefaßten Körper mit bestimmten Qualitäten behaftet ist, die man im Eisen Härte nennt, im Gestein Dichte und im Silber Glanz.

97
Da die Stoiker die vier Körper Erde, Wasser, Luft und Feuer als primäre Elemente bezeichnen, so verstehe ich nicht, wie sie diese teils als einfache und reine, teils als zusammengesetzte und gemischte Substanzen darstellen. Denn nach ihrer Lehre halten Erde und Wasser weder sich noch andere Stoffe zusammen, bewahren vielmehr ihre Einheit dadurch, daß sie an der pneuma-artigen und feurigen Kraft teilhaben. Luft und Feuer hingegen sind von Natur durch ihre Spannung kohärent und verleihen jenen durch ihre Beimischung Spannung, Permanenz und Substantialität.

98
Von den Körpern sind die einen geeint, die andern bestehen aus zusammenhängenden, wieder andere aus gesonderten Elementen. Geeinte Körper sind solche, die von einer einzigen zusammenhaltenden Kraft, der *hexis,* beherrscht sind, wie Pflanzen und Tiere; aus zusammenhängenden Elementen bestehende Körper sind jene, die aus aneinandergrenzenden Teilen zusammengesetzt sind und sich zu einer übergeordneten Struktur vereinigen, wie Ketten, Türme, Schiffe; aus gesonderten Elementen bestehende Körper sind jene, die aus unzusammenhängenden, getrennten und für sich allein existierenden Teilen zusammengesetzt sind, wie Heere, Herden, Chöre.

Da nun auch der Kosmos ein Körper ist, ist er entweder ein geeinter oder ein aus zusammenhängenden oder aus gesonderten Elementen bestehender Körper. Er gehört aber weder zu den aus zusammenhängenden noch zu den aus gesonderten Teilen bestehenden Körpern, was die in ihm wirkenden Sympathien uns zeigen. Entsprechend dem Zu- und Abnehmen des Mondes schwinden und wachsen viele Land- und Wassertiere, Ebbe und Flut gibt es in verschiedenen Teilen des Meeres. Ebenso gehen entsprechend dem Auf- und Untergang der Gestirne Veränderungen der Umwelt und mannigfaltige Wechsel in der Luft vor sich, einmal zum Bessern hin, dann wiederum bringen sie Verderben. Daraus erhellt, daß der Kosmos ein geeinter Körper ist. In Körpern, die aus zusammenhängenden oder getrennten Elementen bestehen, stehen die Teile miteinander nicht in Sympathie, denn wenn zum Beispiel alle Soldaten einer Armee umkommen, wird sich dies offenbar nicht auf den Überlebenden übertragen, und er wird dadurch nicht betroffen. In geeinten Körpern jedoch existiert eine gewisse Sympathie; wenn ein Finger geschnitten wird, so teilt sich sein Zustand dem ganzen Körper mit. So ist das Universum also auch ein geeinter Körper.

99
Er stattete gewisse Körper mit *hexis* aus, andere mit *physis*, mit *psyche* und mit denkender Seele. In Gestein und Holz, die am organischen Wachstum nicht teilhaben, formte er *hexis* als ein äußerst starkes Band; dies ist das auf seinem Wege zurückkehrende Pneuma, das, vom Zentrum des Körpers ausgehend, nach außen hin bis zu seinen Grenzen fortschreitet und [...] wieder an die Stelle zurückgeht, von der es ausging.

100
Chrysipps Lehre von der Mischung ist die folgende: Er nimmt an, daß die ganze physikalische Welt durch ein sie völlig durchziehendes Pneuma geeint wird, welches das Universum kohärent macht und zusammenhält und seine Teile zueinander in Sympathie setzt. Unter den zusammengesetzten Körpern gibt es solche, die sich durch Nebeneinanderstellung mengen, wenn zwei oder auch mehr Substanzen vereinigt sind, nebeneinandergestellt durch – wie er sagt – Zusammenfügung, wobei jede von ihnen in einer solchen Nebeneinanderstellung ihr eigenes Wesen und ihre Beschaffenheit gemäß ihrer Art bewahrt, wie dies zum Beispiel der Fall ist, wenn man Bohnen und Weizenkörner miteinander mengt. Manche Körper werden gleichzeitig zerstört, indem ihre Substanzen und die entsprechenden Qualitäten eine totale Verschmelzung eingehen, wie es für Arzneien gilt, deren Bestandteile zugleich zerstört werden, indem ein anderer Körper aus ihnen entsteht. Gewisse Mischungen, so sagt er, entstehen durch eine totale gegenseitige Durchdringung von Substanzen und Qualitäten, die in der ursprünglichen Form in der Mischung erhalten bleiben; hierfür benutzt er das spezielle Wort *krasis*. Für diese ist es charakteristisch, daß sie wieder voneinander getrennt werden können, was nur deshalb möglich ist, weil die Bestandteile ihre Eigenschaften in der Mischung bewahren. [...] Die gegenseitige Durchdringung der Bestandteile geschieht seiner Meinung nach in der Weise, daß die gemischten Substanzen sich derart durchdringen, daß jedes Teilchen der einen einen Anteil an allen anderen hat. Andernfalls hätte

man es nicht mit einer Mischung, sondern einer Nebeneinanderstellung zu tun. Die Anhänger dieser Lehre stützen sich auf die Tatsache, daß viele Körper ihre Qualitäten bewahren, gleichgültig ob sie in größeren oder kleineren Mengen auftreten, wie man am Weihrauch sehen kann, der sehr stark verdünnt wird, wenn man ihn verbrennt, und doch dabei seine Qualität bewahrt. Es gibt ferner viele Substanzen, die, durch das Dabeisein anderer unterstützt, sich in einem Maße ausbreiten können, wie sie es allein nicht tun könnten. Gold zum Beispiel, wenn es gewissen Arzneien beigemischt wird, kann sich derart ausbreiten und verdünnen, wie es nicht erreicht werden kann, wenn es in reiner Form gehämmert wird. Auch wir können mit andern zusammen leisten, wozu wir, auf uns selbst gestellt, nicht fähig sind. Wenn einer am andern sich festhält, durchschreiten wir Flüsse, was wir aus eigener Kraft nicht tun können. Mit andern zusammen tragen wir Lasten, deren Gewicht wir allein nicht zu tragen vermögen. Rebenranken können sich einzeln nicht halten, aber wenn sie ineinander verflochten sind, stehen sie aufrecht. Es ist daher nicht weiter verwunderlich, sagt er, daß gewisse Substanzen, sich gegenseitig stützend, eine totale Union eingehen, wobei sie ihre eigenen Qualitäten bewahren, während sie sich gegenseitig total durchdringen, selbst wenn die Masse der einen so gering ist, daß sie ihre Qualität nicht erhalten könnte, wenn sie sich allein in solchem Ausmaß ausbreiten würde. Ein Schöpflöffel Wein kann sich also mit einer großen Menge Wasser mischen, weil er, durch letzteres unterstützt, sich über einen weiten Raum ausbreiten kann. Als unumstößlichen Beweis für diesen Sachverhalt führen die Stoiker an, daß die Seele, die eine eigene Substanz hat wie auch der sie umgebende Körper, durch den ganzen Körper hindurchgeht und doch in dieser Vermengung mit ihm ihr eigenes Wesen bewahrt (es gibt nämlich keinen Teil des die Seele umfangenden Körpers, der nicht an ihr Anteil hat). Dasselbe gilt von der Natur der Pflanzen und von der geeinten physikalischen Struktur jener Körper, die durch die *hexis* zusammengehalten werden.

101

Außerhalb der Welt aber erstreckt sich nach allen Seiten das Leere ins Unendliche. Das aber, was von irgendeinem Körper erfüllt ist, nennen wir Raum, andererseits das, was nicht von einem Körper erfüllt ist, das Leere.

Daß das Leere existiert, werden wir in Kürze auseinandersetzen. Jeder Körper muß notwendigerweise in irgend etwas darin sein. Das aber, in dem der Körper ist, muß von dem dieses erfüllenden Körper verschieden sein, nämlich unkörperlich und sozusagen ungreifbar. Dieses Etwas nun, das imstande ist, einen Körper aufzunehmen und ihn zu umfassen, nennen wir das Leere. [...]

So können wir auch die Vorstellung vollziehen, daß die Welt von ihrer Stelle wegbewegt wird, die sie jetzt gerade einnimmt. Dann werden wir erkennen, daß bei dieser Veränderung der von ihr verlassene Raum leer ist und das Etwas, in das sie hineingeht, von ihr eingenommen und erfüllt wird; und dieses Etwas wäre das nunmehr angefüllte Leere. Wenn aber auch die ganze Welt in Flammen aufgeht, wie die Geistreichsten unter den Physikern glauben, so muß sie notwendigerweise mehr als den zehntausendfachen Raum einnehmen, wie das ja auch von den in luftförmigen Zustand aufgelösten festen Körpern gilt. Der Raum also, der von der in Feuer aufgelösten Welt eingenommen werden würde, ist jetzt leer, da kein Körper ihn erfüllt. [...] Dieser Raum nun wird, wenn die Substanz sich wieder zusammenzieht und einen kleineren Raum einnimmt, zum Leeren werden. [...] Dieses Etwas also, das fähig ist, von einem Körper erfüllt oder von einem Körper verlassen zu werden, ist das Leere. Es ist also notwendig, daß wir die Existenz des Leeren annehmen. [...]

Dieses Leere nun aber existiert innerhalb der Welt nicht. Dies erhellt aus den physikalischen Geschehnissen. Wenn nämlich die ganze Welt nicht überall zusammenhinge, so wäre es nicht möglich, daß die Welt von der Natur zusammengehalten und durchwaltet würde, es würde auch keine Harmonie der Teile zueinander bestehen. Wir würden ferner, wenn die Welt nicht durch einen einheitlichen Raum zusammengehalten würde, und wenn die Luft nicht überall miteinander zusammenhängen würde, nicht sehen oder hören können. Wenn nämlich zwischendurch Leeren vorhanden wären, so würden durch diese die Wahrnehmungen verhindert werden.

102

Aber, so folgern sie [die Peripatetiker], wenn es außerhalb der Welt eine Leere gäbe, so würde die Welt durch diese Leere sich hindurchbewegen, während doch nichts vorhanden ist, was sie zusammenhält und sie unterstützt. Wir antworten darauf, daß es unmöglich ist, daß sie sich durch die Leere hindurchbewegt. Die Welt strebt nämlich gegen ihren eigenen Mittelpunkt hin, und das unter uns Liegende hat denselben Mittelpunkt, nach dem es hinstrebt. Wenn nämlich die Welt und der unter uns liegende Teil der Welt nicht denselben Mittelpunkt hätten, so würde die Welt abwärts durch das Leere stürzen, wie in der Untersuchung über das Streben nach dem Mittelpunkt hin gezeigt werden wird.

Es wird auch dies von jenen behauptet, daß, wenn es außerhalb der Welt eine Leere gäbe, die Substanz sich durch diese Leere hindurch ins Unbegrenzte zerstreuen würde. Darauf werden wir antworten, daß die Welt kein solches Schicksal erfahren kann; sie besitzt nämlich eine Kraft, die sie zusammenhält und erhält. Und die die Welt umgebende Leere übt keinen Einfluß auf die Welt aus; die Welt selbst nämlich, der eine überragende Kraft innewohnt, hält sich zusammen, indem sie sich zusammenzieht und dann wieder ausdehnt gemäß ihren eigenen physikalischen Veränderungen, indem sie sich einmal feurig ausdehnt, ein anderes Mal zur Lebensschöpfung zusammenzieht.

Daß also außerhalb der Welt eine Leere bestehen muß, läßt sich aus den angeführten Beweisen erkennen. Daß aber notwendigerweise diese Leere sich nach allen Seiten ins Unendliche erstrecken muß, werden wir auf folgende Weise erkennen: Alles was begrenzt ist, wird durch eine andersartige Substanz begrenzt. [...] Es folgt also, daß, wenn die Leere, die die Welt umfaßt, begrenzt und nicht unbegrenzt ist, sie gegen eine andere Substanz grenzt. Es kann aber keine Substanz gedacht werden, die von der Leere verschieden wäre, gegen die die Leere grenzte. Also ist die Leere unbegrenzt.

103
Die Stoiker behaupten, daß die Luft nicht aus Teilchen besteht, sondern ein Kontinuum ist, in dem es keine leeren Stellen gibt. Wird sie von einem Stoß getroffen, so entstehen in ihr kreisförmige Wellen, die sich geradlinig ins Unendliche fortpflanzen, bis die gesamte Luft der Umgebung davon berührt ist, so wie es für einen Teich gilt, wenn ein Stein in ihn fällt. Während aber in diesem Fall die Bewegung kreisförmig ist, ist die Bewegung der Luft eine kugelförmige.

104
Wir hören, wenn die Luft zwischen dem tönenden Körper und dem Hörer in kugelförmigen Wellen angeregt ist, die auf die Ohren treffen, genau so wie die Wellen im Teich sich ausbreiten, wenn ein Stein hineingeworfen wird.

105
Der Mensch besteht nicht aus mehr Teilen als sein Finger und der Kosmos nicht aus mehr Teilen als der Mensch. Denn die Teilbarkeit der Körper setzt sich ins Unendliche fort, und es gibt bei den unendlichen Dingen kein Größeres und Kleineres oder allgemein eine Größe, die die andere übertrifft, und die Teile des Restes hören nicht auf, sich weiter zu teilen und aus sich heraus Quantität zu erzeugen.

106
Es gibt in der Natur keinen äußersten Körper, weder einen ersten noch einen letzten, in welchem die Größe des gegebenen Körpers ihr Ende findet, sondern immer erscheint noch etwas jenseits des angenommenen, und der gegebene Körper wird ins Unendliche und Grenzenlose hineingesetzt.

107
Die Stoiker lassen die Existenz eines kürzesten Zeitelements nicht gelten und geben nicht zu, daß das Jetzt unteilbar sei: vielmehr behaupten sie, daß das, was jemand als Gegenwart auffassen mag, teils Zukunft, teils Vergangenheit ist. Daher bleibt nichts vom Jetzt oder dem gegenwärtigen Augenblick übrig, sondern das, wovon man sagt, es existiere jetzt, ist teils über die Zukunft, teils über die Vergangenheit ausgebreitet.

Kausalität und Determinismus

108
Sie behaupten, daß dieser Kosmos eine Einheit ist und alles Existierende in sich einschließt und von einem vitalen, vernünftigen und intelligenten Naturprinzip verwaltet wird. Die ewige Verwaltung alles dessen, was existiert, geht nach einer gewissen Folge und Ordnung vor: die früheren Ereignisse sind Ursachen der ihnen folgenden, und so sind alle Dinge miteinander verbunden, und daher kann nichts im Kosmos geschehen, was nicht eine Ursache von etwas ist, das ihm folgt und mit ihm verbunden ist. Auch kann keines dieser späteren Ereignisse von den früher eingetretenen abgetrennt werden und nicht mit einem dieser früheren verbunden sein, sondern aus allem, was geschieht, folgt ein anderes, das von ihm als Ursache notwendig abhängt. [...] Denn im Kosmos existiert nichts und geschieht nichts ohne Ursache, weil nichts in ihm ist, was von dem Vorhergegangenen abgetrennt und geschieden ist. Der Kosmos würde auseinanderfallen und sich auflösen und könnte nicht mehr eine Einheit bleiben, die nach einer Ordnung und einem Plan verwaltet wird, wenn irgendeine ursachelose Bewegung eingeführt werden würde. Dies aber wäre der Fall, wenn alles, was existiert und geschieht, nicht eine ihm vorausgehende Ursache hätte, aus der es mit Notwendigkeit folgt. Das Ursachelose, sagen sie, sei gleich und ebenso unmöglich wie ein Entstehen aus dem Nichts. Dies sei die Ordnung des Alls von Ewigkeit zu Ewigkeit, unumstößlich und unaufhörlich. [...]

Angesichts der Vielheit der Ursachen postulieren die Stoiker allgemein, daß, wenn immer dieselben Umstände in bezug auf eine Ursache und die durch sie betroffenen Dinge vorliegen, unmöglich das Resultat einmal so und ein andermal anders sein kann; denn sonst müßte irgendeine ursachelose Bewegung existieren.

109
Die Stoiker behaupten, daß *in* unserer Hand steht, was *mittels* unseres Handelns geschieht, womit sie die Freiheit des Menschen leugnen, zu wählen und eine der beiden entgegengesetzten Alternativen auszuführen. Denn, so sagen sie, da die Natur der Dinge und der Geschehnisse vielfältig und verschieden ist [...], ist alles, was mit einem Ding geschieht, gemäß seiner spezifischen Natur. Was einem Stein widerfährt, ist gemäß der Natur des Steines, und analog für Feuer oder Lebewesen. Nun kann aber nichts von dem, was gemäß diesen spezifischen Naturen geschieht, in anderer Weise geschehen; denn all das geschieht gemäß der Notwendigkeit, jedoch nicht gegen ihre Natur, da ja das, was natürlich geschieht, sich unmöglich einmal so und einmal anders bewegen kann. Wenn man einen Stein von einer gewissen Höhe fallen läßt, so muß er, wenn ihn nichts daran hindert, sich abwärts bewegen, denn er hat Schwere in sich, die die Ursache dieser seiner natürlichen Bewegung ist. [...] Dasselbe Gesetz gilt auch für andere Dinge, und was für die leblosen Dinge gilt, trifft auch auf Lebewesen zu. Denn es gibt in den Lebewesen eine gewisse natürliche Bewegung, nämlich den Trieb auf das Objekt hin. Denn jedes Lebewesen, das sich qua Lebewesen bewegt, führt eine seinem Trieb gemäße Bewegung aus, die durch das Fatum mittels dieses Lebewesens ausgeführt wird. Somit geschehen Bewegungen und Handlungen im Kosmos durch das Fatum, einige zum Beispiel mittels der Luft, andere mittels des Feuers, andere mittels eines anderen Mediums und wiederum andere durch das Medium von Lebewesen [...], und von denen, die mittels dieser und durch das Fatum geschehen, behaupten die Stoiker, sie stünden in ihrer Hand.

110
Wenn du z.B. einen walzenförmigen Stein über eine schräge und abschüssige Erdebene hin fortstößest, so wirst du zwar die erste, allgemeine Ursache seines Herabrollens gewesen sein, bald jedoch rollt jener eiligst weiter, nun nicht allein mehr auf Grund deines Anstoßes, sondern auf Grund der Eigenart und wegen der Rollfähigkeit seiner eignen Form: so gilt zwar die Anordnung, das Gesetz und die Notwendigkeit des Fatums im Allgemeinen und von vornherein als die Ursache der Bewegung, allein den weiteren Austrag unserer Beschlüsse und Gesinnungen, selbst unsere Handlungsweisen bedingt und entscheidet erst eines jeden eigner Wille und seine angeborenen seelischen Neigungen.

111
Die Behauptung, daß Zufall eine Ursache sei, die dem menschlichen Verstand verschlossen ist, sagt nichts über die Natur des Zufalls aus, sondern besagt, daß Zufall eine spezifische Beziehung des Menschen zur Ursache ausdrückt, das heißt, daß dasselbe Ereignis dem einen als Zufall erscheint und dem anderen nicht, je nach dem, ob man die Ursache kennt oder nicht.

112
Chrysipp wandte sich gegen alle, die der Natur das Ursachelose aufzwingen wollen, indem er immer wieder auf das Knöchelspiel und die Waage und viele andere Dinge hinwies, die nicht anders fallen oder sich neigen können, ohne daß in ihnen oder außerhalb ihrer eine Ursache oder Veränderung auftritt. [...] Denn es gibt überhaupt nicht so etwas wie das Ursachelose oder Spontane. Bei den sogenannten zufälligen Impulsen, die von einigen erfunden worden sind, existieren Ursachen, die uns verborgen sind und die dem Impuls eine bestimmte Richtung erteilen.

ARCHIMEDES

Aristarchs Hypothese eines heliozentrischen Universums

113
Etliche glauben, König Gelon, daß die Zahl der Sandkörner unendlich sei. Ich spreche dabei nicht allein vom Sand um Syrakus und im übrigen Sizilien, sondern auch von dem Sande der ganzen bewohnten und unbewohnten Erde. Andere gibt es, die zwar nicht der Ansicht sind, daß die Zahl der Sandkörner unendlich sei, die aber meinen, daß es keine so große Zahl gebe, die die Zahl der Sandkörner übertreffe. Es ist klar, daß die Vertreter dieser Ansicht, wenn sie sich eine Kugel aus Sand vorstellten, so groß wie die Erdkugel, nachdem in dieser die Meere und alle Vertiefungen bis zur Gipfelhöhe der höchsten Berge aufgefüllt wären, um so mehr der Ansicht wären, daß keine Zahl namhaft gemacht werden könne, die größer wäre als die Zahl der Sandkörner dieser Kugel. Ich aber werde versuchen, dir mit Hilfe von geometrischen Beweisen klar zu machen, daß unter den von uns in den Schriften an Zeuxippos genannten Zahlen etliche vorhanden sind, die nicht nur die Zahl der Sandkörner in jener der Erdkugel gleichen Kugel, von der

wir sprachen, übertreffen, sondern auch die Zahl der Sandkörner in einer Kugel, die so groß ist wie der Kosmos. Du bist darüber unterrichtet, daß von den meisten Astronomen als Kosmos die Kugel bezeichnet wird, deren Zentrum der Mittelpunkt der Erde und deren Radius die Verbindungslinie der Mittelpunkte der Erde und der Sonne ist. Dies nämlich hast du aus den Abhandlungen der Astronomen gehört. Aristarch von Samos jedoch gab die Erörterungen gewisser Hypothesen heraus, in welchen aus den gemachten Voraussetzungen erschlossen wird, daß der Kosmos ein Vielfaches der von mir angegebenen Größe sei. Es wird nämlich von ihm angenommen, daß die Fixsterne und die Sonne unbeweglich seien, die Erde sich um die Sonne, die in der Mitte der Erdbahn liege, in einem Kreise bewege, die Fixsternsphäre aber, deren Mittelpunkt im Mittelpunkt der Sonne liege, so groß sei, daß die Peripherie der Erdbahn sich zum Abstande der Fixsterne verhalte wie der Mittelpunkt der Kugel zu ihrer Oberfläche. Es ist klar, daß dies unmöglich ist. Da nämlich der Mittelpunkt der Kugel gar keine Größe hat, so kann auch von keinem Verhältnis dieses Mittelpunktes zur Oberfläche der Kugel die Rede sein. Es ist jedoch anzunehmen, daß Aristarch hiermit, da wir sozusagen die Erde als den Mittelpunkt der Welt bezeichnen, folgendes sagen will: Dasselbe Verhältnis, das die Erde zu der oben von uns als Kosmos bezeichneten Kugel hat, hat die Kugel, deren größter Kreis die Bahn der Erde um die Sonne ist, zur Fixstern-Sphäre. Denn in solcher Weise baute er auf seinen Voraussetzungen seine Schlüsse auf, und vor allem scheint er die Größe der Kugel, auf deren Oberfläche er die Erde sich bewegen läßt, so groß anzunehmen, wie den von uns so genannten Kosmos. Wir behaupten nun: Auch wenn wir uns eine Kugel aus Sand, die so groß ist wie die von Aristarch angenommene Fixstern-Sphäre, vorstellen, so lassen sich von den von uns genannten Zahlen solche angeben, die so groß sind, daß sie die Zahl der Sandkörner jener Kugel übertreffen.

Eine Methode, um mathematische Theoreme zu entdecken

114
Da ich aber, wie ich schon früher sagte, sehe, daß du ein tüchtiger Gelehrter bist und nicht nur ein hervorragender Lehrer der Philosophie, sondern auch ein Bewunderer mathematischer Forschung, so habe ich für gut befunden dir auseinanderzusetzen und in dieses selbe Buch niederzulegen eine eigentümliche Methode, wodurch dir die Möglichkeit geboten werden wird, eine Anleitung herzunehmen, um einige mathematische Fragen durch die Mechanik zu untersuchen. Und dies ist nach meiner Überzeugung ebenso

nützlich, auch um die Lehrsätze selbst zu beweisen; denn manches, was mir vorher durch die Mechanik klar geworden, wurde nachher bewiesen durch die Geometrie, weil die Behandlung durch jene Methode noch nicht durch Beweis begründet war; es ist nämlich leichter, wenn man durch diese Methode vorher eine Vorstellung von den Fragen gewonnen hat, den Beweis herzustellen, als ihn ohne eine vorläufige Vorstellung zu erfinden. So wird man auch an den bekannten Lehrsätzen, deren Beweis Eudoxos zuerst gefunden hat, nämlich von dem Kegel und der Pyramide, daß sie ⅓ sind, der Kegel des Zylinders und die Pyramide des Prismas, die dieselbe Grundfläche und gleiche Höhe haben, dem Demokritos einen nicht geringen Anteil zuerkennen, der zuerst von dem erwähnten Körper den Ausspruch getan hat ohne Beweis. Wir sind aber in der Lage, auch den jetzt zu veröffentlichenden Lehrsatz in derselben Weise früher gefunden zu haben, und fühlen uns jetzt genötigt, die Methode bekannt zu machen, teils weil wir früher davon gesprochen haben, damit niemand glaube, wir hätten ein leeres Gerede verbreitet, teils in der Überzeugung, dadurch nicht geringen Nutzen für die Mathematik zu stiften; ich nehme nämlich an, daß jemand von den jetzigen oder künftigen Forschern durch die hier dargelegte Methode auch andere Lehrsätze finden wird, die uns noch nicht eingefallen sind.

SENECA

Fortschritt in der Wissenschaft

115

Was wundern wir uns also, daß die Kometen, ein so seltenes Schauspiel am Himmel, noch nicht nach bestimmten Gesetzen erfaßt sind, und daß man ihre Anfänge und ihr Aufhören noch nicht kennt, da sie erst nach so gewaltigen Zwischenzeiten wieder erscheinen? Es sind noch keine fünfzehnhundert Jahre, seitdem Griechenland

«Zahl den Sternen und Namen bestimmt».

Und noch heutzutage gibt es manche Völker, die den Himmel nur kennen, wie sie ihn anschauen, und die noch nicht wissen, warum der Mond verfinstert und beschattet werde. Und es ist nicht lange her, daß dies auch bei uns erst sicher berechnet worden ist. Es wird eine Zeit kommen, wo, was jetzt verborgen ist, durch die Zeit und durch die Forschungen langer

Jahrhunderte ans Licht gezogen wird. Zur Untersuchung so großer Dinge reicht ein Menschenleben nicht hin, und wenn es sich einzig mit dem Himmel beschäftigte. Und man teilt die wenigen Jahre erst nicht einmal zu gleichen Teilen, zwischen Studien und Torheiten! Darum werden dergleichen Dinge erst in langer Zeitfolge ausgemittelt werden. Die Zeit wird kommen, wo unsre Nachkommen sich wundern, daß wir so offenbare Dinge nicht gewußt haben. Wie es sich bei diesen fünf Planeten, die sich uns darbieten und bald da, bald dort sich zeigend uns unsre Aufmerksamkeit abnötigen, mit dem Aufgang des Morgens und des Abends verhalte, wie mit ihrem Stillstand, in welchen Fällen sie gerade fortgehen, warum sie sich rückwärts wenden, – das haben wir eben erst zu begreifen angefangen. Ob Jupiter auf- oder untergehe, oder ob er ein rückwärts schreitender Stern sei, denn diesen Namen haben wir ihm bei seinem Abweichen gegeben. [...] Es wird schon einmal einer auftreten, der da vorzeichnet, in welchen Regionen die Kometen wandeln, warum sie so abgesondert von den übrigen ihren Weg nehmen, und von welcher Größe und Beschaffenheit sie seien. Wir wollen mit dem, was wir entdeckt haben, zufrieden sein und etwas Wahrheit herauszufinden unsern Nachkommen überlassen.

PLUTARCH

Die Anziehungskraft von Himmelskörpern

116

Lucius lachte auf und sagte: «Mein Lieber, verklage uns nur nicht vor Gericht wegen Gottlosigkeit, so wie Kleanthes meinte, die Hellenen müßten Aristarch von Samos wegen Gottlosigkeit vor Gericht stellen, weil er ‹den Herd des Kosmos bewege› – denn Aristarch versuchte die Phänomene zu retten, indem er annahm, daß der Fixsternhimmel stillstehe, die Erde aber in einem schiefen Kreise umlaufe und sich dabei gleichzeitig um ihre eigene Achse drehe. Was uns betrifft, so stellen wir von uns aus keine Behauptung auf; aber jemand, der den Mond für erdartig hält, mein Bester, kehrt der etwa mehr das Unterste zuoberst als ihr? Ihr laßt ja die Erde auch frei in der Luft schweben, die doch viel größer ist als der Mond. Die Astronomen messen seine Größe bekanntlich bei Mondfinsternissen, beim Durchgang durch den Erdschatten, nach der Dauer seines Verweilens darin. Der Erdschatten nun ist in den erdfernen Teilen kleiner als die Erde, weil er durch das Licht eines größeren Körpers entsteht; und daß seine Spitze fein und dünn ist, soll schon Homer gewußt haben, der die Nacht *thoë* nannte, wegen der Spitzigkeit des Schattens. Und doch wird in den Finsternissen der Mond von dieser Spitze erfaßt und kommt erst nach Durchlaufen von drei Mondgrößen wieder frei. Man kann sich denken, wie viele Mondgrößen die Erde mißt, wenn sie einen Schatten wirft, der an der schmalsten Stelle noch drei Mondbreiten hat. Dennoch habt ihr Angst, der Mond würde herabstürzen, bei der Erde aber glaubt ihr wohl auf das Wort des Aischylos hin, daß Atlas

‹dasteht, des Himmels und der Erde Säule mit
den Schultern stützend, eine ungefüge Last›.

Meint ihr etwa, unter dem Mond erstrecke sich dünne Luft, unfähig, eine feste Masse zu tragen, die Erde aber hielten nach Pindar ‹Säulen auf stählernen Sohlen›, und ist deshalb Pharnakes für sich selbst ohne Furcht, daß die Erde hinabstürzen könnte, bejammert aber die Äthiopier und Taprobaner, die unter der Bahn des Mondes liegen, daß eine solche Masse auf sie stürzen könnte? Dabei hat der Mond einen Grund, der ihn vom Fallen abhält: seine Bewegung selbst und seinen sausenden Umschwung, so wie ein Stein in einer Schleuder durch das Schwingen im Kreise am Fallen gehindert wird. Denn jeden Gegenstand beherrscht die natürliche Bewegung, solange sie von nichts anderem abgelenkt wird. Die Schwere setzt den Mond deshalb nicht in Bewegung, weil ihre Kraft durch den Umschwung ausgeschaltet wird. Es läge vielleicht näher, sich zu wundern, wenn er völlig still stünde und ruhte wie die Erde. So aber hat der Mond guten Grund dafür, daß er nicht zu uns herabfällt; bei der Erde dagegen, die keine andere Bewegung hat, wäre es natürlich, wenn sie allein der Schwere folgte. Und ihr Gewicht übertrifft das des Mondes nicht nur entsprechend dem Größenverhältnis, sondern noch mehr, da jener durch Hitze und feurigen Zustand leichter gemacht wird. Alles in allem: wenn man von deinen Voraussetzungen ausgeht, müßte der Mond gerade, sofern er feurig ist, Erde haben, das heißt ein Substrat, in dem das Feuer festsitzt, seine Kraft konzentriert und bis zum Aufflammen steigert – denn man kann sich nicht vorstellen, daß Feuer ohne ein Substrat erhalten bleibt –; Erde aber bleibt nach eurer Lehre ohne Unterlage und ohne Wurzeln an ihrer Stelle.»

«Gewiß, so ist es», sagte Pharnakes, «wenn sie den ihr zukommenden, natürlichen Ort einnimmt, wie diese unsere Erde, nämlich den in der Mitte. Denn dieser Ort ist es, zu dem ringsum alle schweren Körper mit ihrer Wucht drängen, sich bewegen und konvergieren von allen Seiten her: der ganze obere Raum dagegen mag zwar etwas Erdartiges aufnehmen, wenn es mit Gewalt hochgeschleudert wird, aber er stößt es gleich wieder zu uns herab, vielmehr: er läßt es fallen, wohin es von Natur mit der ihm eigenen Wucht sich bewegt.»

Hierauf wollte ich Lucius eine Atempause verschaffen, in der er sich besinnen könnte, wandte mich an Theon und sagte: «Welcher Tragiker war es, Theon, der gesagt hat, daß die Ärzte

‹die bittre Galle reinigen mit bittrem Kraut›?»

Und als Theon erwiderte: «Sophokles», sagte ich: «Nun, ihnen muß man es gestatten, denn die Not zwingt dazu; aber Philosophen soll man kein Gehör geben, wenn sie gegen Paradoxe mit Paradoxen angehen, und wenn sie in der Auseinandersetzung mit absonderlichen Lehren noch entlegenere und absonderlichere erfinden. So führen die Stoiker die ‹Bewegung zur Mitte› ein, und was läßt die an Paradoxie zu wünschen übrig? Folgt daraus nicht, daß die Erde eine Kugel sein muß, obwohl sie so viele Tiefen, Höhen und Unebenheiten hat? Folgt daraus nicht, daß es Antipoden gibt, die wie Holzwürmer oder Geckos mit den Füßen nach oben leben und sich an der Erde festhalten? Und daß wir selbst nicht senkrecht stehen, sondern beständig schräg geneigt sind wie Betrunkene? Folgt daraus nicht, daß tonnenschwere Steinmassen, die im Innern der Erde herabfallen, wenn sie beim Mittelpunkt angelangt sind, innehalten, ohne daß ihnen etwas entgegensteht und ihnen Halt gibt? Und daß sie, wenn sie durch den Schwung des Falles über die Mitte hinausschießen, von selbst umkehren und zurückkommen? [...] Folgt daraus nicht, daß ein mächtiger Wasserschwall, wenn er zum Mittelpunkt gelangt, den sie selbst als ‹körperlos› bezeichnen, innehält und an diesem Punkt hängenbleibt oder daß er ihn umkreist, in einer ewigen und unaufhörlichen Schaukelbewegung? Es gibt Vorstellungen, die falsch, aber denkmöglich sind; aber nicht einmal als solche kann man sich einige von diesen Folgerungen aufzwingen. Das heißt wahrhaft das Unterste zuoberst kehren und alles auf den Kopf stellen, wenn alles von hier bis zum Mittelpunkt ‹unten›, alles unter dem Mittelpunkt aber wieder ‹oben› sein soll! Die Folge wäre, wenn ein Mensch in die gleiche Position käme wie die Erde, nämlich in eine Lage, wo sein Nabel im Mittelpunkt der Erde wäre, daß dann sowohl der Kopf wie die Füße derselben Person ‹oben› wären. Und wenn einer sich durch die gegenüberliegende Erdhälfte durchgrübe, so würde sein Unterstes auftauchen, und während er sich ‹empor›grübe, würde er sich von oben nach unten ‹ziehen› müssen. Und wenn man sich einen zweiten Menschen in entgegengesetzter Stellung im Mittelpunkt der Erde dächte, so würden die Füße von beiden ‹oben› sein und heißen.

Dergleichen Paradoxien schleppen sie in Menge heran, nicht bloß ein

Ränzlein voll, beim Zeus, sondern ein buntscheckiges Gepäck, wie es ein wandernder Zauberkünstler auf dem Buckel trägt – und dann sagen sie von anderen, sie machten Witze, wenn sie dem Mond als einem Erdkörper einen Platz droben anweisen, statt da, wo die Mitte ist! Indessen, wenn jeder schwere Körper zum gleichen Punkt hin konvergiert und gegen seine eigene Mitte wuchtet mit all seinen Teilen, so folgt, daß die Erde nicht so sehr als Mitte des Alls, sondern als ein Ganzes die schweren Körper mit sich vereinigt, sofern sie Teile von ihr sind. Die Abwärtsbewegung der fallenden Körper ist also kein Beweis für die Mittellage der Erde im Kosmos, sondern für die Gemeinsamkeit und die natürliche Verbundenheit der von ihr getrennten und dann wieder herabfallenden Körper. Denn ebenso wie die Sonne die Teile, aus denen sie besteht, an sich zieht, so nimmt die Erde den Stein als etwas zu ihr Gehöriges auf und trägt ihn auf ihrer Oberfläche. So werden im Laufe der Zeit alle Körper dieser Art mit ihr vereint und verschmelzen mit ihr. Wenn aber ein Körper nicht von Anfang an zur Erde gehörte und dann von ihr getrennt wurde, sondern wenn er an irgendeinem Ort für sich allein eigenen Bestand und eigene Natur erhalten hat – und das würden jene Leute vom Mond sagen –, was hindert ihn dann, abgesondert zu sein und für sich zu bleiben, von seinen eigenen Teilen zusammengepreßt und zusammengebunden? Denn einerseits ist es nicht bewiesen, daß die Erde die Mitte des Alls ist, und andererseits ist das Zusammendrängen und Zusammentreten aller irdischen Dinge zur Erde ein Modell für die Art, in der wahrscheinlich die Dinge auf dem Mond zum Mond hin fallen und so zur Ruhe kommen.

Wenn aber jemand alles Erdartige und Schwere an einem Ort versammeln und zu Teilen eines einzigen Körpers machen will, dann sehe ich nicht ein, warum er nicht das Leichte unter dieselbe Notwendigkeit stellt, sondern erlaubt, daß unzählige Ansammlungen von Feuer für sich existieren. Er müßte alle Sterne vereinigen und unumwunden annehmen, daß auch alle aufwärtsstrebenden, flammenartigen Substanzen einen gemeinsamen Körper bilden müßten.»

PTOLEMAIOS

Almagest, erstes Buch, erstes Kapitel, Vorwort

117

Mit Fug und Recht, lieber Syrus, haben meines Erachtens die echten Philosophen den theoretischen Teil der Philosophie von dem praktischen geschieden. Denn wenn füglich auch vor dieser Scheidung Theorie und Praxis einträchtig Hand in Hand gegangen sind, so dürfte man nichtsdestoweniger zwischen beiden einen beträchtlichen Unterschied finden, nicht nur deshalb, weil manche ethische Vorzüge vielen Menschen auch ohne Unterricht eigen sein können, während es unmöglich ist, ohne Belehrung in die Wissenschaft des Weltganzen einzudringen, sondern hauptsächlich deshalb, weil dort der größte Gewinn aus fortgesetzter Kraftentfaltung in lediglich praktischer Tätigkeit, hier aus dem Fortschritt in theoretischem Wissen entspringt. Deshalb sind wir zu der Ansicht gelangt, daß es unsere Pflicht sei, einerseits unser Handeln unter dem Eindruck der reinen Vorstellungen harmonisch zu regeln, auf daß wir selbst bei den Zufälligkeiten des täglichen Lebens niemals die Rücksicht auf edlen Anstand und taktvolle Haltung vergessen, anderseits unsere ganze Kraft geistiger Beschäftigung zu widmen zum Zweck der Belehrung über theoretisches Wissen, dessen Zweige zahlreich und herrlich sind, insbesondere aber zum Zweck der Belehrung über das Gebiet, welches man speziell unter dem Namen der Mathematik begreift.

Aristoteles scheidet den theoretischen Teil sehr angemessen wieder in drei Hauptgattungen: in Physik, Mathematik und Theologie. Davon ausgehend, daß die Existenz alles Seienden derart auf Materie, Form und Bewegung beruhe, daß von diesen Teilen keiner für sich, d.h. ohne die anderen, an dem Objekt geschaut, sondern nur gedacht werden könne, möchte er als die erste Ursache der ersten Bewegung des Weltganzen, rein für sich herausgehoben, einen unsichtbaren und unbewegten Gott erkennen und das Wissensgebiet, dem die Forschung nach diesem Wesen zufällt, als Theologie bezeichnen, wobei nur oben irgendwo in den erhabensten Höhen der Welt eine so gewaltig sich äußernde Kraft, ein für allemal geschieden von den sinnlich wahrnehmbaren Dingen, gedacht werden könne.

Die Gattung aber, welche die Erforschung der Beschaffenheit der in ewiger Bewegung begriffenen Materie zur Aufgabe hat, und die Fragen, ob weiß, ob warm, ob süß, ob weich und dergleichen erörtert, möchte er Physik nennen, insofern der ihr zufallende Stoff größtenteils in der Welt des Vergänglichen, das ist unter der Sphäre des Mondes, seine Wandlungen vollziehe.

Die Gattung endlich, welche die Beschaffenheit zur Anschauung zu bringen hat, die sich in den Formen und in den Ortsveränderung verursachenden Bewegungen offenbart, welcher ferner die Aufgabe zufällt, Gestalt, Quantität, Größe, Raum und Zeit und ähnliche Begriffe zu ergründen, will er als das Gebiet der Mathematik abgesondert sehen, insofern der ihr zukommende Stoff sozusagen in die Mitte zwischen die beiden erstgenannten Materien falle, nicht nur deshalb, weil er sowohl durch die sinnliche Wahrnehmung als auch ohne deren Hilfe erfaßt werden könne, sondern auch deshalb, weil er schlechthin allem Seienden als Eigenschaft zukomme, sowohl sterblichen wie unsterblichen Wesen, indem er bei ersteren, die sich hinsichtlich der von ihnen untrennbaren Form beständig verändern, einer Mitveränderung unterworfen sei, während er bei den ewigen Wesen, welche ätherischer Natur sind, die Unveränderlichkeit der Form unwandelbar bewahre.

Hieran haben wir folgende Erwägungen geknüpft. Während man die beiden anderen Gattungen des theoretischen Teils mehr spekulative Betrachtung als sichere Erkenntnis nennen könnte, die Theologie wegen der absoluten Unsichtbarkeit und Unerfaßlichkeit ihres Gegenstandes, die Physik wegen der Unbeständigkeit und Unklarheit der Materie – so daß aus diesem Grunde keine Hoffnung vorhanden ist, daß die Philosophen über diese Dinge jemals einerlei Meinung werden könnten –, dürfte einzig und allein die Mathematik, wenn man auf dem Wege scharfer Prüfung an sie herantritt, ihren Jüngern ein zuverlässiges und unumstößliches Wissen darbieten, weil der Beweis die keinen Zweifel zulassenden Wege einschlägt, welche Arithmetik und Geometrie an die Hand geben. Das ist auch der Grund, der uns veranlaßt hat, uns nach Kräften dieser hervorragenden Wissenschaft in ihrem ganzen Umfange zu widmen, insbesondere aber dem Zweige, der sich mit der Erkenntnis der göttlichen und himmlischen Körper befaßt, weil diese Wissenschaft allein in der Untersuchung einer ewig sich gleichbleibenden Welt aufgeht und deshalb auch ihrerseits imstande ist, erstens hinsichtlich der von ihr vermittelten Erkenntnis, die weder unklar noch ungesichtet ist, ewig unverändert zu bleiben – was das charakteristische Merkmal der reinen Wissenschaft ist –, und zweitens den andern Wissensgebieten eine Mitarbeiterin zu sein, die nicht weniger leistet als diese selbst.

Und zwar könnte der Theologie diese Wissenschaft in hervorragender Weise die Wege bahnen, insofern sie allein imstande ist, mit Erfolg den Spuren der unbewegten und von der Materie geschiedenen Kraft nachzugehen, ausgehend von der naheliegenden Schlußfolgerung aus den Erscheinungen, welche sich an den sinnlich wahrnehmbaren, sowohl bewegenden als bewegten, und doch ewigen und keinen Leiden unterworfenen Wesen hinsichtlich des Verlaufs und der Regelmäßigkeit ihrer Bewegungen vollziehen.

Auch der Physik könnte sie recht wesentliche Unterstützung gewähren; denn die allgemeinen Eigenschaften der Materie kommen zum wahrnehmbaren Ausdruck durch das eigenartige Verhalten bei den Ortsveränderung verursachenden Bewegungen. So besitzt z.B. das an sich Vergängliche an der geradlinigen Bewegung, das Unvergängliche an der Kreisbewegung, ferner das Schwere oder Passive an der zentripetalen, das Leichte oder Aktive an der zentrifugalen Bewegung ein charakteristisches Merkmal.

Was nun vollends eine in Handel und Wandel sittliche Lebensführung anbelangt, so dürfte diese Wissenschaft vorzugsweise Sinn und Blick dafür schärfen. Denn nach dem Vorbilde der an den göttlichen Wesen erschauten Gleichförmigkeit, strengen Ordnung, Ebenmäßigkeit und Einfalt bringt sie ihren Jüngern die Liebe zu dieser göttlichen Schönheit bei und macht ihnen durch Gewöhnung den ähnlichen Seelenzustand sozusagen zur zweiten Natur.

Diese Liebe zu der Wissenschaft von den ewig sich gleichbleibenden Dingen wollen auch wir beständig zu steigern suchen, indem wir uns nicht nur mit den Errungenschaften bekannt machen, welche auf diesem Gebiete von Männern erzielt worden sind, die mit echtem Forschergeist an dasselbe herantraten, sondern indem wir auch unserseits ein Scherflein beizutragen gedenken, insoweit die (verhältnismäßig kurze) Zeit, die seit jenen Männern bis auf unsere Tage verstrichen ist, zu einem solchen Beitrag beträchtliches Material zu bieten vermag. So werden wir denn versuchen, alles Wichtige, was unseres Erachtens in der Gegenwart in unseren Gesichtskreis getreten ist, in möglichster Kürze und so, daß die bereits bis zu einem gewissen Grade Vorgerückten zu folgen vermögen, in der Form eines Kommentars zur Darstellung zu bringen, wobei wir im Interesse der Vollständigkeit unseres Werkes alle Fragen, welche für die Himmelskunde von praktischem Werte sind, in der gehörigen strengen Reihenfolge erörtern werden. Um aber die Darstellung in gewissen Grenzen zu halten, werden wir die von den Alten mit voller Sicherheit gewonnenen Ergebnisse nur referierend behandeln, dagegen die überhaupt noch nicht oder wenigstens nicht praktisch genug in Angriff genommenen Probleme nach Kräften einer sorgfältig ergänzenden Behandlung unterziehen.

Zweites Kapitel.
Darlegung der Reihenfolge der theoretischen Erörterungen

Das von uns vorgelegte Handbuch bietet zunächst einen allgemeinen Teil, welcher das Verhältnis der Erde zum Himmelsgewölbe, beide als Ganzes betrachtet, ins Auge faßt. Von dem hierauf folgenden besonderen Teil behandelt der erste Abschnitt die Lage der Ekliptik, die Orte des zurzeit bewohnten Gebietes der Erde, ferner den Unterschied, welcher in ihrer Aufeinanderfolge im Verhältnis zueinander von Horizont zu Horizont infolge der Neigung der Sphäre eintritt. Die theoretische Erörterung dieser Verhältnisse ebnet, wenn sie vorausgenommen wird, außerordentlich den Weg zur Untersuchung der übrigen Probleme.

Der zweite Abschnitt handelt von der Bewegung der Sonne und des Mondes, sowie von den damit zusammenhängenden Erscheinungen; denn ohne die Vorausnahme dieser Verhältnisse dürfte es unmöglich sein, auf die Theorie der Sternenwelt mit der nötigen Gründlichkeit einzugehen.

Der letzte Abschnitt, welcher sozusagen der Kernpunkt des Ganzen ist, enthält die Betrachtung der Sternenwelt. Auch hier dürften mit gutem Grunde voranzustellen sein die Erörterungen über die Sphäre der sogenannten Fixsterne, woran sich dann die Theorien der sogenannten fünf Wandelsterne anschließen sollen.

Jeden der hier vorgelegten Abschnitte werden wir dem Verständnis zugänglich zu machen suchen, indem wir als Ausgangspunkte und gewissermaßen als Grundlagen für die Aufstellung der Theorien die augenfälligen Himmelserscheinungen heranziehen und ausschließlich solche Beobachtungen benutzen, die mit zweifelloser Sicherheit sowohl von den Alten als auch zu unserer Zeit angestellt worden sind. Den inneren Zusammenhang der vorgelegten Beobachtungsreihen werden wir alsdann durch die auf geometrische Konstruktionen gegründeten Beweise darlegen.

Was nun den allgemeinen Teil anbelangt, so wird sich die Vorbesprechung auf folgende fünf Punkte erstrecken.

1. Das Himmelsgewölbe hat Kugelgestalt und dreht sich wie eine Kugel.
2. Ihrer Gestalt nach ist die Erde für die sinnliche Wahrnehmung, als Ganzes betrachtet, gleichfalls kugelförmig.
3. Ihrer Lage nach nimmt die Erde einem Zentrum vergleichbar die Mitte des ganzen Himmelsgewölbes ein.
4. Ihrer Größe und Entfernung nach steht die Erde zur Fixsternsphäre in dem Verhältnis eines Punktes zu einer Kugel.
5. Die Erde hat ihrerseits keinerlei Ortsveränderung verursachende Bewegung.

Jeden dieser Punkte wollen wir, um gelegentlich wieder darauf zurückkommen zu können, einer kurzen Erörterung unterziehen.

Drittes Kapitel. Das Himmelsgewölbe dreht sich wie eine Kugel

Zu den ersten Gedanken über die vorstehend angedeuteten Verhältnisse sind die Alten aller Wahrscheinlichkeit nach etwa durch folgende Beobachtung angeregt worden. Sie sahen die Sonne, den Mond und die übrigen Gestirne von Osten nach Westen sich stets auf Parallelkreisen bewegen. Sie sahen, wie sie anfangs von unten aus dem Tiefstande, gewissermaßen direkt von der Erde aus, sich aufwärts bewegen, nach und nach zu einem Hochstand emporsteigen, hierauf einen ihrem bisherigen Aufstieg entsprechenden absteigenden Bogen beschreiben und wieder zu einem Tiefstand gelangen, bis sie schließlich gewissermaßen auf die Erde fallen und unsichtbar werden, worauf sich, nachdem sie eine gewisse Zeit in der Unsichtbarkeit verharrt, Aufgang und Untergang wie von vorn wiederholt. Hinsichtlich der dabei verstreichenden Zeiten sowie der Stellen des Auf- und Unterganges machte man aber die Wahrnehmung, daß sich dieselben im großen ganzen in einem genau geregelten Verhältnis gegenseitig entsprachen.

Ganz besonders aber brachte sie auf den Gedanken der Kugelgestalt der Umschwung der immersichtbaren Sterne, welcher in sichtlich zu verfolgender Kreisbahn um ein und dasselbe Zentrum als Pol sich vollzieht. Dieser Punkt mußte der Pol der Himmelskugel sein, weil die in größerer Nähe desselben stehenden Sterne sich in kleineren Kreisen drehen, während die weiter entfernten im Verhältnis zu ihrem Abstande größere Kreise bei der Umkreisung beschreiben, bis der Abstand allmählich zu den Sternen gelangt, die unsichtbar werden. Auch von diesen sah man die in der Nähe der immersichtbaren Gestirne stehenden kurze Zeit in der Unsichtbarkeit verharren, die weiter entfernten wieder verhältnismäßig längere Zeit. So mußte man für den ersten Anfang einzig durch derartige Wahrnehmungen auf den oben ausgesprochenen Gedanken der Kugelgestalt verfallen, nachgerade aber bei fortgesetzter Betrachtung auch die weiteren Konsequenzen aus diesen Beobachtungen ziehen. Denn schlechthin alle Himmelserscheinungen legen Zeugnis dafür ab, daß eine andere Auffassung unzulässig ist.

Man nehme z. B. an, was manche Philosophen wirklich getan haben, daß der Lauf der Sterne in geradliniger Erstreckung in den unendlichen Raum gerichtet sei. Wie sollte man sich da den Vorgang vorstellen, vermöge dessen alle Sterne von demselben Anfangspunkte aus ihren sichtbaren Lauf Tag für Tag wiederholen? Wie könnten denn die Gestirne auf ihrem Flug in den unendlichen Raum wieder kehrtmachen? Oder wie sollte es zugehen, daß diese Umkehr nicht wahrnehmbar wäre? Müßten sie nicht vielmehr unter allmählicher Abnahme ihrer Größen unsichtbar werden, während sie doch im Gegenteil, gerade wenn sie nahe dem Verschwinden sind, größer erscheinen und nur nach und nach von der Oberfläche der Erde verdeckt und gewissermaßen abgeschnitten werden? [...]

Kurz und gut, man mag irgendwelchen anderen Verlauf der Bewegung der Himmelskörper annehmen als denjenigen, welchen die Kugelgestalt bedingt, so müßten notwendig die Entfernungen von der Erde in der Richtung nach den hoch über ihr sich bewegenden Gestirnen ungleich werden, wo und wie man die Erde selbst auch annehmen mag. Daher müßten auch die Größen und die gegenseitigen Abstände der Sterne, weil sie bald aus größerer, bald aus geringerer Entfernung zu schätzen wären, für dieselben Erdbewohner bei jedem Umschwung ungleich erscheinen, was doch sichtlich nicht der Fall ist. Daß freilich am Horizont die Größen bedeutender erscheinen, bewirkt nicht der Umstand, daß die Entfernung geringer wäre, sondern die Verdunstung der die Erde umgebenden Feuchtigkeit, welche sich zwischen unserem Auge und den Sternen entwickelt, geradeso wie in das Wasser geworfene Gegenstände größer erscheinen, und zwar um so größer, je tiefer sie untersinken.

Es führen aber zu dem Gedanken der Kugelgestalt auch Erwägungen folgender Art. Erstens können bei keiner anderen Annahme als einzig bei dieser die Vorrichtungen, welche zur Stundenmessung dienen, richtige Angaben liefern. Faßt man zweitens die ohne Hindernis mit allergrößter Leichtigkeit vor sich gehende Bewegung der Himmelskörper ins Auge, so kommt die Eigenschaft der leichtesten Bewegung von den ebenen Figuren dem Kreis, von den Körpern der Kugel zu. Da ferner von den verschiedenen Figuren gleichen Kreisumfanges die Vielecke, welche mehr Ecken haben, die größeren sind, so hat von den ebenen Figuren der Kreis, von den Körpern die Kugel, und von allen übrigen Körpern die Himmelskugel an Größe den Vorrang.

Aber auch von gewissen physikalischen Erwägungen aus kann man zu der von uns vertretenen Auffassung gelangen. Von allen Körpern besteht aus den feinsten und gleichartigsten Molekülen der Äther; zu den aus gleichartigen Molekülen bestehenden Gebilden gehören die Flächen, soweit sie aus solchen Teilen bestehen; aus gleichartigen Molekülen gebildete Flächen sind aber unter den ebenen Figuren einzig und allein die Kreisfläche, unter den Körpern die Kugelfläche. Nun ist der Äther keine Ebene, sondern ein Körper; folglich bleibt für ihn nur die Kugelgestalt übrig.

Zu dem gleichen Ergebnis führt folgende Erwägung. Die Natur hat alle irdischen und vergänglichen Körper durchgängig aus kreisförmigen, jedoch ungleichartigen Molekülen geschaffen, alle im Äther sich bewegenden und göttlichen Körper dagegen aus gleichartigen Molekülen von Kugelform; denn wären diese Körper eben oder scheibenförmig, so würde nicht allen Beobachtern, welche von verschiedenen Punkten der Erde gleichzeitig nach ihnen schauten, die scheinbare Kreisform ersichtlich sein. Deshalb ist es eine logische Forderung, daß auch der sie umgebende Äther, welcher von der gleichartigen natürlichen Beschaffenheit ist, erstens kugelförmig und zweitens, infolge dieser Beschaffenheit aus gleichartigen Molekülen, mit gleichförmiger Geschwindigkeit in kreisförmiger Bewegung begriffen sei.

Viertes Kapitel. Auch die Erde ist, als Ganzes betrachtet, für die sinnliche Wahrnehmung kugelförmig

Zu der Erkenntnis, daß auch die Erde, als Ganzes betrachtet, für die sinnliche Wahrnehmung kugelförmig sei, dürfte man am besten auf folgendem Wege gelangen. Nicht für alle Bewohner der Erde ist Aufgang und Untergang der Sonne, des Mondes und der anderen Gestirne gleichzeitig zu sehen, sondern früher stets für die nach Osten zu, später für die nach Westen zu wohnenden. Wir finden nämlich, daß der momentan gleichzeitig stattfindende Eintritt der Finsterniserscheinungen, und besonders der Mondfinsternisse, nicht zu denselben Stunden, d.h. zu solchen, welche gleichweit von der Mittagstunde entfernt liegen, bei allen Beobachtern aufgezeichnet wird, sondern daß jedesmal die Stunden, welche bei den weiter östlich wohnenden Beobachtern aufgezeichnet stehen, spätere sind als die bei den weiter westlich wohnenden. Da nun auch der Zeitunterschied in entsprechendem Verhältnis zu der räumlichen Entfernung der Orte gefunden wird, so dürfte man mit gutem Grunde annehmen, daß die Erdoberfläche kugelförmig sei, weil eben die hinsichtlich der Krümmung der Oberfläche im großen ganzen als gleichartig zu betrachtende Beschaffenheit der Erde die Bedeckungserscheinungen zu der Aufeinanderfolge der Beobachtungsorte stets in ein entsprechendes Verhältnis setzt. Wäre die Gestalt der Erde eine andere, so würde dies nicht der Fall sein, wie man aus folgendem ersehen kann.

Wenn die Oberfläche der Erde eine Hohlfläche wäre, so würde der Aufgang der Gestirne den weiter westlich wohnenden Beobachtern eher sichtbar werden; wäre sie eine ebene Fläche, so würden die Gestirne für alle Bewohner der Erde zugleich und zu derselben Zeit auf- und untergehen; wäre sie von der Gestalt einer dreiseitigen Pyramide, eines Würfels oder eines Polyeders, so würden sie wiederum für alle diejenigen in gleicher Weise und gleichzeitig auf- und untergehen, welche auf derselben Seitenfläche dieser Körper wohnten, was mit der Wirklichkeit in keiner Weise vereinbar erscheint. [...]

Je weiter wir aber auf der kugelförmigen Erde nach Norden zu wandern, um so mehr werden von den südlichen Sternen unsichtbar und von den nördlichen immersichtbar, so daß es klar ist, daß auch in diesem Falle die Krümmung der Erde, welche schon die in schräger (d.h. in der die Nord-Südlinie von Osten nach Westen kreuzenden) Richtung verlaufenden Bedeckungserscheinungen in ein entsprechendes Verhältnis setzte, von allen Seiten auf die Kugelgestalt hinweist. Hiermit ist noch die Wahrnehmung zu verbinden, daß wir bei dem Heransegeln an Berge oder einzelne hochragende Punkte unter beliebigem Winkel und nach beliebiger Richtung nach und nach ihre Höhen sichtlich wachsen sehen, als ob sie direkt aus dem Meere auftauchten und vorher infolge der Krümmung der Wasserfläche untergetaucht gewesen wären. [...]

Sechstes Kapitel. Die Erde steht zu den Himmelskörpern in dem Verhältnis eines Punktes.

Daß die Erde zu der Entfernung bis zu der Sphäre der sogenannten Fixsterne für die sinnliche Wahrnehmung wirklich nur in dem Verhältnis eines Punktes steht, dafür ist ein zwingender Beweis, daß von allen ihren Teilen aus die scheinbaren Größen und gegenseitigen Abstände der Sterne zu denselben Zeiten allenthalben gleich und ähnlich sind, wie denn auch die in verschiedenen geographischen Breiten an denselben Sternen angestellten Beobachtungen auch nicht im geringsten voneinander abweichend gefunden werden. Als ganz besonders bezeichnend ist auch noch der Umstand hervorzuheben, daß die Endpunkte der an beliebiger Stelle der Erde aufgestellten Gnomonen sowie die Mittelpunkte der Armillarsphären dieselbe Geltung haben wie der wirkliche Mittelpunkt der Erde, d.h. daß die genannten Punkte für die Richtung der Visierlinien nach den Himmelskörpern und für die Herumleitung der Schattenlinien in so großer Übereinstimmung mit den zur Erklärung der Himmelserscheinungen aufgestellten Hypothesen maßgebend sind, wie wenn diese Linien direkt durch den Mittelpunkt der Erde gingen.

Ein deutliches Anzeichen dafür, daß dieses Größenverhältnis besteht, liegt auch in dem Umstand, daß die durch das Auge gelegten Ebenen, die wir Horizonte nennen, überall stets die ganze Himmelskugel halbieren, was nicht der Fall sein würde, wenn die Größe der Erde im Verhältnis zur Entfernung der Himmelskörper ein merkbarer Faktor wäre. Alsdann könnte nur die durch den Punkt im Zentrum der Erde gelegte Ebene die Himmelskugel halbieren, während die durch beliebige Punkte der Erdoberfläche gelegten Ebenen die unter der Erde liegenden Abschnitte größer machen würden als die über der Erde befindlichen.

Siebentes Kapitel. Die Erde hat keinerlei Ortsveränderung verursachende Bewegung.

Nach denselben Gesichtspunkten wie bisher wird sich der Nachweis führen lassen, daß die Erde auch nicht die geringste Bewegung nach den oben besprochenen schrägen Richtungen haben oder überhaupt jemals ihre zentrale Lage irgendwie verändern kann; denn es würden dieselben Folgen eintreten, wie wenn sie eine andere Lage zur Mitte einnähme. Deshalb forscht man meines Erachtens überflüssigerweise nach den Ursachen des freien Falls nach der Mitte, nachdem ein für allemal auf dem dargelegten Wege aus den Erscheinungen selbst die Tatsache klargestellt ist, daß die Erde den Raum in der Mitte des Weltalls einnimmt und daß alle schweren Körper auf sie fallen. Das bequemste Beweismittel zur Feststellung des Falls nach der Mitte dürfte einzig und allein in dem Umstand zu finden sein, daß, nachdem die Kugelgestalt und die Lage der Erde in der Mitte des Weltalls nachgewiesen ist, auf ausnahmslos allen ihren Punkten die Richtung und der Fall der mit Schwere behafteten Körper, ich meine, ihr freier Fall, unter allen Umständen und überall lotrecht zu der durch den Einfallspunkt gelegten Tangentialebene verläuft; denn aus diesem Verhalten geht klar hervor, daß diese Körper, wenn sich ihnen in der Erdoberfläche nicht ein unüberwindliches Hemmnis entgegenstellte, durchaus bis zum Mittelpunkte selbst gelangen würden, weil die zum Mittelpunkt führende Gerade immer senkrecht zu der Tangentialebene der Kugel steht, welche durch den an der Berührungsstelle entstehenden Schnittpunkt gelegt wird.

Wer darin einen unerklärlichen Widerspruch zu erblicken vermeint, daß ein Körper von so gewaltiger Schwere wie die Erde nach keiner Seite wanke oder falle, der scheint mir den Fehler zu begehen, daß er bei dem Vergleich seinen eignen leiblichen Zustand, aber nicht die Eigenart des Weltganzen im Auge hat. Denn ich meine, ein solches Verharren im Ruhezustande würde ihm nicht mehr wunderbar vorkommen, wenn er sich zu der Vorstellung aufschwingen könnte, daß die vermeintliche Größe der Erde, verglichen mit dem ganzen sie umgebenden Körper, zu diesem nur das Verhältnis eines Punktes hat; denn alsdann wird es möglich erscheinen, daß der verhältnismäßig so kleine Körper von dem absolut größten und aus gleichartigen Molekülen bestehenden durch den von allen Seiten in gleichmäßiger Stärke und gleichförmiger Richtung geübten Gegendruck in der Gleichgewichtslage erhalten wird; denn ein «oben» oder «unten» gibt es im Weltall mit Bezug auf die Erde nicht, ebensowenig wie auch bei der Kugel jemand auf einen solchen Gedanken kommen würde. Was aber die im Weltall existierenden zusammengesetzten Körper anbelangt, so streben die leichten, d.h. die aus feinen Molekülen bestehenden Körper, so weit es die ihnen von Natur anhaftende Neigung zum freien Fall gestattet, empor nach außen, d. i. nach der Peripherie, und folgen scheinbar dem Triebe nach dem jeweiligen «oben»; denn auch bei uns Menschen bestimmt allgemein der Punkt über dem Haupte, der gleichfalls mit «oben» bezeichnet wird, die Richtung der Normalen zu der jeweiligen Standfläche. Dagegen streben die schweren, d.h. die aus groben Molekülen bestehenden Körper, nach der Mitte zu, d. i. nach dem Zentrum, und fallen scheinbar nach «unten»; denn auch bei uns Menschen bestimmt wieder allgemein der Fußpunkt, gleichfalls mit «unten» bezeichnet, die Richtung der Normalen zum Erdmittelpunkte. Das gemeinsame Streben nach der Mitte erhalten sie dabei natürlich durch den von allen Seiten gleichstark und gleichförmig aufeinander wirkenden Gegenstoß und Gegendruck.

So gelangt man denn selbstverständlich auf diesem Wege zu der Erkenntnis, daß das ganze Volumen der Erde im Verhältnis zu den auf sie fallenden Körpern von ungeheurer Größe ist und daß sie unter dem Druck der ganz minimalen Schwerkörper, zumal da er von allen Seiten wirkt, in ihrem Ruhezustand unerschüttert verharrt und die auf sie fallenden Körper gewissermaßen auffängt. Hätte freilich auch sie eine gemeinsame Neigung zum Fallen, d.h. wäre die Richtung ihres Falls ein und dieselbe wie bei den übrigen Schwerkörpern, so würde sie natürlich infolge des kolossalen Übergewichts ihrer Größe allen Körpern bei dem Sturz in die Tiefe voraneilen, und es würden die Lebewesen und die losen Schwerkörper in der Luft in der Schwebe verharren, während sie für ihr Teil mit rasender Geschwindigkeit schließlich aus dem Himmelsgewölbe selbst herausstürzen müßte. Aber dergleichen Möglichkeiten erscheinen ja schon bei dem bloßen Gedanken unglaublich lächerlich.

Nun stellen sich manche Philosophen, ohne gegen die hier entwickelten Ansichten etwas einwenden zu können, ein nach ihrer Meinung glaubwürdigeres System zusammen und geben sich dem Glauben hin, daß keinerlei Zeugnis wider sie sprechen werde, wenn sie z.B. das Himmelsgewölbe als unbeweglich annähmen, während sie die Erde um dieselbe Achse von

Westen nach Osten täglich nahezu eine Umdrehung machen ließen, oder auch wenn sie beiden eine Bewegung von einem gewissen Betrag erteilten, nur, wie gesagt, um dieselbe Achse und im richtigen Verhältnis zur Erhaltung der auf gegenseitigem Überholen beruhenden Beziehungen.

Wenn auch vielleicht, was die Erscheinungen in der Sternenwelt anbelangt, bei der größeren Einfachheit des Gedankens nichts hinderlich sein würde, daß dem so wäre, so ist doch diesen Männern entgangen, daß aus den uns selbst anhaftenden Eigenschaften und den eigenartigen atmosphärischen Verhältnissen die ganze Lächerlichkeit einer solchen Annahme ersichtlich werden muß. Gesetzt nämlich, wir machten ihnen das Zugeständnis, daß im Widerspruch mit ihrer natürlichen Beschaffenheit die aus den feinsten Molekülen bestehenden und daher leichtesten Substanzen entweder gar keine Bewegung hätten oder unterschiedslos dieselbe wie die Körper von entgegengesetzter Natur – wo doch die atmosphärischen Massen und die aus weniger feinen Molekülen gebildeten Körper so sichtlich den Trieb zu schnellerer Fortbewegung äußern als sämtliche mehr erdartigen Körper –, während die aus den gröbsten Molekülen bestehenden und daher schwersten Körper in diesem Fall eine eigene rasend schnelle und gleichförmige Bewegung hätten – wo doch wieder die erdartigen Körper anerkanntermaßen bisweilen nicht einmal auf die von anderen Körpern ihnen aufgedrungene Bewegung in entsprechender Weise reagieren –, nun, so müßten sie doch zugeben, daß die Drehung der Erde die gewaltigste von ausnahmslos allen in ihrem Bereich existierenden Bewegungen wäre, insofern sie in kurzer Zeit eine so ungeheuer schnelle Wiederkehr zum Ausgangspunkt bewerkstelligte, daß alles, was auf ihr nicht niet- und nagelfest wäre, scheinbar immer in einer einzigen Bewegung begriffen sein müßte, welche der Bewegung der Erde entgegengesetzt verliefe. So würde sich weder eine Wolke noch sonst etwas, was da fliegt oder geworfen wird, in der Richtung nach Osten ziehend bemerkbar machen, weil die Erde stets alles überholen und in der Bewegung nach Osten vorauseilen würde, so daß alle übrigen Körper scheinbar in einem Zuge nach Westen, d. i. nach der Seite, welche die Erde hinter sich läßt, wandern müßten.

Wenn die Vertreter dieser Ansicht nämlich auch behaupten wollten, daß die Atmosphäre an der Drehung der Erde in derselben Richtung mit gleicher Geschwindigkeit teilnähme, so müßten nichtsdestoweniger die in sie hineingeratenden irdischen Körper jederzeit hinter der Bewegung, welche Erde und Atmosphäre gemeinsam fortrisse, scheinbar zurückbleiben, oder wenn sie auch, mit der Atmosphäre gewissermaßen eins geworden, mit herumgenommen würden, so würde doch an ihnen keinerlei scheinbare Bewegung mehr wahrgenommen werden, weder eine rechtläufige noch eine rückläufige, sondern sie würden scheinbar beständig an einem Fleck verharren und, möchten es fliegende oder geworfene Körper sein, keinerlei Abschweifung oder Fortschritt im Raume machen – was wir ja alles so sichtlich vor sich gehen sehen –, gerade als ob von dem Nichtfeststehen der Erde für diese Körper ein Verzichten auf jede Bewegung, sei sie langsam oder schnell, die Folge sein müßte.

Dreizehntes Buch. Zweites Kapitel. Von den Hypothesen über die Himmelsbewegungen

118

Es wird sich wohl niemand im Hinblick auf die Dürftigkeit menschlicher Machwerke der Technik Gedanken machen, daß die hier vorgetragenen Hypothesen zu künstlich seien. Darf man doch Menschliches nicht mit Göttlichem vergleichen und ebensowenig die Beweisgründe für so gewaltige Vorgänge den ungleichartigsten Beispielen entnehmen. Denn was könnte es Ungleichartigeres geben als Wesen, die sich ewig gleichmäßig verhalten, gegenüber Geschöpfen, die sich niemals so verhalten, oder Ungleichartigeres als Geschöpfe, die von jeder Kleinigkeit aus ihrem Gleise gebracht werden können, gegenüber Wesen, die nicht einmal durch sich selbst Störungen erleiden? Versuchen freilich soll man, soweit es möglich ist, die einfacheren Hypothesen den am Himmel verlaufenden Bewegungen anzupassen; wenn dies aber durchaus nicht gelingen will, so soll man zu den Hypothesen schreiten, welche diese Möglichkeit bieten. Denn lassen sich einmal alle Himmelserscheinungen auf Grund der Hypothesen genügend erklären, wie könnte dann noch jemand die Möglichkeit wunderbar erscheinen, daß den Bewegungen der himmlischen Körper ein so kompliziertes Ineinandergreifen eigen sei, wo doch bei ihnen keinerlei in ihrer Natur begründeter Zwang herrscht, sondern die angemessene Kraft obwaltet, den allen himmlischen Körpern je nach ihrer Beschaffenheit eigenen Bewegungen auszuweichen und nachzugeben, auch wenn diese Bewegungen in entgegengesetzter Richtung verlaufen. So kommen denn alle diese Wesen durch alle nur denkbaren Ströme der Materie glücklich hindurch und können sie mit ihrem Lichte durchdringen, ja ein mit so wunderbarer Kraft begabtes Wesen findet seinen Weg nicht nur auf den ihm speziell vorgeschriebenen Kreisen, sondern auch um die Sphären selbst und um die Achsen der Umschwünge. Gerade in dem bei der Verschiedenartigkeit der Bewegungen so überaus komplizierten Ineinandergreifen dieser Umschwünge erblicken wir bei der Konstruktion der bei uns üblichen Himmelsgloben ein höchst mühsames und schwer zu bewältigendes Stück Arbei, wenn es gilt, den ungehemmten Verlauf der Bewegungen zu erzielen, während wir am Himmel dieses Ineinandergreifen nirgends auch nur im geringsten von der Schwierigkeit einer derartigen Vermischung der Bewegungen nachteilig beeinflußt sehen.

Hierzu kommt noch eine Erwägung. Die «Einfachheit» der Vorgänge am Himmel darf man nicht nach dem beurteilen, was uns Menschen als einfach gilt, zumal man auf Erden über den Begriff «einfach» keineswegs einig ist. Denn wenn jemand von diesem menschlichen Standpunkt aus seine Betrachtungen anstellt, dem dürfte nichts von allem, was am Himmel vor sich geht, einfach erscheinen, nicht einmal die Unveränderlichkeit des ersten Umschwungs; denn gerade dieses in alle Ewigkeit sich gleichbleibende Verhalten ist bei uns Menschen nicht nur schwer durchführbar, nein, überhaupt ganz unmöglich. Man muß vielmehr in seinem Urteil von der Unwandelbarkeit der am Himmel selbst kreisenden Geschöpfe und ihrer Bewegungen ausgehen; nur unter diesem Gesichtspunkt können sie alle «einfach» erscheinen, ja noch in höherem Grade einfach als die Dinge, welche auf Erden als einfach gelten, weil keine Mühsal, kein Notzustand bei den Umläufen dieser Wesen denkbar ist.

PROKLOS

Zweifel bezüglich astronomischer Hypothesen

119

Der große Plato, lieber Freund, stellt an den wahren Philosophen die Forderung, daß er, ohne sich von der sinnlichen Wahrnehmung und der gesamten in ewigem Wandel begriffenen Materie beirren zu lassen, Astronomie von einem Standpunkt aus treibe, der jenseits des Himmelsgewölbes liegt, und daß er dort die Langsamkeit und die Geschwindigkeit an sich in ihrer wahren Zahl von hoher Warte erschaue. Von dieser hohen Warte des Schauens willst Du uns, wie mir scheint, wieder herabziehen zu diesen am Himmelsgewölbe verlaufenden Bahnen, zu den Beobachtungen der Astronomen von Fach und zu den aus diesem Material von ihnen mechanisch konstruierten Hypothesen, welche ein Aristarch, ein Hipparch, ein Ptolemaios und andere Koryphäen dieser Wissenschaft mit pedantischer Gründlichkeit zu behandeln pflegen. Denn Du trägst Dich eben mit dem Verlangen, auch der Geistesrichtung dieser Männer gerecht zu werden, von dem lobenswerten Streben beseelt, nach Kräften nichts ungeprüft zu lassen, was bei der spekulativen Betrachtung des Weltalls von den Alten mit gutem Erfolg ermittelt worden ist.

Als ich voriges Jahr bei Euch im mittleren Lydien weilte, gab ich Dir das Versprechen, wenn ich Muße bekäme, mich mit Dir in der mir eigenen Weise auch durch dieses Gebiet hindurchzuarbeiten. Nachdem ich nun in Athen angekommen bin und eine gütige Gottheit mich von jenen vielfachen Anfeindungen, die kein Ende nehmen wollten, glücklich befreit hat, erfülle ich Dir das gegebene Versprechen und schreite dazu, allerdings nicht ohne momentan ein Auge zuzudrücken angesichts jener Forderungen Platos und gegenüber seinen Erklärungen von den am Himmelsgewölbe verlaufenden Bewegungen der Fixsterne und der Planeten, welche festzuhalten er uns durch seine Lehre beigebracht hat, Dir die reine Wahrheit an sich mitzuteilen, wie sie mit Hilfe langwieriger und endloser Beweise den schaulustigen Freunden der Himmelskunde zur Überzeugung gemacht worden ist, ohne allerdings auch hier die mir zur Gewohnheit gewordene scharfe Kritik der Lehrsätze zurückhalten zu können, wiewohl ich dieselbe nur sparsam in Anwendung zu bringen gedenke, da ich der Überzeugung bin, daß auch Dir schon durch die Darstellung die Widerlegung der Hypothesen, auf welchen fußend jene Männer die ganze von ihnen vertretene Theorie mit dem Brusttone der Überzeugung entwickeln, klar werden wird.

So glaube ich denn zunächst die Frage erörtern zu müssen, welchen Himmelserscheinungen sie besonders mit gewissen Zweifeln gegenübertraten und infolgedessen sich der Erforschung der Ursache der einzelnen Fälle zuwandten, wobei sie von der ganz richtigen Annahme ausgingen, daß die Bewegungen der göttlichen Körper kreisförmig und streng geregelt sein müssen, wenn auch die «kreisförmige Bewegung» nicht bei allen die nämliche ist, auch nicht ganz unvermischt mit einer nicht so gearteten, aber doch wenigstens gleichfalls durchaus streng geregelten. Denn eine ewig gleichmäßige und nach einem einheitlichen logischen Gesetz verlaufende Bewegung sowie eine absolute mit sich selbst in Einklang stehende Ordnung dürfte wohl den göttlichsten der sichtbaren Wesen in erster Linie angemessen sein, wofern der Beobachter die Annahme zugrunde legt, daß jene Körper alle nach einem vernünftigen Prinzip in kreisender Bewegung begriffen sind. Denn die Vernunft ist stets die Führerin zur Ordnung für alle Verhältnisse, an welche sie herantritt. An diesem Grundgedanken wie an einem sicheren Leitseile festhaltend, scheinen sie nachgerade mit Recht an der scheinbar herrschenden Regellosigkeit Anstoß genommen zu haben, indem sie die zu lösende Aufgabe in folgende Frage faßten: Welche Hypothesen stellen uns die Umläufe in jenen Kreisbahnen an Stelle von irrationalen als in rationalem Verhältnis verlaufende dar, und an Stelle von gesetz- und regellos vor sich gehenden als solche, denen ein bestimmter Ausdruck durch Zahlen gegeben ist, welche jedem einzelnen Körper eigentümlich sind?

Damit es nun auch Dir klar werde, welche Wahrnehmungen es eigentlich sind, an denen sie Anstoß nahmen und von welchen aus sie, angeregt durch die angebliche Unvereinbarkeit mit der göttlichen Natur, zur Aufstellung besagter Hypothesen schritten und somit die Schöpfer der Lehre von den Himmelskörpern wurden, will ich den Versuch machen, die einzelnen Punkte vom ersten Anfang an durchzugehen.

120

Die kurzgefaßte Darstellung der astronomischen Hypothesen ist hiermit am Ende angelangt. Bevor ich jedoch meine Schrift abschließe, will ich noch ein kurzes Schlußwort zu dem Gesagten hinzufügen, des Inhalts, daß die Astronomen von Fach, von dem Bestreben geleitet, die Bewegungen der Himmelskörper als gleichförmig nachzuweisen, ohne es zu wollen und zu merken, gerade das Wesen derselben als ungleichförmig und mit aller nur erdenklichen Passivität behaftet hingestellt haben. Was sollen wir denn von den Exzentern und Epizyklen, die ihr drittes Wort sind, eigentlich halten? Sollen sie nur in der Idee existieren oder an ihren Sphären, mit denen sie in fester Verbindung sind, materiellen Bestand haben? Wenn sie nämlich nur in der Idee existieren sollen, so haben sich die Schöpfer dieser Idee, ohne sich dessen klar bewußt zu werden, von den in der Natur existierenden Körpern zu mathematischen Begriffen verstiegen und aus einem Etwas, das in der Natur nicht existiert, die Ursachen der natürlichen Bewegungen abgeleitet. Hierzu muß ich noch bemerken, daß sie auch bei dem Erteilen von Bewegung unlogisch verfahren. Weil die auf diesen Kreisen gedachten Gestirne eine nach unseren menschlichen Begriffen bemessene Bewegung haben, muß doch deshalb diese Bewegung in Wirklichkeit noch keine ungleichförmige sein. Wenn aber jene Kreise reell existieren sollen, so stellen die Astronomen den substantiellen Zusammenhang mit den Sphären selbst, an denen die Kreise sich befinden, ernstlich in Frage. Erstens erteilen sie den Kreisen für sich eine Bewegung und wieder eine für sich den Sphären, ja, den Kreisen nicht einmal eine bei allen gleichmäßig, nein, sogar in entgegengesetzter Richtung verlaufende Bewegung; zweitens verändern sie ganz willkürlich die Abstände der Kreise voneinander, insofern sich diese manchmal vereinigen und in eine Ebene zu liegen kommen, dann wieder auseinandertreten und einander schneiden. Es wird folglich Zerlegungen, Zusammenfaltungen und Zerteilungen in buntem Wechsel bei den himmlischen Körpern geben.

Überdies wird auch die Überlieferung dieser mechanisch konstruierten Hypothesen offenbar ganz willkürlich gehandhabt. Warum ist denn bei jeder Hypothese der Exzenter gerade so und so, festbleibend oder beweglich, und der Epizykel gerade so und so, während das Gestirn sich entweder rechtläufig oder rückläufig bewegt? Und was die Gründe zur Annahme jener Ebenen und ihres Auseinandertretens sind, ich meine natürlich die wahren Gründe, bei deren Erfassung der Geist jedes schmerzliche Verlangen vollständig befriedigt fühlt, davon verlautet kein Wort. Vielmehr schlagen die Astronomen tatsächlich den rückwärts führenden Weg ein, d.h. sie ziehen nicht aus den aufgestellten Hypothesen die daraus sich ergebenden Schlußfolgerungen, wie dies die übrigen Wissenschaften tun, sondern aus den vorliegenden Endergebnissen bemühen sie sich die Hypothesen zu konstruieren, aus denen sie diese Endergebnisse eigentlich als logische Folge nachweisen mußten. Und dabei ziehen sie offenbar noch nicht einmal alle Fragen in Betracht, deren glückliche Beantwortung im Bereich der Möglichkeit läge.

Einer Einsicht darf man sich allerdings nicht verschließen, nämlich daß von allen Hypothesen die hier zur Darstellung gebrachten die einfachsten sind und göttlichen Körpern noch am besten entsprechen, sowie daß sie ausgedacht sind zur Auffindung der Eigenart der Bewegungen der Planeten, welche sich in Wirklichkeit so bewegen, wie sie sich auch scheinbar bewegen, ausgedacht mit der Absicht, daß der Maßstab der in den göttlichen Körpern ruhenden Eigenart erfaßbar werde.

JOHANNES PHILOPONOS

Unregelmäßigkeiten und Harmonie

121

Vielleicht sind diese Dinge nicht im absoluten Sinn entgegen der Natur, sondern man hat zwischen Dingen zu unterscheiden, die einen partiellen Charakter tragen und nicht natürlich, sondern entgegen der Natur sind, und Dingen, die ein Ganzes sind und sowohl natürlich wie der Natur gemäß. [...] Eine angeborene Mißbildung eines Menschen ist weder natürlich noch der Natur gemäß. Aber für die Natur als ein Ganzes, in dem nichts entgegen der Natur ist (denn in dem Ganzen gibt es nichts Schlechtes), ist eine angeborene Mißbildung natürlich und der Natur gemäß. Dies tritt ein, wenn die Gesamtnatur das materielle Substrat verändert und es untauglich macht, die der Teilnatur zukommende Form anzunehmen. Ich meine dies so: wenn die Umgebung durch den Umlauf der Sterne sich in einer bestimmten Verfassung befindet und der Substanz des werdenden Menschen etwas antut, so daß er untauglich wird, die Form anzunehmen, welche die Natur ihm normalerweise gibt, so wird seine Natur wegen der Untauglichkeit seiner Substanz ihr Ziel verfehlen. Es wird eine andere Form entstehen, die, was die Teilnatur betrifft, entgegen der Natur ist, jedoch in bezug auf die Gesamtnatur natürlich und der Natur gemäß ist. Für diese wird sie nicht entgegen der Natur sein, weil Vergehen nicht entgegen der Natur ist, wenn Entstehen in der Tat gemäß der Natur ist. Dies muß sich so verhalten, weil das Entstehen des einen das Vergehen eines anderen bedeutet.

Ich will ein Beispiel geben, aus dem uns klarwerden wird, was mit Dingen, die entgegen der Natur sind, geschieht. Setzen wir den Fall, daß jemand, der die Leier spielt, sein Instrument auf eine der harmonischen Tonarten stimmt und bereit ist, sein Spiel zu beginnen. Es möge dann jemand von außen kommen und einige oder alle Saiten lockern, oder, um den Vergleich noch schärfer zu fassen, es mögen die Saiten durch die Feuchtigkeit oder Trockenheit der Umgebung beeinflußt und verstimmt werden. Nun mögen die Finger des Leierspielers die Saiten so bewegen, daß eine vollendete Melodie ertönen würde, wenn die Saiten noch richtig gestimmt wären. Wenn aber der Leierspieler die Leier jetzt schlägt, wie sie ist, werden die Saiten nicht die Melodie wiedergeben, die er im Sinne hatte, sondern unmusikalische, verzerrte und undefinierte Töne. So verhält es sich auch mit der organischen Natur: wenn das der menschlichen Form oder der eines anderen Lebewesens zugrunde liegende materielle Substrat durch die Konstellation der kreisenden Sterne untauglich wird, so wird ihre Aktualisierung fehlschlagen. Und genau so, wie wir von den Tönen der verstimmten Leier nicht sagen, daß sie künstlerisch oder der Kunst gemäß sind, obwohl sie von einem Künstler produziert werden, sagen wir auch nicht im Falle der organischen Natur, daß es ein natürlicher Vorgang sei, denn er trat nicht auf Grund der wohlbestimmten Naturgesetze ein. Aber relativ zur Natur des Ganzen sprechen wir von einem natürlichen Vorgang, denn er ist der Natur des Ganzen gemäß, das Dinge vergehen läßt, während es andere entstehen läßt.

Tauglichkeit und Aktualität

122
Die Seele, behaupten sie, bewege den Körper sozusagen wie eine mechanische Vorrichtung, wobei der Körper durch die Bewegung der Seele vorwärts gestoßen wird, so wie Kinder beim Spielen kleine, sehr dünne Wachskugeln machen und darin Schmeißfliegen oder Käfer einschließen, deren Bewegungen auch die Wachskugel in Bewegung setzen, oder wie ein im Käfig eingeschlossenes Tier diesen durch seine Stöße mitbewegt. [...] Wenn aber die Seele den Körper sozusagen mechanisch bewegt und stößt, wie ein Tier den Käfig, so kann, sagt Aristoteles, die Seele, nachdem sie den Körper verlassen hat, in ihn zurückkehren und ihn wieder bewegen und so die Toten wieder erwecken. Denn was könnte dies verhindern, wenn die Bewegung auf rein mechanische Weise vor sich geht? Demgegenüber wird aber wiederum gesagt, daß Aristoteles mit seiner Behauptung unrecht hätte, daß, wenn die Seele den Körper durch ihre eigene Bewegung bewegt, sie in ihn zurückkehren und die Toten wieder erwecken könne. Man denke zum Beispiel – so wird gesagt – an eine Säule, die durch Hebelwirkung und Schub eine Mauer oder etwas Ähnliches aufrecht hält. Wird die Säule entfernt, so lösen sich die Verbindungen, und die Mauer stürzt ein, und dann wird es nicht mehr möglich sein, sie anzuheben und aufzurichten. Man kann weitere Beispiele ähnlicher Art anführen. Diese Argumente besagen, daß in solchen Fällen Hebelwirkung und Schub nicht genügen, sondern daß es auch der Tauglichkeit des zu stützenden Gegenstandes bedarf. [...] Jene wollen die Bewegung einzig und allein durch eine mechanische Vorrichtung erklären, ohne dem Körper auch eine Tauglichkeit oder eine natürliche Fähigkeit zur Bewegung zuzuschreiben. Wir aber nehmen an, daß durch das Vorhandensein der Seele dem Körper eine Lebenskraft eingegeben ist und daß dann durch ihre Abwesenheit, nachdem sie den Körper verlassen hat, dieser zusammenbricht. Daher ist es einleuchtend, daß nach dem Verschwinden dieser Tauglichkeit, die dem Körper von Anfang an gegeben war, die Seele nicht in ihn zurückkehren kann. [...] Ähnlich wird ein Stock, der die Türe stößt, diese nicht bewegen können, wenn sie nicht die zum Bewegen nötige Tauglichkeit besitzt; hat sie aber diese, so wird sie sich, wenn vom Stock gestoßen, bewegen. Sie kann dies nicht, wenn sie zugenagelt oder aus den Angeln gehoben ist. So bedarf alles, was von einem anderen bewegt wird, stets einer gewissen ihm eigenen Tauglichkeit. [...] Auch Demokrit könnte, wie alle anderen, gesagt haben, daß, angenommen, die Seele bewege den Körper, indem sie sich selbst bewegt, man eine gewisse Tauglichkeit des Körpers voraussetzen muß, die es ihm ermöglicht, auf die

Bewegungen der Seele zu reagieren, zum Beispiel eine bestimmte Anordnung und Lage gewisser Atome. Und so müßten andere ein Gefüge gewisser Elemente annehmen, dessen Auflösung es unmöglich machen würde, den Körper zu stoßen, so wie das Wachs, wenn es seine Form oder Qualität verliert, zum Beispiel wenn es weich wird oder sich sonst verändert, von dem eingeschlossenen Insekt nicht mehr bewegt werden kann.

Natürliche Bewegung, erzwungene Bewegung und Impetus

123

Zunächst möchten wir folgende Frage an die Verfechter dieser Ansicht richten: wenn jemand gewaltsam einen Stein wirft, zwingt er ihn dann zu der von seiner natürlichen Bewegung abweichenden Bewegung dadurch, daß er die Luft hinter dem Stein stößt? Oder erteilt der Werfende dem Stein eine gewisse kinetische Kraft? Wenn er nämlich dem Stein keine Kraft erteilt, sondern ihn nur dadurch in Bewegung setzt, daß er die Luft stößt, und wenn es sich auch so mit Bogensehne und Pfeil verhält, warum bedarf es dann des Kontakts der Hand mit dem Stein oder der Sehne mit dem gekerbten Ende des Pfeils? [...] Und ferner, wenn Sehne und Bogen oder Hand und Stein in direktem Kontakt miteinander sind und sich nichts zwischen ihnen befindet, welche Luft hinter dem Geschoß wird dann bewegt? Und wenn die Luft an den Seiten bewegt wird, was hat sie dann mit dem Geschoß zu tun? Sie liegt doch außerhalb seiner Bahn. Hieraus und aus vielen anderen Überlegungen ersieht man, daß zwangsläufig bewegte Körper sich unmöglich auf diese Weise bewegen können. Vielmehr muß dem Geschoß von dem Werfenden eine gewisse immaterielle kinetische Kraft erteilt werden, wobei die gestoßene Luft entweder nichts oder nur sehr wenig zu dieser Bewegung beiträgt. Wenn aber zwangsläufig bewegte Körper auf diese Weise bewegt werden, so ist es klar, daß derselbe Vorgang sich viel leichter abspielen wird, wenn Pfeil oder Stein zwangsläufig und gegen ihre natürliche Tendenz im leeren Raum geschleudert werden, und daß hierzu außer dem Werfenden nichts nötig ist. [...] Diese durch die Tatsachen erwiesene Theorie – nämlich, daß eine gewisse immaterielle kinetische Kraft vom Werfenden auf den geworfenen Körper übertragen wird, mit dem er deshalb in Kontakt sein muß – ist zweifellos nicht weniger akzeptabel als die, daß gewisse Kräfte von gesehenen Gegenständen aus das Auge erreichen, wie Aristoteles lehrt. Wir sehen ja, daß gewisse Kräfte immaterieller Natur feste Körper färben, wenn Sonnenstrahlen auf sie treffen, die durch einen durchsichtigen, gefärbten Gegenstand hindurchgegangen sind. [...] Es ist also klar, daß gewisse Kräfte auf immaterielle Weise von einem Körper zum anderen gelangen können.

124
Luft besitzt nicht nur das Prinzip der Bewegung nach oben, sondern auch der nach unten. Denn wird Erde oder Wasser unter ihr entfernt, so füllt die Luft sofort ihren Platz aus, und ebenso steigt sie nach oben, wenn über ihr etwas entfernt wird. Würde man die Abwärtsbewegung der Kraft des Vakuums zuschreiben und nicht einem natürlichen Prinzip, so stünde dem nichts im Wege, auch für die Aufwärtsbewegung eine solche Ursache anzunehmen. Luft kann sehr wohl aufsteigen, weil oben ein leerer Raum entsteht, sonst aber nicht.

Die Einheit von Himmel und Erde

125
«Ein Stern übertrifft den andern nach der Klarheit», sagt [der Apostel] Paulus. In der Tat unterscheiden sie sich beträchtlich nach Größe, Farbe und Helligkeit, und ich glaube, daß der Grund hierfür in nichts anderm zu suchen ist als in der Zusammensetzung des Stoffes, aus dem die Sterne bestehen. Sie können keine einfachen Körper sein; denn worin sollten sie sich unterscheiden, wenn nicht durch ihre Zusammensetzung? Dies ist auch die Ursache der sehr großen Verschiedenheit sublunarer Feuer, der Donnerkeile, Kometen, Meteore, Sternschnuppen und Blitze. Jedes dieser Feuer wird im wesentlichen dann erzeugt, wenn Materie verschiedener Dichte durchdrungen und entzündet wird. Irdische Feuer, die dem Menschen dienen, unterscheiden sich auch je nach dem Brennstoff, sei es Öl oder Pech, Schilfrohr, Papyrus oder verschiedene Holzsorten im feuchten oder trockenen Zustand.

126
Man darf die Tatsache, daß in all der vergangenen Zeit der Himmel sich weder ganz noch teilweise verändert zu haben scheint, nicht als Beweis dafür nehmen, daß er unvergänglich und nicht erschaffen sei. Es gibt Tiere, die länger leben als andere, und Teile der Erde, zum Beispiel Berge und diamantharte Steine, bestehen ungefähr so lange wie die ganze Zeit, auch gibt es kein Zeugnis darüber, daß der Berg Olymp einen Anfang hatte oder wächst oder abnimmt. Ferner ist es zum Schutz sterblicher Lebewesen notwendig, daß ihre wichtigsten Körperteile in ihrem natürlichen Zustand er-

halten bleiben. Solange also Gott den Kosmos bestehen lassen will, müssen seine wichtigsten Teile geschützt werden, und allgemein wird eingeräumt, daß der Himmel als Ganzes und in seinen Teilen der wichtigste und wesentlichste Teil des Kosmos ist.

127
Es kann nun bewiesen werden, daß die Gesamtheit der Elemente keine unendliche Macht besitzt. Denn die Erfahrung lehrt, daß je kleiner die Menge der Materie, um so schneller ihr Verfall, und je größer sie ist, um so langsamer. Nehmen wir an, ein Schöpflöffel Wasser könnte ein Jahr halten und jede gleiche Menge Wasser die gleiche Zeit. Da nun die gesamte Wassermasse endlich ist, kann sie offenbar mit Schöpflöffeln ausgemessen und in eine endliche Zahl von ihnen unterteilt werden. Jeder Teil hat aber nur endliche Macht, und dasselbe gilt also für die Summe aller Teile, und ähnlich liegt es auch mit anderen Elementen. Es ist daher bewiesen, daß jedes der vier Elemente in seiner Gesamtheit nur endliche Macht besitzt.

128
Wenn die Himmelskörper zusammengesetzt sind und in zusammengesetzten Dingen der Begriff der Auflösung enthalten ist und Dinge, die den Begriff der Auflösung enthalten, auch den Begriff des Vergehens enthalten (denn die Auflösung der Elemente ist das Vergehen des Zusammengesetzten, und was den Begriff des Vergehens enthält, hat keine Omnipotenz), so folgt, daß die Himmelskörper ihrer eigenen Natur nach nicht omnipotent sind. [...] Und ferner, die, welche sagen, der Himmel bestehe nicht aus den vier Elementen, sondern aus dem fünften Stoff, behaupten damit auch, er sei aus dem Substrat des fünften Stoffes und der Form der Sonne oder des Mondes zusammengesetzt. Abstrahiert man aber von den Formen aller Dinge, so bleibt offenbar nur ihre dreifache Ausdehnung übrig, in bezug auf welche kein Unterschied zwischen irgendeinem Himmelskörper und den irdischen Körpern besteht.

129
Materie mag zu Feuer werden aus einem andern Feuer, das ihm vorausging, und dieses wiederum aus einem andern, aber diese Kette wird schließlich in einem Feuer enden, das nicht durch Entzündung aus einem andern entstanden ist, sondern durch Reibung oder eine andere vom Feuer verschiedene Ursache. So ist es nicht ausgeschlossen, daß man bei allen Vorgängen, bei denen ein Ding aus dem andern entsteht, etwas Analoges annehmen kann. Alle Dinge nämlich, deren Werden darin besteht, daß ihrer Natur nach

eines aus dem andern hervorgeht, müssen gleichfalls einen Anfang ihrer Existenz haben, und jede Art – dies gilt besonders für die Elemente – muß ein erstes Glied haben, das sein Entstehen nicht von etwas Gleichartigem oder Ungleichartigem herleitet, sondern das von Gott zusammen mit der Begründung des Kosmos erschaffen wurde.

130

Wenn die Menschen den Platz oben der Gottheit anweisen, so ist das noch kein Beweis dafür, daß der Himmel als unvergänglich anzusehen ist. Denn auch die, welche glauben, die Heiligtümer und Tempel seien voll von Göttern, und die ihre Hände zu ihnen erheben, nehmen nicht an, daß diese Stätten keinen Anfang hatten oder unvergänglich sind, sondern sie betrachten sie nur als Plätze, die dem Gotte mehr als andere ziemen.

MITTELALTER

Ausgewählt und eingeleitet von Shlomo Pines

EINLEITUNG

Die Geschichte des wissenschaftlichen Denkens im Mittelalter läßt sich in zwei klar voneinander geschiedene Perioden einteilen. Vor dem 13. Jahrhundert dominierte die arabische Wissenschaft, deren Vertreter Moslems, Christen und Juden waren und deren Überlegenheit vom christlichen Westen anerkannt wurde. Viele der hauptsächlichen griechischen Texte waren in relativ guten arabischen Übersetzungen erhältlich, und es existierten auch arabische Versionen von Werken aus dem Sanskrit. Zum ersten Mal in der westlichen Kulturgeschichte wurden mathematische, astronomische und andere wissenschaftliche Begriffe und Theorien aus indischen Quellen von arabischen Wissenschaftlern übernommen wie schon früher, unmittelbar vor oder zur Zeit der moslemischen Eroberungen, von ihren syrischen Vorgängern, und wurden weiter entwickelt und dem System der Wissenschaften einverleibt. Wissenschaftliche Themen wurden in der ganzen Welt des Islams lebhaft debattiert, und in gewissen Disziplinen gingen die Fortschritte der Moslems über die der Griechen hinaus; eines der Beispiele hierfür ist die Optik in der Form, wie sie von Ibn al-Haitam entwickelt wurde.

Dies war die Lage der Dinge während des 13. Jahrhunderts und danach in den Ländern des östlichen Islams, insbesondere in Iran. Wissenschaftliche Diskussionen zogen sich mit unverminderter Intensität hin, und hier und da tauchten neue und wichtige Ideen und Theorien auf. Jedoch vom lateinischen Europa aus gesehen – das die Fülle der philosophischen und wissenschaftlichen Schriften bewältigt hatte, die ihm durch Übersetzungen aus dem Arabischen und Griechischen zugänglich geworden waren – bedeutete jenes Jahrhundert das Ende der bedingungslosen Hinnahme arabischer intellektueller Superiorität. Samuel Ibn Tibbon, ein jüdischer Philosoph und Übersetzer, der im 13. Jahrhundert im südlichen Frankreich lebte, gab diesem Umstand in einer hebräischen Abhandlung, die den Titel führt *Es sammle sich das Wasser,* mit folgenden Worten Ausdruck: «Ich habe gesehen, daß die wahren Wissenschaften bei den Völkern, in deren Ländern und unter deren Herrschaft ich lebe, die weiteste Verbreitung erfahren haben und in der Tat dort bekannter sind als in den Ländern Ismaels [d.h. des Islams].»

Von einem anderen Gesichtspunkt aus zeigt die Entwicklung physikalischer Theorien im Islam von ihren Anfängen bis zum 13. Jahrhundert gewisse Parallelen zur Geschichte dieser Theorien im lateinischen Europa des

12. und 13. Jahrhunderts bis zum Entstehen der klassischen Physik zu Galileis Zeit. In beiden Kulturkreisen dominierte zeitweilig die orthodoxe Richtung der Aristoteliker in einem beträchtlichen Teil der intellektuellen Elite, trotz der Unvereinbarkeit der aristotelischen Doktrin mit den religiösen Lehren des Islams, des Christentums und des Judentums. Diese orthodoxe Haltung jedoch erlag schließlich einem Zersetzungsprozeß, der in jedem dieser Kulturkreise vor sich ging; dies ist zum Teil auf die inhärenten Schwierigkeiten zurückzuführen, die einer Systematisierung der griechischen Wissenschaft eigneten, wie man sie im Mittelalter zu unternehmen versuchte.

Eine der Hauptwurzeln dieser Schwierigkeiten ist aber in den Widersprüchen zwischen den von Aristoteles aufgestellten physikalischen Gesetzen und dem ptolemäischen System zu suchen. Ein Text von Averroës, der in dieser Anthologie wiedergegeben ist, behandelt das Problem vom Standpunkt der aristotelischen Orthodoxie, während ein Zitat aus Maimonides' Schriften eine andere Tendenz illustriert. Maimonides ist zwar davon überzeugt, daß die aristotelische Physik eine richtige Erklärung der Erscheinungen in der sublunaren Welt liefert, aber er will darauf hinweisen, daß in bezug auf Aristoteles' Anschauungen über die Physik des Himmels gewisse Zweifel bestehen. Ähnlich wie Kant will er zeigen, daß einige der sogenannten Wahrheiten und Gewißheiten der Wissenschaft unbegründet sind; infolgedessen besteht die Möglichkeit, «zum Glauben Platz zu bekommen». Die von Maimonides aufgezeigten Schwierigkeiten waren jedoch durchaus realer Natur. Die Problematik der Unversöhnlichkeit der aristotelischen Doktrin mit dem ptolemäischen System blieb ein permanentes Thema der wissenschaftlichen Diskussion bis zur Zeit von Kopernikus. Die Theorie des Impetus ist typisch für eine andere Hauptschwierigkeit, mit der sich die Aristoteliker sowohl im Islam wie im christlichen Europa auseinanderzusetzen hatten.

Religiöse Opposition zur aristotelischen Philosophie war nicht auf Moslems und Juden beschränkt, die in den Kulturzentren des Islams lebten; sie war auch ein äußerst wirksames Moment im christlichen Westen. Im 13. Jahrhundert wurde der Glaube an einige der wesentlichen Prinzipien der aristotelischen Physik häufig in kirchlichen Edikten als Häresie verdammt. Sogar die Lehre des Thomas von Aquino, in der die Oberhoheit der kirchlichen Doktrin in einer viel eindeutigeren Weise anerkannt wurde als es die lateinischen Anhänger des Averroës taten, rief gelegentlich schwere Bedenken in der geistlichen Hierarchie hervor; es war dies ja ein Versuch, die Philosophie des Aristoteles im Rahmen des orthodoxen religiösen Glaubens zu integrieren. Man hat behauptet – vielleicht zu Unrecht –, daß diese kirchlichen Verbote das Aufkommen von weitgehend anti-aristotelischen physikalischen Theorien förderten, wie sie von Buridan, Nicole Oresme und anderen im 14. Jahrhundert in europäischen Universitäten aufgestellt wurden.

Im Islam entstand im 9. und 10. Jahrhundert eine besondere Art von Atomistik, ausgearbeitet von moslemischen Theologen, die Mutakallimūn genannt, welche im allgemeinen den Lehren der alten Griechen mit Mißtrauen oder in offener Feindschaft gegenüberstanden. Diese Atomistik ist völlig von der antiken, soweit sie uns bekannt ist, verschieden, und einige ihrer fundamentalen Annahmen erinnern an Konzeptionen, die man in atomistischen Theorien der Inder findet, sowohl bei Buddhisten wie bei Nicht-Buddhisten. Eine klare Darlegung dieser Doktrin finden wir im «Führer der Verwirrten» des Maimonides, der ein Gegner der Mutakallimūn war. Ihre Doktrin besagt, daß nicht nur Körper, sondern auch Zeit, Raum, Bewegung und alle Qualitäten der Atome, wie z. B. ihre Farben, eine atomistische Struktur besitzen, mit anderen Worten, daß alles diskontinuierlich ist. Alle Atome oder *Quanta,* die einer bestimmten Kategorie angehören, sind einander ähnlich. Um ein Beispiel herauszugreifen: es besteht kein irgendwie gearteter Unterschied zwischen den Bewegungsquanten, aus denen sich jede Bewegung zusammensetzt. Eine gegebene Bewegung ist langsamer als eine andere nur aus dem Grunde, daß in ihr mehr Ruhequanten zwischen die Bewegungsquanten eingeschaltet sind.

Viele Mutakallimūn leugneten radikal die Kausalität. Der Umstand, daß ein Ereignis im allgemeinen oder sogar stets auf ein anderes folgt, wird von ihnen nicht als Ausdruck eines Naturgesetzes angesehen; es ist vielmehr eine «Gewohnheit», die vom göttlichen Willen durchbrochen werden kann. Dieser Wille erschafft, nach Auffassung der Mutakallimūn, die diskontinuierliche Welt in jeder sukzessiven Zeiteinheit immer wieder von neuem.

Eine ganz andere Alternative zur aristotelischen Physik wurde im Islam von den Anhängern einer Richtung vorgeschlagen, der man das nur zum Teil berechtigte Attribut «platonisch» beigelegt hat. Ein früher, und zwar einer der radikalsten Vertreter dieser Richtung ist Abū-Bakr ar-Rāzī, der in praktisch allen fundamentalen Problemen der Physik eine von Aristoteles abweichende Stellung einnahm. Statt des aristotelischen zweidimensionalen Ortes, dessen Existenz eine Funktion des Daseins der ihn umgebenden Körper ist, führte er den dreidimensionalen unendlichen und «absoluten» Raum ein. Er hielt auch am Begriff einer «absoluten» Zeit fest, die er als eine ewig fließende Gegebenheit auffaßte, deren Existenz, im Gegensatz zu Aristoteles' Anschauung, völlig unabhängig von der Bewegung oder sogar von der Existenz des Kosmos ist. Ferner war er auch der Verfechter einer Atomlehre, die sehr wenig mit der Theorie der Mutakallimūn gemein hatte; obwohl sie von den atomistischen Doktrinen der Griechen abwich, bestanden wahrscheinlich doch Zusammenhänge zwischen den beiden.

Ar-Rāzī glaubte an einen unbegrenzten Progreß der menschlichen Erkenntnis. Da die Summe unseres Wissens sich nach und nach kontinuierlich akkumuliert, steht seiner Meinung nach den Neueren das Recht zu, selbst die größten der früheren Wissenschaftler zu kritisieren, wie z. B. Galen. Für eine orthodoxe Haltung in irgend einer Hinsicht hatte er nicht viel übrig.

Die Idee der experimentellen Methode findet sich im Islam in manchen Stellen bei Avicenna, und im christlichen Europa in verschiedenen Texten von Robert Grosseteste, von denen zwei in dieser Anthologie wiedergegeben sind. Der Gedanke, daß Wissenschaft die Überwindung der Natur bedeutete (oder bedeuten sollte), war in der klassischen Antike durchaus kein geläufiger. Möglicherweise gibt es Andeutungen davon in der gelegentlich von den griechischen Neuplatonikern formulierten Konzeption, daß der Mensch in seinem Bestreben, Gott zu imitieren, innerhalb der ihm gesetzten Grenzen auch versuchen sollte, seine Macht zu vergrößern und auch hierin Gott ähnlich zu sein. Die Alchemisten des Islam behaupteten manchmal, sie seien imstande, mittels ihrer Wissenschaft das Schicksal von Kriegen und Revolutionen zu entscheiden und im Laboratorium Menschen und sogar Propheten zu erschaffen. In der westlichen Christenheit war es Roger Bacon, der in äußerst lebendiger, wenn auch phantastischer Weise die zukünftigen Möglichkeiten der Technologie voraussah.

Die sogenannte Theorie des Impetus spielte sowohl im Islam wie im christlichen Westen eine wesentliche Rolle im allmählichen Auflösungsprozeß der aristotelischen Orthodoxie. Es war dies eine Lehre von der Bewegung, die im Widerspruch zur Doktrin des Aristoteles stand, nach der ein Körper sich nur solange bewegen kann, als eine bewegende Kraft auf ihn in jedem Moment der Bewegung wirkt; wird der Körper sich selbst überlassen, so hört seine Bewegung auf. Diese Theorie steht in offenkundigem Gegensatz zum modernen Trägheitsprinzip. Die Tatsache, daß Wurfgeschosse – z. B. Steine oder Pfeile – sich nach dem Schleudern oder Abschuß eine Weile weiterbewegen, wurde von vielen Aristotelikern der Wirkung sukzessiver Luftschichten zugeschrieben, deren erste zugleich mit dem Geschoß in Bewegung gesetzt wird. Im 6. Jahrhundert wurde diese aristotelische Auffassung vom christlichen Philosophen Johannes Philoponos bekämpft, der griechisch schrieb und sowohl in der philosophischen Tradition der alten Griechen als in der biblischen Überlieferung lebte. Er entwickelte eine Hypothese, die später unter dem Namen der Theorie des Impetus bekannt wurde, wobei bemerkt sei, daß Philoponos' These zum

Teil vom Astronomen Hipparch (2. Jahrhundert v. Chr.) und höchstwahrscheinlich auch von einem unbekannten Neoplatoniker vorweggenommen worden war.

Im Gegensatz zu Aristoteles nimmt Philoponos an, daß die Weiterbewegung eines Wurfgeschosses der Wirkung einer «Kraft» zuzuschreiben sei – von den Scholastikern «Impetus» genannt –, die der Beweger dem Projektil mitteilt. Mit anderen Worten: Die Bewegung geht weiter, auch wenn keine bewegende Ursache im aristotelischen Sinne vorhanden ist.

Philoponos' These und seine diesbezüglichen Überlegungen hatten in der Form, in der sie ins Arabische übersetzt wurden, einen beträchtlichen Einfluß auf die physikalischen Lehren des Islams. Unter dem Einfluß dieser These und vielleicht anderer Quellen konstruierten arabische Philosophen eine höchst komplizierte Theorie der «gewaltsamen Hinneigung», wie sie den Impetus bezeichneten. Diese Theorie wurde von Avicenna ausgearbeitet, der die Behauptung dahin formulierte, daß im Falle der Existenz eines Vakuums (die er mit Aristoteles als unmöglich betrachtete) ein Wurfgeschoß nie zur Ruhe kommen würde, wenn es sich in ihm als Folge einer «Hinneigung» bewegte. Mit anderen Worten: Eine Bewegung kann beliebig lange bestehen, wenn sie nicht durch äußere Faktoren behindert ist. Trotz begrifflicher und terminologischer Unterschiede erinnert diese Konzeption an das Trägheitsgesetz.

Abu'l-Barakāt Al-Baghdādī lehnte diese Konzeption Avicennas ab, wenn auch nicht die Theorie der «gewaltsamen Hinneigung» als Ganzes. Seine Doktrin nimmt die klassische Physik in einem andern Punkte vorweg. Aristoteles und die Aristoteliker hatten gelehrt, daß die kontinuierliche Ausübung einer konstanten Kraft auf einen beweglichen Körper eine gleichförmige Bewegung erzeugt, während in Newtons Physik eine solche Kraft zu einer gleichförmig beschleunigten Bewegung führt. Zu diesem Resultat, das innerhalb des Rahmens der Newtonschen Physik eng mit dem Trägheitssatz verknüpft ist, gelangte auch Abu'l-Barakāt bei seinem Studium der freien Fallbewegung, einem Teil seiner Doktrin der natürlichen und gewaltsamen Hinneigung.

Die moslemische Variante des Impetusbegriffs war ein ausschlaggebender Beitrag zu den entsprechenden Theorien der lateinischen Scholastiker. Im 14. Jahrhundert wurden diese Theorien sowie andere anti-aristotelische Doktrinen von Buridan, Oresme, Albert von Sachsen und anderen gelehrt. Das aristotelische Weltbild befand sich im Zustand der Auflösung, wie man an einem Text von Oresme erkennen kann, der in dieser Anthologie zitiert wird; mehrere Gelehrte nehmen auf die neue, manchmal «Pariser» genannte Physik Bezug.

Trotz alledem behielten noch viele aristotelischen Begriffe ihre Geltung; noch gab es keinen sofortigen Durchbruch. Dieser erfolgte erst mit Galilei, nachdem die Zeit der intuitiven Tastversuche der Wissenschaft und Philosophie der Renaissance vorbei war. Immerhin kann man sagen, daß die scholastische Physik des 14. Jahrhunderts der Wegbahner des neuen Zeitalters war. In mancher Hinsicht fordern die physikalischen Doktrinen der arabischen Philosophen des 12. und 13. Jahrhunderts, welche die orthodoxe aristotelische Richtung verwarfen, zu Vergleichen mit den Scholastikern des 14. Jahrhunderts heraus, die eine neue Art von Physik lehrten. Jedoch aus irgend einem Grunde kam es nicht zu einem solchen Durchbruch im Islam. Die verhältnismäßig präzisen und häufig quantifizierenden Theorien dieser Scholastiker deuten auf die fortschreitende Zersetzung der Sicherheit hin, welche die aristotelische Doktrin in den verschiedenen Gebieten der Naturwissenschaft auszeichnete.

Der Einfluß des Nikolaus von Kues liegt in einer anderen Ebene, denn seine Ideen waren metaphysischer Natur. Es waren weniger physikalische als metaphysische Gründe, aus denen Cusanus die aristotelische strukturale Konzeption des Universums mit der Erde im Mittelpunkt als unzureichend verwarf. Später verknüpften einige Gelehrte der Renaissance metaphysische Überlegungen von ähnlicher und vielleicht noch radikalerer Natur mit physikalischen Theorien, die revolutionärer waren als die der Scholastiker des 14. Jahrhunderts, und daraus erwuchs eine grundlegend andersartige Philosophie.

RHAZES (MUHAMMAD IBN ZAKARIYYA' AR-RAZI)

Die vier Elemente und der leere Raum

131

Von diesen vier Körperelementen ist die Erde, die in der Mitte ist, das härteste und dichteste. Das Wasser ist dünner [eigentlich: offener, *gušādetar*] als die Erde, weil es höher ist als sie. Der Wind ist dünner als das Wasser, weil er höher als jenes ist. Das Feuer wiederum ist dünner als die Luft, weil es höher als die Luft ist.

Muḥammad ibn Zakariyyā' ar-Rāzī sagt in seinem Buch, welches er «Kommentar des göttlichen Wissens» *[Šarḥ al-'ilm al-ilāhī]* nennt, daß diese Substanzen ihre Formen aus der Zusammensetzung der absoluten Materie mit der Substanz des leeren Raumes erlangen. Im Feuer ist die Substanz der Materie mit der Substanz des leeren Raumes vermischt, aber es ist mehr leerer Raum in ihm als Materie. In der Luft wiederum, sagt er, sei weniger leerer Raum als Materie. Und im Wasser, sagt er, sei weniger leerer Raum, als in der Substanz der Luft enthalten ist. In der Erde wiederum sei weniger leerer Raum, als in der Substanz des Wassers enthalten ist.

Er sagt auch, daß, wenn man Stein auf Eisen schlägt, in der Luft Feuer zum Vorschein kommt, weil der Stein und das Eisen die Luft dünner mache als sie ist, bis sie zu Feuer wird.

Absolute und relative Zeit

132

ABU HATIM [Aḥmad ibn Aḥmad ar-Rāzī]: Wir kennen die Zeit durch die Bewegungen der Gestirne, durch den Verlauf der Tage und Nächte, durch die Zahl der Jahre und Monate und durch das Ende von Zeiträumen. Bestehen diese von Ewigkeit her mit der Zeit oder sind sie entstanden?

ABU BAKR [Muḥammad ibn Zakariyyā' ar-Rāzī]: Es ist nicht möglich, daß diese von Ewigkeit her bestehen, weil sie alle entsprechend den Bewegungen der Himmelssphäre vorherbestimmt und durch den Aufgang und Untergang der Sonne zählbar sind. Und die Himmelssphäre ist mit allem, was sie enthält, entstanden. Dies ist die Auffassung des Aristoteles von der

Zeit. Andere sind entgegengesetzter Ansicht und äußern darüber abweichende Meinungen. Ich bin der Auffassung, daß die Zeit in eine absolute und in eine begrenzte Zeit zerfällt. Die absolute ist die andauernde und endlose Zeit, und die besteht von Ewigkeit her und ist unaufhörlich in Bewegung. Die begrenzte Zeit ist diejenige, die sich aus den Bewegungen der Himmelskörper und aus dem Lauf der Sonne und der Sterne ergibt. Wenn du dies unterscheidest und dir die Bewegung der Ewigkeit vorstellst, dann stellst du dir die absolute Zeit vor, welche von endloser Dauer ist. Wenn du dir aber die Bewegung der Himmelssphäre vorstellst, dann stellst du dir die begrenzte Zeit vor.

ABU HATIM: Mach mir die wahre Beschaffenheit der absoluten Zeit verständlich, so daß wir sie uns vorstellen können. Wenn wir nämlich die Bewegungen der Himmelssphäre, den Verlauf der Tage und Nächte und das Ende der Stunden aus unserer Vorstellung entfernen, verschwindet die Zeit aus der Vorstellung, und wir kennen sie nicht in ihrer wahren Beschaffenheit. Mach mir die Bewegung der Ewigkeit verständlich, von welcher du sagst, daß sie die absolute Zeit sei.

ABU BAKR: Siehst du nicht, wie die Sache dieser Welt mit dem Ablauf der Zeit vorübergeht, tack, tack, tack, während die Zeit etwas ist, das nicht vorübergeht und nicht dahinschwindet. Und so ist die Bewegung der Ewigkeit, wenn du dir die absolute Zeit vorstellst.

ABU HATIM: Die Sache der Welt geht also mit dem Ablauf der Zeit vorüber, welche mit den Bewegungen der Himmelssphäre übereinstimmt. Und die Welt ist entstanden, und die Himmelssphäre ist entstanden. Das gestehst du doch zu. Da aber die Zeit zu den Ursachen der Welt gehört, ist sie zusammen mit ihr entstanden. Das Verstreichen der Zeit gehört zum Verstreichen der Sache der Welt, so wie die eine mit der anderen entstanden ist. Wir kennen nur die wahre Beschaffenheit der Zeit, wenn wir von den Bewegungen der Himmelssphäre und der Sonne sprechen und von der Zahl der Jahre, Monate, Tage und Stunden. Wenn du dies aus deiner Vorstellung entfernst, verschwindet die Zeit, und es bleibt keine Zeit mehr übrig, wie wir gesagt haben. Wenn du aber auch diese von Ewigkeit her zusammen mit der Zeit bestehen läßt, so würde sich die Zahl der ewigen Dinge vermehren, und die Himmelssphäre und alles, was durch sie in Bewegung gesetzt wird, würde zu diesem Ganzen dazukommen, und dies würde zur Auffassung von der Ewigkeit der Welt zurückführen. Oder, du gestehst zu, daß die Zeit entstanden ist, so wie diese Dinge entstanden sind. Oder aber, du machst mir eine andere Bedeutung der Zeit verständlich, so daß sie unter das Vorstellungsvermögen fällt, so wie das Jetzt darunter fällt, wenn man sich diese Dinge (d.h. die Bewegungen der Himmelssphäre und das Vergehen der Tage) vorstellt. Diese Laute, die du in deiner Rede erwähnt hast, tack, tack, tack, sind auch etwas, das darunter fällt, wie überhaupt das gesprochene Wort und die Zahl, die beide entstanden sind, darunter fallen. Wenn das so ist, dann hast du noch gar nichts hervorgebracht, wenn du diese Laute, deren sich ein vernünftiger Mensch schämt, hervorgebracht hast. Zeig also etwas, das ihrer wahren Beschaffenheit entspricht und was man sich vorstellen kann!

ABU BAKR: Damit ist die Angelegenheit noch nicht zu Ende. Ich habe dich in Kenntnis gesetzt, daß Aristoteles an das glaubte, was auch du sagst; aber man widersprach ihm. Die Auffassung Platons dagegen weicht fast nicht von dem ab, was wir von der Zeit glauben. Und dies ist meiner Meinung nach die zutreffendste aller Ansichten.

ABU HATIM: Du bist also dazu zurückgekehrt, blindlings einer Autorität zu folgen und dich in Widerspruch zu einer Meinung zu setzen, die du verwirfst. Du richtest dich in diesem Punkt nach Platon und folgst ihm blindlings und verläßt die Auffassung des Aristoteles und setzt dich zu ihr in Widerspruch, während wir sie gelten lassen. Und du wirst auch in Bezug auf den Raum das zugestehen müssen, was du in Bezug auf die Zeit vertrittst (nämlich daß er ebenfalls entstanden und nicht ewig ist).

ABU BAKR: Wie ist das?

ABU HATIM: Erzähle mit hinsichtlich des Raumes, ob er die Ausdehnungen *[aqṭār]* umgibt oder ob die Ausdehnungen ihn umgeben.

ABU BAKR: Nein, vielmehr umgeben die Ausdehnungen den Raum.

ABU HATIM: Warum zählst du dann nicht die Ausdehnungen zu den Fünfen, von denen du behauptest, daß sie von Ewigkeit her bestehen [nämlich Schöpfer, Seele, Materie, Zeit und Raum]? Wenn nämlich der Raum von Ewigkeit her besteht, so ergibt sich daraus zwingend, daß die Ausdehnungen mit ihm von Ewigkeit her bestehen.

ABU BAKR: Die Ausdehnungen sind der Raum, und der Raum sind die Ausdehnungen; beide sind ein und dasselbe, zwischen denen kein Unterschied besteht.

ABU HATIM: Wie kann kein Unterschied zwischen beiden bestehen und wie können beide ein und dasselbe sein, wo du doch ausgesagt hast, daß die Ausdehnungen den Raum umgeben und der Raum nicht die Ausdehnungen umgibt? Oder hast du nicht durch diese Aussage zwischen Raum und Ausdehnung unterschieden? Bei meinem Leben! Es ist richtig, daß du zwischen beiden unterscheidest. Aber die Sache hat dich dazu gezwungen, daß du überraschend sagst, daß beide ein und dasselbe sind, weil du damit deiner Aussage widersprechen würdest, daß der Raum ewig ist, die Ausdehnungen aber nicht. Entweder läßt du die sechs Ausdehnungen [oder Seiten, *aqṭār,* d.h. vorne, hinten, links, rechts, oben, unten] als zusammen mit dem Raum von Ewigkeit her bestehend gelten, so daß die Zahl der ewigen Dinge elf wird, oder du nimmst die Auffassung, daß der Raum ewig ist, zurück.

ABU BAKR: Die Ansichten der Philosophen über die Ausdehnungen gehen auseinander; einige bestreiten, daß es sechs sind, und haben dazu viele Ansichten.

ABU HATIM: [aus dessen Buch *Aʿlām an-nubuwwa,* Die Zeichen des Prophetentums, die ganze Diskussion entnommen ist, fährt an dieser Stelle fort]: Als ich sah, daß er zu diesen Worten seine Zuflucht nehmen und auf eine andere Rede ausweichen wollte, sagte ich: Wir wollen uns nicht darum kümmern, ob sie hinsichtlich ihrer Zahl verschiedener Meinung waren oder übereinstimmten, ob sie die Zahl vermehrten oder verminderten, oder ob sie sagten, daß die Ausdehnungen zahlreich seien oder es nur eine Ausdehnung gebe. Jene zahlreichen Ausdehnungen oder diese eine Ausdehnung gehören zum Raum. Wenn der Raum ewig ist, dann ist auch die Ausdehnung ewig, und wenn sie entstanden ist, dann ist auch der Raum entstanden. Zum Raum gehören aber unbedingt Ausdehnungen, denn wenn es keine Ausdehnungen gäbe, gäbe es auch keinen Raum.

Absoluter und relativer Raum

133

ABU BAKR: Ich sage auch vom Raum, daß es einen absoluten Raum und einen relativen Raum gibt. Der absolute Raum gleicht einem Behälter, der Körper umschließt. Wenn du die Körper aus der Vorstellung entfernst, so verschwindet doch der Behälter nicht, genauso wie, wenn wir die Himmelssphäre aus der Vorstellung entfernen, etwas, das in ihr ist, nicht aus der Vorstellung verschwindet, sondern in ihr bleibt. Oder es ist wie bei einem Krug, aus dem der Wein entleert wurde: Wenn der Wein aus der Vorstellung verschwindet, so verschwindet der Krug noch keineswegs. Der relative Raum dagegen ist relativ in Bezug auf das, was ihn einnimmt. Und wenn es nichts gibt, das ihn einnimmt, gibt es auch keinen Raum. Das ist so, wie wenn du die Weite aus der Vorstellung entfernst und der Körper verschwindet, und wie wenn du die Linie aus der Vorstellung entfernst und die Oberfläche aus ihr verschwindet.

ABU HATIM: Die Oberfläche resultiert aus der Linie. Das ist nicht wie das Beispiel des Raumes, der aus dem resultiert, was ihn einnimmt, sondern es ist vielmehr wie das, was du früher über die Himmelssphäre gesagt hast. Aber die Sache ist von dem, was du erwähnt hast, verschieden, denn wenn du die Himmelssphäre aus der Vorstellung entfernst, verschwindet der Raum nicht aus der Vorstellung. Nein, vielmehr verschwindet der Raum, wenn die Himmelssphäre aus der Vorstellung verschwindet. Und was das angeht, was du über den Krug und den Wein gesagt hast, so ist es wie mit der Linie und der Oberfläche, denn beide sind Körper und nicht wie der Raum und das, was ihn einnimmt.

ABU BAKR: Mach mir die Bedeutung der Ausdehnungen verständlich, so daß man darauf Bezug nehmen kann.

ABU HATIM: Antworte mir, ob wir uns in einem Raum befinden.

ABU BAKR: Ja.

ABU HATIM: Deute auf den Raum, in welchem wir uns befinden. Wird es jemand bestreiten?

ABU BAKR: Das ist es, worin wir uns befinden, und niemand wird es bestreiten.

ABU HATIM: Du sagst, wenn du auf die Erde deutest, sagen wir: «Dies ist die Erde, und sie besitzt Ausdehnungen.» Und wenn du auf die Luft deutest, sagen wir: «Dies ist die Luft, und sie besitzt Ausdehnungen.» Und wenn du auf den Himmel deutest, sagen wir: «Dies ist der Himmel, und er besitzt Ausdehnungen.»

ABU BAKR: All dies nimmt Raum ein, und der Raum besitzt keinen Körper, auf den man zeigen kann, sondern ist nur durch die Vorstellung bekannt.

ABU HATIM: Ebenso besitzen die Ausdehnungen, die den Raum umgeben, keinen Körper, auf den man zeigen kann, sondern werden nur durch die Vorstellung erfaßt. Wenn die Ausdehnungen aus der Vorstellung verschwinden, verschwindet auch der Raum. Und dann gibt es keinen Raum und keine Ausdehnungen. Beider Möglichkeit, unter das Vorstellungsvermögen zu fallen, ist dieselbe. Dieses Problem ist dem ähnlich, das bei der Zeit vorkam.

ABU BAKR: Gewiß, bei meinem Leben! Auch das, was ich hinsichtlich des Raumes gesagt habe, ist die Auffassung Platons, woran du aber festhältst, das ist die Auffassung des Aristoteles.

Die Notwendigkeit einer kritischen Haltung in der Wissenschaft

134

Ich weiß sehr wohl, daß die Tatsache, daß ich dieses Buch verfaßt habe, viele dazu bringen wird, mich der Unwissenheit zu bezichtigen oder mich gar zu tadeln und hart über mich zu urteilen. Es hat nämlich den Anschein, als ob es darauf abzielte, dem eine günstige Rolle zuzuweisen – um daraus

Nutzen und Vergnügen zu ziehen –, der sich vornimmt, den Widersprecher eines bedeutenden Mannes zu spielen, wie Galen es war, ohne Auskunft zu geben über sein Genie, über seine Wissenschaft, darüber, daß er alle Zweige der Philosophie gründlich erforscht hatte, und über den Rang, den er in dieser Wissenschaft einnimmt. Aber, Gott weiß es, ich habe mir Rechenschaft darüber abgelegt, daß es eine Notwendigkeit war, die sich mir auferlegte (dieses Buch zu schreiben).

Es war schmerzlich für mich, mich demjenigen entgegenzustellen, der mich unter allen Menschen am meisten mit Wohltaten überhäufte und mir am hilfreichsten war, durch den ich mich führen ließ, dem ich Schritt für Schritt folgte, dem Meer, aus dem ich trank, und dem ich jetzt die Stirn biete, wie es sich nicht ziemt einem Sklaven seinem Herrn gegenüber, einem Schüler in Gegenwart des Lehrers und dem, der in seinen Beziehungen zu seinem Wohltäter Gunstbezeugungen erhalten hat. [...] Die Kunst der Medizin ist jedoch eine Philosophie, und sie läßt keine schweigende Zustimmung gegenüber dem zu, was die Häupter einer Schule sagen, keine blinde Annahme ihrer Meinungen, keine bevorzugte Behandlung derjenigen, von denen man Vorteile genossen hat, und auch keine Weigerung einer gründlichen Prüfung ihrer Behauptungen. Eine solche Einstellung möchte übrigens ein Philosoph bei seinen Schülern und Anhängern gar nicht sehen, und Galen selbst hat es in seinem Buch *De usu partium* ausgesprochen an der Stelle, wo er gegen diejenigen auftritt, die ihren Parteigängern und Gefolgsleuten eine blinde Annahme ihrer Aussagen auferlegen, ohne daß diese bewiesen sind. Dies ist, als ob er mir verschwenderisch Ermutigungen zuspräche und mein Vorhaben erleichtere; und wenn er unter uns leben würde, hätte mich dieser geniale Mensch nicht getadelt, weil ich dieses Buch verfaßt habe, und er hätte es mir nicht übelgenommen, weil er nämlich die Wahrheit liebte und es gerne sah, wenn man Untersuchungen gründlich vorantrieb, bis sie zu ihrem Abschluß gebracht werden konnten. Ganz im Gegenteil hätte er große Bereitwilligkeit gezeigt, dieses Buch genau zu prüfen und darüber nachzudenken. [...]

Was denjenigen betrifft, der mich tadeln und mich der Unwissenheit bezichtigen wird, weil ich über diese Zweifel nachgedacht und sie hier zum Ausdruck gebracht habe, so schenke ich ihm keine Aufmerksamkeit, da ich ihn nicht für einen Philosophen halte. Denn das ist so, als ob er die Tradition der Philosophen verworfen hätte, um sich dem gemeinen Volk anzupassen, das eine blinde Annahme von Meinungen verlangt und jegliche Kritik, die an ihnen geübt wird, verwirft. Die philosophische Tradition dagegen hat stets die Verherrlichung ihrer Häupter und gleichzeitig eine unerbittliche Strenge der auf sie zielenden Kritik zugelassen; sie genießen keineswegs eine bevorzugte Behandlung. So konnte Aristoteles sagen: «Die Wahrheit und Platon sind uneins, und beide sind uns teuer, doch ist uns die Wahrheit mehr wert als Platon.» Und er widersetzte sich diesem, indem er dessen Grundthesen widerlegte. Theophrast wiederum widerlegte (zu Recht) Aristoteles, was ein Teilgebiet der Philosophie angeht, das offensichtlich nur der Geometrie nachgeordnet ist, nämlich die Logik. In gleicher Weise wies Themistios dem Aristoteles an zahlreichen Stellen Irrtümer nach und war oft so erstaunt, daß er mitunter so weit ging zu sagen: «Ich weiß nicht, wie es geschehen konnte, daß dieser Gedanke dem Weisen nicht gekommen ist; er liegt doch ganz klar zutage.» Was Galen selbst betrifft, so ist es überflüssig, daß ich mich über die große Anzahl von Kritiken auslasse, die er gegen die Früheren und gegen die Angesehensten seiner Zeitgenossen gerichtet hat, über die Hartnäckigkeit und über den Nachdruck, mit denen er sie vortrug, und über den Raum, den er ihnen widmete. Diese Kritiken sind so zahlreich, daß ich sie nicht aufzählen kann, und den Lesern seiner Bücher fällt auf, daß er ihnen besonderes Augenmerk geschenkt hat. Jedenfalls glaube ich nicht, daß es einen Philosophen oder Arzt gab, der sich einer harten Behandlung durch ihn entziehen konnte. In ihrer Mehrzahl sind diese Kritiken gerechtfertigt; wenn man will, kann man sogar allen zustimmen. Dies zeigt den Umfang seines Wissens, seinen gesunden Verstand und wieviel Dinge er von Grund auf beherrschte.

Wenn man mir nun die Frage vorlegen würde, um zu erfahren, aus welchem Grund die Späteren an den Aussagen der Hervorragendsten unter den Früheren Berichtigungen dieser Art anbringen können, so würde ich antworten, daß dies verschiedene Gründe haben kann: Darunter sind Nachlässigkeit und Flüchtigkeit die Quellen von Irrtümern, ebenso wie der Zwang, der einer korrekten Beweisführung durch Leidenschaft angetan wird. [...]

Ein weiterer Grund ist, daß die Wissenschaften [*ṣināʿāt;* wörtlich: Künste] sich im Verlauf der Zeit beständig weiterentwickeln und sich immer mehr der Vollendung nähern. Deswegen braucht ein Mann, der zu einer späteren Zeit lebt, nur wenig Zeit, um Entdeckungen zu machen, die dem Früheren, bis er darauf stieß, sehr viel Zeit abverlangten. Folglich kann er sie erläutern und hat darum viel mehr Möglichkeiten, zu weiteren Entdeckungen voranzuschreiten.

In dieser Hinsicht besteht eine Ähnlichkeit zwischen den Früheren und denjenigen, die ein Vermögen erworben haben, und ebenso zwischen denjenigen, die nach diesen Früheren kommen, und den Erben des erwähnten Vermögens, denen allein die Tatsache dieser Erbschaft die Möglichkeiten gibt, immer größere Erwerbungen hinzuzufügen.

Wenn man mir aber jetzt sagen würde, daß daraus der Schluß zu ziehen ist, daß die späteren Gelehrten hinsichtlich ihres Wissens den früheren überlegen seien, so würde ich antworten, daß ich nicht der Meinung bin, daß ein solches unbedingtes Urteil gefällt werden kann, ohne es von den Umständen abhängig zu machen, die den Besonderheiten des späteren Gelehrten Rechnung tragen: Ich würde nämlich sagen, daß der Spätere nur dann überlegen ist, wenn er eine vollkommene Kenntnis des Werkes des Früheren besitzt.

AL-BIRUNI

Über die Hypothese von der Rotation der Erde um ihre eigene Achse

135

Laßt uns jetzt zurückkommen zum zweiten Teil der Bewegung der Erde, nämlich zu der um sich selbst, gegen Osten, ohne dabei ihren Ort zu wechseln. Davon sprachen die Anhänger des Aryabhatta, eines indischen Weisen. Wir glauben, daß der Anlaß dazu der war, dem Himmel das zuzuschreiben, was man bei der zweiten, nach Osten gerichteten Bewegung von den Bewegungen der Sterne an ihm sah, und der Erde die sich aus der ersten, nach Westen gerichteten Bewegung ergebenden Erscheinungen, damit nicht am Himmel zu gleicher Zeit zwei verschiedenartige Bewegungen zusammenkommen würden. Obgleich dies die Fundamente der Wissenschaft von der Astronomie nicht ins Wanken bringt, sagen wir doch, daß die erste Bewegung keinen Einfluß auf den Äther hat, weil sie das Ganze in ein und derselben Weise in Drehung versetzt. Es ist nicht gut, an Methoden der Wissenschaft festzuhalten, wenn diese in anderen Hinsichten einander widersprechen oder wenn die Erforschung des wahren Sachverhalts dadurch aufgeschoben wird und auf diesem Weg nichts dabei herauskommt. Ptolemaios bezichtigte diejenigen, die diese Ansicht vertraten (nämlich daß sich die Erde um sich selbst drehe), der Unwissenheit, weil sie schweren und dichten Objekten schnelle Bewegung zuschrieben und leichten und dünnen Objekten langsame Bewegung oder Bewegungslosigkeit. Aber diese Beweisführung ist für die physikalische Untersuchung angebrachter als für die geometrische, ja dies ist sogar eine Überredung und kein wissenschaftlicher Beweis. [...]

Aristoteles und seine Anhänger, die Meister unter den Naturphilosophen, lehnten es ab, dem Äther etwas von den Eigenschaften der Leichtigkeit und Schwere zuzuschreiben. Einer von ihnen, dem die Frage vorgelegt wurde, was mit einem Stück Äther geschähe, wenn man sich vorstellte, daß es auf die Oberfläche der Erde gelegt worden sei, antwortete, daß es ruhen und sich nicht bewegen würde, im Gegensatz zum Zustand der Dinge, die sich geradeaus bewegen und nach ihren natürlichen Bereichen und Plätzen hin in Bewegung sind, wenn man sie von dort heraus anderswohin gebracht hat. Nach Ptolemaios wäre es verwunderlich, wenn dem Leichten und Dünnen ein Fehlen an Bewegung zuzusprechen wäre.

Aus der geometrischen Sicht ist zu dieser Vorstellung zu sagen, daß, wenn die Erde sich um sich selbst drehen würde, alles, was sich von ihr trennt, durch diese Bewegung hinter ihr zurückbleiben würde, wie etwa fliegende Vögel, in die Luft geworfene Gegenstände oder am Himmel stehende Wolken. Man würde diese Dinge sich immer nach Westen bewegen sehen. Wenn aber auch sie die gleiche Bewegung hätten wie die Erde, so müßte man sie wegen der parallel laufenden Bewegungen von beiden ruhend sehen. Tatsächlich aber sehen wir sie sich nach allen Richtungen bewegen. Also bewegen sich weder sie noch die Erde durch diese Drehung, welche Tag und Nacht verursacht.

Ich bin selbst einem in der Astronomie hervorragenden Mann begegnet, der geneigt war, diese Ansicht zu unterstützen. Er war der Meinung, daß schwere Gegenstände nicht auf die Erde fallen in Verlängerung ihres Durchmessers senkrecht zu ihrer Oberfläche, sondern vielmehr schräg in verschiedenen Winkeln dazu, die wir nicht genau feststellen können, obwohl wir die Gegenstände nicht anders als lotrecht fallend wahrnehmen. Dieser Mann nahm nämlich an, daß ein von der Erde getrennter schwerer Gegenstand zwei Bewegungen habe. Die eine von beiden sei kreisläufig, weil es in der Natur des Teils liege, an den Eigenschaften der Schwere des Ganzen teilzuhaben. Die andere Bewegung sei geradeaus gerichtet, weil der Gegenstand dorthin, wo er seinen Ursprung hat, angezogen wird. Wenn also ein schwerer Gegenstand von der Erde getrennt wird, so bewegt er sich nach der ersten der beiden Bewegungen in der Luft notwendigerweise auf der Senkrechten *[musāmata]*. Die zweite, geradeaus gerichtete Bewegung würde, falls sie für sich isoliert wäre, den Gegenstand stets westlich des ihm senkrecht gegenüberliegenden Punktes fallen lassen. Der Fall des Gegenstandes setzt sich jedoch aus beiden Bewegungen zusammen, und deswegen weicht er nicht von der Senkrechten ab. Die Linie, auf welcher er fällt, führt aber in Wirklichkeit nicht senkrecht zur Erde, sondern ist nach Osten geneigt. Ihre Spur in der Luft ist jedoch nicht zu beobachten und für die Sinne nicht wahrnehmbar, so daß man nicht ausmachen kann, ob sie vertikal oder geneigt ist. Man bildet sich ein, daß es eine Vertikale sei, weil das Bild von der Senkrechten fest in der Vorstellung haftet. [...]

Es sei nun bemerkt, daß, wenn sich die Erde in der erwähnten Weise bewegen würde, ihr Äquatorgürtel die obengenannte Zahl von Meilen [nämlich 56 2/3 Meilen, was der Länge eines Grades am Äquator entspricht] dreihundertundsechzig Male in vierundzwanzig Stunden zurücklegen würde. Der neunhundertste Teil einer Stunde, das ist eine Sekunde der Himmelssphäre, würde dreitausendsiebenhundertundachtundsiebzig Ellen [eine Elle ist der viertausendste Teil einer Meile] entsprechen. Das Zeitausmaß, welches die Erde für die Drehung des Winkels dieser Minute braucht, beträgt nach der Schätzung der Inder den Atemzug eines Menschen. Wenn die Bewegung während dieser Zeit sich ungefähr auf eine Meile beläuft, so ist dies deutlich meßbar. Wenn die Gegenstände, die von der Erde getrennt sind, ihr senkrecht gegenüber verharren wegen der Bewegung, die sie mit der Erde gemeinsam haben, so ist doch bekannt, daß, wenn eine zusätzliche gewaltsame Kraft auf sie einwirkt, dieselbe sie von dem imaginären Ruhepunkt trennt. Die Wirkung dieser Kraft wird in den verschiedenen Richtungen, die sie zur Folge hat, sichtbar. Denn eine gewaltsame Kraft in Richtung Osten wirkt mit der Natur zusammen, während eine in Richtung Westen sich ihr widersetzt und sie zurückstößt. So ist der Sprung eines, der springt, nach beiden Richtungen verschieden, und der Flug eines abgeschossenen Pfeils und eines dahinziehenden Vogels ist verschieden, je nachdem, in welche Richtung er fliegt. Desgleichen sind sie nach Norden und Süden verschieden wegen des Sichausdehnens der rotierenden Fläche in die eine der beiden Richtungen und wegen des Sichverengens in die andere.[1] Doch nichts von all dem ist existent, und die Erde führt an ihrem Platz keine rotierende Bewegung um ihre Achse aus.

[1] Die Lineargeschwindigkeit eines Punktes auf einer rotierenden Kugel wächst, je näher der Punkt dem Äquator ist. (Hg.)

ALHAZEN (MUḤAMMAD B. AL-ḤASAN IBN AL-HAITAM)

Die Wissenschaft der Optik und die Ausbreitung des Lichts

136
Die Diskussion über das Wesen des Lichtes gehört zu den Naturwissenschaften, aber die Diskussion über die Art und Weise der Strahlung des Lichtes bedarf der mathematischen Wissenschaften wegen der Linien, auf welchen sich das Licht ausbreitet. Ebenso gehört die Diskussion über das Wesen des Strahls zu den Naturwissenschaften, aber die Diskussion über seine Form und Erscheinung gehört zu den mathematischen Wissenschaften. Und ebenso verhält es sich mit den durchsichtigen Körpern, durch welche das Licht durchdringt: Die Diskussion über das Wesen ihrer Durchsichtigkeit gehört zu den Naturwissenschaften, aber die Diskussion über die Art und Weise der Ausbreitung des Lichtes in ihnen gehört zu den mathematischen Wissenschaften. So muß sich also die Diskussion über das Licht, den Strahl und die Durchsichtigkeit aus den Naturwissenschaften und den mathematischen Wissenschaften zusammensetzen.

137
Die selbstleuchtenden Körper, welche die Sinneswahrnehmung erkennt, bestehen aus zwei Arten, nämlich aus den Sternen und aus dem Feuer. Diese Körper strahlen ihr Licht auf alle ihnen benachbarten Körper, und dieser Vorgang wird durch die Sinneswahrnehmung erkannt. Wir haben in unserem Buch über die Optik im ersten Kapitel erläutert, daß jedes Licht in jedem leuchtenden Körper – ob das Licht in ihm wesentlich ist oder akzidentiell –, daß das Licht in ihm aus ihm auf jeden ihm gegenüberliegenden Körper strahlt, und wir haben diesen Sachverhalt dort ausführlich erläutert. Trotzdem genügt bei dieser Sache schon die Induktion, denn man findet keinen undurchsichtigen Körper einem leuchtenden Körper gegenüber, ohne daß das Licht jenes leuchtenden Körpers auf jenem undurchsichtigen Körper sichtbar wäre, solange zwischen beiden nichts Hinderndes ist, solange zwischen beiden keine große Entfernung besteht und solange das Licht im leuchtenden Körper nicht äußerst schwach ist. Alle natürlichen Körper, die durchsichtigen und die undurchsichtigen, besitzen die Fähigkeit, Licht aufzunehmen, und sie empfangen das Licht von den leuchtenden Körpern. Aber die durchsichtigen Körper besitzen neben der Fähigkeit, Licht aufzunehmen, auch die Fähigkeit, Licht weiterzuleiten, und das ist die Durchsichtigkeit. Die Körper, die durchsichtig genannt werden, sind Körper, durch welche das Licht durchdringt, so daß das Auge erkennt, was hinter ihnen ist. [...]

Was nun die Art und Weise des Durchdringens des Lichtes durch die durchsichtigen Körper betrifft, so geschieht es, indem sich das Licht in den durchsichtigen Körpern auf geraden Linien ausbreitet, und zwar breitet es sich nur auf geraden Linien aus. Es breitet sich von jedem Punkt des leuchtenden Körpers entlang jeder geraden Linie aus, auf der es sich von einem solchen Punkt im durchscheinenden Körper, der dem leuchtenden Körper benachbart ist, ausbreiten kann. Auch diesen Sachverhalt haben wir bereits in unserem Buch über die Optik ausführlich erläutert. Aber wir wollen jetzt davon etwas erwähnen, was uns für das, wonach wir fragen, genügt. Wir sagen, daß das Ausbreiten des Lichtes auf geraden Linien ganz klar wird durch das Licht, welches durch Öffnungen in dunkle Zimmer eindringt. Wenn nämlich das Licht der Sonne oder das Licht des Mondes oder das Licht des Feuers durch eine mäßige Öffnung in ein dunkles Zimmer eindringt, und in dem Zimmer ist Staub oder es wird Staub im Zimmer aufgewirbelt, so wird das durch die Öffnung eindringende Licht in dem mit der Luft vermischten Staub ganz deutlich sichtbar; es wird auch auf der Oberfläche des Bodens oder auf der der Öffnung gegenüberliegenden Wand des Zimmers sichtbar. Und man findet, daß sich das Licht von der Öffnung bis auf den Boden oder auf die der Öffnung gegenüberliegende Wand auf geraden Linien ausbreitet. Wenn man an dieses sichtbare Licht zum Vergleich einen geraden Stock hält, so findet man, daß sich das Licht in der geraden Richtung des Stockes ausbreitet. Ist aber im Zimmer kein Staub und wird das Licht auf dem Boden oder auf der der Öffnung gegenüberliegenden Wand sichtbar, und stellt man dann zwischen das sichtbare Licht und die Öffnung einen geraden Stock oder spannt man zwischen ihnen einen Faden fest an und bringt dann zwischen das Licht und die Öffnung einen undurchsichtigen Körper, so wird das Licht auf jenem undurchsichtigen Körper sichtbar und verschwindet von der Stelle, an welcher es sichtbar war. Bewegt man nun den undurchsichtigen Körper auf der Strecke längs der geraden Richtung des Stockes, so findet man, daß das Licht stets auf dem undurchsichtigen Körper sichtbar ist. Daraus wird klar, daß sich das Licht von der Öffnung bis zu der Stelle, an welcher es sichtbar ist, auf geraden Linien ausbreitet. Wir haben bereits im Buch der Optik erläutert, wie die Ausbreitung des Lichtes auf den einzelnen Arten von durchsichtigen Körpern untersucht werden kann; der Umfang, in welchem wir dies hier besprochen haben, genügt. [...]

Was die Durchsichtigkeit der Himmelssphäre betrifft, so meint der Verfasser der *Logik* [d.h. Aristoteles], daß ihre Durchsichtigkeit reiner sei als die Durchsichtigkeit aller durchsichtigen Körper, daß sie äußerst durchsichtig sei und daß es unmöglich sei, daß ein Körper stärkere Durchsichtigkeit habe als die Himmelssphäre. Die Mathematiker dagegen meinen, daß Durchsichtigkeit keine Grenzen habe und daß es hinsichtlich jedes durchsichtigen Körpers möglich sei, daß ein anderer Körper stärker durchsichtig sei als er. Diesen Sachverhalt hat einer der späteren Mathematiker, nämlich Abū Sa'd al-'Alā' ibn Suhail, erläutert; denn er hat eine Abhandlung geschrieben, in welcher er dies durch eine geometrische Beweisführung aufzeigt. Auch wir wollen die Beweisführung über diesen Sachverhalt erwähnen, wollen ihn aber besser zusammenfassen als al-'Alā' ibn Suhail es tat und wollen es deutlicher erklären als er. Wir sagen nämlich, daß jedes Licht, das auf einen durchsichtigen Körper scheint, jenen durchsichtigen Körper auf geraden Linien durchdringt; Tatsachen bestätigen dies. Wenn sich dann das Licht in dem durchsichtigen Körper ausbreitet und zu einem anderen durchsichtigen Körper gelangt, dessen Durchsichtigkeit von der des ersten Körpers, in welchem es sich ausgebreitet hat, verschieden ist, und es schräg auf die Oberfläche des zweiten Körpers fällt, so wird das Licht gebrochen und dringt nicht geradlinig ein. Wir haben diesen Sachverhalt im siebenten Kapitel unseres Buches über die Optik erläutert und auf die Methode seines experimentellen Beweises bei den einzelnen durchsichtigen Körpern hingewiesen, und wir haben dort dargelegt, daß die Brechung unter bestimmten Winkeln geschieht. Findet die Brechung von einem dünneren Körper zu einem dichteren Körper statt, so geschieht sie nach der Senkrechten hin, die an dem Punkt, an welchem sich die Brechung vollzieht, von der Oberfläche des dichteren Körpers unter einem rechten Winkel hervorgeht. Wenn aber die Brechung von einem dichteren Körper zu einem dünneren stattfindet, so geschieht die Brechung von der Senkrechten weg. Wenn sich das Licht in dem dünneren Körper ausbreitet und zum dichteren Körper hin gebrochen wird, so entsteht am Brechungspunkt ein bestimmter Winkel. Wenn sich aber das Licht zuerst im dichteren Körper ausbreitet und dann zum dünneren Körper hin gebrochen wird, so wird das Licht, welches sich im dichteren Körper auf der gebrochenen Linie ausgebreitet hat, zum dünneren Körper hin unter genau demselben Winkel gebrochen, der zwischen dem ersten Strahl und dem gebrochenen Strahl entstanden ist. Wenn das Licht von einem durchsichtigen dünnen Körper nach zwei Körpern hin gebrochen wird, welche dichter sind als der erste Körper, wobei aber die beiden dichten Körper hinsichtlich ihrer Dichte voneinander verschieden sind, so wird das Licht in dem Körper, welcher dichter ist als der andere, stärker gebrochen. Ich meine, wenn das Licht in dem Körper, der dichter ist, gebrochen wird, so ist es näher an der Senkrechten, die am Brechungspunkt hervorgeht. Wenn aber das Licht von einem durchsichtigen dichten Körper nach zwei dünneren Körpern hin gebrochen wird, wobei die beiden dünnen

Körper hinsichtlich ihrer Dünne voneinander verschieden sind, so wird das Licht in dem Körper, der dünner ist als der andere, weiter von der Senkrechten weg gebrochen, die am Brechungspunkt hervorgeht.

Diesen Sachverhalt hat schon Ptolemaios am Strahl des Auges im fünften Kapitel seines Buches über die Optik erklärt. Ich will damit sagen, er hat erläutert, daß der Strahl des Auges, wenn er sich in einem durchsichtigen Körper ausbreitet und dann auf einen anderen durchsichtigen Körper fällt, dessen Durchsichtigkeit von der des ersten Körpers verschieden ist, schräg auf die Oberfläche des zweiten Körpers fällt, gebrochen wird und nicht geradlinig eindringt. Er hat auch dargelegt, daß die Brechung des Strahls des Auges von der Luft nach dem Glas stärker ist als die Brechung des Strahls des Auges von der Luft nach dem Wasser, weil Glas nämlich dichter ist als Wasser. Und er hat dort ebenfalls erklärt, daß, wenn sich das Auge im dünneren Körper befindet und der Strahl nach dem dichteren Körper hin unter einem bestimmten Winkel gebrochen wird, der Blick im dichteren Körper auf einem gebrochenen Strahl hindurchgeht, wobei der Strahl unter eben jenem Winkel gebrochen wird. Aus all dem wird klar, daß jeder Strahl, der sich in einem durchsichtigen Körper ausbreitet und dann auf einen anderen durchsichtigen Körper fällt, wobei die Durchsichtigkeit des zweiten Körpers dichter ist als die Durchsichtigkeit des ersten Körpers, in welchem er sich ausgebreitet hat, im zweiten Körper gebrochen wird. Seine Brechung im zweiten Körper steht im Verhältnis zur Dichte des zweiten Körpers, das heißt je dichter der Körper ist, um so größer ist der Brechungswinkel. Und jeder Strahl, der sich in einem durchsichtigen Körper ausbreitet und dann auf einen anderen durchsichtigen Körper fällt, wobei die Durchsichtigkeit des zweiten Körpers dünner ist als die Durchsichtigkeit des ersten Körpers, wird im zweiten Körper gebrochen. Seine Brechung im zweiten Körper steht im Verhältnis zur Dünne des zweiten Körpers. [...]

Das, was wir erwähnt haben, ist die Ansicht der Mathematiker, daß nämlich die Durchsichtigkeit, die in durchsichtigen Körpern zu finden ist, an Dünne und Reinheit bis ins Unendliche zunehmen kann, das heißt, daß man sich bei jeder Durchsichtigkeit in einem durchsichtigen Körper eine reinere Durchsichtigkeit als sie vorstellen kann. Die Naturforscher dagegen sagen, daß jede Eigenschaft in natürlichen Körpern nur bis zu einer Grenze und bis zu einem Ende, nicht aber bis ins Unendliche bestehe. Die bis ins Unendliche teilbaren Winkel sind nur imaginäre Winkel, welche von imaginären Linien eingeschlossen werden. Die Winkel aber, die in natürlichen Körpern vorkommen und die man sich in natürlichen Körpern vorstellen kann, sind nicht bis ins Unendliche teilbar, und der Körper, in welchem sie sind, bleibt so, wie er ist; denn der Körper, an welchem man sich den Winkel vorstellt, ist nicht bis ins Unendliche teilbar. Jeder natürliche Körper ist bis zu einer gewissen Grenze teilbar, solange er hinsichtlich seiner Form so bleibt, wie er ist. Wird er darüber hinaus geteilt, so legt er die Form, die er hat, ab und nimmt eine andere Form an.

Ein Beispiel dafür ist das Wasser: Wenn man es bis zur äußersten Dimension teilt, gelangt man schließlich bis zu einer Grenze, welche das kleinste Wasserteilchen darstellt. Wenn es darüber hinaus geteilt wird, legt es die Form des Wassers ab und nimmt die Form von Luft an. Die Luft wiederum ist bis zum kleinsten Luftpartikel teilbar. Wenn sie darüber hinaus geteilt wird, legt sie die Form der Luft ab und nimmt die Form von Feuer an. Das Feuer wiederum ist bis zum kleinsten Feuerpartikel teilbar, darüber hinaus aber kann es nicht mehr geteilt werden, denn es gibt keine Form, die dünner ist als die Form des Feuers. Wenn aber die Form der Himmelssphäre dünner sein sollte als die Form des Feuers und es möglich wäre, daß das Feuer zur Art der Himmelssphäre werden könnte, so wäre das kleinste Feuerpartikel teilbar und würde zur Substanz der Himmelssphäre werden. Der Körper der Himmelssphäre ist nicht teilbar. Könnte man sich ihn geteilt vorstellen, so würde man schließlich zum allerkleinsten seiner Teile gelangen; darüber hinaus aber könnte er nicht mehr geteilt werden, denn es gibt keine Form, die dünner ist als die Form der Himmelssphäre. Würde man sich ihn weiter geteilt vorstellen, wenn man schließlich zum allerkleinsten seiner Teile gelangt ist und seine Teilung überhaupt noch möglich wäre, so könnte man sich nur eine Teilung der Dimensionen des Körpers vorstellen, nicht aber der Substanz des Körpers. Wenn man sich aber die Substanz des Körpers geteilt vorstellt, so ist dies nur eine Teilung in der Vorstellung, nicht aber in der Wirklichkeit. Wenn nun der Verfasser der *Logik* behauptet, daß die Himmelssphäre im höchsten Grad durchsichtig sei, so will er damit nur sagen, daß unter den natürlichen Körpern keiner zu finden ist, der durchsichtiger ist als die Himmelssphäre, und daß es auch nicht sein kann, daß einer gefunden wird. Denn er meint, daß alle Arten, die bestehen können, auch schon ins Dasein getreten sind.

Die Rolle der Kritik in der Wissenschaft

138
Die Wahrheit wird um ihrer selbst willen gesucht. Und einer, der etwas sucht, was um seiner selbst willen gesucht wird, ist nur darauf aus, es zu finden. Das Finden der Wahrheit ist schwierig und der Weg dorthin beschwerlich, denn die Wahrheiten sind in Ungewißheiten versenkt. Aber es liegt in der Natur aller Menschen, eine gute Meinung über die Gelehrten zu

haben. Wer sich also mit den Büchern der Gelehrten befaßt, indem er sich ganz seiner Veranlagung hingibt, das Verständnis dessen, was sie gesagt haben, zum Gegenstand seines Wunsches macht und die Absicht hat, sich das, was sie vorgebracht haben, anzueignen, dem ergeben sich als Wahrheiten die Anschauungen, die sie im Sinn hatten, und die Ziele, auf die sie hinweisen. Gott hat jedoch die Gelehrten nicht vor dem Irrtum bewahrt und ihre Wissenschaft nicht vor Unzulänglichkeiten und Mängeln beschützt. Wenn dies der Fall wäre, dann wären die Gelehrten über keinen Gegenstand der Wissenschaften uneins, und ihre Ansichten würden nicht über etwas, das die wahre Beschaffenheit der Dinge betrifft, auseinandergehen. Das, was man tatsächlich vorfindet, steht jedoch dazu in Widerspruch. Somit ist nicht derjenige der Sucher der Wahrheit, der sich mit den Büchern der Früheren befaßt und sich ganz seiner Veranlagung hingibt, eine gute Meinung von ihnen zu haben, sondern derjenige ist vielmehr der Sucher der Wahrheit, dem Zweifel kommen, wenn er über sie nachdenkt, der mit seinem Urteil zurückhält über das, was er von dem, was sie sagen, versteht und der dem Argument und dem Beweis folgt und nicht der Meinung eines, der (auch nur) ein Mensch ist, dessen Natur mit allen möglichen Fehlern und Unvollkommenheiten ausgestattet ist. Wer sich mit den Büchern der Wissenschaft befaßt, muß, wenn seine Absicht die Kenntnis der Wahrheiten ist, sich selbst zum Opponenten von all dem machen, womit er sich beschäftigt. [...] Er sollte ihm von allen Seiten und Gesichtspunkten kritisch gegenüberstehen. Und bei seiner opponierenden Haltung sollte er auch Zweifel an sich selbst hegen und dem Gegenstand seiner Kritik gegenüber weder voreingenommen noch nachsichtig sein. Wenn er diesen Weg beschreitet, werden ihm die Wahrheiten enthüllt werden, und es wird klar werden, was möglicherweise an Unzulänglichkeiten und Unklarheiten in den Aussprüchen von solchen der früheren Zeit vorkommt.

Wenn wir uns mit den Büchern eines durch seine Vortrefflichkeit berühmten Mannes befassen, der in seinen mathematischen Ideen große Vielseitigkeit zeigt und auf den in den wahren Wissenschaften stets verwiesen wird, ich meine nämlich Claudius Ptolemaios, so finden wir in ihnen zahlreiche Erkenntnisse, im Überfluß vorhandene Ideen, eine Fülle von Hinweisen und großen Nutzen. Aber wenn wir ihnen gegenüber eine opponierende und kritische Haltung einnehmen und ihnen eine gerechte Behandlung widerfahren lassen, zu welcher auch die gerechte Behandlung der Wahrheit gehört, so finden wir in ihnen zweifelhafte Stellen, untaugliche Formulierungen und einander widersprechende Gedanken. Im Vergleich zu den richtigen Anschauungen, die man in seinen Büchern antrifft, sind dies jedoch nur wenige.

AVICENNA (AL-ḤUSAIN B. ʻABDALLAH IBN SINA)

Die Theorie vom Impetus gegen die Erklärung der gewaltsamen Bewegung durch Aristoteles

139

Aber wenn wir die Sache untersuchen, finden wir, daß die korrekteste Ansicht die von denjenigen ist, die meinen, daß das, was in Bewegung gesetzt wird, von dem, was es in Bewegung setzt, eine Neigung [*mail*, die arabische Entsprechung von Impetus] erhält. Die Neigung ist das, was man wahrnimmt, wenn man versucht, eine natürliche Bewegung durch Gewalt oder eine gewaltsame Bewegung durch eine andere Gewalt zur Ruhe zu bringen. Da fühlt man eine Widerstandskraft, die einer Verstärkung und Abnahme unterworfen ist; das eine Mal wird sie stärker, das andere Mal hört sie auf. Ohne Zweifel ist sie im Körper vorhanden, auch wenn der Körper mit Gewalt zur Ruhe gebracht wird. Die Ansicht derjenigen, die meinen, daß die Luft angetrieben wird und antreibt, ist ebenfalls nicht richtig. Wie sollte sie richtig sein, wenn man über die Luft so redet wie man es über etwas Geworfenes tut? Und zwar ist sie deswegen nicht richtig, weil diese (angeblich) angetriebene Luft entweder weiter in Bewegung bleibt oder aber nicht, wenn das, was bewegt, zum Stillstand kommt. Wenn sie nicht weiter in Bewegung bleibt, wie könnte sie dann einen geworfenen Gegenstand eine Wand durchdringen lassen, während sie ihn trägt? Wenn sie aber in Bewegung bleibt, so steht darüber folgendes fest: Wenn sie sich schneller bewegen würde als ein Pfeil, so würde sie eine Wand kräftiger durchdringen, als dies ein Pfeil vermag, weil nämlich nach ihrer Meinung ein Pfeil nur mit der durchdringenden Kraft durchdringt, die er durch die schnellere Bewegung der Luft erhält. Die Luft wird jedoch durch Dinge, die sich ihr entgegenstellen, gehemmt und zurückgehalten.

Warum wird dann aber der Pfeil nicht gehemmt und zurückgehalten? Wenn der Grund darin läge, daß das, was an die Pfeilspitze angrenzt, gehemmt wird, während das, was an den oberen Teil des Pfeiles angrenzt, seine Kraft weiterhin beibehält, so müßte der Pfeil der Luft vorangehen. Sie dagegen lassen die Luft vorangehen. Wenn aber der Pfeil vorangeht, so folgt daraus notwendigerweise, daß die den Pfeil umgebende Luft nicht die überschwengliche Kraft (d.h. den Impetus) besitzt den Pfeil, der durch die Wand gehindert wird, durchdringen zu lassen, wenn er nicht von hinten angetrieben würde. Und wenn der Pfeil die Mauer durchdringt, so kann man nicht sagen, daß dies dasselbe sei, wie wenn er die Luft durchdringt. Nach ihrer Meinung aber trägt ihn die Luft und treibt ihn durch ihre überschwengliche Kraft an. Wenn aber der Pfeil die Wand durchdringt, weil er die Luft hinter sich anzieht und diese Anziehung in einen Antrieb für den Anziehenden verwandelt wird, so wird das Angezogene heftiger angezogen als der Anziehende, mit dem es untrennbar verbunden ist. Wenn diese Verstärkung durch eine Kraft und Neigung erfolgt, so ergibt sich daraus das Gesagte, nämlich daß der Pfeil durch den Impetus in Bewegung gesetzt wird. Wenn dies andererseits nur eine Aufeinanderfolge wäre, so würde sie mit dem Aufhören ihrer Ursache auch zu Ende gehen. Wenn aber die Bewegung andauert, nachdem das, was die Bewegung ausgelöst hat, sich nicht mehr bewegt, so ist die Ursache eine Kraft und Neigung. Was bewirkt, daß Dinge, die sich zufällig in der sie umgebenden Luft befinden, wie ein Pfeil zu Boden fallen? Und warum trägt die Luft sie nicht, wo doch die Luft angeblich durch eine heftige Bewegung verhindert, daß schwere in ihr getragene Gegenstände zu Boden fallen und dadurch die Schwere dazu bringt, daß sie sich der Durchbrechung widersetzt? Wenn die Winde auf die Äste eines Baumes blasen, so können sie sie zerschmettern, obwohl sie einen Pfeil, wenn er in sie hineingelegt wird, nicht tragen können. Wenn diese Luft einen großen Stein fortbewegen könnte, so würde man von ihr auch erwarten, daß sie kleine Körper, die ihr in den Weg gestellt werden, zerbricht.

Diese Leute meinen, wenn sie sagen, daß sich die Luft schneller bewegt und sie begleitende Bewegungen nach vorwärts in den Teilen der Luft verursacht und der Pfeil in sie hineingelegt wird, daß sie überhaupt etwas sagen. Aber das ist nicht so. Wenn nämlich diese Bewegung in den Teilen der Luft ein Ding nach dem anderen vorwärts bewegen würde, so würde sich das, was durch sie bewegt wurde, noch bewegen, nachdem das, was die Bewegung verursacht hat, bereits zum Stillstand gekommen ist. Das aber würde zu dem, was sie behaupten, in Widerspruch stehen. Wenn aber die Bewegung der Teile der Luft gleichzeitig erfolgt, so gibt es zwei Möglichkeiten: Entweder bewegt sich der erste Beweger mit ihnen oder er steht still. Wenn die Bewegung der Luft zusammen mit der Bewegung des ersten Bewegers verläuft, so müßte der Pfeil zum Stillstand kommen, nachdem der erste Beweger zum Stillstand gekommen ist. Da aber die Bewegung des Pfeils weiterhin anhält, bleibt der Zweifel, daß es nämlich eine Bewegung gibt und eine Ursache, durch welche die Bewegung ständig andauert, und daß dies etwas anderes sein muß als der erste Beweger.

Und was den (zu erklärenden) Fall angeht, warum das, was sich gewaltsam bewegt, in der Mitte an Kraft zunimmt, so schadet dafür die Annahme einer Kraft (d.h. der Neigung) ebensowenig wie die andere Annahme, nämlich daß die Bewegung der Luft dabei nützt. In Fällen dieser Art liegen nämlich die Schwierigkeiten. Denn derjenige, der als erster Zweifel aufkommen läßt, wird fragen, warum diese Luft in der Mitte der Zeit der Bewegung schneller wird. Wenn dies so ist, so müßte man viel eher die Folgerung ziehen, daß der Pfeil in der Luft, welche ihn trägt, durch die Bewegung, welche die Luft dünner macht, keiner Beschleunigung unterliegt. Denn die Luft wird ja voluminöser und weniger gehaltvoll. Und wenn zwei Dinge durch ein und dieselbe Bewegung angetrieben werden, so bewegt sich das voluminösere und weniger gehaltvolle langsamer als das andere. Wenn aber die erwähnte Verdünnung sich auf die durchdrungene Luft und nicht auf die durchdringende bezieht, warum ist dann diese Reibung in ihrer auflösenden und verdünnenden Wirkung in der Mitte der Bewegung stärker als die Reibung am Anfang? Wenn freilich die Reibung beständig auf dasselbe Ding, mit dem es zusammentrifft, einwirken würde, sei es das Reibende oder sei es das Geriebene, so würde es Sinn ergeben. Das, was reibt, ist wie das, was durchbohrt. Durch das lange Wirken wird es wärmer, so daß es stärker der Verdünnung ausgesetzt ist. Andererseits wird auf das Geriebene mit dem Andauern der Reibung mehr und mehr eingewirkt. Aber in diesem Fall bleibt weder das Reibende noch das Geriebene ein und dasselbe. Vielmehr muß sich ihrer Meinung nach und entsprechend dem, was sie sagen, die Luft wie eine Kette bewegen, die vorwärts gestoßen wird, wobei von jedem einzelnen Teil vorausgesetzt wird, daß als Reibendes ein anderes einzelnes Teil von ihm gerieben wird.

Vielleicht ist das im diesbezüglichen Kapitel der deutlichste Fall für die Zunahme an Kraft. Und vielleicht wird der geworfene Gegenstand um so heißer, je länger die Reibung an ihm wiederholt wird. Er wird durch die Reibung immer heißer, und seine Intensität wird schwächer. Doch gleicht die Verdünnung, die aus der Erwärmung resultiert, das, was ihm durch Schwächung an Intensität verlorengeht, wieder aus, solange die Kraft beständig ist. Nachdem aber die Kraft hintereinander angetrieben und als Folge davon nachgelassen hat, wird auch die Reibung schwächer und erreicht den Zustand, wo sie die Einwirkung des Antriebs nicht mehr ausgleicht. Wir haben dabei nicht nur diesen einzigen Fall im Auge, obgleich es denkbar ist, daß dies eine der stützenden Ursachen ist, die in der Mitte der Bewegung hinzugefügt werden. Somit ist klar geworden, wie die gewaltsame Bewegung beschaffen ist und aus wieviel Teilen sie sich zusammensetzt, und daß jede Bewegung durch eine Kraft im bewegten Gegenstand geschieht, durch welche er angetrieben wird. Diese Kraft ist entweder gewaltsam oder akzidentiell oder natürlich.

ABU 'L-BARAKAT

Der Impetus

140
[Die Stelle ist in einer Diskussion über die Ansicht enthalten, daß ein geworfener Gegenstand zwei «Neigungen» habe, eine natürliche zur Erde gerichtete, und eine gewaltsame, die ihm vom Werfenden gegeben wird.]

Es wird gesagt, daß die Zunahme der natürlichen Neigung [*mail,* die arabische Entsprechung von Impetus] gegen Ende der Bewegung nicht auf das Aufhören der gewaltsamen Neigung zurückzuführen sei, sondern auf etwas, das der natürlichen Neigung eigentümlich sei. Dies läßt sich am Beispiel eines Steines zeigen, der von oben geworfen wird, ohne daß er von einem durch eine gewaltsame Bewegung verursachten Aufstieg zurückkehrt und somit keine gewaltsame Neigung hat. Denn man sieht, daß seine Endgeschwindigkeit um so schneller und die Kraft seiner Neigung um so stärker ist, je entfernter der Ausgangspunkt ist, von welchem er geworfen wird. Und deswegen zerbricht er und wird zermalmt. Dies geschieht nicht, wenn er aus einer kürzeren Entfernung geworfen wird. Somit wird klar, daß die Ungleichartigkeit darin im Ausmaß der Länge der Entfernung liegt, die der Stein zurückgelegt hat. [Im folgenden zeigt sich, daß die Diskussion wieder um den Gegenstand geführt wird, der herabfällt, nachdem er hinaufgeworfen wurde.] Denn ursprünglich wirkte die gewaltsame Neigung der natürlichen Neigung entgegen, aber jene wurde durch den Widerstand, den der Stein bei der Zurücklegung der Entfernung zu durchbrechen hatte, geschwächt. Dies ist nämlich so, weil die Ursache der gewaltsamen Neigung und ihr Verursacher vom Stein getrennt wurden, so daß in ihm keine weitere Neigung bewirkt wurde, die einen Ausgleich für die durch den Widerstand geschwächte Neigung hätte bieten können. Der Ursprung der natürlichen Neigung aber ist im Stein zu finden und versorgt ihn mit einer Neigung nach der anderen. Deswegen sieht man ja auch, wenn die durch einen Schlag verursachte Bewegung eines Balles sich ihrem Ende nähert, wie der Schlagende sich bemüht, ihn mit einem weiteren Schlag zu erreichen, um ihn zur äußersten Geschwindigkeit zu bringen. Wenn ein Werfender dazu imstande wäre, so würde er es auch tun. Aber der Ursprung der natürlichen Neigung ist nicht vom Stein getrennt, und er hört nicht auf, die natürliche Neigung zu bewirken, bis der Stein dadurch zu seinem natürlichen Bereich gelangt. Je ungewöhnlicher die Entfernung ist, in welche die Kraft den Stein aus seinem natürlichen Bereich weg bewegt, um so mehr wird eine natürliche Neigung nach der anderen hervorgerufen. Je länger somit die Bewegung andauert, um so mehr nimmt dadurch die Kraft der Neigung zu.

AVERROES (MUḤAMMAD B. AḤMED B. RUSD)

Eine Kritik des ptolemäischen Systems

141

Die Meinung von einer exzentrischen Himmelsbahn oder von einer epizyklischen Himmelsbahn ist etwas, das außerhalb der Natur liegt. Eine epizyklische Bahn ist überhaupt nicht möglich, weil ein Körper, der sich im Kreis bewegt, sich um den Mittelpunkt des Alls bewegt und nicht außerhalb davon. Denn, was sich im Kreis bewegt, ist dasjenige, welches die Bildung des Mittelpunktes verursacht. Wenn es eine Kreisbewegung außerhalb dieses Mittelpunktes gäbe, dann würde ein anderer Mittelpunkt außerhalb dieses Mittelpunktes entstehen, und es gäbe eine andere Erde außerhalb dieser Erde. Es ist offenkundig, daß nach der Naturwissenschaft dies alles unmöglich ist. Genau so scheint die Sache mit der exzentrischen Bahn zu sein, die Ptolemaios angenommen hat. Denn wenn es viele Mittelpunkte gäbe, dann gäbe es schwere Körper außerhalb des Ortes der Erde, und es gäbe nicht nur eine Mitte, und sie besäße eine Weite und wäre teilbar. All dies trifft nicht zu. Außerdem, wenn es exzentrische Himmelsbahnen gäbe, würde man unter den Himmelskörpern überflüssige Körper finden. Sie wären von keinerlei Nutzen, außer daß sie ein Füllsel wären von der Art, wie man meint, daß es in den Körpern der Tiere besteht. In dem, was von den Bewegungen der Sterne sichtbar ist, gibt es nichts, das unvermeidlich zur Annahme einer epizyklischen oder exzentrischen Himmelsbahn zwingen würde.

Vielleicht kann man ohne die beiden Dinge auskommen mit den spiralförmigen Bewegungen, wie sie Aristoteles in der Astronomie annahm, hierin Gelehrten der früheren Zeit folgend. Es hat den Anschein, daß die Astronomen vor Hipparchos und Ptolemaios weder eine epizyklische noch eine exzentrische Himmelsbahn annahmen. Dies hat Ptolemaios in seinem Buch, das unter dem Namen *Hypotheseis tōn planomenōn* bekannt ist, ausdrücklich gesagt. Er behauptet, daß Aristoteles und diejenigen vor ihm statt dessen spiralförmige Bewegungen angenommen haben. Nach dem, was er vorgibt, sollen sie der Meinung gewesen sein, daß es zahlreiche Bewegungen gebe. Diejenigen, die nach ihnen kamen, fanden, wie Ptolemaios sagt, eine einfachere Methode als diese, das heißt, es war ihnen möglich, das, was sichtbar ist, durch die Annahme einer geringeren Anzahl von Körpern zu begründen; damit spielt er auf die epizyklische Bahn und auf die exzentrische Bahn an. Er behauptet, daß diese Methode besser sei aus dem anerkannten Grund, daß die Natur nichts Überflüssiges hervorbringt und daß, wenn es ihr möglich ist, etwas mit wenigen Mitteln zu bewegen, sie dasselbe nicht mit vielen Mitteln bewegt. Aber Ptolemaios vergaß das, was die Früheren zur Annahme der spiralförmigen Bewegungen nötigte, nämlich die Unmöglichkeit einer epizyklischen Himmelsbahn und auch die Unmöglichkeit einer exzentrischen Himmelsbahn. Und weil die Leute dachten, daß die Astronomie einfacher und leichter geworden sei durch die Wiederholung der Bewegungen, derjenigen nämlich, wie sie heute im Buch des Ptolemaios niedergelegt sind, gaben die Leute die alte Astronomie auf, so daß die Kenntnis davon verlorenging. Und so versteht man heute nicht mehr das, was Aristoteles zu diesem Gegenstand über jene Früheren sagt. Alexander und Themistios haben eingestanden, daß dies so ist, aber sie haben nicht den Grund dafür erkannt, den wir angeführt haben.

So wird es notwendig, daß man beginnt, diese alte Astronomie von Anfang an zu untersuchen, weil sie die wahre Astronomie ist, die den Grundregeln der Natur angemessen ist. Meiner Meinung nach beruht sie auf der Bewegung ein und derselben Himmelssphäre um ein und denselben Mittelpunkt und zwei oder mehrere verschiedene Achsen in Übereinstimmung mit dem, was sichtbar ist. Und zwar ist es möglich, daß die Sterne durch solche Bewegungen Geschwindigkeit oder Verlangsamung, Vorwärtsgehen oder Rückwärtsgehen und andere Bewegungen erlangen, die Ptolemaios nicht in ein Schema einordnen kann. Ebenso ist es dadurch möglich, daß sie näher oder weiter entfernt sichtbar sind, wie dies beim Mond in Erscheinung tritt. In meinen Jugendjahren hoffte ich, diese Untersuchung zum Abschluß bringen zu können, doch in meinem jetzigen Alter habe ich die Hoffnung darauf aufgegeben, weil mich widrige Umstände daran hinderten, dies früher zu tun. Aber vielleicht sind diese Worte dazu angetan, jemanden zu ermuntern, diese Dinge später einmal zu untersuchen, denn in dieser unserer Zeit besteht nichts von einer Astronomie. Die Astronomie nämlich, die in dieser unserer Zeit besteht, ist eine Astronomie, die zwar mit der Berechnung übereinstimmt, nicht aber mit der Wirklichkeit.

MOSES MAIMONIDES

Aristotelische Physik gegen ptolemäische Astronomie

142

Du kennst ja bereits von den Dingen der Astronomie das, was du unter meiner Anleitung lasest, und verstehst auch das, was das Buch *Almagest* enthält. Doch reichte die Zeit nicht aus, um mit dir noch ein anderes Studium zu beginnen. Du weißt aber schon, daß der ganze Inhalt dieser Wissenschaft mit der Regelmäßigkeit der Bewegungen zusammenhängt und daß die Übereinstimmung der Bahnen der Gestirne mit dem, was sichtbar ist, auf zwei Prinzipien beruht, entweder auf der Annahme einer Nebensphäre oder einer exzentrischen Sphäre oder beider zugleich. Nun mache ich dich darauf aufmerksam, daß keine dieser beiden Grundlehren eine Analogie haben und daß mit einem Worte jede von ihnen mit allem unvereinbar ist, was in der Physik bewiesen worden. Erstens ergibt sich daraus, daß man eine Nebensphäre annimmt, die um eine andere Sphäre kreist, jedoch in der Weise, daß ihre Umkreisung nicht um den Mittelpunkt dieser Sphäre stattfindet, die sie trägt, wie dies beim Monde und den fünf Planeten angenommen wird, notwendig die Rotation, nämlich daß die Nebensphäre rotiert und ihre Stelle ganz verändert. Dies aber ist etwas Undenkbares, vor dem man sich gescheut hat, daß nämlich irgendein Ding am Himmel seinen Ort wechsle. Deshalb sagt Muhammad b. Jaḥjā Ibn Bǎǧǧa[1] in einem Dialog über die Astronomie, der von ihm existiert, daß das Dasein einer Nebensphäre undenkbar ist. Er sagt darin, daß diese Notwendigkeit zusammen mit dem, was durch sie notwendig verursacht ist, undenkbar sei, nämlich daß sich aus dem Dasein einer Nebensphäre notwendig andere undenkbare Dinge ergeben. Diese will ich dir hier auseinandersetzen. Dazu gehört, daß es eine Rotation gäbe, die nicht um den Weltmittelpunkt stattfände. Nun aber beruht diese ganze Welt darauf, daß es drei Bewegungen gibt, und zwar die Bewegung von der Mitte, nach der Mitte und um die Mitte. Wenn es aber eine Nebensphäre gäbe, so wäre deren Bewegung weder von der Mitte, noch nach ihr hin, noch rings um sie herum. Ferner stellt Aristoteles in der Physik die Grundlehre auf, daß die Kreisbewegung schlechterdings nicht möglich ist ohne ein bleibendes Ding, um welches die Bewegung stattfindet, und daraus folgt notwendig, daß die Erde ein bleibendes Ding sein muß. Wenn aber die Nebensphäre existierte, wäre ihre Bewegung eine Rotation, die nicht um ein bleibendes Ding stattfände. Auch habe ich ge-

[1] Auch Avempace genannt, starb 1138. (Hg.)

hört, daß Ibn Bāǧǧa sagt, er habe ein astronomisches System erfunden, in welchem keine Nebensphäre vorkommt, sondern nur exzentrische Sphären, aber sonst nichts anderes. Jedoch habe ich dies nicht von seinen Schülern vernommen. Doch wenn er dies auch für erwiesen halten sollte, so gewinnt er damit nicht viel, denn auch bei der Exzentrizität gibt es mancherlei, was teilweise über die Grundlehre Aristoteles' hinausgeht, zu der nichts hinzuzufügen möglich ist. Meinerseits bemerke ich, daß wir auch bei der Exzentrizität eine Kreisbewegung der Sphäre wahrnehmen, die nicht um den Mittelpunkt stattfindet, sondern um einen gedachten Punkt außerhalb des Weltmittelpunktes, und dies ist gleichfalls eine Bewegung, die nicht um ein bleibendes Ding stattfindet. Sollte aber jemand, der keine astronomischen Kenntnisse hat, vermuten, daß die Drehung um einen exzentrischen Punkt auch eine Bewegung rings um den Mittelpunkt sei, weil diese gedachten Punkte, wie es bei oberflächlicher Betrachtung scheint, innerhalb der Mondsphäre liegen, so wollten wir es mit ihm nicht so genau nehmen, wenn sie um einen Punkt im Feuer oder in der Luft stattfände, obgleich diese Bewegung sich nicht um ein bleibendes Ding vollzöge. Wir wollen ihm aber darlegen, daß bereits im Buche *Almagest* bewiesen wird, wie weit diese Punkte nach den Annahmen daselbst vom Weltmittelpunkte abstehen, und daß die Neueren mittelst wahren, unanfechtbaren Beweises festgestellt haben, wie viele Erdhalbmesser diese Punkte vom Weltmittelpunkte abstehen, sowie sie auch darin alle Entfernungen und alles Meßbare festgestellt haben. Es wird dort auch bewiesen, daß der Punkt außerhalb des Weltmittelpunktes, um den sich die Sonne dreht, notwendig außerhalb der Konkavität der Mondsphäre, jedoch unterhalb der Konvexität der Merkursphäre liegt. Ebenso liegt der Punkt, um welchen sich der Mars dreht, nämlich sein exzentrischer Sphärenmittelpunkt, außerhalb der Konkavität der Merkursphäre und unterhalb der Konvexität der Venussphäre. Und ebenso liegt der exzentrische Mittelpunkt des Jupiter in dieser selben Entfernung, nämlich zwischen der Sphäre des Merkur und der Venus. Hingegen fällt der exzentrische Mittelpunkt des Saturn zwischen die Sphären des Mars und des Jupiter. Sieh also, wie viel für die Naturforschung Unwahrscheinliches in diesen Dingen ist. Dies alles wird dir klar werden, wenn du die dir bekannten Entfernungen und Maße für jede Sphäre und für jedes Gestirn in Betracht ziehest. Und alles dies wird mit dem Erdhalbmesser gemessen, so daß alles nach einem und demselben Verhältnisse, nicht aber die Exzentrizität einer Sphäre im Verhältnis zu dieser Sphäre geschätzt wird.

Noch unwahrscheinlicher und anfechtbarer als dies ist die Behauptung, daß von je zwei Sphären, deren eine in der anderen sich befindet und auf allen Seiten mit ihr zusammenhängt, obgleich sie zwei verschiedene Mittelpunkte haben, sich möglicherweise die kleinere inmitten der größeren bewege, diese aber unbewegt bleibe, es jedoch unmöglich sei, daß die größere sich um welche Achse immer bewege, ohne daß die kleinere sich mitbewegt. Wenn sich aber die größere bewegt, so muß sich infolge ihrer Bewegung die kleinere notwendig mitbewegen, ausgenommen wenn die Bewegung der größeren um die durch die beiden Mittelpunkte hindurchgehende Achse stattfindet. Und gemäß diesem erwiesenen Leitsatze und der erwiesenen Tatsache, daß es keinen leeren Raum gibt und gemäß der angenommenen Exzentrizität müßte unbedingt die oberste Sphäre, wenn sie sich bewegt, durch ihre Bewegung alles unter ihr und rings um ihren Mittelpunkt Befindliche mitbewegen. Wir bemerken jedoch, daß die Sache sich keineswegs so verhält. Wir können vielmehr wahrnehmen, daß keine der beiden Sphären, die umschließende wie die umschlossene, sich infolge der Bewegung der anderen mitbewegt, weder um ihren Mittelpunkt noch um ihre Pole, sondern daß jede ihre besondere Bewegung hat. Dies hat die Notwendigkeit verursacht zu glauben, daß allenthalben zwischen den beiden Sphären Körper sind, anders beschaffen als die Sphärenkörper. Aber selbst wenn dem so wäre, wie viel Anfechtbares liegt auch hierin. Und wo werden die Mittelpunkte dieser Körper angenommen, die sich je zwischen den beiden Sphären befinden? Und haben auch diese Körper eine besondere Bewegung? Übrigens hat schon Thābit[1] dies in seinem Werke auseinandergesetzt und hat das, was wir sagen, bewiesen, nämlich daß zwischen je zwei Sphären unbedingt ein dritter Sphärenkörper vorhanden sein muß. Dies alles habe ich, als du unter meiner Anleitung studiertest, dir nicht erklärt, um dich nicht in dem zu verwirren, was ich dir verständlich machen wollte. Aber die Bedeutung der erwähnten Inklination und der schrägen Stellung im Abstande zwischen Merkur und Venus habe ich dir bereits mündlich auseinandergesetzt und dir gezeigt, daß man sich das Dasein dieser Tatsache nicht vorstellen könnte, wenn man solche Körper annehmen wollte.

Schon Ptolemaios hat, wie du siehst, die Ohnmacht in dieser Hinsicht gezeigt, indem er wörtlich sagt: «Es glaube niemand, indem er das betrachtet, was wir als Beispiel angeführt haben, daß diese Hypothesen und dergleichen schwerlich existieren könnten, weil auch beim Studium solcher Dinge, die durch Kunst und feine Arbeit gewonnen werden, deren Dasein schwer begreiflich ist, denn es geziemt sich nicht, von den menschlichen Dingen einen Schluß auf die göttlichen zu ziehen.» Dies ist, wie du weißt, die genaue Wiedergabe seiner Worte. Ich habe dir ja auch die Stellen gezeigt, aus denen du die Wahrheit alles dessen feststellen kannst, was ich dir

[1] Auch Ibn Qurra genannt. (Hg.)

gesagt habe, daß man nämlich darauf zu achten hat, wohin diese Punkte fallen, welche die Mittelpunkte der exzentrischen Sphären sind, denn ich habe durchaus nicht gehört, daß sich jemand darum bekümmert hat. Dir wird es jedoch klar werden, wenn du die Größe aller Sphärenachsen kennst und die Zahl der Erdhalbmesser, die den Abstand je zweier Mittelpunkte bilden, wie al-Kabizi[1] in der Schrift über die Dimensionen verfährt, so daß dir, wenn du diese Dimensionen prüfst, die Wahrheit dessen einleuchten wird, worauf ich dich aufmerksam machte. Betrachte auch insbesondere die Schwierigkeiten, die sich ergeben, wenn das wahr ist, was Aristoteles in der Physik gesagt hat, daß es seiner Ansicht nach keine Nebensphäre und keine exzentrische Sphäre gibt und daß sich alle um den Erdmittelpunkt drehen. Wie können dann die Gestirne ihre verschiedenen Bewegungen haben? Oder gibt es einen Gesichtspunkt, mit dem es vereinbar wäre, daß die Kreisbewegung eine vollkommene und gleichmäßige ist und das darin sichtbar ist, was man wirklich sieht, außer bei der Annahme einer der beiden Hypothesen oder beider zusammen? Und um so mehr, da es sich herausstellt, daß bei den Berechnungen auf Grund der Annahme dieser Hypothesen, bei allem, was Ptolemaios in betreff der Rotationssphäre des Mondes und ihrer Inklination gegen einen Punkt, dessen Lage sowohl zum Weltmittelpunkte als auch zum exzentrischen Mittelpunkte exzentrisch ist, gesagt hat, sich nirgends ein Fehler auch nur von einer Minute ergibt. Für die Wahrheit dieser Tatsache zeugen auch die Finsternisse, welche durch die Annahme dieser Hypothesen immer berechnet, wie auch ihre Zeitpunkte, die Zeitpunkte der Verfinsterung und ihre Ausdehnung genau bestimmt werden können. Wie kann man sich nun noch die rückläufige Bewegung eines Sternes ungeachtet seiner sonstigen Bewegungen ohne Nebensphäre erklären? Und wie ist es ferner möglich, sich eine Rotation oder eine Kreisbewegung um einen nicht feststehenden Mittelpunkt zu denken? Hier besteht in Wahrheit eine Verwirrung. Ich habe dir allerdings schon mündlich auseinandergesetzt, daß dies alles den Astronomen in keiner Weise berührt, da dieser uns ja nicht mitteilen wollte, wie die Form des Daseins der Sphären beschaffen ist, sondern ein astronomisches System aufstellen wollte, mit welchem es vereinbar ist, daß die Bewegungen kreisförmig, gleichmäßig und mit der Gesichtswahrnehmung übereinstimmend sind, mag nun ihre Beschaffenheit diese oder eine andere sein. Du weißt übrigens, daß Ibn Bǎǧǧa in seinem Dialog über die Naturdinge die Worte Aristoteles' in der Physik bezweifelt. Insbesondere bezweifelt er es, ob Aristoteles die Exzentrizität der Sonne gekannt und darüber geschwiegen, sich jedoch, da die Wirkung der Exzentri-

1 Mathematiker und Astronom des 11. Jahrhunderts. (Hg.)

zität von der der Inklination in keiner Weise verschieden ist, nur mit dem beschäftigt habe, was sich aus der Inklination notwendig ergibt, oder ob er sie überhaupt nicht gekannt habe. Die Wahrheit ist, daß er sie nicht gekannt, ja überhaupt nichts davon gehört hat, da die Mathematik zu seiner Zeit nicht vollkommen war. Hätte er jedoch davon gehört, so hätte er sie entschieden in Abrede gestellt. Wäre sie ihm aber bewiesen worden, so wäre er hinsichtlich alles dessen, was er in dieser Art behauptet hatte, in große Verlegenheit geraten. Ich wiederhole demnach, was ich vordem gesagt habe, daß alles, was Aristoteles von den Dingen unterhalb der Mondsphäre gesagt hat, einer strengen Schlußfolgerung entspricht, und dies sind Dinge, deren Ursachen man kennt und die einander notwendig bedingen, und es sind Stellen darin vorhanden, in denen die Weisheit und die Vorsehung in der Natur offenbar und einleuchtend sind. Hingegen weiß von dem, was im Himmel ist, kein Mensch etwas außer dem geringen mathematischen Ausmaße. Du wirst ja sehen, was es enthält.

Eine Darstellung und Kritik des Atomismus der Mutakallimūn

143
Die erste These.
Ihre Bedeutung ist folgende: Die Dialektiker nehmen an, daß die Welt in ihrer Gesamtheit, nämlich jeder Körper in ihr, aus sehr kleinen Teilchen zusammengesetzt ist, die wegen ihrer Winzigkeit nicht mehr geteilt werden können, so daß keines dieser Teilchen überhaupt eine Quantität hat. Werden aber diese Teilchen miteinander zusammengesetzt, so besitzt dieses Zusammengesetzte eine Größe und bildet dann einen Körper. Manche aber meinen, daß jedesmal, wenn zwei Teilchen sich zusammensetzen, jedes Teilchen ein Körper wird und somit zwei Körper entstehen. Alle diese Teilchen sind einander völlig gleich, und es besteht zwischen ihnen nicht der geringste Unterschied. Die Dialektiker behaupten nun, es sei unmöglich, daß es überhaupt einen Körper gebe, der nicht aus diesen gleichen Teilchen zusammengesetzt wäre. Diese Zusammensetzung erfolge vermöge ihrer räumlichen Annäherung, so daß die Vereinigung ihr Werden, die Absonderung aber ihr Vergehen bedeute. Sie nennen dies jedoch nicht Vergehen, sondern sagen, die Arten des Werdens bestehen in Vereinigung und Absonderung, in Bewegung und Ruhe. Sie sagen ferner, daß diese Teile nicht von jeher in dieser Zahl bestanden haben, wie Epikur und andere Anhänger der Atomlehre meinen, sondern daß Gott diese Einzelsubstanzen jederzeit, wann er will, erschafft. Es sei daher auch möglich, daß sie nicht existierten. Ihre

Lehrmeinungen über das Nichtsein der Substanz werde ich dir noch mitteilen.

Die zweite These

ist die Behauptung vom leeren Raume. Die älteren Dialektiker, welche die Wissenschaft des Kalām gegründet haben, glauben auch, daß ein leerer Raum existiert, und zwar eine oder mehrere Raumgrößen, in denen schlechterdings nichts ist, die also leer sind und keinen Körper enthalten, sondern jeder Substanz ermangeln. Dieser Lehrsatz ist ihnen unentbehrlich, weil sie an die erste These glauben. Wenn nämlich die Welt von diesen Teilchen erfüllt wäre, wie könnte sich dann etwas bewegen? Man kann sich auch nicht vorstellen, daß die einen Teilchen in die anderen eindringen; die Vereinigung und Absonderung dieser Teilchen ist nicht anders möglich als nur durch ihre Bewegung. So sind sie unbedingt genötigt, den leeren Raum zu behaupten, damit die Teilchen sich vereinigen und absondern und die Bewegung des Bewegten in diesem leeren Raume, in dem es keinen Körper und auch keines dieser Atome gebe, stattfinden könne.

Die dritte These

ist ihre Behauptung, die Zeit sei aus Zeitteilchen zusammengesetzt. Sie meinen damit, es sei eine große Zahl von Zeitpartikeln, die so klein sind, daß sie wegen ihres geringfügigen Maßes nicht mehr teilbar sind. Auch diese Lehre ergibt sich für sie als notwendige Folge aus dem ersten Lehrsatze. Sie kannten nämlich zweifellos die Beweise Aristoteles', daß der Weg, die Zeit und die Raumbewegung hinsichtlich ihres Daseins einander gleich sind, nämlich daß ihr Verhältnis zueinander ein und dasselbe ist und daß, wenn eines von ihnen geteilt wird, auch die anderen im gleichen Verhältnis geteilt werden müssen. Sie wissen aber, daß, wenn die Zeit zusammenhängend und bis ins Unendliche teilbar wäre, daraus unbedingt folgen müßte, daß das Atom, das sie als unteilbar angenommen haben, teilbar ist. Ebenso müßte, wenn man den Weg als zusammenhängend annimmt, unbedingt folgen, daß das «Jetzt», welches sie als unteilbar gesetzt haben, wie Aristoteles im Buche *Akroasis* dargelegt hat, teilbar ist, und deshalb behaupten sie, der Weg sei nicht zusammenhängend, sondern aus nicht mehr teilbaren Teilchen zusammengesetzt und ebenso die Zeit aus nicht mehr teilbaren Partikeln, z.B. die Stunde aus sechzig Minuten, die Minute aus sechzig Sekunden, die Sekunde aus sechzig Terzen, und daß man, so meinen sie, zuletzt zu Partikeln, z.B. zu Dezimen oder noch geringeren gelange, die schlechterdings nicht mehr teilbar sind und wie der Weg keine Teilung mehr zulassen. Wenn dem aber so wäre, dann wäre die Zeit ein Ding, das man setzen und reihen kann. Sie begreifen also das wahre Wesen der Zeit überhaupt nicht. Es war auch ganz natürlich, daß sie in diesen Irrtum verfielen; denn wenn der Begriff der Zeit selbst die kundigen Philosophen verwirrt hat und einige von ihnen ihren Begriff nicht verstanden haben, so daß sogar Galenus sagt, die Zeit sei ein göttliches Ding, deren wahres Wesen nicht begriffen werden kann, um wieviel mehr diejenigen, die auf die Natur keines Dinges Rücksicht nehmen!

Doch höre, was nach ihrer Meinung aus diesen drei Lehrsätzen folgt und was sie glauben! Sie sagen: die Bewegung sei der Übergang der Einzelsubstanz eines dieser Teile von einer Einzelsubstanz zu der ihr benachbarten. Und daraus folgt, daß die eine Bewegung nicht schneller sein kann als die andere. Dieser Behauptung gemäß sagen sie ferner: Wenn du siehst, daß zwei Dinge sich bewegen und in derselben Zeit verschiedene Wege zurücklegen, so liegt die Ursache nicht darin, daß dasjenige, welches den längeren Weg zurücklegt, sich schneller bewegt, sondern darin, daß in der sogenannten verzögerten Bewegung mehr, in der beschleunigten aber weniger Ruhepausen eintreten. Hielt man ihnen aber den Einwand entgegen von dem Pfeile, der von einem kräftigen Bogen abgeschnellt wurde, so antworten sie, daß auch bei diesem in seiner Bewegung Ruhepausen eintreten, und es sei nur eine falsche Sinneswahrnehmung, wenn man meine, daß er sich anhaltend bewegt, weil ja die Sinne oft nicht richtig wahrnehmen, wie sie in ihrer zwölften These behaupten. Sagen wir ihnen aber darauf: Ihr seht ja, daß bei einer vollständigen Umdrehung des oberen Mühlsteins in derselben Zeit, in welcher der dem Mittelpunkte naheliegende den kleinen Kreis zurücklegt, der an seiner Peripherie befindliche Teil den großen zurücklegt, und wenn dem so ist, so muß ja die Bewegung der Peripherie schneller sein als die des innersten Kreises, und ihr könnet unmöglich behaupten, daß bei der Bewegung dieses letzteren mehr Ruhepausen eingetreten seien, weil ja der Körper des Mühlsteines nur einer und zwar ein zusammenhängender Körper ist, so würden sie darauf erwidern, daß die Teile des Mühlsteines während seines Kreislaufes auseinanderstieben, und deshalb seien die Ruhepausen bei jedem Teile, der nahe dem Mittelpunkte kreist, zahlreicher als die bei der Bewegung der entfernteren Teile. Wenn wir aber weiter fragen: Wie ist es möglich, daß der Mühlstein, den selbst Hämmer nicht zerbrechen können, beim Umkreisen zerstiebt und in den Ruhepausen wieder eins wird und zusammenhängt und wieder wird, wie er war? Und wie kommt es, daß man seine Teile nicht zerstieben sieht? so werden sie darauf mit der zwölften These selbst antworten, nämlich, daß du auf die Sinneswahrnehmung nicht achten darfst, daß diese Tatsache vielmehr von der Vernunft bezeugt werde.

Du darfst aber nicht glauben, daß das, was ich dir angeführt habe, das Verwerflichste sei von allem anderen, was aus den drei Thesen folgt. Noch seltsamer und verwerflicher ist vielmehr das, was aus dem Glauben an das

Vorhandensein eines leeren Raumes folgt. Das, was ich über die Bewegung angeführt habe, ist auch nicht verwerflicher als die Behauptung, daß ihrer Ansicht zufolge die Diagonale des Quadrates seiner Seite gleich sei, so daß einige von ihnen sogar behaupten, das Quadrat sei eine Sache, die nicht existiere. Das Endergebnis ist, daß der ersten These zufolge alle Beweise der Geometrie für ungültig erklärt werden, und zwar geschieht dies auf zweifache Art; zum Teil wird sie ganz für ungültig erklärt, wie die Eigentümlichkeiten der Inkommensurabilität oder der Kommensurabilität der Linien und der Flächen oder das Dasein rationaler oder irrationaler Linien und alles, was im zehnten Buche Euklids enthalten ist, sowie andere ähnliche Dinge, oder es werden manche Beweise derselben als nicht entscheidend erklärt, wie wir z.B. sagen können, daß eine Linie, wenn die Zahl ihrer Atome eine ungerade ist, ihrer Annahme zufolge nicht in zwei gleiche Teile geteilt werden kann. Wir besitzen ferner das bekannte Buch der Künste von den Banū Šākir[1], welches mehr als hundert Kunststücke enthält, die bewiesen und tatsächlich ausgeführt sind; von diesen aber wäre, wenn der leere Raum existierte, nicht eines möglich, und ebenso wären die meisten hydraulischen Wasserkünste unmöglich. Doch mit den Einwänden gegen diese und ähnliche ihrer Lehren vergeht die Zeit. Ich will also auf die Erklärung der Bedeutung ihrer übrigen oben angeführten Lehrsätze zurückkommen.

ROBERT GROSSETESTE

Der Regenbogen

144

Echo, Regenbogen und Spiegelbilder [...] gehören als gegensätzliche Arten unter einen einzigen analogen Gattungsbegriff, nämlich den des Rückpralls. Und der Gattung nach bilden alle Dinge eine Einheit, bei denen durch *einen* Mittelbegriff *ein* analoger Vorgang und bei einem jeden beliebigen einzelnen durch den ihm eigenen Mittelbegriff derselbe zugehörige Vorgang aufgezeigt werden kann, wie wir es im ersten Buch über die vier Proportionen gesagt haben, die ja vertauschbar sind. Dafür wird im fünften Buch des Euklid der genaue Nachweis erbracht; für Linien, Flächen, Zahlen

[1] Wissenschaftlerfamilie des 9. Jh. n. Chr., deren Mitglieder ein Buch über die Konstruktion von Pumpen und hydraulischen Maschinen schrieben. (Hg.)

und Körper wird es in den entsprechenden Wissenschaften einzeln nachgewiesen.

Das Echo nun ist der Rückprall des Schalls an einem Hindernis, so wie das Erscheinen des Bildes der Rückprall des Sehstrahls an der Spiegeloberfläche und wie der Regenbogen der Rückprall oder die Brechung der Sonnenstrahlen in einer konkaven feuchten Wolke ist. Denn wenn das sich geradlinig zerstreuende Licht auf ein Hindernis trifft, das ihm das weitere Vordringen verwehrt, sammelt es sich auf dem Hindernis dort, wo es einfällt. Da es seiner Natur nach sich geradlinig ausstreut und fortpflanzt, so kehrt es dann, wenn es nicht in gerader Linie weitergehen und sich fortpflanzen kann, notwendigerweise um und pflanzt sich so fort, falls das Hindernis ein undurchsichtiger Körper ist; oder wenn das Hindernis durchsichtig ist, pflanzt es sich fort, indem es umbiegt und auch in den durchsichtigen Körper eindringt, aber nicht direkt, sondern in einem Winkel; so wie der Sonnenstrahl, der auf das durchsichtige Wasser fällt, von der Oberfläche des Wassers wie von einem Spiegel zurückkehrt und auch in das Wasser eindringt, indem er auf der Wasseroberfläche einen Winkel bildet, und das wird im eigentlichen Sinn Brechung des Strahls genannt. Da es nun in der Natur des Lichtes liegt, an einem Hindernis reflektiert oder gebrochen zu werden, ist der Regenbogen Reflexion oder Brechung des Sonnenlichts in einer feuchten Wolke, und Spiegelbilder erscheinen durch Reflexion des Sehstrahls am Spiegel. Denn der Sehstrahl ist Licht, das vom sichtbaren leuchtenden Hauch ausgeht bis zu einem Hindernis, weil das Sehen nicht allein durch Aufnahme wahrnehmbarer Form ohne Materie, sondern durch die genannte Aufnahme und durch das vom Auge ausgehende Strahlen bewirkt wird. Die Substanz des Tones aber ist in äußerst feiner Luft verkörpertes Licht, und wenn der Tonkörper heftig erschüttert wird, müssen seine im ganzen Tonkörper enthaltenen Teile von ihrem natürlichen Ort weggehen. Eine natürliche Kraft aber schleudert die von ihrem natürlichen Ort gewichenen Teile wieder zu ihrem natürlichen Ort zurück und bewirkt durch die Wucht des Zurückschleuderns, daß sie über ihren natürlichen Ort hinausgehen. Und wiederum schleudert diese Kraft sie zum natürlichen Ort zurück; so geschieht es viele Male, bis endlich die Teile zur Ruhe kommen. Die natürliche Kraft nun hallt, wenn sie die bei der heftigen Erschütterung von ihrem natürlichen Ort gewichenen Teile zurückschleudert, und erzeugt in ihnen ein Vibrieren. In den vibrierenden, ihren natürlichen Ort verlassenden Teilen aber dehnt sich der Längendurchmesser aus, zieht sich der Breitendurchmesser zusammen; kehren sie zum natürlichen Ort zurück, so geschieht das gleiche. Gelangt nun diese Bewegung von Ausdehnung und Zusammenziehung, die entsprechend den verschiedenen Durchmessern in jedem Teil erfolgt, zum Licht, das in der äußerst feinen Luft des Tonkörpers verkörpert ist, dann entsteht ein Tönen. Jeder natürliche Körper nämlich hat eine himmlische lichtvolle Natur und leuchtendes Feuer in sich, und dieses verkörpert sich erstmals in der äußerst feinen Luft. Wenn nun der Tonkörper erschüttert wird und vibriert, muß in der angrenzenden umgebenden Luft die gleiche Vibration und die gleiche Bewegung entstehen. Diese pflanzt sich weiter vorschreitend nach jeder Seite hin in gerader Richtung fort; trifft sie aber auf ein Hindernis, so daß die Luft nicht in der eben erwähnten Weise eine gleiche Bewegung erzeugen kann, werden die vibrierenden Luftteile zurückgestoßen oder rückwärts gewendet und zurückgeworfen; in umgekehrter Richtung pflanzt sich wiederum Vibration und Bewegung in der Luft fort, und der Schall kehrt wegen des Hindernisses zurück; so wie der Sehstrahl, wenn er sich nicht geradlinig fortpflanzen kann, umkehrt und sich so fortpflanzt. Denn Luftteile, die sich ausbreiten und mit einem Hindernis zusammenstoßen, müssen sich notwendig in umgekehrter Richtung ausbreiten. Dieser Rückprall also, der bis zum in der äußerst feinen Luft enthaltenen Licht gelangt, ist der zurückkehrende Schall, und das ist das Echo. So ist jede der drei Erscheinungen der Substanz und Wahrheit nach eine Umkehr des Lichtes: der Regenbogen ist die Umkehr des Lichtes auf Grund der Wolke, das Spiegelbild ist die Umkehr des Sehstrahls, und das Echo ist, nach dem vorher Gesagten, die Umkehr des in der Luft verkörperten Lichtes. [...]

145
Zu diesem dritten Teil der Optik gehört als Unterabschnitt die Wissenschaft vom Regenbogen. Es ist nicht möglich, daß der Regenbogen durch Sonnenstrahlen entsteht, die von der Sonne geradlinig in eine konkave Wolke fallen. Sie würden nämlich in der Wolke ein kontinuierliches Leuchten bewirken, das nicht als Bogen erscheinen, sondern sich zu der Seite der Sonne hin öffnen würde, aus der die Strahlen in die Höhlung der Wolke eintreten. Auch kann der Regenbogen nicht so entstehen, daß sich die Sonnenstrahlen auf der konvexen Seite der Feuchtigkeit, die von der Wolke herabsinkt, brechen wie auf einem konvexen Spiegel und die konkave Wolke die reflektierten Strahlen aufnehmen und so der Regenbogen erscheinen würde. Wäre dem so, so hätte der Regenbogen durchaus nicht die Gestalt eines Bogens und wäre, je höher die Sonne steht, desto größer und höher, je niedriger die Sonne steht, um so kleiner. Das Gegenteil davon ist wahrnehmbar. Es ist also notwendig, daß der Regenbogen durch Brechung der Sonnenstrahlen in der Feuchtigkeit einer konvexen Wolke entsteht. Ich behaupte nämlich, daß das Äußere einer Wolke konvex, das Innere konkav

sei; was aus der Natur des Leichten und des Schweren erhellt. Und das, was wir von einer Wolke sehen, ist notwendigerweise weniger als eine Halbkugel, auch wenn es wie eine Halbkugel aussieht. Sinkt aus der Höhlung der Wolke Feuchtigkeit nieder, so muß diese vorn pyramidenförmig und konvex sein, wenn sie zur Erde niedersinkt, und also in Erdennähe dichter als im obern Teil.

Es wird daher insgesamt vier durchsichtige Medien geben, durch die der Sonnenstrahl hindurchdringt: die reine Luft, welche die Wolke enthält, zweitens die Wolke selbst, drittens der oberste und dünnere Teil der aus der Wolke kommenden Feuchtigkeit, viertens der untere und dichtere Teil eben dieser Feuchtigkeit. Nach dem, was vorher über die Brechung des Sonnenstrahls und die Größe des Brechungswinkels beim Zusammentreffen zweier durchsichtiger Medien gesagt wurde, müssen sich also die Sonnenstrahlen zuerst beim Zusammentreffen von Luft und Wolke, dann beim Zusammentreffen von Wolke und Feuchtigkeit brechen; durch diese Brechungen laufen die Strahlen im dichten Teil der Feuchtigkeit zusammen; nachdem sie sich hier wiederum gebrochen haben, streuen sie sich wie von einer Pyramidenspitze her aus, indem sie nicht eine vollkommen runde Pyramide bilden, sondern eine Figur, die der gewölbten Oberfläche einer runden Pyramide angeglichen ist und in entgegengesetzter Richtung zur Sonne sich ausdehnt. Deshalb ist seine Gestalt bogenförmig und erscheint bei uns der Regenbogen nicht im Süden. Und weil die Spitze der vorher erwähnten Figur nahe der Erde liegt und sie sich in entgegengesetzter Richtung zur Sonne ausdehnt, fällt notwendigerweise die Hälfte oder mehr als die Hälfte jener Figur auf die Oberfläche der Erde, die andere Hälfte oder weniger auf die der Sonne gegenüberstehende Wolke. Deshalb erscheint der Regenbogen, wenn die Sonne nahe am Aufgang oder Untergang ist, halbkreisförmig und größer, bei andern Sonnenpositionen aber nur als Teil eines Halbkreises. Und je höher die Sonne steht, desto kleiner ist das Teilstück des Regenbogens. Und deshalb erscheint an Orten, wo die Sonne hoch im Zenit steht, der Regenbogen zur Mittagszeit überhaupt nicht. Wenn Aristoteles sagt, daß der bunte Bogen bei Sonnenaufgang und Sonnenuntergang kleineres Ausmaß habe, so ist damit nicht die Größe gemeint, sondern die Lichtstärke, die zu dieser Stunde kleiner ist als in der übrigen Zeit, da die Strahlen durch mehr Dunst hindurch gehen müssen. Darauf weist Aristoteles selbst nachher hin, wenn er sagt: das geschehe deshalb, weil der Glanz des Sonnenstrahls in den Wolken sich verringere.

ROGER BACON

Mathematik als die Grundlage der Wissenschaft

146

Kapitel III, beweist mit dem Verstand, daß jede Wissenschaft Mathematik benötigt

Was von der Mathematik als ganzer durch Autoritätsbeweis gezeigt wurde, läßt sich jetzt ebenso durch den Verstand zeigen. Zunächst, weil die andern Wissenschaften mathematische Beispiele benutzen, aber die Beispiele zur Erklärung jener Dinge aufgezählt werden, mit denen es diese Wissenschaften zu tun haben. Werden die Beispiele nicht verstanden, so kann auch das nicht begriffen werden, was sie verdeutlichen sollen. Da es nämlich in den Dingen der Natur keine Veränderung gibt ohne Vermehrung oder Verminderung und diese ohne Änderung nicht anzutreffen sind, so vermochte Aristoteles an gar keinem Beispiel aus der Natur den Unterschied zwischen Vermehrung und Veränderung hinreichend nachzuweisen, weil sie in gewissem Sinne immer miteinander verknüpft sind. Deshalb schlug er als mathematisches Beispiel ein Viereck vor, das sich durch Addition eines *Gnomon*[1] vergrößert und nicht ändert. Dieses Beispiel kann nicht verstanden werden vor dem 22. Lehrsatz des VI. Buches der *Elemente*. In diesem Lehrsatz des VI. Buches wird nämlich bewiesen, daß ein kleines Viereck einem großen in jeder Beziehung ähnlich ist. Daher bleibt ein kleines unverändert, wenn aus ihm durch Addition eines *Gnomon* ein größeres gemacht wird [...].

Siebtens, bei jenen Dingen, die uns und der Natur nach nicht gleich bekannt sind, gehen wir den Weg von dem aus, was uns bekannt ist, zu dem, was der Natur nach bekannt ist. Wir erfassen einfach und mühelos das, was für uns bekannter ist, und wir gelangen mit großer Mühe zur Kenntnis der Natur der Dinge. Die Erkenntnis der Natur der Dinge gelingt uns schlecht und unvollkommen, weil sich unser Verstand zu den Erscheinungen der Natur so verhält, wie das Auge einer Fledermaus zum Sonnenlicht, wie Aristoteles im II. Buch der *Metaphysik* sagt. Das gilt besonders von Gott und den Engeln, dem zukünftigen Leben und den himmlischen Dingen und weiteren Geschöpfen, die andern gegenüber edler sind: je erhabener sie sind, um so weniger sind sie uns bekannt. Und diese nennt man der Natur nach oder absolut bekannt. Umgekehrt jedoch ziehen wir viel Nutzen daraus bei jenen Dingen, die uns und der Natur nach bekannt sind für die Kenntnis der Natur und alles, was in ihr enthalten ist, da wir so an sie heran-

[1] In diesem Zusammenhang bedeutet ein Gnomon zwei Streifen, die in einem rechten Winkel zusammenstoßen. (Hg.)

gelangen, um sie genau zu verstehen. Aber wie Averroës im Buch I der *Physik* und im Buch VII der *Metaphysik* sagt und in seinem Kommentar über das Buch II von *Himmel und Erde:* In der Mathematik allein sind die Dinge uns und der Natur nach oder absolut bekannt. Wie wir daher in der Mathematik das vollständig erreichen, was uns bekannt ist, so erreichen wir auch in absoluter Weise das der Natur nach Bekannte. Deshalb können wir zum innersten Wesen dieser Wissenschaft vorstoßen. Da uns dies in andern Wissenschaften nicht gelingt, ist es offensichtlich, daß die Mathematik bekannter ist. Daher muß sie als Quelle unserer Erkenntnis aufgefaßt werden.

So wird, achtens, jeder Zweifel gelöst durch das, was gewiß ist, und jeder Irrtum wird durch echte Wahrheit entfernt. Denn in der Mathematik können wir zur vollen Wahrheit ohne Irrtum gelangen und zur unbezweifelbaren Gewißheit, weil in ihr der Beweis aus der eigentümlichen und notwendigen Ursache geführt wird. Der Beweis läßt die Wahrheit erkennen. In der Mathematik kann für alles ein Beispiel aus dem Wahrnehmungsbereich angeführt werden und eine sichtbare Darstellung mit Zeichnungen und Zahlen, um alles den Sinnen zu verdeutlichen. So bleibt für den Zweifel kein Platz übrig. Wird die Hilfe der Mathematik ausgeschlossen, dann schleichen sich in den andern Wissenschaften so viele Zweifel, Vermutungen und subjektive Irrtümer ein, daß sie sich nicht entwirren lassen. Das zeigt sich deutlich, weil sie aus eigener Kraft keinen Beweis aus eigentlicher und notwendiger Ursache führen können, da in den Dingen der Natur keine Notwendigkeit besteht wegen des Entstehens und Vergehens der eigentlichen Ursachen und Wirkungen. In der Metaphysik gibt es keinen Beweis außer durch die Wirkung, da geistige Dinge mittels ihrer Wirkungen entdeckt werden und der Schöpfer durch die Schöpfung, wie es sich in dieser Wissenschaft zeigt. In der Moral gibt es keinen Beweis durch die Ursachen selbst, wie Aristoteles lehrt. Und ähnlich gibt es offensichtlich keine restlos überzeugenden Beweise, weder in der Logik noch in der Grammatik, wegen der Armut des Materials, auf dem diese Wissenschaften gründen. Daher gibt es in der Mathematik allein strenge Beweise aus der notwendigen Ursache. Deshalb kann der Mensch nur dort von der Zuverlässigkeit dieser Wissenschaft her zur Wahrheit gelangen. In den übrigen Wissenschaften stecken Zweifel, Vermutungen und subjektive Widersprüche, so daß kaum eine Einigung zustande kommt über eine einzelne, unbedeutende Frage oder über einen Sophismus. Denn in diesen Wissenschaften können, von ihrer Natur her, keine Überprüfungen mit Zeichnungen und Zahlen durchgeführt werden, den üblichen Mitteln für alle Untersuchungen. Folglich gibt es nur in der Mathematik zweifelsfreie Gewißheit.

Daraus wird deutlich, daß wir die Grundlagen des Wissens auf die Mathematik stützen müssen, wenn wir in den andern Wissenschaften zu einer zweifelsfreien Gewißheit und zu einer irrtumslosen Wahrheit gelangen wollen, da wir mit ihrer Hilfe die Gewißheit für die andern Wissenschaften und die Wahrheit unter Ausschluß des Irrtums erreichen können. Diese Begründung kann durch ein Beispiel verdeutlicht werden, das dem Hauptgedanken nach im Buch IX von Euklid ebenfalls dargestellt ist. Denn wie sich nämlich das Wissen der Folgerung zum Wissen der Prämissen verhält, so daß aus falschen und zweifelhaften Prämissen weder Wahrheit noch Zuverlässigkeit zu erreichen ist, weil der Zweifel nicht durch Zweifel behoben noch das Wahre durch das Falsche bewiesen wird, obgleich aus Falschem syllogistisch geschlossen werden kann, wobei jedoch eine solche syllogistische Ableitung nicht beweiskräftig ist, so verhält es sich mit allen Wissenschaften, die – mit zahlreichen und tiefgreifenden Zweifeln belastet, mit Vermutungen und Irrtümern, wenigstens subjektiver Art – von Zweifeln und Falschheiten dieser Art gereinigt werden sollten mit Hilfe einer subjektiv zuverlässigen Wissenschaft, in der wir weder zweifeln noch uns täuschen. Da nämlich die Folgerungen und die ihnen eigenen Regeln zum Ganzen der Wissenschaften gehören, wie sich ein Teil zum andern im Verhältnis der Folgerung zu den Prämissen verhält, so steht eine Wissenschaft zur andern; wie eine beliebige Wissenschaft, voll Ungewißheiten und durchsetzt mit Vermutungen und Unklarheiten, nicht zuverlässig gemacht werden kann, noch durchsichtig oder überprüfbar außer durch eine andere Wissenschaft, die bekannt ist, bewährt, gewiß und uns einleuchtet, so ist die Folgerung von den Prämissen abhängig. Aber wie es schon dargestellt wurde, ist uns nur die Mathematik bekannt, die mit letzter Gewißheit und Beweiskraft überprüft. Deshalb müssen alle anderen Wissenschaften mit ihrer Hilfe erkannt und erarbeitet werden.

Nachdem es schon durch die Eigenart der Wissenschaft selber bewiesen ist, daß die Mathematik den andern Wissenschaften gegenüber früher, nützlich und unerläßlich ist, soll es jetzt durch subjektive Vernunftgründe gezeigt werden. Als erstes aus dem Übergang von der sinnlichen Wahrnehmung zum Intellekt, weil wir bei mangelhaft funktionierenden Sinnesorganen eine mangelhafte Erkenntnis erreichen, wie es im Buch I der *Zweiten Analytika* heißt, weil entsprechend der sinnlichen Wahrnehmung der menschliche Intellekt Nutzen zieht. Nun ist aber die Quantität in höchstem Maße sinnlich wahrnehmbar, weil das Sinnliche allgemein zugänglich ist und nichts ohne Quantität sinnlich wahrnehmbar ist; so kann der Intellekt in hervorragender Weise aus der Quantität Nutzen ziehen. Zweitens, weil der Erkenntnisakt in sich selber nicht ausgeführt werden kann ohne Nacheinander, da Aristoteles im Buch *Erinnerung und Wiedererinnerung* sagt, unser ganzes Verstehen sei eingebettet in Kontinuität und Zeit. Deshalb verstehen wir Quantitäten und körperliche Dinge durch das unmittelbare Schauen des Intellekts, weil ihre Erscheinungsformen im Intellekt zu finden sind. Die Erscheinungsformen der unkörperlichen Dinge sind jedoch nicht auf diese Weise von unserem Intellekt erworben worden; wenn sie aber gleichwohl in ihm entstehen, wie Avicenna im III. Buch der *Metaphysik* sagt, dann merken wir es nicht wegen der einläßlichen Beschäftigung unseres Intellekts mit den körperlichen Dingen und den Quantitäten. Daher erforschen wir die unkörperlichen Dinge durch Überlegung und Betrachten der körperlichen Dinge und der Quantitäten, wie es Aristoteles im Buch XI der *Metaphysik* ausführt. Deshalb wird der Intellekt am meisten Fortschritte erzielen bei der Beschäftigung mit der Quantität selber, da die Quantitäten und Körper als solche, nach der allgemeinen Auffassung der Erkenntnis, dem menschlichen Intellekt nicht fremd sind. Alles ist für etwas da und jenes noch mehr.

Aber der letzte Grund für die volle Bestätigung kann aus der Erfahrung weiser Männer gewonnen werden; denn alle Weisen der Antike haben in Mathematik gearbeitet, um alles zu erkennen, wie wir es bei gewissen Leuten unserer Zeit gesehen und von andern gehört haben, sie hätten sich ein Wissen über die ganze Wissenschaft angeeignet durch die Mathematik, mit der sie gut vertraut waren. Es gab weit herum berühmte Männer, wie Bischof Robert von Lincoln und Bruder Adam von Mariscus und viele andere, die durch die ausgedehnte Anwendung der Mathematik die Ursachen von allem zu erklären wußten und sowohl die menschlichen als auch die göttlichen Dinge befriedigend darstellen konnten. Denn die zuverlässige Kenntnis davon ist offenkundig in den Schriften dieser Leute, wie auch die Kenntnis über die Wahrnehmungen, über den Regenbogen und die Kometen, die Entstehung der Hitze, über den Untersuch der Orte der Welt, über Himmelskörper und über andere Dinge, von denen sowohl die Theologie als auch die Philosophie Gebrauch machen. Deshalb ist es klar, daß die Mathematik völlig unerläßlich und für die übrigen Wissenschaften nützlich ist.

Diese Gründe sind allgemeingültig; aber im einzelnen kann gezeigt werden durch den Hinweis auf sämtliche Zweige der Philosophie, wie alle Dinge durch die Anwendung der Mathematik erkannt werden. Das bedeutet nichts anderes, als daß die übrigen Wissenschaften nicht erkannt werden durch dialektische und sophistische Argumente, wie sie für gewöhnlich vorgebracht werden, sondern durch mathematische Beweise, die die Wahrheiten und die Werke der andern Wissenschaften durchdringen und lenken und ohne die sie nicht verstanden werden können, noch geklärt, gelehrt oder gelernt. Wenn sich einer tatsächlich auf die einzelne Anwendung innerhalb der verschiedenen Wissenschaften einläßt, dann wird er feststellen, daß an ihnen nichts Bedeutsames erfaßt werden kann ohne Mathematik. Aber das heißt nichts anderes, als in allen Wissenschaften bestimmte Methoden einzuführen und mit Hilfe der Mathematik alles zu überprüfen, was notwendig ist für die andern Wissenschaften. Aber das steht gegenwärtig nicht zur Diskussion.

Über die Bewegung der Waage

147

Daß aber ein heruntergedrücktes Gewicht gegenüber der horizontalen Lage weniger schwer ist, wird daraus ersichtlich, daß es dem Durchmesser, der gegen das Zentrum der Erde führt, weniger angeglichen ist. Deshalb ist es nach Jordanus[1] entsprechend der Lage weniger schwer. Doch diese Wahrheit soll durch eine Zeichnung dargestellt werden. Auf diese Weise begegnet die Zeichnung den Einwänden, und der Intellekt kennt kein anderes Hilfsmittel als die Zeichnung. Es sei ein Kreis gegeben mit dem Mittelpunkt O, auf dessen Umfang sich die Gewichte bewegen. Weiter sei ein Durchmesser AB horizontal gezogen. Ein weiterer Durchmesser DC schneide ihn vertikal. Dann ergeben sich gleiche Winkel in beiden Halbkreisen auf beiden Seiten des horizontalen Durchmessers. Weiter werden von jedem Anfangs- und Endpunkt des Kreisbogens aus in beiden Halbkreisen Sehnen gezogen mit gleichem Abstand vom horizontalen Durchmesser, das sind FH, GP, TQ, SR, die alle den vertikalen Durchmesser schneiden. Nach Jordanus und seinen Kommentatoren schneiden diese Sehnen, die vom vertikalen Durchmesser halbiert werden, ungleiche Flächen, so daß die Gerade, die dem horizontalen Durchmesser näher ist, eine größere Fläche schneidet als die weiter entfernte Gerade, daß TQ den größeren Teil des Durchmessers DC schneidet als SR, so daß der Teil des Durchmessers DC, der zwischen AB und TQ liegt, größer ist als der Teil des Durchmessers zwischen TQ und SR, und ebenso ist der Teil des Durchmessers DC zwischen AB und GP größer als zwischen GP und FH. Und deshalb ergibt es sich, wenn eine Sehne in einem Halbkreis und eine andere Sehne im andern Halbkreis in paralleler Entfernung vom Durchmesser verglichen werden, daß sie gleiche Teile mit dem horizontalen Durchmesser schneiden, so daß TQ und GP gleiche Teile von DC schneiden und ähnlich SR und FH, wie es im 26. Lehrsatz über *Die Winkel* bei Jordanus heißt. Wenn nun

[1] Jordanus Nemorarius, scholastischer Mathematiker († 1237).

Teile des vertikalen Durchmessers durch Sehnen geteilt werden und ungleich sind in der Weise, daß jene Flächen größer sind, die in der Nähe des Horizontes geschnitten werden, dann müssen wir uns bewußt werden, daß, wenn der Balken der Waage auf dem horizontalen Durchmesser liegt, das Lot vertikal gerichtet ist, so daß die Waage und ihre Arme im Gleichgewicht sind. Dann kann die Waage bewegt werden, und der eine Teil der

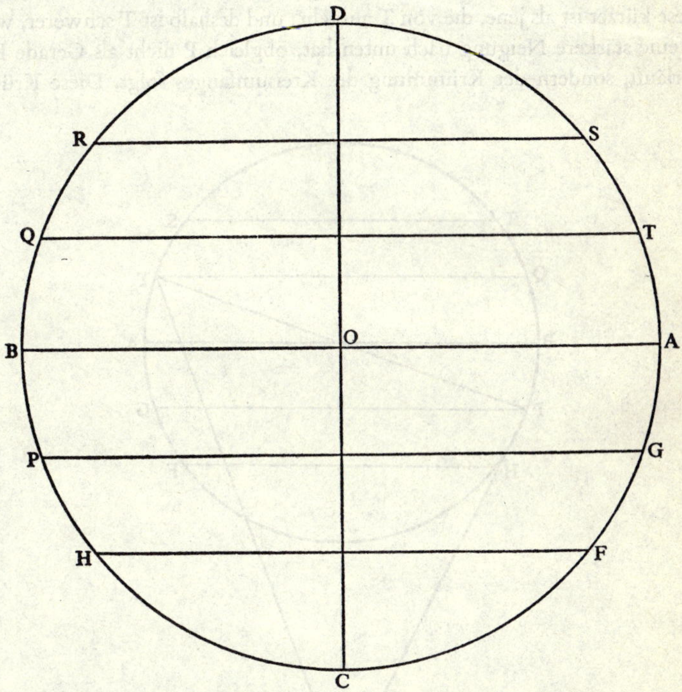

Waage wird bis zur ersten Sehne des obern Halbkreises gehoben, der andere bis zum Ende der ersten Sehne im untern Halbkreis, so daß der Balken in der Lage TP ist, der höhere Teil des Balkens in T, der andere in P. Wenn dann P zur folgenden Sehne H hinuntergedrückt wird und durch das Zentrum hindurchgeht, dann ist der Teil zwischen den Sehnen GP und FH kleiner als jene Fläche des Durchmessers, die zwischen TQ und AB liegt, was sich aus dem Gesagten ergibt. Würde T gegen A hinuntergedrückt, dann nähme es mehr von einem rechten Winkel an gegenüber dem vertikalen Durchmesser, als wenn P nach H sinkt. Deshalb ist T der Lage nach schwerer als P. Und auch T neigt sich in Richtung auf den Mittelpunkt der Erde. Aber P ist wegen der Krümmung des Kreises vom Zentrum weggedreht und drängt jedenfalls weniger gegen das Zentrum hin, wie es ersichtlich ist. Daraus folgt, daß es aus diesem Grund weniger schwer ist. Damit ist auch der erste Einwand gelöst. Denn der Teil des Balkens P, der sinkt, kommt dem Zentrum der Welt näher, wie es sich aus der Zeichnung ergibt, wenn von ihm aus eine Gerade gezogen wird ins Zentrum O, weil diese kürzer ist als jene, die von T ausgeht; und deshalb ist T schwerer, weil es eine stärkere Neigung nach unten hat, obgleich P nicht als Gerade PO verläuft, sondern der Krümmung des Kreisumfanges folgt. Diese Krüm-

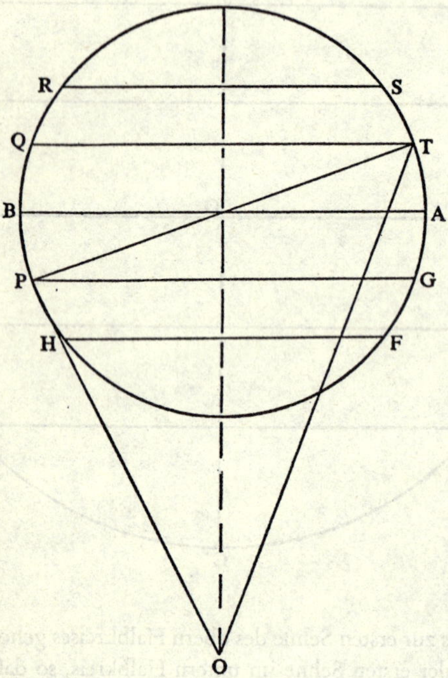

mung läßt einen weniger direkten Zugang zur Vertikalen zu, als es T erlaubt, und sie dreht und krümmt P selber vom Zentrum weg, so daß es nicht direkt auf das Zentrum hinweist, wie das hinuntersteigende T. In dieser Lage muß T schwerer sein als P. Wenn sie daher sich selbst überlassen bleiben, dann steigt T hinunter, und P folgt in entgegengesetzter Bewegung, d.h. durch Hinaufsteigen, bis das Gleichgewicht erreicht ist. Und deshalb wird sich P nicht immer weiter neigen. Die zwei Ursachen der Anziehung jedoch, die hier genannt wurden, übertreffen jene, die im Einwand erwähnt wurde. Überdies ist die Anziehung nicht zwingend, denn sie ist leicht und kann nicht gefühlt werden. Deshalb wirkt sie sich auch hier nicht aus, wie eine einzelne Feder, wenn sie auf eines der beiden Gewichte gelegt wird, die im Gleichgewicht sind, keine Bewegung nach unten ausführt. Gleichwohl ist streng genommen jener Arm, auf dem die Feder liegt, der schwerere, weil die Feder ein Eigengewicht hat. Und das gilt auch hier: weil der sinkende Arm am Ende seiner Neigung nicht weit von einer horizontalen Position entfernt und die Anziehung, die er erwirbt, deshalb gering, nicht fühlbar ist, so kann konsequenterweise das beigefügte Gewicht nicht errechnet werden.

Und etwas anderes wird dann klar, was Jordanus aus der Art des größeren Gewichtes schließt, daß es sich immer schneller neigt und sich nie hebt. Denn es ist jetzt klar, daß dieses Gewicht nicht wahrnehmbar ist und daß die zwei vorher erwähnten Ursachen im höheren Arm stecken. In der Tat, wenn er im dritten Argument sagt, daß derjenige, der dem Heruntersteigen des andern in entgegengesetzter Richtung folgt, also aufsteigt, weniger schwer ist, so gehe ich damit völlig einig. Denn das leichtere Gewicht fällt, so daß, wenn sie gleich groß und sich selbst überlassen sind, sie ausgeglichen sind. Aber es geht nicht immer höher in dieser Weise, noch fällt das andere zum tiefsten möglichen Punkt, sondern sie erreichen eine ausgeglichene Lage. Sie sind bestimmt, dort zu verharren, und deshalb leitet der Einwand mehr ab, als er sollte, wenn er vom Faktum, daß der eine hinauf und der andere hinunter geht, ableiten möchte, daß sie über die horizontale Lage hinausgehen. Und wenn gesagt würde, daß es dort eine schwankende Bewegung gibt und deshalb der höhere Arm unter die horizontale Lage sinkt und aus diesem Grund um wenig und um viel an ihr vorbeigeht – weil dieser Durchgang der Natur nach einer ist –, und ähnlich vom andern Arm, der immer hinaufgeht, nachdem er die horizontale Lage überschritten hat, dann wäre zu sagen, daß das Hinuntersteigen des oberen Armes unter die horizontale Lage nicht von der Natur des Gewichtes selber herrührt, sondern von der heftigen Bewegung der Luftteilchen. Denn wenn die Luft Bewegung aufnimmt, dann hält sie sie gut zurück, und deshalb schwanken die Teile hinauf und hinunter für eine lange Zeit und erlauben es dem Gewicht, nicht sofort die horizontale Lage einzunehmen.

Mechanisch angetriebene Fahrzeuge

148
Es ist möglich, solche Maschinen für die Schiffahrt zu konstruieren, daß die größten Fluß- und Meerschiffe ohne Ruderer, mit einem einzigen Mann am Steuer schneller dahineilen, als wenn sie von einer vollzähligen Mannschaft besetzt wären. Ebenso können Wagen gebaut werden, die ohne Zugtier mit unglaublichem Schwung sich fortbewegen; derart müssen unserer Meinung nach die Sichelwagen gewesen sein, die früher in der Schlacht gebraucht wurden. Ebenso können Flugmaschinen gebaut werden, wobei jemand in der Mitte der Maschine sitzt und ein Instrument bedient, mit dessen Hilfe die kunstvoll zusammengefügten Flügel die Luft peitschen, wie es ein Vogel im Flug tut; ferner eine an sich kleine Maschine, die fast unendlich große Gewichte heben und senken kann und die sich in jedem Fall als äußerst nützlich erweist. Denn mit einem Instrument, das höchstens drei Finger hoch und drei Finger breit ist, wäre ein Gefangener imstande, sich selbst und seine Gefährten in die Höhe zu heben und hinunterzulassen und so aus aller Gefahr des Kerkers zu befreien. Es wäre auch leicht möglich, eine Maschine zu bauen, mit deren Hilfe ein einziger Mann tausend Gegner gewaltsam zu sich zieht; dasselbe gilt für das Heranziehen anderer Dinge. Auch können Geräte gebaut werden, die es erlauben, ohne Gefahr für den Körper im Meer und in den Flüssen bis auf den Grund zu tauchen. Denn wie der Astronom Ethicus[1] berichtet, hat Alexander der Große solche gebraucht, um die Geheimnisse des Meeres zu erforschen. Diese Maschinen wurden schon im Altertum hergestellt und sicher auch in unserer Zeit – mit Ausnahme der Flugmaschine, die ich nicht gesehen habe, auch ist mir niemand bekannt, der eine solche gesehen hätte. Doch kenne ich einen sachverständigen Mann, der sich den Bau dieses Kunstwerkes ausgedacht hat. Beinah unendlich viele Konstruktionen dieser Art sind möglich, z. B. Brücken über einen Fluß, ohne Pfeiler oder sonstige Stützen, sowie Mechanismen und sinnreiche Geräte, von denen man noch nicht gehört hat.

[1] Ethicus oder Aethicus aus Istrien, angeblicher Autor einer Kosmographie, die im 7. Jh. n. Chr. verfaßt worden sein soll. (Hg.)

NICOLE ORESME

Die Bewegung der Erde

149

Es scheint mir jedoch mit dem nötigen Vorbehalt möglich, die obige Meinung, daß nämlich die Erde in täglicher Bewegung sei und der Himmel nicht, zu vertreten und in einem günstigen Licht darzustellen. Ich möchte erstens festhalten, daß man mit keiner Beobachtung das Gegenteil beweisen könnte, zweitens, daß dies auch mit Argumenten nicht möglich ist, und drittens werde ich erklären, weshalb. Was den ersten Punkt betrifft, so gibt es eine Beobachtung: Wir sehen mit unseren Augen die Sonne und den Mond und mehrere Sterne täglich auf- und untergehen und einige um den Nordpol kreisen. Dies ist nur möglich durch die Bewegung des Himmels, wie im XVI. Kapitel gezeigt wurde. Folglich ist der Himmel in täglicher Umlaufbewegung. Ein anderes Argument ist dieses: Wenn die Erde sich so bewegt, macht sie in einem Tag eine volle Umdrehung, und damit bewegen wir und die Bäume und Häuser uns sehr schnell gegen Osten, und so schiene es uns, daß die Luft und der Wind immer stark aus Richtung Osten bliese und lärmte wie gegen den Bolzen einer Armbrust, oder noch viel stärker; die Erfahrung aber zeigt, daß das Gegenteil zutrifft. Das dritte Argument ist jenes von Ptolemaios: Wenn jemand sich in einem Schiff schnell gegen Osten bewegte und einen Pfeil gerade in die Höhe schösse, so würde der Pfeil nicht ins Schiff zurück, sondern weit vom Schiff weg Richtung Westen fallen. Desgleichen, wenn sich die Erde sehr schnell von Westen nach Osten bewegt und man annimmt, daß jemand einen Stein gerade nach oben würfe, so müßte dieser nicht an seinen Ausgangspunkt, sondern weiter westlich zurückfallen; das Gegenteil aber ist richtig. Es scheint mir, daß meine Meinung zu diesem Argument auch die Antwort auf andere ähnlicher Art sein könnte. Deshalb stelle ich zunächst einmal fest, daß die ganze körperliche Maschine, nämlich die ganze Masse aller Körper der Welt in zwei Teile geteilt ist: der eine Teil ist der Himmel mit der Sphäre des Feuers und der höheren Region der Luft, und dieser ganze Teil ist nach Aristoteles, im ersten Buch seiner «Meteorologie», in täglichem Umlauf. Der andere Teil ist alles Übrige, das heißt die mittlere und tiefe Region der Luft, das Wasser, die Erde und die gemischten Körper, und dieser Teil ist nach Aristoteles nicht in täglicher Bewegung. Nun nehme ich an, daß eine örtliche Bewegung nur wahrgenommen werden kann, wenn ein Körper in bezug auf einen zweiten Körper eine andere Stellung einnimmt. Wenn sich zum Beispiel ein Mann in einem Boot *a* befindet, welches sich sehr gleichmäßig, schnell oder langsam, fortbewegt, und dieser Mann nichts anderes als ein zweites Schiff *b* sieht, welches sich genau gleich fortbewegt wie Schiff *a*, in dem er sich befindet, so wird es diesem Mann scheinen, daß keines der beiden Schiffe sich fortbewegt. Und wenn *a* stillsteht und *b* sich fortbewegt, so scheint es ihm, daß *b* sich fortbewegt, und wenn *a* sich fortbewegt und *b* stillsteht, so scheint es ihm wie vorhin, daß *a* stillsteht und *b* sich fortbewegt. Und wenn *a* eine Stunde lang stillstünde und *b* sich fortbewegte und darauf während der folgenden Stunde das Umgekehrte der Fall wäre, so könnte der Mann diesen Wechsel oder diese Veränderung nicht wahrnehmen, sondern er hätte immer den Eindruck, *b* bewegte sich; diese Tatsache ist aus der Erfahrung bekannt. Der Grund dafür liegt darin, daß die beiden Körper *a* und *b* in ständiger Beziehung zueinander sind, so daß *b* stillsteht, wenn *a* sich bewegt, und umgekehrt *a* stillsteht, wenn *b* sich bewegt. Im 4. Buch der «Perspektive» von Witelo[1] steht, daß wir eine Bewegung erst dann wahrnehmen, wenn wir bemerken, daß ein Körper in bezug auf einen zweiten Körper eine andere Stellung einnimmt. Ich sage deshalb, daß, wenn der obere der beiden erwähnten Weltteile heute – wie es geschieht – in täglicher Umlaufbewegung ist, und der untere nicht, und es morgen umgekehrt wäre, so daß der untere Teil sich bewegte und der obere, d.h. der Himmel stillstünde, daß wir dann diesen Wechsel nicht bemerken könnten, sondern alles ein und dasselbe zu sein schiene, heute und morgen. Und wir hätten immer den Eindruck, daß der Teil, auf dem wir uns befinden, ruhte, und der andere sich bewegte, so wie jemand in einem fahrenden Schiff glaubt, die Bäume bewegten sich. Und so wäre es auch, wenn jemand im Himmel wäre, angenommen, er sei in täglicher Umlaufbewegung, und er, mit dem Himmel fortbewegt, die Erde und die Berge, Täler, Flüsse, Städte und Schlösser klar und deutlich sähe, so hätte er den Eindruck, die Erde sei in täglicher Umlaufbewegung, so wie wir auf der Erde es vom Himmel glauben. Und wenn die Erde in täglichem Umlauf wäre und der Himmel nicht, schiene es uns auch, sie stehe still und der Himmel bewege sich. Jeder, der über gesunde Urteilskraft verfügt, kann sich das leicht vorstellen. Dies ist die klare Antwort auf das erste Argument, denn wir könnten sagen, daß es scheint, die Sonne und die Sterne gingen auf und unter und der Himmel bewege sich wegen der Bewegung der Erde und der Elemente, auf denen wir leben. Die Antwort auf das zweite Argument scheint die zu sein, daß sich die Erde nicht allein dreht, sondern, wie wir festgestellt haben, mit ihr das Wasser und die Luft, wenn auch das Wasser und die Luft hier unten außerdem noch durch den Wind und andere Kräfte bewegt werden können.

[1] Polnischer Mathematiker (2. H. 13. Jh.), berühmt für sein Buch über Optik. (Hg.)

Und wenn in einem fahrenden Schiff Luft eingeschlossen ist, scheint es dementsprechend einem, der sich in dieser Luft drin befindet, daß sie sich nicht bewegt. Was das dritte Argument betrifft, welches komplizierter scheint und davon handelt, daß ein Pfeil oder Stein in die Luft geworfen wird, so könnte man sagen, daß der in die Höhe geschossene Pfeil sehr schnell mit der Luft, die er durchdringt, nach Osten bewegt wird, mit der ganzen Masse des erwähnten untern Teils der Welt, die in täglicher Umlaufbewegung ist; deshalb fällt der Pfeil an seinen Ausgangspunkt zurück. Dies scheint so möglich zu sein; denn wenn sich jemand in einem schnell gegen Osten fahrenden Schiff befände, ohne daß er die Bewegung wahrnähme und er mit seiner Hand eine gerade Linie dem Schiffsmast entlang hinunterzöge, so schiene es ihm, seine Hand mache eine gerade Bewegung; und so scheint es uns auch mit dem Pfeil, der gerade hinauf- oder hinunterschießt. Desgleichen können, wie gesagt, im fahrenden Schiff Längs-, Quer-, Aufwärts-, Abwärts- und andere Bewegungen stattfinden, sie scheinen immer gleich zu sein, wie wenn das Schiff stillsteht. Wenn deshalb jemand in diesem Schiff weniger schnell nach Westen geht, als es nach Osten fährt, so scheint es ihm, er nähere sich dem Westen, und er geht doch gegen Osten. Und wie im obigen Fall wären alle Bewegungen hier unten so, als ob die Erde stillstünde. Um die Antwort auf das dritte Argument zu erklären, will ich nun nach diesem künstlichen Beispiel ein Beispiel aus der Natur anführen, das nach Aristoteles wahr ist. Er nimmt an, daß in der höheren Region der Luft eine Portion reinen Feuers sei, *a* genannt, welches sehr leicht ist und das daher ganz hoch an einen *b* genannten Ort nahe der konkaven Oberfläche des Himmels steigt. Ich sage nun, daß, wie im Fall des Pfeils, auch hier die Bewegung von *a* aus einer geraden und zum Teil einer kreisförmigen zusammengesetzt ist; denn die Region der Luft und die Sphäre des Feuers, durch welche *a* gehen muß, sind, nach Aristoteles, in einer Kreisbewegung. Wenn sie sich nicht so bewegten, so würde *a* gerade aufsteigen auf einer Linie *ab;* weil aber mittlerweile *b* durch die tägliche Kreisbewegung auf den Ort *c* verschoben worden ist, ist es klar, daß *a* beim Aufsteigen die Linie *ac* beschreibt und die Bewegung von *a* aus einer geraden und einer Kreisbewegung zusammengesetzt ist. Und auf diese Art zusammengesetzt oder gemischt wäre auch die Bewegung des Pfeils, von dem wir im dritten Kapitel des ersten Buchs gesprochen haben. Ich ziehe also den Schluß, daß es unmöglich ist, durch irgendeine Beobachtung zu beweisen, daß der Himmel in täglicher Umlaufbewegung ist und die Erde nicht.

150
Das All, das nur eingeschränkt Größte, als Gleichnis des absolut Größten

Werten wir die bisher mit Hilfe der belehrten Unwissenheit gewonnenen Erkenntnisse in scharfsinniger Betrachtung aus, so kann uns bereits das Wissen, daß alles das absolut Größte selbst ist oder sein Sein von ihm herleitet, eine Fülle von Einsichten über die Welt oder das All vermitteln, das ich als das nur eingeschränkt Größte verstanden wissen möchte. Denn da das Eingeschränkte, d.h. das konkret Individuelle, vom Absoluten all das hat, was es ist, gleicht sich jenes Größte soweit möglich dem völlig Absoluten an. Wir stellen also die Behauptung auf, daß das, was wir im ersten Buch über das absolut Größte kennengelernt haben, so wie es als Absolutes dem Absoluten in unbedingter Weise zukommt, dem Eingeschränkten in eingeschränkter Weise zukomme.

Wir wollen einige Beispiele anführen, um dem Suchenden den Zugang zu erleichtern. Gott ist die absolute Größe und Einheit. Er geht in absoluter Weise dem Verschiedenen und Entgegengesetzten, wie z.B. den kontradiktorischen Gegensätzen, zwischen denen es kein Mittleres gibt, voraus und einigt es. Diese absolute Größe und Einheit ist in absoluter Weise das Sein aller Dinge. Sie ist in allen das absolute Prinzip und das Ziel und die Seinsheit der Dinge. In ihm ist alles ohne Vielheit in vollkommenster Einfachheit das absolut Größte selbst ohne Unterscheidung. Wie die unendliche Linie alle Figuren ist, so ist in gleicher Weise die Welt, d.h. das All, ein eingeschränkt Größtes und Eines, das den eingeschränkten Gegensätzen, wie z.B. den konträren Gegensätzen, vorhergeht. Es ist in eingeschränkter Weise das Sein aller Dinge, in allen ihr eingeschränktes Prinzip und das eingeschränkte Ziel der Dinge, ein eingeschränktes Seiendes, eine eingeschränkte Unendlichkeit, um auf diese Weise in eingeschränkter Weise unendlich zu sein. In ihm sind alle Dinge ohne Vielheit das eingeschränkt Größte selbst in eingeschränkter Einfachheit und Ununterschiedenheit, so wie die eingeschränkt größte Linie in eingeschränkter Weise alle Figuren ist.

151
Ergänzende Bemerkungen über die Bewegung

Vielleicht erfaßt die Leser dieser früher nie gehörten Lehren Verwunderung, nachdem die belehrte Unwissenheit ihre Wahrheit gezeigt hat. Wir wissen jetzt aus dieser Darstellung um die Dreifaltigkeit des Universums, und daß es nichts von allem gibt, was nicht eine Einheit aus Potenz, Akt und der Bewegung der Verknüpfung wäre, und daß keines von diesen ohne das andere absolut bestehen könnte, so daß notwendigerweise jene drei in allem sich finden in so verschiedener Weise und ganz verschiedenen Gradabstufungen, daß auch nicht zwei Dinge im Universum hinsichtlich jener drei oder auch nur in einem von ihnen völlig gleich sein können. Trotzdem kommt man in keiner Gattung, auch nicht in der der Bewegung, zum schlechthin Größten oder Kleinsten. Bei Betrachtung der verschiedenartigen Bewegungen der Sphären ist es deshalb unmöglich, daß diese Weltmaschine diese sinnlich wahrnehmbare Erde die Luft oder das Feuer oder irgend etwas anderes als feststehenden und unbeweglichen Mittelpunkt besitzt. Man kommt ja in der Bewegung nicht zum schlechthin Kleinsten, etwa einem feststehenden Mittelpunkt, da das Kleinste mit dem Größten zusammenfallen muß.

Der Mittelpunkt der Welt fällt also mit ihrem Umfang zusammen. Die Welt hat demnach keinen Umfang, denn hätte sie einen Mittelpunkt, so hätte sie auch einen Umfang und hätte somit in sich ihren Anfang und ihr Ende. Und die Welt wäre gegen etwas anderes abgegrenzt, und außerhalb der Welt gäbe es etwas anderes und gäbe es Ort. Das alles entspricht nicht der Wahrheit. Da deshalb ein Eingeschlossensein der Welt zwischen einem körperlichen Mittelpunkt und einem Umfang unmöglich ist, so läßt sich die Welt nicht verstehend begreifen, wenn nicht ihr Mittelpunkt und Umfang Gott ist. Und obwohl die Welt nicht unendlich ist, so läßt sie sich doch nicht als endlich begreifen, da sie der Grenzen entbehrt, innerhalb deren sie sich einschließen ließe.

Die Erde, die nicht Mittelpunkt sein kann, kann also nicht ohne jede Bewegung sein. Denn ihre Bewegung muß auch derartig sein, daß sie ins Unendliche geringer sein könnte. Wie also die Erde nicht der Mittelpunkt der Welt ist, so ist auch die Fixsternsphäre nicht ihr Umkreis, obwohl auch wieder im Vergleich der Erde zum Himmel die Erde dem Mittelpunkt näher zu stehen scheint und der Himmel dem Umkreis. Die Erde ist also nicht Mittelpunkt weder der achten oder einer anderen Sphäre, noch beweist das Aufsteigen der sechs Sternzeichen über dem Horizont die Lage der Erde im Mittelpunkt der achten Sphäre. Wäre sie auch vom Mittelpunkt entfernt und an der durch die Pole durchgehenden Achse gelegen, so daß sie auf der einen Seite gegen den einen Pol erhoben wäre, auf der anderen gegen den anderen gesenkt, so würde offensichtlich den Menschen, die so weit von den Polen entfernt sind wie der Horizont sich ausbreitet, nur die halbe Sphäre sichtbar sein. Und auch der Mittelpunkt der Welt liegt nicht eher innerhalb als außerhalb der Erde, noch besitzt auch die Erde oder irgendeine Sphäre einen Mittelpunkt. Denn da der Mittelpunkt ein Punkt ist, der gleiche Entfernung vom Umfang hat, und es nicht möglich ist, daß es eine absolut wahre Sphäre oder einen absolut wahren Kreis gibt, ohne daß ein wahrerer sich geben läßt, so ist es einleuchtend, daß kein Mittelpunkt gegeben werden kann, ohne daß ein wahrerer und genauerer gegeben werden könnte. Ein genau gleicher Abstand zu verschiedenen Punkten läßt sich außer Gott nicht finden, da er allein die unendliche Gleichheit ist. Er, der also der Mittelpunkt der Welt ist, der gebenedeite Gott, er ist auch der Mittelpunkt der Erde und aller Sphären und aller Dinge, die in der Welt sind. Er ist zugleich der unendliche Umfang von allem.

152
Die Beschaffenheit der Erde

Zu dem eben Gesagten gelangten die Alten nicht, da sie es an der belehrten Unwissenheit fehlen ließen. Uns ist bereits klar, daß diese Erde in Wirklichkeit sich bewegt, wenn uns das auch nicht in der Erscheinung sich aufdrängt. Wir erkennen ja eine Bewegung nur durch einen Vergleich mit etwas Feststehendem. Wüßte jemand nicht um das Fließen des Wassers und sähe die Ufer nicht, während er sich auf einem Schiff inmitten des Wassers befindet, wie sollte der erkennen, daß das Schiff sich bewegt? Und da es stets jedem, ob er sich auf der Erde oder der Sonne oder auf einem anderen Stern befindet, so vorkommt, daß er sich gleichsam an einem unbeweglichen Mittelpunkt befindet und daß alles andere sich bewegt, deshalb würde jener, wenn er sich auf der Sonne, der Erde, dem Mond, dem Mars usw. befände, sich sicherlich immer neue Pole bilden. Der Bau der Welt ist deshalb so, als hätte sie überall ihren Mittelpunkt und nirgends ihre Peripherie, da ihre Peripherie und ihr Mittelpunkt Gott ist, der überall und nirgends ist. [. . .]

Man kann auch nicht sagen, die Erde sei deswegen wertloser, weil sie kleiner ist als die Sonne und ihren Einfluß erfährt, denn die gesamte Region der Erde, die sich bis zur Peripherie des Feuers erstreckt, ist groß. Und wenn auch die Erde kleiner ist als die Sonne, wie wir aus dem Schatten und den Verfinsterungen wissen, so wissen wir doch nicht, um wieviel die Region der Sonne größer oder kleiner ist als die der Erde. Ihr genau gleich sein kann sie aber nicht, denn kein Stern kann dem anderen gleich sein. Auch ist die Erde nicht der kleinste Stern, da sie größer ist als der Mond, wie uns die Erfahrung der Mondfinsternisse zeigt, und auch als der Merkur, wie manche behaupten, und vielleicht als andere Sterne. Der aus der Größe geführte Beweis für ihren geringen Wert ist darum nicht schlüssig.

Auch die Beeinflussung, die sie erfährt, ergibt keinen Beweis für ihre Unvollkommenheit, denn als Stern beeinflußt sie, wie gesagt, vielleicht die Sonne und ihre Region in gleicher Weise. Und da wir keine andere Erfahrung haben als die unserer Lage im Mittelpunkt, in dem die Einflüsse zusammenfließen, so erfahren wir von solcher Rückwirkung nichts. Denn wenn sich auch die Erde verhält wie die Möglichkeit und die Sonne in bezug auf sie wie die Seele oder die formale Aktualität und der Mond wie ein vermittelndes Band, so daß diese in einer Region sich befindenden Sterne ihre wechselseitigen Einflüsse vereinigen, während andere, etwa der Merkur, die Venus und die übrigen, darüber stehen, wie die Alten und auch einige Moderne sagen, so wird klar, daß der wechselseitige Bezug der Einflüsse derart ist, daß eine Einwirkung nicht ohne die andere sein kann. Sie wird also in jedem dieser drei Sterne gemäß ihrer jeweiligen Abstufungen gleicherweise eine und dreifach sein. Aus solchen Überlegungen wird deutlich, daß der Mensch nicht zu wissen vermag, ob die Region der Erde in den besprochenen Hinsichten auf einer unvollkommeneren und geringeren Stufe steht im Verhältnis zu den Regionen der anderen Sterne, der Sonne, des Mondes und der übrigen.

VON KOPERNIKUS BIS PASCAL

EINLEITUNG

Die wesentliche historische Bedeutung der in diesem Kapitel behandelten Periode, d.h. der hundert Jahre von der Mitte des 16. bis zur Mitte des 17. Jahrhunderts, besteht darin, daß sie die Fundamente der aristotelischen Naturauffassung untergrub und die Mehrzahl ihrer wissenschaftlichen Annahmen beseitigte. Damit wurde auch der ganzen wissenschaftlichen Einstellung des Mittelalters, die ja hauptsächlich auf der aristotelischen Doktrin beruhte, ein Ende bereitet. Die Passagen aus der wissenschaftlichen Literatur, die hier zitiert werden, zeigen jedoch, daß die Gelehrten jener Zeit nicht nur mit Ideen und Konzeptionen Schluß machten, die während über fünfzehnhundert Jahren die herrschenden gewesen waren und so einflußreiche Mächte wie die mittelalterliche Theologie gestützt hatten; vielmehr wurde zugleich das Fundament für die neue konzeptuelle Struktur der Newtonschen Ära gelegt. Während dieser drei Generationen – vom Tode des Kopernikus bis zur Geburt Newtons – wurden Tatsachen von höchster Bedeutung entdeckt, und es begann die erste Formierung eines theoretischen Gerüsts, mittels dessen Newton und seine Nachfolger das gesamte komplexe Gebäude der neuen Naturwissenschaften errichten konnten. Es kam noch hinzu, daß zur selben Zeit die neue Philosophie, mit ihren beiden Hauptströmungen des Empirismus und Rationalismus, in ihrem Bestreben, sich der Fesseln der scholastischen Theologie und der aristotelischen Weltanschauung zu entledigen, die Tendenzen der Wissenschaft förderte und so den Weg für eine neue Weltsicht ebnete, in der die naturwissenschaftliche Auffassung zu einem integralen Teil wurde.

Wissenschaftsgeschichtler pflegen das Jahr 1543, in dem Kopernikus' Werk *Über die Umkreisungen der Himmelskörper* erschien, als den Beginn der Neuzeit anzusehen, und es gibt schwerwiegende Gründe für diese Zeiteinteilung. Der weitaus wichtigste Aspekt der kopernikanischen Revolution war zweifellos ein psychologischer. Die Verdrängung der Erde vom Zentrum des Planetensystems, das im 16. Jahrhundert immer noch mit dem Zentrum des geschlossenen Universums zusammenfiel, versetzte der anthropozentrischen Einstellung den Todesstoß. Im wahrsten Sinne des Wortes eröffnete diese historische Wendung der Wissenschaft neue Horizonte und wurde zur Quelle eines machtvollen Strebens nach einer Naturerkenntnis, die, unabhängig von jeglicher Vormundschaft, auf rein wissenschaftlicher Forschung beruhte. Die heliozentrische Theorie gab damit den psychologischen Antrieb zu einer Tendenz, die in den nächsten hundert Jahren immer weitere Kreise zog: der Anerkennung der wissenschaftlichen Aktivität als eines autonomen Bezirks menschlichen Denkens. Die feindliche Reaktion der Kirche, die sich vom Ende des 16. Jahrhunderts an durch ganz Europa in wachsendem Masse bemerkbar machte, hatte zwar ihre einschüchternde Wirkung, förderte jedoch letzten Endes jene Tendenz zur Unabhängigkeit der Wissenschaft von der Theologie.

Die Publikation von Kopernikus' Werk stellte die Welt der Wissenschaft zum ersten Mal vor eine Situation, die in erkenntnistheoretischer Hinsicht von besonderer Bedeutung ist. Das geozentrische System des Ptolemaios und die neue Lehre von Kopernikus fußten beide auf denselben astronomischen Gegebenheiten, die schon zur Zeit des *Almagest* bekannt waren. Die Annahme der heliozentrischen Lehre war lediglich an theoretische Erwägungen gebunden, und die Entscheidung zugunsten eines der beiden Systeme konnte ihrem Wesen nach nur eine epistemologische oder metaphysische sein. Die beiden das Buch einleitenden Vorreden – die von Osiander, der die Drucklegung besorgte, und die des Kopernikus selbst – sind typisch für zwei einander entgegengesetzte Auffassungen, denen wir immer wieder in der Wissenschaftsgeschichte begegnen: Positivismus und Realismus. Nach Osiander ist die Funktion der Wissenschaft eine rein methodologische. Da wir die Wahrheit nicht wissen können, müssen wir uns damit bescheiden, die Resultate unserer Berechnungen so gut, wie es geht, den beobachteten Tatsachen anzupassen, und diejenige Theorie ist die beste, die diese Berechnungen erleichtert und zu einer möglichst großen Vermehrung unserer tatsächlichen Kenntnisse verhilft. In Osianders Worten erklingt ein apologetischer Ton hinsichtlich der neuen Theorie, die naturgemäß im Kreise der Gelehrten noch nicht das Maß von Anerkennung finden konnte, wie die seit klassischen Zeiten akzeptierte des Ptolemaios. Osiander ist zwar bereit, aus jenen methodologischen Erwägungen heraus die kopernikanische Lehre zu stützen, aber offenbar gibt er der Theorie den Vorzug, die sich schon seit Jahrhunderten bewährt hat.

Im Gegensatz hierzu erklärt Kopernikus in seiner Einleitung, daß er eine neue Wahrheit entdeckt habe. Er beruft sich darauf, daß seine Theorie innere Zusammenhänge zwischen den verschiedenen empirischen Daten aufdeckt und sie somit zu einem kohärenten, einheitlichen System macht, in dem keine Einzelheit weggelassen werden kann, ohne den gesamten Bau zum Zusammenbruch zu bringen. Hierbei betont Kopernikus, daß nach seiner Theorie sich in den Schleifen der Planetenbahnen die Umlaufbewegung der Erde um die Sonne widerspiegelt und er daher in der Lage ist, den notwendigen Zusammenhang zwischen der Größe und Anzahl der Schleifen und den Entfernungen von Mars, Jupiter und Saturn von der Sonne nachzuweisen, während im ptolemäischen System eine solche notwendige Verknüpfung nicht existiert. Kopernikus behauptet, seine Theorie sei die wahre, eben aus dem Grunde, daß sie strukturell die einfachere sei, und diese strukturelle Einfachheit einer Theorie sei das entscheidende Merkmal ihrer Wahrheit. Diese Auffassung des Begriffs der Einfachheit transzendiert natürlich die Erkenntnistheorie und verwandelt sich in eine metaphysische, sobald man mit Kopernikus behauptet, die Natur ziehe Einfachheit in allen ihren Manifestationen vor. Zu dieser metaphysischen Anschauung haben sich viele Naturwissenschaftler zu allen Zeiten bekannt, von Aristoteles bis zu den Physikern des 18. Jahrhunderts, die das Prinzip der kleinsten Wirkung formulierten.

Auch vom methodologischen Gesichtspunkt aus gesehen brachte die kopernikanische Theorie die praktische Astronomie einen gewaltigen Schritt vorwärts, indem sie die Bestimmung der relativen Entfernungen der Planeten von der Sonne ermöglichte und so den Weg für die Forschungen Keplers bereitete. Ferner sei auf einige von Kopernikus' Argumenten gegen das geozentrische System besonders hingewiesen. Wir finden da eine qualitative Vorwegnahme fundamentaler Prinzipien der klassischen Mechanik, wie des Trägheitssatzes und des Begriffs einer universellen Gravitation, wenn auch in einer Sprache, die im wesentlichen die der Scholastiker ist. Diese Begriffe konnten naturgemäß erst nach der endgültigen Fundierung des heliozentrischen Systems zu voller Entfaltung kommen.

Es dauerte viele Jahrzehnte, bis dieses System mit all seinen Implikationen von der Mehrheit der Wissenschaftler akzeptiert wurde, die am Ende des 16. Jahrhunderts nur eine sehr kleine Gemeinschaft in den Ländern Europas bildeten. Ungefähr vierzig Jahre nach der Veröffentlichung von *De revolutionibus* trat der dominikanische Mönch Giordano Bruno in den Kulturzentren Westeuropas als begeisterter Verkünder der neuen Lehre auf, die er noch mit großer Kühnheit erweitert hatte. Über hundert Jahre nach Nikolaus von Kues warf Bruno wiederum das Problem der räumlichen Unendlichkeit der Welt auf. Cusanus war von theologisch-philosophischen Erwägungen ausgegangen, jedoch der Anstoß zu Brunos Ablehnung der aristotelischen Welt war das kopernikanische System, das die Erde vom Mittelpunkt des Universums verdrängte und sie auf den Status eines der um die Sonne kreisenden Planeten reduzierte. Bruno ging noch über Kopernikus hinaus und erklärte die Fixsterne als Sonnen, die in den unendlichen Weiten des Universums zerstreut seien, wobei unsere Sonne nur einer unter einer unendlichen Menge solcher Sterne sei. Bruno also verdrängte seinerseits die

Sonne aus der zentralen Position, die ihr Kopernikus in seiner geschlossenen Welt zugeschrieben hatte. Brunos Propaganda der kopernikanischen Theorie, die ihn auf den Scheiterhaufen der Inquisition brachte, verschärfte die Gegnerschaft der Kirche und führte schließlich zu der berühmten Polemik zwischen ihr und Galilei.

Zu den Anhängern der heliozentrischen Theorie gehörte auch William Gilbert, der Leibarzt der Königin Elisabeth I. von England; sein Buch *Über den Magneten* (1600) ist eines der ersten wissenschaftlichen Werke der Neuzeit. Obwohl Gilberts Stil und umständliche Sprache seinem Buch einen antiquierten Charakter verleihen, ist seine Einstellung dennoch eine ausgesprochen wissenschaftliche, und an seiner eingehenden systematischen Erforschung der magnetischen Eigenschaften erkennt man den Geist der neuen Zeit mit seiner experimentellen Methodik und seiner bewußten Zurückhaltung vor übertriebenen Verallgemeinerungen. Gilberts Hypothese, daß die Erde selber ein riesiger Magnet sei, war die Basis für seine Erklärung der Inklination und Deklination einer Magnetnadel. Sie war auch Ausgangspunkt für die allgemeine Annahme einer kosmischen Bedeutung des Magnetismus. Sein Buch hatte großen Einfluß auf die Wissenschaft des 17. Jahrhunderts, und Kepler z.B. benutzte Gilberts Ideen, als er versuchte, die von ihm entdeckte elliptische Form der Planetenbahnen theoretisch zu erklären.

Gilberts Buch war ein erster Vorbote der weitverzweigten wissenschaftlichen Tätigkeit, die in England etwa fünfzig Jahre später begann und die den entscheidenden Anstoß durch Gilberts großen Zeitgenossen, den Philosophen und Staatsmann Francis Bacon, erhielt. Von der Mitte des 17. Jahrhunderts an war das wissenschaftliche Denken durch die beiden Hauptströmungen der neuen Philosophie grundlegend beeinflußt, durch Empirismus und Rationalismus. Bacon, der die Reihe der englischen Empiristen des 17. und 18. Jahrhunderts eröffnete, war kein aktiver Wissenschaftler und unterschätzte insbesondere die Bedeutung der Mathematik für die Naturwissenschaft. Seine Philosophie übte jedoch einen tiefen und langanhaltenden Einfluß auf eine ganze Generation großer Forscher aus, darunter auch die Gründer der Londoner Royal Society. Er gab ihrer Forschung eine Richtung, die durch die Erfahrung und durch Induktion bestimmt war, indem er immer wieder darauf bestand, der Scholastik den Rücken zu kehren, die Natur selber zu befragen und sich nicht auf die Schriften verflossener Epochen zu verlassen. Bacons Induktionsbegriff war in mehrfacher Hinsicht unzulänglich und zu simpel, jedoch sein großes Verdienst war, daß er vor den Gefahren der vielfachen Vorurteile warnte, die u.a. in der Natur des Menschen, seinen Gewohnheiten oder in einer veralteten Erziehungsmethode wurzeln.

Während Bacon mit seiner empirischen Philosophie vor allem für die Naturwissenschaft in England richtunggebend war, verlieh in den anderen Ländern Europas in erster Reihe der Rationalismus von René Descartes der Wissenschaft ihre Prägung. Descartes war nicht nur einer der großen Philosophen aller Zeiten, sondern auch ein bedeutender Wissenschaftler. Seine Leistungen auf dem Gebiet der Geometrie, der deduktiven Wissenschaft par excellence, sowie sein Glaube an den menschlichen Verstand als die einzige sichere Grundlage für die Erkenntnis von Natur und Mensch, überzeugten Descartes davon, daß bei aller Notwendigkeit von Beobachtung und Experiment die Naturwissenschaft vor allem auf der deduktiven Methode beruhen müsse. Seine Regeln zur Anleitung des Verstandes und seine Ausführungen über die wissenschaftliche Methode sind tiefer und umfassender als Bacons aphoristische Aussprüche.

In zweierlei Hinsicht übte Descartes einen Einfluß auf das moderne wissenschaftliche Denken aus, wie er in der neuen Wissenschaftsgeschichte von keinem anderen übertroffen wurde, obwohl nicht alle seine Ideen sich später als richtig erwiesen. Einmal war es seine Auffassung, daß alle materiellen Phänomene geometrisch beschrieben werden können, da ja letzten Endes Materie nichts anderes als dreidimensionale Ausdehnung sei und daher alle ihre Manifestationen nur das enthalten könnten, was auch in den Gesetzen der Geometrie und in mathematischen Relationen zu finden sei. Von dieser Auffassung leitet sich die radikale Kontinuumstheorie und die Negation des Vakuums her, von denen Descartes seine Kosmologie deduzierte. Nach dieser besteht die Welt aus drei Arten von Materie, nämlich der leuchtenden Substanz, die auch Wärme ausstrahlt, dem in Wirbelbewegungen befindlichen Äther und der «dunklen» Materie. Ferner war es die extrem mechanistische Anschauung von Descartes, die sich noch weitgehender und entscheidender auf die gesamte moderne Naturwissenschaft auswirkte. Er faßte die physikalische Welt und alle ihre Vorgänge als eine Maschine oder als Maschinenteile auf, deren Betrieb daher mittels mechanischer Modelle und Analogien erklärt werden kann. Auch hier besteht ein enger Zusammenhang mit der Kontinuumstheorie, denn jeder mechanische Vorgang läßt sich ja auf einen direkten Kontakt angrenzender Körper oder Körperteile zurückführen. Descartes behandelte die Gesetze der Bewegung mit großer Ausführlichkeit und hat den Trägheitssatz zum ersten Mal in einer allgemeinen Fassung formuliert. Seine Ausführungen zum Satz von der Erhaltung der Bewegungsgröße sind insofern unvollständig, als er es unterließ, zwischen elastischen und unelastischen Zusammenstößen zu unterscheiden. Descartes betrachtete die Bewegungsgröße, also das Produkt von Masse und Geschwindigkeit eines Körpers, als den Grundbegriff der Dynamik.

Typisch für seine mechanistische Auffassung war die falsche Erklärung der Lichtbrechung beim Übergang zwischen zwei Medien, einem dünneren und einem dichteren. Descartes vergleicht dies mit der Bewegung einer Kugel auf verschiedenen Unterlagen; auf Filz wird die Kugel langsamer rollen als auf Stein, und daher müsse sich auch das Licht in einem dünneren oder weicheren Medium wie der Luft langsamer fortpflanzen, als in dem kompakteren des Wassers. Kurz nach Descartes hatte Fermat auf diese falsche Deutung aufmerksam gemacht und das Gesetz der Lichtbrechung richtig erklärt, wobei er ein Minimumprinzip benutzte, das Prinzip der kürzesten Zeit, die das Licht braucht, um von einem gegebenen Punkt zu einem andern zu gelangen. Dieses Prinzip diente als Vorbild für die teleologische Begründung des Prinzips der kleinsten Wirkung durch Leibniz und Maupertuis in der ersten Hälfte des 18. Jahrhunderts.

Descartes' Wirbeltheorie war der erste moderne Versuch, die Planetenbewegungen mechanisch zu erklären, wobei er sich auf die hydrodynamische Analogie der Wasserwirbel stützte. Obwohl diese Theorie vierzig Jahre später von Newton widerlegt wurde, erhielt sie sich noch lange am Leben, weil sie, wie jedes mechanische Modell, sich wegen ihrer Anschaulichkeit großer Popularität erfreute. Auch als Biologe war Descartes ein ausgesprochener Mechanist, trotz des von ihm vertretenen Dualismus, der die Welt in zwei Bereiche teilte, den der ausgedehnten Substanz, d.h. der Materie, und den der denkenden Substanz, des Geistes. Alle physiologischen Funktionen lassen sich nach ihm rein mechanisch erklären, und da alle Körper Maschinen seien, bestehe in dieser Hinsicht kein Unterschied zwischen dem Körper des Menschen und dem anderer Lebewesen. Bei all seiner mechanistischen Einstellung, seiner rein deduktiven Philosophie und seiner Tendenz zu Verallgemeinerungen hütete sich Descartes in seiner Erkenntnistheorie vor übertriebenem Dogmatismus: Rückschlüssen vom Sichtbaren auf das Unsichtbare eigne zwar ein großes Maß von Plausibilität, aber sie gewährten keine absolute Sicherheit; wir könnten zwar einen Naturforscher mit dem Entzifferer einer Geheimschrift vergleichen, aber selbst wenn ihm die Aufgabe glücke, könne er für seine Resultate nie unumstößliche Gewißheit beanspruchen.

In Johann Keplers wissenschaftlicher Persönlichkeit, die man vor allem in seinen astronomischen Schriften studieren kann, ist der denkbar schärfste Widerstreit zwischen den irrationalen Motiven seiner Forschungstätigkeit und den rationalen Methoden seiner Arbeitsweise vereinigt. Man kann diese beiden nicht voneinander trennen, ohne damit Gefahr zu laufen, das Bild seines Lebenswerks zu verfälschen. Keplers bedeutende Leistungen, vor allem seine drei Gesetze der Planetenbewegungen, welche die induktive

Grundlage für Newtons Gravitationsgesetz bilden, zeugen von seiner wissenschaftlichen Statur, seiner Exaktheit, Phantasie, Ausdauer und ungewöhnlichen mathematischen Begabung. Durch sein geniales Können hob er die Astronomie auf ein Niveau, von dem aus sich mit der Entdeckung des Teleskops neue Horizonte eröffneten. Nach dem Tode seines Lehrers Tycho Brahe brachte er das Tabellenwerk der für die Planetenbewegungen relevanten Daten zum Abschluß, und auf Grund seiner genauen Berechnungen und den ausführlichen Beobachtungen des Planeten Mars gelangte er zu dem Resultat, das die Vorherrschaft des Kreises als Bahn der Himmelskörper brach. Sein erstes Gesetz etablierte, daß jeder Planet sich auf einer Ellipse bewegt, wobei die Sonne in einem der Brennpunkte steht; sein zweites Gesetz, der Flächensatz, ist ein spezieller Fall des Prinzips der Erhaltung des Drehimpulses, angewandt auf die Planetenbewegung. Das dritte Gesetz, zehn Jahre nach den ersten beiden publiziert, stellt eine mathematische Beziehung her, zwischen dem mittleren Abstand eines Planeten von der Sonne und seiner Umlaufszeit; Kepler selbst betrachtete dieses Gesetz als die Krönung seines Lebenswerks, und seine freudige Aufregung über diese Entdeckung ist zu verstehen, wenn man sich die psychologischen Motive näher ansieht, die der Hauptantrieb zu seinen Forschungen waren.

Kepler war ein begeisterter Neoplatoniker, dessen Glaube an die harmonische Struktur der Welt stark durch die christliche Mystik beeinflußt wurde; zugleich war er Anhänger der kopernikanischen Lehre, die ihm als Leitidee zur Aufdeckung dieser Harmonie im Planetensystem diente. Keplers eminent strukturale Einstellung zeigt sich schon in seiner ersten Arbeit, dem *Mysterium Cosmographicum* (1596), in der er versuchte, die Abstände der sechs planetarischen Sphären mit den Ausmaßen der fünf platonischen Körper, die man in sie einschachteln kann, in Beziehung zu setzen. Nach seiner Entdeckung der elliptischen Bahnen und der Geschwindigkeitsänderung der Planeten mit ihrem Abstand von der Sonne kehrte er zur alten pythagoreischen Idee von der musikalischen Harmonie der Sphären zurück. Dabei versuchte er, zahlenmäßige Verhältnisse der Geschwindigkeiten eines Planeten im Perihel und Aphel zu entdecken, die den Konsonanzen eines musikalischen Akkordes entsprechen, und in seinem dritten Gesetz sah er einen definitiven Beweis für das Vorhandensein harmonischer Zahlenverhältnisse im Weltall.

Die beiden großen Zeitgenossen Galilei und Kepler verkörpern zwei diametral entgegengesetzte Typen von Forschern. Der Mystiker Kepler strebte während seines ganzen Lebens danach, eine Weltformel zu finden, in der die strukturale Harmonie des Universums zum Ausdruck kommt, und seinen mathematischen und astronomischen Forschungen lag die Auffassung des Kosmos als einer Ganzheit zugrunde. Dagegen vermied der Rationalist Galilei allumfassende und verallgemeinernde Hypothesen, weil er die Aufgabe der Wissenschaft in der systematischen Klärung und eingehenden Analyse partikulärer Tatsachen sah, deren theoretische und experimentelle Klarstellung notwendigerweise zu einer Erweiterung unserer Kenntnis der physikalischen Welt führen müsse. Zwar hatte sich Gilbert schon vor Galilei auf die Untersuchung eines partikulären Phänomens beschränkt; jedoch die Art und Weise, in der Galilei die Selektion spezieller Erscheinungen vornahm, die wunderbare Klarheit seiner Sprache und die mathematischen Formulierungen seiner experimentellen Resultate machen ihn zum Pionier der Spezialisation, die den modernen Naturforscher charakterisiert.

Galileis mathematische Definitionen der Geschwindigkeit und Beschleunigung in ihrer Abhängigkeit von der Zeit, seine Gesetze des freien Falls, der Wurfbewegung und der Pendelschwingung sind die Grundlage der klassischen Mechanik, die sich im 17. und 18. Jahrhundert entwickelte. In der gesamten Wissenschaftsgeschichte gibt es keinen Autor, der Galilei an Klarheit und Eleganz des Stils gleichkommt. In den gemeinverständlichen Darstellungen seiner wissenschaftlichen Ergebnisse versetzte er zugleich der aristotelischen Physik den Todesstoß. Seine bündigen und überzeugenden Argumente gegen Aristoteles und die Scholastiker, die sich auf detaillierte physikalische Analysen stützen, übten einen viel tieferen und länger anhaltenden Einfluß auf das physikalische Denken aus als die Angriffe von Bacon und Descartes.

Galileis Leistungen auf dem Gebiet der Astronomie standen an Bedeutung auf gleicher Höhe mit denen in der Mechanik und übertrafen sie noch hinsichtlich des Einflusses auf die Autonomie des wissenschaftlichen Denkens. Seine ersten Beobachtungen mit dem 1609 von ihm konstruierten Teleskop lieferten überzeugende Beweise zugunsten des kopernikanischen Systems; es waren dies die Phasen der Venus, die zugleich mit ihrer Position relativ zur Sonne wechseln, die vier Monde des Jupiter, die ein Miniaturmodell des heliozentrischen Systems darstellen, und die Sonnenflecken, an denen die axiale Rotation der Sonne demonstriert werden kann, von der sich Schlüsse auch auf die Rotationsbewegungen der Planeten einschließlich der Erde ziehen lassen. Galileis mutige Stellungnahme gegen Aristoteles' Kosmologie, die einen Angriff auf die von der Kirche akzeptierte Kosmologie implizierte, bereitete althergebrachten Anschauungen ein Ende, die seit der hellenistischen Zeit in Kraft waren. Die Veränderlichkeit der Sonnenflecken beweist nach ihm, daß Entstehen und Vergehen in der Himmelsregion genau so herrschen wie in der irdischen, und ähnlich wie Philoponos elfhundert Jahre vor ihm, schloß Galilei auf die identische Natur himmlischer und irdischer Phänomene. In diesem Zusammenhang formulierte er sein klassisches Credo vom Vorrang der Veränderlichkeit und des Vergehens über Unveränderlichkeit und Statik, eine Art programmatischer Darlegung der dynamischen Einstellung zu den Erscheinungen, die später die Newtonsche Epoche beherrschte.

Das Problem der Sonnenflecke war einer der Schwerpunkte im Ringen Galileis um die Unabhängigkeit des wissenschaftlichen Denkens, jener Auseinandersetzung, die im Jahre 1633 zu dem berühmten Inquisitionsverfahren gegen ihn führte. In seinen Briefen an die Großherzogin Christina erklärt er, daß die Naturphänomene und die heiligen Schriften zwei Aspekte ein und derselben Wahrheit sind. Dabei sei aber zu bedenken, daß die Sprache der Bibel dem unvollkommenen Verständnis der Menschen angepaßt ist, während die Natur in einer eindeutigen Sprache spricht; daher müsse sich der Wissenschaftler in seinen Überlegungen von der Natur leiten lassen. Diese Doktrin hat im Laufe der Zeiten den Weg der Wissenschaft bestimmt. Galileis Schriften, insbesondere sein Buch *Über die beiden Weltsysteme, das ptolemäische und das kopernikanische* (1632) und das andere, *Über zwei neue Wissenszweige, die Mechanik und die Fallgesetze* (1638) enthalten einen Schatz fruchtbarer Gedanken und lehrreicher Erläuterungen aus verschiedenen Gebieten der Naturwissenschaften. Nur wenige Beispiele hierfür sind in der Anthologie zitiert, z. B. die Passage über die Lichtgeschwindigkeit und ihre Messung, oder die Ausführungen über den fallenden Stein auf einem in Fahrt befindlichen Schiff.

Was Galilei über den entlang dem Mast des Schiffes fallenden Stein sagte, wurde durch ein berühmtes Experiment bestätigt, das Pierre Gassendi 1640 im Golf von Lyon in der Nähe von Marseille ausführte und das sowohl den Trägheitssatz wie das klassische Relativitätsprinzip bestätigte. Gassendi gehörte mit Mersenne, Descartes, Fermat und Pascal zu der Gruppe der großen Physiker und Mathematiker, welche die Wissenschaft in Frankreich schon vor der Errichtung der Akademie der Wissenschaften in Paris begründeten. Gassendis Werk über die Atomlehre des Epikur bildete den Ausgangspunkt für die Korpuskulartheorie der Materie in der Neuzeit und hatte einen beträchtlichen Einfluß auf die Physiker des 17. Jahrhunderts, wie z. B. Robert Boyle. Dieses Werk legt auch Zeugnis ab für das positive Verhältnis der neuerwachten Wissenschaft zur Antike, zu Platon, Epikur, Archimedes und den anderen großen griechischen Philosophen und Wissenschaftlern. Diese positive Einstellung wurde in keiner Weise durch die völlige Ablehnung der aristotelisch-scholastischen Weltanschauung beeinträchtigt.

Ein typisches Beispiel für den Umsturz aristotelischer Begriffe durch die

Experimentalwissenschaft bieten die Untersuchungen der physikalischen Eigenschaften der Luft, die bis in den Beginn der Neuzeit hinein als eines der vier unveränderlichen Elemente angesehen wurde, sowie die Arbeiten über die Existenz und die Natur des Vakuums. Hierzu trugen unter anderen Torricelli in Italien und Pascal in Frankreich bei, letzterer auch mit seinen Untersuchungen des Luftdrucks mittels des von Torricelli konstruierten Barometers.

NIKOLAUS KOPERNIKUS

Osianders[1] Einleitung zu «De revolutionibus»

153
Ich zweifle nicht, daß manche Gelehrte über den schon allgemein verbreiteten Ruf von der Neuheit der Hypothesen dieses Werkes, welches die Erde als beweglich, die Sonne dagegen als in der Mitte des Universums unbeweglich hinstellt, sehr aufgebracht und der Meinung sein mögen, daß die freien und schon vor Zeiten richtig begründeten Wissenschaften nicht hätten gestört werden sollen. Wenn sie aber die Sache genau erwägen wollten, würden sie finden, daß der Verfasser dieses Werkes nichts unternommen hat, was getadelt zu werden verdiente. Denn es ist des Astronomen eigentlicher Beruf, die Geschichte der Himmelsbewegungen nach gewissenhaften und scharfen Beobachtungen zusammenzutragen und hierauf die Ursachen derselben, oder Hypothesen darüber, wenn er die wahren Ursachen nicht finden kann, zu ersinnen und zusammenzustellen, aus deren Grundlagen eben jene Bewegungen nach den Lehrsätzen der Geometrie, wie für die Zukunft, so auch für die Vergangenheit richtig berechnet werden können. In beiden Beziehungen hat aber dieser Meister Ausgezeichnetes geleistet. Es ist nämlich nicht erforderlich, daß diese Hypothesen wahr, ja nicht einmal, daß sie wahrscheinlich sind, sondern es reicht schon allein hin, wenn sie eine mit den Beobachtungen übereinstimmende Rechnung ergeben; es müßte denn jemand in der Geometrie und Optik so unwissend sein, daß er den Epizyklus der Venus für wahrscheinlich und ihn für die Ursache davon hielte, daß sie um vierzig Grade und darüber zuweilen der Sonne vorausgeht, zuweilen ihr nachfolgt. Denn wer sieht nicht, wie bei dieser Annahme notwendig folgen würde, daß der Durchmesser dieses Planeten in der Erdnähe mehr als viermal, der Körper selbst aber mehr als sechzehnmal so groß erscheinen müßte, als in der Erdferne, und dem widerspricht doch die Erfahrung jeden Zeitalters. Es gibt auch noch andere, nicht geringere Widersprüche in dieser Lehre, welche wir hier nicht zu erörtern brauchen. Denn es ist hinlänglich bekannt, daß diese Lehre die Ursachen der scheinbar ungleichmäßigen Bewegungen einfach gar nicht kennt; und wenn sie welche

[1] Andreas Osiander (1498–1552) überwachte die letzte Druckphase von *De revolutionibus*. Die Einleitung erschien anonym; seine Autorschaft wurde von Kepler aufgedeckt. (Hg.)

in der Vorstellung erdenkt, wie sie denn sicherlich sehr viele erdenkt: so erdenkt sie dieselben keineswegs zu dem Zwecke, um irgend jemanden zu überreden, daß es so sei, sondern nur dazu, damit sie die Rechnung richtig begründen. Da aber für eine und dieselbe Bewegung sich zuweilen verschiedene Hypothesen darbieten, wie bei der Bewegung der Sonne die Exzentrizität und der Epizyklus, so wird der Astronom diejenige am liebsten annehmen, welche dem Verständnis am leichtesten ist. Der Philosoph wird vielleicht mehr Wahrscheinlichkeit verlangen, keiner von beiden wird jedoch etwas Gewisses erreichen oder lehren, wenn es ihm nicht durch göttliche Eingebung enthüllt worden ist. Gestatten wir daher auch diesen Hypothesen, unter den durch nichts wahrscheinlicheren alten bekannt zu werden, zumal da sie zugleich bewundrungswürdig und leicht sind und einen ungeheuren Schatz der gelehrtesten Beobachtungen mit sich bringen.

Möge niemand in Betreff der Hypothesen etwas Gewisses von der Astronomie erwarten, da sie nichts dergleichen leisten kann, damit er nicht, wenn er das zu anderen Zwecken Erdachte für Wahrheit nimmt, törichter aus dieser Lehre hervorgehe, als er gekommen ist. Lebe wohl. –

Aus dem Widmungsschreiben an Papst Paul III.

154

[...] Aber Deine Heiligkeit wird vielleicht nicht sowohl darüber verwundert sein, daß ich es gewagt habe, diese meine Nachtarbeiten zu Tage zu fördern, nachdem ich mir bei der Ausarbeitung derselben so viel Mühe gegeben habe, daß ich ohne Scheu meine Gedanken über die Bewegung der Erde den Wissenschaften anvertrauen kann – sondern erwartet vielmehr, von mir zu hören, wie es mir in den Sinn gekommen ist, zu wagen, gegen die angenommene Meinung der Mathematiker, ja beinahe gegen den gemeinen Menschenverstand, mir irgend eine Bewegung der Erde vorzustellen. Deshalb will ich Deiner Heiligkeit nicht verhehlen, daß mich zum Nachdenken über eine andere Art, die Bewegungen der Weltkörper zu berechnen, nichts anderes bewogen hat, als weil ich sah, daß die Mathematiker selbst bei ihren Untersuchungen hierüber mit sich nicht einig sind. Denn erstens sind sie über die Bewegung der Sonne und des Mondes so ungewiß, daß sie die ewige Größe des vollen Jahres nicht abzuleiten und zu beobachten vermögen. Zweitens wenden sie bei Feststellung der Bewegungen, sowohl jener, als auch der übrigen fünf Wandelsterne, weder dieselben Grund- und Folgesätze, noch dieselben Beweise für die erscheinenden Umkreisungen und Bewegungen an. Die einen bedienen sich nämlich nur der konzentrischen, die andern der exzentrischen und epizyklischen Kreise, durch welche sie jedoch das Erstrebte nicht völlig erreichen. Denn diejenigen, welche sich zu den konzentrischen Kreisen bekennen, obgleich sie beweisen, daß einige ungleichmäßige Bewegungen aus ihnen zusammengesetzt werden können, haben dennoch daraus nichts Gewisses festzustellen vermocht, was unzweifelhaft den Erscheinungen entspräche. Diejenigen aber, welche die exzentrischen Kreise ersannen, obgleich sie durch dieselben die erscheinenden Bewegungen zum großen Teil mit zutreffenden Zahlen gelöst zu haben scheinen, haben dennoch sehr vieles herbeigebracht, was den ersten Grundsätzen über die Gleichmäßigkeit der Bewegung zu widersprechen scheint. Auch konnten sie die Hauptsache, nämlich die Gestalt der Welt und die sichere Symmetrie ihrer Teile weder finden, noch aus jenen berechnen. Es ging ihnen so, als wenn jemand von verschiedenen Orten her Hände, Füße, Kopf und andere Glieder, zwar sehr schön, aber nicht im Verhältnisse zu einem einzigen Körper gezeichnet, nähme und, ohne daß sie sich irgend entsprächen, vielmehr ein Monstrum als einen Menschen daraus zusammensetzte. Daher zeigt es sich, daß sie in dem Gange des Beweises, den man Methode nennt, entweder etwas Notwendiges übergangen oder etwas Fremdartiges und zur Sache nicht Gehörendes hinzugesetzt haben; was ihnen gewiß nicht widerfahren wäre, wenn sie sichere Prinzipien befolgt hätten. Wenn aber ihre angewandten Hypothesen nicht trügerisch wären, so hätte sich alles, was daraus folgt, unzweifelhaft bewährt. Es mag das, was ich hier sage, dunkel sein, es wird aber seines Ortes klar werden.

Als ich nun diese Unsicherheit der mathematischen Überlieferungen über die zu berechnenden Kreisbewegungen der Sphären lange mit mir überlegt hatte, begann es mir widerlich zu werden, daß die Philosophen, welche in Bezug auf die geringfügigsten Umstände jener Kreisbewegung so sorgfältig forschten, keinen sichern Grund für die Bewegung der Weltmaschine hätten, die doch unsertwegen von dem besten und gesetzmäßigsten aller Meister gebaut ist. Daher gab ich mir die Mühe, die Bücher aller Philosophen, deren ich habhaft werden konnte, von neuem zu lesen, um nachzusuchen, ob nicht irgendeiner einmal der Ansicht gewesen wäre, daß andere Bewegungen der Weltkörper existierten, als diejenigen annehmen, welche in den Schulen die mathematischen Wissenschaften gelehrt haben. Da fand ich denn zuerst bei Cicero, daß Hiketas[1] geglaubt habe, die Erde bewege sich. Nachher fand ich auch bei Plutarch, daß einige andere ebenfalls dieser Meinung gewesen seien; seine Worte setze ich, um sie jedem vorzulegen, hierher: «Andere aber glauben, die Erde bewege sich: so sagt

[1] Hiketas und sein Schüler Ekphantos gehörten zur spätpythagoreischen Schule des 4. Jh. v. Chr. (Hg.)

Philolaos, der Pythagoreer, sie bewege sich um das Feuer in schiefem Kreise, ähnlich wie die Sonne und der Mond; Herakleides von Pontos[1] und Ekphantos, der Pythagoreer, lassen die Erde sich zwar nicht fortschreitend, aber doch nach Art eines Rades, eingegrenzt zwischen Niedergang und Aufgang um ihren eigenen Mittelpunkt bewegen.»

Hiervon also Veranlassung nehmend, fing auch ich an, über die Beweglichkeit der Erde nachzudenken, und obgleich die Ansicht widersinnig schien, so tat ich's doch, weil ich wußte, daß schon anderen vor mir die Freiheit vergönnt gewesen war, beliebige Kreisbewegungen zur Ableitung der Erscheinungen der Gestirne anzunehmen. Ich war der Meinung, daß es auch mir wohl erlaubt wäre, zu versuchen, ob unter Voraussetzung irgend einer Bewegung der Erde zuverlässigere Ableitungen für die Kreisbewegung der Himmelsbahnen gefunden werden könnten als bisher.

Und so habe ich denn, unter Annahme der Bewegungen, welche ich im nachstehenden Werke der Erde zuschreibe, und durch viele und lange fortgesetzte Beobachtungen endlich gefunden, daß, wenn die Bewegungen der übrigen Wandelsterne auf den Kreislauf der Erde übertragen und dieser dem Kreislaufe jedes Gestirnes zu Grunde gelegt wird – nicht nur die Erscheinungen jener daraus folgen, sondern auch die Gesetze und Größen der Gestirne und alle ihre Bahnen und der Himmel selbst so zusammenhängen, daß in keinem seiner Teile, ohne Verwirrung der übrigen Teile und des ganzen Universums, irgend etwas verändert werden könnte. Dem angemessen habe ich auch im Verlaufe des Werkes die Ordnung befolgt, daß ich im ersten Buche alle Stellungen der Bahnen beschrieb, mit Einschluß der Bewegungen, die ich der Erde beilege; so daß dieses Buch gleichsam die allgemeine Verfassung des Universums enthält. In den übrigen Büchern aber trage ich hierauf die Bewegungen der übrigen Gestirne und aller Bahnen, mit Einschluß der Bewegung der Erde vor, damit daraus erkannt werden kann, inwiefern die Bewegungen und Erscheinungen der übrigen Gestirne und Bahnen beibehalten werden können, wenn sie auf die Bewegungen der Erde bezogen werden. Ich zweifle nicht, daß geistreiche und gelehrte Mathematiker mir beipflichten werden, wenn sie, was die Philosophie vor allem verlangt, nicht oberflächlich, sondern gründlich erkennen und erwägen wollen, was zum Erweise dieser Gegenstände in dem vorliegenden Werke von mir herbeigebracht ist. Damit aber Gelehrte und Ungelehrte gleicherweise sehen, daß ich durchaus niemandes Urteil scheue, so wollte ich diese meine Nachtarbeiten lieber Deiner Heiligkeit als irgend einem andern widmen, weil Du auch in diesem sehr entlegenen Winkel der Erde,

[1] Herakleides d. Ä. von Pontos war ein Schüler Platons. Er stellte die Hypothese von der axialen Rotation der Erde und von der Bewegung von Merkur und Venus um die Sonne auf. (Hg.)

in welchem ich wirke, an Würde des Ranges und an Liebe zu allen Wissenschaften und zur Mathematik für den Erhabensten gehalten wirst; so daß Du durch Dein Ansehn und Urteil die Bisse der Verleumder leicht unterdrücken kannst, obgleich das Sprichwort sagt, es gebe kein Mittel gegen den Biß der Verleumder. [...]

155

Kapitel 6. Über die Unermeßlichkeit des Himmels im Verhältnisse zu der Größe der Erde

Daß die so große Masse der Erde, im Verhältnisse zu der Größe des Himmels, nicht in Betracht kommt, kann daraus erkannt werden, daß die begrenzenden Kreise – das bedeuten nämlich die *Horizontes* der Griechen – die ganze Himmelskugel halbieren; was nicht geschehen könnte, wenn die Größe der Erde, oder ihr Abstand vom Mittelpunkte der Welt, im Vergleich mit dem Himmel merklich wäre. Der eine Kugel halbierende Kreis geht nämlich durch den Mittelpunkt der Kugel und ist der größte von den umschriebenen Kreisen. Es sei *A B C D* ein begrenzender Kreis, die Erde aber, von welcher aus wir ihn sehen, sei *E:* so ist eben dies *E* der Mittelpunkt des Horizontes, durch welchen alles Erscheinende von dem Nicht-

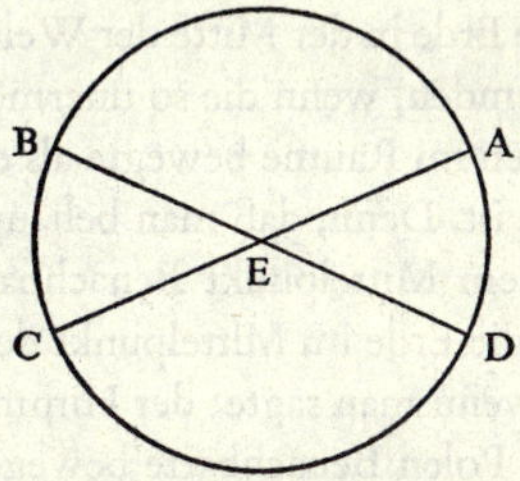

Der Horizont mit der Erde als Zentrum

erscheinenden geschieden wird. Erblickt man nun durch ein in *E* aufgestelltes Diopter, oder Horoskop, oder durch eine Wasserwaage, den Aufgang des Anfanges des Krebses im Punkte *C*, so sieht man in demselben Augenblicke den Anfang des Steinbocks in *A* untergehen. Da die Punkte *A, E* und *C* in einer durch das Diopter gehenden graden Linie liegen, so ist klar, daß letztere der Durchmesser der Ekliptik ist; und da sechs Zeichen den Halbkreis bestimmen, so ist auch *E* der Mittelpunkt des Horizontes. Wenn bei einer andern Umwälzung der Anfang des Steinbocks in *B* aufgeht, so wird der Untergang des Krebses in *D* gesehen werden, und *BED* wird eine grade Linie, und zwar der Durchmesser der Ekliptik sein. Es hat sich aber schon gezeigt, daß *AEC* der Durchmesser desselben Kreises ist, folglich ist klar, daß der Mittelpunkt des Kreises in dem gemeinschaftlichen Durchschnittspunkte liegt. So halbiert also immer der Horizont die Ekliptik, welche ein größter Kreis der Kugel ist. Da nun ein Kreis auf einer Kugel, wenn er durch den Mittelpunkt eines größten Kreises geht, selbst ein größter Kreis ist, so gehört der Horizont zu den größten Kreisen, und sein Mittelpunkt ist zugleich derjenige der Ekliptik. Weil aber die Linie durch die Oberfläche der Erde notwendig eine andere ist als diejenige durch ihren Mittelpunkt, beide aber wegen der Unermeßlichkeit im Verhältnis zur Erde gewissermaßen Parallelen ähnlich sind, welche, wegen des zu kleinen Abstandes an der Grenze, eine einzige Linie zu sein scheinen – da der Zwischenraum, den sie einschließen, im Verhältnis zu ihrer Länge, in der Weise, wie dies in der Optik gezeigt wird, nicht wahrnehmbar ist –, so scheint dies ohne Zweifel hinreichend zu beweisen, daß der Himmel im Vergleich mit der Erde unermeßlich sei und den Anschein einer unendlichen Größe gewinnt und daß die Erde zum Himmel, nach der Sinnenschätzung, wie ein Punkt zu einem Körper und ein endlich Großes zu einem unendlich Großen sich verhält. Weiter ist aber auch nichts bewiesen, und es folgt namentlich nicht daraus, daß die Erde in der Mitte der Welt ruhen müsse. Vielmehr müßte es uns recht befremden, wenn die so unermeßlich ausgedehnte Welt sich leichter in 24 Stunden im Raume bewegte als ein sehr kleiner Teil derselben, welcher die Erde ist. Denn, daß man behauptet, der Mittelpunkt sei unbeweglich und das dem Mittelpunkt Benachbarte bewege sich langsamer, beweist nicht, daß die Erde im Mittelpunkt der Welt ruhe; es ist nämlicht nichts anderes, als wenn man sagte: der Himmel bewege sich, aber die Pole ruhen, und das den Polen Benachbarte bewege sich sehr langsam; wie denn der Polarstern sich viel langsamer als der Adler oder der Sirius zu bewegen scheint, weil ersterer, als dem Pol nahe stehend, einen kleineren Kreis beschreibt, indem alle einer Kugel angehören, deren Bewegung, nach ihrer Achse hin abnehmend, eine unter sich gleiche Bewegung aller ihrer Teile nicht zuläßt, während die Bewegung des Ganzen sie alle in gleichen Zeiten, aber durch ungleiche Räume hindurch herumführt. Hierauf beruht also der Grund des Beweises, daß die Erde, indem sie einen Teil der Himmelskugel ausmacht und derselben Art und Bewegung teilhaftig ist, als dem Mittelpunkte benachbart sich wenig bewege. Da sie nun ein existierender Körper und nicht selbst der Mittelpunkt ist, so würde sie sich selbst in derselben Zeit in den Himmelskreisen ähnlichen, wenn auch kleineren Kreisen bewegen. Wie falsch dies sei, ist klarer als das Licht, denn es müßte an einem und demselben Orte immer Mittag, an einem andern immer Mitternacht sein, so daß weder ein täglicher Aufgang noch ein Untergang eintreten könnte, weil die Bewegung des Ganzen und des Teiles eine einzige untrennbare wäre. Es besteht aber ein sehr verschiedenes Verhältnis in bezug auf das Ganze und dessen Teile, und dies löst die Schwierigkeit der Sache. Diejenigen nämlich, welche einen kleineren Kreis beschreiben, bewegen sich schneller als diejenigen, welche einen größeren Kreis durchlaufen. So vollendet der oberste der Planeten, der Saturn, seine Kreisbahn in dreißig Jahren, und der Mond, der ohne Zweifel der Erde am nächsten ist, in einem Monat; endlich wird man einräumen, daß die Erde in dem Zeitraum von einem Tag und einer Nacht sich um sich selbst drehe. Es kehrt also derselbe Zweifel über die tägliche Kreisbewegung hier wieder. Aber es handelt sich auch noch um den Ort der Erde, der aus dem Obigen noch nicht ganz gewiß folgt. Denn jener Beweis enthält nichts weiter, als daß die Größe des Himmels im Verhältnis zur Erde unendlich ist, aber bis wie weit sich diese Unermeßlichkeit erstrecke, steht keineswegs fest. Ebenso wie sehr kleine und unteilbare Körperchen, sogenannte Atome, wenn sie zwei- oder einigemale genommen werden, wegen ihrer Unmerklichkeit nicht sofort einen wahrnehmbaren Körper zusammensetzen, dennoch aber so oft multipliziert werden können, daß sie endlich ausreichen, um zu einer wahrnehmbaren Größe anzuwachsen. So verhält es sich auch mit dem Ort der Erde – obgleich derselbe nicht in dem Mittelpunkt der Welt liegt, so ist dennoch diese Entfernung, namentlich im Vergleich mit der Fixsternsphäre, noch nicht meßbar.

156

Kapitel 7. Warum die Alten geglaubt haben, die Erde ruhe in der Mitte der Welt, gleichsam als Mittelpunkt

Deshalb haben die alten Philosophen aus einigen anderen Gründen zu beweisen versucht, daß die Erde in der Mitte der Welt stehe. Als hauptsächlichste Ursache aber führen sie die Schwere und Leichtigkeit an. Das Element der Erde ist nämlich am schwersten, und alles Wägbare bewegt sich, seinem Streben gemäß, nach der innersten Mitte derselben hin. Da nun die Erde, nach welcher die schweren Gegenstände von allen Seiten her rechtwinklig auf die Oberfläche, vermöge ihrer eigenen Natur, sich hinbewegen, kugelförmig ist: so würden sie, wenn sie nicht eben auf der Oberfläche zurückgehalten würden, in ihrem Mittelpunkt zusammentreffen; weil in der Tat eine grade Linie, welche gegen die Tangentialebene im Berührungspunkte senkrecht gerichtet ist, zum Mittelpunkt führt. Für diejenigen Körper aber, welche sich nach der Mitte hin bewegen, scheint zu folgen, daß sie in der Mitte ruhen würden. Um so mehr wird also die ganze Erde in der Mitte ruhen, und, was sie auch alles für fallende Körper in sich aufnimmt, durch ihr Gewicht unbeweglich bleiben. Ebenso stützen sie sich auch bei ihren Beweisen auf den Grund der Bewegung und deren Natur. Aristoteles sagt nämlich, daß die Bewegung eines einfachen Körpers einfach sei; von den einfachen Bewegungen sei aber die eine gradlinig, die andere kreisförmig; von der gradlinigen aber die eine aufwärts, die andere abwärts. Deshalb sei jede einfache Bewegung entweder nach der Mitte hin, nämlich abwärts, oder von der Mitte fort, nämlich aufwärts, oder um die Mitte herum, und diese wäre eben die kreisförmige. Nur der Erde und dem Wasser, welche für schwer gelten, kommt es zu, sich abwärts zu bewegen, d.h. nach der Mitte hin zu streben; der Luft aber und dem Feuer, welche mit Leichtigkeit begabt sind, aufwärts und von der Mitte fort sich zu bewegen. Es scheint klar, daß diesen vier Elementen die gradlinige Bewegung zugestanden werden muß; in Bezug auf die himmlischen Körper aber, daß sie sich um die Mitte im Kreise drehen. So Aristoteles. Wenn daher, sagt der Alexandriner Ptolemaios, die Erde sich drehte, wenigstens in täglicher Umdrehung, so müßte das Gegenteil von dem Obengesagten eintreten, es müßte nämlich die Bewegung, welche in vierundzwanzig Stunden den ganzen Umfang der Erde durchliefe, die heftigste und ihre Geschwindigkeit unübertreffbar sein. Was aber in jähe Drehung versetzt wird, scheint zu einer Zusammenhäufung durchaus nicht geeignet zu sein, vielmehr zerstreut zu werden, wenn nicht die zusammenhängenden Teile mit einiger Festigkeit zusammengehalten würden. Und schon lange, sagt er, würde die lose Erde über den Himmel selbst – was sehr lächerlich ist – hinausgelangt, und um so weniger würden die lebenden Wesen und sonstigen losgelösten Massen irgendwie unerschüttert geblieben sein. Aber auch die gradlinig fallenden Körper würden nicht in der Senkrechten an den ihnen bestimmten Ort gelangen, da derselbe inzwischen mit so großer Geschwindigkeit darunter weggezogen wäre. Auch würden wir die Wolken und was sonst in der Luft schwebte, immer nach Westen hin sich bewegen sehen.

157

Kapitel 8. Widerlegung der angeführten Gründe und ihre Unzulänglichkeit

Aus diesen und ähnlichen Gründen behauptet man, daß die Erde in der Mitte der Welt ruhe und daß es sich unzweifelhaft so verhalte. Aber wenn einer glaubt, daß die Erde sich drehe, so wird er gewiß auch der Meinung sein, daß diese Bewegung eine natürliche und keine gewaltsame sei. Was aber der Natur gemäß ist, das bringt Wirkungen hervor, welche dem entgegengesetzt sind, was durch Gewalt geschieht. Dinge, auf welche Gewalt oder ein äußerer Anstoß ausgeübt wird, müssen zerstört werden und können nicht lange bestehen; was aber von Natur geschieht, verhält sich richtig und bleibt in seinem besten Zusammenhange. Ohne Grund also fürchtet Ptolemaios, daß die Erde und alle die in Umdrehung versetzten irdischen Gegenstände durch die Tätigkeit der Natur zerfahren würden, da diese letztere eine ganz andere ist als die der Kunst oder als das, was vom menschlichen Geiste hervorgebracht werden könnte. Warum aber fürchtet er nicht dasselbe, und zwar in noch viel höherem Maße von der Welt, deren Bewegung um so viel geschwinder sein müßte, um wie viel der Himmel größer ist als die Erde? Oder ist der Himmel deswegen unermeßlich geworden, weil er durch die unaussprechliche Gewalt der Bewegung von der Mitte entfernt worden ist; während er sonst, wenn er stillstände, zusammenfallen würde? Gewiß würde, wenn dieser Grund stattfände, auch die Größe des Himmels ins Unendliche gehen. Denn je mehr er durch den äußeren Anstoß der Bewegung in die Höhe getrieben würde, um so geschwinder würde die Bewegung werden, wegen des immer wachsenden Kreises, den er in dem Zeitraume von 24 Stunden durchlaufen müßte; und umgekehrt, wenn die Bewegung wüchse, so wüchse auch die Unermeßlichkeit des Himmels. So würde die Geschwindigkeit die Größe und die Größe die Geschwindigkeit ins Unendliche steigern. [...]

Ob nun die Welt endlich oder unendlich sei, wollen wir dem Streite der Naturphilosophen überlassen; sicher bleibt uns dies, daß die Erde, zwischen Polen eingeschlossen, von einer kugelförmigen Oberfläche begrenzt ist. Warum wollen wir also noch Anstand nehmen, ihr eine von Natur ihr zukommende, ihrer Form entsprechende Beweglichkeit zuzugestehen, eher als anzunehmen, daß die ganze Welt, deren Grenze nicht gekannt wird und nicht gekannt werden kann, sich bewege? Und warum wollen wir nicht bekennen, daß der Schein einer täglichen Umdrehung dem Himmel, die Wirklichkeit derselben aber der Erde angehöre und daß es sich daher hiermit so verhalte, wie wenn Virgils Aeneas sagt: «Wir laufen aus dem Hafen aus, und Länder und Städte weichen zurück.» Weil, wenn ein Schiff ruhig dahinfährt, alles, was außerhalb desselben ist, von den Schiffern so gesehen wird, als ob es nach dem Vorbilde der Bewegung des Schiffes sich bewege, und die Schiffer umgekehrt der Meinung sind, daß sie mit allem, was sie bei sich haben, ruhen, so kann es sich ohne Zweifel mit der Bewegung der Erde ebenso verhalten und scheinen, als ob die ganze Welt sich drehe. Was sollen wir nun über die Wolken und das übrige irgendwie in der Luft Schwebende oder Fallende oder in die Höhe Steigende sagen, als daß nicht nur die Erde sich mit dem ihr verbundenen, wäßrigen Element so bewege, sondern auch ein nicht geringer Teil der Luft, und was sonst noch auf dieselbe Weise mit der Erde verknüpft ist – sei es nun, daß die zunächst liegende Luft, mit erdiger und wäßriger Materie vermischt, derselben Natur, wie die Erde, folgt, sei es, daß der Luft die Bewegung mitgeteilt worden ist, indem sie mittels der Berührung mit der Erde und vermöge des Widerstandes durch die fortwährende Umdrehung derselben teilhaftig wird. [...]

Es kommt nun noch hinzu, daß der Zustand der Unbeweglichkeit für edler und göttlicher gehalten wird, als der der Veränderung und Unbeständigkeit, welcher letztere deshalb eher der Erde als der Welt zukommt; und ich füge noch hinzu, daß es widersinnig erscheint, dem Enthaltenden und Setzenden eine Bewegung zuzuschreiben und nicht vielmehr dem Enthaltenen und Gesetzten, welches die Erde ist. Da endlich die Planeten offenbar der Erde bald näher, bald ferner zu stehen kommen, so wird auch dann die Bewegung eines und desselben Körpers, welche um die Mitte, die der Mittelpunkt der Erde sein soll, stattfindet, auch von der Mitte fort und nach ihr hin gerichtet sein. Man muß also die Bewegung um die Mitte herum allgemeiner fassen, und es genügt, wenn jede einzelne Bewegung ihre eigene Mitte hat. Man sieht also, daß aus allem diesem die Bewegung der Erde wahrscheinlicher ist als ihre Ruhe, zumal in Bezug auf die tägliche Umdrehung, welche der Erde am eigentümlichsten ist.

158

Kapitel 9. Ob der Erde mehrere Bewegungen beigelegt werden können und vom Mittelpunkte der Welt

Da also der Beweglichkeit der Erde nichts im Wege steht, so glaube ich, muß nun untersucht werden, ob ihr auch mehrere Bewegungen zukommen, so daß sie für einen der Planeten gehalten werden könnte. Daß sie nämlich nicht der Mittelpunkt aller Kreisbewegungen ist, beweisen die scheinbar ungleichmäßigen Bewegungen der Planeten und ihre veränderlichen Abstände von der Erde, welche aus konzentrischen Kreisen, mit der Erde im Mittelpunkt, nicht erklärt werden können. Da also mehrere Mittelpunkte existieren, so wird niemand ohne Grund im Zweifel sein, ob der Mittelpunkt der Welt derjenige der irdischen Schwere oder ein anderer sei. Ich bin wenigstens der Ansicht, daß die Schwere nichts anderes ist als ein von der göttlichen Vorsehung des Weltenmeisters den Teilen eingepflanztes, natürliches Streben, vermöge dessen sie dadurch, daß sie sich zur Form einer Kugel zusammenschließen, ihre Einheit und Ganzheit bilden. Und es ist anzunehmen, daß diese Neigung auch der Sonne, dem Mond und den übrigen Planeten innewohnt und sie durch deren Wirkung in der Rundung, in welcher sie erscheinen, verharren, während sie nichtsdestoweniger in vielfacher Weise ihre Kreisläufe vollenden. Wenn also auch die Erde andere Bewegungen als diejenige um ihren Mittelpunkt besitzt, so werden dieselben solche sein müssen, die nach außen hin an vielem in entsprechender Weise zur Erscheinung kommen, und unter diesen erkennen wir den jährlichen Umlauf. Da, wenn man die Unbeweglichkeit der Sonne zugegeben hat und den jährlichen Umlauf von der Sonne auf die Erde überträgt, der Auf- und Untergang der Zeichen und Fixsterne, wodurch sie Morgen- und Abendsterne werden, sich in derselben Weise ergibt, so wird es den Anschein gewinnen, daß auch die Stillstände und das Rück- und Vorwärtsgehen der Planeten nicht Bewegungen dieser, sondern der Erde sind, welche diese den Erscheinungen jener leiht. Endlich wird man sich überzeugen, daß die Sonne selbst die Mitte der Welt einnimmt. Und dies alles lehrt uns das Gesetz der Reihenfolge, in welcher jene aufeinander folgen, und die Harmonie der Welt, wenn wir selbst nur die Sache, wie man sagt, mit beiden Augen ansehen.

159

Kapitel 10. Über die Ordnung der Himmelskreise

Daß die Fixsternsphäre das höchste von allem Sichtbaren ist, sehe ich niemanden bezweifeln. Die Reihenfolge der Planeten wollten die alten Philosophen nach ihren Umlaufszeiten bestimmen, indem sie als Grund dafür anführten, daß, wenn mehrere Körper mit gleicher Geschwindigkeit sich bewegen, diejenigen langsamer fortzurücken scheinen, welche weiter entfernt sind, wie dies von Euklid in der Optik bewiesen wird. Deshalb glauben sie, daß der Mond, weil er, als der Erde am nächsten stehend, sich in dem kleinsten Kreise bewegt, seinen Umlauf auch in der kürzesten Zeit vollendet, der Saturn aber, als der höchste, die größte Bahn in der längsten Zeit durchläuft. Unter diesem steht der Jupiter, darauf folgt der Mars. Über Venus aber und Merkur finden sich verschiedene Meinungen, weil sie nicht, wie jene, sich durch alle Grade von der Sonne entfernen. Deshalb stellen einige dieselben über die Sonne, wie Timaios bei Platon, andere unter dieselbe, wie Ptolemaios und ein guter Teil der Neueren. [...]

Wie wenig überzeugend die Begründung des Ptolemaios ist, nach welcher die Sonne die Mitte zwischen den überallhin und den nicht so von ihr abweichenden Planeten einnehmen soll, geht daraus hervor, daß der Mond, indem er selbst überallhin abweicht, ihre Unwahrheit verrät. – Was wollen aber diejenigen, welche unter die Sonne die Venus und dann den Merkur setzen, oder dieselben nach einer andern Reihenfolge anordnen, für eine Ursache dafür anführen, daß diese nicht ebenso selbständige und von der Sonne unabhängige Bahnen durchlaufen, wie die übrigen Planeten, wenn das Verhältnis ihrer Geschwindigkeit und Langsamkeit ihre Reihenfolge nicht falsch darstellt? Also es würde entweder die Erde nicht in dem Mittelpunkt, auf welchen die Reihenfolge der Gestirne und Bahnen bezogen werden, stehen dürfen, oder es gäbe mindestens gar keinen Grund für ihre Reihenfolge, noch wäre es ersichtlich, warum dem Saturn mehr als dem Jupiter oder irgend einem andern die höchste Stelle gebührte. Deshalb scheint mir durchaus nicht unbeachtenswert, was Martianus Capella[1], welcher eine Enzyklopädie geschrieben hat, und einige andere Lateiner sehr wohl wußten. Er glaubt nämlich, daß Venus und Merkur die Sonne als ihren Mittelpunkt umkreisen und deswegen von ihr nicht weiter weggehen können, als es die Kreise ihrer Bahnen erlauben, weil sie die Erde nicht wie die andern umkreisen, sondern wechselnd-wiederkehrende Abstände haben. Was will dies anderes bedeuten, als daß dieselben um die Sonne, als um den Mittelpunkt ihrer Bahnen, kreisen? So würde denn in der Tat die Bahn Merkurs von derjenigen der Venus, welche mehr als doppelt so groß ist, umschlossen und fände in der Ausdehnung dieser die ihr genügende Stelle. Nimmt man hiervon Gelegenheit und bezieht Saturn, Jupiter und Mars auf denselben Mittelpunkt, während man die große Ausdehnung ihrer Bahnen ins Auge faßt, welche mit jenen auch die darin liegende Erde enthält und umschließt, so wird man die Erklärung der regelmäßigen Ordnung ihrer Bewegungen nicht verfehlen. Denn es steht fest, daß jene der Erde immer dann am nächsten sind, wenn sie des Abends aufgehen, d.h. wenn sie in Opposition mit der Sonne treten, wo die Erde zwischen ihnen und der Sonne steht, daß sie aber von der Erde am entferntesten sind, wenn sie des Abends untergehen, d.h. wenn sie von der Sonne verdeckt werden, indem wir zwischen ihnen und der Erde die Sonne haben, was hinreichend beweist, daß ihr Mittelpunkt vielmehr der Sonne zugehöre und derselbe sei, auf welchen auch Venus und Merkur ihre Bahnen beziehen. Da aber alle diese sich auf einen Mittelpunkt beziehen, so ist notwendig, daß der kreis- oder kugelförmige Raum, welcher zwischen dem konvexen Kreis der Venus und dem konkaven des Mars übrig bleibt und mit jenen an beiden Oberflächen konzentrisch ist, unterbrochen wird, und die Erde mit dem sie begleitenden Mond und allem, was unter dem Mond sich befindet, aufnimmt. Denn wir können den Mond, der unstreitig der Erde am nächsten steht, in keiner

[1] Lateinischer Schriftsteller zu Beginn des 5. Jh. n. Chr.

Weise von ihr trennen, zumal da wir in jenem Raume für ihn eine überflüssig ausreichende Stelle finden. Daher scheuen wir uns nicht, zu behaupten, daß das Ganze, was der Mond einschließt, mit dem Mittelpunkte der Erde, zwischen den Planeten jenen großen Kreis in jährlicher Bewegung um die Sonne durchläuft und sich um den Weltmittelpunkt bewegt, in welchem auch die Sonne unbeweglich ruht; und daß alles das, was von einer Bewegung der Sonne erscheint, vielmehr in der Bewegung der Erde seine Wahrheit findet – daß aber der Umfang der Welt so groß ist, daß jene Entfernung der Erde von der Sonne, während sie im Verhältnis zu der Größe der Bahnen der anderen Planeten eine merkliche Ausdehnung hat, gegen die Fixsternsphäre gehalten, verschwindet; was ich für leichter begreiflich halte, als wenn der Geist in eine fast endlose Menge von Kreisen zersplittert wird, was diejenigen zu tun gezwungen gewesen sind, welche die Erde in der Mitte der Welt festgehalten haben. Man muß vielmehr der Weisheit der Natur nachgehen, welche, indem sie sich sehr gehütet hat, irgend etwas Überflüssiges oder Unnützes hervorzubringen, vielmehr oft einen und denselben Gegenstand mit vielen Wirkungen begabte. Wenn alles dieses schwierig, fast unbegreiflich und gegen die Meinung vieler sein sollte, so werden wir es, so Gott will, klarer als die Sonne machen, wenigstens denen, die in der Mathematik nicht unwissend sind. Das erste Gesetz bleibt also unangefochten, und es wird niemand ein zutreffenderes herbeibringen, daß nämlich die Größe der Bahnen durch die Dauer der Umlaufszeit gemessen wird. Die Reihe der Sphären ordnet sich aber, von dem Höchsten anfangend, in folgender Weise.

Die erste und höchste von allen Sphären ist diejenige der Fixsterne, sich selbst und alles enthaltend und daher unbeweglich, als der Ort des Universums, auf welchen die Bewegung und Stellung aller übrigen Gestirne bezogen wird. Während nämlich einige meinen, daß auch diese sich einigermaßen verändern, so werden wir bei der Ableitung der irdischen Bewegung eine andere Ursache für diese Erscheinung darlegen. Es folgt der erste Planet, Saturn, welcher in 30 Jahren seinen Umlauf vollendet; hierauf Jupiter mit einem zwölfjährigen Umlauf; dann Mars, welcher in 2 Jahren seine Bahn durchläuft. Die vierte Stelle in der Reihe nimmt der jährliche Kreislauf ein, in welchem die Erde mit der Mondbahn, als Epizyklus, enthalten ist. An fünfter Stelle kreist Venus in neun Monaten. Die sechste Stelle nimmt Merkur ein, der in einem Zeitraum von achtzig Tagen seinen Umlauf vollendet. In der Mitte aber von allen steht die Sonne. Denn wer möchte in diesem schönsten Tempel diese Leuchte an einen andern oder bessern Ort setzen, als von wo aus sie das Ganze zugleich erleuchten kann, wenn anders nicht unpassend einige sie die Leuchte der Welt, andere die Seele, noch andere den Regierer nennen? Trismegistus[1] nennt sie den sichtbaren Gott, Elektra bei Sophokles den alles Sehenden. So lenkt in der Tat die Sonne, auf dem königlichen Throne sitzend, die sie umkreisende Familie der Gestirne. Auch wird die Erde nicht des Dienstes des Mondes beraubt, sondern, wie Aristoteles in *De animalibus* sagt, der Mond hat zur Erde die größte Ver-

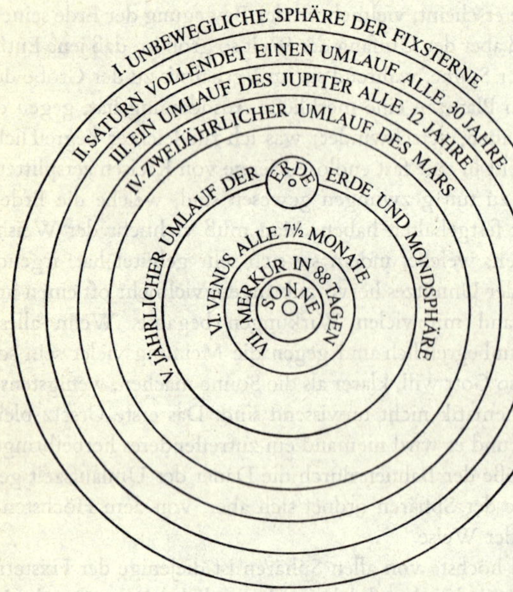

Das heliozentrische System des Kopernikus

wandtschaft. Indessen empfängt die Erde von der Sonne und wird schwanger mit jährlicher Geburt. Wir finden also in dieser Anordnung eine bewunderungswürdige Harmonie der Welt, und einen zuverlässigen, harmonischen Zusammenhang der Bewegung und Größe der Bahnen, wie er anderweitig nicht gefunden werden kann. Denn hier kann der eingehende Beobachter bemerken, warum das Vor- und Zurückgehen beim Jupiter größer erscheint als beim Saturn und kleiner als beim Mars und wiederum bei der Venus größer als beim Merkur; und warum ein solcher Rückgang

1 Hermes Trismegistos: griechischer Name des ägyptischen Gottes Thoth, der als Gott der Schrift, der Zahlen und Bücher galt. Im Späthellenismus wurde er als Verfasser theologischer Offenbarungsreden angesehen. (Hg.)

beim Saturn häufiger erscheint als beim Jupiter, seltener beim Mars und bei der Venus als beim Merkur. Außerdem warum Saturn, Jupiter und Mars, wenn sie des Abends aufgehen, der Erde näher sind als bei ihrem Verschwinden und Wiedersichtbarwerden. Vorzüglich aber scheint Mars, wenn er des Nachts am Himmel steht, an Größe dem Jupiter gleich zu sein, indem er sich nur durch die rötliche Farbe unterscheidet; bald darauf wird er unter den Sternen zweiter Größe gefunden, erkannt durch sorgfältige Beobachtung am Sextanten. Und dieses alles ergibt sich aus derselben Ursache, welche in der Bewegung der Erde liegt. Daß aber an den Fixsternen nichts von derselben zur Erscheinung kommt, beweist ihre unermeßliche Entfernung, welche selbst die Bahn der jährlichen Bewegung oder deren Abbild für unsere Augen verschwinden läßt, weil alles Sichtbare eine gewisse Entfernung als Grenze hat, über welche hinaus es nicht gesehen werden kann, wie das in der Optik bewiesen wird. Daß nämlich zwischen dem höchsten Planeten, dem Saturn, und der Fixsternsphäre noch sehr vieles liegt, beweist der funkelnde Glanz der Fixsterne, durch welche Eigenschaft sie sich von den Planeten am meisten unterscheiden; wie denn zwischen Bewegtem und Unbewegtem der größte Unterschied bestehen muß. So groß ist in der Tat diese göttliche, beste und größte Werkstatt.

GIORDANO BRUNO

Eine Unendlichkeit von Welten

160

Nun seht, ihr Herren Astrologen mit euren physikalischen Anhängern, ob ihr mit euren Kreisen, die eure eingebildeten neun beweglichen Sphären beschreiben sollen, euch den Verstand nicht dermaßen eingekerkert habt, daß ihr mir nicht anders vorkommt, als wie ebensoviel Papageien in einem Käfig, wo sie von einer Stange zur andern hüpfen und sich in ihren Ringen schaukeln! Wir verstehen, daß ein so großer Herrscher sich nicht mit einem so engen Sitze, einem so elenden Throne, einem so kleinen Tribunale, einem so spärlichen Hofstaate, einem so unzureichenden Abbilde seiner Majestät begnügen kann, das ein Phantasma gebären, ein Traum zerstören, eine Tollheit wiederherstellen, eine Chimäre vernichten, ein Mißgriff uns nehmen und ein Gedanke wiedererzeugen kann, das mit einem Hauche steigt und fällt. Ihm gebührt das größte Abbild, ein wundervolles Bildnis, die erhabenste Spur, die unendliche Darstellung des unendlichen Dargestellten, ein Schauspiel, angemessen der Herrlichkeit und Erhabenheit, die nimmer ergriffen, erfaßt und verstanden werden kann. So nur rühmen die Himmel die Herrlichkeit Gottes, so nur offenbart sich die Größe seines Reichs. Nicht auf einem, auf unzähligen Thronen strahlt seine Majestät, nicht auf einer Erde, auf einer Welt, auf zehnmal hunderttausenden, auf unzähligen.

Der unendliche Raum

161

Personen des Gesprächs: ELPINO, FILOTEO, FRACASTORIO, BURCHIO.

ELPINO: Wie sollte es möglich sein, daß das All unendlich wäre?

FILOTEO: Umgekehrt, wie sollte es möglich sein, daß das All endlich wäre?

ELPINO: Meint Ihr, daß seine Unendlichkeit sich beweisen läßt?

FILOTEO: Meint Ihr, daß seine Endlichkeit sich beweisen läßt?

ELPINO: Was für eine Ausschweifung der Phantasie!

FILOTEO: Umgekehrt, welche Beschränktheit!

FRACASTORIO: Zur Sache, bitte, zur Sache! Ihr haltet Euch schon lange genug mit Redensarten auf!

BURCHIO: Ja, gebt endlich etwas von Euern Gründen zum besten, Filoteo; es wird mir Spaß machen, von dieser Fabel oder Phantasie zu hören.

FRACASTORIO: Mehr Bescheidenheit, Burchio! Was wirst Du sonst sagen müssen, wenn er Dich am Ende doch von der Wahrheit seiner Ansicht überzeugen sollte?

BURCHIO: Ich will es nicht glauben, auch wenn es noch so wahr ist! Denn es ist für meinen Verstand unmöglich, diese Unendlichkeit zu fassen, und mein Magen kann sie nicht verdauen, ob ich gleich, offen gestanden, schon ganz gern sähe, es wäre so, wie dieser Filoteo behauptet, weil ich dann, sollte mir einmal das Malheur passieren, von dieser Welt hinunterzufallen, zu guter Letzt doch immer wieder irgendwo zu Lande schlagen müßte.

ELPINO: Soviel ist gewiß, lieber Filoteo, wenn wir die Sinne zu Richtern machen oder ihnen auch nur den Vortritt lassen, der ihnen gebührt, da ja doch alle Erkenntnis von ihnen den Ausgang nimmt, so werden wir es nicht leicht finden, Deine Behauptung schlüssiger zu machen, als ihr Gegenteil. Für jetzt, wenns beliebt, beginnt, uns Eure Ansicht auseinanderzusetzen.

FILOTEO: Freilich gibt es keinen Sinn, der das Unendliche anschaute, keinen Sinn, der uns unmittelbar zwänge, darauf zu schließen; denn das Unendliche kann kein Gegenstand der Sinneswahrnehmung sein. Wer daher verlangt, dasselbe durch Vermittlung der Sinne zu erkennen, gleicht einem, der die Substanz und Wesenheit mit seinen Augen schauen will und die Existenz eines Dinges nur deshalb leugnet, weil es nicht wahrnehmbar ist; er würde folgerecht dazu kommen müssen, sein eigenes Sein, seine Wesenhaftigkeit zu verneinen. Darum ist dem Zutrauen auf das Zeugnis der Sinne ein Maß zu setzen; nur bei sinnlichen Gegenständen dürfen wir Gewicht darauf legen, und selbst hier ist es nicht ganz unverdächtig, wofern nicht der urteilende Verstand hinzutritt. Nur dem Verstande kommt es zu, über nicht gegenwärtige und durch Zwischenräume der Zeit und des Raumes getrennte Dinge zu urteilen und Rechenschaft zu geben. Was nun unsere Frage betrifft, so genügt es mir völlig und haben wir ein hinreichendes Zeugnis in der Sinneswahrnehmung, daß sie unsere Ansicht nicht zu widerlegen imstande ist und sogar unumwunden ihre Schwäche und Unzulänglichkeit eingesteht, sofern sie durch ihren begrenzten Horizont das bloße Scheinbild einer Endlichkeit erzeugt und zugleich nichts besser bezeugt, als seine große Unbeständigkeit. Also wenn wir aus Erfahrung wissen, daß die Sinne uns sogar über die Oberfläche dieser Erdkugel täuschen, auf der wir uns befinden, um wieviel mehr müssen wir Verdacht gegen sie schöpfen bezüglich jener Grenze, die sie uns am Sternengewölbe vorspiegeln!

ELPINO: Wozu denn, sagt mir, sollen uns die Sinne dienlich sein?

FILOTEO: Bloß um das Denken anzuregen, um anzuklagen, anzuzeigen, teilweise auch Zeugnis zu geben, keineswegs jedoch vollgültiges Zeugnis zu geben, noch weniger gar, um zu entscheiden und abzuurteilen. Denn niemals, mögen sie auch noch so vollkommen sein, sind ihre Berichte ohne falsche Beimischungen. Die Wahrheit also nimmt zwar, als von einem schwachen Anfangspunkte, von der Sinneswahrnehmung zu einem ganz geringen Teile ihren Ausgang, ist aber nicht in der Sinneswahrnehmung.

ELPINO: Wo ist sie denn?

FILOTEO: Im sinnlichen Gegenstande, wie in einem Spiegel, im Verstande in der Weise der Argumentation und Sprache als diskursives Denken, in der Vernunft in der Weise der Grundsätze und Schlußfolgerungen, im Geiste in eigener und lebendiger Gestalt.

ELPINO: Wohlan denn, laßt uns Eure Beweise hören!

FILOTEO: Das soll geschehen.

Wenn die Welt endlich ist und jenseits der Welt nichts, so frage ich Euch: Wo ist die Welt? Wo befindet sich das All? Aristoteles antwortet: «In sich selber; die innere Wölbung der ersten Himmelskugel ist der erste und allgemeinste Ort, und dieser als das erste Umfassende wird von nichts anderem umfaßt.»

Denn Ort ist nichts anderes als die Oberfläche und Begrenzung durch einen umfassenden Körper, und was in keinem umfassenden Körper ist, ist in keinem Ort. Aber, mein guter Aristoteles, was willst du damit sagen, daß ein Raum in sich selber sei? Was willst du außerhalb der Welt annehmen? Sagst du: dort ist nichts – so befinden sich ja Himmel und Welt im Nichts, also nirgendwo.

FRACASTORIO: Die Welt wird also an keinem Orte sein; alles wird nirgends sein.

FILOTEO: Die Welt wäre ein Ding, das nirgends ist. Willst Du aber sagen, was Du mir denn auch in der Tat sagen zu wollen scheinst, um der Annahme des Leeren und dem Nichts zu entgehen, daß außerhalb der Welt ein geistiges und göttliches Wesen sei, so daß also Gott – der Ort aller Dinge wäre, so mußt Du aufs neue in große Verlegenheit geraten, wenn Du mir verständlich machen sollst, wieso denn ein unkörperliches und unräumliches Wesen der Ort eines räumlichen Dinges sein soll. Denn wenn Du es als Form und in der Weise verstanden haben willst, wie die Seele den Körper zusammenhält, so beantwortest Du eben nicht die Frage nach dem Außerhalb, nach dem, was sich jenseits des Alls und über dasselbe hinaus befinde. Und wenn Du Dich damit zu entschuldigen glaubst, daß, wo nichts sei und wo kein Etwas sei, selbstverständlich auch weder Raum und Ort, noch ein Außerhalb und Jenseits sei, so wirst Du mich damit nicht zufriedenstellen.

Das sind Worte und Ausflüchte, bei denen sich gar nichts denken läßt. Denn es ist in Wahrheit unmöglich, mit irgendwelchem Sinn oder irgendwelcher Phantasie, auch wenn es noch andere Sinne und Phantasievermögen geben sollte, sich ernsthafterweise eine Oberfläche, eine Begrenzung, einen Rand vorzustellen, außerhalb dessen weder ein Körper noch leerer Raum wäre, auch wenn die Gottheit dort wäre. Denn die Gottheit ist doch nicht dazu da, das Leere auszufüllen, und folglich liegt es nicht in ihrem Begriffe, die Körper zu begrenzen. Denn alles, wovon wir sagen, daß es begrenzt, ist entweder eine äußere Form oder ein umfassender Körper. Wie du dich also auch drehen und winden magst, Aristoteles, du wirst auf jede Weise als Verkleinerer der Erhabenheit und Würde der göttlichen Natur dastehen!

BURCHIO: Gewiß würde man, glaube ich, sagen müssen, daß, wenn einer die Hand über jene Wölbung hinausstreckte, diese nicht mehr im Raum und also nirgendwo sein und folglich ihr Sein verloren haben würde.

FILOTEO: Ich meine auch, daß jeder gute Verstand den in dieser peripatetischen Behauptung liegenden Widerspruch einsehen kann; Aristoteles hat den Ort definiert nicht als einen umfassenden Körper, nicht als einen bestimmten Raum, sondern als die Oberfläche eines umfassenden Körpers, und dann ist sein erster wesentlichster und größter Ort ein solcher, auf den die Definition am wenigsten und in Wahrheit gar nicht paßt. Derselbe ist die konvexe Fläche des ersten Himmels, also die Fläche eines Körpers, und zwar eines solchen Körpers, der alles umschließt, selber aber von nichts umschlossen wird. Um nun diese Kugelfläche als Raum vorzustellen, soll man sie sich nicht als umfaßt von einem Körper, sondern lediglich als umfassend denken. Wenn es aber die Fläche eines nur umfassenden Körpers ist, die ihrerseits nicht verbunden ist und mit begrenzt wird von einem umfaßten Körper, so ist es ja ein Ort ohne eigene Ortsbestimmtheit. Denn der erste äußerste Himmel soll ja als Ort gelten nur durch seine innere Wölbung, welche die äußere Wölbung des zweiten umschließt. Was für eine nichtssagende, konfuse und sich selbst aufhebende Definition! Zu solcher Konfusion kommt man aber bloß deshalb, weil man unsinnigerweise will, daß außerhalb des Himmels nichts sei.

Die Nichtexistenz eines Zentrums und eines Umkreises im All

162

FILOTEO: Es ist unmöglich, einen zweiten aufzutreiben, der sich unter dem Titel eines Philosophen erlaubt hätte, albernere Suppositionen zu ersinnen und seinen Gegnern dümmere Behauptungen anzudichten, um für ähnliche Salbadereien Gelegenheit zu gewinnen, wie man sie in diesen Beweisen des Aristoteles vor sich hat.

Anlangend zunächst, was er da über die natürlichen Örter der Körper und über Begrenztheit in Höhe, Tiefe und Mitte faselt, so möchte ich nur wissen, gegen was für eine Position dies alles zielt. Denn alle, die einen Stoff von unendlicher Ausdehnung setzen, können in demselben weder eine Mitte noch eine Grenze annehmen. Wer daher von einer unbegrenzten Leere, einem Inhaltlosen oder von unendlichem Äther spricht, schreibt diesem weder Schwere noch Leichtigkeit noch Bewegung, weder ein Oben noch eine Mitte noch ein Unten zu. Und wenn wir dann in einem solchen Raume zahllose Körper annehmen, wie diese Erde oder irgend eine andre Erde, diese Sonne oder irgend eine andre Sonne, so vollenden alle diese Weltkörper ihre Umläufe durch endliche und begrenzte Raumteile und um ihre eignen besonderen Zentren. So können wir Erdbewohner sagen, die Erde befinde sich im Mittelpunkte, und alle Philosophen, neuere und alte, zu welcher Schule immer sie gehören, würden, ohne ihren Prinzipien zu widersprechen, behaupten können, daß sie den Mittelpunkt bilde, wie wir denn auch in Hinsicht auf den größeren Umkreis jener Ätherregion, die uns umfaßt und sich für uns als ein überall gleich weit entfernter Horizont darstellt, im Mittelpunkte zu stehen behaupten. Aber ebenso gut würden auch etwaige Mondbewohner glauben, daß unsre Erde als ihr Mond und viele andre Sterne, welche den Endpunkt der Radien ihres Gesichtskreises bilden, ihr Zentrum umkreisen. So ist die Erde im Verhältnis zum All nicht mehr und nicht weniger Mittelpunkt als jeder beliebige andre Weltkörper, und für die Erde gibt es um nichts mehr bestimmte Pole im Umkreis, als sie selber für irgend einen andern Punkt des Äthers und Weltraumes einen bestimmten feststehenden Pol darstellt. Die Erde also befindet sich nicht absolut im Mittelpunkte des Weltraumes, sondern nur von ihrem Standpunkte aus mit Hinsicht auf diese unsre Umgebung.

Die unendliche Zahl von Sonnensystemen im All

163

ELPINO: Es gibt also zahllose Sonnen, zahllose Erden, die gleichermaßen ihre Sonne umkreisen, wie wir es an diesen sieben unsre Sonne zunächst umkreisenden Planeten sehen.

FILOTEO: So ist es!

ELPINO: Warum aber sehen wir um die andern Lichtkörper, die Ihr ja auch Sonnen nennt, nicht andre Lichter kreisen, die als deren Erden gelten könnten, warum können wir keine derartige Bewegungen wahrnehmen? Warum zeigen sich alle andern Weltkörper mit Ausnahme der sogenannten Kometen uns immer in derselben gegenseitigen Lage und Entfernung?

FILOTEO: Einfach deshalb, weil wir nur die Sonnen sehen, welche die größeren, ja die größten Körper sind, nicht aber deren Erdkörper oder Planeten, welche, da ihre Massen viel kleiner sind, für uns unsichtbar sind. Widerspricht es doch nicht der Vernunft, daß selbst um diese unsre Sonne noch andre Planeten kreisen, die für uns – sei es wegen ihrer größeren Entfernung, sei es wegen ihrer geringeren Größe oder weil sie keine großen Wasserflächen haben, oder weil sie diese Oberfläche nicht gleichzeitig in Opposition mit uns und der Sonne zeigen, welche letztere sich in ihnen, wie in einem kristallenen Spiegel, widerspiegelt – nicht sichtbar sind. Es würde daher weder ein Wunder noch etwas Übernatürliches sein, wenn wir gelegentlich hörten, die Sonne habe sich ein wenig verfinstert gezeigt, ohne daß gerade der Mond zwischen sie und uns in die Gesichtslinie getreten wäre. Außer den sichtbaren kann es noch unzählige leuchtende Wasserkörper, d.h. Erden, deren größerer Oberflächenteil Wasser ist, geben, die die Sonne umkreisen; ihr Umlauf würde nur wegen ihrer großen Entfernung von uns nicht wahrgenommen werden, weshalb man auch wegen der sehr langsamen Bewegung, die man bei denen, die jenseits des Saturn sind, voraussetzen muß, keine Unterschiede der Bewegung und noch weniger gar ein Gesetz derselben wahrnimmt, mag man nun als ihren Mittelpunkt unsre Erde oder die Sonne setzen.

ELPINO: Wie aber sollen sie alle, auch die so sehr vom Zentralfeuer entfernten Planeten, an der Lebenswärme desselben vernünftigerweise partizipieren können?

FILOTEO: Weil sie weiter entfernt sind, haben sie auch einen um so größeren Umlauf; je größer ihr Umlaufskreis ist, um so langsamer bewegen sie sich um die Sonne; je langsamer sie sich um die Sonne bewegen, um so länger sind sie denselben Licht- und Wärmestrahlen derselben mit denselben Flächenteilen ausgesetzt.

ELPINO: Ihr meint also, daß jene Weltkörper, obgleich sie so sehr von der Sonne entfernt sind, dennoch von derselben ausreichende Wärme empfangen; denn, wenn sie sich einerseits rascher um ihre eigene Achse drehen und andererseits langsamer um die Sonne kreisen, können sie nicht nur ebensoviel Wärme, sondern sogar mehr empfangen, als nötig wäre, weil ja zufolge der schnelleren Achsendrehung jeder Teil ihrer konvexen Erdfläche, der nicht genug Wärme erhalten hat, doch rascher an denselben Punkt zurückkehrt, um sich wieder zu erholen, und andrerseits zufolge der langsameren siderischen Umlaufszeit um den Flammenherd dauernder unter dem Einflusse desselben steht, um kräftigere Wärmestrahlen zu empfangen.

FILOTEO: So ist es.

ELPINO: Also meint Ihr, soweit die Sterne, die jenseits des Saturn für uns sichtbar sind, wirklich unbeweglich sind, müssen es unzählige Sonnenwelten oder Zentralfeuer sein, selber für uns mehr oder weniger sichtbar, während jeder von ihnen wieder von Planeten umkreist wird, die für uns unsichtbar sind?

FILOTEO: Das wird man behaupten müssen, weil alle Erden in einem mehr oder weniger analogen Verhältnisse zu denken sind und alle Sonnen gleichfalls.

ELPINO: Ihr meint also, daß alle jene Fixsterne Sonnen sind?

FILOTEO: Das gerade nicht. Denn ich weiß nicht, ob sie alle oder auch nur der größere Teil von ihnen unbeweglich sind oder ob nicht einige von ihnen sich wieder um andre bewegen; denn niemand hat dies bislang beobachtet, und es ist auch nicht leicht zu beobachten, da man die Bewegung und den Fortschritt eines entfernteren Gegenstandes nicht leicht bemerkt; denn selbst bei rascher Eigenbewegung scheinen entfernte Gegenstände nicht leicht ihren Ort zu verändern, was man besonders gut an weit entfernten Schiffen auf hohem Meere beobachten kann. Aber sei dem, wie ihm wolle;

da das All unendlich ist, muß es mehrere Sonnen geben; denn es ist unmöglich, daß die Wärme und das Licht einer einzigen, wie Epikur sich einbildete, wenn es wahr ist, das andre über ihn berichten, sich durch die Unendlichkeit ergießen könnte. Daher ist anzunehmen, daß es unzählige Sonnen gibt, deren viele für uns in Gestalt kleiner Körper sichtbar sind; und manche mögen uns als kleine Sterne erscheinen, die viel größer sind als andre, die uns als die größten erscheinen.

WILLIAM GILBERT

164

Der Magnet hat mit natürlicher Kraft begabte Teile und durch Wirksamkeit auffallende Pole

Die vielen an einem Magnetstein sichtbaren Eigenschaften, die schon früher erkannt, doch nicht gründlich erforscht sind, sollen zunächst kurz angegeben werden, damit die, die sich mit diesem Studium beschäftigen wollen, die Kräfte des Magneten und Eisens kennen lernen und nicht schon an der Schwelle dieser Wissenschaft in Unkenntnis der Schlüsse und Beweise verwirrt werden.

Am Himmel bestimmen die Astronomen je zwei Pole an jeder sich bewegenden Himmelskugel. So finden wir auch an der Erdkugel natürliche, durch Wirksamkeit ausgezeichnete Pole, nämlich die Punkte, die fest in ihrer Lage bei der täglichen Umdrehungsbewegung der Erde verbleiben: einen, der nach den Sternbildern der Bären und nach Norden, einen andern, der nach der entgegengesetzten Seite des Himmels zeigt.

In derselben Weise hat der Magnet seine Pole, einen von Natur nördlichen und südlichen, im Stein sicher festgelegte Punkte, entscheidende Stellen für Bewegungsvorgänge, Hauptgegenden für die Kraftwirkungen.

Das aber muß man einsehen, daß die Kraft des Steines nicht von einem mathematischen Punkt, sondern von allen Teilen desselben ausstrahlt und daß alle diese Teile im ganzen Stein, solange sie zu dem Ganzen gehören, immer um so stärkere Kräfte empfangen und in andere Körper ausfließen lassen, je näher sie den Polen des Steines sind. Diese Pole richten sich nach den Erdpolen, bewegen sich zu ihnen hin und dienen ihnen.

Magnetische Pole kann man an jedem Magneten finden, mag er stark und mächtig – die Alten nannten ihn männlich – oder träge, schwach und weiblich sein; mag er künstliche oder zufällige, lange, breite, viereckige, dreieckige, geglättete oder rohe, abgebrochene oder ungeglättete Gestalt haben: immer enthält und zeigt der Magnet seine Pole.

Aber da ja die Kugelgestalt, die auch die vollkommenste ist, mit der kugelförmigen Erde am meisten übereinstimmt und sich zum Gebrauch und zu Versuchen am besten eignet, so wollen wir unsere hauptsächlichsten Darlegungen am Magnetstein mit einem kugelförmigen Magneten machen, der sozusagen ein vollkommenerer und hierfür passenderer ist.

Nimm also einen kräftigen, massiven Magneten von angemessener Größe, der gleichförmig, hart und unversehrt ist. Mache aus ihm eine Kugel auf einer Drehscheibe, mit der Kristalle und andere Steine geschliffen werden, oder mit anderen Werkzeugen, wie es Stoff und Festigkeit des Steines erfordert, die manchmal nur schwer künstlicher Bearbeitung nachgibt. Dieser so zubereitete Stein ist der wahre, gleichartige Sprößling der Erde und ihr an Gestalt gleich. Er hat die kugelrunde Gestalt, die die Natur von Anfang an der gemeinsamen Mutter Erde gegeben hat, künstlich erhalten und ist ein physischer kleiner Körper, mit vielen Kräften ausgestattet, durch den viele in der Naturwissenschaft verborgene und vernachlässigte Wahrheiten, die in einer bejammernswerten Dunkelheit liegen, den Menschen recht leicht bekannt werden können. Dieser runde Stein wird von uns «Mikroge» oder «Terrella»[1] genannt.

Um nun die der Erde entsprechenden Pole zu finden, halte den runden Stein in der Hand und lege oben auf ihn eine eiserne Nadel oder einen Eisendraht: es bewegen sich die Enden des Drahtes um seinen Schwerpunkt und kommen plötzlich zur Ruhe. Auf dem Stein bezeichne mit Ocker oder Kreide die Stelle, wo der Draht liegt und zum Stillstand gekommen ist. Bewege dann die Mitte oder den Schwerpunkt des Drahtes nach einer anderen Stelle hin und ebenso nach einer dritten und vierten unter stetem Zeichnen auf dem Stein in der Längsrichtung des zur Ruhe gekommenen Eisendrahtes. Diese Linien zeigen auf dem Stein oder der Terrella die Meridiankreise oder solche, die den Meridianen ähnlich sind; daß diese alle in den Polen des Steines zusammenlaufen, wird klar sein. Aus den in dieser Weise sich schneidenden Kreisen werden die Pole gebildet, der Nordpol sowohl wie der Südpol, und zwischen ihnen kann man in mittlerem Abstande einen größten Kreis als Äquator ziehen, nicht anders, als wie ihn die Astronomen am Himmel und an ihren Himmelskugeln und die Geographen

[1] d.i. «Kleine Erde», «Erdchen». (Hg.)

auf der Erdkugel beschreiben; denn diese Linie, die so auf unserer Terrella gezeichnet ist, gebrauchen wir verschiedentlich bei unseren Darlegungen und magnetischen Versuchen.

Die Pole auf dem runden Stein können auch mit einem Versorium[1] gefunden werden, d.h. mit einem Stück Eisen, das mit einem Magneten in Berührung gebracht ist und auf eine Nadel oder Spitze, die auf einem Fuß befestigt ist, gelegt wird, so daß es sich frei in der abgebildeten Weise drehen kann:

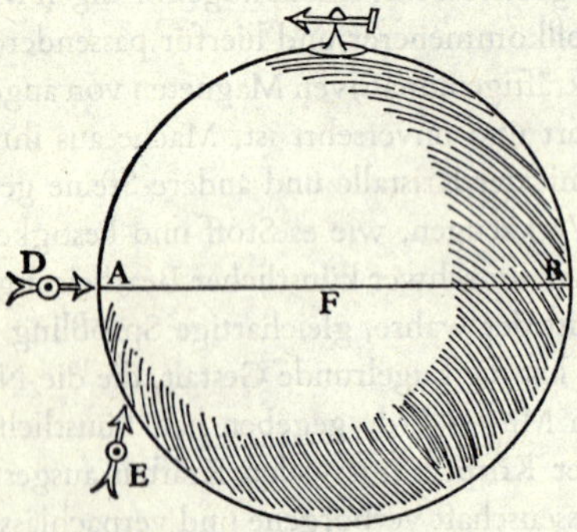

Die magnetische Terrella

Oben auf dem Stein A B wird das Versorium so aufgestellt, daß es sich im Gleichgewicht befindet. Bezeichne die Lage des ruhenden Eisenstabes mit Kreide. Bewege das Instrument an eine andere Stelle und zeichne wieder Richtung und Lage. Führe dasselbe an verschiedenen anderen Stellen aus, und du wirst aus dem Zusammenlaufen der Richtungslinien den einen Pol im Punkte A, den andern in B finden.

Den wahren Pol zeigt ein Versorium, das in der Nähe des Steines aufgestellt ist, auch dann an, wenn es den Stein begierig unter einem rechten Winkel ansieht, den Pol selbst in gerader Richtung sucht und sich in gerader Linie durch die Achse hindurch nach dem Mittelpunkt des Steines hin wendet. Z. B. blickt das Versorium D nach A und F, nach dem Pol und dem Mittelpunkt hin, während E weder den Pol A noch den Mittelpunkt F genau ansieht.

Ein Stück eines dünnen Eisendrahtes von der Länge eines Gerstenkornes wird auf den Stein gelegt und in der Umgebung des Steines und auf seiner

[1] d.i. eine Magnetnadel. (Hg.)

Oberfläche hin und her bewegt, bis es sich senkrecht aufrichtet; denn aufrecht steht es gerade auf dem Pol, sowohl auf dem nördlichen wie auf dem südlichen. Je weiter es vom Pole entfernt ist, desto mehr neigt es sich. Die so gefundenen Pole bezeichne auf der Terrella mit einer spitzen Feile oder einem Bohrer.

165
Ein Magnet zieht einen Magneten in natürlicher Lage an, in entgegengesetzter aber stößt er ihn ab und bringt ihn wieder in seine richtige Lage zurück

Zuerst wollen wir in leicht verständlichen Worten die offensichtlichen und gewöhnlichen Kräfte des Magnetsteines zeigen; später aber wollen wir die zahlreichen Feinheiten, die zurzeit tief verborgen und unbekannt in Dunkelheit liegen, ans Licht ziehen und die Ursachen für diese alle (durch Erschließung der Naturgeheimnisse) mit geeigneten Worten und Kunstgriffen an gebührender Stelle darlegen.

Es ist abgedroschen und ganz allgemein bekannt, daß ein Magnet Eisen anzieht; in derselben Weise zieht auch ein Magnet einen anderen an. Lege den Stein, den du im Besitz verschiedener Pole gesehen und mit Nord- und Südpol bezeichnet hast, in sein Gefäß, daß er schwimmt; die Pole seien richtig in die Horizontalebene gelegt oder wenigstens nicht gar zu sehr schräg nach oben und unten gerichtet. Halte einen anderen Stein in der Hand, dessen Pole auch bekannt sind, so daß sich sein Südpol seitwärts in der Nähe des Nordpols des schwimmenden befindet: der schwimmende Stein folgt dann dem andern auf der Stelle (wenn er sich nur innerhalb des Kraft- und Herrschaftsbereiches des letzteren befindet) und läßt nicht eher ab, bis er an ihm hängt, wenn du nicht durch Darunterhalten der Hand vorsichtig eine Verbindung vermeidest. In derselben Weise eilen sie auch zusammen und folgen sich gegenseitig, wenn du den Nordpol dessen, den du in der Hand hast, dem Südpol des schwimmenden Steines näherst. Entgegengesetzte Pole ziehen nämlich einander an.

Wenn du nun aber ebenso den Nordpol an den Nordpol oder den Südpol an den Südpol heranbringst, so flieht der eine Stein den anderen und wendet sich von ihm ab gleichwie ein Schiffer, der durch Herumwerfen des Steuers in entgegengesetzte Richtung segelt, oder wie einer, der die Meere durchfurcht und nirgends anhält und zur Ruhe kommt, wenn ihn ein anderer verfolgt. Denn ein Stein richtet den anderen, der eine dreht den anderen, bringt ihn in die richtige Lage und führt ihn zur Übereinstimmung mit sich selbst zurück. Wenn sie aber gemäß der Ordnung der Natur zusammenkommen und sich verbinden, so hängen sie fest aneinander.

Wenn du z. B. den Nordpol des Steines, den du in der Hand hast, dem Wendekreis des Steinbocks eines runden, schwimmenden Magneten oder irgendeinem Punkte zwischen Äquator und Südpol näherst (denn es wird vorteilhaft sein, den runden Stein, d. i. die Terrella, wie einen Globus mit mathematischen Kreisen zu versehen), so dreht sich der schwimmende Stein sofort und stellt sich so ein, daß sein Südpol den Nordpol des andern berührt und sich mit ihm aufs engste verbindet. Auf dieselbe Weise wirst du auch auf der anderen Seite des Äquators, mit den entgegengesetzten Polen gleiche Wirkungen hervorbringen. So zeigen wir durch diese Kunstfertigkeit und Geschicklichkeit sowohl Anziehung wie Abstoßung und Kreisbewegung zu einer harmonischen Lage und zur Abwendung feindlicher Zusammenstöße.

Wir können das alles außerdem an ein und demselben Stein in folgender Weise zeigen; ferner auch, wie derselbe Teil eines einzigen Steines infolge von Teilung nördlich und südlich werden kann. AD sei ein länglicher Stein, A der Nordpol, D der Südpol. Schneide ihn in zwei gleiche Teile, dann lege den Teil A in sein Boot auf Wasser, daß er schwimmt.

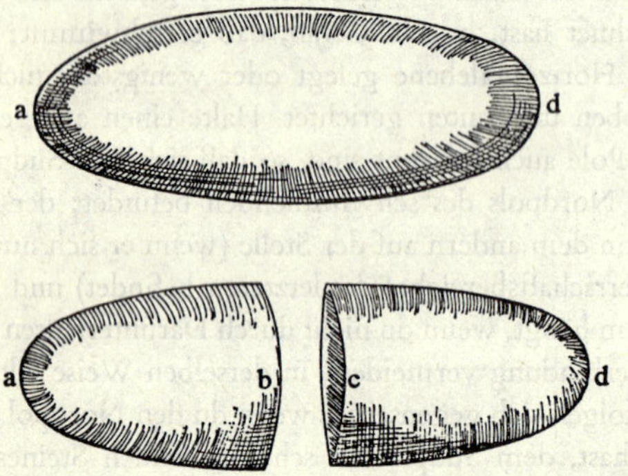

Die Pole eines Magneten

Da wirst du sehen, daß der nördliche Punkt A sich wie vorher nach Süden drehen wird; in gleicher Weise wird sich auch Punkt D nach Norden bewegen, mag der Stein geteilt oder ganz sein. Von den Punkten B und C aber, die vorher zusammenhingen, jetzt aber getrennt sind, ist der eine B südlich, C nördlich. B zieht C an in dem Wunsche, vereinigt und in den früheren Zusammenhang zurückgeführt zu werden; denn die beiden Steine sind aus einem einzigen gebildet, und deswegen ziehen sie sich gegenseitig an, indem Punkt C des einen Steines sich nach Punkt B des andern hin wendet. Befreit von Hindernissen und von ihrem Gewicht, wie es auf einer Wasseroberfläche der Fall ist, eilen sie zusammen und verbinden sich. Wenn du aber den Teil oder Punkt A auf Punkt C des anderen Steines richtest, so stößt der eine den andern ab; denn so wird der Natur Gewalt angetan, und diejenige Form des Steines wird zerstört, die strenge die Gesetze befolgt, die die Natur den Körpern auferlegt hat. Daraus entsteht die Flucht des einen Teiles von der verkehrten Lage und Unstimmigkeit des andern, wenn eben nicht alles naturgemäß richtig geordnet ist; denn die Natur läßt keinen ungerechten Frieden und keine unrichtige Übereinstimmung zu, sondern läßt Kriege und Gewalt entstehen, damit die Körper ordentlich und richtig zur Ruhe kommen. Richtig angeordnete Körper ziehen sich also gegenseitig an, das heißt: beide Steine, der stärkere ebenso wie der schwächere, eilen zusammen und streben mit allen Kräften zur Einigung. Das ist bei allen Steinen offenbar der Fall, nicht nur bei den äthiopischen, wie Plinius meinte. [...] Der Pol eines solchen Steines zieht den entsprechenden Teil eines anderen (den man den entgegengesetzten nennt), z. B. der Nordpol den Südpol kräftiger an und nähert sich ihm schneller; ferner zieht er auch Eisen heftiger an, und dieses hängt auch fester an ihm, mag es vorher magnetisch oder unmagnetisch gewesen sein. So ist es nämlich nicht ohne Grund von der Natur eingerichtet, daß die dem Pol näheren Teile stärker anziehen. Im Pole selbst aber soll gleichsam ein Thronsitz der höchsten und ansehnlichsten Kraftwirkung sein, wo die angenäherten magnetischen Körper recht kräftig angezogen und am schwersten wieder losgelassen werden. So sind es die Pole, die unschickliche und fremdartige Körper, die ihnen verkehrt genähert werden, ganz besonders abstoßen und von sich treiben.

166

Warum am Pol die Anziehung stärker ist als in andern Gegenden zwischen Äquator und Pol, und vom Verhältnis der Anziehungskräfte in verschiedenen Teilen der Erde und der Terrella.

Beobachtungen ließen erkennen, daß die größte Anziehungskraft auf den Polen liegt und daß sie schwächer und schlaffer wird an den Orten nahe des Äquators, wie das bei der Neigung deutlich wird, weil diese formende und drehende Kraft zunimmt, wenn man vom Äquator zu den Polen geht. So nimmt auch die Anziehung der Magnete lebhaft zu im gleichen Maß und Verhältnis. Denn in jenen Teilen, die von den Polen weiter entfernt sind, zieht der Magnet die magnetischen Dinge nicht unmittelbar an sich, sondern sie neigen seitwärts und streben weg. Wie sich nämlich die kleinen Sehnen in einem Kreis vom Durchmesser unterscheiden, so sehr unterscheiden sich die Anziehungskräfte untereinander an verschiedenen Teilen der Terrella. Denn da die Anziehung eine Vereinigung mit einem Körper ist, die Magnete aber mit ihrer wechselnden Natur zusammenfließen, so kommt es, daß im Durchmesser, der von Pol zu Pol verläuft, die Körper direkt angezogen werden, aber an andern Orten weniger direkt. Je weniger der Magnet auf den Körper gerichtet ist, um so weniger und um so schwächer nähert er sich und zieht an. Es ist gerade, wie wenn AB die Pole darstellen und ein Eisenstab oder ein magnetischer Teil C vom Teil E angezogen wird, dann richtet sich das erfaßte Ende nicht gegen das Zentrum des Magneten,

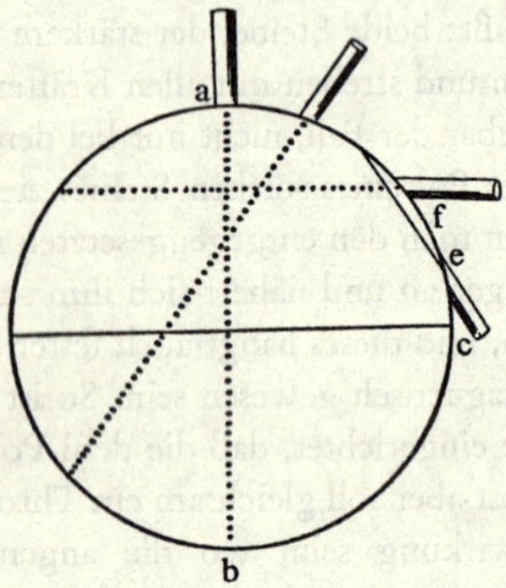

Die Verteilung der magnetischen Anziehung über die Terrella

sondern neigt sich schräg gegen den Pol. Eine Sehne von diesem Ende aus in der Verlängerung des angezogenen Körpers ist jedoch kurz. Sie hat deshalb weniger Kraft und entsprechend geringere Neigung. Da nun eine größere Sehne vom Körper F ausgeht, so ist seine Anziehung stärker; bei G ist die Sehne noch länger, am längsten bei A, dem Pol (denn der Durchmesser ist der größte Abstand), zu dem alle Teile von allen Seiten her Hilfe bringen, wo die Burg und das Gericht gleichsam für die ganze Gegend errichtet werden, nicht aus eigenem Verdienst, sondern weil eine Kraft in ihnen liegt, die aus allen Teilen zuströmt, wie alle Soldaten ihrem Kommandanten Hilfe bringen. Deshalb zieht ein leicht verlängerter Stein mehr an als ein kugelförmiger, weil die Länge von Pol zu Pol vergrößert ist, sogar dann, wenn die Steine beide aus dem gleichen Abbruch herrühren, vom gleichen Gewicht und von derselben Größe sind. Der Weg von Pol zu Pol ist in einem langen Stein länger, und die Kräfte, die aus andern Teilen zusammengeführt werden, sind nicht so verstreut wie in einem runden Magnet und in einer Terrella. In einem schmalen Stein stimmen sie besser überein und sind besser vereint, und die vereinte Kraft ist stärker und tritt mehr hervor. Einen bedeutend schwächeren Dienst leistet ein flacher oder länglicher Stein, bei dem die Längen parallel verlaufen und der Pol weder an der Spitze noch im Kreis und in der Rundung, sondern über die Fläche ausgebreitet ist. So ladet er unglücklicherweise einen Freund ein und hält ihn so schwach zurück, daß man ihn als Vertreter einer verworfenen und verachtenswerten Herkunft ansieht wegen seiner geringeren Fähigkeit und weniger geeigneten Form.

167
Die Erdkugel, der große Magnet

Bisher haben wir über den Magneten und über die magnetischen Körper gesprochen, wie sie sich gegenseitig beeinflussen und zu einander verhalten und wie sie sich nach der Terrella und der Erde richten. Jetzt aber wollen wir im besonderen über die Erdkugel selbst abhandeln.

Alle die Versuche, die an der Terrella ausgeführt sind, wie sich die magnetischen Körper nach ihr richten, sie alle oder doch zum wenigsten die hauptsächlichsten und wichtigsten zeigen sich auch am Erdkörper, und die magnetischen Körper passen sich in allen Stücken der Erde an.

Zunächst sind auf einer Terrella der Äquator, die Meridiane, die Parallelkreise, die Achse und die Pole natürliche Grenzlinien, was durch sehr viele Versuche bestätigt wird. In derselben Weise sind auch auf der Erde diese Grenzlinien natürliche, nicht nur mathematische (wie alle Leute vor uns glaubten). Diese Grenzlinien zeigen und bestätigen alle Versuche an der Terrella ebenso wie an der Erde. Ebenso wie an der Oberfläche einer Terrella ein Magnet oder eine Magnetnadel sich zu ihrem Pol wendet, so gibt es auf der Erdoberfläche besondere, offenbare und feststehende Drehungen auf beiden Seiten des Äquators. Dem Eisen wird Drehkraft dadurch verliehen, daß es sich gegen einen Erdpol hin erstreckt, gerade so wie gegen einen Pol der Terrella hin. Auch durch Abkühlung und Niederlegen nach einem Erdpol hin erlangt es, nachdem es die frühere Drehkraft durch Erhitzen verloren hatte, wieder neue Drehkraft gemäß seiner Lage zur Erde. Ferner erlangen eiserne Stäbe, die längere Zeit in Richtung der Pole gelegen haben, Drehkraft einzig durch den Einfluß der Erde, ebenso wie diese selben Stäbe polare Kraft empfangen, wenn sie in der Polrichtung eines Magneten gelegen haben, auch wenn sie diesen nicht berühren. Es gibt keinen magnetischen Körper, der auf irgendeine Weise sich zur Terrella hin bewegt, der nicht auch in gleicher Weise der Erde dienstbar ist. Wie ein Magnet an seinen Enden auf beiden Seiten seines Äquators stärker ist, so wird genau dasselbe an einer kleinen Terrella auf der Oberfläche einer größeren gezeigt. Je nach Art und Kunst des Streichens einer Magnetnadel auf einer Terrella verrichten die magnetischen Körper ihre Pflichten stärker oder schwächer. Bei den Bewegungen gegen den Erdkörper hin wird die Deklination einer Nadel ebenso wie auf der Terrella als durch die Unähnlichkeit, Ungleichmäßigkeit und Unvollkommenheit seiner Erhebungen hervorgerufen gezeigt. So wird jede Abweichung eines Versoriums oder einer Kompaßnadel überall auf Land und Meer – was die Sinne der Menschen so arg verwirrt hat – aus diesen Ursachen heraus entschieden und erkannt. Die magnetische Inklination (diese wunderbare Drehung der magnetischen Körper zum Körper der Terrella hin) erscheint in ihrem systematischen Verlauf als dieselbe wie auf der Erde in klarem Lichte. Ja, dieser Versuch allein für sich zeigt auf die hervorragende magnetische Natur der Erde, die allen ihren inneren Teilen angeboren und in ihnen verteilt ist, durch dieses wunderbare Anzeichen gleichsam wie mit dem Finger. Es ist also eine magnetische Kraft in der Erde vorhanden ebenso wie in der Terrella, die ja ein Teil der Erde von einer mit ihr gleichartigen Beschaffenheit, wenn auch künstlich rund gemacht ist, damit sie mit der Kugelgestalt der Erde übereinstimmt und durch die Hauptversuche mit der Erdkugel in Vergleich gebracht werden kann.

FRANCIS BACON

Der unbefriedigende Zustand der Wissenschaft

168

APHORISMEN: ERSTES BUCH

1. Der Mensch, als Diener und Erklärer der Natur, wirkt und weiß nur so viel, als er von der Ordnung der Natur durch die Sache oder seinen Geist beobachtet hat; mehr weiß und vermag er nicht.

2. Weder die bloße Hand noch der sich selbst überlassene Geist vermag

Erhebliches; durch Werkzeuge und Hilfsmittel wird das Geschäft vollbracht; man bedarf dieser also für den Verstand wie für die Hand. Und so wie die Werkzeuge die Bewegung der Hände erwecken und leiten, so müssen auch die Werkzeuge des Geistes den Verstand stützen und behüten.

3. Wissen und Können fällt bei dem Menschen in eins, weil die Unkenntnis der Ursache die Wirkung verfehlen läßt. Die Natur wird nur durch Gehorsam besiegt; was bei der Betrachtung als Ursache gilt, das gilt bei der Ausführung als Regel.

4. Für seine Werke vermag der Mensch nichts weiter, als daß er die Naturkörper einander nähert oder sie von einander entfernt; das Übrige vollzieht die Natur innerlich.

5. In die Natur pflegen sich bei ihren Werken der Mechaniker, der Mathematiker, der Arzt, der Alchimist und der Zauberer einzumischen, aber alle, wie die Sachen jetzt stehen, mit schwachen Mitteln und geringem Erfolge.

6. Es wäre unsinnig und ein Widerspruch, wenn man meinte, daß das, was bis jetzt nie bewirkt worden, nur auf eine bis jetzt noch niemals versuchte Art bewirkt werden könne.

7. Die Erzeugnisse des Geistes und der Hände scheinen nach den Büchern und vorhandenen Arbeiten sehr zahlreich; aber all diese Mannigfaltigkeit entspringt nur aus übergroßen Spitzfindigkeiten und aus Ableitungen von wenigen erkannten Dingen, und nicht aus einer großen Zahl von Grundsätzen.

8. Auch die Dinge, die man bis jetzt erfunden hat, verdankt man mehr dem Zufall und der Erfahrung als den Wissenschaften. Denn die jetzt vorhandenen Wissenschaften sind nur eine Zusammenstellung der schon früher entdeckten Dinge, aber keine Weisen, Neues zu erfinden, und keine Anweisungen zu neuen Werken.

9. Die alleinige Ursache und Wurzel beinah aller Übel in den Wissenschaften ist, daß man die Kräfte des menschlichen Geistes fälschlich bewundert und erhebt und seine wahren Hilfsmittel nicht aufsucht.

10. Die Feinheit der Natur übersteigt vielfach die Feinheit der Sinne und des Verstandes. Jene schönen Erwägungen, Spekulationen und Begründungen der Menschen sind nichts als ungesundes Zeug; aber niemand ist da, der es bemerkt.

11. So wie die jetzigen Wissenschaften für die Erfindung von Werken nutzlos sind, so die jetzige Logik für die Entdeckung von Wissenschaften.

12. Die Logik, mit der man jetzt Mißbrauch treibt, dient mehr dazu, die in den gewöhnlichen Begriffen steckenden Irrtümer zu befestigen, als die Wahrheit zu erforschen; sie ist deshalb mehr schädlich als nützlich.

13. Der Syllogismus wird für die Prinzipien der Wissenschaften nicht benutzt und für die Lehrsätze vergeblich benutzt, da er der Feinheit der Natur lange nicht gleichkommt; er legt der Zustimmung, aber nicht der Sache Fesseln an.

14. Der Syllogismus besteht aus Sätzen; die Sätze bestehen aus Worten; die Worte sind die Zeichen der Begriffe. Sind daher die Begriffe, welche die Grundlage der Sache bilden, verworren und voreilig von den Dingen abgenommen, so kann das darauf Errichtete keine Festigkeit haben. Alle Hoffnung ruht deshalb auf der wahren Induktion. [...]

18. Das bis jetzt in den Wissenschaften Entdeckte ist derart, daß es schon in den gemeinen Begriffen enthalten ist; um aber in das Innere und Tiefere der Natur einzudringen, müssen die Begriffe und die Sätze auf einem gewisseren und zuverlässigeren Wege entlehnt werden und eine durchaus bessere und sicherere Mithilfe des Geistes in Übung kommen.

19. Zwei Wege zur Erforschung und Entdeckung der Wahrheit sind möglich. Auf dem einen fliegt man von den Sinnen und dem Einzelnen gleich zu den allgemeinsten Sätzen hinauf und bildet und ermittelt aus diesen obersten Sätzen, als der unerschütterlichen Wahrheit, die mittleren Sätze. Dieser Weg ist jetzt in Gebrauch. Der zweite zieht aus dem Sinnlichen und Einzelnen Sätze, steigt stetig und allmählich in die Höhe und gelangt erst zuletzt zu dem Allgemeinsten. Dies ist der wahre, aber unbetretene Weg.

Die vier Arten von «Idolen»

169

38. Die Götzenbilder und falschen Begriffe, die von dem menschlichen Geist schon Besitz ergriffen haben und fest in ihm wurzeln, halten den Geist nicht bloß so besetzt, daß die Wahrheit nur schwer einen Zutritt findet, sondern daß, selbst wenn dieser Zutritt gewährt und bewilligt worden ist, sie bei der Erneuerung der Wissenschaften immer wiederkehren und belästigen, so lange man nicht sich gegen sie vorsieht und nach Möglichkeit verwahrt.

39. Es gibt vier Arten von Götzenbildern, welche den menschlichen Geist besetzt halten. Zur leichteren Darstellung habe ich ihnen besondere Namen gegeben; die erste Art nenne ich die Götzenbilder des *Stammes;* die zweite die der *Höhle;* die dritte die des *Marktes;* die vierte die des *Theaters.*

40. Die Aufstellung der Begriffe und Sätze vermittelst der wahren Induktion ist sicherlich ein geeignetes Mittel, um die Götzenbilder abzuhalten und zu entfernen; aber auch die Beschreibung der Götzenbilder ist von großem Nutzen; denn die Lehre von den Götzenbildern verhält sich zur Erklärung

der Natur ähnlich wie die Lehre von den scholastischen Künsten zur gewöhnlichen Dialektik.

41. Die Götzenbilder des *Stammes* haben ihren Grund in der menschlichen Natur, in dem Stamm oder Geschlecht der Menschen selbst. Denn es ist unrichtig, daß der menschliche Sinn das Maß der Dinge sei; vielmehr geschehen alle Auffassungen der Sinne und des Verstandes nach der Natur des Menschen, nicht nach der Natur des Weltalls. Der menschliche Verstand gleicht einem Spiegel mit unebener Fläche für die Strahlen der Gegenstände, welcher seine Natur mit der der letzteren vermengt, sie entstellt und verunreinigt.

42. Die Götzenbilder der *Höhle* sind die Götzenbilder des einzelnen Menschen. Denn jeder Einzelne hat neben den Verirrungen der menschlichen Natur im Allgemeinen eine besondere Höhle oder Grotte, welche das natürliche Licht bricht und verdirbt; teils in Folge der eigentümlichen und besonderen Natur eines jeden, teils in Folge der Erziehung und des Verkehrs mit andern, teils in Folge der Bücher, die er gelesen hat, und der Autoritäten, die er verehrt und bewundert, teils in Folge des Unterschiedes der Eindrücke bei einer voreingenommenen und vorurteilsvollen Sinnesart gegen eine ruhige und gleichmäßige Stimmung, und dergleichen mehr. Der menschliche Geist ist deshalb in seiner Verfassung bei dem Einzelnen ein sehr veränderliches, gestörtes und gleichsam zufälliges Ding. Deshalb sagt *Heraklit* richtig, daß die Menschen die Wissenschaften in ihren kleinen Welten suchen, aber nicht in der großen und gemeinsamen.

43. Es gibt auch Götzenbilder in Folge der gegenseitigen Berührung und Gemeinschaft des menschlichen Geschlechts, welche ich wegen des Verkehrs und der Verbindung der Menschen die Götzenbilder des *Marktes* nenne. Denn die Menschen gesellen sich zueinander vermittelst der Rede; aber die Worte werden den Dingen nach der Auffassung der Menge beigelegt; deshalb behindert die schlechte und törichte Beilegung der Namen den Geist in merkwürdiger Weise. Auch die Definitionen und Erklärungen, womit die Gelehrten sich manchmal zu schützen und zu verteidigen pflegen, bessern die Sache keineswegs. Denn die Worte tun dem Verstande Gewalt an, stören alles und verleiten die Menschen zu leeren und zahllosen Streitigkeiten und Erdichtungen.

44. Es gibt endlich Götzenbilder, welche in die Seele der Menschen aus den mancherlei Lehrsätzen der Philosophie und auch aus verkehrten Regeln der Beweise eingedrungen sind, und die ich die Götzenbilder des *Theaters* nenne; denn so viel wie philosophische Systeme erfunden und angenommen worden sind, so viel Fabeln sind damit vorgebracht und aufgeführt worden, welche aus der Welt eine Dichtung und eine Schaubühne gemacht haben.

Ich meine hier nicht bloß die schon vorhandenen oder die alten philosophischen Systeme und Sekten, da man ja noch mehr solcher Fabeln ersinnen und zusammensetzen kann; denn trotz der Mannigfaltigkeit des Irrtums ist doch die Ursache desselben überall die gleiche. Ich beziehe das nicht bloß auf die allgemeine Philosophie, sondern auch auf manche Prinzipien und Lehrsätze der besonderen Wissenschaften, die durch Herkommen, Leichtgläubigkeit und Nachlässigkeit Geltung erlangt haben.

Der neue Induktionsbegriff

170

70. Das bei weitem beste Beweismittel ist die Erfahrung, wenn sie bei dem Versuche selbst stehen bleibt. Denn wird sie auf anderes ausgedehnt, was für ähnlich gehalten wird, so wird sie ein trügerisches Ding, sobald diese Ausdehnung nicht richtig und ordentlich geschieht. Die jetzt gebräuchliche Art der Erfahrung ist blind und töricht. Man irrt und schweift auf unsichern Wegen, bestimmt gleich nach dem, was man trifft, macht sich an vieles, bringt aber wenig vorwärts, ist bald ausgelassen, bald zerstreut, und immer bleibt Anlaß, weiter zu suchen. So kommt es, daß man leichtsinnig und nur spielend Versuche anstellt, indem man die bekannten Versuche nur wenig verändert, und gelingt es nicht, so wird man der Sache überdrüssig und gibt sie auf. – Wird aber auch ernster, beharrlicher und fleißiger an die Versuche gegangen, so wird doch alle Mühe nur auf die Erörterung eines Versuches verwendet, wie Gilbert es bei dem Magnet und die Chemiker bei dem Golde tun. Dies zeugt also von Unkenntnis wie von Kleinlichkeit, denn niemand erkennt die Natur eines Gegenstandes aus ihm allein, sondern die Untersuchung muß auf das Gemeinsame mit andern ausgedehnt werden. Man sucht zwar aus den Versuchen eine Art Wissenschaft und einzelne Lehrsätze zu gewinnen, aber meist wendet man sich in übereiltem Eifer vorzeitig zur Praxis; nicht des Nutzens und der Frucht wegen, sondern um in irgend einem neuen Werke ein Pfand dafür zu gewinnen, daß man auch in dem Übrigen nicht ohne Nutzen arbeiten werde. Auch bietet man sich andern feil, um eine bessere Meinung für das, womit man sich beschäftigt, zu erwecken. So kommt es, daß man, wie die Atalanta, vom Weg abgeht, um den goldenen Apfel aufzuheben, damit den Lauf unterbricht und den Sieg den Händen entschlüpfen läßt. Aber in dem rechten Wagen der Erfahrung muß man für dessen Lenkung zu Neuem die göttliche Klugheit und Ordnung zum Muster nehmen. Gott hat am ersten Tage nur das Licht erschaffen und hat einen ganzen Tag auf dieses Werk

verwendet und an diesem Tage nichts Stoffliches erschaffen. Ebenso ist bei jeder Erfahrung zunächst auf die Entdeckung der Ursachen und der wahren Grundsätze auszugehen, und es ist die lichtbringende Erfahrung, aber nicht die fruchtbringende aufzusuchen. Die richtig gefundenen und festgestellten Grundsätze führen zu keiner knappen, sondern zu einer umfangreichen Praxis; sie ziehen Massen und Haufen von Werken nach sich. [...]

171

100. Es ist aber nicht bloß die Zahl der Versuche zu vermehren und die Art derselben gegen die bisherige zu ändern, sondern es muß durch eine andere Methode eine andere Ordnung und Regel bei der Fortsetzung und Beförderung der Erfahrung eingeführt werden. Denn eine unbestimmte, nur sich selbst überlassene Erfahrung ist, wie erwähnt, ein reines Herumtappen und betäubt nur die Menschen, anstatt sie zu belehren; wenn aber die Erfahrung nach einer festen Regel in Ordnung und Zusammenhang vorschreitet, so läßt sich Besseres für die Wissenschaften hoffen. [...]

105. Für die Feststellung der Lehrsätze ist eine andere als die bisher gebräuchliche Art der Induktion zu bilden; sie soll nicht bloß zur Entdeckung und zum Beweis der sogenannten Prinzipien dienen, sondern auch für die mittleren und niederen Sätze, ja überhaupt für alles. Denn die bloß auf die einfache Abzählung sich stützende Induktion ist ein kindisches Ding und führt nur zu unsicheren Schlüssen; sie bleibt der Gefahr entgegengesetzter Fälle ausgesetzt und stützt sich meistens auf die wenigen Fälle, welche gerade zur Hand sind. Dagegen muß die Induktion, welche für die Entdeckung und Beweise der Wissenschaften und Künste nützen soll, die Fälle durch Aussonderung und Zurückweisung, wo es nötig ist, trennen, und dann, je nachdem die verneinenden Fälle es gestatten, aus den bejahenden ihre Schlüsse ziehen. Dies ist bis jetzt weder geschehen noch versucht worden, Platon ausgenommen, welcher für die Gewinnung seiner Definitionen und Ideen dieser Art der Induktion sich mitunter bedient. Zu einer guten und richtigen Einrichtung solcher Induktionen und Beweise ist vielerlei nötig, an das bisher noch niemand gedacht hat; denn freilich ist dazu mehr Arbeit nötig, als man bisher auf den Syllogismus verwendet hat. Diese Induktion muß nicht bloß zur Entdeckung der Lehrsätze, sondern auch zur Bestimmung der Begriffe benutzt werden.

Auf diese Art von Induktion kann man große Hoffnung setzen.

APHORISMEN: ZWEITES BUCH

2. Wie schlimm es mit der jetzt geltenden menschlichen Wissenschaft steht, ergibt sich aus den Aussprüchen, die jedermann gelten läßt. So sagt man mit Recht: «Die wahre Erkenntnis ist die Erkenntnis durch die Ursachen.» Auch ist die Einteilung der Ursachen nicht übel, wonach vier Arten unterschieden werden; der Stoff, die Form, das Wirkende und das Ziel. Davon ist das Ziel für die Wissenschaften ohne Nutzen, ja schädlich; es gilt nur für das menschliche Handeln. An der Entdeckung der Form ist man verzweifelt. Das Wirkende und der Stoff sind in der Weise, wie man sie in voller Absonderung aufsucht und aufstellt, ohne Rücksicht auf den verborgenen Übergang zur Form, nur oberflächliche und äußerliche Annahmen, welche zur wahren tätigen Wissenschaft nichts beitragen. Ich habe indeß nicht vergessen, daß ich oben es als einen Irrtum des menschlichen Geistes bezeichnet und mich dagegen erklärt habe, wenn er das Wesen des Seins in die Form verlegt. Denn allerdings ist in der Natur nichts wahrhaft wirklich als nur die einzelnen Körper mit ihren reinen und gesetzmäßigen Wirksamkeiten; aber in der Wissenschaft ist dies Gesetz, seine Erforschung, Entdeckung und Erklärung die Grundlage des Wissens wie des Wirkens. Dieses Gesetz und seine einzelnen Bestimmungen verstehe ich unter dem Worte «Form»; zumal dies Wort Geltung erlangt hat und gebräuchlich geworden ist. [...]

16. Deshalb muß durchaus eine Auflösung und Trennung der Eigenschaft stattfinden; nicht mittels des Feuers, sondern mittels des Verstandes, als eines göttlichen Feuers. Das erste Werk der wahren Induktion zur Entdeckung der Formen besteht demnach in der Abweisung oder Ausschließung aller Bestimmungen, die in Fällen fehlen, wo die betreffende Eigenschaft vorhanden ist. Dahin gehören auch die Fälle, wo jene ohne diese vorhanden ist, oder wo jene zunimmt, während diese abnimmt oder umgekehrt.

Ist diese Abweisung oder Ausschließung richtigermaßen geschehen, so wird an zweiter Stelle, gleichsam am Boden, die bejahende, feste, wahre und scharf bestimmte Form zurückbleiben, während die flüchtigen Meinungen in Rauch aufgegangen sind. Dies kann man leicht aussprechen, aber nur durch viele Umwege kann man es erreichen. [...]

JOHANNES KEPLER

Die harmonische Struktur des Alls

173

Daß das Weltganze von einer Kugelgestalt umschlossen ist, hat Aristoteles genügend ausführlich erörtert. Seine Beweisgründe sind hauptsächlich auf die edle Gestalt der Kugeloberfläche gegründet. Auch die äußerste Kugelfläche des Kopernikanischen Fixsternhimmels bewahrt noch, obgleich bewegungslos, die gleiche Gestalt; die Sonne ist als Mittelpunkt im Innersten ihres Schoßes geborgen. Weiter schloß er, daß die Bahnen der übrigen Sterne geschlossene Kreise sein müssen. Er ist nicht verlegen, zu beweisen, daß das Krummlinige zur Ausrüstung der Welt gedient hat. Während wir aber drei Arten der Größenmannigfaltigkeit in der Welt erkennen, nämlich Gestalt, Zahl und Raumerfüllung, finden wir das Krummlinige nur an der Gestalt. Die Raumerfüllung ist deshalb ohne eigentliches Vergleichsverhältnis, weil eine Fläche, die einer ähnlichen eingeschrieben wird (eine Kugel der Kugel, ein Kreis dem Kreise) entweder überall berührt, oder nirgends. Die Kreisgestalt stellt eine besondere Art der Größe dar und ist daher nur der vollen Dreifachheit des Zahlbegriffes unterzuordnen. Hätte also Gott bei der Weltschöpfung nur das Krummlinige beachtet, so gäbe es nichts anderes als Sonne, Fixsterne und Weltäther: die Sonne im Mittelpunkt ist Bild des Vaters, die Kugelfläche der Fixsterne, das sind «die Gewässer» des Moses, ist Bild des Sohnes, und der alles erfüllende Himmelshauch, das ist die Ausdehnung und das Himmelsgewölbe, erscheint als Bild des heiligen Geistes. Da die Fixsterne in unzählbarer Menge vorhanden sind, da die Übersicht aller Wandelsterne noch gar nicht gesichert und die Größe aller himmlischen Bahnen verschieden ist, so muß die Ursache all dessen im Begriff der Geradlinigkeit gesucht werden. Wir müßten denn glauben, daß Gott irgend etwas in der Welt sinnlos getan hat, wo Gründe der Zweckmäßigkeit im Übermaße gegeben sind – davon wird mich niemand überzeugen. Ich fühle sie sogar in der Anordnung der Fixsterne, die uns durchaus verworren, gleichsam durch Zufälle des Saatwurfes gegeben zu sein scheint. [...]

Sowie wir eine Auslese der Körper besitzen und den wüsten Haufen der unregelmäßigen Gebilde unberücksichtigt gelassen haben, wollen wir nur die ebenflächigen Körper mit gleich großen Seiten und Winkeln zurückbehalten. Dann bleiben uns bloß die regelmäßigen Körper übrig, denen die Griechen Namen gegeben haben: der Würfel oder Hexaeder, die Pyramide oder das Tetraeder, das Dodekaeder, das Ikosaeder und das Oktaeder. Daß ihrer nicht mehr als fünf bestehen können, hat Euklid bewiesen (siehe den Zusatz im XIII. Buche nach der 18. Voraussetzung). [...]

Die Kreisbahn entspricht der Bewegung, die Körper versinnlichen Zahl und Größe. Da müssen wir dem Platon ganz recht geben, wenn er sagt, daß Gott fort und fort Geometrie betreibt. Deshalb sind auch in dieser Bewegungswerkstätte die Körper den Kreisen und die Kreise den Körpern genau eingeschrieben, damit jedem Beweglichen ohne Ausnahme seine Kreisbahn zugewiesen werden konnte.

Im XIII. Buche des Euklid (Abschnitt 13–17) findet man ausgeführt, in wie hohem Maße sich diese Körper in das Ein- und Umschreiben fügen. Wenn fünf Körper in wechselseitiger Aufeinanderfolge Kreisen eingeschrieben werden, so ergeben sich sechs Umschließungskreise.

Wahrlich: jene Zeit, die in ihrem Weltbilde sechs Kreisbahnen angenommen hat, die hat die wahre Sternkunde geschaffen. Aber gerade diese sechs Bahnen hat das Weltbild des Kopernikus, und sie folgen derart aufeinander, daß alle fünf regelmäßigen Körper ganz genau in ihre Bahnen gelegt werden können. Darum wird man so lange auf ihn hören müssen, bis jemand ein noch genauer zusammenstimmendes Lehrgerüst gebracht hat; oder bis einer nachweist, daß alles, was regelrecht aus den Grundsätzen der Natur folgt, nur zufällig im Menschengeist zahlenmäßige Genauigkeit annimmt. Was könnte wunderbarer sein, was stärker überzeugen, als solche Übereinstimmung? Seine Gesetze hat Kopernikus aus den Naturerscheinungen, aus Wirkungen, aus Späterem hergeleitet, wie ein Blinder seine Schritte durch den Stab sichert (so pflegte er selbst zu sagen). Glückliche Umstände bestärkten weit mehr als die eigene Kühnheit seine Ansicht. Jetzt kann das alles nach Vernunftgründen, die der Naturerscheinung vorhergehen, aus seinen Ursachen, aus dem reinen Schöpfungsbegriff als notwendig erkannt werden.

Wollte aber jemand diese Vernunftschlüsse unvernünftig anhören und sie bloß witzelnd verspotten, weil ich sie als neuer Mann um die Jahrhundertwende vortrage, da die altberühmten Leuchten der Weltweisheit schweigen, so kann ich mit einem führenden, einem wahrsagenden Geist aus dem tiefsten Altertume aufwarten – mit Pythagoras. Man hört von ihm öfter in den Schulen, weil es ihm nicht unwürdig gedäucht hat, daß der Schöpfer die Eigenschaften der regelmäßigen Körper in seiner Schöpfung angewendet habe. Er erkannte ihre vorzügliche Eigenart zweitausend Jahre vor mir durch eine ganz ähnliche Schlußfolgerung. Auch er hat Gebilde der Größenlehre natürlich und aus ihrer zufälligen Eigenschaft begriffen und mit ihnen außerhalb ihrer Grenzen liegende Dinge erläutert. So hat er die Erde dem Würfel verglichen, weil beide standfest sind; dennoch ist das nicht die Haupteigenschaft des Würfels. Dem Himmel gab er den Ikosaeder, weil beide flüchtig sind. Dem Feuer die Pyramide – sie hat die Gestalt der feurigen Lohe. Die beiden übrigen Körper wurden zwischen Wasser und Luft verteilt, da beide miteinander nahe verwandt sind. Aber jenem Manne fehlte ein Kopernikus, der ihm vorher den Weltbau erklärt hätte. Hätte er seine Entdeckung gekannt, so hätte er zweifellos die wahren Ursachen ge-

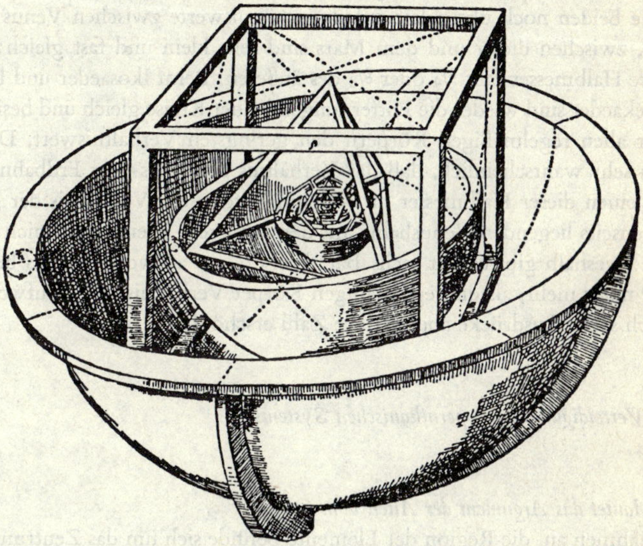

Die sechs Planetenbahnen und die fünf eingeschachtelten platonischen Körper

funden, und die Beziehung der Himmelsräume wäre jetzt so bekannt wie die der fünf Körper. Sie wäre auch etwas so Selbstverständliches wie die endlich zum Siege gelangte Grundlehre von der Bewegung der Erde und der Ruhe der Sonne.

Doch weiter, weiter! Wir müssen untersuchen, ob jene Maßverhältnisse an den Bahnen des Kopernikus bestehen. Zunächst eine grobe Schätzung! Bei Kopernikus liegt der größte Bahnunterschied zwischen Jupiter und Mars. Der Halbmesser der Marsbahn beträgt kaum den dritten Teil der Jupiterentfernung. Also muß jener Körper gesucht werden, bei dem der Unterschied zwischen den Halbmessern der eingeschriebenen und umschriebenen Kugel am größten ist (es sei gestattet, den Hohlraum statt des Vollkörpers zu setzen). Das ist das Tetraeder oder die Pyramide. Zwischen

Jupiter und Mars liegt also die Pyramide. Den zweitgrößten Unterschied zeigen die Entfernungen des Jupiter und Saturn; die erste kaum halb so groß wie die zweite. Saturn kreist also um den Würfel, den Jupiter umschließt dieser Körper.

Fast dieselbe Beziehung besteht zwischen Venus und Merkur; sie entspricht ziemlich gut der beider Kreise des Oktaeders. Also umkreist Venus dieses Gebilde, den Merkur birgt es.

Die beiden noch übrigbleibenden Verhältniswerte zwischen Venus und Erde, zwischen dieser und dem Mars sind sehr klein und fast gleich: der innere Halbmesser faßt $^3/_4$ oder $^2/_3$ des äußeren. Beim Ikosaeder und beim Dodekaeder sind wieder die Entfernungen beider Kreise gleich und besitzen unter allen regelmäßigen Körpern den geringsten Verhältniswert. Drum ist es sehr wahrscheinlich, daß das Verhältnis der Mars- zur Erdbahn mit dem einen dieser Halbmesser in Beziehung steht, das Verhältnis der Erde zur jenseits liegenden Venusbahn mit dem anderen. Wenn man mich aber fragt: weshalb gibt es nur sechs Bahnkreise? – so antworte ich: es bedarf ihrer nicht mehr, als die regelmäßigen Körper Verhältniszahlen aufweisen. Durch sechs Ausdrücke aber ist ihre Zahl erschöpft.

Zur Verteidigung des kopernikanischen Systems

174

Wie lautet das Argument der Alten vom Ort?

Sie nahmen an, die Region der Elemente befinde sich um das Zentrum der Welt, der Himmel oben. Deshalb haben die Körper, die aus Elementen zusammengesetzt sind, eine geradlinige Bewegung mit Anfang und Ende, verteilt entsprechend den gegensätzlichen Prinzipien der Schwere und Leichtigkeit, und die Bewegung bringt jeden dieser Körper zu seinem Ort zurück. Daher haben die Dinge entsprechend der verschiedenen Nähe zum natürlichen Ort oder Ziel verschiedene Geschwindigkeiten und schließlich bloße Ruhe. Die himmlischen Körper dagegen drehen sich ununterbrochen in Kreisen um die Erde. Das bedeutet, daß sie weder schwer noch leicht sind, und sie sind weder um der Ruhe willen bewegt noch um einen Ort einzunehmen – denn sie drehen sich immer an ihrem Ort –, sondern sie werden nur bewegt um bewegt zu werden. Daher muß ihre Bewegung gleichmäßig sein, und die Form ihrer Bewegung muß anders als gerade sein, nämlich geeignet für eine ewige Bewegung, das heißt in sich zurückkehrend.

Was antwortest du auf dieses dritte Argument?

Nicht jede Unregelmäßigkeit der Bewegung ist zurückzuführen auf die Eigenschaften der Elemente, auf die Schwere und die Leichtheit. Denn einige rühren auch von der Änderung des Abstandes her, wie das deutlich wird am Beispiel von Hebel und Waage. Diese Ursache bringt Beschleunigung und Verlangsamung der himmlischen Bewegungen hervor, wie es bisher erklärt wurde. Immerhin müssen wir danach Ausschau halten, daß eine Ähnlichkeitsbeziehung in den Elementen besteht zwischen den Prinzipien der Schwere und der Leichtheit sowie der natürlichen Trägheit der Planetenkugel hinsichtlich der Bewegung; doch wird mit diesem Zusammenhang keine Unregelmäßigkeit der Bewegung erklärt.

Was nun die Form der Bewegung betrifft, ergibt sich aus dem Argument nicht mehr, als was wir bereits wissen können, nämlich daß die Bewegung in sich selbst zurückkehrt. Aber nicht nur die Kreisbewegung, auch die Ellipsenbewegung ist von dieser Art. Damit werden die Voraussetzungen nicht bestritten. Denn jene Körper, die sich um ihre eigene Achse drehen, werden in Wirklichkeit nur deshalb bewegt, um durch ihre unaufhörliche Bewegung einer Notwendigkeit der eigenen Kugel zu gehorchen, andere aber, um die Planeten in ewigen Kreisen um sich herumzuführen.

Nenne das vierte Argument der Alten aus der Kreisfigur

Sie philosophierten, von allen Bewegungen, die in sich selber zurückkehren, sei die Kreisbewegung die einfachste und vollkommenste von allen; den Ellipsen und ähnlichen Figuren sei etwas Gerades beigemischt. Daher ist die Kreisbewegung jene, die der einfachsten Natur der Körper am besten entspricht, die von göttlichen Geistern getrieben werden (denn ihre Schönheit und Vollkommenheit ist etwas Geistiges), und schließlich auch dem Himmel, der eine Kugelform besitzt.

Wie kann dies widerlegt werden?

Darauf möchte ich so antworten: Erstens, wenn die himmlischen Bewegungen das Werk eines Geistes wären, wie die Alten glaubten, dann wäre der Schluß ziemlich überzeugend, die Planetenbahnen würden vollkommene Kreise beschreiben. Dann nämlich wäre die vom Geist ausgedachte Bewegung unfehlbarer Hinweis und Zeichen für die Macht, auf die die Bewegung zurückverweist. Aber die Himmelsbewegungen sind nicht das Werk des Geistes, sondern der Natur, das heißt der natürlichen Kraft der Körper, oder das Werk einer Seele, die gemeinsam mit jenen körperlichen Kräften in Übereinstimmung tätig ist. Das wird durch nichts anderes gültiger bewiesen als durch die Beobachtung der Astronomen, die finden, nachdem sie die Wahrnehmungstäuschungen mit Recht ausgeschaltet haben, daß die elliptische Drehung in der wirklichen und echten Bewegung des Planeten von der natürlichen Körperkraft, den Bewegungserscheinungen und den Massen Zeugnis ablegt. [...]

Welche Gründe erklären deiner Meinung nach, warum, obgleich alle Bahnen der wichtigsten Planeten um die Sonne angelegt sind, gleichwohl die Drehungen (von denen aus gleichsam wie vom Sonnenzentrum aus die verschiedenen Teile der Planetenbahnen betrachtet werden) nicht in proportionalen Zeitabständen ausgeführt werden?

Zwei Gründe sind zu nennen, ein optischer und ein physikalischer, und beide führen ungefähr zum gleichen Resultat. Der erste Grund liegt darin, daß die Planetenbahn nicht überall in gleicher Entfernung von der Sonne liegt; der eine Teil ist näher der Sonne, und der andere ist umso weiter von ihr entfernt. Aber wenn alles gleich bleibt, erscheint der nähere Gegenstand unter einem größeren Winkel, der weiter entfernte unter einem kleineren. Jedoch von Gegenständen, die unter gleichem Winkel erscheinen, ist der nähere der kleinere und der weiter entfernte der größere.

Der andere Grund ist der, daß der Planet sich wirklich langsamer bewegt bei größerer Entfernung von der Sonne und schneller, wenn er ihr näher ist.

Werden daher die beiden Gründe zu einem einzigen zusammengefügt, dann wird es völlig klar, daß von zwei Bögen, die gleich groß erscheinen, die längere Zeit für jenen gebraucht wird, der in sich selber größer ist, und eine viel größere Zeit wird gebraucht wegen der wirklichen Langsamkeit des Planeten in dem weiter entfernten Bogen.

Würde eine einzige Ursache nicht genügen, wenn wir eine so große Entfernung annehmen, daß die ganze scheinbare Unregelmäßigkeit durch die ungleiche Entfernung der Planetenbahn erklärt würde, die auf der einen Seite gerade so weit von der Sonne entfernt verläuft, wie sie ihr auf der anderen Seite nahe ist?

Die Beobachtungen erlauben uns nicht, die Ungleichheit der Entfernungen so deutlich zu machen wie die Ungleichheit der Zeit, in der der Planet gleiche Bahnsektoren um die Sonne zurücklegt. Aber sie bezeugen, daß die Ungleichheit der Entfernung ausreicht, lediglich die Hälfte dieser Unregelmäßigkeit zu erklären. Deshalb hängt der Rest von der wirklichen Beschleunigung und Verlangsamung des Planeten ab.

Welches sind die Gesetze dieser Beschleunigung und Verlangsamung, und gibt es dafür Beispiele?

Ein treffendes Beispiel finden wir bei der Waage. Wenn da die Arme im

Gleichgewicht sind, dann sind die Gewichte umgekehrt proportional zur Länge der Arme. Ein größeres Gewicht am kleineren Arm kann nämlich im Gleichgewicht sein mit einem geringeren Gewicht, das am längeren Arm hängt. Wie sich der kurze Arm zum langen verhält, so verhält sich das Gewicht des längeren Armes zu dem des kürzeren. Wenn wir nun im Geist einen der beiden Arme beseitigen und statt des Gewichtes an ihm eine gleiche Kraft am Drehpunkt annehmen, um mit ihrem Gewicht den andern Arm zu heben, dann zeigt es sich, daß diese Kraft am Drehpunkt nicht so viel vermag wie ein Gewicht, wenn es entfernt ist, als wenn das gleiche Gewicht nahe ist. So bezeugt die Astronomie ebenfalls anhand der Planeten, daß die Sonne nicht dieselbe Kraft hat, den Planeten zu bewegen und zu drehen, wenn sein Abstand von der Sonne größer ist, wie das bei einer kleineren Distanz der Fall ist. Also kurz: Wenn man auf der Planetenbahn Bögen von gleicher Länge nimmt, dann ist das Verhältnis ihrer Entfernungen von der Sonne proportional zum Verhältnis der Zeiten, die der Planet für das Durchlaufen dieser Bögen braucht. [...]

Die Bewegungen der Planeten und die Harmonie des Alls

175
Gleich zu Beginn mögen die Leser erfahren, daß die alten Grundansichten über das Himmelsgewölbe, die Ptolemaios angab, die Peurbach[1] in seinen Lehrbüchern und die übrigen Schriftsteller in Auszügen erläutert haben, von der vorliegenden Betrachtung völlig ferngehalten, überhaupt ausgeschaltet werden müssen. Denn diese Lehren behandeln nicht die wahre Verteilung der Weltkörper und den Haushalt ihrer Bewegungen. [...]

Um zu den Bewegungen zu kommen, aus deren Wirken die Harmonien hervorgehen, erinnere ich den Leser daran, wie ich in meinen «Denkschriften zur Lehre vom Mars» aus den zuverlässigsten Beobachtungen des Brahe nachgewiesen habe, daß die täglichen Bögen, die in einem und demselben exzentrischen Kreise gleich sind, doch nicht mit gleicher Geschwindigkeit durchmessen werden; sondern diese verschiedenen Aufenthalte in den gleichen Abschnitten eines exzentrischen Kreises beobachten das Verhältnis ihrer Abstände von der Sonne, der Quelle aller Bewegung. Und umgekehrt: nimmt man die Zeiten gleich an, ich meine einen gewöhnlichen Tag, dann verhalten sich die ihnen entsprechenden wahren täglichen Bögen einer einzigen exzentrischen Bahn umgekehrt wie die beiden Abstände von der

[1] Georg Peurbach (1423–1461), österreichischer Astronom und Mathematiker. (Hg.)

Sonne. Ferner habe ich bewiesen: die Bahn eines Planeten ist eine Ellipse, und die Sonne, die Quelle der Bewegung, liegt in einem der beiden Brennpunkte dieser Ellipse. Daher kommt es, daß ein Planet, wenn er den vierten Teil seines ganzen Umlaufes, von der größten Sonnenferne aus gemessen, zurückgelegt hat, einen Abstand von der Sonne erreicht, der zwischen der größten und kleinsten Sonnenferne genau die Mitte hält. Aus diesen beiden Lehrsätzen ergibt sich: die mittlere tägliche Bewegung eines Planeten im exzentrischen Kreise ist gleich dem wahren täglichen Bogen für jene Zeitabschnitte, in denen der Planet am Ende des Kreisviertels des von der Sonnenferne an gezählten exzentrischen Kreises steht, wenn dieser wahre Quadrant auch kleiner zu sein scheint, als der beobachtete. [...]

176

Bisher behandelten wir die einzelnen Aufenthalte oder die Bögen eines und des selben Planeten. Nun müssen wir die Beziehungen zwischen den Bewegungen je zweier Planeten erörtern. Da wollen wir zuerst die Begriffe festlegen, die wir später benötigen werden. Als nahe liegende Apsiden zweier Planeten bezeichne ich die Sonnennähe des oberen und die Sonnenferne des unteren, ohne Rücksicht darauf, daß diese nicht gegen die gleiche Weltgegend gerichtet sind, sondern von einander verschieden, bisweilen sogar einander entgegengesetzt liegen. Grenzwerte der Bewegung nenne ich die langsamste und die rascheste Bewegung des Planeten in seinem ganzen Umlaufe. Zusammenfallende oder zusammenlaufende Grenzwerte jene, die einander in den Apsiden je zweier Gestirne, und zwar in der Sonnennähe des oberen und in der Sonnenferne des unteren, nahekommen. Auseinander fallende oder voneinander verschiedene jene, die in einander gegenüber liegenden Apsidenlinien und zwar in der Sonnenferne des oberen und der Sonnennähe des unteren auftreten.

Nun ergibt sich der Anlaß, einen Teil meines Werkes *«Mysterium Cosmographicum»*, den ich vor 22 Jahren offen lassen mußte, weil er noch nicht ganz klappte, zu Ende zu führen und hier einzuschalten. Nachdem ich die wahren Abstände der Bahnen mit Hilfe der Beobachtungen des Brahe und in vieljähriger Mühe gefunden habe, fahre ich wieder fort, und da – endlich, endlich erscheint die wahre Beziehung der Umlaufzeiten zu den Bahnen – –

«... Spät erschaut es, der fast schon ermattet,
Endlich erschaut er das Ziel und greift es nach rastlosem Sehnen.»

Am 8. März dieses Jahres 1618, wenn du die genaue Zeitbestimmung wünschest, wurde das Gesetz erkannt. Aber es wurde nicht ganz glücklich in die Rechnungen getragen und deshalb als falsch verworfen. Am 15. Mai kehrte ich wieder zu ihm zurück, und nun verjagte es mit frischem Ansturme die Finsternis, die über meinem Sinnen gelagert hatte. Jetzt stimmten meine eigene Prüfung und das Ergebnis einer siebzehnjährigen Arbeit an den Beobachtungen des Brahe und an diesem vorliegenden Werke so trefflich zusammen, daß ich glauben mußte, ich hätte bisher geträumt und hätte, was aus den Grundsätzen zu erforschen war, geradezu vorweg genommen. Aber die Sache ist völlig sichergestellt und unbedingt zuverlässig: die Umlaufzeiten je zweier Planeten verhalten sich haarscharf, wie die drei halbten Potenzen ihrer mittleren Entfernungen, also auch ihrer Bahnen selbst. Dabei nehme ich jedoch an, daß das arithmetische Mittel zwischen den beiden Durchmessern der elliptischen Bahn etwas kleiner ist als der größere Durchmesser. Demnach: wenn jemand aus einer Umlaufzeit, z.B. der Erde, die bekanntlich ein Jahr ausmacht, und aus der Umlaufzeit des Saturn, die 30 Jahre beträgt, die Kubikwurzel nimmt und dieses Maßverhältnis zum Quadrat erhebt, so gewinnt er in den herauskommenden Ziffern das völlig richtige Verhältnis der Sonnenabstände von Erde und Saturn. Denn die Kubikwurzel von 1 ist 1, ihr Quadrat wiederum 1; und die Kubikwurzel von 30 ist etwas größer als 3, also ihr Quadrat etwas größer als 9. Tatsächlich ist Saturn in seinem mittleren Abstande von der Sonne ein wenig mehr als 9 mal soviel von ihr entfernt, als die Erde.

177

Daß der Gesamtklang aller sechs Planeten nicht zufällig zustande kommt, sehen wir also hauptsächlich an den Grenzstellen der Bewegung, wo die Töne, wie wir erkennen, sämtlich zu einer Weltharmonie zusammenfließen. Zwei Gestirne sind allerdings ausgenommen, die nur angenähert zum Gesamtklange stimmen. Noch viel weniger kann es zufällig geschehen sein, daß alle Töne der musikalischen Oktave, die im III. Buche durch harmonische Einteilung festgelegt wurden, durch die Grenzwerte der Planetenbewegung gekennzeichnet sind. Und am wenigsten von all dem kann es Zufall sein, daß das so sorgsam geschiedene Geschlecht der beiden Harmoniearten, das Dur- und Moll-Geschlecht, durch Zufall, ohne besondere Sorgfalt des Schöpfers, zustande gekommen wäre. Daraus folgt also, daß der Schöpfer, die Quelle aller Weisheit, der niemals erlahmende Wächter aller Ordnung, der ewig sprudelnde Quell übersinnlicher Beziehungen an den Raumgebilden und geordneten Wohlklängen, daß dieser Werkkünstler der Himmelsräume selbst, meine ich, die harmonischen Grundverhältnisse, die aus den regelmäßigen Grundgebilden der Ebene entspringen, voll Absicht an die fünf regelmäßigen Grundgebilde des Raumes angepaßt hat. Aus jeder Reihe hat er ein durchaus vollkommenes Urvorbild der Himmelsräume geschaffen. In ihnen sind die Exzentrizitäten der einzelnen Planetenbahnen durch die Zusammenklänge, die Sprößlinge der ebenen Grundgebilde (wie im III. Buche nachgewiesen wurde), maßgetreu an die Bewegungen der Himmelskörper gebunden, gleichwie aus den fünf regelmäßigen Festkörpern die Urbilder der Himmelsräume hervorleuchten, durch die die sechs Planeten geführt werden. In diesen beiden Sachgründen muß die Abstimmung der größeren Bahnkreise auf die kleineren Zahlenwerte der Exzentrizitäten gefunden werden, da gerade diese Exzentrizitäten zur Erzeugung der Harmonien notwendig sind. Andererseits müssen die harmonischen Grundverhältnisse möglichst getreu auf die Planeten übertragen werden, da sie mit jeder einzelnen ebenen Gestalt stärker verwandt sind, als Harmonien es ausdrücken können. Endlich müssen, dieser Schlußkette gemäß, die Verhältnisse der Bahnen und die Exzentrizitäten jedes einzelnen Planeten aus einem gemeinsamen Urvorbilde gleichzeitig herausquellen; aus der Erstreckung der Bahnen und der Masse der Himmelskörper aber müssen sich die Umlaufzeiten der Planeten ergeben.

Daß ich dieses Verfahren mit Hilfe des in der Raumlehre üblichen Lehrganges zweckvoll in das dem menschlichen Verstande gewährte Licht setze, möge der Urheber der Himmel selbst begünstigen – er, der Vater aller Verstandeswesen, der Spender der menschlichen Sinneswerkzeuge, selbst unsterblich und überaus gepriesen; er möge auch verhindern, daß das schwache Licht meines Geistes etwas seines unermeßlichen Glanzes Unwürdiges über sein Werk vorbringe; und er möge bewirken, daß wir, in der Nachfolge des Herrn, der Vollendung, die in seinen Werken liegt, nachstreben; daß wir sie erreichen durch Heiligkeit der Lebensführung, für die er seine Kirche auf der Erde eingesetzt und für die er die Welt durch das Blut seines Sohnes von Sünden gereinigt hat; und durch die Hilfe seines heiligen Geistes! Hiebei ziemt es uns, den Mißklang aller Feindseligkeit von uns fernzuhalten, ebenso jegliche Leidenschaft, allen Neid, dann Zornausbrüche, Gezänke, Mißhelligkeiten, Spaltungen in der Gemeinde, Haß, böse Anreizung und Erbitterung durch Spottreden und die anderen Werke des Fleisches. Mit mir werden das gewißlich alle, die vom Geiste Christi erfüllt sind, wünschen; ja, sie werden sich auch bemühen, es durch rechte Tat ins Werk zu setzen, um sich so ihre Berufung zu sichern! Sie alle mögen die verkehrten Sitten jener Parteiungen verachten, die Eifer vorgeben oder Liebe zur Wahrheit oder besondere Erziehung und Bescheidenheit gegenüber ihren eifrigen Lehrmeistern, oder die schließlich sonstwie unter irgend einem fadenscheinigen Vorwand ihr wahres Wesen verschleiern und verdecken. – Heiliger Vater, erhalte uns in dem harmonischen Band allgemeiner Menschenliebe, damit wir zu einem Wesen verschmelzen, gleichwie auch du mit deinem Sohne, unserem Herrn, und dem Heiligen Geiste ein Einziger bist und gleichwie du alle deine Werke durch die wundervoll-lieblichen Fesseln des Zusammenklanges in eins gebracht hast; damit dann aus der Einheit deines ganzen Wesens der Leib deiner Kirche hier auf Erden errichtet werde, wie du selbst deine Himmelsräume gezimmert hast aus harmonischen Klängen.

178
Was bisher gesagt wurde, wird aus der Geschichte meiner Entdeckungen noch deutlicher werden. Als ich mich vor 24 Jahren in derartige Betrachtungen zu versenken begann, untersuchte ich zuerst, ob die Bahnen der Planeten um gleich große Abstände von einander entfernt sind (bei Kopernikus sind sie nämlich von einander gesondert und berühren einander nicht). Denn ich konnte nichts Schöneres finden als das Verhältnis der Gleichheit. Solcher Auffassung fehlt aber Kopf und Fuß: Ausgesprochene Gleichheit liefert keine bestimmte Anzahl der beweglichen Körper und keine gesicherte Maßgröße an den Abständen. Da sann ich nun nach, ob Abstände und Bahnen keine Beziehung, d.h. kein Verhältnis zu einander hätten. Doch ergab sich der gleiche Übelstand. Denn obwohl die Abstände zwischen den Bahnen jetzt freilich ungleich groß herauskamen, so waren sie doch nicht um ungleiche Unterschiede ungleich groß, wie Kopernikus haben will, und ein Maß des Verhältnisses, eine begrenzte Anzahl der Bahnen ließ sich nicht erkennen. Ich ging zu den regelmäßigen ebenen Gestalten über. An diesen kennzeichnen sich Abstände, wenn man Kreise auf sie bezieht, aber auch so entsteht keine gesicherte Anzahl. Ich gelangte zu den fünf regelmäßigen Körpern. Hier offenbarte sich endlich sowohl eine umschriebene Anzahl von Körpern, als eine feste Größe der Abstände, und zwar so deutlich, daß ich wegen der noch verbleibenden Abweichungen auf die Vollendung der Himmelswissenschaft rechnen durfte. In diesen eben verstrichenen 20 Jahren wurde sie vollendet. Und siehe, noch immer weichen die Abstände von den regelmäßigen Körpern ab, und noch immer zeigt sich keine Ursache, weshalb die Exzentrizitäten so ganz ungleich unter die Planeten aufgeteilt sind! So hatte ich denn in diesem Weltengebäude bloß Werksteine von zierlicher, dem Baustoff allerdings angepaßter Gestalt gesucht und nicht gewußt, daß sie der Baumeister vollkommen getreu nach dem Bilde eines belebten Leibes zugerichtet hatte. Und nun komme ich allmählich in den letztverstrichenen drei Jahren zu den harmonischen Zusammenklängen; die Einzelheiten der regelmäßigen Körper ließ ich wegen ihrer untergeordneten Bedeutung beiseite. Einerseits nämlich deuteten die Harmonien auf die Form hin, an welche die letzte Hand angelegt wurde, und die regelmäßigen

Körper auf den Stoff, der sich in der Welt durch die Zahl der Himmelskörper und die annähernde Weite ihrer Abstände ausdrückt; andererseits aber lieferten die Harmonien die Exzentrizitäten, die die regelmäßigen Körper nicht vermuten ließen. Die Harmonien bildeten Nase, Augen und die übrigen Glieder des Bildwerkes; die regelmäßigen Körper hatten ihm bloß die erforderliche Menge ungefügen Werkstoffes zugetragen.

GALILEO GALILEI

Natur und Heilige Schrift: Zwei Aspekte einer Wahrheit

179

Da die Heilige Schrift und die Natur ihren Ursprung gleichermaßen im göttlichen Wort haben – diese ist diktiert vom Heiligen Geist, jene führt die Befehle Gottes höchst aufmerksam aus –, und da es ferner die Art der Schrift ist, daß sie – um mit dem allgemeinen Verständnis übereinzustimmen – viele Dinge sagt, die offenbar von der absoluten Wahrheit abweichen (insofern man die Schrift wörtlich versteht), und da die Natur zudem unerbittlich und unwandelbar ist, die Grenzen der ihr auferlegten Gesetze niemals überschreitet und sich nicht darum bekümmert, ob ihre verborgenen Gründe und Wirkungsarten dem Verständnis des Menschen zugänglich sind oder nicht: darum scheint es, daß keine der Naturerscheinungen – seien sie uns durch sinnliche Wahrnehmung enthüllt oder durch die nötigen Experimente bestätigt – in irgendeinen Zweifel gezogen oder bestritten werden kann, weil einige Stellen in der Heiligen Schrift – wörtlich genommen – damit nicht einiggehen. Und es scheint ferner, daß nicht alles, was in der Schrift gesagt ist, der gleichen Genauigkeit verpflichtet ist wie jede Naturerscheinung es ist, und daß Gott sich in nicht kleinerem Maße in den Naturerscheinungen offenbart als in den heiligen Worten der Schrift. Dies möglicherweise meinte Tertullian, als er sagte: «Wir behaupten, daß Gott zunächst aus der Natur zu erkennen, dann aus der Lehre wiederzuerkennen sei; aus der Natur durch seine Taten, aus der Lehre durch seine Aussagen.»

Die Existenz und Bedeutung der Sonnenflecken

180

SALVIATI: Ihr selbst aber, Herr Simplicio, was für eine Antwort habt Ihr Euch ausgedacht, wenn Euere Gegner Euch diese lästigen Flecken vorhalten, die erschienen sind, um den Himmel in Verwirrung zu bringen und mehr noch die peripatetische Philosophie? Als deren unerschrockener Verteidiger müßt Ihr notgedrungen irgendwelchen Ausweg, eine Lösung der Schwierigkeiten gefunden haben, und diese dürft Ihr uns nicht vorenthalten.

SIMPLICIO: Ich habe über diesen besonderen Punkt verschiedene Ansichten gehört. Die einen sagen, es seien Sterne, die in ihren eigenen Bahnen, ähnlich wie Venus und Merkur, sich um die Sonne drehen und uns bei ihrem Vorübergange vor der Sonne dunkel erscheinen; da ihrer eine große Zahl sei, so geschehe es häufig, daß ein Teil derselben sich anhäufe und daß sie dann sich wieder trennen; andere halten sie für atmosphärische Vorgänge, andere für Täuschungen, verursacht durch die Fernrohrlinsen und dergleichen mehr. Ich aber neige der Ansicht zu, bin sogar fest überzeugt, daß sie ein Haufen von vielen verschiedenartigen undurchsichtigen Körpern sind, die gewissermaßen zufällig zusammentreffen; darum lassen sich oft in einem Flecken zehn und mehr solcher winziger Körperchen zählen, welche, von unregelmäßiger Gestalt, wie Schnee- oder Wollflocken oder wie schwirrende Mücken erscheinen. Sie ändern ihre gegenseitige Lage, trennen sich bald von einander, bald nähern sie sich, besonders vor der Sonne, um welche sie sich, als um ihren Mittelpunkt, bewegen. Darum braucht man aber nicht anzunehmen, daß sie entstehen oder vergehen, sondern nur, daß sie sich bisweilen hinter dem Sonnenball verbergen, bisweilen aber, wiewohl von ihm getrennt, wegen der Nähe des übermäßig hellen Sonnenlichtes unsichtbar sind. In die exzentrische Sphäre der Sonne sind, ähnlich wie Zwiebelhäute, Schichten von verschiedener Dicke ineinander geschachtelt, von denen jede, mit einigen kleinen Flecken behaftet, sich bewegt. Wiewohl anfänglich ihre Bewegung veränderlich und unregelmäßig aussah, sollen dennoch nach den neuesten Beobachtungen genau dieselben Flecken innerhalb bestimmter Fristen wiedergekehrt sein. Dies scheint mir der zweckmäßigste Ausweg, den man bis jetzt gefunden hat, um Rechenschaft von besagter Erscheinung zu geben, ohne doch die Unzerstörbarkeit und Unerzeugbarkeit des Himmels fallen zu lassen. Und wenn er wirklich nicht genügen sollte, so wird es nicht an erleuchteten Geistern fehlen, welche andere bessere finden werden.

SALVIATI: Wenn der Gegenstand unseres Streites eine Frage der Jurisprudenz oder einer anderen, menschliche Dinge behandelnden Wissenschaft wäre, in welchen es nicht Wahrheit noch Irrtum gibt, so könnte man zuversichtlich einen größeren Scharfsinn, eine schlagfertigere Beredsamkeit, eine ausgedehntere Belesenheit erwarten und hoffen, daß, wer sich durch solche Gaben auszeichnet, hier die Überlegenheit seines Geistes an den Tag legen und Ruhm dafür ernten würde. In den Naturwissenschaften aber, deren Schlüsse wahr und notwendig sind, und wo menschliche Willkür keine Stätte hat, muß man sich hüten, sich auf seiten des Irrtums zu schlagen; denn tausend Männer wie Demosthenes und Aristoteles würden von jedem mittelmäßigen Geiste aus dem Sattel gehoben, wenn dieser das Glück gehabt, die Wahrheit aufzufinden. Darum, Herr Simplicio, entschlagt Euch nur der Hoffnung, daß soviel kenntnisreichere, gelehrtere und belesenere Männer, als wir es sind, der Natur zum Trotz den Irrtum als Wahrheit erweisen könnten. Wenn also von allen bisher vorgebrachten Ansichten über das Wesen der Sonnenflecken die soeben von Euch auseinandergesetzte Euch richtig erscheint, so müssen, wenn Ihr Recht habt, alle anderen notwendig falsch sein. Um Euch nun den Glauben auch an diesen völlig grundlosen Wahn zu nehmen, will ich, ganz zu schweigen von tausend anderen Unwahrscheinlichkeiten, bloß zwei entgegenstehende Beobachtungen anführen. Erstens sieht man viele von diesen Flecken vor der Mitte der Sonnenscheibe entstehen und ebensoviele gleichfalls vom Umfange der Sonnenscheibe entfernt sich wieder auflösen und verschwinden: ein zwingender Grund, daß sie wirklich entstehen und sich auflösen; denn wenn sie, ohne zu entstehen und zu vergehen, bloß infolge ihrer Bewegung sichtbar würden, so sähe man sie sämtlich am äußersten Rand der Sonne ein- und austreten. Die zweite Beobachtung beweist für diejenigen, welche nicht ganz und gar der Lehre von der Perspektive unkundig sind, aus den scheinbaren Gestalts- und Geschwindigkeitsänderungen der Flecken mit Notwendigkeit, daß sie dem Sonnenkörper anhaften und mit diesem oder über ihn hin in dichter Berührung mit seiner Oberfläche sich bewegen, keineswegs aber sich in Kreisen drehen, die von ihm einen gewissen Abstand haben. Es folgt dies aus der scheinbaren Verzögerung der Bewegung in der Nähe des Sonnenrandes und der scheinbaren Beschleunigung in der Nähe der Sonnenmitte; es folgt dies ferner aus der Form der Flecken, welche in der Nähe des Randes langgestreckt im Vergleich zu den in der Mitte befindlichen erscheinen, und zwar darum, weil sie in der Mitte in voller Größe erscheinen und so, wie sie wirklich beschaffen sind; in der Nähe des Randes hingegen zeigen sie sich infolge des Zurücktretens der Kugeloberfläche verkürzt. Beide scheinbaren Änderungen, der Gestalt sowohl wie der Bewegung, entsprechen, wie bei sorgfältiger Beobachtung und Rechnung sich herausstellt, genau dem, was man erwarten muß, wenn die Flecken mit der

Sonne zusammenhängen, sind hingegen völlig unvereinbar mit der Annahme einer Bewegung in Bahnen, welche eine gewisse, wenn auch nur geringe, Entfernung von der Sonne besitzen.

Die Überlegenheit der Veränderung gegenüber der Unveränderlichkeit

181

SAGREDO: Ich kann nur mit größter Verwunderung, ja mit größtem innerem Widerstreben anhören, daß die Eigenschaften des Unbeeinflußbaren, Unveränderlichen, Unwandelbaren usw. den Naturkörpern, welche das Weltall zusammensetzen, als etwas Vornehmes und Vollkommenes zugeschrieben werden, und im Gegensatze dazu die Wandelbarkeit, Erzeugbarkeit, Veränderlichkeit usw. als etwas sehr Unvollkommenes gelten sollen. Ich für mein Teil halte die Erde für höchst vornehm und bewundernswert gerade wegen der vielen verschiedenartigen Wandlungen, Veränderungen, Erzeugungen usw., die ohne Unterlaß auf ihr sich abspielen. Wäre sie im Gegenteil keiner Änderung unterworfen, sondern nichts als eine Sandwüste oder eine Jaspiskugel, oder wären zur Zeit der Sintflut die Gewässer, welche sie überfluteten, gefroren und hätte sie sich in eine unermeßliche Eiskugel verwandelt, wo nichts entsteht, noch vergeht, noch sich verändert, so würde ich sie für ein auf der Welt unnützes Ding, für müßig und, um es herauszusagen, für überflüssig erachten, so gut als wäre sie in der Natur gar nicht vorhanden; sie würde mir wie ein totes Wesen verglichen mit einem lebenden erscheinen. Dasselbe gilt auch vom Monde, vom Jupiter und allen anderen Weltkugeln. Je eingehender ich mich in die Nichtigkeiten der landläufigen Denkweise hineinversetze, um so leichtfertiger und törichter finde ich sie. Welche größere Torheit kann man sich vorstellen, als wenn man Edelsteine, Silber und Gold für Kostbarkeiten erklärt, die Erde und den Schlamm aber für völlig wertlose Dinge? Kommt es denn solchen Leuten gar nicht in den Sinn, daß, wäre die Erde so selten wie die höchst geschätzten Kleinodien und Metalle, es keinen Fürsten gäbe, der nicht gerne eine Menge von Diamanten und Rubinen und vier Fuhren Goldes hingäbe, um nur soviel Erde zu erkaufen, als man braucht, um einen Jasminstrauch in ein kleines Gefäß zu pflanzen oder einen Pomeranzenstrauch zu säen, um zu beobachten, wie er keimt, wächst, so schönes Laub hervorbringt, so duftende Blüten und so liebliche Früchte! Also nur die Seltenheit oder Häufigkeit verleiht in den Augen der Menge einer Sache Wert oder Unwert; sie nennt einen Diamanten herrlich, weil er klarem Wasser ähnlich ist, und würde ihn doch nicht gegen zehn Tonnen Wassers hingeben. Wer die Unvergänglichkeit, die Unveränderlichkeit usw. so hoch schätzt, fühlt sich, wie ich glaube, durch den lebhaften Wunsch, recht lange in dieser Welt zu weilen, und durch die Furcht vor dem Tode dazu gedrängt. Man bedenkt nicht, daß, wenn die Menschen unsterblich wären, ihnen nichts daran läge, auf die Welt zu kommen. Solche Leute verdienten durch den Anblick eines Medusenhauptes in eine Bildsäule von Jaspis oder Diamant verwandelt zu werden, um höhere Vollkommenheit zu erlangen.

Der Begriff der Trägheit

182

SALVIATI: Ihr sagt: weil bei ruhendem Schiffe der Stein am Fuße des Mastes niederfällt, bei bewegtem hingegen vom Fuße entfernt, so läßt sich umgekehrt schließen, daß, wenn der Stein am Fuße niederfällt, das Schiff stille steht; und ebenso ergibt sich, daß, wenn er entfernt davon niederfällt, das Schiff sich bewegt. Da nun, was beim Schiffe gilt, auch bei der Erde eintreten muß, so folgt aus dem Niederfallen des Steines am Fuße des Turmes mit Notwendigkeit die Unbewegtheit des Erdballs. Ist das nicht Euer Beweis?

SIMPLICIO: Ja, und zwar in gedrängter Fassung, was sehr zur Erleichterung des Verständnisses beiträgt.

SALVIATI: Nun sagt mir: wenn der von der Spitze des Mastes abgelassene Stein auch bei dem rasch bewegten Schiffe genau an derjenigen Stelle des Schiffes niederfiele, wohin er bei dem ruhenden Schiffe auftrifft, welchen Wert würden dann diese Fallversuche für die Entscheidung der Frage haben, ob das Schiff feststeht oder fährt?

SIMPLICIO: Absolut keinen. Ebenso z.B. wie aus dem Schlagen des Pulses sich nicht erkennen läßt, ob jemand schläft oder wacht, weil der Puls in gleicher Weise bei Schlafenden wie bei Wachenden schlägt.

SALVIATI: Sehr wohl. Habt Ihr jemals den Versuch mit dem Schiffe angestellt?

SIMPLICIO: Ich habe es nicht getan, wohl aber, denke ich, haben die Schriftsteller, welche ihn anführen, sich sorgfältig mit ihm beschäftigt. Überdies liegt die Ursache der Verschiedenheit so sehr auf der Hand, daß kein Raum zum Zweifel bleibt.

SALVIATI: Daß jene Autoren ihn möglicherweise anführen, ohne ihn angestellt zu haben, dafür seid Ihr selbst ein klassischer Zeuge. Denn ohne ihn angestellt zu haben, zitiert Ihr ihn als sicher und verlaßt Euch in gutem Glauben auf ihr Wort. Ebenso haben möglicher-, ja notwendigerweise auch jene gehandelt, sich nämlich auf ihre Vorgänger verlassen, ohne daß man jemals auf einen käme, der den Versuch wirklich angestellt hätte. Denn jeder, der das tut, wird finden, daß sich das gerade Gegenteil von dem ergibt, was man geschrieben liest. Man wird nämlich zum Ergebnis kommen, daß der Stein stets an derselben Stelle des Schiffes niederfällt, mag dieses feststehen oder sich mit beliebiger Geschwindigkeit bewegen. Da aber die Erde und das Schiff gleiches Verhalten aufweisen müssen, so läßt sich aus dem lotrechten Falle des Steines und dem Aufschlag am Fuße des Turmes nichts über Bewegung und Ruhe der Erde ermitteln.

SIMPLICIO: Wenn Ihr mich nicht auf den Weg des Versuchs verwiesen hättet, so würde nach meiner Meinung unser Hin- und Widerreden so bald noch kein Ende nehmen. Denn mir scheint diese Frage für menschliche Spekulation so unzugänglich, daß hier niemand sich erkühnen kann, etwas zu glauben oder zu vermuten.

SALVIATI: Und doch erkühne ich mich das zu tun.

SIMPLICIO: Ihr hättet also nicht nur nicht hundertmal, sondern auch nicht einmal die Probe darauf gemacht und seid doch des Erfolges ohne weiteres sicher? Ich kehre zu meinem Unglauben und meiner anfänglichen Überzeugung zurück, daß die hauptsächlichsten Autoren, welche den Versuch anführen, ihn auch angestellt haben, und zwar mit dem von ihnen angegebenen Erfolge.

SALVIATI: Ich bin ohne Versuch gewiß, daß das Ergebnis so ausfällt, wie ich Euch sage, denn es muß so ausfallen. Ja noch mehr, ich behaupte, Ihr selbst wißt ebenfalls, daß der Ausfall kein anderer sein kann, wenn Ihr Euch auch stellt oder vorgebt Euch zu stellen, als wüßtet Ihr es nicht. Ich verstehe aber das Handwerk, mit Gehirnen umzugehen, so meisterlich, daß ich Euch gewaltsam ein Geständnis entreißen werde. [...] Sagt mir also: wenn Ihr eine ebene, völlig glatte, spiegelähnliche Fläche habt, von stahlhartem Stoffe, die nicht horizontal, sondern etwas geneigt ist, und Ihr legt einen vollkommen kugelförmigen Ball darauf, aus schwerem, sehr hartem Stoffe, etwa aus Bronze, was würde er, sich selbst überlassen, Euerer Ansicht nach tun? Meint Ihr nicht auch, wie ich, er würde ruhig liegen bleiben?

SIMPLICIO: Und die Fläche soll geneigt sein?

SALVIATI: Freilich, diese Voraussetzung habe ich ja gemacht.

SIMPLICIO: Keineswegs glaube ich, daß er liegen bleibt, im Gegenteil, ich bin völlig gewiß, daß er sich von selbst nach der geneigten Seite bewegen würde.

SALVIATI: Habt wohl acht, was Ihr sagt, Herr Simplicio; ich bin nämlich überzeugt, daß er überall ruhen würde, wohin Ihr ihn auch legtet.

SIMPLICIO: Wenn Ihr Euch auf eine solche Art von Annahmen stützt, dann fange ich an zu begreifen, warum Ihr zu grundfalschen Ergebnissen gelangt.

SALVIATI: Ihr haltet es also für ausgemacht, daß die Kugel sich von selbst nach der geneigten Seite bewegen würde?

SIMPLICIO: Welche Frage!

SALVIATI: Und Ihr haltet das für feststehend, nicht weil ich es Euch gelehrt hätte – ich suchte Euch ja das Gegenteil einzureden –, sondern aus freiem Antrieb, nach Eurem gesunden Menschenverstande.

SIMPLICIO: Jetzt verstehe ich Euren Kunstgriff; Ihr habt nur so geredet, um mich kirre zu machen, wie das Volk sagt, nicht weil Ihr selbst so dächtet.

SALVIATI: So ist's. Wie lange und mit welcher Geschwindigkeit würde nun die Kugel fortfahren sich zu bewegen? Beachtet, daß ich von einer vollkommen runden Kugel und einer ausgezeichnet glatten Ebene gesprochen habe, um damit alle äußeren und zufälligen Hindernisse auszuschließen. Ebenso möchte ich denn auch, daß Ihr von der Luft abseht, welche insofern ein Hindernis bildet, als sie dem Durchschneiden einen Widerstand entgegensetzt, desgleichen von allen anderen zufälligen Hemmnissen, wenn etwa solche vorhanden sein sollten.

SIMPLICIO: Ich habe das alles ganz gut verstanden. Euere Frage anlangend antworte ich: sie würde ins Unendliche fortfahren sich zu bewegen, wenn die Neigung der Ebene so lange vorhielte, und zwar in stetig beschleunigter Bewegung. Denn wie die Natur der schweren Körper es mit sich bringt: *vires acquirunt eundo*. Dabei wird die Geschwindigkeit um so größer sein, je stärker die Neigung der Ebene ist.

SALVIATI: Wenn man aber wollte, daß die Kugel auf der nämlichen Ebene sich nach oben bewegte, würde sie das Euerer Meinung nach tun?

SIMPLICIO: Freiwillig nicht, wohl aber, wenn man sie gewaltsam hinaufschiebt oder -stößt.

SALVIATI: Und wenn sie nun vermöge eines gewaltsam ihr mitgeteilten Anstoßes hinaufgetrieben würde, wie beschaffen und von wie langer Dauer würde ihre Bewegung dann sein?

SIMPLICIO: Die Bewegung würde immer mehr ermatten und sich verzögern, weil sie naturwidrig ist; sie würde ferner länger oder kürzer andauern, je nach der Stärke des Impulses und nach dem Grade der Steilheit.

SALVIATI: Ihr habt also bis jetzt, wie mir scheint, das Verhalten eines bewegten Körpers auf zwei verschiedenen Ebenen geschildert. Auf der geneigten Ebene, sagtet Ihr, bewegt sich der schwere Körper freiwillig abwärts in beständig beschleunigter Bewegung, und um ihn dort in Ruhe zu halten, muß man Kraft anwenden; bei der aufsteigenden Ebene aber ist Kraft notwendig, um ihn vorwärts zu treiben und ebenso auch, um ihn darauf festzuhalten. Die ihm mitgeteilte Bewegung, sagtet Ihr ferner, vermindert sich in diesem Falle beständig und hört schließlich ganz auf. Weiter behauptet Ihr noch, daß in dem einen wie in dem anderen Fall es einen Unterschied macht, ob die Abschüssigkeit oder Steilheit größer oder geringer ist, in der Weise, daß größere Abschüssigkeit auch größere Geschwindigkeit bedingt; umgekehrt hingegen bewegt sich der gleiche Körper unter Einwirkung der gleichen Kraft auf der ansteigenden Ebene über eine um so größere Strecke, je geringer die Erhebung ist. Nun sagt mir, was mit dem nämlichen Körper auf einer Fläche geschähe, die weder abschüssig ist, noch ansteigt.

SIMPLICIO: Hier muß ich mich ein wenig auf die Antwort besinnen. Da keine Abschüssigkeit vorhanden ist, so kann kein natürlicher Trieb zur Bewegung vorhanden sein; da auch kein Ansteigen stattfindet, so kann ebensowenig ein Widerstand gegen die Bewegung vorliegen; der Körper muß mithin unterschiedslos weder einen Hang, sich zu bewegen, noch ein Widerstreben gegen die Bewegung besitzen. Er muß also, wie mir scheint, von Natur aus ruhen. – Aber wie vergeßlich ich bin! Es ist noch nicht lange her, daß Herr Sagredo mir erklärt hat, dies müsse der Fall sein.

SALVIATI: Das ist auch meine Ansicht, vorausgesetzt, daß man ihn ruhig hinlegte. Wenn man ihm aber einen Anstoß nach irgend welcher Richtung gäbe, was würde geschehen?

SIMPLICIO: Ich kann weder einen Grund für eine Beschleunigung noch für eine Verzögerung entdecken, da weder ein Ab- noch ein Ansteigen stattfindet.

SALVIATI: Gut; wenn aber kein Grund für eine Verzögerung vorliegt, so kann um so weniger ein solcher für ein völliges Stillestehen vorliegen. Wie lange muß demnach der Körper fortfahren sich zu bewegen?

SIMPLICIO: Solange als die Ausdehnung dieser weder steilen noch geneigten Fläche vorhält.

SALVIATI: Wäre diese Länge also unbegrenzt, so würde die Bewegung auf ihr gleichfalls ohne Grenzen sein, d.h. ewig, nicht wahr?

SIMPLICIO: So scheint es mir allerdings, vorausgesetzt, daß der Körper von einem dauerhaften Stoff wäre.

SALVIATI: Dies ist ja insofern vorausgesetzt, als wir sagten, es sollten alle zufälligen, äußerlichen Hindernisse entfernt werden; die Zerstörbarkeit des Körpers aber ist in diesem Falle eines der zufälligen Hindernisse. Sagt mir nun: was ist Eurer Ansicht nach die Ursache, daß die Kugel auf der geneigten Ebene freiwillig, auf der ansteigenden hingegen nur gezwungen sich bewegt?

SIMPLICIO: Der Grund ist der, daß der Trieb der schweren Körper darauf gerichtet ist, sich nach dem Mittelpunkte der Erde hin zu bewegen, daß dieselben aber aufwärts nach dem Umfange des Weltalls hin sich nur gezwungen bewegen. Die geneigte Ebene aber bewirkt Annäherung an den Mittelpunkt, die ansteigende Entfernung von demselben.

SALVIATI: Eine Fläche, welche weder abschüssig noch ansteigend ist, muß also in allen ihren Teilen gleich weit entfernt vom Mittelpunkte sein. Gibt es denn nun solche Flächen in der Welt?

SIMPLICIO: Daran fehlt es nicht. Da habt Ihr die unseres Erdballs, vorausgesetzt, daß sie vollkommen glatt wäre, und nicht rauh und gebirgig, wie sie es tatsächlich ist; sodann aber die Wasseroberfläche, solange sie unbewegt und ruhig ist.

SALVIATI: Ein Schiff, welches bei Meeresstille dahinfährt, gehört mithin zu den Körpern, welche über eine weder steile noch abschüssige Fläche der besprochenen Art sich fortbewegen. Es ist daher bestrebt, nach Entfernung aller zufälligen und äußerlichen Hindernisse, mit der ihm einmal mitgeteilten Anfangsgeschwindigkeit unablässig und gleichförmig sich fortzubewegen.

SIMPLICIO: So muß es sein, scheint mir.

SALVIATI: Und vollzieht der Stein, der sich auf der Spitze des Mastes befindet, nicht gleichfalls, vom Schiffe getragen, eine Bewegung um den Mittelpunkt längs einer Kreisperipherie, also eine Bewegung, die in ihm, abgesehen von den äußeren Hindernissen, unvertilgbar fortbesteht? Und ist diese Bewegung nicht ebenso geschwind wie die des Schiffes?

SIMPLICIO: So weit ist alles in Ordnung. Was nun weiter?

SALVIATI: Zieht daraus rechtzeitig selber den letzten Schluß, wo Ihr doch selber alle Prämissen gekannt habt.

SIMPLICIO: Ihr versteht unter dem letzten Schlusse, daß jener Stein, da ihm seine Bewegung unvertilgbar eingeprägt ist, diese nicht aufgeben, sondern dem Schiffe folgen und schließlich an demselben Orte niederfallen wird wie beim ruhenden Schiffe.

Eine Kritik von Aristoteles' «natürlicher Bewegung»

183

SALVIATI: Wie viele abseits liegende Untersuchungen müßten wir führen, wenn wir alle Fragen lösen wollten, von denen sich eine immer an die andere knüpft! Ihr nennt ein äußeres, vielleicht auch ein widernatürliches, gewaltsames Prinzip dasjenige, was den geschleuderten schweren Körper nach oben treibt; vielleicht aber ist es nicht weniger innerlich und natürlich als das, was ihn nach unten führt. Man kann es allenfalls ein äußeres und gewaltsames nennen, solange der Körper mit dem Schleudernden in Verbindung steht; getrennt aber von ihm, welcher äußere Umstand ist da als Beweger des Pfeils oder der Kugel vorhanden? Man kann nur notgedrungen zugeben, daß die Kraft, welche ihn in die Höhe treibt, nicht weniger innerlich ist als die, welche ihn abwärts bewegt. Ich halte die Aufwärtsbewegung infolge eines mitgeteilten Antriebes für ebenso natürlich wie die durch die Schwere bedingte Abwärtsbewegung.

SIMPLICIO: Das werde ich niemals zugeben, denn dieser liegt ein inneres, natürliches und ewiges Prinzip zugrunde, jener aber ein äußeres, gewaltsames und zeitlich begrenztes.

SALVIATI: Wenn Ihr mir schon das Zugeständnis verweigert, daß die Prinzipien der Abwärts- und Aufwärtsbewegung bei den schweren Körpern gleichermaßen innerlich und natürlich sind, was würdet Ihr tun, wenn ich Euch gar sagte, daß sie auch geradezu identisch sein können?

SIMPLICIO: Das stelle ich Eurem Urteil anheim.

SALVIATI: Nein, ich möchte Euch selbst entscheiden lassen. Darum sagt mir: glaubt Ihr, daß in einem und demselben Naturkörper innere Prinzipien ihren Sitz haben können, die einander entgegengesetzt sind?

SIMPLICIO: Unbedingt nein.

SALVIATI: Welches natürliche, innere Bestreben glaubt Ihr nun, wohne der Erde, dem Blei, dem Golde, kurz den allerschwersten Stoffen inne? zu welcher Bewegung, meine ich, veranlaßt sie das ihnen innewohnende Prinzip nach Eurer Ansicht?

SIMPLICIO: Zu der Bewegung nach dem Mittelpunkte der schweren Körper, d.h. zum Mittelpunkte des Weltalls und der Erde, wohin sie sich begeben würden, wenn keine Hindernisse im Wege stünden.

SALVIATI: Wenn also der Erdball von einem Schacht durchbohrt wäre, der durch seinen Mittelpunkt hindurch ginge, so würde eine Kanonenkugel, die man hindurchfallen ließe, von ihrem natürlichen, inneren Prinzip bewegt, sich zum Mittelpunkte hinbegeben. Diese ganze Bewegung würde sie von selbst und vermöge eines inneren Prinzips ausführen, nicht wahr?

SIMPLICIO: Davon bin ich fest überzeugt.

SALVIATI: Wird sie nun aber, im Mittelpunkte angekommen, sich Eurer Ansicht nach noch darüber hinaus bewegen oder unmittelbar nach der Bewegung stillstehen?

SIMPLICIO: Ich glaube, sie würde sich um eine sehr bedeutende Strecke weiter bewegen.

SALVIATI: Würde diese Bewegung über das Zentrum hinaus nicht aber eine aufwärts gerichtete, also Eurer Ansicht nach eine widernatürliche und gewaltsame sein? Und von welchem anderen Prinzip wollt Ihr sie herleiten, wenn nicht von dem nämlichen, welches die Kugel zum Mittelpunkt hingeführt hat und das Ihr ein inneres und natürliches genannt habt? Macht Ihr eine äußere Ursache ausfindig, welche die Wurfbewegung hervorruft, und die neu hinzutritt, um sie aufwärts zu treiben! Und was von dieser Bewegung über den Erdmittelpunkt hinaus gilt, kann man auch hier oben bei uns erblicken. Der innere Antrieb nämlich eines Körpers, welcher eine geneigte Fläche hinabfällt, wird ihn, wenn diese Fläche unten sich umbiegt und nach oben wendet, ohne irgendwelche Unterbrechung der Bewegung auch nach oben führen. Eine an einem Faden hängende Bleikugel bewegt sich, wenn sie aus der lotrechten Lage entfernt wird, freiwillig abwärts, von ihrem inneren Bestreben getrieben, und ohne Ruhepause überschreitet sie den tiefsten Punkt, und ohne irgendwelche neu hinzutretende Bewegungsursache bewegt sie sich nach oben. – Ich weiß ferner, Ihr werdet nicht in Abrede stellen, daß ebenso natürlich und innerlich bei den schweren Körpern dasjenige Prinzip ist, welches sie nach unten führt, als bei den leichten dasjenige, welches sie nach oben bewegt. Aus diesem Grunde führe ich Euch eine hölzerne Kugel vor, welche durch die Luft aus großer Höhe herabfällt und sich also einem inneren Prinzip gemäß bewegt; an der Oberfläche eines tiefen Gewässers angelangt, setzt sie ihre Abwärtsbewegung fort, und ohne sonstige äußere Bewegungsursache taucht sie eine bedeutende Strecke unter. Und doch ist für sie die Abwärtsbewegung im Wasser widernatürlich, und bei alledem wird sie durch ein Prinzip bedingt, welches der Kugel innewohnt, nicht von außen auf sie einwirkt. Hier habt Ihr also den Beweis, daß ein Körper vermöge eines und desselben inneren Prinzips entgegengesetzte Bewegungen ausführen kann.

Die Beobachtungen durch das Teleskop stützen die kopernikanische Theorie

184

SALVIATI: [...] Im Falle der Venus, die bei ihrer abendlichen Konjunktion, also vor der Sonne, sich fast 40mal größer zeigen müßte als bei der anderen morgendlichen Konjunktion, und die gleichwohl noch nicht doppelt so groß aussieht, kommt außer der Wirkung der Irradiation noch hinzu, daß sie sichelförmig ist. Ihre Hörner, abgesehen davon, daß sie überhaupt dünn sind, werden vom Sonnenlicht schräg getroffen und daher nur matt beleuchtet; da also Licht nur in geringer Menge und geringer Intensität vorhanden ist, so stellt sich eine nicht so ausgiebige und lebhafte Irradiation ein, als wenn sie uns ihre ganz beleuchtete Hälfte zukehrt. Das Fernrohr zeigt uns aber auch ihre Hörner so scharf begrenzt und deutlich wie die des Mondes, und die Beobachtung lehrt, daß sie einem sehr großen Kreise angehören, einem Kreise, der in 40fachem Verhältnis größer ist als ihre Scheibe zur Zeit, wo sie sich oberhalb der Sonne befindet bei ihrem letzten Erscheinen als Morgenstern.

SAGREDO: O Nikolaus Kopernikus, wie hättest du dich gefreut, durch so klare Tatsachen dein System nach dieser Seite hin bestätigt zu sehen!

SALVIATI: Ja, aber wieviel geringer wäre der Ruhm seiner Geistesgröße in den Augen der Sachverständigen! Sieht man doch, wie ich schon vorhin hervorhob, daß er seiner Behauptung stets treu blieb, bloß von Vernunftgründen geleitet, während die sinnlichen Erfahrungen das Gegenteil zu lehren schienen. Ich kann darum nicht aufhören zu staunen, daß er ohne Unterlaß dabei blieb zu sagen, Venus kreise um die Sonne und sei zu einer Zeit sechsmal so weit von uns entfernt als zu einer anderen und zeige sich uns trotzdem stets in derselben Größe, während sie eigentlich 40mal größer aussehen müßte. [...] Es bleibt uns noch jener scheinbar so große Übelstand zu beseitigen, daß von allen übrigen Planeten jeder für sich allein um die Sonne kreist und daß nur die Erde nicht einsam, sondern in Begleitung des Mondes samt der ganzen elementaren Sphäre in einem Jahre um die Sonne läuft, während sich gleichzeitig der Mond jeden Monat um die Erde dreht. Hier muß man von neuem in laute Bewunderung ausbrechen und den staunenswerten Scharfsinn des Kopernikus preisen, zugleich aber sein Mißgeschick beklagen, daß er nicht zu unserer Zeit lebt, wo die anscheinende Absurdität einer gemeinschaftlichen Bewegung von Erde und Mond beseitigt ist, indem wir im Jupiter gleichsam eine zweite Erde kennen gelernt haben, der nicht in Gesellschaft nur eines Mondes, sondern sogar von vier Monden begleitet in 12 Jahren um die Sonne läuft samt alle dem, was etwa innerhalb der Bahnen der vier Mediceischen Gestirne enthalten sein mag.

SAGREDO: Aus welchem Grunde nennt Ihr die vier Jupiterbegleiter Monde?

SALVIATI: Als solche erscheinen sie dem, der sie vom Jupiter aus beobachtet. Denn sie sind an und für sich dunkel und empfangen ihr Licht von der Sonne, wie daraus hervorgeht, daß sie verfinstert werden, sobald sie in den Schattenkegel des Jupiter eintreten. Weil nun bloß diejenige Hälfte derselben erleuchtet wird, die der Sonne zugekehrt ist, so erscheinen sie uns, die wir uns außerhalb ihrer Bahnen und in größerer Nähe bei der Sonne befinden, allerdings ganz hell; einem etwaigen Beobachter auf dem Jupiter hingegen würde sie nur in den oberen Teilen ihrer Bahnen voll beleuchtet erscheinen, während sie vom Jupiter aus gesehen in den unteren Teilen, d.h. zwischen Jupiter und Sonne, Sichelform zeigen würden, kurz, den Jupiterbewohnern dieselben Phasenänderungen darböten wie uns Erdbewohnern der Mond. Ihr seht nun, in wie wunderbarem Einklang mit dem kopernikanischen Systeme diese [...] Saiten stehen, die anfangs solchen Mißklang zu geben schienen. Gleichzeitig wird Herr Simplicio daraus entnehmen können, wie wahrscheinlich die Schlußfolgerung ist, daß nicht die Erde, sondern die Sonne im Mittelpunkt der Planetenbahnen steht. Da nun die Erde zwischen Weltkörper zu stehen kommt, die sich unzweifelhaft um die Sonne bewegen, nämlich über Merkur und Venus, hingegen unter Saturn, Jupiter und Mars, wie sollte es nicht für höchst wahrscheinlich, ja vielleicht für notwendig zu gelten haben, daß auch sie um die Sonne läuft?

Die Lichtgeschwindigkeit

185

SAGREDO: Aber welcher Art und wie groß dürfen wir die Lichtgeschwindigkeit schätzen? Ist die Erscheinung instantan, momentan, oder wie andere Bewegungen zeitlich? Ließe sich das experimentell entscheiden?

SIMPLICIO: Die alltägliche Erfahrung lehrt, daß die Ausbreitung des Lichtes instantan sei; wenn in weiter Entfernung die Artillerie Schießübungen anstellt, so sehen wir den Glanz der Flamme ohne Zeitverlust, während das Ohr den Schall erst nach merklicher Zeit vernimmt.

SAGREDO: Ei, Herr Simplicio, aus diesem wohlbekannten Versuch läßt sich nichts anderes schließen, als daß der Schall mehr Zeit gebraucht als das Licht; aber keineswegs, daß das Licht momentan und nicht zeitlich, wenn auch sehr schnell sei. Auch eine andere ähnliche Beobachtung lehrt nicht mehr: sobald die Sonne am Horizont erscheint, erblicken wir ihre Strahlen; aber wer sagt mir, daß die Strahlen nicht früher am Horizont als in meinen Augen ankommen?

SALVIATI: Die geringe Entscheidungskraft dieser und anderer ähnlicher Vorgänge brachte mich auf den Gedanken, ob man nicht auf irgend eine Weise sicher entscheiden könne, ob die Illumination, d.h. die Ausbreitung des Lichtes wirklich instantan sei: denn schon die ziemlich rasche Fortpflanzung des Schalles läßt voraussetzen, daß die des Lichtes nur sehr schnell sein könne. Und der Versuch, den ich ersann, war folgender: Von zwei Personen hält eine jede ein Licht in einer Laterne oder etwas ähnlichem, so zwar, daß ein jeder mit der Hand das Licht zu- und aufdecken könne; dann stellen sie sich einander gegenüber auf in einer kurzen Entfernung und üben sich, ein jeder dem anderen sein Licht zu verdecken und aufzudecken: so zwar, daß, wenn der eine das andere Licht erblickt, er sofort das seine aufdeckt; solche Korrespondenz wird wechselseitig mehrmals wiederholt, so daß bald ohne Fehler beim Aufdecken des einen sofort das Aufdecken des andern erfolgt und, wenn der eine sein Licht aufdeckt, er auch alsobald das des anderen erblicken wird. Eingeübt in kleiner Distanz, entfernen sich die beiden Personen mit ihren Laternen bis auf 2 oder 3 Meilen; und indem sie nachts ihre Versuche anstellen, beachten sie aufmerksam, ob die Beantwortung ihrer Zeichen, in demselben Tempo wie zuvor, erfolge, woraus man wird erschließen können, ob das Licht sich instantan fortpflanzt; denn wenn das nicht der Fall wäre, so müßte in 3 Meilen Entfernung, also auf 6 Meilen Weg hin und her, die Verzögerung ziemlich gut bemerkbar sein. Und wollte man den Versuch in noch größerer Entfernung anstellen, in 8 oder 10 Meilen, so könnte man Teleskope benutzen, indem man die Experimentatoren da aufstellt, wo man nachts Lichter anzuwenden pflegt, die zwar in so großer Entfernung dem bloßen Auge nicht mehr sichtbar erscheinen, aber mit Hilfe fest aufgestellter Teleskope bequem zu- und aufgedeckt werden können.

SAGREDO: Ein schöner sinnreicher Versuch, aber, sagt uns, was hat sich bei der Ausführung desselben ergeben?

SALVIATI: Ich habe den Versuch nur in geringer Entfernung angestellt, in weniger als einer Meile, woraus noch kein Schluß über die Instantaneität des Lichtes zu ziehen war.

Alle Körper fallen mit gleicher Geschwindigkeit: Widerlegung des Aristoteles

186

SIMPLICIO: Aristoteles bekämpft, soviel ich mich entsinne, die Meinung einiger älterer Philosophen, die das Vakuum als notwendig einführten, damit eine Bewegung zustande komme, da ohne dasselbe eine Bewegung unmöglich sei. Im Gegensatz hierzu beweist Aristoteles, daß gerade die Tatsache der Bewegung die Annahme eines Vakuums widerlege; sein Beweis ist folgender. Er diskutiert zwei Fälle: erstens läßt er verschiedene Massen in ein und demselben Medium sich bewegen; zweitens ein und dieselbe Masse in verschiedenen Medien. Im ersten Falle behauptet er, daß verschiedene Körper in ein und demselben Medium mit verschiedener Geschwindigkeit sich bewegen, und zwar stets proportional den Gewichten: so daß z. B. ein 10 mal größeres Gewicht sich 10 mal schneller bewege. Im anderen Falle nimmt er an, daß die Geschwindigkeiten ein und derselben Masse in verschiedenen Medien sich umgekehrt wie die Dichtigkeiten verhalten; so daß, wenn z. B. die Dichtigkeit des Wassers 10 mal so groß ist als die der Luft, die Geschwindigkeit in der Luft 10 mal größer sei als die Geschwindigkeit im Wasser. Die zweite Behauptung weist er in folgender Art nach: Da die Feinheit des Vakuums um ein unendlich kleines Intervall sich unterscheidet von dem körperlich mit allerfeinster Masse erfüllten Raum, so wird jeder Körper, der im erfüllten Medium in einiger Zeit eine gewisse Strecke zurücklegt, im Vakuum sich momentan bewegen; aber eine instantane Bewegung ist unmöglich; mithin ist es unmöglich, daß in Folge der Bewegung ein Vakuum sich bilde.

SALVIATI: Der Beweis ist, wie man sieht, *ad hominem,* d.h. gegen diejenigen gerichtet, welche das Vakuum als für die Bewegung notwendig erachteten. Wenn ich nun die Schlußfolgerung anerkenne, indem ich zugleich zugebe, daß eine Bewegung im Vakuum nicht statthabe, so wird damit die Annahme eines Vakuums im absoluten Sinne, ohne Rücksicht auf Bewegung, keineswegs widerlegt. Um etwa im Sinne jener Alten zu reden und um besser zu durchschauen, wieviel Aristoteles beweist, scheint mir, könnte man alle beide Meinungen verwerfen. Zunächst zweifle ich sehr daran, daß Aristoteles je experimentell nachgesehen habe, ob zwei Steine, von denen der eine ein 10 mal so großes Gewicht hat als der andere, wenn man sie in ein und demselben Augenblick fallen ließe, z.B. 100 Ellen hoch herab, so verschieden in ihrer Bewegung sein sollten, daß bei der Ankunft des größeren der kleinere erst 10 Ellen zurückgelegt hätte.

SIMPLICIO: Man sieht's aus Ihrer Darstellung, daß Ihr darüber experimentiert habt, sonst würdet Ihr nicht reden vom Nachsehen.

SAGREDO: Aber ich, Herr Simplicio, der ich keinen Versuch angestellt habe, versichere Euch, daß eine Kanonenkugel von 100, 200 und mehr Pfund um keine Spanne vor einer Flintenkugel von einem halben Pfund Gewicht die Erde erreichen wird, wenn beide aus 200 Ellen Höhe herabkommen.

SALVIATI: Ohne viel Versuche können wir durch eine kurze, bindende Schlußfolgerung nachweisen, wie unmöglich es sei, daß ein größeres Gewicht sich schneller bewege als ein kleineres, wenn beide aus gleichem Stoff bestehen; und überhaupt alle jene Körper, von denen Aristoteles spricht. Denn sagt mir, Herr Simplicio, gebt Ihr zu, daß jeder fallende Körper eine von Natur ihm zukommende Geschwindigkeit habe; so daß, wenn dieselbe vermehrt oder vermindert werden soll, eine Kraft angewandt werden muß oder ein Hemmnis.

SIMPLICIO: Unzweifelhaft hat ein Körper in einem gewissen Mittel eine von Natur bestimmte Geschwindigkeit, die nur mit einem neuen Antrieb vermehrt oder durch ein Hindernis vermindert werden kann.

SALVIATI: Wenn wir zwei Körper haben, deren natürliche Geschwindigkeit verschieden sei, so ist es klar, daß, wenn wir den langsameren mit dem geschwinderen vereinigen, dieser letztere von jenem verzögert werden müßte, und jener, der langsamere, müßte vom schnelleren beschleunigt werden. Seid Ihr hierin mit mir einverstanden?

SIMPLICIO: Mir scheint die Konsequenz völlig richtig.

SALVIATI: Aber wenn dieses richtig ist und wenn es wahr wäre, daß ein großer Stein sich z.B. mit 8 Einheiten Geschwindigkeit bewegt, und ein kleinerer Stein mit 4 Einheiten, so würden beide vereinigt eine Geschwindigkeit von weniger als 8 Einheiten haben müssen; aber die beiden Steine zusammen sind doch größer als jener größere Stein war, der 8 Einheiten Geschwindigkeit hatte; mithin würde sich nun der größere langsamer bewegen als der kleinere; was gegen Eure Voraussetzung wäre. Ihr seht also, wie aus der Annahme, ein größerer Körper habe eine größere Geschwindigkeit als ein kleinerer Körper, ich Euch weiter folgern lassen konnte, daß ein größerer Körper langsamer sich bewege als ein kleinerer.

SIMPLICIO: Ich bin ganz verwirrt, denn mir will es nun scheinen, als ob der kleine Stein, dem größeren zugefügt, dessen Gewicht und daher durchaus auch dessen Geschwindigkeit vermehre, oder jedenfalls, als ob letztere nicht vermindert werden müsse.

SALVIATI: Hier begeht Ihr einen neuen Fehler, Herr Simplicio, denn es ist nicht richtig, daß der kleine Stein das Gewicht des größeren vermehre.

SIMPLICIO: So? das überschreitet meinen Horizont.

SALVIATI: Keineswegs, sobald ich Euch von dem Irrtum, in dem Ihr Euch bewegt, befreit haben werde; und merkt wohl, daß man hier unterscheiden müsse, ob ein Körper sich bereits bewege oder ob er in Ruhe sei. Wenn wir einen Stein auf eine Waagschale tun, so wird das Gewicht durch Hinzufügung eines zweiten Steines vermehrt, ja selbst die Zulage eines Stückes Werg wird das Gewicht um die 6–10 Unzen anwachsen lassen, die das Wergstück hat. Wenn Ihr aber den Stein mitsamt dem Werg von einer großen Höhe frei herabfallen laßt, glaubt Ihr, daß während der Bewegung das Werg den Stein drücke und dessen Bewegung beschleunige; oder glaubt Ihr, daß der Stein aufgehalten wird, indem das Wergstück ihn trägt? Fühlen wir nicht die Last auf unseren Schultern, wenn wir uns stemmen wollen gegen die Bewegung derselben; wenn wir aber mit derselben Geschwindigkeit uns bewegen, wie die Last auf unserem Rücken, wie soll dann letztere uns drücken und beschweren? Seht Ihr nicht, daß das ähnlich wäre, wie wenn wir den mit der Lanze treffen wollten, der mit derselben Geschwindigkeit vor uns herflieht? Zieht also den Schluß, daß beim freien Fall ein kleiner Stein den großen nicht drücke und nicht sein Gewicht, so wie in der Ruhe, vermehre.

SIMPLICIO: Aber wenn der größere Stein auf dem kleineren ruhte?

SALVIATI: So würde er das Gewicht vermehren müssen, wenn seine Geschwindigkeit überwöge; aber wir fanden schon, daß, wenn die kleinere Last langsamer fiele, sie die Geschwindigkeit der großen vermindern müßte, und mithin die zusammengesetzte Menge weniger rasch sich bewegte als ein Teil; was gegen Eure Annahme spricht. Laßt uns also feststellen, daß große und kleine Körper, von gleichem spezifischen Gewicht, mit gleicher Geschwindigkeit sich bewegen.

SIMPLICIO: Eure Herleitung ist wirklich vortrefflich: und doch ist es mir schwer zu glauben, daß ein Bleikorn so schnell wie eine Kanonenkugel fallen solle.

SALVIATI: Sagt nur, ein Sandkorn so schnell wie ein Mühlstein. Ihr werdet, Herr Simplicio nicht, wie andere, das Gespräch von der Hauptfrage ablenken und Euch an einen Ausspruch anklammern, bei welchem ich um Haaresbreite von der Wirklichkeit abweiche, indem Ihr unter dieses Haar verbergen wolltet den Fehler eines anderen von Ankertau-Dicke. Aristoteles sagt: ein Eisenstab von 100 Pfund kommt von einer Höhe von 100 Ellen herabfallend in einer Zeit an, in welcher ein einpfündiger Stab, frei herabfallend, nur 1 Elle zurückgelegt hat; ich behaupte, beide kommen bei 100 Ellen Fall gleichzeitig an; Ihr findet, daß hierbei der größere um 2 Finger breit vorauseilt, so daß, wenn der größere an der Erde ankommt, der kleinere noch einen Weg von 2 Fingerbreit Größe zurückzulegen hat. Ihr wollt jetzt mit diesen 2 Fingern hinwegschmuggeln die 99 Ellen des Aristotelischen Fehlers und nur von meiner kleinen Abweichung reden, den gewaltigen Irrtum des Aristoteles aber verschweigen. Aristoteles sagt, daß Körper von verschiedenem Gewicht in ein und demselben Mittel sich mit Geschwindigkeiten bewegen, die ihren Gewichten proportional sind, und gibt ein Beispiel mit Körpern, bei welchen man den reinen, absoluten Effekt des Gewichtes wahrnehmen kann, mit Vernachlässigung des Einflusses, den die Gestalt, die kleinsten Momente haben, Dinge, die stark vom Medium beeinflußt werden, so daß die reine Wirkung der Schwere getrübt wird; wie z.B. Gold, der spezifisch schwerste Körper, als sehr dünnes Blatt in der Luft flattert; desgleichen in der Form eines sehr feinen Pulvers. Wollt Ihr nun den allgemeinen Satz erfassen, so zeigt, daß derselbe für alle Körper richtig sei und daß ein Stein von 20 Pfund Gewicht 10 mal schneller falle als einer von 2 Pfund; das behaupte ich, ist eben falsch, und mögen beide von 50 oder 100 Ellen herabfallen, sie kommen stets in demselben Augenblicke an.

SIMPLICIO: Vielleicht aber würde bei einer Fallhöhe von mehreren Tausend Ellen das eintreten, was bei kleinerer nicht beobachtet wird.

SALVIATI: Wenn Aristoteles so etwas gemeint haben sollte, würdet Ihr ihm einen ganz neuen Irrtum zumuten, ja eine Unwahrheit; da man solche senkrechte Erhebungen auf der Erde gar nicht findet, so kann auch Aristoteles mit solchen nicht experimentiert haben; und doch will er uns von seinen Versuchen reden, da er sagt, man «sehe den Effekt».

SIMPLICIO: Allerdings spricht Aristoteles nicht dieses Prinzip aus, wohl aber jenes andere, welches, ich glaube, nicht diese Schwierigkeiten in sich birgt.

SALVIATI: Aber die andere Behauptung ist nicht minder falsch; und ich wundere mich, daß Ihr den Trugschluß nicht durchschaut und erkennt, daß, wenn der Satz wahr wäre, demgemäß ein und derselbe Körper in Medien verschiedener Dichtigkeit, wie z.B. Wasser und Luft, sich mit Geschwindigkeiten bewegte, welche diesen Dichtigkeiten umgekehrt proportional wären, daß dann alle Körper, die in der Luft niederfallen, auch im Wasser sinken müßten; welches doch so sehr falsch ist, da viele Körper in der Luft fallen, im Wasser dagegen emporsteigen.

Experimente mit dem Pendel

187

SALVIATI: Die bisher von mir vorgebrachten Fragen und insbesondere die über die Bewegung der Körper, die, wenn auch noch so verschieden, doch keinen Unterschied in der Geschwindigkeit beim Falle zeigen, so daß vielmehr alle mit gleicher Geschwindigkeit sich bewegen, sofern nur dieser Gewichtsunterschied in Frage kommt; diese Lehre, sage ich, ist vollkommen neu und auf den ersten Anblick recht unwahrscheinlich, so daß, wenn man sie nicht genug aufhellen und klarer als die Sonne erscheinen lassen könnte, es besser wäre, sie zu verschweigen, als ihr Ausdruck zu geben; denn obwohl ich die Sache nun schon habe meinen Lippen entschlüpfen lassen, so muß ich doch noch die beweisenden Experimente nachholen.

SAGREDO: Nicht bloß diese, auch andere. Eure Sätze sind so fern von den gangbaren Lehren, daß Ihr bei einer Veröffentlichung viel Widersacher finden werdet, denn der natürliche Mensch trotz guter Augen sieht nicht das, was andere mit ihrer Erfahrung an Wahrem und Irrigem aufgedeckt haben und was ihnen verschlossen bleibt; mit sehr unliebsamen Titeln benennen sie die Reformatoren der Wissenschaft und suchen die Knoten zu zerhauen, die sie selbst nicht zu lösen verstehen, sie unterminieren jenes Gebäude, das von duldsamen Künstlern errichtet ist; da wir von solchem Ansinnen weit entfernt sind, gewähren uns Eure Versuche und Beweise hohe Befriedigung; wenn Ihr aber noch plausiblere Begründungen habt, wurden wir sie gern anhören.

SALVIATI: Der Versuch mit zwei an Gewicht möglichst verschiedenen Körpern, die man fallen läßt, um zu beobachten, ob sie gleiche Geschwindigkeit erlangen, bietet einige Schwierigkeiten, weil bei großer Höhe das

Medium, welches stets durchdrungen und zur Seite geschoben werden muß, größeren Einfluß hat auf einen sehr leichten Körper als auf den heftigen Impuls eines sehr schweren Körpers, denn der sehr leichte wird zurückbleiben, und bei geringer Höhe könnte man zweifeln, ob eine Differenz vorhanden sei, da sie kaum beobachtet werden kann. Deshalb habe ich überlegt, ob man nicht mehrmals das Herabfallen durch geringe Höhen wiederholen könnte, so zwar, daß eine Akkumulation jener kleinen Zeitdifferenzen entstünde zwischen der Ankunft des schwereren und des leichteren Körpers, wodurch ein sogar sehr leicht wahrnehmbarer Unterschied in die Erscheinung träte. Um übrigens langsamere Bewegungen zu untersuchen, bei welchen die Arbeit des Widerstandes, die Wirkung der Schwere zu vermindern, kleiner ist, habe ich die Körper längs einer schwach geneigten Ebene fallen lassen, da auf einer solchen geradeso wie beim freien Fall das beobachtet werden kann, was sich auf Körper verschiedenen Gewichtes bezieht, und weiter gedachte ich mich zu befreien von dem Widerstande, der durch den Kontakt mit der geneigten Ebene entstehen könnte; endlich habe ich zwei Kugeln genommen, eine aus Blei und eine aus Kork, jene gegen 100 mal schwerer als diese, und habe beide an zwei gleiche feine Fäden von 4 bis 5 Ellen Länge befestigt und aufgehängt; entfernte ich nun beide Kugeln aus der senkrechten Stellung und ließ sie zugleich los, so wurden Kreise von gleichen Halbmessern beschrieben, die Kugeln schwangen über die Senkrechte hinaus, kehrten auf denselben Wegen zurück, und nachdem sie wohl 100 mal hin- und hergegangen waren, zeigte sich deutlich, daß der schwerere Körper so sehr mit dem leichten übereinstimmte, daß weder in 100 noch in 1000 Schwingungen die kleinste Verschiedenheit zu merken war; sie bewegten sich in völlig gleichem Schritt. Man bemerkt wohl einen Einfluß des Mediums, welches der Bewegung einen Widerstand entgegensetzt und weit merklicher die Schwingungen der Korkkugel vermindert als die des Bleis; aber dadurch werden sie nicht mehr oder minder häufig, selbst wenn die vom Kork zurückgelegten Bögen nur 5 oder 6 Grad betragen und die des Bleies 50 oder 60 Grad, sie werden sämtlich in ein und derselben Zeit zurückgelegt.

SIMPLICIO: Wenn das der Fall ist, so muß die Geschwindigkeit des Bleis größer als die des Korkes sein, da jenes 60 Grad zurücklegt und dieser kaum 6 beschreibt.

SALVIATI: Was sagt Ihr aber dazu, Herr Simplicio, daß beide in gleichen Zeiten ihre Schwingungen ausführen, auch wenn der Kork bei 30 Grad Amplitude 60 Grad durchlaufen müßte und das Blei bei nur 2 Grad Amplitude nur 4 Grad beschriebe? Alsdann müßte wohl der Kork der geschwinder sich bewegende Körper sein? Und der Versuch bestätigt meine Behauptung; deshalb merkt Euch folgendes: Hat man das Pendel aus Blei um 50 Grad aus dem Lot entfernt und hat es frei schwingen lassen, so beschreibt es jenseits des Lots gleichfalls nahezu 50 Grad, im Ganzen also fast 100 Grad, und zurückkehrend einen etwas kleineren Bogen, und nach einer großen Anzahl von Schwingungen kommt es schließlich zur Ruhe. Jede dieser Schwingungen kommt in einer gewissen sich stets gleich bleibenden Zeit zustande, sowohl die von 90 Grad Weite, als die von 50, 20, 10, 4 Grad: so daß die Geschwindigkeit allmählich abnimmt, da in gleichen Zeiten immer kleinere Bögen beschrieben werden. Einen ähnlichen, ja ganz denselben Vorgang nehmen wir beim Kork wahr, wenn er an einem ebenso langen Faden befestigt ist, nur daß er nach einer kleineren Anzahl von Schwingungen den Ruhezustand erreicht, da er wegen seiner Leichtigkeit weniger Macht hat, den Widerstand der Luft zu überwinden; also alle Schwingungen geschehen in gleichen Zeiten und noch dazu in derselben Zeit wie die des Bleis. Daher ist es richtig, daß, während die Bleikugel einen Bogen von 50 Grad beschreibt und gleichzeitig die Korkkugel etwa nur 10 Grad, der Kork sich langsamer bewegt als das Blei; aber ebenso kann der Kork 50 Grad zurücklegen, das Blei dagegen 10 oder 6, es ist mithin dort das Blei, hier der Kork in geschwinderer Bewegung; aber wenn die genannten Körper in gleichen Zeiten gleiche Bögen beschreiben, dann wird auch die Geschwindigkeit derselben die gleiche sein.

Grundbegriffe der neuen Kinematik

188

Über einen sehr alten Gegenstand bringen wir eine ganz neue Wissenschaft. Nichts ist älter in der Natur als die Bewegung, und über dieselbe gibt es weder wenige noch geringe Schriften der Philosophen. Dennoch habe ich deren Eigentümlichkeiten in großer Menge und darunter sehr wissenswerte, bisher aber nicht erkannte und noch nicht bewiesene, in Erfahrung gebracht. Einige leichtere Sätze hört man nennen: wie zum Beispiel, daß die natürliche Bewegung fallender schwerer Körper eine stetig beschleunigte sei. In welchem Maße aber diese Beschleunigung stattfinde, ist bisher nicht ausgesprochen worden, denn so viel ich weiß, hat niemand bewiesen, daß die vom fallenden Körper in gleichen Zeiten zurückgelegten Strecken sich zu einander verhalten wie die ungeraden Zahlen. Man hat beobachtet, daß Wurfgeschosse eine gewisse Kurve beschreiben; daß letztere aber eine Parabel sei, hat niemand gelehrt. Daß aber dieses sich so verhält und noch vieles andere nicht minder Wissenswerte, soll von mir bewiesen werden.

Und was noch zu tun übrig bleibt, zu dem wird die Bahn geebnet, zur Errichtung einer sehr weiten, außerordentlich wichtigen Wissenschaft, deren Anfangsgründe diese vorliegende Arbeit bringen soll, in deren tiefere Geheimnisse einzudringen Geistern vorbehalten bleibt, die mir überlegen sind.

In drei Teile zerfällt unsere Abhandlung. Im ersten betrachten wir die gleichförmige Bewegung. In dem zweiten beschreiben wir die gleichförmig beschleunigte Bewegung. In dem dritten handeln wir von der gewaltsamen Bewegung oder von den Wurfgeschossen.

Die Beschleunigung frei fallender Körper

189

SALVIATI: Bisher war die gleichförmige Bewegung behandelt worden, jetzt gehen wir zur beschleunigten Bewegung über. Zunächst muß eine der natürlichen Erscheinung genau entsprechende Definition gesucht und erläutert werden. Obgleich es durchaus gestattet ist, irgend eine Art der Bewegung beliebig zu ersinnen und die damit zusammenhängenden Ereignisse zu betrachten (wie z.B. jemand, der Schraubenlinien oder Conchoiden aus gewissen Bewegungen entstanden gedacht hat, die in der Natur gar nicht vorkommen mögen, doch aus seinen Voraussetzungen die Haupteigenschaften wird erschließen können), so haben wir uns dennoch entschlossen, diejenigen Erscheinungen zu betrachten, die bei den frei fallenden Körpern in der Natur vorkommen, und lassen die Definition der beschleunigten Bewegung zusammenfallen mit dem Wesen einer natürlich beschleunigten Bewegung. Das glauben wir schließlich nach langen Überlegungen als das Beste gefunden zu haben, vorzüglich darauf gestützt, daß das, was das Experiment den Sinnen vorführt, den erläuterten Erscheinungen durchaus entspreche. Endlich hat uns zur Untersuchung der natürlich beschleunigten Bewegung gleichsam mit der Hand geleitet die aufmerksame Beobachtung des gewöhnlichen Geschehens und der Ordnung der Natur in allen ihren Verrichtungen, bei deren Ausübung sie die allerersten einfachsten und leichtesten Hilfsmittel zu verwenden pflegt; denn wie ich meine, wird niemand glauben, daß das Schwimmen oder das Fliegen einfacher oder leichter zustande gebracht werden könne als durch diejenigen Mittel, die die Fische und die Vögel mit natürlichem Instinkt gebrauchen. Wenn ich daher bemerke, daß ein aus der Ruhelage von bedeutender Höhe herabfallender Stein nach und nach neue Zuwüchse an Geschwindigkeit erlangt, warum soll ich nicht glauben, daß solche Zuwüchse in allereinfachster, jedermann plausibler Weise zustande kommen? Wenn wir genau aufmerken, werden wir keinen Zuwachs einfacher finden als denjenigen, der in immer gleicher Weise hinzutritt. Das erkennen wir leicht, wenn wir an die Verwandtschaft der Begriffe der Zeit und der Bewegung denken: denn wie die Gleichförmigkeit der Bewegung durch die Gleichheit der Zeiten und Räume bestimmt und erfaßt wird (denn wir nannten diejenige Bewegung gleichförmig, bei der in gleichen Zeiten gleiche Strecken zurückgelegt werden), so können wir durch ebensolche Gleichheit der Zeitteile die Geschwindigkeitszunahmen als einfach zustandegekommen erfassen: mit dem Geiste erkennen wir diese Bewegung als einförmig und in gleichbleibender Weise stetig beschleunigt, da in irgendwelchen gleichen Zeiten gleiche Geschwindigkeitszunahmen sich addieren. So daß, wenn man vom Anfangspunkte der Zeit an ganz gleiche Zeitteilchen nimmt von der Ruhelage aus, die Fallstrecke hindurch die Geschwindigkeit des ersten Zeitteils mitsamt dem Zuwachs des zweiten auf den doppelten Wert hinansteigt: in drei Zeitteilchen ist der Wert der dreifache, in vieren der vierfache vom ersten. Deutlicher zu reden, wenn der Körper seine Bewegung nach dem ersten Zeitteil in gleicher Weise mit der erlangten Geschwindigkeit fortsetzte, so würde es halb so langsam gehen, als wenn in zwei Zeitteilchen die Geschwindigkeit erzeugt worden wäre; und so werden wir nicht fehlgehen, wenn wir die Vermehrung der Geschwindigkeit der Zeit entsprechen lassen; hieraus folgt die Definition der Bewegung, von welcher wir handeln wollen. Gleichförmig oder einförmig beschleunigte Bewegung nenne ich diejenige, die von Anfang an in gleichen Zeiten gleiche Geschwindigkeitszuwüchse erteilt.

SAGREDO: Ich würde mich durchaus gegen diese oder gegen jede andere Definition, die irgend ein Schriftsteller ersonnen hätte, sträuben, weil sie alle willkürlich sind; ich darf meinen Zweifel aufrecht erhalten, ohne jemand zu nahe zu treten, und fragen, ob solch eine völlig abstrakt aufgestellte Definition auch zutreffe und ob sie bei der natürlich beschleunigten Bewegung statthabe. Da es scheint, daß unser Autor uns versichert, daß das, was er definiert, als natürliche Bewegung der schweren Körper sich offenbare, so würde ich gern einige Bedenken gehoben sehen, die mich verwirren; nachher könnte ich mich mit um so größerer Aufmerksamkeit den Demonstrationen hingeben.

SALVIATI: Wohlan, mögen Sie, mein Herr, und auch Herr Simplicio die Schwierigkeiten hervorheben; ich glaube, es werden dieselben sein, deren ich mich selbst noch entsinne, als ich zum ersten Male diese Abhandlung sah, und die teils vom Autor selbst unterdrückt wurden, teils durch eigenes Nachdenken schwanden.

SAGREDO: Denke ich mir einen schweren Körper aus völliger Ruhe in die

Bewegung eintreten, und zwar so, daß die Geschwindigkeit vom ersten Zeitteil an so wächst wie die Zeit, und habe der Körper in acht Pulsschlägen acht Geschwindigkeitsgrade erlangt, von welchen im vierten Pulsschlage er nur deren vier hatte, in dem zweiten zwei, im ersten einen, so würde, da die Zeit ohne Ende teilbar ist, daraus folgen, daß, wenn wir die vorangehenden Geschwindigkeiten in entsprechendem Verhältnis vermindert denken wollten, es keine noch so kleine Geschwindigkeit, oder besser keine noch so große Langsamkeit gäbe, in welcher der Körper sich nicht befunden haben müßte nach seinem Abgang aus der Ruhe. Wenn er mit der in vier Pulsschlägen erlangten Geschwindigkeit, wenn sie sich gleich bliebe, in einer Stunde zwei Meilen und mit der in zwei Pulsschlägen erlangten Geschwindigkeit er eine Meile in der Stunde zurückgelegt hätte, so muß man behaupten, daß in Zeitteilchen, die sehr nahe seiner ersten Erregung liegen, die Bewegung so langsam gewesen sein muß, daß (wenn er diese Geschwindigkeit beibehielte) er eine Meile weder in einer Stunde, noch in einem Tage, noch in einem, noch in tausend Jahren, und selbst in größerer Zeit nicht einmal einen Fingerbreit zurückgelegt hätte: eine Erscheinung, der wir schwer mit unserer Phantasie folgen können, da unsere Sinne uns lehren, daß ein schwerer Körper sofort große Geschwindigkeit erlangt.

SALVIATI: Ebendieselbe Schwierigkeit hat mir anfangs zu denken gegeben, aber bald habe ich sie überwunden; und zwar gelang mir das durch denselben Versuch, den Ihr soeben vorbrachtet. Ihr sagtet, daß der Körper, alsobald nachdem er die Ruhelage verlassen, eine sehr merkliche Geschwindigkeit habe; ich sage nun, derselbe Versuch lehrt mich die ersten Anläufe eines noch so schweren Körpers als sehr langsam erkennen. Setzt einen schweren Körper auf eine Unterlage; diese gibt nach, bis sie gedrückt wird mit dem vollen Gewicht; nun ist es klar, daß, wenn wir den Körper eine Elle hoch heben oder zwei, und wenn wir ihn auf dieselbe Unterlage fallen lassen, beim Aufprallen ein neuer und stärkerer Druck hervorgerufen werden wird als vorhin allein durch den Druck; und die Wirkung wird vom fallenden Körper verursacht sein, d.h. von seinem Gewichte im Verein mit der im Fall erlangten Geschwindigkeit, eine Wirkung, die um so größer sein wird, von je größerer Höhe der Körper herabfällt, d.h. je größer die Geschwindigkeit beim Aufprallen ist. Welches nun auch die Geschwindigkeit eines fallenden Körpers sei, wir können dieselbe mit Sicherheit erschließen aus der Art und Intensität des Stoßes. Aber sagt mir, meine Herren, wenn ein Block auf einen Pfahl aufschlägt, aus 4 Ellen Höhe herabfallend, und letzteren etwa vier Finger tief in die Erde treibt, so wird derselbe, von zwei Ellen Höhe fallend, ihn weniger antreiben und noch weniger von einer Elle Höhe, desgleichen von einer Spanne Höhe; und wenn endlich der Block nur einen Finger breit fällt, was wird er mehr tun, als wie wenn man ohne Stoß ihn niedergesetzt hätte? Gewiß recht wenig, und völlig unmerkbar wäre die Wirkung, wenn der Block um eines Blattes Dicke erhoben worden wäre. Wenn nun die Wirkung des Stoßes von der erlangten Geschwindigkeit abhängt, wer wird alsdann zweifeln, daß die Bewegung sehr langsam und die Geschwindigkeit mehr als sehr klein sei, bei welcher die Wirkung unmerklich ist? Man erkennt hier die Macht der Wahrheit, da derselbe Versuch, der eine gewisse Ansicht beim ersten Anblick zu beweisen schien, bei genauerer Betrachtung uns das Gegenteil lehrt. Aber auch ohne Berufung auf solch einen Versuch (der wohl sehr überzeugend ist) scheint mir, kann man durch einfache Überlegung solch eine Wahrheit erkennen. Denken wir uns einen schweren Stein in der Luft in Ruhelage; man nimmt ihm die Stütze und versetzt ihn in Freiheit; da er schwerer als Luft ist, fällt er hinab, und nicht mit gleichförmiger Bewegung, sondern anfänglich langsam, dann stetig beschleunigt; und – da Geschwindigkeit ohne Grenze vermehrt und vermindert werden kann – was sollte mich zur Annahme bringen, daß solch ein Körper, der mit unendlich großer Langsamkeit beginnt (denn so ist die Ruhe beschaffen), weit eher ganz plötzlich zehn Geschwindigkeitsgrade erlange, als vier, oder eher diese als eine von zwei Graden, oder von einem, oder einem halben, oder einem hundertstel? und überhaupt irgend einen der noch vorhandenen unendlich vielen kleineren Geschwindigkeitsgrade? Merkt auf, ich bitte. Ich glaube nicht, daß Ihr mir widerstreben werdet, zuzugeben, daß die Erlangung der Geschwindigkeit des fallenden Steines vom Zustand der Ruhe an in derselben Ordnung vor sich gehen könne wie die Verminderung und der Verlust jener Geschwindigkeitsgrade, wenn er von einer antreibenden Kraft in die Höhe geschleudert worden wäre bis zu derselben Höhe; aber wenn dem so ist, so erscheint es mir unzweifelhaft, daß bei der Verminderung der Geschwindigkeit des aufsteigenden Steines, da sie schließlich ganz vernichtet wird, derselbe nicht früher zur Ruhe kommen könne, als bis er alle Grade von Langsamkeit durchgemacht hat.

SIMPLICIO: Aber wenn die Grade immer größerer und größerer Langsamkeit unendlich an Zahl sind, dann werden sie niemals sämtlich erschöpft sein; daher solch ein aufsteigender schwerer Körper niemals zur Ruhe gelangen könnte, sondern sich unendlich lange wird bewegen müssen, dabei immer langsamer werdend, was denn doch nicht in Wirklichkeit zutrifft.

SALVIATI: Es würde zutreffen, Herr Simplicio, wenn der Körper einige Zeit hindurch sich in jedem Geschwindigkeitsgrad bewegen würde; allein er geht über einen jeden Wert sofort hinaus, ohne mehr als einen Augenblick bei demselben zu verweilen, und da in einem jeden auch noch so kleinen Zeitteilchen es unendlich viele Augenblicke gibt, so sind diese letzteren recht wohl hinreichend, den unendlich vielen Graden von verminderter Geschwindigkeit zu entsprechen. Daß zudem ein solch aufsteigender Körper keine endliche Zeit hindurch bei irgend einem Geschwindigkeitswert beharrt, kann auch folgendermaßen gezeigt werden: gesetzt, es könnte eine endliche Zeit hierfür angegeben werden, so würde sowohl in dem ersten Augenblick einer solchen Zeit als auch in dem letzten der fragliche Körper ein und denselben Geschwindigkeitswert haben und von diesem zweiten Wert ganz ebenso hinauf geschafft werden wie vom ersten zum zweiten, und aus demselben Grunde würde er vom zweiten zum dritten Wert gelangen und endlich in gleichförmiger Bewegung bis ins Unendliche verharren.

SAGREDO: Auf Grund dieser Überlegung, scheint mir, könnte man eine recht zutreffende Lösung der von Philosophen erörterten Frage gewinnen, welches die Ursache der Beschleunigung bei der natürlichen Bewegung schwerer Körper sei. [...]

SALVIATI: Es scheint mir nicht günstig, jetzt zu untersuchen, welches die Ursache der Beschleunigung der natürlichen Bewegung sei, worüber von verschiedenen Philosophen verschiedene Meinungen vorgeführt worden sind: einige führen sie auf die Annäherung an das Zentrum zurück, andere darauf, daß immer weniger Teile des Körpers auseinandergehen wollen; wieder andere auf eine gewisse Vertreibung des umgebenden Mittels, welches hinter dem fallenden Körper sich wieder schließt und den Körper antreibt und von Stelle zu Stelle verjagt; alle diese Vorstellungen und noch andere müssen geprüft werden, und man wird wenig Gewinn haben. Für jetzt verlangt unser Autor nicht mehr, als daß wir einsehen, wie er uns einige Eigenschaften der beschleunigten Bewegung untersucht und erläutert (ohne Rücksicht auf die Ursache der letzteren), so daß die Momente seiner Geschwindigkeit vom Anfangszustande der Ruhe aus stets anwachsen, jenem einfachsten Gesetze gemäß, der Proportionalität mit der Zeit, d.h. so, daß in gleichen Zeiten gleiche Geschwindigkeitsanwüchse statthaben. Sollte sich zeigen, daß die später zu besprechenden Erscheinungen mit der Bewegung der beschleunigt fallenden Körper übereinstimmen, so werden wir annehmen dürfen, daß unsere Definition den Fall der schweren Körper umfaßt und daß es wahr sei, daß ihre Geschwindigkeit proportional der Zeit sei, so lange die Bewegung andauert.

Experimente mit der geneigten Ebene

190

SALVIATI: Ihr stellt in der Tat, als Mann der Wissenschaft, eine berechtigte Forderung auf, und so muß es geschehen in den Wissensgebieten, in welchen auf natürliche Konsequenzen mathematische Beweise angewandt werden; so sieht man es bei allen, die Perspektive, Astronomie, Mechanik, Musik und anderes betreiben; diese alle erhärten ihre Prinzipien durch Experimente, und diese bilden das Fundament des ganzen späteren Aufbaues. Laßt es uns nicht für überflüssig halten, wenn wir mit großer Ausführlichkeit diesen ersten und fundamentalen Gegenstand behandelt haben, auf welchem das immense Gebiet zahlloser Schlußfolgerungen ruht, von denen ein kleiner Teil von unserem Autor im vorliegenden Buche behandelt wird; genug, daß er den Eingang und die bisher den spekulativen Geistern verschlossene Pforte geöffnet hat. Der Autor hat es nicht unterlassen, Versuche anzustellen, und um mich davon zu überzeugen, daß die gleichförmig beschleunigte Bewegung in oben geschildertem Verhältnis vor sich gehe, bin ich wiederholt in Gemeinschaft mit unserem Autor in folgender Weise vorgegangen:

Auf einem Lineal, oder sagen wir auf einem Holzbrett von 12 Ellen Länge, bei einer halben Elle Breite und drei Zoll Dicke, war auf dieser letzten schmalen Seite eine Rinne von etwas mehr als einem Zoll Breite eingegraben. Dieselbe war sehr gerade gezogen, und um die Fläche recht glatt zu haben, war inwendig ein sehr glattes und reines Pergament aufgeklebt; in dieser Rinne ließ man eine sehr harte, völlig runde und glattpolierte Messingkugel laufen. Nach Aufstellung des Brettes wurde dasselbe einerseits gehoben, bald eine, bald zwei Ellen hoch; dann ließ man die Kugel durch den Kanal fallen und verzeichnete in sogleich zu beschreibender Weise die Fallzeit für die ganze Strecke: häufig wiederholten wir den einzelnen Versuch, zur genaueren Ermittlung der Zeit, und fanden gar keine Unterschiede, auch nicht einmal von einem Zehntel eines Pulsschlages. Darauf ließen wir die Kugel nur durch ein Viertel der Strecke laufen und fanden stets genau die halbe Fallzeit gegen früher. Dann wählten wir andere Strekken und verglichen die gemessene Fallzeit mit der zuletzt erhaltenen und mit denen von $^2/_3$ oder $^3/_4$ oder irgend anderen Bruchteilen; bei wohl hundertfacher Wiederholung fanden wir stets, daß die Strecken sich verhielten wie die Quadrate der Zeiten und dieses zwar für jedwede Neigung der Ebene, d.h. des Kanals, in dem die Kugel lief. Hierbei fanden wir außerdem, daß auch die bei verschiedenen Neigungen beobachteten Fallzeiten sich genau so zueinander verhielten, wie weiter unten unser Autor dasselbe andeutet und beweist. Zur Ausmessung der Zeit stellten wir einen Eimer voll Wasser auf, in dessen Boden ein enger Kanal angebracht war, durch den ein feiner Wasserstrahl sich ergoß, der mit einem kleinen Becher aufgefangen wurde, während einer jeden beobachteten Fallzeit; das dieser Art aufgesammelte Wasser wurde auf einer sehr genauen Waage gewogen; aus den Differenzen der Wägungen erhielten wir die Verhältnisse der Gewichte und die Verhältnisse der Zeiten, und zwar mit solcher Genauigkeit, daß die zahlreichen Beobachtungen niemals merklich voneinander abwichen.

SIMPLICIO: Wie gern hätte ich diesen Versuchen beigewohnt: aber da ich von Eurer Sorgfalt und Eurer wahrheitsgetreuen Wiedergabe überzeugt bin, beruhige ich mich und nehme dieselben als völlig sicher und wahr an.

Trägheitsbewegung auf horizontaler Ebene

191

Indes ist zu beachten, daß der Geschwindigkeitswert, den der Körper aufweist, in ihm selbst unzerstörbar enthalten ist, solange äußere Ursachen der Beschleunigung oder Verzögerung beteiligt sind, was man nur auf horizontalen Ebenen bemerkt, denn bei absteigenden nimmt man Beschleunigung wahr, bei aufsteigenden Verzögerung. Hieraus folgt, daß die Bewegung in der Horizontalen eine unaufhörliche sei; denn wenn sie sich stets gleich bleibt, wird sie nicht geschwächt oder aufgehoben, geschweige denn vermehrt. Und ferner, obwohl die beim freien Fall erlangte Geschwindigkeit unzerstörbar und unaufhörlich ihm eigen ist, so ist zu bedenken, daß, wenn nach dem Fall längs einer geneigten Ebene eine Ablenkung nach einer ansteigenden Ebene statthat, in dieser letzteren die Ursache einer Verzögerung schon vorhanden ist, denn in eben solch einer Ebene findet ja eine natürliche Beschleunigung nach unten statt; deshalb tritt eine Vereinigung entgegengesetzter Impulse ein, indem der zuerst beim Fallen erlangte Geschwindigkeitswert, der den Körper unaufhörlich fortbewegen würde, sich zu dem durch die natürliche Beschleunigung nach unten erzeugten hinzugesellt.

RENÉ DESCARTES

192
Regeln zur Ausrichtung der Erkenntniskraft

Regel 2

Nur mit solchen Gegenständen darf man umgehen, zu deren zuverlässiger und unzweifelhafter Erkenntnis unsere Erkenntniskraft offenbar ausreicht.

Alle Wissenschaft ist zuverlässige und evidente Erkenntnis; und doch, wer vieles in Zweifel zieht, ist nicht gebildeter als einer, der nie darüber nachgedacht hat, ja er ist offenbar ungebildeter, wenn er eine falsche Vermutung hat in sich Platz greifen lassen. Und deswegen ist es besser, nie zu studieren, als sich mit so schwierigen Gegenständen abzugeben, daß man, unfähig Wahres von Falschem zu unterscheiden, gezwungen wird, Zweifelhaftes als gewiß anzunehmen; ist die Hoffnung, sein Wissen zu erweitern, hier doch nicht so groß wie die Gefahr, es zu untergraben. Und so weisen wir mit diesem Grundsatz alle jene bloß wahrscheinlichen Erkenntnisse zurück und beschließen, daß ausschließlich vollkommen Erkanntem, das nicht bezweifelt werden kann, Vertrauen zu schenken ist. Und wie sehr die Gelehrten auch überzeugt sein mögen, daß es nur recht weniges dergleichen gebe – denn freilich haben sie es verabsäumt, an solche Erkenntnisse, weil sie leicht und jedermann zugänglich sind, zu denken, eine beim menschlichen Geschlecht gewöhnliche Untugend –, so gebe ich doch zu bedenken, daß es weit mehr gibt, als jene glauben, und daß sie hinreichen, unzählige Propositionen zuverlässig zu beweisen, über die sie bisher bloß in Wahrscheinlichkeiten reden konnten. Und weil sie glaubten, das Eingeständnis, irgendetwas nicht zu wissen, wäre eines Gelehrten unwürdig, haben sie sich so daran gewöhnt, ihre Hirngespinste mit Gründen aufzuputzen, daß sie sie hernach allmählich sich selbst einredeten und sie so als Wahrheiten feilboten.

In der Tat, wenn wir diese Regel wohl beachten, so wird sich nur sehr weniges anbieten, mit dessen Erlernung wir uns beschäftigen dürfen. Denn es gibt kaum eine Frage in den Wissenschaften, über die scharfsinnige Leute nicht oft uneinig gewesen wären. Sooft indessen zweier Urteile über dieselbe Sache in die entgegengesetzte Richtung lauten, hat sich sicherlich mindestens einer von beiden getäuscht, und es besitzt offenbar nicht einmal einer von ihnen Wissenschaft. Wenn nämlich dessen Grund zuverlässig und evident wäre, so könnte er ihn dem anderen so auseinandersetzen, daß er zuletzt auch dessen Verstand überzeugte. Über alles also, was dergleichen wahrscheinliche Vermutungen sind, können wir offenbar keine vollkommene Wissenschaft erwerben, weil man von sich selbst ohne Unbesonnenheit nicht mehr erhoffen darf, als andere geleistet haben. Es folgt also, wenn unsere Rechnung stimmt, daß allein Arithmetik und Geometrie unter den bereits gefundenen Wissenschaften übrigbleiben, auf die uns die Beobachtung dieser Regel zurückführt. [...]

Nun haben wir kurz zuvor gesagt, daß sich unter den Wissenszweigen, zu deren Erkenntnis andere gelangt sind, allein Arithmetik und Geometrie von jedem Makel der Falschheit und Ungewißheit frei zeigen. Damit wir nun sorgfältiger den Grund erwägen, warum das so ist, müssen wir daher beachten, daß wir auf doppeltem Wege zur Erkenntnis der Dinge kommen, durch Erfahrung nämlich oder durch Deduktion. Überdies müssen wir beachten, daß die Erfahrungen mit den Sachen häufig trügerisch sind, eine Deduktion oder reine Ableitung des einen aus dem anderen dagegen zwar verabsäumt werden kann, wenn man nicht aufpaßt, aber von einem Verstande, er mag der Vernunft noch so wenig mächtig sein, niemals verkehrt angestellt werden kann. Und wenig scheinen mir dabei jene Stricke der Dialektiker zu helfen, mit denen sie die menschliche Vernunft zu zügeln glauben, obgleich ich nicht leugnen möchte, daß dieselben zu anderen Zwecken sehr geeignet sind. Entsteht doch alle Täuschung, die uns widerfahren kann – ich sage uns Menschen, nicht den Tieren –, niemals aus einer verkehrten Ableitung, sondern nur daraus, daß gewisse unzulänglich verstandene Erfahrungen zugrundegelegt oder Urteile auf gut Glück und ohne festen Grund gefällt werden.

Woraus evidentermaßen folgt, warum Arithmetik und Geometrie sich weit zuverlässiger zeigen als die übrigen Disziplinen: weil nämlich sie allein mit einem so reinen und einfachen Objekt umgehen, daß sie gar nichts voraussetzen, was die Erfahrung unsicher machen wird, sondern ganz auf vernünftigen Deduktionen von Folgerungen beruhen. Sie sind folglich die leichtesten und durchsichtigsten von allen und haben einen Gegenstand, wie wir ihn fordern, weil – von Unachtsamkeit abgesehen – in ihnen getäuscht zu werden kaum menschenmöglich scheint. Dennoch darf man sich deshalb nicht wundern, wenn sich die Erkenntniskraft vieler aus freien Stücken lieber auf andere Wissenschaften oder die Philosophie verlegt, denn das geschieht, weil sich ein jeder bei einer verborgenen Sache kecker die Freiheit nimmt zu weissagen als bei einer, die am Tage liegt, und weil es leichter ist, über alles und jedes Problem irgendetwas zu mutmaßen, als bei einem einzigen, sei es auch noch so leicht, bis zur Wahrheit selbst durchzudringen.

Nunmehr darf man aus alledem vollends schließen, nicht zwar, daß allein Arithmetik und Geometrie gelernt werden dürfen, sondern nur, daß, wer den richtigen Weg zur Wahrheit sucht, mit keinem Gegenstand umgehen darf, über den er nicht eine den arithmetischen oder geometrischen Beweisen gleiche Gewißheit gewinnen kann.

193

Regel 9

Es ist zweckmäßig, die Erkenntniskraft ganz den kleinsten und höchst einfachen Sachverhalten zuzuwenden und längere Zeit dabei zu verweilen, solange bis es uns zur Gewohnheit wird, die Wahrheit in deutlicher und scharfblickender Intuition zu erfassen.

Nachdem wir die zwei Handlungen unseres Verstandes vorgestellt haben, Intuition nämlich und Deduktion, die wir allein – wie wir sagten – benutzen dürfen, um Wissenschaften zu lernen, gehen wir in dieser und der folgenden Regel dazu über, zu erklären, durch welche Übungstätigkeit wir tauglicher werden können, sie auszuüben und zugleich die zwei eigentümlichen Anlagen der Erkenntniskraft auszubilden, den Scharfblick nämlich, die einzelnen Sachverhalte in deutlicher Intuition zu erfassen, und den Spürsinn, die einen aus den anderen kunstvoll zu deduzieren.

Und zwar erkennen wir gerade aus dem Vergleich mit den Augen, wie man die geistige Intuition gebrauchen muß. Denn wer viele Gegenstände auf einmal mit demselben Blick betrachten will, sieht keinen von ihnen deutlich, und ebenso: wer es gewohnt ist, in einem einzigen Denkakt auf vieles auf einmal zu achten, dessen Erkenntniskraft ist verworren. Jene Handwerker dagegen, die in den winzigsten Arbeiten geübt und daran gewöhnt sind, ihren Blick auf einzelne Punkte zu konzentrieren, erwerben durch diese Gewohnheit die Fähigkeit, beliebig kleine und feine Gegenstände vollkommen zu unterscheiden; ebenso werden auch die, welche ihr Denken niemals an verschiedenen Objekten gleichzeitig zerstreuen, sondern es immer ganz mit der Betrachtung gerade der einfachen und leichten Dinge beschäftigen, scharfblickend.

Daß das Schwierige schöner erscheint, ist aber ein den Sterblichen gemeinsamer Fehler, und die meisten meinen nichts zu wissen, wenn sie den sehr deutlichen und einfachen Grund von irgend etwas sehen, bewundern unterdessen aber wahrhaft hochfliegende und weit hergeholte Gründe der Philosophen, obgleich diese zum größten Teil auf Fundamente gestützt sind, die von niemandem je hinreichend durchschaut worden sind. Darin sind die nun wahrhaft unvernünftig, die die Dunkelheit lieber haben als das Licht. Nun ist aber zu beachten, daß einer, der wirklich weiß, die Wahrheit ebensoleicht erkennt, ob er sie nun aus einem einfachen Gegenstand oder aus einem dunklen hervorgeholt hat. In jedem Falle nämlich erkennt er sie, nachdem er einmal zu ihr durchgedrungen ist, in einem gleichartigen, einzigen und deutlichen Akt, der ganze Unterschied aber liegt im Wege, der freilich länger sein muß, wenn er auf eine von den ersten und im höchsten Grade absoluten Prinzipien weiter entfernt liegende Wahrheit führt.

Es ist also zweckmäßig, daß jeder sich daran gewöhnt, so wenig auf einmal und so Einfaches im Denken zu befassen, daß er niemals etwas zu wissen glaubt, was er nicht in einer ebenso deutlichen Intuition sieht wie das, was er am allerdeutlichsten erkennt. Dazu ist nun zwar mancher von Natur weit geschickter als andere, doch kann die Erkenntniskraft durch Lehre und Übung hierzu in erheblichem Umfang tauglich gemacht werden. Und vor allem auf dieses eine muß man hier, wie mir scheint, mit ganz besonderem Nachdruck hinweisen, daß sich nämlich jeder fest davon überzeugt, daß auch noch so verborgene Wissenschaften nicht aus großen und dunklen, sondern nur aus einfachen und mehr am Tage liegenden Sachverhalten deduziert werden müssen.

Denn wenn ich z. B. prüfen will, ob es möglich ist, daß irgendeine Naturkraft in einem und demselben Augenblick an einen entfernten Ort übergehen kann, und zwar durch das ganze Medium hindurch, so werde ich mein Denken nicht sogleich der Kraft des Magneten oder dem Einfluß der Sterne zuwenden, aber auch nicht einmal der Lichtgeschwindigkeit, um zu erkunden, ob solche Wirkungen etwa in einem Augenblick geschehen; dies könnte ich nämlich schwerer beweisen als das Gesuchte. Ich werde mich vielmehr den Ortsbewegungen der Körper zuwenden, weil es auf diesem ganzen Gebiet nichts Sinnenfälligeres geben kann. Und mir wird auffallen, daß ein Stein zwar nicht in einem Augenblick von einem Ort an einen anderen kommen kann, weil er ein Körper ist, daß eine Kraft aber, ähnlich der, die den Stein bewegt, nur in einem Augenblick mitgeteilt werden kann, wenn sie rein als solche von einem Gegenstand zu einem anderen gelangen soll. Wenn ich z. B. das eine Ende eines beliebig langen Stockes bewege, so begreife ich leicht, daß die Kraft, durch die jener Teil des Stockes bewegt wird, in einem und demselben Augenblick auch alle seine anderen Teile mit Notwendigkeit bewegt, weil sie dann rein als solche mitgeteilt wird, und nicht in einem Körper existiert wie in dem Stein, von dem sie mitgenommen wird.

Ebenso: Wenn ich erkennen will, wie es möglich ist, daß von einer und derselben einfachen Ursache entgegengesetzte Wirkungen zugleich hervorgebracht werden können, so werde ich nicht bei den Medizinern Heilmittel borgen gehen, die gewisse Säfte austreiben und andere zurückhalten, ich werde nicht über den Mond faseln, daß er durch sein Licht wärmt und durch eine okkulte Qualität Kühlung bringt, sondern ich werde mir lieber eine Waage anschauen, bei der dasselbe Gewicht in einem und demselben Augenblick die eine Schale hebt, während es die andere niederdrückt und ähnliches.

194
Automaten, Menschen und Tiere

Dies wird niemand wundern, der weiß, wie mancherlei Automaten oder sich bewegende Maschinen die menschliche Erfindungskraft mit Mitteln herstellen kann, die im Vergleich zu den Knochen, Muskeln, Nerven, Arterien, Venen und übrigen Teilen des tierischen Körpers nur geringfügig sind, und wie deshalb dieser Körper als eine von Gott gemachte Maschine unvergleichlich besser eingerichtet und in seinen Bewegungen viel wunderbarer sein wird als das, was die Menschen in dieser Beziehung erfinden können. Ich hatte hier gezeigt, daß, wenn es solche Maschinen gäbe mit den Organen und der äußeren Gestalt eines Affen oder anderer unvernünftiger Tiere, wir kein Mittel haben würden, sie ihrer Natur nach von den Tieren zu unterscheiden. Hätten dagegen solche Maschinen Ähnlichkeit mit unserem Körper und ahmten sie seine Bewegungen so weit als möglich nach, so würden wir zwei untrügliche Mittel haben, um sie von wirklichen Menschen zu unterscheiden. Das erste wäre, daß diese Maschinen nie sich der Worte oder Zeichen bedienen können, durch deren Verbindung wir unsere Gedanken einem anderen ausdrücken. Man kann zwar sich eine Maschine in der Art denken, daß sie Worte äußerte, und selbst Worte auf Anlaß von körperlichen Vorgängen, welche eine Veränderung in ihren Organen hervorbringen; z. B. daß auf eine Berührung an einer Stelle sie fragte, was man wolle, oder schriee, daß man ihr weh tue, und ähnliches; aber niemals wird sie diese Worte so stellen können, daß sie auf das in ihrer Gegenwart Gesagte verständig antwortet, wie es doch selbst die stumpfsinnigsten Menschen vermögen.

Zweitens würden diese Maschinen, wenn sie auch Einzelnes ebenso gut oder besser wie wir verrichteten, doch in anderen Dingen zurückstehen, woraus man entnehmen könnte, daß sie nicht mit Bewußtsein, sondern bloß mechanisch nach der Einrichtung ihrer Organe handelten. Während die Vernunft ein allgemeines Instrument ist, das auf alle Arten von Erregungen sich äußern kann, bedürfen diese Organe für jede besondere Handlung auch einer besonderen Vorrichtung, und deshalb ist es moralisch unmöglich, daß es deren so viele in einer Maschine gibt, um in allen Vorkommnissen des Lebens so zu handeln, wie wir es durch die Vernunft können. [...]

Merkwürdig ist es allerdings, daß viele Tiere zwar in einzelnen Verrichtungen mehr Geschicklichkeit als wir zeigen, dagegen in vielen anderen zurückstehen; aber daraus folgt nicht, daß sie Verstand haben, da sie sonst mehr haben und alles besser machen würden als wir; vielmehr erhellt daraus, daß sie keinen haben und daß nur die Natur in ihnen, je nach der Stellung ihrer Organe, handelt. So kann ja auch eine Uhr mit bloßen Rädern und Federn viel genauer als wir mit all unserer Klugheit die Stunden zählen und die Zeit messen.

Eine mechanische Erklärung der Lichtbrechung

195

Betrachten wir nun die Lichtbrechung. Und nehmen wir zuerst an, daß eine Kugel, von A nach B gestoßen, im Punkt B nicht mehr die Oberfläche der Erde trifft, sondern ein Tuch CBE, das so schwach und dünn ist, daß

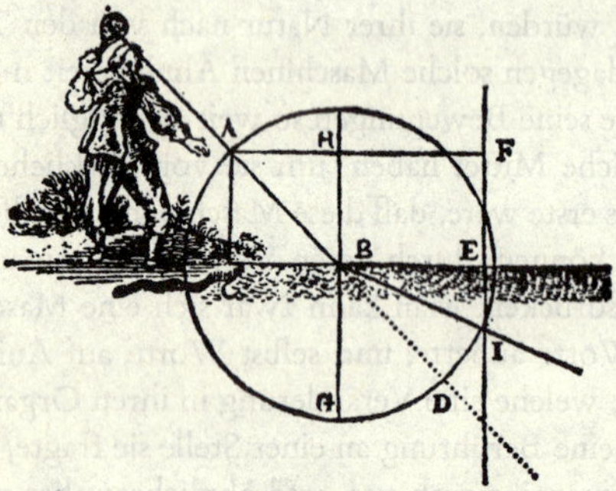

Ablenkung einer Kugel, die durch ein Tuch hindurchgeht

diese Kugel die Kraft hat, es zu zerreißen und ganz hindurch zu dringen, dabei nur einen Teil ihrer Geschwindigkeit verlierend, nämlich, zum Beispiel, die Hälfte. Wenn dies angenommen ist, wollen wir, um zu wissen, welchen Weg sie verfolgen muß, sogleich bedenken, daß ihre Bewegung sich völlig von ihrer Tendenz, sich eher gegen eine Seite als gegen eine andere zu bewegen, unterscheidet, woraus folgt, daß ihre Größe getrennt untersucht werden muß. Und bedenken wir auch, daß von den beiden Teilen, von welchen man sich vorstellen kann, daß diese Tendenz daraus zusammengesetzt ist, nur der, welcher die Kugel von oben nach unten tendieren läßt, in irgend einer Art durch das Auftreffen auf das Tuch geändert werden kann, und daß, was jenen betrifft, der ihn nach rechts tendieren ließ, er immer derselbe bleiben muß, der er gewesen ist, weil dieses Tuch ihm keineswegs in dieser Richtung im Wege steht. Nachdem wir dann vom Mittelpunkt B aus den Kreis AFD beschrieben haben und in rechten Winkeln zu CBE die drei Geraden AC, HB, FE so gezogen haben, daß es zwischen FE und HB einen zweimal so großen Abstand gibt wie zwischen HB und AC, werden wir sehen, daß diese Kugel gegen den Punkt I hin tendieren muß. Denn, da sie die Hälfte ihrer Geschwindigkeit verliert, indem sie durch das Tuch CBE hindurchgeht, muß sie zweimal mehr Zeit brauchen, um darunter von Punkt B bis zu irgend einem Punkt des Umfanges des Kreises AFD zu gelangen, als sie es darüber getan hat, um von A nach B zu kommen. Und da sie gar nichts verliert von der Tendenz, die sie hatte, sich gegen die rechte Seite hin fortzubewegen, in zweimal der Zeit, die sie brauchte, um von der Geraden AC bis zu HB zu gelangen, muß sie zweimal mehr Weg in Richtung dieser Seite zurücklegen und folglich irgend einen Punkt der Geraden FE erreichen, in demselben Augenblick, da sie auch irgend einen Punkt auf dem Umfang des Kreises AFD erreicht. Was unmöglich wäre, wenn sie nicht in Richtung I ginge, umsomehr, als dies der einzige Punkt unterhalb des Tuches CBE ist, in welchem der Kreis AFD und die Gerade FE sich schneiden. [...]

Insofern schließlich die Wirkung des Lichtes denselben Gesetzen gehorcht wie die Bewegung dieser Kugel, muß man sagen, daß, wenn seine Strahlen von einem durchsichtigen Körper schief auf einen andern fallen, der sie mehr oder weniger leicht als der erste aufnimmt, sie ihre Richtung dort so ändern, daß sie zur Oberfläche dieser Körper immer auf der Seite dessen, der sie besser aufnimmt, weniger geneigt sind als auf der des andern: und das genau in dem Verhältnis, in welchem er sie besser aufnimmt, als es der andere tut. Nur muß man beachten, daß diese Neigung mit der Größe der

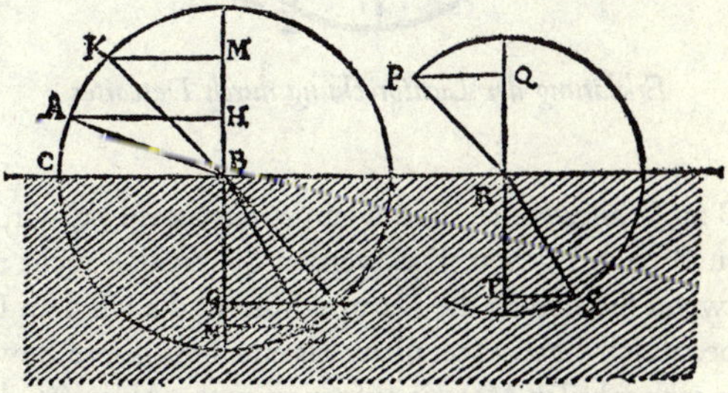

Erklärung der Lichtbrechung durch Descartes

Geraden wie CB oder AH, und EB oder IG und ähnlichen im Vergleich miteinander, gemessen werden muß; nicht aber mit derjenigen der Winkel, wie ABH oder GBI, und noch viel weniger mit der Größe DBI ähnlicher Winkel, die man Brechungswinkel nennt. Denn das Verhältnis oder die Proportion, die zwischen diesen Winkeln besteht, verändert sich mit all den verschiedenen Neigungen der Strahlen, während jenes, das zwischen den Geraden AH und IG oder ähnlichen besteht, dasselbe bleibt bei allen Brechungen, die durch dieselben Körper verursacht werden. Wenn, zum Beispiel, ein Strahl durch die Luft von A nach B geht und, im Punkt B die Oberfläche des Glases CBR treffend, sich in diesem Glas nach I wendet, und ein anderer von K nach B kommend, sich zu L hinwendet, und ein anderer von P nach R gehend, sich zu S hinwendet, muß zwischen den Geraden KM und LN, oder PQ und ST das gleiche Verhältnis wie zwischen AH und IG bestehen, was nicht zutrifft für das Verhältnis der Winkel KBM und LBN, oder PRQ und SRT im Vergleich zu ABH und IBG. [...]

Vielleicht werden Sie aber, wenn Sie diese Experimente machen, mit Verwunderung feststellen, daß die Lichtstrahlen sich in der Luft mehr als im Wasser zur Oberfläche neigen, auf welcher ihre Brechung stattfindet, und noch mehr im Wasser als im Glas, ganz im Gegensatz zur Kugel, die sich im Wasser mehr neigt als in der Luft und in das Glas schon gar nicht eindringen kann. Denn, wenn es zum Beispiel eine Kugel ist, die in der Luft von A nach B gestoßen, im Punkt B die Wasseroberfläche CBE trifft, wird

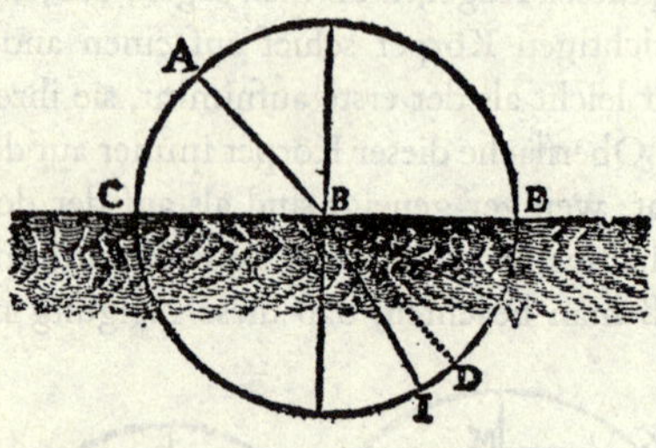

Erklärung der Lichtbrechung durch Descartes

sie sich von B zu V hinwenden, und wenn es ein Strahl ist, wird er ganz im Gegenteil von B nach I gehen. Das werden Sie freilich nicht mehr eigenartig finden, wenn Sie sich an die Natur erinnern, die ich dem Lichte zugeschrieben habe, als ich sagte, es sei nichts als eine bestimmte Bewegung oder eine von einer sehr subtilen Materie aufgenommene Aktivität, die die Poren der andern Körper erfüllt, und wenn Sie bedenken, daß, wie eine Kugel mehr von ihrer Beweglichkeit einbüßt, wenn sie auf einen weichen Körper aufstößt als auf einen harten, und sie weniger leicht auf einem Teppich als auf einem ganz bloßen Tisch rollt, auch die Aktivität dieser subtilen Materie durch die Teile der Luft, die, da sie weich und schlecht verbunden sind, ihr nicht viel Widerstand leisten, viel mehr behindert werden kann als durch diejenigen des Wassers, die mehr widerstehen, und schließlich noch mehr durch diejenigen des Wassers als durch diejenigen des Glases oder Kristalls. So daß ein durchsichtiger Körper das Licht umso leichter hindurchdringen läßt, als seine kleinen Teile härter und fester sind: denn dieses Licht muß keinen davon von seinem Platz vertreiben, wie eine Kugel die Teilchen des Wassers vertreiben muß, um zwischen ihnen einen Durchgang zu finden.

196

Die Sinneswahrnehmungen vermitteln uns nicht das Wesen der Dinge, sondern lehren uns nur, wieweit sie für die zusammengesetzte Natur des Menschen nützlich oder schädlich sind.

Es genügt, wenn wir beachten, daß die sinnlichen Wahrnehmungen nur jener Verbindung des menschlichen Körpers mit der Seele zukommen und uns in der Regel sagen, wiefern äußere Körper derselben nützen oder schaden können, aber nur bisweilen und zufällig uns darüber belehren, was sie an sich selbst sind. So werden wir die Vorurteile der Sinne leicht ablegen und hier uns nur des Verstandes bedienen, der auf die von Natur ihm eingepflanzten Vorstellungen aufmerksam Acht hat.

197

Das Wesen eines Körpers liegt nicht im Gewicht, der Härte, der Farbe, usw., sondern allein in der Ausdehnung

Wir werden dann erkennen, daß die Natur des Stoffes oder des Körpers überhaupt nicht in der Härte, dem Gewicht, der Farbe oder einer anderen sinnlichen Eigenschaft besteht, sondern nur in seiner Ausdehnung in die Länge, Breite und Tiefe. Denn von der Härte lehrt uns der Sinn nur, daß die Teile der harten Körper bei dem Druck von unseren Händen der Bewegung widerstehen; denn wenn bei der Bewegung unserer Hände gegen einen Teil alle dort befindlichen Körper mit derselben Schnelligkeit zurückweichen, mit der jene sich vorwärts bewegen, so würden wir keine Härte fühlen. Auch sieht man ein, daß die so zurückweichenden Körper deshalb die Natur eines Körpers nicht verlieren und mithin diese nicht in der Härte besteht. In derselben Weise kann man zeigen, daß die Schwere, die Farbe und alle ähnlichen Eigenschaften, die in dem körperlichen Stoff wahrgenommen werden, daraus beseitigt werden können und er doch vollständig vorhanden bleibt. Deshalb ist seine Natur von keiner dieser Eigenschaften bedingt.

198

Es ist vernunftwidrig, zu sagen, es gebe ein Vakuum oder einen Raum, worin überhaupt nichts sei

Ein Leeres *(Vacuum)* im philosophischen Sinne, d.h. in dem sich keine Substanz befindet, kann es offenbar nicht geben, weil die Ausdehnung des Raumes oder inneren Ortes von der Ausdehnung des Körpers nicht verschieden ist. Denn da man schon aus der Ausdehnung des Körpers in die Länge, Breite und Tiefe richtig folgert, daß er eine Substanz ist, weil es widersprechend ist, daß das Nichts eine Ausdehnung habe, so muß dasselbe auch von dem Raume gelten, der als leer angenommen wird, nämlich daß, da eine Ausdehnung in ihm ist, notwendig auch eine Substanz in ihm sein muß.

199

Ein Vakuum, im herkömmlichen Sinne, schließt nicht jeden Körper aus

Auch pflegt man gewöhnlich unter dem Worte «Leer» keinen Ort oder Raum, in dem gar nichts ist, zu bezeichnen, sondern nur einen solchen, worin keine Dinge, wie man sie voraussetzt, befindlich sind. So gilt ein Wassergefäß für leer, wenn es nur mit Luft angefüllt ist; so heißt es, daß nichts in dem Fischhalter sei, obgleich er voll Wasser ist, wenn keine Fische darin sind; so gilt ein zum Warentransport eingerichtetes Schiff als leer, wenn es bloß mit Ballast, um die Gewalt des Windes zu brechen, beladen ist; so gilt endlich ein Raum als leer, in dem nichts wahrgenommen wird, wenn er auch ganz mit geschaffenem und selbständigem Stoff angefüllt ist, weil man nur die sinnlich wahrgenommenen Dinge zu beachten pflegt. Wenn wir aber später, ohne auf diese Bedeutung der Worte «Leer» und «Nichts» zu achten, von dem leer genannten Raume meinen, daß er nicht bloß kein Wahrnehmbares, sondern überhaupt keinen Gegenstand enthalte, so geraten wir in denselben Irrtum, als wenn wir deshalb, weil ein Wassergefäß, in dem nur Luft ist, leer genannt zu werden pflegt, die darin enthaltene Luft für keine selbständige Sache wollten gelten lassen.

200
Dies bestätigt, was über Verdünnung gesagt wurde

Nachdem wir so bemerkt haben, daß die Natur der körperlichen Substanz nur darin besteht, daß sie eine ausgedehnte Sache ist und daß ihre Ausdehnung nicht von der verschieden ist, welche man selbst dem sogenannten leeren Raum zuzuschreiben pflegt, so erkennen wir leicht die Unmöglichkeit, daß einer ihrer Teile einmal mehr Raum einnimmt als das andere Mal, und so auf andere als die oben beschriebene Art sich verdünnt, oder daß in einem Gefäß mit Blei oder Gold oder einem anderen schweren und harten Körper mehr Stoff oder körperliche Substanz enthalten sei, als wenn es nur Luft enthält oder für leer gilt. Denn die Menge der Teile eines Stoffes ist nicht von deren Schwere oder Härte bedingt, sondern von der bloßen Ausdehnung, die sich für dasselbe Gefäß immer gleich bleibt.

201
Möglicher Beweis für die Nicht-Existenz der Atome

Wir erkennen auch die Unmöglichkeit, daß ein Atom oder Stoffteil seiner Natur nach unteilbar sei. Denn da, wenn es Atome gibt, sie ausgedehnt sein müssen, so können wir, mögen sie auch noch so klein gedacht werden, das einzelne Atom doch in Gedanken in zwei oder mehr kleinere teilen und daraus seine Teilbarkeit annehmen. Denn was in Gedanken geteilt werden kann, ist auch teilbar; wollten wir es also für unteilbar halten, so widerspräche dies der eigenen Erkenntnis. Ja selbst wenn wir annähmen, Gott habe bewirken wollen, daß gewisse Teile des Stoffes nicht weiter geteilt werden können, so würde man sie doch nicht eigentlich unteilbar nennen können. Denn wenn dann seine Geschöpfe sie auch nicht teilen könnten, so könnte er sich selbst doch diese Macht, zu teilen, nicht nehmen; denn es ist unmöglich, daß er seine eigene Macht vermindere, wie oben gezeigt worden. Also bleibt im unbeschränkten Sinne der Stoff teilbar, weil seine Natur so beschaffen ist.

202
Die Philosophie Demokrits ist von der meinigen nicht weniger verschieden als von der herkömmlichen

Auch Demokrit nahm kleine Körperchen an, welche unterschiedene Größe, Gestalt und Bewegung hatten, und ließ aus deren Anhäufung und verschiedener Verbindung alle wahrnehmbaren Körper entstehen, und dennoch pflegt die Weise seines Philosophierens meist von allen verworfen zu werden. Allein noch niemand hat sie deshalb verworfen, weil er in ihr Körper so klein in Betracht genommen hat, daß sie den Sinnen entgehen, und die verschieden an Größe, Gestalt und Bewegung sein sollen, da niemand zweifeln kann, daß es wirklich viele solche gibt, wie oben gezeigt worden. Vielmehr hat man seine Philosophie verworfen, weil er erstens diese Körperchen für unteilbar annahm, und deshalb verwerfe auch ich sie; dann, weil er ein Leeres um sie annahm, dessen Unmöglichkeit ich dargelegt habe; drittens, weil er ihnen Schwere beilegte, die ich in keinem Körper für sich anerkenne, sondern nur, soweit er von der Lage und Bewegung anderer Körper abhängt und darauf bezogen wird; endlich, weil er nicht zeigte, wie die einzelnen Dinge aus der bloßen Verbindung der Körperchen hervorgehen, und weil, soweit er dies bei einigen tat, seine Gründe unter sich nicht übereinstimmten; soweit sich wenigstens nach dem urteilen läßt, was über seine Ansichten zu unserer Kenntnis gekommen ist. Ob aber das, was ich bisher in der Philosophie geschrieben habe, genügend zusammenhängt, überlasse ich dem Urteil anderer.

203
Gott als erste Ursache der Bewegung erhält ihre Menge innerhalb des Universums konstant

Nachdem so die Natur der Bewegung erkannt worden, ist deren Ursache zu betrachten, die eine zwiefache ist. Zuerst die allgemeine und ursprüngliche, welche die gemeinsame Ursache aller Bewegungen in der Welt ist; dann die besondere, von der einzelne Teile der Materie eine Bewegung erhalten, die sie früher nicht hatten. Die allgemeine Ursache kann offenbar keine andere als Gott sein, welcher die Materie zugleich mit der Bewegung und Ruhe im Anfang erschaffen hat, und der durch seinen gewöhnlichen Beistand so viel Bewegung und Ruhe im Ganzen erhält, als er damals geschaffen hat. Denn wenn auch diese Bewegung nur ein Zustand an der bewegten Materie ist, so bildet sie doch eine feste und bestimmte Menge, die sehr wohl in der ganzen Welt zusammen die gleiche bleiben kann, wenn sie sich auch bei den einzelnen Teilen verändert, nämlich in der Art, daß bei der doppelt so schnellen Bewegung eines Teiles gegen einen anderen, und bei der doppelten Größe dieses gegen den ersten man annimmt, daß in dem kleinen so viel Bewegung wie in dem großen ist, und daß, um so viel als die Bewegung eines Teiles langsamer wird, um so viel müsse die Bewegung eines anderen ebenso großen Teiles schneller werden. Wir erkennen es auch als eine Vollkommenheit in Gott, daß er nicht bloß an sich selbst unveränderlich ist, sondern daß er auch auf eine absolut konstante und unveränderliche Weise wirkt, so daß mit Ausnahme der Veränderungen, welche die klare Erfahrung oder die göttliche Offenbarung ergibt, und welche nach unserer Einsicht oder Glauben ohne eine Veränderung in dem Schöpfer geschehen, wir keine weiteren in seinen Werken annehmen dürfen, damit nicht daraus auf eine Unbeständigkeit in ihm selbst geschlossen werde. Deshalb ist es durchaus vernunftgemäß anzunehmen, daß Gott, sowie er bei der Erschaffung der Materie ihren Teilen verschiedene Bewegungen zugeteilt hat, und wie er diese ganze Materie in derselben Art und in demselben Verhältnis, in dem er sie geschaffen, erhält, er auch immer dieselbe Menge von Bewegung in ihr erhält.

204
Der Himmel ist flüssig

[...] Wir glauben, daß nicht bloß der Stoff der Sonne und der Fixsterne, sondern des ganzen Himmels flüssig ist. Schon alle Astronomen nehmen dies an, da sie sehen, daß die Planetenerscheinungen ohne dies kaum erklärt werden können.

205
Der Himmel trägt jene Körper mit sich, die in ihm enthalten sind

Darin aber scheinen mir viele zu irren, daß sie zwar in dem Himmel eine Flüssigkeit annehmen, aber ihn wie einen leeren Raum vorstellen, der den Bewegungen anderer Körper keinen Widerstand leistet, aber auch keine Kraft hat, sie mit sich zu nehmen. Denn ein solches Leeres kann es in der Natur nicht geben, und allen Flüssigkeiten ist es gemeinsam, daß sie nur deshalb den Bewegungen anderer Körper nicht widerstehen, weil sie selbst eine Bewegung in sich haben und weil diese Bewegungen leicht nach allen Richtungen hin mit einer Kraft geschehen, welche bei einer bestimmten Richtung notwendig alle in ihnen enthaltenen Körper mit sich nehmen, soweit keine andere Ursache sie zurückhält, und sie fest, ruhend und hart sind, wie aus dem Früheren erhellt.

206

Die Erde verharrt in ihrem eigenen Himmel, wird aber mit ihm bewegt

[...] So sehen wir die Erde auf keine Säulen gestützt und von keinem Strange gehalten, sondern ringsum von dem flüssigen Himmel umgeben. Wir halten sie deshalb für stillstehend und ohne Neigung zu einer Bewegung, da wir keine bemerken; aber dies hindert nicht, daß sie von dem Himmel fortgeführt wird und seinen Bewegungen ohne eigene Bewegung folgt. So steht ein Schiff, wenn kein Wind oder Ruder es fortstößt, und kein Anker es festhält, mitten im Meere still, obgleich vielleicht die ungeheure Wassermasse in einem unsichtbaren Strome dahinfließt und das Schiff mit sich führt.

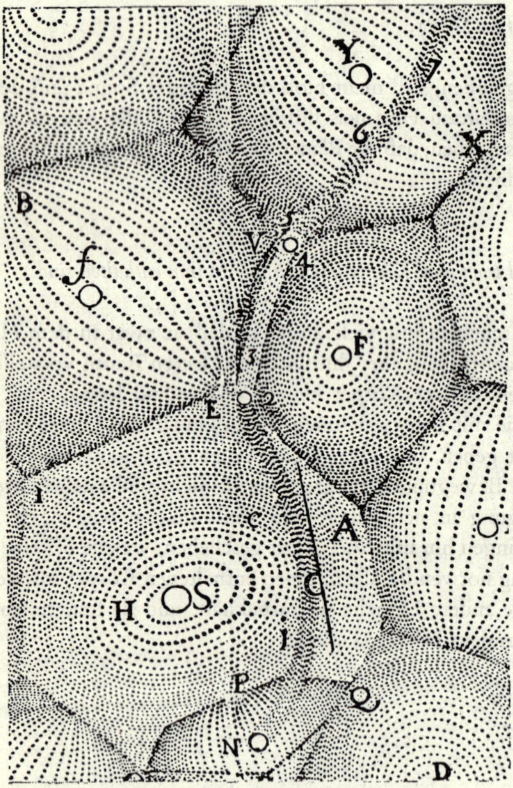

Die Ätherwirbel

207

Alle Planeten werden um die Sonne vom Himmel getragen, in dem sie enthalten sind

Indem so alle Vermutungen für die Bewegung der Erde beseitigt sind, müssen wir annehmen, daß der ganze Himmelsstoff, in dem die Planeten sich befinden, nach Art eines Wirbels, in dessen Mitte die Sonne ist, stetig sich dreht, und zwar die der Sonne näheren Teile schneller, die entfernteren langsamer, und daß alle Planeten (einschließlich der Erde) immer zwischen denselben Teilen des Himmelsstoffes bleiben. Dies genügt, um ohne alle Künsteleien die sämtlichen Erscheinungen derselben leicht zu verstehen. Denn so wie man in Flüssen, an Stellen, wo das Wasser in sich zurückkehrend Wirbel bildet, einzelne darauf schwimmende Grashalme sich mit dem Wasser zugleich fortbewegen sieht, andere aber sich um die eigenen Mittelpunkte drehen und ihre Kreisbewegung um so schneller beenden, je näher sie dem Mittelpunkte des Wirbels sind und obgleich sie immer nach Kreisbewegungen streben, doch niemals vollkommene Kreise beschreiben, sondern in die Länge oder Breite etwas davon abweichen, ebenso kann man sich dasselbe bei den Planeten leicht vorstellen, und damit allein sind alle Erscheinungen erklärt.

208

Was sinnliche Wahrnehmung ist und wie sie arbeitet

[...] Bis hier habe ich nämlich die Erde und die ganze sichtbare Welt nach Art einer Maschine beschrieben, wo ich nur die Gestalt und Bewegung beachtete; aber unsere Sinne bieten uns noch vieles andere, wie Farben, Gerüche, Töne und Ähnliches, und wollte ich hierüber ganz schweigen, so könnte es scheinen, ich hätte einen wichtigen Teil in der Naturerklärung übergangen.

Man wisse deshalb, daß die menschliche Seele, wenn sie auch den ganzen Körper erfüllt, ihren vornehmsten Sitz doch in dem Gehirn hat, wo sie nicht allein erkennt und bildlich vorstellt, sondern auch empfindet, und dies mit Hilfe der Nerven, die sich wie Fäden vom Gehirn nach allen Teilen des Körpers erstrecken und hier so angeheftet sind, daß keine Stelle des Körpers berührt werden kann, ohne daß die hier verteilten Nervenenden bewegt werden, und deren Bewegung sich nach dem anderen Ende dieser Nerven überträgt, die in dem Gehirn um den Sitz der Seele zusammentreffen, wie ich im vierten Buche der Dioptrik umständlich dargelegt habe. Die so in dem Gehirn von den Nerven erregten Bewegungen erregen aber die mit dem Gehirn auf das engste verbundene Seele verschieden nach ihrer eigenen Verschiedenheit. Und diese verschiedenen Erregungen der Seele oder die Gedanken, welche aus diesen Bewegungen unmittelbar folgen, heißen sinnliche Wahrnehmungen oder, im gewöhnlichen Sprachgebrauch, Sinnesempfindungen.

209

Wie wir zur Erkenntnis der Gestalt, Größe und Bewegung der unsichtbaren Körperteilchen gelangen

Wenn ich den unsichtbaren Körperteilchen eine bestimmte Gestalt, Größe und Bewegung zuteile, als wenn ich sie gesehen hätte, und dennoch anerkenne, daß sie nicht wahrnehmbar sind, so erhebt man vielleicht deshalb die Frage, woher ich diese Eigenschaften kenne. Ich antworte darauf, daß ich zunächst die einfachsten und bekanntesten Prinzipien, deren Kenntnis der Seele von Natur eingegeben ist, in Betracht genommen und überlegt habe, welches die vornehmsten Unterschiede in der Größe, Gestalt und Lage der nur wegen ihrer Kleinheit nicht wahrnehmbaren Körper sein könnten, und welche wahrnehmbare Wirkungen aus ihrem mannigfachen Zusammentreffen sich ergäben. Da ich nun dergleichen Wirkungen an einigen wahrnehmbaren Dingen bemerkte, so nahm ich an, daß sie aus einem ähnlichen Zusammentreffen von dergleichen Körperchen hervorgegangen seien, zumal da sich keine andere Weise für ihre Erklärung auffinden ließ. Dabei haben mich die durch Kunst gefertigten Werke nicht wenig unterstützt; denn ich finde nur den Unterschied zwischen ihnen und den natürlichen Körpern, daß die Herstellung der Kunstsachen meistenteils mit so großen Wirkungen geschieht, daß sie leicht wahrgenommen werden können, da ohne dies die Menschen nichts fertigen können; dagegen hängen die natürlichen Wirkungen beinahe immer von gewissen so kleinen Organen ab, daß sie nicht wahrgenommen werden können. Auch gibt es in der Mechanik keine Gesetze, die nicht auch in der Physik gälten, von der sie nur ein Teil oder eine Art ist, und es ist der aus diesen und jenen Rädern zusammengesetzten Uhr ebenso natürlich, die Stunden anzuzeigen, als es dem aus diesem oder jenem Samen aufgewachsenen Baum ist, diese Früchte zu tragen. So wie nun die, welche in der Betrachtung der Automaten geübt sind, aus dem Gebrauche einer Maschine und einzelner ihrer Teile, die sie kennen, leicht folgern, wie die anderen, die sie nicht sehen, gemacht sind, so habe auch ich versucht, aus den sichtbaren Wirkungen und Teilen der Naturkörper zu ermitteln, wie ihre Ursachen und unsichtbaren Teilchen beschaffen sind.

210
Das Berühren von Dingen, in welche unsere Sinne nicht eindringen, genügt, um zu erklären, welcher Art die Natur dieser Dinge sein mag, obwohl sie vielleicht nicht so sind, wie wir sie beschreiben.

Wenn man auch vielleicht auf diese Weise erkennt, wie alle Naturkörper haben entstehen können, so darf man daraus doch nicht folgern, daß sie wirklich so gemacht worden sind. Denn derselbe Künstler kann zwei Uhren fertigen, die beide die Stunden gleich gut anzeigen und äußerlich ganz sich gleichen, aber innerlich doch aus sehr verschiedenen Verbindungen der Räder bestehen, und so hat unzweifelhaft auch der höchste Werkmeister alles Sichtbare auf mehrere verschiedene Weisen hervorbringen können. Ich gebe diese Wahrheit bereitwilligst zu, und ich bin zufrieden, wenn nur das, was ich geschrieben habe, derart ist, daß es mit allen Erscheinungen der Natur genau übereinstimmt. Dies wird auch für die Zwecke des Lebens genügen, weil sowohl die Medizin und Mechanik, wie alle anderen Künste, welche der Hilfe der Physik bedürfen, nur das Sichtbare und deshalb zu den Naturerscheinungen Gehörige zu ihrem Ziele haben. [...]

211
Dennoch gibt es eine moralische Gewißheit, daß alles so ist, wie wir es zu sein gezeigt haben

Um indes hier über die Wahrheit sich nicht zu täuschen, so bedenke man, daß manches für moralisch gewiß gehalten wird, d.h. für die Zwecke des Lebens hinreichend gewiß, obgleich es in Rücksicht auf die Allmacht Gottes ungewiß ist. Wenn z.B. jemand einen Brief lesen will, der in lateinischen Buchstaben geschrieben ist, aber bei dem diese nicht in ihrer wahren Bedeutung hingestellt sind, und wenn er deshalb annimmt, daß überall, wo ein A stehe, ein B zu lesen sei, und wo B ein C, und daß so für jeden Buchstaben der nächstfolgende zu nehmen sei, und wenn er dann findet, daß auf diese Weise sich lateinische Worte daraus bilden lassen, so wird er nicht zweifeln, daß der wahre Sinn des Briefes in diesen Worten enthalten sei. Obgleich es nur auf einer Vermutung beruht und es möglich bleibt, daß der Schreiber nicht die nächstfolgenden, sondern andere an Stelle der wahren gesetzt und so einen anderen Sinn darin verborgen hat, so kann dies doch so schwer eintreffen, daß es nicht glaublich ist. Deshalb werden die, welche bemerken, wie vieles hier über den Magneten, das Feuer, die ganze Einrichtung der Welt aus wenigen Prinzipien hergeleitet worden, selbst wenn sie meinen, daß ich diese Prinzipien nur aufs Geratewohl und ohne

Grund angenommen hätte, doch vielleicht anerkennen, daß doch kaum so vieles so zusammenstimmen könnte, wenn es falsch wäre.

PIERRE FERMAT

Erklärung der Lichtbrechung aufgrund des Prinzips der kürzesten Zeit

212

Sehr geehrter Herr,

1. Es ziemt sich, Ihnen zu gehorchen und endlich durch Ihre Vermittlung den alten Streit zu beenden, der schon so lange zwischen Herrn Descartes und mir zur Frage der Lichtbrechung besteht, und vielleicht wird es mir gelingen, Ihnen einen Frieden vorzuschlagen, den Sie für beide Parteien vorteilhaft finden werden.

Ich habe Ihnen früher, in meinem ersten Brief, gesagt, daß Herr Descartes sein Prinzip nie bewiesen hat; denn, nebst dem, daß die Vergleiche kaum dazu dienen, einen Beweis zu begründen, braucht er den seinigen ganz widersinnig und nimmt sogar an, daß dem Licht der Durchgang durch harte Körper leichter sei als durch dünne, was offensichtlich falsch ist. Ich sage Ihnen nichts mehr zum Fehler des Beweises an und für sich, auch wenn der Vergleich, den er braucht, gut und annehmbar wäre in dieser Sache, denn ich habe all dies sehr ausführlich behandelt in meinen Briefen an Herrn Descartes zu seinen Lebzeiten, oder in denjenigen, welche ich nach seinem Tod Herrn Clerselier[1] geschrieben habe.

2. Ich möchte nur hinzufügen, daß, nachdem ich dasselbe Prinzip des Herrn Descartes bei mehreren Autoren, die nach ihm geschrieben haben, gesehen habe, deren Beweisführungen mir auch nicht annehmbar erscheinen und diesen Namen zu tragen nicht wert sind: Hérigone[2] bedient sich, um es zu beweisen, der Gleichgewichte und des Verhältnisses der Gewichte auf schiefen Ebenen; der Père Maignan[3] will anderswie darauf kommen. Aber es ist leicht zu sehen, daß weder der eine noch der andere einen Beweis liefert und daß, nach Lektüre und sorgfältiger Prüfung ihrer Beweis-

[1] Claude Clerselier (1614–1684), französischer Herausgeber wissenschaftlicher Werke. (Hg.)

[2] Pierre Hérigone (gest. ca. 1643), französischer Mathematiker.

[3] Emanuel Maignan (1601–1676), französischer Physiker, Verfasser eines Werkes über Sonnenuhren. (Hg.)

führungen, wir über die Wahrheit der Prinzipien ebenso unsicher sind wie nach der Lektüre von Descartes.

Um diese Verwirrung zu überwinden und zu versuchen, den wahren Grund der Lichtbrechung zu finden, hatte ich Ihnen in meinem Brief angedeutet, daß, falls wir in dieser Forschung von dem so allgemeinen und anerkannten Prinzip Gebrauch machen wollten, welches besagt, daß *die Natur immer auf dem kürzesten Weg vorgeht,* wir dadurch leicht auf unsere Rechnung kommen könnten. Aber da Sie zuerst daran gezweifelt haben, daß die Natur, indem sie das Licht den beiden Schenkeln eines Dreiecks entlang führt, je auf einem kürzeren Weg vorgehen könne, als wenn sie es über die Basis oder die Grundlinie führen würde, werde ich Ihnen durch ein einfaches Beispiel das Gegenteil Ihres Gefühls oder vielmehr Ihres Zweifels zeigen.

3. Es soll nun, auf unserer Figur, der Kreis ABCG gegeben sein, dessen Durchmesser AOB, Mittelpunkt O und weiterer Durchmesser GOC sein sollen. Von den Punkten G und C sollen die Senkrechten zum ersten Durchmesser gezogen werden, GH, CD. Nehmen wir an, daß der erste Durchmesser AOB zwei verschiedene Medien trennt, von welchen das untere, AGB, dichter, das obere, ACB dünner sein soll, in der Weise, daß, so zum Beispiel, der Durchgang durch das dünnere zweimal leichter sein soll als der durch das dichtere.

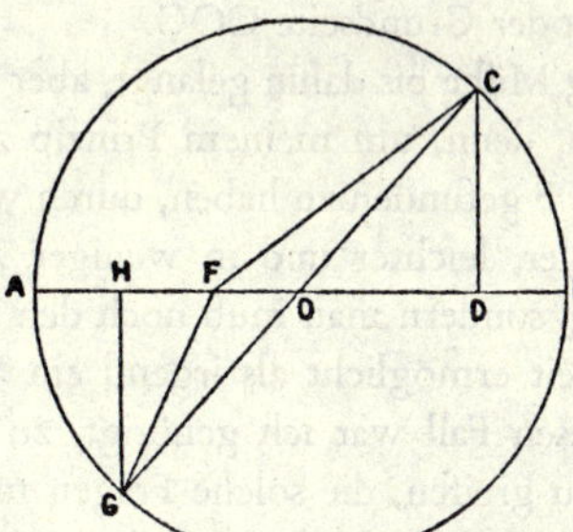

Erklärung der Lichtbrechung durch Fermat

Aus dieser Annahme folgt, daß die Zeit, welche der bewegliche Körper oder das Licht von C nach O benötigt, kleiner ist als die, welche es von O nach G führt, und daß die Zeit der Bewegung von C nach O, die im dünneren Medium stattfindet, nur die Hälfte der Zeit der Bewegung von O nach G ausmacht. Folglich kann das Maß der ganzen Bewegung über die zwei Geraden CO und OG durch die Summe der Hälfte von CO und dem gesamten OG dargestellt werden; wenn Sie einen andern Punkt, wie F, nehmen, wird die Zeit der Bewegung über die beiden Geraden CF und FG ebenfalls durch die Summe der Hälfte von CF und dem gesamten FG darzustellen sein.

Nehmen wir jetzt an, daß der Radius CO 10 ist und daß folglich der ganze Durchmesser COG 20 sein wird, daß die Gerade HO 8 ist, die Gerade OD auch 8 und schließlich die Gerade OF nur 1. Ich sage, daß in diesem Fall die Bewegung, die über die Gerade COG führt, mehr Zeit beanspruchen wird, als die, welche über die beiden Schenkel des Dreiecks CF, FG führt.

Denn, wenn wir beweisen, daß die Hälfte von CO, mit dem gesamten OG verbunden, mehr enthält als die Hälfte von CF mit dem gesamten FG verbunden, wird der Schluß evident sein, weil diese beiden Summen genau das Maß der Zeit dieser beiden Bewegungen ausmachen. Nun, die Summe der Hälfte von CO und dem gesamten OG macht genau 15, und man ersieht aus der Konstruktion, daß die Gerade CF gleich der Quadratwurzel von 117 ist und daß die Gerade FG gleich der Quadratwurzel von 85 ist. Aber die Hälfte der ersten Wurzel, mit der zweiten verbunden, macht weniger als 59/4, und 59/4 sind immer noch weniger als 15. Folglich ist die Summe der Hälfte von CF und dem gesamten FG kleiner als die Summe der Hälfte von CO und dem gesamten OG, und demgemäß vollzieht sich die Bewegung über die beiden Geraden CF und FG schneller und in weniger Zeit als über die Basis oder Grundseite COG.

4. Ich bin mit wenig Mühe bis dahin gelangt, aber die Forschung mußte weiter geführt werden, denn, um meinem Prinzip zu genügen, reicht es nicht, einen Punkt wie F gefunden zu haben, durch welchen die natürliche Bewegung sich schneller, leichter und in weniger Zeit vollzieht als der Geraden COG entlang, sondern man muß noch den Punkt finden, der die Leitung in weniger Zeit ermöglicht als irgend ein anderer auf einer der beiden Seiten. Für diesen Fall war ich genötigt, zu meiner Methode *der Maxima und Minima* zu greifen, die solche Fragen mit ziemlichem Erfolg löst.

PIERRE GASSENDI

Die Atome und der leere Raum: die Wiederentdeckung Epikurs

213

Es ist jetzt zu empfehlen, die Ansicht jener Leute zu betrachten, die es für sehr wahrscheinlich halten, daß die erste und universale Materie, aus der alle Dinge sind, Atome sind, was Aneponymus[1] mit den folgenden Worten sagt: «Es gibt keine Ansicht, die so falsch wäre, daß sie nicht ein wenig mit Wahrheit gemischt wäre. Aber diese Wahrheit ist leider durch die Mischung verdunkelt.» Dann fährt er fort: «Wenn die Epikureer sagen, der Kosmos bestehe aus Atomen, so ist das richtig. Aber es ist eine Fabel zu behaupten, wie sie es tun, diese Atome seien ungeschaffen, verschieden voneinander, und sie würden in einer großen Leere herumfliegen, und schließlich würden sie zu vier großen Körpern vereinigt.»

Natürlich gibt es keinen Grund, das Aufstellen von Hypothesen zu beschränken, die Materie des Kosmos und die in ihm enthaltenen Dinge seien Atome, unter der Voraussetzung, es werde alles abgetrennt, was an dieser Hypothese falsch ist. Um es deutlicher zu sagen, wir müssen die Ansicht aufgeben, die Atome seien ewig, ungeschaffen, unendlich an Zahl, auch wenn sie jede beliebige Gestalt annehmen mögen. Es kann in dieser Hinsicht zugegeben werden, daß die Atome die Materia Prima ausmachen, die Gott zu Beginn als endlich geschaffen hat, zu unserem sichtbaren Kosmos formte, durch die verschiedenen Durchgangsstadien hindurchgehen ließ, und aus denen schließlich alle Körper in der Natur entstanden sind. Wird die Hypothese in dieser Weise herausgearbeitet, dann ist sie nicht abwegig und braucht nicht dringender verbessert zu werden als jene von Aristoteles und andern, die ähnlich die Materia Prima für ewig, ungeschaffen und unendlich halten. Die Theorie hat den weiteren Vorteil, hinreichend zu erklären, wie die Verbindungen und Auflösungen bis zu den ursprünglichen Prinzipien vor sich gehen, wie etwas zu einem widerstandsfähigen Körper wird, groß oder klein, dünn oder dicht, weich oder hart, zierlich oder dick usw. Eigenschaften dieser Art sind nicht ohne weiteres aus anderen Hypothesen zu entnehmen, bei denen z. B. die Materie als unendlich teilbar gilt, oder als reine Potenz oder geformt oder von ungenügender Formvielfalt oder versehen mit primären und sekundären Qualitäten, aber Qualitäten, die entweder ungenügend sind oder ungeeignet für die Vielfalt der natürlichen Objekte.

Im folgenden müssen wir die Ansicht aufgeben, Atome hätten eine Eigen-

[1] Aneponymus war das Pseudonym von Wilhelm von Conches (1080–1145), dessen *Dragmaticon* 1567 unter dem Titel *Dialogus de substantiis physicis* gedruckt wurde. (Hg.)

bewegung oder eine Kraft, so daß sie von Ewigkeit her ziellos umherirren und es immer noch tun. Wir können zwar zugeben, daß Atome in Bewegung sind: Sie werden bewegt durch eine treibende und handelnde Kraft, die ihnen Gott bei der Schöpfung mitgegeben hat und durch die er mitwirkt, indem er bei allen Dingen so handelt, daß sie erhalten bleiben. Mit einem Schlag korrigiert das eine Fehlauffassung, und auch andere Ansichten müssen berichtigt werden, jene, die der Materie Bewegung und Handlung zuschreibt, wie das bei den Platonikern ausdrücklich geschieht, nach denen sich die Materie seit Ewigkeit ohne Zusammensetzung bewegt. Die Bewegung der Materie ist vom Schöpfer festgelegt worden. (Es ist offensichtlich dieser Gedanke der ewigen Bewegung, weshalb Aristoteles Platon mit Leukippos zusammenbringt, dem Urheber der Atomtheorie, insofern beide sagten: «Es gab schon immer Bewegung».) Unsere verbesserte Hypothese hat den Vorteil, den Ursprung und die letzte Wurzel deutlich zu zeigen, in denen jede Bewegung und jede Tätigkeit entsteht, aus den Sekundärursachen, wie man sie nennt. Andere Hypothesen vermögen dies nicht so deutlich zu erklären, besonders was das Formprinzip anbelangt, das sie als den Ursprung aller Bewegung und Tätigkeit ansehen; denn einerseits wollen sie alles Sein auf die Materie zurückführen, und andererseits geben sie zu, die Materie sei untätig und ohne irgend eine bewegende oder aktive Kraft. Es ist beachtenswert, daß Platon, obgleich er nicht explizit von Atomen spricht, ihr Wesen doch als von einer Zartheit beschrieb, die nicht mit den Sinnen wahrnehmbar ist, nur mit dem Intellekt. Über diese ganz kleinen Teilchen sagt er: «Es ist ausgesprochen vernünftig, daß Gott für die Anzahl, die Bewegung und andere Eigenschaften vorgesorgt hat, denen die Natur mit Notwendigkeit gehorcht, ihnen folgt usw.»

Entsprechend können wir annehmen, daß Gott am Anfang eine so große Menge von Atomen geschaffen hat, wie sie nötig war, um die ganze Welt zu bilden. Nicht daß Gott gezwungen gewesen wäre, die Atome einzeln zu erschaffen, um sie dann zu immer größeren Einheiten zusammenzufügen, aus denen die Welt entstanden ist, sondern er hat eine ganze Menge von Materie geschaffen, die sich in Teile zerlegen läßt und zwar in sehr kleine, die er geschaffen hat. Man kann ebenfalls annehmen, daß jedes einzelne Atom von seinem Schöpfer, wie klein auch immer die Masse sein mag, das Gewicht erhalten hat, die Größe, die Form und alle unvorstellbaren Verschiedenheiten; ebenso auch die Kraft, sich zu bewegen, zu verschieben, sich zu entwickeln und folglich voneinander zu lösen, hinaufzusteigen, vorwärts zu drängen, vorzustoßen, zurückzuschlagen, zurückzugehen, sich gegenseitig zu erfassen, sich anzuziehen, zu verdrängen usw., wie er es für ihr Ziel und ihren Zweck für gut erachtet hat.

Ebenso können wir annehmen, daß Gott, als er dem Land und dem Wasser gebot, Leben, Pflanzen und Tiere hervorzubringen, er zuerst ein Saatbeet machte, das alles enthielt, was entstehen konnte, d.h. er fügte von den ausgewählten Atomen die Samenprinzipien aller Dinge zusammen, aus denen später alle Arten entstehen sollten. Diese Samenprinzipien waren über das ganze reproduzierbare Universum zerstreut, aber ungleichmäßig, wie es der einzelnen Gegend entsprach. Obgleich sich dieser Samen in seine Atomteile auflösen kann, können die Atome wieder zusammenkommen und den Samen ausmachen; sie sind durch ihre Kombinationen und Entwicklungen als gleichartige unter sich verträglich. So begann das fortwährende Entstehen und Vergehen, das immer noch andauert und immer weiter gehen wird, wenigstens so lange, als die Masse der Atome unerschöpft ist und ewig die materielle Form verschafft, die Bewegungskraft oder den Grund, durch die die Körper bestimmt sind. Die meisten scheinen hier eine Erklärung zu benötigen. Es ist unerläßlich, diesen Sachverhalt zu erfassen, um zu erkennen, daß die Atome so aufgebaut sind, daß alle Dinge nicht aus anderen Dingen noch durch ihre Gegenseitigkeit, sondern von ihren eigenen Samenprinzipien geformt sind, so daß die Atome die ersten Prinzipien oder die Materia Prima aller Dinge sind. [...]

Indem ich in der Diskussion weiterfahre, will ich untersuchen, ob die Autoren der Atomhypothese nicht bloß Atome, sondern nach allgemeiner Überzeugung das Vakuum selber als Prinzip aller Dinge angenommen haben. Man wirft ihnen deshalb Absurdität vor, weil die Dinge nicht bloß aus der Substanz hervorgegangen, sondern aus dem Nichts zusammengesetzt seien. Indem ich diesem Gedankengang folge, werde ich auf die Haupteinwände gegen die atomistischen Ansichten eingehen, die in verschiedenen Varianten entwickelt und von Lactantius sorgfältig gesammelt wurden.

Was den besprochenen Vorschlag betrifft, so ist es wahr, daß wir in den Werken von Servius finden, Epikur habe erklärt: «Es gibt zwei Prinzipien, Körper und Vakuum». So steht es bei Servius, aber auch bei Plutarch, der Kolotes angreift: «Die Prinzipien bei Epikur sind Unendlichkeit und Vakuum.» Diese Ansicht jedoch beschränkt sich nicht auf Epikur, denn auch Leukippos und Metrodor (nach Klemens von Alexandrien) sagen beide: «Es gibt zwei letzte Prinzipien, nämlich das Volle und das Leere.» Stobaeus bestätigt dies von Metrodor – und Cicero von Leukippos –, indem er den Namen von Demokrit beifügt. Aristoteles bestätigt es von den ersten beiden, wenn er in der *Metaphysik* sagt: «Sie behaupten, das Volle und das Leere seien die Grundelemente», und in der *Physik* verweist er besonders auf Demokrit, nach dem die Grundprinzipien gegensätzlicher Natur sind, oder aus dem, was er «das Solide und das Vakuum» nennt.

Aber wenn wir dies weiterverfolgen, so können wir sagen, daß weder Epikur noch die andern fühlten, daß die Dinge aus diesen zwei Prinzipien zusammengesetzt sind, aus den Atomen und dem Vakuum. Was die meisten Leute irreführte, war die Annahme dieser beiden ungeschaffenen und unzerstörbaren Prinzipien, und sie meinten, das Universum oder die Natur der Dinge sei gleichsam aus diesen beiden Prinzipien zusammengesetzt, wie es oben dargestellt wurde. Trotzdem glauben sie nicht, daß die Dinge, die entstehen und vergehen, aus den beiden gleichen Prinzipien zusammengesetzt sind. Mögen sie im vorher beschriebenen Sinn Prinzipien oder Elemente des Universums genannt werden, so sind sie deshalb nicht die beiden Prinzipien oder Elemente aller entstehenden Dinge. Die Atome allein sind es. Das Vakuum ist bloß der Ort und verschafft die Trennbarkeit. Wenn die Leere wirklich körperlos ist, ist sie dann nicht auch unfähig, etwas hervorzubringen, aus dem Körper entstehen könnten? Sogar wenn das Vakuum mit dem Körperlichen gemischt wird, so ist der Körper noch kein Teil vom Leeren, sowenig wie die Luft in Nase, Knochen, Arterien oder Lungen ein Teil von uns ist. Das Vakuum ist um so weniger ein Teil von jenem, als es in keiner Weise dem Körper innerlich ist, noch weitergegeben werden kann, sondern wenn die Dinge den Ort wechseln, dann ändert es sich und zwar fortwährend, wie oben schon gesagt wurde.

Lactantius führt den weiteren Einwand an: «So lange es sich um kleine Objekte handelt, reichen Atome möglicherweise aus, um die Dinge aufzubauen, aber wenn die ganze Welt zur Frage steht – und Epikur hat behauptet, die Welt bestehe aus Atomen –, dann wird die nötige Zahl völlig unsinnig.» Nachdem er die Frage einer unendlichen Anzahl von Welten aufgeworfen hat, fährt er fort: «‹Welche gewaltige Kraft›, sagte er, ‹muß in diesen Atomen stecken, um aus so kleinen Teilchen Massen von unvorstellbarer Größe zu bilden!›» In der Tat, wenn man annimmt, die ganze Erde sei ein Teil eines Kosmos, so daß der ganze Kosmos aus mehreren Massen von der Art der Welt besteht, dann erkennt man sofort, daß auch die ganze Erde aus mehreren Massen zusammengesetzt ist, wie der Atlas oder der Kaukasus. Aufgrund derselben Überlegung erkennt man, daß ein Berg aus vielen Erd- und Felsmassen zusammengesetzt ist, jeder Fels aus Steinen, die großen Steine aus kleinen und diese aus Partikeln wie Sandkörner.

Soweit gut; es ist schon lange durch den Beweis von Archimedes gezeigt worden, daß sogar dann, wenn die Sandkörner so klein wären wie der zehntausendste Teil eines Mohnblumenkernes, sich die Zahl für die Körnermenge, die für den Kosmos benötigt würde – nach dem damals bekannten Ausmaß der Erde –, mit 52 Nullen ausdrücken läßt. Und auch 64 Nullen würden ausreichen, um die Zahl zu nennen, die den unglaublich großen

Kosmos ausmacht, wie er von Aristarch und Kopernikus angenommen wurde. Willst du zur Kleinheit der Atome vorstoßen, dann stelle dir vor, es sei eines dieser Partikel zusammengesetzt aus 10^6 Partikeln der letzteren Größe. Diese Zahl werde mit 10^{64} multipliziert, und das Resultat wird nicht mehr als 70 Nullen benötigen. Und wenn du glaubst, auch so die Grenze der Teilbarkeit noch nicht erreicht zu haben, dann teile alles wieder durch 10^6 Teile, und die Schlußzahl wird nur 76 Nullen benötigen. Teile weiter, wenn es dir Spaß macht, und du wirst sehen, wie leicht Zahlen zu finden sind, groß genug, um sogar die Zahl der Atome auszudrücken, die den Kosmos ausmachen.

Eine experimentelle Bestätigung des Trägheitsgesetzes

214

Unser Freund [François] Luillier spielte im letzten Brief darauf an, daß du einige Zweifel geäußert habest gegen die Tatsachen, die ich ihm geschrieben habe zu einigen meiner Experimente mit der Wurfbewegung. Davon bin ich nicht überrascht, da ich selber feststellte, wie unwahrscheinlich es ist, und ich habe andere hervorragende Männer getroffen, die sich darin auskennen, und insofern ist es ihnen nicht weniger unwahrscheinlich erschienen. Der edle Regierungsstatthalter [der Provence, Louis Emmanuel de Valois, Graf von Alais] gab mir neulich einmal mehr Gelegenheit, der Wahrheit der Sache nachzugehen, indem er nach Marseille fuhr und mich zur Gesellschaft einlud. Da er sehr gelehrt ist und die freie Zeit, die er sich bei Staatsgeschäften aussparen kann, für die freien Künste einsetzt, so führten wir auf der Reise zahlreiche Gespräche über die Bewegung. Unterwegs erzählte ich von meinem eigenen Experiment und vom Versuch Galileis und faßte sie im Theorem zusammen: «Wenn das Objekt, auf dem wir stehen, bewegt wird, dann erscheinen alle unsere Bewegungen und auch die Bewegungen der von uns bewegten Dinge so, als ob dieses Objekt ruhen würde.»

Als einige Mitglieder der Reisegesellschaft fanden – weniger der gelehrte Regierungsstatthalter –, die Sache sei völlig unglaubwürdig, da waren sie erstaunt, als ich sie aufforderte, sie sollten das Experiment in der Kutsche und auf dem Pferd wiederholen. Sie stellten fest, daß die in die Luft geworfenen Dinge in die Hand zurückfielen, unabhängig davon, ob sie standen oder sich mit hoher Geschwindigkeit bewegten, daß bei zurückgezogener Hand die Dinge auf die gleiche Linie fielen sowohl im Wagen wie auf dem Pferd, daß die nach vorne geworfenen Dinge auf den Boden weder weiter vorne noch näher auftrafen, daß Dinge, die nach hinten geworfen wurden, nicht schneller zurückfielen, jene, auf die man rechts oder links zielte, in gerader Linie gleich getroffen wurden. Später wurden diese Leute aufs Meer gebracht, auf ein schnell fahrendes und ein ruhendes Schiff, um sich vollständig zu überzeugen, ob ein Stein, der vom Fuß des Mastes der Länge des Mastes entlang hinaufgeworfen, immer die gleiche Distanz vom Mast einnimmt, beim Hinaufsteigen und Herunterfallen, ob er in einem Abstand des Mastes zum Fuß oder an den genau gleichen Punkt zurückfallen würde. Ob ein Stein, der aus der ruhenden Hand von der Mastspitze aus ohne Kraft geworfen wird, am gleichen Ort auftrifft, ob er mit gleicher Anstrengung vom Heck zum Bug und vom Bug zum Heck geworfen von gleicher Kraft erscheint und die gleiche Distanz zurücklegt. Wenn er kreuzweise, seitwärts und auf jede beliebige Art geworfen wird, ob er eine ungleichmäßige Bewegung ausführen würde. Aber die Sache war so erfolgreich, daß die Leute nicht länger zweifelten; denn sie beobachteten dies und das an Bord eines Schiffes mit dreifach gestaffelten Ruderbänken, das so schnell fuhr, daß es vier Meilen in der Viertelstunde zurücklegte auf offenem und ruhigem Meer. Das Erstaunlichste war jedoch, daß ein Stein, der ohne Kraft von der Spitze des Mastes aus geworfen wurde, vom Mast nicht gegen den Bug abwich, noch das Heck erreichte, sondern er fiel in gleichem Abstand parallel zum Mast.

EVANGELISTA TORRICELLI

Die mechanische Ursache des «horror vacui»

215

Mein hochwohlgeborener Herr und Gönner,

vor einigen Wochen sandte ich einige Beweisführungen zum Thema der Zykloide an Herrn Antonio Nardi und bat ihn, nachdem er in sie Einblick genommen habe, sie direkt an Eure Exzellenz oder an Herrn Magiotti senden zu wollen.

Ich deutete Ihnen bereits an, daß verschiedene physikalische Experimente über das Vakuum gemacht worden sind: nicht bloß, um ein Vakuum herzustellen, sondern in Hinblick auf die Entwicklung eines Gerätes, das die Veränderungen in der Luft, welche zeitweise schwer und dick, zeitweise leicht und dünn ist, zeigen sollte. Viele Leute haben gesagt, es sei unmöglich, ein Vakuum herzustellen, andere meinten, es sei wohl zu machen, aber nur unter Schwierigkeiten und unter Überwindung eines natürlichen Widerstandes; ich weiß nicht, in der Tat, ob jemand gesagt hat, es sei ohne Schwierigkeit zu machen und ohne einen natürlichen Widerstand zu überwinden. Mein Argument war das folgende: wenn es jemanden gäbe, der einen offensichtlichen Grund finden würde, weshalb beim Herstellen eines Vakuums ein Widerstand auftritt, wäre es sinnlos, diese Effekte, die eindeutig von andern Umständen abhängen, dem Vakuum selbst zuzuschreiben. Ferner fand ich, als ich einige einfache Berechnungen anstellte, daß die von mir erwähnte Ursache (nämlich das Gewicht der Luft) wahrscheinlich allein schon mehr Widerstand leisten dürfte, als wir wirklich feststellen, wenn wir ein Vakuum zu erzeugen versuchen. Ich sage dies, damit einige Philosophen, die sich zur Zustimmung verpflichtet fühlen, daß das Gewicht der Luft den Widerstand bewirkt, den wir beim Herstellen eines Vakuums spüren, eher die Bedeutung des Anteils des Luftgewichts zugeben als weiterhin behaupten, daß die Natur selbst zum Widerstand beim Herstellen eines Vakuums beiträgt.

Wir leben untergetaucht auf dem Grund eines Meeres von elementarer Luft, deren Gewicht ohne jeden Zweifel nachgewiesen worden ist: wir wissen tatsächlich, daß die schwerste Luft an der Erdoberfläche etwa einen Vierhundertstel des Wassergewichts wiegt. Die Verfasser der «Crepusculi[1]» haben auch bestätigt, daß die sichtbare und dampfförmige Luft emporsteigt bis in eine Höhe von etwa fünfzig oder vierundfünfzig Meilen. Ich bin davon nicht völlig überzeugt, denn ich konnte zeigen, daß – wenn dies der Fall wäre – die Herstellung eines Vakuums viel mehr Widerstand mit sich bringen würde als es in Tat und Wahrheit der Fall ist. Aber sie könnten sich auf das Argument beziehen, wonach das von Galileo festgestellte Gewicht sich auf die unterste, von Menschen und Tieren bewohnte Luftschicht bezieht und nicht auf die Luft über den Berggipfeln, wo sie äußerst rein ist und viel leichter als der vierhundertste Teil des Wassergewichts.

Wir haben eine Anzahl Glasgefäße hergestellt – ähnlich den mit A und B bezeichneten in der obigen Figur – mit Hälsen in der Länge von vier Fuß. Diese haben wir mit Quecksilber gefüllt, ihre Öffnungen mit dem Finger zugehalten und sie umgekehrt in ein mit Quecksilber gefülltes Becken (C) gestellt. Wie wir das taten, sahen wir, wie das Quecksilber das Gefäß verließ, ohne daß sich dabei etwas besonderes innerhalb des Gefäßes abspielte;

1 Der «Liber de crepusculis» wurde im 11.Jh. von Ibn Muadh geschrieben, wurde aber üblicherweise dem Alhazen zugeschrieben. Sein Autor versucht die Höhe der feuchten Atmosphäre anhand des Sonnenstandes bei Sonnenaufgang und -untergang zu schätzen. (Hg.)

und zudem blieb der Hals AD des Gefäßes in jedem Fall voll Quecksilber bis zu einer Höhe von zwei Fuß und sechs Zoll. Um zu zeigen, daß das Gefäß vollständig leer war, füllten wir das Becken darunter bis zu D mit Wasser und hoben es dann sehr behutsam hoch, bis seine Öffnung die Höhe des

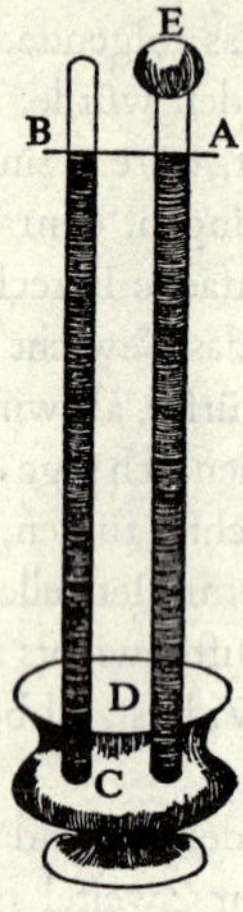

Torricellis Barometer

Wasserspiegels erreichte: wie dies geschah, sahen wir das Quecksilber dem Gefäßhals entlang abwärts rinnen und dann das Wasser mit gewaltiger Kraft emporsteigen und es füllen, bis zum Punkt E.

Unsere Diskussion fand statt, als das Gefäß AE leer blieb und das Quecksilber trotz seines großen Gewichts sich im Hals des Gefäßes AC halten konnte. Bis jetzt hatte man geglaubt, daß die Kraft, welche das Quecksilber gegen seine natürliche Schwerkraft empordrückte, im Gefäß AE enthalten sei und daß sie zum Vakuum oder zur stark verdünnten darin eingeschlossenen Substanz gehöre. Aber ich behaupte, daß diese Kraft äußerlich ist und von außerhalb des Gefäßes kommt. Die Luft, welche auf das Quecksilber im Becken drückt, erhebt sich in eine Höhe von fünfzig Meilen über die Erdoberfläche. Was Wunder, wenn im Glas CE, wo das Quecksilber weder Anziehung noch Widerstand erfährt – da nichts im Gefäß enthalten ist –, dieses Quecksilber eine Höhe erreicht, in der es das Gewicht der Luft, das von außen auf es drückt, ausbalanciert. Darüber hinaus wird Wasser, in einem ähnlichen aber höheren Gefäß, in eine Höhe von nahezu sechsunddreißig Fuß emporsteigen, d.h. viel höher als Quecksilber (da Quecksilber schwerer ist als Wasser), um ein Gleichgewicht mit dem in beiden Fällen gleichen Druck zu erreichen.

Mein Argument wurde gestützt durch ein anderes Experiment, bei dem ich das Gefäß A und das Rohr B gleichzeitig benutzte. Die Tatsache, daß das Quecksilber in beiden Gefäßen beim Punkt AB stillestand, zeigt fast ohne jeden Zweifel, daß die Kraft, die es emportrieb, nicht in den Gefäßen selbst enthalten war. Denn das Gefäß AE hätte, im letzteren Fall, mehr Kraft haben müssen als das Rohr B aufgrund des größeren Quantums an verdünnter in ihm enthaltener Materie, welche ihm eine größere Anziehungskraft hätte geben müssen als die vom kleinen Raum in B ermöglichte. Ich habe zudem dieses Prinzip erprobt bei der Erklärung von allen Arten von Widerstand bei den verschiedenen dem Vakuum zugeschriebenen Effekten. Bis jetzt habe ich noch keine Schwierigkeiten darin gefunden. Ich weiß, daß Ihnen viele Einwände gegen diesen Beweis begegnen werden, aber ich hoffe, daß Sie, je mehr Sie darüber nachdenken, um so weniger Einwände dagegen haben werden.

BLAISE PASCAL

216

Daß die Luftmasse ein Gewicht habe und daß sie mit ihrem Gewicht auf die Körper drücke, die sie umgibt.

Man bestreitet heute nicht mehr, daß die Luft ein Gewicht hat; man weiß, daß ein aufgeblasener Ballon mehr wiegt als ein entleerter: dies ist Beweis genug. Denn wenn sie leicht wäre, dann würde das Ganze umso leichter, je mehr Luft man in den Ballon bliese, denn das Ganze hätte davon mehr als ein Teil: da es nun aber im Gegenteil so ist, daß das Ganze schwerer wird, je mehr man hinzufügt, folgt, daß jeder Teil für sich ein Gewicht und folglich die Luft ein Gewicht hat.

Wer ausführlichere Beweise wünscht, kann sie bei den Autoren finden, die darüber besondere Abhandlungen geschrieben haben.

Wenn man einwendet, die Luft sei leicht, wenn sie rein sei, doch diejenige Luft, die uns umgebe, sei nicht rein, weil sie Dunst und Verunreinigungen enthalte, und sie sei wegen dieser Fremdkörper schwer, so antworte ich mit einem Wort, daß ich jene reine Luft nicht kenne und es vielleicht schwierig wäre, sie zu finden; aber ich spreche in dieser ganzen Abhandlung nur von der Luft, die wir einatmen, ohne daran zu denken, ob sie zusammengesetzt sei oder nicht; und diesen Körper, einfach oder zusammengesetzt, nenne ich Luft, und von ihm sage ich, er habe ein Gewicht, was man nicht widerlegen kann, und das ist alles, was für mich im folgenden nötig ist.

Nachdem ich dies klargelegt habe, will ich daraus nur einige Schlüsse ziehen.

1. Da jeder Teil der Luft ein Gewicht hat, folgt, daß die ganze Luftmasse, das heißt die ganze Sphäre der Luft, ein Gewicht hat, und da die Luftsphäre in ihrer Ausdehnung nicht unendlich ist, da sie Grenzen hat, ist auch das Gewicht der ganzen Luftmasse nicht unendlich.

2. So wie die Masse des Meereswassers mit ihrem Gewicht auf den Teil der Erde, der unter ihr liegt, drückt, und so wie sie, umgäbe sie die ganze Erde, statt nur einen Teil von ihr zu bedecken, mit ihrem Gewicht auf die ganze Erdoberfläche drückte: so drückt die Luftmasse, welche die ganze Erdoberfläche bedeckt, mit ihrem Gewicht auf all ihre Teile.

3. So wie der Boden eines mit Wasser gefüllten Eimers durch das Gewicht des Wassers mehr gedrückt wird, wenn der Eimer voll ist, als wenn er nur halbvoll ist, und er es umso mehr wird, je höher das Wasser reicht: so auch werden die erhöhten Orte, wie die Berggipfel, nicht so sehr vom Gewicht der Luftmasse gedrückt wie die tiefliegenden, in den Tälern etwa; weil es über den Tälern mehr Luft gibt als über den Berggipfeln; denn all die dem Berg entlang liegende Luft drückt auf das Tal, und nicht auf den Gipfel, weil sie über jenem und unter diesem liegt.

4. So wie die Körper im Wasser von allen Seiten durch das über ihnen liegende Wasser gedrückt werden, wie wir in der *Abhandlung über das Gleichgewicht der Flüssigkeiten* gezeigt haben, so werden auch die Körper in der Luft durch das Gewicht der über ihnen liegenden Luftmassen gedrückt.

5. So wie die Tiere im Wasser dessen Gewicht nicht spüren, so spüren wir das Gewicht der Luft nicht, aus dem gleichen Grund: und wie man aus jenem nicht schließen kann, das Wasser habe kein Gewicht, weil wir es nicht spüren, wenn wir uns darin befinden, so kann man auch nicht schließen, die Luft habe kein Gewicht, weil wir es nicht spüren. Wir haben die Ursache dieser Erscheinung im *Gleichgewicht der Flüssigkeiten* aufgezeigt.

6. So wie ein großer Haufen Wolle, die man 20 oder 30 Klafter hoch aufeinander schichtet, durch sein eigenes Gewicht zusammengedrückt würde und die Wolle am Boden unten, weil eine größere Menge Wolle auf sie drückte, mehr zusammengedrückt würde als jene in der Mitte oder gegen oben, so wird die Luftmasse, die auch ein Gewicht hat und zusammengedrückt werden kann wie die Wolle, durch ihr eigenes Gewicht zusammen-

gedrückt; und die Luft, die unten ist, das heißt an den tiefergelegenen Orten, wird viel mehr zusammengedrückt als jene, die höher liegt, auf den Berggipfeln etwa, weil sie von einer größeren Luftmenge belastet wird.

7. Nähme man aus dieser Masse eine Handvoll Wolle von unten, so gepreßt, wie man sie vorfindet, und trüge man sie, immer gleich stark gepreßt haltend, in die Mitte dieser Masse, so würde sie sich von selbst ausdehnen, da sie nun, dem obern Teil näher, eine geringere Menge Wolle zu tragen hätte. So würde sich auch die Luft, wenn man sie von hier unten, zusammengepreßt wie sie ist und mit welchem Kunstgriff auch immer, auf den Gipfel eines Berges brächte, selber ausdehnen und in den gleichen Zustand übergehen wie die Luft, die sie auf diesem Berg umgibt, weil sie an diesem Ort von weniger Luft belastet würde als unten; und wenn man folglich einen nur halb und nicht wie gewöhnlich ganz gefüllten Ballon nähme und ihn auf einen Berg trüge, so müßte es geschehen, daß er auf dem Berg oben praller wäre und er sich in dem Verhältnis ausdehnte, wie er weniger belastet wäre; und der Unterschied müßte sichtbar sein, wenn die dem Berg entlang liegende Luftmenge, von der er entlastet wäre, Gewicht genug hat, um eine Wirkung und einen spürbaren Unterschied hervorzurufen.

Es besteht eine so zwingende Beziehung dieser Folgen zu ihrem Ursprung, daß dieser nicht wahr sein kann, ohne daß jene es nicht auch wären: und da es sicher ist, daß die Luft, die sich von der Erde bis zum obersten Teil ihrer Sphäre erstreckt, ein Gewicht besitzt, ist alles, was wir daraus gefolgert haben, ebenfalls wahr.

Aber welche Sicherheit man auch aus diesen Folgerungen gewinne, es scheint mir, es gebe niemanden, der nicht trotzdem diesen letzten Schluß durch das Experiment bekräftigt sehen möchte, weil er sowohl alle andern Schlüsse als auch seinen Ursprung miteinschließt; denn es ist sicher: wenn man einen Ballon, wie wir ihn uns vorgestellt haben, sich aufblähen sähe, je höher er steigt, dann gäbe es keinen Zweifel darüber, daß dieses Anschwellen daher rührte, daß die Luft des Ballons unten mehr zusammengedrückt wird als oben, weil es ja nichts anderes gibt, welches das Anschwellen verursachen könnte, sogar wenn man bedenkt, daß es auf den Bergen kälter ist als in den Tälern; und dieser Druck auf die Luft des Ballons kann keine andere Ursache als das Gewicht der Luftmasse haben: denn man hat sie so genommen, wie sie unten war, ohne sie zusammenzupressen, da der Ballon ja schlaff und nur halb gefüllt war; demnach würde dies absolut beweisen, daß die Luft ein Gewicht hat, daß die Luftmasse ein Gewicht hat, daß sie mit ihrem Gewicht auf alle Körper drückt, die sie umschließt; daß sie auf tiefer gelegene Orte mehr drückt als auf höher gelegene; daß sie sich durch ihr Gewicht selber zusammenpreßt, daß die Luft unten stärker zusammengepreßt ist als oben. Und da in der Physik die Experimente mehr Überzeugungskraft haben als die Überlegungen, zweifle ich nicht daran, daß man diese durch jene bekräftigt sehen möchte.

Doch wenn man das Experiment durchführte, so hätte ich den Vorteil, daß im Fall, wo der Ballon auf den höchsten Bergen nicht praller wäre, dies meinen Schluß nicht zunichte machte, weil ich sagen könnte, daß die Berge noch nicht hoch genug seien, um einen spürbaren Unterschied hervorzurufen; wenn hingegen ein beträchtlicher Unterschied entstünde, wie etwa der achte oder neunte Teil des Volumens, so wäre das Experiment für mich völlig überzeugend, und es könnte kein Zweifel mehr bestehen an der Wahrheit dessen, was ich dargelegt habe.

Doch halten wir uns nicht länger auf; der Versuch ist gemacht und auf folgende Weise gelungen.

Experiment, das an zwei Orten, von denen der eine etwa 500 Klafter über dem andern liegt, gemacht wurde.

Wenn man einen halb mit Luft gefüllten, schlaffen und weichen Ballon nimmt und man ihn auf einen 500 Klafter hohen Berg bringt, so geschieht es, daß er sich selbst aufbläht, je höher man steigt, und wenn er oben ist, ist er ganz voll und aufgeblasen, wie wenn man von neuem Luft hineingeblasen hätte; beim Hinuntersteigen wird er wieder nach und nach schlaffer, so daß er unten wieder in seinem anfänglichen Zustand angelangt ist.

Dieses Experiment beweist mit überzeugender Kraft alles, was ich über die Luftmasse gesagt habe: daher mußte man es auch überzeugend durchführen, weil es die Basis dieser ganzen Abhandlung bildet.

Es bleibt noch hinzuzufügen, daß die Luftmasse je nach dem Wetter leichter oder schwerer ist, je nachdem sie mehr Dunst enthält oder von der Kälte zusammengepreßt wird.

Halten wir also fest: 1. daß die Luftmasse ein Gewicht hat; 2. daß sie ein begrenztes Gewicht hat; 3. daß ihre Schwere vom Wetter abhängt; 4. daß sie an gewissen Orten schwerer ist als an andern, etwa in den Tälern; 5. daß sie mit ihrem Gewicht auf alle Körper drückt, die sie umschließt, und dies umso mehr, je schwerer sie ist.

217
Schlußfolgerung aus den beiden vorangehenden Abhandlungen

Ich habe in der vorangehenden Abhandlung alle Erscheinungen angeführt, von denen man bis jetzt allgemein annahm, die Natur bringe sie hervor, um das Vakuum zu vermeiden. Ich habe darin gezeigt, daß es ganz falsch ist, sie einer solchen imaginären Ursache zuzuschreiben. Und ich habe mit absolut überzeugenden Argumenten und Experimenten im Gegenteil bewiesen, daß die Schwere der Luftmasse der wirkliche und einzige Grund dafür ist: so daß es jetzt sicher ist, daß die Natur keine Erscheinung hervorbringt, um das Vakuum zu vermeiden.

Es fällt nicht schwer, daraus zu beweisen, daß es der Natur vor dem Vakuum nicht schaudert; denn diese Redensweise ist nicht angemessen, da ja die Schöpfung, um die es sich hier handelt, unbelebt und keiner Gefühle fähig ist; man versteht unter dieser metaphorischen Redensweise nichts andres, als daß die Natur sich bemüht, das Vakuum zu vermeiden, wie wenn es ihr davor schauderte; so daß im Sinn derjenigen, die so sprechen, es das gleiche ist zu sagen, die Natur verabscheue das Vakuum oder die Natur mache große Anstrengungen, das Vakuum zu verhindern. Da ich also gezeigt habe, daß sie nichts tut, um das Vakuum zu vermeiden, folgt, daß sie es nicht verabscheut; denn, um im Bild zu bleiben, wie man von einem Menschen sagt, eine Sache sei ihm gleichgültig, wenn man in keiner seiner Handlungen je eine Regung des Begehrens oder der Abneigung bemerkt, so muß man auch von der Natur sagen, das Vakuum sei ihr äußerst gleichgültig, da man sie nie etwas tun sieht, um es zu suchen oder ihm zu entgehen (unter dem Wort «Vakuum» verstehe ich immer einen von allen wahrnehmbaren Körpern freien Raum). [...]

Und man hat es mit soviel Gewißheit geglaubt, daß die Philosophen daraus einen der höchsten Grundsätze ihrer Wissenschaft und die Basis ihrer «Abhandlungen über das Vakuum» gemacht haben. Man diktiert es täglich in allen Schulklassen und allerorten auf der Welt, und seit es schriftliche Zeugnisse gibt, sind sich alle Menschen einig in diesem Gedanken, ohne daß bis heute jemand widersprochen hätte.

Vielleicht wird folgendes Beispiel jenen die Augen öffnen, die nicht zu glauben wagen, eine Meinung sei zweifelhaft, wenn sie von jeher von allen Menschen angenommen worden ist; es waren doch einfache Handwerker imstande, die großen Männer, die man Philosophen nennt, von ihrem Irrtum zu überzeugen: denn Galilei erklärt in seinen Dialogen, er habe von den italienischen Brunnenmeistern gelernt, daß die Pumpen das Wasser nur bis zu einer gewissen Höhe bringen: darauf hat er es selber erprobt, und nach ihm andere in Italien, und seither wieder andere in Frankreich, mit Quecksilber, auf einfachere Weise, mit dem selben Ergebnis.

Bevor man davon Kenntnis hatte, gab es keinen Grund zu beweisen, daß es die Schwere der Luft ist, die das Wasser in den Pumpen in die Höhe bringt; da diese Schwere begrenzt ist, kann sie keine unendliche Wirkung erzeugen.

Aber alle diese Experimente genügten noch nicht, um zu zeigen, daß die Luft diese Wirkung hervorbringt; denn während sie uns von einem Irrtum befreiten, ließen sie uns in einem andern. Man erfuhr zwar aus diesen Experimenten, daß das Wasser nur bis zu einer gewissen Höhe steigt; aber man erfuhr nicht, daß es an tiefer gelegenen Orten höher stieg. Man dachte im Gegenteil, es steige immer bis zur selben Höhe, die an allen Orten der Welt die gleiche sei; und da man nicht an die Schwere der Luft dachte, stellte man sich vor, es gehöre zur Natur der Pumpe, das Wasser bis zu einer gewissen begrenzten Höhe und nicht weiter emporzubringen. So betrachtete sie auch Galilei als die natürliche Höhe der Pumpe, und er nannte sie *«la altessa limitatissima»*.

Wie hätte man sich auch vorstellen sollen, daß diese Höhe variabel sei, je nach Verschiedenheit des Ortes? Das war gewiß nicht wahrscheinlich; dieser letzte Irrtum indessen machte es unmöglich zu beweisen, daß die Schwere der Luft der Grund dieser Erscheinung ist; denn da sie am Fuß der Berge schwerer ist als auf ihrem Gipfel, ist es klar, daß die Wirkungen dort proportional auch größer sind.

Daher schloß ich, daß man diesen Beweis nur erbringen könne, wenn man das Experiment an zwei Orten durchführt, von denen der eine 400 bis 500 Klafter über dem andern liegt. Ich wählte dazu den Puy-de-Dôme in der Auvergne, aus dem Grund, den ich in einer kleinen Schrift angegeben habe, die ich im Jahre 1648 sogleich nach dem gelungenen Experiment drucken ließ.

Dieses Experiment macht klar, daß das Wasser in den Pumpen auf ganz verschiedene Höhen steigt, je nach Unterschied von Ort und Wetter, und daß die Höhe immer proportional zur Schwere der Luft ist, und es gab uns so die volle Erkenntnis dieser Erscheinungen; es setzte allen Zweifeln ein Ende; es zeigte, welches die wahre Ursache ist; es zeigte, daß es nicht der Abscheu vor dem Vakuum ist; und es verhalf schließlich zu der Klarheit, die man sich zu diesem Gegenstand wünschte.

Wenn es möglich ist, erkläre man nun anders als durch die Schwere der Luft, warum die Saugpumpen das Wasser auf dem Puy-de-Dôme um einen Viertel weniger hoch pumpen als in Dieppe; warum der gleiche Saugheber das Wasser in Dieppe höher bringt und ansaugt, nicht aber in Paris; warum zwei glatte, aneinandergefügte Körper auf einem Kirchturm leichter zu trennen sind als auf der Straße unten; warum ein auf allen Seiten verstopfter Blasebalg auf dem Dach eines Hauses leichter zu öffnen ist als im Hof; warum es schwieriger ist, den Kolben einer verstopften Spritze herauszuziehen, wenn die Luft mehr Dunst enthält; und schließlich, warum all diese Erscheinungen immer proportional zum Gewicht der Luft sind, wie die Wirkung zur Ursache.

Verabscheut die Natur das Vakuum mehr auf den Bergen als in den Tälern, wenn das Wetter feucht ist, mehr, als wenn es schön ist? Haßt sie es nicht gleicherweise auf einem Kirchturm, in einem Estrich und in den Höfen?

Alle Schüler des Aristoteles mögen alles, was es an Bedeutendem gibt in den Schriften ihres Meisters und seiner Kommentatoren, zusammenbringen, um diese Dinge mit dem Abscheu vor dem Vakuum zu erklären, wenn sie es können; oder aber sie sollen erkennen, daß die Experimente die wirklichen Meister sind, denen es in der Physik zu folgen gilt; daß der auf den Bergen durchgeführte Versuch den allgemein verbreiteten Glauben, die Natur verabscheue das Vakuum, umgestoßen und die bleibende Erkenntnis ermöglicht hat, daß die Natur vor dem Vakuum keinen Abscheu empfindet, daß sie nichts tut, um es zu vermeiden, sondern daß die Schwere der Luftmasse der wirkliche Grund für all die Erscheinungen ist, die man bis jetzt dieser imaginären Ursache zugeschrieben hatte.

zwei glatte, aneinandergefügte Körper auf einem Kirchturm leichter zu trennen sind als auf der Straße unten; warum ein auf allen Seiten verstopfter Blasebalg auf dem Dach eines Hauses leichter zu öffnen ist als im Hof; warum es schwieriger ist, den Kolben einer verstopften Spritze herauszuziehen, wenn die Luft mehr Dunst enthält; und schließlich, warum all diese Erscheinungen immer proportional zum Gewicht der Luft sind, wie die Wirkung zur Ursache.

Verabscheut die Natur das Vakuum mehr auf den Bergen als in den Tälern, wenn das Wetter feucht ist mehr, als wenn es schön ist? Haßt sie es nicht gleicherweise auf einem Kirchturm, in einem Estrich und in den Höfen?

Alle Schüler des Aristoteles mögen alles, was es an Bedeutendem gibt in den Schriften ihres Meisters und seiner Kommentatoren, zusammenbringen, um diese Dinge mittels im Abscheu vor dem Vakuum zu erklären, wenn sie es können; oder aber sie sollen erkennen, daß die Experimente die wirklichen Meister sind, denen es in der Physik zu folgen gilt, daß der auf den Bergen durchgeführte Versuch den allgemein verbreiteten Glauben, die Natur verabscheue das Vakuum, umgestoßen und die bleibende Erkenntnis ermöglicht hat, daß die Natur vor dem Vakuum keinen Abscheu empfindet, daß sie nichts tut, um es zu vermeiden, sondern daß die Schwere der Luftmasse der wirkliche Grund für all die Erscheinungen ist, die man bis jetzt dieser imaginären Ursache zugeschrieben hatte.

VON DER ROYAL SOCIETY BIS LAPLACE

EINLEITUNG

In den anderthalb Jahrhunderten von der Gründung der Royal Society bis zu Beginn des 19. Jahrhunderts vollzog sich der Kristallisationsprozeß der modernen Naturwissenschaft, die sich in diesem Zeitabschnitt zu dem entwickelte, was man gewöhnlich die Newtonsche Epoche nennt. Von der Mitte des 17. Jahrhunderts an fanden in London und Oxford regelmäßige Zusammenkünfte eines Kreises von Fachleuten und Amateuren statt, deren Diskussionen zu einem Wendepunkt in den Beziehungen zwischen Wissenschaft und Gesellschaft wurden. Im Jahre 1662 gab König Karl II. dieser Aktivität seine offizielle Sanktion durch eine Stiftungsurkunde, die diese Gruppe, die von da an The Royal Society of London genannt wurde, anerkannte und ihr moralische und materielle Unterstützung verlieh. In der zweiten Hälfte desselben Jahrhunderts entstanden noch weitere wissenschaftliche Akademien in Europa: In Italien wurde die erste Akademie in Florenz schon 1657, hauptsächlich von Schülern Galileis gegründet, jedoch mußte sie zehn Jahre später unter dem Druck der Kirche schließen, und die heutige Akademie in Rom entstand erst im 18. Jahrhundert. Dem Beispiel Englands folgten Frankreich, wo die Französische Akademie der Wissenschaften in Paris 1667 durch Ludwig XIV. begründet wurde, und Preußen 1700, mit dem Sitz der Akademie in Berlin; dann folgte Rußland, dessen Akademie 1724 in St. Petersburg eröffnet wurde. Königliche und staatliche Anerkennung der Wissenschaft als einer gemeinnützigen Aktivität gab der Forschung einen beträchtlichen Aufschwung und verlieh ihr ein großes Prestige, wobei zugleich ihrer Tätigkeit die nötige organisatorische Grundlage gegeben wurde. Die internationalen Beziehungen der Wissenschaft wurden insbesondere durch die regelmäßigen Publikationen gestärkt, die von den Akademien herausgegeben wurden.

Thomas Sprats *Geschichte der Royal Society*, ein Buch, das fünf Jahre nach der Stiftung der Körperschaft veröffentlicht wurde, ist insofern von besonderem Interesse, als es die neue Geistesrichtung und ihre Einstellung zum Experiment bekundet. Der erste Teil des Buches gibt eine kurze Übersicht über die frühe Wissenschaftsgeschichte; der zweite Teil beginnt mit der Wiedergabe des königlichen Freibriefs, der die Gesellschaft zu verschiedenen Tätigkeiten ermächtigte, die den Fortschritt der Wissenschaften fördern. Dieser Teil enthält auch Auszüge und Zusammenfassungen einiger Untersuchungen, die von Mitgliedern der Körperschaft ausgeführt wurden, darunter auch den bemerkenswerten Vorschlag von Robert Hooke, die Meteorologie als systematisches Forschungsgebiet zu begründen. Der dritte Teil besteht hauptsächlich in einer Apologie der experimentellen Forschungsarbeit, die im echten Sinne Bacons geschrieben ist. Das ganze Buch zeugt von dem tiefen Einfluß Bacons auf die wissenschaftliche Gründergeneration des 17. Jahrhunderts, wie er z. B. in der Erwiderung zu spüren ist, welche die Einwände entkräftet, die gegen die Unsicherheit experimenteller Ergebnisse erhoben wurden.

Eines der bedeutenden Mitglieder der Royal Society, die an ihrer Begründung beteiligt waren, war Robert Boyle, einer adligen irischen Familie entstammend, der seinen Aufsatz *Über die Sprungkraft der Luft* 1660 in Form eines Briefes an seinen Neffen veröffentlichte. Die Untersuchungen von Boyle und Hooke, zusammen mit den ihnen vorausgehenden von Torricelli und Pascal, trugen entscheidend zum Verständnis der physikalischen Eigenschaften der Luft bei. Boyle gibt zwei mögliche Erklärungen für die Elastizität der Luft, einmal die Elastizität der elementaren Luftpartikeln, und dann die Wirbelbewegung des Äthers, die diesen Partikeln ihr elastisches Vermögen verleiht. Von Descartes an bis ans Ende des 19. Jahrhunderts spielte der Äther eine Hauptrolle in der Erklärung der verschiedenartigsten physikalischen Erscheinungen. Im Laufe der Zeit jedoch wurden diese Erklärungen immer komplizierter, so daß diese Hypothese schließlich aufgegeben werden mußte. Boyle erwähnt in seinem Aufsatz auch den Gebrauch, den er von seiner 1658 konstruierten Luftpumpe macht, einige Jahre nach ihrer Erfindung durch Guericke in Magdeburg. Mit Hilfe der Luftpumpe entdeckte Boyle auch die reziproke Beziehung von Druck und Volumen eines Gases, ein Gesetz, das gewöhnlich nach ihm benannt wird.

In den Sitzungsberichten der Royal Society vom Jahre 1675 befindet sich eine kurze Mitteilung des dänischen Astronomen Ole Rømer, dessen Beobachtungen der Verfinsterungen von einem der Jupitermonde einen überzeugenden Beweis für die endliche Fortpflanzungsgeschwindigkeit des Lichts lieferten. Die Tatsache, daß wir von einem Ereignis erst in dem Moment Kenntnis erhalten, wo die es verkündende Strahlung auf unser Auge trifft, führte zu einer Revolution unseres Zeitbewußtseins, die ihren Höhepunkt erreichte, als Einstein die Relativität der Gleichzeitigkeit von Ereignissen verkündete. Der große holländische Wissenschaftler Christian Huygens (dessen Arbeiten über die Zentrifugalkraft, das Pendel und den elastischen Stoß den Boden für die Newtonsche Physik bereiteten) nahm in seiner wichtigen Abhandlung über das Licht auf Rømers Entdeckung Bezug. Huygens' Hypothese von der wellenförmigen Fortpflanzung des

Lichts beruhte zum Teil auf dem Modell der Zusammenstöße elastischer Partikeln, aus denen das Medium dieser Fortpflanzung bestehen sollte. Huygens' Auffassung war typisch für die mechanistische Einstellung seiner Generation. Obwohl die Fortpflanzung des Lichts, wie die des Schalls, im Grunde die eines bestimmten physikalischen Zustands und nicht die eines materiellen Dinges ist, kann man sie leicht mittels eines mechanischen Modells beschreiben, und Huygens betont die Notwendigkeit einer solchen mechanischen Auffassung auch für alle nichtmechanischen Vorgänge; sonst sei es seiner Meinung nach aussichtslos, zu einem richtigen Verständnis eines physikalischen Phänomens zu gelangen. Seine Hypothese der Elementarwellen war der erste effektive Schritt in der Entwicklung der Wellentheorie des Lichts, die zu Beginn des 19. Jahrhunderts so erfolgreich von Thomas Young und Augustin Fresnel ausgebaut wurde und einige Jahrzehnte danach in Maxwells elektromagnetischer Lichttheorie kulminierte. Newton lehnte die Huygenssche Hypothese ab, und seine überragende Autorität war lange Zeit ein ernstliches Hindernis für den Fortschritt der Wellenlehre.

Im Rahmen einer Anthologie ist es kaum möglich, Newtons Leistungen in angemessener Weise zu würdigen und seiner historischen Bedeutung auch nur annähernd gerecht zu werden. Auch heute noch, in der zweiten Hälfte des 20. Jahrhunderts, kann man ihn ohne Übertreibung als den größten mathematischen Physiker und einen der bedeutendsten Experimentalphysiker aller Zeiten bezeichnen. Newtons Persönlichkeit war eine äußerst komplexe, die viele widersprechende Tendenzen in sich vereinigte und in der irrationale und religiöse Motive einen beträchtlichen Raum einnahmen. Wissenschaftshistoriker haben, je nach dem Geist der Zeit, in der sie schrieben, diesen oder jenen Aspekt seines Wesens herausgehoben. Diese Anthologie enthält Passagen aus den beiden Hauptwerken Newtons: *Die mathematischen Prinzipien der Physik* (1687) und die *Optik* (1704). Seine kurze Einleitung zur ersten Auflage der *Principia* enthält eine schöne und klare Darstellung seiner Auffassung von der Aufgabe des Wissenschaftlers und der Art und Weise, wie er die Naturphänomene zu erklären hat. Newtons Buch exemplifiziert am besten und überzeugendsten seine Konzeption, daß die Mechanik mathematisch als ein konsistentes und einheitliches System dargestellt werden kann, das auf alle dynamischen Erscheinungen anwendbar ist. Newtons Erfolg war um so erstaunlicher, als er den ganzen mathematischen Teil seines Buches ausschließlich mittels der klassischen Methode der synthetischen Geometrie entwickelte, wie sie seit der hellenistischen Epoche in Gebrauch war, obwohl er doch selber die viel bequemere Infinitesimalrechnung erfunden hatte.

Auch im formalen Aufbau der *Principia* zeigt sich Newtons Bestreben, die Naturwissenschaft in eine mathematische Disziplin zu transformieren. In enger Anlehnung an die Geometrie beginnt er mit Definitionen physikalischer Größen, insbesondere der Begriffe von Raum, Zeit und Bewegung. Von da aus geht er zu den Axiomen über, wie seinen Bewegungsgesetzen, und zur Ableitung von Theoremen, die mathematisch bewiesen werden und eines aus dem anderen in wachsenden Graden von Kompliziertheit folgen. Die Gültigkeit der drei Bewegungsgesetze Newtons, des Rückgrats seiner Lehre von den Kräften, hängt von gewissen metaphysischen Annahmen über den absoluten Charakter von Raum und Zeit ab. In seinem berühmten Experiment des rotierenden Eimers versuchte er, die Existenz des absoluten Raumes experimentell nachzuweisen, jedoch auf die Fragen, die über den leeren Raum als einer möglichen Ursache physikalischer Wirkungen aufgeworfen wurden, konnte keine befriedigende Antwort gegeben werden, bis schließlich Ernst Machs kritische Ausführungen und Einsteins Theorie eine völlig neue Wendung herbeiführten. Newton selber zweifelte nicht an der absoluten Natur des Raumes, den er als das «Sensorium Gottes» betrachtete, als den Ort des Zusammentreffens der höchsten metaphysischen Gegebenheit und der physikalischen Vorgänge. Der überwältigende Erfolg seines Kraftbegriffs als Ursache aller meßbaren Beschleunigungen überzeugte ihn von der Richtigkeit seiner metaphysischen Annahmen und zerstreute alle Bedenken, die er in dieser Hinsicht gehegt haben mochte.

Newtons geniale Konzeption kulminierte in seiner mathematischen Theorie der universellen Gravitation. Hier bewies er die Identität der Kraft, welche die Ursache der Fallbeschleunigung an der Erdoberfläche ist, und jener Kraft, die den Mond in seiner Bahn um die Erde hält sowie die Umläufe der Planeten und Kometen in ihren Bahnen um die Sonne bestimmt; er konnte ferner nachweisen, daß in erster Annäherung die Ebbe- und Flutbewegung der Ozeane durch die Gravitationsanziehung des Mondes verursacht ist. Newtons dynamisches Gesetz ist eine logische Konsequenz der drei kinetischen Gesetze von Kepler, genau so wie Keplers Gesetze aus dem Newtonschen Gravitationsgesetz abgeleitet werden können – ein Umstand, an dem man so klar erkennen kann, daß Newton selber sich an die Regeln des wissenschaftlichen Denkens hielt, deren Befolgung er den andern Wissenschaftlern ans Herz gelegt hatte. In seiner Abhandlung *Über das System der Welt,* einem Appendix zum dritten Teil der *Principia,* antizipiert er die Idee eines künstlichen Erd-Satelliten (die 1957 verwirklicht wurde), indem er erklärte, daß ein Wurfgeschoß, wenn man ihm eine genügend große Anfangsgeschwindigkeit gibt, nicht auf die Erde zurückfallen, sondern eine sie umkreisende Bahn beschreiben wird.

Newton griff, ohne Descartes ausdrücklich zu erwähnen, seine Lehre von den Ätherwirbeln auf und bewies mittels hydrodynamischer Berechnungen, daß sie zu Resultaten führe, die mit der Erfahrung, d.h. mit dem dritten Keplerschen Gesetz, in Widerspruch stehen. Newton hütete sich, allzu weit gehende Schlüsse aus seiner mathematisch-physikalischen Methode zu ziehen. Er beschränkte sich auf die Behauptung, daß es ihm gelungen sei, viele wichtige Phänomene aus seinen mathematischen, auf mechanischen Prinzipien beruhenden Kraftgesetzen zu deduzieren, jedoch nimmt er nicht für sich in Anspruch, das «wahre» Wesen dieser Kräfte, vor allem das der Gravitation, entdeckt zu haben. Mit anderen Worten: er behauptete nicht, daß er die Natur dieser Kraft mit Hilfe eines mechanischen Modells erklären könne, so wie es Descartes und andere Mechanisten für sich beanspruchten. In seinem *Allgemeinen Scholium* am Schluß seines Buches steht der häufig zitierte Satz «hypotheses non fingo», jedoch dürfen wir nicht übersehen, daß der Terminus «Hypothese» kein eindeutiger ist.

Die Ätherhypothese in der Version von Descartes mußte natürlich verworfen werden, weil sie mit der Erfahrung nicht in Einklang steht. Jedoch in anderen Abschnitten der *Principia* und vor allem in den Fragen am Schluß seiner *Optik,* die er zwanzig Jahre später veröffentlicht hatte, finden sich Passagen, die deutlich zeigen, daß Newton während seines langen Lebens nie aufgehört hat, sich über die «wahre», d.h. mechanische Natur der Gravitationskraft Gedanken zu machen. Er versuchte sogar, sie durch die Ätherhypothese und auf Grund der speziellen Annahme zu erklären, daß Dichtegefälle dieses feinen Stoffes sowohl die Gravitation als auch die Beugungserscheinungen des Lichts erzeugen können. Er ging hierin noch weiter und gab seiner Vermutung Ausdruck, daß die Ätherhypothese die Erklärung anderer physikalischer und sogar physiologischer Erscheinungen, z.B. die Leitung der Sinnesempfindungen durch das Nervensystem, liefern könnte. Zusammenfassend läßt sich also sagen, daß in der Tat Newton, wie jeder andere Naturwissenschaftler, nicht davon abließ, Hypothesen aufzustellen, daß er jedoch davon Abstand nahm, sie als vollentwickelte Theorien zu publizieren, wenn er nicht imstande war, sie direkt oder indirekt durch Korrelation mit bekannten Tatsachen zu verifizieren oder durch die Entdeckung neuer, durch diese Theorien vorausgesagter Gegebenheiten.

In scharfem Kontrast zu Newtons dauernden Zweifeln und Überlegungen steht die Einleitung zur zweiten Auflage seiner *Principia,* die sein Schüler Roger Cotes verfaßte. Cotes' Interpretation der Lehren und Anschauungen Newtons ist typisch für das dogmatische Bild, das die Newtonsche Schule von den Ansichten ihres Begründers schuf, ähnlich dem Dogmatismus, den die Nachfolger von Karl Marx in seine Doktrin hinein interpretierten. Auch die positivistische Tendenz des 18. und 19. Jahrhunderts hatte ihren nicht geringen Anteil an der Verzerrung und Simplifizierung des Bildes von Newtons wissenschaftlicher Persönlichkeit. Die aus dem letzten Teil der *Principia* zitierten Passagen beweisen klar, daß Newton nicht davon überzeugt war, daß die wunderbare Regularität des Sonnensystems sich aus seinem Gravitationsgesetz allein erklären lasse, vielmehr schrieb er sie der Weisheit des Schöpfers zu. Siebzig Jahre danach versuchte Kant in seiner Kosmologie diese Regularität als das Produkt eines mechanischen Evolutionsprozesses zu deduzieren, der im Prinzip durch die Newtonschen Gesetze erklärt werden kann.

Newtons klassische Versuche mit dem Prisma sowie seine Erklärung des durch die Lichtbrechung verursachten Farbenspektrums und der optischen Erscheinungen an dünnen Schichten hoben alle früheren Theorien auf und ebneten den Weg für die Wellentheorie des Lichts im 19. Jahrhundert. Obwohl er an die korpuskulare Natur des Lichts glaubte, vermied er es sorgfältig, sich in dieser Beziehung festzulegen; seine glückliche Formulierung der «Anwandlungen leichter Reflexion und Transmission», die auf die Periodizität der optischen Erscheinungen anspielte, hatte den Weg zur Wellenauffassung des Lichts nicht völlig versperrt.

Obwohl Newton «auf den Schultern von Riesen stand», war er zweifellos der Vater der modernen Physik als einer Wissenschaft, die auf eine umfassende Erklärung physikalischer Phänomene und ihre Zusammenfassung in ein einheitliches Denksystem zielt. Fast die gesamte physikalische Forschung des 18. Jahrhunderts bestand in einer Ausarbeitung von Themen, die mit Newtons Werk, insbesondere seinen *Principia* zusammenhängen. Diese Arbeiten etablierten das, was wir heute mit dem Namen «klassische Mechanik» bezeichnen. Zu den wenigen kritischen Reaktionen auf Newtons metaphysische Annahmen gehören die Argumente, die sein großer Zeitgenosse und Rivale Leibniz gegen die Begriffe des absoluten Raumes und der absoluten Zeit vorbrachte und die er in seiner Korrespondenz mit Clarke, dem Verfechter der Newtonschen Thesen, formulierte. Die Entwicklung der modernen Physik hat Leibniz' Auffassung gerechtfertigt und die Einwände Clarkes, also im Grunde genommen Newtons Anschauung nicht akzeptiert.

Die Hauptleistung der Physiker des 18. Jahrhunderts bestand nicht in grundlegenden Neuerungen, sondern in beträchtlichen formalen Verbesserungen der Newtonschen Theorie. Es war dies vor allem die Aufstellung allgemeiner Prinzipien, von denen die klassische Mechanik einfacher, eleganter und fruchtbarer deduziert werden konnte, die Benutzung moderner mathematischer Methoden für diese Entwicklungen und die Erweiterung der Gesetze der Dynamik auf starre Körper, z.B. in bezug auf erzwungene

Bewegungen und Rotationsbewegungen. Die vektoriellen Größen der Kraft und der Bewegungsgröße (oder des Impulses), also die wesentlichen dynamischen Begriffe der *Principia,* wurden durch die skalaren Größen der Arbeit und der lebendigen Kraft (d.h. der kinetischen Energie) ergänzt, die mathematisch einfacher zu behandeln sind. In seiner Abhandlung über die Dynamik zeigte d'Alembert die Gegenstandslosigkeit der Auseinandersetzung zwischen Leibniz, der die «vis viva» als den fundamentalen Begriff ansah, und den Cartesianern, die der Bewegungsgröße den Vorrang gaben. Beide Ausdrücke sind ja nichts anderes als zwei einander ergänzende Aspekte einer und derselben dynamischen Konzeption. Vor allem sei hier auf die bedeutenden Untersuchungen von d'Alembert, Johann Bernoulli, Euler und Lagrange hingewiesen, in denen die Systematisierung der Newtonschen Mechanik erheblich weitergeführt wurde. Im 19. Jahrhundert kulminierte diese Entwicklung im Satz von der Erhaltung der Energie. Bernoulli und insbesondere d'Alembert unternahmen es, die Prinzipien der Dynamik auf die Gesetze der Statik zu reduzieren, die schon im vorhergehenden Jahrhundert entwickelt worden waren. Dabei benutzten sie den Satz von den virtuellen Geschwindigkeiten, d.h. den Geschwindigkeiten, die mit dem Gleichgewichtszustand eines Systems vereinbart werden können. Die in der Anthologie zitierten Passagen vermitteln nur einen oberflächlichen Begriff von diesen Gedankengängen, deren ausführliche Beschreibung uns hier zu weit führen würde.

Das umfassendste und fruchtbarste aller Prinzipien der Dynamik war das Prinzip der kleinsten Wirkung. In seiner einfachsten Form besagt es, daß unter allen möglichen Wegen, die ein Körper in einem gegebenen Zeitintervall zurücklegen kann, der tatsächlich zurückgelegte sich dadurch auszeichnet, daß für ihn eine bestimmte physikalische Größe, die Wirkung des Körpers, genau den kleinsten Wert annimmt. Die Wirkung ist das Produkt der Bewegungsgröße des Körpers und des von ihm während der vorgegebenen Zeit zurückgelegten Weges. In der endgültigen mathematischen Fassung, die ihm Hamilton im Jahre 1835 gab, ist dies Prinzip auch heute, im Zeitalter der Relativitätstheorie und der Quantenmechanik, von höchster Wichtigkeit. Auch in der Ideengeschichte ist das Prinzip der kleinsten Wirkung von besonderem Interesse, denn seine Anfänge sind mit der teleologischen Konzeption verknüpft, einem der Fundamente der aristotelischen Naturphilosophie. Schon im 17. Jahrhundert hatte Fermat das Gesetz der Lichtbrechung aus dem Prinzip der kürzesten Zeit abgeleitet, das er auf seinen Glauben an ein Prinzip des Minimums an Aufwand basierte, das alle Naturprozesse charakterisiere. Im Jahre 1712 hat dann Leibniz die Ansicht geäußert, daß in der Naturforschung die Suche nach mechanischen

Ursachen, von Aristoteles «aktive» oder «bewegende» Ursachen genannt, nicht genüge; man müsse weitergehen und bis zu den Zweckursachen vordringen, den wahren Manifestationen der Weisheit Gottes. Leibniz' Ideen wurden von dem französischen Gelehrten Maupertuis ausgearbeitet, der behauptete, er habe in der Tat diese finale Ursache in seinem Prinzip der kleinsten Wirkung formuliert: Anstatt die physikalischen Vorgänge von dem gegenwärtigen Zustand des Körpers (den «Anfangsbedingungen») und den auf ihn wirkenden Kräften abzuleiten, deduziert dies Prinzip sie aus dem Vergleich aller möglichen Wege, die seinen Zustand im gegenwärtigen Moment mit dem in einem zukünftigen verbinden; die Tatsache, daß der aktuelle Weg sich durch seine besondere Einfachheit auszeichnet, sollte einen Hinweis auf die Vorbedacht des Schöpfers bedeuten. Obwohl die Physiker diese teleologische Interpretation nicht akzeptierten, so hat doch das Prinzip der kleinsten Wirkung wegen seiner Anwendbarkeit und Fruchtbarkeit auf allen Gebieten der Physik seine hervorragende Stellung behauptet.

Abgesehen von den Prinzipien der Dynamik wuchs noch ein anderes Kapitel der Wissenschaft im 18. Jahrhundert zu höchster Bedeutung heran, die Wahrscheinlichkeitsrechnung. Die Anfänge der mathematischen Wahrscheinlichkeit gehen ins 17. Jahrhundert zurück, als sie auf Glücksspiele angewandt wurde und als man statistische Daten zu sammeln begann, die sich auf Massenerscheinungen wie Sterblichkeit beziehen. Jakob Bernoulli in seinem Buch *Ars conjectandi* gab diesem Aspekt der Wahrscheinlichkeit eine analytische Formulierung, die unter dem Namen «Gesetz der großen Zahlen» berühmt wurde. Daniel Bernoulli, ein anderes Mitglied der Familie, wandte als erster statistische Überlegungen auf ein rein physikalisches Problem an. Er bewies, daß man den Druck eines Gases in einem geschlossenen Gefäß durch die Annahme erklären kann, daß die große Zahl der Gaspartikeln sich mit Geschwindigkeiten bewegen, die auf alle Richtungen verteilt sind, und daß der Gasdruck gleich der Summe der Stoßkräfte ist, die die Partikeln auf die Gefäßwände ausüben.

Gegen Ende des 18. Jahrhunderts und um die Wende zum 19. entwickelte Laplace die erste wissenschaftliche, auf logischen Überlegungen fußende Wahrscheinlichkeitstheorie. In einer durch Klarheit und Stil ausgezeichneten Schrift behandelt er auch den philosophischen Aspekt der Wahrscheinlichkeit, wobei er mit seinem deterministischen Credo beginnt, das repräsentativ für die ganze Newtonsche Epoche ist. Die mathematische Astronomie – zu der Laplace selber mit seiner Störungsrechnung soviel beigetragen hat – sei ein schlagendes Beispiel für die Wahrheit der fundamentalen Annahmen des Determinismus. Diese behaupten, daß auf Grund der Kenntnis der Positionen und Geschwindigkeiten aller Körper des Universums zu einem gegebenen Moment und der Kräfte, die auf sie wirken, im Prinzip der Zustand des Universums zu jeder anderen Zeit determiniert ist. Ein Wesen von umfassendem Verstande, der «Laplacesche Intellekt», das im Besitz all dieser Daten ist, wäre imstande, alle zukünftigen und vergangenen Ereignisse genau zu beschreiben, denn die Gegenwart ist mit Vergangenheit und Zukunft durch den notwendigen Kausalzusammenhang verbunden. Lediglich der Umstand, daß uns nicht alle relevanten Daten bekannt sind, verwehrt uns nach Ansicht der Deterministen, alle Details dieser notwendigen Verkettung der Geschehnisse zu erfassen. In der Wahrscheinlichkeitstheorie sah Laplace einen praktischen Ersatz für das Kausalgesetz, denn sie ermöglicht uns, wenigstens eine statistische Kenntnis von wiederholbaren Ereignissen oder Massenphänomenen zu erlangen. Diese Konzeption hielt sich bis zur Konsolidierung der Quantenmechanik, welche die Wahrscheinlichkeit als einen primären Begriff betrachtet und somit die klassische Kausalität aufgehoben hat.

Noch ein wichtiges Kapitel der physikalischen Wissenschaften begann im 18. Jahrhundert, die moderne Kosmologie, die sich zunächst mit der Aufstellung von Hypothesen über den Ursprung und die Entwicklung des Sonnensystems begnügte. Jedoch im 20. Jahrhundert erhielt das ganze Gebiet einen ungeahnten Aufschwung, vor allem durch die Fortschritte der Astrophysik, die eine ernsthafte Diskussion der Kosmologie der Welt als eines Ganzen ermöglichte. Der Vater der modernen Kosmologie ist Immanuel Kant, dessen *Naturgeschichte und Theorie des Himmels* im Jahre 1755 erschien. Kants gesamte Konzeption ist von bewunderungswerter Klarheit. Den modernsten Entwicklungen vorausgreifend nimmt er an, daß die Welt von unzähligen Galaxien angefüllt ist, die ähnlich wie unsere Milchstraße aus zahllosen Fixsternen bestehen und die verschiedenen Stadien einer Evolution durchlaufen, deren Dauer er auf Hunderte von Jahrmillionen schätzt. Eingehender beschäftigt sich Kant mit der Entwicklung des Sonnensystems aus einem chaotischen Anfangszustand, wobei er sich lediglich auf die Gesetze der Mechanik und vor allem das Newtonsche Gravitationsgesetz stützt. Er nimmt an, daß dieser Urzustand in einer Ansammlung von Staubteilchen bestand, die den Raum ausfüllen, der durch die Bahn des Saturn (der bis 1781 als entferntester Planet angesehen wurde) begrenzt ist. Setzt man Dichtefluktuationen voraus, die von den Verschiedenheiten in den Gewichten der Elemente abhängen, so kann die Entstehung der Sonne, und nachher der Planeten, in Regionen höherer Dichte erklärt werden, deren Mechanismus im Einzelnen durch die graduelle Ansammlung der Partikeln als Folge der Gravitationsanziehung beschrieben wird. Kants Erklärung leidet an verschiedenen Verstößen gegen akzeptierte mechanische Gesetze und die Empirie. Sie führt zu einer Achsendrehung der Planeten, die ihrem Umdrehungssinn um die Sonne entgegengesetzt ist, im Widerspruch zur Erfahrung. Er nimmt auch an, daß, im Gegensatz zum Gesetz von der Erhaltung des Drehimpulses, alle Staubpartikeln sich schließlich so anordnen, daß sie sich in einem einzigen Drehungssinn um die Sonne zu bewegen beginnen. Man könnte aber demgegenüber einwenden, daß die Existenz vieler solcher Sonnensysteme in der Milchstraße, deren Drehungen sich gleichmäßig auf verschiedene Richtungen verteilen, die Gültigkeit jenes Erhaltungsgesetzes für die Welt als Ganzes gewährleistet. Kants Kosmologie ist ein bedeutendes Werk von großem historischem Interesse. Er verteidigt seine mechanistische Erklärung der kosmischen Evolution gegen den möglichen Vorwurf des Atheismus damit, daß seine Theorie den Glauben an einen Gott bestärke, der die Materie mit all den Eigenschaften begabt hat, die es ihr ermöglichen, sich von selbst aus einem chaotischen Anfangszustand in ein geordnetes System zu entwickeln.

Laplace, der Kants Buch nicht kannte, vermied in seiner Kosmologie die Fehler des großen Philosophen, indem er vom Urzustand des Sonnensystems als dem einer langsam rotierenden dünnen Gasmasse ausging. Die darauffolgende Kontraktion dieser kugelförmigen Masse und ihre dadurch wachsende Drehgeschwindigkeit führt nach seiner Hypothese im Zusammenspiel von Gravitations- und Zentrifugalkräften zur Formation von Ringen (ähnlich den Saturnringen), nach deren Auflösung es dann zur Planetenbildung kommt. Variationen dieser Theorie dienten als Modell für weitere Hypothesen.

Eulers bedeutendster Beitrag zur Physik war, wie der von Lagrange, die Ableitung der Differentialgleichungen der Mechanik, die später als Konsequenz des Hamiltonschen Prinzips dargestellt werden konnten. Euler war auch ein großer Popularisator der Wissenschaft, wie seine *Briefe an eine deutsche Prinzessin* so schön beweisen. In seiner Erklärung der Natur des Lichts macht er von den bekannten Analogien zwischen der Fortpflanzung des Schalls in der Luft und des Lichts im Äther Gebrauch, die etwas zu simplistisch sind. Zu Eulers Zeiten florierten alle möglichen Hypothesen über «feine Fluida» oder «imponderable Flüssigkeiten», wie z.B. die vom elektrischen Fluidum, das den zentralen Begriff in den ersten Theorien der Elektrizität von Franklin und mehreren französischen und englischen Forschern bildete. Einige dieser Hypothesen figurieren in Eulers Erklärung des Zusammenhanges zwischen Elektrizität und Ätherdichte.

Die Zitate aus der wissenschaftlichen Literatur des 18. Jahrhunderts schließen auch eine Passage aus dem Buch des kroatischen Jesuiten Roger

Bošković ein, das im Jahre 1763 erschien. Boškovićs Anschauungen vom Wesen der Materie wichen von den seit Gassendi üblichen in wesentlichen Punkten ab. Er glaubte nicht an materielle Partikeln von endlicher Ausdehnung, vielmehr betrachtete er die Atome als punktförmige Kraftzentren im Raumkontinuum, als nichtmaterielle Ausgangspunkte von Anziehungs- und Abstoßungskräften, deren Intensität mit der Entfernung wechselt. Boškovićs Ideen repräsentieren eine Kontinuumstheorie der Materie, deren Atome Singularitäten sind, welche die Quelle alles physikalischen Geschehens im Kontinuum bilden. Die große historische Bedeutung dieser Theorie liegt in ihrem Einfluß auf Faraday, den Begründer der Lehre vom physikalischen Feld im 19. Jahrhundert.

THOMAS SPRAT

Die Gründung der Royal Society

218
Charles der Zweite, von Gottes Gnaden König von England, Schottland, Frankreich und Irland, Verteidiger des Glaubens, usw., richtet allen Empfängern des Vorliegenden seinen Gruß aus. Nachdem Wir Uns schon seit langem für Uns entschlossen haben, das Wohlergehen sowohl der Künste und Wissenschaften als auch Unserer Territorien und Kolonien zu fördern, und zwar aus Unserer fürstlichen Liebe zu allen Wissensarten und insbesondere zu naturwissenschaftlichen Studien, vor allem denjenigen, die danach streben, durch materielle Experimente die Naturwissenschaft entweder zu reformieren oder zu verbessern; damit also solche Studien, die noch nirgends genügend gepflegt werden, in Unseren Herrschaftsgebieten gedeihen und damit die Welt der Gelehrten Uns nicht nur als Verteidiger des Glaubens, sondern auch als Patron und Förderer nützlichen Wissens aller Arten anerkennt: Wißt, daß Wir durch Unsere besondere Gnade, sicheres Wissen und einfache Anweisung verfügt und gewährt haben und für Uns, Unsere Erben und Nachfolger hiermit verfügen und gewähren, daß es für immer eine Society geben soll, bestehend aus einem Präsidenten, einem Rat und Mitgliedern, die der Präsident, der Rat und die Mitglieder der Royal Society von London heißen sollen, mit dem Zweck, die Kenntnis der Natur zu fördern. Von dieser Society erklären wir Uns hiermit zum Gründer und Schutzherrn, und errichten dieselbe als juristische Person, die unter demselben Namen auf ewig fortbestehen soll; [...]

Ferner wird der genannten Society die Freiheit gewährt, gesetzmäßig zusammenzukommen, um natürliche Dinge zu erforschen und zu entdecken, und andere Geschäfte im Zusammenhang mit der Society abzuwickeln, wann immer und so oft es erforderlich sein wird, in jedem College, Studienhaus oder anderem passenden Ort in London oder im Umkreis von zehn Meilen davon. [...]

Überdies wird dem Präsidenten und dem Rat im Namen von der Society gewährt, daß sie in jedwedem College, Studienhaus oder sonstigem passenden Ort in London oder innerhalb von zehn Meilen davon zusammentreffen dürfen (unter der Voraussetzung, daß alle Mitglieder des Rates stets ordnungs- und gesetzmäßig zu außerordentlichen Zusammenkünften berufen werden), und daß sie, einmal zusammengetroffen, volle Macht und Autorität besitzen, von Zeit zu Zeit solche Gesetze, Statuten, Anweisungen und Beschlüsse aufzustellen und festzusetzen, die ihnen gemäß ihren Beurteilungen und Belieben gut, nützlich, ehrlich und notwendig für die Leitung, Regulierung und Führung der Royal Society und all ihrer Mitglieder scheint: Und alles zu tun, was Leitung, Vermögen, Besitz, Ländereien, Erträge, wie auch die Geschäfte und Angelegenheiten der Society anbetrifft: Alle diese so aufgestellten Gesetze, Statuten, Anweisungen usw., so wünscht und befiehlt Seine Majestät, sollen gemäß ihrem Inhalt und Sinne stets unfehlbar innegehalten werden: Vorausgesetzt, daß sie vernünftig und nicht den Gesetzen, Bräuchen usw. seines Königreichs von England zuwider oder mit denselben unvereinbar sind. [...]

Und zum größeren Vorteil und Erfolg der Mitglieder in ihren naturwissenschaftlichen Studien und Bestreben wird ihnen volle Macht und Autorität gewährt, von Zeit zu Zeit die Leichen von hingerichteten Personen anzufordern, zu nehmen und zu erhalten, und dieselben zu jeglichem Zweck zu zergliedern, und zwar auf so ausführliche Art und Weise, wie das Ärztekollegium und die Chirurgengesellschaft von London (wie immer die besagten zwei Körperschaften auch heißen oder heißen mögen) solche Leichen erhalten und benutzt haben, oder besitzen und benutzen mögen.

Und zur Verbesserung der Experimente, Künste und Wissenschaften, mit denen sich die Mitglieder befassen mögen, wird ihnen volle Macht und Autorität gewährt, von Zeit zu Zeit durch Briefe, welche vom Präsidenten in Anwesenheit des Rates unterzeichnet worden, Korrespondenz und Auskünfte mit irgendwelchen Fremden, ob privaten Personen oder akademischen Gesellschaften oder Körperschaften, ohne jegliche Unterbrechung oder Belästigung auszutauschen: unter der Voraussetzung, daß diese Vergünstigung oder Bewilligung zu keinem anderen Zwecke gewährt wird als zum Nutzen und Interesse der Society in naturwissenschaftlichen, mathematischen und mechanischen Angelegenheiten.

Dem Rate wird auch im Namen der Mitglieder volle Macht und Autorität gewährt, innerhalb von London oder zehn Meilen davon, eines oder mehr Colleges beliebiger Art oder Beschaffenheit bauen zu lassen, wo Präsident, Rat und Mitglieder im Zusammenhang mit irgendwelchen Angelegenheiten und Geschäften der Society wohnen, sich versammeln oder zusammentreffen können. [...]

219

Beantwortung eines Einwandes betreffend die Unsicherheit von Experimenten

Indem ich jetzt von ihren Experimenten und Beobachtungen weitergehe, in welchen ihre eigentliche und hauptsächliche Arbeit bestanden hat, erhebt sich ein Einwand, der umsomehr zu berücksichtigen ist, als er aus den Experimenten selber hervorgeht. Denn sie beklagen sich alle, daß beim Ausführen vieler Experimente eine große Heikelkeit und Zufälligkeit besteht, daß ihr Ausgang sehr oft verschieden und veränderlich ist, in den Händen nicht nur verschiedener sondern auch derselben Experimentatoren. Darauf gründen sie ihre Befürchtungen, daß sich diese wiederholten Versuche, von denen wir so viel reden, als nicht so sehr vorteilhaft erweisen werden, obzwar sie alle mit gleicher Vorsicht beobachten und ihre Entdeckungen mit gleicher Genauigkeit aufzeichnen: weil es möglich ist, daß die Versuche zukünftiger Zeitalter mit denjenigen der Gegenwart nicht übereinstimmen, sondern sie häufig durchkreuzen und ihnen widersprechen werden.

Der Einwand ist gewichtig und wesentlich; und ich bin so weit davon entfernt, seine Bedeutung zu unterschätzen, daß ich eher dazu neige, zu ihm noch beizutragen. Ich gebe zu, viele Experimente sind der Gefahr des Mißlingens ausgesetzt, entweder wegen gewisser Umstände, die vor Vollendung der Arbeit kaum erkennbar sind, oder infolge der Verschiedenheit der Materialien, wovon einige echt, einige verfälscht, einige einfach, einige kompliziert, einige neu sein mögen, einige ihre besonderen Eigenschaften verloren haben. Und dies ist vor allem bei chemischen Operationen zu beobachten, bei denen, wenn die Lösungsmittel schlecht vorbereitet sind, wenn der Spiritus zu sehr oder zu wenig gereinigt wurde, wenn in der Intensität des Feuers oder in der Quantität der Materie die geringste Veränderung eintritt, oder die Experimentierer nachlässig sind, das ganze Verfahren umgeworfen oder von seinem ursprünglichen Zweck abgelenkt wird.

Was ist aber daraus zu schließen? Soll diese Unstetigkeit und Zufälligkeit der Versuche uns davon abhalten, uns überhaupt mit ihnen zu befassen? Oder soll sie uns nicht eher den Ansporn geben, ihre Abwicklung mit größerer Neugier und Aufmerksamkeit zu überwachen? Es muß zugegeben werden, daß solche Unternehmungen in erstaunlichem Maße dem Zufall ausgesetzt und schwierig sind; warum sonst bestrebt sich die Royal Society, sie durch so viele Warnungen, Regeln und eine derartig strenge Methode vor der Entartung zu bewahren? Es wird zugestanden, daß ihr Ergebnis oft ungewiß ist und unseren Erwartungen nicht entspricht. Diese Tatsache sollte uns jedoch nur an die unerläßliche Notwendigkeit einer peinlichen und genauen Untersuchung mahnen. Wenn die Ungewißheit einer stetigen Unregelmäßigkeit der Natur zuzuschreiben wäre, hätten wir Grund zur Verzweiflung: da sie aber hauptsächlich aus einem Mangel oder einer Veränderung in unserm Verfahren entsteht, sollten wir daraus lernen, zuerst unsere eigenen Fehler zu korrigieren, bevor wir die Hoffnung auf Erfolg aufgeben.

Die Experimente sollen also häufig wiederholt werden. Gebraucht man dieselben Arten und Proportionen von Bestandteilen und achtet man genau auf die Gleichheit der Verhältnisse, so wird das Ergebnis ohne jeglichen Zweifel auch gleich sein. Wenn eine kleine Abweichung in irgendeinem dieser Faktoren zu einer Veränderung führt, wird der kluge und erfahrene Experimentator die Ursache bald erkennen und sie bei der nächsten Wiederholung rektifizieren können. Sollte es infolge der Verschiedenheit des Zeitpunktes, des Ortes, der Materie oder der Instrumente nicht möglich sein, daß das Produkt in allen Hinsichten genau gleich ist, so mag sich dennoch etwas anderes daraus ergeben, was möglicherweise ebenso nützlich sein könnte. Wenn wir das Hauptziel unserer Bemühungen nicht immer erreichen können, wird sich etwas von sekundärem Interesse ergeben, was wir nicht gesucht haben. Wenn wir nichts von praktischem Nutzen zustande bringen können, so mag vielleicht etwas Belehrendes entstehen.

Noch sonderbarer ist es, daß wir viele Leute von der Notwendigkeit der von Lord Bacon aufgestellten Unterscheidung nicht überzeugen können, wonach auch solche Experimente durchgeführt werden sollten, die nicht bloß materiellen Nutzen erbringen, sondern zur Aufklärung dienen. Gewöhnlich fragen sie, welch greifbarer Vorteil sich daraus ergeben werde, wobei man es bestimmt als lobenswert bezeichnen muß, daß sie das Vorteilhafte so streng fordern. Es wäre auch wünschenswert, daß sie nicht nur in bezug auf Experimente, sondern auch im eigenen Leben und Handeln denselben Eifer zeigen würden, daß sie sich in all ihren Tätigkeiten immer fragen würden, welch greifbarer Vorteil sich daraus ergeben werde. Sie sollen aber wissen, daß in einer so weitläufigen und verschiedenartigen Kunst, wie der der Experimente, viele Grade der Nützlichkeit bestehen: einige Versuche mögen einen wirklichen, auf der Hand liegenden Vorteil erbringen, ohne viel Freude; einige belehren, ohne offenbaren Nutzen; einige dienen jetzt schon zur Aufklärung, erst später werden sie nützlich; einige befriedigen bloß unseren Schönheitssinn und unsere Neugier. Wenn sie darauf bestehen, alle Experimente zu verweisen, außer solchen, die einen unmittelbaren Gewinn und eine sofortige Ernte mit sich bringen, dann können sie ebenso gut an Gottes Vorsehung kritteln, daß er nicht alle Jahreszeiten für Mahd, Ernte und Weinlese bestimmt hat.

ROBERT HOOKE

220

Eine Methode zur Aufzeichnung des Wetterverlaufes

Um den Verlauf des Wetters besser aufzuzeichnen, erachte ich es als notwendig, folgendes zu beobachten.

1. Die Stärke und Richtung der Winde, wobei Änderungen unverzüglich aufzuzeichnen sind. Dies alles wird zweckdienlich ermöglicht durch die Anbringung eines kleinen Apparates an eine gewöhnliche Wetteruhr.

2. Die Grade der Wärme und Kälte in der Luft, die man am besten mit einem verschlossenen Thermometer mißt. Dieses soll so mit Gradeinteilung versehen werden, daß die Ausdehnungsgrade in einem bestimmten Verhält-

Hookes meteorologische Registrierapparate

nis zur gesamten Menge Flüssigkeit stehen, wobei der erste Grad das Niveau der Flüssigkeit markieren sollte, wenn das Thermometer in Wasser eingetaucht ist, das im Begriff ist, zu frieren. Die Ausdehnungsgrade, ob höher oder niedriger, werden darüber oder darunter markiert.

3. Die Trockenheit oder Feuchtigkeit der Luft, die man am einfachsten mit einem Feuchtigkeitsmesser beobachtet. Dieser wird aus einer einzigen, ganz reifen Hafergranne angefertigt, aufrecht gehalten und mit einem Zeiger versehen, nach der von Emmanuel Maignan beschriebenen Methode; wobei die Umrechnungen und Grade am Rande eines Kreises markiert werden, in dessen Mitte sich der Zeiger umdreht. Hier sollte als Ausgangspunkt derjenige Umdrehungsgrad dienen, gegen den der Zeiger gerichtet ist, wenn die Granne bei völliger Durchnässung ganz entfaltet ist und gerade steht. Angesichts aber der Kleinheit dieses Teils des Hafers kann man an seiner Stelle den Kolben einer wilden Wicke verwenden. Dieser macht einen viel größeren Zeiger aus und ist ebenso empfindlich für Luftveränderungen.

4. Der Luftdruck, welcher auf mehrere Weisen beobachtet werden kann, am besten aber mit einem Quecksilberinstrument. Dieses soll so angefertigt sein, daß es die kleinsten Schwankungen des Luftdrucks mittels Wassers oder eines Zeigers deutlich angibt.

5. Die Zusammensetzung und Erscheinung des Himmels, die am geeignetsten mit dem menschlichen Auge studiert werden. Hier sollte man beobachten, ob der Himmel klar oder bewölkt ist, und wenn bewölkt, in welcher Weise: ob mit hohen Ausdünstungen oder großen, weißen Wolken, oder dunkeln, dichten; ob durch dieselben Wolken Nebel oder Graupelregen oder Regen oder Schnee, usw. erzeugt wird; ob die Unterseite der Wolken flach oder wellig und unregelmäßig ist, wie ich sie oft vor einem Gewitter gesehen habe; in welcher Richtung sie treiben, ob alle in der gleichen oder einige in einer anderen; und ob irgendwelche dieselbe Richtung haben, wie der Wind hier unten. Ferner sollte die Farbe und Erscheinung des Himmels beim Auf- und Untergang der Sonne und des Mondes beachtet werden, sowie eventuelle Höfe oder Kreise um dieselben, ihre Größe, Form und Anzahl.

6. Wie andere Körper beeinflußt werden, zum Beispiel welche Schmerzen und Gebrechen im menschlichen Körper auftreten: was für Krankheiten, wie beispielsweise Erkältungen, Fieber, usw. am weitesten verbreitet sind. Welche Fäulnisse oder andere Veränderungen in anderen Körpern verursacht werden, wie das Schwitzen des Marmors, die blaue Flamme einer Kerze, das Verwelken von Bäumen und Getreide; ungewöhnliches Sprossen oder Verfaulen von Pflanzen oder Gemüse; abnorme Fäulnis in Körpern; Fülle oder Mangel an Insekten, Früchten, Getreiden, Blumen, Wurzeln,

Vieh, Fischen, Vögeln oder sonstigen wichtigen Naturerscheinungen. Was für Annehmlichkeiten oder Lästigkeiten im Laufe des Jahres auftreten, zum Beispiel Überschwemmungen, Dürren, heftige Regenschauer, usw. In welchen Nächten Tau, Reif und dergleichen vorkommen.

7. Wie oft es donnert und blitzt, und mit welchen Folgen, zum Beispiel das Sauerwerden von Bier oder Milch, das Absterben von Seidenraupen usw.

8. Ungewöhnliche Erscheinungen im Zusammenhang mit den Gezeiten, wie Doppelfluten zu früh oder zu spät, größere oder kleinere Fluten als üblich; Entstehen oder Aufhören von Springfluten; Kometen oder ungewohnte Phänomene, neue Sterne, Irrlichter oder leuchtende Ausdünstungen oder dergleichen.

Möglichst viele von all diesen Erscheinungen sollten von jemandem fleißig beobachtet und aufgezeichnet werden, der immer in der Nähe desselben Ortes und mit diesem vertraut ist.

Damit nun diese und gewisse andere Dinge, die noch zu erwähnen sind, so aufgezeichnet werden, daß Vergleiche leicht gemacht und Grundsätze festgestellt werden können, aus denen man die Ursachen oder Gesetze des Wetters herausfinden könnte, sollten sie so geordnet werden, daß man einen Gesamtüberblick über den ganzen Monat hat; was am besten auf einem Folioblatt gemacht wird, mit fünfzehn Tagen auf der einen Seite und fünfzehn auf der anderen. Jede dieser Seiten soll man in neun Spalten aufteilen, welche mit senkrechten Linien abgegrenzt werden; die ersten sechs Spalten sollen je einen halben Zoll breit sein, während die anderen drei den Rest der Seite gleich teilen.

Jede Spalte soll eine Überschrift haben, die ihren Inhalt beschreibt. Zum Beispiel: die erste Spalte links kann die Tage des Monats angeben oder die Position der Sonne und jene Stunden an jedem Tag, an denen etwas Bemerkenswertes geschieht; die zweite die Position, Breite, Entfernung, die Stadien und Phasen des Mondes; die dritte die Richtungen und Stärken der Winde; die vierte die Temperaturen; die fünfte Trockenheit und Feuchtigkeit; die sechste den Luftdruck; die siebente die Erscheinungen des Himmels; die achte die Auswirkungen des Wetters auf andere Körper, Donner, Blitz oder irgendetwas Außerordentliches; die neunte die allgemeinen Schlußfolgerungen, die sich aus einem Vergleich der verschiedenen Phänomene ergeben. [...]

Es wäre wünschenswert, daß verschiedene Leute in mehreren Teilen der Welt, besonders aber in abgelegenen Gebieten dieses Königreiches, diese Arbeit übernehmen und sich auf eine gemeinsame Methode, wie vielleicht die oben beschriebene, einigen würden, wobei möglichst dasselbe Verfahren und dieselben Ausdrücke verwendet werden sollten. Die Vorteile eines solchen Vorgehens kann man sich ohne weiteres vorstellen.

Wie die auf diese Weise gesammelten Beobachtungen gebraucht und verwertet werden, kann man am günstigsten überlegen, wenn die entsprechende Apparatur verfügbar ist. Denn der Handwerker kann seine Werkzeuge für die Arbeit am besten dann probieren und vorbereiten, wenn er die Materialien sieht, mit denen er arbeiten muß.

ROBERT BOYLE

221
Die Sprungkraft der Luft

Damit die mit unserer Maschine durchführbaren Experimente leichter verstanden werden, erachte ich es als weder überflüssig noch unvernünftig bei der Darlegung dieses ersten Versuchs, jene Idee einzuführen, die voraussichtlich die meisten, wenn nicht alle, erklären wird. Euer Gnaden werden ohne weiteres annehmen, daß diese Idee eben die ist, daß in der Luft, in der wir leben, eine Sprungkraft oder Elastizität vorhanden ist. Mit dieser ἐλατήϱ oder Sprungkraft der Luft meine ich ja folgendes: daß unsere Luft entweder aus derartigen Teilen besteht oder wenigstens von solchen wimmelt, die beim Drücken oder Komprimieren des aufliegenden Teils der Atmosphäre oder durch irgendeinen anderen Körper sich nach Möglichkeit bestreben, sich von diesem Druck zu befreien, indem sie sich gegen die anstoßenden Körper drängen, die sie gedrückt halten, und, sobald diese Körper entfernt oder vermindert werden, den genannten Teilen Platz gemacht wird, indem sie sich alsbald entspannen und sich dehnen, entweder völlig oder so weit es die ihnen widerstehenden anstoßenden Körper erlauben, und dadurch den ganzen Luftraum erweitern, der aus diesen elastischen Körpern besteht.

Diese Idee kann vielleicht weiter erklärt werden, wenn man sich die Luft in der Nähe der Erde als einen Haufen solcher kleiner aufeinanderliegender Körper, einem Vlies ähnlich, vorstellt. Denn dieses (wir lassen andere Ähnlichkeiten aus) besteht aus vielen dünnen und biegsamen Haaren, von denen ja jedes wie eine kleine Sprungfeder leicht gekrümmt oder zusammengerollt werden kann, aber auch immer wie eine Sprungfeder danach streben wird, sich wieder auszudehnen. Denn obgleich sowohl diese Haare als auch die Luftkörperchen, mit denen wir sie vergleichen, ohne weiteres äußerem Druck nachgeben, besitzt doch jedes von ihnen (auf Grund seiner Struktur) die Fähigkeit oder das Prinzip der Selbstausdehnung, kraft dessen, obzwar die Haare durch eine menschliche Hand gedrückt und dichter zusammengedrängt werden können, in einen engeren Raum als es die Natur des Körpers verlangt; besteht jedoch, während der Druck andauert, im Vlies, das sie zusammensetzen, ein Bestreben nach außen, womit es ständig gegen die Hand stößt, die sich seiner Ausdehnung entgegenstellt. Und sobald der äußerliche Druck weggenommen wird, indem man die Hand mehr oder weniger öffnet, so erweitert oder entfaltet sich die zusammengedrückte Wolle wie spontan, um ihren früheren lockeren und freien Zustand wiederzuerlangen, bis das Vlies entweder seine früheren Dimensionen wiedergewonnen hat oder wenigstens so nahe dazu gekommen ist, wie es die zusammendrückende Hand (die vielleicht nicht ganz geöffnet wurde) erlaubt. Dieses Selbstausdehnungsvermögen fällt eher bei einem trockenen, zusammengedrückten Schwamm auf als bei einem Vlies. Wir haben es aber trotzdem bei dieser Gelegenheit vorgezogen, das letztere zu verwenden, weil es nicht, wie ein Schwamm, ein ganzer Körper ist, sondern eine Anzahl schlanker, biegsamer Körper, locker verflochten, wie es die Luft selber zu sein scheint.

Die Sprungkraft der Luft kann auf noch eine andere Weise erklärt werden; indem man nämlich annimmt, wie dieser höchst geistreiche Herr, Monsieur Des Cartes, daß die Luft nichts anderes ist als ein Gemengsel oder Haufen kleiner (zum größten Teil) biegsamer Teilchen von mehreren Größen und allen möglichen Formen, die durch Wärme (besonders diejenige der Sonne) in jenen dünnflüssigen und subtilen ätherischen Körper emporgehoben werden, der die Erde umgibt, und durch die ruhelose Bewegung der himmlischen Materie, in welcher diese Teilchen schwimmen, so herumgeschleudert werden, daß jedes Körperchen versucht, allen anderen den Eingang in den kleinen ihm zur Bewegung um das eigene Zentrum nötigen Bereich zu verwehren und, wenn irgendeines in diesen Bereich eindringt und gegen die freie Umdrehung wirkt, es hinauszustoßen oder zu vertreiben: so daß es nach dieser Doktrin kaum ins Gewicht fällt, ob die Luftteilchen die für die Sprungfedern erforderliche Struktur besitzen oder irgendeine andere Form (wie unregelmäßig auch immer) haben, da ihre Elastizität nicht von ihrer Form oder Struktur abhängt, sondern von der heftigen Erschütterung und sozusagen schwingenden Bewegung, die sie vom flüssigen Äther erhalten, welcher schnell zwischen ihnen fließt und, um jedes von ihnen unabhängig von den anderen wirbelnd, nicht nur diese schlanken Luftkörper getrennt und ausgedehnt hält (wenigstens so weit es die anstoßenden erlauben), die sonst wegen ihrer Biegsamkeit und ihres Gewichtes erschlaffen oder sich kräuseln würden, sondern sie auch noch dazu veranlaßt, aufeinander zu treffen und einander wegzustoßen, so daß sie mehr Platz gebrauchen, als wenn sie zusammengedrückt wären.

Auf diese zwei Weisen, gnädiger Herr, läßt sich die Sprungkraft der Luft erklären. Obschon ich aber in der nachfolgenden Abhandlung vor allem die erste anwenden werde, weil sie etwas einfacher scheint, will ich mich doch nicht endgültig für eine und gegen die andere aussprechen. Und obgleich ich in einer anderen Abhandlung versucht habe, zu zeigen, daß man mit aller Wahrscheinlichkeit eine mechanische Erklärung dafür vorbringen kann, daß elastische Körper (wenn ich sie so nennen darf) in ihren früheren Zustand zurückkehren, nachdem sie gewaltsam gebogen worden sind, muß ich doch zugeben, daß es mir schwieriger scheint, als man sich beim ersten Anblick leicht vorstellen könnte, festzustellen, ob sich die Rückkehrbewegung der Körper daraus ergibt, daß die Teile eines Körpers besonderer Struktur durch das Biegen der Sprungfeder in Gang gebracht werden oder durch das Streben irgendeiner feinen umgebenden Materie, deren Durchgang erschwert oder versperrt werden mag oder deren Druck ungleicher Widerstand geleistet wird, weil das Biegen einer Sprungfeder deren Poren neue Form oder Größe verleihen mag. Demzufolge werde ich mich nicht in ein Thema einmengen, dessen Erklärung viel schwieriger ist, als notwendig; denn es ist nicht meine Aufgabe in diesem Brief, die Sprungkraft der Luft ausreichend zu begründen, sondern lediglich zu zeigen, daß die Luft in der Tat eine Sprungkraft besitzt, und über einige von ihren Wirkungen zu berichten. [...]

Wenn wir also annehmen, daß die Luft nicht ohne Gewicht ist, dann wird es nicht schwierig zu begreifen sein, daß, da der Teil der Atmosphäre, in dem wir leben, der untere ist, die Körperchen, aus denen er besteht, durch das Gewicht aller ihresgleichen unmittelbar über ihnen beträchtlich zusammengedrückt werden, das heißt, durch das Gewicht aller Luftteilchen, die, auf ihnen aufgehäuft, bis zur obersten Grenze der Atmosphäre reichen. Und obschon die Höhe dieser Atmosphäre nach der Ansicht des berühmten Kepler und einiger anderer acht Meilen kaum überschreitet, wollen andere hervorragende und spätere Astronomen behaupten, daß die Atmosphäre sechs oder sieben Mal höher ist als das. Zudem hält es der fleißige und gelehrte Riccioli für wahrscheinlich, daß die Atmosphäre wenigstens an gewissen Stellen mindestens fünfzig Meilen hoch sein könnte. Demgemäß dürfen wir bei einer vorsichtigen Schätzung der Höhe der Atmosphäre wohl vermuten, daß eine Luftsäule mit einer Höhe von vielen Meilen, die auf irgendwelchen federnden Luftkörperchen hier unten lastet, schwer genug sein könnte, um ihre kleinen Federn zu biegen und sie gebogen zu halten; ebenso wie (um unseren früheren Vergleich wiederaufzunehmen) wenn ein ganzer Berg von Vliesen aufeinander aufgehäuft wäre, die Haare unten, welche die anderen stützen, durch das Gewicht all der obenliegenden Wolle gleichermaßen zusammengedrückt werden, wie wenn ein Mann sie mit seinen Händen zusammenpressen oder sonst irgendwelche ähnliche mäßige Gewalt anwenden würde, um sie zusammenzudrücken. Folglich müssen wir uns nicht wundern, wenn beim Entfernen der aufliegenden Luft von einem Teil der Atmosphäre hier unten die Körperchen, aus denen diese unterste Luft besteht, sich entfalten und mehr Platz in Anspruch nehmen, als zuvor. [...]

Was nun die Tatsache betrifft, daß die Luft den darin sich bewegenden Körpern leicht nachgibt: wenn wir bedenken, daß die Körperchen, aus welchen sie besteht, obzwar elastischer Natur, doch dermaßen winzig sind, daß sie eine flüssige Materie bilden (was auch auf der Hand liegt), dann ist es nicht schwer, sich vorzustellen, daß sich die Körperchen der Luft, ähnlich wie bei anderen flüssigen Materien, fast unaufhörlich bewegen, wodurch sie sehr geneigt werden (was wir in einer anderen Abhandlung ausführlicher besprochen haben), anderen Körpern zu weichen oder durch solche leicht verdrängt zu werden; und daß dieselben Körperchen, da sie ganz sind, ebenfalls auf so verschiedene Weisen bewegt werden, daß, wenn einige versuchen, einen mitten unter sie gestellten Körper zum Beispiel nach rechts zu stoßen, andere, die in der entgegengesetzten Richtung sich bewegen, denselben Körper mit gleicher Kraft nach links drängen; wobei sich erweist, daß keiner von beiden imstande ist, ihn zu vertreiben, da der Druck von allen Seiten sozusagen ausgeglichen wird: so daß die Luftkörperchen manchmal sowohl als kleine Sprungfedern betrachtet werden, die in gebogenem Zustand und in ihrer Gesamtheit von Stelle zu Stelle transportiert werden, wie auch als sich entfaltende Sprungfedern, deren Teile hin und her fliegen, während sie in ihrer Gesamtheit ihre Stellung kaum ändern: gleich wie die zwei Enden eines Pfeilbogens, wenn mit diesem geschossen wird, auseinander fliegen, während der Pfeilbogen selber in der Hand des Bogenschützen festgehalten wird. Woraus geschlossen werden kann, daß das leichte Nachgeben der Luftteile auf den gleichmäßigen Druck der Luft von allen Seiten auf die darin vorhandenen Körper zurückzuführen ist, so daß, wenn mit unserer Maschine die Luft nur zum großen Teil, nicht aber ganz, von der einen Seite eines Körpers weggezogen wird, ohne jedoch von der anderen Seite weggezogen zu werden, jemand, der glaubt, den Körper ebenso leicht wie vorher hin und her bewegen zu können, feststellen wird, daß er sich gewaltig irrt.

OLE RØMER

222
Eine Demonstration der Bewegung des Lichtes

Seit vielen Jahren bemühen sich Physiker, durch Experimente festzustellen, ob die Wirkung des Lichtes augenblicklich an ferne Punkte geleitet wird oder ob dafür Zeit nötig ist. Herr Rømer von der Königlichen Akademie der Wissenschaften hat eine Methode erdacht, die auf Beobachtungen des ersten Satelliten des Jupiters beruht, um zu beweisen, daß das Licht zum Zurücklegen einer Strecke von ungefähr 3000 Meilen, was fast dem Durchmesser der Erde entspricht, nicht einmal eine Sekunde braucht.

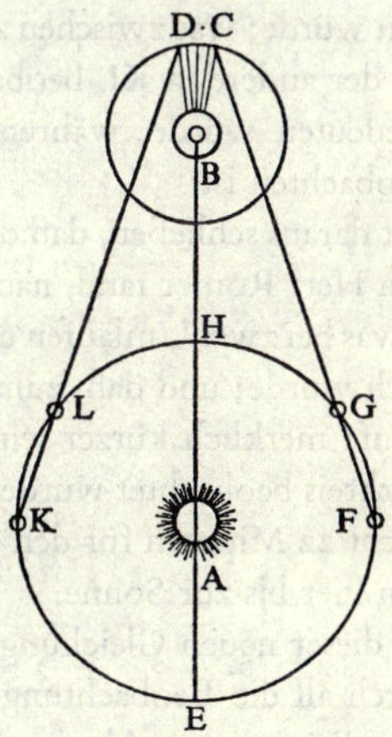

Der Weg des Lichts vom Jupitersatelliten zur Erde

A sei die Sonne, B Jupiter, C der erste Satellit des Jupiters, der in den Schatten Jupiters eintritt, um dann bei D aus ihm auszutreten; EFGHKL sei die Erde in verschiedenen Entfernungen von Jupiter.

Nehmen wir nun an, daß die Erde, da sie sich in L bei der zweiten Quadratur des Jupiters befindet, den ersten Satelliten zum Zeitpunkt seines Wiederauftauchens aus dem Schatten bei D beobachtet hat; und daß sie ihn etwa 42½ Stunden nachher (d.h. nach einem Umlauf des Satelliten), da sie sich in K befindet, wieder in D erblickt; es ist klar, daß, wenn das Licht Zeit braucht, um den Abstand LK zurückzulegen, der Satellit zu einem späteren

Zeitpunkt bei D wiedergesehen werden wird, als wenn die Erde in L geblieben wäre. Beobachtet man also den Umlauf dieses Satelliten anhand seines Wiederauftauchens, so wird dieses in K später stattfinden, und zwar um die gleiche Zeitspanne, die das Licht zum Zurücklegen des Abstandes LK in Anspruch nimmt. Und umgekehrt, in der anderen Quadratur FG, wo sich die Erde gegen das Licht bewegt, werden die Umlaufzeiten zwischen jedem Eintauchen in den Schatten um eine Zeitspanne kürzer zu werden scheinen, die den längeren Zeitspannen bei jedem Wiederauftauchen entspricht. Und weil sich in 42½ Stunden, welche Periode dieser Satellit beinahe für einen Umlauf braucht, die Entfernung zwischen der Erde und Jupiter in beiden Quadraturen um mindestens 210mal den Durchmesser der Erde ändert, folgt daraus, daß, wenn für jeden Durchmesser der Erde eine Sekunde benötigt würde, das Licht für jeden der Abstände GF, KL 3½ Minuten in Anspruch nehmen würde; was zwischen zwei Umläufen des ersten Satelliten, der eine in FG, der andere in KL beobachtet, eine Verzögerung von fast 7½ Minuten bedeuten würde, während in Wirklichkeit keine merkbare Differenz zu beobachten ist.

Dennoch darf man nicht daraus schließen, daß das Licht keine Zeitspanne in Anspruch nimmt. Denn Herr Rømer fand, nachdem er die Sache näher untersucht hatte, daß das, was bei zwei Umläufen unmerkbar war, bei vielen zusammen sehr beträchtlich wurde; und daß, zum Beispiel, vierzig auf der Seite F beobachtete Umläufe merklich kürzer sein könnten als vierzig andere, die irgendwo im Tierkreis beobachtet wurden, wo Jupiter angetroffen werden kann; dies entspricht 22 Minuten für den ganzen Abstand HE, was doppelt so weit ist, als von hier bis zur Sonne.

Die Unwiderlegbarkeit dieser neuen Gleichung betreffend die Verzögerung des Lichtes wird durch all die Beobachtungen nachgewiesen, die im Laufe von acht Jahren in der Königlichen Akademie und der Sternwarte gemacht worden sind. Zudem ist sie neulich durch das Wiederauftauchen des ersten Satelliten bestätigt worden, das am letzten 9. November um 5 Uhr, 35′, 45″ in der Nacht in Paris beobachtet wurde, 10 Minuten später, als man auf Grund des im Monat August beobachteten Wiederauftauchens erwartet hätte, als die Erde dem Jupiter viel näher war: was Herr Rømer schon seit Anfang September der obigen Akademie vorausgesagt hatte.

Um aber jeden Zweifel darüber zu beseitigen, daß diese Verschiedenheit durch die Verzögerung des Lichtes verursacht wird, beweist er, daß sie weder irgendeiner Exzentrizität zugeschrieben werden kann noch einer von den anderen Ursachen, die zur Erklärung der Unregelmäßigkeiten des Mondes und der übrigen Planeten gewöhnlich angeführt werden; obgleich er sich völlig bewußt ist, daß der erste Satellit des Jupiters exzentrisch ist, daß außerdem dessen Umläufe je nachdem früher oder später stattfanden, ob sich Jupiter der Sonne näherte oder von ihr entfernte, und daß die Umläufe des *primum mobile* ungleich waren, erklärt er trotzdem, daß diese drei Ursachen der Ungleichheit die erste nicht daran hindern, offenbar zu sein.

CHRISTIAN HUYGENS

Die Wellentheorie des Lichts

223
Die Beweisführungen in der Optik gründen sich, wie in allen Wissenschaften, in welchen die Geometrie auf die Materie angewandt wird, auf Wahrheiten, welche aus der Erfahrung abgeleitet sind; wie zum Beispiel, daß die Lichtstrahlen sich geradlinig ausbreiten, daß Reflexions- und Einfallswinkel gleich sind und daß bei der Brechung der Strahl nach der Sinusregel gebrochen wird, die jetzt so bekannt und nicht weniger sicher ist als die vorhergehenden.

Die Mehrzahl derjenigen, welche über die verschiedenen Teile der Optik geschrieben haben, haben sich damit begnügt, diese Wahrheiten vorauszusetzen. Einige mehr Wißbegierige waren bestrebt, ihren Ursprung und ihre Ursachen aufzusuchen, da sie dieselben an und für sich als bewundernswerte Wirkungen der Natur betrachteten. Da aber die hierbei vorgebrachten Ansichten zwar geistreich, jedoch nicht derart sind, daß die Verständigeren nicht Erklärungen wünschen sollten, welche ihnen besser genügen, so will ich hier dasjenige vorlegen, was ich über diesen Gegenstand gedacht habe, um nach meinen Kräften zur Klärung dieses Teils der Naturwissenschaft beizutragen, welcher nicht ohne Grund für einen der schwierigsten gilt. Ich erkenne an, daß ich denjenigen großen Dank schulde, welche zuerst angefangen haben, die seltsame Dunkelheit zu zerstreuen, in welche diese Dinge gehüllt waren, und die Hoffnung zu erwecken, daß sie sich durch verständliche Gründe erklären lassen. Aber ich bin andererseits auch erstaunt, daß sie sehr häufig wenig einleuchtende Schlußfolgerungen als höchst sicher und beweisend haben gelten lassen; hat ja doch meines Wissens noch niemand auch nur die ersten und wichtigsten Erscheinungen des Lichtes annehmbar erklärt, nämlich warum es sich nur in geraden Linien fortpflanzt und wie die Lichtstrahlen, welche aus unendlich vielen verschiedenen Richtungen herkommen, sich kreuzen, ohne sich gegenseitig irgendwie zu hindern.

Ich werde daher in diesem Buch versuchen, gemäß den in der heutigen Philosophie angenommenen Prinzipien für die Eigenschaften zuerst des geradlinig sich ausbreitenden, sodann des bei der Begegnung mit anderen Körpern zurückgeworfenen Lichtes klarere und wahrscheinlichere Gründe anzugeben. Hierauf werde ich die Erscheinungen der Strahlen erklären, welche beim Durchgang durch verschiedenartige durchsichtige Körper eine sogenannte Brechung erleiden; hierbei werde ich auch die Wirkungen der Brechung in der Luft infolge der verschiedenen Dichtigkeitszustände der Atmosphäre behandeln. [...]

Man wird nicht zweifeln können, daß das Licht in der Bewegung einer gewissen Materie besteht. Denn betrachtet man seine Erzeugung, so findet man, daß hier auf der Erde hauptsächlich das Feuer und die Flamme dasselbe erzeugen, welche ohne Zweifel in rascher Bewegung befindliche Körper enthalten, da sie ja zahlreiche andere sehr feste Körper auflösen und schmelzen; oder betrachtet man seine Wirkungen, so sieht man, daß das, etwa durch Hohlspiegel, gesammelte Licht die Kraft hat, wie das Feuer zu erhitzen, d.h. die Teile der Körper zu trennen; dies deutet sicherlich auf Bewegung hin, wenigstens in der wahren Philosophie, in welcher man die Ursache aller natürlichen Wirkungen auf mechanische Gründe zurückführt. Dies muß man meiner Ansicht nach tun oder völlig auf jede Hoffnung verzichten, jemals in der Physik etwas zu begreifen.

Da man nun nach dieser Philosophie für sicher hält, daß der Gesichtssinn nur durch den Eindruck einer gewissen Bewegung eines Stoffes erregt wird, der auf die Nerven im Grunde unserer Augen wirkt, so ist dies ein weiterer Grund zu der Ansicht, daß das Licht in einer Bewegung der zwischen uns und dem leuchtenden Körper befindlichen Materie besteht.

Wenn man ferner die außerordentliche Geschwindigkeit, mit welcher das Licht sich nach allen Richtungen hin ausbreitet, beachtet und erwägt, daß, wenn es von verschiedenen, ja selbst von entgegengesetzten Stellen herkommt, die Strahlen einander durchdringen, ohne sich zu hindern, so begreift man wohl, daß, wenn wir einen leuchtenden Gegenstand sehen, dies nicht durch die Übertragung einer Materie geschehen kann, welche von diesem Objekte bis zu uns gelangt, wie etwa ein Geschoß oder ein Pfeil die Luft durchfliegt; denn dies widerstreitet doch zu sehr diesen beiden Eigenschaften des Lichtes und besonders der letzteren. Es muß sich demnach auf eine andere Weise ausbreiten, und gerade die Kenntnis, welche wir von der Fortpflanzung des Schalles in der Luft besitzen, kann uns dazu führen, sie zu verstehen.

Wir wissen, daß vermittelst der Luft, die ein unsichtbarer und ungreifbarer Körper ist, der Schall sich im ganzen Umkreis des Ortes, wo er erzeugt wurde, durch eine Bewegung ausbreitet, welche allmählich von einem Luftteilchen zum anderen fortschreitet, und daß, da die Ausbreitung dieser Bewegung nach allen Seiten gleich schnell erfolgt, sich gleichsam Kugelflächen bilden müssen, welche sich immer mehr erweitern und schließlich unser Ohr treffen. Es ist nun zweifellos, daß auch das Licht von den leuchtenden Körpern bis zu uns durch irgend eine Bewegung gelangt, welche der dazwischen befindlichen Materie mitgeteilt wird; denn wir haben ja bereits gesehen, daß dies durch die Fortführung eines Körpers, der etwa von dort hierher gelangt, nicht geschehen kann. Wenn nun, wie wir alsbald untersuchen werden, das Licht zu seinem Wege Zeit gebraucht, so folgt daraus, daß diese dem Stoffe mitgeteilte Bewegung eine allmähliche ist und darum sich ebenso wie diejenige des Schalles in kugelförmigen Flächen oder Wellen ausbreitet; ich nenne sie nämlich Wellen wegen der Ähnlichkeit mit jenen, welche man im Wasser beim Hineinwerfen eines Steines sich bilden sieht, weil diese eine ebensolche allmähliche Ausbreitung in die Runde wahrnehmen lassen, obschon sie aus einer anderen Ursache entspringen und nur in einer ebenen Fläche sich bilden. [...]

Übrigens hat, was ich als bloße Hypothese einführte, seit kurzem den hohen Rang einer feststehenden Wahrheit erhalten durch Rømers sinnreiche Beweisführung.[1] [...] Sie stützt sich ebenso wie die vorhergehende Betrachtung auf Himmelsbeobachtungen und beweist nicht nur, daß das Licht auf seinem Wege Zeit braucht, sondern läßt auch erkennen, wieviel Zeit es braucht und daß seine Geschwindigkeit sogar sechsmal größer ist als diejenige, welche ich vorhin annahm. [...]

Was die bereits erwähnte Verschiedenheit in der Art der Fortpflanzung der Schall- und Lichtbewegung anbelangt, so kann man beim Schall den Vorgang so ziemlich verstehen, wenn man beachtet, daß die Luft zusammengepreßt und auf einen viel geringeren Raum beschränkt werden kann, als sie gewöhnlich einnimmt, und daß sie in dem Maße, als sie komprimiert ist, sich wiederum auszudehnen strebt. Dieser Umstand, in Verbindung mit ihrer Durchdringlichkeit, welche ihr trotz der Kompression verbleibt, scheint zu beweisen, daß sie aus kleinen Körperchen gebildet wird, welche in der aus viel kleineren Teilchen zusammengesetzten Äthermaterie schwimmen und darin sehr schnell hin- und herbewegt werden. Die Ursache für die Ausbreitung der Schallwellen ist hiernach das den sich untereinander stoßenden Körperchen innewohnende Bestreben, sich wieder von einander zu

[1] vgl. S. 371.

entfernen, sobald sie im Umfang dieser Wellen ein wenig mehr als anderswo zusammengedrängt sind.

Die außerordentliche Geschwindigkeit und die übrigen Eigenschaften des Lichtes würden dagegen eine solche Fortpflanzung der Bewegung nicht zulassen; und ich will nun zunächst darlegen, von welcher Art dieselbe nach meiner Ansicht sein muß. Ich muß zu diesem Zwecke erklären, auf welche Weise harte Körper ihre Bewegung einander mitteilen.

Nimmt man eine Anzahl gleichgroßer Kugeln aus sehr hartem Material und ordnet sie in gerader Linie so, daß sie sich berühren, so wird, wenn eine gleiche Kugel gegen die erste derselben stößt, die Bewegung wie in einem Augenblick bis zur letzten gelangen, welche sich von der Reihe trennt, ohne daß man bemerkt, daß die übrigen sich bewegt hätten; und diejenige, welche den Stoß ausgeübt hat, bleibt sogar unbeweglich mit ihnen vereinigt. Es offenbart sich also hierin ein Bewegungsübergang von außerordentlicher Geschwindigkeit, welche um so größer ist, je größere Härte die Substanz der Kugeln besitzt.

Dieses Fortschreiten der Bewegung geschieht aber, wie ferner feststeht, nicht augenblicklich, sondern nach und nach; es ist demnach Zeit dazu notwendig. Denn wenn die Bewegung oder, wenn man will, die Neigung zur Bewegung nicht nach und nach durch alle Kugeln ginge, so würden sie dieselbe alle zu gleicher Zeit annehmen und demnach alle zusammen vorwärts gehen; dies geschieht jedoch nicht, sondern die letzte verläßt die Reihe gänzlich und nimmt die Geschwindigkeit derjenigen an, welche gestoßen hat. Es gibt ferner Versuche, welche beweisen, daß alle diejenigen Körper, welche wir zur Klasse der sehr harten zählen, wie gehärteter Stahl, Glas und Achat, elastisch sind und einigermaßen nachgeben, nicht nur, wenn sie zu Stäben ausgestreckt, sondern auch, wenn sie kugelförmig oder anders gestaltet sind. Dieselben werden nämlich an der Stelle, wo sie gestoßen werden, ein wenig eingedrückt und nehmen dann sogleich ihre frühere Gestalt wieder an. Denn ich habe gefunden, daß, wenn ich mit einer Glas- oder Achatkugel gegen ein großes und sehr dickes Stück desselben Stoffes schlug, welches eine ebene und mit dem Atem oder anders auch noch so wenig getrübte Oberfläche hatte, darauf größere oder kleinere runde Flecke zurückblieben, je nachdem der Schlag stark oder schwach war. Hieraus ersieht man, daß diese Stoffe beim Aufeinanderstoßen nachgeben und sodann in ihre frühere Form wieder zurückgehen, wozu sie notwendigerweise Zeit gebrauchen.

Um nun diese Bewegungsart auf diejenige anzuwenden, durch welche das Licht erzeugt wird, so hindert uns nichts, die Annahme zu machen, daß die Ätherteilchen aus einer Materie bestehen, welche der vollkommenen

Härte sich so sehr nähert und so große Elastizität besitzt, als wir wollen. Für den vorliegenden Zweck brauchen wir weder die Ursache für eine solche Härte noch diejenige für die Elastizität zu untersuchen, da diese Betrachtung uns zu weit von unserem Gegenstand wegführen würde. [...]

Wenn wir aber auch die wahre Ursache der Elastizität nicht kennen, so sehen wir doch immerhin, daß es viele Körper gibt, welche diese Eigenschaft besitzen; darum hat es auch nichts Seltsames an sich, sie auch bei unsichtbaren Körperteilchen, wie denen des Äthers, vorauszusetzen. Wollte man jedoch eine andere Art der sukzessiven Mitteilung der Lichtbewegung aufsuchen, so wird man dafür keine finden, welche besser als die Elastizität mit dem gleichmäßigen Fortschreiten übereinstimmt, welches notwendig erscheint, weil diese Bewegung, wenn sie nach Maßgabe ihrer Verteilung auf mehr Materie bei der Entfernung von der Lichtquelle sich verlangsamen würde, nicht diese große Geschwindigkeit auf so große Entfernungen würde beibehalten können. Setzt man dagegen Elastizität in der Äthermaterie voraus, so besitzen deren Teilchen die Eigenschaft, gleich rasch zurückzuschnellen, mögen sie stark oder schwach angestoßen werden; und so wird das Fortschreiten des Lichtes immer mit gleicher Geschwindigkeit erfolgen.

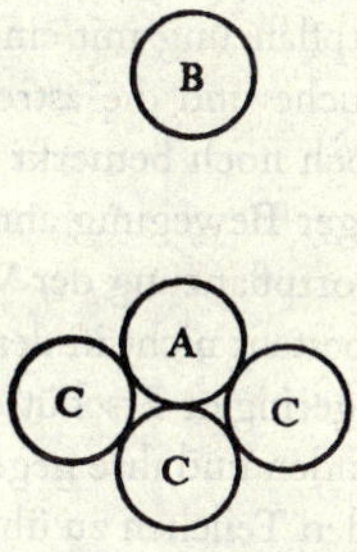

Zusammenstoß elastischer Kugeln

Hierbei ist noch zu bemerken, daß, obgleich die Ätherteilchen nicht so wie in unserer Kugelreihe in gerader Linie, sondern ohne Ordnung sich aneinander lagern, so daß eins von ihnen mehrere andere berührt, dieser Umstand doch nicht hindert, daß sie ihre Bewegung fortpflanzen und immer nach vorwärts ausbreiten. Hierbei ist ein Gesetz dieser Fortpflanzungsart zu beachten, das durch die Erfahrung bestätigt wird. Wenn nämlich eine Kugel A, wie in beistehender Figur, mehrere andere ihr gleiche CCC berührt, und wenn sie durch irgend eine andere Kugel B getroffen wird, so daß sie auf alle von ihr berührten CCC einen Stoß ausübt, so überträgt sie ihre ganze Bewegung und bleibt hierauf unbeweglich wie auch die Kugel B. Auch ohne die Voraussetzung, daß die Ätherteilchen kugelförmig seien (denn ich sehe nicht ein, daß man sie so annehmen muß), begreift man sehr gut, daß diese Eigenschaft des Stoßes zur Ausbreitung der Bewegung jedenfalls beiträgt.

Die Gleichheit der Größe der Teilchen scheint hierzu notwendiger zu sein; denn andernfalls, wenn die Bewegung von einem kleineren zu einem größeren Teilchen überginge, müßte nach den Gesetzen des Stoßes, welche ich vor einigen Jahren veröffentlicht habe, eine Reflexion der Bewegung nach rückwärts stattfinden.

Indessen wird man später sehen, daß die Voraussetzung dieser Gleichheit nicht so sehr für die Fortpflanzung des Lichtes überhaupt als vielmehr dafür notwendig ist, daß es sich leichter und kräftiger fortpflanze; auch ist es nicht unwahrscheinlich, daß die Ätherteilchen für eine so bedeutende Wirkung wie diejenige des Lichtes gleich gemacht worden sind, wenigstens in dem weiten Raume außerhalb der Luftregion, welcher nur dazu zu dienen scheint, das Licht der Sonne und der Gestirne fortzupflanzen.

Ich habe also gezeigt, auf welche Weise man sich die allmähliche Ausbreitung des Lichtes durch kugelförmige Wellen vorstellen kann und wie es möglich ist, daß diese Fortpflanzung mit einer so großen Geschwindigkeit geschieht, wie die Versuche und die astronomischen Beobachtungen sie fordern. Hierzu muß jedoch noch bemerkt werden, daß, obgleich man die Ätherteilchen in beständiger Bewegung annimmt (hierfür gibt es nämlich sehr viele Gründe), die Fortpflanzung der Wellen dadurch nicht gehindert werden kann; denn sie besteht nicht in der Fortbewegung dieser Teilchen, sondern nur in einer geringen Erschütterung, welche sie trotz der ganzen sie hin und her treibenden und ihre gegenseitige Lage verändernden Bewegung auf die umgebenden Teilchen zu übertragen gezwungen sind.

Es ist aber nötig, den Ursprung dieser Wellen und die Art ihrer Fortpflanzung noch eingehender zu betrachten. Zunächst folgt nämlich aus den obigen Bemerkungen über die Erzeugung des Lichtes, daß jede kleine Stelle eines leuchtenden Körpers, wie der Sonne, einer Kerze oder einer glühenden Kohle, ihre Wellen erzeugt, deren Mittelpunkt diese Stelle ist. Sind demnach in einer Kerzenflamme A, B, C verschiedene Punkte, so stellen die um jeden dieser Punkte beschriebenen konzentrischen Kreise die Wellen dar, welche von ihnen ausgehen. Ebenso muß man sich solche Kreise um jeden Punkt der Fläche und eines Teiles des Inneren der Flamme beschrieben denken.

Da aber die Stöße im Mittelpunkte dieser Wellen nicht in regelmäßiger Reihenfolge stattfinden, so braucht man sich auch nicht vorzustellen, daß die Wellen selbst in gleichen Abständen aufeinander folgen; und wenn diese

Entfernungen in der nebenstehenden Figur so erscheinen, so hat dies vielmehr den Zweck, das Vorrücken einer und derselben Welle in gleichen Zeiten anzudeuten, als um mehrere von demselben Zentrum ausgegangene Wellen darzustellen.

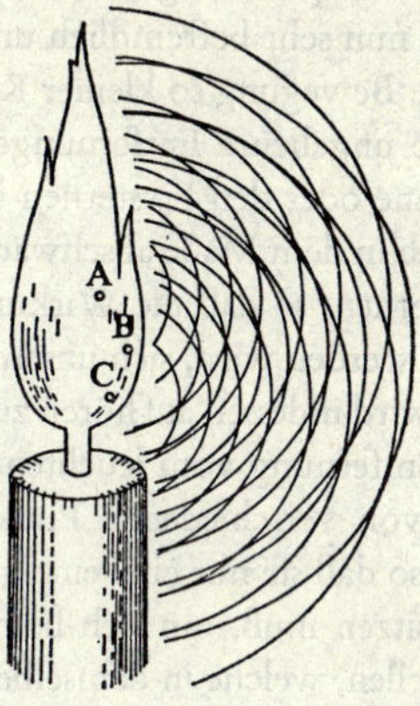

Von einer Kerzenflamme ausgehende Lichtwellen

Es braucht übrigens eine solche ungeheure Menge von Wellen, welche sich ohne Störung durchkreuzen, und ohne sich gegenseitig aufzuheben, nicht unbegreiflich zu erscheinen, da bekanntlich ein und dasselbe Stoffteilchen mehrere Wellen fortpflanzen kann, welche von verschiedenen oder sogar von entgegengesetzten Seiten kommen, nicht nur, wenn dasselbe durch nahe nacheinander folgende, sondern sogar auch, wenn es durch Stöße getroffen wird, welche in demselben Augenblick darauf einwirken. Der Grund hierfür ist die allmählich fortschreitende Bewegung. Es läßt sich dies durch die oben erwähnte Reihe gleicher Kugeln aus hartem Stoffe nachweisen; denn wenn man gegen dieselbe von den beiden entgegenge-

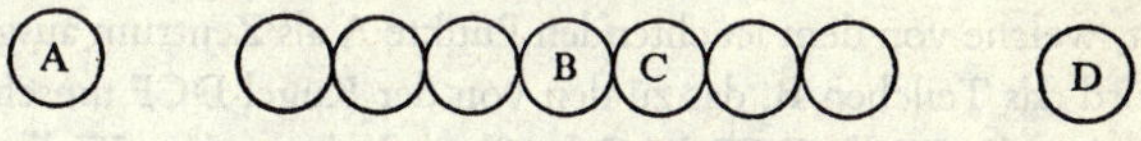

Übertragung eines elastischen Stoßes

setzten Seiten in demselben Moment ähnliche Kugeln A und D stößt, so wird man jede mit derselben Geschwindigkeit, welche sie beim Aufprall hatte, zurückschnellen und die ganze Reihe an ihrer Stelle verharren sehen, obgleich die Bewegung vollständig und zwar zweimal durch sie hindurchgegangen ist. Wenn aber die einander entgegengesetzten Bewegungen sich gerade in der mittelsten Kugel B oder in irgend einer anderen C treffen, so muß sie sich auf beiden Seiten einbiegen und zurückschnellen und so in demselben Augenblick zur Fortpflanzung beider Bewegungen dienen.

Zunächst könnte es nun sehr befremdlich und sogar unglaublich erscheinen, daß die durch die Bewegung so kleiner Körperchen hervorgebrachten Wellen sich bis auf so ungeheure Entfernungen fortzupflanzen vermögen, wie z.B. von der Sonne oder den Fixsternen bis zur Erde. Denn die Kraft dieser Wellen muß sich in dem Maße abschwächen, in welchem sie sich von ihrem Ursprung entfernen, so daß die Wirkung einer jeden für sich allein ohne Zweifel unfähig werden wird, sich unserem Gesichtssinne wahrnehmbar zu machen. Man wird indessen aufhören zu staunen, wenn man erwägt, daß in einer großen Entfernung vom leuchtenden Körper eine Unzahl von Wellen, obwohl sie von verschiedenen Punkten des Körpers ausgesandt sind, sich vereinigen, so daß sie nur eine einzige Welle bilden, welche demnach genug Kraft besitzen muß, um sich bemerklich zu machen. Die unendliche Zahl von Wellen, welche in demselben Momente von allen Punkten eines Fixsternes, etwa eines so großen wie die Sonne, herkommen, bilden nahezu nur eine einzige Welle, welche allerdings genügend Kraft besitzen kann, um auf unsere Augen Eindruck zu machen. Zudem trägt der Umstand, daß von jedem leuchtenden Punkte infolge der häufigen Stöße der Körperteilchen, welche in diesen Punkten den Äther treffen, mehrere tausend Wellen in der denkbar kürzesten Zeit ausgehen, noch dazu bei, ihre Wirkung merklicher zu machen.

Hinsichtlich der Fortpflanzung dieser Wellen ist ferner noch zu bedenken, daß jedes Teilchen des Stoffes, in welchem eine Welle sich ausbreitet, nicht nur dem nächsten Teilchen, welches in der von dem leuchtenden Punkte aus gezogenen geraden Linie liegt, seine Bewegung mitteilen muß, sondern notwendig allen übrigen davon abgibt, welche es berühren und sich seiner Bewegung widersetzen. Daher muß sich um jedes Teilchen eine Welle bilden, deren Mittelpunkt dieses Teilchen ist. Wenn also DCF eine Welle ist, welche von dem leuchtenden Punkte A als Zentrum ausgegangen ist, so wird das Teilchen B, das zu den von der Kugel DCF umschlossenen gehört, seine die Welle DCF in C berührende besondere Welle KCL in demselben Augenblick gebildet haben, in welchem die von A ausgesandte Hauptwelle in DCF angelangt ist; und es ist klar, daß die Welle KCL die Welle DCF eben nur in dem Punkt C berührt, d.h. in demjenigen, welcher auf der durch AB gezogenen Geraden liegt. Auf dieselbe Weise bildet jedes andere Teilchen innerhalb der Kugel DCF, wie bb, dd usw., seine eigene

Welle. Jede dieser Wellen kann indessen nur unendlich schwach sein im Vergleich zu der Welle DCF, zu deren Bildung alle übrigen beitragen mit demjenigen Teil ihrer Oberfläche, welcher von dem Mittelpunkt A am weitesten entfernt ist.

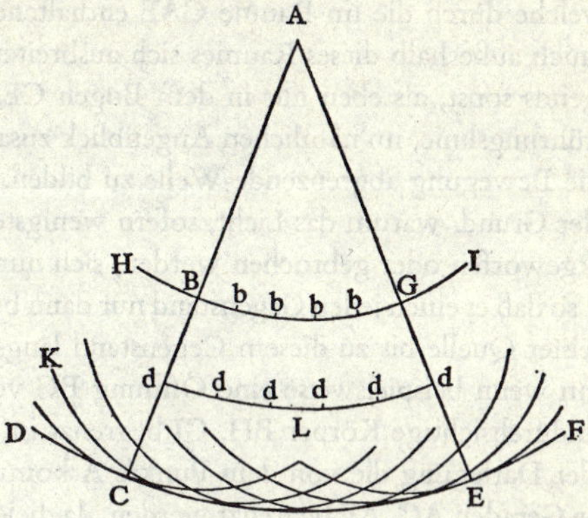

Ausbreitung von Lichtwellen

Man sieht ferner, daß die Welle DCF bestimmt wird durch die äußerste Grenze der Bewegung, welche von dem Punkt A in einem gewissen Zeitraume ausgegangen ist; denn jenseits dieser Welle findet keine Bewegung statt, wohl aber in dem von ihr umschlossenen Raume, nämlich in denjenigen Teilen der besonderen Wellen, welche die Kugel DCF nicht berühren. Man darf nicht etwa meinen, daß alles dies zu spitzfindig und allzu gesucht sei; denn man wird in der Folge sehen, daß alle Eigenschaften des Lichtes und alles, was auf seine Zurückwerfung und Brechung Bezug hat, sich hauptsächlich aus dieser Anschauung erklärt. Gerade dieser Punkt ist denjenigen entgangen, welche angefangen haben, das Licht als Wellenbewegung zu betrachten, wie Hooke in seiner Mikrographie und Pater Pardies, der in einer Abhandlung, von der er mir einen Teil gezeigt hat und die er wegen seines kurz darauf erfolgten Todes nicht vollenden konnte, die Erscheinungen der Spiegelung und Brechung durch solche Wellen zu erklären unternommen hatte. Allein die wichtigste Grundlage, welche in der von mir soeben angestellten Betrachtung besteht, fehlte seinen Beweisen; auch im Übrigen hatte er von den meinigen sehr abweichende Ansichten, wie man vielleicht eines Tages sehen wird, wenn seine Schrift sich erhalten hat.

Um nun zu den Eigenschaften des Lichtes überzugehen, bemerke ich zuerst, daß jeder Wellenteil sich in der Weise ausbreiten muß, daß seine äußersten Grenzen immer zwischen denselben vom leuchtenden Punkte aus gezogenen geraden Linien bleiben. Der Wellenteil BG, welcher den leuchtenden Punkt A zum Mittelpunkt hat, wird sich also bis zu dem von den Geraden ABC, AGE begrenzten Bogen CE ausbreiten. Obgleich nämlich die Einzelwellen, welche durch die im Raume CAE enthaltenen Teilchen erzeugt werden, auch außerhalb dieses Raumes sich ausbreiten, so treffen sie gleichwohl nirgends sonst, als eben nur in dem Bogen CE, ihrer gemeinschaftlichen Berührungslinie, im nämlichen Augenblick zusammen, um gemeinsam eine die Bewegung abgrenzende Welle zu bilden.

Hierin liegt der Grund, warum das Licht, sofern wenigstens seine Strahlen nicht zurückgeworfen oder gebrochen werden, sich nur in geraden Linien fortpflanzt, so daß es einen jeden Gegenstand nur dann beleuchtet, wenn der Weg von seiner Quelle bis zu diesem Gegenstand längs solcher Linien offen steht. Denn wenn beispielsweise eine Öffnung BG vorhanden wäre, welche durch undurchsichtige Körper BH, GJ begrenzt ist, so würden gemäß vorstehender Darlegung die von dem Punkte A kommenden Wellen immer durch die Geraden AC, AE begrenzt werden, da diejenigen Teile der Einzelwellen, welche sich über den Raum ACE hinaus ausbreiten, zu schwach sind, um daselbst Licht hervorzubringen.

Wie klein nun auch immer die Öffnung BG gemacht wird, so bleibt der Grund dafür, daß das Licht zwischen geraden Linien hindurchgeht, doch immer der nämliche; denn diese Öffnung ist stets groß genug, um eine große Anzahl der unbegreiflich kleinen Teilchen der Äthermaterie zu enthalten; es leuchtet somit ein, daß sich jeder kleine Wellenteil längs der geraden Linie fortbewegen muß, welche von dem leuchtenden Punkte ausgeht. Und eben darum kann man die Lichtstrahlen als gerade Linien auffassen.

Im Hinblick auf die Bemerkung über die Schwäche der Einzelwellen ist es übrigens nicht unbedingt erforderlich, daß sämtliche Ätherteilchen untereinander gleich sind, obgleich ihre Gleichheit für die Fortpflanzung der Bewegung günstiger ist. Denn die Ungleichheit wird allerdings zur Folge haben, daß ein Teilchen, wenn es auf ein größeres trifft, mit einem Teile seiner Bewegung zurückweicht; aber dadurch werden nur einige rückwärts zum leuchtenden Punkt gehende Einzelwellen hervorgerufen, welche unfähig sind, Licht zu erzeugen, aber keine aus mehreren zusammengesetzte Hauptwelle, wie etwa CE.

Eine andere und mit die wunderbarste Eigenschaft des Lichtes besteht darin, daß die von verschiedenen oder selbst entgegengesetzten Richtungen kommenden Lichtstrahlen einander durchdringen und ohne irgend eine Behinderung ihre Wirkung ausüben. Daher kommt es auch, daß mehrere Beobachter gleichzeitig durch ein und dieselbe Öffnung verschiedene Gegenstände sehen können und daß von zwei Personen jede zu gleicher Zeit die Augen der anderen sieht. Gemäß unserer Erklärung der Wirkungsweise des Lichtes, nach der die Wellen desselben sich weder aufheben noch beim Kreuzen einander unterbrechen, lassen sich die soeben erwähnten Erscheinungen leicht begreifen, während dies, wie ich glaube, bei Zugrundelegung der Ansicht von Descartes durchaus nicht möglich ist, da derselbe das Licht in einem kontinuierlichen Druck bestehen läßt, der nur das Streben zur Bewegung hervorruft. Denn da dieser Druck nicht gleichzeitig von zwei entgegengesetzten Seiten auf Körper einwirken kann, welche keine Neigung haben sich zu nähern, so ist es unmöglich zu verstehen, daß zwei Personen, wie ich vorhin bemerkte, wechselseitig ihre Augen sehen, noch auch wie zwei Fackeln einander beleuchten können.

ISAAC NEWTON

PHILOSOPHIAE NATURALIS PRINCIPIA MATHEMATICA

Newtons Vorwort zur ersten Ausgabe

224

Die Alten hielten (nach Pappus'[1] Angabe) die Mechanik für sehr wichtig bei der Erforschung der Natur, und die Neuern haben, nachdem sie die Lehre von den substantiellen Formen und den verborgenen Eigenschaften aufgegeben, angefangen die Erscheinungen der Natur auf mathematische Gesetze zurückzuführen. Es erschien daher zweckmäßig, im vorliegenden Werke die Mathematik so weit auszuführen, als sie sich auf die Physik bezieht.

Die Alten stellten die Mechanik auf zweifache Weise dar, als rationale, welche durch Beweisführung mit Genauigkeit vorwärtsschreitet, und als praktische. Zur letztern gehören alle Handfertigkeiten, von denen auch der Name Mechanik abgeleitet ist. Da aber die Künstler nicht sehr genau zu Werke zu gehen pflegen, so unterscheidet man dermaßen zwischen der Mechanik und der Geometrie, daß man alles Genaue zur letztern, alles weniger Genaue zur erstern zählt. Die begangenen Fehler darf man jedoch nicht der Kunst, sondern den Künstlern zuschreiben. Wer nämlich weniger

[1] Pappus, ca. 340 n. Chr. in Alexandrien geboren, war einer der letzten großen Mathematiker der Spätantike. (Hg.)

genau zu Werke geht, ist ein unvollkommener Mechaniker; derjenige hingegen, welcher aufs genaueste arbeiten könnte, würde der vollkommenste aller Mechaniker sein.

Die Darstellung von geraden Linien und Kreisen, welche der Geometrie als Grundlage dienen, gehört auch der Mechanik an. Die Geometrie lehrt nämlich nicht, wie man solche Linien beschreibt, sie setzt dies als bekannt voraus. Sie verlangt, daß der Anfänger vorher gelernt habe, dieselben genau darzustellen, bevor er die Schwelle der Geometrie betritt. Sie lehrt hierauf, wie man durch diese Operationen Aufgaben lösen kann. Gerade Linien und Kreise beschreiben ist eine Aufgabe nicht der Geometrie, sondern der Mechanik; erstere lehrt die Anwendung derselben, und es gereicht ihr zum Ruhme, daß sie mit so wenigen von anderswo hergenommenen Prinzipien so viel leistet. Die Geometrie hat demnach ihre Basis in der praktischen Mechanik, und sie ist derjenige Teil der allgemeinen Mechanik, welcher die Kunst, genau zu messen, aufstellt und beweist.

Da aber die Handfertigkeiten hauptsächlich bei der Bewegung der Körper in Anwendung kommen, so bezieht man gewöhnlich die Geometrie auf die Größen, die Mechanik auf die Bewegung. In diesem Sinne ist die rationale Mechanik die genau dargestellte und erwiesene Wissenschaft, welche von den aus gewissen Kräften hervorgehenden Bewegungen und umgekehrt den zu gewissen Bewegungen erforderlichen Kräften handelt. Diesen Teil hatten die Alten in den fünf Kräften[1], welche sich auf Handfertigkeiten beziehen, ausgebildet. Sie betrachteten dabei die Schwere (da sie keine Kraft der Hand ist) kaum weiter als bei den Gewichten, welche durch jene Kräfte bewegt werden sollen. Wir aber, die wir nicht die Kunst, sondern die wir die Wissenschaft zu Rate ziehen, und die wir nicht über die Kräfte der Hand, sondern die der Natur schreiben, betrachten hauptsächlich diejenigen Umstände, welche sich auf Schwere und Leichtigkeit, auf die Kraft der Elastizität und den Widerstand der Flüssigkeiten und auf andere derartige anziehende oder bewegende Kräfte beziehen, und stellen daher unsere Betrachtungen als mathematische Prinzipien der Naturlehre auf.

Der Kern der Physik besteht nämlich offenbar darin, aus den Erscheinungen der Bewegung die Kräfte der Natur zu erforschen und hierauf durch diese Kräfte die übrigen Erscheinungen zu erklären. Hierzu dienen die allgemeinen Sätze, welche im ersten und zweiten Buch behandelt werden. Im dritten Buch haben wir, zur Anwendung derselben, das Weltsystem erklärt. Dort wird nämlich aus den Erscheinungen am Himmel, mittels der in den ersten Büchern mathematisch bewiesenen Sätze, die Kraft der Schwere ab-

[1] Hebel, Rolle, Keil, Schraube, Winde. (Hg.)

geleitet, vermöge welcher die Körper sich bestreben, der Sonne und den einzelnen Planeten sich zu nähern. Aus derselben Kraft werden dann, gleichfalls mittels mathematischer Sätze, die Bewegungen der Planeten, Kometen, des Mondes und des Meeres abgeleitet.

Möchte es gestattet sein, die übrigen Erscheinungen der Natur auf dieselbe Weise aus mechanischen Prinzipien abzuleiten! Viele Beweggründe bringen mich zu der Vermutung, daß diese Erscheinungen alle von gewissen Kräften abhängen können. Durch diese werden nämlich die Teilchen der Körper, aus noch nicht bekannten Ursachen, entweder gegeneinander getrieben und hängen alsdann als reguläre Körper zusammen, oder sie weichen voneinander zurück und fliehen sich gegenseitig. Bis jetzt haben die Physiker es vergebens versucht, die Natur durch diese unbekannten Kräfte zu erklären; ich hoffe jedoch, daß die hier aufgestellten Prinzipien entweder über diese oder irgendeine richtigere Verfahrungsweise Licht verbreiten werden. [...]

Cotes' Vorwort zur zweiten Ausgabe

225
Diejenigen, welche sich mit Physik beschäftigt haben, kann man etwa in drei Klassen teilen. Einige schrieben nämlich einzelnen Arten von Dingen spezifische und verborgene Eigenschaften zu, von denen alsdann die Operationen der einzelnen Körper aus einer gewissen unbekannten Ursache abhängen sollten. Hierin besteht das Wesentliche der scholastischen Philosophie, welche von Aristoteles und den Peripatetikern herrührt. Sie behaupten, daß die einzelnen Wirkungen aus der Natur der Körper entspringen; woher aber diese Natur rühre, lehren sie nicht; sie lehren daher nichts. Da sie sich durchaus bei dem Namen der Dinge, nicht bei den Dingen selbst aufhalten, kann man sagen, daß sie eine gewisse wissenschaftliche Sprachweise erfunden, nicht aber, daß sie wahre Wissenschaft gelehrt haben.

Andere hegten die Hoffnung, das Lob eines bessern Eifers einzuernten, nachdem sie den unnützen Mischmasch von Worten weggeworfen hatten. Sie behaupteten demnach, die allgemeine Materie sei homogen und alle den begrenzten Körpern eigentümliche verschiedene Formation entspringe aus gewissen höchst einfachen und leicht zu erkennenden Beziehungen der sie zusammensetzenden Teilchen. In der Tat stellen sie so zwar ein Fortschreiten vom Einfachen zum Zusammengesetzten dar, wenn sie jene ursprünglichen Beziehungen der Teilchen so annehmen, wie die Natur sie zeigt. Allein da sie sich erlauben, eine beliebige unbekannte Gestalt und

Größe der Teile und eine unbestimmte Lage und Bewegung derselben anzunehmen, da sie selbst gewisse verborgene Flüssigkeiten erdenken, welche die Poren der Körper frei durchwandern, eine sehr bedeutende Feinheit besitzen und durch verborgene Bewegungen angetrieben werden: so versinken sie in Träumereien, indem sie die wahre Einrichtung der Dinge vernachlässigen, welche man vergebens durch falsche Vermutungen abzuleiten suchen wird, da man sie kaum, selbst durch die sichersten Beobachtungen nicht, erforschen kann. Diejenigen, welche ihre Spekulationen auf Hypothesen begründen, werden, wenn sie hierauf auch aufs strengste nach mechanischen Gesetzen fortschreiten, eine Fabel, vielleicht eine elegante und schöne, jedoch nur eine Fabel aufbauen.

Es bleibt noch eine dritte Art von Naturforschern übrig, welche sich zur Experimental-Physik bekennt. Diese wollen zwar aus den möglich einfachsten Prinzipien die Ursachen aller Dinge ableiten, allein als Prinzip nehmen sie nichts an, was noch nicht durch die Erscheinungen bewiesen wurde. Hypothesen werden ersonnen, jedoch nehmen sie sie nur als Fragen, über deren Wahrheit geurteilt werden soll, in die Physik auf. Sie verfahren daher nach einer zweifachen Methode, der analytischen und synthetischen. Die Kräfte der Natur und ihre einfachen Gesetze leiten sie aus einigen ausgewählten Erscheinungen mittels der Analysis ab und legen die erstern, mittels der Synthesis, als Beschaffenheit der übrigen Erscheinungen dar. Diese Erforschungsart ist jene bei weitem beste, welche vor den übrigen anzuwenden unser berühmter Verfasser für würdig und verdienstlich hielt. Dieser allein legte er hinreichenden Wert bei, um ihrer Ausbildung und Ausschmückung seine Bemühungen zu widmen. Er stellte als berühmtes Beispiel derselben die mit Glück aus dem Gesetz der Schwere abgeleitete Erklärung des Weltsystems auf. Daß die Kraft der Schwere allen Körpern innewohne, hatten die einen vermutet, die andern gedacht; er aber, als der erste und einzige vermochte es, ihr Dasein mittels der Erscheinungen zu erweisen und ihr durch ausgezeichnete Spekulationen eine feste Grundlage aufzubauen. [...]

Da nun alle Körper, welche sich auf der Erde oder am Himmel befinden und an denen man Beobachtungen oder Versuche anstellen kann, schwer sind, so wird man allgemein behaupten müssen, daß die Schwere allen Körpern zukomme. So wie man sich keine Körper denken kann, welche nicht ausgedehnt, beweglich und undurchdringlich wären, kann man sich auch keine vorstellen, welche nicht schwer wären. Die Ausdehnung, Beweglichkeit und Undurchdringlichkeit sind nur durch Versuche bekannt, und ganz auf dieselbe Weise hat man auch die Schwere kennen gelernt. Alle Körper, welche wir beobachtet haben, sind ausgedehnt, beweglich und undurchdringlich; und hieraus schließen wir, daß alle Körper, auch die nicht beobachteten, ausgedehnt, beweglich und undurchdringlich sind. Ebenso sind alle beobachteten Körper schwer, und hieraus schließen wir auf die Schwere aller Körper, auch derjenigen, welche wir nicht beobachtet haben. Wollte jemand behaupten, die Fixsterne seien nicht schwer, weil man ihre Schwere noch nicht wahrgenommen hat, so könnte man aus demselben Grunde die Behauptung aufstellen, daß sie weder ausgedehnt, noch beweglich, noch undurchdringlich seien, weil man diese Eigenschaften derselben noch nicht beobachtet hat. In Kürze: Zu den ursprünglichen Eigenschaften aller Körper gehört entweder die Schwere, oder ebensowenig gehören dazu die Ausdehnung, Beweglichkeit und Undurchdringlichkeit. Wird die Natur der Dinge nicht richtig durch die erstere erklärt, so wird sie es auch nicht durch die drei letzteren.

Ich höre, daß manche diese Schlüsse nicht billigen, und, ich weiß nicht was, von verborgenen Eigenschaften murmeln. Sie bekritteln uns, daß wir die Schwere als etwas Verborgenes annehmen, und sind der Meinung, daß die verborgenen Ursachen weit von der Forschung abliegen. Diesen erwidert man leicht, daß diejenigen Ursachen keine verborgenen sind, deren Dasein durch Beobachtungen aufs deutlichste erwiesen wird, sondern nur diejenigen, deren Existenz verborgen oder erdichtet, aber noch nicht erwiesen ist. Die Schwere wird daher keine verborgene Ursache der Erscheinungen am Himmel sein, indem aus den Erscheinungen selbst dargetan worden ist, daß sie wirklich existiere. Diejenigen nahmen vielmehr zu verborgenen Ursachen ihre Zuflucht, welche, ich weiß nicht was für Wirbel einer gänzlich ersonnenen und den Sinnen ganz unbekannten Materie annehmen, durch welche jene Bewegungen hervorgebracht werden sollen.

Wird man aber deshalb die Schwere eine verborgene Ursache nennen und sie unter diesem Namen aus der Naturlehre verbannen, weil ihre Ursache verborgen und noch nicht gefunden ist? Diejenigen, welche dies behaupten, mögen sehen, daß sie keine absurde Behauptung aufstellen, wodurch sie endlich die ganze Grundlage der Physik umreißen würden. Obgleich man durch beständige Verknüpfung der Ursachen vom Zusammengesetzten zum Einfachen fortzuschreiten pflegt, kann man doch nicht weiter kommen, sobald man zur einfachsten Ursache gelangt ist. Von der letztern kann keine mechanische Erklärung gegeben werden; würde diese gegeben, so wäre die Ursache noch nicht die einfachste. Wird man daher diese einfachsten Ursachen verborgene nennen und dieselben verbannen wollen? Zugleich würden dann auch die unmittelbar von ihnen abhängenden und ebenso die weiter abhängenden Ursachen verbannt werden, bis die Naturlehre von allen Ursachen frei und gereinigt wäre. [...]

Einigen gefällt diese ganze Physik des Himmels deshalb nicht, weil sie den Meinungen von Descartes zu widerstreiten und kaum damit vereinigt werden zu können scheint. Diese mögen an ihrer Ansicht Freude finden, jedoch müssen sie auch billig handeln und andern die Freiheit nicht versagen, welche sie für sich selbst in Anspruch nehmen. Es wird daher erlaubt sein, Newtons System, welches uns wahrer erscheint, anzunehmen und beizubehalten, wie auch den durch Erscheinungen dargetanen Ursachen lieber zu folgen als gänzlich erdichteten und noch nicht erwiesenen. Zur wahren Forschung gehört, die Natur der Dinge aus wirklich existierenden Ursachen abzuleiten und die Gesetze aufzusuchen, nach denen der hohe Weltschöpfer die schönste Ordnung herstellen wollte, nicht aber die, nach denen er es konnte, wenn es ihm beliebt hätte. Es stimmt nämlich mit der Vernunft überein, daß aus mehreren etwas von einander verschiedenen Ursachen dieselbe Wirkung hervorgehen könne; diejenige Ursache wird aber die wahre sein, aus welcher sie in der Tat und wirklich hervorgeht, die übrigen finden in einem wahren System nicht statt. In sich selbst bewegenden Uhrwerken kann dieselbe Bewegung des Zeigers entweder aus einem angehängten Gewicht oder aus einer inwendig eingeschlossenen Feder entspringen. Wenn das zerlegte Uhrwerk wirklich mit einem Gewicht konstruiert ist, so wird man denjenigen auslachen, welcher sich eine Feder gedacht hat und durch eine so voreilig erdachte Hypothese die Bewegung des Zeigers erklären wollte. Man muß durchaus die innere Einrichtung der Maschine erforschen, um das wahre Prinzip der vorausgesetzten Bewegung als erkannt anzusehen. Ein ungefähr ähnliches Urteil muß man über diejenigen Naturforscher fällen, welche den Himmel mit einer gewissen sehr feinen Materie ausgefüllt und eine beständige Wirbelbewegung derselben annehmen. Wenn sie auch durch ihre Hypothesen den Erscheinungen aufs genaueste Genüge leisten können, so dürfen sie doch nicht behaupten, ein wahres Natursystem vorgetragen und die wahren Ursachen der Himmelsbewegungen gefunden zu haben; wofern sie nicht die Existenz dieser oder wenigstens die Nichtexistenz anderer Ursachen nachgewiesen haben. Wenn daher gezeigt ist, daß in der Natur eine wirkliche Anziehung aller Dinge stattfinde, wenn ferner auch gezeigt ist, nach welcher Weise man alle Bewegungen am Himmel durch sie erklären könne, so würde der Einwurf, daß dieselben Bewegungen durch Wirbel erklärt werden müßten, wenn wir auch die Möglichkeit der letztern zugegeben hätten, eitel und wahrhaft lächerlich sein. Wir geben aber diese Möglichkeit nicht zu. Die Erscheinungen können nämlich auf keine Weise durch Wirbel erklärt werden, was unser Verfasser vollständig und durch die klarsten Gründe dargetan hat, so daß diejenigen mehr als billig ihren Träumen nachhängen müssen, welche sich die erfolglose Mühe geben, die unpassendste Dichtung auszubessern und mit neuen Erdichtungen auszuschmücken.

Wenn die Planeten und Kometen durch Wirbel um die Sonne geführt werden, so müssen die fortgeführten Körper und die sie zunächst umgebenden Teile der Wirbel mit derselben Geschwindigkeit und nach derselben Richtung sich bewegen; sie müssen dieselbe Dichtigkeit und dasselbe Beharrungsvermögen, im Verhältnis der Menge ihrer Materie, besitzen. Es ist aber bekannt, daß die Planeten und Kometen, während sie sich in derselben Gegend des Himmels befinden, sich mit verschiedenen Geschwindigkeiten und nach verschiedenen Richtungen bewegen. Es folgt daher notwendig, daß jene Teile der himmlischen Flüssigkeit, welche gleich weit von der Sonne entfernt sind, in derselben Zeit nach verschiedenen Richtungen und mit verschiedener Geschwindigkeit fortwandern; denn eine andere Richtung und Geschwindigkeit muß für den Fortgang der Planeten und eine andere für den der Kometen erforderlich sein. Da dies nicht erklärt werden kann, so muß man entweder gestehen, daß alle Himmelskörper durch die Materie nicht fortgeführt werden, oder erklären, daß ihre Bewegungen nicht durch einen und denselben Wirbel, sondern durch mehrere ausgeführt werden, welche untereinander verschieden sind und denselben um die Sonne gelegenen Raum durchwandern.

Wenn sich mehrere Wirbel in demselben Raume befinden und sich wechselseitig durchdringen, wenn sie ferner mit verschiedenen Bewegungen umlaufen, so müssen diese Bewegungen denjenigen der fortgeführten Körper ähnlich sein, welche sehr regelmäßig und in Kegelschnitten, teils sehr exzentrischen, teils der Kreisform nahekommenden, stattfinden. Man kann daher mit Recht fragen, wie es möglich sei, daß diese Bewegungen unverändert erhalten und nicht im mindesten durch die Einwirkung der entgegenstehenden Materie während so vieler Jahrhunderte gestört werden. Wahrlich, da diese erdichteten Bewegungen zusammengesetzter und schwieriger zu erklären sind als jene wahren Bewegungen der Planeten und Kometen, so scheint es mir unnütz, sie in die Physik aufzunehmen, da jede Ursache einfacher sein muß als ihre Wirkung. Ist einmal die Freiheit zu fabeln aufgestellt, so könnte jemand behaupten, alle Planeten und Kometen seien wie unsere Erde von Atmosphären umgeben, eine Hypothese, welche mehr mit der Vernunft übereinzustimmen scheint als die der Wirbel. Hierauf könnte er die Behauptung aufstellen, diese Atmosphären bewegten sich vermöge ihrer natürlichen Beschaffenheit um die Sonne und beschrieben Kegelschnitte. Diese kann man sich wahrlich leichter vorstellen als eine ähnliche Bewegung der Wirbel, welche gegenseitig durcheinander hindurchgehen. Endlich könnte er die Annahme aufstellen, daß die Planeten und Kometen durch ihre Atmosphären um die Sonne geführt werden, und könnte so wegen der aufgefundenen Ursachen der Himmelsbewegungen einen Triumph feiern. Jeder, welcher aber diese Fabel für verwerflich hält, müßte auch die andere verwerfen; denn ein Ei ist dem andern nicht ähnlicher als die Hypothese der Atmosphären derjenigen der Wirbel. [...]

Absoluter Raum, absolute Zeit und absolute Bewegung

226

I. Die absolute, wahre und mathematische Zeit verfließt an sich und vermöge ihrer Natur gleichförmig und ohne Beziehung auf irgend einen äußern Gegenstand. Sie wird so auch mit dem Namen Dauer belegt.

Die relative, scheinbare und gewöhnliche Zeit ist ein fühlbares und äußerliches, entweder genaues oder ungleiches Maß der Dauer, dessen man sich gewöhnlich statt der wahren Zeit bedient, wie Stunde, Tag, Monat, Jahr.

II. Der absolute Raum bleibt vermöge seiner Natur und ohne Beziehung auf einen äußern Gegenstand stets gleich und unbeweglich.

Der relative Raum ist ein Maß oder ein beweglicher Teil des erstern, welcher von unsern Sinnen durch seine Lage gegen andere Körper bezeichnet und gewöhnlich für den unbeweglichen Raum genommen wird. Z. B. ein Teil des Raumes innerhalb der Erdoberfläche; ein Teil der Atmosphäre; ein Teil des Himmels, bestimmt durch seine Lage gegen die Erde. Der absolute und relative Raum sind dasselbe an Art und Größe, aber sie bleiben es nicht immer an Zahl. Bewegt sich z. B. die Erde, so ist der Raum unserer Atmosphäre, welcher in bezug auf unsere Erde immer derselbe bleibt, bald der eine, bald der andere Teil des absoluten Raumes, in welchen die Atmosphäre übergeht, und ändert sich so beständig.

III. Der Ort ist ein Teil des Raumes, welchen ein Körper einnimmt, und, nach Verhältnis des Raumes entweder absolut oder relativ.

Er ist ein Teil des Raumes, nicht aber der Platz oder die Lage des Körpers oder die ihn umgebende Oberfläche. Denn die Orte gleicher fester Körper sind stets einander gleich, wogegen die Oberflächen, wegen der Unähnlichkeit der Gestalt meistenteils ungleich sind. Die Lage eines Körpers hat aber eigentlich gar keine Größe und ist nicht so sehr ein Ort als ein Merkmal des Ortes. Die Bewegung des Ganzen ist identisch mit der Summe der Bewegungen seiner einzelnen Teile, daher die Ortsveränderung des Ganzen identisch mit der Summe der Ortsveränderungen seiner einzelnen Teile. Er befindet sich daher innerhalb des ganzen Körpers.

IV. Die absolute Bewegung ist die Übertragung des Körpers von einem absoluten Orte nach einem andern absoluten Orte; die relative Bewegung die Übertragung von einem relativen Orte nach einem andern relativen Orte.

In einem segelnden Schiffe ist der relative Ort eines Körpers die Gegend des Schiffes, in welcher der letztere sich befindet, oder derjenige Teil des ganzen innern Raumes, welchen der Körper ausfüllt und welcher daher gleichzeitig mit dem Schiffe fortbewegt wird. Relative Ruhe ist das Verharren des Körpers in derselben Gegend des Schiffes oder demselben Teile des ganzen innern Raumes. Wahre Ruhe hingegen ist das Verharren des Körpers in demselben Teil jenes unbewegten Raumes, in welchem das Schiff selbst mit seinem hohlen Raume und all seinem Inhalt sich bewegt. Wenn daher die Erde ruhte, so würde der Körper, welcher relativ im Schiffe ruht, sich wirklich und absolut mit derselben Geschwindigkeit bewegen, mit welcher das Schiff sich bewegt. Bewegt sich hingegen die Erde auch, so entsteht die wahre und absolute Bewegung des Körpers teils aus der relativen Bewegung des Schiffes auf der Erde, teils aus der wahren Bewegung der Erde im unbewegten Raume, teils aus den relativen Bewegungen des Schiffes auf der Erde und des Körpers im Schiffe, und aus den beiden letzteren Bewegungen ergibt sich die relative Bewegung des Körpers auf der Erde.

Bewegt sich z.B. der Teil der Erde, in welchem das Schiff sich befindet, gegen Osten mit einer Geschwindigkeit von 10010 Teilen; das durch Wind und Segel angetriebene Schiff hingegen gegen Westen mit einer Geschwindigkeit von 10 Teilen, geht endlich der Schiffer im Schiffe gegen Osten mit einer Geschwindigkeit von 1 Teil: so bewegt sich der letztere wirklich und absolut im unbewegten Raum gegen Osten mit einer Geschwindigkeit von 10001 Teilen und relativ auf der Erde gegen Westen mit einer Geschwindigkeit von 9 Teilen.

Das Experiment mit einem rotierenden Gefäß

227
Die Wirkungen, durch welche absolute und relative Bewegungen von einander verschieden sind, sind die Fliehkräfte von der Achse der Kreisbewegung. Bei einer nur relativen Kreisbewegung existieren diese Kräfte nicht, bei der wahren aber sind sie kleiner oder größer je nach Verhältnis der Größe der Bewegung.

Man hänge z.B. ein Gefäß an einer sehr langen Schnur auf, drehe dasselbe beständig im Kreise herum, bis die Schnur durch die Drehung sehr steif wird; hierauf fülle man es mit Wasser und halte es zugleich mit dem letzteren in Ruhe. Wird es nun durch eine plötzlich wirkende Kraft in entgegengesetzte Kreisbewegung versetzt und hält diese, während die Schnur sich ablöst, längere Zeit an, so wird die Oberfläche des Wassers anfangs eben sein, wie vor der Bewegung des Gefäßes, hierauf, wenn die Kraft allmählich auf das Wasser einwirkt, bewirkt das Gefäß, daß das Wasser merklich sich umzudrehen anfängt. Es entfernt sich nach und nach von der Mitte und steigt an den Wänden des Gefäßes in die Höhe, indem es eine hohle Form annimmt. (Diesen Versuch habe ich selbst gemacht.) Durch eine immer stärkere Bewegung steigt es mehr und mehr an, bis es in gleichen Zeiträumen mit dem Gefäße sich umdreht und relativ in demselben ruht. Dieses Ansteigen deutet auf ein Bestreben, sich von der Achse der Bewegung zu entfernen, und durch einen solchen Versuch wird die wahre und absolute kreisförmige Bewegung des Wassers, welche der relativen hier ganz entgegengesetzt ist, erkannt und gemessen. Im Anfang, als die relative Bewegung des Wassers im Gefäß am größten war, verursachte dieselbe kein Bestreben, sich von der Achse zu entfernen. Das Wasser suchte nicht sich dem Umfange zu nähern, indem es an den Wänden emporstieg, sondern blieb eben, und die wahre kreisförmige Bewegung hatte daher noch nicht begonnen. Nachher aber, als die relative Bewegung des Wassers abnahm, deutete sein Aufsteigen an den Wänden des Gefäßes das Bestreben an, von der Achse zurückzuweichen, und dieses Bestreben zeigte die stets wachsende wahre Kreisbewegung des Wassers an, bis diese endlich am größten wurde, wenn das Wasser selbst relativ im Gefäße ruhte. Jenes Streben hängt nicht von der Übertragung des Wassers in bezug auf die umgebenden Körper ab, und deshalb kann die wahre Kreisbewegung nicht durch eine solche Übertragung erklärt werden.

228

Grundsätze oder Gesetze der Bewegung

1. Gesetz.

Jeder Körper beharrt in seinem Zustande der Ruhe oder der gleichförmigen geradlinigen Bewegung, wenn er nicht durch einwirkende Kräfte gezwungen wird, seinen Zustand zu ändern.

Geschosse verharren in ihrer Bewegung, insofern sie nicht durch den Widerstand der Luft verzögert und durch die Kraft der Schwere von ihrer Richtung abgelenkt werden. Ein Kreisel, dessen Teile vermöge der Kohäsion sich beständig aus der geradlinigen Bewegung entfernen, hört nur insofern auf, sich zu drehen, als der Widerstand der Luft ihn verzögert. Die großen Körper der Planeten und Kometen aber behalten ihre fortschreitende und kreisförmige Bewegung, in weniger widerstehenden Medien, längere Zeit bei.

2. Gesetz.

Die Änderung der Bewegung ist der Einwirkung der bewegenden Kraft proportional und geschieht nach der Richtung derjenigen geraden Linie, nach welcher jene Kraft wirkt.

Wenn irgend eine Kraft eine gewisse Bewegung hervorbringt, so wird die doppelte eine doppelte, die dreifache eine dreifache erzeugen; mögen diese Kräfte zugleich und auf einmal oder stufenweise auf einander folgend einwirken. Da diese Bewegung immer nach demselben Ziel wie die erzeugende Kraft gerichtet ist, so wird sie, im Fall daß der Körper vorher in Bewegung war, entweder, wenn die Richtung übereinstimmt, hinzugefügt oder, wenn sie unter einem schiefen Winkel einwirkt, mit ihr nach den Richtungen beider zusammengesetzt.

3. Gesetz.

Die Wirkung ist stets der Gegenwirkung gleich, oder die Wirkungen zweier Körper auf einander sind stets gleich und von entgegengesetzter Richtung.

Jeder Gegenstand, welcher einen andern drückt oder zieht, wird ebenso stark durch diesen gedrückt oder gezogen. Drückt jemand einen Stein mit dem Finger, so wird dieser vom Steine gedrückt. Zieht ein Pferd einen an ein Seil befestigten Stein fort, so wird das erstere gleich stark gegen den letzteren zurückgezogen, denn das nach beiden Seiten gespannte Seil wird durch dasselbe Bestreben, schlaff zu werden, das Pferd gegen den Stein und diesen gegen jenes drängen; es wird ebenso stark das Fortschreiten des einen verhindern als das Fortrücken des andern befördern. Wenn irgend ein Körper auf einen andern stößt und die Bewegung des letztern irgendwie verändert, so wird ersterer in seiner eigenen Bewegung dieselbe Änderung nach entgegengesetzter Richtung durch die Kraft des andern (wegen der Gleichheit des wechselseitigen Druckes) erleiden. Diesen Wirkungen werden die Änderungen nicht der Geschwindigkeiten, sondern der Bewegungen bei Körpern, welche nicht anderweitig verhindert sind, gleich. Die Änderungen der Geschwindigkeiten, nach entgegengesetzten Richtungen, sind nämlich, weil die Bewegungen sich gleich ändern, den Körpern umgekehrt proportional. Es gilt dieses Gesetz auch bei den Anziehungen, wie in der nächsten Anmerkung gezeigt werden wird.

229
Regeln zur Erforschung der Natur

1. Regel.
An Ursachen zur Erklärung natürlicher Dinge soll man nicht mehr zulassen, als wahr sind und zur Erklärung jener Erscheinungen ausreichen.

Die Physiker sagen: Die Natur tut nichts vergebens, und vergeblich ist dasjenige, was durch vieles geschieht und durch weniger ausgeführt werden kann. Die Natur ist nämlich einfach und schwelgt nicht in überflüssigen Ursachen der Dinge.

2. Regel.
Man muß daher, so weit es angeht, gleichartigen Wirkungen dieselben Ursachen zuschreiben.

So dem Atmen der Menschen und der Tiere, dem Falle der Steine in Europa und Amerika, dem Lichte des Küchenfeuers und der Sonne, der Reflexion des Lichtes auf der Erde und den Planeten.

3. Regel.
Diejenigen Eigenschaften der Körper, welche weder verstärkt noch vermindert werden können und welche allen Körpern zukommen, an denen man Versuche anstellen kann, muß man für Eigenschaften aller Körper halten.

Die Eigenschaften der Körper werden nämlich nur durch Versuche bekannt, und man muß daher diejenigen für allgemeine halten, welche im allgemeinen mit den Versuchen übereinstimmen und die weder vermindert noch aufgehoben werden können. Offenbar kann man weder, dem Verlauf der Versuche zuwider, Träume ersinnen, noch sich von der Analogie der Natur entfernen, da diese einfach und mit sich übereinstimmend zu sein pflegt. Die Ausdehnung der Körper wird nur durch die Sinne erkannt und nicht bei allen wahrgenommen; weil man sie aber bei allen wahrnehmbaren Körpern antrifft, nimmt man sie auch bei allen anderen an. Daß mehrere Körper hart sind, erfahren wir durch Versuche. Die Härte des Ganzen entspringt aus der Härte der Teile, und hieraus schließen wir mit Recht, daß nicht nur die wahrnehmbaren Teile dieser Körper, sondern auch die unzerlegbaren Teilchen aller Körper hart sind. Daß alle Körper undurchdringlich sind, leiten wir nicht aus der Vernunft, sondern aus Versuchen ab. Alles was wir unter Händen haben, finden wir undurchdringlich, und daraus schließen wir, daß die Undurchdringlichkeit eine Eigenschaft aller Körper ist. Daß alle Körper beweglich sind und vermöge einer gewissen Kraft (welche wir die Kraft der Trägheit nennen), in der Bewegung oder Ruhe verharren, schließen wir daraus, daß wir diese Eigenschaften an allen betrachteten Körpern wahrgenommen haben. Die Ausdehnung, Härte, Undurchdringlichkeit, Beweglichkeit und Kraft der Trägheit des Ganzen entspringt aus denselben Eigenschaften der Teile; hieraus schließen wir, daß die kleinsten Teile der Körper ebenfalls ausgedehnt, hart, undurchdringlich, beweglich und mit der Kraft der Trägheit begabt sind. Hierin besteht die Grundlage der gesamten Naturlehre. Ferner lernen wir aus den Erscheinungen, daß die sich wechselseitig berührenden Teile der Körper von einander getrennt werden können. Daß man durch Rechnung die Teile noch in kleinere zerlegen könne, ist aus der Mathematik bekannt; ob man diese so zerlegt gedachten Teile durch Kräfte der Natur darstellen könne, ist ungewiß. Wenn es sich aber durch einen Versuch ergäbe, daß einige unzerlegte Teilchen, durch Zerbrechung eines harten und festen Körpers, eine Teilung vertrügen, so würden wir daraus nach dieser Regel schließen, daß nicht nur zerlegte Teile trennbar seien, sondern daß auch unzerlegte ins Unendliche geteilt werden können.

Sind endlich alle Körper in der Umgebung der Erde gegen diese schwer, und zwar im Verhältnis der Menge der Materie in jedem, ist der Mond gegen die Erde nach Verhältnis seiner Masse und umgekehrt unser Meer gegen den Mond schwer, hat man ferner durch Versuche und astronomische Beobachtungen erkannt, daß alle Planeten wechselseitig gegeneinander und die Kometen gegen die Sonne schwer sind, so muß man nach dieser Regel behaupten, daß alle Körper gegeneinander schwer seien. Stärker ist der Beweis in bezug auf die allgemeine Schwere, als auf die Undurchdringlichkeit der Körper, über welche letztere wir keinen Versuch und keine Beobachtung der Himmelskörper haben. Ich behaupte aber doch nicht, daß die Schwere den Körpern wesentlich zukomme. Unter eigentümlicher Kraft begreife ich die Kraft der Trägheit, welche unveränderlich ist, wogegen die Schwere mit der Entfernung von der Erde abnimmt.

4. Regel.

In der Experimentalphysik muß man die aus den Erscheinungen durch Induktion geschlossenen Sätze, trotz denkbarer entgegengesetzter Hypothesen, entweder genau oder sehr nahe für wahr halten, bis andere Erscheinungen eintreten, durch welche sie entweder größere Genauigkeit erlangen oder Ausnahmen unterworfen werden.

Dies muß geschehen, damit nicht das Argument der Induktion durch Hypothesen aufgehoben werde.

230
Allgemeine Anmerkung

Die Hypothese der Wirbel unterliegt vielen Schwierigkeiten. Damit nämlich jeder Planet um die Sonne Flächen beschreiben könne, welche der Zeit proportional sind, müßten die Umlaufszeiten der Teile ihres Wirbels im quadratischen Verhältnis ihres Abstandes von der Sonne stehen. Damit jedoch die Umlaufszeiten der Planeten im $^3/_2$ten Verhältnis ihrer Abstände von der Sonne ständen, müßten die Umlaufszeiten der Teile ihrer Wirbel im $^3/_2$ten Verhältnis ihrer Abstände stehen. Damit ferner die kleinen Wirbel, welche sich um den Saturn, den Jupiter und andere Planeten drehen, für sich bestehen und sich frei im Wirbel der Sonne bewegen könnten, müßten die Umlaufszeiten der Teile des Sonnenwirbels gleich sein. Die Umdrehungen der Sonne und der Planeten um ihre Achsen, welche mit den Bewegungen der Wirbel übereinstimmen müßten, weichen aber weit von diesen Proportionen ab. Die Kometen haben sehr regelmäßige Bewegungen, sie befolgen bei ihren Umläufen dieselben Gesetze wie die Planeten, und ihr Lauf kann nicht durch Wirbel erklärt werden. Sie gehen nämlich mit sehr exzentrischen Bewegungen in alle Teile des Himmels, was nur geschehen kann, wenn man die Wirbel aufhebt.

Die geworfenen Körper erleiden hienieden keinen andern Widerstand als den der Luft, und im *Boyle*'schen Vakuum hört aller Widerstand auf, so daß eine dünne Feder und festes Gold dort mit gleicher Geschwindigkeit fallen. Dasselbe findet in den Himmelsräumen oberhalb unserer Atmosphäre statt. In ihnen müssen sich alle Körper ganz frei bewegen, und also die Planeten und Kometen ihre Umläufe in Bahnen, welche der Art und Lage nach gegeben sind, zurücklegen, indem sie die oben erklärten Gesetze befolgen. Sie werden nach den Gesetzen der Schwere in ihren Bahnen verharren, aber die ursprüngliche und regelmäßige Lage der letztern konnten sie nicht durch diese Gesetze erlangen.

Die sechs Hauptplaneten bewegen sich um die Sonne in Kreisen, welche um die letztere konzentrisch sind, sie befinden sich sehr nahe in derselben Ebene, und ihre Bewegungen haben dieselbe Richtung. Die zehn Monde, welche sich um die Erde, den Jupiter und den Saturn in Kreisen drehen, die um diese Planeten konzentrisch sind, bewegen sich in derselben Richtung und sehr nahe in den Ebenen dieser Planetenbahnen. Alle diese so regelmäßigen Bewegungen entspringen nicht aus mechanischen Ursachen, da die Kometen sich in sehr exzentrischen Bahnen und nach allen Gegenden des Himmels frei bewegen. Vermöge dieser Art von Bewegung gehen die letzteren sehr schnell und leicht durch die Planetenbahnen und sind in ihrem

Aphel, wo ihre Bewegung sehr langsam ist und sie längere Zeit verweilen, so weit voneinander entfernt, daß ihre gegenseitige Anziehung fast unmerklich ist. Diese bewundernswürdige Einrichtung der Sonne, der Planeten und Kometen hat nur aus dem Ratschlusse und der Herrschaft eines alles einsehenden und allmächtigen Wesens hervorgehen können. Wenn jeder Fixstern das Zentrum eines dem unserigen ähnlichen Systems ist, so muß das Ganze, da es das Gepräge eines und desselben Zweckes trägt, bestimmt einem und demselben Herrscher unterworfen sein. Das Licht der Fixsterne ist von derselben Natur wie das der Sonne, und alle Systeme senden einander ihr Licht zu. Ferner sieht man, daß derjenige, welcher diese Welt eingerichtet hat, die Fixsterne in ungeheure Entfernungen von einander gestellt hat, damit diese Kugeln nicht, vermöge ihrer Schwerkraft, aufeinander fallen. [...]

Dieses unendliche Wesen beherrscht alles, nicht als Weltseele, sondern als Herr aller Dinge. Wegen dieser Herrschaft pflegt unser Herr Gott Pantokrator, d.h. der Herr über Alles genannt zu werden. Denn das Wort Gott (Deus) bezieht sich auf Diener, und die Gottheit ist die Herrschaft Gottes nicht über einen eigentlichen Körper, wie diejenigen annahmen, welche Gott einzig zur Weltseele machen, sondern über Diener. Der höchste Gott ist ein unendliches, ewiges und durchaus vollkommenes Wesen; ein Wesen aber, wie vollkommen es auch sei, wenn es keine Herrschaft ausübte, würde nicht Gott sein. Wir sagen nämlich wohl: mein Gott, unser Gott, der Gott Israels, der Gott der Götter, der Herr der Herrn; aber wir sagen nie: mein Ewiger, euer Ewiger, der Ewige Israels, der Ewige der Götter und eben so wenig mein Unendlicher, noch mein Vollkommener; weil diese Bezeichnungen sich nicht auf unterworfene Wesen beziehen. Das Wort Gott (Deus) bezeichnet bisweilen Herr, aber jeder Herr ist nicht Gott. Die Herrschaft eines geistigen Wesens ist es, was Gott ausmacht; sie ist wahr im wahren Gott, die höchste im höchsten und die erdichtete im erdichteten Gotte. Es folgt hieraus, daß der wahre Gott ein lebendiger, einsichtiger und mächtiger Gott, daß er über dem Weltall erhaben und durchaus vollkommen ist. Er ist ewig und unendlich, allmächtig und allwissend, d.h. er währt von Ewigkeit zu Ewigkeit, von Unendlichkeit zu Unendlichkeit, er regiert alles, er kennt alles, was ist oder was sein kann. [...]

Ebenso wie der Blinde keine Idee von den Farben hat, haben wir auch durchaus keine Idee von der Weise, wie der weiseste Gott fühlt und alle Dinge erkennt. Er hat weder einen Körper noch eine körperliche Gestalt; er kann also weder gesehen, noch gehört, noch berührt werden, und man darf ihn unter keiner fühlbaren Gestalt anbeten. Wir haben wohl eine Vorstellung von seinen Eigenschaften, aber keine von seinen Bestandteilen. Wir sehen nur die Gestalt und Farbe der Körper, wir hören ihre Töne, wir fühlen ihre äußere Oberfläche, wir riechen und schmecken sie; was aber die inneren Substanzen betrifft, so erkennen wir sie weder durch irgend einen Sinn, noch durch Nachdenken, und noch weniger haben wir eine Vorstellung von der Substanz Gottes. Wir kennen ihn nur durch seine Eigenschaften und Attribute, durch die höchst weise und vorzügliche Einrichtung aller Dinge und durch ihre Endursachen; wir bewundern ihn wegen seiner Vollkommenheiten, wir verehren ihn und beten ihn an wegen seiner Herrschaft. Wir als Untertanen beten ihn an, denn Gott ohne Vorsehung, ohne Herrschaft und ohne Endursachen ist nichts anderes als das Schicksal und die Natur.

Die blinde metaphysische Notwendigkeit, welche stets und überall dieselbe ist, kann keine Veränderung der Dinge hervorbringen; die ganze, in bezug auf Zeit und Ort herrschende Verschiedenheit aller Dinge kann nur von dem Willen und der Weisheit eines notwendig existierenden Wesens herrühren. [...]

Ich habe bisher die Erscheinungen der Himmelskörper und die Bewegungen des Meeres durch die Kraft der Schwere erklärt, aber ich habe nirgends die Ursache der letzteren angegeben. Diese Kraft rührt von irgend einer Ursache her, welche bis zum Mittelpunkte der Sonne und der Planeten dringt, ohne irgend etwas von ihrer Wirksamkeit zu verlieren. Sie wirkt nicht nach Verhältnis der Oberfläche derjenigen Teilchen, worauf sie einwirkt (wie die mechanischen Ursachen), sondern nach Verhältnis der Menge fester Materie, und ihre Wirkung erstreckt sich nach allen Seiten hin, bis in ungeheure Entfernungen, indem sie stets mit dem Quadrate der letzteren abnimmt. Die Schwere gegen die Sonne ist aus der Schwere gegen jedes ihrer Teilchen zusammengesetzt, und sie nimmt mit der Entfernung von der Sonne genau mit dem Quadrat der Abstände ab, und dies geschieht bis zur Bahn des Saturn, wie die Ruhe der Aphelien der Planeten beweist; sie erstreckt sich ferner bis zu den äußeren Aphelien der Kometen, wenn diese Aphelien in Ruhe sind.

Ich habe noch nicht dahin gelangen können, aus den Erscheinungen den Grund dieser Eigenschaften der Schwere abzuleiten, und Hypothesen erdenke ich nicht. Alles nämlich, was nicht aus den Erscheinungen folgt, ist eine Hypothese, und Hypothesen, seien sie nun metaphysische oder physische, mechanische oder diejenigen der verborgenen Eigenschaften, dürfen nicht in die Experimentalphysik aufgenommen werden. In dieser leitet man die Sätze aus den Erscheinungen ab und verallgemeinert sie durch Induktion. Auf diese Weise haben wir die Undurchdringlichkeit, die Beweglichkeit, den Stoß der Körper, die Gesetze der Bewegung und der Schwere kennen gelernt. Es genügt, daß die Schwere existiere, daß sie nach den von uns dargelegten Gesetzen wirke und daß sie alle Bewegungen der Himmelskörper und des Meeres zu erklären imstande sei.

Es würde hier der Ort sein, etwas über eine gewisse höchst subtile geistige Substanz hinzuzufügen, welche alle festen Körper durchdringt und in ihnen enthalten ist. Durch die Kraft und Tätigkeit dieser geistigen Substanz ziehen sich die Teilchen der Körper wechselseitig in den kleinsten Entfernungen an und haften aneinander, wenn sie sich berühren. Durch sie wirken die elektrischen Körper in den größten Entfernungen, sowohl um die nächsten Körperchen anzuziehen, als auch sie abzustoßen. Mittels dieses geistigen Wesens strömt das Licht aus, wird zurückgeworfen, gebeugt, gebrochen und erwärmt die Körper. Alle Gefühle werden erregt und die Glieder der Tiere nach Belieben bewegt, durch die Vibrationen desselben, welche sich von den äußeren Organen der Sinne, mittels der festen Fäden der Nerven bis zum Gehirn und hierauf von diesem zu den Muskeln fortpflanzen. Diese Dinge lassen sich aber nicht mit wenigen Worten erklären, und man hat noch keine hinreichende Anzahl von Versuchen, um genau die Gesetze bestimmen und beweisen zu können, nach welchen diese elektrische und elastische geistige Substanz wirkt.

231
Über das Weltsystem

1. Die Himmelsräume sind flüssig
Daß die Fixsterne in den höchsten Teilen des Weltraumes unbeweglich verharren und die Planeten tiefer als sie sich um die Sonne drehen, daß auf gleiche Weise die Erde in ihrem jährlichen Umlaufe und ihrer täglichen Umdrehung um die eigene Achse sich bewege, daß ferner die Sonne, wie ein Brennpunkt der Welt, im Mittelpunkte aller ruhe, dies war eine sehr alte Meinung der Philosophen.

So hatten einst *Philolaos, Aristarch von Samos, Platon* in seinen späteren Jahren, die Schar der *Pythagoräer,* und früher als diese *Anaximander,* so wie endlich jener weise König der Römer *Numa Pompilius* geurteilt. Letzterer errichtete, als ein Symbol des runden Weltgebäudes und des Sonnenfeuers im Zentrum, den Tempel der *Vesta* von runder Form und stiftete den heiligen Gebrauch, daß in dessen Mitte ein beständiges Feuer erhalten werden sollte. Es ist aber wahrscheinlich, daß sich diese Meinung von den *Ägyptern,* den ältesten Beobachtern der Gestirne, fortgepflanzt habe. Von ihnen und den benachbarten Völkern scheint nämlich alle ältere und vernünftigere Philosophie zu den *Griechen,* einem mehr zur Philologie als zum Naturstudium neigenden Volke, übergegangen zu sein. Auch verraten die heiligen Mysterien der Vesta, welche auf den Verstand des Volkes einwirkten, den Geist der Ägypter, welche heilige und hieroglyphische Gebräuche bildlich darzustellen pflegten. Hierauf lehrten *Anaxagoras, Demokrit* und mehrere andere, daß die Erde sich unbeweglich im Mittelpunkte des Weltraumes befinde und alle Gestirne sich gegen Westen, einige schneller, andere langsamer und in freien Räumen bewegen. Die merkwürdige Idee der festen Bahnen oder Sphären wurde später von *Eudoxus, Calippus* und *Aristoteles* eingeführt, indem man von Tag zu Tag mehr von der ursprünglich eingeführten Lehre abwich und die neueren Dichtungen der *Griechen* allmählich überwiegende Geltung bekamen.

Mit diesen festen Bahnen vertragen sich schlecht die Erscheinungen der Kometen. Diese rechnete man einst unter die Himmelskörper, und die *Chaldäer,* die kundigsten Astronomen ihrer Zeit, hielten sie für irrende Sterne, welche sich einmal während ihrer einzelnen Umläufe, indem sie in die unteren Teile ihrer sehr exzentrischen Bahnen herabsteigen, uns sichtbar darstellen. Obige Hypothese der festen Bahnen stieß die Kometen später mit Notwendigkeit in die unterhalb des Mondes gelegenen Gegenden hinab. Da nun umgekehrt, nach den neueren Beobachtungen der Astronomen, die Kometen in die oberhalb des Mondes gelegenen Gegenden zurückversetzt sind, so brachen jene Bahnen zusammen und wurden aus dem Äther entfernt.

2. Das Prinzip der Kreisbewegung in freien Räumen

Es ist nicht bekannt, durch welche Bande, nach den Lehren der Alten, die Planeten in den freien Räumen gehalten und, indem sie beständig vom geradlinigen Wege abgezogen, in eine reguläre Bahn getrieben werden. Ich glaube, daß man zur Erklärung dieses Umstandes die festen Bahnen erdacht hat. Die neueren Gelehrten nehmen entweder Wirbel an, wie *Kepler* und *Descartes,* oder irgend ein anderes Prinzip des Stoßes oder der Anziehung, wie *Borelli*[1], *Hooke* und andere unserer Landsleute.

Aus dem ersten Gesetz der Bewegung geht mit Bestimmtheit hervor, daß irgend eine Kraft erforderlich sei; unsere Aufgabe ist es, ihre Größe und Eigenschaft herzuleiten und auf mathematische Weise ihre Wirkung in Körpern, welche sich bewegen sollen, zu erforschen. Damit wir ferner ihre Art nicht hypothetisch bestimmen, haben wir sie, da sie nach einem Zentrum gerichtet ist, Zentripetalkraft genannt, und indem man die Benennung vom Mittelpunkt annimmt, haben wir eine solare Zentripetalkraft,

[1] Giovanni Borelli (1608–1679), italienischer Physiologe und Physiker. (Hg.)

die nach der Sonne, eine terrestrische, die nach der Erde, und eine joviale, die nach dem Jupiter gerichtet ist; und ebenso bei den übrigen Planeten.

3. Wirkungen der Zentripetalkräfte

Daß durch die Zentripetalkräfte die Planeten in ihren Bahnen erhalten werden können, ersieht man aus den Bewegungen der Projektile. Ein geworfener Stein wird, indem ihn seine Schwere antreibt, vom geradlinigen Wege abgebogen und fällt, indem er in der Luft eine krumme Linie beschreibt, zuletzt auf die Erde. Wird er mit größerer Geschwindigkeit geworfen, so geht er weiter fort, und durch weitere Vergrößerung derselben könnte es geschehen, daß er einen Bogen von 1, 2, 5, 10, 100, 1000 Meilen beschriebe oder daß er endlich über die Grenzen der Erde hinausginge und nicht mehr

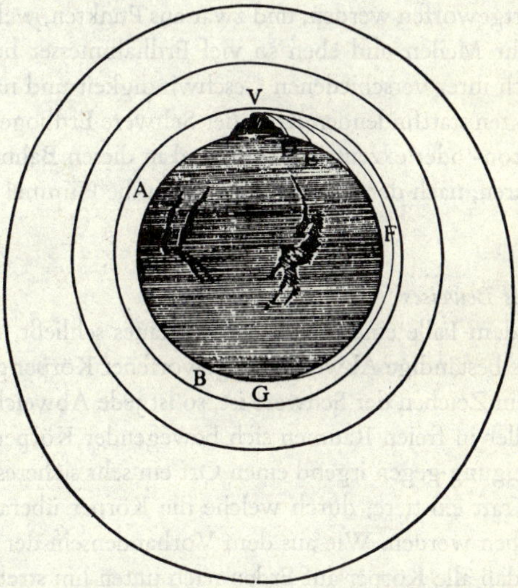

Die Bahnen eines mit verschiedenen Anfangsgeschwindigkeiten von der Erde aus abgeschossenen Körpers

zurückfiele. Es bezeichne AFB die Oberfläche der Erde, C ihren Mittelpunkt und VD, VE, VF krumme Linien, welche ein von der Spitze V eines sehr hohen Berges, längs einer horizontalen Linie und mit nach und nach vergrößerter Geschwindigkeit geworfener Körper beschreibt. Damit der Widerstand der Luft, durch welche die Bewegung der Himmelskörper kaum verzögert wird, nicht in Rechnung komme, wollen wir uns dieselbe ganz fortgenommen oder wenigstens ihren Widerstand als nicht vorhanden denken. Auf dieselbe Weise, wie der mit der kleinsten Geschwindigkeit geworfene Körper den kleinsten Bogen VD, mit der größeren den größeren Bogen VE beschreibt, mit der noch größeren Geschwindigkeit bis F und weiter bis G gelangt, wird derselbe endlich, wenn die Geschwindigkeit stets vergrößert wird, über den ganzen Umfang der Erde fortgehen und zu dem Berge, von welchem er geworfen worden ist, zurückkehren. Da nun die Fläche, welche der Körper mit dem nach dem Mittelpunkte gezogenen Radiusvektor beschreibt (nach *Prinzipien,* Buch I., 13), der Zeit proportional ist, so wird die Geschwindigkeit, bei der Rückkehr zum Berge, nicht kleiner als beim Ausgang sein. Ist aber die Geschwindigkeit unverändert geblieben, so kann er sich öfters nach demselben Gesetze herumbewegen. Denken wir uns nun Körper, welche aus höheren Punkten längs horizontaler Linien fortgeworfen werden, und zwar aus Punkten, welche 5, 10, 100, 1000 oder mehr Meilen und eben so viel Erdhalbmesser hoch liegen; so werden sie nach ihrer verschiedenen Geschwindigkeit und nach der in den einzelnen Punkten stattfindenden Kraft der Schwere Erdbogen beschreiben, die entweder kon- oder exzentrisch sind, und in diesen Bahnen werden die Körper fortfahren, nach der Weise der Planeten die Himmel zu durchwandern.

4. Gewißheit des Beweises

Wie man aus dem Falle eines geworfenen Steines schließt, daß er schwer sei, und wie die beständige Abweichung geworfener Körper gegen die Erde nicht minder ein Zeichen der Schwere ist, so ist jede Abweichung vom geraden Wege aller in freien Räumen sich bewegender Körper und ihre beständige Hinneigung gegen irgend einen Ort ein sehr sicheres Zeichen, daß eine gewisse Kraft existiere, durch welche die Körper überall nach jenem Orte hingetrieben werden. Wie aus dem Vorhandensein der Schwere notwendig folgt, daß alle Körper auf Erden nach unten hin streben und daher entweder geradlinig herabfallen, wenn sie ruhend losgelassen werden, oder von der geradlinigen Bahn stets nach der Erde zu abbiegen, wenn sie schräg hochgeworfen werden, so folgt aus einer nach irgend einem Mittelpunkte gerichteten Kraft mit derselben Notwendigkeit, daß alle Körper, auf welche jene Kraft ihre Wirkung ausübt, entweder in gerader Linie nach jenem Mittelpunkt herabsteigen, oder, wenn sie in schiefer Richtung geworfen worden sind, stets von der geradlinigen Bahn nach jenem Mittelpunkte hin abweichen. Auf welche Weise man aus den Bewegungen auf die Kräfte und aus diesen auf jene schließen könne, dies ist ausführlich in den ersten zwei Büchern unserer «Prinzipien der Physik» dargestellt worden.

Optik

232
Proposition I. Lehrsatz 1.
Licht von verschiedener Farbe besitzt auch einen verschiedenen Grad von Brechbarkeit.

233
Proposition II. Lehrsatz 2.
Das Licht der Sonne besteht aus Strahlen verschiedener Brechbarkeit.

Beweis durch Versuche.

3. Versuch. In einem ganz dunklen Zimmer stellte ich ein Glasprisma vor eine runde, etwa ⅓ Zoll breite Öffnung, die ich in den Fensterladen gemacht hatte, damit die in diese Öffnung gelangenden Sonnenstrahlen aufwärts nach der gegenüberliegenden Wand gebrochen würden und dort ein farbiges Bild der Sonne entstünde. In diesem wie bei den folgenden Versuchen war die Achse des Prismas (d.h. die durch die Mitte desselben von einem Ende zum anderen parallel der Kante des brechenden Winkels gehende Linie) senkrecht zu den einfallenden Strahlen. Um diese Achse drehte ich das Prisma langsam und sah dabei das gebrochene Bild an der Wand, also das farbige Sonnenbild, auf- und absteigen. Wenn das Bild zwischen dem Auf- und Absteigen stillzustehen schien, hielt ich an und befestigte das Prisma in dieser Stellung so, daß es sich nicht weiter bewegen konnte. Denn in dieser Stellung waren die Brechungen des Lichts zu beiden Seiten des brechenden Winkels, d.h. beim Eintritt und Austritt der Strahlen aus dem Prisma, einander gleich. [...]

Bei den folgenden Versuchen ist immer anzunehmen, wenn nicht ausdrücklich eine andere Stellung angegeben ist, daß alle Prismen in diese Stellung, als die passendste, gebracht sind. In dieser Stellung des Prismas also ließ ich das gebrochene Licht senkrecht auf einen Bogen weißen Papiers an der gegenüberliegenden Wand des Zimmers fallen und beobachtete Gestalt und Dimensionen des durch das Licht auf dem Papier entstehenden Sonnenbildes. Dasselbe war länglich, aber nicht oval, sondern von zwei geradlinigen, parallelen Seiten und an den Enden von zwei Halbkreisen begrenzt. An seinen Seiten war es ganz deutlich begrenzt, aber an den Enden verworren und undeutlich, indem das Licht dort immer matter wurde und allmählich verschwand. Die Breite dieses Bildes entsprach dem Durchmesser der Sonne und betrug einschließlich des Halbschattens etwa 2⅛ Zoll. [...]

In unserer Figur sei *EG* der Fensterladen, *F* die Öffnung darin, durch welche ein Bündel Sonnenstrahlen in das dunkle Zimmer gelangt, und △ *ABC* ein mitten in dem Lichte angenommener Durchschnitt des Prismas. Oder es stelle, wenn man will, *ABC* das Prisma selbst vor, wie es mit seiner näheren Endfläche gerade nach dem Auge des Beschauers hinsieht, und sei *XY* die

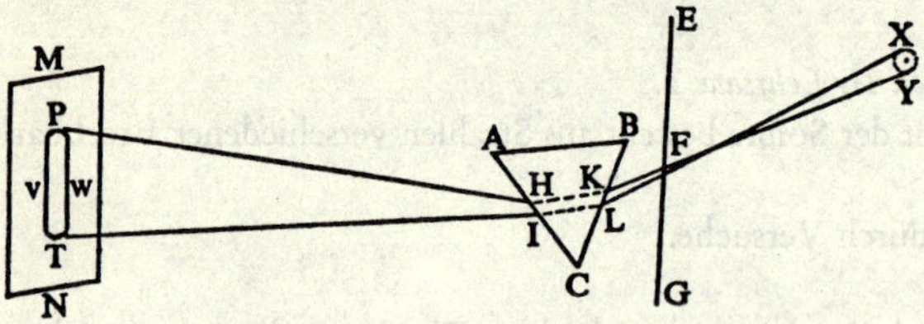

Das durch die Brechung eines Sonnenstrahls im Prisma erzeugte Spektrum

Sonne, *MN* das Papier, auf welchem das Sonnenbild oder Spektrum entworfen wird, und *PT* das Bild selbst. Die Seiten desselben bei *v* und *w* sind geradlinig und parallel, und die Endflächen bei *P* und *T* sind halbkreisförmig. [. . .]

Da nun aber der Versuch lehrt, daß das Bild nicht rund, sondern ungefähr fünfmal so lang als breit ist, so müssen die nach dem oberen Ende *P* des Bildes gelangenden und die größte Ablenkung erleidenden Strahlen brechbarer sein, als die, welche zum unteren Ende *T* gelangen, es müßte denn die Ungleichheit der Brechung eine zufällige sein.

Das Bild oder Spektrum *PT* war nun farbig, und zwar an dem weniger gebrochenen Ende rot, am stärker gebrochenen violett, dazwischen aber gelb, grün und blau. Dies stimmt mit dem ersten Satze überein, daß Licht von verschiedener Farbe auch verschiedene Brechbarkeit besitzt. Die Länge des Bildes im letzten Versuche maß ich vom schwächsten und äußersten Rot an dem einen Ende bis zum schwächsten äußersten Blau am anderen, mit Ausnahme eines kleinen Halbschattens, der, wie gesagt, kaum ¼ Zoll überschritt.

234

6. Versuch. In zwei dünne Bretter machte ich in der Mitte je ein rundes Loch von ⅓ Zoll Durchmesser und in den Fensterladen ein viel größeres Loch, um ein dickes Bündel Sonnenstrahlen in mein verdunkeltes Zimmer fallen zu lassen. Hinter dem Fensterladen stellte ich ein Prisma in diese Licht-

strahlen, damit sie nach der gegenüberliegenden Wand gebrochen würden, und befestigte dicht hinter dem Prisma eines der Bretter so, daß die Mitte des gebrochenen Lichts durch das Loch desselben ging, das übrige aber vom Brett aufgefangen wurde. Sodann stellte ich ungefähr 12 Fuß vom ersten Brett entfernt das zweite so auf, daß die Mitte des gebrochenen Lichts, wel-

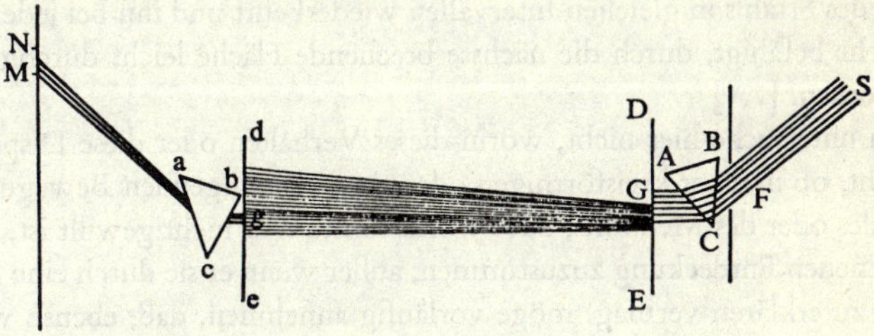

Lichtbrechung beim Durchgang durch zwei Prismen

ches nach Durchgang durch das Loch des ersten Brettes auf die gegenüberliegende Wand fiel, durch das Loch dieses zweiten Brettes hindurchgehen konnte, während das übrige Licht, von ihm aufgefangen, das farbige Sonnenbild auf ihm erzeugte. Dicht hinter diesem Brette befestigte ich ein zweites Prisma, um das durch das Loch gegangene Licht einer Brechung zu unterwerfen. Dann kehrte ich schnell zum ersten Prisma zurück, drehte es langsam um seine Achse hin und her, und bewegte so das auf das zweite Brett fallende Bild auf- und abwärts, so daß nach und nach alle Teile des Lichts durch das Loch dieses Brettes gingen und auf das Prisma dahinter fielen. Dabei merkte ich mir die Stellen an der gegenüberliegenden Wand, auf welche dieses Licht nach der Brechung im zweiten Prisma fiel, und fand aus der Verschiedenheit dieser Orte, daß dasjenige Licht, welches, vom ersten Prisma am stärksten gebrochen, nach dem blauen Ende des Bildes gelangte, auch im zweiten Prisma stärker gebrochen wurde als das nach dem roten Ende dieses Bildes gehende. Dies bestätigt sowohl den ersten als den zweiten Versuch. Dies alles trat ein, mochten die Achsen der beiden Prismen parallel oder gegen einander oder gegen den Horizont beliebig geneigt sein.

Die Hypothese der «Anwandlungen»

235
Proposition XII.
Jeder Lichtstrahl erlangt bei seinem Durchgange durch eine brechende Fläche eine gewisse Eigenschaft oder Disposition, welche im weiteren Verlaufe des Strahls in gleichen Intervallen wiederkehrt und ihn bei jeder Wiederkehr befähigt, durch die nächste brechende Fläche leicht durchgelassen zu werden. [...]

Ich untersuche hier nicht, worin dieses Verhalten oder diese Disposition besteht, ob in einer kreisförmigen oder einer schwingenden Bewegung des Strahles oder des Mediums, oder worin sonst. Wer nicht gewillt ist, irgend einer neuen Entdeckung zuzustimmen, außer wenn er sie durch eine Hypothese zu erklären vermag, möge vorläufig annehmen, daß, ebenso wie auf Wasser fallende Steine dasselbe in Wellenbewegungen versetzen und alle Körper durch Stöße Schwingungen in der Luft erregen, ebenso die Lichtstrahlen, die auf eine brechende oder reflektierende Fläche fallen, in dem brechenden oder reflektierenden Medium Schwingungen hervorrufen und dadurch die festen Teilchen der brechenden und reflektierenden Körper in Bewegung versetzen und durch diese Bewegung erwärmen, daß die so erregten Schwingungen in dem reflektierenden oder brechenden Medium sich ungefähr auf dieselbe Weise fortpflanzen wie die Schwingungen in der Luft, wenn sie Schall erregen, daß sie sich schneller fortpflanzen, als die Strahlen, so daß sie ihnen vorauseilen, und daß, wenn ein Strahl sich in dem Teile der Schwingung befindet, der mit seiner eigenen Bewegung übereinstimmt, er leicht durch eine brechende Fläche hindurch geht, wenn er aber in dem entgegengesetzten Teile der Schwingung war, der seine Bewegung hindert, leicht reflektiert wird, daß also jeder Strahl durch jede ihn treffende Schwingung abwechselnd befähigt wird, leicht reflektiert oder leicht durchgelassen zu werden. Ob aber diese Hypothese richtig oder falsch ist, will ich hier gar nicht untersuchen; ich begnüge mich einfach, gefunden zu haben, daß die Lichtstrahlen durch irgend eine Ursache, welche es auch sei, in zahlreichen, wechselnden Aufeinanderfolgen die Fähigkeit oder die Neigung erhalten, reflektiert oder gebrochen zu werden.

236
Definition
Die periodisch wiederkehrende Disposition eines Strahles, reflektiert zu werden, will ich Anwandlung leichter Reflexion nennen, die wiederholt eintretende Disposition, durchgelassen zu werden, Anwandlung leichten

Durchganges, und den Zwischenraum zwischen einer Wiederkehr und der nächstfolgenden das Intervall der Anwandlungen.

Proposition XIII.

Der Grund, weshalb die Oberflächen aller dicken, durchsichtigen Körper einen Teil des auf sie fallenden Lichts zurückwerfen, den anderen Teil brechen, ist der, daß einige Strahlen bei ihrem Auftreffen in der Anwandlung leichterer Reflexion, andere in der Anwandlung leichteren Durchganges sind.

Dies kann aus der 24. Beobachtung geschlossen werden, wo das von dünnen Luftschichten oder Glasplättchen reflektierte Licht, welches dem bloßen Auge über das ganze Plättchen hinweg gleichmäßig weiß erschien, durch ein Prisma betrachtet, in mehrfachen Folgen von Licht und Dunkelheit gewellt erschien, die durch Anwandlungen leichter Reflexion und leichten Durchganges entstanden, indem das Prisma die das reflektierte weiße Licht zusammensetzenden Wellen trennte und unterschied, wie früher auseinandergesetzt worden ist.

Daher ist das Licht vor seinem Auftreffen auf durchsichtige Körper in Anwandlungen leichter Reflexion und leichten Durchgehens und wird wahrscheinlich schon in solche Anwandlungen versetzt, wenn es von den leuchtenden Körpern ausgesandt wird, und behält sie während seines weiteren Fortganges; denn diese Anwandlungen haben eine dauernde Natur, wie aus dem nächsten Teile dieses Buches klar werden wird.

In dieser Proposition setze ich die durchsichtigen Körper als dicke voraus, weil der Körper seine reflektierende Kraft verliert, wenn seine Dicke viel kleiner ist als das Intervall der Anwandlungen. Wenn nämlich die Strahlen, die bei ihrem Eintritt in die Körper in die Anwandlung leichten Durchganges versetzt werden, an der entfernteren Fläche des Körpers anlangen, bevor sie aus dieser Anwandlung heraus sind, so müssen sie durchgelassen werden. Dies ist der Grund, weshalb Seifenblasen, sobald sie sehr dünn werden, ihre reflektierende Kraft verlieren, und weshalb alle in sehr kleine Teilchen zerteilten undurchsichtigen Körper durchsichtig werden.

Die Eigenschaften und Wirkungen des Äthers

237

Frage 18. Wenn man in zwei umgekehrte weite und lange Zylindergläser zwei kleine Thermometer so aufhängt, daß sie die Gefäße nicht berühren, und aus einem dieser Gefäße die Luft auspumpt, und wenn man alsdann die so vorbereiteten Gefäße aus einem kalten Orte an einen warmen bringt, so erwärmt sich das im Vakuum aufgehängte Thermometer ebenso sehr und ebenso schnell, wie das im nicht evakuierten Glas, und wenn die Gefäße nach dem kalten Orte zurückgebracht werden, wird jenes auch fast ebenso schnell kalt wie das andere. Wird also nicht die Hitze des warmen Raumes durch das Vakuum hindurch vermittels der Schwingungen eines viel feineren Mediums, als die Luft ist, übertragen, welches nach Entfernung der Luft noch im Gefäße zurückblieb? Und ist dieses Medium nicht dasselbe, durch welches das Licht gebrochen oder zurückgeworfen wird und durch dessen Schwingungen das Licht die Körper erwärmt und in Anwandlungen leichter Reflexion oder Transmission versetzt wird? Und tragen nicht die Schwingungen dieses Mediums in heißen Körpern zur Intensität und zum Andauern der Hitze bei? Teilen nicht die Körper ihre Wärme anderen benachbarten kalten Körpern eben dadurch mit, daß die Schwingungen dieses Mediums sich von ihnen zu den kalten Körpern ausbreiten? Ist dieses Medium nicht außerordentlich dünner und feiner als die Luft, und sehr viel elastischer und lebhafter? Durchdringt es nicht leicht alle Körper, und ist es nicht wegen seiner elastischen Kraft durch den ganzen Weltraum verbreitet?

238

Frage 19. Geht nicht die Brechung des Lichts aus der verschiedenen Dichtigkeit dieses ätherischen Mediums an verschiedenen Orten hervor, indem das Licht immer von den dichteren Teilen des Mediums zurückweicht? Ist nicht die Dichtigkeit desselben in freien und offenen Räumen, die leer von Luft und anderen dichteren Körpern sind, größer, als zwischen den Poren des Wassers, des Glases, Kristalls, der Edelsteine und anderer fester Körper? Denn wenn Licht durch Glas oder Kristall geht und sehr schief auf die entfernteren Grenzflächen fällt, so daß es total reflektiert wird, so muß diese totale Reflexion doch vielmehr von der Dichtigkeit und Stärke des Mediums außerhalb und jenseits des Glases als von seiner Dünne und Schwäche herrühren.

239

Frage 20. Wird nicht dieses ätherische Medium, wenn es aus Wasser, Glas, Kristall und anderen dichten und festen Körpern in den leeren Raum austritt, gradweise immer dichter, so daß es dadurch die Lichtstrahlen nicht in einem Punkte bricht, sondern sie allmählich in krumme Linien biegt? Erstreckt sich nicht die allmähliche Verdichtung dieses Mediums bis auf einige Entfernung von den Körpern und verursacht dadurch die Beugung der an den Rändern der Körper in einiger Entfernung vorbeigehenden Lichtstrahlen?

240
Frage 21. Ist nicht dieses Medium in der Sonne, den Sternen, Planeten und Kometen viel dünner als in den leeren Himmelsräumen zwischen ihnen? Wird es nicht in großen Entfernungen von ihnen beständig immer dichter und dichter und verursacht dadurch die gegenseitige Gravitation solcher großen Körper und ihrer Teile, weil jeder Körper von dem dichteren Teile des Mediums nach dem dünneren zu gehen strebt? Denn wenn dieses Medium im Innern des Sonnenkörpers dünner ist als an seiner Oberfläche, und hier dünner, als in $^{1}/_{100}$ Zoll Entfernung vom Körper und hier wieder dünner, als $^{1}/_{50}$ Zoll vom Körper entfernt, und da wieder dünner, als in der Saturnbahn, so ist kein Grund vorhanden, warum dieses Wachsen der Dichte irgendwo aufhören und nicht vielmehr durch alle Entfernungen von der Sonne bis zum Saturn und darüber hinaus sich fortsetzen sollte. Wenn auch dieses Wachsen der Dichte bei großen Entfernungen außerordentlich gering sein mag, so reicht es doch hin, wenn die elastische Kraft des Mediums außerordentlich groß ist, um die Körper von den dichteren nach den dünneren Teilen des Mediums zu treiben mit aller der Kraft, welche wir Gravitation nennen. Daß aber die elastische Kraft dieses Mediums außerordentlich groß ist, kann aus der Geschwindigkeit der Schwingungen bewiesen werden. Der Schall legt in der Sekunde ungefähr 1140 engl. Fuß zurück und in 7–8 Minuten gegen 100 engl. Meilen. Das Licht gelangt von der Sonne zu uns in etwa 7–8 Minuten, und diese Entfernung beträgt, wenn man die Horizontalparallaxe der Sonne zu 12" annimmt, 70 000 000 engl. Meilen. Die Vibrationen und Stöße des Mediums müssen, damit sie die abwechselnden Anwandlungen leichter Reflexion und leichten Durchganges veranlassen, schneller als das Licht sein und daher 700 000mal schneller als der Schall. Daher muß die elastische Kraft dieses Mediums im Verhältnis zu seiner Dichte über 700 000 × 700 000 (d.i. über 490 000 000 000)mal größer sein als die elastische Kraft der Luft im Verhältnis zu ihrer Dichte. Denn die Geschwindigkeiten der Stöße des elastischen Mediums sind proportional der Quadratwurzel aus der Elastizität und Dichte des Mediums zusammengenommen.

Ebenso wie die Anziehung in kleinen Magneten im Verhältnis zu ihren Massen stärker ist als in großen, und die Gravitation auf der Oberfläche kleiner Planeten im Verhältnis zu ihren Massen stärker ist als auf großen Planeten, und wie kleine Körper durch die elektrische Anziehung viel mehr bewegt werden als große, ebenso mag die Kleinheit der Lichtstrahlen viel dazu beitragen, daß die Kraft des Agens, durch welche sie gebrochen werden, stärker wird. Ebenso kann, wenn jemand annehmen wollte, daß der Äther, wie unsere Luft, aus Teilchen bestehe, die sich gegenseitig abzustoßen streben (denn was dieser Äther ist, weiß ich nicht), und daß diese Teilchen noch bedeutend kleiner seien als die der Luft oder sogar die des Lichts, die außerordentliche Kleinheit dieser Teilchen dazu beitragen, daß diese abstoßende Kraft der Teilchen so groß ist, und kann dieses Medium bei weitem dünner und elastischer machen als die Luft, und deshalb weit weniger geeignet, den Bewegungen der Projektile zu widerstehen, und weit mehr geeignet, durch das Bestreben der eigenen Ausdehnung auf große Körper einen Druck auszuüben.

241
Frage 22. Können nicht Planeten, Kometen und alle großen Körper in diesem ätherischen Medium ihre Bewegungen viel freier und mit weniger Widerstand vollführen als in irgend einer Flüssigkeit, welche gleichmäßig jeden Raum erfüllt, ohne Poren zu lassen, und mithin viel dichter ist, als Quecksilber oder Gold? Kann nicht dieser Widerstand so gering sein, daß er gar nicht in Betracht kommt? Nimmt man z. B. an, dieser Äther (denn so will ich ihn nennen) sei 700000mal elastischer und dabei 700000mal dünner als unsere Luft, so würde sein Widerstand über 600000000mal geringer sein als der des Wassers, und ein so geringer Widerstand würde kaum in zehntausend Jahren an der Bewegung der Planeten eine merkliche Änderung hervorbringen. Wenn jemand fragen sollte, wie ein Medium so dünn sein kann, der soll mir sagen, wie die Luft in den obersten Teilen der Atmosphäre über hunderttausendmal dünner sein kann als Gold, der möge mir ferner sagen, wie ein geriebener elektrischer Körper so dünne und so feine Exhalationen von sich geben kann, daß durch deren Emission keine merkliche Gewichtsabnahme eintritt, die aber dennoch so kräftig sind, daß sie sich über einen Raum von zwei Fuß Durchmesser ausbreiten und in 1 Fuß Entfernung vom elektrischen Körper Blättchen von Kupfer und Gold in Bewegung zu setzen und zu tragen im Stande sind. Und wie können die magnetischen Ausflüsse so dünn und fein sein, daß sie ohne Widerstand und ohne Kraftverlust durch eine Glasplatte dringen und doch noch im Stande sind, jenseits des Glases eine Magnetnadel in Bewegung zu setzen?

242
Frage 28. Sind nicht alle Hypothesen unrichtig, nach denen das Licht in einem Druck oder einer Bewegung bestehen soll, die sich in einem Fluidum ausbreiten? Denn bei allen diesen Hypothesen sind die Lichterscheinungen bisher immer unter der Annahme erklärt worden, daß sie durch neue Modifikationen der Lichtstrahlen entstehen, – und dies ist eine irrige Voraussetzung.

Wenn das Licht nur in Druck ohne tatsächliche Bewegung bestünde, so könnte es die Körper, von denen es zurückgeworfen oder gebrochen wird, nicht durch Erregung [ihrer Teilchen] erwärmen. Wenn es eine im Augenblick durch alle Entfernungen fortgepflanzte Bewegung wäre, so würde jeden Augenblick in jedem leuchtenden Teilchen eine unendlich große Kraft erforderlich sein, diese Bewegung zu erzeugen. Wenn es in einem Druck oder einer Bewegung bestünde, die sich zeitlich oder augenblicklich fortpflanzten, so müßte es nach dem Schatten umbiegen; denn Druck oder Bewegung können sich in einem Fluidum nicht in geraden Linien an einem Hindernis, welches einen Teil dieser Bewegung aufhält, vorüberbewegen, ohne in das ruhende Medium hinter dem Hindernis gebeugt und ausgebreitet zu werden. Die Schwerkraft ist nach unten gerichtet, aber der daraus entspringende Druck des Wassers ist mit gleicher Kraft nach allen Seiten gerichtet und pflanzt sich ebenso leicht und mit derselben Kraft nach der Seite, wie nach unten, auf geraden, wie auf krummen Wegen fort. Wenn die an der Oberfläche ruhigen Wassers erregten Wellen an den Seiten eines breiten Hindernisses vorbei kommen, biegen sie dahinter um und verbreiten sich in das ruhige Wasser hinter demselben. Auch die Wellen, Stöße und Schwingungen der Luft, die den Schall bilden, werden offenbar gebeugt, wenn auch nicht so stark wie Wasserwellen. Denn eine Glocke oder eine Kanone hört man hinter einem Hügel, der den tönenden Körper nicht erblicken läßt, und Töne verbreiten sich ebenso leicht in krummen, wie in geraden Pfeifen. Aber vom Lichte bemerken wir niemals, daß es krumme Bahnen verfolgt, noch in den Schatten einbiegt. Fixsterne verschwinden beim Dazwischentreten eines Planeten, und ebenso die Stellen der Sonnenscheibe, vor denen Mond, Merkur oder Venus vorübergehen. Die sehr dicht an den Kanten eines Körpers vorbeigehenden Lichtstrahlen werden zwar durch die Einwirkung des Körpers ein wenig gebeugt, wie wir gesehen haben, aber diese Beugung erfolgt nicht nach dem Schatten hin, sondern von ihm weg und nur, wenn sie in allernächster Nähe am Körper vorübergehen; und sowie der Strahl am Körper vorbei ist, geht er in gerader Linie weiter. [...]

Ebenso schwierig ist es, auf Grund dieser Hypothese zu erklären, wie die Strahlen abwechselnd in Anwandlungen leichter Reflexion und leichten Durchganges sein können, man müßte denn annehmen, es gäbe überall im Raume zwei vibrierende ätherische Medien, von denen das eine durch seine Schwingungen das Licht hervorbringt, während die Vibrationen des anderen schnellere sind und, so oft sie die des ersteren überholen, sie in jene Anwandlungen versetzen. Wie aber zweierlei Äther im ganzen Raume verbreitet sein soll, von denen der eine auf den anderen einwirkt und dessen

Gegenwirkung erfährt, ohne daß Verzögerungen, Erschütterungen und Verwirrungen ihrer Bewegungen eintreten, ist nicht zu begreifen. Gegen die Erfüllung des Himmels mit flüssigen Medien, wenn sie nicht außerordentlich dünn sein sollen, spricht auch sehr stark die regelmäßige und andauernde Bewegung der Planeten und Kometen auf allen möglichen Bahnen am Himmel, aus der sich deutlich ergibt, daß die Himmelsräume von merklichem Widerstande und folglich von jeder wahrnehmbaren Materie frei sind. [...]

243
Frage 31. Besitzen nicht die kleinen Partikeln der Körper gewisse Kräfte, durch welche sie in die Ferne hin nicht nur auf die Lichtstrahlen einwirken, um sie zu reflektieren, zu brechen und zu beugen, sondern auch gegenseitig aufeinander, wodurch sie einen großen Teil der Naturerscheinungen hervorbringen? Denn es ist bekannt, daß die Körper durch die Anziehungen der Gravitation, des Magnetismus und der Elektrizität aufeinander einwirken. Diese Beispiele, die uns Wesen und Lauf der Natur zeigen, machen es wahrscheinlich, daß es außer den genannten noch andere anziehende Kräfte geben mag, denn die Natur behauptet immer Gleichförmigkeit und Übereinstimmung mit sich selbst. Wie diese Anziehungen bewerkstelligt werden mögen, will ich hier gar nicht untersuchen. Was ich Anziehung nenne, kann durch Impulse oder auf anderem, mir unbekanntem Wege zustande kommen. Ich brauche das Wort nur, um im allgemeinen irgend eine Kraft zu bezeichnen, durch welche die Körper gegeneinander hin streben, was auch die Ursache davon sein möge. Erst müssen wir aus den Naturerscheinungen lernen, welche Körper einander anziehen und welches die Gesetze und die Eigentümlichkeiten dieser Anziehung sind, ehe wir nach der Ursache fragen, durch welche die Anziehung bewirkt wird. Die Anziehungen der Schwerkraft, des Magnetismus und der Elektrizität reichen bis in merkliche Entfernungen und sind in Folge dessen von aller Welt Augen beobachtet worden, aber es mag wohl andere geben, die nur bis in so kleine Entfernungen reichen, daß sie der Beobachtung bis jetzt entgangen sind; vielleicht reicht die elektrische Anziehung, selbst wenn sie nicht durch Reibung erregt ist, zu solchen kleinen Entfernungen. [...]

Erhaltung der Kraft im Gegensatz zur Erhaltung der Quantität der Bewegung

244
Daß sich in der Natur stets dieselbe Quantität der Bewegung erhält, ist der berühmteste Satz der Kartesianer. Trotzdem haben sie keinen Beweis dafür gegeben; denn wie schwach der Beweisgrund aus der Beständigkeit Gottes ist, sieht jeder. Denn wenn auch die Beständigkeit Gottes die höchstmögliche ist, er auch keine Veränderung anders als gemäß den Gesetzen einer vorlängst vorgeschriebenen Ordnung vornimmt, so fragt sich doch, was sich eigentlich seinem Beschlusse gemäß in der Reihe der Weltbegebenheiten erhält, ob die Quantität der Bewegung oder irgend etwas von ihr Verschiedenes, z.B. die Quantität der Kräfte. Von dieser habe ich bewiesen, daß ihr in Wahrheit die Erhaltung zukommt und daß sie sich eben darum von der Quantität der Bewegung unterscheidet; da letztere sich sehr häufig ändert, während die Quantität der Kräfte stets gleich bleibt. Den Beweis hierfür und die Widerlegung der gegnerischen Einwände kann man an anderer Stelle nachlesen. Da diese Frage jedoch von großer Bedeutung ist, so will ich den Kern meiner Anschauung kurz an einem Beispiel aufzeigen. Es seien gegeben zwei Körper, von denen der eine (A) die Masse 4 und die Geschwindigkeit 1, der andere (B) die Masse 1 und die Geschwindigkeit 0 besitzen, d.h. ruhen möge. Nehmen wir an, oder fingieren wir, daß nunmehr die ganze Kraft des A auf B übertragen werde, daß also A in Ruhe versetzt wird, B hingegen sich statt dessen allein bewegt: die Frage ist dann, welchen Geschwindigkeitsgrad B annehmen muß? Nach den Kartesianern müßte es die Geschwindigkeit 4 erhalten; denn auf diese Weise ergäbe sich die Gleichheit der früheren und der jetzigen Quantität der Bewegung, da das Produkt aus der Masse 4 und der Geschwindigkeit 1 gleich dem aus der Masse 1 und der Geschwindigkeit 4 ist. Meiner Auffassung gemäß muß jedoch B (mit der Masse = 1) eine Geschwindigkeit = 2 annehmen, um ebensoviel Kraft zu erhalten, wie A (mit der Masse 4 und der Geschwindigkeit 1) besaß. Der Grund hierfür soll so kurz als möglich dargelegt werden, um nicht den Schein einer grundlosen Behauptung zu erwecken. Ich behaupte also, daß B nunmehr ebensoviel Kraft wie vorher A besitzt, d.h., daß der gegenwärtige und der frühere Zustand an Kraft gleich sein werden, was zu zeigen sich wohl der Mühe verlohnt. Um also tiefer zu gehen und zunächst die richtige Methode jeder numerischen Messung überhaupt darzulegen – was die Aufgabe einer wahrhaft universalen Mathematik ist, die allerdings noch nirgends behandelt ist –, so ist vor allem offenbar, daß die Kraft verdoppelt,

verdreifacht, vervierfacht wird, wenn der Inhalt der einfachen genau zwei-, drei- oder viermal von neuem gesetzt wird. Es haben also zwei Körper, die an Masse und Geschwindigkeit gleich sind, die doppelte Kraft wie jeder einzelne für sich. Daraus folgt indes nicht, daß ein Körper mit doppelter Geschwindigkeit nur die doppelte Kraft wie einer, der die einfache hat, besitzt; denn mag hier auch der Grad der Geschwindigkeit noch einmal gesetzt sein, so ist doch das Subjekt, dem sie zukommt, nicht von neuem wiederholt, wie das in der Tat geschieht, wenn an Stelle eines Körpers ein doppelt so großer oder zwei andere von gleicher Geschwindigkeit treten, in welchem Falle eine vollständige Wiederholung des einen, der Größe wie dem Bewegungszustand nach, erfolgt ist. Analog sind zwei Pfund, die einen Fuß hoch gehoben wurden, der Sache und der Leistungsfähigkeit nach genau das Doppelte wie eines, das auf gleiche Höhe gehoben ist; und zwei gleich gespannte, elastische Körper sind das Doppelte wie einer von ihnen. Sind jedoch die beiden Subjekte, denen die Kraft zukommt, nicht vollkommen homogen und können sie somit nicht derart miteinander verglichen und auf ein inhaltlich gemeinsames Maß ihrer Leistungsfähigkeit zurückgeführt werden, so muß man eine indirekte Vergleichung versuchen, indem man nämlich ihre Wirkungen oder ihre Ursachen, falls diese homogen sind, einander gegenüberstellt. Denn jeder Ursache kommt die gleiche Kraft zu wie ihrer vollen Wirkung, d.h. dem Effekt, den sie dadurch erzeugt, daß sie ihre Kraft verbraucht. Da also in dem Falle, von dem oben die Rede war, die beiden Körper: A (mit der Masse 4 und der Geschwindigkeit 1) und B (mit der Masse 1 und der Geschwindigkeit 2) an und für sich nicht im strengen Sinne vergleichbar sind und sich kein kraftbegabtes Subjekt angeben läßt, aus dessen einfacher Wiederholung beide hervorgingen, so müssen wir sie in ihren Wirkungen betrachten. Setzen wir z.B., es wären zwei schwere Körper, so wird A, wenn es seine Richtung nach oben wendet, sich vermöge seiner Geschwindigkeit (= 1) zur Höhe von einem Fuß erheben, während B mit der doppelten Geschwindigkeit bis zu 4 Fuß steigen wird, wie dies von Galilei und anderen bewiesen ist. In jeder dieser beiden Wirkungen wird die Kraft vollständig verbraucht, beide sind somit ihrer wirkenden Ursache gleich. Ferner aber sind die Wirkungen selbst, nämlich die Erhebung von 4 Pfund auf 1 Fuß Höhe und die von einem Pfund auf vier Fuß, ihrer Kraftleistung nach offenbar untereinander gleich, somit schließlich auch ihre Ursachen: der Körper A mit der Masse 4 und der Geschwindigkeit 1 und B mit der Masse 1 und der Geschwindigkeit 2, was behauptet wurde. Leugnet jemand den Satz, daß dieselbe Kraft dazu gehört, 4 Pfund auf 1 Fuß und 1 Pfund auf 4 Fuß zu erheben, daß also beide Wirkungen äquivalent sind – obgleich dies wohl fast allgemein zugestanden wird –, so kann man ihn vermittels desselben Prinzips überzeugen. Denn denken wir uns eine Waage mit ungleichen Hebelarmen, so werden hier, wenn auf der einen Seite ein Gewicht von einem Pfund um vier Fuß herabsinkt, auf der anderen Seite genau vier Pfund um einen Fuß gehoben werden, und es ist nicht möglich, darüber hinaus noch etwas zu leisten, so daß also die Wirkung die Kraft der Ursache genau verbraucht und ihr somit an Leistungsfähigkeit gleich sein wird. Also zusammenfassend: Wenn die gesamte Kraft des A (mit der Masse 4 und der Geschwindigkeit 1) auf B (= 1) übertragen werden soll, so muß B die Geschwindigkeit 2 annehmen, oder, was auf dasselbe hinausläuft, wenn B von der Ruhe zur Bewegung, A umgekehrt von der Bewegung zur Ruhe übergehen soll, so muß, alle übrigen Umstände gleichgesetzt, die ursprüngliche Geschwindigkeit, die auf eine viermal kleinere Masse übergeht, sich verdoppeln. Nähme jedoch B, das gleich einem Viertel von A ist, wie man gemeinhin glaubt, die vierfache Geschwindigkeit an, so erhielten wir ein perpetuum mobile, d.h. eine Wirkung, die ihre Ursache an Leistungsfähigkeit übertrifft. Denn die Bewegung von A konnte nur die Erhebung von 4 Pfund auf 1 Fuß oder von 1 Pfund auf 4 Fuß Höhe bewirken, die von B jedoch könnte 1 Pfund auf 16 Fuß erheben –; die Höhen nämlich verhalten sich wie die Quadrate der Geschwindigkeiten, vermöge deren sie erreicht werden können, und so hebt die vierfache Geschwindigkeit zu einer 16fachen Höhe. So könnten wir jetzt also mit Hilfe des B nicht nur A wieder auf die Höhe von 1 Fuß zurückbringen, von der herabfallend es seine frühere Geschwindigkeit erhalten würde, sondern auch noch verschiedenes anderes zustande bringen. Das heißt aber das mechanische perpetuum mobile verwirklichen, da in diesem Falle die erste Kraft vollständig zurückgewonnen und trotzdem noch etwas darüber hinaus geleistet würde. Daß nämlich die Voraussetzung selbst, die Übertragung der ganzen Kraft des A und B, sich niemals völlig verwirklichen läßt, tut nichts zur Sache, da es sich hier nur um die richtige Methode der Messung als solcher handelt, d.h. um die Frage, welche Geschwindigkeit B, eben dieser Voraussetzung gemäß, annehmen müßte. Auch dann, wenn die Kraft nur zu einem Teil übertragen wird, zu einem anderen dagegen zurückbleibt, ergeben sich notwendig dieselben Widersinnigkeiten. Denn wenn die Quantität der Bewegung erhalten bleiben soll, so ist es klar, daß die der Kräfte sich nicht stets erhalten kann, da die erstere bekanntlich nach dem Produkt aus Masse und Geschwindigkeit, die letztere dagegen, wie wir gezeigt haben, nach dem Produkt aus der Masse und der Höhe zu messen ist, zu welcher der schwere Körper vermöge seiner Kraft gehoben werden kann, die Höhen aber sich wie die Quadrate der Geschwindigkeiten verhalten. Man kann indes folgende Regel aufstellen: Es erhält sich dieselbe Quantität der Kräfte wie der Bewegung, wenn die Körper vor wie nach dem Zusammenstoße sich nach denselben Richtungen bewegen, desgleichen, wenn die zusammenstoßenden Körper gleich sind.

«Vis viva» und «vis mortua»

245
Hier ergibt sich also eine neue, zwiefache Unterscheidung der Kraft: die eine nämlich – ich bezeichne sie auch als tote Kraft – enthält erst das Element der Kraft, weil in ihr noch nicht die Bewegung selbst, sondern nur der Anreiz zur Bewegung gegeben ist, wie bei einem Stein in der Schleuder, der sich in der Richtung der Tangente zu entfernen sucht, auch wenn er durch das Band, an dem er befestigt ist, zurückgehalten wird. Die andere Kraft hingegen, ich nenne sie auch lebendige Kraft, ist die gewöhnliche, mit der zugleich eine tatsächliche Bewegung gegeben ist. Ein Beispiel für die tote Kraft ist die Zentrifugalkraft, weiterhin die Schwere oder Zentripetalkraft, ferner auch die Kraft, durch die ein gespannter elastischer Körper seinen ursprünglichen Zustand wiederherzustellen sucht. Beim Stoße aber – sei es, daß er von einem schweren Körper herrührt, der sich eine Zeitlang abwärts bewegt hat, oder auch von einem gespannten Bogen, der allmählich seine frühere Gestalt annimmt, oder von irgend einer ähnlichen Ursache – ist lebendige Kraft vorhanden, die aus unendlich vielen, stetig fortgesetzten Einwirkungen der toten Kraft entstanden ist. Das wollte wohl auch Galilei sagen, wenn er mit einem ziemlich rätselhaften Ausdruck die Kraft des Stoßes unendlich groß nennt, sofern sie nämlich mit der einfachen Tendenz der Schwerkraft verglichen wird.

Relativer Raum und relative Zeit

246
Ich habe mehrfach betont, daß ich den Raum ebenso wie die Zeit für etwas rein Relatives halte; für eine Ordnung der Existenzen im Beisammen, wie die Zeit eine Ordnung des Nacheinander ist. Denn der Raum bezeichnet unter dem Gesichtspunkt der Möglichkeit eine Ordnung der gleichzeitigen Dinge, insofern sie zusammen existieren, ohne über ihre besondere Art des Daseins etwas zu bestimmen. Wenn man mehrere Dinge zusammen sieht, so wird man sich dieser Ordnung der Dinge untereinander bewußt. [...]

Ebenso verhält es sich mit der Zeit. Angenommen, es fragte jemand, weshalb Gott nicht alles ein Jahr früher geschaffen hat, angenommen ferner, er wollte daraus den Schluß ziehen, Gott habe da etwas getan, wofür sich unmöglich ein Grund finden läßt, weshalb er so und nicht anders gehandelt, so würde man ihm erwidern, daß seine Schlußfolgerung nur unter der Voraussetzung gilt, daß die Zeit etwas außer den zeitlichen Dingen sei. Denn dann wäre es freilich unmöglich, einen Grund zu finden, weshalb die Dinge – unter Annahme ihrer festen identischen Reihenfolge – eher in solche als in andere Augenblicke hätten hineingesetzt werden sollen. Aber eben das beweist, daß die Augenblicke losgelöst von den Dingen Nichts sind und daß sie nur in der sukzessiven Ordnung der Dinge selbst ihren Bestand haben. Da diese Ordnung nun gleich bleiben soll, so würde der eine der beiden Zustände, z.B. der, in dem alles um einen bestimmten Zeitraum vorweggenommen ist, von dem anderen gar nicht abweichen und sich von ihm nicht unterscheiden lassen.

Die Gesetze der Bewegung und die Zweckursachen

247
Dank seiner höchsten Weisheit hat Gott vor allem die passendsten und den abstrakten oder metaphysischen Gründen angemessensten *Bewegungsgesetze* gewählt. Danach erhält sich stets dieselbe Quantität der totalen und der absoluten Kraft oder der Tätigkeit (actio), dieselbe Quantität der bezüglichen Kraft oder der Reaktion und endlich dieselbe Quantität der Richtungskraft. Außerdem ist die Aktion stets der Reaktion gleich, und die Gesamtwirkung ist stets äquivalent ihrer vollen Ursache. Nun ist es überraschend, daß man durch die alleinige Betrachtung der *wirkenden Ursachen* oder der Materie nicht von den Bewegungsgesetzen Rechenschaft geben kann, die man in unsren Tagen entdeckt hat, und die ich zum Teil selbst gefunden habe. Man muß vielmehr, wie ich erkannt habe, hier zu den *Zweckursachen* seine Zuflucht nehmen, da diese Gesetze nicht von dem *Prinzip der Notwendigkeit,* wie die logischen, arithmetischen und geometrischen Wahrheiten, abhängen, sondern von dem *Prinzip der Angemessenheit,* d.h. von der durch die Weisheit getroffenen Wahl. Es ist dies einer der wirksamsten und augenfälligsten Beweise für die Existenz Gottes für alle, die imstande sind, diesen Dingen auf den Grund zu gehen.

PIERRE LOUIS MOREAU DE MAUPERTUIS

Das Prinzip der kleinsten Wirkung

248
Wenn man es zugeben will, wird man eingestehen, daß der stärkste Grund zur Annahme, daß es ausschließlich elastische Körper gebe, die Unmöglichkeit gewesen ist, die Gesetze der Bewegungsübertragung harter Körper ausfindig zu machen.

Descartes nahm solche Körper an und glaubte die Gesetze ihrer Bewegung gefunden zu haben. Er war vom ziemlich wahrscheinlichen Prinzip ausgegangen, daß *die Menge der Bewegung in der Natur sich immer gleich erhalte*. Er leitete daraus falsche Gesetze ab, weil das Prinzip nicht wahr ist.

Den Philosophen, die nach ihm gekommen sind, ist eine andere Erhaltung aufgefallen: Es handelt sich um das, was sie *die lebendige Kraft* nennen, welche *das Produkt jeder Masse und dem Quadrat ihrer Geschwindigkeit ist.* Sie haben ihre Bewegungsgesetze nicht auf diese Erhaltung begründet, vielmehr haben sie diese Erhaltung aus den Bewegungsgesetzen gefolgert, aus welchen, wie sie sie folgerichtig sahen, sie resultieren. Weil aber die Erhaltung der lebendigen Kraft nur beim Zusammenstoß von elastischen Körpern stattfindet, hat man sich in der Ansicht bestärkt gefühlt, daß es in der Natur keine anderen Körper als solche gebe.

Aber *die Erhaltung der Bewegungsgröße ist nur in gewissen Fällen wahr. Die Erhaltung der lebendigen Kraft findet nur bei gewissen Körpern statt.* Weder die eine noch die andere kann somit als Universalprinzip gelten, ja nicht einmal als allgemeines Ergebnis der Bewegungsgesetze.

Wenn man die Prinzipien untersucht, auf welche die Autoren, die uns diese Gesetze gegeben haben, sich gestützt haben, und die Wege, welche sie verfolgt haben, wird man staunen, daß sie so glücklich dahin gelangt sind, und man kann nicht umhin zu glauben, daß sie weniger mit diesen Prinzipien als mit der Erfahrung rechneten. Diejenigen, welche am richtigsten geurteilt haben, haben erkannt, daß das Prinzip, von dem sie Gebrauch machten, um die Bewegungsübertragung von elastischen Körpern zu erklären, nicht auf die Bewegungsübertragung von *harten* Körpern anwendbar war. Schließlich erstreckt sich keines der Prinzipien, die man bis jetzt sowohl für die Bewegungsgesetze der harten Körper als auch für die Bewegungsgesetze der elastischen Körper gebraucht hat, auf die Gesetze der Ruhe.

Nach so vielen berühmten Männern, die dieses Gebiet bearbeitet haben, wage ich kaum zu sagen, daß ich das Universalprinzip entdeckt habe, auf welchem alle diese Gesetze basieren, das sich gleichermaßen auf *harte Körper wie elastische Körper* bezieht und von welchem die Bewegung und die Ruhe von allen körperlichen Substanzen abhängt.

Es handelt sich um das Prinzip, das ich *das der kleinsten Wirkung* nenne: Ein Prinzip, das so weise ist, des Allerhöchsten so würdig und dem die Natur so beständig unterworfen zu sein scheint, daß sie es nicht nur in allen ihren Veränderungen befolgt, sondern daß sie auch in ihrer Beständigkeit geneigt ist es, zu befolgen. *Beim Zusammenstoß von Körpern verteilt sich die Bewegung so, daß die Wirkungsgröße, die die vorgefallene Veränderung voraussetzt, die kleinstmögliche ist. Beim Ruhen müssen die Körper, die im Gleichgewicht sind, in solcher Lage sich befinden, daß, wenn ihnen irgendeine kleine Bewegung erteilt wird, die Wirkungsgröße die kleinste ist.*

Dieses Prinzip entspricht nicht nur der Idee, die wir vom Allerhöchsten haben, nämlich daß er nicht nur immer auf die weiseste Art und Weise handeln, sondern auch daß er immer alles in seiner Herrschaft halten muß.

Descartes' Prinzip schien die Welt der Macht der Gottheit zu entziehen: er behauptete, daß, welche Veränderungen auch immer in der Natur vorkämen, dieselbe Menge der Bewegung sich immer in ihr erhalte: Experimente und schärfere Überlegungen als die seinigen zeigten das Gegenteil. Das Prinzip der Erhaltung der lebendigen Kraft scheint doch auch die Welt in eine Art Unabhängigkeit zu setzen: was für Veränderungen auch immer sich in der Natur ereigneten, die absolute Menge dieser Kraft würde sich immer erhalten und könnte immer die gleichen Wirkungen wiedererzeugen. Aber dazu wäre nötig, daß es in der Natur nur elastische Körper gäbe: die harten Körper müßten ausgeschlossen werden, was bedeutet, daß man vielleicht die einzigen ausschlösse, die es darin gibt.

Unser Prinzip, das den Ideen, die wir uns von den Dingen machen müssen, besser entspricht, läßt der Welt ein immerwährendes Bedürfnis nach der Macht des Schöpfers und ist eine notwendige Folge des weisesten Gebrauchs dieser Macht. [...]

Jetzt muß erläutert werden, was ich unter Wirkungsgröße verstehe. Wenn ein Körper von einem Punkt an einen andern versetzt wird, ist dazu eine gewisse Wirkung nötig: diese Wirkung hängt von der Geschwindigkeit des Körpers ab und von der Strecke, die er zurücklegt, aber sie ist weder die Geschwindigkeit für sich noch die Strecke für sich. Die Wirkungsgröße ist umso größer, je größer die Geschwindigkeit des Körpers und je länger die Strecke ist, die er zurücklegt; sie ist proportional zur Summe der Strecken, jeweils multipliziert mit der Geschwindigkeit, die die Körper beim Zurücklegen derselben besitzen. [...]

Man kann daran nicht zweifeln, daß alles durch ein allerhöchstes Wesen geregelt wird, welches der Materie Kräfte, die seine Macht aufzeigen, gegeben hat und sie zugleich bestimmt hat, Wirkungen zu erzielen, die seine Weisheit offenbaren; und das Zusammenspiel dieser Eigenschaften ist so vollkommen, daß zweifelsohne alle Wirkungen der Natur sich aus jeder einzelnen folgern ließen. Eine blinde und notwendige Mechanik folgt den Plänen der aufgeklärtesten und freisten Intelligenz; und wenn unser Geist weitsichtig genug wäre, könnte er ebenfalls die Gründe der physischen Wirkungen sehen, sei es, daß er die Eigenschaften der Körper errechnete, sei es, daß er erforschte, was durch sie ausführen zu lassen am angebrachtesten ist.

Der erste dieser Wege liegt uns am nächsten, aber er bringt uns nicht sehr weit. Auf dem zweiten verirren wir uns manchmal, weil wir das Ziel der Natur nicht ausreichend kennen und weil wir uns täuschen können in bezug auf die Größe, die wir als ihren Anteil in der Erzeugung von Wirkungen betrachten müssen.

Um die Weitsicht mit der Gewißheit in unseren Forschungen zu verbinden, müssen wir diese beiden Wege benützen. Errechnen wir die Bewegungen der Körper, aber befragen wir auch die Absichten der Intelligenz, die sie in Bewegung setzt.

Es scheint, daß die Philosophen der Antike die ersten Versuche in einer derartigen Mathematik gemacht haben; sie haben metaphysische Beziehungen in den Eigenschaften der Zahlen und der Körper gesucht; und als sie sagten, daß die Beschäftigung Gottes die Geometrie sei, verstanden sie darunter ohne Zweifel nur jene Wissenschaft, welche die Werke Seiner Macht mit den Absichten Seiner Weisheit vergleicht.

JAKOB BERNOULLI

Das Gesetz der großen Zahl

249
In dem vorigen Kapitel wurde gezeigt, auf welche Weise aus den Zahlen der Fälle, in welchen Beweisgründe für eine beliebige Sache vorhanden oder nicht vorhanden sein können, sie anzeigen oder nicht anzeigen oder auch ihr Gegenteil anzeigen können, ihre Beweiskräfte und die diesen proportionalen Wahrscheinlichkeiten sich bestimmen und schätzen lassen. Wir

sind also dahin gelangt, daß zur richtigen Bildung von Vermutungen über irgend eine Sache nichts anderes zu tun erforderlich ist, als daß wir zuerst die Zahl dieser Fälle genau ermitteln und dann bestimmen, um wieviel die einen Fälle leichter als die anderen eintreten können. Und hier scheint uns gerade die Schwierigkeit zu liegen, da nur für die wenigsten Erscheinungen und fast nirgends anders als in Glücksspielen dies möglich ist; die Glücksspiele wurden aber von den ursprünglichen Erfindern, damit die Spielteilnehmer gleiche Gewinnaussichten haben sollten, so eingerichtet, daß die Zahlen der Fälle, in welchen sich Gewinn oder Verlust ergeben muß, im voraus bestimmt und bekannt sind, und daß alle Fälle mit gleicher Leichtigkeit eintreten können. Bei den weitaus meisten andern Erscheinungen aber, welche von dem Walten der Natur oder von der Willkür der Menschen abhängen, ist dies keineswegs der Fall. So sind z.B. bei Würfeln die Zahlen der Fälle bekannt, denn es gibt für jeden einzelnen Würfel ebensoviele Fälle als er Flächen hat; alle diese Fälle sind auch gleich leicht möglich, da wegen der gleichen Gestalt aller Flächen und wegen des gleichmäßig verteilten Gewichtes des Würfels kein Grund dafür vorhanden ist, daß eine Würfelfläche leichter als eine andere fallen sollte, was der Fall sein würde, wenn die Würfelflächen verschiedene Gestalt besäßen und ein Teil des Würfels aus schwererem Materiale angefertigt wäre als der andere Teil. So sind auch die Zahlen der Fälle für das Ziehen eines weißen oder eines schwarzen Steinchens aus einer Urne bekannt und können alle Steinchen auch gleich leicht gezogen werden, weil bekannt ist, wieviele Steinchen von jeder Art in der Urne vorhanden sind, und weil sich kein Grund angeben läßt, warum dieses oder jenes Steinchen leichter als irgend ein anderes gezogen werden sollte. Welcher Sterbliche könnte aber je die Anzahl der Krankheiten (d.i. ebensovieler Fälle), welche den menschlichen Körper an allen seinen Teilen und in jedem Alter befallen und den Tod herbeiführen können, ermitteln und angeben, um wieviel leichter diese als jene Krankheit, die Pest als die Wassersucht, die Wassersucht als Fieber den Menschen zu Grunde richtet, um daraus eine Vermutung über das Verhältnis von Leben und Sterben künftiger Geschlechter abzuleiten? Oder wer könnte die unzähligen Fälle von Veränderungen aufzählen, welchen die Luft täglich unterworfen ist, um daraus schon heute vermuten zu wollen, welche Beschaffenheit sie nach einem Monat oder gar nach einem Jahre hat? Oder ferner, wer dürfte die Natur des menschlichen Geistes oder den bewunderungswürdigen Bau unseres Körpers so weit erforscht haben, um bei Spielen, welche ganz oder teilweise von der Verstandesschärfe oder von der körperlichen Gewandtheit der Spieler abhängen, die Fälle bestimmen zu wollen, in welchen dieser oder jener Spieler gewinnen oder verlieren kann? Da diese und ähnliche

Dinge von ganz verborgenen Ursachen abhängen, welche überdies noch durch die unendliche Mannigfaltigkeit ihres Zusammenwirkens unsere Erkenntnis beständig täuschen, so würde es völlig sinnlos sein, auf diese Weise etwas erforschen zu wollen.

Aber ein anderer Weg steht uns hier offen, um das Gesuchte zu finden und das, was wir *a priori* nicht bestimmen können, wenigstens *a posteriori,* d.h. aus dem Erfolge, welcher bei ähnlichen Beispielen in zahlreichen Fällen beobachtet wurde, zu ermitteln. Dabei muß angenommen werden, daß jedes einzelne Ereignis in ebenso vielen Fällen eintreten oder nicht eintreten kann, als vorher bei einem gleichen Stande der Dinge beobachtet wurde, daß es eingetreten oder nicht eingetreten ist. Denn z.B. wenn man beobachtet hat, daß von 300 Menschen von dem Alter und der Konstitution des Titius 200 vor Ablauf von 10 Jahren gestorben sind, die übrigen aber länger gelebt haben, so kann man mit hinreichender Sicherheit folgern, daß es doppelt so viele Fälle gibt, in welchen auch Titius innerhalb des nächsten Dezenniums der Natur den schuldigen Tribut leisten muß, als Fälle, in welchen er diesen Zeitpunkt überleben kann. Ebenso wenn jemand schon seit langen Jahren das Wetter beobachtet und sich angemerkt hat, wie oft es heiter oder regnerisch war, oder wenn jemand zwei Spielern sehr oft zugeschaut und gesehen hat, wie oft dieser oder jener gewinnt, so kann er gerade dadurch das Verhältnis bestimmen, welches die Zahlen der Fälle, in denen dieselben Ereignisse unter den vorangegangenen gleichen Umständen auch nachher eintreten oder nicht eintreten können, wahrscheinlicher Weise zu einander haben.

Diese empirische Art, die Zahl der Fälle durch Beobachtungen zu bestimmen, ist weder neu noch ungewöhnlich; denn schon der berühmte Verfasser des Werkes «L'art de penser», ein scharfsinniger und talentvoller Mann[1], hat in Kapitel 12f. des letzten Teiles seines Werkes ein ganz ähnliches Verfahren beschrieben, und alle Menschen beobachten im täglichen Leben dasselbe Verfahren. Auch leuchtet jedem Menschen ein, daß es nicht genügt, nur eine oder die andere Beobachtung anzustellen, um auf diese Weise über irgend ein Ereignis zu urteilen, sondern daß eine große Anzahl von Beobachtungen erforderlich sind. Zuweilen hat auch schon ein recht einfältiger Mensch in Folge irgendeines natürlichen Instinktes von sich aus und ohne jede vorangegangene Unterweisung die Erfahrung gemacht (was wirklich wunderbar ist), daß man, je mehr diesbezügliche Beobachtungen vorliegen, um so weniger Gefahr läuft, von der Wahrheit abzuirren. Obgleich nun dies aus der Natur der Sache heraus von jedem eingesehen wird,

[1] Antoine Arnauld (1612–1694), dessen Buch über Logik 1664 anonym erschien. (Hg.)

so liegt doch der auf wissenschaftliche Prinzipien gegründete Beweis durchaus nicht auf der Hand, und es liegt mir daher ob, ihn an dieser Stelle zu erbringen. Ich würde aber glauben, zu wenig zu leisten, wenn ich bei dem Beweise dieses einen Punktes, welchen jeder kennt, stehen bleiben wollte. Man muß vielmehr noch weiteres in Betracht ziehen, woran vielleicht niemand bisher auch nur gedacht hat. Es bleibt nämlich noch zu untersuchen, ob durch Vermehrung der Beobachtungen beständig auch die Wahrscheinlichkeit dafür wächst, daß die Zahl der günstigen zu der Zahl der ungünstigen Beobachtungen das wahre Verhältnis erreicht, und zwar in dem Maß, daß diese Wahrscheinlichkeit schließlich jeden beliebigen Grad der Gewißheit übertrifft, oder ob das Problem vielmehr, sozusagen, seine Asymptote hat, d.h. ob ein bestimmter Grad der Gewißheit, das wahre Verhältnis der Fälle gefunden zu haben, vorhanden ist, welcher auch bei beliebiger Vermehrung der Beobachtungen niemals überschritten werden kann, z.B. daß wir niemals über $^1/_2$, $^2/_3$ oder $^3/_4$ der Gewißheit hinaus Sicherheit erlangen können, das wahre Verhältnis der Fälle ermittelt zu haben. Damit noch durch ein Beispiel deutlich werde, was ich meine, nehme ich an, es seien in einer Urne ohne dein Vorwissen 3000 weiße und 2000 schwarze Steinchen und du wollest durch Versuche das Verhältnis derselben bestimmen, indem du ein Steinchen nach dem andern herausnimmst (jedoch so, daß du jedes gezogene Steinchen wieder zurücklegst, ehe du ein neues herausnimmst, damit die Zahl der Steinchen in der Urne nicht kleiner wird) und beobachtest, wie oft ein weißes, wie oft ein schwarzes Steinchen herauskommt. Es fragt sich nun, ob du dies so oft würdest tun können, damit es zehn-, hundert-, tausendmal usw. wahrscheinlicher (d.h. schließlich moralisch gewiß) wird, daß die Zahl der Züge, mit welchen du ein weißes Steinchen ziehst, zu der Zahl derer, mit welchen du ein schwarzes ziehst, dasselbe Verhältnis $1^1/_2$, welches die Zahlen der Steinchen (oder der Fälle) selbst zueinander haben, annimmt, als daß diese Zahlen irgend ein anderes davon verschiedenes Verhältnis bilden. Ist dies nicht der Fall, so gestehe ich, daß es um unsern Versuch, die Zahl der Fälle durch Beobachtungen zu ermitteln, schlecht bestellt ist. Wenn es aber der Fall ist und man schließlich auf diese Weise moralische Gewißheit erhält (daß dies wirklich so ist, werde ich in dem folgenden Kapitel zeigen), so können wir die Zahlen der Fälle *a posteriori* fast ebenso genau finden, als wenn sie uns *a priori* bekannt wären. Und dies ist für das bürgerliche Leben, wo das moralisch Gewisse als absolut gewiß angesehen wird, nach Axiom 9 des Kapitels II hinreichend, um unsere Vermutung in jedem beliebigen Zufallsgebiete nicht weniger wissenschaftlich zu leiten als bei den Glücksspielen. Denn wenn wir an Stelle der Urne z.B. die Luft oder den menschlichen Körper uns gesetzt denken, welche eine

Unmenge der verschiedenartigsten Veränderungen und Krankheit gerade so in sich bergen, wie die Urne die Steinchen, so werden wir auch in gleicher Weise durch Beobachtungen bestimmen können, um wieviel leichter auf diesen Gebieten dieses als jenes Ereignis eintritt.

Damit aber dies nicht unrichtig verstanden werde, ist noch zu bemerken, daß wir das Verhältnis zwischen den Zahlen der Fälle, welches wir durch Beobachtungen zu bestimmen unternehmen, nicht absolut genau (denn so würde ganz das Gegenteil herauskommen und desto unwahrscheinlicher werden, daß das richtige Verhältnis gefunden sei, je mehr Beobachtungen gemacht wären), sondern nur mit einer bestimmten Annäherung erhalten, d.h. zwischen zwei Grenzen einschließen wollen, welche aber beliebig nahe bei einander angenommen werden können. Wenn wir in dem oben angeführten Beispiele der Urne mit den Steinchen zwei Verhältnisse, z.B. $\frac{301}{200}$ und $\frac{299}{200}$, oder $\frac{3001}{2000}$ und $\frac{2999}{2000}$, oder u.s.w., annehmen, von denen das eine wenig kleiner, das andere wenig größer als $1^1/_2$ ist, so zeigt es sich, daß es mit jeder beliebigen Wahrscheinlichkeit wahrscheinlicher wird, daß das durch häufig wiederholte Beobachtungen gefundene Verhältnis innerhalb dieser Grenzen des Verhältnisses $1^1/_2$ liegt, als außerhalb derselben.

Dieses ist das Problem, welches ich an dieser Stelle zu veröffentlichen mir vorgenommen habe, nachdem ich schon seit 20 Jahren dasselbe mit mir herumgetragen habe; seine Neuheit sowohl als auch sein außerordentlich großer Nutzen in Verbindung mit seiner ebenso großen Schwierigkeit läßt alle übrigen Kapitel dieser Lehre an Wichtigkeit und Bedeutung gewinnen. Bevor ich aber auf seine Lösung eingehe, will ich kurz die Einwände widerlegen, welche einige Gelehrte dagegen erhoben haben.

Zuerst machen sie den Einwurf, daß das Verhältnis zwischen den Steinchen von anderer Beschaffenheit sei als dasjenige zwischen den Krankheiten und den Luftveränderungen; die Zahl jener sei bestimmt, die Zahl dieser aber unbestimmt und unsicher.

Darauf antworte ich: Beide sind hinsichtlich unserer Erkenntnis gleich ungewiß und unbestimmt. Daß aber irgend ein Ding an sich und seiner Natur nach ungewiß und unbestimmt beschaffen sei, kann von uns ebenso wenig verstanden werden, als wir verstehen können, daß Gott etwas zugleich erschaffen und nicht erschaffen hat; denn alles was Gott geschaffen hat, hat er gerade dadurch, daß er es geschaffen hat, auch bestimmt.

Zweitens werfen sie ein, die Zahl der Steinchen sei endlich, die der Krankheiten aber unendlich.

Ich erwidere hierauf: Die letztere Zahl ist eher erstaunlich groß als unendlich; aber zugegeben, daß sie unendlich groß sei, so ist bekannt, daß auch zwischen zwei unendlich großen Zahlen ein bestimmtes Verhältnis bestehen kann, welches sich durch endliche Zahlen entweder genau oder wenigstens so genau, als nur irgend wünschenswert ist, ausdrücken läßt. So hat immer die Peripherie eines Kreises ein bestimmtes Verhältnis zu seinem Durchmesser, welches zwar nur durch unendlich viele Dezimalstellen der Ludolphschen Zahl genau angegeben wird, aber doch von Archimedes, Metius und Ludolph[1] selbst in Grenzen eingeschlossen ist, welche für den Gebrauch völlig ausreichen. Daher hindert nichts daran, das Verhältnis zwischen zwei unendlich großen Zahlen, welche durch endliche Zahlen sehr annähernd genau dargestellt werden können, durch eine endliche Anzahl von Beobachtungen zu bestimmen.

Drittens machen sie den Einwand, daß die Zahl der Krankheiten nicht beständig dieselbe sei, sondern daß täglich neue entstehen.

Darauf entgegne ich: Daß sich im Laufe der Zeiten die Krankheiten vermehren können, leugne ich nicht, und sicherlich würde derjenige, welcher aus heutigen Beobachtungen auf antediluvianische Zeiten zurückschließen wollte, gewaltig von der Wahrheit abirren. Daraus folgt aber nichts weiter als daß bisweilen neue Beobachtungen angestellt werden müssen; auch bei den Steinchen würden neue Beobachtungen notwendig werden, wenn man annehmen müßte, daß ihre Anzahl in der Urne sich geändert hätte.

DANIEL BERNOULLI

Der Gasdruck und die Hypothese von den Korpuskeln

250

1. Wenn wir jetzt die elastischen Flüssigkeiten betrachten, so wird es erlaubt sein, ihnen eine Konstitution beizumessen, die mit allen uns bis jetzt bekannt gewordenen Eigenschaften im Einklang steht, so daß uns auch der Zugang zu den übrigen offen steht, die noch nicht hinreichend untersucht worden sind. Die besonderen Eigenschaften der elastischen Flüssigkeiten aber bestehen darin, (1.), daß sie Schwere besitzen, (2.), daß sie sich auf den ganzen Raum ausbreiten, wenn sie nicht zusammengehalten werden, und (3.), daß sie sich beständig mit wachsenden Druckkräften mehr und mehr zusammenpressen lassen. So ist die Luft beschaffen, auf die sich hauptsächlich unsere gegenwärtigen Überlegungen erstrecken sollen.

[1] Adrian Metius (1571–1635) und Ludolph van Ceulen (1540–1610) errechneten die Zahl Pi in mehreren Annäherungswerten. (Hg.)

2. Man stelle sich somit ein lotrechtes zylindrisches Gefäß ACDB vor und in ihm einen beweglichen Deckel EF, auf dem ein Gewicht aufgesetzt ist. Der Raum ECDF enthalte kleinste Körperchen, die in rapider Bewegung hin und her gejagt werden. Auf diese Weise bilden die Körperchen, während sie gegen den Deckel EF prallen und diesen durch ihre ständig wiederholten Stöße stützen, eine elastische Flüssigkeit, die sich bei entferntem oder vermindertem Gewicht P ausdehnt, die sich bei erhöhtem Gewicht ver-

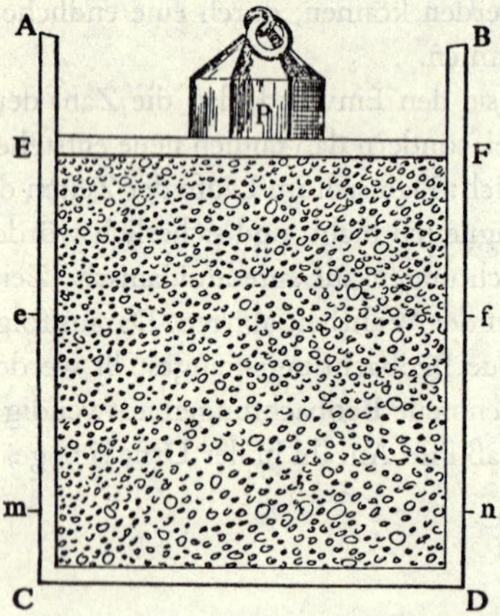

Der Gasdruck in einem zylindrischen Gefäß

dichtet und die den waagrechten Boden CD ebenso belastet, als wäre sie mit keiner elastischen Kraft versehen. Mögen nämlich die Körperchen ruhen oder umhergejagt werden, so ändert sich doch ihre Schwere nicht, so daß der Boden einmal dem Gewicht und dann auch der Elastizität der Flüssigkeit standzuhalten hat. Wir werden also eine solche Flüssigkeit, die mit den obengenannten Eigenschaften elastischer Flüssigkeiten übereinstimmt, der Luft gleichsetzen und werden somit die einen, die schon für die Luft entdeckt worden sind, entwickeln und die anderen Eigentümlichkeiten, die noch nicht genügend untersucht worden sind, eingehender erläutern.

3. Wir sehen die in einem zylindrischen Hohlraum eingeschlossenen Körperchen der Zahl nach gleichsam als unendlich an, und wenn sie den Raum ECDF einnehmen, dann sagen wir, daß sie den natürlichen Zustand der Luft darstellen, auf deren Beschaffenheit alles zurückzuführen ist. Somit unterscheidet sich das Gewicht P, das den Deckel in der Lage EF festhält,

nicht von dem Druck der darüberliegenden Luft, den wir daher im folgenden mit P bezeichnen werden.

Es sei aber bemerkt, daß dieser Druck keineswegs gleich ist dem absoluten Gewicht eines lotrechten Luftzylinders, der auf dem Deckel EF in der Atmosphäre lastet, was bis jetzt die Autoren irrtümlich behauptet haben, sondern dieser Druck ist gleich der vierten Proportionalen zur Erdoberfläche, zur Größe des Deckels EF und dem Gewicht der ganzen Atmosphäre, die auf der Oberfläche der Erde lastet. [...]

6. Indessen kann die Elastizität der Luft nicht nur durch Verdichtung erhöht werden, sondern auch durch Steigerung der Wärme, und weil es ja feststeht, daß sich die Wärme allenthalben durch wachsende innere Bewegung der Partikeln steigert, so folgt, daß die bei unverändertem Raum erhöhte Elastizität der Luft deutlich eine intensivere Bewegung der Luftpartikeln zeigt, was mit unserer Hypothese richtig übereinstimmt. Offenbar ist nämlich ein umso größeres Gewicht P zum Zusammenhalt der Luft in der Lage ECDF erforderlich, mit je größerer Geschwindigkeit die Luftpartikeln hin und her gejagt werden. Es ist sogar nicht schwierig zu erkennen, daß das Gewicht P dem Quadrat ebendieser Geschwindigkeit proportional ist, und zwar deshalb, weil durch die erhöhte Geschwindigkeit einmal die Zahl der Stöße und dann auch deren Intensität auf gleiche Weise wächst und weil jedes für sich aber dem Gewicht P proportional ist.

JOHANN BERNOULLI

Das Prinzip der virtuellen Geschwindigkeiten

251

1. Virtuelle Geschwindigkeiten nenne ich die, welche zwei oder mehrere in Gleichgewicht stehende Kräfte erlangen, wenn man ihnen eine kleine Bewegung mitteilt oder wenn diese Kräfte schon in Bewegung sind. Die *virtuelle Geschwindigkeit* ist jenes Geschwindigkeitselement, das jeder Körper von einer schon erlangten Geschwindigkeit, in einem unendlich kleinen Zeitraum, je nach seiner Richtung, gewinnt oder verliert. [...]

1. Hypothese

2. *Zwei wirkende Substanzen sind im Gleichgewicht oder haben gleiche Momente, wenn ihre absoluten Kräfte umgekehrt proportional zu ihren virtuellen Geschwindigkeiten sind, ob die Kräfte, die aufeinander wirken, sich bewegen oder ruhen.*

Dies ist ein gewöhnliches Prinzip in Statik und Mechanik, mit dessen Beweis ich mich nicht aufhalten will: ich möchte es lieber benutzen, um zu zeigen, wie die Bewegung durch die Wirkung eines Drucks, der ununterbrochen wirkt, und ohne einen anderen Widerstand als jenen, der von der Trägheit des beweglichen Körpers herrührt, erzeugt wird.

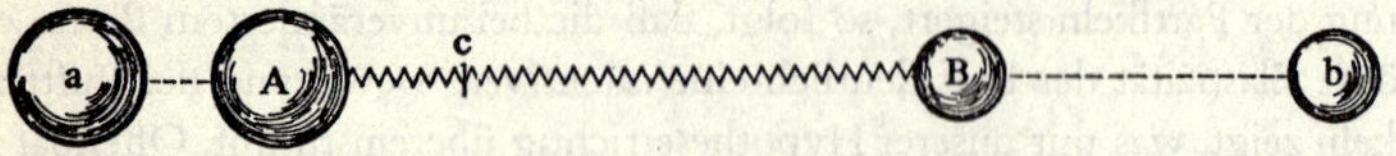

Erläuterung der virtuellen Geschwindigkeiten

3. Nehmen wir zwei ruhende Körper an, A und B, zwischen welchen eine angespannte Feder C liegt, die, indem sie sich zu entspannen beginnt, beiderseits gleichviel Kraft anwendet um die Körper A und B voneinander zu entfernen. Es ist offensichtlich, daß jeder dieser Körper durch seine Trägheit der Bewegung der Feder einen seiner Masse entsprechenden Widerstand entgegensetzen wird. Kraft der aus der Mechanik genommenen Hypothese müssen also, da die beiden entgegengesetzten Kraftäußerungen der Feder gleich groß sind, die Trägheitskraft in A zur Trägheitskraft in B oder die Masse A zur Masse B im umgekehrten Verhältnis stehen wie die virtuellen Geschwindigkeiten der Körper B und A. Und da die Sache immer weitergeht, während die Feder, indem sie sich dehnt, die Geschwindigkeit dieser Körper beschleunigt, ist es klar, daß ihre Beschleunigungen immer umgekehrt proportional zu den Massen A und B sind, die ein konstantes Verhältnis darstellen. Folglich stehen die beiderseits in der selben Zeit erreichten Geschwindigkeiten, welche nichts anderes sind als die sukzessiv durch die Kraftanwendung der Feder erzeugte Summe der virtuellen Geschwindigkeiten, auch im gleichen Verhältnis. Das will besagen, daß die Geschwindigkeit von B zur Geschwindigkeit von A wie A zu B ist, woraus folgt, daß, nachdem die Feder C ganz entspannt ist, oder durch irgend ein Hindernis, das ihr verwehrt, sich ganz zu entspannen, aufgehalten wurde, die beiden Körper A und B sich weiter bewegen werden mit den durch den anhaltenden Druck der Feder zuletzt erreichten Geschwindigkeiten.

JEAN LE ROND D'ALEMBERT

Zurückführung der Gesetze der Dynamik auf die der Statik

252

Die Bewegung und ihre allgemeinen Eigenschaften sind das erste und wesentliche Objekt der Mechanik; diese Wissenschaft setzt die Existenz der Bewegung voraus, und auch wir wollen sie als von allen Physikern zugestanden und anerkannt annehmen. In Bezug auf die Natur der Bewegung sind dagegen die Meinungen der Philosophen sehr geteilt. Nichts, muß ich gestehen, ist natürlicher, als unter der Bewegung das sukzessive Auftreten des Bewegten in den verschiedenen Teilen des unbegrenzten Raumes zu verstehen, welchen wir als den Ort der Körper auffassen: Diese Idee aber setzt einen Raum voraus, dessen Teile durchdringbar und unbeweglich sind; nun weiß ein jeder, daß die Cartesianer (eine heute allerdings sehr zurückgegangene Sekte) einen von den Körpern getrennten Raum nicht anerkennen und daß sie die räumliche Ausdehnung und die Materie als ein und dasselbe ansehen. Man muß zugeben, daß, wenn man von einem solchen Prinzip ausgeht, die Bewegung die größte Schwierigkeit für die Auffassung hätte und daß ein Cartesianer besser tun würde, ihre Existenz zu leugnen, als zu versuchen, ihre Natur zu definieren. So absurd uns übrigens die Meinung dieser Philosophen erscheinen und so wenig Klarheit und Präzision in den metaphysischen Prinzipien vorhanden sein mag, auf die sie sich zu stützen suchen, wir werden hier keine Widerlegung derselben unternehmen: Wir werden uns mit der Bemerkung begnügen, daß man, um eine klare Vorstellung von der Bewegung zu gewinnen, wenigstens im Stillen zweier Raumideen nicht entraten kann. Die eine, die den Raum als undurchdringlich ansieht und unter ihm das versteht, was man eigentlich die Körper nennt; die andere, welche denselben einfach als räumliche Ausdehnung ansieht, ohne zu untersuchen, ob er durchdringbar ist oder nicht, also als das Maß der Entfernung eines Körpers von einem anderen, dessen als fest und unbeweglich gedachte Teile uns zur Beurteilung der Ruhe und der Bewegung der Körper dienen können. Es wird uns daher stets erlaubt sein, einen unbegrenzten Raum als den wahren oder gedachten Ort der Körper anzusehen und die Bewegung als den Übergang des Bewegten von einem Orte zu einem anderen aufzufassen. [...]

Man sieht zunächst sehr deutlich, daß ein Körper sich selbst keine Bewegung erteilen kann. Er kann daher aus seiner Ruhe nur durch die Wirkung irgend einer äußeren Ursache gebracht werden. Bewegt er sich aber weiter von selbst fort, oder bedarf er zu seiner Bewegung der wiederholten Wirkung der Bewegungsursache? Für welche Ansicht man sich in dieser Hinsicht entscheiden möge, immer wird es unanfechtbar sein, daß nach einmaliger Voraussetzung der Existenz der Bewegung ohne Hinzunahme irgend einer anderen Hypothese das einfachste Gesetz, welches ein bewegtes Teilchen in seiner Bewegung befolgen kann, das Gesetz der Gleichförmigkeit ist, und es ist folglich auch dasjenige, welches befolgt werden muß, wie man ausführlicher in dem ersten Kapitel dieser Abhandlung sehen wird. Die Bewegung ist also ihrer Natur nach gleichförmig: Ich gebe zu, daß die Beweise, welche man bisher von diesem Prinzip gegeben hat, nicht sehr überzeugend sind. Man wird aus meinem Werke die ihnen entgegenstehenden Schwierigkeiten ersehen, sowie den Weg, den ich eingeschlagen habe, um jeden Versuch ihrer Lösung zu vermeiden. Der Satz, daß die Gleichförmigkeit das der natürlichen Bewegung zukommende Gesetz sei, scheint mir einen der besten Gründe zu liefern, auf welche man die Messung der Zeit durch die gleichförmige Bewegung stützen kann. Ich glaubte daher auch, in dieser Frage mehr ins Einzelne gehen zu müssen, wenn auch im Grunde diese Erörterung als etwas der Mechanik Fremdes erscheinen könnte.

Ist die Trägheit, d.h. die Eigenschaft der Körper, in ihrem Zustande der Ruhe oder der Bewegung zu verharren, einmal festgestellt, so ist klar, daß die Bewegung, welche wenigstens für den Beginn ihrer Existenz einer Ursache bedarf, nicht anders als durch eine äußere Ursache beschleunigt oder verzögert werden kann. Welches sind nun die Ursachen, die imstande sind, die Bewegung eines Körpers hervorzubringen oder zu verändern? Wir kennen bisher nur zwei Arten derselben: Die einen offenbaren sich uns gleichzeitig mit der Wirkung, welche sie hervorbringen, oder vielmehr, zu denen sie Veranlassung geben: Das sind diejenigen, welche ihren Ursprung in der sichtbaren Wechselwirkung der Körper haben und aus ihrer Undurchdringlichkeit hervorgehen. Sie beschränken sich auf den Stoß und einige andere daraus abzuleitende Wirkungen. Alle anderen Ursachen erkennt man nur aus ihrer Wirkung, und wir sind über ihre Natur völlig im Unklaren. Solcher Art ist die Ursache, welche den Fall der schweren Körper nach dem Zentrum der Erde hervorbringt, die Ursache, welche die Planeten in ihren Bahnen erhält u.a.m. [...]

Wir haben bisher nur die Veränderung erwähnt, welche in der Geschwindigkeit des bewegten Teilchens durch die Ursachen hervorgebracht wird, die fähig sind, seine Bewegung zu verändern. Wir haben noch nicht untersucht, was eintreten muß, wenn die Bewegungsursache den Körper in einer Richtung zu bewegen sucht, welche von der ihm bereits eigenen abweicht. Alles, was uns in diesem Falle das Trägheitsprinzip lehrt, ist, daß das bewegte Teilchen jetzt nur danach streben kann, eine Gerade zu beschreiben, und zwar gleichförmig. Das gibt uns aber weder seine Geschwindigkeit, noch seine Richtung. Man ist so gezwungen, ein zweites Prinzip zu Hilfe zu nehmen, welches man als das Prinzip der Zusammensetzung von Bewegungen bezeichnet und mit Hilfe dessen man die einzig mögliche Bewegung eines Körpers bestimmt, der sich zu gleicher Zeit in verschiedenen Richtungen mit gegebenen Geschwindigkeiten zu bewegen sucht. Man wird in diesem Werke einen neuen Beweis dieses Prinzips finden, bei welchem ich mich bemüht habe, alle Schwierigkeiten, welche den für das Prinzip gewöhnlich gegebenen Beweisen anhaften, zu vermeiden, ohne dabei eine große Anzahl komplizierter Voraussetzungen bei der Ableitung zu benützen, für ein Prinzip, welches eines der ersten der Mechanik ist und sich daher notwendig auf einfache und leichtfaßliche Belege stützen muß.

Wie die Bewegung eines seine Richtung wechselnden Körpers als zusammengesetzt aus seiner früheren und einer ihm erteilten neuen Bewegung angesehen werden kann, so kann auch die frühere Bewegung des Körpers als zusammengesetzt aus der neuen, angenommenen Bewegung und einer anderen, verlorenen Bewegung gedacht werden. Es folgt daraus, daß die Gesetze der durch irgend welche Hindernisse veränderten Bewegung einzig und allein von den Gesetzen der durch dieselben Hindernisse zerstörten Bewegung abhängen. Es genügt ja offenbar, die Bewegung, welche der Körper vor der Begegnung mit dem Hindernis hatte, in zwei andere Bewegungen von solcher Art zu zerlegen, daß das Hindernis der einen Bewegung nicht schadet und die andere zerstört. Man kann daraus nicht bloß die Gesetze der durch unüberwindliche Hindernisse veränderten Bewegung ableiten, die einzigen, welche man bisher mit Hilfe dieser Methode gefunden hat; man kann auch bestimmen, in welchem Falle die Bewegung durch dieselben Hindernisse zerstört wird. Was die Gesetze der durch nicht an sich unüberwindliche Hindernisse veränderten Bewegung betrifft, so ist aus demselben Grunde klar, daß im allgemeinen zur Auffindung dieser Gesetze eine genaue Kenntnis der Gesetze des Gleichgewichtes genügt.

Welches ist nun das allgemeine Gesetz für das Gleichgewicht der Körper? Alle Geometer stimmen darin überein, daß zwei Körper mit entgegengesetzten Bewegungsrichtungen sich das Gleichgewicht halten, falls ihre Massen den Geschwindigkeiten umgekehrt proportional sind, mit denen sie sich zu bewegen streben; es ist aber vielleicht schwer, für dieses Gesetz einen völlig strengen Beweis zu liefern, der keinerlei Dunkelheiten enthält; daher haben auch die meisten Geometer vorgezogen, dasselbe als ein Axiom zu behandeln, anstatt sich zu bemühen, dasselbe zu beweisen. Bei genauerer Betrachtung wird man indessen erkennen, daß es nur einen einzigen Fall gibt, in dem sich das Gleichgewicht klar und deutlich zeigt; das ist der Fall, in dem die Massen der beiden Körper gleich und ihre Geschwindigkeiten entgegengesetzt gleich sind. Der einzige Weg, den man zum Beweise des Prinzips in den anderen Fällen einschlagen kann, scheint mir der zu sein, dieselben, wenn möglich, auf diesen ersten einfachen und an sich klaren Fall zurückzuführen. Diesen Weg habe auch ich einzuschlagen versucht; der Leser wird beurteilen, ob es mir gelungen ist.

Das Prinzip des Gleichgewichtes, zusammen mit dem Prinzip der Trägheit und dem Prinzip der zusammengesetzten Bewegung, führt somit zur Lösung aller Probleme, in denen es sich um die Bewegung eines Körpers handelt und um die Frage, in welcher Weise dieselbe durch ein undurchdringliches und bewegliches Hindernis, d.h. allgemein durch einen anderen Körper verändert wird, dem er notwendigerweise Bewegung mitteilen muß, um wenigstens einen Teil der eigenen zu erhalten. Man kann aus der Kombination dieser Prinzipien leicht die Bewegungsgesetze der Körper herleiten, welche irgendwie aufeinander stoßen oder durch Einschaltung irgend eines Körpers, mit dem sie verbunden sind, aufeinander einen Zug ausüben. [...]

Wenn man von der Kraft eines in Bewegung befindlichen Körpers spricht, so verbindet man entweder keine klare Idee mit der Aussprache dieses Wortes, oder man kann darunter nur allgemein die Eigenschaft des sich bewegenden Körpers verstehen, die ihm begegnenden oder widerstehenden Hindernisse zu überwinden. Man kann also weder unmittelbar durch den von einem Körper gleichförmig durchlaufenen Weg noch durch die dazu aufgewandte Zeit noch durch die einfache, alleinige und abstrakte Betrachtung der Masse und der Geschwindigkeit die Kraft messen, sondern einzig und allein durch die Hindernisse, denen ein Körper begegnet, und den Widerstand, den ihm diese Hindernisse bieten. Je beträchtlicher das Hindernis ist, das der Körper überwinden kann, oder dem er zu widerstehen imstande ist, um so größer kann man seine Kraft nennen, wofern man sich, ohne durch dieses Wort ein vorgebliches, in dem Körper vorhandenes Wesen darstellen zu wollen, seiner nur wie einer Abkürzung bedient, um eine Tatsache auszudrücken; etwa wie man sagt, ein Körper hat eine zweimal so große Geschwindigkeit als ein anderer, anstatt zu sagen, er durchläuft in der gleichen Zeit den doppelten Raum, ohne darum zu behaupten, daß dieses Wort Geschwindigkeit ein dem Körper inhärentes Wesen vorstelle.

Ist man sich hierüber einig, so ist klar, daß man der Bewegung eines Körpers drei Arten von Hindernissen entgegenstellen kann; entweder unüberwindliche Hindernisse, welche seine Bewegung, möge dieselbe sein, wie sie wolle, vollständig zerstören, oder Hindernisse, welche gerade nur so viel Widerstand haben, als notwendig ist, um die Bewegung des Körpers zu zerstören und diese Zerstörung in einem Augenblicke bewirken: das ist der

Fall des Gleichgewichts, oder schließlich Hindernisse, welche die Bewegung allmählich zerstören: das ist der Fall der verzögerten Bewegung. Da die unüberwindlichen Hindernisse alle Arten von Bewegung in gleicher Weise zerstören, so können sie nicht zur Bestimmung der Kraft dienen. Man kann also nur in dem Vermögen, Gleichgewicht zu halten oder Bewegung zu verzögern, ihr Maß suchen. Nun sind darüber wohl alle einig, daß zwischen zwei Körpern Gleichgewicht besteht, sobald die Produkte ihrer Massen mit ihren virtuellen Geschwindigkeiten, d.h. den Geschwindigkeiten, mit denen sie sich zu bewegen streben, auf beiden Seiten gleich sind. Somit kann im Gleichgewichtsfalle das Produkt der Masse mit der Geschwindigkeit oder, was dasselbe ist, die Bewegungsgröße die Kraft darstellen. Jedermann gesteht auch zu, daß bei verzögerter Bewegung die Anzahl der überwundenen Hindernisse dem Quadrat der Geschwindigkeit proportional ist, so daß ein Körper, der z.B. mit einer gewissen Geschwindigkeit eine Feder gespannt hat, mit einer doppelten Geschwindigkeit imstande sein wird, entweder gleichzeitig oder nacheinander nicht zwei, sondern vier der ersten gleiche Federn zu spannen, mit einer dreifachen Geschwindigkeit neun, und so fort. Daraus schließen die Anhänger der lebendigen Kräfte, daß die Kraft der in Bewegung befindlichen Körper allgemein dem Produkt der Masse mit dem Quadrat der Geschwindigkeit proportional sei. Welchen Nachteil kann es im Grunde haben, wenn das Maß der Kräfte für das Gleichgewicht und für die verzögerte Bewegung verschieden ist, da bei Zugrundelegung völlig klarer Ideen unter dem Worte «Kraft» nur die in der Überwindung eines Hindernisses oder in dem demselben geleisteten Widerstande bestehende Wirkung verstanden werden soll. Man muß indessen zugestehen, daß die Ansicht derer, welche die Kraft als das Produkt aus Masse und Geschwindigkeit ansehen, nicht nur im Falle des Gleichgewichtes, sondern auch im Falle der verzögerten Bewegung bestehen kann, wenn man im letzteren Falle die Kraft nicht durch die absolute Größe der Hindernisse, sondern durch die Summe der Widerstände dieser Hindernisse mißt. Denn man darf wohl nicht zweifeln, daß diese Summe der Widerstände der Bewegungsgröße proportional ist, da, wie jedermann zugibt, die Bewegungsgröße, welche der Körper in jedem Augenblick verliert, dem Produkt aus dem Widerstand und der unendlich kleinen Zeitdauer proportional und die Summe dieser Produkte augenscheinlich der Ausdruck für den ganzen Widerstand ist. Die ganze Schwierigkeit reduziert sich also darauf, ob man die Kraft durch die absolute Größe der Hindernisse oder durch die Summe ihrer Widerstände messen soll. Es würde mir natürlicher erscheinen, die Kraft in dieser letzteren Weise zu messen; denn ein Hindernis ist ein solches, nur so lange es Widerstand leistet, und der richtige Ausdruck für das überwundene Hindernis ist die Summe seiner Widerstände. Man hat übrigens, wenn man die Kraft in dieser Weise mißt, den Vorteil, für Gleichgewicht und verzögerte Bewegung ein gemeinsames Maß zu haben. Nichtsdestoweniger meine ich, da wir nur dann eine genaue und deutliche Idee mit dem Worte «Kraft» verbinden, wenn wir uns mit diesem Ausdruck auf die Bezeichnung einer Wirkung beschränken, daß man es jedem überlassen sollte, hierüber nach seinem Gutdünken zu entscheiden; und die ganze Frage kann nur in einer sehr unwesentlichen metaphysischen Diskussion bestehen, oder in einem Wortstreit, der vollends nicht wert ist, Philosophen zu beschäftigen.

Was bis jetzt gesagt worden ist, sollte eigentlich die Problemlage unseren Lesern genügend klarmachen. Doch eine sehr einfache Erwägung wird sie noch vollends überzeugen. Nehmen wir einen Körper an, der entweder lediglich die einfache Tendenz hat, sich mit einer bestimmten Geschwindigkeit zu bewegen, eine Tendenz, die durch ein Hindernis aufgehalten wird; oder lassen wir ihn wirklich und gleichförmig mit dieser selben Geschwindigkeit sich bewegen oder schließlich lassen wir ihn mit dieser selben Geschwindigkeit beginnen, die sich verbraucht und allmählich durch irgendeinen Grund vernichtet wird: in allen diesen Fällen ist die durch den Körper verursachte Wirkung verschieden, aber der Körper, als solcher betrachtet, stellt in dem einen Fall nicht mehr vor als in den andern Fällen, lediglich die Tätigkeit der Ursache, welche den Effekt bewirkt, äußert sich auf verschiedene Weise. Im ersten Fall ist die Wirkung auf eine einfache Tendenz zurückführbar, welche nicht eigentlich genau gemessen werden kann, weil sie nicht in irgendeiner Bewegung resultiert; im zweiten Fall zeigt sich die Wirkung in der Strecke, welche innerhalb einer gegebenen Zeit in gleichförmiger Bewegung zurückgelegt wurde, und diese Wirkung ist der Geschwindigkeit proportional; im dritten Fall zeigt sich die Wirkung in der Strecke, die bis zum völligen Aufhören der Bewegung zurückgelegt wurde, und diese Wirkung entspricht dem Quadrat der Geschwindigkeit. Diese verschiedenen Wirkungen sind also deutlich durch die gleiche Ursache hervorgerufen; entsprechend konnten diejenigen, welche sagen, daß die Kraft bald wie die Geschwindigkeit, bald wie ihr Quadrat sei, nur die Wirkung gemeint haben, wenn sie sich solcherart ausdrückten. Diese Verschiedenheit der Wirkungen, die von einer und derselben Ursache ausgeht, kann übrigens dazu dienen, uns zu zeigen, wie wenig Richtigkeit und Genauigkeit in diesem so häufig gebrauchten angeblichen Axiom über die Proportionalität von Ursache und Wirkung enthalten ist. [...]

So glauben wir, in diesem Werk gezeigt zu haben, daß ein sich selbst überlassener Körper ewig in seinem Zustand der Ruhe oder der gleichförmigen Bewegung verharren muß; wir glauben auch bewiesen zu haben, daß, wenn dieser Körper dazu neigt, sich gleichzeitig entlang zwei Seiten irgend eines Parallelogramms zu bewegen, er sich von sich aus in Richtung der Diagonale bewegen muß, und er wird sie sozusagen unter allen andern Richtungen aussuchen. Endlich haben wir gezeigt, daß alle Gesetze über den Austausch von Bewegung zwischen Körpern zurückgeführt werden können auf die Gleichgewichtsgesetze und daß diese ihrerseits hergeleitet werden können aus den Gleichgewichtsgesetzen, die sich auf zwei gleiche Körper beziehen, welche mit gleichen virtuellen Geschwindigkeiten in entgegengesetzte Richtungen streben. In diesem letzten Fall werden die beiden Körper gegenseitig ihre Bewegung aufheben, und durch geometrische Konsequenz entsteht notwendigerweise ein Gleichgewicht – falls das Verhältnis der beiden Massen umgekehrt ist wie das Verhältnis der Geschwindigkeiten. Das einzige, was man noch wissen muß, ist, ob der Fall von Gleichgewicht eindeutig ist, d.h., ob, wenn die Massen nicht im entgegengesetzten Verhältnis ihrer Geschwindigkeiten stehen, der eine Körper den andern notwendigerweise zur Bewegung zwingen muß. Doch es ist leicht einzusehen, daß, weil es einen möglichen und notwendigen Fall von Gleichgewicht gibt, es davon keine andern Fälle geben dürfte: wenn es nicht so wäre, würden die Gesetze des Stoßes, die sich notwendigerweise auf die Gleichgewichtsgesetze zurückführen, unbestimmt werden, was nicht sein dürfte, da ein Körper, der mit einem andern zusammengestoßen ist, notwendigerweise eine eindeutige Wirkung zutagebringen muß, eine unbedingt notwendige Folge der Existenz und der Undurchdringlichkeit dieser Körper. Außerdem läßt sich die Eindeutigkeit des Gleichgewichtsgesetzes durch eine andere Begründung zeigen, aber diese ist zu mathematischer Natur, um in dieser einleitenden Abhandlung vorgelegt zu werden. Doch werde ich mich bemühen, sie verständlich zu machen in dem Werk, auf das ich den Leser verweise. Aus allen diesen Überlegungen geht hervor, daß die Gesetze der Statik und Mechanik, wie sie in diesem Buch dargestellt sind, sich ergeben aus der Existenz von Materie und Bewegung. So beweist uns die Erfahrung, daß diese Gesetze tatsächlich von den Körpern eingehalten werden, die uns umgeben. So sind die Gesetze des Gleichgewichts und der Bewegung, mit denen uns die Beobachtung vertraut gemacht hat, wirklich notwendig. Ein Metaphysiker würde sich vielleicht mit dem Beweis zufrieden geben, daß es des Schöpfers Weisheit und die Einfachheit seiner Gesichtspunkte seien, daß er keine andern Gleichgewichts- und Bewegungsgesetze eingerichtet habe als die, welche gerade aus der Existenz der Körper und ihrer gegenseitigen Undurchdringlichkeit resultieren; aber wir glaubten, uns von dieser Art des Denkens enthalten zu müssen, da sie uns auf einem sehr vagen Prinzip zu beruhen scheint; das Wesen Gottes ist zu sehr vor uns versteckt, als daß wir direkt erkennen könnten, was mit den Plänen seiner Weisheit übereinstimmt und was nicht; wir können die Wirkungen dieser Weisheit nur ahnen, wenn wir die Gesetze der Natur beobachten und mathematisches Folgern uns die Einfachheit dieser Gesetze gezeigt und die Erfahrung uns über ihre Anwendung und ihren Geltungsbereich belehrt haben wird.

IMMANUEL KANT

Die Ursprünge des Sonnensystems

253
Ich habe einen Vorwurf gewählet, welcher sowohl von Seiten seiner innern Schwierigkeit, als auch in Ansehung der Religion einen großen Teil der Leser gleich anfänglich mit einem nachteiligen Vorurteile einzunehmen vermögend ist. Das Systematische, welches die großen Glieder der Schöpfung in dem ganzen Umfange der Unendlichkeit verbindet, zu entdecken, die Bildung der Weltkörper selber und den Ursprung ihrer Bewegungen aus dem ersten Zustande der Natur durch mechanische Gesetze herzuleiten: solche Einsichten scheinen sehr weit die Kräfte der menschlichen Vernunft zu überschreiten. Von der andern Seite drohet die Religion mit einer feierlichen Anklage über die Verwegenheit, da man der sich selbst überlassenen Natur solche Folgen beizumessen sich erkühnen darf, darin man mit Recht die unmittelbare Hand des höchsten Wesens gewahr wird, und besorget in dem Vorwitz solcher Betrachtungen eine Schutzrede des Gottesleugners anzutreffen. Ich sehe alle diese Schwierigkeiten wohl und werde doch nicht kleinmütig. Ich empfinde die ganze Stärke der Hindernisse, die sich entgegen setzen, und verzage doch nicht. Ich habe auf eine geringe Vermutung eine gefährliche Reise gewagt, und erblicke schon die Vorgebürge neuer Länder. Diejenigen, welche die Herzhaftigkeit haben, die Untersuchung fortzusetzen, werden sie betreten und das Vergnügen haben, selbige mit ihrem Namen zu bezeichnen.

Ich habe nicht eher den Anschlag auf diese Unternehmung gefasset, als bis ich mich in Ansehung der Pflichten der Religion in Sicherheit gesehen habe. Mein Eifer ist verdoppelt worden, als ich bei jedem Schritte die Nebel sich zerstreuen sahe, welche hinter ihrer Dunkelheit Ungeheuer zu verbergen schienen und nach deren Zerteilung die Herrlichkeit des höchsten Wesens mit dem lebhaftesten Glanze hervorbrach. Da ich diese Bemühungen von aller Sträflichkeit frei weiß, so will ich getreulich anführen, was wohlgesinnete oder auch schwache Gemüter in meinem Plane anstößig finden können, und bin bereit, es der Strenge des rechtgläubigen Areopagus mit einer Freimütigkeit zu unterwerfen, die das Merkmal einer redlichen Gesinnung ist. Der Sachwalter des Glaubens mag demnach zuerst seine Gründe hören lassen.

Wenn der Weltbau mit aller Ordnung und Schönheit nur eine Wirkung der ihren allgemeinen Bewegungsgesetzen überlassenen Materie ist, wenn die blinde Mechanik der Naturkräfte sich aus dem Chaos so herrlich zu entwickeln weiß und zu solcher Vollkommenheit von selber gelanget: so ist der Beweis des göttlichen Urhebers, den man aus dem Anblicke der Schönheit des Weltgebäudes ziehet, völlig entkräftet, die Natur ist sich selbst genugsam, die göttliche Regierung ist unnötig, Epikur lebt mitten im Christentume wieder auf, und eine unheilige Weltweisheit tritt den Glauben unter die Füße, welcher ihr ein helles Licht darreichet, sie zu erleuchten. [...]

Ich werde es also nicht in Abrede sein, daß die Theorie des Lukrez oder dessen Vorgänger, des Epikurs, Leukipps, und Democritus mit der meinigen viele Ähnlichkeit habe. Ich setze den ersten Zustand der Natur, so wie jene Weltweise, in der allgemeinen Zerstreuung des Urstoffs aller Weltkörper, oder der Atomen, wie sie bei jenen genannt werden. Epikur setzte eine Schwere, die diese elementarische Teilchen zum Sinken trieb, und dieses scheinet von der Newtonischen Anziehung die ich annehme nicht sehr verschieden zu sein; er gab ihnen auch eine gewisse Abweichung von der geradlinichten Bewegung des Falles, ob er gleich in Ansehung der Ursache derselben und ihren Folgen ungereimte Einbildungen hatte: diese Abweichung kommt einigermaßen mit der Veränderung der geradlinichten Senkung, die wir aus der Zurückstoßungskraft der Teilchen herleiten, überein; endlich waren die Wirbel, die aus der verwirreten Bewegung der Atomen entstanden, ein Hauptstück in dem Lehrbegriffe des Leukipps und Democritus und man wird sie auch in dem unsrigen antreffen. So viel Verwandtschaft mit einer Lehrverfassung, die die wahre Theorie der Gottesleugnung im Altertum war, zieht indessen die meinige dennoch nicht in die Gemeinschaft ihrer Irrtümer. Auch in den aller unsinnigsten Meinungen, welche sich bei den Menschen haben Beifall erwerben können, wird man jederzeit etwas Wahres bemerken. Ein falscher Grundsatz, oder ein paar unüberlegte Verbindungssätze leiten den Menschen von dem Fußsteige der Wahrheit durch unmerkliche Abwege bis in den Abgrund. Es bleibt ohnerachtet der angeführten Ähnlichkeit dennoch ein wesentlicher Unterschied zwischen der alten Kosmogonie und der gegenwärtigen, um aus dieser ganz entgegengesetzte Folgen ziehen zu können.

Die angeführten Lehrer der mechanischen Erzeugung des Weltbaues leiteten alle Ordnung, die sich an demselben wahrnehmen läßt, aus dem ungefähren Zufalle her, der die Atomen so glücklich zusammentreffen ließ, daß sie ein wohlgeordnetes Ganze ausmachten. Epikur war gar so unverschämt, daß er verlangte, die Atomen wichen von ihrer geraden Bewegung ohne alle Ursache ab, um einander begegnen zu können. Alle insgesamt trieben diese Ungereimtheit so weit, daß sie den Ursprung aller belebten Geschöpfe eben diesem blinden Zusammenlauf beimaßen und die Vernunft wirklich aus der Unvernunft herleiteten. In meiner Lehrverfassung hingegen finde ich die Materie an gewisse notwendige Gesetze gebunden. Ich sehe in ihrer gänzlichen Auflösung und Zerstreuung ein schönes und ordentliches Ganze sich ganz natürlich daraus entwickeln. Es geschiehet dieses nicht durch einen Zufall und von ungefähr, sondern man bemerket, daß natürliche Eigenschaften es notwendig also mit sich bringen. Wird man hiedurch nicht bewogen zu fragen: warum mußte denn die Materie gerade solche Gesetze haben, die auf Ordnung und Wohlanständigkeit abzwecken? war es wohl möglich, daß viele Dinge, deren jedes seine von dem andern unabhängige Natur hat, einander von selber gerade so bestimmen sollten, daß ein wohlgeordnetes Ganze daraus entspringe, und wenn sie dieses tun, gibt es nicht einen unleugbaren Beweis von der Gemeinschaft ihres ersten Ursprungs ab, der ein allgenugsamer höchster Verstand sein muß, in welchem die Naturen der Dinge zu vereinbarten Absichten entworfen worden?

Die Materie, die der Urstoff aller Dinge ist, ist also an gewisse Gesetze gebunden, welchen sie frei überlassen notwendig schöne Verbindungen hervorbringen muß. Sie hat keine Freiheit, von diesem Plane der Vollkommenheit abzuweichen. Da sie also sich einer höchst weisen Absicht unterworfen befindet, so muß sie notwendig in solche übereinstimmende Verhältnisse durch eine über sie herrschende erste Ursache versetzt worden sein, und *es ist ein Gott eben deswegen, weil die Natur auch selbst im Chaos nicht anders als regelmäßig und ordentlich verfahren kann.*

254

Ich nehme an: daß alle Materien, daraus die Kugeln, die zu unserer Sonnenwelt gehören, alle Planeten und Kometen bestehen, im Anfange aller Dinge in ihren elementarischen Grundstoff aufgelöset, den ganzen Raum des Weltgebäudes erfüllet haben, darin jetzo diese gebildete Körper herumlaufen. Dieser Zustand der Natur, wenn man ihn, auch ohne Absicht auf ein System, an und vor sich selbst betrachtet, scheinet nur der einfachste zu sein, der auf das Nichts folgen kann. Damals hatte sich noch nichts gebildet. Die Zusammensetzung von einander abstehender Himmelskörper, ihre nach den Anziehungen gemäßigte Entfernung; ihre Gestalt, die aus dem Gleichgewichte der versammleten Materie entspringet: sind ein späterer Zustand. Die Natur, die unmittelbar mit der Schöpfung grenzete, war so roh, so ungebildet als möglich. Allein auch in den wesentlichen Eigenschaften der Elemente, die das Chaos ausmachen, ist das Merkmal derjenigen Vollkommenheit zu spüren, die sie von ihrem Ursprunge her haben, indem ihr Wesen aus der ewigen Idee des göttlichen Verstandes eine Folge ist. Die einfachsten, die allgemeinsten Eigenschaften, die ohne Absicht scheinen entworfen zu sein; die Materie, die bloß leidend und der Formen und Anstalten bedürftig zu sein scheinet: hat in ihrem einfachsten Zustande eine Bestrebung, sich durch eine natürliche Entwickelung zu einer vollkommenern Verfassung zu bilden. Allein die *Verschiedenheit in den Gattungen der Elemente* träget zu der Regung der Natur und zur Bildung des Chaos das Vornehmste bei, als wodurch die Ruhe, die bei einer allgemeinen Gleichheit unter den zerstreuten Elementen herrschen würde, gehoben, und das Chaos in den Punkten der stärker anziehenden Partikeln sich zu bilden anfängt. Die Gattungen dieses Grundstoffes sind ohne Zweifel, nach der Unermeßlichkeit, die die Natur an allen Seiten zeigt, unendlich verschieden. Die von größter spezifischen Dichtigkeit und Anziehungskraft, welche an und vor sich weniger Raum einnehmen und auch seltener sein, werden daher bei der gleichen Austeilung in dem Raume der Welt zerstreuter, als die leichtern Arten sein. [...]

Wenn demnach ein Punkt in einem sehr großen Raume befindlich ist, wo die Anziehung der daselbst befindlichen Elemente stärker als allenthalben um sich wirket: so wird der in dem ganzen Umfange ausgebreitete Grundstoff elementarischer Partikeln sich zu diesem hinsenken. Die erste Wirkung dieser allgemeinen Senkung ist die Bildung eines Körpers in diesem Mittelpunkte der Attraktion, welcher so zu sagen von einem unendlich kleinen Keime, in schnellen Graden fortwächset, aber in eben der Maße, als diese Masse sich vermehret, auch mit stärkerer Kraft die umgebenden Teile zu seiner Vereinigung beweget. Wenn die Masse dieses Zentralkörpers so weit angewachsen ist, daß die Geschwindigkeit, womit er die Teilchen von großen Entfernungen zu sich zieht, durch die schwachen Grade der Zurückstoßung, womit selbige einander hindern, seitwärts gebeuget in Seitenbewegungen ausschläget, die den Zentralkörper, vermittelst der Zenterfliehkraft, in einem Kreise zu umfassen im Stande sein: so erzeugen sich große Wirbel von Teilchen, deren jedes vor sich krumme Linien durch die Zusammensetzung der anziehenden und der seitwärts gelenkten Umwendungskraft beschreibet; welche Arten von Kreisen alle einander durchschneiden, wozu ihnen ihre große Zerstreuung in diesem Raume Platz läßt. Indessen sind diese auf mancherlei Art unter einander streitende Bewegungen natürlicher Weise bestrebt, einander zur Gleichheit zu bringen, das ist, in einen Zustand, da eine Bewegung der andern so wenig als möglich hinderlich ist. Dieses geschiehet erstlich, indem die Teilchen eines des andern Bewegung so lange einschränken, bis alle nach einer Richtung fortgehen; zweitens, daß die Partikeln ihre Vertikalbewegung, vermittelst der sie sich dem Centro der Attraktion nähern, so lange einschränken, bis sie alle, horizontal, d.i. in parallel laufenden Zirkeln um die Sonne als ihren Mittelpunkt beweget, einander nicht mehr durchkreuzen, und durch die Gleichheit der Schwungskraft mit der senkenden sich in freien Zirkelläufen in der Höhe, da sie schweben, immer erhalten; so daß endlich nur diejenige Teilchen in dem Umfange des Raumes schweben bleiben, die durch ihr Fallen eine Geschwindigkeit, und durch die Widerstehung der andern eine Richtung bekommen haben, dadurch sie eine *freie Zirkelbewegung* fortsetzen können. In diesem Zustande, da alle Teilchen nach einer Richtung und in parallellaufenden Kreisen, nämlich in freien Zirkelbewegungen durch die erlangte Schwungskräfte um den Zentralkörper laufen, ist der Streit und der Zusammenlauf der Elemente gehoben, und alles ist in dem Zustande der kleinsten Wechselwirkung. Dieses ist die natürliche Folge, darein sich allemal eine Materie, die in streitenden Bewegungen begriffen ist, versetzet. Es ist also klar, daß von der zerstreuten Menge der Partikeln eine große Menge durch den Widerstand, dadurch sie einander auf diesen Zustand zu bringen suchen, zu solcher Genauheit der Bestimmungen gelangen muß; obgleich eine noch viel größere Menge dazu nicht gelanget, und nur dazu dienet, den Klumpen des Zentralkörpers zu vermehren, in welchen sie sinken, indem sie sich nicht in der Höhe, darin sie schweben, frei erhalten können, sondern die Kreise der untern durchkreuzen und endlich durch deren Widerstand alle Bewegung verlieren. Dieser Körper in dem Mittelpunkte der Attraktion, der diesem zufolge das Hauptstück des planetischen Gebäudes durch die Menge seiner versammleten Materie worden ist, ist die Sonne, ob sie gleich diejenige flammende Glut alsdenn noch nicht hat, die nach völlig vollendeter Bildung auf ihrer Oberfläche hervor bricht.

Die Vielheit der Milchstraßensysteme und ihre Evolution

255
Das Weltgebäude setzet durch seine unermeßliche Größe, und durch die unendliche Mannigfaltigkeit und Schönheit, welche aus ihr von allen Seiten hervorleuchtet, in ein stilles Erstaunen. Wenn die Vorstellung aller dieser

Vollkommenheit nun die Einbildungskraft rühret: so nimmt den Verstand anderer Seits eine andere Art der Entzückung ein, wenn er betrachtet, wie so viel Pracht, so viel Größe aus einer einzigen allgemeinen Regel, mit einer ewigen und richtigen Ordnung, abfließet. Der planetische Weltbau, indem die Sonne aus dem Mittelpunkte aller Kreise, mit ihrer mächtigen Anziehung, die bewohnte Kugeln ihres Systems in ewigen Kreisen umlaufend macht, ist gänzlich, wie wir gesehen haben, aus dem ursprünglich ausgebreiteten Grundstoff aller Weltmaterie gebildet worden. Alle Fixsterne, die das Auge an der hohlen Tiefe des Himmels entdecket, und die eine Art von Verschwendung anzuzeigen scheinen, sind Sonnen und Mittelpunkte von ähnlichen Systemen. Die Analogie erlaubt es also hier nicht, zu zweifeln, daß diese auf die gleiche Art, wie das, darin wir uns befinden, aus denen kleinsten Teilen der elementarischen Materie, die den leeren Raum, diesen unendlichen Umfang der göttlichen Gegenwart, erfüllete, gebildet und erzeuget worden.

Wenn nun alle Welten und Weltordnungen dieselbe Art ihres Ursprungs erkennen; wenn die Anziehung unbeschränkt und allgemein, die Zurückstoßung der Elemente aber ebenfalls durchgehends wirksam, wenn bei dem Unendlichen das Große und Kleine beiderseits klein ist: sollten nicht alle die Weltgebäude gleichermaßen eine beziehende Verfassung und systematische Verbindung unter einander angenommen haben, als die Himmelskörper unserer Sonnenwelt im Kleinen, wie Saturn, Jupiter und die Erde, die vor sich insonderheit Systeme sein, und dennoch unter einander als Glieder in einem noch größern zusammen hängen? Wenn man in dem unermeßlichen Raume, darin alle Sonnen der Milchstraße sich gebildet haben, einen Punkt annimmt, um welchen durch ich weiß nicht was vor eine Ursache die erste Bildung der Natur aus dem Chaos angefangen hat: so wird daselbst die größte Masse, und ein Körper von der ungemeinsten Attraktion, entstanden sein, der dadurch fähig geworden, in einer ungeheuren Sphäre um sich alle in der Bildung begriffene Systeme zu nötigen, sich gegen ihn, als ihren Mittelpunkt, zu senken, und um ihn ein gleiches System im Ganzen zu errichten, als derselbe elementarische Grundstoff, der die Planeten bildete, um die Sonne im Kleinen gemacht hat. Die Beobachtung macht diese Mutmaßung beinahe ungezweifelt. Das Heer der Gestirne macht, durch seine beziehende Stellung gegen einen gemeinschaftlichen Plan, eben sowohl ein System aus, als die Planeten unseres Sonnenbaues um die Sonne. Die Milchstraße ist der Zodiakus dieser höheren Weltordnungen, die von seiner Zone so wenig als möglich abweichen, und deren Streif immer von ihrem Lichte erleuchtet ist, so wie der Tierkreis der Planeten von dem Scheine dieser Kugeln, obzwar nur in sehr wenig Punkten, hin und wieder schimmert. Eine jede dieser

Sonnen macht mit ihren umlaufenden Planeten vor sich ein besonderes System aus; allein dieses hindert nicht, Teile eines noch größeren Systems zu sein, so wie Jupiter oder Saturn, ungeachtet ihrer eigenen Begleitung, in der systematischen Verfassung eines noch größeren Weltbaues beschränkt sein. Kann man, an einer so genauen Übereinstimmung in der Verfassung nicht die gleiche Ursache und Art der Erzeugung erkennen?

Wenn nun die Fixsterne ein System ausmachen, dessen Umfang durch die Anziehungssphäre desjenigen Körpers, der im Mittelpunkte befindlich ist, bestimmet wird, werden nicht mehr Sonnensystemata, und, so zu reden, mehr Milchstraßen entstanden sein, die in dem grenzenlosen Felde des Weltraums erzeuget worden? Wir haben mit Erstaunen Figuren am Himmel erblickt, welche nichts anders, als solche auf einen gemeinschaftlichen Plan beschränkte Fixsternensystemata, solche Milchstraßen, wenn ich mich so ausdrücken darf, sein, die in verschiedenen Stellungen gegen das Auge, mit einem ihrem unendlichen Abstande gemäß geschwächten Schimmer, elliptische Gestalten darstellen; es sind Systemata von, so zu sagen, unendliche mal unendlich größerm Durchmesser, als der Diameter unseres Sonnenbaues ist; aber ohne Zweifel auf gleiche Art entstanden, aus gleichen Ursachen geordnet und eingerichtet, und erhalten sich durch ein gleiches Triebwerk, als dieses, in ihrer Verfassung. [...]

Es ist vielleicht eine Reihe von Millionen Jahren und Jahrhunderten verflossen, ehe die Sphäre der gebildeten Natur, darin wir uns befinden, zu der Vollkommenheit gediehen ist, die ihr jetzt beiwohnet; und es wird vielleicht ein eben so langer Periodus vergehen, bis die Natur einen eben so weiten Schritt in dem Chaos tut: allein die Sphäre der ausgebildeten Natur ist unaufhörlich beschäftiget, sich auszubreiten. Die Schöpfung ist nicht das Werk von einem Augenblicke. Nachdem sie mit der Hervorbringung einer Unendlichkeit von Substanzen und Materie den Anfang gemachet hat: so ist sie mit immer zunehmenden Graden der Fruchtbarkeit, die ganze Folge der Ewigkeit hindurch, wirksam. Es werden Millionen, und ganze Gebürge von Millionen Jahrhunderten verfließen, binnen welchen immer neue Welten und Weltordnungen nach einander, in denen entfernten Weiten von dem Mittelpunkte der Natur, sich bilden, und zur Vollkommenheit gelangen werden. [...]

Ich bin den Folgen, die meine Theorie darbietet, nicht so sehr ergeben, daß ich nicht erkennen sollte, wie die Mutmaßung von der sukzessiven Ausbreitung der Schöpfung durch die unendliche Räume, die den Stoff dazu in sich fassen, den Einwurf der Unerweislichkeit nicht völlig ablehnen könne, Indessen verspreche ich mir doch von denenjenigen, welche die Grade der Wahrscheinlichkeit zu schätzen im Stande sind, daß eine solche

Karte der Unendlichkeit, ob sie gleich einen Vorwurf begreifet, der bestimmt zu sein scheinet, dem menschlichen Verstande auf ewig verborgen zu sein, nicht um deswillen sofort als ein Hirngespinste werde angesehen werden, vornehmlich, wenn man die Analogie zu Hülfe nimmt, welche uns allemal, in solchen Fällen, leiten muß, wo dem Verstande der Faden der untrüglichen Beweise mangelt.

ROGER BOSKOVIC

Eine Kontinuumstheorie der Atome und Kräfte

256

Die Grundelemente der Materie sind meiner Ansicht nach völlig unteilbar und Punkte ohne Ausdehnung. Sie sind dermaßen in einer immensen Leere zerstreut, daß immer zwei Atome voneinander durch einen bestimmten Abstand getrennt sind. Dieser Abstand kann unendlich vergrößert oder verkleinert werden, aber er kann nie verschwinden, ohne daß sich die Punkte selber durchdringen würden. Denn ich halte irgend einen unmittelbaren Kontakt zwischen ihnen für unmöglich. Im Gegenteil, ich betrachte es als eine Gewißheit, daß, wenn der Abstand zwischen zwei Punkten der Materie absolut nichts werden sollte der gleiche unteilbare Raumpunkt, gemäß der

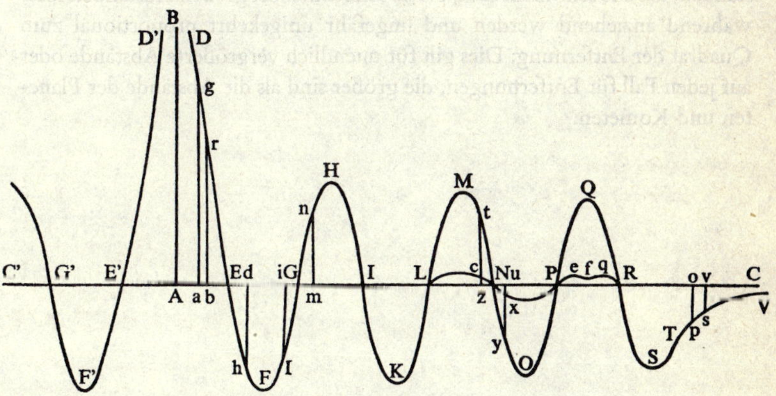

Graphische Darstellung der Kräfte um ein punktartiges Atom

üblichen Vorstellung, von beiden Dingen eingenommen werden muß, und wir haben auf jeden Fall eine wirkliche Durchdringung. Deshalb nehme ich tatsächlich kein Vakuum an, das unter die Materie verteilt wäre, sondern ich betrachte die Materie als ausgestreut in einem Vakuum, sie schwimmt in ihm. [...]

Weiter bin ich der Ansicht, daß zwei Punkte der Materie in bestimmtem Abstand sich anziehen und in einem andern bestimmten Abstand sich gegenseitig abstoßen. Diese Wirkung nenne ich Kraft, im ersten Fall anziehende, im zweiten Fall abstoßende. Dieser Begriff bezeichnet nicht die Art der Aktion, sondern das Bestreben selber, mit dem die Größe sich mit dem Abstand ändert, welches auch der Ursprung dieses Bestrebens sein mag. Dies steht im Einklang mit einem bestimmten Gesetz, das durch eine geometrische Kurve oder eine algebraische Formel ausgedrückt werden kann und sich bildlich darstellen läßt, wie es bei den Mechanikern üblich ist. [...]

Nun ist das Gesetz der Kraft von dieser folgenden Art: Die Kräfte sind bei kleinen Abständen abstoßend und werden zusehends größer, wenn der Abstand entsprechend verringert wird, in solcher Weise, daß sie fähig sind, jede Geschwindigkeit zu zerstören, ungeachtet ihrer Größe, mit der der eine Punkt sich dem andern nähert, bevor der Abstand zwischen ihnen verschwindet. Wird der Abstand zwischen ihnen vergrößert, so vermindern sie sich derart, daß bei einem gewissen Abstand, der äußerst klein ist, die Kraft Null wird; dann verändert dieser Abstand die Kräfte in anziehende. Zuerst nehmen sie zu, dann ab, sie verschwinden und werden abstoßende Kräfte, die wieder zunehmen, dann abnehmen, verschwinden und einmal mehr anziehend werden. Und so geht es weiter für eine große Zahl von Abständen, die alle sehr klein sind, bis sie schließlich bei großen Abständen fortwährend anziehend werden und ungefähr umgekehrt proportional zum Quadrat der Entfernung. Dies gilt für unendlich vergrößerte Abstände oder auf jeden Fall für Entfernungen, die größer sind als die Abstände der Planeten und Kometen.

LEONHARD EULER

Briefe an eine deutsche Prinzessin

257
134. Brief: Reflexionen über die Analogie zwischen Farben und Klängen

Eure Hoheit werden sich der Gründe noch wohl erinnern, deren ich mich bedient habe, das System von dem wirklichen Ausflusse des Lichts zu widerlegen. Sie scheinen mir stark genug zu sein, um dieses System in der Physik nicht weiter anzunehmen, und ich habe auch viele große Naturforscher davon überzeugt, die dagegen das meinige mit der größten Befriedigung angenommen haben.

Die Lichtstrahlen sind also keine wirklichen Ausflüsse der Sonne und anderer leuchtenden Körper; sie bestehen nicht in einer subtilen Materie, die von der Sonne fortgeschleudert würde und mit der schrecklichen Geschwindigkeit zu uns gelangte, über die Ew. H. mit Recht erstaunt sind. Ohne Zweifel wäre dieses ein unbegreiflich heftiger Strom, wenn die Strahlen in weniger als acht Minuten von der Sonne bis zu uns kämen und der Sonnenkörper, so groß er auch sein mag, würde in kurzer Zeit davon erschöpft werden.

Nach meinem System sind die Sonnenstrahlen, die wir auf unsrer Erde empfinden, nie in der Sonne gewesen; es sind bloße Teilchen des Äthers, die sich in unsern Gegenden befinden und in eine schwingende Bewegung gebracht werden, die ihnen durch eine ähnliche Bewegung der Sonne selbst mitgeteilt wird, ohne daß sie ihre Stelle merklich verändern.

Diese Fortpflanzung des Lichts geschieht auf eine Art, die derjenigen ähnlich ist, womit der Schall von den schallenden Körpern ausgeht. Wenn Ew. H. das Getöne einer Glocke hören, so kommt dies nicht daher, daß die Glocke Teilchen fortschleudert, die in Ihre Ohren kommen. Man darf nur eine Glocke, wenn sie geschlagen ist, anfühlen, um sich zu überzeugen, daß alle ihre Teile von einer sehr merklichen Erschütterung bewegt werden, und diese Erschütterung teilt sich sogleich den entferntern Luftteilchen mit, so daß alle Luftteilchen nach und nach eine ähnliche Erschütterung davon empfangen, welche dann im Ohr die Empfindung des Schalles erweckt. Die Saiten eines Musikinstruments setzen dieses ganz außer Zweifel; denn man sieht deutlich, wie sie zittern oder sich hin und her bewegen, und man kann sogar durch Rechnung bestimmen, wie viel mal jede Saite während einer Sekunde zittert. Da die Luftteilchen, die dem Werkzeug des Gehörs nahe sind, eine ähnliche Erschütterung empfangen, so wird unser Ohr gerade eben so vielmal während einer Sekunde gerührt, und eben die Empfindung dieser Erschütterung macht die eigentliche Natur des Schalls aus. Je größer die Anzahl der Schwingungen ist, welche die Saite in einer Sekunde vollbringt, desto höher und schärfer ist der Ton, während dagegen eine geringere Anzahl von Schwingungen tiefe und grobe Töne hervorbringt.

Alle diese Umstände, die wir bei der Empfindung des Hörens antreffen, finden sich auch auf eine völlig ähnliche Art bei der Empfindung des Sehens. Es gibt zwischen beiden keinen andern Unterschied als das Medium und die Geschwindigkeit der Vibrationen. Bei dem Tone ist es die Luft, durch welche die Schwingungen schallender Körper fortgepflanzt werden, beim Lichte aber ist es der Äther, der unendlich feiner und elastischer als die Luft und allenthalben verbreitet ist, wo die Luft und die gröbern Körper Zwischenräume lassen.

So oft also der Äther in eine Erschütterung oder zitternde Bewegung gebracht wird und ins Auge dringt, so oft erweckt er darin die Empfindung des Sehens, die alsdann nichts anders als eine ähnliche zitternde Bewegung ist, von welcher die kleinsten Nervenfasern im Boden des Auges erschüttert werden.

258

136. Brief: Wie opake Körper sichtbar gemacht werden

Ew. H. werden in der Idee, die ich von den farbigen Körpern angenommen, keine Schwierigkeit finden. Die kleinsten Teilchen, mit welchen die Oberflächen aller Körper bekleidet sind, haben beständig einen gewissen Grad der Elastizität, der sie einer schwingenden Bewegung oder Erschütterung fähig macht, so wie eine Saite immer eines gewissen Tones fähig ist. Durch die Anzahl der Schwingungen, die diese Teilchen in einer Sekunde vollbringen können, wird die Art der Farbe bestimmt.

Sind die Teilchen der Oberfläche zu schlaff, um eine solche Erschütterung anzunehmen, so wird der Körper in diesem Falle schwarz sein, weil die Schwärze nichts anders als ein Mangel des Lichts ist und alle Körper uns schwarz scheinen, von welchen keine Strahlen in unsere Augen dringen.

Ich komme gegenwärtig auf eine sehr wichtige Frage, über welche Ew. H. wohl noch einige Zweifel haben möchten. Man fragt, durch welche Ursache die besagten Teilchen, in welchen die Farben der Körper ihren Sitz haben, wirklich erschüttert werden, um diese Bewegung von Schwingungen zu erhalten, die nachher Strahlen von der nämlichen Farbe hervorbringt?

In der Tat kommt alles auf die Entdeckung dieser Ursache an, die eine solche Erschütterung hervorzubringen geschickt ist: denn sobald die gedachten Teilchen in eine schwingende Bewegung werden gebracht sein, so wird der in der Luft verbreitete Äther sogleich eine ähnliche Bewegung davon empfangen, die dann, wenn sie bis zu unsern Augen gelangt, dasjenige, was wir Strahlen nennen und was die Ursache des Sehens ist, darin hervorbringen wird.

Ich bemerke zuerst, daß die Teilchen des Körpers nicht durch sich selbst in Bewegung gesetzt werden, sondern daß eine fremde Kraft dazu erfordert werde, eben so, wie eine gespannte Saite beständig in Ruhe bleiben würde, wenn nicht eine fremde Kraft auf sie wirkte. Dies ist der Fall, worin sich alle Körper zur Nachtzeit oder im Finstern befinden; denn da wir sie nicht sehen, so ist dies ein gewisser Beweis, daß sie keine Strahlen erzeugen und daß ihre Teilchen in Ruhe sind. Das heißt, zur Nachtzeit oder im Finstern befinden sich die Körper in eben dem Fall, worin sich die Saiten eines Instruments befinden, wenn sie nicht gerührt werden und daher auch keinen Ton von sich geben; dahingegen die Körper, so lange sie sichtbar sind, mit wirklich ertönenden Saiten verglichen werden können.

Da nun aber die Körper sichtbar werden, sobald sie erleuchtet sind, oder sobald die Strahlen der Sonne oder eines andern erleuchtenden Körpers sie bescheinen, so muß wohl die nämliche Ursache, die sie erleuchtet, auch ihre kleinsten Teilchen in diese schwingende Bewegung setzen, die zur Erzeugung der Strahlen erforderlich ist und in unsern Augen die Empfindung des Sehens erweckt. Es würden also die Lichtstrahlen sein, insofern sie auf einen Körper fallen, die seine kleinsten Teilchen in eine zitternde Bewegung brächten, um sie uns sichtbar zu machen.

Dies könnte uns im Anfang sehr befremdend dünken, da wir nicht den geringsten Eindruck empfinden, wenn wir auch unsre Hand in das stärkste Licht halten; allein man muß erwägen, daß unser Sinn des Gefühls zu grob ist, um diese feinen und leichten Eindrücke zu merken, dahingegen der Sinn des Gesichts, weil er ohne Vergleich feiner und zärtlicher ist, sehr lebhaft davon gerührt wird. Dies gibt uns einen unleugbaren Beweis, daß die Lichtstrahlen, wenn sie auf einen Körper fallen, Stärke genug haben, auf die kleinsten Teilchen zu wirken und sie zittern zu machen. Und hierin besteht gerade die Wirkung, durch die ich es erklären kann, wie die erleuchteten Körper in den Stand gesetzt werden, selbst die Strahlen hervorzubringen, vermittels deren sie uns sichtbar werden. Es gehört dazu weiter nichts, als daß die Körper erleuchtet oder einem andern Lichte bloßgestellt werden, das ihre kleinsten Teilchen in Bewegung bringt und sie dadurch geschickt macht, nun auch selbst ihre Strahlen zu erzeugen.

Die schöne Übereinstimmung zwischen Gehör und Gesicht gibt dieser Erklärung den höchsten Grad der Gewißheit. Man darf nur auf ein Klavier achten, wenn ein lautes Geräusch um dasselbe vorgeht, so wird man nicht allein finden, daß seine Saiten dadurch in Schwingung gebracht werden, sondern man wird auch von jeder Saite den Ton fast auf eben die Art hören, als ob sie wirklich wäre angeschlagen worden. Die Art, wie es hiemit zugeht, ist auch leicht zu begreifen, sobald man bedenkt, daß eine in Bewegung gebrachte Saite der Luft eine ähnliche schwingende Bewegung mitteilen kann, die, wenn sie an unser Ohr stößt, die Empfindung des Tones darin hervorbringt, welchen diese nämliche Saite von sich gibt.

Wenn aber eine Saite in der Luft eine solche Bewegung erzeugt, so folgt auf eben die Art auch gegenseitig, daß eine solche Bewegung in der Luft auf die Saite zu wirken und sie zittern zu machen vermag. Da es also gewiß ist, daß ein lautes Geräusch die Saiten eines Klaviers in eine Bewegung setzt, wodurch sie wiedertönen, so muß eben dieses auch bei den Gegenständen unseres Gesichtes stattfinden.

Die farbigen Körper sind den Saiten eines Klaviers ähnlich, und die verschiednen Farben den verschiednen Tönen in Absicht auf ihre Höhe und Tiefe. Das Licht, von welchem diese Körper erleuchtet werden, kommt mit dem Geräusch überein, das sich um das Klavier befindet: und wie dieses Geräusch auf die Saiten wirkt, so wird auch auf eine ähnliche Weise das Licht, das einen Körper erleuchtet, auf die kleinsten Teilchen seiner Oberfläche wirken; es wird sie in Schwingung bringen, und dadurch werden sie dann eben sowohl Strahlen erzeugen, als wenn sie selbst leuchtende Körper wären; denn das Licht ist nichts anders als die schwingende Bewegung der kleinsten Teilchen eines Körpers, die sich dem Äther mitteilt, der sie dann weiter bis zu den Augen befördert.

Nach dieser Erläuterung, glaube ich, müssen alle die Zweifel, die Ew. H. über mein System von den Farben noch gehabt haben könnten, verschwinden; wenigstens schmeichle ich mir, den wahren Grund aller der verschiednen Farben richtig angegeben und deutlich gezeigt zu haben, wie diese Farben uns bloß durch das Licht, das die Körper erleuchtet, sichtbar werden; der Zweifel müßte denn irgend einen andern Punkt betreffen, welchen ich nicht berührt habe.

259

139. Brief: Das wahre Prinzip der Natur, auf dem alle Phänomene der Elektrizität beruhen

Der kurze Begriff, den ich Ew. H. von den vornehmsten Erscheinungen der Elektrizität gegeben habe, ist ohne Zweifel schon genug gewesen, Dero Wißbegierde auf die verborgnen Kräfte der Natur aufmerksam zu machen, die so erstaunliche Wirkungen hervorbringen können.

Die meisten Naturkundigen gestehen ihre Unwissenheit derselben. Sie scheinen durch die unendliche Verschiedenheit der Erfahrungen, die sie alle Tage entdecken, und durch die ganz wunderbaren Umstände, die selbige begleiten, so verwirrt zu werden, daß sie allen Mut zur Untersuchung der eigentlichen Ursache verlieren. Sie erkennen zwar eine subtile Materie, die das wirkende Prinzip derselben ist und die sie die elektrische Materie nennen; aber die Natur und die Eigenschaften derselben getrauen sie sich so wenig zu bestimmen, daß dieser große Teil der Naturlehre dadurch mehr verwirrt als aufgeklärt wird.

Es leidet keinen Zweifel, daß die Quelle aller Erscheinungen der Elektrizität in einer gewissen flüssigen und feinen Materie gesucht werden muß, aber wir haben nicht nötig, eine solche Materie erst durch unsre Phantasie zu erdichten. Eben die feine Materie, die man Äther nennt und deren Wirklichkeit ich schon die Ehre gehabt habe, Ew. H. zu beweisen, ist hinreichend, um alle die seltsamen Wirkungen, die wir bei der Elektrizität gewahr werden, auf das natürlichste zu erklären. Ich hoffe, Ew. H. diese Materie so deutlich zu machen, daß keine elektrische Erscheinung sein wird, so sonderbar sie auch scheinen möchte, deren Erklärung Ew. H. in Verlegenheit setzen sollte.

Alles kommt hier auf eine gute Erkenntnis von der Natur des Äthers an. Die Luft, die wir atmen, erstreckt sich nur bis auf eine gewisse Höhe über der Erde; denn je höher man steigt, desto feiner wird sie, und zuletzt verliert sie sich gänzlich. Man kann nicht sagen, daß sich über der Luft ein vollkommnes Leeres befinde, das den ganzen unermeßlichen Raum zwischen den himmlischen Körpern einnähme. Die Lichtstrahlen, die sich von den himmlischen Körpern nach allen Seiten hin verbreiten, beweisen uns hinlänglich, daß alle diese Räume mit einer feinen Materie erfüllt sind.

Sind die Lichtstrahlen wirkliche Ausflüsse der leuchtenden Körper, wie einige Philosophen behauptet haben, so muß der ganze Raum des Himmels mit diesen Strahlen erfüllt sein, die sogar mit der äußersten Schnelligkeit durch ihn hinströmen werden. Ew. H. dürfen sich nur der unbegreiflichen Geschwindigkeit erinnern, womit die Sonnenstrahlen bis zu uns herabkommen sollen. Nach dieser Hypothese würde es nicht allein keinen leeren Raum geben, sondern alle Räume würden auch mit einer subtilen Materie erfüllt sein, die sich in der allerheftigsten Bewegung befinden würde.

Allein ich glaube hinlänglich dargetan zu haben, daß die Lichtstrahlen keine wirklichen Ausflüsse sind, die von den leuchtenden Körpern fortgeschleudert würden, ebensowenig als der Schall ein Ausfluß der schallenden Körper ist. Vielmehr ist es gewiß, daß die Lichtstrahlen nichts anders als eine Erschütterung oder Bewegung in einer subtilen Materie sind, so wie der

Schall eine ähnliche Bewegung ist, die in der Luft hervorgebracht worden. Auf eben die Art, wie der Schall durch die Luft erweckt und fortgepflanzt wird, wird das Licht in einer noch viel feinern Materie, die man den Äther nennt und die mithin alle Zwischenräume der himmlischen Körper einnimmt, erweckt und fortgepflanzt.

Der Äther ist also ein geschicktes Mittel zur Erzeugung der Lichtstrahlen, und eben diese Eigenschaft ist es, die uns zur bessern Kenntnis seiner Natur und seiner Eigenschaften instandsetzt. Wir müssen nur über die Eigenschaften der Luft nachdenken, die sie geschickt machen, den Schall zu erwecken und fortzupflanzen: die vornehmste Ursache liegt in der Elastizität und Federkraft derselben. Ew. H. wissen, daß die Luft eine Kraft hat, sich nach allen Seiten hin auszubreiten, und daß sie sich wirklich ausbreitet, sobald nur die Hindernisse gehoben werden. Die Luft befindet sich nur in Ruhe, wenn ihre Elastizität überall gleich groß ist; sobald sie an dem einen Orte größer als an dem andern wäre, so würde sich die Luft von jenem wirklich in diesen ausbreiten. Die Erfahrung lehrt uns auch, daß, je mehr man die Luft zusammenpreßt, desto größer ihre Elastizität wird; daher denn die Gewalt der Luftgewehre rührt, in welchen die Luft eng zusammengepreßt wird und daher, wenn man sie frei läßt, imstande ist, die Kugel mit einer großen Geschwindigkeit durch den Lauf hindurchzutreiben. Eine entgegengesetzte Wirkung entsteht, wenn man die Luft verdünnt; ihre Elastizität wird um so viel kleiner, je mehr man sie verdünnt hat oder in einen je größern Raum sie ausgebreitet worden ist.

Nun ist es die Elastizität der Luft, die mit ihrer Dichte im Verhältnis steht, von welcher die Geschwindigkeit des Schalles abhängt, der in der Sekunde einen Raum von ungefähr tausend Fuß durchläuft. Wäre die Elastizität der Luft größer und ihre Dichtigkeit bliebe dieselbe, so würde die Geschwindigkeit des Schalles größer sein; und das nämliche würde auch geschehen, wenn die Luft dünner wäre oder weniger Dichtigkeit hätte und ihre Elastizität dieselbe bliebe. Überhaupt, je elastischer und je dünner zugleich ein solches Medium als die Luft ist, desto schneller wird die Fortpflanzung der Bewegungen geschehen, die in demselben hervorgebracht worden sind. Da nun das Licht so viel tausendmal schneller als der Schall fortgepflanzt wird, so muß der Äther, das heißt das Medium, dessen Erschütterungen das Licht geben, viel tausendmal elastischer als die Luft und zugleich viel tausendmal dünner und feiner sein, da eins eben so viel als das andere beiträgt, die Fortpflanzung des Lichts geschwinder zu machen.

Hieraus erkennen Ew. H., warum man den Äther viel tausendmal elastischer und zugleich viel tausendmal feiner als die Luft annimmt; da übrigens seine Natur mit der Natur der Luft übereinkommt, insofern er auch eine flüssige und der Verdünnung sowohl als der Zusammenpressung fähige Materie ist. Diese Eigenschaft desselben wird uns zur Erklärung aller Erscheinungen der Elektrizität führen.

260

140. Brief: Fortsetzung. Die verschiedenen Naturen der Körper in ihrem Verhältnis zur Elektrizität

Da der Äther eine feine und der Luft ähnliche Materie, aber viel tausendmal dünner und elastischer ist, so kann er nicht in Ruhe sein, wenn nicht seine Elastizität, das heißt, seine Kraft, sich auszudehnen, allenthalben gleich groß ist.

Sobald der Äther an einem Orte elastischer ist (und dies wird geschehen, wenn er hier stärker als in den umliegenden Gegenden zusammengedrückt wird), so wird er sich wirklich ausbreiten, indem er den Äther in diesen umliegenden Gegenden so lange zusammendrückt, bis er durchaus zu dem nämlichen Grade der Elastizität gelangt ist. Alsdann sagt man, er sei im Gleichgewicht; denn das Gleichgewicht ist nichts anderes als ein Stand der Ruhe, der durch die Gleichheit entgegengesetzter Kräfte entsteht.

Wenn also der Äther nicht im Gleichgewicht ist, so muß eben dasjenige darin geschehen, was in der Luft geschieht, wenn ihr Gleichgewicht aufgehoben worden; das heißt, er muß sich von dem Orte, wo seine Elastizität größer ist, gegen denjenigen ausbreiten, wo sie geringer ist; und da er weit mehr Elastizität und Feinheit als die Luft hat, so muß auch diese Bewegung im Äther weit schneller als in der Luft geschehen. Der Mangel des Gleichgewichts in der Luft verursacht einen Wind, durch welchen die Luft von einem Orte zum andern forteilt; es wird also auch eine Art von Wind entstehen, wenn das Gleichgewicht des Äthers aufgehoben wird; aber ein Wind, der ohne Vergleichung feiner ist und durch welchen der Äther von den Örtern, wo er stärker zusammengedrückt und elastischer war, zu den Örtern forteilt, wo seine Elastizität geringer ist.

Dies vorausgesetzt, darf ich behaupten, daß alle Erscheinungen der Elektrizität eine natürliche Folge des aufgehobenen Gleichgewichts im Äther sind, so daß überall, wo dieses Gleichgewicht gestört wird, die Erscheinungen der Elektrizität daraus entstehen müssen; oder mit andern Worten: ich behaupte, daß die Elektrizität nichts anderes als eine Störung im Gleichgewichte des Äthers sei.

Um alle Wirkungen der Elektrizität zu entwickeln, muß man auf die Art und Weise acht haben, wie der Äther mit allen den Körpern, die uns umgeben, vermischt ist und von ihnen eingeschlossen wird. Hier auf der Erde befindet sich der Äther nur in den kleinen Zwischenräumchen, welche die Teilchen der Luft und der andern Körper frei lassen. Nichts ist natürlicher als daß sich der Äther, um seiner äußersten Feinheit und Elastizität willen, in die kleinsten Öffnungen aller Körper, in welche die Luft nicht dringen kann, und selbst in die engen Zwischenräumchen der Luft hineinschleicht. Ew. H. werden sich erinnern, daß alle Körper, so dicht sie auch scheinen mögen, mit dergleichen Öffnungen angefüllt sind; und viele Erfahrungen beweisen unwidersprechlich, daß die Poren in allen Körpern mehr Raum als die dichten Teile einnehmen; endlich, je leichter ein Körper ist, desto mehr solche Öffnungen muß er haben, die nichts als Äther enthalten. Hieraus ist klar, daß der Äther, obgleich er auf eine solche Art in die kleinsten Poren der Körper zerstreut ist, sich gleichwohl in einem sehr großen Überfluß um die Erde herum befinden muß.

Ew. H. werden sehr leicht begreifen, daß unter diesen Poren, sowohl in Absicht auf ihre Größe als auf ihre Figur, nach Maßgabe der Verschiedenheit der Körper selbst, eine große Verschiedenheit sein müsse; denn wahrscheinlicherweise hängt die Verschiedenheit der Körper von der Verschiedenheit ihrer Öffnungen und Zwischengänge ab. Es wird also ohne Zweifel verschloßnere Poren geben, die mit andern Poren weniger Gemeinschaft haben, so daß der Äther, der darin eingeschlossen ist, fester gehalten wird und nur sehr schwer herausgeht, wenn auch gleich seine Elastizität weit größer als die Elastizität des Äthers in den benachbarten Poren ist. So wird es auch im Gegenteil ziemlich räumliche Öffnungen geben, die mit den benachbarten eine freie Kommunikation haben; und alsdann ist es klar, daß der Äther in diesen Öffnungen nicht so fest sitzen wird als in dem vorigen Fall und daß er sich bald ins Gleichgewicht setzen wird, wenn er hier mehr oder weniger elastisch als in den benachbarten Poren ist.

Um diese beiden Arten von Poren zu unterscheiden, werde ich die erstern *verschlossene*, und die andern *offene* Poren nennen. Der größte Teil der Körper wird also mit Öffnungen von einer mittlern Art versehen sein, zu deren Unterscheidung die Wörter *mehr* oder *weniger verschlossen, mehr* oder *weniger offen*, hinreichen werden.

Dieses festgesetzt, bemerke ich zuerst, daß wenn alle Körper völlig verschloßne Poren hätten, es unmöglich sein würde, die Elastizität des darin enthaltnen Äthers zu verändern; und wenn auch der Äther in einigen Poren durch irgendeine Ursache eine größere Elastizität, als in den andern, erhalten hätte, so würde er, weil ihm alle Gemeinschaft abgeschnitten wäre, nun beständig in diesem Zustande bleiben und nie ins Gleichgewicht mit dem Äther in den übrigen Poren kommen. In diesem Falle also würde in den Körpern gar keine Veränderung vorgehen; alles würde in demselbigen

Zustande bleiben, als ob der Äther im Gleichgewicht wäre, und Erscheinungen der Elektrizität würden gar nicht stattfinden können.

Das nämliche würde auch geschehen, wenn alle Poren in allen Körpern vollkommen offen wären; denn wenn auch alsdann der Äther in einigen Poren mehr oder weniger Elastizität hätte als in den andern, so würde doch, um der völlig freien Gemeinschaft willen, das Gleichgewicht in einem Augenblick und mit solcher Geschwindigkeit wieder hergestellt werden, daß wir nicht imstand sein würden, die geringste Veränderung wahrzunehmen. Ja sogar würde es aus eben dieser Ursache unmöglich sein, das Gleichgewicht des Äthers, der in solchen Poren enthalten wäre, zu stören; denn jeden Augenblick, da es gestört worden wäre, würde es auch sogleich wieder hergestellt sein, und man würde nicht das geringste Zeichen von Elektrizität dabei gewahr werden.

Da aber die Poren aller Körper weder vollkommen verschlossen noch vollkommen offen sind, so wird es immer möglich sein, das Gleichgewicht des Äthers, der sich in ihren Poren aufhält, zu stören; und wenn dieses durch irgend eine Ursache geschieht, so wird zwar das Gleichgewicht darum nicht weniger wieder hergestellt werden; allein es wird zu dieser Wiederherstellung alsdann einige Zeit gehören, während welcher gewisse Erscheinungen werden hervorgebracht werden; und Ew. H. werden bald zu ihrer völligen Befriedigung finden, daß diese Erscheinungen gerade die nämlichen sind, welche uns die elektrischen Erfahrungen entdecken. Sie werden finden, daß die Grundsätze, auf welche ich die Theorie der Elektrizität bauen werde, sehr simpel und ganz unleugbar sind.

261

142. Brief: Über positive und negative Elektrizität

Aus dem, was ich gesagt habe, werden Ew. H. leicht begreifen, daß ein Körper elektrisch werden muß, wenn der Äther in seinen Poren mehr oder weniger als der in den umgebenden Körpern elastisch wird; und dies geschieht alsdann, wenn eine größere Menge Äther in diese Poren hineingetrieben oder ein Teil von dem, der darin befindlich war, herausgetrieben worden. Im erstern Fall wird der Äther in diesen Poren mehr zusammengedrückt und mithin auch elastischer; im andern Fall wird er dünner und verliert von seiner Elastizität. In beiden Fällen aber ist er mit dem außen befindlichen Äther nicht mehr im Gleichgewicht, und eben daher, daß er sich bemüht, wieder ins Gleichgewicht zu kommen, entstehen alle die Erscheinungen der Elektrizität.

Hieraus sehen Ew. H., daß ein Körper auf zwei verschiedne Arten elektrisch werden kann, nachdem der Äther in seinen Poren mehr oder weniger elastisch wird als der Äther außer denselben; daher eine doppelte Elektrizität stattfinden kann. Die eine, wo der Äther elastischer oder stärker zusammengedrückt ist, heißt die *positive Elektrizität;* die andre, wo der Äther weniger elastisch oder mehr verdünnt ist, nennt man die *negative Elektrizität.* [...]

PIERRE SIMON DE LAPLACE

Die Entwicklung des Sonnensystems

262

Der Abriß, den wir von der Geschichte der Astronomie gegeben haben, zeigt drei deutlich unterschiedene Perioden, welche uns in bezug auf die Himmelserscheinungen, auf die Gesetze, welche sie regieren, und auf die Kräfte, von denen diese Gesetze abhängen, den Weg zeigen, den diese Wissenschaft mit ihren Fortschritten zurückgelegt hat und den die andern Naturwissenschaften, ihrem Beispiel folgend, auch gehen sollten. Die erste Periode umfaßt die Beobachtungen der Astronomen vor Kopernikus in bezug auf die Phänomene der Himmelsbewegungen und die Hypothesen, auf die sie kamen, um diese Erscheinungen zu erklären und berechnen. In der zweiten Periode schloß Kopernikus von diesen Erscheinungen auf die Bewegungen der Erde um sich selber und um die Sonne und entdeckte Kepler die Gesetze der Planetenbewegungen. In der dritten Periode schließlich kam Newton auf Grund dieser Gesetze zum Prinzip der Gravitation; die Mathematiker wandten die Analyse auf dieses Prinzip an und leiteten davon alle astronomischen Phänomene und die zahlreichen Abweichungen der Planeten-, Satelliten- und Kometenbewegungen ab. So ist die Astronomie zur Lösung eines großen Problems der Mechanik geworden, in dem die Daten der Himmelsbewegungen die willkürlichen Konstanten darstellen. Die Astronomie gewinnt ihre Sicherheit aus der großen Fülle und Vielfalt der genau erklärten Phänomene und der Einfachheit des Prinzips, das allein zu diesen Erklärungen genügt. Ohne im geringsten befürchten zu müssen, ein neues Gestirn könnte dieses Prinzip widerlegen, kann man im voraus behaupten, daß seine Bewegung mit ihm übereinstimmen wird: das haben wir selbst in bezug auf Uranus und die vier neulich entdeckten, mit dem

Fernrohr wahrnehmbaren Planeten gesehen, und jede Kometenerscheinung liefert dafür einen neuen Beweis.

Zweifellos ist das Sonnensystem also folgendermaßen angeordnet. Die riesige Sonnenkugel, als Mittelpunkt der verschiedenen Bewegungen dieses Systems, dreht sich in 25½ Tagen um sich selbst; ihre Oberfläche ist von einem Meer leuchtender Materie bedeckt; jenseits bewegen sich die Planeten mit ihren Satelliten auf fast kreisförmigen Bahnen und in wenig zum Sonnenäquator geneigten Ebenen. Unzählige Kometen nähern sich der Sonne und entfernen sich wieder auf Distanzen, die beweisen, daß ihr Reich sich viel weiter erstreckt als bis zu den bekannten Grenzen des Planetensystems. Die Sonne zieht nicht nur alle diese Himmelskörper an und zwingt sie, sich um sie zu drehen, sondern sie gießt auch ihr Licht und ihre Wärme über sie aus. Dank ihr entstehen die Tiere und Pflanzen auf der Erde, und das läßt uns annehmen, daß sie auf die Planeten ähnlich wirkt; denn es ist ganz natürlich zu glauben, daß die Materie, deren Fruchtbarkeit wir auf so viele Arten sich entfalten sehen, nicht steril sei auf einem so großen Planeten wie dem Jupiter, der wie der Erdball seine Tage, Nächte und Jahre hat und auf dem man Veränderungen feststellen kann, die auf sehr aktive Kräfte schließen lassen. Der Mensch ist für die Temperatur geschaffen, die er auf der Erde vorfindet, und könnte allem Anschein nach auf den anderen Planeten nicht leben; aber muß es nicht eine Unmenge innerer Anordnungen für die unterschiedlichen Temperaturen der Himmelskörper dieses Universums geben? Wenn allein schon der Unterschied der Elemente und des Klimas eine solche Vielfalt in die irdischen Erzeugnisse bringt, um wieviel mehr müssen sich jene der verschiedenen Planeten und ihrer Satelliten voneinander unterscheiden? Die lebhafteste Phantasie kann sich davon keine Vorstellung machen, doch ihre Existenz ist zum mindesten sehr wahrscheinlich.

Obwohl die Gegebenheiten des Planetensystems willkürlich sind, haben sie doch Beziehungen untereinander, die uns über seinen Ursprung aufklären können. Beobachtet man aufmerksam, so sieht man mit Erstaunen, daß alle Planeten von Westen nach Osten und fast auf gleicher Ebene um die Sonne kreisen, daß die Satelliten um ihre Planeten kreisen, in gleichem Sinne und etwa in der gleichen Ebene wie die Planeten; daß schließlich die Sonne, die Planeten und Satelliten, deren Rotation man beobachtet hat, sich um sich selber drehen, im gleichen Sinn und etwa in der gleichen Ebene wie ihre Translationsbewegungen. In dieser Hinsicht stellt man bei den Satelliten eine bemerkenswerte Eigenart fest. Ihre Rotationsbewegung entspricht genau ihrer Umlaufsbewegung, so daß sie ihrem Planeten immer die gleiche Hemisphäre zeigen. Man kann das zum mindesten beim Mond beobachten, bei den vier Jupitersatelliten und beim letzten Saturnsatelliten, den einzigen Satelliten, deren Rotation man bis jetzt beobachtet hat.

Solch außerordentliche Phänomene gehen nicht auf willkürliche Ursachen zurück. Berechnet man ihre Wahrscheinlichkeit, so kann man zweihunderttausend Milliarden zu eins wetten, daß sie nicht das Resultat des Zufalls sind. Dies ergibt eine weit höhere Wahrscheinlichkeit als jene der meisten historischen Ereignisse, die wir nicht bezweifeln. Wir müssen also wenigstens mit gleichem Vertrauen glauben, daß *eine* Ursache am Anfang aller Planetenbewegungen steht.

Ein anderes, ebenso bemerkenswertes Phänomen des Sonnensystems ist das geringe Abweichen der Planeten- und Satellitenbahnen von der Form des Kreises, während die Exzentrizität der Kometenbahnen sehr groß ist. Die Bahnen dieses Systems weisen also nur große oder kleine Exzentrizität auf, keine Zwischenstufen. Wir sind auch hier gezwungen, das Wirken eines Ordnungsprinzips zu erkennen; der Zufall hätte nicht die Bahnen aller Planeten fast kreisförmig gemacht; was die Bewegungen dieser Körper bestimmt hat, muß auch ihre Bahnen kreisförmig gemacht haben. Auch die große Exzentrizität der Kometenbahnen und die Richtung ihrer Bewegungen in jedem Umlaufsinn müssen notwendige Resultate davon sein; denn betrachtet man die Bahnen der rückläufigen Kometen als mehr denn 100° zur Ekliptik geneigt, so findet man, daß die mittlere Neigung der Bahnen aller beobachteten Kometen nahe an 100° herankommt, wie es ja sein muß, wenn diese Körper zufällig ins All geworfen worden sind.

Welches ist diese Anfangs-Ursache? Ich werde dazu in der Schlußbemerkung dieses Werkes eine Hypothese aufstellen, welche sich mir mit sehr großer Wahrscheinlichkeit aus den vorangehenden Phänomenen zu ergeben scheint, aber ich äußere sie mit jener Zurückhaltung, die man in bezug auf alles üben muß, was nicht Resultat der Beobachtung oder Berechnung ist. [...]

Ich kann nicht umhin zu bemerken, wie sehr sich in diesem Punkt Newton von der Methode entfernt hat, die er sonst so geschickt angewendet hat. Seit der Veröffentlichung seiner Entdeckungen über das Weltsystem und das Licht hat dieser große Mathematiker, beschäftigt mit Spekulationen anderer Art, zu erforschen versucht, welche Beweggründe den Schöpfer der Natur dazu bewogen, dem Sonnensystem den Aufbau zu geben, von dem wir gesprochen haben. Nachdem er (in der allgemeinen Scholie) am Schluß der *Principia* das eigenartige Phänomen dargelegt hat, daß sich die Planeten und Satelliten im gleichen Sinne, auf ungefähr gleicher Ebene und auf fast kreisförmigen Bahnen bewegen, fügt er hinzu: «All diese so regelmäßigen Bewegungen haben keine mechanischen Ursachen, da sich die Kometen ja in allen Teilen des Himmels und auf sehr exzentrischen Bahnen bewegen... Diese wunderbare Anordnung der Sonne, der Planeten und Kometen kann nur das Werk eines denkenden und allmächtigen Wesens sein.» Am Ende seiner Optik äußert er den gleichen Gedanken, und er sähe sich darin noch mehr bestätigt, wenn ihm bekannt gewesen wäre, was wir bewiesen haben, nämlich, daß die Bedingungen für die Anordnung der Planeten und Satelliten genau jene sind, die auch deren Stabilität sichern. «Ein blindes Schicksal», sagt er, «konnte niemals alle Planeten sich so bewegen lassen, abgesehen von einigen kaum wahrnehmbaren Abweichungen, welche von der gegenseitigen Beeinflussung herrühren können und die wahrscheinlich mit der Zeit einmal größer werden, bis dieses System schließlich von seinem Urheber wieder in Ordnung gebracht werden muß.» Kann aber diese Anordnung der Planeten nicht selbst ein Resultat der Bewegungsgesetze sein? Und kann das höchste denkende Wesen, das, nach Newton, eingreift, sie nicht von einem allgemeineren Phänomen abhängig gemacht haben? Ein solches wäre nach unsern Mutmaßungen eine neblige, in verschiedenen Haufen in der Unendlichkeit des Himmels zerstreute Materie. Kann man noch behaupten, die Erhaltung des Planetensystems liege in der Absicht des Urhebers der Natur? Die gegenseitige Anziehung der Körper dieses Systems kann seine Stabilität nicht verändern, wie Newton annimmt; aber gäbe es im Himmelsraum nichts Flüssiges außer dem Licht, so müßte sein Widerstand und die Abnahme, die sein Ausströmen in der Sonnenmasse erzeugt, im Laufe der Zeit die Anordnung der Planeten zerstören, und um sie zu erhalten, wäre eine Neugestaltung ohne Zweifel notwendig. Doch deuten nicht so viele ausgestorbene Tierarten, deren Organisation Cuvier[1] mit seltenem Scharfsinn in den zahlreichen von ihm beschriebenen Fossilien erkannt hat, darauf hin, daß die Natur dazu neigt, selbst die scheinbar beständigsten Dinge zu verändern? Seine Größe und Bedeutung nehmen das Sonnensystem nicht von diesem allgemeingültigen Gesetz aus; so riesig dieses System auch in bezug auf unsere Kleinheit ist, im Universum ist es nichts als ein kaum wahrnehmbarer Punkt. Betrachten wir die Geschichte des Fortschritts des menschlichen Geistes und seiner Irrtümer, so sehen wir, wie die Zweckursachen ständig an die Grenzen seiner Kenntnisse gerückt werden. Diese Ursachen, welche Newton an die Grenzen des Sonnensystems verlegt, befanden sich noch zu seiner Zeit in der Atmosphäre, z.B. zur Erklärung der Meteore; sie sind also in den Augen des Philosophen nur der Ausdruck unserer Unkenntnis der wirklichen Ursachen.

In seinem Streit mit Newton über die Erfindung der Infinitesimalrech-

[1] Georges Cuvier (1769–1832), Begründer der vergleichenden Anatomie und der Paläontologie. (Hg.)

nung kritisierte Leibniz heftig das Eingreifen der Gottheit, um das Sonnensystem in Ordnung zu bringen. «Das heißt», sagt er, «sehr enge Vorstellungen von der Weisheit und Macht Gottes haben.» Newton entgegnete mit einer ebenso heftigen Kritik der prästabilierten Harmonie von Leibniz, die er als unaufhörliches Wunder bezeichnete. Die Nachwelt hat diese hinfälligen Hypothesen nicht übernommen; sie hat aber den mathematischen Arbeiten dieser zwei großen Genies Gerechtigkeit widerfahren lassen: die Entdeckung der Gravitation und die Bemühungen Newtons, die Himmelsphänomene damit in Zusammenhang zu bringen, werden immer Gegenstand der Bewunderung und Dankbarkeit sein.

263

Aus dem vorangehenden Kapitel kennt man, um auf die Ursache der Urbewegungen des Planetensystems zurückzugehen, die folgenden fünf Phänomene: die Planetenbewegungen im gleichen Sinne und etwa auf gleicher Ebene, die Satellitenbewegungen im gleichen Sinne wie jene der Planeten, die Rotation dieser verschiedenen Körper und der Sonne, im gleichen Sinne wie ihre Umlaufsbewegungen und auf wenig verschiedenen Ebenen; die geringe Exzentrizität der Planeten- und Satellitenbahnen; und schließlich die große Exzentrizität der Kometenbahnen, obwohl ihre Neigungen dem Zufall überlassen sind. [...]

Die Betrachtung der Planetenbewegungen läßt uns vermuten, daß die Sonnenatmosphäre infolge ihrer außerordentlichen Wärme anfänglich bis jenseits der Bahnen aller Planeten gereicht hat und daß sie sich nach und nach auf ihre heutigen Grenzen zurückgezogen hat.

Im von uns angenommenen ursprünglichen Zustand glich die Sonne den Nebelflecken, welche wir im Fernrohr sehen und die zusammengesetzt sind aus einem mehr oder weniger leuchtenden Kern, der von einem leichten Nebel umgeben ist, welcher sich auf der Oberfläche des Kerns verdichtet und ihn in einen Stern verwandelt. Wenn man analog dazu annimmt, alle Sterne seien auf diese Art gebildet, so kann man sich vorstellen, daß ihrem früheren nebligen Zustand wiederum Zustände vorausgingen, in welchen die neblige Materie immer diffuser, der Kern immer weniger leuchtend war. Geht man auf diese Weise so weit als möglich zurück, so gelangt man schließlich zu einem so diffusen Nebel, daß man seine Existenz kaum mehr vermuten könnte.

Seit langem ist den beobachtenden Philosophen die besondere Anordnung einiger vom bloßen Auge sichtbarer Sterne aufgefallen. Michell[1] hat schon

[1] John Michell (1724–1793), britischer Astronom und Physiker. (Hg.)

bemerkt, wie wenig wahrscheinlich es ist, daß z. B. die Plejaden zufällig auf so engem Raum zusammengedrängt sind, und er hat daraus geschlossen, daß diese und ähnliche Gruppen am Himmel Wirkungen einer Anfangs-Ursache oder eines allgemeinen Naturgesetzes sind. Diese Gruppen sind ein notwendiges Resultat der Verdichtung der Nebelflecken zu mehreren Lichtkernen; denn wenn die Nebelmaterie unablässig von diesen verschiedenen Kernen angezogen wird, müssen diese auf die Dauer eine Sterngruppe ähnlich derjenigen der Plejaden bilden. Durch die Verdichtung der Nebelflecken zu zwei Kernen werden ebenfalls sehr nahe beieinander liegende, einander umkreisende Sterne entstehen wie die Doppelsterne, deren entsprechende Bewegungen man bereits erkannt hat.

Wie aber hat die Sonnenatmosphäre die Dreh- und Umlaufbewegungen der Planeten und Satelliten bestimmt? Wären diese Körper tief in sie eingedrungen, so hätte ihr Widerstand sie auf die Sonne fallen lassen; man kann also vermuten, daß die Planeten aus der Kondensation der Nebelzonen entstanden sind an den Grenzen, welche die Sonnenatmosphäre sukzessive bei ihrer Abkühlung in der Ebene ihres Äquators aufgeben mußte.

Rufen wir uns die Resultate aus dem 10. Kapitel des vorangehenden Buches in Erinnerung. Die Sonnenatmosphäre kann sich nicht ins Unendliche erstrecken; ihre Grenze ist der Punkt, wo die Zentrifugalkraft ihrer Rotationsbewegung der Schwerkraft die Waage hält; in dem Maße nun, wie die Abkühlung die Atmosphäre zusammenzieht und an der Oberfläche des Gestirns die benachbarten Moleküle kondensiert, nimmt die Rotation zu; denn infolge des Flächensatzes, nach welchem die Summe der Flächeninhalte, die durch den Radiusvektor jedes Moleküls der Sonne und der Sonnenatmosphäre beschrieben und auf die Ebene ihres Äquators projiziert werden, immer die gleiche ist, muß die Rotation größer werden, je mehr sich die Moleküle dem Sonnenzentrum nähern. Indem so die Zentrifugalkraft dieser Bewegung zunimmt, nähert sich der Punkt, wo die Schwerkraft ihr gleich ist, immer mehr diesem Zentrum. Wenn man also folgerichtig annimmt, daß sich die Atmosphäre zu irgendeiner Epoche bis zu ihrer Grenze erstreckte, so muß sie bei ihrer Abkühlung die an dieser Grenze und an den nachfolgenden, durch die Zunahme der Sonnenrotation hervorgerufenen Grenzen liegenden Moleküle aufgegeben haben. Diese verlassenen Moleküle kreisten weiter um das Gestirn, da ja ihre Zentrifugalkraft durch die Schwerkraft aufgehoben wurde. Aber da dies nicht gilt für die Atmosphärenmoleküle, die sich auf den Parallelen des Sonnenäquators befanden, haben sich diese wegen ihrer Schwerkraft der Atmosphäre genähert, je mehr sie sich kondensierte, und sie gehören weiter zu ihr, indem sie durch diese Bewegung dem Sonnenäquator nahekommen.

Betrachten wir nun die nacheinander aufgegebenen Nebel- oder Dunstzonen. Mit großer Wahrscheinlichkeit haben diese Zonen, wegen ihrer Kondensation und der gegenseitigen Anziehung ihrer Moleküle, verschiedene konzentrische, um die Sonne kreisende Dunstringe gebildet. Die gegenseitige Reibung der Moleküle jedes Rings muß die einen beschleunigt und die andern verlangsamt haben, bis sie die gleiche Winkelgeschwindigkeit erreicht hatten. Daher waren die wirklichen Geschwindigkeiten der weiter vom Zentrum entfernten Moleküle größer. Auch der folgende Grund dürfte noch zu diesem Geschwindigkeitsunterschied beigetragen haben: die am weitesten von der Sonne entfernten Moleküle, die sich ihr wegen der Abkühlung und Kondensation genähert und den äußeren Teil des Rings gebildet haben, haben immer Flächen beschrieben, die proportional zu den Zeiten waren, da die zentrale Kraft, die sie bewegte, ständig auf dieses Gestirn gerichtet war; diese Konstanz der Flächen nun verlangt, daß die Geschwindigkeit zunahm, je mehr sie sich ihr näherten. Der gleiche Grund hat die Geschwindigkeit der Moleküle herabsetzen müssen, welche zum Ring befördert wurden, um seinen inneren Teil zu bilden.

Wenn alle Moleküle eines Dunstrings sich weiter kondensiert hätten, ohne sich zu trennen, würden sie mit der Zeit einen flüssigen oder festen Ring bilden. Eine solche Bildung erfordert aber Regelmäßigkeit in allen Teilen des Rings und im Prozeß der Abkühlung. Daher ist diese Erscheinung äußerst selten, und das Sonnensystem liefert dafür nur ein einziges Beispiel, jenes der Saturnringe. Fast immer muß jeder Dunstring in mehrere Massen auseinandergebrochen sein, welche mit wenig voneinander abweichenden Geschwindigkeiten weiter in gleicher Entfernung um die Sonne gekreist sind. Diese Massen haben die Form eines Sphäroids annehmen müssen mit einer Rotation in Richtung seiner Umdrehung, da seine unteren Moleküle weniger wirkliche Geschwindigkeit aufwiesen als die oberen; sie haben also Planeten im Dunstzustand gebildet. Aber wenn einer von ihnen stark genug war, um durch seine Anziehungskraft die andern um sein Zentrum zu scharen, so wird der Dunstring in eine einzige, sphäroidische, um die Sonne kreisende Dunstmasse umgewandelt worden sein, mit einer Rotation im Sinne ihrer Umdrehung. Dies war der häufigste Fall. Den ersten Fall zeigt uns das Sonnensystem immerhin bei den vier kleinen Planeten, die sich zwischen Jupiter und Mars bewegen, sofern man nicht, wie Olbers[1], annimmt, daß sie ursprünglich einen einzigen Planeten bildeten, den eine starke Explosion in mehrere, mit unterschiedlicher Geschwindigkeit bewegte Teile gespalten hat.

1 Wilhelm Olbers (1758–1840), deutscher Astronom. (Hg.)

Wenn wir nun die Veränderungen verfolgen, die eine spätere Abkühlung in den Dunst-Planeten hat hervorrufen müssen, deren Entstehung wir jetzt erfassen, so sehen wir im Zentrum eines jeden einen Kern sich bilden, der durch die Kondensation der ihn umgebenden Atmosphäre immer größer wird. In diesem Zustand glich der Planet genau der Sonne in ihrem Nebelzustand; die Abkühlung mußte demnach an den verschiedenen Grenzen seiner Atmosphäre Erscheinungen bewirken, die den von uns beschriebenen ähnlich sind, d.h. Ringe und Satelliten, die im Sinne seiner Umdrehung um sein Zentrum und in gleichem Sinne um sich selbst kreisten. Die regelmäßige Verteilung der Masse der Ringe des Saturn um sein Zentrum und in der Ebene seines Äquators ist ein folgerichtiges Ergebnis dieser Hypothese und wird ohne sie unerklärlich; diese Ringe scheinen mir bleibende Beweise für die ursprüngliche Ausdehnung und die allmählichen Rückzüge der Saturnatmosphäre zu sein. [...]

Eine eingehendere Betrachtung aller übrigen Erscheinungen dieses Systems macht unsere Hypothese noch wahrscheinlicher. Der ursprünglich flüssige Zustand der Planeten wird durch die Abplattung ihrer Gestalt deutlich angezeigt, entsprechend den Gesetzen der gegenseitigen Anziehung der Moleküle; für die Erde ist sie außerdem erwiesen durch die regelmäßige Abnahme[1] der Schwerkraft vom Äquator zu den Polen. Dieser ursprünglich flüssige Zustand, zu dem man anhand der astronomischen Phänomene kommt, muß sich auch in jenen der Naturgeschichte zeigen. Um ihn dort allerdings zu finden, muß man die unermeßliche Mannigfaltigkeit der Kombinationen beachten, die alle irdischen Substanzen, vermengt im Dunstzustand, bilden konnten, als sich ihre Elemente durch Abkühlung vereinigten. Ferner muß man auch beachten, welche außerordentlichen Veränderungen diese Abkühlung nach und nach im Innern und auf der Oberfläche der Erde hat bringen müssen, in all ihren Erzeugnissen, im Aufbau und im Druck der Atmosphäre, im Ozean und den Körpern, die er aufgelöst hat. Schließlich muß man auch die brüsken Veränderungen, wie große vulkanische Eruptionen, berücksichtigen, die zu verschiedenen Zeitpunkten die Regelmäßigkeit dieser Umwandlungen stören mußten. Unter diesem der Astronomie nahen Gesichtspunkt wird die Geologie in mancher Hinsicht deren Präzision und Sicherheit erreichen können.

[1] Hier liegt ein merkwürdiges Versehen vor; es muß natürlich «Zunahme» heißen. (Hg.)

Grundlagen der Wahrscheinlichkeitstheorie

264
Alle Ereignisse, selbst jene, welche wegen ihrer Geringfügigkeit scheinbar nichts mit den großen Naturgesetzen zu tun haben, folgen aus diesen mit derselben Notwendigkeit wie die Umläufe der Sonne. In Unkenntnis ihres Zusammenhangs mit dem Weltganzen ließ man sie, je nachdem sie mit Regelmäßigkeit oder ohne sichtbare Ordnung eintraten und aufeinanderfolgten, entweder von Endzwecken oder vom Zufall abhängen; aber diese vermeintlichen Ursachen wurden in dem Maße zurückgedrängt, wie die Schranken unserer Kenntnis sich erweiterten, und sie verschwinden völlig vor der gesunden Philosophie, welche in ihnen nichts als den Ausdruck unserer Unkenntnis der wahren Ursachen sieht.

Die gegenwärtigen Ereignisse sind mit den vorangehenden durch das evidente Prinzip verknüpft, daß kein Ding ohne erzeugende Ursache entstehen kann. Dieses Axiom, bekannt unter dem Namen des *Prinzips vom zureichenden Grunde,* erstreckt sich auch auf die Handlungen, die man für gleichgültig hält. Der freieste Wille kann sie nicht ohne ein bestimmendes Motiv hervorbringen; denn wenn er unter vollkommen ähnlichen Umständen das eine Mal handelte und das andere Mal sich der Handlung enthielte, dann wäre seine Wahl eine Wirkung ohne Ursache: sie wäre dann, wie Leibniz sagt, der blinde Zufall der Epikurärer. Die gegenteilige Meinung ist eine Täuschung des Geistes, der die flüchtigen Gründe, welche die Wahl des Willens bei gleichgültigen Dingen bestimmen, aus dem Auge verliert und sich einredet, daß der Wille sich durch sich selbst und ohne Motive bestimmt hat.

Wir müssen also den gegenwärtigen Zustand des Weltalls als die Wirkung seines früheren und als die Ursache des folgenden Zustands betrachten. Eine Intelligenz, welche für einen gegebenen Augenblick alle in der Natur wirkenden Kräfte sowie die gegenseitige Lage der sie zusammensetzenden Elemente kennte und überdies umfassend genug wäre, um diese gegebenen Größen der Analysis zu unterwerfen, würde in derselben Formel die Bewegungen der größten Weltkörper wie des leichtesten Atoms umschließen; nichts würde ihr ungewiß sein, und Zukunft wie Vergangenheit würden ihr offen vor Augen liegen. Der menschliche Geist bietet in der Vollendung, die er der Astronomie zu geben verstand, ein schwaches Abbild dieser Intelligenz dar. Seine Entdeckungen auf dem Gebiete der Mechanik und Geometrie, verbunden mit der Entdeckung der allgemeinen Gravitation, haben ihn in Stand gesetzt, in demselben analytischen Ausdruck die vergangenen und zukünftigen Zustände des Weltsystems zu umfassen. Durch Anwendung derselben Methode auf einige andere Gegenstände seines Wissens ist er dahin gelangt, die beobachteten Erscheinungen auf allgemeine Gesetze zurückzuführen und Erscheinungen vorauszusehen, die gegebene Umstände herbeiführen müssen. Alle diese Bemühungen beim Aufsuchen der Wahrheit wirken dahin, ihn unablässig jener Intelligenz näher zu bringen, von der wir uns eben einen Begriff gemacht haben, der er aber immer unendlich ferne bleiben wird. Dieses dem Menschen eigentümliche Streben erhebt ihn über das Tier, und seine Fortschritte auf diesem Gebiete unterscheiden die Nationen und Jahrhunderte und machen ihren wahren Ruhm aus.

Erinnern wir uns, daß einst, und zwar in einem Zeitalter, das noch nicht sehr ferne liegt, ein Wolkenbruch oder übermäßige Dürre, ein Komet mit einem sehr langen Schweif, die Sonnenfinsternisse, die Nordlichter und überhaupt alle außergewöhnlichen Erscheinungen für ebenso viele Zeichen des himmlischen Zornes gehalten wurden. Man rief den Himmel an, daß er ihren unseligen Einfluß abwende. Aber man flehte ihn nicht an, den Lauf der Gestirne oder der Sonne aufzuhalten: die Beobachtung hätte gar bald die Nutzlosigkeit solcher Bitten erkennen lassen. Da aber jene Erscheinungen, da sie in langen Intervallen auftraten und verschwanden, der Ordnung der Natur zu widersprechen schienen, so nahm man an, daß sie der Himmel, erzürnt über die Verbrechen der Erde, gesandt hätte, um seine Rache anzukündigen. So verbreitete der lange Schweif des Kometen vom Jahre 1456 Schrecken in Europa, das bereits über die raschen Erfolge der Türken und die Zerstörung des byzantinischen Reichs bestürzt war. Dieses Gestirn hat nach seinem vierten Umlauf ein Interesse ganz verschiedener Art bei uns erweckt. Die Kenntnis der Gesetze des Weltsystems, die innerhalb dieses Zeitraumes erworben worden war, hatte die Besorgnisse zerstreut, die aus der Unkenntnis der wahren Beziehungen des Menschen zum Weltall entstanden waren; und Halley, der die Identität dieses Kometen mit jenen der Jahre 1531, 1607 und 1682 erkannt hatte, kündigte seine baldige Wiederkehr für das Ende von 1758 oder den Anfang von 1759 an. Die gelehrte Welt erwartete mit Ungeduld diese Wiederkehr, die eine der größten Entdeckungen der Wissenschaft bestätigen und die Vorhersagung des Seneca erfüllen sollte, welcher, bei Erwähnung des Umlaufs der aus ungeheuerer Entfernung zu uns herabkommenden Gestirne, sagte: «Der Tag wird kommen, da durch ein unausgesetztes Studium mehrerer Jahrhunderte die derzeit verborgenen Dinge klar vor Augen liegen werden; und die Nachwelt wird staunen, daß so einleuchtende Wahrheiten uns entgehen konnten.» Clairaut[1] unternahm es hierauf, die Störungen, die der Komet durch die

[1] Alexis Clairaut (1713–1765), französischer Mathematiker und Astronom. (Hg.)

Wirkung der beiden größten Planeten, des Jupiter und Saturn, erfahren hatte, der Analysis zu unterwerfen: Nach unermeßlichen Rechnungen bestimmte er seinen nächsten Durchgang im Perihel für Anfang April 1759, was die Beobachtung in Kürze bewahrheitete. Die Regelmäßigkeit, welche uns die Astronomie in der Bewegung der Kometen zeigt, ist ohne Zweifel bei allen Erscheinungen vorhanden. Die von einem einfachen Luft- oder Gasmolekül beschriebene Kurve ist in eben so sicherer Weise geregelt wie die Planetenbahnen: es besteht zwischen beiden nur der Unterschied, der durch unsere Unwissenheit bewirkt wird.

Die Wahrscheinlichkeit steht in Beziehung zum Teil zu dieser Unwissenheit, zum Teil zu unseren Kenntnissen. Wir wissen, daß von drei oder mehreren Ereignissen eines eintreten muß, doch veranlaßt uns nichts, zu glauben, daß eines eher als die anderen eintreten wird. In diesem Zustande der Unentschiedenheit ist es uns unmöglich, etwas Gewisses über das Eintreffen auszusagen. Es ist indessen wahrscheinlich, daß ein aus diesen aufs Geratewohl herausgegriffenes Ereignis nicht eintreffen wird, wenn wir mehrere gleichmögliche Fälle erkennen, welche sein Eintreten ausschließen, während nur ein einziger dieser Fälle es begünstigt.

Die Theorie des Zufalls ermittelt die gesuchte Wahrscheinlichkeit eines Ereignisses durch Zurückführung aller Ereignisse derselben Art auf eine gewisse Anzahl gleich möglicher Fälle, d. s. solcher, über deren Existenz wir in gleicher Weise unschlüssig sind, und durch Bestimmung der dem Ereignis günstigen Fälle. Das Verhältnis dieser Zahl zu der aller möglichen Fälle ist das Maß dieser Wahrscheinlichkeit, die also nichts anderes als ein Bruch ist, dessen Zähler die Zahl der günstigen Fälle und dessen Nenner die Zahl aller möglichen Fälle ist.

Die vorstehende Definition der Wahrscheinlichkeit setzt voraus, daß die Wahrscheinlichkeit dieselbe bleibt, wenn man die Zahl der günstigen Fälle und die aller möglichen Fälle in gleichem Verhältnis wachsen läßt. Um sich davon zu überzeugen, betrachte man zwei Urnen A und B, von denen die erste vier weiße und zwei schwarze Kugeln, die zweite nur zwei weiße und eine schwarze Kugel enthält. Man kann sich vorstellen, daß die zwei schwarzen Kugeln der ersten Urne durch einen Faden verbunden sind, der in dem Momente zerreißt, wo man die eine von ihnen ergreift, um sie herauszuziehen, und daß die vier weißen Kugeln zwei ähnliche Systeme bilden. Alle Chancen für das Ergreifen einer dem schwarzen System angehörenden Kugel werden eine schwarze Kugel liefern. Wenn man jetzt annimmt, daß die Fäden, welche die Kugeln verbinden, nicht reißen, so ist klar, daß die Zahl aller möglichen Fälle und auch die Zahl der dem Herausziehen schwarzer Kugeln günstigen Fälle sich nicht ändern wird; nur wird man aus der Urne zwei Kugeln auf einmal herausziehen; die Wahrscheinlichkeit, eine schwarze Kugel aus der Urne herauszuziehen, wird also dieselbe sein wie früher. Aber nun hat man augenscheinlich den Fall der Urne B, mit dem einzigen Unterschiede, daß die drei Kugeln dieser Urne ersetzt sind durch drei Systeme von je zwei Kugeln, die unlösbar miteinander verbunden sind.

Wenn alle Fälle einem Ereignis günstig sind, dann verwandelt sich seine Wahrscheinlichkeit in Gewißheit, und der Quotient wird gleich Eins. Unter diesem Gesichtspunkte sind Gewißheit und Wahrscheinlichkeit vergleichbar, obgleich ein wesentlicher Unterschied zwischen den beiden Geistesverfassungen besteht, wenn ein Satz in aller Strenge bewiesen ist oder wenn noch eine kleine Möglichkeit des Irrtums übrig bleibt.

Bei den Dingen, welche nur wahrscheinlich sind, ist die Verschiedenheit der Daten, die verschiedene Menschen über sie besitzen, eine der Hauptursachen der Mannigfaltigkeit der Meinungen, die man über dieselben Gegenstände herrschen sieht. Nehmen wir z.B. an, wir hätten drei Urnen, A, B, C, von denen eine nur schwarze Kugeln enthält, während die zwei anderen nur weiße Kugeln einschließen; man soll eine Kugel aus der Urne C ziehen, und man fragt nach der Wahrscheinlichkeit, daß diese Kugel schwarz ist. Wenn man nicht weiß, welche von den drei Urnen nur schwarze Kugeln einschließt, so zwar, daß man keinen Grund hat, zu glauben, daß es eher C als B oder A sei, so scheinen diese drei Annahmen gleich möglich; und da eine schwarze Kugel nur im Fall der ersten Annahme gezogen werden kann, so ist die Wahrscheinlichkeit, sie zu ziehen, gleich $^1/_3$. Weiß man, daß die Urne A nur weiße Kugeln enthält, dann beschränkt sich die Ungewißheit nur mehr auf die Urnen B und C, und die Wahrscheinlichkeit, daß die aus der Urne C gezogene Kugel schwarz sein wird, ist $^1/_2$. Endlich verwandelt sich diese Wahrscheinlichkeit in Gewißheit, wenn man sicher ist, daß die Urnen A und B nur weiße Kugeln enthalten.

So kommt es, daß dieselbe Tatsache, die vor einer zahlreichen Versammlung erzählt wird, mit verschiedenen Graden von Glauben aufgenommen wird je nach dem Umfange der Kenntnisse der Zuhörer. Wenn der Mann, der davon berichtet, selbst im Innersten davon überzeugt ist, und wenn er wegen seines Standes und Charakters großes Vertrauen einflößt, so wird sein Bericht, wie außerordentlich er auch sein mag, für die Zuhörer, die hierüber kein eigenes Urteil haben, denselben Grad der Wahrscheinlichkeit haben wie eine gewöhnliche Tatsache, die von demselben Manne mitgeteilt wird, und sie werden dem Berichte vollständigen Glauben beimessen. Wenn jedoch irgendeiner von ihnen weiß, daß dieselbe Tatsache von anderen, gleich achtbaren Männern verworfen wurde, so wird er im Zweifel sein; und die Tatsache wird von den aufgeklärten Zuhörern als falsch betrachtet werden, die sie entweder mit wohlerwiesenen Tatsachen oder mit unveränderlichen Naturgesetzen im Widerspruche finden werden.

Dem Einflusse derer, die die Menge für die bestunterrichteten hält und denen sie ihr Vertrauen in den wichtigsten Fragen des Lebens zu schenken pflegt, hat man die Verbreitung jener Irrtümer zu verdanken, die in den Zeiten der Unwissenheit das Gesicht der Welt erfüllten. Die Magie und Astrologie bieten uns hiervon zwei große Beispiele dar. Diese von Kindheit an eingeprägten Irrtümer, die ohne Prüfung angenommen wurden und nur den allgemeinen Glauben als Grundlage hatten, erhielten sich durch sehr lange Zeit, bis endlich der Fortschritt der Wissenschaften sie im Geiste der aufgeklärten Menschen zerstört hatte. Die Autorität dieser Männer hat sie sodann auch beim Volke zum Verschwinden gebracht durch die Macht der Nachahmung und der Gewohnheit, die sie so allgemein verbreitet hatte. Diese Macht, die gewaltigste Triebfeder der sittlichen Welt, begründet und erhält in einer ganzen Nation Ideen, die durchaus jenen entgegengesetzt sind, welche sie anderswo mit derselben Gewalt aufrecht erhält. Welche Nachsicht müssen wir also nicht mit den von den unsrigen abweichenden Meinungen haben, da diese Verschiedenheit oft nur von verschiedenen Gesichtspunkten abhängt, auf welche die Umstände uns geführt haben. Klären wir diejenigen auf, die wir für nicht genügend unterrichtet halten, aber prüfen wir vorerst strenge unsere eigenen Meinungen und wägen wir mit Unparteilichkeit die Wahrscheinlichkeit der einen und anderen ab.

Die Verschiedenheit der Meinungen hängt auch noch von der Art und Weise ab, wie man den Einfluß des Gegebenen in Rechnung setzt. Die Theorie der Wahrscheinlichkeit hat es mit so feinen Überlegungen zu tun, daß es, besonders in sehr komplizierten Fragen, nicht verwunderlich ist, wenn zwei Personen, von denselben Gegebenheiten ausgehend, verschiedene Resultate finden. Wir wollen jetzt die allgemeinen Prinzipien der Theorie darlegen.

I. Prinzip

Das erste dieser Prinzipien ist die Definition selbst, nach der, wie wir gesehen haben, die Wahrscheinlichkeit das Verhältnis der Zahl der günstigen Fälle zu der aller möglichen Fälle ist.

II. Prinzip

Aber hierbei werden die verschiedenen Fälle als gleich möglich vorausgesetzt. Wenn sie es nicht sind, so wird man vorerst ihre relativen Möglichkeiten bestimmen, deren richtige Abschätzung einer der heikelsten Punkte der Theorie des Zufalls ist. Dann wird die Wahrscheinlichkeit die Summe der

Möglichkeiten jedes günstigen Falles sein. Erläutern wir dieses Prinzip durch ein Beispiel.

Nehmen wir an, man werfe ein großes und sehr dünnes Geldstück in die Luft, dessen beide Seiten, «Kopf» und «Wappen» genannt, vollkommen gleich sein sollen. Suchen wir die Wahrscheinlichkeit, unter zwei Würfen wenigstens einmal Kopf zu werfen. Es ist klar, daß vier gleich mögliche Fälle eintreten können, nämlich: Kopf beim ersten und zweiten Wurfe, Kopf beim ersten und Wappen beim zweiten Wurfe, Wappen beim ersten und Kopf beim zweiten Wurfe, endlich Wappen in beiden Würfen. Die drei ersten Fälle sind dem Ereignis, dessen Wahrscheinlichkeit gesucht wird, günstig, diese ist daher gleich $^3/_4$, so zwar, daß drei gegen eins zu wetten ist, daß wenigstens einmal unter zwei Würfen Kopf geworfen wird.

Man kann bei diesem Spiele auch nur drei verschiedene Fälle zählen, nämlich: Kopf beim ersten Wurf, so daß man nicht nötig hat, ein zweites Mal zu spielen; Wappen beim ersten Wurf und Kopf beim zweiten; endlich Wappen beim ersten und zweiten Wurf. Das würde die Wahrscheinlichkeit auf $^2/_3$ herabsetzen, wenn man mit D'Alembert diese drei Fälle als gleich möglich betrachtete. Aber es ist offenbar, daß die Wahrscheinlichkeit, beim ersten Wurfe Kopf zu werfen, $^1/_2$, die der beiden anderen Fälle aber je $^1/_4$ ist, da der erste Fall ein einfaches Ereignis ist, welches den beiden zusammengesetzten: Kopf beim ersten und zweiten Wurfe, und Kopf beim ersten Wurfe, Wappen beim zweiten, entspricht. Wenn man jetzt dem zweiten Prinzipe gemäß die Möglichkeit, Kopf beim ersten Wurfe zu werfen ($={}^1/_2$), zur Möglichkeit, daß Wappen beim ersten und Kopf beim zweiten Wurfe erscheinen wird ($= {}^1/_4$), hinzufügt, so wird man $^3/_4$ für die gesuchte Wahrscheinlichkeit erhalten; und das stimmt mit dem überein, was wir unter Voraussetzung, daß beide Würfe gemacht werden, gefunden haben. Diese Voraussetzung ändert nichts am Lose dessen, der auf dieses Ereignis wettet: sie dient lediglich dazu, die verschiedenen Fälle auf gleich mögliche Fälle zurückzuführen.

III. Prinzip

Einer der wichtigsten Punkte der Theorie der Wahrscheinlichkeit, und zwar jener, der am meisten zu Täuschungen Anlaß gibt, ist die Art, wie die Wahrscheinlichkeiten durch ihre gegenseitigen Kombinationen zu- und abnehmen. Wenn die Ereignisse voneinander unabhängig sind, so ist die Wahrscheinlichkeit ihres Zusammenbestehens das Produkt ihrer einzelnen Wahrscheinlichkeiten. Zum Beispiel: da die Wahrscheinlichkeit, mit einem Würfel Eins zu werfen, ein Sechstel ist, so ist die Wahrscheinlichkeit, mit zwei Würfeln zugleich Eins zu werfen, ein Sechsunddreißigstel. In der Tat, da jede Fläche des einen Würfels sich mit den sechs Flächen des anderen kombinieren kann, so gibt es sechsunddreißig gleich mögliche Fälle, unter welchen ein einziger die beiden Eins gibt. Allgemein ist die Wahrscheinlichkeit, daß ein einfaches Ereignis sich unter denselben Umständen eine gegebene Anzahl mal wiederholt, gleich der Wahrscheinlichkeit dieses einfachen Ereignisses, erhoben auf die durch jene Anzahl gegebene Potenz. Da die aufeinander folgenden Potenzen eines echten Bruches ohne Ende abnehmen, kann hiernach ein Ereignis, welches von einer Reihe sehr großer Wahrscheinlichkeiten abhängt, außerordentlich unwahrscheinlich werden. Nehmen wir an, daß eine Tatsache uns durch 20 Zeugen übermittelt wurde, und zwar in der Weise, daß der erste sie dem zweiten berichtet hat, der zweite dem dritten, und so fort. Nehmen wir ferner an, daß die Wahrscheinlichkeit jeder Zeugenschaft $^9/_{10}$ sei: die Wahrscheinlichkeit der Tatsache, so wie sie sich aus den Zeugenaussagen ergibt, wird kleiner als $^1/_8$ sein. Man kann diese Verminderung der Wahrscheinlichkeit am besten mit der Abnahme der Deutlichkeit der Gegenstände durch Dazwischenstellen von mehreren Glasscheiben vergleichen; eine geringe Anzahl von Scheiben genügt, um uns den Anblick eines Gegenstandes zu verhüllen, der durch eine einzige Scheibe deutlich wahrgenommen wird. Die Historiker scheinen dieser Verminderung der Wahrscheinlichkeit von Tatsachen, wenn sie durch eine große Zahl von aufeinander folgenden Generationen hindurch gesehen werden, nicht die genügende Aufmerksamkeit zugewendet zu haben: manche historische Ereignisse, die für sicher gehalten werden, würden zumindest zweifelhaft erscheinen, wenn man sie dieser Prüfung unterzöge.

In den rein mathematischen Wissenschaften haben die entferntesten Folgerungen teil an der Gewißheit des Prinzips, woraus sie abgeleitet sind. In den Anwendungen der Analysis auf die Physik haben die Folgerungen die ganze Sicherheit der Tatsachen oder Experimente. Aber in den Geisteswissenschaften, wo jeder Schluß aus dem Vorhergehenden nur mit Wahrscheinlichkeit deduziert wird, wächst die Chance des Irrtums, wie wahrscheinlich auch diese Deduktionen sein mögen, mit ihrer Anzahl, und übertrifft bei Folgerungen, die vom Prinzip sehr weit entfernt sind, die Chance der Wahrheit.

VON DALTON BIS MACH

EINLEITUNG

Wohl die bemerkenswerteste Entwicklung der physikalischen Wissenschaften im 19. Jahrhundert war der Fortschritt der nicht-mechanischen Disziplinen der Physik, die das Niveau der klassischen Mechanik hinsichtlich der Quantifikation ihrer Begriffe und der Mathematisierung ihrer Ideen erreichten. Dies ermöglichte die erste große Synthese der Mechanik, Thermodynamik und der Theorien des Lichts und des Elektromagnetismus, die ihrerseits zur Aufstellung zweier umfassender Gesetze führte, des Satzes von der Erhaltung der Energie und des zweiten Hauptsatzes der Thermodynamik. Durch diese gewichtigen Errungenschaften erreichte die klassische Physik in der zweiten Hälfte des 19. Jahrhunderts ihren Höhepunkt, und damit war das Weltbild gegeben, das bis in den Beginn unseres Jahrhunderts vorherrschend war.

Die wesentlichen Vorläufer dieses Fortschritts waren zwei wichtige Entwicklungen in der zweiten Hälfte des 18. Jahrhunderts – die Experimente, welche die Grundtatsachen der Elektrostatik etablierten, und die Anfänge der modernen Chemie. Beide sind in den Texten der Anthologie nicht repräsentiert, zum Teil aus Raummangel, und im Falle der Chemie aus dem Grunde, daß chemische Arbeiten nur da zitiert sind, wo sie für das Verständnis der Entwicklung der Atom- und Molekularphysik relevant sind, wie z.B. Passagen aus Daltons Werk, Prouts Hypothese und Mendelejews Arbeiten über das periodische System der Elemente.

Die Anfänge der modernen Elektrizitätslehre sind vor allem mit den Forschungen von Benjamin Franklin, Priestley, Coulomb, Galvani und Volta verknüpft, die auch den Anfang vom Ende des Zeitalters der «feinen Fluida» kennzeichnen, des elektrischen und magnetischen Fluidums, des kalorischen Stoffes und des Äthers. Nur der Äther hielt sich noch bis ins Ende des 19. Jahrhunderts hinein als physikalische Gegebenheit. Die Ansammlung der essentiellen empirischen Daten elektrischer Erscheinungen ging ziemlich rasch vorwärts, so daß schon im ersten Drittel des 19. Jahrhunderts Poissons mathematische Theorie der Elektrostatik ausgearbeitet war, nach dem Vorbild der analogen Gleichungen der Mechanik und unter Benutzung ihrer wesentlichen Konzepte, wie dessen des Potentials.

Die Geschichte der ersten Anfänge der modernen Chemie ist mit den Namen von Gassendi und Boyle im 17. Jahrhundert verknüpft, die Epikurs

Atomlehre, die Korpuskularhypothese der Materie wiederbelebten. Der Vater der modernen experimentellen und theoretischen Chemie war Lavoisier, der im Jahre 1789 zuverlässige Meßmethoden einführte und die analytische Waage zum wichtigsten Instrument der quantitativen Chemie machte. Lavoisier bereitete der Hypothese des Phlogiston ein Ende, jenem von Stahl anfangs des 18. Jahrhunderts postulierten Teilchen negativer Masse, das eine Art von Rückfall in Aristoteles' Idee der «absoluten Leichtheit» war. Demgegenüber begann der moderne Begriff des chemischen Elements bestimmte Form anzunehmen, und Lavoisier kannte schon 23 solcher Elemente, z.T. an ihren spezifischen chemischen Reaktionen, teils an ihren Gewichten. Bis 1830 wuchs die Zahl der bekannten Elemente auf 54, vor allem dank den Forschungen von Dalton, Gay-Lussac, Avogadro und Berzelius. Daltons Buch «Ein neues System der chemischen Wissenschaft» (1808) war ein Meilenstein in der Geschichte der Atomtheorie. Er betonte die Wichtigkeit der relativen Gewichte fundamentaler Partikeln in einfachen und zusammengesetzten Körpern.

In den Jahren 1815 und 1816, ein Dutzend Jahre nach Daltons erster Zusammenstellung seiner Tabelle der Atomgewichte, erschienen zwei anonyme Arbeiten des englischen Arztes William Prout, in denen er die Behauptung aufstellt, daß die Atomgewichte ganze Vielfache des Gewichtes von Wasserstoff, des leichtesten Elements sind. Prout war natürlich nicht in der Lage, diese Hypothese mit genügender Genauigkeit zu verifizieren, entschloß sich jedoch, seine Ideen auf das bekannte Tatsachenmaterial hin und trotz den damals noch reichlich unsicheren Meßmethoden zu publizieren. Die Proutsche Vermutung antizipierte die Resultate, zu denen die Physik hundert Jahre später gelangt ist, nach denen das Proton, der Wasserstoffkern, ein wesentlicher Baustein aller Atomkerne und der Materie überhaupt ist. Prouts bemerkenswerter Satz: «Wenn die von uns geäußerte Auffassung richtig sein sollte, könnten wir den Wasserstoff als die Verwirklichung der ‹Urmaterie› der alten Griechen betrachten», der in der Anthologie in seinem Kontext zitiert ist, wurde von den meisten Chemikern abgelehnt. Noch im Jahre 1860, auf dem internationalen Chemikerkongreß in Karlsruhe, gab es scharfe Meinungsverschiedenheiten bezüglich der zuverlässigsten Methode der Atomgewichtsbestimmung. Einer der Kongreßteilnehmer war Mendelejew, und die Diskussionen waren richtungsbestimmend für seine weiteren Forschungen, die nach zehnjähriger systematischer Arbeit zur Entdeckung des Periodischen Systems der Elemente führten. Die Idee einer Periodizität physikalischer und chemischer Eigenschaften der Atome lag schon seit der Mitte des Jahrhunderts «in der Luft», und wenige Monate nach Mendelejew veröffentlichte Lothar Meyer seine unabhängige Entdeckung.

Mendelejew jedoch gebührt die Priorität schon aus dem Grunde, daß er die historische Bedeutung seiner Entdeckung in ihrem ganzen Ausmaße und die Wichtigkeit des Problems der Atomgewichte für die Entwicklung der Theorie der Materie sofort erkannte, wie eine in der Anthologie zitierte höchst interessante Passage bezeugt. Die Entdeckung der Spektroskopie durch Kirchhoff und Bunsen (1859), die das Spektroskop zu einem Instrument von höchster Leistungsfähigkeit für die Erforschung der Materie machten, transformierte schließlich das periodische Gesetz in ein Kapitel der Atomphysik.

Der faszinierenden Geschichte der Entwicklung des Elektromagnetismus von Ørsteds Entdeckung (1820) bis zu den Experimenten von Heinrich Hertz in den achtziger Jahren ging die Neubegründung der Wellentheorie des Lichts durch Young in England und Fresnel in Frankreich voraus. Einer der zentralen Begriffe des Elektromagnetismus war der des physikalischen Feldes, das die elektrischen und magnetischen Erscheinungen mittels Nahewirkung erklärte, und die Neubelebung der Konzeption von der Wellennatur des Lichts ebnete den Weg für den Feldbegriff, der auf der Kontinuumsvorstellung basiert. In den ersten beiden Jahrzehnten des 19. Jahrhunderts wurde Huygens' grundlegender Gedanke von der Lichtfortpflanzung als der Ausbreitung eines Zustandes wieder aufgenommen, und dasselbe gilt für seine Erklärung der Reflexion und Brechung des Lichts mit Hilfe des Wellenmodells, die auf einem höheren Niveau experimenteller Technik und mathematischer Darstellung weiterentwickelt wurden. Naturgemäß wurde dabei auch Newtons Korpuskulartheorie des Lichts kritisiert (obwohl er seinen Korpuskeln periodische «Anwandlungen» zuschrieb), die über hundert Jahre lang Huygens' Ideen in den Hintergrund gedrängt hatte. Die Wellentheorie konnte die fundamentalen Tatsachen der Interferenz, Beugung und Polarisation der Lichtstrahlen erklären, wobei erwähnt werden möge, daß Young in seiner Theorie der Interferenz sich auf Newton berufen konnte, der bemerkt hatte, daß Flutwellen, die durch Meeresengen in zwei Wellenzüge gespalten werden, sich nach ihrer Wiedervereinigung sowohl verstärken als schwächen können. Besonders hervorzuheben ist in Fresnels klaren Ausführungen seine Darstellung der Emission der Lichtwellen durch leuchtende Partikeln, wobei der rapide Wechsel der Schwingungsebene einer Welle als Folge der dauernd wechselnden Oszillationsrichtungen der Partikeln erklärt wird. Somit fand der Begriff eines «natürlichen» Lichtbündels als einer Gesamtheit polarisierter Lichtstrahlen, deren verschiedene Polarisationsebenen sich in rapidem Wechsel befinden, seine befriedigende Deutung. Das letzte Stadium erreichte die Wellentheorie des Lichts nach dem Abschluß der Theorie des Elektromagnetismus, dessen Geschichte hier kurz skizziert werden möge.

Ørsteds 1820 publizierte klassische Arbeit über die Ablenkung einer Magnetnadel durch einen elektrischen Strom stellte überzeugend den Zusammenhang zwischen Elektrizität und Magnetismus her. Es war klar, daß der «Konflikt der Elektrizität», wie er ihn bezeichnete, sich im Raume abspielt, der den stromdurchflossenen Leiter umgibt, und daß dieser Konflikt durch Kreise dargestellt werden kann, die in den zum Leiter senkrechten Ebenen liegen. Ampère («der Newton der Elektrizität», wie Maxwell ihn nannte), dessen systematische Experimente über die Wechselwirkung elektrischer Ströme und die Wirkung eines Stromes auf einen Magneten den Grund zu seinem großen Werk über die Elektrodynamik legten, bezieht sich immer wieder auf Ørsteds Entdeckung. Eine Passage aus Ampères *«Mathematischer Theorie der elektrodynamischen Erscheinungen»* ist höchst aufschlußreich für seine Philosophie der Naturwissenschaft, vor allem seine Einstellung zur Beziehung von Experiment, Theorie und mathematischer Formulierung der Tatsachen. Dabei gibt er auch eine historische Analyse der Entwicklungen, die seiner Theorie vorausgingen. Historische Übersichten dieser Art, wie sie von großen Forschern gegeben werden (z.B. von Maxwell fünfzig Jahre nach Ampère, und von Rutherford fünfzig Jahre nach Maxwell), vermitteln uns eine tiefere Einsicht in die Geschichte wissenschaftlicher Ideen als die Darstellungen professioneller Historiker der Naturwissenschaften.

Auf Ampères Elektrodynamik folgte das Lebenswerk von Faraday, dessen geniale Begabung, wissenschaftliche Phantasie und experimentelles Geschick ihn zum bedeutendsten Experimentator aller Zeiten gemacht haben. Aus der Fülle seiner experimentellen Arbeiten sind nur zwei Passagen in der Anthologie wiedergegeben, die eine über die Entdeckung der elektromagnetischen Induktion (1831) und die andere über die Einwirkung eines Magnetfeldes auf das Licht. Nichts über die Entdeckung der Gesetze der Elektrolyse, diesen entscheidenden Beitrag zur Elektrochemie und zum Verständnis der elektrischen Struktur der Materie, ist hier zitiert, hingegen findet der Leser längere Auszüge aus Faradays Arbeiten über die Natur der magnetischen Wirkung, die Bedeutung der magnetischen Kraftlinien und den Feldbegriff im allgemeinen. Faradays ungewöhnliches Vermögen, seinen Gedanken in konkreten Bildern Ausdruck zu geben und sie in einer Sprache darzustellen, die einem anschaulichen Verständnis zugänglich ist, ist umso eindrucksvoller, weil ihr Fluß nicht durch abstrakte mathematische Formulierungen unterbrochen wird. In dieser Hinsicht ist Faradays Mangel an mathematischer Bildung ein ausgesprochenes Positivum für jeden Wissenschaftshistoriker, dem vor allem an der Entwicklung einer wissenschaftlichen Idee gelegen ist. Aus den hier abgedruckten Passagen geht vor allem eines hervor: Faradays feste Überzeugung von der Realität des magnetischen und elektrischen Feldes und seine Schlußfolgerung, daß die entsprechenden Kraftlinien keine mathematischen Abstraktionen sind, sondern einen integralen konkreten Bestandteil einer physikalischen Wirklichkeit darstellen. In diesem Zusammenhang sind Faradays Kritik an der Auffassung der Gravitation als einer Fernkraft und seine Gedanken über das Gravitationsfeld in der Umgebung schwerer Körper besonders lehrreich. Seiner Ansicht nach kann es keine befriedigende Erklärung der Gravitation geben ohne den Begriff des physikalischen Kraftfeldes, der analog ist dem von ihm für den Magnetismus und die Elektrizität eingeführten. Seine Versuche – die allerdings ergebnislos verliefen –, experimentell einen Zusammenhang zwischen Gravitation und Elektrizität nachzuweisen, zeugen für seine ernstlichen Bemühungen, einer Lösung des Problems der Schwerkraft näher zu kommen.

In einer Anthologie, in der soweit wie möglich mathematische Ableitungen und Gleichungen vermieden werden sollen, ist es unmöglich, Maxwells größter Leistung gerecht zu werden – seiner mathematischen Theorie des Elektromagnetismus. Trotz dem rapiden Wandel, der sich in unserem wissenschaftlichen Weltbild vollzieht, ist den Maxwellschen Gleichungen ein dauernder Platz in der theoretischen Physik gesichert. Die ausführlichen Zitate aus seinen wichtigsten Arbeiten, die hier gebracht werden, können wohl auch solchen Lesern, denen die nötigen mathematischen Voraussetzungen fehlen, einen Begriff von der Größe der Maxwellschen Konzeption vermitteln.

Diese Passagen lassen die gedankliche Entwicklung Maxwells in ihren wesentlichen Zügen erkennen, wie sie im Laufe weniger Jahre zur schließlichen Kristallisation seiner Theorie führte. Vor allem arbeitete er Faradays Begriff der Kraftlinien aus, die er als Fäden oder dünne Röhren darstellte, in deren Längsrichtung eine Spannung und senkrecht zu ihnen ein Druck herrscht. Auf diese Weise läßt sich die Natur des magnetischen Feldes mechanisch erklären. Maxwell nahm an, daß der Druck in der Querrichtung der Kraftröhren die Folge der Zentrifugalkräfte von Wirbeln ist, deren Drehsinn auch den dipolaren Charakter der Kraftlinien bestimmt, die die Achsen dieser Wirbel sind. Ferner nahm er an, daß die Drehgeschwindigkeit proportional der Intensität des Magnetfeldes sei. In diesem Bilde nebeneinander liegender Röhren, die sich im gleichen Sinne drehen, fehlt jedoch noch ein wesentliches Detail, um sie in ein befriedigendes mechanisches Modell zu verwandeln. Maxwell erinnert uns an den Mechanismus der leerlaufenden Zwischenräder, die zwischen zwei im gleichen Drehsinn rotierende Räder eingeschaltet werden, um so ihre gegenseitige Behinderung zu vermeiden. Analog hierzu stellt sich Maxwell vor, daß zwischen zwei anliegenden Wirbelfäden sich Schichten gewisser Partikeln befinden, die die Funktion dieser leerlaufenden Räder erfüllen. Diese Partikeln sind elektrische Ladungen, die in den Zwischenräumen der Wirbel stationär bleiben, solange das Magnetfeld konstant ist; tritt aber eine Änderung der Feldstärke ein, d.h. sobald die Rotation der Wirbel nicht mehr gleichförmig ist, werden die elektrischen Teilchen aus ihren Positionen herausgedrängt und bewegen sich senkrecht zur Richtung des Magnetfeldes. So ergibt sich eine mechanische Darstellung der wesentlichen Züge der elektromagnetischen Induktion, nämlich der Erzeugung elektrischer Ströme und der Verkettung veränderlicher magnetischer und elektrischer Felder.

Im Jahre 1865 publizierte Maxwell die endgültige Fassung seiner dynamischen Theorie des elektromagnetischen Feldes. Der Umstand, daß er in dieser Arbeit sich jeder weiteren Bezugnahme auf sein mechanisches Modell enthält und sich lediglich mit der Aufstellung und Interpretation seiner elektromagnetischen Gleichungen begnügt, ist von höchster historischer Bedeutung. Denn zum ersten Mal in der Geschichte der Physik gesteht hier ein großer Forscher praktisch ein, daß mechanische Analogien, so förderlich sie auch für die wissenschaftliche Phantasie sein mögen, lediglich Notbehelfe sind, die man nicht als wahre Abbildungen der physikalischen Realität hinnehmen darf. Im Hinblick auf die abstrakte Natur dieser Realität können nur mathematische Beschreibungen, wie Maxwells Gleichungen, eine angemessene Darstellung der physikalischen Außenwelt liefern.

Andrerseits legt Maxwells Arbeit ein klares Zeugnis für die Tatsache ab, daß – im Gegensatz zu gewissen mechanischen Analogien – das wissenschaftliche Denken durch angemessene *konzeptuelle* Analogien wesentlich gefördert werden kann. Er beschreibt das veränderliche elektrische Feld zwischen den Platten eines sich durch einen elektrischen Strom entladenden oder aufladenden Kondensators als «Verschiebungsstrom». Diese Wortprägung läuft auf die Idee hinaus, daß es in der Natur lediglich elektrische Ströme gibt, die einen geschlossenen Kreis bilden, und daß daher auch ein veränderliches elektrisches Feld, wie das zwischen den Kondensatorplatten, von einem Magnetfeld umgeben sein muß, so wie ein stromdurchflossener Leiter. Ferner führte Maxwells Identifizierung des Lichts als einer elektromagnetischen Erscheinung (die er in seiner Schlußfolgerung formuliert, daß «Licht eine elektromagnetische Störung ist, die sich nach den Gesetzen des Elektromagnetismus fortpflanzt») zu einer Synthese dreier Hauptgebiete der Physik – Elektrizität, Magnetismus und Licht. Etwa zwanzig Jahre später wies Heinrich Hertz in seinen Versuchen mit elektrischen Wellen nach, daß diese sich tatsächlich in jeder Beziehung wie Lichtwellen verhalten, und damit begann das erste Kapitel der Radiophysik.

Während der zwei Jahrhunderte von Huygens bis zur elektromagnetischen Lichttheorie wurde allgemein angenommen, daß der Äther das Medium sei, in dem sich die Lichtwellen ausbreiten. Die Physiker hielten sich an die naheliegende Analogie der Fortpflanzung von Schallwellen in einem elastischen Medium wie der Luft und der des Lichts im Äther, dem man je nach dem Stande des physikalischen Wissens die entsprechenden Eigenschaften zuschrieb. Annahmen dieser Art führten jedoch nicht zu dem eindeutigen Bild, das man sich von diesem hypothetischen Medium zu machen hoffte. Sogar die einfachste Eigenschaft des Äthers, nämlich sein Bewegungszustand, ließ mehrere einander widersprechende Erklärungen zu: Ruht der Äther relativ zu einem bewegten Körper, wird er teilweise von ihm mitgeführt, oder aber wird er völlig von ihm mitgerissen, so daß seine Geschwindigkeit der des Körpers gleich wird? Die erste Möglichkeit schien durch Bradleys Entdeckung der Aberration des Lichts (1727) bestätigt zu sein; die zweite stimmt mit Fizeaus Experimenten über die Lichtfortpflanzung in strömendem Wasser überein; die dritte schließlich konnte der überraschende Nulleffekt in Michelsons berühmten Experimenten mit seinem Interferometer erklären, der sich statt des erwarteten «Gegenwindes» der sich im ruhenden Äther um die Sonne bewegenden Erde ergab. All diese widerspruchsvollen Resultate konnten ihre befriedigende Erklärung erst in Einsteins Relativitätstheorie finden, deren Ergebnisse der Existenz des Äthers als eines physikalischen Substrats ein Ende bereiteten.

Synthesen von noch universellerer Natur als die von Maxwells Theorie wurden im 19. Jahrhundert durch den ersten und zweiten Hauptsatz der Thermodynamik erreicht. Der erste Hauptsatz ist identisch mit dem Satz von der Erhaltung der Energie, der 1847 von Helmholtz seine präzise Formulierung erhielt und von ihm und anderen Forschern ausführlich geklärt wurde. Die Geschichte dieses Satzes läßt sich auf zwei Wurzeln zurückführen. Die eine war die Erkenntnis, die in den Physikern zu Beginn des 19. Jahrhunderts herangereift war, daß die Auffassung der Wärme als einer Substanz (mit anderen Worten die Hypothese des Wärmestoffs) unhaltbar ist, und die Experimente Rumfords und anderer lieferten bündige Beweise für diese Schlußfolgerung. Die Wissenschaft griff von neuem die Konzeption auf, auf der auch schon Theorien älteren Datums basiert waren, daß Wärme durch die Bewegung der elementaren Teilchen der Materie zu erklären sei. Wenn demnach Wärme durch die mechanischen Termini der *vis viva* oder kinetischen Energie ausgedrückt werden kann, so sollte es möglich sein, die numerische Äquivalenz einer bestimmten Quantität von Wärme und von mechanischer Arbeit zu finden. Dieser Gedankengang führte zu den glänzenden Experimenten von Joule, durch die das «mechanische Wärmeäquivalent» etabliert wurde. Die zweite Wurzel des ersten Hauptsatzes war die jahrhundertelange Suche nach einer Gegebenheit, die innerhalb der Fülle von veränderlichen Größen und Transformationen verschiedener Naturprozesse die wichtige Eigenschaft der Permanenz oder Konstanz besitzt. Diese Gegebenheit wurde schließlich in Form der Energie eines physikalischen Systems gefunden (Helmholtz benutzte zuerst den ambivalenten Terminus «Kraft»). Die universelle Bedeutung der Energie kam zu voller Geltung sowohl in der mechanischen Wärmetheorie als auch durch die Tatsache, daß alle Energieformen, wie elektrische oder magnetische Energie oder auch die Energie lebender Organismen, sich in Einheiten von Wärme oder mechanischer Energie ausdrücken lassen. Helmholtz' Behauptung von der Erhaltung der Energie in geschlossenen Systemen konnte experimentell in späteren Untersuchungen, die Atomphysik miteingeschlossen, bestätigt werden. Der Satz ist im Grunde genommen die positiv gewendete Formulierung der jahrhundertelangen erfolglosen Versuche, ein perpetuum mobile zu konstruieren. Die überragende Bedeutung des Energiesatzes für die Vereinheitlichung unseres Weltbildes liegt auf der Hand. In dieser Anthologie sind auch Auszüge einer Arbeit von Helmholtz gebracht, in der er im Zusammenhang mit seiner Darlegung des Gesetzes die Erklärung organischer Prozesse mittels des Begriffs der «vitalen» Energie ablehnt. In der Tat hat die moderne Biologie bis heute nicht auf die Hypothesen des Vitalismus zurückzugreifen brauchen und kann sich in ihren Theorien auf rein physikalisch-chemische Konzepte stützen.

Von noch größerer Bedeutung als der Energiesatz für das physikalische Weltbild und seine philosophischen Implikationen ist der zweite Hauptsatz der Thermodynamik, der 1824 von Carnot aufgestellt wurde. Er besagt, daß wenn auch die Energie eines Systems während aller möglichen Transformationen erhalten bleibt, diese Umwandlungen stets in einer bestimmten Richtung vor sich gehen, wobei Energie höherer Ordnung oder Konzentration (z.B. mechanische Energie oder Wärme höherer Temperatur) zu einer Energie niederer Ordnung oder Konzentration (z.B. Wärme niederer Temperatur) degradiert wird. Carnots geniales Gedankenexperiment, in dem seine ideale Wärmemaschine Wärme in mechanische Energie umwandelt (wobei er übrigens noch den Begriff des «Wärmestoffs» benutzt), war der erste Schritt in dieser konzeptuellen Entwicklung, die zur endgültigen Klärung und Formulierung des Gesetzes führte. Carnots Überlegungen ergaben, daß nur ein Bruchteil der der Maschine zugeführten Wärmemenge in mechanische Arbeit umgewandelt wird, wobei die Größe dieser nutzbar gemachten Arbeitsmenge lediglich von der Temperaturdifferenz der beiden für die Funktion der Maschine unerläßlichen Wärmereservoire abhängt; die restliche Wärmemenge geht ungenutzt auf das niedere Niveau einer tieferen Temperatur über.

Der zweite Schritt bestand in der Einführung des Begriffs der Entropie eines Systems durch Clausius (1865), einer Größe, die mathematisch definiert werden kann und so das Problem einer theoretischen Behandlung zugänglich macht. Die Tatsache, daß im allgemeinen die Entropie eines Systems wächst, deutet auf die einseitige Tendenz des Ablaufs physikalischer Vorgänge hin, die ja alle praktisch mit thermischen Veränderungen verknüpft sind und die im Gegensatz zu rein mechanischen Prozessen nicht umkehrbar sind, ohne andere Veränderungen in der Natur zu bewirken; diese Irreversibilität macht demnach eine physikalische Unterscheidung zwischen Vergangenheit und Zukunft möglich. Clausius' berühmte Formulierung des zweiten Hauptsatzes, daß Wärme von selbst nur von höheren zu niedereren Temperaturen übergeht, ist gleichbedeutend mit der Feststellung, daß jede Erzeugung einer Energiequelle hoher Temperatur, d.h. jede Verringerung der Entropie, nur durch einen Arbeitsaufwand möglich ist, der in der Gesamtbilanz eine Entropiezunahme bewirkt.

Die kinetische Wärmetheorie und die statistische Mechanik, die das Werk von Maxwell, Gibbs und Boltzmann waren, bedeuteten den dritten Schritt im Kristallisationsprozeß des Entropiegesetzes. In diesem Stadium stellte es sich heraus, daß der zweite Hauptsatz einen Wahrscheinlichkeitscharakter hat, im Gegensatz zu der strikt kausalen Natur des Energiesatzes. Diese Unterscheidung hat jedoch in der heutigen Physik, nach der alle Naturprozesse auf primären Wahrscheinlichkeitsgesetzen basiert sind, ihre Gültigkeit verloren. In diesem Zusammenhang ist eine Passage aus Maxwells *Theorie der Wärme* von Interesse, wo er seinen berühmten «Dämon» einführt, als Symbol eines hypothetischen Mechanismus, der eine Entropieverminderung möglich macht. Maxwells Dämon wurde verschiedentlich «ausgetrieben», zuerst 1929 durch Szilard. Schon vorher aber hatte Boltzmann den Entropiebegriff dadurch verallgemeinert, daß er ihn als das Maß der Unordnung eines Systems erklärte. Es gelang ihm ferner, Entropie und Wahrscheinlichkeit quantitativ miteinander zu verbinden und nachzuweisen, daß die größere Entropie eines Systems, d.h. seine größere Unordnung, eine höhere Wahrscheinlichkeit seines Zustands bedeutet. Man kann demnach den Unterschied zwischen dem früheren und dem späteren Zustand eines Systems auf die Unterschiede des Maßes seiner Ordnung zurückführen, wobei der Zustand höherer Unordnung (d.h. höherer Wahrscheinlichkeit) einem späteren Zeitpunkt zuzuordnen ist.

Im Lichte von Boltzmanns probabilistischer Auffassung des Problems sind seine Spekulationen über die Entropie der Welt als eines geschlossenen Systems höchst lehrreich. Man kann den «Wärmetod» des Universums dadurch vermeiden, daß man statistische Fluktuationen kosmischer Größenordnung annimmt, die eine Entropieverminderung riesiger Regionen, z. B. ferner Galaxien, herbeiführen. Boltzmann betont aber, daß mit Bewußtsein begabte Lebewesen, soweit sie in solchen Regionen existieren könnten, nicht imstande sein würden, diese Entropieverminderung wahrzunehmen, denn sie würden stets einen Zustand höherer Entropie einem späteren Zeitpunkt zuordnen, d. h. ihr Zeitsinn würde, verglichen mit unserem, auf die umgekehrte Richtung weisen.

Zwei Passagen aus Machs sehr lehrreichem Buch über *Die Mechanik in ihrer Entwicklung* (1883) sind in diesem Kapitel wiedergegeben. Eine über die «Ökonomie der Wissenschaft» ist ein charakteristisches Beispiel für den Positivismus, der im 19. Jahrhundert seinen Höhepunkt erreichte und im Gebiet der Naturwissenschaften vor allem durch Mach mit großem Nachdruck vertreten wurde. Die andere Passage kritisiert Newtons Begriff von Trägheit und absolutem Raum und weist darauf hin, daß die Idee der Trägheitsbewegung notwendigerweise die Annahme der Existenz anderer Massen im Raume voraussetzt. Diese Kritik Machs hatte großen Einfluß auf Einsteins Ideen, die dann zu seiner allgemeinen Relativitätstheorie führten.

Ein anderer interessanter, wenn auch nicht von Erfolg gekrönter Auftakt zur allgemeinen Relativitätstheorie, die den Begriff der Gravitationskraft eliminierte, waren die Bemühungen von Heinrich Hertz, den Kraftbegriff aus der Mechanik auszuschalten und lediglich mit den Konzepten von Raum, Zeit und Masse zu operieren. Ein Auszug aus seinen *Prinzipien der Mechanik* (1894, nach seinem frühen Tode erschienen) vermittelt einen Begriff von Hertz' Gedankengang. Bewegungen, die vom Trägheitsgesetz abweichen, sollen als Folge des Vorhandenseins «verborgener» Massen und ihrer festen Verbindungen mit den sichtbaren Körpern erklärt werden. Diese Erklärung soll an die Stelle der Annahme von Kräften treten, die zwischen Körpern wirken, welche nicht unmittelbar miteinander in Berührung sind. In der Periode der Quantenmechanik gibt es einen Parallelfall zu diesen problematischen Ideen von Hertz, wo der Versuch gemacht wurde, durch Einführung sogenannter «verborgener Parameter» die primären Wahrscheinlichkeiten abzuschaffen und die deterministische Physik wieder in ihr Recht einzusetzen.

JOHN DALTON

Die letzten Teilchen und ihre relativen Gewichte

265
Man unterscheidet drei verschiedene Arten des Seins bei den Körpern oder drei Zustände derselben, welche besonders die Aufmerksamkeit der Naturforscher auf sich gezogen haben; es sind diejenigen, welche man mit den Ausdrücken: *elastischflüssige, tropfbarflüssige und feste Körper* unterscheidet. Das Wasser bietet uns ein sehr bekanntes Beispiel eines Körpers dar, welcher unter gewissen Umständen vermögend ist, alle diese drei Zustände anzunehmen. Im Wasserdampf erkennen wir eine vollkommen elastische Flüssigkeit; im Wasser einen vollkommen tropfbar flüssigen und im Eis einen vollkommen festen Körper.

Diese Beobachtungen haben stillschweigend zu dem Schlusse geführt, welcher allgemein angenommen zu sein scheint, daß alle Körper von merklicher Größe, sie mögen sich im Zustande tropfbar flüssiger oder fester Körper befinden, aus einer ungeheuren Anzahl ausnehmend kleiner Teilchen oder Atome bestehen, welche durch die Kraft der Anziehung zusammengehalten werden. Diese letztere ist den Umständen nach mehr oder weniger merklich, und wird, insofern sie die Trennung derselben zu verhindern bemüht ist, in dieser Hinsicht sehr schicklich *Anziehung der Kohäsion* genannt; sofern sie aber dieselben aus einem verstreuten Zustand in einen mehr verdichteten sammelt (wie z. B. die im Wasserdampf mehr auseinander gerückten Teilchen zu Wasser), so nennt man sie *Anziehung der Aggregation* oder des Zusammenhanges, oder einfache *Verwandtschaft*. Welchen Namen man ihr aber auch geben mag, so bezeichnet man damit doch stets ein und dieselbe Kraft.

Meine Absicht ist es keineswegs, diesen Schluß, welcher mir vollkommen genügend zu sein scheint, in Anspruch zu nehmen; ich will vielmehr zeigen, daß wir bis jetzt keinen Gebrauch davon gemacht haben und daß die Folge dieser Vernachlässigung eine sehr trübe Ansicht der chemischen Wirksamkeit war, welche sich täglich noch mehr verdunkelt, in Maßgabe des neuen Lichtes, welches man über dieselbe zu verbreiten bemüht ist.

Die Meinungen, auf welche ich hier besonders anspiele, sind die, welche

Berthollet[1] in seiner Schrift über die Gesetze der chemischen Verwandtschaft aufgestellt hat: daß die chemische Wirksamkeit mit der Masse im Verhältnisse stehe und daß bei allen chemischen Verbindungen unmerkliche Abstufungen in dem Verhältnis der Bestandteile stattfinden. Die Unverträglichkeit dieser Meinungen sowohl mit dem, was Beobachtungen als was Raisonnement zeigen, wird, wie ich glaube, keinem entgehen, welcher eine richtige Ansicht dieser Erscheinungen gefaßt hat.

Ob die letzten Teilchen der Körper, z.B. des Wassers, alle gleich sind, d.h. dieselbe Gestalt, dasselbe Gewicht u.s.w. besitzen, ist eine Frage von einiger Wichtigkeit. Aus dem, was wir hierüber wissen, geht kein Grund hervor, in diesen Stücken eine Verschiedenheit anzunehmen. Findet dies aber im Wasser statt, so muß dies gleichfalls bei den Elementen, welche das Wasser bilden, nämlich beim Wasserstoff und Sauerstoff stattfinden. Nun ist es kaum möglich, zu begreifen, wie die Aggregate so unähnlicher Teilchen so gleichförmig dieselben sein können. Wären einige Teilchen des Wassers schwerer als die andern und bestände ein Teil dieser Flüssigkeit bei irgendeiner Veranlassung vorzüglich aus diesen schweren Teilchen, so müßte man annehmen, daß dadurch das spezifische Gewicht der Masse affiziert werde, ein Umstand, welcher keineswegs bemerkt worden ist. Ähnliche Bemerkungen lassen sich bei andern Substanzen machen. Man kann demnach schließen: *daß die letzten Teilchen aller homogenen Körper vollkommen gleich in Gewicht, Figur u.s.w.* sind. Mit andern Worten: jedes Teilchen Wasser ist gleich jedem andern Teilchen Wasser; jedes Teilchen Wasserstoff ist gleich jedem andern Teilchen Wasserstoff u.s.w. [...]

Wenn sich ein Körper in einem elastischen Zustand befindet, so sind die Teilchen desselben ungleich weiter voneinander entfernt als in irgend einem anderen Zustand. Jedes Teilchen nimmt den Mittelpunkt einer verhältnismäßig großen Sphäre ein und behauptet seine Würde dadurch, daß es alle übrigen, welche vermöge ihrer Schwere oder aus andern Gründen geneigt wären, es aus seiner Stelle zu vertreiben, in einer ehrfurchtsvollen Entfernung hält. Wollen wir versuchen, uns die *Anzahl* der in einer Atmosphäre enthaltenen Teilchen vorzustellen, so ähnelt dieses Unternehmen dem, die im Universum befindlichen Sterne zu zählen; wir erliegen unter der Größe des Gegenstandes. Beschränkt man aber den Gegenstand und nimmt man irgend ein bestimmtes Volumen von einer Gasart, so kann man überzeugt sein, daß wenn die Teilungen auch noch so weit getrieben werden, die Anzahl der Teilchen doch endlich sein müsse; so wie in einem gegebenen Rau-

[1] Claude Berthollet (1748–1822), französischer Chemiker, einer der Begründer des Begriffes der chemischen Affinität. Er erkannte die Bedeutung der Massenverhältnisse bei den chemischen Reaktionen. (Hg.)

me des Universums die Anzahl der Sterne und Planeten nicht unendlich sein kann.

Die chemische Analysis und Synthesis gehen nicht weiter als auf die Trennung eines Teilchens von dem andern und auf ihre Wiedervereinigung. Nun liegt aber eine neue Schöpfung oder Zerstörung der Materie außerhalb der Grenze chemischer Wirksamkeit. Wir könnten eben so wohl versuchen, einen neuen Planeten in das Sonnensystem einzuführen oder einen schon vorhandenen zu vernichten, als das kleinste Teilchen Wasserstoff zu schaffen oder zu zerstören. Alle Veränderungen, welche wir hervorzubringen imstande sind, beschränken sich darauf, Teilchen, welche sich im Zustande der Kohäsion oder der chemischen Verbindung befinden, zu trennen, und solche zu verbinden, welche vorher entfernt voneinander waren.

Mit Recht hat man bei allen chemischen Untersuchungen es als einen wichtigen Gegenstand angesehen, das relative *Gewicht* der einfachen Körper, welche einen zusammengesetzten bilden, auszumitteln. Allein unglücklicherweise endigte die Untersuchung hier; obgleich man aus den relativen Gewichten in der Masse auf die relativen Gewichte der letzten Teilchen oder Atome der Körper hätte schließen können, woraus sich ihre Anzahl und Gewicht in verschiedenen andern Zusammensetzungen würde ergeben haben, um künftige Untersuchungen zu unterstützen und zu leiten, und ihre Resultate zu berichtigen. Nun ist es der Hauptzweck dieses Werkes, zu zeigen, wie wichtig und vorteilhaft es sei, auszumitteln: *die relativen Gewichte der letzten Teilchen, sowohl der einfachen als zusammengesetzten Körper; die Anzahl der einfachen, elementarischen Teilchen, welche ein zusammengesetztes Teilchen bilden, und die Anzahl von weniger zusammengesetzten Teilchen, welche in die Bildung eines mehr zusammengesetzten Teilchens eingehen.*

WILLIAM PROUT

266

Das Verhältnis zwischen dem spezifischen Gewicht von Körpern in ihrem gasförmigen Zustand und den Gewichten ihrer Atome

Der Verfasser des folgenden Aufsatzes legt ihn der Öffentlichkeit mit der größten Zurückhaltung vor; denn obwohl er sich äußerst viel Mühe gegeben hat, um zur Wahrheit zu gelangen, vertraut er doch nicht dermaßen auf seine Fähigkeiten als Experimentator, daß er anderen irgend etwas vorschreiben würde, die ihm auf dem Gebiet der Chemie, was Fertigkeiten und Ruhm anbetrifft, weit überlegen sind. Er hofft dennoch zuversichtlich, daß die Bedeutung der vorliegenden Abhandlung erkannt wird und daß diese von jemandem geprüft wird und ihre Schlüsse somit bestätigt oder widerlegt werden. Sollten sich diese als falsch erweisen, so werden vielleicht doch infolge der Untersuchung neue Tatsachen entdeckt oder alte bekräftigt; wenn sie aber bestätigt werden sollten, so wird neues und interessantes Licht auf die ganze Wissenschaft der Chemie geworfen.

Vielleicht sollte im voraus gesagt werden, daß die nachfolgenden Beobachtungen hauptsächlich auf der Lehre der Volumina beruhen, wie sie zum ersten Mal von M. Gay-Lussac[1] verallgemeinert wurde und die jetzt, wenigstens so viel der Verfasser weiß, von Chemikern überall anerkannt wird. [...]

Die folgenden Tabellen geben einen allgemeinen Überblick über diese Resultate sowie über die Proportionen, nach Volumen und Gewicht, in denen sie sich mit Sauerstoff und Wasserstoff verbinden; auch werden hier die Gewichte anderer Substanzen, die nicht genau untersucht worden sind, durch Analogie angegeben. [...]

Aus einer allgemeinen Durchsicht der Tabellen ergibt sich

1. daß all die Elementarzahlen, angenommen der Wasserstoff sei 1, durch 4 teilbar sind. Ausgenommen davon: Kohlenstoff, Stickstoff und Barium, die durch 2 teilbar sind, woraus hervorzugehen scheint, daß sie durch eine höhere Zahl näher bestimmt werden als die der Einheit oder dem Wasserstoff. Ist die andere Zahl 16 oder Sauerstoff? Und sind alle Substanzen aus diesen zwei Elementen zusammengesetzt? [...]

Es ist insofern vorteilhaft, das Volumen des Wasserstoffs dem Atom gleichzusetzen, als die spezifischen Gewichte der meisten, oder vielleicht aller, Elementarsubstanzen (Wasserstoff gleich 1) dann entweder den Gewichten ihrer Atome genau entsprechen oder ein Vielfaches derselben sein werden; wenn wir dagegen das Volumen des Sauerstoffes als Einheit annehmen, werden die Gewichte der Atome der meisten Elementarsubstanzen, außer Sauerstoff, das Doppelte ihrer spezifischen Gewichte im Verhältnis zum Wasserstoff sein. [...]

Sind die Ansichten korrekt, die wir vorzubringen gewagt haben, so dürfen wir fast glauben, daß sich die *πρώτη ὕλη* der Alten im Wasserstoff verwirklicht; eine Meinung, die allerdings nicht ganz neu ist. Wenn wir tat-

[1] Louis Gay-Lussac (1778–1850), französischer Chemiker und Physiker, entdeckte unter anderem das Gesetz von den einfachen ganzzahligen Verhältnissen miteinander reagierender Gasvolumina. (Hg.)

Tabelle 1: Elementare Substanzen

Name	Spez. Gew., Wasserstoff gleich 1 gesetzt	Atomgew., 2 Vol. Wasserstoff gleich 1 gesetzt	Atomgew., Sauerstoff gleich 10 gesetzt	Atomgew., experimentell, Sauerstoff gleich 10 gesetzt	Spez. Gew., Luft gleich 1 gesetzt	Spez. Gew., experimentell, Luft gleich 1 gesetzt	Gew. von 100 Kubikzoll (in Gr.) Luftdruck 30 Zoll, Temperatur 60° F.	Gew. von 100 Kubikzoll (in Gr.), experimentell
Wasserstoff	1	1	1.25	1.32	.06944	.073	2.118	2.23
Kohlenstoff	6	6	7.5	7.54	.4166	—	12.708	—
Stickstoff	14	14	17.5	17.54	.9722	.969	29.652	29.56
Phosphor	14	14	17.5	17.4	.9722	—	29.652	—
Sauerstoff	16	8	10	10	1.1111	1.104	33.888	33.672
Schwefel	16	16	20	20	1.1111	—	33.888	—
Kalzium	20	20	25	25.46	1.3888	—	42.36	—
Natrium	24	24	30	29.1	1.6666	—	50.832	—
Eisen	28	28	35	34.5	1.9444	—	59.302	—
Zink	32	32	40	41	2.222	—	67.777	—
Chlor	36	36	45	44.1	2.5	2.483	76.248	—
Kalium	40	40	50	49.1	2.7777	—	84.72	—
Barium	70	70	87.5	87	4.8611	—	148.26	—
Jod	124	124	155	156.21	8.6111	—	262.632	—

Tabelle 1. Diese und die andern Tabellen sind leicht verständlich. In der ersten Spalte haben wir die spezifischen Gewichte der verschiedenen Substanzen im gasförmigen Zustand, Wasserstoff gleich 1 gesetzt; und wenn wir das Volumen als 47,21435 Kubikzoll annehmen, so geben die Zahlen zugleich die Anzahl der Grane[1] an, die diese Gasmengen wiegen. In der dritten Spalte sind die korrigierten Zahlen, wobei das Sauerstoffatom mit Dr. Thomson, Dr. Wollaston[2] und anderen gleich 10 angenommen wird; und die vierte Spalte gibt die experimentellen Werte, um zu zeigen, wie nahe sie mit jenen übereinstimmen.

[1] 1 Gran (grain) ist annähernd gleich 0,065 Gramm. (Hg.)

[2] William Wollaston (1766–1828), englischer Chemiker, Entdecker der Elemente Palladium und Rhodium. (Hg.)

sächlich annehmen, daß dies der Fall ist, und ferner, was höchst wahrscheinlich ist, daß die spezifischen Gewichte von Körpern in ihrem gasförmigen Zustand der Anzahl Volumina entsprechen, die sich in eines kondensiert haben, oder, anders gesagt, der Zahl des absoluten Gewichtes eines einzigen Volumens der ersten Substanz (πρώτη ὕλη), die sie enthalten: dann muß immer das Vielfache eines Gewichtes auf ein Vielfaches des Volumens hinweisen und umgekehrt; und die spezifischen Gewichte oder absoluten Gewichte aller Körper im gasförmigen Zustand müssen ein Vielfaches des spezifischen Gewichtes oder des absoluten Gewichtes der ersten Substanz (πρώτη ὕλη) sein, weil alle Körper im gasförmigen Zustand, die sich verbinden, dies nach ihrem Volumen tun.

AUGUSTIN FRESNEL

Die Wellentheorie des Lichts: Interferenz, Beugung, Polarisation

267

7. Es scheint mir, daß die Theorie der Schwingungen sich besser allen Phänomenen anpaßt als diejenige Newtons, und wenn man mit jener noch keine befriedigende Erklärung der Lichtbrechung gegeben hat, kommt das vielleicht daher, daß man das Licht nicht genügend unter diesem Gesichtspunkt studiert hat. Die Hypothese ist einfach, und man spürt, daß sie reich an Konsequenzen sein muß, aber es ist schwer, diese zu ziehen.

8. Der stärkste Einwand, den man gegen diese Theorie vorgebracht hat, ist jener, der auf dem Vergleich zwischen Licht und Schall beruht. Aber nichts beweist, daß man die Schwingungen der Luft, eines schweren Fluidums, mit den Schwingungen des Wärmestoffs, des feinen Fluidums, von welchem sie ihre Elastizität her hat, genau vergleichen kann. Die Fortpflanzung des Lichts ist unendlich viel schneller als die der Luft; ihre Bewegung muß also viel weniger von ihrer ursprünglichen Richtung abweichen[1], solange sie kein Hindernis stört, denn das Licht kann wie der Schall durch das Auftreffen auf einen Körper reflektiert, gebrochen oder gebeugt werden.

[1] Es ist möglich, daß sogar im leeren Raum die Bewegung eines Lichtstrahls andere, schief in bezug auf seine Richtung gelegene, erzeugt, und daß diese Bewegungen, da sie schwächer und anders beschaffen sind, unsichtbar bleiben für das Auge, dessen Wahrnehmungsbereich viel enger ist als derjenige des Gehörs.

9. Dieser Einwand, der einzige, auf den es mir schwierig schien, vollständig zu entgegnen, hat mich dazu bewogen, mich mit den geworfenen Schatten zu beschäftigen. Um das Phänomen auf seinen höchsten Einfachheitsgrad zurückzuführen, habe ich die Dimensionen der Lichtquelle soweit wie möglich reduziert, und dennoch habe ich beobachtet, daß die Schatten nie scharf abgegrenzt waren, wie sie es sein müßten, wenn sich das Licht ausschließlich in seiner ursprünglichen Richtung fortpflanzen würde. Man sieht, daß es sich in den Schatten hinein ausbreitet, und es ist schwer, den Punkt, wo es haltmacht, die Grenzen des Beugungswinkels, festzulegen. Ich habe Licht bis mitten im Schatten eines zwei Zentimeter breiten Maßstabes gesehen, als ich diesen direkt mit einer starken Lupe betrachtete. [...]

268
Ehe ich mich mit den zahlreichen und mannigfaltigen Erscheinungen, die man unter dem gemeinschaftlichen Namen *Diffraktion* zusammenfaßt, im Speziellen beschäftige, glaube ich einige allgemeine Betrachtungen über die beiden die Physiker bisher entzweienden Ansichten von der Natur des Lichts vorausschicken zu müssen. Newton hat angenommen, daß die von den leuchtenden Körpern ausgesandten Lichtteilchen direkt in unsere Augen gelangen und daselbst durch ihren Stoß die Empfindung des Sehens erzeugen. Descartes, Hooke, Huygens und Euler dagegen haben geglaubt, das Licht erfolge aus den Vibrationen eines überall verbreiteten äußerst feinen Fluidums, welches durch die raschen Bewegungen der Teilchen leuchtender Körper auf eben die Art wie die Luft durch die Schwingungen tönender Körper erschüttert werde. Nach dieser Lehre sind es also nicht mehr die den leuchtenden Körper berührenden Teilchen des Fluidums, welche in das Gesichtsorgan gelangen, sondern bloß die jenen Teilchen eingeprägte Bewegung.

1. Die erstere Hypothese hat den Vorzug, daß sie zu einleuchtenderen Folgerungen führt, weil sich auf sie die Sätze der Mechanik leichter anwenden lassen; die andere bietet dagegen unter diesem Gesichtspunkt große Schwierigkeiten dar. Allein bei der Wahl eines Systems muß man nur auf die Einfachheit der Hypothesen Rücksicht nehmen; die Einfachheit der Rechnungen kann beim Abwägen der Wahrscheinlichkeiten von keinem Gewichte sein. Die Natur wird nicht durch die Schwierigkeiten der Analyse beunruhigt; sie hat nur die Komplikation der Mittel vermieden. Sie scheint sich vorgenommen zu haben, viel mit wenigem auszurichten: dafür bringt die Vervollkommnung der physikalischen Wissenschaften unaufhörlich neue Beweise bei. Die Astronomie, dies Ehrenzeichen des menschlichen Geistes, gibt vor allem eine auffallende Bestätigung hievon. Alle

Gesetze Keplers sind durch das Genie von Newton auf das einzige Gravitationsgesetz zurückgeführt, und dies hat späterhin dazu gedient, die verwickeltsten und unscheinbarsten Störungen in der Bewegung der Planeten nicht bloß zu erklären, sondern gar zu entdecken.

2. Hat man sich bei dem Bestreben, die Elemente einer Wissenschaft zu vereinfachen, bisweilen geirrt, so geschah es, weil man Systeme aufstellte, bevor man eine hinlängliche Zahl von Tatsachen gesammelt hatte. Betrachtet man nur eine Klasse von Phänomenen, so braucht man vielleicht nur eine sehr einfache Hypothese; schreitet man aber aus dem engen Kreis, auf welchen man sich anfangs beschränkt hatte, so werden gleich viele andere Hypothesen erfordert. Hat die Natur sich vorgesetzt, das Maximum der Wirkungen mit dem Minimum der Ursachen zu erreichen, so wird sie dies große Problem in der Gesamtheit ihrer Gesetze gelöst haben müssen.

Es ist ohne Zweifel sehr schwierig, die Grundlagen dieser bewundernswürdigen Ökonomie, d.h. die Ursachen der einfachsten Erscheinungen, unter einem so ausgedehnten Gesichtspunkt zu entdecken. Allein, wenn auch dies allgemeine Prinzip der Philosophie der physikalischen Wissenschaften nicht unmittelbar zur Kenntnis der Wahrheit führt, so kann es doch den menschlichen Geist auf die richtige Bahn führen, ihn ablenken von den Systemen, welche die Erscheinungen von einer zu großen Zahl verschiedenartiger Ursachen herleiten, und ihn veranlassen, den Lehren, welche auf die kleinste Zahl von Hypothesen gestützt und in ihren Folgerungen am reichsten sind, den Vorzug zu geben.

3. Unter diesem Gesichtspunkt hat das System, welches das Licht aus den Vibrationen eines universellen Fluidums bestehen läßt, große Vorzüge vor der Emissionslehre. Es gestattet einzusehen, wie das Licht imstande ist, so verschiedenartige Modifikationen anzunehmen. Ich meine hiemit nicht diejenigen, welche es momentan beim Durchgang durch Körper annimmt, weil man dieselben immer von der Natur dieser Körper herleiten kann; sondern ich spreche von den bleibenden, ihm mitfolgenden Modifikationen, durch welche es neue Kennzeichen erlangt. Man begreift, daß ein Fluidum, als Vereinigung einer Unzahl beweglicher und in gegenseitiger Abhängigkeit stehender Moleküle, vermöge der diesen Molekülen eingeprägten relativen Bewegungen, einer großen Anzahl verschiedenartiger Modifikationen fähig ist. Die Vibrationen der Luft und die Mannigfaltigkeit der durch sie im Gehörorgan hervorgebrachten Empfindungen bieten ein bemerkenswertes Beispiel hievon dar.

In dem Emissionssystem dagegen, wo der Gang eines jeden Lichtmoleküls unabhängig von dem der übrigen ist, scheint die Anzahl der verschiedenen Modifikationen dieser Moleküle ungemein beschränkt zu sein. Man kann zu ihrer Translationsbewegung noch eine Rotation zu Hilfe nehmen; aber das ist auch alles. Oszillationsbewegungen sind nur denkbar in Medien, welche durch die ungleiche Wirkung ihrer Teilchen auf die einzelnen, mit verschiedenen Eigenschaften begabten Seiten der Lichtmoleküle diese Bewegungen unterhalten würden. Sobald diese Wirkung aufhört, müssen diese Oszillationen ebenfalls aufhören oder in eine Rotationsbewegung übergehen. Demnach sind die Rotationsbewegungen und die Verschiedenartigkeit der Seiten der Lichtmoleküle die einzigen mechanischen Hilfsquellen für die Emissionstheorie, wenn sie die permanenten Modifikationen des Lichtes vorstellen will. Wohl müssen diese aber unzulänglich scheinen, wenn man bedenkt, wie viele Phänomene die Optik darbietet. Noch mehr überzeugt man sich davon, wenn man den *Traité de physique experimentale et mathématique* des Herrn Biot[1] liest, wo die Hauptfolgerungen aus dem System von Newton sehr detailliert und mit vieler Klarheit entwickelt sind. Man wird dort sehen, daß man, um die Erscheinungen zu erklären, jedem Lichtmolekül viele verschiedenartige Modifikationen beilegen muß, die oft schwer miteinander zu vereinbaren sind.

4. Nach dem Undulationssystem entspringt die unendliche Mannigfaltigkeit der verschiedenfarbigen Strahlen, welche das weiße Licht zusammensetzen, ganz einfach aus dem Unterschied in der Länge der Lichtwellen, wie die verschiedenen musikalischen Töne aus dem Längenunterschied der Schallwellen hervorgehen. Nach der Newtonschen Theorie kann man diese Mannigfaltigkeit von Farben oder Eindrücken auf das Gesichtsorgan nicht durch Verschiedenheiten der Masse oder der Anfangsgeschwindigkeit der Lichtmoleküle erklären; denn es würde daraus folgen, daß die Dispersion immer der Refraktion proportional sein müßte, wovon die Erfahrung das Gegenteil dartut. Man muß also *notwendig* die Annahme machen, daß die Moleküle der verschiedenfarbigen Strahlen nicht gleicher Natur seien. Dadurch hat man denn so viele verschiedenartige Lichtmoleküle, als es Farben verschiedener Nuancen im Sonnenspektrum gibt.

5. Nachdem Newton die Reflexion und Refraktion durch die Wirkung abstoßender und anziehender, von der Oberfläche der Körper ausgehender Kräfte erklärt hatte, ersann er, um die Erscheinungen der Farbenringe begreiflich zu machen, für die Lichtmoleküle die in gleichen Zeiträumen periodisch wiederkehrenden Anwandlungen der leichten Reflexion und der leichten Transmission. Es war natürlich vorauszusehen, daß diese Zeiträume, wie die Geschwindigkeit des Lichts, in gleichen Medien immer

[1] Jean-Baptiste Biot (1774–1862), französischer Physiker, bekannt u. a. durch seine Arbeiten über die Polarisation des Lichts und seine mathematische Formulierung der Wirkung eines elektrischen Stromes auf einen Magnetpol (Hg.)

gleich seien und daß folglich der Durchmesser der Ringe bei schiefen Inzidenzen abnehmen müsse, weil dabei der durchlaufene Weg verlängert wird. Dagegen lehrt die Erfahrung, daß der Durchmesser der Ringe mit der vermehrten Schiefe der Inzidenz zunimmt, und dadurch wurde Newton zu dem Schluß genötigt, daß die Anwandlungen an Länge zunehmen, und zwar in einem viel größeren Verhältnis als die vom Licht durchlaufenen Wege. Er mußte auch erwarten, die längsten Anwandlungen in den Medien zu finden, welche das Licht mit größter Schnelligkeit durchläuft, und welche, nach ihm, die dichtesten Körper sind; denn es war natürlich anzunehmen, daß die Dauer der Anwandlungen isochron sei in verschiedenen Mitteln. Die Erfahrung belehrte ihn vom Gegenteil: er fand z. B., daß die Dicke der Luft- und Wasserschichten, welche bei senkrechter Inzidenz die nämliche Farbe reflektieren, genau in dem beim Übergang des Lichts aus Luft in Wasser stattfindenden Verhältnis des Sinus der Inzidenz zum Sinus der Refraktion stehen. Dies ist aber gerade eine der auffallendsten Bestätigungen der Undulationstheorie. Er mußte demnach annehmen, daß die Länge der Anwandlungen im umgekehrten Verhältnis der Geschwindigkeit des Lichtes stehe, oder, was auf dasselbe hinausläuft, daß ihre Dauer sich in demselben Verhältnisse verkürze als das Quadrat ihrer Geschwindigkeit zunehme.

Das Emissionssystem reicht hier demnach so wenig zur Erklärung hin, daß jede neue Erscheinung eine neue Hypothese erfordert. [...]

7. Die Hypothese von den Anwandlungen ist durch ihre Komplikation nicht bloß unwahrscheinlich, sondern auch in ihren Folgerungen schwierig mit den Tatsachen zu vereinbaren, denn sie reicht nicht einmal aus zur Erklärung der Phänomene der Farbenringe, für welche sie ersonnen wurde. [...] Weit natürlicher ist dagegen die Annahme, daß diese Erscheinung hervorgehe aus der Einwirkung des an der zweiten Oberfläche der Luftschicht reflektierten Lichts auf das an der ersten Oberfläche zurückgeworfene und daß diese Einwirkung variiert mit dem Unterschied der durchlaufenen Wege. Die Farbenringe führen demnach, wie die Erscheinungen der Diffraktion, zu dem Satz von der gegenseitigen Einwirkung der Lichtstrahlen, wiewohl sie ihn nicht mit derselben Evidenz wie die letzteren beweisen.

8. In der Undulationstheorie ist dieser Satz eine notwendige Folge aus der Fundamentalhypothese. Man begreift nämlich, daß wenn zwei Systeme von Lichtwellen einem und demselben Punkt im Raum ganz entgegengesetzte Bewegungen einzuprägen trachten, sie einander schwächen und, wenn die beiden Impulse gleich stark sind, sogar vollständig zerstören müssen, daß sie dagegen einander notwendig verstärken, sobald die Oszilla-

tionen in gleicher Richtung vollzogen werden. Die Intensität des Lichts wird demnach abhängen von den respektiven Lagen der beiden Wellensysteme, oder, was dasselbe ist, von dem Unterschied der durchlaufenen Wege, sobald sie aus gemeinschaftlicher Quelle herstammen. Im entgegengesetzten Fall, wo die Lichtwellen von zwei leuchtenden Punkten herstammen, erleiden die Vibrationen zwar notwendig dieselben Störungen und mit großer Schnelligkeit hintereinander, allein diese treten nicht mehr gleichzeitig und auf gleiche Weise ein, weil eben die Vibrationen unabhängig voneinander sind. Dadurch verändern sich dann die Wirkungen des gegenseitigen Einflusses der beiden aus diesen Punkten entspringenden Wellensysteme mit jedem Augenblick, und das Auge nimmt sie folglich nicht mehr wahr. [...]

10. Daß das Emissionssystem so viele und verwickelte Hypothesen benötigt, ist nicht sein einziger Mangel. Ich werde weiterhin in dieser Abhandlung zeigen, daß, selbst wenn man alle eben genannten Hypothesen annimmt, die Emissionstheorie dennoch nicht zu einer vollständigen Erklärung der Erscheinungen führt, daß vielmehr die Undulationstheorie die einzige ist, welche von allen bei der Diffraktion des Lichtes vorkommenden Phänomenen Rechenschaft gibt.

269

Wenn die Polarisation eines Lichtstrahls darin besteht, daß alle seine Schwingungen sich in derselben Richtung vollziehen, so folgt aus meiner Hypothese über die Erzeugung von Lichtwellen, daß ein Strahl, der einem einzelnen Erschütterungszentrum entspringt, immer zu jedem gegebenen Zeitpunkt in einer bestimmten Ebene polarisiert wird. Aber einen Augenblick später ändert sich die Richtung der Bewegung und mit ihr auch die Polarisationsebene; und diese Veränderungen folgen so schnell aufeinander wie die Schwingungsstörungen der leuchtenden Partikel; so daß, auch wenn man das Licht, das sie ausstrahlt, von dem der andern leuchtenden Punkte trennen könnte, man darin wahrscheinlich nicht den geringsten Anschein von Polarisation erkennen würde. Wenn man nun die von der Vereinigung aller Wellen, die aus den verschiedenen Punkten eines leuchtenden Körpers ausstrahlen, erzeugte Wirkung betrachtet, wird man erkennen, daß in jedem Augenblick, und für einen gegebenen Punkt im Äther, die allgemeine Resultante aller Bewegungen, die sich da kreuzen, eine bestimmte Richtung haben wird, daß aber diese Richtung sich von einem Augenblick zum andern ändern wird. So kann das gewöhnliche Licht als Vereinigung, oder genauer, als schnelle Folge von Wellensystemen, die nach allen Richtungen polarisiert sind, betrachtet werden. Nach dieser Art, die Dinge ins Auge zu fassen, besteht der Akt der Polarisation nicht mehr in der Schaffung dieser

Transversalbewegungen, sondern in ihrer Zerlegung in zwei unveränderliche rechtwinklige Richtungen und in der Trennung der beiden Komponenten voneinander; denn so werden die Schwingungsbewegungen jeder der beiden immer in der gleichen Ebene vor sich gehen.

HANS CHRISTIAN ØRSTED

270
Versuche über die Wirkung des elektrischen Konflikts auf die Magnetnadel

Die ersten Versuche über den Gegenstand, den ich aufzuklären unternehme, sind in den Vorlesungen angestellt worden, welche ich in dem verflossenen Winter über Elektrizität, Galvanismus und Magnetismus gehalten habe. Aus diesen Versuchen schien zu erhellen, daß die Magnetnadel sich mittels des galvanischen Apparats aus ihrer Lage bringen lasse, und zwar bei geschlossenem galvanischem Kreise, und nicht bei offenem, wie vor mehreren Jahren einige berühmte Physiker umsonst es versucht haben. Da aber diese Versuche mit einem wenig kräftigen Apparat angestellt waren und daher die erhaltenen Erscheinungen nicht auszureichen schienen für die Wichtigkeit der Sache, so nahm ich meinen Freund, den Justizrat Esmarch, zu Hilfe, um mit ihm die Versuche mittels eines großen, von uns gemeinschaftlich eingerichteten galvanischen Apparates zu wiederholen und zu erweitern. [...]

Der galvanische Apparat, dessen wir uns bedient haben, besteht aus 20 rechteckigen kupfernen Zellen, die jede 12 Zoll lang, 12 Zoll hoch und $2^1/_2$ Zoll breit, und jede mit zwei Kupferstreifen versehen ist, welche so geneigt sind, daß sie den Kupferstab tragen können, der die in der Flüssigkeit der benachbarten Zelle schwebende Zinkplatte hält. Das Wasser, womit die Zellen angefüllt wurden, war mit $^1/_{60}$ seines Gewichts Schwefelsäure und mit ebensoviel Salpetersäure versetzt, und der in jeder Zelle eingetauchte Teil der Zinkplatte war ein Quadrat von 10 Zoll Seite. Doch können auch kleinere Apparate gebraucht werden, wenn sie nur einen Draht zum Glühen zu bringen vermögen.

Man denke sich die beiden entgegengesetzten Enden des galvanischen Apparates durch einen Metalldraht verbunden. Diesen werde ich der Kürze halber stets den *verbindenden Leiter* oder den *verbindenden Draht* nennen; die Wirkung aber, welche in diesem verbindenden Leiter und um denselben her vor sich geht, mit dem Namen *elektrischer Konflikt* bezeichnen.

Man bringe ein geradliniges Stück dieses verbindenden Drahtes in horizontaler Lage über eine gewöhnliche, frei sich bewegende Magnetnadel so, daß er ihr parallel sei; und zu dem Ende kann man den Draht ohne Schaden nach Belieben biegen. Ist alles so eingerichtet, so wird die Magnetnadel in Bewegung kommen, und zwar so, daß sie unter dem vom negativen Ende des galvanischen Apparates herkommenden Teile des verbindenden Drahtes nach Westen zu weicht. Ist die Entfernung des Drahtes von der Magnetnadel nicht mehr als $^5/_4$ Zoll, so beträgt diese Abweichung ungefähr 45°. Bei größerer Entfernung nehmen die Abweichungs-Winkel ab, wie die Entfernungen zunehmen. Übrigens ist die Abweichung verschieden, nach Verschiedenheit der Stärke des Apparates. [...]

Der verbindende Draht wirkt auf die Magnetnadel durch Glas, durch Metalle, durch Holz, durch Wasser, durch Harz, durch töpferne Gefäße und durch Steine hindurch; denn als wir zwischen beide eine Glastafel, oder eine Metallplatte, oder ein Brett gebracht hatten, blieb der Erfolg nicht aus, ja selbst alle drei vereinigt schienen die Wirkung kaum zu schwächen. Eben so wenig ein Elektrophor, eine Porphyrplatte und ein irdenes Gefäß, selbst nicht wenn es voll Wasser war. Unsere Versuche haben auch gezeigt, daß die erwähnten Wirkungen nicht verändert werden, wenn man eine Magnetnadel nimmt, die sich in einer messingenen voll Wasser gegossenen Büchse eingeschlossen befindet. Daß der Wirkungen Durchgang durch alle diese Materien bei Elektrizität und Galvanismus bisher noch nie beobachtet worden ist, brauche ich kaum zu bemerken. Die Wirkungen, welche in dem elektrischen Konflikte stattfinden, sind also von den Wirkungen der einen oder der andern elektrischen Kraft gänzlich verschieden.

Wenn sich der verbindende Draht in einer horizontalen Ebene unter der Magnetnadel befindet, so gehen alle angegebenen Wirkungen nach entgegengesetzter Richtung vor, als wenn er in einer über derselben befindlichen horizontalen Ebene ist, sonst aber auf ganz gleiche Weise. Der Pol der Magnetnadel, unter welchem sich derjenige Teil des verbindenden Drahtes befindet, in welchen die Elektrizität des negativen Endes des galvanischen Apparates zunächst hinein tritt, weicht jetzt nach Osten ab.

Damit man dies leichter im Gedächtnis behalte, bediene man sich folgender Formel: Der Pol, *über* welchem die negative Elektrizität eintritt, wird nach *Westen,* der Pol, *unter* welchem sie eintritt, nach *Osten* zu gedreht. [...]

Eine Nadel aus Messing, welche nach Art der Magnetnadeln aufgehängt ist, kommt nicht in Bewegung durch die Wirkung des verbindenden Drahtes. Auch eine Nadel aus Glas oder aus Gummi-Lack bleibt bei ähnlichen Versuchen mit ihr in Ruhe.

Aus allem diesem lassen sich einige Momente zur Erklärung dieser Erscheinungen ableiten. Der elektrische Konflikt vermag nur auf die magnetischen Teile der Materie zu wirken. Alle nicht magnetischen Körper scheinen für den elektrischen Konflikt durchgängig zu sein, die magnetischen Körper dagegen, oder vielmehr ihre magnetischen Teilchen, dem Hindurchgehen dieses Konfliktes zu widerstehen, und daher kommt es, daß sie durch den Stoß der widerstreitenden Kräfte in Bewegung gesetzt werden können.

Daß der elektrische Konflikt nicht in dem leitenden Draht eingeschlossen, sondern, wie gesagt, zugleich in dem umgebenden Raum ziemlich weithin verbreitet ist, ergibt sich aus den angeführten Beobachtungen hinlänglich.

Es läßt sich auch aus dem, was beobachtet worden, schließen, daß dieser Konflikt in Kreisen fortgehe; denn es scheint ohne diese Annahme nicht zu begreifen zu sein, wie derselbe Teil des verbindenden Drahtes, der unter einen Pol der Magnetnadel gestellt, diese nach Osten treibt, sie nach Westen bewegen sollte, wenn er sich über diesem Pole befindet; eine Kreisbewegung geht aber in den beiden entgegengesetzten Enden eines Durchmessers nach entgegengesetzten Richtungen vor sich. Es scheint überdem, es müsse die Kreisbewegung, verbunden mit der fortschreitenden Bewegung nach der Länge des Leiters, eine Schneckenlinie oder Spirale beschreiben, welches jedoch, wenn ich nicht irre, zur Erklärung der bisher beobachteten Erscheinungen nichts beiträgt.

Alle hier angegebenen Wirkungen auf den Nordpol der Nadel lassen sich leicht verstehen, wenn man annimmt, daß die negativ elektrische Kraft oder Materie eine rechts gewundene Spirale durchläuft und den Nordpol fortstößt, auf den Südpol aber nicht wirkt; und ebenso alle Wirkungen auf den Südpol, wenn man der positiv elektrischen Kraft oder Materie eine Bewegung in entgegengesetzter Richtung und das Vermögen, auf den Südpol und nicht auf den Nordpol der Nadel zu wirken, zuschreibt. Von der Übereinstimmung dieses Gesetzes mit der Natur überzeugt man sich besser durch Wiederholen der Versuche als durch eine lange Erklärung. Die Beurteilung der Versuche würde aber durch Figuren sehr erleichtert werden, welche den Weg, den die elektrischen Kräfte in dem verbindenden Draht gehen, zeigen.

Ich füge dem Gesagten nur noch hinzu, daß ich in einem schon vor sieben Jahren herausgekommenen Werke bewiesen habe, daß auch die Wärme und das Licht der elektrische Konflikt sind. Aus den neuen hinzugekommenen Beobachtungen läßt sich schließen, daß die Bewegung in Kreisen auch in diesen Wirkungen vorkomme; welches zur Aufklärung derjenigen Tatsachen, die man die Polarisation des Lichts nennt, wie ich glaube, viel beitragen kann.

ANDRÉ MARIE AMPÈRE

271

Über die Wechselwirkung zweier elektrischer Ströme

Die elektromotorische Wirkung manifestiert sich durch zwei Arten, die ich zunächst mit Hilfe einer genauen Definition unterscheiden muß.

Die erste werde ich *elektrische Spannung,* die zweite *elektrischen Strom* nennen.

Die erste beobachtet man, wenn die beiden Körper, zwischen welchen die elektromotorische Wirkung stattfindet, in allen Punkten ihrer Oberfläche außer denen, wo sie besteht, durch nichtleitende Körper voneinander getrennt sind; die zweite ist die, in welcher jene im Gegensatz dazu den Teil eines Kreises leitender Körper bilden, die miteinander in Verbindung stehen an Punkten ihrer Oberfläche, die verschieden sind von jenen, wo sich die elektromotorische Wirkung vollzieht. Im ersten Fall ist die Folge dieser Wirkung, daß die Körper oder Körpersysteme, zwischen welchen sie stattfindet, in zwei Spannungszustände versetzt werden, deren Unterschied konstant ist, solange diese Wirkung konstant ist: wenn sie zum Beispiel durch den Kontakt zweier verschiedengearteter Substanzen erzeugt wird. Hingegen ändert sich dieser Unterschied mit der Ursache, die ihn erzeugt, wenn er Folge einer Reibung oder eines Drucks ist.

Der erste Fall ist der einzige, der eintreten kann, wenn die elektromotorische Wirkung zwischen den verschiedenen Teilen eines einzelnen nicht leitenden Körpers stattfindet; dazu bietet der Turmalin, wenn sich seine Temperatur verändert, ein Beispiel.

Im zweiten Fall gibt es keine elektrische Spannung mehr, die leichten Körper werden nicht mehr merklich angezogen, und das gewöhnliche Elektrometer kann nicht mehr dazu dienen, anzuzeigen, was im Körper vorgeht; aber die elektromotorische Wirkung besteht weiter, denn, wenn zum Beispiel Wasser, eine Säure, eine Lauge oder eine Salzlösung Teil des Kreises sind, werden diese Körper zersetzt, vor allem, wenn die elektromotorische Wirkung konstant ist, wie man es schon seit langem weiß. Außerdem wie es Herr Ørsted eben entdeckt hat, wird, wenn die elektromotorische Wirkung durch den Kontakt zweier Metalle erzeugt wird, die Magnetnadel von ihrer Richtung abgelenkt, wenn man sie in die Nähe irgendeines Teils des Kreises bringt; aber diese Erscheinungen enden, das Wasser zersetzt sich nicht mehr, und die Nadel geht in ihre gewöhnliche Lage zurück, sobald man den Kreis unterbricht, wenn die Spannungen sich wieder herstellen und die leichten Körper wieder angezogen werden, was wohl beweist, daß diese Spannungen nicht die Ursache der Zersetzung des Wassers noch der von Herrn Ørsted entdeckten Richtungsveränderungen der Magnetnadel sind.

Dieser zweite Fall ist offensichtlich der einzige, der stattfinden kann, wenn sich die elektromotorische Wirkung zwischen den verschiedenen Teilen eines und desselben leitenden Körpers entwickelt. Die Schlüsse, die in dieser Arbeit aus Herrn Ørsteds Experimenten gezogen werden, werden uns dahin führen, das Bestehen dieses Umstandes im einzigen Fall, in welchem man bis jetzt Grund hat ihn anzunehmen, zu erkennen.

Wir wollen nun sehen, woher der Unterschied dieser zwei Klassen von völlig verschiedenen Phänomenen kommt, deren eines in der Spannung und in den schon lange bekannten Anziehungen und Abstoßungen besteht, und das andere in der Zersetzung von Wasser und einer großen Menge anderer Substanzen, in der Richtungsveränderung der Nadel und einer, im Gegensatz zu den gewöhnlichen elektrischen Anziehungen und Abstoßungen, ganz anderen Art von Anziehungen und Abstoßungen; diese glaube ich als erster erkannt zu haben und nannte sie *Anziehungen und Abstoßungen des elektrischen Stromes,* um sie von jenen zu unterscheiden. Wenn kein leitender Zusammenhang von Körpern oder Körpersystemen besteht, zwischen welchen sich die elektromotorische Wirkung entfaltet, die selbst Leiter sind, wie in Voltas Säule, so kann man sich diese Wirkung nicht anders vorstellen denn als einen dauernden Transport positiver Elektrizität in der einen Richtung und negativer Elektrizität in der andern; im ersten Augenblick, in welchem sich nichts dem Resultat, das diese Wirkung zu erzeugen sucht, entgegensetzt, häuft sich jede der beiden Elektrizitäten in dem Teil des ganzen Systems, an den sie transportiert wurde; aber diese Erscheinung hört auf, sobald der Unterschied der elektrischen Spannungen dieser gegenseitigen, ihre Vereinigung anstrebenden Anziehung genügend Kraft verleiht, um der elektromotorischen Wirkung das Gleichgewicht zu halten. Dann bleibt alles in diesem Zustande, der Elektrizitätsverlust ausgenommen, der nach und nach durch einen nicht leitenden Körper stattfinden kann, zum Beispiel durch die Luft, die den Kreis unterbricht, denn es scheint, daß es keinen absolut isolierenden Körper gibt. In dem Maße, in welchem dieser Verlust stattfindet, verringert sich die Spannung, aber da, sobald sie abnimmt, die gegenseitige Anziehung der beiden Elektrizitäten aufhört, der elektromotorischen Wirkung das Gleichgewicht zu halten, bringt diese Kraft, falls sie konstant ist, wiederum positive Elektrizität auf eine Seite und negative Elektrizität auf die andere, und die Spannungen stellen sich wieder her. Diesen Zustand eines Systems elektromotorischer und leitender Körper nenne ich elektrische Spannung. Man weiß, daß er in beiden Hälften dieses Systems bestehen bleibt, sei es nach ihrer Trennung, oder sogar im Fall, wo sie in Verbindung bleiben, nachdem die elektromotorische Wirkung aufgehört hat, vorausgesetzt, daß sie durch Druck oder Reibung zweier Körper, die nicht beide Leiter sind, zustande gekommen war. In diesen beiden Fällen verringern sich die Spannungen allmählich wegen des Elektrizitätsverlusts, von dem wir sprachen.

Aber wenn andrerseits die beiden Körper oder die beiden Körpersysteme, zwischen welchen eine elektromotorische Wirkung besteht, in Verbindung stehen durch leitende Körper, zwischen welchen es keine andere der ersten gleiche oder entgegengesetzte elektromotorische Wirkung gibt, was einen Zustand elektrischen Gleichgewichts und folglich auch die Spannungen, die sich daraus ergeben, erhalten würde, verschwinden diese Spannungen oder werden zumindest sehr klein, und es ergeben sich die oben als Charakteristika des zweiten Falls erwähnten Phänomene. Aber da sich sonst nichts in der Anordnung der Körper ändert, zwischen welchen sich die elektromotorische Wirkung entfaltet, kann man nicht daran zweifeln, daß sie weiterwirkt und, da die gegenseitige Anziehung der beiden Elektrizitäten gemessen am Unterschied der elektrischen Spannungen, der gleich Null wird oder beträchtlich verringert ist, dieser Wirkung das Gleichgewicht nicht mehr halten kann, stimmt man allgemein überein, daß sie weiterhin die beiden Elektrizitäten in die beiden Richtungen befördert, in welche sie sie zuvor beförderte; so daß daraus ein zweifacher Strom entsteht, einer aus positiver Elektrizität, der andere aus negativer Elektrizität, die in entgegengesetzten Richtungen sich von den Punkten, in welchen die elektromotorische Wirkung stattfindet, entfernen und sich im Teil des Kreises zu vereinen streben, der diesen Punkten entgegengesetzt ist. Die Ströme, von welchen ich spreche, beschleunigen sich, bis die Trägheit der elektrischen Fluida und der Widerstand, dem sie infolge der Unvollkommenheit selbst der besten Leiter begegnen, der elektromotorischen Wirkung das Gleichgewicht halten. Danach bestehen sie unbegrenzt mit konstanter Geschwindigkeit fort, solange diese Kraft die gleiche Intensität beibehält; aber sie hören immer dann auf, wenn der Kreis unterbrochen wird. Diesen Zustand der Elektrizität in einer Reihe elektromotorischer und leitender Körper werde ich der Kürze halber *elektrischen Strom* nennen. [...]

Aber die Unterschiede, die ich soeben in Erinnerung gerufen habe, sind nicht die einzigen, die diese beiden Zustände der Elektrizität unterscheiden. Ich habe noch bemerkenswertere entdeckt, indem ich zwei gerade Teile zweier leitender Drähte, welche die Enden zweier voltaischen Säulen verbanden, in parallele Richtungen gelegt habe; der eine war fest, der andere hing an Spitzen und war durch ein Gegengewicht sehr beweglich gemacht;

er konnte sich dem ersten nähern oder sich von ihm entfernen, indem die Parallelität beibehalten wurde. Da habe ich beobachtet, daß, wenn man gleichzeitig einen elektrischen Strom durch beide fließen ließ, sie sich gegenseitig anzogen, wenn die beiden Ströme in die gleiche Richtung flossen, und daß sie sich abstießen, wenn sie in entgegengesetzte Richtungen flossen.

Diese Anziehungen und Abstoßungen der elektrischen Ströme unterscheiden sich wesentlich von denen, die die Elektrizität im Ruhestand erzeugt; erstens enden sie, wie die chemischen Zersetzungen, in dem Augenblick, in welchem man den Kreis der leitenden Körper unterbricht. Zweitens, bei den gewöhnlichen elektrischen Anziehungen und Abstoßungen, sind es die Elektrizitäten entgegengesetzter Art, die sich anziehen, während die gleicher Bezeichnung sich abstoßen; bei den Anziehungen und Abstoßungen der elektrischen Ströme ist es genau das Gegenteil: wenn zwei leitende Drähte parallel gelegt sind, so daß die Enden gleicher Bezeichnung beieinander sehr nahe auf der gleichen Seite liegen, gibt es Anziehung, und es gibt Abstoßung, wenn die Leiter immer noch parallel, die Ströme aber entgegengesetzt sind, so daß die Enden gleicher Bezeichnung sich in der größtmöglichen Entfernung voneinander befinden. Drittens bleiben sie, in dem Falle, in welchem Anziehung stattfindet und diese stark genug ist, um den beweglichen Leiter in Berührung mit dem festen zu bringen, aneinander hängen wie zwei Magnete und trennen sich nicht sogleich, wie es geschieht, wenn zwei Körper, die sich anziehen, bis sie beide, der eine positiv und der andere negativ elektrisiert, miteinander in Berührung kommen. Schließlich, und dieser Umstand scheint den gleichen Grund zu haben wie der vorige, ziehen sich zwei elektrische Ströme an oder stoßen sich ab im Vakuum wie in der Luft, was wiederum dem, was man gewöhnlich, bei der gegenseitigen Einwirkung zweier elektrisierter, leitender Körper beobachtet, entgegengesetzt ist.

272

Über die Wechselwirkung zwischen einem elektrischen Strom und einem Magnet

Die erste Überlegung, die ich anstellte, als ich nach den Gründen der durch Herrn Ørsted entdeckten neuen Phänomene suchen wollte, war, daß die Reihenfolge, in der man zwei Tatsachen entdeckt hat, nichts bedeutet in bezug auf die Konsequenzen der Analogien, die sie aufweisen. Daher konnten wir annehmen, daß, bevor die beständige Süd-Nord-Richtung der Magnetnadel bekannt war, man vorerst ihre Eigenschaft, durch einen elektrischen Strom in eine zu diesem Strom senkrechte Lage gebracht zu werden, hätte erkennen können, wobei der gleiche Pol der Nadel immer auf die linke Seite des Stromes zu liegen kommt und daß man erst nachher ihre Eigenschaft entdeckt hätte, jenen Pol immer nach Norden zu wenden, der auf die linke Seite des Stromes zu liegen kam. Wäre dann nicht der einfachste Gedanke, welcher sich sofort demjenigen, der diese konstante Richtung der Nadel zu erklären suchte, aufdrängen würde, in der Erde einen elektrischen Strom anzunehmen, der so gerichtet ist, daß der Norden links von einem Menschen wäre, der mit dem Gesicht zur Nadel gerichtet, auf der Erdoberfläche liegend, diesen Strom in der Richtung von seinen Füßen zu seinem Kopf empfangen würde, und daraus zu schließen, daß der Strom von Osten nach Westen fließt, in einer zum magnetischen Meridian senkrecht liegenden Richtung?

Diese Hypothese wird umso glaubhafter, je genauer man alle bekannten Tatsachen betrachtet; wenn es diesen Strom gibt, muß er dem ähnlich sein, dessen Wirkung auf die Magnetnadel ich in der voltaischen Säule nachwies, nämlich ein Strom, der vom Kupferende zum Zinkende geht, wenn man diese mit einem Leiter verbindet, was ebenfalls geschehen würde, wenn die Säule einen geschlossenen Bogen darstellte und die Enden durch ein dem andern ähnliches Paar miteinander verbunden wären. Denn es gibt in unserer Erdkugel wohl nichts, das einem kontinuierlichen und homogenen Leiter gleichen könnte; aber die verschiedenen Materien, aus welchen die Erde zusammengesetzt ist, sind genau wie eine voltaische Säule, die aus zufällig verteilten Elementen geformt ist und, insofern sie sich schließt, eine Art zusammenhängenden Gürtel rund um die Erde bilden würde. [...]

Wenn nun elektrische Ströme die Ursache für die richtunggebende Wirkung der Erde sind, werden auch elektrische Ströme Ursache jener Wirkung eines Magneten auf einen andern Magneten sein; daraus folgt, daß ein Magnet als eine Zusammensetzung elektrischer Ströme betrachtet werden muß, welche in zu seiner Achse senkrechten Ebenen fließen und so gerichtet sind, daß der Südpol des Magneten, der nach Norden zeigt, rechts von diesen Strömen liegt, da er immer links von einem außerhalb des Magneten befindlichen Strom ist, welcher sich in paralleler Richtung befindet. Oder, besser gesagt, es richten sich diese Ströme zuerst im Magneten nach den kürzesten, geschlossenen Kurven aus, entweder von links nach rechts oder von rechts nach links, und dann wird die Linie, welche senkrecht zu den Ebenen dieser Ströme liegt, zur Achse des Magneten, und ihre Enden werden zu den Polen. So ordnen sich in jedem der Pole eines Magneten die elektrischen Ströme, aus welchen er besteht, in konzentrischen, geschlossenen Kurven an; ich habe diese Anordnung, soweit es möglich war, mit einem elektrischen Strom nachgeahmt, indem ich den leitenden Draht zu einer Spirale bog; diese Spirale war aus einem Messingdraht geformt und endete in zwei geraden Strecken dieses gleichen Drahtes, welche in zwei Glasröhren eingeschlossen waren, damit es keine Verbindung zwischen ihnen gebe und sie an beiden Enden der Säule angeschlossen werden konnten.

Je nach der Richtung, in welcher man den Strom in einer solchen Spirale fließen läßt, wird sie tatsächlich durch den Pol eines Magneten, welchen man ihr so hinhält, daß seine Achsenrichtung senkrecht zur Ebene der Spirale steht, stark angezogen oder abgestoßen, je nachdem die elektrischen Ströme der Spirale und des Magnetpols in gleicher oder entgegengesetzter Richtung laufen. Wenn man den Magneten durch eine andere Spirale, deren Strom dem seinigen gleichgerichtet ist, ersetzt, erzielt man die gleichen Anziehungen und Abstoßungen; so habe ich entdeckt, daß zwei elektrische Ströme einander anziehen, wenn sie gleich laufen, und einander abstoßen im gegenteiligen Fall.

Wenn man im Experiment der wechselseitigen Einwirkung eines Magnetpols und eines Stromes, der durch einen spiralförmig gebogenen Metalldraht fließt, diese Spirale durch einen Magneten ersetzt, erzielt man wieder die gleichen Wirkungen, entweder Anziehung oder Abstoßung, dem Gesetz der vom Magneten her bekannten Phänomene entsprechend. Überdies ist es offensichtlich, daß alle Umstände dieser letzten Phänomene notwendige Folgen der Anordnung von elektrischen Strömen sind, die ich im Magneten annehme, gemäß der Art, in welcher sich diese Ströme anziehen und abstoßen.

Ich habe einen andern Apparat konstruiert, bei welchem der leitende Draht schraubenförmig um ein Glasrohr gewunden war; nach meiner Theorie dieser Phänomene muß dieser Leiter, wenn man in ihn einen Strom fließen läßt, eine ähnliche Wirkung ausüben wie eine Magnetnadel oder ein Magnetstab in all den Umständen, in welchen diese auf andere Körper einwirken oder durch den Erdmagnetismus bewegt werden. Ich habe schon einen Teil der Wirkungen, die ich von der Anwendung eines schraubenförmigen Leiters erwartete, beobachtet, und ich zweifle nicht daran, daß man, je mehr man die Experimente, die auf der theoretischen Analogie zwischen diesem Instrument und einem Magnetstab beruhen, variieren wird, die Beweise dafür sich mehren werden, daß das Bestehen elektrischer Ströme in den Magneten die einzige Ursache aller magnetischen Phänomene ist.

273
Über die mathematische Theorie elektrodynamischer Erscheinungen

Die durch Newtons Werke bezeichnete Epoche der Wissenschaftsgeschichte ist nicht nur die wichtigste, was die Entdeckungen betrifft, die der Mensch über die Ursachen der großen Naturphänomene gemacht hat; sie ist auch die Epoche, in welcher sich der menschliche Geist einen neuen Weg in den Wissenschaften gebahnt hat, die das Studium dieser Phänomene zur Aufgabe haben.

Bis dahin hatte man die Ursachen fast ausschließlich im Impuls eines unbekannten Fluidums gesucht, das die materiellen Partikeln in der Richtung seiner eigenen Partikeln mitriß; und überall, wo man eine Kreisbewegung sah, stellte man sich einen Wirbel im gleichen Sinn vor.

Newton hat uns gelehrt, daß diese Art Bewegung, wie alle, die uns die Natur bietet, durch Rechnung auf Kräfte zurückgeführt werden muß, welche immer zwischen zwei materiellen Partikeln auf der Geraden, die sie verbindet, derart wirken, daß die Wirkung der einen Partikel auf die andere gleich und entgegengesetzt ist derjenigen, welche diese letztere im gleichen Augenblick auf die erste ausübt, und daß folglich, wenn man annimmt, daß diese Partikeln unveränderlich miteinander verbunden sind, aus ihrer gegenseitigen Einwirkung keine Bewegung resultieren kann.

Eben dieses Gesetz, heute durch alle Beobachtungen und Berechnungen bestätigt, formulierte Newton im letzten der drei Axiome, die er an den Anfang der *Philosophiae naturalis principia mathematica* setzte. Aber mit dieser erhabenen Konzeption allein war es nicht getan; noch mußte entdeckt werden, nach welchem Gesetz diese Kräfte, je nach gegenseitiger Lage der Partikeln, zwischen welchen sie wirkten, sich veränderten, oder, was aufs Gleiche herauskommt, ihr Wert mußte durch eine Formel ausgedrückt werden.

Newton war weit davon entfernt zu glauben, daß man ein solches Gesetz finden kann, wenn man von mehr oder weniger plausibeln, abstrakten Betrachtungen ausgeht. Er setzte fest, daß es aus den beobachteten Tatsachen gefolgert werden müsse, oder besser gesagt, von den empirischen Gesetzen, die, wie jene Keplers, nur die verallgemeinerten Resultate einer großen Zahl von Tatsachen sind.

Zuerst die Tatsachen beobachten, ihre Umstände soweit als möglich variieren, diese erste Arbeit mit genauen Messungen begleiten, um daraus allgemeine Gesetze, die nur auf der Erfahrung beruhen, ableiten zu können, und aus diesen Gesetzen, unabhängig von jeder Hypothese über die Natur der Kräfte, welche die Phänomene erzeugen, den mathematischen Ausdruck dieser Kräfte, das heißt die Formel, die sie darstellt, zu deduzieren – das war der Weg, den Newton beschritt. Dies Verfahren ist im allgemeinen in Frankreich von denjenigen Gelehrten übernommen worden, welchen die Physik die erheblichen Fortschritte, die sie in letzter Zeit gemacht hat, verdankt, und mir hat es als Richtlinie gedient bei allen meinen Forschungen über die elektrodynamischen Phänomene. Ich habe nur die Erfahrung befragt, um die Gesetze dieser Phänomene aufzustellen, und daraus habe ich die Formel abgeleitet, die allein die Kräfte darstellen kann, denen sie zuzuschreiben sind; ich habe keinerlei Forschungen über die mögliche Ursache dieser Kräfte angestellt, weil ich ganz davon überzeugt war, daß jeder Forschung dieser Art eine rein experimentell erworbene Kenntnis der Gesetze sowie der allein aus diesen Gesetzen abgeleiteten Bestimmung des Wertes der elementaren Kräfte vorausgehen muß, deren Richtung notwendigerweise die Gerade ist, die durch die materiellen Punkte bestimmt ist, zwischen denen diese Kräfte wirken. [...]

Geleitet durch die Prinzipien der Newtonschen Physik, habe ich die von Herrn Ørsted beobachteten Phänomene, wie man es für alle ähnlich beschaffenen Phänomene, die uns die Natur bietet, getan hat, auf Kräfte zurückgeführt, die immer in Richtung der Geraden wirken, welche die beiden Partikeln verbindet, auf die diese Kräfte ausgeübt sind; und wenn ich festgesetzt habe, daß die gleiche Anordnung oder die gleiche Bewegung der Elektrizität, die im leitenden Draht auftritt, auch um die Partikeln der Magnete stattfindet, so geschah das keinesfalls, um sie durch Impulse ähnlich dem eines Wirbels wirken zu lassen, sondern um nach meiner Formel die Kräfte zu berechnen, die sich zwischen diesen Partikeln und jenen eines Leiters oder eines Magneten ergaben, auf den Geraden, die jeweils zwei Partikeln verbinden, deren gegenseitige Einwirkung man betrachtet, und um zu zeigen, daß die Ergebnisse der Berechnung völlig bestätigt werden: 1. durch die Experimente, die ich gemacht habe, und durch die über die genaue Bestimmung der Lage, welche wir Herrn Pouillet[1] verdanken, in welcher sich ein beweglicher Leiter befinden muß, um im Gleichgewicht zu bleiben, wenn er der Einwirkung eines andern Leiters oder eines Magneten ausgesetzt wird; 2. durch die Übereinstimmung dieser Resultate mit den Gesetzen, welche Coulomb[2] und Herr Biot[3] aus ihren Experimenten abgeleitet haben, der erstere in bezug auf die gegenseitige Einwirkung zweier

[1] Claude Pouillet (1790–1868), französischer Physiker, Erfinder mehrerer elektrischer Meßinstrumente. (Hg.)

[2] Charles Augustin de Coulomb (1736–1806), französischer Physiker, Entdecker des bekannten nach ihm benannten Gesetzes der Elektrostatik. (Hg.)

[3] s. A. 1, S. 489.

Magnete, der andere in bezug auf die eines Magneten und eines leitenden Drahtes.

Der bedeutendste Vorteil der Formeln, die unmittelbar aus einigen allgemeinen Tatsachen gefolgert werden, die sich aus einer genügenden Anzahl Beobachtungen ergeben, so daß ihre Wahrheit nicht angefochten werden kann, ist es, unabhängig zu bleiben sowohl von den Hypothesen, deren sich ihre Urheber in ihren Forschungen bedient haben, als auch von denen, die später an deren Stelle treten können. Der Ausdruck für die universelle Anziehung, aus den Gesetzen Keplers abgeleitet, ist nicht abhängig von den Hypothesen, welche einige Autoren über eine mechanische Ursache zu machen versucht haben, die sie dieser Anziehung zuschreiben wollten. Die Wärmetheorie beruht wirklich auf allgemeinen, unmittelbar aus der Beobachtung gewonnenen Tatsachen; und da die aus diesen Tatsachen gefolgerte Gleichung bestätigt wird durch die Übereinstimmung der aus ihr gewonnenen Resultate mit den experimentellen, muß sie ebenfalls als Ausdruck der wahren Gesetze der Wärmefortpflanzung angesehen werden, sowohl von denen, welche sie einer Ausstrahlung von Wärmemolekülen zuschreiben, als auch von denen, welche auf Schwingungen eines im Raum verteilten Fluidums zurückgreifen, um dasselbe Phänomen zu erklären. Nur ist es nötig, daß die ersteren zeigen, wie sich die Gleichung, um die es geht, aus ihren Vorstellungen ergibt, und daß die letzteren sie aus den allgemeinen Formeln der Schwingungsbewegungen ableiten; nicht, um die Gewißheit dieser Formel zu bestärken, sondern, damit ihre eigenen Hypothesen weiterbestehen können. Der Physiker, der in dieser Beziehung keine vorgefaßte Meinung besitzt, nimmt diese Gleichung als genaue Wiedergabe der Tatsachen, ohne sich um die Art zu bekümmern, in welcher sie sich aus der einen oder der andern besprochenen Erklärung ergibt; und wenn neue Phänomene und neue Berechnungen zu beweisen vermögen, daß die Wirkungen der Wärme wirklich nur mittels der Schwingungsmethode erklärt werden können, wird der große Physiker[1], der als erster diese Gleichung aufgestellt hat und der neue Integrierungsmethoden geschaffen hat, um sie in seinen Forschungen anzuwenden, deswegen nicht weniger als Urheber der mathematischen Wärmetheorie gelten, wie Newton der Urheber der Theorie der Planetenbewegungen bleibt, obschon diese durch seine Arbeiten nicht so vollständig bewiesen ist, wie sie es seither dank denen seiner Nachfolger geworden ist.

So steht es auch mit der Formel, durch die ich die elektrodynamische

[1] Jean Baptiste Joseph Fourier (1768–1830), französischer Physiker und Mathematiker. Neben andern berühmten Entdeckungen entwickelte er die mathematische Theorie der Wärmeleitung. (Hg.)

Wirkungsweise ausgedrückt habe. Wie auch immer die physikalische Ursache, auf welche man die durch diese Wirkung hervorgerufenen Phänomene zurückführen mag, beschaffen ist, wird die Formel, die ich erhalten habe, immer der Ausdruck der Tatsachen bleiben. Wenn man sie aus einer der Betrachtungen, die schon zur Erklärung so mancher anderer Phänomene gedient haben, abzuleiten vermag, wie etwa die Anziehungen im umgekehrten Verhältnis zum Quadrat der Distanz, oder jene, welche in jeder beträchtlichen Entfernung der Partikeln unmerklich werden, zwischen welchen sie wirken, oder die Schwingungen eines im Raum verteilten Fluidums usw., so wird man in diesem Teil der Physik einen Schritt mehr getan haben.

SADI CARNOT

274
Betrachtungen über die bewegende Kraft des Feuers

Jedermann weiß, daß die Wärme die Ursache der Bewegung sein kann, daß sie sogar eine bedeutende bewegende Kraft besitzt: die heute so verbreiteten Dampfmaschinen beweisen dies für jedermann sichtbar.

Der Wärme müssen die großen Bewegungen zugeschrieben werden, welche uns auf der Erdoberfläche ins Auge fallen; sie verursacht die Strömungen der Atmosphäre, den Aufstieg der Wolken, den Fall des Regens und der anderen Niederschläge, die Wasserströme, welche die Oberfläche des Erdballes furchen und von denen der Mensch einen kleinen Teil für seinen Gebrauch nutzbar zu machen gewußt hat; auch Erdbeben und vulkanische Ausbrüche haben gleichfalls die Wärme zur Ursache.

Aus diesem ungeheuren Reservoir können wir die für unsere Bedürfnisse erforderliche bewegende Kraft schöpfen; indem die Natur uns allerorten Brennmaterial liefert, hat sie uns die Möglichkeit gegeben, stets und überall Wärme und die aus dieser folgende bewegende Kraft zu erzeugen. Der Zweck der Wärmemaschinen ist, diese Kraft zu entwickeln und sie unserem Gebrauch anzupassen. [...]

Man hat oft die Frage erwogen, ob die bewegende Kraft der Wärme beschränkt ist oder unendlich; ob die möglichen Verbesserungen der Wärmemaschinen eine angebbare Grenze haben, welche durch irgendwelche Mittel zu überschreiten durch die Natur der Sache unmöglich gemacht ist, oder ob im Gegenteil die Verbesserungen einer unbegrenzten Ausdehnung fähig sind. Auch hat man seit langem nach Mitteln gesucht und sucht sie noch heute, welche dem Wasserdampf zum Zweck der Entwicklung der bewegenden Kraft des Feuers vorzuziehen sind, und sich beispielsweise gefragt, ob nicht die Luft in dieser Beziehung große Vorteile biete. Wir beabsichtigen, diese Fragen hier einer eingehenden Betrachtung zu unterziehen.

Das Phänomen der Erzeugung von Bewegung durch Wärme ist nicht unter einem hinlänglich allgemeinen Gesichtspunkt betrachtet worden. Man hat es nur an Maschinen untersucht, deren Wirkungsweise ihm nicht die ganze Entwicklung gestattet hat, deren es fähig ist. An derartigen Maschinen zeigt sich das Phänomen sozusagen verstümmelt und unvollständig, so daß es schwierig wird, seine Grundlagen zu erkennen und seine Gesetze zu studieren.

Um das Prinzip der Erzeugung von Bewegung durch Wärme in seiner ganzen Allgemeinheit zu betrachten, muß man es sich unabhängig von jedem Mechanismus und jedem besonderen Agens vorstellen; man muß Überlegungen durchführen, welche ihre Anwendung nicht nur auf Dampfmaschinen haben, sondern auf jede denkbare Wärmemaschine, welches auch der angewandte Stoff sei und in welcher Art man auf ihn einwirkt.

Die Maschinen, welche ihre Bewegung nicht von der Wärme empfangen, wie die, deren Antrieb die Kraft der Menschen oder Tiere, der Fall des Wassers, die Strömung der Luft etc., ist, können bis in ihre kleinsten Einzelheiten mittels der theoretischen Mechanik studiert werden. Alle Fälle sind vorgesehen, alle möglichen Bewegungen sind allgemeinen festbegründeten Prinzipien unterworfen, welche unter allen Umständen Anwendung finden. Das ist das Kennzeichen einer vollständigen Theorie. Offenbar fehlt eine ähnliche Theorie bei den Wärmemaschinen. Man wird sie erst besitzen, wenn die Gesetze der Physik genügend ausgedehnt und verallgemeinert sind, um von vornherein alle Wirkungen festzustellen, welche die Wärme ausübt, wenn sie sich in bestimmter Weise an einem beliebigen Körper betätigt.

Wir setzen bei dem Folgenden eine wenigstens annähernde Kenntnis der verschiedenen Teile voraus, aus denen eine gewöhnliche Dampfmaschine besteht. Daher erachten wir es als überflüssig, hier auseinanderzusetzen, was eine Feuerung, ein Dampfkessel, ein Dampfzylinder, ein Kolben, ein Kondensator u.s.w. ist.

Die Erzeugung von Bewegung ist bei den Dampfmaschinen stets an einen Umstand geknüpft, auf welchen wir die Aufmerksamkeit lenken müssen. Dieser Umstand ist die Wiederherstellung des Gleichgewichts des Wärmestoffs, d.h. ein Übergang von einem Körper mit mehr oder weniger erhöhter Temperatur auf einen anderen, wo sie niedriger ist. Was geschieht denn tatsächlich in einer in Tätigkeit befindlichen Dampfmaschine? Der in der Feuerung durch die Verbrennung entwickelte Wärmestoff durchdringt die Wände des Kessels und erzeugt den Dampf, indem er sich sozusagen demselben einverleibt. Dieser nimmt ihn mit sich, führt ihn zum Zylinder, wo er irgend einen Dienst tut, und von dort in den Kondensator, wo er sich in Berührung mit dem dort vorhandenen kalten Wasser verflüssigt. In letzter Linie bemächtigt sich daher das kalte Wasser des Kondensators des durch die Verbrennung entwickelten Wärmestoffs. Es erwärmt sich durch Vermittlung des Dampfes, wie wenn es unmittelbar über die Feuerung gebracht worden wäre. Der Dampf ist hier nur ein Mittel, den Wärmestoff fortzuschaffen; er tut dasselbe wie bei der Erwärmung der Bäder durch Dampf, nur daß in unserem Falle die Bewegung nutzbar gemacht wird.

Bei den geschilderten Vorgängen erkennt man leicht die Herstellung des Gleichgewichts des Wärmestoffs, seinen Übergang von einem mehr oder weniger erhitzten Körper auf einen kälteren. Der erste dieser Körper ist hier die in der Feuerung verbrannte Luft, der zweite ist das Kondensationswasser. Die Herstellung des Gleichgewichts erfolgt zwischen beiden wenn auch nicht vollständig, so doch teilweise: denn einerseits entweicht die erhitzte Luft, nachdem sie den Dampfkessel umspült und das Ihrige getan hat, bei einer Temperatur, die weit unterhalb der ist, die sie durch die Verbrennung erlangt hatte, andererseits tritt das Wasser des Kondensators, nachdem es den Dampf verflüssigt hat, aus der Maschine mit einer höheren Temperatur, als die war, welche es mitgebracht hatte.

Die Erzeugung von bewegender Kraft ist daher bei den Dampfmaschinen nicht sowohl auf einen wirklichen Verbrauch des Wärmestoffs zurückzuführen, sondern *auf seinen Übergang von einem heißen Körper zu einem kalten,* d.h. auf die Herstellung seines Gleichgewichtes, welches durch irgend eine Ursache, eine chemische Wirkung, wie die Verbrennung, oder irgend eine andere, gestört worden war. Wir werden bald sehen, daß dieses Prinzip auf alle Maschinen Anwendung findet, welche durch die Wärme in Bewegung gesetzt werden.

Nach diesem Prinzip genügt es zur Gewinnung bewegender Kraft nicht, Wärme hervorzubringen: man muß sich auch Kälte verschaffen; ohne sie wäre die Wärme unnütz. In der Tat, wären um die Feuerung nur Körper vorhanden, welche ebenso heiß sind wie diese, wie könnte man die Verdichtung des Dampfes erlangen? Wo würde man ihn hinbefördern, nachdem er einmal entstanden ist? Man darf nicht glauben, daß man ihn, wie dies bei gewissen Maschinen geschieht, in die Luft treiben könnte: die Luft würde ihn nicht aufnehmen. Sie nimmt ihn unter den gegenwärtigen Verhältnissen nur auf, weil sie ihm gegenüber wie ein ungeheurer Kondensator wirkt, weil sie sich bei niedrigerer Temperatur befindet; sonst wäre sie bald gesättigt, oder vielmehr, sie wäre es von vornherein.

Überall, wo ein Temperaturunterschied besteht und wo daher die Wiederherstellung des Gleichgewichts des Wärmestoffs eintreten kann, kann auch die Erzeugung von bewegender Kraft stattfinden. Der Wasserdampf ist ein Mittel zur Erlangung dieser Kraft, aber er ist nicht das einzige; alle Stoffe der Natur können zu diesem Zwecke benutzt werden; alle sind fähig, Volumenänderungen, folgeweise Zusammenziehungen und Ausdehnungen durch den Wechsel der Wärme und Kälte zu erfahren; alle sind fähig, bei ihren Volumenänderungen bestimmte Widerstände zu überwinden und auf diese Weise bewegende Kraft zu entwickeln. Ein fester Körper, beispielsweise ein metallener Stab, vermehrt und vermindert seine Länge, wenn er abwechselnd erwärmt und abgekühlt wird, und vermag Körper zu bewegen, die an seinen Enden befestigt sind. Eine abwechselnd erwärmte und abgekühlte Flüssigkeit vermehrt und vermindert ihr Volumen und kann mehr oder weniger erhebliche Hindernisse überwinden, die sich ihrer Ausdehnung entgegenstellen. Eine gasförmige Flüssigkeit kann durch Temperaturänderungen erhebliche Änderungen des Volumens erfahren; wenn sie sich in einem ausdehnbaren Raume befindet, wie in einem mit einem Kolben versehenen Zylinder, kann sie sehr ausgedehnte Bewegungen hervorbringen. Die Dämpfe aller Stoffe, welche in den Gaszustand übergehen können, des Alkohols, Quecksilbers, Schwefels, etc., könnten denselben Dienst tun wie der Wasserdampf. Dieser bringt, wenn er abwechselnd erhitzt und abgekühlt wird, bewegende Kraft nach Art der permanenten Gase hervor, d.h. ohne jemals in den flüssigen Zustand überzugehen. Die Mehrzahl dieser Mittel ist vorgeschlagen; mehrere sind selbst versucht worden, wenn auch bisher ohne erheblichen Erfolg.

Wir haben gezeigt, daß bei den Dampfmaschinen die bewegende Kraft von der Wiederherstellung des Gleichgewichts des Wärmestoffs herrührt; dies gilt nicht nur für die Dampfmaschine, sondern auch für jede Wärmemaschine, d.h. für jede Maschine, deren treibende Kraft der Wärmestoff ist. Die Wärme kann offenbar die Bewegung nur dadurch hervorrufen, daß sie Änderungen des Volumens oder der Gestalt in den Körpern erzeugt: diese Änderungen rühren nicht von der Konstanz der Temperatur, sondern im Gegenteil von Abwechslungen der Wärme und Kälte her; denn um einen Körper zu erwärmen, braucht man einen anderen, der wärmer ist als er, und um ihn abzukühlen, einen kälteren Körper. Man entnimmt notwendigerweise Wärmestoff dem ersten Körper, um ihn mittels der Zwischensubstanz auf den zweiten zu übertragen. Das bedeutet die Wiederherstellung oder wenigstens eine teilweise Wiederherstellung des Gleichgewichts des Wärmestoffs.

Es drängt sich hier die gleich interessante wie wichtige Frage auf: Ist die bewegende Kraft der Wärme der Größe nach unveränderlich oder wechselt sie mit dem Agens, dessen man sich bedient, um sie zu erlangen, mit der Zwischensubstanz, die man als der Wirkung der Wärme unterworfen wählt?

Es ist klar, daß diese Frage nur in bezug auf eine gegebene Menge von Wärmestoff gestellt werden kann, wobei der Temperaturunterschied gleichfalls gegeben ist. Man verfügt beispielsweise über einen Körper *A*, der bei der Temperatur 100°, und einen anderen, der bei der Temperatur 0° erhalten wird, und es wird gefragt, welche Menge bewegender Kraft durch den Übergang einer gegebenen Menge Wärmestoff (z.B. derjenigen, welche zum Schmelzen eines Kilogramms Eis erforderlich ist) von dem ersten Körper auf den zweiten erzeugt wird; es wird gefragt, ob diese Menge bewegender Kraft notwendig beschränkt ist, ob sie mit dem Stoffe wechselt, welcher zu ihrer Erzeugung angewendet wird, ob der Wasserdampf in dieser Beziehung mehr oder weniger Vorteile bietet als der Dampf des Alkohols, des Quecksilbers, als ein permanentes Gas oder irgend ein anderer Stoff.

Wir werden versuchen, diese Fragen unter Anwendung der vorher festgestellten Sätze zu beantworten.

Vorher ist bereits die selbstverständliche oder wenigstens beim Nachdenken über die von der Wärme verursachten Volumenänderungen einleuchtende Tatsache erwähnt worden: *Überall, wo ein Temperaturunterschied besteht, kann die Erzeugung von bewegender Kraft stattfinden.* Umgekehrt ist es stets möglich, wo man solche Kraft anwenden kann, Temperaturunterschiede entstehen zu lassen, eine Störung des Gleichgewichtes des Wärmestoffs zu verursachen. Der Stoß, die Reibung der Körper, sind sie tatsächlich nicht Mittel, ihre Temperatur zu erhöhen, sie auf einen Grad zu bringen, der höher als der der Umgebung, und folglich eine Störung des Gleichgewichts des Wärmestoffs dort hervorzubringen, wo bis dahin solches Gleichgewicht bestand? Es ist eine experimentelle Tatsache, daß die Temperatur der Gase durch Verdichten höher und durch Verdünnen niedriger wird. Es ist dies ein sicheres Mittel, an demselben Objekt die Temperatur der Körper zu ändern und das Gleichgewicht des Wärmestoffs zu stören, so oft als man will. Wird der Wasserdampf auf eine Weise benutzt, die der in den Dampfmaschinen gebräuchlichen entgegengesetzt ist, so kann man ihn gleichfalls als ein Mittel ansehen, das Gleichgewicht des Wärmestoffs zu stören. Um sich davon zu überzeugen, genügt es, aufmerksam die Art und Weise zu betrachten, wie sich die bewegende Kraft durch die Wirkung der Wärme auf den Wasserdampf entwickelt. Wir denken uns zwei Körper *A* und *B*, welche beide auf konstanter Temperatur erhalten werden, wobei die von *A* höher ist als die von *B*: diese zwei Körper, denen man Wärme zu- oder abführen kann, ohne ihre Temperatur zu ändern, dienen als zwei unbegrenzte Reservoirs von Wärmestoff. Wir nennen den ersten die Heizung und den zweiten den Kühler.

Will man bewegende Kraft durch die Überführung einer gewissen Menge Wärme aus *A* nach *B* erzeugen, so kann man folgendermaßen verfahren:

1. Dem Körper *A* wird Wärmestoff entzogen, um mittelst desselben Dampf zu erzeugen, d.h. man läßt diesen Körper die Tätigkeit des Heizraums oder vielmehr des Metalles ausüben, aus welchem bei den gewöhnlichen Maschinen der Kessel besteht; wir setzen dabei voraus, daß der Dampf gerade bei der Temperatur des Körpers *A* entsteht.

2. Nachdem der Dampf in einen ausdehnbaren Behälter, wie ein Zylinder nebst Kolben, eingetreten ist, wird das Volumen dieses Behälters vergrößert, und daher auch das des Dampfes. Bei dieser Verdünnung wird der Dampf freiwillig seine Temperatur erniedrigen, wie dies bei allen elastischen Flüssigkeiten stattfindet: wir nehmen an, daß die Ausdehnung so weit getrieben wird, bis die Temperatur des Dampfes der des Körpers *B* genau gleich geworden ist.

3. Der Dampf wird verdichtet, indem man ihn mit dem Körper *B* in Berührung setzt und gleichzeitig auf ihn einen konstanten Druck ausübt, bis er vollkommen flüssig geworden ist. Der Körper *B* spielt hier die Rolle des Injektionswassers bei den gewöhnlichen Maschinen, nur mit dem Unterschiede, daß er den Dampf verdichtet, ohne sich mit ihm zu mischen und ohne selbst eine Temperaturänderung zu erfahren.

Die beschriebenen Vorgänge können in einem Sinne, wie im entgegengesetzten ausgeführt werden. Nichts hindert uns, den Dampf mittels Wärmestoff aus dem Körper *B* und bei seiner Temperatur zu bilden, ihn so zusammenzudrücken, daß er die Temperatur des Körpers *A* erlangt, und ihn schließlich unter Berührung mit dem Körper *A* zu kondensieren, indem man die Zusammendrückung bis zur vollkommenen Verflüssigung fortsetzt.

Durch unsere ersten Operationen fand gleichzeitig Erzeugung von bewegender Kraft und Überführung des Wärmestoffs von Körper *A* zum Körper *B* statt; durch die umgekehrten Operationen ergibt sich gleichzeitig ein Verbrauch von bewegender Kraft und die Rückkehr des Wärmestoffes aus dem Körper *B* in den Körper *A*. Hat man aber beide Male mit der gleichen Dampfmenge gearbeitet und hat keinerlei Verlust, weder an Wärmestoff, noch an bewegender Kraft stattgefunden, so wird die Menge der im ersten Falle erzeugten bewegenden Kraft der gleich sein, welche im zweiten

Falle verbraucht wurde, und die Menge des im ersten Falle von *A* nach *B* übergegangenen Wärmestoffs wird der Menge gleich sein, welche im zweiten Falle von *B* nach *A* zurückkehrt, so daß man eine unbegrenzte Anzahl von Malen abwechselnde Operationen dieser Art wiederholen kann, ohne daß schließlich weder bewegende Kraft hervorgebracht noch Wärmestoff von einem Körper zum anderen übergegangen ist.

Wenn nun Hilfsmittel zur Benutzung der Wärme existierten, welche den von uns gebrauchten vorzuziehen wären, d.h. wenn es möglich wäre, durch irgendwelche Methoden den Wärmestoff zur Hervorbringung einer größeren Menge von bewegender Kraft zu veranlassen, als wir es durch unsere erste Reihe von Operationen bewirkt haben, so würde es genügen, von dieser bewegenden Kraft einen Teil zu benutzen, um auf die beschriebene Weise den Wärmestoff vom Körper *B* in den Körper *A*, vom Kühler zur Feuerung, steigen zu lassen, um die Dinge auf ihren früheren Zustand zu bringen, und sich dadurch in den Stand zu setzen, eine der ersten ganz ähnliche Operation wieder zu beginnen und so fort: das wäre nicht nur ein perpetuum mobile, sondern auch eine unbegrenzte Erschaffung von bewegender Kraft ohne Verbrauch von Wärmestoff oder irgend eines anderen Agens. Eine solche Erschaffung steht in völligem Gegensatze zu den gegenwärtig angenommenen Ideen, zu den Gesetzen der Mechanik und einer gesunden Physik; sie ist daher unzulässig. Man muß somit schließen, daß *das Maximum an bewegender Kraft, welches sich aus der Anwendung des Dampfes ergibt, gleichzeitig das Maximum der bewegenden Kraft ist, welches sich durch jedes beliebige Mittel erzielen läßt.* [...]

Nach den bisher festgestellten Begriffen kann man sehr angemessen die bewegende Kraft der Wärme mit der des fallenden Wassers vergleichen: beide haben ein Maximum, welches man nicht überschreiten kann, welches auch einerseits die Maschine sei, welche die Wirkung des Wassers empfängt, und welches andererseits der Stoff sei, welcher die Wirkung der Wärme empfängt. Die bewegende Kraft des fallenden Wassers hängt von seiner Höhe und der Menge der Flüssigkeit ab; die bewegende Kraft der Wärme hängt gleichfalls von der Menge des angewendeten Wärmestoffes ab und von dem, was man seine Fallhöhe nennen könnte und was wir in der Tat so nennen wollen: nämlich dem Temperaturunterschied der Körper, zwischen denen der Austausch des Wärmestoffes stattfindet. Beim Fall des Wassers ist die bewegende Kraft in aller Strenge dem Höhenunterschied zwischen dem oberen und unteren Becken proportional. Bei dem Fall der Wärme nimmt zweifellos die bewegende Kraft mit dem Temperaturunterschied zwischen dem warmen und dem kalten Körper zu; wir wissen aber nicht, ob sie diesem Unterschiede proportional ist.

JAMES PRESCOTT JOULE

275
Über das mechanische Äquivalent der Wärme

Dem Versprechen gemäß, welches ich der Royal Society vor einigen Jahren gab, habe ich jetzt die Ehre, derselben die Resultate der Experimente vorzulegen, welche ich angestellt habe, um das mechanische Äquivalent der Wärme genau zu bestimmen. Ich will mit einer kleinen Skizze der Fortschritte der mechanischen Wärmelehre beginnen und versuchen, mich der Kürze halber auf die Besprechung derjenigen Untersuchungen zu beschränken, welche mit unserm Gegenstande in unmittelbarer Berührung stehen. Ich muß daher die wertvollen Arbeiten des Herrn Forbes und anderer ausgezeichneter Männer übergehen, deren Untersuchungen über strahlende Wärme und andere Gegenstände nicht völlig in den Bereich dieser Abhandlung gehören.

Lange Zeit war es eine Lieblingshypothese gewesen, daß die Wärme in einer «den Körpern innewohnenden Macht oder Kraft» bestehe, aber es blieb dem Grafen Rumford[1] vorbehalten, die ersten Experimente anzustellen, welche entschieden für diese Ansicht sprechen. Dieser mit Recht berühmte Naturforscher zeigte durch seine geistreichen Experimente, daß die große Wärmemenge, welche bei dem Bohren von Kanonenröhren entstand, nicht einem Wechsel in der Wärmekapazität zugeschrieben werden könne; er schloß daher, daß der Bohrer dem Metall seine Bewegung mitteile und so die Erscheinungen der Wärme hervorrufe: – «Ich finde es außerordentlich schwer, wenn nicht ganz unmöglich, mir eine bestimmte Vorstellung von dem zu bilden, was bei der Art und Weise, wie bei diesen Versuchen die Wärme erregt und verbreitet wurde, anderes erregt und verbreitet werden könnte als Bewegung.»

Einer der wichtigsten Punkte in Graf Rumfords Schrift, obgleich man demselben bis jetzt wenig Aufmerksamkeit geschenkt hat, ist der, wo er die Menge mechanischer Kraft berechnet, welche erforderlich ist, um eine bestimmte Wärmemenge hervorzubringen. Indem er sich auf seinen dritten Versuch bezieht, bemerkt er, daß «die Gesamtmenge eiskalten Wassers, welche im Laufe von 2 Stunden und 30 Minuten um 180° F. bis zum Siedepunkt erwärmt werden könne, 26·58 Pfund betrage.» Auf der nächsten Seite sagt er, «die Maschine, welche bei den Versuchen angewandt sei, könne leicht durch ein Pferd getrieben werden, obgleich in Wirklichkeit zwei

[1] Benjamin Thompson, Graf Rumford (1753–1814), amerikanischer Physiker, bekannt durch seine Experimente über Wärmeerzeugung durch Reibung. (Hg.)

Pferde angewandt seien, um die Arbeit zu erleichtern». Nun ist eine Pferdekraft nach Watt 33000 Fußpfund per Minute, was für 2 Stunden 30 Minuten 4950000 Fußpfund gibt; diese sollen nach Graf Rumfords Versuch das Äquivalent der Erwärmung von 26·58 Pfund Wasser um 180° F. sein. Folglich muß die Wärme, welche erforderlich ist, um 1 Pfund Wasser um 1° zu erwärmen, der Kraft von 1034 Fußpfund äquivalent sein. Dies Resultat stimmt ziemlich überein mit denen, welche ich aus meinen eigenen Versuchen gewonnen habe, welche nämlich 772 Fußpfund ergaben; dabei ist zu bemerken, daß Graf Rumfords Äquivalent gerade um so viel zu groß ist, wie sich aus dem Umstande schließen läßt, den er selbst angibt, daß nämlich «weder die Wärme, welche in dem hölzernen Kasten angehäuft war, noch welche während des Versuches verloren ging, berechnet wurde.»

Gegen Ende des vorigen Jahrhunderts teilte Sir Humphrey Davy[1] in Dr. Beddoes' West Country Contributions ein Schreiben mit, betitelt: «Untersuchungen über Wärme, Licht und Atmung», in welchem er die Ansichten des Grafen Rumford bestätigt. Indem er zwei Stück Eis unter der Luftpumpe an einander rieb, schmolz ein Teil davon, obgleich die Temperatur des Rezipienten unter dem Gefrierpunkt erhalten wurde. Dieser Versuch war von großer Bedeutung für die Lehre von der Immaterialität der Wärme, indem die Wärmekapazität des Eises viel geringer als die des Wassers ist. Mit gutem Rechte schloß daher Davy, daß «die unmittelbare Ursache der Wärmeerscheinung Bewegung ist und daß die Gesetze ihrer Fortpflanzung genau dieselben sind wie die für die Fortpflanzung der Bewegung.» [...]

Aus den Erklärungen des Grafen Rumford über die durch Reibung fester Körper entstehende Wärme könnte man als selbstverständlich schließen, daß sich auch bei der Reibung von flüssigen und gasförmigen Körpern eine Wärmeentwicklung werde nachweisen lassen. Noch dazu lagen viele Tatsachen vor, wie z.B. die Zunahme der Wärme der See nach einigen stürmischen Tagen, welche man längst allgemein der Reibung zugeschrieben hatte. Dennoch leugnete die wissenschaftliche Welt, von dem Vorurteil befangen, daß Wärme eine Substanz sei, und gestützt auf Schlüsse, welche Pictet aus ganz ungenügenden Versuchen gezogen hatte, fast einstimmig die Möglichkeit einer Wärmeerzeugung auf diesem Wege. Die erste Erwähnung von Versuchen, in denen die Entwicklung von Wärme durch Reibung von Flüssigkeiten festgestellt wurde, geschah meines Wissens i. J. 1842 durch Herrn Mayer[2], welcher behauptet, durch Schütteln die Temperatur

[1] Sir Humphrey Davy (1778–1829), englischer Chemiker, entdeckte mehrere chemische Elemente durch Elektrolyse, Erfinder der Gruben-Sicherheitslampe. (Hg.)

[2] Robert v. Mayer (1814–1878), deutscher Arzt und Physiker, einer der ersten Entdecker der Äquivalenz von Wärme und Arbeit. (Hg.)

des Wassers von 12° C auf 13° C gesteigert zu haben, ohne jedoch die Größe der verbrauchten Kraft oder die zum Zwecke eines genauen Resultats angewandten Vorsichtsmaßregeln anzugeben. 1843 kündigte ich die Tatsache an, daß «Wärme entsteht bei dem Durchgange von Wasser durch enge Röhren» und daß zur Erwärmung eines Pfundes Wasser um 1° auf diese Weise eine mechanische Kraft = 770 Fußpfund erforderlich sei. In der Folge, 1845 und 1847, wandte ich ein Schaufelrad an, um die Reibung der Flüssigkeit hervorzubringen, und erhielt die Äquivalente 781·5, 782·1 und 787·6, bei der Reibung von Wasser, Walratöl und Quecksilber. Resultate, welche so genau miteinander und mit den aus meinen früheren Versuchen mit elastischen Flüssigkeiten und der magneto-elektrischen Maschine gewonnenen übereinstimmen, ließen mich nicht länger an der Existenz einer Äquivalenzbeziehung zwischen Kraft und Wärme zweifeln; aber dennoch schien es mir von höchster Wichtigkeit, diese Beziehung noch genauer festzustellen. Dies habe ich in vorliegender Abhandlung versucht. [...]

Die Figur gibt eine perspektivische Ansicht derjenigen Apparatur, welche angewandt wurde, um den eben beschriebenen Reibungsapparat in Bewegung zu setzen. *a, a* sind hölzerne Trommeln von einem Fuß Durchmesser und zwei Zoll Dicke, mit hölzernen Rollen *b, b* von zwei Zoll Durchmesser und stählernen Achsen *cc, cc* von $^1/_4$ Zoll Durchmesser versehen. Die Rollen wurden vollkommen glatt und einander gleich gemacht. Ihre Achsen wurden von messingenen Reibungsrädern *dddd, dddd* getragen, deren stählerne Achsen in Löchern liefen, welche in messingene, an einem starken hölzernen Gerüste befestigte Platten eingebohrt waren, während dieses Gerüst selbst in der Wand des Zimmers befestigt war.

Die bleiernen Gewichte *e, e,* welche bei einigen der folgenden Versuche 29 Pfund, bei anderen 10 Pfund per Stück wogen, hingen an Stricken über den Rollen *b, b;* und ein feiner Bindfaden, welcher an den Trommeln *a,a* befestigt war, verband dieselben mit der zentralen Walze *f,* welche leicht mittels eines Stiftes mit der Achse des Reibungsapparates in Verbindung gesetzt oder von derselben getrennt werden konnte.

Der hölzerne Schemel *g,* auf welchem der Apparat stand, war von einer Anzahl querlaufender Spalten durchbrochen, und zwar so, daß nur wenige Stellen des Holzes mit dem Metall in Berührung kamen, während die Luft überall freien Zutritt hatte. Auf diese Weise wurde die Überleitung der Wärme auf die Masse des Schemels vermieden.

Ein großer hölzerner Schirm (der nicht in der Figur abgebildet ist) schloß auch die von der Person des Experimentators ausstrahlende Wärme vollkommen aus.

Das Verfahren bei den Versuchen war kurz folgendes: – Nachdem die

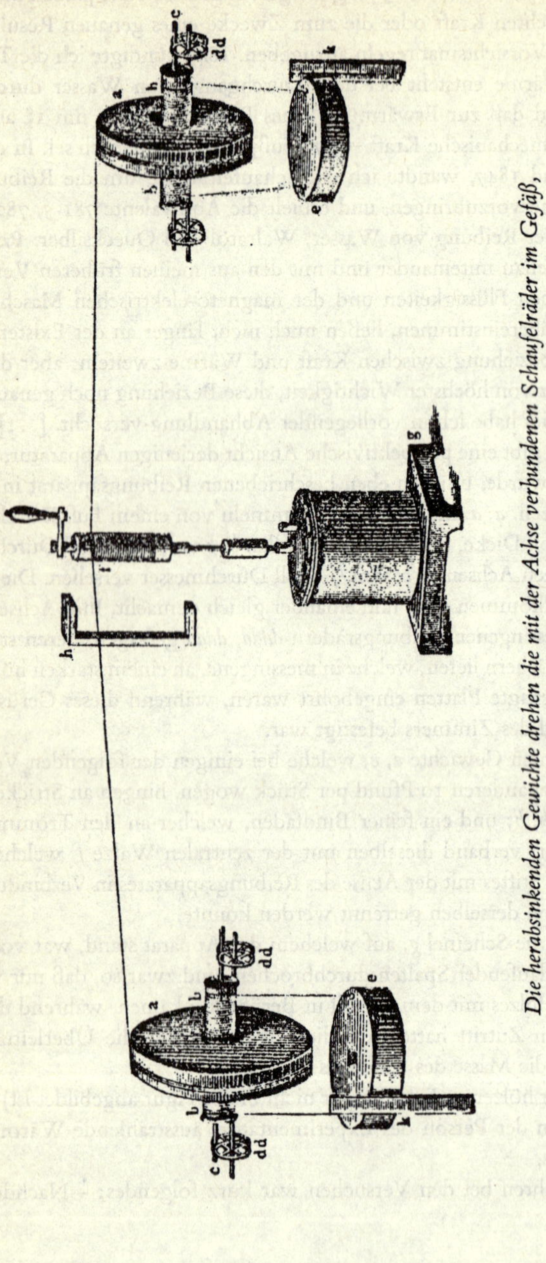

Die herabsinkenden Gewichte drehen die mit der Achse verbundenen Schaufelräder im Gefäß, deren Bewegung die darin enthaltene Flüssigkeit erwärmt

Temperatur des Reibungsapparates bestimmt und die Gewichte mittels des Gestells *h* aufgewunden waren, wurde die Walze an der Achse befestigt. Nachdem nun genau die Höhe der Gewichte über dem Boden mittels der graduierten Holzstreifchen *kk* bestimmt war, wurden die Walzen losgelassen. Sie drehten sich, bis die Gewichte den gepflasterten Boden des Laboratoriums erreichten, wobei sie eine Fallhöhe von ungefähr 63 Zoll zurücklegten. Die Walze wurde dann wieder in das Gestell gebracht, die Gewichte wieder aufgewunden und die Reibung erneuert. Nachdem dies zwanzigmal wiederholt war, schloß der Versuch mit einer nochmaligen Beobachtung der Temperatur des Apparates. Die mittlere Temperatur des Laboratoriums wurde durch Beobachtungen bestimmt, welche zu Anfang, um die Mitte und am Ende jedes Versuches angestellt wurden. Eben vor oder sogleich nach jedem Versuch beobachtete ich die Wirkung der Wärmestrahlung und Wärmeleitung nach der Atmosphäre hin oder von ihr aus, indem ich die Temperatur des Reibungsapparates erniedrigte oder steigerte. Bei diesen Versuchen waren die Stellung des Apparates, die Menge des darin enthaltenen Wassers, die gebrauchte Zeit, die Beobachtungsmethode des Thermometers, die Stellung des Experimentators, kurz alles, außer daß der Apparat in Ruhe war, ebenso wie bei den Versuchen, bei denen die Wirkung der Reibung beobachtet wurde. [...] Ich schließe daher damit, daß ich durch die in dieser Abhandlung mitgeteilten Versuche als bewiesen betrachte:

1. *daß die durch Reibung von Körpern, seien es nun feste oder flüssige, entwickelte Wärmemenge immer proportional ist der aufgewandten Kraft, und*
2. *daß zur Entwicklung der Wärmemenge, welche imstande ist, ein Pfund Wasser (im leeren Raum und zwischen 55° und 60° F. gewogen) um 1° Fahrenheit zu erwärmen, die Aufwendung einer mechanischen Kraft erforderlich ist, welche repräsentiert wird durch den Fall von 772 Pfund durch einen Fuß.*

HERMANN HELMHOLTZ

276

Über die Erhaltung der Kraft

Vorliegende Abhandlung mußte ihrem Hauptinhalte nach hauptsächlich für Physiker bestimmt werden, ich habe es daher vorgezogen, die Grundlagen derselben unabhängig von einer philosophischen Begründung rein in der Form einer physikalischen Voraussetzung hinzustellen, deren Folgerungen zu entwickeln und dieselben in den verschiedenen Zweigen der Physik mit den erfahrungsmäßigen Gesetzen der Naturerscheinungen zu vergleichen. Die Herleitung der aufgestellten Sätze kann von zwei Ausgangspunkten angegriffen werden, entweder von dem Satze, daß es nicht möglich sein könne, durch die Wirkungen irgend einer Kombination von Naturkörpern aufeinander in das Unbegrenzte Arbeitskraft zu gewinnen, oder von der Annahme, daß alle Wirkungen in der Natur zurückzuführen seien auf anziehende und abstoßende Kräfte, deren Intensität nur von der Entfernung der aufeinander wirkenden Punkte abhängt. Daß beide Sätze identisch sind, ist im Anfang der Abhandlung selbst gezeigt worden. [...]

Die Wissenschaft betrachtet die Gegenstände der Außenwelt nach zweierlei Abstraktionen: einmal ihrem bloßen Dasein nach, abgesehen von ihren Wirkungen auf andere Gegenstände oder unsere Sinnesorgane; als solche bezeichnet sie dieselben als Materie. Das Dasein der Materie an sich ist uns also ein ruhiges, wirkungsloses; wir unterscheiden an ihr die räumliche Verteilung und die Quantität (Masse), welche als ewig unveränderlich gesetzt wird. Qualitative Unterschiede dürfen wir der Materie an sich nicht zuschreiben, denn wenn wir von verschiedenartigen Materien sprechen, so setzen wir ihre Verschiedenheit immer nur in die Verschiedenheit ihrer Wirkungen d.h. in ihre Kräfte. Die Materie an sich kann deshalb auch keine andere Veränderung eingehen als eine räumliche, d.h. Bewegung. Die Gegenstände der Natur sind aber nicht wirkungslos, ja wir kommen überhaupt zu ihrer Kenntnis nur durch die Wirkungen, welche von ihnen aus auf unsere Sinnesorgane erfolgen, indem wir aus diesen Wirkungen auf ein Wirkendes schließen. Wenn wir also den Begriff der Materie in der Wirklichkeit anwenden wollen, so dürfen wir dies nur, indem wir durch eine zweite Abstraktion demselben wiederum hinzufügen, wovon wir vorher abstrahieren wollten, nämlich das Vermögen, Wirkungen auszuüben, d.h. indem wir derselben Kräfte zuerteilen. Es ist einleuchtend, daß die Begriffe von Materie und Kraft in der Anwendung auf die Natur nie getrennt werden dürfen. Eine reine Materie wäre für die übrige Natur gleichgültig, weil sie nie eine Veränderung in dieser oder in unseren Sinnesorganen bedingen könnte; eine reine Kraft wäre etwas, was dasein sollte und doch wieder nicht dasein, weil wir das Daseiende Materie nennen. Ebenso fehlerhaft ist es, die Materie für etwas Wirkliches, die Kraft für einen bloßen Begriff erklären zu wollen, dem nichts Wirkliches entspräche; beides sind vielmehr Abstraktionen von dem Wirklichen, in ganz gleicher Art gebildet; wir können ja die Materie eben nur durch ihre Kräfte, nie an sich selbst, wahrnehmen.

Wir haben oben gesehen, daß die Naturerscheinungen auf unveränderliche letzte Ursachen zurückgeführt werden sollen; diese Forderung gestaltet sich nun so, daß als letzte Ursachen der Zeit nach unveränderliche Kräfte gefunden werden sollen. Materien mit unveränderlichen Kräften (unvertilgbaren Qualitäten) haben wir in der Wissenschaft (chemische) Elemente genannt. Denken wir uns aber das Weltall zerlegt in Elemente mit unveränderlichen Qualitäten, so sind die einzigen noch möglichen Änderungen in einem solchen System räumliche, d.h. Bewegungen, und die äußeren Verhältnisse, durch welche die Wirkung der Kräfte modifiziert wird, können nur noch räumliche sein, also die Kräfte nur Bewegungskräfte, abhängig in ihrer Wirkung nur von den räumlichen Verhältnissen.

Also näher bestimmt: Die Naturerscheinungen sollen zurückgeführt werden auf Bewegungen von Materien mit unveränderlichen Bewegungskräften, welche nur von den räumlichen Verhältnissen abhängig sind.

Bewegung ist Änderung der räumlichen Verhältnisse. Räumliche Verhältnisse sind nur möglich gegen abgegrenzte Raumgrößen, nicht gegen den unterschiedslosen leeren Raum. Bewegung kann deshalb in der Erfahrung nur vorkommen als Änderung der räumlichen Verhältnisse wenigstens zweier materieller Körper gegeneinander; Bewegungskraft, als ihre Ursache, also auch immer nur erschlossen werden für das Verhältnis mindestens zweier Körper gegeneinander, sie ist also zu definieren als das Bestreben zweier Massen, ihre gegenseitige Lage zu wechseln. Die Kraft aber, welche zwei ganze Massen gegeneinander ausüben, muß aufgelöst werden in die Kräfte aller ihrer Teile gegeneinander; die Mechanik geht deshalb zurück auf die Kräfte der materiellen Punkte, d.h. der Punkte des mit Materie gefüllten Raums. Punkte haben aber keine räumliche Beziehung gegeneinander als ihre Entfernung, denn die Richtung ihrer Verbindungslinie kann nur im Verhältnis gegen mindestens noch zwei andere Punkte bestimmt werden. Eine Bewegungskraft, welche sie gegeneinander ausüben, kann deshalb auch nur Ursache zur Änderung ihrer Entfernung sein, d.h. eine anziehende oder abstoßende. Dies folgt auch sogleich aus dem Satz vom zureichenden Grunde. Die Kräfte, welche zwei Massen auf einander ausüben, müssen notwendig ihrer Größe und Richtung nach bestimmt sein, sobald die Lage der Massen vollständig gegeben ist. Durch zwei Punkte ist aber nur eine einzige Richtung vollständig gegeben, nämlich die ihrer Verbindungslinie; folglich müssen die Kräfte, welche sie gegeneinander ausüben, nach dieser Linie gerichtet sein, und ihre Intensität kann nur von der Entfernung abhängen.

Es bestimmt sich also endlich die Aufgabe der physikalischen Naturwissenschaften dahin, die Naturerscheinungen zurückzuführen auf unveränderliche, anziehende und abstoßende Kräfte, deren Intensität von der Entfernung abhängt. Die Lösbarkeit dieser Aufgabe ist zugleich die Bedingung der vollständigen Begreiflichkeit der Natur. Die rechnende Mechanik hat bis jetzt diese Beschränkung für den Begriff der Bewegungskraft nicht angenommen, einmal weil sie sich über den Ursprung ihrer Grundsätze nicht klar war, und dann, weil es ihr darauf ankommt, auch den Erfolg zusammengesetzter Bewegungskräfte berechnen zu können in solchen Fällen, wo die Auflösung derselben in einfache noch nicht gelungen ist. Doch gilt ein großer Teil ihrer allgemeinen Prinzipien der Bewegung zusammengesetzter Systeme von Massen nur für den Fall, daß dieselben durch unveränderliche anziehende oder abstoßende Kräfte aufeinander wirken; nämlich das Prinzip der virtuellen Geschwindigkeiten, das von der Erhaltung der Bewegung des Schwerpunkts, von der Erhaltung der Hauptrotationsebene und des Moments der Rotation freier Systeme, das von der Erhaltung der lebendigen Kraft. Für irdische Verhältnisse finden von diesen Prinzipien hauptsächlich nur das erste und letzte Anwendung, weil sich die anderen nur auf vollkommen freie Systeme beziehen, das erste ist wieder, wie wir zeigen werden, ein spezieller Fall des letzteren, welches deshalb als die allgemeinste und wichtigste Folgerung der gemachten Herleitung erscheint.

Die theoretische Naturwissenschaft wird daher, wenn sie nicht auf halbem Wege des Begreifens stehen bleiben will, ihre Ansichten mit der aufgestellten Forderung über die Natur der einfachen Kräfte und deren Folgerungen in Einklang setzen müssen. Ihr Geschäft wird vollendet sein, wenn einmal die Zurückleitung der Erscheinungen auf einfache Kräfte vollendet ist und zugleich nachgewiesen werden kann, daß die gegebene die einzig mögliche Zurückleitung sei, welche die Erscheinungen zulassen. Dann wäre dieselbe als die notwendige Begriffsform der Naturauffassung erwiesen, es würde derselben alsdann also auch objektive Wahrheit zuzuschreiben sein.

277

Über die Anwendung des Gesetzes der Erhaltung der Kraft auf die organische Natur

Der bedeutendste Fortschritt in den Naturwissenschaften, durch welchen sich unser Jahrhundert auszeichnet, bestand in der Entdeckung eines allgemeinen Gesetzes, das all die verschiedenen Zweige der Physik und der Chemie umfaßt und beherrscht. Dieses Gesetz ist ebenso wichtig für die höchsten Betrachtungen über die Natur von Kräften, wie auch für unmittelbare, praktische Zwecke bei der Konstruktion von Maschinen. Heute nennt man das Gesetz allgemein «das Prinzip der Erhaltung der Kraft». Eine bessere Bezeichnung wäre aber vielleicht diejenige von Mr. Rankine[1], «die Erhaltung der Energie», weil sich das Gesetz nicht auf das bezieht, was wir gewöhnlich die Intensität der Kraft nennen: es bedeutet nicht, daß die Intensität der Naturkräfte konstant ist, sondern es bezieht sich vielmehr auf die Gesamtmenge der Antriebskraft, die durch irgendein natürliches Verfahren gewonnen und mit welcher eine gewisse Menge von Arbeit verrichtet werden kann. Zum Beispiel: wenn wir dieses Gesetz auf die Schwere anwenden, heißt es nicht, was aber gleichzeitig zweifellos auch der Fall ist, daß die Intensität der Schwere eines beliebigen Körpers gleich bleibt, so oft der Körper auf dieselbe Entfernung vom Zentrum der Erde zurückgebracht wird. Oder in bezug auf die anderen elementaren Naturkräfte, zum Beispiel die chemische Kraft: wenn zwei chemische Elemente zusammenkommen, so daß sie einander entweder aus der Ferne oder durch direkten Kontakt beeinflussen, werden sie immer dieselbe Kraft aufeinander ausüben – sowohl in bezug auf Intensität wie auf Richtung und Quantität. Dieses andere Gesetz ist allerdings auch gültig, ist aber nicht dasselbe wie das Prinzip der Erhaltung der Kraft. Das Gesetz der Erhaltung der Kraft besagt, daß jede Naturkraft, die irgendeine Veränderung hervorruft, dabei immer ihre Fähigkeit erschöpft und verliert, dieselbe Veränderung ein zweites Mal hervorzurufen. Während aber bei jeder Veränderung in der Natur die Kraft, welche die Ursache dieser Veränderung war, erschöpft wird, gibt es immer eine andere Kraft, die im gleichen Maße das Vermögen gewinnt, neue Veränderungen in der Natur herbeizuführen, wie es die erste Kraft verloren hat. Obgleich es also in der Natur aller unorganischen Kräfte liegt, sich durch die eigene Arbeitsfähigkeit zu erschöpfen, wird die wirkungsfähige Kraftmenge des ganzen Systems, in welchem diese Veränderungen stattfinden, weder erschöpft noch vermehrt, sondern nur ihrer Form nach umgewandelt. Dieses Gesetz werden Sie besser mit Hilfe einiger spezifischer Beispiele verstehen als an Hand allgemeiner Theorien. Wir wollen mit der Schwere anfangen, dieser allgemeinsten Kraft, die nicht nur ihren Einfluß auf das ganze Weltall ausübt, sondern gleichzeitig einer großen Anzahl unserer Maschinen ermöglicht, in Gang zu geraten. Bekanntlich werden Uhren und kleinere Maschinen oft durch ein Gewicht in Gang gebracht. Dasselbe gilt eigentlich auch für Wassermühlen, die ja durch fallendes Wasser getrieben werden, wobei die Schwerkraft oder das Gewicht des fallenden Wassers die Mühle bewegt. Nun, wie Sie wissen, kann jede Maschine durch eine Wassermühle oder ein fallendes Gewicht in Gang gebracht werden; über-

[1] William Rankine (1820–1872), schottischer Ingenieur, entwickelte die erste auf der mechanischen Wärmelehre fundierte Theorie der Dampfmaschine. (Hg.)

haupt können mit solchen Triebkräften alle Arten von Arbeit ausgeführt werden, die irgendeine Maschine zu leisten vermag. Sie sehen also, daß das Gewicht eines schweren Körpers, sei er fest oder flüssig, der von einem höheren auf einen tieferen Ort herabsinkt, eine Triebkraft ist und jede Art mechanischer Arbeit verrichten kann. Nachdem nun das Gewicht zur Erde heruntergefallen ist, besitzt es immer noch dieselbe Schwere, dieselbe Intensität der Schwere, aber seine Triebkraft, seine Arbeitskraft ist erschöpft; es muß wieder emporgehoben werden, bevor es erneut arbeiten kann. In diesem Sinne also, sage ich, ist die Fähigkeit, neue Arbeit zu erzeugen, erschöpft oder verloren; und dies gilt für jede Naturkraft, nachdem sie eine Änderung hervorgebracht hat. Daher hängt die Fähigkeit, Arbeit zu erzeugen oder zu verrichten, nicht von der Intensität der Schwerkraft ab. Diese kann dieselbe sein, das Gewicht mag sich höher oder tiefer befinden, die Arbeitskraft aber kann ganz verschieden sein. Die Arbeitskraft eines Gewichts, oder die Menge Arbeit, die es erzeugen kann, mißt sich am Produkt der Höhe, auf die es gehoben wird, und des Gewichtes selber. Unser gemeinsames Maß ist also das Fußpfund; das heißt, das Produkt der Anzahl Fuß und der Anzahl Pfund. Nun können wir durch die Kraft eines fallenden Gewichtes ein zweites Gewicht heben wie, zum Beispiel, das fallende Wasser in einer Wassermühle das Gewicht eines Hammers zu heben vermag. Folglich kann bewiesen werden, daß die Arbeitsleistung des gehobenen Hammers in Fußpfund ausgedrückt (das heißt, das Gewicht des Hammers multipliziert mit der Höhe in Fuß, auf die er gehoben wird), das Produkt des Gewichtes des herabfallenden Wassers und der Höhe, aus der es herabgefallen ist, nicht überschreiten kann. Es gibt aber noch eine andere Art von mechanischer Triebkraft, nämlich die Geschwindigkeit. Wenn die Geschwindigkeit eines Körpers eine Arbeitsleistung erzeugt, nennen wir sie die *vis viva* oder lebendige Kraft des Körpers. Dafür gibt es zahlreiche Beispiele, wie etwa beim Abschießen eines Gewehrs. Solange sich die Kugel nämlich mit großer Geschwindigkeit bewegt, kann sie eine verheerende Wirkung haben; wenn sie aber ihre Geschwindigkeit verloren hat, wird sie völlig harmlos. Ihre große Kraft hängt lediglich von ihrer Geschwindigkeit ab. Im gleichen Sinne ist die Geschwindigkeit der Luft oder des Windes eine Triebkraft; denn sie kann Windmühlen treiben und durch den Mechanismus der Windmühlen jede Art mechanischer Arbeit leisten. Sie sehen also, daß auch die bloße Geschwindigkeit eine Triebkraft darstellt.

Nehmen wir ein Pendel, das hin und her schwingt. Wenn das Pendel seitwärts gehoben wird, wird das Gewicht gehoben; es befindet sich etwas höher, als wenn es senkrecht herunterhängt. Läßt man es jetzt fallen, so daß es zum ursprünglichen Gleichgewichtszustand zurückkehrt, so hat es eine gewisse Geschwindigkeit erreicht. Zuerst also hatten wir Triebkraft in Form eines gehobenen Gewichts. Wenn das Pendel wieder in den Gleichgewichtszustand kommt, haben wir Triebkraft in der Form der *vis viva,* der Geschwindigkeit, wodurch das Pendel auf die andere Seite hinaufschwingt, bis es seine Geschwindigkeit verliert; hier also wird die *vis viva* oder Geschwindigkeit wieder in die Höhe des Gewichtes umgewandelt. Wie Sie sehen, kann bei jedem Pendel die Kraft des gehobenen Gewichtes in Geschwindigkeit, die Geschwindigkeit in die Kraft des gehobenen Gewichtes umgewandelt werden. Diese beiden sind gleichwertig.

Nehmen wir ferner die Elastizität einer gespannten Sprungfeder, die eine Arbeit leisten kann, indem sie Maschinen oder Uhren in Gang bringt. Eine Armbrust enthält solche Sprungfedern. Im Falle der Uhr und Armbrust werden diese Sprungfedern durch die Kraft des menschlichen Armes gespannt, wobei sie mechanische Kraft aufspeichern. Diese mechanische Kraft, welche ihnen die Stärke des menschlichen Armes verleiht, wird dann während des nächsten Tages durch die Uhr ausgegeben. Sie wird allmählich verbraucht, um die Reibung der Räder zu überwinden. Die Armbrust aber gibt ihre Kraft auf einmal aus. Wenn man mit ihr schießt, wird die ganze Kraft, die der Sprungfeder mitgeteilt wurde, dem Pfeil wieder mitgeteilt, wobei sie diesem eine große *vis viva* gibt.

Die Elastizität der Luft kann genau so wie diejenige fester Körper eine Triebkraft sein: zusammengedrückte Luft vermag andere Körper zu bewegen. Nehmen wir zum Beispiel das Luftgewehr, bei dem es sich genau so wie bei der Armbrust verhält. Die durch die Kraft des menschlichen Arms zusammengedrückte Luft speichert mechanische Kraft auf; wenn man schießt, wird die Kraft in Form der *vis viva* auf die Kugel übertragen, die dann dieselbe mechanische Kraft besitzt wie die Kugel eines mit Pulver geladenen Gewehrs.

Die Triebkraft der mächtigsten unserer Maschinen, der Dampfmaschine, besteht ebenfalls in der Elastizität gepreßter Gase, aber auf andere Art und Weise. Der Mechanismus wird zwar durch die Kraft der gepreßten Dämpfe getrieben, die Dämpfe werden jedoch nicht wie etwa beim Luftgewehr durch die Kraft des menschlichen Arms zusammengedrückt. Die gepreßten Dämpfe werden direkt im Innern des Kessels durch die Wärme hervorgebracht, die vom Brennmaterial auf den Kessel übertragen wird.

In diesem Fall also ersetzt die Wärme die Kraft des menschlichen Arms, was uns beweist, daß auch die Wärme eine Triebkraft ist. Die Gleichwertigkeit von Wärme und mechanischer Kraft als Triebkräften ist das Teilgebiet dieses Faches, das am meisten Interesse erweckt hat, und wurde schon tiefgründig erforscht.

Es kann heute als bewiesen betrachtet werden, daß, wenn mechanische Kraft (das heißt, eine mechanische Arbeit) durch Wärme erzeugt wird, eine gewisse Quantität Wärme immer verlorengeht. Andrerseits kann Wärme auch durch mechanische Kraft, nämlich durch Reibung oder das Zusammenschlagen unelastischer Körper erzeugt werden. Man kann ein Stück Eisen auf eine hohe Temperatur bringen, so daß es glüht und leuchtet, indem man es bloß mit einem Hammer unaufhörlich schlägt. Wenn nun mechanische Kraft durch Wärme erzeugt wird, dann ist immer festzustellen, daß eine gewisse Wärmemenge verlorengeht; diese ist proportional zur Quantität der mechanischen Arbeit, die von dieser Wärme erzeugt wird. Wir messen mechanische Arbeit mit Fußpfund, die Wärmemenge messen wir mit der Quantität, die benötigt wird, um die Temperatur eines Pfundes Wasser um ein Grad Celsius zu erhöhen. Der Gegenwert der Wärme ist von Mr. Joule aus Manchester bestimmt worden. Dieser fand heraus, daß eine Wärmeeinheit oder die Quantität der Wärme, die benötigt wird, um die Temperatur eines Pfundes Wasser um ein Grad Celsius zu erhöhen, mit der mechanischen Arbeit gleichwertig ist, mit welcher dieselbe Menge Wasser auf 423,5 Meter oder 1.389 englische Fuß gehoben wird. Dies ist das mechanische Wärmeäquivalent.

Wenn wir also die nötige Menge Wärme erzeugen, um die Temperatur eines Pfundes Wasser um ein Grad zu erhöhen, müssen wir dabei ein Quantum mechanischer Arbeit aufwenden, das dem Heben eines Pfundes Wasser auf 1.389 englische Fuß gleich ist, wobei diese Arbeitskraft verbraucht wird, um jene Wärme zu erzeugen.

Diese Überlegungen zeigen, daß die Wärme keine wägbare Materie sein kann, sondern sie muß eine Triebkraft sein, weil sie in Bewegung oder mechanische Kraft umgewandelt wird und durch Bewegung oder mechanische Kraft erzeugt werden kann. Nun stellen wir bei Dampfmaschinen fest, daß die Triebkraft durch Wärme hervorgebracht, diese aber durch die Verbrennung von Brennmaterial erzeugt wird, so daß die Triebkraft auf das Brennmaterial zurückzuführen ist, das heißt, auf die chemischen Kräfte im Brennmaterial und auf den Sauerstoff, mit dem sich das Brennmaterial verbindet.

Daraus ersehen Sie, daß die chemischen Kräfte mechanische Arbeit erzeugen und mit denselben Einheiten und denselben Maßstäben wie jede andere mechanische Kraft gemessen werden können. Die chemischen Kräfte können wir als Anziehungskräfte betrachten, in diesem spezifischen Fall als die Anziehungskraft des Kohlenstoffs im Brennmaterial auf den Sauerstoff der Luft; und wenn die beiden Körper durch diese Anziehungskraft vereinigt werden, erzeugt sie mechanische Arbeit auf genau dieselbe

Weise, wie die Erde Arbeit erzeugt, wenn sie einen schweren Körper anzieht. Die Erhaltung der Kraft, der chemischen Kraft, ist nun von wesentlicher Bedeutung für unser heutiges Thema und kann wie folgt dargestellt werden. Nimmt man irgendeine Quantität chemischer Stoffe und läßt man diese auf beliebige Weise von einem Zustand in einen anderen übergehen, so daß die Stoffmenge am Anfang und am Ende des Prozesses die gleiche ist, so wird der für diesen Prozeß benötigte Arbeitsaufwand, sei er mechanischer oder ihr äquivalenter Natur, immer derselbe sein. Weder mehr noch weniger Arbeit kann durch diesen Prozeß geleistet werden. Meistens wird durch chemische Kraft keine mechanische Arbeit im üblichen Sinne geleistet, denn gewöhnlich erzeugt sie nur Wärme; daher muß das durch irgendeinen chemischen Prozeß erzeugte Quantum Wärme unabhängig davon sein, auf welchem Wege der chemische Prozeß verläuft. Dieser Weg kann vom Experimentator nach Belieben bestimmt werden. [...]

Lebende Körper müssen wir unter demselben Gesichtspunkt betrachten und sehen, wie es sich mit ihnen verhält. Vergleichen wir nun den lebenden Körper mit einer Dampfmaschine, so haben wir die vollständigste Analogie. Lebende Tiere nehmen Nahrung ein, die aus brennbaren Substanzen besteht, das heißt aus Fett und den sogenannten Kohlenwasserstoffen wie Stärke und Zucker, und stickstoffhaltigen Substanzen wie z.B. Eiweiß, Fleisch, Käse und so weiter. Lebende Tiere nehmen sowohl diese brennbaren Substanzen wie auch Sauerstoff zu sich, letzteren durch Einatmen von Luft. Nimmt man also – anstatt Fett, Stärke und Zucker – Kohlen, Holz und den Sauerstoff in der Luft, so hat man die Substanzen in der Dampfmaschine. Die lebenden Körper scheiden Kohlensäure und Wasser aus; wenn wir ferner sehr kleine Mengen komplizierterer Stoffe außer acht lassen, die ihrer Winzigkeit wegen nicht berücksichtigt zu werden brauchen, scheiden sie ihren Stickstoff in Form von Harnstoff aus. Wir wollen nun annehmen, daß wir ein Tier an einem Tage untersuchen und dann wieder an irgendeinem anderen Tag später; nehmen wir ferner an, daß dieses Tier am ersten und am zweiten Tag gleichviel wiegt und daß sein Körper an beiden Tagen genau gleich zusammengesetzt ist. In der Zeit zwischen diesen beiden Tagen hat das Tier Nahrung und Sauerstoff eingenommen, aber auch Kohlensäure, Wasser und Harnstoff ausgeschieden. Eine gewisse Quantität brennbarer Substanzen, oder Nahrungsstoffe, hat sich also mit Sauerstoff verbunden und fast dieselben Substanzen, dieselben Verbindungen, erzeugt, wie wenn die Nahrung – oder wenigstens Fett, Zucker, Stärke und so weiter – in einem offenen Feuer verbrannt worden wäre; und diejenigen Substanzen, die keinen Stickstoff enthalten, würden uns auf genau dieselbe Weise Kohlensäure und Wasser geben, wenn man sie im offenen Feuer verbrennt, wie wenn sie im lebenden Körper verbrannt würden; nur wird im lebenden Körper langsamer oxydiert. Die Eiweißstoffe würden dieselben Substanzen, einschließlich Stickstoff, liefern, wie wenn sie im Feuer verbrannt würden. Wir dürfen annehmen, um beide Fälle gleichzusetzen, daß die im Körper des Tieres erzeugte Menge Harnstoff in kohlensaures Ammoniak ohne große Wärmeentwicklung verwandelt werden kann, und wenn kohlensaures Ammoniak verbrannt wird, ergeben sich Stickstoff, Wasser und Kohlensäure. Die Wärmemenge zu schaffen, die beim Verbrennen von Harnstoff zu Kohlensäure und Stickstoff erzeugt würde, wäre unbeträchtlich im Vergleich zur großen Quantität von Wärme, die beim Verbrennen von Fett, Zucker und Stärke erzeugt wird. Wir können also eine gewisse Menge Nahrung in Kohlensäure, Wasser und Stickstoff verwandeln, entweder indem wir alles im offenen Feuer verbrennen oder indem wir lebende Tiere damit füttern und nachher nur den Harnstoff verbrennen. In beiden Fällen erhalten wir dasselbe Resultat. [...]

Wir wollen jetzt schauen, welche Folgerungen aus der Feststellung gezogen werden müssen, daß die Gesetze des Tierlebens mit demjenigen der Erhaltung der Kraft übereinstimmen, mindestens, soweit wir im Augenblick urteilen können. Bis jetzt können wir noch nicht beweisen, daß die durch lebende Körper geleistete Arbeit genau den chemischen Kräften äquivalent ist, die in Bewegung gesetzt worden sind. Es ist noch nicht möglich, den eigentlichen Wert dieser Quantitäten so genau zu ermitteln, wie dies im Laufe der Zeit gemacht werden wird; wir dürfen aber hoffen, daß es in nicht zu ferner Zukunft einmal möglich wird, dies mit größerer Genauigkeit zu ermitteln. Diese Aufgabe bringt keine Schwierigkeiten mit sich. Jetzt schon dürfen wir, glaube ich, mit großer Zuversicht vermuten, daß das Gesetz der Erhaltung der Kraft auch für lebende Körper gilt.

Wir dürfen nun fragen, was aus dieser Tatsache folgt, hinsichtlich der Natur jener Kräfte, die im lebenden Körper wirken.

Die meisten Physiologen im letzten Jahrhundert und am Anfang dieses Jahrhunderts waren der Meinung, die Vorgänge in lebenden Körpern seien durch ein einziges Hauptagens bestimmt, das sie als das «vitale Prinzip» zu bezeichnen beliebten. Sie vermuteten, daß die physikalischen Kräfte im lebenden Körper zu jeder Zeit durch den Einfluß des vitalen Prinzips unterbunden oder wieder ausgelöst werden könnten und daß dieses Agens auf diese Weise Änderungen im Innern des Körpers herbeiführe, so daß die Gesundheit des Körpers dadurch erhalten oder wiederhergestellt werden könne.

Nun kann die Erhaltung der Kraft nur in solchen Systemen bestehen, in welchen die aktiven Kräfte (wie alle Kräfte der anorganischen Natur) immer dieselbe Intensität und Richtung haben, wenn die Umstände dieselben sind, unter denen sie wirken. Wäre es möglich, einem Körper seine Schwere zu entziehen und ihm diese nachher wiederzugeben, dann hätten wir in der Tat das *Perpetuum mobile*. Würde das Gewicht fallen, solange es schwer ist, und steigen, wenn es seine Schwere verloren hat, dann wäre mechanische Arbeit aus nichts erzeugt worden. Die Ansicht, daß die chemische oder mechanische Arbeitsfähigkeit der Elemente im Innern des lebenden Körpers neutralisiert, verändert oder beseitigt werden könne, muß also aufgegeben werden, wenn die Kraft vollständig erhalten bleibt.

Es wirken vielleicht andere Agentien im lebenden Körper als diejenigen, die in der anorganischen Welt wirken; solche Kräfte aber, insofern sie chemische und mechanische Einflüsse im Körper ausüben, müssen ganz derselben Natur sein wie anorganische Kräfte, wenigstens deshalb, weil ihre Wirkungen der Notwendigkeit unterliegen und immer dieselben sein müssen, solange die Kräfte unter denselben Umständen wirken, und weil die Richtung ihrer Wirkungen nicht willkürlich gewählt werden kann.

Es ist dies das grundlegende Prinzip der Physiologie, das ich am Anfang dieser Abhandlung erwähnte.

Noch Anfang dieses Jahrhunderts glaubten die Physiologen, daß die Lebensvorgänge durch das vitale Prinzip verursacht seien und daß es die Würde und das Wesen des Lebens beeinträchtige, wenn man behaupte, das Blut werde durch die mechanische Wirkung des Herzens durch die Gefäße getrieben oder die Atmung geschehe nach den gewöhnlichen Gesetzen der Diffusion von Gasen.

Die gegenwärtige Generation hingegen ist fleißig dabei, den wirklichen Ursachen der sich im lebenden Körper abspielenden Vorgänge nachzuforschen. Man ist nicht der Ansicht, daß irgendwelche anderen Unterschiede zwischen den chemischen und den mechanischen Wirkungen innerhalb und außerhalb des lebenden Körpers bestehen, als solche, die durch die komplizierteren Umstände und Zustände erklärt werden können, unter welchen diese Wirkungen stattfinden; und wir haben ja gesehen, daß diese Ansicht durch das Gesetz der Erhaltung der Kraft gerechtfertigt wird. Zudem zeigt dieses Gesetz, wie diese grundlegende Frage, die so viele theoretische Betrachtungen hervorgerufen hat, richtig und vollständig durch Experimente beantwortet werden kann.

RUDOLF CLAUSIUS

Wärme kann nicht von selbst von einem kälteren in einen wärmeren Körper übergehen

278

1. Zu der Zeit, als ich meine erste Abhandlung über die mechanische Wärmetheorie schrieb, standen sich in Bezug auf das Verhalten der Wärme bei der Hervorbringung von mechanischer Arbeit zwei verschiedene Ansichten gegenüber.

Die eine beruhte auf der in früherer Zeit allgemein verbreiteten Vorstellung, daß die Wärme ein besonderer Stoff sei, welcher in einem Körper in größerer oder geringerer Quantität vorhanden sein könne und dadurch die Verschiedenheiten der Temperatur bedinge. Dieser Vorstellung gemäß hatte man die Ansicht, daß die Wärme wohl die Art ihrer Verteilung ändern könne, indem sie aus einem Körper in einen anderen übergehe, und daß sie ferner in verschiedenen Zuständen existieren könne, die man mit den Worten «latent» und «frei» bezeichnete; daß aber die Quantität der im Ganzen vorhandenen Wärme sich weder vermehren noch vermindern lasse, da ein Stoff nicht neu erzeugt und nicht vernichtet werden könne.

Diese Ansicht liegt der im Jahre 1824 veröffentlichten Schrift von S. Carnot, in welcher die durch Wärme getriebenen Maschinen einer allgemeinen theoretischen Behandlung unterworfen sind, zu Grunde. Indem Carnot die Umstände, unter denen durch Wärme eine bewegende Kraft hervorgebracht werden kann, näher untersuchte, fand er, daß dabei immer ein Übergang von Wärme aus einem Körper von höherer in einen anderen von niederer Temperatur stattfinde, wie z. B. bei einer Dampfmaschine durch Vermittlung des Dampfes Wärme vom Feuer, also von einem Körper von sehr hoher Temperatur, nach dem Kondensator, einem Raume, wo sich Körper von niederer Temperatur befinden, übertragen wird. Er verglich diese Art der Arbeit-Erzeugung mit derjenigen, welche durch das Herabsinken einer Wassermasse von einer höheren zu einer niederen Stelle verursacht wird, und er bezeichnete daher, entsprechend dem Ausdrucke *«une chute d'eau»*, das Herabsinken der Wärme von höherer zu niederer Temperatur mit den Worten *«une chute du calorique»*.

Von dieser Betrachtung ausgehend, stellte er den Satz auf, daß die Größe der erzeugten Arbeit zu dem gleichzeitig stattfindenden Wärmeübergange, d.h. zu der Quantität der übergehenden Wärme und den Temperaturen der Körper, zwischen denen sie übergeht, in einer gewissen allgemein gültigen Beziehung stehen müsse, welche von der Natur derjenigen Stoffe, durch welche die Arbeit-Erzeugung und der Wärmeübergang vermittelt wird, unabhängig sei. Sein Beweis für die Notwendigkeit einer solchen bestimmten Beziehung stützt sich auf den Grundsatz, *daß es unmöglich sei, bewegende Kraft aus nichts zu schaffen,* oder mit andern Worten, *daß ein Perpetuum mobile unmöglich sei.*

Die andere oben erwähnte Ansicht besteht darin, daß die Wärme ihrer Quantität nach nicht unveränderlich sei, sondern daß, wenn mechanische Arbeit durch Wärme erzeugt wird, dazu Wärme verbraucht werden müsse, und daß umgekehrt durch Verbrauch von Arbeit eine entsprechende Menge Wärme erzeugt werden könne. Diese Ansicht steht mit den neueren Vorstellungen über das Wesen der Wärme, daß sie nicht ein Stoff, sondern eine Bewegung sei, in unmittelbarem Zusammenhange. Sie war seit dem Ende des vorigen Jahrhunderts schon hin und wieder von einzelnen Autoren, wie Rumford, Davy und Seguin ausgesprochen; aber erst in den vierziger Jahren dieses Jahrhunderts wurde sie von Mayer in Heilbronn, Colding in Kopenhagen und Joule in Manchester in mehr eingehender Weise untersucht und begründet, und das darauf bezügliche Gesetz der Äquivalenz mit Bestimmtheit aufgestellt.

Nach dieser Ansicht ist in dem Prozesse der Arbeit-Erzeugung durch Wärme der ursächliche Zusammenhang ein ganz anderer als der, welchen Carnot angenommen hatte. Die mechanische Arbeit entsteht dadurch, daß ein Teil der vorhandenen Wärme sich in Arbeit umsetzt, in derselben Weise, wie nach den gewöhnlichen Gesetzen der Mechanik durch eine vorhandene Bewegung eine Kraft überwunden und dadurch eine Arbeit getan werden kann, wobei die Bewegung einen der getanen Arbeit äquivalenten Verlust an lebendiger Kraft erleidet, so daß man sagen kann, es habe sich lebendige Kraft der Bewegung in Arbeit umgesetzt. Der Vergleich von Carnot, daß die Arbeit-Erzeugung durch Wärme der Arbeit-Erzeugung durch eine herabsinkende Wassermasse in der Weise entspreche, daß als Ursache jener Arbeit-Erzeugung das Herabsinken einer gewissen Wärmemenge von höherer zu niederer Temperatur anzusehen sei, war also nach der neueren Ansicht nicht mehr zulässig. Man glaubte sich daher damals in die Alternative versetzt, entweder die Carnotsche Theorie beizubehalten und die neuere Ansicht, nach welcher zur Erzeugung von Arbeit Wärme verbraucht werden muß, zu verwerfen, oder umgekehrt sich zu der neueren Ansicht zu bekennen und die Carnotsche Theorie zu verwerfen.

2. Als ich mich zu eben jener Zeit der Untersuchung dieses Gegenstandes zuwandte, trug ich kein Bedenken, mich der Ansicht, daß zur Arbeit-Erzeugung Wärme verbraucht werden müsse, anzuschließen. Dessenungeachtet war ich nicht der Meinung, daß die Carnotsche Theorie, welche an Cla-

peyron[1] einen sehr geschickten analytischen Bearbeiter gefunden hatte, ganz zu verwerfen sei, sondern ich fand, daß der von Carnot aufgestellte Satz durch Ausscheidung eines Teiles und geeignete Formulierung des übrigen Teiles mit dem neueren Satze von der Äquivalenz von Wärme und Arbeit in Einklang gebracht und mit ihm zusammen zu wichtigen Schlüssen benutzt werden könne. Den in dieser Weise modifizierten Carnotschen Satz behandelte ich in der zweiten Abteilung meiner oben zitierten Abhandlung, in deren erster Abteilung ich den Satz von der Äquivalenz von Wärme und Arbeit behandelt hatte.

In meinen späteren Abhandlungen bin ich durch weitere Verfolgung derselben Betrachtungen, welche mich zur ersten Umgestaltung des Carnotschen Satzes geführt hatten, zur Aufstellung von Sätzen gelangt, welche einfacher und zugleich umfassender als jener sind. Auf diese Erweiterungen der Theorie will ich aber für jetzt nicht eingehen, sondern mich vorläufig auf die Frage beschränken, wie nach der Annahme des Satzes von der Äquivalenz von Wärme und Arbeit die Notwendigkeit des anderen Satzes in seiner modifizierten Gestalt bewiesen werden konnte.

Der von Carnot für den Beweis seines Satzes angewandte Grundsatz, daß es unmöglich ist, bewegende Kraft oder, besser gesagt, mechanische Arbeit aus nichts zu schaffen, konnte für den veränderten Satz nicht mehr angewandt werden. Da nämlich in diesem veränderten Satze schon vorausgesetzt ist, daß zur Hervorbringung der mechanischen Arbeit eine äquivalente Menge Wärme verbraucht wird, so folgt daraus, daß, mag nun neben dem Verbrauche von Wärme noch gleichzeitig ein Übergang einer anderen Wärmemenge von einem warmen zu einem kalten Körper stattfinden oder nicht, doch keinesfalls davon die Rede sein kann, daß die Arbeit aus nichts entstanden sei.

Dagegen fand ich, daß man eine andere, meiner Ansicht nach ebenfalls sichere Basis für den Beweis gewinnen kann, wenn man den von Carnot gewählten Gang der Betrachtung umkehrt und einen Satz, welcher bei ihm als eine Folgerung aus seinen Voraussetzungen angesehen werden kann, in etwas veränderter Fassung selbst als Grundsatz hinstellt und zum Beweise des fraglichen Satzes benutzt.

Nachdem Carnot nämlich von jenem Grundsatze, daß man nicht Arbeit aus nichts schaffen kann, ausgehend den Satz aufgestellt hatte, daß zur Hervorbringung von Arbeit eine entsprechende Menge Wärme aus einem wärmeren in einen kälteren Körper übergehen müsse, mußte er folgerichtig auch schließen, daß man, um umgekehrt Wärme aus einem kälteren in einen

[1] Emile Clapeyron (1799–1864), französischer Ingenieur und Physiker, der Carnots Grundbegriffe über die Wärmetheorie analytisch weiterentwickelte. (Hg.)

brauchen müsse. Obwohl nun die
führte, jetzt aufgegeben werden
icht ganz in seiner ursprünglichen
sichtlich, daß zwischen dem Über-
in einen kälteren Körper und dem
wärmeren Körper ein wesentlicher
Übergang ohne weiteres von selbst
lenen der letztere nicht möglich ist.
standes und durch Erwägung der
ingen der Wärme gelangte ich zu
im Wesen der Wärme selbst be-
das Bestreben haben muß, beste-
ien. Sie muß demnach stets von
ien suchen, und ein umgekehrter
ärmeren Körper kann nur unter
zeitig eine andere Wärmemenge
örper übergeht oder sonst irgend
igentümlichkeit hat, daß sie nicht
inen solchen Übergang aus einem
ranlassen. Diese gleichzeitig statt-
quivalent jenes Wärmeüberganges
aus dem kälteren in den wärmeren Körper anzusehen, so daß man nicht sagen kann, der Übergang habe *von selbst* statt gefunden.

Ich glaubte daher in diesem Sinne den Satz,

daß die Wärme nicht von selbst aus einem kälteren in einen wärmeren Körper übergehen kann,

als einen Grundsatz hinstellen und zum Beweise des zweiten Hauptsatzes der mechanischen Wärmetheorie benutzen zu dürfen.

MICHAEL FARADAY

Elektromagnetische Induktion

279

10. Ein Kupferdraht von 203 Fuß Länge wurde, in einem Stück, um eine große Walze von Holz gewickelt, und zwischen seinen Windungen, indes durch Zwirnfaden an jeder direkten Berührung derselben gehindert, ein

zweiter ähnlicher Draht von gleicher Länge. Der eine dieser Schraubendrähte wurde mit dem Galvanometer, der andere mit einer gut geladenen Batterie von hundert Paaren von Kupferplatten verbunden. Im Moment der Verbindung des Drahts mit der Batterie war eine plötzliche, aber sehr geringe Wirkung auf das Galvanometer sichtbar, und eine ähnliche schwache Wirkung zeigte sich, als diese Verbindung aufgehoben wurde. So lange indes der elektrische Strom fortfuhr, durch den einen Schraubendraht zu gehen, konnte keine Spur von irgend einer Wirkung bemerkt werden, obschon die Batterie sehr kräftig war, wie aus der Erhitzung des ganzen Schraubendrahts und aus den glänzenden Funken bei Entladung mittels Kohlenspitzen hervorging. [...]

34. Es wurde nun eine solche Einrichtung getroffen, daß sich die früheren Versuche über Induktion durch Volta'sche Ströme mit den gegenwärtigen verknüpfen ließen. Zu dem Ende wurde ein hohler Papp-Zylinder mit einer Kombination von Schraubendrähten umgeben. Sie enthielt acht Kupferdrähte, zusammen von 220 Fuß Länge; vier derselben wurden, Ende an Ende geknüpft, mit dem Galvanometer verbunden, die vier dazwischen gewickelten aber, nachdem sie ebenfalls mit ihren Enden vereint waren, zur Schließung der Batterie von 100 Plattenpaaren benutzt. Mit dieser Vorrichtung war die Wirkung auf das Galvanometer kaum merklich, doch konnten mit dem induzierten Strom Stahlnadeln magnetisiert werden. Als aber ein 7/8 Zoll dicker und 12 Zoll langer Zylinder von weichem Eisen in die mit den Schraubendrähten umwickelte Papphröhre gesteckt wurde, wirkte der induzierte Strom mächtig und mit all den schon beschriebenen Erscheinungen auf das Galvanometer; auch besaß er das Vermögen, Stahl zu magnetisieren, anscheinend in noch höherem Grade, als wenn kein Eisenzylinder zugegen war. [...]

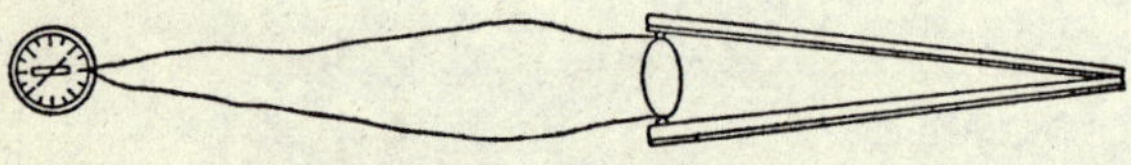

Elektromagnetische Induktion: Faradays Apparat

36. Ähnliche Wirkungen wurden nun durch *gewöhnliche Magnetstäbe* hervorgebracht. Es wurden nämlich die auf der Papphröhre befindlichen Schraubendrähte, nachdem sie unter sich zu einem Ganzen vereint waren, durch zwei Kupferdrähte von fünf Fuß Länge mit dem Galvanometer verbunden, dann in die Achse der Röhre ein Zylinder von weichem Eisen gestellt und nun zwei Magnetstäbe, deren jeder 24 Zoll lang war, mit den entgegen-

gesetzten Polen ihrer einen Enden hufeisenartig in Berührung gebracht und mit denen der andern auf die Enden des Eisenzylinders gelegt, so daß dieser ein Magnet werden mußte (s. Figur). Durch Fortnahme oder Umkehrung der Magnetstäbe konnte der Magnetismus des Eisenzylinders nach Belieben aufgehoben oder umgekehrt werden. [...]

60. So lange ein Draht der volta-elektrischen oder magneto-elektrischen Induktion unterworfen ist, scheint er sich in einem besondern Zustand zu befinden, denn er widersteht der Bildung eines elektrischen Stromes in ihm, was er in seinem gewöhnlichen Zustand nicht vermag; und wenn er jener Wirkung nicht mehr ausgesetzt wird, hat er die Kraft, einen Strom hervorzubringen, eine Kraft, welche der Draht unter den gewöhnlichen Umständen nicht besitzt. Dieser elektrische Zustand der Materie ist bisher noch nicht beobachtet worden, allein er übt wahrscheinlich auf einige, wenn nicht die meisten der von elektrischen Strömen hervorgebrachten Erscheinungen einen sehr wichtigen Einfluß aus. Aus sogleich ersichtlichen Gründen habe ich, nach Beratung mit mehreren gelehrten Freunden, gewagt, ihn als den *elektro-tonischen Zustand* zu bezeichnen.

280

Wirkung der Magnete auf Licht

2146. Seit langem habe ich, vermutlich mit vielen anderen Freunden der Naturkunde, die an Überzeugung streifende Meinung gehegt, daß die verschiedenen Formen, unter denen die Kräfte der Materie auftreten, einen gemeinschaftlichen Ursprung haben, oder, mit anderen Worten, so in direktem Zusammenhange und gegenseitiger Abhängigkeit stehen, daß sie gleichsam ineinander verwandelt werden können und äquivalente Kräfte in ihren Wirkungen besitzen. In neueren Zeiten sind die Beweise für ihre Umwandelbarkeit in beträchtlichem Maße gehäuft, und es ist der Anfang gemacht zur Bestimmung ihrer äquivalenten Kräfte.

2147. Diese feste Überzeugung, auf die Kräfte des Lichtes ausgedehnt, veranlaßten mich früher zu manchen Anstrengungen, um eine direkte Beziehung zwischen Licht und Elektrizität und eine Wechselwirkung derselben auf die ihrem gemeinschaftlichen Einflusse unterworfenen Körper zu entdecken; allein die Resultate waren negativ und wurden späterhin in dieser Beziehung von Wartmann bestätigt.

2148. Diese vergeblichen Anstrengungen und viele andere, die nie veröffentlicht wurden, konnten indes meine feste, auf philosophische Betrachtungen gestützte Überzeugung nicht erschüttern, und deshalb nahm ich neuerdings die experimentelle Untersuchung in der eifrigsten Weise wieder vor, wobei es mir dann endlich gelang, *einen Lichtstrahl zu magnetisieren und elektrisieren sowie eine Magnetkraftlinie zu belichten.* Ohne in das Detail vieler erfolgloser Versuche einzugehen, will ich die Resultate so kurz und deutlich beschreiben wie ich kann. [...]

2150. Licht von einer Argand'schen Lampe wurde durch Reflexion an einer Glasfläche in horizontaler Ebene polarisiert und dann durch ein Nicolsches Prisma geleitet, welches zur leichten Untersuchung des Lichts um eine horizontale Achse drehbar war. Zwischen dem polarisierenden Spiegel und dem Nicol wurden zwei kräftige Elektromagnetpole aufgestellt, entweder die Pole eines Hufeisen-Magnets oder die entgegengesetzten Pole zweier zylindrischer Magnete. Sie standen in Richtung des Strahls etwa zwei Zoll auseinander, und zwar entweder beide auf einer Seite des polarisierten Strahls, dicht neben ihm, oder zu beiden Seiten desselben, so daß dieser zwischen ihnen hindurch ging und ganz oder nahe die Richtung der Magnetkraftlinie hatte. Sonach mußte also eine zwischen die beiden Pole gebrachte durchsichtige Substanz zugleich den polarisierten Lichtstrahl und die Magnetkraftlinie in derselben Richtung durch sich hindurchlassen. [...]

2152. Ein Stück von diesem Glase, etwa 2 Zoll im Quadrat und 0,5 Zoll dick, mit ebenen und polierten Endflächen, wurde, als *diamagnetische Substanz,* so zwischen die (noch nicht durch den elektrischen Strom magnetisierten) Pole gebracht, daß der polarisierte Strahl es der Länge nach durchlaufen mußte. Das Glas wirkte, wie Luft, Wasser oder irgend eine andere indifferente Substanz wirken würde, und wenn der Nicol zuvor in solche Lage gedreht worden, daß der polarisierte Strahl ausgelöscht oder vielmehr das von ihm erzeugte Bild unsichtbar war, brachte die Dazwischensetzung dieses Glases in dieser Beziehung keine Änderung hervor. Unter diesen Umständen wurde die Kraft des Elektromagnets erregt, indem man durch sein Drahtgewinde einen elektrischen Strom sandte; augenblicklich ward das Bild der Lampenflamme sichtbar und blieb es, so lange als der Strom unterhalten ward. Als man den Strom unterbrach, also die magnetische Kraft verschwinden ließ, verschwand auch das Licht augenblicks. Diese Erscheinungen konnten nach Belieben in jedem Augenblick erneut werden, und jedesmal zeigte sich eine vollkommene Abhängigkeit zwischen Ursache und Wirkung. [...]

2154. Der Charakter der auf die diamagnetische Substanz ausgeübten Kraft ist der einer *Drehung;* denn wenn das Bild der Lampenflamme sichtbar geworden ist, wird eine mehr oder minder starke Drehung des Nicols nach der Rechten oder Linken das Bild auslöschen und eine weitere Drehung in der einen oder anderen Richtung es wieder zum Vorschein bringen, und zwar mit komplementären Farben, je nachdem rechts oder links gedreht worden.

281
Über die physikalischen Linien der magnetischen Kraft

Viele Kräfte wirken offenbar aus der Ferne; ihre physikalische Natur ist uns unverständlich. Trotzdem können wir viel Wahres und Sicheres über sie erfahren, unter anderem über die Eigenschaften des Raumes zwischen dem Körper, der wirkt, und dem, auf den gewirkt wird, oder zwischen zwei aufeinander wirkenden Körpern. Derartige Kräfte werden uns in Erscheinungen wie Schwerkraft, Licht, Elektrizität, Magnetismus usw. offenbart. Bei näherer Untersuchung stellt man bei diesen bemerkenswerte Unterschiede hinsichtlich ihrer jeweiligen Kraftlinien fest; und während sie in gewissen Fällen das Vorhandensein wirklicher physikalischer Linien beweisen, werden sie gleichzeitig die Erwägung der Frage insbesondere in bezug auf Magnetismus erleichtern.

Wenn zwei Körper, *a, b,* gegeneinander gravitieren, wirken sie in einer geraden Linie, denn jeder würde einer solchen Linie folgen, wenn er sich frei bewegen könnte. Die Anziehungskraft wird weder hinsichtlich ihrer *Richtung* noch ihrer *Quantität* geändert, wenn man einen dritten Körper durch die Schwerkraft oder sonstwie auf einen oder beide der ersten zwei einen Einfluß ausüben läßt. Ein im Gleichgewicht gehaltener Zylinder aus Messing gravitiert zur Erde mit genau demselben Gewicht, ob er wie ein Pendel frei hängt oder durch andere Anziehungskräfte oder durch Spannung seitwärts gezogen wird, gleich wie stark diese sein mögen. Wird eine neue gravitierende Kraft auf *a* ausgeübt, so beeinflußt dieser Umstand nicht im geringsten die Anziehungskraft, die *a* auf *b* ausübt. Es liegen keine Beweise dafür vor, daß *die Zeit* in der Ausübung dieser Anziehungskraft auf irgendeine Weise eine Rolle spielt, welche Entfernung auch immer zwischen den wirkenden Körpern bestehen mag, wie zum Beispiel zwischen Sonne und Erde oder einem Stern und dem andern. Wir können uns diese Kraft kaum in einem einzigen Teilchen allein vorstellen; erst wenn zwei oder mehr Teilchen vorhanden sind, können wir sie begreifen. Doch indem wir uns diese Vorstellung machen, bemerken wir keinen Unterschied in der Art der Kraft in den verschiedenen Teilchen; all diejenigen desselben Typs sind *gleich, gegenseitig* und *ähnlich.* Im Falle der Schwerkraft finden wir keine Wirkung, die den Begriff einer unabhängigen oder physikalischen Kraftlinie begründen könnte; soweit wir gegenwärtig wissen, ist die Gravitationslinie nichts weiter als eine ideelle Linie, welche die Richtung darstellt, in der die Kraft ausgeübt wird.

Nehmen wir zum Beispiel die Sonne im Verhältnis zu einer anderen Kraft, die sie auf die Erde ausübt, nämlich ihrem Leucht- oder Wärmevermögen. In diesem Falle durchqueren Strahlen (die Kraftlinien sind) den Zwischenraum; diese Linien aber können wir durch verschiedene Medien beeinflussen, die wir auf sie einwirken lassen, während sie unterwegs sind. Wir können ihre Richtung entweder durch Reflexion oder Brechung ändern; wir können sie dazu veranlassen, einen gebogenen oder gebrochenen Weg zu verfolgen. Wir können sie an ihrer Quelle unterbrechen und dann auffinden, bevor sie ihr Ziel erreicht haben. Sie sind *zeitgebunden* und brauchen 8 Minuten, um von der Sonne bis zur Erde zu wandern: so können sie unabhängig von ihrer Quelle oder ihrem Endziel existieren und können in der Tat eine klare, eigene physische Existenz führen. In dieser Hinsicht, wie auch in bezug auf ihren Zustand an ihrem Ziel, unterscheiden sie sich völlig von den Gravitationslinien. Die beiden Körper an den Enden einer Gravitationslinie verhalten sich gleich in jeder Hinsicht, so daß die Linie, die sie verbindet, in beiden Richtungen dieselben Beziehungen hat. Die zwei Körper an den Enden eines Strahls verhalten sich ganz und gar ungleich, indem der eine die Quelle, der andere der Zerstörer der Linie ist; und die Linie selber hat die Eigenschaft einer Strömung, die in nur einer Richtung fließt. In diesen beiden Beispielen der Schwerkraft und der Strahlung zeigt sich deutlich der Unterschied zwischen einer abstrakten und einer physikalischen Kraftlinie.

Wenden wir uns nun zur statischen Elektrizität, so finden wir auch hier Anziehungskräfte (und andere Wirkungen) aus der Ferne; wenn wir diese Anziehungskraft aber mit der Schwerkraft vergleichen, zeigen sich sehr auffallende Unterschiede, die die Frage einer physikalischen Kraftlinie direkt betreffen. Erstens stellen wir bei den Körpern an den Enden der Anziehungslinien fest, daß sie zwar wie in den anderen Fällen gegenseitig und gleichmäßig an der Wirkung beteiligt sind; aber sie sind nicht gleichartig. Im Gegenteil, obschon beide allgemein gesprochen eine Kraft gleicher Natur besitzen, unterscheiden sie sich dermaßen, daß sie genau gegenteilige Wirkungen auf einen dritten Körper in gleichen Umständen ausüben: was der eine anzieht, stößt der andere ab. So kann man sagen, daß diese Kraft duale und antithetische Eigenschaften besitzt. Nun, bei all solchen Kräften kann keine Anziehung stattfinden, wenn diese beiden Eigenschaften nicht vorhanden und durch die Kraftlinien einander gegenübergestellt sind. Eine weitere wesentliche Beschränkung besteht darin, daß die beiden Eigenschaften den gleichen quantitativen Wert aufweisen müssen, nicht bloß um die Anziehungswirkungen herzustellen, sondern in allen anderen Fällen; denn die Sache läßt sich unmöglich so einrichten, daß mehr elektrisches Vermögen der einen Art als der anderen vorhanden ist oder sich entwickelt. Eine weitere Beschränkung ist die, daß sie in physikalischer Beziehung zueinander stehen müssen und daß, wenn zwei Oberflächen, die eine positiv, die andere negativ geladen, so verbunden sind, diese Verbindung nur unterbrochen werden kann, wenn die Kräfte dieser Oberflächen auf gleiche, anderweitig gelieferte Quantitäten der entgegengesetzten Kräfte übertragen werden. Noch eine Beschränkung besteht darin, daß die Quantität der Kraft eine fest bestimmte ist. Wenn eine Kugel *a* mit 10 Einheiten positiver Elektrizität geladen ist, so kann man sie dazu veranlassen, mit dieser Quantität von Kraft auf eine andere Kugel *b*, mit 10 Einheiten negativer Elektrizität geladen, einzuwirken; wenn aber 5 ihrer Einheiten durch eine dritte mit negativer Elektrizität geladene Kugel *c* in Anspruch genommen werden, dann kann sie nur mit 5 Krafteinheiten auf Kugel *a* einwirken, wobei diese Kugel 5 Einheiten positiver Kraft woanders finden oder erzeugen muß. Dieser Vorgang unterscheidet sich grundsätzlich von der Schwerkraft, welche gar keine dualen Eigenschaften aufweist. Schließlich wirkt die Elektrizität in krummen Linien. Ist eine Kugel positiv geladen und in der Luft isoliert, und stellt man eine runde Metallplatte auf, etwa 12 oder 15 Zoll von der Kugel entfernt, dieser gerade gegenüber und unisoliert, so wird sie nach den oben genannten Gesetzen negativ geladen sein; nicht nur aber auf der Seite, die der Kugel gegenüberliegt, sondern auch auf der anderen oder äußeren Seite, was mit einem sie berührenden elektrischen Leiter oder einem an dieser äußeren Seite aufgehängten Streifen Blattgold oder Blattsilber bewiesen werden kann. Die auf diese Außenseite einwirkende Kraft geht aber nicht durch die unisolierte Platte hindurch, denn das dünnste Blattgold kann die induktive Wirkung verhindern, sondern um ihre Ränder herum; das heißt, sie wirkt in krummen Linien. All diese Punkte weisen auf das Vorhandensein von physikalischen Linien elektrischer Kraft hin: die absolut wesentliche Beziehung zwischen positiven und negativen Oberflächen und ihre Abhängigkeit voneinander im Gegensatz zur bekannten Beweglichkeit der Kräfte lassen keinen anderen Schluß zu. Auch die Wirkung in krummen Linien muß von einer physikalischen Kraftlinie abhängen. Zudem besitzt diese Kraft eine dritte wichtige Eigenschaft, die zur gleichen Folgerung führt, nämlich ihre Fähigkeit, durch Medien mit verschiedenen spezifischen induktiven Kapazitäten beeinflußt zu werden.

Bei der dynamischen Elektrizität ist das Vorhandensein physikalischer Kraftlinien weit offenkundiger. In einer Volta-Säule, deren Enden durch ein leitendes Medium verbunden sind, läuft ein Kraftstrom, wie man ihn bezeichnenderweise genannt hat, um den Stromkreis; dieser Strom aber ist eine Kraftachse mit gleichen und entgegengesetzten Kräften in entgegengesetzten Richtungen. Er besteht aus Kraftlinien, die je nach der Querwirkung des Leiters zusammengedrückt oder ausgedehnt werden, wobei die

Richtung dieser Querwirkung sich mit der Form des Leiters ändert; die Kraftlinien sind in allen Teilen des Leiters vorhanden und können an einer beliebigen Stelle durch speziell dafür bestimmte Kanäle abgeleitet werden. Niemand zweifelt daran, daß sie physikalische Kraftlinien sind.

Befassen wir uns schließlich mit dem Magnet, dem Gegenstand der vorliegenden Abhandlung. Ein Magnet stellt ein an sich vollkommenes System von Kräften dar, das deshalb auf Grund seiner eigenen gegenseitigen Beziehungen existieren kann. Er besitzt den dualen und antithetischen Charakter, der sowohl der statischen wie auch der dynamischen Elektrizität eigen ist; diese Tatsache zeigt sich in seinen sogenannten Polaritäten, das heißt in den gegensätzlichen Kräften gleicher Art an seinen Enden und in deren Nähe. Diese Kräfte erweisen sich als völlig gleich, so daß die eine quantitätsmäßig gar nicht geändert werden kann, ohne daß die andere eine gleiche Änderung erfährt; dies gilt auch, wenn die entgegengesetzten Pole eines Magneten keine Beziehung zueinander haben, sondern zu den Polen anderer Magnete. Die Pole oder die Eigenschaft eines Magnets, einen *Norden* und einen *Süden* zu haben, besitzen eine Beziehung nicht nur zueinander, durch den Magneten selber oder in demselben drin, sondern auch äußerlich zu gegensätzlichen Polen (wie bei der statischen elektrischen Induktion); denn sonst könnten sie nicht existieren. Gleichzeitig involviert und erfordert diese äußerliche Beziehung eine genau gleiche Quantität der neuen gegensätzlichen Polaritäten, zu welchen diejenigen des Magneten eine Beziehung haben. Wenn also die Kraft eines Magnets *a* eine Beziehung zu derjenigen eines anderen Magneten *b* hat, kann sie nicht auf einen dritten Magneten *c* einwirken, ohne daß ihr Einfluß auf *b* proportional zu ihrer Einwirkung auf *c* reduziert wird. Ein bewegter Draht zeigt, daß die magnetischen Kraftlinien sowohl innerhalb wie auch außerhalb des Magneten existieren und daß sie geschlossene Kurven sind, die auf einem Teil ihres Weges durch den Magnet hindurchgehen, wobei ihre Anzahl innerhalb des Magneten an dessen Äquator in bezug auf ihre Kraft genau der Anzahl in irgendeinem andern Teil, einschließlich all derjenigen außerhalb des Magneten, gleich ist. Die Richtung der Kraftlinien außerhalb eines Magneten läßt sich beeinflussen, indem man ihnen verschiedene Medien in den Weg stellt. Man kann unmöglich einen Magneten herstellen, der nur einen einzigen Magnetismus hat oder dessen Maße an Nordheit oder Südheit selbst im geringsten Maße einander übertreffen. Wenn die Polaritäten eines Magneten keine äußerliche Beziehung zu den Kräften anderer Magnete haben, so haben sie eine solche zueinander; das heißt, die Nordheit und Südheit eines isolierten Magnets sind äußerlich voneinander abhängig und durch einander gestützt.

All diese Tatsachen, und viele andere, weisen auf das Vorhandensein physikalischer Kraftlinien hin, sowohl außerhalb wie auch innerhalb des Magneten. Diese Linien sind nicht nur gerade, sondern auch krumm; stellen wir uns nämlich einen isolierten geraden Magnetstab vor oder noch besser eine runde Platte aus regelmäßig magnetisiertem Stahl, deren magnetische Achse durch einen einzigen Durchmesser hindurchgeht, dann müssen die Polaritäten offensichtlich äußerlich durch gekrümmte Kraftlinien miteinander in Beziehung stehen, weil ja keine gerade Linie gleichzeitig einen Nordpunkt und einen Südpunkt berühren kann. Meines Erachtens können krumme Kraftlinien nur mit physikalischen Kraftlinien vereinbar sein.

Das Verhalten des sich bewegenden Drahts bestätigt denselben Schluß. Wenn der Draht sich quer durch die Kraftlinien bewegt, geht durch ihn ein elektrischer Strom – oder hat die Tendenz dazu –, der vor dieser Bewegung des Drahtes gar nicht vorhanden war. Wenn der Draht ruht, ist in ihm kein solcher Strom; wenn er sich bewegt, muß er nicht durch Stellen gehen, wo die magnetische Kraft größer oder geringer ist. Er kann sich so bewegen, daß eine Magnetnadel beim Verfolgen desselben Wegs magnetisch überhaupt nicht beeinflußt würde; das heißt, es wäre absolut gleichgültig, ob die Nadel sich bewegt oder ruht. Die Sache kann so eingerichtet werden, daß der Draht im Zustand der Ruhe dieselbe diamagnetische Kraft besitzt, wie das den Magnet umgebende Medium, und somit die durch beide gehenden Kraftlinien keineswegs stört; wenn sich aber der Draht bewegt, wird in ihm ein elektrischer Strom erzeugt. Die bloße Bewegung kann diesen Strom nicht hervorgebracht haben: um den Magnet herum, und durch diesen erhalten, muß ein Zustand bestanden haben, in dessen Bereich der Draht gebracht wurde und der die physikalische Beschaffenheit der magnetischen Kraftlinien beweist.

Worin dieser Zustand besteht oder wovon er abhängt, kann man noch nicht sagen. Möglicherweise hängt er, wie ein Lichtstrahl, vom Äther ab; in der Tat, eine Beziehung zwischen Licht und Magnetismus ist schon bewiesen worden. Vielleicht hängt er von einem Spannungs- oder Schwingungszustand ab, oder möglicherweise von irgendeinem anderen dem elektrischen Strom analogen Zustand, denn die magnetischen Kräfte haben eine höchst enge Beziehung zu diesem Strom. Ob er unbedingt Materie zu seiner Erhaltung braucht, hängt davon ab, was man unter dem Begriff Materie versteht. Beschränkt sich dieser auf wägbare oder gravitierende Substanzen, dann ist die Materie nicht unentbehrlicher für die physikalischen Linien magnetischer Kraft als für einen Licht- oder Wärmestrahl; wenn wir aber zugeben, daß der mutmaßliche Äther eine Art Materie darstellt, dann hängen vielleicht die Kraftlinien von irgendeiner Funktion desselben ab. Experimentell genommen ist der bloße Raum magnetisch; aber in diesem Fall muß der Begriff eines solchen bloßen Raumes auch denjenigen des Äthers einschließen; oder wenn später eine andere Vorstellung von dem Zustand des Raumes oder seiner Beschaffenheit auftauchen sollte, so muß sie in das Bild dessen einverleibt werden, was heute in bezug auf das Experiment der bloße Raum genannt wird. Andrerseits ist es, glaube ich, eine bewiesene Tatsache, daß wägbare Materie für die Existenz von physikalischen Linien magnetischer Kraft nicht unentbehrlich ist.

282

Gedanken zu Strahlenschwingungen

Sie wissen von meiner kürzlichen Betrachtung über jene Theorie der Materie, wonach deren elementare Atome Kraftzentren sind und nicht wie eine Anzahl kleiner Körper so von Kräften umgeben, daß die Körper theoretisch als unabhängig von den Kräften betrachtet werden, und dazu fähig, ohne sie zu existieren. Nach dieser letzten Vorstellung haben die Teilchen eine bestimmte Form und eine gewisse, beschränkte Größe; nach der ersten Vorstellung ist dies nicht der Fall, sondern was als «Größe» bezeichnet wird, kann man sich bis auf jede Entfernung erstreckt denken, auf die sich die Kraftlinien des Teilchens erstrecken: das Teilchen existiert in der Tat nur vermöge dieser Kräfte; dort, wo sie vorhanden sind, befindet es sich auch. Diese Betrachtung der Materie führte mich allmählich zur Auffassung, daß die Kraftlinien möglicherweise der Sitz der Schwingungen bei Strahlungserscheinungen sind.

Eine weitere Überlegung, die sich auf die Theorie sowohl der Materie als auch der Strahlung bezieht, entspringt aus dem Vergleich der Geschwindigkeiten, mit denen die Wirkung der Strahlung und gewisse Kräfte der Materie übermittelt werden. Die Geschwindigkeit des Lichts im Raum beträgt etwa 190000 Meilen pro Sekunde; die Versuche von Wheatstone[1] haben gezeigt, daß die Geschwindigkeit der Elektrizität mindestens gleich groß ist. Das Licht, so nimmt man an, wird mittels Schwingungen durch einen Äther geleitet, der sozusagen ohne Schwerkraft, aber von unendlicher Elastizität ist; die Elektrizität wird durch einen dünnen Metalldraht geleitet, wobei oft angenommen wird, daß dies auch mittels Schwingungen geschieht. Wir können kaum daran zweifeln, daß die elektrische Übertragung von den Kräften des Stoffes abhängt, aus dem der Draht besteht; dies angesichts der Tatsache, daß viele metallischen und andere Körper verschiedene

[1] Charles Wheatstone (1802–1875), englischer Physiker, bekannt für seine Arbeiten auf dem Gebiet der Elektrizität. (Hg.)

Leitfähigkeiten besitzen, daß diese Leitfähigkeit durch Wärme oder Kälte beeinflußt werden kann, daß leitende Körper durch chemische Verbindungen die Beschaffenheit von nichtleitenden Substanzen annehmen können und umgekehrt, und daß es eine Elementarsubstanz gibt, nämlich Kohlenstoff, der sowohl leitend wie nichtleitend sein kann. Elektrische Leitung (eine Kraftübertragung mit der gleichen Geschwindigkeit wie die des Lichts) ist anscheinend verbunden mit den Eigenschaften der Materie, in denen sie sozusagen existiert, und ist von ihnen abhängig.

Die Materie des Äthers kann man wohl mit der gewöhnlichen Materie vergleichen (wie, zum Beispiel, dem Kupfer des Drahtes, durch welchen die Elektrizität geleitet wird). Wir dürfen also annehmen, daß sie einander in ihrer Zusammensetzung grundsätzlich ähneln; das heißt, entweder bestehen beide aus kleinen Kernen, theoretisch als Materie betrachtet, und aus in Verbindung mit diesen Kernen stehender Kraft, oder beide bestehen aus einfachen Kraftzentren, nach der Theorie von Bosković, und wie ich selber vorgeschlagen habe. Denn es besteht kein Grund zu glauben, daß die Kerne in einem Fall erforderlicher sind als im anderen. Zwar unterliegt das Kupfer der Schwerkraft, der Äther jedoch nicht, so daß das Kupfer wägbar ist, der Äther aber nicht; doch weist dies nicht eher auf das Vorhandensein von Kernen im Kupfer als im Äther hin, denn von allen Kräften der Materie erstreckt sich die Schwerkraft auf die größte Entfernung vom mutmaßlichen Kern; diese Kraft ist nämlich unendlich im Verhältnis zur Größe des Kerns, so daß dieser auf ein bloßes Kraftzentrum beschränkt wird. Das kleinste Atom von Materie auf der Erde wirkt unmittelbar auf das kleinste Atom von Materie in der Sonne, obgleich sie 95 000 000 Meilen voneinander entfernt sind; zudem sind Atome, die sich unseres Wissens mindestens neunzehnmal weiter, und in Kometmassen noch mehr, voneinander befinden, auf ähnliche Weise durch die Kraftlinien verbunden, die von jedem ausgehen und zu jedem gehören. Was ist denn die Beschaffenheit der Teilchen des mutmaßlichen Äthers, auch wenn nur ein einziges solches Teilchen zwischen uns und der Sonne existieren sollte, die in bezug auf Feinheit und Reichweite damit vergleichbar wäre?

Wir dürfen uns nicht durch die *Wägbarkeit* und *Schwerkraft* der schweren Materie verwirren lassen, als ob diese Eigenschaften einen Beweis für das Vorhandensein der theoretischen Kerne lieferten. Denn sie sind nicht diesen Kernen zuzuschreiben, sondern der ihnen hinzugefügten Kraft, wenn die Kerne überhaupt vorhanden sind. Und wenn die *Äther*teilchen diese Kraft nicht besitzen, wie angenommen wird, dann sind sie im theoretischen Sinne materieller als die Materie, aus der unsere Erdkugel besteht; denn wenn sich die Materie gemäß unserer Annahme aus Kernen und Kraft zusammensetzt, dann haben die Ätherteilchen in dieser Hinsicht verhältnismäßig mehr Kern und weniger Kraft.

Andrerseits ist die angebliche unendliche Elastizität der Ätherteilchen eine ebenso auffallende und wirkliche Kraft wie die Schwerkraft bei wägbaren Teilchen und erzeugt auf ihre Art gleich große Wirkungen; Beweise dafür liefern all die verschiedenen Arten von Strahlung, wie sie sich in leuchtenden, Wärme erzeugenden und chemisch wirksamen Phänomenen zeigen.

Vielleicht täusche ich mich in der Annahme, daß man sich die Kerne des Äthers als fast unendlich klein, und die ihm eigene Kraft, nämlich seine Elastizität, als fast unendlich intensiv vorstellt. Wenn dies aber die allgemein anerkannte Vorstellung ist, was bleibt dann im Äther außer Kraft oder Kraftzentren? Da Schwerkraft und Festigkeit nicht dazu gehören, werden viele diesem Schluß vielleicht zustimmen. Was sind aber Schwerkraft und Festigkeit? Gewiß nicht das Gewicht und der gegenseitige Kontakt der theoretischen Kerne. Die eine hat ihren Ursprung in einer *Anziehungskraft,* die bis zu den größten Entfernungen wirkt, welche wir berechnen oder uns vorstellen können; die andere entspringt aus einer *abstoßenden Kraft,* welche für immer jeglichen direkten Kontakt zweier Kerne verhindert. Diejenigen also, die behaupten, der Äther bestehe nur aus Kraft, sollten keineswegs auf Grund dieser Fähigkeiten oder Eigenschaften annehmen, es stehe anders mit der wägbaren Materie, außer daß mit dieser mehr und andere *Kräfte* verbunden sind als mit dem Äther.

In den Phänomenen, die in der experimentellen Forschung auftreten, erkennen wir verschiedene Arten von Kraftlinien; es gibt diejenigen der Schwerkraft, diejenigen der elektrostatischen Induktion und die der magnetischen Wirkung. Andere, die etwas von einem dynamischen Charakter an sich haben, könnten möglicherweise auch noch dazu gerechnet werden. Viele sind der Ansicht, daß die Linien der elektrischen und magnetischen Wirkung wie die Linien der Schwerkraft durch den Raum hindurch funktionieren. Ich für meinen Teil neige zur Auffassung, daß möglicherweise dazwischenliegende Teilchen von Materie (die selber nur Kraftzentren sind) daran beteiligt sind, die Kraft entlang der Linie weiterzuleiten; daß aber, wenn keine vorhanden sind, die Linie durch den Raum weitergeht. Welcher Ansicht wir auch darüber sein mögen, können wir auf jeden Fall diese Kraftlinien in einer Weise beeinflussen, die etwas von einer Erschütterung oder einer seitlichen Schwingung an sich hat. Denn nehmen wir zum Beispiel zwei voneinander entfernte Körper, A und B, die aufeinander wirken und deshalb durch Kraftlinien verbunden sind. Betrachten wir nun eine Kraftresultante, die eine unveränderliche Richtung im Raum einhält. Wenn sich einer der Körper in geringstem Grade nach rechts oder links bewegt, oder wenn seine Kraft für einen Moment innerhalb seiner Masse verschoben wird (beide Fälle sind leicht realisierbar, wenn A und B entweder elektrische oder magnetische Körper sind), so wird sich eine Wirkung ergeben, die einer seitlichen Störung in der Resultante gleichkommt, auf die wir unsere Aufmerksamkeit richten; denn ihre Kraft wird entweder zunehmen, während die benachbarten Resultanten abnehmen, oder abnehmen, während diese zunehmen.

Man könnte fragen, was für Kraftlinien in der Natur vorhanden sind, die eine solche Wirkung zu übertragen vermögen und in der Schwingungstheorie den Äther ersetzen können. Ich maße mir nicht an, diese Frage mit Sicherheit zu beantworten; ich kann nur sagen, daß ich nirgends im Raum, ob dieser (nach der üblichen Redensart) leer oder mit Materie gefüllt ist, irgendetwas wahrnehme außer Kräften und Linien, in denen sie wirken. Die Linien des Gewichts oder der Schwerkraft sind zweifellos umfassend genug, um jeden Anspruch zu erfüllen, den die Strahlungserscheinungen in dieser Hinsicht an sie stellen; was wahrscheinlich auch für die magnetischen Kraftlinien zutrifft. Mossotti[1] hat denn auch bewiesen, daß Schwerkraft, Aggregation, elektrische Kraft und elektrochemische Wirkung möglicherweise durch einen gemeinsamen Zusammenhang oder Ursprung verbunden sind und daß sie deshalb bei ihren Fernwirkungen jenen endlosen Bereich gemein haben können, den einige dieser Wirkungen bekanntlich besitzen.

Nach meiner Meinung, die ich hier vorzutragen wage, ist also die Strahlung eine hochgradige Art von Schwingungen in den Kraftlinien, welche Teilchen sowie Massen von Materie miteinander verbinden. Diese Meinung versucht, den Äther, aber nicht die Schwingungen fallen zu lassen. Die Art von Schwingungen, die meines Erachtens allein die wunderbaren, verschiedenartigen und schönen Erscheinungen der Polarisation erklären kann, unterscheidet sich von der Art, die auf der Oberfläche getrübter Gewässer oder in den Schallwellen bei Gasen oder Flüssigkeiten auftritt; denn in diesen Fällen vollziehen sich die Schwingungen in der Richtung auf das Zentrum der Wirkung oder von ihm weg, während jene seitlich sind. Es scheint mir, daß die Resultante zweier oder mehrerer Kraftlinien eine geeignete Voraussetzung für jene Wirkung darstellt, die einer *seitlichen* Schwingung gleichkommt, während ein einheitliches Medium wie der Äther anscheinend nicht geeignet ist oder nicht geeigneter als Luft oder Wasser.

Änderungen an einem Ende der Kraftlinien deuten sofort auf Änderungen am anderen Ende hin, die sie zur Folge haben. Die Fortpflanzung von

[1] Fabrizio Mossotti (1791–1863), italienischer Physiker, der unter Benutzung von Poissons mathematischen Ableitungen eine Theorie des Dielektrikums aufstellte. (Hg.)

Licht, und damit wahrscheinlich von allen Strahlungswirkungen, nimmt eine gewisse *Zeit* in Anspruch; und wenn die Strahlungserscheinungen durch die Schwingungen einer Kraftlinie erklärt werden sollen, so muß eine solche Schwingung auch Zeit in Anspruch nehmen. Ich weiß nicht, ob Angaben zur Verfügung stehen, auf Grund deren man festgestellt hat oder feststellen könnte, ob eine Kraft wie die Schwerkraft wirkt, ohne Zeit in Anspruch zu nehmen, oder ob eine seitliche Störung der bereits vorhandenen Kraftlinien, wie schon oben angedeutet, Zeit in Anspruch nimmt oder notwendigerweise sofort am anderen Ende wahrgenommen werden müßte.

Was jene Eigenschaft der Kraftlinien angeht, die die mutmaßliche hohe Elastizität des Äthers verkörpert, so kann sie in dieser Hinsicht keinen Mangel darstellen. Hier scheint die Frage eher zu sein, ob die Linien in ihrer Wirkung genügend träge sind, um dem Äther gleichwertig zu sein in bezug auf die Zeit, die, wie experimentell bekannt ist, für die Fortpflanzung von Strahlungskraft erforderlich ist.

Man nimmt an, daß der Äther alle Körper sowie den Raum erfüllt; nach der vorliegenden Vorstellung sind es die Kräfte der Atomzentren, die alle Körper erfüllen (und sie bilden) und auch den ganzen Raum durchdringen. Was den Raum betrifft, so besteht der Unterschied darin, daß der Äther aufeinanderfolgende Teile oder Wirkungszentren aufweisen soll, während die vorliegende Theorie nur Wirkungslinien annimmt; was die Materie betrifft, so besteht der Unterschied darin, daß der Äther zwischen den Teilchen vorhanden sein und damit die Schwingungen übertragen soll, während man hier annimmt, daß die Schwingung durch die Kraftlinien zwischen den Zentren der Teilchen fortgepflanzt wird. Hinsichtlich der Verschiedenheit der beiden Ansichten in bezug auf die Intensität der Wirkung innerhalb der Materie wird es vermutlich sehr schwierig sein, zu einem Schluß zu kommen; nehmen wir nämlich die gewöhnliche Materie in ihrem einfachsten Zustand, in dem sie am ehesten dem Äther nahe kommt, oder mit anderen Worten den Zustand eines verdünnten Gases, so stellen wir sehr bald in seiner Elastizität und in der gegenseitigen Abstoßung seiner Teilchen eine Abweichung von jenem Gesetz fest, nach welchem die Wirkung im umgekehrten Verhältnis zum Quadrat der Entfernung steht.

Die magnetische Wirkung: eine Kritik früherer Theorien und die eigene Erklärung Faradays

283

3300. Während der letzten drei Jahre habe ich es gewagt, obgleich nur in meiner Eigenschaft als Experimentator, in Aufsätzen mit den Titeln «Über magnetische Kraftlinien» und «Über physikalische Linien magnetischer Kraft» neue Vorstellungen über die magnetische Wirkung vorzubringen. Im ersten Aufsatz versuchte ich einfach, zum Nutzen von Experimentatoren und anderen, die zwiefältige Natur, Quantität und Richtung der magnetischen Kraft innerhalb und außerhalb der Magnete richtig zu beschreiben und von irgendeiner Annahme über die Eigenschaften der Kraftquelle abzusehen, damit die auf neue Entwicklungen und Entdeckungen hinzielenden Überlegungen frei vom Zwang und schädlichen Einfluß solcher Annahmen sein können (3075–3243). Der zweite Aufsatz enthielt eine Betrachtung über die mögliche physikalische Beschaffenheit der Kraft sowohl außerhalb wie auch innerhalb des Magneten und innerhalb sogenannter magnetischer Körper; es wurde ausdrücklich festgehalten, daß diese Annahmen völlig hypothetisch sind (3234).

3301. Es gibt zur Zeit zwei oder besser gesagt drei allgemeine Hypothesen über die physikalische Natur magnetischer Wirkung. Die erste, die sich mit den Äthern befaßt und den Begriff von Fluß oder Strömungen in sich schließt, ist von Euler auf eine für den nicht mathematisch bewanderten Forscher einfache Art und Weise in seinen Briefen dargelegt worden. Nach dieser Hypothese bewegt sich das magnetische Fluidum oder der magnetische Äther in Strömen durch die Magnete sowie durch den Raum und die Substanzen um sie herum. Dann gibt es die Hypothese von den zwei magnetischen Flüssigkeiten, die in allen magnetischen Körpern vorhanden und an den Polen eines Magnets angehäuft seien und die eine Anziehungs- und eine Abstoßungskraft auf Teile beider Flüssigkeiten aus der Ferne ausüben, wobei sie die Anziehungen und Abstoßungen der sie enthaltenden entfernten Körper bewirken. Schließlich haben wir die Hypothese von Ampère, nach welcher elektrische Ströme um die Teilchen der Magnete herum existieren; diese Ströme, die aus der Ferne auf andere Teilchen mit ähnlichen Strömen wirken, ordnen die Teilchen in den ihnen zugehörigen Massen, womit sie solche Massen der magnetischen Wirkung unterwerfen. Jede dieser Ideen wird von verschiedenen Forschern mehr oder weniger abgeändert, aber die drei klaren Versionen, die ich eben geschildert habe, werden für meine jetzigen Zwecke genügen. Die Annahmen meiner physikalischen Hypothese sind nicht so weitgehend wie die zweite und dritte Idee, denn ich versuche nicht zu erklären, wie die magnetische Kraft in einem Magnet erzeugt oder erhalten wird; meine Theorie stimmt eher mit der ersten Vorstellung überein, nimmt aber nicht so viel als erwiesen an. Sie läßt den Magnet gelten als Kraftzentrum, umgeben von Kraftlinien, welche heute als Träger der Kraft durch die mathematische Analyse gerechtfertigt sind (3302). Diese Linien betrachtet sie als *physikalische* Kraftlinien, unentbehrlich sowohl für das Dasein der Kraft innerhalb des Magneten wie auch für deren Transport und Einwirkung auf entfernte magnetische Körper. Wer am Ätherbegriff überhaupt festhält, könnte diese Linien als Ströme oder fortschreitende Schwingungen oder stationäre Wellenbewegungen oder als einen Spannungszustand betrachten. Aus vielen Gründen sollte man sich diese Linien um einen vom elektrischen Strom durchflossenen Draht vorstellen, ebenso wie aus einem magnetischen Pol herausströmend.

3302. Zwei sehr begabte und berühmte Mathematiker haben ihre Aufmerksamkeit meiner These geschenkt, wonach die magnetische Kraft durch magnetische Kraftlinien dargestellt werden sollte. Es gibt mir große Befriedigung und Ermunterung festzustellen, daß sie die Wahrhaftigkeit und Allgemeinheit dieser Darstellungsmethode bezeugen. [...]

3303. Ermuntert durch diese von Mathematikern gezollte Anerkennung meiner Vorstellung der magnetischen Kräfte als Linien, wage ich nun über die weitere Frage der wahren aber unbekannten natürlichen magnetischen Wirkung etwas länger nachzudenken. Eigentlich wollen wir keine Mannigfaltigkeit verschiedener Methoden, die Kräfte darzustellen, sondern streben danach, die einzige wahre physikalische Bedeutung der Erscheinungen sowie die maßgebenden Gesetze festzustellen. Von den zwei Theorien, die zur Zeit am beliebtesten sind, nämlich denjenigen der magnetischen Flüssigkeit und der elektrischen Ströme, muß die *eine* und müssen vielleicht sogar *beide* falsch sein; und ich sehe nicht ein, wie der Mathematiker zwischen der wahren und der falschen unterscheiden oder behaupten kann, daß überhaupt die eine oder die andere wahr ist; auch wenn er meint, jede enthalte ein höheres Prinzip als irgendwelche, die ich vorgeschlagen habe. Keine dieser Theorien hätte die Gedanken auf die Phänomene des Diamagnetismus bringen können, noch – wie ich glaube – auf die magnetische Rotation des Lichtes; und wenn man vorher die Frage nach der Möglichkeit diamagnetischer Erscheinungen aufgeworfen hätte, dann nehme ich an, daß ein Mathematiker auf Grund jeder dieser Hypothesen eine solche Möglichkeit zurückgewiesen hätte. Die von mir aufgebrachte Vorstellung kompliziert die Sache noch weiter, denn sie ist unvereinbar mit jeder der vorherigen Theorien, solange diese ausschließlich von der unmittelbaren Wirkung aus der Ferne abhängig sind; doch mein Begriff der Kraftlinien bietet eine genaue Darstellung der magnetischen Wirkungen in allen Dingen nicht hypothetischer Natur. Folglich gibt es jetzt drei grundlegende Theorien, von denen wenigstens *zwei* unmöglich oder mit anderen Worten unwahr sein müssen.

3304. Es liegt also auf der Hand, daß unsere physikalischen Vorstellungen sehr zweifelhaft sind. Meines Erachtens wäre es von Vorteil, wenn wir uns bemühen würden, uns von Vorurteilen zu befreien, die in ihnen enthalten sind, um die Kraft für einige Zeit so weit wie möglich in ihrer ursprünglichen Reinheit betrachten zu können. [...]

3305. Könnten wir die *Anordnung* der Kraft eines Magnets feststellen, zuerst an ihrem Ursprung und dann im umgebenden Raum, so hätten wir ein sehr wichtiges Stadium in der Verfolgung unseres Themas erreicht; wenn wir das machen könnten, wobei wir nur wenig oder gar nichts annehmen, dann wären wir in der allerbesten Lage, um die Untersuchung weiter zu verfolgen. Stellen wir uns nun den Magnet als eine Art polarisierte Sonne vor (so wie wir allen Grund zur Annahme haben, daß die Sonne ein Magnet ist), mit antithetischen Kräften, den ganzen Raum um sich mit seinen gekrümmten Strahlen ständig füllend, so wie die Sonne oder eine Kerze den Raum mit Lichtstrahlen füllt; nehmen wir ferner an, daß diese Theorie die Anordnung der Kräfte ebenso wahrheitsgetreu darstellt wie die beiden anderen Vorstellungen und daß man vorläufig durch mathematische Überlegungen nicht entscheiden kann, welche der drei Theorien den übrigen über- oder unterlegen ist; dann wird es bestimmt notwendig, so weit wie möglich physikalische Argumentation auf das Thema anzuwenden. Denn wenn es physikalische Linien magnetischer Kraft tatsächlich gibt, die auf Grund ihrer wirklichen Existenz den Lichtstrahlen entsprechen, dann scheint es durchaus nicht unmöglich zu sein, an sie experimentell heranzukommen; es muß auch sehr wichtig sein, die Frage ihrer Existenz zu beantworten, besonders da die Antwort mit ziemlicher Wahrscheinlichkeit positiv sein dürfte. Ich beabsichtige deshalb, ohne irgendetwas über die physikalische Hypothese des Magnets mit größerem Nachdruck zu behaupten als vorher (3299), die Aufmerksamkeit der Experimentatoren auf etwas beiläufige Weise wieder auf das Thema zu lenken, sowohl hinsichtlich der Unzulänglichkeit der jetzigen physikalischen Vorstellung als auch bezüglich des möglichen Vorhandenseins physikalischer Kraftlinien; wobei ich mich auf ein paar Punkte wie *Polarität, Dualität* usw., bei gegebener Gelegenheit konzentrieren werde. Die folgenden Überlegungen ermuntern mich, diesen Versuch zu unternehmen. 1. Die Bestätigung der Richtigkeit meiner Darstellung der Richtung und Quantität der magnetischen Kraft mittels abstrakter Kraftlinien durch Mathematiker. 2. Meine eigene vorteilhafte Anwendung der Linien bei zahlreichen Gelegenheiten (3174). 3. Die starke Ähnlichkeit der magnetischen Kraft mit den anderen dualen Kräften, entweder in statischem oder in dynamischem Zustand, und insbesondere des Magneten mit der voltaischen Batterie oder irgendeiner anderen Quelle eines elektrischen Stroms. 4. Der Gedanke Eulers betreffend magnetische Äther oder zirkulierende Flüssigkeiten. 5. Die von Sir Isaac Newton ausgedrückte feste Überzeugung, daß selbst die Schwerkraft nicht fortgeleitet werden kann, um eine entfernte Wirkung zu verursachen, ohne daß irgendein Medium dazwischenliegt, welches die Rolle einer physikalischen Kraftlinie spielt. 6. Das Beispiel des Konflikts der zwei Lichttheorien und dessen endgültige Lösung durch das Experiment.

Das Wesen der Schwerkraft

284

Es ist wahrscheinlich von großer Bedeutung, daß unsere Gedanken heute dazu angeregt werden, den allgemeinen Charakter der physikalischen Kraft wieder zu erwägen und besonders jene Formen davon, die mit Wirkungen aus der Ferne verbunden sind. Auf Grund der dualen Kräfte stehen diese in engem Zusammenhang mit denjenigen, die aus nicht wahrnehmbaren Entfernungen wirken, und es ist zu erwarten, daß die neulichen Fortschritte in der Physik uns dazu verhelfen werden, dieses tiefe und schwierige Problem unter viel besseren Bedingungen ins Auge zu fassen, als dies den Forschern in früheren Zeiten möglich war. Wirkungen aus wahrnehmbaren Entfernungen, wie diejenige des einen Magneten auf den anderen oder der Sonne auf die Erde, pflegen wir heute zuzugeben – als wäre ein solches Zugeständnis die vollkommene Antwort auf eine Untersuchung der Natur physikalischer Mittel, die entfernte Körper dazu veranlassen, einander zu beeinflussen; und derjenige, der zögert, die Hinlänglichkeit der Antwort oder der ihr zugrundeliegenden Annahme zuzulassen, und eine befriedigendere Erklärung verlangt, setzt sich der Gefahr aus, in den Augen der Wissenschaftler entweder als lächerlich oder unwissend zu erscheinen. Newton hingegen, der mehr als jeder andere dazu beitrug, das Gesetz der Wirkung entfernter Körper zu beweisen, einschließlich der Sonne und des Saturns, die 900 Millionen Meilen voneinander entfernt sind, hinterließ sein wohlüberlegtes Urteil, daß die bloße Anziehung entfernter Materieteile kein Gedanke sei, der einem Naturforscher genügen oder ihn befriedigen könne. Die Behauptung, sagte er, daß die Schwerkraft etwas der Materie Angeborenes, Eigenes und Wesentliches sei, so daß der eine Körper auf den anderen durch ein Vakuum aus der Ferne wirke, ohne die Vermittlung von irgendetwas Anderem, durch das ihre Wirkung und Kraft vom einen zum anderen fortgepflanzt werden können, sei für ihn eine reine Absurdität. Die Schwerkraft müsse durch ein Agens verursacht werden, das unaufhörlich nach gewissen Gesetzen wirke; ob dieses Agens aber materiell oder immateriell sei, überläßt er seinen Lesern. Dies sind die weitblickenden Gedanken eines Menschen, der dank seinem Wissen und seinen intellektuellen Eigenschaften im Diamanten eine geronnene ölige Substanz sah, und zwar zu einer Zeit, als man ihn lediglich als durchsichtigen Stein kannte, und der ferner das Vorhandensein einer brennbaren Substanz im Wasser vorhersagte, hundert Jahre bevor Wasser analysiert oder der Wasserstoff entdeckt wurde. Ich kann auch nicht umhin, zu glauben, daß seine Ideen in bezug auf die Schwerkraft sehr bald Früchte tragen werden. Im Hinblick darauf werde ich mir nun einige Überlegungen gestatten über die Unzulänglichkeit, wie es mir scheint, der üblichen Vorstellungen der Schwerkraft und jener Kräfte im allgemeinen, die angeblich aus einer Entfernung wirken, wobei ich die moderne und philosophische Theorie der Erhaltung und Unzerstörbarkeit der Kraft im Auge haben werde.

Jene, die das Gesetz Newtons gelten lassen, aber nicht weiter mit ihm einverstanden sind, meinen hinsichtlich des Begriffs der Schwerkraft, daß die Materie andere Materie mit einer Kraft anzieht, die umgekehrt proportional zum Quadrat der Entfernung ist. Betrachten wir also ein Stück Materie (oder ein Teilchen), für welchen Zweck die Sonne hier dienen wird, und eine Kugel, wie zum Beispiel einen der Planeten, sagen wir unsere Erde, sei sie nun an ihrem Ort erschaffen oder von einer entfernten Raumstelle hergebracht und in die Nähe der Sonne gesetzt, wo unsere Erde ist. Dann wirkt die Anziehung der Schwerkraft, und wir sagen, daß die Sonne die Erde anzieht, und auch, daß die Erde die Sonne anzieht. Wenn die Sonne aber die Erde anzieht, so muß diese Anziehungskraft entweder *wegen* des Vorhandenseins der Erde in der Nähe der Sonne entstehen, oder sie muß in der Sonne schon *vorher vorhanden* gewesen sein, als die Erde nicht da war. Im ersten Fall wird es meines Erachtens außerordentlich schwierig sein, zu glauben, daß die plötzliche Anwesenheit der Erde in einer Entfernung von 95 Millionen Meilen von der Sonne eine Kraft in der Sonne hervorrufen könnte, die vorher gar nicht existiert hatte, ohne daß sie eine frühere physikalische Beziehung zu ihr gehabt hätte oder eine jetzige physikalische Beziehung auf Grund der bloßen Nebeneinanderstellung. Hinsichtlich der Schwerkraft muß man meinen, daß die Erde, sowie die Sonne, vorher wirkungslos war und daß sie keinen größeren Einfluß auf die Sonne ausüben kann als die Sonne auf sie: es wird angenommen, daß beide ursprünglich *ohne* Kraft waren. Wie kann denn diese Kraft durch ihre bloße Annäherung oder Koexistenz entstehen? Daß ein kraftloser Körper in einem anderen entfernten Körper Kraft erzeugen könne, läßt sich kaum vorstellen; noch schwieriger ist es aber, wenn dies überhaupt möglich ist, eine solche Vorstellung gelten zu lassen, wenn man bedenkt, daß sie die *Schöpfung von Kraft* involviert. Einer Kraft kann eine andere Kraft entgegengestellt werden; die Kraft läßt sich ablenken, ganz oder teilweise steuern; sie kann sogar, insofern wir die Sache verstehen, umgewandelt werden, indem sie in einer Form verschwindet und in einer anderen wiedererscheint. Sie kann aber nicht geschaffen oder vernichtet oder gänzlich aufgehoben werden, ohne daß eine äquivalente Wirkung stattfindet. Der Begriff der Erhaltung der Kraft hat sich jetzt philosophischen Geistern tief eingeprägt; sie sind auch, glaube ich, alle der Ansicht, daß die Schöpfung oder Vernichtung einer Kraft ebenso unmöglich ist wie die Schöpfung oder Vernichtung von Materie. Stellen wir uns aber die Sonne allein im Raume vor, ohne daß sie irgendeine äußerliche Gravitationsanziehung ausübt, sowie eine weitere Kugel im Raume unter gleichen Bedingungen, wobei die beiden Körper einander genähert werden. Wenn wir nun annehmen, daß jeder durch seine Anwesenheit den andern zu wirken veranlaßt, so setzen wir nicht nur die Schöpfung von Kraft, sondern eine *doppelte Schöpfung* voraus, denn beide sollen in einen Zustand der Kraft gelangen, nachdem sie vorher in einem wirkungslosen Zustand waren. Gemäß dieser Annahme kehren sie nach ihrer Trennung wieder in ihren kraftlosen Zustand zurück, was der *Vernichtung* von Kraft gleichkäme. Es läßt sich leicht verstehen, daß es sich im Falle der Sonne und der Erde, oder von sonst zwei oder mehr wirkenden Körpern, um eine Wechselwirkung handelt; auch daß die Veränderung des Anziehungsgrades bei einer Annäherung oder Entfernung der Körper dieselbe Erschaffung oder Vernichtung von Kraft verursacht, wie dies bei der Erschaffung oder Vernichtung (d.h. der völligen Beseitigung) irgendeines der wirkenden Körper der Fall wäre.

Zu einem solchen Schluß muß man meines Erachtens kommen, wenn man annimmt, daß die Anziehungskraft der Sonne auf die Erde der Anwesenheit der Erde, sowie die Anziehungskraft der Erde auf die Sonne der Anwesenheit der Sonne zuzuschreiben ist. Sonst bleibt nur noch die Möglichkeit, daß die Kraft oder deren wirksame Quelle schon vorher in der Sonne (oder der Erde) existierte, *bevor* die Erde (oder die Sonne) anwesend war. In diesem letzten Fall muß meiner Meinung nach auf Grund der Erhaltung der Kraft eine der drei folgenden Möglichkeiten eintreten: entweder muß die Gravitationsanziehung der Sonne, wenn sie auf die Erde gerichtet ist, anderen Körpern in gleichem Maße entzogen und, wenn sie der Erde entzogen wird (bei deren Verschwinden), auf andere Körper verteilt werden, oder aber sie muß sich in eine *neue* Kraftform umwandeln, sobald sie nicht mehr Schwerkraft ist, und irgendeine andere Form von Kraft aufbrauchen, wenn sie sich als Schwerkraft entwickelt; oder aber sie muß *beständig* um die Sonne herum und durch den ganzen unendlichen Raum hindurch vorhanden sein. Die erste dieser Möglichkeiten stimmt nicht mit der üblichen Theorie der Schwerkraft überein und kann kaum als wahrscheinlich angesehen werden, denn falls sie stimmen würde, wäre es kaum möglich, daß Astronomen diese Wirkungen nicht bemerkt hätten, wenn sie die Bewegungen der Planeten in verschiedenen Stellungen mit Bezug aufeinander und auf die Sonne beobachten. Ferner wird die Schwerkraft nicht für eine duale Kraft gehalten, und bisher sind nur bei solchen Kräften derartige Entziehungen beobachtet oder theoretisch angenommen worden. Die zweite Möglichkeit, die eine neue oder andere Kraftform voraussetzt, ist auch von andern nie mit der Theorie der Schwerkraft in Verbindung gebracht worden. Im Hinblick darauf habe ich einige Experimente angestellt, um die Schwerkraft mit der Elektrizität zu verbinden (Phil. Trans. 1851, S. 1), aber ohne jeden Erfolg. Nach dieser Theorie würde nicht nur die Sonne, sondern alle Materie, gleich in welchem Zustand, zusätzliche Kräfte erhalten, wenn sie im geringsten Grade dem Schwerefeld entzogen werden würde; die Teilchen eines Kometen an dessen Sonnennähe würden eine grundsätzliche Veränderung erfahren durch die Umwandlung eines Teils ihrer Molekularkraft in die größere Quantität von Schwerkraft, die sie dann ausüben würden; und in Sonnenferne wäre diese zusätzliche Schwerkraft in irgendeine andere Art von Molekularkraft zurückverwandelt worden, mit entweder den bisherigen oder neuen Eigenschaften: wobei die Umwandlung in jeder Richtung den genau gleichen Wert hätte. Man könnte sich sogar nicht einmal vorstellen, wie sich eine Staubwolke verbreiten oder zu einem Stein zusammenziehen könnte, ohne daß etwas Ähnliches geschehen würde; ich glaube auch nicht, daß jemand diese Idee für möglich halten wird. Es bleibt also die dritte Möglichkeit, daß die Kraft beständig um die Sonne herum und durch den ganzen unendlichen Raum hindurch vorhanden ist, ob nun sekundäre Körper anwesend sind, die der Wirkung der Schwerkraft unterliegen, oder nicht; und nicht nur um die Sonne herum, sondern um jedes Teilchen Materie, das überhaupt besteht. Diese Möglichkeit eines beständigen und für eine Wirkung im Raum notwendigen Zustands, auch wenn die Erde relativ zur Sonne *nicht* da ist, und einer gewissen Gravitationswirkung als Resultat dieses früheren Zustands, wenn die Erde *da* ist, stimmt meines Erachtens mit der Erhaltung der Kraft überein. Ich glaube auch, daß es dieser Fall war, den Newton in seinen Betrachtungen über die Schwerkraft behandelte, daß es sich um dieselben Umstände handelt, die in bezug auf Licht, Wärme und Strahlungserscheinungen in theoretischer Hinsicht schon allgemein anerkannt sind, und daß es diese Frage ist (in einem noch allgemeineren und umfassenderen Sinn), auf die wir gerade jetzt auf besonders eindringliche und lehrreiche Weise durch die Phänomene der Elektrizität und des Magnetismus aufmerksam gemacht werden, und zwar wegen deren Abhängigkeit von dualen Kraftformen.

JAMES CLERK MAXWELL

285

Anwendung der Theorie der Molekularwirbel auf die Erscheinungen des Magnetismus

Bei allen Phänomenen, wo Anziehungen oder Abstoßungen oder irgendwelche von der relativen Lage der Körper abhängige Kräfte vorkommen, haben wir die *Größe* und *Richtung* der Kraft zu bestimmen, welche auf einen gegebenen Körper wirkt, wenn er sich in einer gegebenen Lage befindet.

In dem Falle, daß eine Kugel nach dem Gravitationsgesetze auf den gegebenen Körper wirkt, ist diese Kraft dem Quadrate des Abstandes vom Zentrum der Kugel umgekehrt proportional und gegen dieses Zentrum hin gerichtet. In dem Falle, daß zwei Kugeln oder ein Körper, dessen Gestalt von der Kugelform abweicht, anziehend wirken, variiert die Größe und Richtung der Kraft nach komplizierteren Gesetzen. Die Größe und Richtung der bei den elektrischen und magnetischen Phänomenen in irgendeinem Punkte wirkenden Gesamtkraft ist der Hauptgegenstand der folgenden Untersuchung. Wir setzen voraus, daß die Richtung der Kraft in jedem Punkte gegeben ist. Wenn wir dann eine Linie so ziehen, daß in jedem Punkte ihres Verlaufs ihre Richtung mit der Richtung der Kraft in diesem Punkte zusammenfällt, so soll diese Linie eine *Kraftlinie* heißen, da sie die Richtung der Kraft in jedem Punkte ihres Verlaufs angibt.

Wenn wir eine genügende Anzahl von Kraftlinien zeichnen, so können wir daraus die Richtung der Kraft in jedem Punkte des Raumes, wo sie wirkt, ersehen.

Wenn wir in der Nähe eines Magneten Eisenfeilspäne auf ein Papier streuen, so wird jeder Feilspan durch Induktion magnetisiert, und die entgegengesetzten Pole je zweier sich folgender Feilspäne vereinigen sich, so daß diese Kurven bilden, welche in jedem Punkte die Richtung der Kraftlinien *anzeigen*. Das schöne Bild des Verlaufs der magnetischen Kraft, welches dieses Experiment bietet, erweckt in uns unwillkürlich die Vorstellung, daß die Kraftlinien etwas Reales seien und mehr anzeigen, als bloß die Resultierende zweier Kräfte, deren unmittelbare Ursache an einem ganz anderen Orte ihren Sitz hat und welche im Felde gar nicht existieren, bis ein Magnet an diese Stelle des Feldes gebracht wird. Wir sind unbefriedigt von einer Erklärung, welche auf die Annahme einer gegen die magnetischen Pole gerichteten Anziehung oder Abstoßung gegründet ist, selbst wenn wir uns überzeugt haben, daß die Erscheinungen in vollständiger Übereinstimmung mit dieser Annahme sind, und wir können nicht umhin zu denken, daß an jeder Stelle, wo wir diese Kraftlinien finden, ein gewisser physikalischer Zustand oder eine Wirkung von genügender Energie existieren muß, um die daselbst stattfindenden Erscheinungen hervorzubringen.

Der Zweck dieser Abhandlung ist, in dieser Hinsicht für die Spekulation den Weg zu bahnen, einerseits durch Untersuchung der mechanischen Wirkungen gewisser Spannungs- und Bewegungszustände eines Mediums, andererseits durch Vergleichung derselben mit den beobachteten Erscheinungen des Magnetismus und der Elektrizität. Ich hoffe, daß die folgende Untersuchung der mechanischen Konsequenzen einer derartigen Hypothese denjenigen von einigem Nutzen sein wird, welche die Phänomene der Wirkung eines Mediums zuschreiben, aber im Zweifel sind, wie aus dieser Ansicht die experimentell festgestellten und bisher allgemein in der Sprache anderer Hypothesen ausgedrückten Gesetze zu erklären seien. [...]

Ich beabsichtige nun die magnetischen Phänomene von einem mechanischen Gesichtspunkte aus zu betrachten und zu untersuchen, welche Spannungen oder Bewegungen eines Mediums imstande sind, die beobachteten mechanischen Phänomene hervorzubringen. Wenn wir durch dieselbe Annahme die Phänomene der magnetischen Anziehung mit denen des Elektromagnetismus und der Induktionsströme in Verbindung bringen können, so erhalten wir dadurch eine Theorie, deren Unrichtigkeit nur durch Experimente nachgewiesen werden könnte, welche unsere Kenntnis dieses Gebietes der Physik wesentlich erweitern werden. [...]

Wenn wir die Kraftlinien zwischen zwei Magneten, wie sie durch Eisenfeilspäne sichtbar gemacht werden können, betrachten, so sehen wir, daß jedesmal, wenn die Linien von einem Pole zum andern gehen, zwischen beiden Polen eine *Anziehung* stattfindet, wenn dagegen die Kraftlinien der beiden Pole sich ausweichen und alle in den unendlichen Raum hinausgehen, so *stoßen* sich die Pole *ab*, so daß sie in beiden Fällen in die Richtung der Resultante der Kraftlinien gezogen werden. Es ist daher offenbar, daß die

Spannung in der Richtung der Achse jeder Kraftlinie eine *Zugkraft* ist, gleich der einer gespannten Schnur. [...]

Wir wollen nun voraussetzen, daß die magnetischen Erscheinungen durch das Vorhandensein einer Zugkraft in der Richtung der Kraftlinien in Verbindung mit einem nach allen Richtungen gleichen hydrostatischen Druck bedingt sind, oder mit anderen Worten, durch einen Druck, welcher in der äquatorialen Richtung größer als in der axialen ist. Die nächste Frage ist dann, welche mechanische Erklärung wir für diese Druckungleichheit in einem flüssigen oder doch allseitig beweglichen Medium geben können. Die Erklärung, welche sich uns zunächst bietet, ist die, daß der Überschuß des Druckes in äquatorialer Richtung von der Zentrifugalkraft von Wirbeln oder Strudeln im Medium herrührt, deren Achsen durchaus die Richtung der Kraftlinien haben.

Diese Erklärung der Ursache der Druckungleichheit bietet zugleich ein Mittel, um den dipolaren Charakter der Kraftlinien wiederzugeben. Jeder Wirbel ist wesentlich dipolar, da die beiden Enden seiner Achse durch den Sinn unterschieden sind, in welchem für ein von dem betreffenden Ende herblickendes Auge die Umdrehung zu geschehen scheint.

Wir wissen auch, daß, wenn Elektrizität einen ringförmigen Leiter durchfließt, dadurch Kraftlinien erzeugt werden, welche durch die vom Ringe umschlossene Fläche hindurchgehen, und daß die Richtung der Kraftlinien von der Richtung der elektrischen Strömung abhängt. Wir wollen willkürlich annehmen, daß die Umdrehungsrichtung der eine beliebige Kraftlinie darstellenden Wirbel dieselbe ist, in welcher Glaselektrizität einen um die Kraftlinie herumlaufenden Stromkreis durchfließen muß, um Kraftlinien zu erzeugen, deren Richtung innerhalb des Stromkreises dieselbe ist wie die der gegebenen Kraftlinie.

Wir wollen nun voraussetzen, daß alle Wirbel in irgend einem kleinen Teil des Feldes im selben Sinne um nahe parallele Achsen sich drehen, daß aber, wenn man von einem Teil des Feldes zu einem anderen übergeht, die Richtung der Achsen, die Rotationsgeschwindigkeit und die Dichte der wirbelnden Substanz sich ändern kann. Wir wollen die resultierende mechanische Wirkung auf ein Element des Mediums untersuchen und die physikalische Bedeutung der verschiedenen Glieder des mathematischen Ausdrucks für dieselbe kennen lernen.

286

Anwendung der Theorie der Molekularwirbel auf elektrische Ströme

Wir haben bisher gesehen, daß man sich von allen Kräften, welche zwischen Magneten, magnetisierbaren Substanzen und elektrischen Strömen wirken, mittels der Vorstellung Rechenschaft geben kann, daß das umgebende Medium sich in einem solchen Zustande befindet, daß daselbst in jedem Punkte der Druck in verschiedenen Richtungen verschieden ist, und zwar muß die Richtung des kleinsten Druckes die der Kraftlinien und der Unterschied zwischen dem größten und kleinsten Drucke dem Quadrat der Feldintensität in diesem Punkte proportional sein.

In einem solchen genau den bekannten Gesetzen des Verlaufs der Kraftlinien entsprechend angeordneten Spannungszustande wird das Medium auf die Magnete, Ströme etc. im Felde genau dieselbe resultierende Wirkung ausüben, wie sie aus der gewöhnlichen Fernwirkungshypothese folgt. Es ist dies richtig unabhängig von irgend einer besonderen Theorie über die *Ursache* dieses Spannungszustandes oder über die Mittel, durch welche er im Medium unterhalten werden kann. Die Frage, ob es einen durch die Kraftlinien bestimmten Spannungszustand im Medium gibt, welcher von den beobachteten resultierenden Kräften eine befriedigende mechanische Erklärung zu geben vermag, muß daher bejaht werden. Die Antwort ist, daß die Kraftlinien die Richtung *des kleinsten Druckes* in jedem Punkte des Mediums angeben.

Es ist nun die nächste Frage, was die mechanische Ursache dieser Druckunterschiede nach verschiedenen Richtungen sei. Wir haben im ersten Teil dieser Abhandlung vorausgesetzt, daß die Druckdifferenz durch Molekularwirbel erzeugt wird, deren Achsen parallel den Kraftlinien sind.

Wir bestimmten den Umdrehungssinn der Wirbel völlig willkürlich so, daß diese für ein Auge, welches nach der Richtung blickt, nach welcher ein Nordpol gezogen wird, im Sinne des Uhrzeigers rotieren.

Wir fanden, daß die Geschwindigkeit am Umfange jedes Wirbels proportional der Stärke der magnetischen Kraft und die Dichte der wirbelnden Substanz proportional der magnetischen induktiven Kapazität des Mediums sein muß.

Wir haben bisher keine Antwort auf die Frage gegeben, wie diese Wirbel in Rotation versetzt wurden und warum sie nach den bekannten, durch die Kraftlinien bestimmten Gesetzen in der Umgebung von Magneten und elektrischen Strömen verteilt sind. Letztere Fragen sind sicher von einer höheren Ordnung der Schwierigkeit als irgend eine der ersteren, und man tut wohl, wenn man die Vorstellungen, welche ich als vorläufige Antwort auf die letzteren Fragen hier vorschlage, von der mechanischen Annahme elastischer Spannungen im Medium, durch welche ich die erste Frage löste, und von der Hypothese der Molekularwirbel, welche eine plausible Antwort auf die zweite Frage nach der mechanischen Erklärung der Spannungen gab, trennt.

Wir müssen uns in der Tat jetzt auf eine Untersuchung über den physikalischen Zusammenhang dieser Wirbel mit den elektrischen Strömen einlassen, während wir noch über die Natur der Elektrizität vollkommen im unklaren sind, ob sie eine Substanz oder zwei Substanzen oder gar keine Substanz ist, und in welcher Weise sie sich von der Materie unterscheidet und wie sie damit verknüpft ist.

Wir wissen, daß die Kraftlinien durch elektrische Ströme beeinflußt werden, und wir kennen die Verteilung der Kraftlinien um einen elektrischen Strom, so daß wir aus den magnetischen Kräften den Strom bestimmen können. Warum zeigt nun unter der Voraussetzung der Richtigkeit unserer

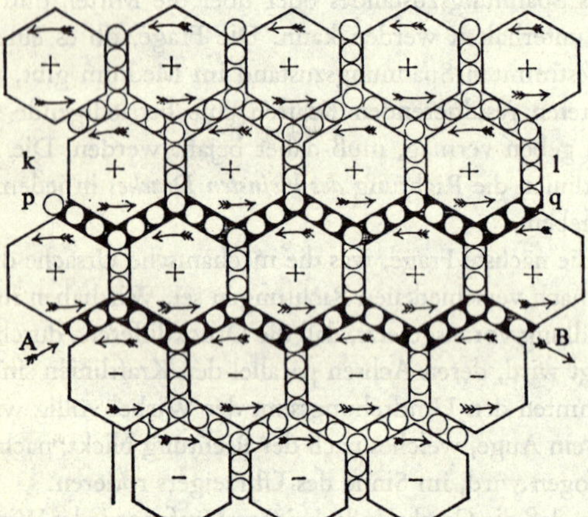

Die magnetischen Molekularwirbel und die Zwischenlagen der elektrischen Teilchen

Erklärung der Kraftlinien durch Molekularwirbel eine bestimmte Verteilung der magnetischen Kräfte immer einen elektrischen Strom an? Eine befriedigende Antwort auf diese Frage würde ein bedeutender Schritt zur Beantwortung der anderen wichtigen Frage sein, was ein elektrischer Strom ist.

Ich habe eine große Schwierigkeit in der Vorstellung der Existenz von Wirbeln in einem Medium gefunden, welche sich unmittelbar nebeneinander um parallele Achsen in derselben Richtung drehen. Die aneinander grenzenden Partien zweier benachbarter Wirbel müssen sich in entgegengesetzter Richtung bewegen, und es ist schwer zu verstehen, wie die Bewegung eines Teiles des Mediums mit einer gerade entgegengesetzten Bewegung des unmittelbar daran stoßenden Teiles zusammen bestehen und letztere sogar hervorrufen kann.

Die einzige Annahme, welche mir über die Schwierigkeiten der Vorstellung einer Bewegung von dieser Art hinweghalf, ist die, daß die Wirbel durch eine Lage von Teilchen getrennt sind, welche sich alle in der entgegengesetzten Richtung wie die Wirbel um ihre Achse drehen, so daß die sich berührenden Oberflächen der Teilchen und der Wirbel dieselbe Bewegungsrichtung haben. Wenn man wünscht, daß sich in einem Mechanismus zwei Räder in derselben Richtung drehen, so fügt man ein Rad dazwischen so ein, daß es in beide eingreift, und nennt dieses Rad ein Zwischenrad. Auch bezüglich unseres Mediums mache ich die Annahme, daß sich eine Lage von Teilchen zwischen je zwei Wirbeln befindet, welche wie Zwischenräder wirken, so daß jeder Wirbel die umgebenden Wirbel zur Drehung in dem Sinne, in dem er sich selbst dreht, anregt. [...]

Es ist offenbar, daß nach unserer Hypothese ein elektrischer Strom durch eine fortschreitende Bewegung der beweglichen Teilchen dargestellt wird, welche zwischen je zwei benachbarten Wirbeln liegen. Wir wollen uns vorstellen, daß diese Teilchen sehr klein im Vergleich zu den Dimensionen eines Wirbels sind, daß die Masse aller zwischen zwei Wirbeln liegenden Teilchen im Vergleich zu der eines Wirbels verschwindet und daß eine sehr große Anzahl von Wirbeln samt den sie umgebenden Teilchen in einem einzigen vollständigen Molekül des Mediums enthalten sind. Es muß vorausgesetzt werden, daß die Teilchen ohne Gleitung und ohne sich untereinander zu berühren zwischen den beiderseits anliegenden Wirbeln rollen und daß kein Energieverlust durch irgendwelche Widerstandskräfte eintritt, so lange sie in demselben vollständigen Molekül bleiben. Wenn aber ein stetiges Fortschreiten der Teilchen in einer bestimmten Richtung stattfindet, so müssen diese von einem Molekül zum anderen übergehen; hierbei erfahren sie einen Widerstand, so daß elektrische Energie verlorengeht und Wärme erzeugt wird. [...]

In der Figur stelle der vertikale Kreis *EE'* einen elektrischen Strom dar, welcher vom Kupfer *C* zum Zink *Z* durch den Leiter *EE'* in der Richtung der kleinen Pfeile fließt.

Der horizontale Kreis *MM'* stelle eine magnetische Kraftlinie dar, welche den elektrischen Strom umfaßt. Die Nord- und Südrichtung derselben soll durch die kleinen Geraden *SN* und *NS* angezeigt werden.

Die kleinen vertikalen Kreise *V* und *V'* stellen die Molekularwirbel dar, deren Achse die magnetische Kraftlinie ist. *V* kreist im Sinne des Uhrzeigers, *V'* im entgegengesetzten.

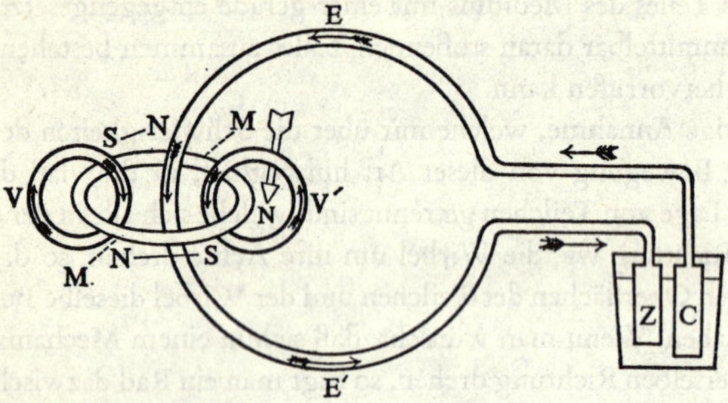

Anwendung der Theorie der Molekularwirbel auf einen elektrischen Strom

Es ist aus der Figur ersichtlich, daß, wenn *V* und *V'* aneinander grenzende Wirbel wären, die zwischen ihnen liegenden Teilchen sich nach abwärts bewegen würden und daß umgekehrt die Teilchen, wenn sie aus irgend einer Ursache abwärts getrieben würden, Wirbel hervorrufen würden, welche so rotieren wie die in der Figur gezeichneten. Von unserem gegenwärtigen Gesichtspunkt aus erscheint also die Beziehung eines elektrischen Stromes zu seinen Kraftlinien analog der eines Zahnrades oder einer Zahnstange zu den Rädern, in welche sie eingreift. [. . .]

Wir wollen nun die Annahmen, welche wir gemacht, und die Resultate, welche wir erhalten haben, rekapitulieren:

1. Die elektromagnetischen Phänomene werden durch ein Medium erzeugt, welches an jeder Stelle des magnetischen Feldes einen gewissen Bewegungs- oder Spannungszustand hat, nicht aber durch direkte Fernwirkung zwischen Magneten oder elektrischen Strömen. Die Substanz, welche diese Wirkungen hervorbringt, kann irgend ein Bestandteil der gewöhnlichen Materie oder ein diese durchdringender Äther sein. Ihre Dichte ist am größten im Eisen und am geringsten in diamagnetischen Substanzen; aber sie muß in allen außer dem Eisen sehr gering sein, da das Verhältnis der magnetischen induktiven Kapazität keiner anderen Substanz zu der des sogenannten Vakuums erheblich von eins verschieden ist.

2. An jeder Stelle des Feldes, welche von magnetischen Kraftlinien durchsetzt wird, herrscht eine Ungleichheit des Druckes in verschiedenen Rich-

tungen; die Richtung der Kraftlinien ist die des geringsten Druckes, so daß die Kraftlinien als die Richtungen einer Spannung betrachtet werden können.

3. Diese Druckungleichheit wird durch das Vorhandensein von Wirbeln oder Strudeln hervorgebracht, deren Achsen die Richtung der Kraftlinien haben und für welche der Sinn der Rotation durch den Sinn der Kraftlinien bestimmt ist.

Wir setzten voraus, daß der Sinn der Rotation für einen Beobachter, der von Süden gegen Norden blickt, der des Uhrzeigers ist. Soweit unsere bisherige Kenntnis der Tatsachen reicht, hätten wir mit gleichem Rechte den entgegengesetzten Umdrehungssinn wählen können, wenn wir die Harzelektrizität an Stelle der Glaselektrizität als die positive gewählt hätten. Die Wirkung dieser Wirbel hängt von ihrer Dichte und von der Geschwindigkeit an ihrer Peripherie ab, ist aber unabhängig von ihrem Durchmesser. Die Dichte muß der Kapazität der Substanz für magnetische Induktion proportional sein; wobei sie in Luft gleich 1 gesetzt wird. Die Geschwindigkeit muß sehr groß sein, um in einem Medium von so geringer Dichte so mächtige Wirkungen hervorzurufen.

Die Größe der Wirbel ist unbestimmt, aber wahrscheinlich sehr klein im Vergleich zu der eines vollständigen Moleküls der gewöhnlichen Materie.

4. Die Wirbel sind voneinander durch einfache Lagen runder Teilchen getrennt, so daß ein System von Zellen entsteht, deren Wände durch diese Lagen der Teilchen gebildet werden, während die Substanz innerhalb jeder Zelle wie ein Wirbel zu rotieren vermag.

5. Die Teilchen jeder Lage rollen an den beiderseits anliegenden Wirbeln ohne Reibung und ohne zu gleiten. Sie können zwischen den Wirbeln vollkommen frei rollen und dabei in beliebiger Richtung fortschreiten, vorausgesetzt, daß sie dabei das Innere eines vollständigen Moleküls der Substanz nicht verlassen. Wenn sie aber von einem Molekül zu einem anderen übergehen, so erfahren sie einen Widerstand und erzeugen unregelmäßige Bewegungen, welche sich als Wärme kundgeben. Diese Teilchen spielen in unserer Theorie die Rolle der Elektrizität. Ihr Fortschreiten in einer Richtung stellt einen elektrischen Strom dar, ihre Drehungen dienen dazu, um die Bewegung der Wirbel von Stelle zu Stelle im Felde fortzupflanzen. Die hierbei entstehenden tangentialen Druckkräfte sind die elektromotorischen Kräfte. Die Vorstellung von Teilchen, deren Bewegung durch die Bedingung bestimmt ist, daß sie an den beiderseits anliegenden Wirbeln ohne Gleitung rollen, mag einigermaßen unbefriedigend scheinen. Ich will sie nicht als die richtige Ansicht über das, was in der Natur existiert, oder als eine Hypothese über das Wesen der Elektrizität im bisherigen Sinne dieses

Wortes angesehen wissen. Diese Art der Verbindung ist jedoch mechanisch denkbar, leicht zu untersuchen und geeignet, die wirklichen mechanischen Beziehungen zwischen den bekannten elektromagnetischen Erscheinungen darzustellen. Ich stehe daher nicht an zu glauben, daß jeder, der den provisorischen Charakter dieser Hypothese richtig aufgefaßt hat, durch dieselbe bei Untersuchungen über die wahre Deutung der Phänomene mehr gefördert als gehemmt werden wird.

Die Wirkung zwischen den Wirbeln und den Zwischenlagen von Teilchen ist zum Teil eine tangentiale, so daß, wenn irgend ein Gleiten oder eine Relativbewegung zwischen den Berührungsflächen statthätte, ein Verlust der Energie des Kraftfeldes und eine allmähliche Verwandlung derselben in Wärme eintreten müßte. Nun wissen wir aber, daß sich die Kraftlinien in der Umgebung eines Magnets ohne jeden Energieaufwand durch unbegrenzte Zeit hindurch erhalten. Wir müssen daher schließen, daß, wo immer eine tangentiale Wirkung zwischen den verschiedenen Teilen des Mediums stattfindet, keine Gleitung zwischen diesen Teilen eintritt. Wir müssen uns also vorstellen, daß die Wirbel und Teilchen ohne Gleitung aneinander rollen und daß die inneren Schichten jedes Wirbels die ihnen eigentümliche Geschwindigkeit von der äußersten Schicht ohne Gleitung erhalten, d.h. daß die Winkelgeschwindigkeit an allen Stellen eines und desselben Wirbels dieselbe ist.

Der einzige Vorgang, bei welchem Energie verlorengeht und in Wärme verwandelt wird, ist der Übergang der Elektrizität von Molekül zu Molekül. In allen anderen Fällen kann die Energie der Wirbel sich nur vermindern, wenn durch die magnetische Wirkung eine äquivalente Menge von mechanischer Arbeit erzeugt wird.

6. Die Wirkung eines elektrischen Stromes auf das umgebende Medium besteht darin, daß er den Wirbeln, welche mit ihm in Berührung stehen, eine solche Rotation erteilt, daß sich die dem Strom zugewandten Teile derselben in der gleichen Richtung wie der Strom bewegen. Die vom Strom abgewandten Teile derselben werden sich dann in der entgegengesetzten Richtung bewegen, und wenn das Medium ein Leiter der Elektrizität ist, so daß die Teilchen in jeder Richtung frei beweglich sind, so werden die die Außenseite dieser Wirbel berührenden Teilchen in einer dem Strom entgegengesetzten Richtung zur Bewegung angeregt werden; es entsteht also dort zunächst ein dem primären Strom entgegengesetzt gerichteter Induktionsstrom.

Wenn die Teilchen bei ihrer Bewegung keinen Widerstand zu überwinden hätten, so würde der Induktionsstrom dem primären gleich und entgegengesetzt gerichtet sein, und er würde so lange andauern, als der primäre

Strom fließt, so daß er alle Fernwirkung des Primärstromes aufheben würde. Wenn aber dieser induzierte Strom einen Widerstand findet, so wirken dessen Teilchen auf die jenseits liegenden Wirbel und pflanzen die Wirbelbewegung zu diesen fort, bis schließlich alle Wirbel des Mediums sich mit solchen Geschwindigkeiten bewegen, daß die Teilchen keine fortschreitende Bewegung haben, sondern nur Drehungen um ihre Mittelpunkte ausführen, und daher alle Induktionsströme aufgehört haben.

Bei der Übertragung der Bewegung von einem Wirbel zum anderen sind Kräfte zwischen den Teilchen und den Wirbeln tätig, durch welche die Teilchen in der einen, die Wirbel in der entgegengesetzten Richtung gedrückt werden. Wir nennen jede Kraft, welche auf die Teilchen wirkt, eine elektromotorische Kraft. Die Gegenwirkung auf die Wirbel ist derselben gleich, aber entgegengesetzt gerichtet, so daß sie niemals einen Teil des Mediums als Ganzes bewegen, sondern nur elektrische Ströme hervorbringen kann. Wenn der primäre Strom aufgehalten wird, so wirken alle elektromotorischen Kräfte genau in der entgegengesetzten Richtung.

7. Wenn ein elektrischer Strom oder Magnet in der Nähe eines Leiters bewegt wird, so wird die Geschwindigkeit der Drehung der Wirbel an jeder Stelle des Feldes durch diese Bewegung geändert. Die Kraft, mit welcher der jedem Wirbel zukommende Betrag von Drehgeschwindigkeit auf diesen übertragen wird, stellt in diesem Falle ebenfalls eine elektromotorische Kraft dar und kann elektrische Ströme erzeugen, wenn sie geschlossene Stromkreise findet.

8. Wenn ein Leiter in einem magnetischen Kraftfeld bewegt wird, so werden die Wirbel in seinem Innern und in seiner Nachbarschaft von ihren Plätzen wegbewegt und erleiden dabei Formänderungen. Die Kraft, welche von diesen Formänderungen herrührt, stellt die auf einen beweglichen Leiter wirkende elektromotorische Kraft dar, und wir fanden durch Rechnung, daß sie mit der experimentell bestimmten übereinstimmt.

Wir haben nun gezeigt, in welcher Weise die elektromagnetischen Erscheinungen durch die Fiktion eines Systems von Molekularwirbeln nachgeahmt werden können. Wer bereits zur Annahme einer derartigen Hypothese geneigt ist, findet hier die Bedingungen, welche erfüllt sein müssen, um ihr mathematische Folgerichtigkeit zu verleihen und eine hinlänglich befriedigende Vergleichung zwischen ihren logischen Konsequenzen und den Tatsachen, soweit sie gegenwärtig bekannt sind, zu gestatten. Wer aber die Tatsachen auf einem anderen Wege zu erklären sucht, dem möge diese Schrift den Vergleich der Theorie eines die Kräfte vermittelnden Mediums mit der von Strömen, welche frei durch die Körper fließen, und mit der Hypothese ermöglichen, daß die Elektrizität mit einer von ihrer Geschwindigkeit abhängenden Kraft direkt in die Ferne wirkt und daher nicht dem Gesetz von der Erhaltung der Energie unterworfen ist.

Die Tatsachen des Elektromagnetismus sind so kompliziert und mannigfaltig, daß die Erklärung irgend einer Gruppe derselben durch mehrere verschiedene Hypothesen von Interesse sein muß, und zwar nicht bloß für die Physiker, sondern für alle, welche zu beurteilen wünschen, inwieweit die zutreffende Erklärung gewisser Erscheinungen ein sicheres Zeichen der Richtigkeit einer Theorie ist und inwieweit wir die Übereinstimmung des mathematischen Ausdrucks zweier Reihen von Erscheinungen als einen Beweis betrachten dürfen, daß diese Erscheinungen von derselben Art sind. Wir wissen, daß teilweise Übereinstimmungen von dieser Art entdeckt worden sind. Die Tatsache, daß sie nur teilweise sind, wurde dann durch die Verschiedenheit der Gesetze der beiden Erscheinungsreihen in anderen Beziehungen bewiesen. Wir können erwarten, daß sich in der weiteren Entwicklung der Physik Beispiele einer vollständigeren Übereinstimmung finden werden, bei denen tiefgehende Untersuchungen erforderlich sind, um ihre wesentliche Verschiedenheit aufzudecken.

287

Eine dynamische Theorie des elektromagnetischen Feldes

1. Das augenfälligste mechanische Phänomen bei elektrischen und magnetischen Experimenten ist die gegenseitige Wirkung, durch welche Körper in gewissen Zuständen einander in Bewegung setzen, während sie noch merklich voneinander entfernt sind. Um diese Phänomene in eine wissenschaftliche Form zu bringen, muß man also als ersten Schritt die Größe und Richtung der zwischen den Körpern wirkenden Kraft ermitteln. Wenn sich nun herausstellt, daß diese Kraft auf eine bestimmte Weise von der relativen Lage der Körper und von ihrem elektrischen oder magnetischen Zustand abhängt, scheint es beim ersten Anblick naheliegend, die Tatsachen so zu erklären, daß man das Vorhandensein von etwas in jedem Körper annimmt, was entweder ruht oder sich bewegt, und das den elektrischen oder magnetischen Zustand des Körpers bildet und aus der Ferne nach mathematischen Gesetzen wirken kann.

Auf diese Weise sind mathematische Theorien der statischen Elektrizität, des Magnetismus, der mechanischen Wirkung zwischen stromtragenden Leitern und der Induktion von Strömen aufgestellt worden. Diese Theorien betrachten die zwischen den beiden Körpern wirkende Kraft nur mit Bezug auf den Zustand der Körper und auf ihre relative Lage und ohne das umgebende Medium besonders in Rechnung zu ziehen.

Diese Theorien setzen mehr oder weniger ausdrücklich das Vorhandensein von Substanzen voraus, deren Teilchen durch Anziehung oder Abstoßung von ferne aufeinander wirken. [...]

2. Doch die Annahme, daß Teilchen von ferne mit Kräften wirken, die von ihren Geschwindigkeiten abhängen, ist mit derartigen mechanischen Schwierigkeiten verbunden, daß ich diese Theorie nicht als endgültig betrachten kann, obzwar sie von Nutzen gewesen sein mag und es vielleicht noch ist, zu einer richtigen Korrelation der Phänomene zu führen.

Ich habe es deshalb vorgezogen, eine Erklärung der Tatsachen in einer anderen Richtung zu suchen, indem ich annahm, daß sie auf Wirkungen zurückzuführen sind, die sowohl im umgebenden Medium als auch in den erregten Körpern vor sich gehen. Dann versuchte ich, die Wirkung zwischen entfernten Körpern zu erklären, ohne das Vorhandensein von Kräften vorauszusetzen, die aus merklichen Entfernungen eine unmittelbare Wirkung ausüben könnten.

3. Die von mir vorgeschlagene Theorie kann als eine Theorie des *elektromagnetischen Feldes* bezeichnet werden, weil sie sich mit dem Raum in der Nähe von elektrischen oder magnetischen Körpern befaßt. Sie läßt sich auch als *dynamische* Theorie bezeichnen, weil sie voraussetzt, daß sich im eben erwähnten Raum bewegte Materie befindet, auf die die beobachteten elektromagnetischen Phänomene zurückzuführen sind.

4. Das elektromagnetische Feld ist jener Teil des Raumes, welcher Körper in elektrischen oder magnetischen Zuständen enthält und umgibt.

Es kann mit Materie beliebiger Art angefüllt sein, oder wir können versuchen, aus ihm alle grobe Materie zu entfernen, wie bei den Geißlerschen Röhren[1] und anderen sogenannten Vakuen.

Trotzdem bleibt aber immer genug Materie übrig, um die Licht- und Wärmeschwingungen aufzunehmen und fortzuleiten. Da nun einmal die Fortpflanzung dieser Strahlungen sich nicht wesentlich verändert, wenn das sogenannte Vakuum durch durchsichtige Körper meßbarer Dichte ersetzt wird, müssen wir zugeben, daß die Schwingungen einer ätherischen Substanz angehören und nicht der groben Materie, deren Anwesenheit lediglich die Bewegung des Äthers irgendwie modifiziert.

Auf Grund der Licht- und Wärmeerscheinungen ist also die Annahme berechtigt, daß ein ätherisches Medium den Raum erfüllt und die Körper durchdringt, welches in Bewegung gesetzt werden und diese Bewegung von einem Teil zum anderen übertragen kann; ferner, daß es dieselbe Be-

[1] Nach ihrem Verfertiger J. H. W. Geißler (1815–1879) benannte Vakuumröhren, mit denen seit etwa 1860 elektrische Entladungen in verdünnten Gasen beobachtet wurden. (Hg.)

wegung auf grobe Materie so zu übermitteln vermag, daß diese erwärmt und auf verschiedene Weise beeinflußt wird.

5. Nun muß die bei der Erwärmung auf den Körper übertragene Energie schon vorher im sich bewegenden Medium existiert haben, denn die Schwingungen hatten die Wärmequelle bereits einige Zeit verlassen, bevor sie den Körper erreichten. Während dieser Zeit muß die Energie zur Hälfte als Bewegung des Mediums und zur Hälfte in Form von elastischer Spannkraft vorhanden gewesen sein. Auf Grund dieser Überlegung hat Professor W. Thomson[1] behauptet, daß das Medium eine Dichte aufweisen müsse, die mit derjenigen der groben Materie verglichen werden kann, und hat sogar eine untere Grenze für diese Dichte angegeben.

6. Wir dürfen es deshalb als eine Tatsache annehmen, die von einem Zweig der Wissenschaft herrührt, welcher von dem uns beschäftigenden unabhängig ist, daß es ein durchdringendes Medium gibt, von geringer aber wirklicher Dichte, das in Bewegung gesetzt werden und Bewegung von einem zum anderen Teil mit großer aber nicht unendlicher Geschwindigkeit fortpflanzen kann. Folglich müssen die Teile dieses Mediums so miteinander verbunden sein, daß die Bewegung des einen Teils irgendwie von der Bewegung des Restes abhängt; gleichzeitig müssen diese Verbindungen gewisse elastische Eigenschaften besitzen, da die Übertragung der Bewegung nicht augenblicklich erfolgt, sondern Zeit in Anspruch nimmt.

Das Medium ist also dazu fähig, zwei Arten von Energie zu empfangen und aufzuspeichern, nämlich die «aktuelle» Energie, die von der Bewegung seiner Teile abhängt, und die «potentielle» Energie, die aus der Arbeit besteht, die das Medium dank seiner Elastizität bei der Rückkehr nach der Verschiebung vollbringt.

Die Fortpflanzung von Schwingungen besteht in der fortwährenden abwechselnden Umwandlung einer dieser Energieformen in die andere. Zu jeder Zeit ist die Energiemenge im ganzen Medium gleichmäßig aufgeteilt, so daß sie zur Hälfte in Bewegungsenergie besteht, zur Hälfte in elastischer Spannkraft.

7. Ein so beschaffenes Medium mag vielleicht zu anderen Arten von Bewegung und Verschiebung fähig sein, als zu jenen, welche die Phänomene von Licht und Wärme erzeugen, und zwar möglicherweise zu solchen, die auf Grund der erzeugten Phänomene durch unsere Sinne wahrgenommen werden können.

8. Wir wissen nun, daß der Magnetismus in gewissen Fällen auf das lichtfortpflanzende Medium wirkt; denn Faraday entdeckte, daß, wenn ein in

[1] Sir William Thomson, später Lord Kelvin (1824–1907), englischer Physiker, berühmt für seine Forschungen in Thermodynamik und Elektromagnetismus. (Hg.)

einer Ebene polarisierter Strahl ein durchsichtiges diamagnetisches Medium in Richtung der durch Magnete oder Ströme in der Nähe erzeugten magnetischen Kraftlinien durchquert, die Polarisationsebene zum Rotieren gebracht wird.

Diese Rotation erfolgt immer in jener Richtung, in der positive Elektrizität um den diamagnetischen Körper geleitet werden muß, um die eigentliche Magnetisierung des Feldes herzustellen. [...]

9. Wir können jetzt ein anderes im elektromagnetischen Felde beobachtetes Phänomen betrachten. Wenn ein Körper quer zu den magnetischen Kraftlinien bewegt wird, wird er einer sogenannten elektromotorischen Kraft ausgesetzt; die zwei Enden des Körpers neigen dazu, elektrisch entgegengesetzt geladen zu werden, und ein elektrischer Strom neigt dazu, durch den Körper zu fließen. Wenn die elektromotorische Kraft stark genug ist und dazu veranlaßt wird, auf gewisse zusammengesetzte Körper zu wirken, zersetzt sie diese und bewirkt, daß sich einer ihrer Bestandteile gegen das eine Ende des Körpers, der andere in der entgegengesetzten Richtung bewegt.

Hier haben wir einen Beweis dafür, daß eine Kraft trotz eines Widerstandes einen elektrischen Strom verursacht. Sie elektrisiert die Enden eines Körpers in entgegengesetzter Weise, ein Zustand, der nur durch die Wirkung der elektromotorischen Kraft aufrechterhalten wird und der sofort nach Entzug dieser Kraft mit gleicher, aber entgegengesetzter Kraft danach strebt, einen Gegenstrom durch den Körper zu erzeugen und den ursprünglichen elektrischen Zustand des Körpers wiederherzustellen. Und schließlich, wenn stark genug, zersetzt sie chemische Verbindungen und führt ihre Bestandteile in entgegengesetzte Richtungen, während deren natürliche Tendenz ist, sich zu verbinden, und zwar mit einer Kraft, die eine elektromotorische Kraft in der entgegengesetzten Richtung zu erzeugen vermag.

Es handelt sich also um eine auf einen Körper wirkende Kraft, die durch die Bewegung dieses Körpers im elektromagnetischen Feld verursacht wird, oder durch Veränderungen, die im Felde selbst eintreten. Entweder erzeugt die Kraft einen Strom, wobei der Körper erwärmt wird, oder sie zersetzt den Körper, oder, wenn keine dieser Möglichkeiten in Frage kommt, versetzt sie den Körper in einen Zustand elektrischer Polarisation, einen Zwangszustand, bei welchem entgegengesetzte Enden sich entgegengesetzt elektrisch aufladen, und von dem sich der Körper zu befreien versucht, sobald die störende Kraft beseitigt ist

10. Gemäß der Theorie, die ich jetzt darlegen will, ist es diese «elektromotorische Kraft», die während der Übertragung der Bewegung von einem Teil des Mediums zum anderen in Gang gebracht wird; diese Kraft bewirkt

auch, daß die Bewegung des einen Teils eine Bewegung in einem anderen verursacht. Wenn eine elektromotorische Kraft auf einen leitenden Kreis wirkt, erzeugt sie einen Strom, der, wenn er auf Widerstand trifft, eine fortwährende Transformation elektrischer Energie in Wärme verursacht, welche durch keine Umkehrung des Prozesses in die Form elektrischer Energie zurückgebracht werden kann.

11. Wenn aber eine elektromotorische Kraft auf einen Nichtleiter (Dielektrikum) wirkt, erzeugt sie einen Polarisationszustand seiner Teile, der hinsichtlich seiner Verteilung der Polarität der Teile einer Eisenmasse unter dem Einfluß eines Magneten ähnelt und den man, wie die magnetische Polarisation, als einen Zustand beschreiben kann, in dem die entgegengesetzten Pole jedes Teilchens entgegengesetzte Eigenschaften haben.

Im Falle eines Nichtleiters unter der Wirkung elektromotorischer Kraft dürfen wir vermuten, daß die Elektrizität in jedem Molekül so verschoben wird, daß die elektrische Ladung auf der einen Seite positiv und auf der anderen negativ wird, daß jedoch die Elektrizität mit dem Molekül ganz verbunden bleibt und nicht von einem Molekül zum anderen übergeht. Für den ganzen dielektrischen Körper hat diese Wirkung zur Folge, daß eine allgemeine Verschiebung der Elektrizität in einer bestimmten Richtung hervorgerufen wird. Diese Verschiebung kommt keinem Strom gleich, weil sie nach Erreichung eines gewissen Wertes konstant bleibt; sie stellt aber den Anfang eines Stroms dar, wobei ihre Schwankungen Ströme in der positiven oder negativen Richtung je nach Zunahme oder Abnahme der Verschiebung bilden. Im Inneren des Nichtleiters gibt es kein Anzeichen für Elektrisierung, weil die Elektrisierung der Oberfläche jedes Moleküls durch die entgegengesetzte Elektrisierung der Oberfläche der mit diesem in Berührung stehenden Moleküle neutralisiert wird; an der äußeren Oberfläche des Nichtleiters aber, wo die Elektrisierung nicht neutralisiert wird, finden wir die Erscheinungen, die auf positive oder negative Elektrisierung hinweisen.

Die Beziehung zwischen der elektromotorischen Kraft und dem Ausmaß der durch sie hervorgerufenen elektrischen Verschiebung hängt von der Beschaffenheit des Nichtleiters ab, wobei dieselbe elektromotorische Kraft in der Regel eine größere Verschiebung in festen Nichtleitern wie Glas oder Schwefel hervorruft als in der Luft.

12. Hier sehen wir also eine weitere Auswirkung der elektromotorischen Kraft, nämlich die elektrische Verschiebung, die gemäß unserer Theorie eine Art elastisches Nachgeben vor der Kraftwirkung darstellt, ähnlich demjenigen, das in Bauten und Maschinen wegen des Mangels an vollkommener Starrheit in den Verbindungen vorkommt. [...]

15. Gewisse Erscheinungen der Elektrizität und des Magnetismus führen uns also anscheinend zum selben Schluß wie die der Optik, nämlich, daß ein ätherisches Medium alle Körper durchdringt, welches nur dem Grade nach durch ihre Anwesenheit modifiziert wird; daß die Teile dieses Mediums durch elektrische Ströme und Magnete in Bewegung versetzt werden können, daß diese Bewegung von einem Teil des Mediums zum anderen durch Kräfte übertragen wird, die aus den Verbindungen dieser Teile entspringen, daß unter der Wirkung dieser Kräfte ein gewisses Nachgeben stattfindet, welches von der Elastizität dieser Verbindungen abhängt, und daß demzufolge zwei verschiedene Energieformen im Medium vorhanden sein können, von denen die eine die aktuelle Bewegungsenergie der Teile ist, die andere die potentielle Energie, die infolge der Elastizität der Verbindungen in diesen gespeichert wird.

16. So werden wir zur Vorstellung eines komplizierten Mechanismus geführt, der zu sehr vielen verschiedenen Bewegungsarten fähig ist, aber gleichzeitig so verbunden, daß die Bewegung des einen Teils gemäß bestimmten Beziehungen von der Bewegung der anderen Teile abhängt, wobei diese Bewegungen durch Kräfte übertragen werden, welche aus der relativen Verschiebung der verbundenen Teile infolge ihrer Elastizität entspringen. Ein solcher Mechanismus muß den allgemeinen Gesetzen der Dynamik unterliegen; und so sollten wir all die Folgen seiner Bewegung errechnen können, wenn wir nur wissen, was für ein Verhältnis zwischen den Bewegungen der Teile besteht.

17. Es ist uns bekannt, daß, wenn ein elektrischer Strom in einem Stromkreis vorhanden ist, der benachbarte Teil des Feldes durch gewisse magnetische Eigenschaften gekennzeichnet ist, und daß, wenn zwei Stromkreise im Felde sind, die den beiden Strömen zuzuschreibenden magnetischen Eigenschaften des Feldes kombiniert werden. Damit ist jeder Teil des Feldes mit beiden Strömen verbunden, wobei auch die beiden Ströme kraft ihrer Verbindung mit der Magnetisierung des Feldes sich miteinander verbinden. Das erste Ergebnis dieser Verbindung, das ich zu untersuchen beabsichtige, ist die Induktion des einen Stroms durch den anderen und durch die Bewegung von Leitern im Felde.

Das zweite Ergebnis, das sich von diesem herleitet, ist die mechanische Wirkung stromtragender Leiter aufeinander. Das Phänomen der Induktion von Strömen ist aus ihrer mechanischen Wirkung durch Helmholtz und Thomson abgeleitet worden. Ich bin in umgekehrter Reihenfolge vorgegangen und habe die mechanische Wirkung von den Induktionsgesetzen hergeleitet. [...]

18. Dann wende ich die Phänomene der Induktion und Anziehung von

Strömen auf die Erforschung des elektromagnetischen Feldes und auf die Festlegung von Systemen magnetischer Kraftlinien an, welche seine magnetischen Eigenschaften anzeigen. Indem ich dasselbe Feld mit einem Magnet erforsche, zeige ich die Verteilung seiner Flächen gleichen magnetischen Potentials, die die Kraftlinien rechtwinklig durchschneiden.

Um nun diese Ergebnisse in den Bereich der Rechnung mit Symbolen zu bringen, drücke ich sie in Form der Allgemeinen Gleichungen des Elektromagnetischen Feldes aus. Diese Gleichungen formulieren folgendes:

A. Die Beziehung zwischen elektrischer Verschiebung, wahrer Leitung und dem gesamten Strom, der aus beiden zusammengesetzt ist.

B. Die Beziehung zwischen den magnetischen Kraftlinien und den Induktionskoeffizienten eines Stromkreises, wie sie schon von den Induktionsgesetzen hergeleitet worden sind.

C. Die Beziehung zwischen der Stärke eines Stroms und dessen magnetischen Wirkungen, nach dem elektromagnetischen Maßsystem.

D. Den Wert der elektromotorischen Kraft in einem Körper, wie sie aus der Bewegung des Körpers im Felde, der Veränderung des Feldes selber und der Veränderung des elektrischen Potentials in verschiedenen Teilen des Feldes entspringt.

E. Die Beziehung zwischen der elektrischen Verschiebung und der elektromotorischen Kraft, welche sie hervorruft.

F. Die Beziehung zwischen einem elektrischen Strom und der elektromotorischen Kraft, welche ihn hervorruft.

G. Die Beziehung zwischen der Menge freier Elektrizität an einer beliebigen Stelle und den elektrischen Verschiebungen in der Nähe.

H. Die Beziehung zwischen der Zunahme oder Abnahme freier Elektrizität und den elektrischen Strömen in der Nähe.

Insgesamt gibt es zwanzig solcher Gleichungen mit zwanzig veränderlichen Größen.

19. Im Folgenden verwende ich diese Größen, um die wahre Energie des elektromagnetischen Feldes auszudrücken, wie sie teilweise von seiner magnetischen und teilweise von seiner elektrischen Polarisation an jeder Stelle abhängt.

Daraus ermittle ich die mechanische Kraft, die wirkt: erstens auf einen beweglichen Leiter, der einen elektrischen Strom trägt, zweitens auf einen Magnetpol, drittens auf einen elektrisierten Körper. [...]

20. Die allgemeinen Gleichungen werden dann auf den Fall einer durch ein nichtleitendes Feld fortgepflanzten magnetischen Störung angewendet, wobei gezeigt wird, daß nur diejenigen Störungen, die zur Fortpflanzungsrichtung querlaufen, auf diese Weise fortgepflanzt werden können und daß

die Fortpflanzungsgeschwindigkeit die Geschwindigkeit v ist, wie sie bei Versuchen wie denen von Weber[1] festgestellt wurde, wobei v die Anzahl elektrostatischer Elektrizitätseinheiten ausdrückt, welche in einer elektromagnetischen Einheit enthalten sind.

Diese Geschwindigkeit ist derjenigen des Lichts so nahe, daß wir anscheinend mit gutem Grund schließen können, daß das Licht selbst (einschließlich der Wärmestrahlung und eventueller anderer Strahlungen) eine elektromagnetische Störung in der Form von Wellen ist, welche gemäß elektromagnetischen Gesetzen sich im elektromagnetischen Feld fortpflanzen. [...]

96. [...] Nach den Experimenten von Herrn Fizeau[2] ist die Geschwindigkeit des Lichtes in der Luft

$$V = 314.858.000 \text{ [m/sec.]};$$

nach den genaueren Versuchen von Herrn Foucault[3] ist

$$V = 298.000.000.$$

Auf Grund des Aberrationskoeffizienten[4] und des für den Halbmesser der Erdbahn allgemein anerkannten Wertes ist die Lichtgeschwindigkeit im Raum um die Erde

$$V = 308.000.000.$$

97. Folglich stimmt die von Experimenten hergeleitete Lichtgeschwindigkeit ziemlich genau mit dem Wert v überein, wie er von der einzigen Versuchsreihe abgeleitet wurde, die uns bisher zur Verfügung stand. Der Wert v wurde bestimmt, indem man die elektromotorische Kraft maß, mit der ein Kondensator bekannter Kapazität geladen war und dann durch ein Galvanometer entladen wurde, um die in ihm enthaltene Elektrizitätsmenge nach elektromagnetischem Maß zu messen. Vom Licht wurde während des Experimentes lediglich Gebrauch gemacht, um die Instrumente sichtbar zu machen. Den Wert V stellte Herr Foucault fest, indem er den

[1] Wilhelm Weber (1804–1891), deutscher Physiker, entwickelte das absolute System elektrischer Einheiten auf Grund seiner Präzisionsmessungen. (Hg.)

[2] Armand Hippolyte Louis Fizeau (1819–1896), französischer Physiker, bestimmte zum ersten Mal in einem Laboratoriumsversuch die Lichtgeschwindigkeit. (Hg.)

[3] Léon Foucault (1819–1868), französischer Physiker, berühmt durch seinen Pendelversuch, mit dem er die Axialrotation der Erde bewies. Er führte genaue Experimente über die Lichtgeschwindigkeit durch. (Hg.)

[4] Vgl. den Artikel von A. Michelson (S. 593). (Hg.)

Winkel ermittelte, durch welchen sich ein sich drehender Spiegel drehte, während das durch diesen gespiegelte Licht eine abgemessene Bahn hin- und zurücklegte. Von Elektrizität oder Magnetismus wurde überhaupt kein Gebrauch gemacht.

Die Übereinstimmung der Ergebnisse beweist anscheinend, daß Licht und Magnetismus Eigenschaften der gleichen Substanz sind und daß das Licht eine elektromagnetische Störung ist, die sich gemäß elektromagnetischen Gesetzen im Felde fortpflanzt.

Eine historische Übersicht über Fernwirkungstheorien

288

Wenn wir die Gesetze der Natur jemals aufdecken wollen, müssen wir uns so eingehend wie möglich mit den Tatsachen der Natur vertraut machen und uns davor hüten, die unsicheren Ansichten von Menschen in philosophische Sprache einzukleiden, welche gar nichts von den Tatsachen wußten, die das meiste Licht auf diese Gesetze werfen. Und was jene betrifft, die ätherische oder andere Medien einführen, um diese Wirkungen zu erklären, ohne irgendwelchen direkten Beweis für die Existenz solcher Medien, und ohne klar zu verstehen, wie die Medien wirken, und die den ganzen Raum drei- oder viermal hintereinander mit verschiedenen Arten von Äthern anfüllen – je weniger diese Leute von ihren philosophischen Skrupeln wegen der Anerkennung der Fernwirkung sprechen, desto besser.

Unterläge der Fortschritt der Wissenschaft dem ersten Newtonschen Bewegungsgesetz, so wäre es leicht, Meinungen zu entwickeln, die ihrer Zeit vorauseilen. Man müßte nur den heutigen Stand der Wissenschaft mit demjenigen vor fünfzig Jahren vergleichen; indem man die Fortschrittslinie geometrisch verlängert, würde man den Stand der Wissenschaft in weiteren fünfzig Jahren erhalten.

Der Fortschritt der Wissenschaft zur Zeit Newtons bestand darin, daß man jene Himmelsmaschinerie los wurde, mit welcher Generationen von Astronomen die Himmel beladen hatten, und damit «das Spinngewebe vom Firmament wegfegte».

Obgleich die Planeten ihre Kristallsphären losgeworden waren, schwammen sie immer noch in den Wirbeln des Descartes. Die Magnete waren von Ausflüssen und elektrisierte Körper von Atmosphären umgeben, deren Eigenschaften denjenigen gewöhnlicher Ausflüsse und Atmosphären in keiner Hinsicht gleichen.

Als Newton bewies, daß die auf jeden der Himmelskörper wirkende

Kraft von seiner relativen Lage zu den anderen Körpern abhängt, stieß die neue Theorie auf heftigen Widerstand von Seiten der fortgeschrittenen Forscher jener Zeit, die behaupteten, die Lehre von der Schwerkraft stelle eine Rückkehr zur verworfenen Methode dar, bei welcher alles mit okkulten Ursachen, Anziehungskräften und dergleichen erklärt wurde.

Newton selber antwortete mit dem weisen Maß, das all seine Überlegungen kennzeichnet, er erhebe keinen Anspruch, den Mechanismus zu erklären, durch welchen die Himmelskörper aufeinander wirkten. Die Feststellung, in welcher Weise ihre gegenseitige Wirkung von ihrer relativen Lage abhängt, war ein großer Schritt der Wissenschaft, und Newton behauptete, ihn gemacht zu haben. Den Prozeß zu erklären, durch den diese Wirkung herbeigeführt wird, war ein ganz anderer Schritt, welchen Newton in seinen *Principia* nicht zu machen versucht.

Newton aber war weit entfernt davon zu behaupten, daß Körper tatsächlich eine Fernwirkung aufeinander ausüben, unabhängig von irgendetwas Dazwischenliegendem, denn er sagt in einem Brief an Bentley[1], den Faraday an diesem Ort zitiert hat:

«Es ist undenkbar, daß leblose, rohe Materie ohne die Vermittlung von etwas anderem nicht Materiellem und ohne gegenseitige Berührung auf andere Materie wirken könnte, wie es der Fall sein muß, wenn die Schwerkraft im Sinne des Epikur ein wesentlicher und inhärenter Bestandteil der Materie ist ... Die Behauptung, die Materie besitze eine eingeborene, inhärente und wesentliche Schwerkraft, so daß der eine Körper eine Fernwirkung auf den anderen ausüben kann, und zwar durch ein Vakuum, ohne die Vermittlung von irgendetwas, durch welches ihre Wirkung und Kraft vom einen zum anderen fortgepflanzt werden könnten, ist für mich eine derartige Absurdität, daß sie meines Erachtens einem fähigen Philosophen niemals in den Sinn kommen kann.»

Demgemäß stellen wir in seinen *Optischen Fragen* und in seinen Briefen an Boyle fest, daß Newton schon sehr früh versucht hatte, die Schwerkraft mit dem Druck eines Mediums zu erklären, und daß er diese Forschungen nicht veröffentlichte, «nur weil es ihm nicht gelang, auf Grund von Experimenten und Beobachtungen weder dieses Medium noch seine Wirkungsweise beim Hervorrufen der wichtigsten Naturerscheinungen zu seiner Zufriedenheit zu erklären».

Die Theorie der unmittelbaren Fernwirkung kann nicht dem Entdecker der universellen Schwerkraft zugeschrieben werden. Vorgebracht wurde sie zuerst von Roger Cotes in seiner Vorrede zu den *Principia,* die er noch zu

[1] Richard Bentley (1662–1742), bedeutender englischer Altphilologe und Theologe. (Hg.)

Newtons Lebzeiten herausgab. Nach Cotes zeigt uns die Erfahrung, daß alle Körper gravitieren: auf keine andere Weise lernen wir, daß sie ausgedehnt, beweglich oder fest sind. Folglich kann die Schwerkraft ebenso gut als wesentliche Eigenschaft der Materie betrachtet werden, wie die Ausdehnung, die Beweglichkeit oder die Undurchdringlichkeit.

Als dann die Philosophie Newtons in Europa allmählich zur Geltung kam, herrschte die Ansicht von Cotes eher als diejenige von Newton vor; bis endlich Bošković seine Theorie vorbrachte, daß die Materie eine Anhäufung von mathematischen Punkten ist, von denen jeder die anderen nach festen Gesetzen anzieht oder abstößt. In seiner Welt ist die Materie unausgedehnt, der Kontakt unmöglich. Dennoch vergaß er nicht, seine mathematischen Punkte mit Trägheit auszustatten. Einige der modernen Vertreter seiner Schule haben gemeint, daß er damit «nicht ganz zur strikten modernen Theorie der ‹Materie› gelangt wäre, wonach diese lediglich ein Ausdruck für Formen oder Offenbarungen der ‹Kraft› sei».

Wenn wir uns aber vorläufig mit der Entwicklung der wissenschaftlichen Ideen nicht befassen und uns darauf beschränken, die Ausdehnung der Grenzen der Wissenschaft zu erwägen, so werden wir die absolute Notwendigkeit davon erkennen, daß die Methode Newtons auf jeden Zweig der Wissenschaft ausgedehnt werden sollte, auf den sie anwendbar ist – daß wir zuerst die Kräfte erforschen sollten, mit denen die Körper aufeinander wirken, bevor wir zu erklären versuchen, *wie* diese Kräfte fortgepflanzt werden. Niemand konnte besser dafür geeignet sein, sich ausschließlich dem ersten Teil des Problems zu widmen, als diejenigen, die den zweiten Teil für völlig unnötig hielten.

Deshalb achteten Cavendish, Coulomb und Poisson[1], die Begründer der exakten Wissenschaften der Elektrizität und des Magnetismus, gar nicht auf die alten Begriffe der «magnetischen Ausflüsse» und «elektrischen Atmosphären», die im vorigen Jahrhundert vorgebracht worden waren, sondern schenkten ihre volle Aufmerksamkeit der Bestimmung der Kraftgesetze, nach denen elektrisierte und magnetisierte Körper einander anziehen oder abstoßen. Auf diese Weise wurden die wahren Gesetze dieser Wirkungen entdeckt, und zwar durch Leute, die nie daran zweifelten, daß es sich um eine Fernwirkung handelte, ohne die Vermittlung irgend eines Mediums, und die die Entdeckung eines solchen Mediums hinsichtlich der unbestrittenen Erscheinungen der Anziehung eher als Komplikation denn als Erklärung angesehen hätten.

Wir sind nun zu Ørsteds großer Entdeckung des Zusammenhangs zwi-

[1] Siméon Denis Poisson (1781–1840), französischer Mathematiker und Physiker, trug wesentlich zum Ausbau der Potentialtheorie bei. (Hg.)

schen Elektrizität und Magnetismus gelangt. Ørsted stellte fest, daß ein elektrischer Strom auf einen Magnetpol wirkt, diesen aber weder anzieht noch abstößt, sondern ihn veranlaßt, sich um den Strom herum zu bewegen. Dies drückte er folgendermaßen aus: «Der elektrische Konflikt wirkt in der Form einer Umdrehung.»

Der offenkundigste Schluß aus dieser neuen Tatsache war, daß die Wirkung des Stroms auf den Magnet in keiner Stoß- und Zugkraft bestand, sondern in einer rotierenden Kraft, worauf viele Köpfe anfingen, über Wirbel und Ätherströmungen zu spekulieren, die sich um den Strom drehen.

Ampère aber, in einer Verbindung von mathematischem Können und experimenteller Findigkeit, bewies zuerst, daß zwei elektrische Ströme aufeinander wirken, und analysierte anschließend diese Wirkung so, daß sie sich als die Resultante eines Systems von Stoß- und Zugkräften zwischen den Elementarteilen dieser Ströme ergab.

Ampères Formel ist aber äußerst kompliziert im Vergleich mit dem Newtonschen Gravitationsgesetz. Man hat oft versucht, sie in eine anscheinend einfachere Form umzuwandeln.

Ich will Sie nicht in eine Diskussion irgendeines dieser Versuche verwickeln, eine mathematische Formel zu verbessern. Wenden wir uns lieber der von Faraday benutzten selbständigen Untersuchungsmethode bei jenen Erforschungen der Elektrizität und des Magnetismus zu, die dieses Institut[1] zu einer der ehrwürdigsten Stätten der Wissenschaft gemacht haben.

Keiner hat sich jemals gewissenhafter und systematischer bemüht als Faraday, all seine Geisteskräfte zu entwickeln: dies tat er schon vom Anfang seiner wissenschaftlichen Laufbahn an. Während aber die allgemeine Entwicklung der wissenschaftlichen Methode damals in der Anwendung von mathematischen und astronomischen Ideen auf jedes jeweilige neue Forschungsthema bestand, scheint Faraday keine Gelegenheit gehabt zu haben, technische Kenntnisse der Mathematik zu erwerben. Zudem bezog er seine Kenntnisse der Astronomie hauptsächlich aus Büchern.

Folglich, obgleich er tiefe Achtung vor Newtons großer Entdeckung hatte, betrachtete er die Anziehung der Schwerkraft als eine Art heiliges Geheimnis, welches er, da er kein Astronom war, weder bestreiten noch bezweifeln dürfe; es sei seine Pflicht, an die Theorie zu glauben, und zwar in der genauen Form, in der sie ihm überliefert worden war. Angesichts eines solchen absoluten Vertrauens war es nicht wahrscheinlich, daß er neue Erscheinungen mit unmittelbaren Anziehungen erklären würde.

[1] Gemeint ist The Royal Institution of Great Britain. (Hg.)

Überdies sind die Abhandlungen von Poisson und Ampère derartig technisch, daß der Student, der von ihnen Hilfe bekommen will, eine gründliche mathematische Ausbildung erhalten haben muß. Und es ist sehr zu bezweifeln, ob man eine solche Ausbildung mit Vorteil in reiferen Jahren in Angriff nehmen kann.

Faraday also, mit seinem scharfsinnigen Intellekt, seiner Liebe zur Wissenschaft und seinen Fähigkeiten als Experimentator war daran gehindert, den Gedankengang zu verfolgen, der zu den Errungenschaften der französischen Forscher geführt hatte, und mußte die Erscheinungen mit einer ihm verständlichen Symbolik selbständig erklären, anstatt die bisher einzige Sprache der Gelehrten zu übernehmen.

Diese neue Symbolik bestand in jenen Kraftlinien, die sich von elektrisierten und magnetischen Körpern in jeder Richtung erstrecken, und die Faraday mit seinem geistigen Auge so deutlich sah wie die festen Körper, von denen die Kraftlinien ausgehen.

Der Begriff der Kraftlinien und deren Darstellung mittels Feilspänen waren nichts Neues: sie waren wiederholt beobachtet und als interessante wissenschaftliche Merkwürdigkeit mathematisch erforscht worden. Wir wollen aber Faraday selber hören, wie er seinem Leser die Methode vorstellt, die in seinen Händen so folgenreich wurde.

«Wenn ein Experimentator, der die magnetische Kraft unter dem Gesichtspunkt magnetischer Kraftlinien betrachten will, auf die Anwendung von Feilspänen verzichtet, so gibt er absichtlich und unnötigerweise ein höchst wertvolles Hilfsmittel auf. Indem er sie gebraucht, kann er viele Zustände der Kraft, sogar in komplizierten Fällen, sofort sichtbar machen, die verschiedenen Richtungen der Kraftlinien erkennen und die relative Polarität feststellen, kann beobachten, in welcher Richtung die Kraft zu- oder abnimmt, und in komplizierten Systemen die neutralen Punkte, das heißt Stellen, wo weder Polarität noch Kraft vorhanden sind, feststellen, auch wenn sie in der Mitte kräftiger Magnete vorkommen. Die Anwendung von Feilspänen läßt wahrscheinliche Ergebnisse sofort erblicken und liefert manche wertvolle Anregung für zukünftige wichtige Experimente.»

289
Experimente mit Kraftlinien

Bei diesem Experiment wird jeder Feilspan zu einem kleinen Magnet. Die entgegengesetzten Pole verschiedener Späne ziehen einander an und kleben aneinander; mehr Späne haften an den entblößten Polen, das heißt, am Ende der Reihe von Feilspänen. Anstatt ein wirres Muster von Punkten auf dem Papier zu bilden, ziehen sich die Feilspäne auf diese Weise zusammen, jeder an den nächsten, bis sich lange Fasern von Feilspänen gebildet haben, deren Richtung die Kraftlinien in jedem Teil des Feldes anzeigt.

In diesem Experiment sahen die Mathematiker nichts als eine Methode, auf einen Blick die Richtung der Resultante zweier Kräfte an verschiedenen Orten darzustellen, von denen jede auf einen anderen Pol des Magnets gerichtet ist – ein etwas kompliziertes Resultat des einfachen Kraftgesetzes.

Faraday aber, mit einer Reihe von Schritten, die ebenso für ihre geometrische Genauigkeit als auch für ihre spekulative Findigkeit bemerkenswert sind, verlieh seiner Vorstellung von diesen Kraftlinien eine weit größere Klarheit und Exaktheit, als die Mathematiker damals bei ihren eigenen Formeln anwenden konnten.

Erstens sind Faradays Kraftlinien nicht bloß als individuelle Einheiten zu betrachten, sondern als Bestandteile eines Systems, auf eine bestimmte Weise durch den Raum gezogen, so daß die Zahl der Linien, die durch eine Fläche von zum Beispiel einem Quadratzentimeter hindurchgehen, auf die Intensität der durch die Fläche wirkenden Kraft schließen läßt. So ergibt sich eine bestimmte Zahl von Kraftlinien. Die Stärke eines Magnetpols mißt sich an der Zahl von Linien, die aus ihm austreten; der elektrotonische Zustand eines Stromkreises mißt sich an der Zahl von Linien, die durch ihn gehen.

Zweitens existiert jede einzelne Linie kontinuierlich in Raum und Zeit. Wenn ein Stück Stahl zu einem Magnet wird oder wenn ein elektrischer Strom zu fließen anfängt, so wird nicht jede Kraftlinie auf einmal an einer individuellen Stelle ins Leben gerufen, sondern mit zunehmender Stärke entwickeln sich neue Linien innerhalb des Magneten oder des Stroms und wachsen allmählich hinaus, so daß sich das ganze System von innen her ausdehnt, wie Newtons Ringe bei unserem früheren Experiment. Jede Kraftlinie also wahrt ihre Identität während ihrer ganzen Existenz, obschon sich ihre Form und Größe in jedem Ausmaß verändern können.

Mir fehlt die Zeit, um die Methoden zu beschreiben, durch welche jedes Problem hinsichtlich der auf Magnete oder Ströme wirkenden Kräfte oder der Induktion von Strömen in Stromkreisen durch Betrachtung von Faradays Kraftlinien gelöst werden kann. An dieser Stelle[1] können sie nie vergessen werden. Mittels dieser neuen Symbolik definierte Faraday mit mathematischer Genauigkeit die ganze Theorie des Elektromagnetismus, und zwar in einer Sprache, die frei ist von mathematisch-technischen Fachausdrücken und sowohl auf die kompliziertesten wie auf die einfachsten Fälle anwendbar ist. Doch Faraday hörte nicht damit auf: er ging weiter vom

[1] Gemeint ist die Royal Institution of Great Britain. (Hg.)

Begriff der geometrischen Kraftlinien zu dem physikalischer Kraftlinien. Er bemerkte, daß die Bewegung, welche die magnetische oder elektrische Kraft zu erzeugen strebt, ausnahmslos dazu führt, daß die Kraftlinien gekürzt werden und sich seitlich voneinander ausbreiten können. Im Medium sah er also einen Zustand der Beanspruchung, bestehend aus einer Spannung, wie bei einem Seil, in der Richtung der Kraftlinien, verbunden mit einem Druck in allen Richtungen senkrecht zu diesen.

Hier haben wir eine ganz neue Vorstellung der Fernwirkung, die sie auf ein Phänomen der gleichen Art zurückführt wie jene Fernwirkung, die durch die Spannkraft von Seilen und den Druck von Stäben ausgeübt wird. Wenn die Muskeln unseres Körpers durch jenen Reiz erregt werden, den wir in irgendeiner unbekannten Weise auf sie ausüben können, neigen die Fasern dazu, sich zu verkürzen und gleichzeitig seitlich auszubreiten. Im Muskel entsteht ein Beanspruchungszustand, und das Glied bewegt sich. Diese Erklärung der Muskelwirkung ist keineswegs vollständig: sie erklärt nicht die Ursache der Erregung des Beanspruchungszustandes, sie untersucht nicht einmal die Kohäsionskräfte, die es den Muskeln ermöglichen, diese Beanspruchung zu ertragen. Trotzdem: die bloße Tatsache, daß sie eine Art von Vorgang, bei der wir nur voneinander entfernte Ursache und Wirkung kennen, durch eine andere ersetzt, die sich einer materiellen Substanz entlang kontinuierlich fortpflanzt, veranlaßt uns, diese Erklärung als eine echte Erweiterung unserer Kenntnisse des tierischen Mechanismus anzunehmen.

Aus ähnlichen Gründen können wir Faradays Begriff eines Beanspruchungszustandes im elektromagnetischen Feld als eine Methode betrachten, die Fernwirkung mit der kontinuierlichen Kraftübertragung zu erklären, obgleich wir nicht wissen, wie der Beanspruchungszustand hervorgebracht wird.

Auf Grund einer der bedeutsamsten Entdeckungen Faradays, nämlich derjenigen der magnetischen Rotation polarisierten Lichts, können wir einen Schritt weitergehen. Teilt man sie in ihre Grundelemente auf, so kann man diese Erscheinung folgendermaßen beschreiben: von zwei zirkular polarisierten Lichtstrahlen, die von genau gleicher Konfiguration sind, aber in entgegengesetzten Richtungen rotieren, pflanzt sich jener Strahl mit größerer Geschwindigkeit fort, welcher in derselben Richtung wie die Elektrizität des magnetisierenden Stroms rotiert.

Daraus folgt, wie Sir W. Thomson unter streng dynamischer Beweisführung gezeigt hat, daß das Medium in einem Zustand der Rotation sein muß, während es unter der Wirkung einer magnetischen Kraft steht. Das heißt, daß kleine Teile des Mediums, die wir als Molekularwirbel bezeichnen können, rotieren, jeder um die eigene Achse, wobei die Richtung dieser Achse jene der magnetischen Kraft ist.

Hier haben wir also eine Erklärung für die Tendenz der magnetischen Kraftlinien, sich seitlich auszubreiten und sich zu verkürzen. Sie entspringt der Zentrifugalkraft der Molekularwirbel.

Weniger klar ist die Art und Weise, wie die elektromotorische Kraft wirkt, wenn sie die Wirbel in Gang setzt und anhält, obgleich dies natürlich gemäß dynamischen Grundsätzen erfolgt.

Wir haben also festgestellt, daß das elektromagnetische Medium, falls es existiert, mehrere verschiedene Arten von Arbeit leisten muß. Wir haben auch gesehen, daß zwischen Magnetismus und Licht eine sehr enge Beziehung besteht; zudem wissen wir, daß nach einer bestimmten Theorie des Lichts dieses aus den Schwingungen eines Mediums besteht. Welcher Zusammenhang besteht zwischen diesem lichtfortpflanzenden Medium und unserem elektromagnetischen Medium?

Glücklicherweise sind elektromagnetische Messungen gemacht worden, auf Grund deren die Fortpflanzungsgeschwindigkeit kleiner magnetischer Störungen im mutmaßlichen elektromagnetischen Medium nach dynamischen Grundsätzen berechnet werden kann.

Diese Geschwindigkeit ist sehr groß: zwischen 288 und 314 Millionen Meter pro Sekunde, je nach verschiedenen Experimenten. Nach den Versuchen von Foucault beträgt die Lichtgeschwindigkeit in der Tat 298 Millionen Meter pro Sekunde. Die Unterschiede zwischen den verschiedenen Bestimmungen jeder dieser Geschwindigkeiten sind sogar größer als der Unterschied zwischen der geschätzten Lichtgeschwindigkeit und der geschätzten Fortpflanzungsgeschwindigkeit kleiner elektromagnetischer Störungen. Wenn aber das lichtfortpflanzende und das elektromagnetische Medium dieselbe Stelle einnehmen und Störungen mit der gleichen Geschwindigkeit fortpflanzen, warum sollten wir sie voneinander unterscheiden? Indem wir sie als ein und dasselbe betrachten, vermeiden wir wenigstens den Vorwurf, den Raum zweimal nacheinander mit verschiedenen Arten von Äther gefüllt zu haben.

Außerdem ist die einzige Art von elektromagnetischer Störung, die durch ein nichtleitendes Medium fortgepflanzt werden kann, eine Störung quer zur Fortpflanzungsrichtung, gemäß unseren Kenntnissen jener Störung, die wir Licht nennen. So viel wir also wissen, mag das Licht ebenfalls eine elektromagnetische Störung in einem nichtleitenden Mittel sein. Geben wir dies zu, so wird die elektromagnetische Theorie des Lichts in jeder Hinsicht mit der Wellentheorie übereinstimmen; das Werk Thomas Youngs[1] und Fresnels wird noch fester denn je begründet, zusammen mit dem von Ca-

[1] Thomas Young (1773–1829), englischer Physiker, entwickelte die Wellentheorie des Lichtes und erklärte damit die Phänomene der Interferenz. (Hg.)

vendish[1] und Coulomb, wenn noch der Grundstein der kombinierten Wissenschaften des Lichtes und der Elektrizität dazukommt – nämlich Faradays große Entdeckung der elektromagnetischen Rotation des Lichtes.

Die unermeßlichen interplanetaren und interstellaren Regionen wird man nicht mehr als leere Einöden des Weltalls betrachten, die der Schöpfer nicht für würdig befand, sie mit den Symbolen der mannigfachen Ordnung seines Reiches zu füllen. Wir werden feststellen, daß sie bereits voll von diesem wunderbaren Medium sind; so voll, daß keine menschliche Kraft es vom geringsten Teil des Raumes entfernen oder den kleinsten Riß in seiner unendlichen Kontinuität machen kann. Es dehnt sich ununterbrochen von Stern zu Stern aus; wenn ein Wasserstoffmolekül im Sirius vibriert, empfängt das Medium die Impulse dieser Schwingungen und, nachdem es sie drei Jahre lang in seinem ungeheuren Schoße getragen hat, liefert es sie zur rechten Zeit, in richtiger Ordnung und vollzählig in das Spektroskop von Mr. Huggins in Tulse Hill.

Aber außer daß es das Licht von Mensch zu Mensch und von Welt zu Welt übermittelt und für die absolute Einheit des metrischen Systems des Weltalls zeugt, hat dies Medium noch andere Funktionen und Wirkungen. Seine winzigen Teile erfahren möglicherweise nicht nur schwingende, sondern auch rotierende Bewegungen, und die Rotationsachsen bilden vielleicht jene magnetischen Kraftlinien, die sich ununterbrochen in noch nie vom menschlichen Auge erblickte Regionen ausbreiten und die uns durch ihre Wirkung auf unsere Magnete in noch nicht gedeuteter Sprache mitteilen, was von Minute zu Minute und von Jahrhundert zu Jahrhundert im verborgenen Grunde der Welt geschieht.

Diese Linien dürfen nicht als bloße mathematische Abstraktionen betrachtet werden. Sie stellen die Richtungen dar, in welchen das Medium eine Spannkraft ausübt, die derjenigen eines Seils oder eher derjenigen unserer eigenen Muskeln ähnelt. Die Spannkraft des Mediums in der Richtung der magnetischen Kraft der Erde beträgt in diesem Lande ein Gran Gewicht pro acht Quadratfuß. Bei einigen der Experimente des Dr. Joule hat das Medium eine Spannkraft von 200 Pfund Gewicht pro Quadratzoll ausgeübt.

Kraft eben derselben Elastizität, durch die es die Wellenbewegungen des Lichtes fortpflanzen kann, ist das Medium ebenfalls imstande, als Sprungfeder zu wirken. Richtig aufgezogen, übt es eine Spannkraft aus, die sich von der magnetischen Spannkraft unterscheidet, mit der es entgegengesetzt elektrisierte Körper anzieht, längs telegraphischer Drähte Wirkungen her-

[1] Henry Cavendish (1731–1810), englischer Chemiker und Physiker, Entdecker des Wasserstoffs und einer der Begründer der Elektrostatik. (Hg.)

vorruft und, bei genügender Intensität, zum Bruch und zur Explosion führt, die wir den Blitz nennen.

Dies sind einige der bereits entdeckten Eigenschaften dessen, was oft als Vakuum oder sogar als ein Nichts bezeichnet worden ist. Auf Grund dieser Eigenschaften können wir mehrere Arten von Fernwirkung als Wirkungen zwischen anstoßenden Teilen einer kontinuierlichen Substanz interpretieren. Ob diese Interpretation eine Erklärung oder eine Komplikation darstellt, muß ich den Metaphysikern überlassen.

Die Anwendung der Statistik auf Moleküle

290

Die Molekülforschung hat eine eigene Methodik entwickelt und auch neue Aspekte der Natur eröffnet. [...]

Solange wir uns nur mit zwei Molekülen zu befassen haben und uns alle Daten zur Verfügung stehen, können wir das Ergebnis ihres Zusammenstoßes errechnen; wenn wir es aber mit Millionen von Molekülen zu tun haben, von denen jedes Millionen von Zusammenstößen pro Sekunde hat, scheint die Schwierigkeit des Problems jede Hoffnung auf eine einwandfreie Lösung auszuschließen.

Die modernen Atomisten haben deshalb eine Methode übernommen, welche meines Wissens für die mathematische Physik neu ist, obgleich sie schon seit langem in der Statistik verwendet wird. Wenn die Mitarbeiter der Sektion F einen Bericht des Volkszählungsamtes oder sonst irgendein Dokument mit zahlenmäßigen Angaben der Wirtschafts- und Gesellschaftswissenschaften in die Hände bekommen, teilen sie zuerst die ganze Bevölkerung nach Alter, Einkommenssteuer, Erziehung, religiösem Glauben oder Vorstrafen auf. Da die Zahl der Individuen viel zu groß ist, um die Geschichte jedes einzelnen separat verfolgen zu können, beschränken sie ihre Aufmerksamkeit, um ihre Arbeit in menschenmöglichen Grenzen zu halten, auf eine kleine Anzahl künstlicher Gruppen. Die primäre Gegebenheit, auf die sich ihre Arbeit stützt, ist die Zahl der Individuen, die sich in jeder Gruppe verändert, und nicht der veränderliche Zustand jedes Individuums.

Selbstverständlich ist dies nicht die einzige Methode, die menschliche Natur zu studieren. Wir können das Verhalten einzelner Leute beobachten und es mit demjenigen Verhalten vergleichen, das wir auf Grund ihres bisherigen Charakters und ihrer gegenwärtigen Verhältnisse gemäß der besten verfügbaren Theorie erwarten würden. Jene, die von dieser Methode Gebrauch machen, bemühen sich, ihre Kenntnisse der Elemente der menschlichen

Natur auf ungefähr dieselbe Weise zu erweitern, wie ein Astronom die Daten eines Planeten korrigiert, indem er dessen wirkliche Position mit der aus den allgemein anerkannten Daten abgeleiteten vergleicht. Deshalb ist die Erforschung der menschlichen Natur durch Eltern und Lehrer, Historiker und Staatsmänner, von derjenigen zu unterscheiden, die durch Registratoren und Tabulatoren ausgeführt wird, sowie durch jene Staatsmänner, welche ihr Vertrauen in Zahlen setzen. Die eine darf als die historische, die andere als die statistische Methode bezeichnet werden.

Die Gleichungen der Dynamik drücken die Gesetze der historischen Methode, angewandt auf die Materie, auf vollständige Weise aus, aber die Anwendung dieser Gleichungen setzt eine vollkommene Kenntnis aller Daten voraus. Doch der kleinste Bestandteil der Materie, mit dem wir experimentieren können, besteht aus Millionen von Molekülen, von denen wir nie ein einzelnes individuell wahrnehmen. Folglich können wir die wirklichen Bewegungen irgendeines dieser Moleküle nicht feststellen; wir müssen daher die streng historische Methode aufgeben und die statistische Methode des Arbeitens mit großen Molekülgruppen übernehmen.

Die Daten der statistischen Methode, wie sie auf die Molekularwissenschaft angewandt wird, bestehen in den Summen von großen Zahlen molekularer Größen. Bei der Erforschung der Beziehungen zwischen solchen Quantitäten stellen wir eine neue Art von Regelmäßigkeit fest, nämlich die der Durchschnitte, auf die wir uns für alle praktischen Zwecke genügend verlassen können, die aber nicht jene absolute Genauigkeit für sich in Anspruch nehmen kann, welche den Gesetzen der abstrakten Dynamik eigen ist.

So zeigt uns die Molekularwissenschaft, daß unsere Experimente uns niemals mehr als statistische Angaben liefern können und daß kein von ihnen abgeleitetes Gesetz Anspruch auf vollständige Genauigkeit machen kann.

Maxwells «Dämon»

291

Eine der am sichersten begründeten Tatsachen in der Thermodynamik ist die Tatsache, daß es unmöglich ist, in einem System, welches in eine Hülle eingeschlossen ist, die weder Volumenänderungen noch Wärmeaustausch gestattet, und innerhalb deren Temperatur und Druck überall gleich sind, irgend eine Ungleichheit der Temperatur oder des Drucks zu erzeugen, ohne Arbeit zu verbrauchen. Dies ist der Sinn des zweiten Hauptsatzes der

Thermodynamik; derselbe ist zweifellos richtig, so lange wir es ausschließlich mit Körpern als Massenansammlungen zu tun und nicht die Möglichkeit haben, die einzelnen Molekeln, aus denen sie bestehen, zu erkennen und zu handhaben. Denken wir uns nun aber ein Wesen, dessen Fähigkeiten so vollkommen sind, daß es jeder Molekel in ihrem Laufe folgen könnte, dessen Eigenschaften jedoch ebenso wesentlich endliche sind wie die unsrigen, so sehen wir, daß diesem das möglich wäre, was uns heute unmöglich ist. Denn wir haben gesehn, daß die Molekeln in einem mit Luft von gleichförmiger Temperatur gefüllten Gefäße sich mit keineswegs gleichförmigen Geschwindigkeiten bewegen, wenn auch die mittlere Geschwindigkeit einer großen, willkürlich gewählten Anzahl von ihnen ziemlich genau gleichförmig ist. Denken wir uns nun, ein solches Gefäß werde in zwei Teile, *A* und *B,* geteilt, durch eine Trennungsfläche, in welcher eine kleine Öffnung ist, und daß ein Wesen, welches die einzelnen Molekeln sehen kann, diese Öffnung in der Weise öffnet und schließt, daß nur den schnell sich bewegenden Molekeln gestattet wird, von *A* nach *B,* und nur den langsam sich bewegenden, von *B* nach *A* zu gelangen. Dieses Wesen ist auf solche Weise imstande, ohne Verausgabung von Arbeit die Temperatur des Teiles *B* zu erhöhen und diejenige des Teiles *A* zu erniedrigen, was mit dem zweiten Hauptsatze im Widerspruche steht.

GUSTAV KIRCHHOFF und ROBERT BUNSEN

292
Chemische Analyse durch Spektralbeobachtungen

Es ist bekannt, daß manche Substanzen die Eigenschaft haben, wenn sie in eine Flamme gebracht werden, in dem Spektrum derselben gewisse helle Linien hervortreten zu lassen. Man kann auf diese Linien eine Methode der qualitativen Analyse gründen, welche das Gebiet der chemischen Reaktionen erheblich erweitert und zur Lösung bisher unzugänglicher Probleme führt. Wir beschränken uns hier zunächst nur darauf, diese Methode für die Metalle der Alkalien und alkalischen Erden zu entwickeln und ihren Wert an einer Reihe von Beispielen zu erläutern.

Die erwähnten Linien zeigen sich um so deutlicher, je höher die Temperatur und je geringer die eigene Leuchtkraft der Flamme ist. Die von einem von uns angegebene Gaslampe liefert eine Flamme von sehr hoher Temperatur und sehr kleiner Leuchtkraft; dieselbe ist daher vorzugsweise geeignet zu Versuchen über die jenen Substanzen eigentümlichen hellen Linien. [...]

Für denjenigen, welcher die einzelnen Spektren aus wiederholter Anschauung kennt, bedarf es einer genauen Messung der einzelnen Linien nicht; ihre Farbe, ihre gegenseitige Lage, ihre eigentümliche Gestalt und Abschattierung, die Abstufungen ihres Glanzes sind Kennzeichen, welche selbst für den Ungeübten zur sicheren Orientierung vollkommen hinreichen. Diese Kennzeichen sind den Unterscheidungsmerkmalen zu vergleichen, welche wir bei den als Reaktionsmittel benutzten, ihrem äußeren Ansehen nach höchst verschiedenartigen Niederschlägen antreffen. Wie es als Charakter einer Fällung gilt, daß sie gelatinös, pulverförmig, käsig, körnig oder kristallinisch ist, so zeigen auch die Spektrallinien ihr eigentümliches Verhalten, indem die einen an ihren Rändern scharf begrenzt, die andern entweder nur nach einer oder nach beiden Seiten entweder gleichartig oder ungleichartig verwaschen, oder indem die einen breiter, die anderen schmäler erscheinen. Und wie wir nur diejenigen Niederschläge, welche bei möglichst großer Verdünnung der zu fällenden Substanz noch zum Vorschein kommen, als Erkennungsmittel verwenden, so benutzt man auch in der Spektralanalyse zu diesem Zwecke nur diejenigen Linien, welche zu ihrer Erzeugung die geringste Menge Substanz und eine nicht allzu hohe Temperatur erfordern. In Beziehung auf solche Kennzeichen stehen sich daher beide Methoden ziemlich gleich. Dagegen gewährt die Spektralanalyse rücksichtlich der als Reaktionsmittel benutzten Farbenerscheinungen eine Eigentümlichkeit, die ihr unbedingt einen Vorzug vor jeder anderen analytischen Methode sichern muß. Unter den Niederschlägen, die zur Erkennung von Stoffen bestimmt sind, erscheinen die meisten weiß und nur einige gefärbt. Dabei ist die Färbung der letzteren nur wenig konstant und variiert in den verschiedensten Abstufungen je nach der dichteren oder mehr zerteilten Form der Fällung. Oft reicht schon die kleinste Beimengung eines fremden Stoffes hin, eine charakteristische Färbung bis zur Unkenntlichkeit zu verwischen. Feinere Farbenunterschiede der Niederschläge kommen daher als chemische Kennzeichen gar nicht mehr in Frage. Bei der Spektralanalyse dagegen erscheinen die farbigen Streifen unberührt von solchen fremden Einflüssen und unverändert durch die Dazwischenkunft anderer Stoffe. Die Stellen, welche sie im Spektrum einnehmen, bedingen eine chemische Eigenschaft, die so unwandelbarer und fundamentaler Natur ist wie das Atomgewicht der Stoffe, und lassen sich daher mit einer fast astronomischen Genauigkeit bestimmen. Was aber der spektralanalytischen Methode eine ganz besondere Bedeutung verleiht, ist der Umstand, daß sie die Schranken, bis zu welchen bisher die chemischen Kennzeichen der Materie reichten, fast ins Unbegrenzte hinausrückt. Sie verspricht uns über die Verbreitung und Anordnung der Stoffe in den geologischen Formationen die wertvollsten Aufschlüsse. Schon die wenigen Versuche, welche diese Abhandlung enthält, führen zu dem unerwarteten Aufschluß, daß nicht nur Kalium und Natrium, sondern auch Lithium und Strontium zu den zwar nur in geringer Menge, aber allgemein verbreiteten Stoffen unseres Erdkörpers gezählt werden müssen.

Für die Entdeckung bisher noch nicht aufgefundener Elemente dürfte die Spektralanalyse eine nicht minder wichtige Bedeutung gewinnen. Denn wenn es Stoffe gibt, die so sparsam in der Natur verbreitet sind, daß uns die bisherigen Mittel der Analyse bei ihrer Erkennung und Abscheidung im Stiche lassen, so wird man hoffen dürfen, viele solcher Stoffe durch die einfache Betrachtung ihrer Flammenspektren noch in Mengen zu erkennen und zu bestimmen, die sich auf gewöhnlichem Wege jeder chemischen Wahrnehmung entziehen. Daß es wirklich solche bisher unbekannte Elemente gibt, davon haben wir uns bereits zu überzeugen Gelegenheit gehabt. Wir glauben, auf unzweifelhafte Resultate der spektralanalytischen Methode gestützt, mit völliger Sicherheit schon jetzt die Behauptung aufstellen zu können, daß es neben dem Kalium, Natrium und Lithium noch ein viertes der Alkaliengruppe angehöriges Metall gibt, welches ein ebenso charakteristisches und einfaches Spektrum gibt wie das Lithium – ein Metall, das mit unserem Spektralapparate nur zwei Linien zeigt, eine schwache blaue, die mit der Strontiumlinie Sr-δ fast zusammenfällt, und eine andere blaue, die nur um weniges weiter nach dem violetten Ende des Spektrums hin liegt und an Intensität und Schärfe der Begrenzung mit der Lithiumlinie wetteifert.

Bietet einerseits die Spektralanalyse, wie wir im Vorstehenden gezeigt zu haben glauben, ein Mittel von bewunderungswürdiger Einfachheit dar, die kleinsten Spuren gewisser Elemente in irdischen Körpern zu entdecken, so eröffnet sie andererseits der chemischen Forschung ein bisher völlig verschlossenes Gebiet, das weit über die Grenzen der Erde, ja selbst unseres Sonnensystems, hinausreicht. Da es bei der in Rede stehenden analytischen Methode ausreicht, das glühende Gas, um dessen Analyse es sich handelt, zu *sehen*, so liegt der Gedanke nahe, daß dieselbe auch anwendbar sei auf die Atmosphäre der Sonne und die der helleren Fixsterne. Sie bedarf aber hier einer Modifikation wegen des Lichtes, welches die Kerne dieser Weltkörper ausstrahlen. In seiner Abhandlung über das Verhältnis zwischen dem Emissionsvermögen und dem Absorptionsvermögen der Körper für Wärme und Licht hat einer von uns durch theoretische Betrachtungen nachgewiesen, daß das Spektrum eines glühenden Gases *umgekehrt* wird, d.h. daß die hellen Linien in dunkle sich verwandeln, wenn hinter dasselbe eine Lichtquelle von hinreichender Intensität gebracht wird, die an sich ein kontinuierliches Spektrum gibt. Es läßt sich hieraus schließen, daß das Sonnenspektrum mit seinen dunkeln Linien nichts anderes ist als die Umkehrung des Spektrums, welches die Atmosphäre der Sonne für sich zeigen würde. Hiernach erfordert die chemische Analyse der Sonnenatmosphäre nur die Aufsuchung derjenigen Stoffe, die, in eine Flamme gebracht, helle Linien hervortreten lassen, die mit den dunkeln Linien des Sonnenspektrums koinzidieren.

DIMITRIJ IWANOWITSCH MENDELEJEW

293

Das periodische Gesetz der chemischen Elemente

Überhaupt verdienen bei einem Studium der Eigenschaften der Elemente, welches zu praktischen Schlüssen und chemischen Voraussagungen führen soll, sowohl die allgemeinen Eigenschaften der Gruppe, zu welcher das gegebene Element gehört, als auch seine individuellen Eigenschaften eine gleiche Beachtung; bloß nach solchen vergleichenden Studien und auf Grund einer genau meßbaren Eigenschaft lassen sich die Eigenschaften der Elemente verallgemeinern. In dem Atomgewicht besitzen wir jetzt und werden wir noch lange eine solche Eigenschaft besitzen. Denn unsere Vorstellungen über das Atomgewicht haben besonders in letzter Zeit, seit Anwendung des Avogadroschen[1] und des Ampèreschen Gesetzes, sowie durch die Bemühungen von Laurent, Gerhardt, Regnault[2], Rose und Cannizzaro[3] eine solche unerschütterliche Festigkeit erlangt, daß man getrost behaupten kann, der Begriff vom Atomgewicht (als kleinster Teil eines Elementes, welcher in einem Molekül seiner Verbindungen enthalten ist) wird unter allem Wechsel in den theoretischen Vorstellungen der Chemiker sich ohne Ände-

1 Amedeo Avogadro (1776–1856), italienischer Physiker und Chemiker. Stellte 1811 das Gesetz auf, daß gleiche Volumina verschiedener Gase bei gleicher Temperatur und gleichem Druck die gleiche Zahl von Molekülen enthalten, auf die Volumeneinheit bezogen die Avogadrosche oder Loschmidtsche Zahl genannt. (Hg.)

2 Henri Victor Regnault (1810–1878), französischer Physiker und Chemiker, bekannt durch seine genauen Messungen physikalischer und chemischer Konstanten. (Hg.)

3 Stanislao Cannizzaro (1826–1910), italienischer Chemiker, entwickelte experimentelle Methoden zur genauen Bestimmung von Atomgewichten. (Hg.)

rung erhalten. Die Benennung (Atomgewicht) setzt zwar die Hypothese von dem atomistischen Bau der Körper voraus; doch handelt es sich hier nicht um Benennungen, sondern um den bedingungsweise auszudrückenden Begriff. Nur die vergleichende Zusammenstellung der Elemente nach ihren Atomgewichten erlaubt, unsere chemischen Kenntnisse von mechanischem Standpunkte aus zu erweitern; daher scheint es mir am natürlichsten und am folgereichsten, die Eigenschaften der Elemente in Abhängigkeit von deren Atomgewichten zu erforschen. In der Bestimmung dieser Abhängigkeit sehe ich eine der Hauptaufgaben der Chemie der Zukunft; denn was theoretische Bedeutung betrifft, so ist diese Aufgabe von derselben Wichtigkeit, wie die Untersuchung der Isomerieverhältnisse. In der vorliegenden Abhandlung werde ich mich bemühen, den besagten Zusammenhang zwischen den Atomgewichten der Elemente und anderen Eigenschaften derselben, besonders der Fähigkeit, bestimmte Verbindungsformen zu liefern, zu zeigen. [...]

Seit 1868, wo die erste Lieferung meines Werkes «Grundzüge der Chemie» erschienen ist, bin ich bemüht gewesen, diese Aufgabe zu lösen. In vorliegender Abhandlung erlaube ich mir, die in angedeuteter Richtung erlangten Ergebnisse mitzuteilen. [...]

Ich bezeichne als *periodisches Gesetz* die weiter zu entwickelnden gegenseitigen Verhältnisse der Eigenschaften der Elemente zu deren Atomgewichten, welche auf alle Elemente anwendbar sind; diese Verhältnisse besitzen die Form einer periodischen Funktion.

1. DAS WESEN DES PERIODISCHEN GESETZES

Schon lange sind unter den Elementen mit hohem Atomgewicht Analoga von Elementen mit bedeutend kleineren Atomgewichten beobachtet worden. So hat Claus darauf hingewiesen, daß Os, Ir, Pt mit dem Atomgewicht von ungefähr 195 mit Ru, Rh, Pd, welche ein bedeutend kleineres Atomgewicht (ungefähr 105) haben, ähnliche Eigenschaften besitzen. Marignac hat die Analogie von Ta = 182 und W = 184 mit Nb = 94 und Mo = 96 hervorgehoben. Au und Hg entsprechen die leichteren Analoga Ag und Cd, sowie die noch leichteren Cu und Zn. Caesium und Barium sind Analoga von Kalium und Calcium und dergleichen mehr. Vergleiche solcher Art führen zu dem Wunsche, alle Elemente nach der Größe ihrer Atomgewichte zusammenzustellen, wobei man auf eine überraschende Einfachheit in den gegenseitigen Verhältnissen stößt. Zum Beweise führen wir ein Beispiel an, welches alle leichten Elemente, mit den Atomgewichten von 7 bis 36, nach der Größe ihrer Atomgewichte in arithmetischer Reihenfolge geordnet enthält:

Li = 7; Be = 9,4; B = 11; C = 12; N = 14; O = 16; F = 19;
Na = 23; Mg = 24; Al = 27,3; Si = 28; P = 31; S = 32; Cl = 35,5.

Wie man sieht, verändert sich der Charakter der Elemente regelmäßig und allmählich mit wechselnder Größe der Atomgewichte und zwar periodisch, d.h. in beiden Reihen auf gleiche Art, so daß die entsprechenden Glieder derselben Analoga sind: Na und Li, Mg und Be, C und Si, O und S u.s.w. So geben die entsprechenden Glieder beider Reihen gleiche Formen von Verbindungen, besitzen, wie man zu sagen pflegt, dieselbe Wertigkeit.

BEMERKUNGEN ZU TABELLE I (Seite 585)

Der Kürze halber sind die Atomgewichte in diesen Tabellen in runden Zahlen angegeben, weil in der Mehrzahl Fälle man weder von der Richtigkeit der Zehntel, noch der Einer überzeugt sein kann. Ein Fragezeichen (?) vor dem Symbol eines Elementes bedeutet, daß dem Element im System wegen mangelhafter Untersuchungen noch keine genau bestimmte Stelle angewiesen werden kann; ein Fragezeichen nach dem Atomgewicht bedeutet, daß die vorliegenden Data über die Größe des Atomgewichtes Zweifel zulassen, mit anderen Worten, daß das Äquivalent des Elementes bis jetzt noch nicht genau festgestellt zu sein scheint. Einige Atomgewichte sind in der Tabelle nach dem periodischen Gesetze abgeändert (s. Kap. 5); so steht beim Tellur in Übereinstimmung mit dem periodischen Gesetze 125?, und nicht 128, nach Berzelius[1] u.A. [...]

4. ÜBER DIE ANWENDUNG DES PERIODISCHEN GESETZES ZUR BESTIMMUNG DER EIGENSCHAFTEN NOCH NICHT ENTDECKTER ELEMENTE

Schon aus dem Vorhergehenden erhellt, daß durch das periodische Gesetz die Möglichkeit geboten ist, über unbekannte Eigenschaften solcher Elemente, deren Atomanaloga bekannt sind, zu urteilen. Weiter ist aus den Tabellen, in welchen die periodischen Verhältnisse der Elemente ausgedrückt sind, zu sehen, daß bis jetzt mehrere Elemente, welche in den Reihen zu erwarten sind, fehlen. Ich will daher die Eigenschaften einiger zu erwartender Elemente beschreiben, um zu einem neuen, vollkommen klaren, wenn auch nur in Zukunft möglichen Beweise von der Richtigkeit des vorliegenden periodischen Gesetzes zu verhelfen. Zugleich ist in den vorher bestimmten Eigenschaften unbekannter Elemente eine Möglichkeit sie zu entdecken gegeben, weil die Reaktionen ihrer Verbindungen sich voraussagen lassen. [...]

1 Jons Jakob Berzelius (1799–1848), schwedischer Chemiker, bahnbrechend durch seine Arbeiten über die Systematik der Chemie. (Hg.)

TABELLE I

Typische Elemente							
			K = 39	Rb = 85	Cs = 133	—	—
			Ca = 40	Sr = 87	Ba = 137	—	—
			—	?Yt = 88?	?Di = 138?	Er = 178?	—
			Ti = 48?	Zr = 90	Ce = 140?	?La = 180?	Th = 231
			V = 51	Nb = 94	—	Ta = 182	—
			Cr = 52	Mo = 96	—	W = 184	U = 240
			Mn = 55	—	—	—	—
			Fe = 56	Ru = 104	—	Os = 195?	—
			Co = 59	Rh = 104	—	Ir = 197	—
			Ni = 59	Pd = 106	—	Pt = 198?	—
H = 1	Li = 7	Na = 23	Cu = 63	Ag = 108	—	Au = 199?	—
	Be = 9,4	Mg = 24	Zn = 65	Cd = 112	—	Hg = 200	—
	B = 11	Al = 27,3	—	In = 113	—	Tl = 204	—
	C = 12	Si = 28	—	Sn = 118	—	Pb = 207	—
	N = 14	P = 31	As = 75	Sb = 122	—	Bi = 208	—
	O = 16	S = 32	Se = 78	Te = 125?	—	—	—
	F = 19	Cl = 35,5	Br = 80	J = 127	—	—	—

5. ÜBER DIE ANWENDUNG DES PERIODISCHEN GESETZES ZUR KORREKTION DER GRÖSSE DER ATOMGEWICHTE

Jedermann kennt das Schicksal der Proutschen Hypothese. Nachdem durch genaue Untersuchungen nachgewiesen worden war, daß die Atomgewichtszahlen Brüche enthalten können, nachdem Stas[1] gezeigt hatte, daß unter denselben keine rationellen Brüche angenommen werden können, mußte, trotz Marignacs[2] glänzender Gegenkritik, jeder Zweifel darüber schwinden, daß Prouts Hypothese den Tatsachen zu weit vorangeeilt war. Wie mir scheint, liegen keine zureichenden Gründe zur Annahme dieser Hypothese vor. Selbst wenn man annimmt, daß die Materie der Elemente vollkommen gleichartig sei, ist kein Grund vorauszusetzen, daß n Gewichtsteile eines Elements oder n Atome bei der Umwandlung zu einem Atom eines zweiten Elements dieselben n Gewichtsteile liefern werden, oder daß das Atom des zweiten Elements n mal schwerer sein wird, als beim ersten. Das Gesetz von der Erhaltung des Gewichts kann man als speziellen Fall des Gesetzes von der Erhaltung der Kraft oder der Bewegungen betrachten. Das Gewicht wird vielleicht durch eine besondere Art von Bewegungen der Materie verursacht, und es ist kein Grund vorhanden, die Möglichkeit einer Umwandlung dieser Bewegungen bei Bildung von Elementaratomen in chemische Energie oder irgendeine andere Bewegungsform abzusprechen. Zwei von den gegenwärtig an Elementen zu beobachtenden Erscheinungen – das beständige Atomgewicht und die Unzersetzbarkeit – stehen bis jetzt in innigem, sogar historischem Zusammenhang; wenn daher ein bekanntes Element sich zersetzen oder ein neues sich bilden würde, so können vielleicht diese Erscheinungen von einem Ab- oder Zunehmen des Gewichts begleitet sein. Auf diese Art ließe sich auch bis zu einem gewissen Grade der Unterschied in der chemischen Energie verschiedener Elemente erklären. Indem ich diesen Gedanken hier ausspreche, will ich damit nur gesagt haben, daß einige Möglichkeit vorhanden ist, die im stillen von den Chemikern gehegte Meinung von der zusammengesetzten Natur der Elemente mit der Nichtannahme der Proutschen Hypothese in Einklang zu bringen. [...]

In dem Vorhergehenden bezwecke ich nicht, ein endgültig abgeschlossenes System aufzustellen, weil ich weiß, daß es dazu noch so mancher Verbesserungen und Zusätze bedarf; aber ich glaube annehmen zu dürfen, daß man in der oben befolgten zuverlässigen Richtung rascher das den Chemikern vorschwebende Ziel erreichen wird. Gewagte Hypothesen haben für

[1] Jean Servais Stas (1813–1891), belgischer Chemiker, bekannt für seine Bestimmungen von Atomgewichten, die mit Prouts Hypothese im Widerspruch standen. (Hg.)

[2] Galissard de Marignac (1817–1894), Schweizer Chemiker, der Prouts Hypothese bei dessen Auseinandersetzung mit Stas unterstützte. (Hg.)

unseren Geist etwas Anziehendes, bedingen auch manchmal einen vorübergehenden Fortschritt; doch noch öfter führen dieselben zu falschen Schlüssen und geraten von selbst in Vergessenheit, besonders wenn sie nicht durch wissenschaftliche Gesetze begründet sind, weil in dem Auffinden solcher Gesetze die nächste Aufgabe wissenschaftlichen Strebens enthalten sein muß.

LUDWIG BOLTZMANN

294
Anwendung des zweiten Hauptsatzes der Thermodynamik auf das Universum

Ist nun die erfahrungsmäßig gegebene Irreversibilität des Verlaufes aller uns bekannter Naturvorgänge mit dem Gedanken einer Unbeschränktheit des Naturgeschehens, die uns gegebene Einseitigkeit der Zeitfolge mit der Unendlichkeit oder ringförmigen Geschlossenheit derselben vereinbar? Wer diese Frage im bejahenden Sinne beantworten wollte, müßte als Weltbild ein System benutzen, dessen zeitliche Veränderungen durch Gleichungen gegeben werden, in denen die positive und negative Zeitrichtung gleich berechtigt sind und mittelst dessen doch durch eine besondere spezielle Annahme der Schein der Irreversibilität in langen Zeiträumen erklärbar ist. Dies trifft aber gerade bei der atomistischen Weltanschauung zu.

Man kann sich die Welt als ein mechanisches System von einer enorm großen Anzahl von Bestandteilen und von enorm langer Dauer denken, so daß die Dimensionen unseres Fixsternhimmels winzig gegen die Ausdehnung des Universums und Zeiten, die wir Aeonen nennen, winzig gegen dessen Dauer sind. Es müssen dann im Universum, das sonst überall im Wärmegleichgewicht, also tot ist, hier und da solche verhältnismäßig kleine Bezirke von der Ausdehnung unseres Sternenraumes (nennen wir sie Einzelwelten) vorkommen, die während der verhältnismäßig kurzen Zeit von Aeonen erheblich vom Wärmegleichgewicht abweichen, und zwar ebenso häufig solche, in denen die Zustandswahrscheinlichkeit gerade zu- als abnimmt. Für das Universum sind also beide Richtungen der Zeit ununterscheidbar, wie es im Raume kein Oben oder Unten gibt. Aber wie wir an einer bestimmten Stelle der Erdoberfläche die Richtung gegen den Erdmittelpunkt als die Richtung nach unten bezeichnen, so wird ein Lebewesen, das sich in einer bestimmten Zeitphase einer solchen Einzelwelt befindet, die

Zeitrichtung gegen die unwahrscheinlicheren Zustände anders als die entgegengesetzte (erstere als die Vergangenheit, den Anfang, letztere als die Zukunft, das Ende) bezeichnen, und vermöge dieser Benennung werden sich für dasselbe kleine aus dem Universum isolierte Gebiete «anfangs» immer in einem unwahrscheinlichen Zustande befinden. Diese Methode scheint mir die einzige, wonach man den 2. Hauptsatz, den Wärmetod jeder Einzelwelt, ohne eine einseitige Änderung des ganzen Universums von einem bestimmten Anfangs- gegen einen schließlichen Endzustand denken kann.

Gewiß wird niemand derartige Spekulationen für wichtige Entdeckungen oder gar, wie es wohl die alten Philosophen taten, für das höchste Ziel der Wissenschaft halten. Ob es aber gerechtfertigt ist, sie als etwas völlig Müßiges zu bespötteln, könnte noch fraglich sein. Wer weiß, ob sie nicht doch den Horizont unseres Ideenkreises erweitern und durch Erhöhung der Beweglichkeit der Gedanken auch die Erkenntnis des erfahrungsmäßig Gegebenen fördern?

Daß sich in der Natur der Übergang von einem wahrscheinlichen zu einem unwahrscheinlichen Zustande nicht ebenso oft vollzieht als der umgekehrte, dürfte durch die Annahme eines sehr unwahrscheinlichen Anfangszustandes des ganzen uns umgebenden Universums genügend erklärt sein, in Folge dessen sich auch ein beliebiges System in Wechselwirkung tretender Körper im Allgemeinen anfangs in einem unwahrscheinlichen Zustande befindet. Aber, könnte man einwenden, hier und da muß doch auch ein Übergang von wahrscheinlichen zu unwahrscheinlichen Zuständen vorkommen und zur Beobachtung gelangen. Darauf geben gerade die zuletzt angestellten kosmologischen Betrachtungen Antwort. Aus den Zahlenangaben über die unvorstellbar große Seltenheit eines in beobachtbaren Dimensionen während beobachtbarer Zeit sich abspielenden Überganges von einem wahrscheinlichen zu unwahrscheinlicheren Zuständen erklärt sich, daß ein solcher Vorgang innerhalb dessen, was wir in der kosmologischen Betrachtung eine Einzelwelt, speziell unsere Einzelwelt genannt haben, so überaus selten ist, daß jede Beobachtbarkeit ausgeschlossen ist.

Im ganzen Universum, dem Inbegriffe aller Einzelwelten, aber kommen in der Tat Vorgänge in der umgekehrten Reihenfolge vor. Nur zählen die sie etwa beobachtenden Wesen die Zeit wieder von den unwahrscheinlicheren zu den wahrscheinlicheren Zuständen fortschreitend, und es kann niemals entdeckt werden, ob sie die Zeit entgegengesetzt wie wir zählen, da sie in der Zeit durch Aeonen, im Raume durch $10^{10^{10}}$ Siriusfernen von uns getrennt sind und obendrein ihre Sprache keine Beziehung zur unserigen hat.

Man belächelt dies, gut; aber man muß zugeben, daß das hier entwickelte

Weltbild ein mögliches, von inneren Widersprüchen freies und auch ein nützliches ist, da es uns manche neue Gesichtspunkte eröffnet und uns vielfach nicht nur zur Spekulation, sondern auch zu Experimenten (z.B. über die Grenze der Teilbarkeit, die Größe der Wirkungssphäre und dadurch bedingte Abweichungen von den hydrodynamischen, den Diffusions-, Wärmeleitungsgleichungen u.s.w.) anregt, zu denen keine andere Theorie die Anregung zu geben vermag.

295
Statistische Mechanik

Da zeigt sich nun, daß wir das Unendliche nicht anders definieren können, als die Limite immer wachsender endlicher Größen, wenigstens war bisher noch niemand imstande, in anderer Weise einen irgendwie faßbaren Begriff des Unendlichen aufzustellen. Wollen wir uns daher vom Kontinuum ein Bild in Worten machen, so müssen wir uns notwendig zuerst eine große endliche Zahl von Teilchen denken, die mit gewissen Eigenschaften begabt sind, und das Verhalten des Inbegriffs solcher Teilchen untersuchen. Gewisse Eigenschaften dieses Inbegriffs können sich nun einer bestimmten Limite nähern, wenn man die Anzahl der Teilchen immer mehr zu-, ihre Größe immer mehr abnehmen läßt. Von diesen Eigenschaften kann man dann behaupten, daß sie dem Kontinuum zukommen, und dies ist meiner Ansicht nach die einzige widerspruchsfreie Definition eines mit gewissen Eigenschaften begabten Kontinuums.

Die Frage, ob die Materie atomistisch zusammengesetzt oder kontinuierlich ist, reduziert sich daher darauf, ob jene Eigenschaften bei Annahme einer außerordentlich großen, endlichen oder ihre Limite bei stets wachsender Teilchenzahl die beobachteten Eigenschaften der Materie am genauesten darstellen. Freilich die alte philosophische Frage haben wir hiermit nicht beantwortet, aber wir sind doch von dem Bestreben geheilt, sie auf einem widersinnigen und aussichtslosen Wege entscheiden zu wollen. Der Denkprozeß, daß wir zuerst die Eigenschaften eines endlichen Inbegriffs untersuchen und dann die Zahl der Glieder des Inbegriffs außerordentlich wachsen lassen müssen, bleibt ja in beiden Fällen derselbe, und es ist nichts anderes, als der abgekürzte Ausdruck genau desselben Denkprozesses durch algebraische Zeichen, wenn man, wie dies öfter geschieht, die Differentialgleichungen selbst zum Ausgangspunkte einer mathematisch physikalischen Theorie macht.

Die Glieder des Inbegriffs, den wir als Bild der materiellen Körper wählen, können wir uns jedenfalls nicht als immer absolut ruhend denken, da es sonst überhaupt keine Bewegung gäbe; auch nicht in einem und demselben Körper als relativ ruhend, weil wir uns sonst von den Flüssigkeiten keine Rechenschaft geben könnten. Es ist ferner noch kein Versuch gemacht worden, sie anders als den allgemeinen Gesetzen der Mechanik unterworfen zu denken. Wir wollen daher zur Naturerklärung den Inbegriff einer außerordentlich großen Zahl sehr kleiner, in steter Bewegung begriffener, den Gesetzen der Mechanik unterworfener Urindividuen wählen. Es ist dagegen eine Einwendung erhoben worden, welche wir passend zum Ausgangspunkte der Betrachtungen machen können, die das Schlußziel dieses Vortrags bilden sollen. Die Grundgleichungen der Mechanik ändern ihre Form nicht im mindesten, wenn man darin bloß das Vorzeichen der Zeit umkehrt. Alle rein mechanischen Vorgänge können sich daher in dem einen Sinne genau so, wie im entgegengesetzten, im Sinne der wachsenden Zeit genau so, wie im Sinne der abnehmenden, abspielen. Nun bemerken wir aber schon im gewöhnlichen Leben, daß Zukunft und Vergangenheit keineswegs sich so vollkommen decken, wie die Richtung nach rechts und die nach links, daß vielmehr beide deutlich voneinander verschieden sind.

Genauer präzisiert wird dies durch den sogenannten zweiten Hauptsatz der mechanischen Wärmetheorie. Derselbe sagt aus, daß, wenn ein beliebiges System von Körpern sich selbst überlassen und nicht von andern Körpern beeinflußt ist, immer der Sinn angegeben werden kann, in dem jede Zustandsänderung sich abspielt. Es läßt sich nämlich eine gewisse Funktion des Zustands sämtlicher Körper, die Entropie, angeben, welche so beschaffen ist, daß jede Zustandsänderung nur in dem Sinne vor sich gehen kann, welcher ein Wachstum dieser Funktion bedingt, so daß dieselbe mit wachsender Zeit nur wachsen kann. Dieses Gesetz ist freilich nur durch Abstraktion gewonnen, wie das galileische Prinzip; denn es ist unmöglich, ein System von Körpern in aller Strenge dem Einflusse aller übrigen zu entziehen. Aber da es mit den übrigen Gesetzen zusammen bisher immer richtige Resultate ergeben hat, so halten wir es für richtig, wie dies nicht anders beim galileischen Prinzipe zutrifft.

Es folgt aus diesem Satze, daß jedes abgeschlossene System von Körpern endlich einem bestimmten Endzustande zustreben muß, für welchen die Entropie ein Maximum ist. Man hat sich gewundert, als schließliche Konsequenz dieses Satzes zu finden, daß die gesamte Welt einem Endzustande zueilen muß, wo alles Geschehen aufhört; allein diese Konsequenz ist selbstverständlich, wenn man die Welt als endlich und als dem zweiten Hauptsatze unterworfen betrachtet. Sieht man die Welt als unendlich an, so stellen sich wieder die besprochenen Denkschwierigkeiten ein, wenn man sich das Unendliche nicht als eine bloße Limite vorstellt.

Da in den Differentialgleichungen der Mechanik selbst absolut nichts dem zweiten Hauptsatze Analoges existiert, so kann derselbe nur durch Annahmen über die Anfangsbedingungen mechanisch dargestellt werden. Um die hierzu tauglichen Annahmen zu finden, müssen wir bedenken, daß wir behufs Erklärung kontinuierlich scheinender Körper voraussetzen müssen, daß von jeder Gattung von Atomen oder allgemeiner, mechanischen Individuen außerordentlich viele in den mannigfaltigsten Anfangslagen befindliche vorhanden sein müssen. Um diese Annahme mathemathisch zu behandeln, wurde eine eigene Wissenschaft erfunden, welche nicht die Aufgabe hat, die Bewegungen eines einzelnen mechanischen Systems, sondern die Eigenschaften eines Komplexes sehr vieler mechanischer Systeme zu finden, die von den mannigfaltigsten Anfangsbedingungen ausgehen. Das Verdienst, diese Wissenschaft in ein System gebracht, in einem größeren Buche dargestellt und ihr einen charakteristischen Namen gegeben zu haben, gebührt einem der größten amerikanischen Gelehrten, was reines abstraktes Denken, rein theoretische Forschung anbelangt, vielleicht dem größten, Willard Gibbs[1], dem kürzlich verstorbenen Professor von Yale College. Er nannte diese Wissenschaft die statistische Mechanik. Sie zerfällt in zwei Teile. Der erste untersucht die Bedingungen, unter welchen sich die äußerlich bemerkbaren Eigenschaften eines Komplexes sehr vieler mechanischer Individuen gar nicht ändern, trotz lebhafter Bewegung der Individuen, diesen ersten Teil möchte ich die statistische Statik nennen. Der zweite Teil berechnet die allmählichen Änderungen dieser äußerlich sichtbaren Eigenschaften, wenn jene Bedingung nicht erfüllt ist. Er mag die statistische Dynamik heißen. Auf die weite Perspektive, welche sich uns eröffnet, wenn wir an eine Anwendung dieser Wissenschaft auf die Statistik der belebten Wesen, der menschlichen Gesellschaft, der Soziologie usw., und nicht bloß auf mechanische Körperchen denken, mag hier nur mit einem Worte hingewiesen werden.

Eine Entwicklung der Details dieser Wissenschaft wäre nur an der Hand mathematischer Formeln in einer Reihe von Vorlesungen möglich. Sie ist, abgesehen von mathematischen, auch nicht frei von prinzipiellen Schwierigkeiten. Sie basiert nämlich auf der Wahrscheinlichkeitsrechnung. Nun ist diese zwar ebenso exakt, wie jede andere Mathematik, sobald der Begriff der gleichen Wahrscheinlichkeit gegeben ist. Aber dieser kann als Fundamentalbegriff nicht wieder abgeleitet werden, sondern ist als gegeben zu betrachten. Es geht hier so, wie bei den Formeln der Methode der kleinsten Quadrate, welche sich auch nur unter bestimmten Annahmen über die

[1] Josiah Willard Gibbs (1839–1903), amerikanischer Mathematiker und Physiker, einer der Gründer der statistischen Mechanik. (Hg.)

gleiche Wahrscheinlichkeit von Elementarfehlern einwurfsfrei ergeben. Aus diesen prinzipiellen Schwierigkeiten erklärt es sich, daß selbst das einfachste Resultat der statistischen Statik, der Beweis des Maxwellschen Geschwindigkeitsgesetzes unter Gasmolekülen, noch immer bestritten wird.

Die Lehrsätze der statistischen Mechanik sind strenge Folgen der gemachten Annahmen und werden immer wahr bleiben, wie alle wohlbegründeten mathematischen Lehrsätze. Ihre Anwendung auf das Naturgeschehen aber ist das Prototyp einer physikalischen Hypothese. Gehen wir nämlich von den einfachsten Grundannahmen über die gleiche Wahrscheinlichkeit aus, so finden wir für das Verhalten von Aggregaten sehr vieler Individuen ganz analoge Gesetze, wie sie die Erfahrung für das Verhalten der materiellen Welt zeigt. Progressive oder drehende sichtbare Bewegung muß immer mehr in unsichtbare Bewegung der kleinsten Teilchen, in Wärmebewegung übergehen, wie Helmholtz charakteristisch sagt: Geordnete Bewegung geht immer mehr in ungeordnete über; die Mischung der verschiedenen Stoffe, sowie der verschiedenen Temperaturen, der Stellen mehr oder minder lebhafter Molekularbewegung, muß eine immer gleichförmigere werden. Daß diese Mischung nicht schon von Anfang eine vollständige war, daß die Welt vielmehr von einem sehr unwahrscheinlichen Anfangszustande ausging, das kann man zu den fundamentalen Hypothesen der ganzen Theorie zählen, und man kann sagen, daß der Grund davon ebensowenig bekannt ist, wie überhaupt der Grund, warum die Welt gerade so und nicht anders ist. Aber man kann auch noch einen anderen Standpunkt einnehmen. Zustände großer Entmischung, respektive großer Temperaturunterschiede, sind nach der Theorie nicht absolut unmöglich, sondern nur äußerst unwahrscheinlich, allerdings in einem geradezu unfaßbar hohen Grade. Wenn wir uns daher die Welt nur als groß genug denken, so werden nach den Gesetzen der Wahrscheinlichkeitsrechnung daselbst bald da, bald dort Stellen von den Dimensionen des Fixsternhimmels mit ganz unwahrscheinlicher Zustandsverteilung auftreten. Sowohl bei ihrer Bildung, als auch bei ihrer Auflösung wird der zeitliche Verlauf ein einseitiger sein, wenn sich also denkende Wesen an einer solchen Stelle befinden, so müssen sie von der Zeit genau denselben Eindruck gewinnen, den wir haben, obwohl der zeitliche Verlauf für das Universum als ganzes kein einseitiger ist. Die hier entwickelte Theorie geht zwar kühn über die Erfahrung hinaus, aber sie hat gerade die Eigenschaft, welche jede derartige Theorie haben soll, indem sie uns die Erfahrungstatsachen in ganz neuartiger Beleuchtung zeigt und zu weiterem Nachdenken und Forschen anregt. Im Gegensatze zum ersten Hauptsatze erscheint nämlich der zweite als bloßer Wahrscheinlichkeitssatz, wie es Gibbs schon in den siebziger Jahren des vorigen Jahrhunderts ausgesprochen hat.

Ich bin hier philosophischen Fragen nicht aus dem Wege gegangen in der festen Hoffnung, daß ein einmütiges Zusammenwirken der Philosophie und Naturwissenschaft jeder dieser Wissenschaften neue Nahrung zuführen wird, ja, daß man nur auf diesem Wege zu einem wahrhaft konsequenten Gedankenausdruck gelangen kann. Wenn Schiller zu den Naturforschern und Philosophen seiner Zeit sagte: «Feindschaft sei zwischen euch, noch kommt das Bündnis zu frühe», so stehe ich nicht mit ihm im Widerspruch, ich glaube eben, daß jetzt die Zeit für das Bündnis gekommen ist.

ALBERT ABRAHAM MICHELSON

296
Der Äther

Die Geschwindigkeit des Lichtes ist so ungeheuer viel größer als irgendeine, mit der wir umzugehen gewohnt sind, daß der Verstand einige Schwierigkeit hat, sie zu erfassen. Eine Flintenkugel fliegt mit einer Geschwindigkeit von etwa 800 m in der Sekunde. Der Schall pflanzt sich in einem Stahldraht etwa mit der Geschwindigkeit von 5 km in der Sekunde fort. Wenn wir übereinkommen, von den Geschwindigkeiten der Himmelskörper abzusehen, so besteht zwischen den eben genannten Geschwindigkeiten und der Lichtgeschwindigkeit von rund 300000 km in der Sekunde keine Übergangsstufe. Wir können von dieser Geschwindigkeit vielleicht einen besseren Begriff geben, wenn wir sagen, daß das Licht zwischen zwei Schlägen einer Wanduhr siebenmal um die Erde laufen würde.

Man kann nun ohne Zuhilfenahme jeglicher mathematischer Analysis sehen, daß die Fortpflanzungsgeschwindigkeit einer Welle von der Elastizität des Mediums und von dessen Dichte abhängig ist. Man kann nämlich sehen, daß die Störung sich sehr schnell fortpflanzt, wenn das Medium sehr elastisch ist. Ferner erfolgt die Fortpflanzung langsamer, wenn das Medium dicht ist, als wenn es dünn ist. Es ist leicht nachzuweisen, daß wenn E die Elastizität bezeichnet und D die Dichte, daß dann die Geschwindigkeit dargestellt wird durch die Quadratwurzel von E dividiert durch D. Wenn also die Dichte des Mediums, in dem sich die Lichtwellen fortpflanzen, so groß wäre wie die des Stahles, so müßte seine Elastizität, da die Geschwindigkeit des Lichtes ungefähr 60000mal so groß ist wie die Fortpflanzungsgeschwindigkeit des Schalles in einem Stahldraht, 60000 × 60000mal so groß sein wie die Elastizität des Stahles. Somit müßte dieses Medium, welches die Lichtschwingungen trägt, eine Elastizität von der Größenordnung der 3600000000fachen Elastizität des Stahles haben. Wenn nun die Elastizität des Mediums dieselbe wäre wie die des Stahles, so würde seine Dichte 3600000000mal so klein sein müssen wie die des Stahles, also rund etwa 50000mal so klein wie die Dichte des Wasserstoffes, des leichtesten Gases, das wir kennen. Offenbar muß demnach ein Medium, in dem sich Schwingungen mit solch ungeheurer Geschwindigkeit fortpflanzen, eine ungeheuer große Elastizität oder eine abnorm niedrige Dichte haben. Jedenfalls werden seine Eigenschaften von ganz anderer Größenordnung sein als die Eigenschaften der Substanzen, mit denen wir es gewöhnlich zu tun haben, so daß dieses Medium einer Kategorie für sich angehört.

Ein anderer Gedankengang, der zu demselben Schlusse führt – daß nämlich dieses Medium keine Materie von gewöhnlicher Form, wie Luft oder Gas oder Stahl, ist –, ist folgender: Eine Glocke unter dem Rezipienten einer Luftpumpe erzeugt Schall. Wenn die Luft im Innern des Rezipienten dieselbe Dichte hat wie außerhalb, so erreicht der Schall das Ohr des Beobachters ohne Schwierigkeit. Wenn man aber die Luft allmählich aus dem Rezipienten auspumpt, so wird der Schall schwächer und schwächer, bis er ganz verschwindet. Wenn dasselbe für das Licht gelten würde und wir ein Gefäß auspumpen würden, in dem sich eine Lichtquelle, etwa eine Glühlampe, befindet, dann müßten wir nach Erreichung eines gewissen Verdünnungsgrades das Licht weniger klar sehen als zuvor. Wir wissen indessen, daß das Gegenteil der Fall ist, das heißt, daß das Licht tatsächlich heller und klarer ist, wenn die Entluftung des Rezipienten möglichst weit getrieben worden ist. Alle Wahrscheinlichkeit spricht durchaus gegen den Schluß, daß das Licht durch die sehr geringe verbleibende Gasmenge übermittelt werde. Hiergegen sprechen auch noch andere theoretische Gründe, auf die wir hier nicht eingehen wollen. [...]

Aber dies sind nicht die einzigen Paradoxa, die dem Medium, welches das Licht überträgt, anhaften. Bradley[1] hat vor vielen Jahren eine Beobachtung zu einem ganz anderen Zwecke angestellt. Er fand, daß wenn man die Lage eines Sternes mit einem Fernrohr beobachtet, der Stern um einen kleinen Winkel, den man den Aberrationswinkel nennt, aus seiner wirklichen Lage verschoben erscheint. Bradley schrieb diese Wirkung der Bewegung der Erde in ihrer Bahn zu und gab eine Erklärung der Erscheinung, die sich auf die Korpuskulartheorie stützt und anscheinend sehr einfach ist. Wir wollen

[1] James Bradley (1692–1762), englischer Astronom, entdeckte 1728 die Aberration des Lichts durch seine Beobachtungen an Fixsternen. (Hg.)

diese Erklärung hier wiedergeben, trotzdem wir wissen, daß die Korpuskulartheorie irrig ist.

Wir wollen annehmen, ein Regentropfen falle vertikal, und ein Beobachter möge etwa eine Flinte tragen, deren Lauf so angenähert vertikal gerichtet sein soll, wie er ihn nur irgend zu halten vermag. Wenn sich der Beobachter nicht bewegt und der Regentropfen in den Mittelpunkt des oberen Endes des Laufes fällt, so wird er mitten durch den unteren Teil fallen. Angenommen jedoch, der Beobachter bewege sich in der Richtung bd (Figur), so

Die Aberration des Lichts

wird der Regentropfen immer noch genau vertikal fallen, aber wenn die Flinte seitlich vorrückt, während sich der Regentropfen im Laufe befindet, so trifft der Tropfen gegen die Wandung. Damit sich der Regentropfen längs der Achse des Laufes zentral bewege, ist es offenbar notwendig, die Flinte unter einem Winkel bad zu neigen. Der Flintenlauf weist jetzt scheinbar nach einer falschen Richtung, und zwar um einen Winkel, dessen Tangente das Verhältnis zwischen der Geschwindigkeit des Beobachters und der Geschwindigkeit des Regentropfens ist.

Nach der Undulationstheorie ist die Erklärung ein klein wenig komplizierter; man sieht aber leicht folgendes ein: Wenn das betrachtete Medium unbewegt ist und die Flinte ein Fernrohr darstellt, und wenn sich die von dem Stern ausgehenden Lichtwellen in der Richtung ad bewegen, so werden sie in einem Punkte vereinigt werden, der in der Achse des Fernrohres liegt, sofern dieses letztere sich nicht in Bewegung befindet. Wenn sich aber die Erde, die das Fernrohr trägt, mit einer Geschwindigkeit von etwa 30 km in der Sekunde bewegt und wir die Sterne in einer zur Richtung dieser Bewegung nahezu senkrechten Richtung beobachten, so wird sich das von dem Stern kommende Licht nicht in der Fernrohrachse vereinigen, sondern es wird ein Bild an einer neuen Stelle erzeugen, so daß das Fernrohr scheinbar nach einer falschen Richtung weisen wird. Um das Bild in die Achse des Instrumentes zu bringen, müssen wir das Fernrohr um einen Winkel aus seiner Lage drehen, dessen Tangente gleich dem Verhältnis zwischen der Geschwindigkeit der Erde in ihrer Bahn und der Lichtgeschwindigkeit ist. Die Lichtgeschwindigkeit beträgt, wie schon gesagt, 300000 km in der Sekunde und die Erdgeschwindigkeit auf ihrer Bahn rund 30 km in der Sekunde. Somit würde die Tangente des Aberrationswinkels etwa durch das Verhältnis 1:10000 gegeben sein. Genauer ist dieser Winkel 20,445″. Die Genauigkeitsgrenze des Fernrohres ist, wie wir in mehreren früheren Vorlesungen nachgewiesen haben, ungefähr eine Zehntelsekunde; durch Wiederholung dieser Messungen unter vielfacher Veränderung der Bedingungen des Problems kann man aber über diese Grenze hinaus gelangen, und es ist praktisch sicher, daß diese Zahl bis auf die zweite Dezimale richtig ist.

Als man diese Änderung der scheinbaren Lage der Sterne entdeckte, hat man sie richtig durch die Annahme erklärt, daß das Licht mit einer endlichen Geschwindigkeit wandert und daß man durch Messung des Aberrationswinkels und mit der Kenntnis der Bahngeschwindigkeit der Erde die Lichtgeschwindigkeit würde finden können. Diese Geschwindigkeit ist seither auf experimentellem Wege genauer bestimmt worden, so daß wir nunmehr die Lichtgeschwindigkeit benutzen, um die Geschwindigkeit der Erde und den Halbmesser ihrer Bahn abzuleiten. [...]

Maxwell [...] wies weiter darauf hin, daß, wenn man zwei Messungen der Lichtgeschwindigkeit machen würde, eine in der Richtung, in welcher die Erde ihre Bahn durchläuft, die andere senkrecht zu dieser Richtung, daß dann die Zeit, die das Licht zum Durchlaufen derselben Weglänge braucht, im ersten Falle größer ist als im zweiten.

Man kann sich die Tatsache, daß die Zeit in diesem Falle größer ist, leicht klar machen, wenn man einen Ruderer in einem Boot betrachtet, und zwar zunächst auf einem ruhigen Teich, dann auf einem Flusse. Wenn er beispielsweise mit einer Geschwindigkeit von 6 km in der Stunde rudert und die Entfernung zwischen den Stationen 18 km beträgt, so würde er drei Stunden gebrauchen, um hinzurudern, und drei, um zurückzurudern, also im ganzen sechs Stunden. Das wäre die Zeit, wenn keine Strömung vorhanden ist. Wenn eine Strömung vorhanden ist, etwa von $1^1/_2$ km in der Stunde, dann würde die Zeit, die er brauchte, um vom einen Punkte zum andern zu gelangen, nicht 18 : 6 sein, sondern $18 : (6 + 1^1/_2)$, also 2,4 Stunden. Auf dem Rückwege würde die Zeit $18 : (6 - 1^1/_2)$, also 4 Stunden betragen, und das ergibt mit der anderen Zeit zusammen 6,4 Stunden statt 6 Stunden. Er braucht also länger, um hin und her zu gelangen, wenn das Medium in Bewegung ist, als wenn es in Ruhe ist. Wir können also begreifen, daß das Licht länger gebrauchen wird, um in der Bewegungsrichtung der Erde hin und her zu gelangen. Der Zeitunterschied ist indessen so überaus klein – er ist nämlich von der Größenordnung 1 : 100 000 000 –, daß Maxwell den Versuch, ihn wahrzunehmen, für praktisch hoffnungslos erachtete.

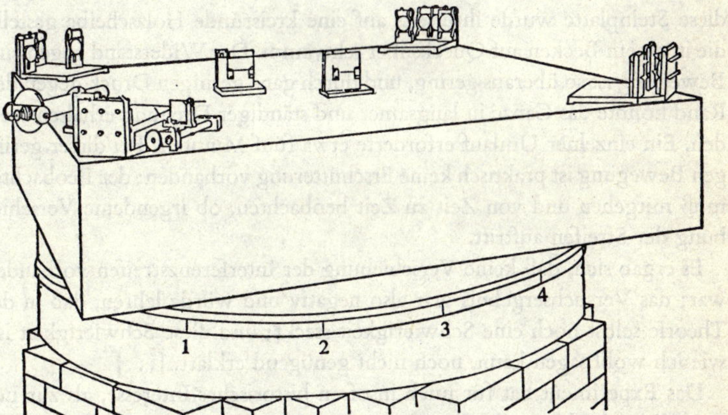

Michelsons Interferometer

Trotz dieser anscheinend hoffnungslosen Kleinheit der zu beobachtenden Größen glaubte man doch, daß die geringe Größe der Lichtwellenlängen uns zu Hilfe kommen könnte. Tatsächlich wurde ein Apparat ersonnen, um diese kleine Größe zu finden. Die Bedingungen, die der Apparat erfüllen muß, sind recht komplex. Die durchlaufene Gesamtstrecke muß möglichst groß sein, beispielsweise so etwa von der Größenordnung hundert Millionen Wellen. Eine andere Bedingung verlangt die Möglichkeit, die Richtung zu wechseln, ohne auch nur die Einstellung um ein Hundertmillionstel zu verändern. Weiter muß der Apparat absolut erschütterungsfrei sein.

Das Problem wurde praktisch in der Weise gelöst, daß man einen Teil des Lichtes eine Anzahl Male hin und her reflektiert werden und dann zu seinem Ausgangspunkte zurückkehren ließ. Der andere Weg verlief senkrecht zu dem ersten, und auf ihm machte das Licht eine ähnliche Reihe von Hin- und Hergängen und wurde gleichfalls zum Ausgangspunkte zurück reflektiert. Dieser Ausgangspunkt war die Trennungsebene eines Interferometers, und die beiden zueinander senkrechten Bahnen waren die beiden Arme eines Interferometers. Trotz des sehr beträchtlichen Gangunterschiedes, der einen außerordentlich hohen Genauigkeitsgrad der reflektierenden Flächen und eine Konstanz der Temperatur in der Luft zwischen diesen Flächen bedingt, trotz dieses sehr beträchtlichen Gangunterschiedes war es möglich, Streifen zu sehen und sie mehrere Stunden lang in ihrer Lage zu halten.

Nachdem diese Bedingungen erfüllt waren, wurde der Apparat auf eine Steinplatte von etwa 1,20 m im Quadrat und 30 cm Dicke montiert, und diese Steinplatte wurde ihrerseits auf eine kreisrunde Holzscheibe gestellt, die in einem Becken auf Quecksilber schwamm. Der Widerstand gegen eine Bewegung ist so überaus gering, und durch ganz geringen Druck gegen den Rand konnte das Ganze in langsamer und ständiger Drehung erhalten werden. Ein einzelner Umlauf erforderte etwa fünf Minuten. Bei dieser geringen Bewegung ist praktisch keine Erschütterung vorhanden; der Beobachter muß mitgehen und von Zeit zu Zeit beobachten, ob irgendeine Verschiebung der Streifen auftritt.

Es ergab sich, daß keine Verschiebung der Interferenzstreifen vorhanden war; das Versuchsergebnis war also negativ und würde lehren, daß in der Theorie selbst noch eine Schwierigkeit steckt; und diese Schwierigkeit ist, wie ich wohl sagen kann, noch nicht genügend erklärt. [...]

Das Experiment hat für mich insofern historisches Interesse, als zur Lösung dieses Problems das Interferometer ersonnen wurde. Ich glaube, man wird zugeben, daß das Problem uns dadurch, daß es zur Erfindung des Interferometers geführt hat, reichlich dafür entschädigt hat, daß gerade dieser Versuch ein negatives Ergebnis geliefert hat.

HEINRICH HERTZ

297
Über die Beziehungen zwischen Licht und Elektrizität

Wenn von Beziehungen zwischen Licht und Elektrizität die Rede ist, denkt der Laie zunächst an das elektrische Licht. [...] Dem Physiker fallen dabei eine Reihe zarter Wechselwirkungen zwischen beiden Kräften ein, etwa die Drehung der Polarisationsebene durch den Strom, oder die Änderung von Leitungswiderständen durch das Licht. In diesen treffen indes Licht und Elektrizität nicht unmittelbar zusammen, zwischen beide großen Kräfte tritt als Vermittler ein drittes, die ponderabele Materie. Auch mit dieser Gruppe von Erscheinungen wollen wir uns nicht befassen. Es gibt andere Beziehungen zwischen beiden Kräften, inniger, enger als die bisher erwähnten. Die Behauptung, welche ich vertreten möchte, sagt geradezu aus: Das Licht ist eine elektrische Erscheinung, das Licht an sich, alles Licht, das Licht der Sonne, das Licht einer Kerze, das Licht eines Glühwurmes. Nehmt aus der Welt die Elektrizität, und das Licht verschwindet; nehmt aus der Welt den lichttragenden Äther, und die elektrischen und magnetischen Kräfte können nicht mehr den Raum überschreiten. Dies ist unsere Behauptung. Sie ist nicht von heute und gestern, sie hat schon eine längere Geschichte hinter sich. Ihre Geschichte gibt ihre Begründung. Eigene Versuche von mir, welche sich auf diesen Gegenstand beziehen, bilden nur ein Glied in einer längeren Kette. Und von der Kette, nicht allein von dem einzelnen Gliede möchte ich Ihnen erzählen. Nicht leicht ist es freilich, von diesen Dingen zugleich verständlich und völlig zutreffend zu reden. Die Vorgänge, von welchen wir handeln, haben ihren Tummelplatz im leeren Raume, im freien Äther. Diese Vorgänge sind an sich unfaßbar für die Hand, unhörbar für das Ohr, unsichtbar für das Auge; der inneren Anschauung, der begrifflichen Verknüpfung sind sie zugänglich, aber nur schwer der sinnlichen Beschreibung. So viel wie möglich wollen wir daher versuchen, an die Anschauungen und Vorstellungen anzuknüpfen, welche wir schon besitzen. Rufen wir uns also zurück, was wir vom Lichte und der Elektrizität Sicheres wissen, ehe wir versuchen, beide miteinander in Verbindung zu setzen. [...]

Die Behauptung, daß elektrische Kräfte unabhängig von ihren Elektrizitäten bestehen könnten, widersprach geradewegs den herrschenden elektrischen Theorien. Ebenso wies die herrschende Optik entschieden den Gedanken ab, es könnten die Wellen des Lichtes auch wohl anderer als elastischer Natur sein. Der Versuch, die eine oder die andere dieser Behauptungen eingehender zu behandeln, mußte fast als müßige Spekulation erscheinen. Wie sehr müssen wir also den glücklichen Geist eines Mannes bewundern, welcher zwei Vermutungen, die jede für sich so ferne lagen, so miteinander zu verknüpfen wußte, daß sie sich gegenseitig stützten und daß das Ergebnis eine Theorie war, welcher man die innere Wahrscheinlichkeit von vornherein nicht absprechen konnte. Der Mann, von welchem ich rede, war der Engländer Maxwell. Man kennt seine im Jahre 1865 veröffentlichte Arbeit unter dem Namen der elektromagnetischen Lichttheorie. Man kann diese wunderbare Theorie nicht studieren, ohne bisweilen die Empfindung zu haben, als wohne den mathematischen Formeln selbständiges Leben und eigener Verstand inne, als seien dieselben klüger als wir, klüger sogar als ihr Erfinder, als gäben sie uns mehr heraus, als seinerzeit in sie hineingelegt wurde. [...]

Leugnete man freilich Maxwells elektrische Theorie, so fiel jeder Grund fort, seinen Ansichten in betreff des Lichtes beizutreten. Oder hielt man fest daran, daß das Licht eine Erscheinung elastischer Natur sei, so verlor seine elektrische Theorie den Boden unter sich. Trat man aber unbekümmert um bestehende Anschauungen an das Gebäude heran, so sah man einen Teil den anderen stützen wie die Steine eines Gewölbes, und das Ganze schien über einen tiefen Abgrund des Unbekannten hinweg das Bekannte zu verbinden. Die Schwierigkeit der Theorie erlaubte freilich nicht sogleich, daß die Zahl ihrer Jünger sehr groß wurde. Wer aber einmal sie durchdacht hatte, wurde ihr Anhänger und suchte eifrig fortan, ihre ersten Voraussetzungen, ihre letzten Folgerungen zu prüfen. Die Prüfung durch den Versuch mußte sich freilich lange Zeit auf einzelne Behauptungen, auf das Außenwerk der Theorie beschränken. Ich verglich soeben die Maxwellsche Theorie mit einem Gewölbe, welches eine Kluft unbekannter Dinge überspannt. Darf ich in diesem Bilde noch fortfahren, so würde ich sagen, daß alles, was man lange Zeit zur Kräftigung dieses Gewölbes zu tun vermochte, darin bestand, daß man die beiden Widerlager verstärkte. Das Gewölbe ward dadurch in den Stand gesetzt, sich selber dauernd zu tragen, aber es hatte doch eine zu große Spannweite, als daß man es hätte wagen dürfen, auf ihm als sicherer Grundlage nun weiter in die Höhe zu bauen. Hierzu waren besondere Hauptpfeiler notwendig, welche, vom festen Boden aus aufgemauert, die Mitte des Gewölbes faßten. Einem solchen Pfeiler wäre der Nachweis zu vergleichen gewesen, daß wir aus dem Lichte unmittelbar elektrische oder magnetische Wirkungen erhalten können. Dieser Pfeiler hätte unmittelbar dem optischen, mittelbar dem elektrischen Teile des Gebäudes Sicherheit verliehen. Ein anderer Pfeiler wäre der Nachweis gewesen, daß es Wellen elektrischer oder magnetischer Kraft gibt, welche sich nach Art der Lichtwellen ausbreiten können. Dieser Pfeiler hätte umgekehrt unmittelbar den elektrischen, mittelbar den optischen Teil gestützt. Eine harmonische Vollendung des Gebäudes wird den Aufbau beider Pfeiler erfordern, für das erste Bedürfnis aber genügt einer von ihnen. Der erstgenannte hat noch nicht in Angriff genommen werden können; für den letztgenannten aber ist es nach langem Suchen endlich geglückt, einen sicheren Stützpunkt zu finden. [...]

Geben Sie einem Physiker eine Anzahl Stimmgabeln, eine Anzahl Resonatoren, und fordern Sie ihn auf, Ihnen die zeitliche Ausbreitung des Schalles nachzuweisen, er wird selbst in dem beschränkten Raume eines Zimmers keine Schwierigkeiten finden. Er stellt eine Stimmgabel beliebig im Zimmer auf, er horcht mit dem Resonator an den verschiedenen Stellen des Raumes herum und achtet auf die Schallstärke. Er zeigt, wie dieselbe an einzelnen Punkten sehr klein wird; er zeigt, wie dies daher rührt, daß hier jede Schwingung aufgehoben wird durch eine andere später abgegangene, welche auf einem kürzeren Wege zum gleichen Ziele gelangt ist. Wenn ein kürzerer Weg weniger Zeit erfordert als ein längerer, so ist die Ausbreitung eine zeitliche. Die gestellte Aufgabe ist gelöst. Aber unser Akustiker zeigt uns nun weiter, wie die stillen Stellen periodisch in gleichen Abständen sich folgen; er mißt daraus die Wellenlänge, und wenn er die Schwingungsdauer der Gabel kennt, erhält er daraus auch die Geschwindigkeit des Schalles. Nicht anders, sondern genau so verfahren wir mit unseren elektrischen Schwingungen. An die Stelle der Stimmgabel setzen wir den schwingenden Leiter. Anstatt des Resonators ergreifen wir unseren unterbrochenen Draht, den wir aber auch als elektrischen Resonator bezeichnen. Wir bemerken, wie derselbe in einzelnen Stellen des Raumes Funken enthält, in anderen funkenfrei ist; wir sehen, wie sich die toten Stellen nach festen Gesetzmäßigkeiten periodisch folgen – die zeitliche Ausbreitung ist erwiesen, die Wellenlänge meßbar geworden. Man wirft die Frage auf, ob die gefundenen Wellen Longitudinal- oder Transversalwellen seien. Wir halten unseren Draht in zwei verschiedenen Lagen in dieselbe Stelle der Welle; das einemal spricht er an, das anderemal nicht. Mehr bedarf es nicht; die Frage ist entschieden, es sind Transversalwellen. Man fragt nach ihrer Geschwindigkeit. Wir multiplizieren die gemessene Wellenlänge mit der berechneten Schwingungsdauer und finden eine Geschwindigkeit, welche der des Lichtes verwandt ist. [...]

Unsere Versuche bewegten sich schon hart an der Höhe des Passes, welcher nach der Theorie das Gebiet des Lichtes mit dem der Elektrizität verbindet. Es liegt nahe, einige Schritte weiter zu gehen und den Abstieg in das Gebiet der bekannten Optik zu versuchen. Es wird nicht überflüssig sein, die Theorie auszuschalten. Es gibt viele Freunde der Natur, welche sich für das Wesen des Lichtes interessieren, welche dem Verständnisse einfacher Versuche nicht unzugänglich sind, und welchen gleichwohl die Theorie Maxwells ein Buch mit sieben Siegeln ist. Aber auch die Ökonomie der Wissenschaft fordert, daß Umwege vermieden werden, wo ein gerader Weg möglich ist. Können wir mit Hilfe elektrischer Wellen unmittelbar die Erscheinungen des Lichtes herstellen, so bedürfen wir keiner Theorie als Vermittlerin; die Verwandtschaft tritt aus den Versuchen selbst hervor. Solche Versuche sind in der Tat möglich. Wir bringen den Leiter, welcher die Schwingungen erregt, in der Brennlinie eines sehr großen Hohlspiegels an. Es werden dadurch die Wellen zusammengehalten und treten als kräftig dahineilender Strahl aus dem Hohlspiegel aus. Freilich können wir diesen Strahl nicht unmittelbar sehen, noch fühlen; seine Wirkung äußert sich dadurch, daß er Funken in den Leitern erregt, auf welche er trifft. Er wird für unser Auge erst sichtbar, wenn sich dasselbe mit einem unserer Resonatoren bewaffnet. Im Übrigen ist er ein wahrer Lichtstrahl. Wir können ihn durch Drehung des Spiegels in verschiedene Richtungen senden, wir können durch Aufsuchung des Weges, welchen er nimmt, seine geradlinige Ausbreitung erweisen. Bringen wir leitende Körper in seinen Weg, so lassen dieselben den Strahl nicht hindurch, sie werfen Schatten. Dabei vernichten sie den Strahl aber nicht, sie werfen ihn zurück; wir können den reflektierten Strahl verfolgen und uns überzeugen, daß die Gesetze der Reflexion die der Reflexion des Lichtes sind. Auch brechen können wir den Strahl, in gleicher Weise wie das Licht. Um einen Lichtstrahl zu brechen, leiten wir ihn durch ein Prisma, er wird dadurch von seinem geraden Wege abgelenkt. Ebenso verfahren wir hier und mit dem gleichen Erfolge. Nur müssen wir hier entsprechend den Dimensionen der Wellen und des Strahles ein sehr großes Prisma nehmen; wir stellen dasselbe also aus einem billigen Stoffe her, etwa Pech oder Asphalt. Endlich aber können wir sogar diejenigen Erscheinungen an unserem Strahle verfolgen, welche man bisher einzig und allein am Lichte beobachtet hat, die Polarisationserscheinungen. Durch Einschiebung eines Drahtgitters von geeigneter Struktur in den Weg des Strahles lassen wir die Funken in unserem Resonator aufleuchten oder verlöschen, genau nach den gleichen geometrischen Gesetzmäßigkeiten, nach welchen wir das Gesichtsfeld eines Polarisationsapparates durch Einschieben einer Kristallplatte verdunkeln oder erhellen.

Soweit die Versuche. Bei Anstellung derselben stehen wir schon ganz und voll im Gebiete der Lehre vom Lichte. Indem wir die Versuche planen, indem wir sie beschreiben, denken wir schon nicht mehr elektrisch, wir denken optisch. Wir sehen nicht mehr in den Leitern Ströme fließen, Elektrizitäten sich ansammeln; wir sehen nur noch die Wellen in der Luft, wie sie sich kreuzen, wie sie zerfallen, sich vereinigen, sich stärken und schwächen. Von dem Gebiete rein elektrischer Erscheinungen ausgehend, sind wir Schritt vor Schritt zu rein optischen Erscheinungen gelangt. Die Paßhöhe ist überschritten; der Weg senkt, ebnet sich wieder. Die Verbindung zwischen Licht und Elektrizität, welche die Theorie ahnte, vermutete, voraussah, ist hergestellt, den Sinnen faßlich, dem natürlichen Geiste verständlich. Von dem höchsten Punkte, den wir erreicht haben, von der Paßhöhe selbst, eröffnet sich uns ein weiter Einblick in beide Gebiete. Sie erscheinen uns größer, als wir sie bisher gekannt. Die Herrschaft der Optik beschränkt sich nicht mehr auf Ätherwellen, welche kleine Bruchteile des Millimeters messen, sie gewinnt Wellen, deren Länge nach Dezimetern, Metern, Kilometern rechnen. Und trotz dieser Vergrößerung erscheint sie uns von hier gesehen nur als ein kleines Anhängsel am Gebiete der Elektrizität. Dieses letztere gewinnt am meisten. Wir erblicken Elektrizität an tausend Orten, wo wir bisher von ihrem Vorhandensein keine sichere Kunde hatten. In jeder Flamme, in jedem leuchtenden Atome sehen wir einen elektrischen Prozeß. Auch wenn ein Körper nicht leuchtet, so lange er nur noch Wärme strahlt, ist er der Sitz elektrischer Erregungen. So verbreitet sich das Gebiet der Elektrizität über die ganze Natur. Es rückt auch uns selbst näher, wir erfahren, daß wir in Wahrheit ein elektrisches Organ haben, das Auge. Dies ist der Ausblick nach unten, zum Besonderen. Nicht minder lohnend erscheint von unserem Standpunkte der Ausblick nach oben, zu den hohen Gipfeln, den allgemeinen Zielen. Da liegt nahe vor uns die Frage nach den unvermittelten Fernwirkungen überhaupt. Gibt es solche? Von vielen, welche wir zu besitzen glaubten, bleibt uns nur eine, die Gravitation. Täuscht uns auch diese? Das Gesetz, nach welchem sie wirkt, macht sie schon verdächtig. In anderer Richtung liegt nicht ferne die Frage nach dem Wesen der Elektrizität. Von hier gesehen verbirgt sie sich hinter der bestimmteren Frage nach dem Wesen der elektrischen und magnetischen Kräfte im Raume. Und unmittelbar an diese anschließend erhebt sich die gewaltige Hauptfrage nach dem Wesen, nach den Eigenschaften des raumerfüllenden Mittels, des Äthers, nach seiner Struktur, seiner Ruhe oder Bewegung, seiner Unendlichkeit oder Begrenztheit. Immer mehr gewinnt es den Anschein, als überrage diese Frage alle übrigen, als müsse die Kenntnis des Äthers uns nicht allein das Wesen der ehemaligen Imponderabilien offenbaren, sondern auch das Wesen der alten Materie selbst und ihrer innersten Eigenschaften, der Schwere und der Trägheit.

Versuch, den Kraftbegriff aus den Prinzipien der Mechanik auszuscheiden

298

[...] Wenn wir aber schlechthin und allgemein von den Prinzipien der Mechanik reden, so wollen wir darunter nicht jene einzelnen konkreten Sätze verstanden wissen, sondern jede übrigens beliebige Auswahl unter ihnen und unter ähnlichen Sätzen, welche der Bedingung genügt, daß sich aus ihr ohne weitere Berufung auf die Erfahrung die gesamte Mechanik rein deduktiv entwickeln läßt. Bei dieser Bezeichnungsweise stellen die Grundbegriffe der Mechanik zusammen mit den sie verkettenden Prinzipien das einfachste Bild dar, welches die Physik von den Dingen der sinnlichen Welt und den Vorgängen in ihr herzustellen vermag. [...]

Ein erstes Bild liefert uns die gewöhnliche Darstellung der Mechanik. Wir verstehen hierunter die in den Einzelheiten abweichende, in der Hauptsache übereinstimmende Darstellung fast aller Lehrbücher, welche das Ganze der Mechanik behandeln, fast aller Vorlesungen, welche sich über den gesamten Inhalt dieser Wissenschaft verbreiten. Diese Darstellung bildet den königlichen Weg und die große Heerstraße, auf welcher die Schar der Schüler in das Innere der Mechanik eingeführt wird; sie folgt genau dem Gang der historischen Entwickelung und der Reihenfolge der Entdeckungen; ihre Hauptstationen sind gekennzeichnet durch die Namen eines Archimedes, Galilei, Newton, Lagrange[1]. Als gegebene Vorstellungen legt diese Darstellung zu Grunde die Begriffe des Raumes, der Zeit, der Kraft und der Masse. [...]

In den Newtonschen Gesetzen der Bewegung treten zuerst alle vier Grundbegriffe nebeneinander in Verknüpfung auf. Diese Gesetze bilden die eigentliche Wurzel der weiteren Entwickelung, aber sie geben noch keinen allgemeinen Ausdruck für den Einfluß starrer räumlicher Verbindungen; hier erweitert das d'Alembertsche Prinzip das allgemeine Ergebnis der Statik auf den Fall der Bewegung und schließt als letztes den Reigen der nicht aus einander ableitbaren, unabhängigen Grundaussagen. Alles weitere dagegen ist deduktive Ableitung. In der Tat sind die aufgezählten Begriffe und Gesetze nicht nur notwendig, sondern auch hinreichend, um den gesamten Inhalt der Mechanik aus ihnen mit Denknotwendigkeit zu entwickeln und alle übrigen sogenannten Prinzipien als Lehrsätze und Folgerungen aus besonderen Voraussetzungen erscheinen zu lassen. Jene aufgezählten Begriffe und Gesetze geben uns also ein erstes System der Prinzipien der Mechanik in unserer Ausdrucksweise; damit zugleich also auch das

[1] Joseph Louis Lagrange (1736–1813), französischer Mathematiker, stellte 1788 die nach ihm benannten Bewegungsgleichungen der Mechanik auf. (Hg.)

erste allgemeine Bild von den natürlichen Bewegungen der Körperwelt. [...]

Ein zweites Bild der mechanischen Vorgänge ist weit jüngeren Ursprungs als das erste. [...] Wie im ersten Bilde, so gehen wir auch hier aus von vier von einander unabhängigen Grundbegriffen, deren Beziehungen zu einander den Inhalt der Mechanik bilden sollen. Zwei derselben haben einen mathematischen Charakter: Raum und Zeit; die beiden anderen: Masse und Energie, werden eingeführt als in gegebener Menge vorhandene, unzerstörbare und unvermehrbare physikalische Wesenheiten. [...]

Eine dritte Anordnung der Prinzipien der Mechanik ist diejenige, welche in dem Hauptteil des Buches ausführlich dargelegt werden soll, deren Hauptzüge wir aber schon hier in der Einleitung vorführen wollen, um sie in demselben Sinne einer Kritik zu unterwerfen, wie es mit den beiden ersten geschehen ist. Von jenen unterscheidet sie sich wesentlich dadurch, daß sie von nur drei unabhängigen Grundvorstellungen ausgeht; denen der Zeit, des Raumes und der Masse. Sie betrachtet daher als ihre Aufgabe, die natürlichen Beziehungen zwischen diesen dreien und allein zwischen diesen dreien darzustellen. Ein vierter Begriff, wie der Begriff der Kraft oder der Energie, an welchen sich vorhin die Schwierigkeiten knüpften, ist als selbständige Grundvorstellung beseitigt. [...]

Versuchen wir die Bewegungen der uns umgebenden Körper zu verstehen und auf einfache und durchsichtige Regeln zurückzuführen, indem wir aber nur dasjenige berücksichtigen, was wir unmittelbar vor Augen haben, so schlägt unser Versuch im allgemeinen fehl. Wir werden bald gewahr, daß die Gesamtheit dessen, was wir sehen und greifen können, noch keine gesetzmäßige Welt bildet, in welcher gleiche Zustände stets gleiche Folgen haben. Wir überzeugen uns, daß die Mannigfaltigkeit der wirklichen Welt größer sein muß als die Mannigfaltigkeit der Welt, welche sich unseren Sinnen unmittelbar offenbart. Wollen wir ein abgerundetes, in sich geschlossenes, gesetzmäßiges Weltbild erhalten, so müssen wir hinter den Dingen, welche wir sehen, noch andere, unsichtbare Dinge vermuten, hinter den Schranken unserer Sinne noch heimliche Mitspieler suchen. Diese tieferliegenden Einflüsse erkannten wir in den ersten beiden Darstellungen an, und wir dachten sie uns als Wesen einer eigenen und besonderen Art, deshalb schufen wir zu ihrer Wiedergabe in unserem Bilde die Begriffe der Kraft und der Energie. Es steht uns aber noch ein anderer Weg offen. Wir können zugeben, daß ein verborgenes Etwas mitwirke, und doch leugnen, daß dieses Etwas einer besonderen Kategorie angehöre. Es steht uns frei, anzunehmen, daß auch das Verborgene nichts anderes sei als wiederum Bewegung und Masse, und zwar solche Bewegung und Masse, welche sich von der sichtbaren nicht an sich unterscheidet, sondern nur in Beziehung auf uns und auf unsere gewöhnlichen Mittel der Wahrnehmung. Diese Auffassungsweise ist nun eben unsere Hypothese. Wir nehmen also an, daß es möglich sei, den sichtbaren Massen des Weltalls andere denselben Gesetzen gehorchende Massen hinzuzudichten von solcher Art, daß dadurch das Ganze Gesetzmäßigkeit und Verständlichkeit gewinnt, und zwar nehmen wir an, daß dies ganz allgemein und in allen Fällen möglich sei und daß es daher andere Ursachen der Erscheinungen auch gar nicht gebe, als die hierdurch zugelassenen. Was wir gewohnt sind als Kraft und als Energie zu bezeichnen, ist dann für uns nichts weiter als eine Wirkung von Masse und Bewegung, nur braucht es nicht immer die Wirkung grobsinnlich nachweisbarer Masse und grobsinnlich nachweisbarer Bewegung zu sein. Eine derartige Erklärung einer Kraft aus Bewegungsvorgängen pflegt man eine dynamische zu nennen, und man kann wohl sagen, daß die Physik gegenwärtig derartigen Erklärungen in hohem Grade hold ist. Die Kräfte der Wärme hat man mit Sicherheit auf die verborgenen Bewegungen greifbarer Massen zurückgeführt. Durch Maxwells Verdienst ist die Vermutung fast zur Überzeugung geworden, daß wir in den elektrodynamischen Kräften die Wirkung der Bewegung verborgener Massen vor uns haben. Lord Kelvin rückt die Möglichkeit dynamischer Erklärungen der Kräfte mit Vorliebe in den Vordergrund seiner Betrachtungen. [...]

Hat aber jene Hypothese die Fähigkeit, die geheimnisvollen Kräfte allmählich aus der Mechanik wieder zu eliminieren, so kann sie auch verhindern, daß dieselben überhaupt in die Mechanik eintreten. Und entspricht die Verwertung der Hypothese zu ersterem Zwecke der Denkweise der heutigen Physik, so muß das Gleiche von ihrer Benutzung zu letzterem Zwecke gelten. Dies ist der leitende Gedanke, von welchem wir ausgehen und durch dessen Verfolgung dasjenige Bild entsteht, welches wir als das dritte bezeichneten und dessen allgemeine Umrisse wir nun umfahren wollen.

Zuerst führen wir also ein die drei unabhängigen Grundbegriffe Zeit, Raum und Masse als Gegenstände der Erfahrung, indem wir angeben, durch welche konkreten sinnlichen Erfahrungen wir uns Zeiten, Massen, räumliche Größen bestimmt denken wollen. Was die Massen anbelangt, so behalten wir uns vor, neben den sinnlich wahrnehmbaren Massen durch Hypothese verborgene Massen einzuführen. Wir stellen sodann die Beziehungen zusammen, welche zwischen jenen konkreten Erfahrungen stets obwalten und welche wir als die wesentlichen Beziehungen zwischen den Grundbegriffen festzuhalten haben. Es ist naturgemäß, daß wir die Grundbegriffe zunächst zu je zweien verbinden. Die Beziehungen, welche Raum und Zeit allein betreffen, können wir als Kinematik voraussenden. Zwischen Masse und Zeit allein besteht keine Verknüpfung. Masse und Raum dagegen treten wieder zusammen zu einer Reihe wichtiger erfahrungsmäßiger Beziehungen. Wir finden nämlich zwischen den Massen der Natur gewisse rein räumliche Zusammenhänge, welche darin bestehen, daß von Anbeginn an für alle Zeiten, und also unabhängig von der Zeit, jenen Massen gewisse Lagen und gewisse Änderungen der Lage als mögliche, alle anderen aber als unmögliche vorgeschrieben und zugeordnet sind. [...]

Über die Zweckmäßigkeit unseres dritten Bildes können wir uns ziemlich kurz fassen. Wir können aussagen, daß dieselbe nach Deutlichkeit und Einfachheit etwa derjenigen gleichkommt, welche wir dem zweiten Bilde zusprachen, und daß wir dieselben Vorzüge, welche wir dort rühmten, auch hier hervorheben können. [...]

Im Gegensatz zum zweiten Bilde besitzt aber unser drittes Einfachheit auch in dem Sinne, daß sich seine Vorstellungen der Natur so anschmiegen, daß die wesentlichen Beziehungen der Natur durch einfache Beziehungen zwischen den Begriffen wiedergegeben werden. Das zeigt sich nicht nur im Grundgesetze selbst, sondern auch in den zahlreichen allgemeinen Folgerungen desselben, welche den sogenannten Prinzipien der Mechanik entsprechen. Es muß allerdings zugegeben werden, daß diese Einfachheit nur eintritt, so lange wir es mit vollständig bekannten Systemen zu tun haben, und daß sie wieder verschwindet, sobald verborgene Massen sich einmischen. Aber auch in diesen Fällen liegt dann der Grund der Verwickelung klar auf der Hand; wir verstehen, daß der Verlust der Einfachheit nicht in der Natur, sondern in unserer mangelhaften Kenntnis derselben beruht; wir begreifen, daß die eintretenden Komplikationen nicht allein eine mögliche, sondern die notwendige Folge unserer besonderen Voraussetzungen sind. Auch das muß zugegeben werden, daß die Mitwirkung verborgener Massen, welche vom Standpunkte unserer Mechanik aus der entlegene und besondere Fall ist, daß diese Mitwirkung gerade der gewöhnliche Fall der Probleme des täglichen Lebens und der Technik ist.

ERNST MACH

Kritik von Newtons absolutem Raum

299
Betrachten wir nun denjenigen Punkt, auf welchen sich Newton bei Unterscheidung der relativen und absoluten Bewegung mit starkem Recht zu stützen scheint. Wenn die Erde eine *absolute* Rotation um ihre Achse hat, so treten an derselben Zentrifugalkräfte auf, sie wird abgeplattet, die Schwerebeschleunigung am Äquator vermindert, die Ebene des Foucaultschen Pendels wird gedreht usw. Alle diese Erscheinungen verschwinden, wenn die Erde ruht und die übrigen Himmelskörper sich absolut um dieselbe bewegen, so daß dieselbe *relative* Rotation zustande kommt. So ist es allerdings, wenn man von vornherein von der Vorstellung eines absoluten Raumes ausgeht. Bleibt man aber auf dem Boden der Tatsachen, so weiß man bloß von *relativen* Räumen und Bewegungen. Relativ sind die Bewegungen im Weltsystem, von dem unbekannten und unberücksichtigten Medium des Weltraums abgesehen, dieselben nach der ptolemäischen und nach der kopernikanischen Auffassung. Beide Auffassungen sind auch gleich *richtig*, nur ist die letztere einfacher und *praktischer*. Das Weltsystem ist uns nicht *zweimal* gegeben mit ruhender und mit rotierender Erde, sondern nur *einmal* mit seinen allein bestimmbaren Relativbewegungen. Wir können also nicht sagen, wie es wäre, wenn die Erde nicht rotierte. Wir können den einen uns gegebenen Fall in verschiedener Weise interpretieren. Wenn wir aber so interpretieren, daß wir mit der Erfahrung in Widerspruch geraten, so interpretieren wir eben falsch. Die mechanischen Grundsätze können also wohl so gefaßt werden, daß auch für Relativdrehungen Zentrifugalkräfte sich ergeben.

Der Versuch Newtons mit dem rotierenden Wassergefäß lehrt nur, daß die Relativdrehung des Wassers gegen die *Gefäßwände* keine merklichen Zentrifugalkräfte weckt, daß dieselben aber durch die Relativdrehung gegen die Masse der Erde und die übrigen Himmelskörper geweckt werden. Niemand kann sagen, wie der Versuch quantitativ und qualitativ verlaufen würde, wenn die Gefäßwände immer dicker und massiger, zuletzt mehrere Meilen dick würden. Es liegt nur der *eine* Versuch vor, und wir haben denselben mit den übrigen uns bekannten Tatsachen, nicht aber mit unsern willkürlichen Dichtungen in Einklang zu bringen.

300
Die Ökonomie der Wissenschaft

1. Alle Wissenschaft hat Erfahrungen zu ersetzen oder zu *ersparen* durch Nachbildung und Vorbildung von Tatsachen in Gedanken, welche Nachbildungen leichter zur Hand sind als die Erfahrung selbst und diese in mancher Beziehung vertreten können. Diese *ökonomische* Funktion der Wissenschaft, welche deren Wesen ganz durchdringt, wird schon durch die allgemeinsten Überlegungen klar. Mit der Erkenntnis des ökonomischen Charakters verschwindet auch alle Mystik aus der Wissenschaft. Die Mitteilung der Wissenschaft durch den Unterricht bezweckt, einem Individuum Erfahrung zu ersparen durch Übertragung der Erfahrung eines andern Individuums. Ja es werden sogar die Erfahrungen ganzer Generationen durch die schriftliche Aufbewahrung in Bibliotheken spätern Generationen übertragen und diesen daher erspart. Natürlich ist auch die Sprache, das Mittel der Mitteilung, eine ökonomische Einrichtung. Die Erfahrungen werden mehr oder weniger vollkommen in einfachere, häufiger vorkommende Elemente zerlegt und zum Zwecke der Mitteilung stets mit einem Opfer an Genauigkeit *symbolisiert*. Diese Symbolisierung ist bei der Lautsprache durchgängig noch eine rein nationale und wird es wohl noch lange bleiben. Die Schriftsprache nähert sich aber allmählich dem Ideale einer internationalen Universalschrift, denn sie ist keine reine Lautschrift mehr. Wir müssen die Zahlzeichen, die algebraischen und mathematischen Zeichen überhaupt, die chemischen Zeichen, die musikalische Notenschrift, die phonetische Schrift, schon als Teile einer künftigen Universalschrift betrachten, die zum Teil schon sehr abstrakter Natur und fast ganz international sind. [...]

2. Wenn wir Tatsachen in Gedanken nachbilden, so bilden wir niemals die Tatsachen *überhaupt* nach, sondern nur nach jener Seite, die für uns *wichtig* ist; wir haben hierbei ein Ziel, das unmittelbar oder mittelbar aus einem praktischen Interesse hervorgewachsen ist. Unsere Nachbildungen sind immer Abstraktionen. Auch hierin spricht sich ein ökonomischer Zug aus.

Die Natur setzt sich aus den durch die Sinne gegebenen Elementen zusammen. Der Naturmensch faßt aber zunächst gewisse Komplexe dieser Elemente heraus, die mit einer relativen Stabilität auftreten und die für ihn wichtiger sind. Die ersten und ältesten Worte sind Namen für «Dinge». Hierin liegt schon ein Absehen von der Umgebung der Dinge, von den fortwährenden kleinen Veränderungen, welche diese Komplexe erfahren, und welche als weniger wichtig nicht beachtet werden. Es gibt in der Natur kein unveränderliches Ding. Das Ding ist eine Abstraktion, der Name ein

Symbol für einen *Komplex* von Elementen, von deren Veränderung wir absehen. Daß wir den ganzen Komplex durch *ein* Wort, durch *ein* Symbol bezeichnen, geschieht, weil wir ein Bedürfnis haben, alle zusammengehörigen Eindrücke auf einmal wachzurufen. Sobald wir auf einer höhern Stufe auf diese Veränderungen achten, können wir natürlich nicht zugleich die Unveränderlichkeit festhalten, wenn wir nicht zum «Ding an sich» und ähnlichen widerspruchsvollen Vorstellungen gelangen wollen. Die Empfindungen sind auch keine «Symbole der Dinge». Vielmehr ist das «Ding» ein Gedankensymbol für einen Empfindungskomplex von relativer Stabilität. Nicht die Dinge (Körper), sondern Farben, Töne, Drucke, Räume, Zeiten (was wir gewöhnlich Empfindungen nennen) sind eigentliche *Elemente* der Welt.

Der ganze Vorgang hat lediglich einen ökonomischen Sinn. Wir beginnen bei Nachbildung der Tatsachen mit den stabilern gewöhnlichen, uns geläufigen Komplexen und fügen nachträglich das Ungewöhnliche korrigierend hinzu. Wenn wir z.B. von einem durchbohrten Zylinder, von einem Würfel mit abgestutzten Ecken sprechen, so ist dies genau genommen eigentlich ein Widerspruch, wenn wir nicht die eben angegebene Auffassung annehmen. Alle *Urteile* sind derartige Ergänzungen und Korrekturen schon vorhandener Vorstellungen. [...]

Man muß also sagen, daß es gar kein wissenschaftliches Resultat gibt, welches prinzipiell nicht auch ohne alle Methode gefunden werden könnte. Tatsächlich ist aber in der kurzen Zeit eines Menschenlebens und bei dem begrenzten Gedächtnis des Menschen ein nennenswertes Wissen nur durch die *größte* Ökonomie der Gedanken erreichbar. Die Wissenschaft kann daher selbst als eine Minimumaufgabe angesehen werden, welche darin besteht, möglichst vollständig die Tatsachen mit dem *geringsten Gedankenaufwand* darzustellen.

7. Alle Wissenschaft hat nach unserer Auffassung die Funktion, Erfahrung zu ersetzen. Sie muß daher zwar einerseits in dem *Gebiet* der Erfahrung bleiben, eilt aber doch andererseits der Erfahrung voraus, stets einer Bestätigung, aber auch Widerlegung gewärtig. Wo weder eine Bestätigung noch eine Widerlegung ist, dort hat die Wissenschaft nichts zu schaffen. Sie bewegt sich immer nur auf dem Gebiete der *unvollständigen* Erfahrung. Muster solcher Zweige der Wissenschaft sind die Theorien der Elastizität und der Wärmeleitung, die beide den kleinsten Teilen der Körper nur dieselben Eigenschaften beilegen, welche uns die Beobachtung an größern Teilen direkt kennen lehrt. Die Vergleichung zwischen Theorie und Erfahrung kann mit der Verfeinerung der Beobachtungsmittel immer weiter getrieben werden.

Die Erfahrung allein, ohne die sie begleitenden Gedanken, würde uns stets fremd sein. Diejenigen Gedanken, welche auf dem größten Gebiet festgehalten werden können und am ausgiebigsten die Erfahrung ergänzen, sind die *wissenschaftlichsten*. Man geht bei der Forschung nach dem Prinzip der *Kontinuität* vor, weil *nur* nach diesem Prinzip eine nützliche *und* ökonomische Auffassung der Erfahrung sich ergeben kann. [...]

9. Nicht jede bestehende wissenschaftliche Theorie ergibt sich so natürlich und *ungekünstelt*. Wenn z.B. chemische, elektrische, optische Erscheinungen durch Atome erklärt werden, so hat sich die Hilfsvorstellung der Atome nicht nach dem Prinzip der Kontinuität ergeben, sie ist vielmehr für diesen Zweck eigens erfunden. Atome können wir nirgends wahrnehmen, sie sind wie alle Substanzen Gedankendinge. Ja, den Atomen werden zum Teil Eigenschaften zugeschrieben, welche allen bisher beobachteten widersprechen. Mögen die Atomtheorien immerhin geeignet sein, eine Reihe von Tatsachen darzustellen, die Naturforscher, welche Newtons Regeln des Philosophierens sich zu Herzen genommen haben, werden diese Theorien nur als *provisorische* Hilfsmittel gelten lassen und einen Ersatz durch eine natürlichere Anschauung anstreben.

Die Erfahrung allein, ohne die sie begleitenden Gedanken, würde uns stets fremd sein. Diejenigen Gedanken, welche auf dem größten Gebiet festgehalten werden können und am ausgiebigsten die Erfahrung ergänzen, sind die wissenschaftlichsten. Man geht bei der Forschung nach dem Prinzip der Kontinuität vor, weil nur nach diesem Prinzip eine nützliche und ökonomische Auffassung der Erfahrung sich ergeben kann. [...]

9. Nicht jede bestehende wissenschaftliche Theorie ergibt sich so natürlich und ungekünstelt. Wenn z. B. chemische, elektrische, optische Erscheinungen durch Atome erklärt werden, so hat sich die Hilfsvorstellung der Atome nicht nach dem Prinzip der Kontinuität ergeben, sie ist vielmehr für diesen Zweck eigens erfunden. Atome können wir nirgends wahrnehmen, sie sind wie alle Substanzen Gedankendinge. Ja den Atomen werden zum Teil Eigenschaften zugeschrieben, welche allen bisher beobachteten widersprechen. Mögen die Atomtheorien immerhin geeignet sein, eine Reihe von Tatsachen darzustellen, die Naturforscher, welche Newtons Regeln des Philosophierens sich zu Herzen genommen haben, werden diese Theorien nur als provisorische Hilfsmittel gelten lassen und einen Ersatz durch eine naturgemäßere Anschauung anstreben.

VON PLANCK BIS PAULI

EINLEITUNG

Das 19. Jahrhundert sah die Vollendung des Weltbildes der klassischen Physik. Die Höhepunkte dieses letzten Stadiums der klassischen Konzeption waren die definitive Formulierung der Newtonschen Mechanik, die Entdeckung des ersten und zweiten Hauptsatzes der Thermodynamik, die Theorie des Elektromagnetismus einschließlich der des Lichts und die Entwicklung der auf dem klassischen Kausalgesetz basierenden statistischen Mechanik. Jedoch gewisse Fragen, die das klassische Bild ungelöst ließ, führten seine grundlegende Veränderung herbei, die sich während der ersten drei Jahrzehnte unseres Jahrhunderts in der Gestalt zweier neuer Gedankensysteme vollzog, der Relativitätstheorie und der Quantenphysik.

Die Relativitätstheorie – die Schöpfung Albert Einsteins – war ein Triumph rein theoretischer Überlegungen, vor allem einer erkenntnistheoretischen Analyse, die einer Situation ein Ende machte, welche während des 19. Jahrhunderts zunehmend komplizierter und problematischer geworden war. Einstein gab schon bekannten Tatsachen einen neuen Sinn und eine neue Deutung, durch die alle früheren Erklärungsversuche sich von selbst erledigten. Am Anfang seiner klassischen Arbeit über die spezielle Relativitätstheorie, die den Titel *Zur Elektrodynamik bewegter Körper* (1905) führt, weist Einstein darauf hin, daß die Hypothese des absoluten Raumes zu unbefriedigenden Asymmetrien in der Interpretation von Phänomenen führt, die im Grunde nur von der Relativbewegung zweier Körper, z. B. eines Magneten und eines elektrischen Leiters, abhängen. Ein und dieselbe elektromagnetische Erscheinung deutete man in verschiedener Weise, je nachdem der Magnet oder der Leiter im Newtonschen absoluten Raum ruht oder sich bewegt. Ferner sind die zahlreichen Versuche, eine Bewegung der Erde relativ zum absoluten Raum, oder (was auf dasselbe hinausläuft) zum ruhenden Äther, fehlgeschlagen.

Wie ist nun z. B. das weiter oben, S. 598, behandelte negative Ergebnis der Versuche von Michelson und Morley zu erklären? Warum bleibt die Lichtgeschwindigkeit, d. h. die Geschwindigkeit elektromagnetischer Signale, konstant, ohne sich derjenigen der Lichtquelle zu addieren oder von ihr zu subtrahieren? Durch eine geniale Wendung transformierte Einstein dieses Rätsel in ein Postulat: Die Lichtgeschwindigkeit ist eine universelle, vom relativen Bewegungszustand des Beobachters und der Lichtquelle unabhängige Konstante, sie ist mathematisch-physikalisch ausgedrückt, eine Invariante. Dies Postulat, anscheinend unvereinbar mit der Annahme der Newtonschen Kinematik über Relativbewegungen, d.h. mit dem klassischen Relativitätsprinzip, kombinierte Einstein mit dem letzteren und vereinigte sie beide zum modernen Relativitätsprinzip. Die daraus abgeleiteten mathematischen Gleichungen (die «Lorentztransformationen») enthalten außer der Relativgeschwindigkeit von Beobachter und beobachtetem Körper auch die endliche Lichtgeschwindigkeit c, deren universelle Bedeutung sich dadurch kundgibt, daß sie sowohl in optische und elektromagnetische Beobachtungen als in mechanische Vorgänge eingeht. Die Invariante c, die als oberste Grenze aller physikalisch sinnvollen Signale anzusehen ist, nimmt in der speziellen Relativitätstheorie den Charakter einer absoluten Gegebenheit an und übernimmt demnach die Rolle des absoluten Raumes und der absoluten Zeit in der Newtonschen Physik.

In der Relativitätstheorie hingegen haben räumliche und zeitliche Abstände keine absolute Bedeutung mehr, ihre Größen hängen vom Bewegungszustand des Beobachters ab, und diese Relativierung leitet sich von der Endlichkeit der Lichtgeschwindigkeit, also der absoluten Signalgeschwindigkeit her. Eine unendlich große Signalgeschwindigkeit würde Einsteins Universum auf die klassische Newtonsche Welt reduzieren, in der insbesondere die Absolutheit der Zeit in der absoluten, für alle Beobachter geltenden Gleichzeitigkeit physikalischer Ereignisse zum Ausdruck kommt. Die mathematische Entwicklung der speziellen Relativitätstheorie zeigte, daß die Absolutheit und Endlichkeit von c gleichbedeutend ist mit der Absolutheit des raumzeitlichen Abstandes zweier Ereignisse; dieses raumzeitliche Intervall erhält demnach eine absolute, vom Beobachter unabhängige Bedeutung. In den Worten von Hermann Minkowski, mit denen er seinen Vortrag über Raum und Zeit (1908) einleitete: «Von Stund an sollen Raum für sich und Zeit für sich völlig zu Schatten herabsinken, und nur noch eine Art Union der beiden soll Selbständigkeit bewahren.»

Philosophisch gesehen war die Relativierung der Gleichzeitigkeit zweifellos die revolutionärste aller tiefgehenden Umwälzungen, welche die Relativitätstheorie mit sich brachte. Radikal änderte sich ebenfalls der Massenbegriff, denn die Masse eines Körpers als Maß seines Widerstandes gegen seine Beschleunigung war in der klassischen Physik eine Konstante. Da nach der neuen Theorie kein Körper endlicher Masse die Lichtgeschwindigkeit erreichen kann, bedeutet dies, daß sein Widerstand gegen die Beschleunigung, d.h. also seine Masse unbegrenzt wachsen muß, wenn die Geschwindigkeit des Körpers sich c nähert. Nur die Masse eines relativ zum Beobachter ruhenden Körpers, seine sogenannte Ruhmasse m_0, bleibt konstant. In den von Einstein abgeleiteten Gleichungen tritt das Produkt dieser Ruhmasse und des Quadrats der Lichtgeschwindigkeit (m_0c^2) als die Energie eines im leeren Raum ruhenden Körpers auf, der nach klassischen Vorstellungen weder kinetische noch potentielle Energie besitzt. Die Bedeutung der Äquivalenz von Masse und Energie wurde in ihrer ganzen Reichweite erst in der modernen Atomphysik erfaßt und bestätigt. Die Relativitätstheorie hat über die fundamentale Bereicherung unserer physikalischen Erkenntnis hinaus insofern zur Vereinheitlichung unseres Weltbildes beigetragen, als sie verschiedene innere Widersprüche beseitigte, die dem Physiker des vorigen Jahrhunderts zu schaffen machten, indem sie die bekannten Tatsachen der Optik und des Elektromagnetismus aus einer einzigen, in sich konsequenten Gruppe von Voraussetzungen herleiten konnte. Im ganzen stellt sie sich als das klassische Beispiel eines umfassenden, einheitlichen Denksystems dar, das uns a posteriori elementar erscheint und durch seine strukturale Einfachheit überzeugt.

In dieser Anthologie sind die beiden ersten Passagen von Einsteins Publikation des Jahres 1905 wiedergegeben, die einen Begriff von seinem operationalen Zugang zum Problem vermitteln, nämlich von seiner kritischen Analyse des Meßvorgangs von Längen und Zeiten und der Funktion des messenden Beobachters. Einstein gelangte zu seinen umstürzenden Resultaten unter Beschränkung seiner Überlegungen auf Beobachter, die sich relativ zueinander im Zustand der Trägheitsbewegung befinden. Diese Beschränkung bedeutet eine beträchtliche Idealisierung der wahren Gegebenheiten, indem sie die Gravitationskraft nicht miteinbezieht, in deren Feld die Körper beschleunigt werden. Zwei Arbeiten Einsteins (1907 und 1911), die von der physikalischen Natur des Gravitationsfeldes handeln, sind Vorstufen zu seiner großen Abhandlung über die allgemeine Relativitätstheorie (1916), deren zweiter Paragraph in dieser Anthologie wiedergegeben ist. Einstein gibt der lange bekannten Tatsache, daß ein (homogenes) Gravitationsfeld «die merkwürdige Eigenschaft hat, allen Körpern dieselbe Beschleunigung zu erteilen», eine physikalische Interpretation, die er aus seinem Relativitätsprinzip deduziert und die später durch seine 1916 erschienene populäre Schrift *«Über die spezielle und allgemeine Relativitätstheorie»* als das Gedankenexperiment vom Beobachter im Kasten bekannt geworden ist. Wegen der soeben erwähnten Eigenschaft des Schwerefeldes müssen alle physikalischen Erfahrungen des in einem Kasten im Gravitationsfeld ruhenden Beobachters äquivalent sein denen eines Beobachters, der sich im gravitationsfreien Raum in einem in entgegengesetzter Richtung gleichmäßig beschleunigten Kasten befindet. Mit anderen Worten: Hier liegt ein Fall vor, wo Vorgänge in einem unbeschleunigten Bezugssystem im Gravitationsfeld genau so gedeutet werden können wie Vorgänge in einem beschleunigten, gravitationsfreien Bezugssystem.

Auf diese Weise kommt Einstein zu der revolutionären Schlußfolgerung, daß die Newtonsche Dichotomie von Trägheit und Kraft im wichtigsten und universellen Fall der Gravitationskraft nicht aufrechtzuerhalten ist. Diese Konsequenz hat er in seinem allgemeinen Relativitätsprinzip nach weiteren erkenntnistheoretischen Erwägungen und unter Berufung auf Mach generalisiert: «Die Gesetze der Physik müssen so beschaffen sein, daß sie in bezug auf beliebig bewegte Bezugssysteme gelten.» Die allgemeine Relativitätstheorie wird somit zu einer neuen Theorie der Gravitation; sie hebt den Begriff der Schwerkraft auf und erklärt ihre Effekte, z. B. die Planetenbewegungen um die Sonne, als Trägheitsbewegungen in einer raumzeitlichen Welt von nichteuklidischer Metrik.

Man kann den Kernpunkt dieser neuen Auffassung etwa folgendermaßen in die Sprache der Mathematik übertragen: In der speziellen Relativitätstheorie kann das raumzeitliche Intervall zwischen zwei Ereignissen als Hypotenuse eines rechtwinkligen Dreiecks dargestellt werden, dessen Katheten aus einem Raum- und einem Zeitelement bestehen; dabei gilt der pythagoreische Lehrsatz: Das Quadrat über der Hypotenuse ist gleich der Summe der Quadrate über den beiden Katheten. Dieser Satz in seiner einfachen Form verliert aber seine Geltung in einer nichteuklidischen Geometrie. Er kann dadurch verallgemeinert werden, daß man die Quadrate der Raum- und Zeitelemente, aus denen das Intervall sich zusammensetzt, mit geeigneten Koeffizienten multipliziert, die einerseits den Satz als geometrischen Ausdruck einer nichteuklidischen Metrik generalisieren und die andrerseits als Gravitationspotentiale interpretiert werden können.

Diese Geometrisierung des Gravitationsfeldes ist von höchster erkenntnistheoretischer Bedeutung, denn sie stellt eine enge gegenseitige Abhängigkeit von Raum und Materie her. Sie besagt, daß die Geometrie einer raumzeitlichen Region hauptsächlich durch die Verteilung der Materie, der konzentriertesten Form der Energie, in ihr bestimmt ist, und zwar derart, daß in hinreichender Entfernung von jeder Art von Materie diese Region die euklidische Metrik annimmt. Die Bahnen von frei beweglichen Körpern sind durch die Geometrie ihrer Umgebung bestimmt; sie sind geodätische Linien, die nichteuklidischen Analoge der geraden, d. h. kürzesten Linien im euklidischen Raum. Alle freien Bewegungen sind demnach verallgemeinerte Trägheitsbewegungen. Die enormen konzeptuellen Vorteile der allgemeinen Relativitätstheorie sind durch ein beträchtliches Maß von Abstraktion erkauft. Man darf aber nicht übersehen, daß der anscheinend konkrete, anschauliche Charakter der früheren Theorien weitgehend durch psychologische Faktoren determiniert ist, d.h. durch den Umstand, daß wir uns an sie gewöhnt haben; der Prozeß des Verstehens ist nicht nur ein intellektueller, sondern auch ein psychologischer.

In seiner Arbeit über *Geometrie und Erfahrung*, deren erste Absätze in der Anthologie wiedergegeben sind, betont Einstein, daß im Gegensatz zu unserer früheren naiven Anschauung die Geometrie der physikalischen Welt nicht als a priori gegeben angenommen werden kann, sondern daß man sie empirisch zu bestimmen hat. Aus den Darlegungen einer anderen Arbeit Einsteins, über Äther und Relativitätstheorie, geht hervor, daß in einer gewissen Hinsicht die allgemeine Relativitätstheorie den Ätherbegriff wiederherstellt, allerdings nicht als den eines materiellen Fluidums, sondern als den Ausdruck für die neue Auffassung des Raumes als eines aktiven physikalischen Agens, welches das mechanische Verhalten der in ihm befindlichen Körper bestimmt.

Schließlich sei noch erwähnt, daß die allgemeine Relativitätstheorie nicht nur alle bekannten Tatsachen der Physik befriedigender erklärt als die früheren Theorien, sondern als unverhofftes Nebenprodukt drei kleine, aber wichtige Effekte voraussagte – die Perihelbewegung des Merkur, die Rotverschiebung des im Gravitationsfeld der Sonne emittierten Lichts und die Ablenkung der Lichtstrahlen bei ihrem Durchgang durch dies Gravitationsfeld. Die Verifizierung dieser Folgerungen der neuen Theorie bestärkte naturgemäß das Vertrauen zu ihr. Die umwälzenden kosmologischen Konsequenzen der Theorie, die Einstein selbst zuerst diskutiert hatte, erfuhren eine weitere Klärung durch die Fortschritte der Astrophysik von den dreißiger Jahren dieses Jahrhunderts an. Diese faszinierende jüngste Disziplin der physikalischen Wissenschaften, die sich im Stadium einer stürmischen, höchst überraschenden Entwicklung befindet und in der die Konsequenzen der allgemeinen Relativitätstheorie eine vorher ungeahnte Bedeutung erhielten, ist in dieser Anthologie nicht mit einbegriffen.

Die Geschichte der Quantentheorie weist keine so einfache und geradlinige konzeptuelle Entwicklung auf wie die der Relativitätstheorie. Ein wesentlicher Grund hierfür ist, daß der Prozeß der Klärung und Integrierung der Quantentheorie in eine kohärente wissenschaftliche Disziplin an die Akkumulation von Tatsachenmaterial gebunden war, die eine entsprechende Experimentaltechnik voraussetzte. Erst in der zweiten Hälfte des vorigen Jahrhunderts ermöglichte die Hochvakuumtechnik die Erzeugung und Beobachtung elektrisch geladener Teilchen in elektrischen und magnetischen Feldern. Zugleich machte die Spektroskopie erhebliche Fortschritte, sowohl in der Konstruktion von leistungsfähigen Spektrographen als von Instrumenten zur Strahlenmessung in allen Spektralgebieten. Im letzten

Jahrzehnt des 19. Jahrhunderts wurden Radioaktivität und Röntgenstrahlen entdeckt sowie das Elektron, dessen Ladung und Masse später genauer bestimmt wurden.

Einen bemerkenswert klaren und lehrreichen Überblick über diese Entwicklungen findet man in einem Artikel von Ernest Rutherford *Die elektrische Struktur der Materie*, von dem mehrere Auszüge hier wiedergegeben sind. Rutherford, einer der Väter der Atomphysik, berichtet in diesem Aufsatz auch von seinen eigenen grundlegenden Untersuchungen über die spontane Transformation radioaktiver Elemente, die zu der von ihm und Soddy ausgearbeiteten Theorie des radioaktiven Zerfalls führte. Er beschreibt kurz seine berühmten Beobachtungen der Ablenkung von α-Teilchen bei ihrem Durchgang durch dünne Metallblättchen, die schließlich den Schlüssel zum Verständnis der Atomstruktur lieferten, nämlich des kleinen Kerns, in dem praktisch die ganze Atommasse konzentriert ist, und der ihn umgebenden Elektronenhülle, welche die Kerndimensionen um mehrere Größenordnungen übertrifft.

Diese Entdeckungen wurden in dem Jahrzehnt nach der Geburt der Quantenhypothese gemacht. Als Planck sie im Jahre 1900 publizierte, hatte sie den Charakter einer Hypothese *ad hoc*, die ihm die Ableitung einer mathematischen Formel ermöglichte, welche die beobachtete Spektralverteilung der elektromagnetischen Strahlung eines sogenannten schwarzen Körpers richtig wiedergibt, d.h. eines Körpers, der praktisch die ganze auf ihn fallende Strahlung absorbiert. Planck mußte die auf der Schalltheorie beruhende Vorstellung der klassischen Physik fallen lassen, daß die als «Vibratoren» oder Oszillatoren wirkenden Partikeln eines Körpers ihre Strahlungsfrequenzen kontinuierlich verändern können. Seine völlig neue Annahme war, daß solche Oszillatoren Energien nur in diskreten Quanten emittieren oder absorbieren, die ihrer Schwingungsfrequenz proportional sind; dieser Proportionalitätsfaktor ist das Plancksche Wirkungsquantum. Diese spezielle Hypothese bildete den Ausgangspunkt einer umfassenden Theorie, die mehr noch als die Relativitätstheorie zum Umsturz des früheren Weltbildes beitrug. Plancks Rektoratsrede von 1913, von der Auszüge hier zititiert sind, gibt einen populär verständlichen und zugleich streng wissenschaftlichen Bericht von seiner Hypothese, wobei er auch den historischen und philosophischen Hintergrund schildert, der zu ihrer Aufstellung führte. Höchst beachtenswert sind Plancks Bemerkungen über den Glauben des Forschers an eine reale Außenwelt, der als treibende Kraft für den Fortschritt der Naturwissenschaft unumgänglich ist.

Nach Plancks Quantenhypothese von 1900 war es Einsteins Arbeit von 1905, welche der Quantenphysik als einer umfassenden Theorie zum Durchbruch verhalf. Einstein führte hier die Hypothese der Lichtquanten (später Photonen genannt) als eine Ergänzung der Wellenhypothese des Lichts ein, die für die Erklärung gewisser Tatsachen der Wechselwirkung von Licht und Materie unentbehrlich ist. Einsteins einleitende Ausführungen sind ein schönes Beispiel für die hervorragende Rolle konzeptueller Analogien im physikalischen Denken. Er wies auf den Mangel an Symmetrie hin, der sich darin äußert, daß in der Gastheorie die gasförmige Materie sowohl als eine kontinuierliche Gegebenheit behandelt wird als auch verschiedene ihrer Eigenschaften mittels des Partikelbegriffs erklärt werden, während die Theorie des Elektromagnetismus die Lichtstrahlung ausschließlich mittels räumlich kontinuierlicher Funktionen beschreibt, indem sie das Wellenmodell zur Erklärung optischer Erscheinungen heranzieht. In gewissen Fällen genüge aber dies Modell nicht, um die beobachteten Phänomene in befriedigender Weise zu erklären, und müsse durch das korpuskulare Bild einer Summe diskreter Lichtquanta ersetzt werden, die mit Elektronen, Atomen und anderen Materieteilchen in Wechselwirkung stehen. Einstein zeigt dann, daß das korpuskulare Modell das Verständnis des photoelektrischen Effekts möglich macht; dieser kann als eine Summe individueller Prozesse aufgefaßt werden, in denen ein Lichtquantum von bestimmter Energie – d.h. von bestimmter Frequenz – diese beim Auftreffen auf einen Körper an eines seiner Elektronen abgibt. Ein Teil dieser Energie dient dazu, das Elektron aus dem Inneren des Körpers zu befreien und es an seine Oberfläche zu befördern, während der Rest in die kinetische Energie des freien Elektrons umgewandelt wird. In dieser Publikation Einsteins wird zum ersten Mal auf die Notwendigkeit der Benutzung zweier gegensätzlicher Modelle – Korpuskel und Welle – zur vollständigen Erklärung mikrophysikalischer Erscheinungen hingewiesen.

Acht Jahre nach Einsteins Lichtquantenhypothese lieferte Niels Bohr, der damals in Rutherfords Laboratorium in Cambridge arbeitete, einen weiteren wichtigen Beitrag zur Klärung der Quantenphänomene. Nur die Einleitung und der zusammenfassende Abschluß dieser klassischen Publikation von 1913 sind in dieser Anthologie wiedergegeben, unter Weglassung aller Berechnungen, die sich auf sein Modell des Wasserstoffatoms beziehen, das auf Rutherfords Theorie der Atomstruktur basierte. Diese Arbeit sowie Bohrs retrospektive Übersicht von 1925 (die ebenfalls auszugsweise hier zitiert ist) bieten eine klare Illustration des wissenschaftlichen Denkens an einem Wendepunkt der Ideengeschichte. Es handelt sich zunächst um die Erklärung der Linienspektren der Elemente, deren große Stabilität und Schärfe den Bemühungen der Physiker trotzten, die Analogie von akustischen und elektromagnetischen Oszillatoren aufrechtzuerhalten. Zu dem Zweck entwickelte Bohr sein Atommodell, das Elemente des klassischen Bildes mit einer radikalen Abkehr von klassischen Konzepten in sich vereinigte. Einerseits faßte er das Atom als ein mikro-physikalisches Abbild des Sonnensystems auf, also als ein Paradigma der Newtonschen Mechanik, während er andrerseits die Prinzipien des Maxwellschen Elektromagnetismus preisgab, indem er postulierte, daß Elektronen in ihren «stationären» Bahnen um den Atomkern keine Strahlung emittieren. Mit diesem Kompromiß glückte es Bohr, die Quantenhypothese durch ihre Anwendung auf den Atombau zu erweitern: Atome, und allgemein Mikrostrukturen, können nur in diskreten Energiezuständen existieren, und jeder Übergang zwischen zweien dieser Zustände ist mit der Emission oder Absorption eines Lichtquants verbunden.

Bohrs historische Übersicht vermittelt auch einen Begriff von den fundamentalen Experimenten, die seine Hypothese bestätigten, sowie von der Fülle weiterer Tatsachen und theoretischer Überlegungen, die der «klassischen» Quantentheorie in der Interimsperiode bis in die Mitte der zwanziger Jahre einen Rückhalt gaben. Bohr erwähnt auch unter anderem die verzweifelten Versuche, die Wellentheorie des Lichts mit der Quantentheorie zu versöhnen. Die Ratlosigkeit der Physiker in jenen Jahren spiegelte sich in einem Vorschlag von Bohr, Kramers und Slater wider, dem Satz von der Erhaltung der Energie einen statistischen Charakter zu geben, indem angenommen wird, daß die Energiebilanz atomarer Vorgänge erhalten bleibt, wenn man sie über eine große Zahl solcher Prozesse mittelt. Diese Annahme sollte die klassische Wellentheorie des Lichts, d.h. die Idee einer kontinuierlichen Fortpflanzung elektromagnetischer Energie, retten, trotz des in allen Quantenerscheinungen beobachteten diskreten und plötzlichen Energieaustauschs; doch war ihr nur eine kurze Lebensdauer beschieden, denn überzeugende Experimente bewiesen die strenge Gültigkeit des Energiesatzes für jeden individuellen Prozeß.

Auf die Interimsperiode der Quantenphysik, die durch die Kompromißlösung zwischen klassischen Vorstellungen und quantentheoretischen Begriffen charakterisiert ist, folgte, in den wenigen Jahren zwischen Bohrs Übersicht von 1925 und seinem hier ebenfalls auszugsweise wiedergegebenen Aufsatz von 1929, die entscheidende Wendung, die zur letzten Phase der Quantenphysik, der Quantenmechanik, führte, und deren neue Thesen in Bohrs Artikel zusammenfassend dargestellt werden. Ein wichtiger Auftakt zu dieser Phase war Louis de Broglies Hypothese von der Wellennatur der Materie. Dieser Gedanke von de Broglie ist ein weiteres Beispiel für die Fruchtbarkeit konzeptueller Analogien in kritischen Momenten der Geschichte wissenschaftlichen Denkens. Seine Überlegungen, ähnlich wie die

Einsteins in seiner Lichtquantentheorie, gehen von einer unbefriedigenden Situation aus, die durch Mangel an Symmetrie gekennzeichnet ist. Während nämlich die Energiestrahlung den dualen Charakter von kontinuierlichen Wellen und diskreten Quanten aufweise, sei uns die Materie lediglich als korpuskulare Erscheinung bekannt. Es wäre daher durchaus nicht abwegig zu fragen, ob nicht auch materiellen Partikeln, wie Elektronen und Protonen, derselbe duale Aspekt von Welle und Korpuskel eigne, was ja auch durch das Einsteinsche Äquivalenzgesetz von Masse und Energie nahegelegt ist. Dieser Gedankengang wird im ersten der beiden Artikel von de Broglie, die in der Anthologie gebracht werden, entwickelt und wurde kurz nachher durch Experimente bestätigt, in denen an Kristallen gebeugte Elektronenbündel ihre eindeutige Wellennatur offenbarten.

Die Auszüge aus de Broglies Nobelvortrag von 1929 enthalten sowohl eine Rückschau auf die erste Phase der Quantentheorie als auch eine zusammenfassende Darstellung der durch seine Entdeckung geschaffenen Situation. Vor allem wird hier der wesentliche Fortschritt betont, der durch die Verallgemeinerung seiner Idee in Schrödingers und Diracs Wellenmechanik erzielt wurde. Der bedeutendste Aspekt von Schrödingers Wellengleichung des Wasserstoffatoms (1926) war die Ausarbeitung einer mathematischen Methode, die nicht allein die Mängel der früheren Behandlung des Problems beseitigte, sondern darüber hinaus den adäquatesten und bequemsten Algorithmus zur Lösung anderer Quantenerscheinungen lieferte. Man kann ohne Übertreibung sagen, daß Schrödingers und Diracs Gleichungen, deren letztere auch der Relativitätstheorie Genüge leistet, immer noch, nach fünfzig Jahren, die letzte große Errungenschaft der theoretischen Physik sind, der es dabei gelang, einen Tatsachenkomplex von atomaren und nuklearen Phänomenen umfassend darzustellen. Spätere Leistungen der Theoretiker haben immer noch einen mehr provisorischen Charakter.

Die Quantenmechanik in ihrer heute noch geltenden Gestalt ist das Resultat tiefschürfender und leidenschaftlicher Diskussionen der führenden Physiker jener Jahre, bei denen es um die Interpretation der neuen Wellenmechanik ging und deren Hauptthema in der letzten Passage von de Broglies Vortrag angedeutet ist. Hat man die Schrödingersche Wellenfunktion wörtlich oder statistisch zu deuten? Mit anderen Worten: Hat man diesen mathematischen Ausdruck als Rückkehr zu einer klassischen, insbesondere kontinuierlichen Beschreibung atomarer Vorgänge auszulegen, wobei man z. B. ein Elektron im Felde des Atomkerns zu einer Materiewelle «ausgeschmiert» ansehen muß, oder sind diese Wellen als Wahrscheinlichkeitswellen zu interpretieren, aus denen lediglich das Maß der Wahrscheinlichkeit berechnet werden kann, das punktförmige Elektron an einem bestimmten Orte anzutreffen? Niemand konnte sich der logischen Konsistenz der neuen Theorie verschließen, doch einige Physiker, unter ihnen kein geringerer als Einstein, waren nicht bereit, sich mit dem Gedanken abzufinden, daß die statistische Auffassung, d.h. die Idee einer primären Wahrscheinlichkeitsgesetzen unterliegenden Natur, als endgültig zu akzeptieren sei.

Die überwiegende Mehrheit der Physiker bekannte sich jedoch zur neuen und radikalen Ansicht, die einen völligen Bruch mit den Grundlagen der klassischen Physik, die Relativitätstheorie miteingeschlossen, bedeuteten. Die Entscheidung fiel nach der Publikation von Heisenbergs grundlegenden Arbeiten, vor allem seiner Gedankenexperimente, einer brillanten Analyse des Begriffs eines Experiments, die zur Aufstellung seiner Unbestimmtheitsrelation führten. Heisenbergs hier auszugsweise wiedergegebenen Ausführungen während der kritischen Jahre enthalten die wesentlichen Tatsachen und seine sich darauf gründenden Überlegungen. Ein vollständig zitiertes Kapitel aus seinem etwa dreißig Jahre später erschienenen Buche *Physik und Philosophie* bespricht die sogenannte «Kopenhagener Interpretation» der Quantenmechanik, die bisher noch allen Widerlegungs- oder Modifikationsversuchen getrotzt hat. Heisenberg beschreibt in dieser Abhandlung klar und überzeugend die Methodologie und die philosophischen Konsequenzen dieser Theorie, und es bedarf hier wohl kaum eines erläuternden Kommentars, auch aus dem Grunde, weil dieses Thema schon in der allgemeinen Einleitung ausführlich behandelt ist. Sowohl in Heisenbergs Darlegungen wie in dem ebenfalls Mitte der fünfziger Jahre erschienenen erkenntnistheoretischen Artikel von Bohr kommt die zentrale Konzeption der Quantenmechanik zur Sprache, daß physikalische Vorgänge in einer Serie von Wechselwirkungen zwischen Beobachter und beobachtetem Objekt bestehen, deren Resultat nicht im voraus bestimmbar ist; wir können jedoch nicht umhin, diese Vorgänge, in die auch der Beobachter, d.h. die von ihm benutzte Apparatur eingeht, in der Sprache der klassischen Physik zu beschreiben. Heisenberg geht auf die Bedeutung des Bohrschen Begriffs der Komplementarität als dem wesentlichen Ausdruck der nichtdeterministischen Physik ein, während Bohr selber darauf hinweist, daß der Komplementarität eine Bedeutung eignet, die über die physikalischen Wissenschaften hinaus eine universelle Rolle im menschlichen Denken und Handeln spielt.

Diese Einleitung wäre unvollständig, wenn sie das Paulische Ausschließungsprinzip nicht wenigstens erwähnte, einen der entscheidenden Beiträge zur Quantenphysik im ersten Drittel dieses Jahrhunderts. Diese Anthologie bringt keinen Auszug aus seinen wissenschaftlichen Schriften und zitiert lediglich einen kurzen Abschnitt aus einem seiner philosophischen Artikel.

Paulis Anschauungen vom Sinn physikalischer Phänomene und der realen Außenwelt sind typisch für die antipositivistische Tendenz, die schon in Plancks Aufsätzen deutlich zum Vorschein kam und sich weiterhin noch entschiedener entwickelte. Aus Paulis Worten klingt das Credo eines der großen Forscher seiner Generation, der die Umwälzung des physikalischen Denkens als einen integralen Teil einer neuen Weltanschauung sah.

MAX PLANCK

Die Quantenhypothese

301
Der erste Anstoß zu einer Revision und Umbildung einer physikalischen Theorie geht fast immer aus von der Feststellung einer oder mehrerer Tatsachen, die in den bisherigen Rahmen der Theorie nicht hineinpassen. Die Tatsachen bilden stets den Archimedischen Punkt, von dem aus auch die gewichtigste Theorie aus den Angeln gehoben werden kann. Insofern ist für den richtigen Theoretiker nichts interessanter als eine Tatsache, die mit einer bisher allgemein anerkannten Theorie in direktem Widerspruch steht; denn hier setzt seine eigentliche Arbeit ein.

Was ist nun in einem solchen Falle zu tun? Fest steht nur das eine: An der bestehenden Theorie muß irgend etwas geändert werden, und zwar so, daß sie mit der festgestellten Tatsache in Übereinstimmung kommt. Aber an welchem Punkt der Theorie die Verbesserung einzusetzen hat, das ist oft eine sehr schwierige und verwickelte Frage. Denn eine Tatsache gibt noch keine Theorie. Letztere besteht vielmehr in der Regel aus einer ganzen Reihe von einzelnen miteinander kombinierten Sätzen. Sie ist einem komplizierten Organismus zu vergleichen, dessen einzelne Teile so vielfach und innig miteinander zusammenhängen, daß ein Eingriff, den man an irgend einer Stelle macht, immer auch an verschiedenen anderen, oft scheinbar weit entfernten Stellen mehr oder weniger fühlbar wird, was vollständig zu übersehen allerdings nicht immer ganz leicht ist. Da mithin eine jede Schlußfolgerung der Theorie aus dem Zusammenwirken von mehreren Sätzen derselben hervorgeht, so können auch für jeden Mißerfolg, zu dem die Theorie geführt hat, in der Regel mehrere Sätze verantwortlich gemacht werden, und es bieten sich fast immer verschiedene Möglichkeiten dar, um den rettenden Ausweg zu gewinnen. Gewöhnlich spitzt sich dann schließlich die Frage so weit zu, daß es zu einem Konflikt zwischen zwei oder drei Sätzen kommt, die bisher miteinander vereinigt in der Theorie Platz fanden, von denen aber angesichts der festgestellten Tatsache notwendig mindestens einer fallen gelassen werden muß. Der Kampf zieht sich oft jahre- und jahrzehntelang hin, seine endgültige Entscheidung bedeutet aber nicht allein die Ausmerzung des einen, unterlegenen Satzes, sondern zugleich auch, worauf hier besonderes Gewicht zu legen ist, ganz naturgemäß eine entsprechende Befestigung und Rangerhöhung der übrigen, siegreich gebliebenen Sätze der Theorie.

Und nun ist das überaus wichtige und merkwürdige Resultat zu verzeichnen, daß in allen derartig entstandenen Konflikten der neueren Zeit die großen allgemeinen physikalischen Prinzipien, so namentlich das Prinzip der Erhaltung der Energie, das Prinzip der Erhaltung der Bewegungsgröße, das Prinzip der kleinsten Wirkung, die Hauptsätze der Thermodynamik, es gewesen sind, welche ausnahmslos das Feld behauptet haben, und deren Bedeutung daher ganz erheblich gewachsen ist, während dagegen die im Kampfe unterlegenen Sätze solche sind, welche bisher zwar allen theoretischen Entwicklungen als scheinbar sicherer Ausgangspunkt dienten, aber nur deshalb, weil sie als so selbstverständlich angesehen wurden, daß man sie besonders zu erwähnen gewöhnlich entweder nicht für nötig fand, oder überhaupt vergaß. Zusammenfassend kann man geradezu sagen, daß die neueste Entwicklung der theoretischen Physik ihr Gepräge erhält durch den Sieg der großen physikalischen Prinzipien über gewisse tief eingewurzelte, aber doch nur gewohnheitsmäßige Annahmen und Vorstellungen.

Um diese Darlegungen näher zu veranschaulichen, mögen nun einige jener Sätze besprochen werden, welche bisher ohne jedes Bedenken als selbstverständliche Grundlagen einer jeden einschlägigen Theorie benutzt zu werden pflegten, welche sich aber im Lichte neuer Tatsachen den allgemeinen Prinzipien der Physik gegenüber als unhaltbar oder wenigstens als höchst zweifelhaft erwiesen haben. Ich nenne hier drei derselben: die Unveränderlichkeit der chemischen Atome, die gegenseitige Unabhängigkeit von Raum und Zeit, die Stetigkeit aller dynamischen Wirkungen. [...]

Der dritte der oben angeführten Sätze betrifft die Stetigkeit aller dynamischen Wirkungen, früher eine unbestrittene Voraussetzung aller physikalischen Theorien, die sich, in freier Anlehnung an Aristoteles, zu dem bekannten Dogma verdichtete: natura non facit saltus. Aber auch in diese von alters her stets respektierte Feste der physikalischen Wissenschaft hat die heutige Forschung eine bedenkliche Bresche geschlagen. Diesmal sind es die Prinzipien der Thermodynamik, mit denen auf Grund neuerer Erfahrungstatsachen jener Satz in Kollision geraten ist, und wenn nicht alle Zeichen trügen, so sind die Tage seiner Gültigkeit gezählt. Die Natur scheint in der Tat Sprünge zu machen, und zwar solche von recht sonderbarer Art. Zur näheren Erläuterung sei es mir gestattet, einen anschaulichen Vergleich heranzuziehen.

Stellen wir uns ein Gewässer vor, in welchem starke Winde einen hohen Wellengang erzeugt haben. Auch nach völligem Aufhören der Winde werden die Wellen noch eine geraume Zeit lang sich erhalten und von einem

Ufer zum andern wandern. Aber dabei wird sich eine gewisse charakteristische Veränderung vollziehen. Die Bewegungsenergie der längeren, gröberen Wellen wird sich, besonders beim Aufschlagen ans Ufer oder an andere feste Gegenstände, in immer steigendem Maße in Bewegungsenergie von kürzeren und feineren Wellen verwandeln, und dieser Prozeß wird so lange andauern, bis schließlich die Wellen so klein, die Bewegungen so fein geworden sind, daß sie sich dem äußeren Anblick vollständig entziehen. Das ist der allbekannte Übergang der sichtbaren Bewegung in Wärme, der molaren Bewegung in molekulare, der geordneten Bewegung in ungeordnete; denn bei der geordneten Bewegung haben viele benachbarte Moleküle eine gemeinschaftliche Geschwindigkeit, während bei der ungeordneten Bewegung ein jedes Molekül seine besondere und besonders gerichtete Geschwindigkeit besitzt.

Der hier geschilderte Zersplitterungsprozeß geht aber nicht ins Unendliche weiter, sondern er findet seine natürliche Grenze in der Größe der Atome. Denn die Bewegung eines einzelnen Atoms, allein für sich betrachtet, ist stets eine geordnete, da doch die einzelnen Teile eines Atoms sich alle mit der nämlichen gemeinschaftlichen Geschwindigkeit bewegen. Je größer die Atome, desto weniger weit kann sich die gesamte Bewegungsenergie zersplittern. Soweit ist alles vollkommen klar und die klassische Theorie in bester Übereinstimmung mit der Erfahrung.

Nun denken wir uns einen anderen, ganz analogen Vorgang sich vollziehen, aber nicht mit den Wellen des Wassers, sondern mit solchen der Licht- und Wärmestrahlung, indem wir etwa annehmen, daß die von einem starkglühenden Körper emittierten Strahlen durch passende Spiegelung in einen gut abgeschlossenen Hohlraum eingesammelt worden sind und dort zwischen den reflektierenden Wänden des Raumes beständig hin und her geworfen werden. Auch hier wird sich eine allmähliche Umwandlung der Strahlungsenergie von längeren Wellen zu kürzeren, von geordneter Strahlung in ungeordnete vollziehen; den längeren, gröberen Wellen entsprechen die ultraroten Strahlen, den kürzeren, feineren die ultravioletten Strahlen des Spektrums. Man muß also nach der klassischen Theorie erwarten, daß die ganze Strahlungsenergie sich schließlich auf den ultravioletten Teil des Spektrums zurückziehen wird, oder mit anderen Worten, daß die ultraroten und auch die sichtbaren Strahlen allmählich ganz verschwinden und sich in unsichtbare, vorwiegend nur chemisch wirksame ultraviolette Strahlen verwandeln.

Von einem solchen Phänomen ist nun aber in der Natur keine Spur zu entdecken. Die Umwandlung erreicht vielmehr früher oder später ihr ganz bestimmtes, genau nachweisbares Ende, und dann bleibt der Strahlungszustand in jeder Hinsicht stabil.

Um diese Tatsache mit der klassischen Theorie zu vereinigen, sind schon die verschiedensten Versuche gemacht worden, aber es hat sich bisher stets gezeigt, daß der Widerspruch viel zu tief an die Wurzeln der Theorie greift, um dieselben unberührt zu lassen. So bleibt nichts übrig, als abermals die Grundlagen der Theorie zu revidieren. Und abermals ist zu konstatieren, daß sich die Prinzipien der Thermodynamik als unerschütterlich erwiesen haben. Denn der einzige bisher gefundene Weg, der eine vollständige Lösung des Rätsels zu versprechen scheint, nimmt seinen Ausgangspunkt gerade von den beiden Hauptsätzen der Thermodynamik, er kombiniert dieselben aber mit einer neuen eigentümlichen Hypothese, deren Inhalt an der Hand der beiden angeführten Bilder sich etwa folgendermaßen aussprechen läßt.

Bei den Wasserwellen findet die Zersplitterung der Bewegungsenergie dadurch ihr Ende, daß die Atome die Energie in gewisser Weise zusammenhalten, indem jedes Atom ein bestimmtes endliches Quantum Materie darstellt, das sich nur als Ganzes bewegen kann. In analoger Weise werden auch bei der Licht- und Wärmestrahlung, obwohl sie an sich gänzlich immaterieller Natur ist, dennoch gewisse Vorgänge wirksam sein müssen, welche die Strahlungsenergie in bestimmten endlichen Quanten zusammenhalten, und um so stärker zusammenhalten, je kürzer die Wellen sind, je schneller also die Schwingungen erfolgen.

Wie man sich das Zustandekommen derartiger Quanten von rein dynamischer Art im einzelnen vorzustellen hat, darüber läßt sich zurzeit noch nichts mit Sicherheit sagen. Vielleicht könnte man sich die Quanten auf die Weise zustande kommend denken, daß eine jede Strahlungsquelle nur dann Energie verausgaben kann, wenn die Energie mindestens einen gewissen Betrag erreicht hat, ähnlich etwa, wie ein Kautschukschlauch, in welchen Luft allmählich eingepreßt wird, erst dann zum Platzen kommt und seinen Inhalt plötzlich von sich gibt, wenn die Luftmenge in ihm ein bestimmtes Quantum erreicht.

Auf alle Fälle hat die Quantenhypothese zu der Vorstellung geführt, daß es Veränderungen in der Natur gibt, die nicht stetig, sondern explosionsartig verlaufen. Ich brauche kaum daran zu erinnern, daß diese Vorstellung durch die Entdeckung und nähere Erforschung der radioaktiven Erscheinungen bedeutend an Anschaulichkeit gewonnen hat. Im übrigen treten alle mit den näheren Erklärungsversuchen verbundenen Schwierigkeiten einstweilen noch zurück hinter dem Umstand, daß die Quantenhypothese bisher Resultate gezeitigt hat, welche mit den bisherigen Strahlungsmessungen in besserer Übereinstimmung sind als die aller früheren Theorien.

Aber noch mehr. Wenn es ein günstiges Zeichen für eine neue Hypothese ist, daß sie sich auch auf solchen Gebieten bewährt, für die sie ursprünglich nicht gemacht wurde, so darf die Quantenhypothese sicherlich ein vorteilhaftes Zeugnis für sich in Anspruch nehmen. Ich will hier nur auf einen ganz besonders frappanten Punkt hinweisen. Seitdem die Verflüssigung von Luft, Wasserstoff und Helium gelungen ist, steht der Experimentalforschung in dem Gebiet tiefer Temperaturen ein neues reiches Arbeitsfeld offen, und hier haben sich schon jetzt eine Reihe neuer, zum Teil höchst überraschender Resultate ergeben.

Um ein Stück Kupfer von –250° auf –249°, also um einen Temperaturgrad, zu erwärmen, bedarf es nicht etwa der nämlichen Wärmemenge wie zur Erwärmung des Kupfers von 0° auf 1°, sondern einer ungefähr 30mal kleineren; würde man mit der Anfangstemperatur des Kupfers noch tiefer herabgehen, so fände man die entsprechende Wärmemenge noch viele Male kleiner, ohne jede angebbare Grenze. Diese Tatsache läuft nicht nur allen gewohnheitsmäßigen Vorstellungen, sondern auch den Forderungen der klassischen Theorie schnurstracks zuwider. Denn wenn man auch schon seit mehr als hundert Jahren zwischen Temperatur und Wärmemenge genau zu unterscheiden gelernt hatte, so war man doch durch die kinetische Theorie der Materie zu der Folgerung geführt worden, daß beide Größen, wenn nicht genau proportional, so doch wenigstens einigermaßen parallel zueinander verlaufen.

Die Quantenhypothese hat diese Schwierigkeit vollkommen geklärt, und überdies hat sich bei dieser Gelegenheit noch ein anderes Resultat von hoher Wichtigkeit ergeben, nämlich daß die Kräfte, welche die Wärmeschwingungen in einem festen Körper hervorrufen, von ganz derselben Art sind wie die, welche die elastischen Schwingungen bewirken. Man kann also jetzt mit Hilfe der Quantenhypothese aus den elastischen Eigenschaften eines einatomigen Körpers seine Wärmeenergie für verschiedene Temperaturen quantitativ berechnen – eine Leistung, von der die klassische Theorie noch weit entfernt war. Daraus entspringen dann eine Anzahl weiterer, auf den ersten Blick recht seltsam anmutender Fragen, wie z. B. die, ob auch die Schwingungen einer tönenden Stimmgabel nicht absolut stetig, sondern quantenhaft erfolgen. Freilich sind bei akustischen Schwingungen wegen ihrer relativ geringen Frequenz die Energiequanten ungeheuer klein: beim eingestrichenen *a* z. B. betragen sie nur etwa drei Quatrilliontel Arbeitseinheiten im absoluten mechanischen Maße. Die gewöhnliche Elastizitätstheorie würde daher deswegen ebensowenig einer Abänderung bedürfen wie wegen des ganz analogen Umstandes, daß sie die Materie als vollkommen stetig behandelt, während dieselbe doch, genau genommen, atomistisch, also quantenhaft, konstituiert ist. Aber vom prinzipiellen Standpunkt aus muß das Umwälzende der neuen Auffassung einem jeden einleuchten, und wenn auch die Natur der dynamischen Quanten einstweilen noch ziemlich rätselhaft bleibt, so wird es doch durch die heute vorliegenden Tatsachen schwer gemacht, an ihrer Existenz, sei es in welcher Form immer, zu zweifeln. Denn was man messen kann, das existiert auch.

So beginnt im Lichte der neueren Forschung das physikalische Weltbild einen stets innigeren Zusammenhang seiner einzelnen Züge und zugleich eine gewisse eigentümliche Struktur derselben zu offenbaren, deren Feinheit früher dem weniger geschärften Blick noch verwischt erschien und darum verborgen bleiben mußte. Aber, so mag man immer wieder aufs neue fragen: Was bedeutet dieser Fortschritt im Grunde für die Befriedigung unseres Wissensdranges? Rücken wir durch die Verfeinerung unseres Weltbildes der Erkenntnis der Natur selber auch nur um einen Schritt näher? Dieser prinzipiellen Frage lassen Sie uns noch eine kurze Betrachtung widmen. Nicht als ob auf diesem unendlich vielfach durchdachten Gebiet hier etwas wesentlich Neues zu sagen wäre, sondern weil sich in diesem Punkte noch heute die Ansichten zum Teil schroff gegenüberstehen und weil jeder, der ein tieferes Interesse an den eigentlichen Zielen der Wissenschaft nimmt, notwendig dazu Stellung nehmen muß.

Vor fünfunddreißig Jahren hat Hermann von Helmholtz an dieser selben Stelle ausgeführt, daß unsere Wahrnehmungen uns niemals ein Abbild, sondern höchstens ein Zeichen der Außenwelt zu liefern vermögen. Denn um irgend eine Art von Ähnlichkeit zwischen der Eigentümlichkeit der äußeren Einwirkung und der Eigentümlichkeit der durch sie erregten Empfindung aufzuzeigen, fehlt es an jeglichem Anhaltspunkt; alle Vorstellungen, die wir uns etwa von der Außenwelt machen, spiegeln eben im letzten Grunde doch nur unsere eigenen Empfindungen wider. Hat es da überhaupt noch einen vernünftigen Sinn, unserem Selbstbewußtsein eine von demselben unabhängige «Natur an sich» gegenüberzustellen? Sind nicht vielmehr alle sogenannten Naturgesetze im Grunde nur mehr oder minder zweckmäßige Regeln, mit denen wir den zeitlichen Ablauf unserer Empfindungen möglichst genau und bequem zusammenfassen? – Wenn das so wäre, so hätte sich nicht nur der gemeine Menschenverstand, sondern auch die exakte Naturforschung von jeher in einem grundsätzlichen Irrtum befunden; denn es ist unmöglich zu leugnen, daß die ganze bisherige Entwicklung der physikalischen Erkenntnis tatsächlich gerade auf eine möglichst weitgehende grundsätzliche Trennung der Vorgänge in der äußeren Natur von den Vorgängen in der menschlichen Empfindungswelt hinarbeitet.

Der Ausweg aus dieser verfänglichen Schwierigkeit ergibt sich sehr bald, wenn man den eingeschlagenen Gedankengang nur noch einen Schritt weiter verfolgt. Setzen wir einmal den Fall voraus, es sei ein physikalisches

Weltbild gefunden worden, das allen zu machenden Ansprüchen genügt, das also alle empirisch gefundenen Naturgesetze vollkommen genau darzustellen vermag. Dann wird die Behauptung, daß jenes Bild der «wirklichen» Natur auch nur einigermaßen ähnlich sei, auf keinerlei Weise bewiesen werden können. Aber dieser Satz hat auch eine Kehrseite, die gemeiniglich viel zu wenig betont wird: Genau ebenso wird die noch weit kühnere Behauptung, daß das vorausgesetzte Weltbild die wirkliche Natur in allen Punkten ohne Ausnahme absolut getreu wiedergibt, auf keinerlei Weise zu widerlegen sein. Denn um einen solchen Widerlegungsbeweis auch nur anzutreten, müßte man von der wirklichen Natur irgend etwas mit Sicherheit aussagen können, was doch anerkanntermaßen gänzlich ausgeschlossen ist.

Man sieht: hier klafft ein ungeheures Vakuum, in welches keine Wissenschaft je einzudringen vermag; und die Ausfüllung dieses Vakuums ist Sache nicht der reinen, sondern der praktischen Vernunft, ist Sache einer gesunden Weltanschauung.

Sowenig sich eine Weltanschauung wissenschaftlich beweisen läßt, so sicher kann man darauf bauen, daß sie jeglichem Ansturm gegenüber unerschütterlich standhalten wird, sofern sie nur mit sich selber und mit den Tatsachen der Erfahrung in Übereinstimmung bleibt. Aber man wähne nicht, daß es möglich sei, selbst in der exaktesten aller Naturwissenschaften, ganz ohne Weltanschauung, das will sagen, ganz ohne unbeweisbare Hypothesen vorwärtszukommen. Auch für die Physik gilt der Satz, daß man nicht selig wird ohne den Glauben, zum mindesten den Glauben an eine gewisse Realität außer uns. Dieser zuversichtliche Glaube ist es, der dem vorwärtsdrängenden Schaffenstrieb die Richtung weist, er allein gewährt der herumtastenden Phantasie die nötigen Anhaltspunkte, nur er vermag es, den durch Mißerfolge ermüdeten Geist immer wieder aufzurichten und zu erneutem Vorstoß anzufeuern. Ein Forscher, der sich bei seinen Arbeiten nicht von irgend einer Hypothese leiten läßt, sei sie auch so vorsichtig und provisorisch gefaßt als nur möglich, verzichtet von vornherein auf ein tieferes Verständnis seiner eigenen Resultate. Wer den Glauben an die Realität der Atome und der Elektronen, oder an die elektromagnetische Natur der Lichtwellen, oder an die Identität von Körperwärme und Bewegung verwirft, der wird deswegen ganz gewiß niemals eines logischen oder empirischen Widerspruchs überführt werden können. Aber er mag zusehen, wie er es von seinem Standpunkt aus fertig bringt, die physikalische Erkenntnis zu fördern.

Freilich: der Glaube allein tut's nicht, er kann, wie die Geschichte einer jeden Wissenschaft lehrt, leicht auch einmal in die Irre führen und in Beschränktheit und Fanatismus ausarten. Um ein zuverlässiger Führer zu bleiben, muß er beständig an der Hand der Denkgesetze und der Erfahrung nachgeprüft werden, und dazu verhilft in letzter Linie nur gewissenhafte, oft mühsame und entsagungsvolle Einzelarbeit. Kein König der Wissenschaft, der nicht, wenn es darauf ankommt, auch einmal Kärrnerdienste zu leisten fähig und willens ist, sei es im Laboratorium oder im Archiv, in der freien Natur oder am Schreibtisch. Gerade in solchem harten Ringen reift und läutert sich die Weltanschauung. Nur wer diesen Prozeß an seinem eigenen Leibe durchgekostet hat, wird dessen Sinn und Bedeutung voll zu würdigen wissen.

ALBERT EINSTEIN

302
Zur Elektrodynamik bewegter Körper

1. DEFINITION DER GLEICHZEITIGKEIT.

Es liege ein Koordinatensystem vor, in welchem die Newtonschen mechanischen Gleichungen gelten. Wir nennen dies Koordinatensystem zur sprachlichen Unterscheidung von später einzuführenden Koordinatensystemen und zur Präzisierung der Vorstellung das «ruhende System».

Ruht ein materieller Punkt relativ zu diesem Koordinatensystem, so kann seine Lage relativ zu letzterem durch starre Maßstäbe unter Benutzung der Methoden der euklidischen Geometrie bestimmt und in kartesischen Koordinaten ausgedrückt werden.

Wollen wir die *Bewegung* eines materiellen Punktes beschreiben, so geben wir die Werte seiner Koordinaten in Funktion der Zeit. Es ist nun wohl im Auge zu behalten, daß eine derartige mathematische Beschreibung erst dann einen physikalischen Sinn hat, wenn man sich vorher darüber klar geworden ist, was hier unter «Zeit» verstanden wird. Wir haben zu berücksichtigen, daß alle unsere Urteile, in welchen die Zeit eine Rolle spielt, immer Urteile über *gleichzeitige Ereignisse* sind. Wenn ich z.B. sage: «Jener Zug kommt hier um 7 Uhr an», so heißt dies etwa: «Das Zeigen des kleinen Zeigers meiner Uhr auf 7 und das Ankommen des Zuges sind gleichzeitige Ereignisse.»

Es könnte scheinen, daß alle die Definition der «Zeit» betreffenden Schwierigkeiten dadurch überwunden werden könnten, daß ich an Stelle der «Zeit» die «Stellung des kleinen Zeigers meiner Uhr» setze. Eine solche Definition genügt in der Tat, wenn es sich darum handelt, eine Zeit zu definieren ausschließlich für den Ort, an welchem sich die Uhr eben befindet; die Definition genügt aber nicht mehr, sobald es sich darum handelt, an verschiedenen Orten stattfindende Ereignisreihen miteinander zeitlich zu verknüpfen, oder – was auf dasselbe hinausläuft – Ereignisse zeitlich zu werten, welche in von der Uhr entfernten Orten stattfinden.

Wir könnten uns allerdings damit begnügen, die Ereignisse dadurch zeitlich zu werten, daß ein samt der Uhr im Koordinatenursprung befindlicher Beobachter jedem von einem zu wertenden Ereignis Zeugnis gebenden, durch den leeren Raum zu ihm gelangenden Lichtzeichen die entsprechende Uhrzeigerstellung zuordnet. Eine solche Zuordnung bringt aber den Übelstand mit sich, daß sie vom Standpunkte des mit der Uhr versehenen Beobachters nicht unabhängig ist, wie wir durch die Erfahrung wissen. Zu einer weit praktischeren Festsetzung gelangen wir durch folgende Betrachtung.

Befindet sich im Punkte A des Raumes eine Uhr, so kann ein in A befindlicher Beobachter die Ereignisse in der unmittelbaren Umgebung von A zeitlich werten durch Aufsuchen der mit diesen Ereignissen gleichzeitigen Uhrzeigerstellungen. Befindet sich auch im Punkte B des Raumes eine Uhr – wir wollen hinzufügen, «eine Uhr von genau derselben Beschaffenheit wie die in A befindliche» – so ist auch eine zeitliche Wertung der Ereignisse in der unmittelbaren Umgebung von B durch einen in B befindlichen Beobachter möglich. Es ist aber ohne weitere Festsetzung nicht möglich, ein Ereignis in A mit einem Ereignis in B zeitlich zu vergleichen; wir haben bisher nur eine «A-Zeit» und eine «B-Zeit», aber keine für A und B gemeinsame «Zeit» definiert. Die letztere Zeit kann nun definiert werden, indem man *durch Definition* festsetzt, daß die «Zeit», welche das Licht braucht, um von A nach B zu gelangen, gleich ist der «Zeit», welche es braucht, um von B nach A zu gelangen. Es gehe nämlich ein Lichtstrahl zur «A-Zeit» t_A von A nach B ab, werde zur «B-Zeit» t_B in B gegen A zu reflektiert und gelange zur «A-Zeit» t'_A nach A zurück. Die beiden Uhren laufen definitionsgemäß synchron, wenn

$$t_B - t_A = t'_A - t_B.$$

Wir nehmen an, daß diese Definition des Synchronismus in widerspruchsfreier Weise möglich sei, und zwar für beliebig viele Punkte, daß also allgemein die Beziehungen gelten:

1. Wenn die Uhr in B synchron mit der Uhr in A läuft, so läuft die Uhr in A synchron mit der Uhr in B.

2. Wenn die Uhr in *A* sowohl mit der Uhr in *B* als auch mit der Uhr in *C* synchron läuft, so laufen auch die Uhren in *B* und *C* synchron relativ zueinander.

Wir haben so unter Zuhilfenahme gewisser (gedachter) physikalischer Erfahrungen festgelegt, was unter synchron laufenden, an verschiedenen Orten befindlichen, ruhenden Uhren zu verstehen ist, und damit offenbar eine Definition von «gleichzeitig» und «Zeit» gewonnen. Die «Zeit» eines Ereignisses ist die mit dem Ereignis gleichzeitige Angabe einer am Orte des Ereignisses befindlichen, ruhenden Uhr, welche mit einer bestimmten, ruhenden Uhr, und zwar für alle Zeitbestimmungen mit der nämlichen Uhr, synchron läuft.

Wir setzen noch der Erfahrung gemäß fest, daß die Größe

$$\frac{2\,AB}{t'_A - t_A} = c$$

eine universelle Konstante (die Lichtgeschwindigkeit im leeren Raume) sei.

Wesentlich ist, daß wir die Zeit mittels im ruhenden System ruhender Uhren definiert haben; wir nennen die eben definierte Zeit wegen dieser Zugehörigkeit zum ruhenden System «die Zeit des ruhenden Systems».

2. ÜBER DIE RELATIVITÄT VON LÄNGEN UND ZEITEN.

Die folgenden Überlegungen stützen sich auf das Relativitätsprinzip und auf das Prinzip der Konstanz der Lichtgeschwindigkeit, welche beiden Prinzipien wir folgendermaßen definieren.

1. Die Gesetze, nach denen sich die Zustände der physikalischen Systeme ändern, sind unabhängig davon, auf welches von zwei relativ zueinander in gleichförmiger Translationsbewegung befindlichen Koordinatensystemen diese Zustandsänderungen bezogen werden.

2. Jeder Lichtstrahl bewegt sich im «ruhenden» Koordinatensystem mit der bestimmten Geschwindigkeit *c*, unabhängig davon, ob dieser Lichtstrahl von einem ruhenden oder bewegten Körper emittiert ist. Hierbei ist

$$\text{Geschwindigkeit} = \frac{\text{Lichtweg}}{\text{Zeitdauer}},$$

wobei «Zeitdauer» im Sinne der Definition von 1. aufzufassen ist.

Es sei ein ruhender starrer Stab gegeben; derselbe besitze, mit einem ebenfalls ruhenden Maßstabe gemessen, die Länge *l*. Wir denken uns nun die Stabachse in die *X*-Achse des ruhenden Koordinatensystems gelegt und dem Stabe hierauf eine gleichförmige Paralleltranslationsbewegung (Geschwindigkeit *v*) längs der *X*-Achse im Sinne der wachsenden *x* erteilt. Wir fragen nun nach der Länge des *bewegten* Stabes, welche wir uns durch folgende zwei Operationen ermittelt denken:

a) Der Beobachter bewegt sich samt dem vorher genannten Maßstabe mit dem auszumessenden Stabe und mißt direkt durch Anlegen des Maßstabes die Länge des Stabes, ebenso, wie wenn sich auszumessender Stab, Beobachter und Maßstab in Ruhe befänden.

b) Der Beobachter ermittelt mittels im ruhenden Systeme aufgestellter, gemäß 1. synchroner, ruhender Uhren, in welchen Punkten des ruhenden Systems sich Anfang und Ende des auszumessenden Stabes zu einer bestimmten Zeit t befinden. Die Entfernung dieser beiden Punkte, gemessen mit dem schon benutzten, in diesem Falle ruhenden Maßstabe ist ebenfalls eine Länge, welche man als «Länge des Stabes» bezeichnen kann.

Nach dem Relativitätsprinzip muß die bei der Operation a) zu findende Länge, welche wir «die Länge des Stabes im bewegten System» nennen wollen, gleich der Länge l des ruhenden Stabes sein.

Die bei der Operation b) zu findende Länge, welche wir «die Länge des (bewegten) Stabes im ruhenden System» nennen wollen, werden wir unter Zugrundelegung unserer beiden Prinzipien bestimmen und finden, daß sie von l verschieden ist.

Die allgemein gebrauchte Kinematik nimmt stillschweigend an, daß die durch die beiden erwähnten Operationen bestimmten Längen einander genau gleich seien, oder mit anderen Worten, daß ein bewegter starrer Körper in der Zeitepoche t in geometrischer Beziehung vollständig durch *denselben* Körper, wenn er in bestimmter Lage *ruht,* ersetzbar sei.

Wir denken uns ferner an den beiden Stabenden (A und B) Uhren angebracht, welche mit den Uhren des ruhenden Systems synchron sind, d.h. deren Angaben jeweilen der «Zeit des ruhenden Systems» an den Orten, an welchen sie sich gerade befinden, entsprechen; diese Uhren sind also «synchron im ruhenden System».

Wir denken uns ferner, daß sich bei jeder Uhr ein mit ihr bewegter Beobachter befinde und daß diese Beobachter auf die beiden Uhren das in 1. aufgestellte Kriterium für den synchronen Gang zweier Uhren anwenden. Zur Zeit t_A gehe ein Lichtstrahl von A aus, werde zur Zeit t_B in B reflektiert und gelange zur Zeit t'_A nach A zurück. Unter Berücksichtigung des Prinzipes von der Konstanz der Lichtgeschwindigkeit finden wir:

$$t_B - t_A = \frac{r_{AB}}{c - v} \quad \text{und} \quad t'_A - t_B = \frac{r_{AB}}{c + v},$$

wobei r_{AB} die Länge des bewegten Stabes – im ruhenden System gemessen – bedeutet. Mit dem bewegten Stabe bewegte Beobachter würden also die beiden Uhren nicht synchron gehend finden, während im ruhenden System befindliche Beobachter die Uhren als synchron laufend erklären würden.

Wir sehen also, daß wir dem Begriffe der Gleichzeitigkeit keine *absolute* Bedeutung beimessen dürfen, sondern daß zwei Ereignisse, welche, von einem Koordinatensystem aus betrachtet, gleichzeitig sind, von einem relativ zu diesem System bewegten System aus betrachtet, nicht mehr als gleichzeitige Ereignisse aufzufassen sind.

303

Hypothese über die physikalische Natur des Gravitationsfeldes

In einem homogenen Schwerefeld (Schwerebeschleunigung γ) befinde sich ein ruhendes Koordinatensystem *K*, das so orientiert sei, daß die Kraftlinien des Schwerefeldes in Richtung der negativen *z*-Achse verlaufen. In einem von Gravitationsfeldern freien Raum befinde sich ein zweites Koordinatensystem *K'*, das in Richtung seiner positiven *z*-Achse eine gleichförmig beschleunigte Bewegung (Beschleunigung γ) ausführe. [...]

Relativ zu *K*, sowie relativ zu *K'*, bewegen sich materielle Punkte, die der Einwirkung anderer materieller Punkte nicht unterliegen, nach den Gleichungen:

$$\frac{d^2x_\nu}{dt^2} = 0, \quad \frac{d^2y_\nu}{dt^2} = 0, \quad \frac{d^2z_\nu}{dt^2} = -\gamma.$$ [1]

Dies folgt für das beschleunigte System *K'* direkt aus dem Galileischen Prinzip[2], für das in einem homogenen Gravitationsfeld ruhende System *K* aber aus der Erfahrung, daß in einem solchen Felde alle Körper gleich stark und gleichmäßig beschleunigt werden. Diese Erfahrung vom gleichen Fallen aller Körper im Gravitationsfelde ist eine der allgemeinsten, welche die Naturbeobachtung uns geliefert hat; trotzdem hat dieses Gesetz in den Fundamenten unseres physikalischen Weltbildes keinen Platz erhalten.

Wir gelangen aber zu einer sehr befriedigenden Interpretation des Erfahrungssatzes, wenn wir annehmen, daß die Systeme *K* und *K'* physikalisch genau gleichwertig sind, d.h. wenn wir annehmen, man könne das System *K* ebenfalls als in einem von einem Schwerefeld freien Raume befindlich an-

[1] d.h. materielle Punkte führen relativ zu K und K' eine gleichförmig beschleunigte Bewegung (Beschleunigung γ) in Richtung der negativen Z-Achse (also nach unten) aus. (Hg.)

[2] d.h. dem klassischen Relativitätsprinzip. (Hg.)

nehmen; dafür müssen wir *K* dann aber als gleichförmig beschleunigt betrachten. Man kann bei dieser Auffassung ebensowenig von der *absoluten Beschleunigung* des Bezugssystems sprechen, wie man nach der gewöhnlichen Relativitätstheorie von der *absoluten Geschwindigkeit* eines Systems reden kann. Bei dieser Auffassung ist das gleiche Fallen aller Körper in einem Gravitationsfelde selbstverständlich.

Solange wir uns auf rein mechanische Vorgänge aus dem Gültigkeitsbereich von Newtons Mechanik beschränken, sind wir der Gleichwertigkeit der Systeme *K* und *K'* sicher. Unsere Auffassung wird jedoch nur dann tiefere Bedeutung haben, wenn die Systeme *K* und *K'* in bezug auf alle physikalischen Vorgänge gleichwertig sind, d.h. wenn die Naturgesetze in bezug auf *K* mit denen in bezug auf *K'* vollkommen übereinstimmen. Indem wir dies annehmen, erhalten wir ein Prinzip, das, falls es wirklich zutrifft, eine große heuristische Bedeutung besitzt. Denn wir erhalten durch die theoretische Betrachtung der Vorgänge, die sich relativ zu einem gleichförmig beschleunigten Bezugssystem abspielen, Aufschluß über den Verlauf der Vorgänge in einem homogenen Gravitationsfelde.

304

Die Grundlage der allgemeinen Relativitätstheorie

I. BEMERKUNGEN ZU DER SPEZIELLEN RELATIVITÄTSTHEORIE.

Der speziellen Relativitätstheorie liegt folgendes Postulat zugrunde, welchem auch durch die Galilei-Newtonsche Mechanik Genüge geleistet wird: Wird ein Koordinatensystem *K* so gewählt, daß in bezug auf dasselbe die physikalischen Gesetze in ihrer einfachsten Form gelten, so gelten *dieselben* Gesetze auch in bezug auf jedes andere Koordinatensystem *K'*, das relativ zu *K* in gleichförmiger Translationsbewegung begriffen ist. Dieses Postulat nennen wir «spezielles Relativitätsprinzip». Durch das Wort «speziell» soll angedeutet werden, daß das Prinzip auf den Fall beschränkt ist, daß *K'* eine *gleichförmige Translationsbewegung* gegen *K* ausführt, daß sich aber die Gleichwertigkeit von *K'* und *K* nicht auf den Fall *ungleichförmiger* Bewegung von *K'* gegen *K* erstreckt.

Die spezielle Relativitätstheorie weicht also von der klassischen Mechanik nicht durch das Relativitätspostulat ab, sondern allein durch das Postulat von der Konstanz der Vakuum-Lichtgeschwindigkeit, aus welchem im Verein mit dem speziellen Relativitätsprinzip die Relativität der Gleichzeitigkeit sowie die Lorentztransformation und die mit dieser verknüpften Gesetze über das Verhalten bewegter starrer Körper und Uhren in bekannter Weise folgen.

Die Modifikation, welche die Theorie von Raum und Zeit durch die spezielle Relativitätstheorie erfahren hat, ist zwar eine tiefgehende; aber *ein* wichtiger Punkt blieb unangetastet. Auch gemäß der speziellen Relativitätstheorie sind nämlich die Sätze der Geometrie unmittelbar als die Gesetze über die möglichen relativen Lagen (ruhender) fester Körper zu deuten, allgemeiner die Sätze der Kinematik als Sätze, welche das Verhalten von Meßkörpern und Uhren beschreiben. Zwei hervorgehobenen materiellen Punkten eines ruhenden (starren) Körpers entspricht hierbei stets eine Strecke von ganz bestimmter Länge, unabhängig von Ort und Orientierung des Körpers sowie von der Zeit; zwei hervorgehobenen Zeigerstellungen einer relativ zum (berechtigten) Bezugssystem ruhenden Uhr entspricht stets eine Zeitstrecke von bestimmter Länge, unabhängig von Ort und Zeit. Es wird sich bald zeigen, daß die allgemeine Relativitätstheorie an dieser einfachen physikalischen Deutung von Raum und Zeit nicht festhalten kann.

2. ÜBER DIE GRÜNDE, WELCHE EINE ERWEITERUNG DES RELATIVITÄTSPOSTULATES NAHELEGEN.

Der klassischen Mechanik und nicht minder der speziellen Relativitätstheorie haftet ein erkenntnistheoretischer Mangel an, der vielleicht zum ersten Male von E. Mach klar hervorgehoben wurde. Wir erläutern ihn am folgenden Beispiel. Zwei flüssige Körper von gleicher Größe und Art schweben frei im Raume in so großer Entfernung voneinander (und von allen übrigen Massen), daß nur diejenigen Gravitationskräfte berücksichtigt werden müssen, welche die Teile *eines* dieser Körper aufeinander ausüben. Die Entfernung der Körper voneinander sei unveränderlich. Relative Bewegungen der Teile eines der Körper gegeneinander sollen nicht auftreten. Aber jede Masse soll – von einem relativ zu der anderen Masse ruhenden Beobachter aus beurteilt – um die Verbindungslinie der Massen mit konstanter Winkelgeschwindigkeit rotieren (es ist dies eine konstatierbare Relativbewegung beider Massen). Nun denken wir uns die Oberflächen beider Körper (S_1 und S_2) mit Hilfe (relativ ruhender) Maßstäbe ausgemessen; es ergebe sich, daß die Oberfläche von S_1 eine Kugel, die von S_2 ein Rotationsellipsoid sei.

Wir fragen nun: Aus welchem Grunde verhalten sich die Körper S_1 und S_2 verschieden? Eine Antwort auf diese Frage kann nur dann als erkenntnistheoretisch befriedigend anerkannt werden, wenn die als Grund angegebene Sache eine *beobachtbare Erfahrungstatsache* ist; denn das Kausalitätsgesetz hat nur dann den Sinn einer Aussage über die Erfahrungswelt, wenn als Ursachen und Wirkungen letzten Endes nur *beobachtbare Tatsachen* auftreten.

Die Newtonsche Mechanik gibt auf diese Frage keine befriedigende Antwort. Sie sagt nämlich folgendes: Die Gesetze der Mechanik gelten wohl für einen Raum R_1, gegen welchen der Körper S_1 in Ruhe ist, nicht aber gegenüber einem Raume R_2, gegen welchen S_2 in Ruhe ist. Der berechtigte Galileische Raum R_1, der hierbei eingeführt wird, ist aber eine *bloß fingierte* Ursache, keine beobachtbare Sache. Es ist also klar, daß die Newtonsche Mechanik der Forderung der Kausalität in dem betrachteten Falle nicht wirklich, sondern nur scheinbar Genüge leistet, indem sie die bloß fingierte Ursache R_1 für das beobachtbare verschiedene Verhalten der Körper S_1 und S_2 verantwortlich macht.

Eine befriedigende Antwort auf die oben aufgeworfene Frage kann nur so lauten: Das aus S_1 und S_2 bestehende physikalische System zeigt für sich allein keine denkbare Ursache, auf welche das verschiedene Verhalten von S_1 und S_2 zurückgeführt werden könnte. Die Ursache muß also *außerhalb* dieses Systems liegen. Man gelangt zu der Auffassung, daß die allgemeinen Bewegungsgesetze, welche im speziellen die Gestalten von S_1 und S_2 bestimmen, derart sein müssen, daß das mechanische Verhalten von S_1 und S_2 ganz wesentlich durch ferne Massen mitbedingt werden muß, welche wir nicht zu dem betrachteten System gerechnet hatten. Diese fernen Massen (und ihre Relativbewegungen gegen die betrachteten Körper) sind dann als Träger prinzipiell beobachtbarer Ursachen für das verschiedene Verhalten unserer betrachteten Körper anzusehen; sie übernehmen die Rolle der fingierten Ursache R_1. Von allen denkbaren, relativ zueinander beliebig bewegten Räumen R_1, R_2 usw. darf a priori keiner als bevorzugt angesehen werden, wenn nicht der dargelegte erkenntnistheoretische Einwand wieder aufleben soll. *Die Gesetze der Physik müssen so beschaffen sein, daß sie in bezug auf beliebig bewegte Bezugssysteme gelten.* Wir gelangen also auf diesem Wege zu einer Erweiterung des Relativitätspostulates.

Außer diesem schwerwiegenden erkenntnistheoretischen Argument spricht aber auch eine wohlbekannte physikalische Tatsache für eine Erweiterung der Relativitätstheorie. Es sei K ein Galileisches Bezugssystem, d.h. ein solches, relativ zu welchem (mindestens in dem betrachteten vierdimensionalen Gebiete) eine von anderen hinlänglich entfernte Masse sich geradlinig und gleichförmig bewegt. Es sei K' ein zweites Koordinatensystem, welches relativ zu K in *gleichförmig beschleunigter* Translationsbewegung sei. Relativ zu K' führte dann eine von anderen hinreichend getrennte Masse eine beschleunigte Bewegung aus, derart, daß deren Beschleunigung und Beschleunigungsrichtung von ihrer stofflichen Zusammensetzung und ihrem physikalischen Zustande unabhängig ist.

Kann ein relativ zu K' ruhender Beobachter hieraus den Schluß ziehen, daß er sich auf einem «wirklich» beschleunigten Bezugssystem befindet? Diese Frage ist zu verneinen; denn das vorhin genannte Verhalten frei beweglicher Massen relativ zu *K'* kann ebensogut auf folgende Weise gedeutet werden. Das Bezugssystem *K'* ist unbeschleunigt; in dem betrachteten zeiträumlichen Gebiete herrscht aber ein Gravitationsfeld, welches die beschleunigte Bewegung der Körper relativ zu *K'* erzeugt.

Diese Auffassung wird dadurch ermöglicht, daß uns die Erfahrung die Existenz eines Kraftfeldes (nämlich des Gravitationsfeldes) gelehrt hat, welches die merkwürdige Eigenschaft hat, allen Körpern dieselbe Beschleunigung zu erteilen. Das mechanische Verhalten der Körper relativ zu *K'* ist dasselbe, wie es gegenüber Systemen sich der Erfahrung darbietet, die wir als «ruhende» bzw. als «berechtigte» Systeme anzusehen gewohnt sind; deshalb liegt es auch vom physikalischen Standpunkt nahe, anzunehmen, daß die Systeme *K* und *K'* beide mit demselben Recht als «ruhend» angesehen werden können, bzw. daß sie als Bezugssysteme für die physikalische Beschreibung der Vorgänge gleichberechtigt seien.

Aus diesen Erwägungen sieht man, daß die Durchführung der allgemeinen Relativitätstheorie zugleich zu einer Theorie der Gravitation führen muß; denn man kann ein Gravitationsfeld durch bloße Änderung des Koordinatensystems «erzeugen». Ebenso sieht man unmittelbar, daß das Prinzip von der Konstanz der Vakuum-Lichtgeschwindigkeit eine Modifikation erfahren muß. Denn man erkennt leicht, daß die Bahn eines Lichtstrahles in bezug auf *K'* im allgemeinen eine krumme sein muß, wenn sich das Licht in bezug auf *K* geradlinig und mit bestimmter, konstanter Geschwindigkeit fortpflanzt.

305

Geometrie und Erfahrung

Die Mathematik genießt vor allen anderen Wissenschaften aus *einem* Grunde ein besonderes Ansehen: ihre Sätze sind absolut sicher und unbestreitbar, während die aller andern Wissenschaften bis zu einem gewissen Grad umstritten und stets in Gefahr sind, durch neu entdeckte Tatsachen umgestoßen zu werden. Trotzdem brauchte der auf einem anderen Gebiete Forschende den Mathematiker noch nicht zu beneiden, wenn sich seine Sätze nicht auf Gegenstände der Wirklichkeit, sondern nur auf solche unserer bloßen Einbildung bezögen. Denn es kann nicht wundernehmen, daß man zu übereinstimmenden logischen Folgerungen kommt, wenn man sich über die fundamentalen Sätze (Axiome) sowie über die Methoden geeinigt hat, vermittels welcher aus diesen fundamentalen Sätzen andere Sätze abgeleitet werden sollen. Aber jenes große Ansehen der Mathematik ruht andererseits darauf, daß die Mathematik es auch ist, die den exakten Naturwissenschaften ein gewisses Maß von Sicherheit gibt, das sie ohne Mathematik nicht erreichen könnten.

An dieser Stelle nun taucht ein Rätsel auf, das Forscher aller Zeiten so viel beunruhigt hat. Wie ist es möglich, daß die Mathematik, die doch ein von aller Erfahrung unabhängiges Produkt des menschlichen Denkens ist, auf die Gegenstände der Wirklichkeit so vortrefflich paßt? Kann denn die menschliche Vernunft ohne Erfahrung durch bloßes Denken Eigenschaften der wirklichen Dinge ergründen?

Hierauf ist nach meiner Ansicht kurz zu antworten: Insofern sich die Sätze der Mathematik auf die Wirklichkeit beziehen, sind sie nicht sicher, und insofern sie sicher sind, beziehen sie sich nicht auf die Wirklichkeit. Die volle Klarheit über diese Sachlage scheint mir erst durch diejenige Richtung in der Mathematik Besitz der Allgemeinheit geworden zu sein, welche unter dem Namen «Axiomatik» bekannt ist. Der von der Axiomatik erzielte Fortschritt besteht nämlich darin, daß durch sie das Logisch-Formale vom sachlichen bzw. anschaulichen Gehalt sauber getrennt wurde; nur das Logisch-Formale bildet gemäß der Axiomatik den Gegenstand der Mathematik, nicht aber der mit dem Logisch-Formalen verknüpfte anschauliche oder sonstige Inhalt.

Betrachten wir einmal von diesem Gesichtspunkte aus irgendein Axiom der Geometrie, etwa das folgende: Durch zwei Punkte des Raumes geht stets eine und nur eine Gerade. Wie ist dies Axiom im älteren und im neueren Sinne zu interpretieren?

Ältere Interpretation. Jeder weiß, was eine Gerade ist und was ein Punkt ist. Ob dies Wissen aus einem Vermögen des menschlichen Geistes oder aus der Erfahrung, aus einem Zusammenwirken beider oder sonstwoher stammt, braucht der Mathematiker nicht zu entscheiden, sondern überläßt diese Entscheidung dem Philosophen. Gestützt auf diese vor aller Mathematik gegebene Kenntnis ist das genannte Axiom (sowie alle anderen Axiome) evident, d.h. es ist der Ausdruck für einen Teil dieser Kenntnis a priori.

Neuere Interpretation. Die Geometrie handelt von Gegenständen, die mit den Worten Gerade, Punkt usw. bezeichnet werden. Irgendeine Kenntnis oder Anschauung wird von diesen Gegenständen nicht vorausgesetzt, sondern nur die Gültigkeit jener ebenfalls rein formal, d.h. losgelöst von jedem Anschauungs- und Erlebnisinhalte, aufzufassenden Axiome, von denen das genannte ein Beispiel ist. Diese Axiome sind freie Schöpfungen des menschlichen Geistes. Alle anderen geometrischen Sätze sind logische Folgerungen aus den (nur nominalistisch aufzufassenden) Axiomen. Die Axiome definieren erst die Gegenstände, von denen die Geometrie handelt. Schlick[1] hat die Axiome deshalb in seinem Buche über Erkenntnistheorie sehr treffend als «implizite Definitionen» bezeichnet.

Diese von der modernen Axiomatik vertretene Auffassung der Axiome säubert die Mathematik von allen nicht zu ihr gehörigen Elementen und beseitigt so das mystische Dunkel, welches der Grundlage der Mathematik vorher anhaftete. Eine solche gereinigte Darstellung macht es aber auch evident, daß die Mathematik als solche weder über Gegenstände der anschaulichen Vorstellung noch über Gegenstände der Wirklichkeit etwas auszusagen vermag. Unter «Punkt», «Gerade» usw. sind in der axiomatischen Geometrie nur inhaltsleere Begriffsschemata zu verstehen. Was ihnen Inhalt gibt, gehört nicht zur Mathematik.

Andererseits ist es aber doch sicher, daß die Mathematik überhaupt und im speziellen auch die Geometrie ihre Entstehung dem Bedürfnis verdankt, etwas zu erfahren über das Verhalten wirklicher Dinge. Das Wort Geometrie, welches ja «Erdmessung» bedeutet, beweist dies schon. Denn die Erdmessung handelt von den Möglichkeiten der relativen Lagerung gewisser Naturkörper zueinander, nämlich von Teilen des Erdkörpers, Meßschnüren, Meßlatten usw. Es ist klar, daß das Begriffssystem der axiomatischen Geometrie allein über das Verhalten derartiger Gegenstände der Wirklichkeit, die wir als praktisch starre Körper bezeichnen wollen, keine Aussagen liefern kann. Um derartige Aussagen liefern zu können, muß die Geometrie dadurch ihres nur logisch-formalen Charakters entkleidet werden, daß den leeren Begriffsschemen der axiomatischen Geometrie erlebbare Gegenstände der Wirklichkeit zugeordnet werden. Um dies zu bewerkstelligen, braucht man nur den Satz zuzufügen:

Feste Körper verhalten sich bezüglich ihrer Lagerungsmöglichkeiten wie Körper der euklidischen Geometrie von drei Dimensionen; dann enthalten die Sätze der euklidischen Geometrie Aussagen über das Verhalten praktisch starrer Körper.

Die so ergänzte Geometrie ist offenbar eine Naturwissenschaft: wir können sie geradezu als den ältesten Zweig der Physik betrachten. Ihre Aussagen beruhen im wesentlichen auf Induktion aus der Erfahrung, nicht aber nur auf logischen Schlüssen. Wir wollen die so ergänzte Geometrie «praktische Geometrie» nennen und sie im folgenden von der «rein axiomatischen Geometrie» unterscheiden. Die Frage, ob die praktische Geometrie der Welt eine euklidische sei oder nicht, hat einen deutlichen Sinn, und ihre Beant-

[1] Moritz Schlick (1882–1936), einer der Begründer des Wiener Kreises der logischen Positivisten. (Hg.)

wortung kann nur durch die Erfahrung geliefert werden. Alle Längenmessung in der Physik ist praktische Geometrie in diesem Sinne, die geodätische und astronomische Längenmessung ebenfalls, wenn man den Erfahrungssatz zu Hilfe nimmt, daß sich das Licht in gerader Linie fortpflanzt, und zwar in gerader Linie im Sinne der praktischen Geometrie.

Dieser geschilderten Auffassung der Geometrie lege ich deshalb besondere Bedeutung bei, weil es mir ohne sie unmöglich gewesen wäre, die Relativitätstheorie aufzustellen. Ohne sie wäre nämlich folgende Erwägung unmöglich gewesen: In einem relativ zu einem Inertialsystem rotierenden Bezugssystem entsprechen die Lagerungsgesetze starrer Körper wegen der Lorentz[1]-Kontraktion nicht den Regeln der euklidischen Geometrie; also muß bei der Zulassung von Nicht-Inertialsystemen als gleichberechtigten Systemen die euklidische Geometrie verlassen werden. Der entscheidende Schritt des Überganges zu allgemein kovarianten Gleichungen wäre gewiß unterblieben, wenn die obige Interpretation nicht zugrunde gelegen hätte. Lehnt man die Beziehung zwischen dem Körper der axiomatischen euklidischen Geometrie und dem praktisch-starren Körper der Wirklichkeit ab, so gelangt man leicht zu der folgenden Auffassung, welcher insbesondere der scharfsinnige und tiefe H. Poincaré[2] gehuldigt hat: Von allen anderen denkbaren axiomatischen Geometrien ist die euklidische Geometrie durch Einfachheit ausgezeichnet. Da nun die axiomatische Geometrie allein keine Aussagen über die erlebbare Wirklichkeit enthält, sondern nur die axiomatische Geometrie in Verbindung mit physikalischen Sätzen, so dürfte es – wie auch die Wirklichkeit beschaffen sein mag – möglich und vernünftig sein, an der euklidischen Geometrie festzuhalten. Denn man wird sich lieber zu einer Änderung der physikalischen Gesetze als zu einer Änderung der axiomatischen euklidischen Geometrie entschließen, falls sich Widersprüche zwischen Theorie und Erfahrung zeigen. Lehnt man die Beziehung zwischen dem praktisch-starren Körper und der Geometrie ab, so wird man sich in der Tat nicht leicht von der Konvention freimachen, daß an der euklidischen Geometrie als der einfachsten festzuhalten sei.

Warum wird von Poincaré und anderen Forschern die naheliegende Äquivalenz des praktisch starren Körpers der Erfahrung und des Körpers der

[1] Hendrik Anton Lorentz (1853–1928), holländischer Physiker. Er erweiterte Maxwells Gleichungen, indem er die Elektronenbewegung im elektromagnetischen Feld einführte. Die «Lorentz-Kontraktion» wurde als Hypothese eingeführt, um den Null-Effekt des Michelson-Experiments zu erklären. Nobelpreis für Physik (1902), zusammen mit Pieter Zeeman. (Hg.)

[2] Henri Poincaré (1854–1912), französischer Mathematiker und Physiker. Zusätzlich zu seinen bedeutenden Forschungen in Mathematik und Himmelsmechanik lieferte er wichtige Beiträge zur Wissenschaftsphilosophie. Er betonte die Rolle von Konventionen in der wissenschaftlichen Methodik. (Hg.)

Geometrie abgelehnt? Einfach deshalb, weil die wirklichen festen Körper der Natur bei genauerer Betrachtung nicht starr sind, weil ihr geometrisches Verhalten, d.h. ihre relativen Lagerungsmöglichkeiten von Temperatur, äußeren Kräften usw. abhängen. Damit scheint die ursprüngliche, unmittelbare Beziehung zwischen Geometrie und physikalischer Wirklichkeit zerstört, und man fühlt sich zu folgender allgemeinerer Auffassung hingedrängt, welche Poincarés Standpunkt charakterisiert. Die Geometrie (*G*) sagt nichts über das Verhalten der wirklichen Dinge aus, sondern nur die Geometrie zusammen mit dem Inbegriff (*P*) der physikalischen Gesetze. Symbolisch können wir sagen, daß nur die Summe (*G*) + (*P*) der Kontrolle der Erfahrung unterliegt. Es kann also (*G*) willkürlich gewählt werden, ebenso Teile von (*P*); all diese Gesetze sind Konventionen. Es ist zur Vermeidung von Widersprüchen nur nötig, den Rest von (*P*) so zu wählen, daß (*G*) und das totale (*P*) zusammen den Erfahrungen gerecht wird. Bei dieser Auffassung erscheinen die axiomatische Geometrie und der zu Konventionen erhobene Teil der Naturgesetze als erkenntnistheoretisch gleichwertig.

Sub specie aeterni hat Poincaré mit dieser Auffassung nach meiner Meinung Recht. Der Begriff des Meßkörpers sowie auch der ihm in der Relativitätstheorie koordinierte Begriff der Meßuhr findet in der wirklichen Welt kein ihm exakt entsprechendes Objekt. Auch ist klar, daß der feste Körper und die Uhr nicht die Rolle von irreduzibeln Elementen im Begriffsgebäude der Physik spielen, sondern die Rolle von zusammengesetzten Gebilden, die im Aufbau der theoretischen Physik keine selbständige Rolle spielen dürfen. Aber es ist meine Überzeugung, daß diese Begriffe beim heutigen Entwicklungsstadium der theoretischen Physik noch als selbständige Begriffe herangezogen werden müssen; denn wir sind noch weit von einer so gesicherten Kenntnis der theoretischen Grundlagen der Atomistik entfernt, daß wir exakte theoretische Konstruktionen jener Gebilde geben könnten.

Was ferner den Einwand angeht, daß es wirklich starre Körper in der Natur nicht gibt und daß also die von solchen behaupteten Eigenschaften gar nicht die physische Wirklichkeit betreffen, so ist er keineswegs so tiefgehend, wie man bei flüchtiger Betrachtung meinen möchte. Denn es fällt nicht schwer, den physikalischen Zustand eines Meßkörpers so genau festzulegen, daß sein Verhalten bezüglich der relativen Lagerung zu anderen Meßkörpern hinreichend eindeutig wird, so daß man ihn für den «starren» Körper substituieren darf. Auf solche Meßkörper sollen die Aussagen über starre Körper bezogen werden.

Alle praktische Geometrie ruht auf einem der Erfahrung zugänglichen Grundsatze, den wir uns nun vergegenwärtigen wollen. Wir wollen den

Inbegriff zweier auf einem praktisch starren Körper angebrachter Marken eine Strecke nennen. Wir denken uns zwei praktisch starre Körper und auf jedem eine Strecke markiert. Diese beiden Strecken sollen «einander gleich» heißen, wenn die Marken der einen dauernd mit den Marken der anderen zur Koinzidenz gebracht werden können. Es wird nun vorausgesetzt:

Wenn zwei Strecken einmal und irgendwo als gleich befunden sind, so sind sie stets und überall gleich.

Nicht nur die praktische euklidische Geometrie, sondern auch ihre nächste Verallgemeinerung, die praktische Riemannsche[1] Geometrie und damit die allgemeine Relativitätstheorie, beruhen auf diesen Voraussetzungen. Von den Erfahrungsgründen, welche für das Zutreffen dieser Voraussetzung sprechen, will ich nur einen anführen. Das Phänomen der Lichtausbreitung im leeren Raum ordnet jedem Lokal-Zeit-Intervall eine Strecke, nämlich den zugehörigen Lichtweg zu und umgekehrt. Damit hängt es zusammen, daß die oben für Strecken angegebene Voraussetzung in der Relativitätstheorie auch für Uhr-Zeit-Intervalle gelten muß. Sie kann dann so formuliert werden: Gehen zwei ideale Uhren irgendwann und irgendwo gleich rasch (wobei sie unmittelbar benachbart sind), so gehen sie stets gleich rasch, unabhängig davon, wo und wann sie am gleichen Orte miteinander verglichen werden. Wäre dieser Satz für die natürlichen Uhren nicht gültig, so würden die Eigenfrequenzen der einzelnen Atome desselben chemischen Elementes nicht so genau miteinander übereinstimmen, wie es die Erfahrung zeigt. Die Existenz scharfer Spektrallinien bildet einen überzeugenden Erfahrungsbeweis für den genannten Grundsatz der praktischen Geometrie. Hierauf beruht es in letzter Linie, daß wir in sinnvoller Weise von einer Metrik im Sinne Riemanns des vierdimensionalen Raum-Zeit-Kontinuums sprechen können.

Die Frage, ob dieses Kontinuum euklidisch oder gemäß dem allgemeinen Riemannschen Schema oder noch anders strukturiert sei, ist nach der hier vertretenen Auffassung eine eigentlich physikalische Frage, die durch die Erfahrung beantwortet werden muß, keine Frage bloßer nach Zweckmäßigkeitsgründen zu wählender Konvention. Die Riemannsche Geometrie wird dann gelten, wenn die Lagerungsgesetze praktisch starrer Körper desto genauer in diejenigen der Körper der euklidischen Geometrie übergehen, je kleiner die Abmessungen des ins Auge gefaßten raum-zeitlichen Gebietes sind.

[1] Bernhard Riemann (1826–1866), deutscher Mathematiker. Seine Arbeit «Über die Hypothesen, welche der Geometrie zugrunde liegen», begründete eine neue, allgemeinere Auffassung der Geometrie, welche die euklidische und die nicht-euklidische Geometrie als Spezialfälle einschloß. (Hg.)

306
Äther und Relativitätstheorie

Der Raum-Zeittheorie und Kinematik der speziellen Relativitätstheorie hat die Maxwell-Lorentzsche Theorie des elektromagnetischen Feldes als Modell gedient. Diese Theorie genügt daher den Bedingungen der speziellen Relativitätstheorie; sie erhält aber, von letzterer aus betrachtet, ein neuartiges Aussehen. Sei nämlich *K* ein Koordinatensystem, relativ zu welchem der Lorentzsche Äther in Ruhe ist, so gelten die Maxwell-Lorentzschen Gleichungen zunächst in bezug auf *K*. Nach der speziellen Relativitätstheorie gelten aber dieselben Gleichungen in ganz ungeändertem Sinne auch in bezug auf jedes neue Koordinatensystem *K*', welches in bezug auf *K* in gleichförmiger Translationsbewegung ist. Es entsteht nun die bange Frage: Warum soll ich das System *K*, welchem die Systeme *K*' physikalisch vollkommen gleichwertig sind, in der Theorie vor letzterem durch die Annahme auszeichnen, daß der Äther relativ zu ihm ruhe? Eine solche Asymmetrie des theoretischen Gebäudes, dem keine Asymmetrie des Systems der Erfahrungen entspricht, ist für den Theoretiker unerträglich. Es scheint mir die physikalische Gleichwertigkeit von *K* und *K*' mit der Annahme, daß der Äther relativ zu *K* ruhe, relativ zu *K*' aber bewegt sei, zwar nicht vom logischen Standpunkte geradezu unrichtig, aber doch unannehmbar.

Der nächstliegende Standpunkt, den man dieser Sachlage gegenüber einnehmen konnte, schien der folgende zu sein. Der Äther existiert überhaupt nicht. Die elektromagnetischen Felder sind nicht Zustände eines Mediums, sondern selbständige Realitäten, die auf nichts anderes zurückzuführen sind und die an keinen Träger gebunden sind, genau wie die Atome der ponderabeln Materie. Diese Auffassung liegt um so näher, weil gemäß der Lorentzschen Theorie die elektromagnetische Strahlung Impuls und Energie mit sich führt wie die ponderable Materie, und weil Materie und Strahlung nach der speziellen Relativitätstheorie beide nur besondere Formen verteilter Energie sind, indem ponderable Masse ihre Sonderstellung verliert und nur als besondere Form der Energie erscheint.

Indessen lehrt ein genaueres Nachdenken, daß diese Leugnung des Äthers nicht notwendig durch das spezielle Relativitätsprinzip gefordert wird. Man kann die Existenz eines Äthers annehmen; nur muß man darauf verzichten, ihm einen bestimmten Bewegungszustand zuzuschreiben, d. h. man muß ihm durch Abstraktion das letzte mechanische Merkmal nehmen, welches ihm Lorentz noch gelassen hatte. [...]

Allerdings erscheint die Ätherhypothese vom Standpunkte der speziellen Relativitätstheorie zunächst als eine leere Hypothese. In den elektromagnetischen Feldgleichungen treten außer den elektrischen Ladungsdichten *nur* die Feldstärken auf. Der Ablauf der elektromagnetischen Vorgänge im Vakuum scheint durch jenes innere Gesetz völlig bestimmt zu sein, unbeeinflußt durch andere physikalische Größen. Die elektromagnetischen Felder erscheinen als letzte, nicht weiter zurückführbare Realitäten, und es erscheint zunächst überflüssig, ein homogenes, isotropes Äthermedium zu postulieren, als dessen Zustände jene Felder aufzufassen wären.

Anderseits läßt sich aber zugunsten der Ätherhypothese ein wichtiges Argument anführen. Den Äther leugnen, bedeutet letzten Endes annehmen, daß dem leeren Raume keinerlei physikalische Eigenschaften zukommen. Mit dieser Auffassung stehen die fundamentalen Tatsachen der Mechanik nicht im Einklang. Das mechanische Verhalten eines im leeren Raume frei schwebenden körperlichen Systems hängt nämlich außer von den relativen Lagen (Abständen) und relativen Geschwindigkeiten noch von seinem Drehungszustande ab, der physikalisch nicht als ein dem System an sich zukommendes Merkmal aufgefaßt werden kann. Um die Drehung des Systems wenigstens formal als etwas Reales ansehen zu können, objektiviert Newton den Raum. Dadurch, daß er seinen absoluten Raum zu den realen Dingen rechnet, ist für ihn auch die Drehung relativ zu einem absoluten Raum etwas Reales. Newton hätte seinen absoluten Raum ebensogut «Äther» nennen können; wesentlich ist ja nur, daß neben den beobachtbaren Objekten noch ein anderes, nicht wahrnehmbares Ding als real angesehen werden muß, um die Beschleunigung bzw. die Rotation als etwas Reales ansehen zu können.

Mach suchte zwar der Notwendigkeit, etwas nicht beobachtbares Reales anzunehmen, dadurch zu entgehen, daß er in die Mechanik statt der Beschleunigung gegen den absoluten Raum eine mittlere Beschleunigung gegen die Gesamtheit der Massen der Welt zu setzen strebte. Aber ein Trägheitswiderstand gegenüber relativer Beschleunigung ferner Massen setzt unvermittelte Fernwirkung voraus. Da der moderne Physiker eine solche nicht annehmen zu dürfen glaubt, so landet er auch bei dieser Auffassung wieder beim Äther, der die Trägheitswirkungen zu vermitteln hat. Dieser Ätherbegriff, auf den die Machsche Betrachtungsweise führt, unterscheidet sich aber wesentlich vom Ätherbegriff Newtons, Fresnels und H. A. Lorentz'. Dieser Machsche Äther *bedingt* nicht nur das Verhalten der trägen Massen, sondern *wird* in seinem Zustand *auch bedingt* durch die trägen Massen.

Der Machsche Gedanke findet seine volle Entfaltung in dem Äther der allgemeinen Relativitätstheorie. Nach dieser Theorie sind die metrischen Eigenschaften des Raum-Zeit-Kontinuums in der Umgebung der einzelnen Raum-Zeitpunkte verschieden und mitbedingt durch die außerhalb des betrachteten Gebietes vorhandene Materie. Diese raum-zeitliche Veränderlichkeit der Beziehungen von Maßstäben und Uhren zueinander, bzw. die Erkenntnis, daß der «leere Raum» in physikalischer Beziehung weder homogen noch isotrop sei, welche uns dazu zwingt, seinen Zustand durch zehn Funktionen, die Gravitationspotentiale $g_{\mu\nu}$ zu beschreiben, hat die Auffassung, daß der Raum physikalisch leer sei, wohl endgültig beseitigt. Damit ist aber auch der Ätherbegriff wieder zu einem deutlichen Inhalt gekommen, freilich zu einem Inhalt, der von dem des Äthers der mechanischen Undulationstheorie des Lichtes weit verschieden ist. Der Äther der allgemeinen Relativitätstheorie ist ein Medium, welches selbst *aller* mechanischen und kinematischen Eigenschaften bar ist, aber das mechanische (und elektromagnetische) Geschehen mitbestimmt. [...]

Zusammenfassend können wir sagen: Nach der allgemeinen Relativitätstheorie ist der Raum mit physikalischen Qualitäten ausgestattet; es existiert also in diesem Sinne ein Äther. Gemäß der allgemeinen Relativitätstheorie ist ein Raum ohne Äther undenkbar; denn in einem solchen gäbe es nicht nur keine Lichtfortpflanzung, sondern auch keine Existenzmöglichkeit von Maßstäben und Uhren, also auch keine räumlich-zeitlichen Entfernungen im Sinne der Physik. Dieser Äther darf aber nicht mit der für ponderable Medien charakteristischen Eigenschaft ausgestattet gedacht werden, aus durch die Zeit verfolgbaren Teilen zu bestehen; der Bewegungsbegriff darf auf ihn nicht angewendet werden.

307
Über einen die Erzeugung und Verwandlung des Lichtes betreffenden heuristischen Gesichtspunkt

Zwischen den theoretischen Vorstellungen, welche sich die Physiker über die Gase und andere ponderable Körper gebildet haben, und der Maxwellschen Theorie der elektromagnetischen Prozesse im sogenannten leeren Raume besteht ein tiefgreifender formaler Unterschied. Während wir uns nämlich den Zustand eines Körpers durch die Lagen und Geschwindigkeiten einer zwar sehr großen, jedoch endlichen Anzahl von Atomen und Elektronen für vollkommen bestimmt ansehen, bedienen wir uns zur Bestimmung des elektromagnetischen Zustandes eines Raumes kontinuierlicher räumlicher Funktionen, so daß also eine endliche Anzahl von Größen nicht als genügend anzusehen ist zur vollständigen Festlegung des elektromagnetischen Zustandes eines Raumes. Nach der Maxwellschen Theorie ist bei allen rein elektromagnetischen Erscheinungen, also auch beim Licht, die Energie als kontinuierliche Raumfunktion aufzufassen, während die Energie eines ponderabeln Körpers nach der gegenwärtigen Auffassung der Physiker als eine über die Atome und Elektronen erstreckte Summe darzustellen ist. Die Energie eines ponderabeln Körpers kann nicht in beliebig viele, beliebig kleine Teile zerfallen, während sich die Energie eines von einer punktförmigen Lichtquelle ausgesandten Lichtstrahles nach der Maxwellschen Theorie (oder allgemeiner nach jeder Undulationstheorie) des Lichtes auf ein stets wachsendes Volumen sich kontinuierlich verteilt.

Die mit kontinuierlichen Raumfunktionen operierende Undulationstheorie des Lichtes hat sich zur Darstellung der rein optischen Phänomene vortrefflich bewährt und wird wohl nie durch eine andere Theorie ersetzt werden. Es ist jedoch im Auge zu behalten, daß sich die optischen Beobachtungen auf zeitliche Mittelwerte, nicht aber auf Momentanwerte beziehen, und es ist trotz der vollständigen Bestätigung der Theorie der Beugung, Reflexion, Brechung, Dispersion etc. durch das Experiment wohl denkbar, daß die mit kontinuierlichen Raumfunktionen operierende Theorie des Lichtes zu Widersprüchen mit der Erfahrung führt, wenn man sie auf die Erscheinungen der Lichterzeugung und Lichtverwandlung anwendet.

Es scheint mir nun in der Tat, daß die Beobachtungen über die «schwarze Strahlung», Photolumineszenz, die Erzeugung von Kathodenstrahlen durch ultraviolettes Licht und andere die Erzeugung bez. Verwandlung des Lichtes betreffende Erscheinungsgruppen besser verständlich erscheinen unter der Annahme, daß die Energie des Lichtes diskontinuierlich im Raume verteilt sei. Nach der hier ins Auge zu fassenden Annahme ist bei Ausbreitung eines von einem Punkte ausgehenden Lichtstrahles die Energie nicht kontinuierlich auf größer und größer werdende Räume verteilt, sondern es besteht dieselbe aus einer endlichen Zahl von in Raumpunkten lokalisierten Energiequanten, welche sich bewegen, ohne sich zu teilen, und nur als Ganze absorbiert und erzeugt werden können.

Im folgenden will ich den Gedankengang mitteilen und die Tatsachen anführen, welche mich auf diesen Weg geführt haben, in der Hoffnung, daß der darzulegende Gesichtspunkt sich einigen Forschern bei ihren Untersuchungen als brauchbar erweisen möge. [...]

ÜBER DIE ERZEUGUNG VON KATHODENSTRAHLEN DURCH BELICHTUNG FESTER KÖRPER.

Die übliche Auffassung, daß die Energie des Lichtes kontinuierlich über den durchstrahlten Raum verteilt sei, findet bei dem Versuch, die lichtelektrischen Erscheinungen zu erklären, besonders große Schwierigkeiten, welche in einer bahnbrechenden Arbeit von Herrn Lenard[1] dargelegt sind.

Nach der Auffassung, daß das erregende Licht aus Energiequanten von der Energie $h\nu$ [2] bestehe, läßt sich die Erzeugung von Kathodenstrahlen durch Licht folgendermaßen auffassen. In die oberflächliche Schicht des Körpers dringen Energiequanten ein, und deren Energie verwandelt sich wenigstens zum Teil in kinetische Energie von Elektronen. Die einfachste Vorstellung ist die, daß ein Lichtquant seine ganze Energie an ein einziges Elektron abgibt; wir wollen annehmen, daß dies vorkomme. Es soll jedoch nicht ausgeschlossen sein, daß Elektronen die Energie von Lichtquanten nur teilweise aufnehmen. Ein im Innern des Körpers mit kinetischer Energie versehenes Elektron wird, wenn es die Oberfläche erreicht hat, einen Teil seiner kinetischen Energie eingebüßt haben. Außerdem wird anzunehmen sein, daß jedes Elektron beim Verlassen des Körpers eine (für den Körper charakteristische) Arbeit P zu leisten hat, wenn es den Körper verläßt. Mit der größten Normalgeschwindigkeit werden die unmittelbar an der Oberfläche normal zu dieser erregten Elektronen den Körper verlassen. Die kinetische Energie solcher Elektronen ist

$$h\nu - P \; [\ldots].$$

Mit den von Herrn Lenard beobachteten Eigenschaften der lichtelektrischen Wirkung steht unsere Auffassung, soweit ich sehe, nicht im Widerspruch. Wenn jedes Energiequant des erregenden Lichtes unabhängig von allen übrigen seine Energie an Elektronen abgibt, so wird die Geschwindigkeitsverteilung der Elektronen, d.h. die Qualität der erzeugten Kathodenstrahlung von der Intensität des erregenden Lichtes unabhängig sein; andererseits wird die Anzahl der den Körper verlassenden Elektronen der Intensität des erregenden Lichtes unter sonst gleichen Umständen proportional sein.

[1] Philipp Lenard (1862–1947), deutscher Physiker, schuf die experimentelle Grundlage für das von Einstein aufgestellte photoelektrische Grundgesetz. (Hg.)

[2] Im Originaltext ist der Verhältnisfaktor von ν gegeben als $R\beta/N$. R ist die universelle Gaskonstante, gleich kN (k = Boltzmanns Konstante, N = Avogadros Zahl), und $\beta = h/k$. Dieser Faktor kann daher durch h ersetzt werden, d.h. durch die Plancksche Konstante. (Hg.)

308
Die elektrische Struktur der Materie

Um einen Überblick über das große Gebiet zu gewinnen, das die Wissenschaft in dieser Zeitspanne erobert hat, empfiehlt es sich, unsere Kenntnisse von der Zusammensetzung der Materie am Anfang dieser Periode kurz zusammenzufassen. Seitdem sie von Dalton angekündigt wurde, ist die Atomtheorie von immer weiteren Kreisen anerkannt worden und hat die philosophische Grundlage zur Erklärung der Tatsachen der chemischen Verbindung geliefert. In den früheren Stadien ihrer Anwendung auf Physik und Chemie war es nicht notwendig, ausführliche Kenntnisse der Dimensionen oder der Struktur des Atoms zu besitzen. Man mußte nur annehmen, daß die Atome sich wie individuelle Einheiten verhalten, und mußte die relativen Massen der Atome der verschiedenen Elemente kennen. Im folgenden Stadium, zum Beispiel in der kinetischen Theorie der Gase, konnte man die hauptsächlichen Eigenschaften der Gase erklären, indem man annahm, daß sich die Gasatome wie winzige, vollkommen elastische Kugeln verhalten. Während dieser Zeit wurde eine Reihe von Methoden angewandt, von denen viele Lord Kelvin zu verdanken waren, um zu ungefähren Schätzungen der absoluten Dimensionen und Masse von Atomen zu gelangen. Hierbei stellte sich die winzige Größe und Masse des Atoms heraus, sowie die ungeheure Zahl von Atomen, die nötig ist, um einen merkbaren Effekt bei irgend einer Messung zu produzieren. Daraus entstand die allgemeine Ansicht, daß die Atomtheorie notwendigerweise niemals durch direkte Experimente verifiziert werden könne, weshalb eine Schule den Vorschlag machte, die Atomtheorie sollte aus dem Chemieunterricht verbannt und das Gesetz der multiplen Proportionen als die grundlegende Tatsache der Chemie akzeptiert werden.

Während man nur die unklarsten Vorstellungen über die mögliche Struktur der Atome hatte, herrschte unter den eher philosophisch Veranlagten der allgemeine Glaube, daß die Atome der Elemente nicht als einfache, isolierte Einheiten betrachtet werden könnten. Die von Mendelejew entdeckten periodischen Änderungen in den Eigenschaften der Elemente konnten nur erklärt werden, wenn die Atome gleichartige Strukturen waren, die sich irgendwie aus gleichartigem Stoff zusammensetzten. Wir werden sehen, daß das Problem des Atombaus mit unserer Auffassung vom Wesen der Elektrizität engstens verbunden ist. Der wunderbare Erfolg der elektromagnetischen Theorie hatte die Aufmerksamkeit auf das Medium oder den

Äther gerichtet, der den Leiter der Elektrizität umgibt; dabei hatte man sich wenig mit den eigentlichen Trägern des elektrischen Stroms selber befaßt. Gleichzeitig setzte sich überall die Idee durch, daß die Ergebnisse der Experimente Faradays über die Elektrolyse nur unter der Annahme erklärt werden könnten, daß die Elektrizität, wie die Materie, atomartiger Natur ist. Johnstone Stoney[1] hatte diese Grundeinheit sogar als «Elektron» bezeichnet und ihre Größe annähernd geschätzt, doch die volle Anerkennung der Bedeutung und der Wichtigkeit dieses Begriffs gehört zur neuen Epoche.

Von außerordentlicher Bedeutung für die Klärung dieser etwas vagen Ideen war im Jahre 1897 der Nachweis der unabhängigen Existenz des Elektrons als mobile elektrisierte Einheit, von winziger Masse im Vergleich mit dem leichtesten Atom. Es wurde bald klar, daß das Elektron ein Bestandteil aller Atome der Materie sein muß und daß optische Spektren ihren Ursprung in den Schwingungen der Atome hatten. Die Entdeckung des Elektrons und der Nachweis seiner Befreiung von allen Atomen der Materie durch eine Reihe von Methoden war von der höchsten Bedeutung, denn dadurch wurde die Ansicht bekräftigt, daß das Elektron wahrscheinlich diejenige gemeinsame Einheit in der Struktur der Atome sei, auf die die periodische Veränderung der chemischen Eigenschaften hingewiesen hatte. Zum ersten Mal bestand die Hoffnung auf einen erfolgreichen Angriff auf das grundlegendste aller Probleme – die detaillierte Struktur des Atoms. Hinsichtlich der früheren Entwicklung des Themas hat die Wissenschaft den Leistungen von Sir J. J. Thomson[2] viel zu verdanken, sowohl für die Kühnheit seiner Ideen als auch für seine Findigkeit bei der Entwicklung von Methoden zur Schätzung der Anzahl der Elektronen im Atom wie bei der Untersuchung seiner Struktur. Schon früh vertrat er die Ansicht, daß das Atom eine elektrische, durch elektrische Kräfte zusammengehaltene Struktur sein müsse, und zeigte in allgemeiner Weise die Richtung möglicher Erklärungen für die Änderung der physikalischen und chemischen Eigenschaften der Elemente, wie sie im periodischen Gesetz ihren Ausdruck findet.

In der Zwischenzeit wurde unsere ganze Vorstellung vom Atom und der Größe der Kräfte, die es zusammenhalten, durch die Erforschung der Radioaktivität revolutioniert. Die Entdeckung des Radiums stellte einen großen Fortschritt dar, denn damit standen dem Experimentator kräftige Strahlungsquellen zur Verfügung, die sich zur Untersuchung der Natur derjeni-

[1] George Johnstone Stoney (1826–1911), englischer Astronom und Physiker, führte 1891 die Bezeichnung «Elektron» für die elementare Elektrizitätseinheit ein. (Hg.)

[2] Sir Joseph John Thomson (1856–1940), englischer Physiker, Entdecker des Elektrons. Sein Atommodell wurde durch das von Rutherford ersetzt. Nobelpreis für Physik 1906. (Hg.)

gen charakteristischen Strahlungen besonders eigneten, welche durch radioaktive Körper im allgemeinen ausgestrahlt werden. Es wurde bald bewiesen, daß die Atome radioaktiver Materie eine spontane Transformation durchmachen und daß die charakteristischen Ausstrahlungen, nämlich die α-, β- und γ-Strahlen, eine Begleiterscheinung und eine Folge dieser atomaren Explosionen sind. Die erstaunliche Aufeinanderfolge von Veränderungen, mehr als dreißig an Zahl, im Uranium und im Thorium, wurde bald aufgedeckt und gemäß der Transformationstheorie einfach interpretiert.

Die radioaktiven Elemente gewähren uns zum ersten Mal einen Einblick in die Werkstatt der Natur und erlauben uns, die Veränderungen, die ihren Ursprung im Kern der radioaktiven Atome haben, zu beobachten und zu studieren, aber nicht zu steuern. Bei diesen atomaren Explosionen wirken Energien, die gigantisch sind im Vergleich mit denjenigen, die bei einem gewöhnlichen physikalischen oder chemischen Prozeß wirken. In den meisten Fällen wird ein α-Teilchen mit großer Geschwindigkeit ausgestoßen, in anderen jedoch wird ein schnelles Elektron ausgeworfen, oft begleitet von einem γ-Strahl, welcher ein sehr durchdringender Röntgenstrahl hoher Frequenz ist. Der Beweis dafür, daß das α-Teilchen ein elektrisch geladenes Heliumatom ist, zeigte erstmals die Bedeutung des Heliums als einer der Einheiten in der Struktur der radioaktiven Atome und wahrscheinlich auch in derjenigen der Atome der meisten gewöhnlichen Elemente. Nicht nur haben so die radioaktiven Elemente den größten unmittelbaren Einfluß auf die Naturwissenschaft ausgeübt, sondern sie haben uns nebenbei Versuchsmethoden von fast gleicher Bedeutung geliefert. Die Anwendung von α-Teilchen als Geschossen zur Erforschung des Atominneren hat dessen Kernstruktur endgültig an den Tag gelegt, hat zum künstlichen Zerfall gewisser leichter Atome geführt und verspricht, noch mehr Information über die eigentliche Struktur des Kerns selber zu liefern. [...]

Wie wir sehen werden, gibt es höchst überzeugende Beweise dafür, daß die Atome der Materie aus diesen beiden elektrischen Einheiten zusammengesetzt sind, nämlich dem Elektron und dem Wasserstoffkern oder Proton, wie es gewöhnlich heißt, wenn es einen Bestandteil der Struktur irgendeines Atoms bildet. Wahrscheinlich sind diese beiden die grundlegenden und unteilbaren Einheiten, aus denen unser Weltall besteht, aber wir dürfen uns noch die Möglichkeit vorbehalten, daß sich diese Einheiten eines Tages nach weiteren Forschungen als zusammengesetzt und in noch grundlegendere Einheiten teilbar erweisen. Gemäß den oben angegebenen Vorstellungen entspricht die Masse des Atoms der Summe der elektrischen Massen der einzelnen geladenen Einheiten, aus denen sich seine Struktur zusammensetzt; wir brauchen auch nicht anzunehmen, daß irgendeine andere Art von Masse existiert. Gleichzeitig gilt es zu bedenken, daß die wahre Masse eines Atoms etwas weniger sein mag als die Summe der Massen der es zusammensetzenden positiven und negativen Elektronen, wenn sich diese in freiem Zustand befinden. Angesichts der sehr engen Nachbarschaft der geladenen Einheiten im Kern eines Atoms und der daraus folgenden Störung der sie umgebenden elektrischen und magnetischen Felder ist eine solche Abnahme der Masse aus allgemeinen theoretischen Überlegungen zu erwarten.

Wir müssen jetzt auf die früheren Stadien der gegenwärtigen Epoche zurückblicken, um der Entwicklung unserer Ideen über die detaillierte Struktur des Atoms nachzugehen. Schon um 1900 hatte man erkannt, daß Elektronen als solche wichtige Bausteine sind, aber es folgten wenige wirkliche Fortschritte, bis die Rolle der positiven Ladungen geklärt wurde. Neues Licht fiel auf das Gebiet durch die Untersuchung der Ablenkung von α-Teilchen beim Durchgang durch Atome. Man stellte fest, daß ein schnelles α-Teilchen gelegentlich durch einen Zusammenstoß mit einem einzigen Atom von seiner geradlinigen Bahn abgelenkt wurde, und zwar um mehr als einen rechten Winkel. Bei einer derartigen Kollision gelten in der Regel die Gesetze der Dynamik, wobei das Verhältnis zwischen den Geschwindigkeiten der zusammenstoßenden Atome vor und nach der Kollision genau dasselbe ist, wie wenn die zwei zusammenstoßenden Teilchen als vollkommen elastische Kugeln von winzigen Dimensionen betrachtet würden. Man muß aber bedenken, daß es sich bei diesen Atomkollisionen keineswegs um mechanische Zusammenstöße handelt, wie wir sie bei der gewöhnlichen Materie beobachten. Die Wechselwirkung der beiden Teilchen erfolgt durch Vermittlung der mächtigen elektrischen Felder, von denen sie umgeben sind. Schöne Aufnahmen, welche die Genauigkeit dieser Gesetze der Kollision zwischen dem α-Teilchen und dem Atom veranschaulichen, sind von den Herren Wilson[1], Blackett[2] und anderen gemacht worden, während Herrn Wilson in letzter Zeit viele eindrucksvolle Bilder von Kollisionen zwischen zwei Elektronen gelungen sind. Angesichts der großen kinetischen Energie des α-Teilchens beweist seine Ablenkung um einen großen Winkel in einem einzigen Atomzusammenstoß ganz eindeutig, daß sehr intensive Ablenkungskräfte innerhalb des Atoms vorhanden sind. Es schien auf der Hand zu liegen, daß elektrische Felder der erforderlichen Größe nur dann erreicht werden könnten, wenn die Hauptladung des Atoms in einem win-

1 Charles Thomas Rees Wilson (1869–1959), schottischer Physiker, Erfinder der Nebelkammer, durch welche die Bahnen elektrisch geladener Teilchen sichtbar gemacht werden. Nobelpreis für Physik (1927), zusammen mit H. A. Compton. (Hg.)

2 Patrick Blackett (1897–1974), englischer Physiker, bekannt für seine Arbeiten über kosmische Strahlung. Nobelpreis für Physik (1948). (Hg.)

zigen Kern konzentriert ist. Daraus entstand der jetzt so bekannte Begriff des Kernatoms, nach welchem das Herz des Atoms aus einem winzigen aber massiven Kern bestehen soll, der elektrisch positiv geladen und in einem gewissen Abstand von der notwendigen Zahl von Elektronen umgeben ist, um ein neutrales Atom zu bilden.

Eine detaillierte Studie von Geiger[1] und Marsden[2] über die Streuung von α-Teilchen in verschiedenen Winkeln zeigte, daß das Resultat in enger Übereinstimmung mit dieser Theorie stand und daß die starken elektrischen Kräfte in der Nähe des Kerns sich gemäß dem gewöhnlichen Gesetz des umgekehrten Quadrates verändern. Zudem erlaubten uns die Experimente, eine obere Grenze für die Dimensionen des Kerns festzulegen. Für ein schweres Atom wie das des Goldes war der Halbmesser des Kerns (angenommen, dieser sei kugelförmig) weniger als ein Tausendstel des Durchmessers des ganzen von seinen Elektronen umgebenen Atoms, und gewiß weniger als 4×10^{-12} cm. Es stellte sich heraus, daß all die Atome diese Kernstruktur aufweisen, und man machte eine annähernde Schätzung der Kernladung verschiedener Atome. Auf Grund direkter Beweise aus Versuchen wissen wir, daß diese Art von Kernatom einige sehr einfache Eigenschaften besitzt. Es liegt auf der Hand, daß die Anzahl der Einheiten der resultierenden positiven Ladung im Kern die Anzahl der äußeren planetarischen Elektronen im neutralen Atom bestimmt. Zudem, da diese äußeren Elektronen durch die Anziehungskräfte vom Kern irgendwie im Gleichgewicht gehalten werden und da wir auf Grund allgemeiner physikalischer und chemischer Beweise überzeugt sind, daß alle Atome eines beliebigen Elementes in ihrer äußerlichen Struktur identisch sind, ist es klar, daß ihre Anordnung und Bewegung völlig von der Größe der Kernladung abhängen müssen. Da die gewöhnlichen chemischen und physikalischen Eigenschaften hauptsächlich der Anordnung und Bewegung der äußeren Elektronen zuzuschreiben sind, sind folglich die Eigenschaften eines Atoms durch eine ganze Zahl bestimmt, die seine Kernladung wiedergibt. [...]

Bevor wir dieses Thema verlassen, möchten wir einige Worte sagen über die wichtige Frage der Energiebeziehungen bei der Bildung und dem Zerfall von Atomkernen, die sich erstmals bei der Erforschung der Radioaktivität ergab. Es ist zum Beispiel bekannt, daß die Gesamtentwicklung von Energie während des vollständigen Zerfalls eines Gramms Radium viele Millionen Male größer ist als bei der vollständigen Verbrennung von Kohle des gleichen Gewichtes. Man weiß, daß die Energie anfänglich zur Haupt-

[1] Hans Geiger (1882–1945), deutscher Physiker, Erfinder des Spitzenzählers (Geiger-Zählrohr). (Hg.)

[2] Ernest Marsden (1889–1970), englischer Physiker, Schüler von Rutherford.

sache in der kinetischen Form schneller α- und β-Teilchen ausgestrahlt wird und daß die Bewegungsenergie dieser Körper schließlich in Wärme verwandelt wird, wenn sie durch Materie gebremst werden. Da man vermutet, daß die radioaktiven Elemente in bezug auf ihre Struktur den gewöhnlichen inaktiven Elementen analog sind, entstand naturgemäß die Idee, daß die Atome aller Elemente eine ähnliche Konzentration von Energie enthalten, die ausgenutzt werden könnte, wenn man nur eine einfache Methode zur Einleitung und Steuerung ihres Zerfalls herausfinden könnte. Diese Möglichkeit, neue und billige Energiequellen für praktische Zwecke zu gewinnen, stellte selbstverständlich sowohl für den Laien als auch für den Wissenschaftler eine verlockende Aussicht dar. Könnten wir nämlich die radioaktiven Prozesse im Uranium und im Thorium so beschleunigen, daß der ganze Zyklus ihres Zerfalls auf einige Tage begrenzt wird anstatt sich über Tausende von Millionen von Jahren zu erstrecken, so würden diese Elemente tatsächlich sehr günstige Energiequellen liefern, und zwar in einem genügenden Ausmaß, um von beträchtlicher praktischer Bedeutung zu sein. Obgleich aber viele Versuche gemacht worden sind, gibt es leider keine Beweise dafür, daß die Zerfallsgeschwindigkeit dieser Elemente mit den stärksten im Laboratorium zur Verfügung stehenden Mitteln im geringsten Maße geändert werden kann. Unsere wachsenden Kenntnisse der Atomstruktur haben eine allmähliche Änderung unseres Standpunktes bezüglich dieser wichtigen Frage mit sich gebracht, so daß man heute gar nicht mehr so sicher ist wie vor einem Jahrzehnt, daß die Atome eines Elementes verborgene Energiemengen enthalten. Es lohnt sich denn auch vielleicht, den Grund für diese Änderung unserer Auffassung in Kürze zu erörtern. Diese läßt sich am besten veranschaulichen, indem wir eine interessante Analogie zwischen der Transformation eines radioaktiven Kerns und den Veränderungen in der Anordnung der Elektronen eines gewöhnlichen Atoms erwägen. Es ist jetzt wohlbekannt, daß man mittels Bombardements mit Elektronen oder durch geeignete Strahlung ein Atom so erregen kann, daß eines seiner äußeren Elektronen von seiner gewöhnlichen stabilen Lage in eine andere vorübergehend stabile Lage weiter vom Kern entfernt verschoben wird. Mit der Zeit fällt dieses Elektron in seine frühere Lage zurück, wobei seine potentielle Energie in Strahlung umgewandelt wird. Es gibt einigen Grund zur Annahme, daß das Elektron eine bestimmte mittlere Lebensdauer in seiner verschobenen Lage hat und daß die Möglichkeit seiner Rückkehr zur ursprünglichen Lage den Wahrscheinlichkeitsgesetzen unterliegt. In gewissen Hinsichten also ist ein solches «erregtes» Atom einem radioaktiven Atom analog, aber selbstverständlich ist die beim Zerfall eines Kerns freigesetzte Energie von einer ganz anderen Größenordnung als die durch die Rückkehr des Elektrons im erregten Atom freigesetzte Energie. Möglicherweise stellen die Elemente Uranium und Thorium die einzigen heute auf der Erde überlebenden Typen von Elementen dar von all denen, die in längst vergangenen Zeiten allgemein verbreitet waren, als die Atome, aus denen sich die Erde jetzt zusammensetzt, noch im Bildungsprozeß begriffen waren. Wegen ihrer sehr langsamen Umwandlungsgeschwindigkeit hat ein Bruchteil der zu jener Zeit entstandenen Uranium- und Thoriumatome diese lange Periode überlebt. Man darf also vermuten, daß diese Atome den Zyklus von Veränderungen noch nicht vollendet haben, den die gewöhnlichen Atome schon längst durchgemacht haben, und daß die Atome noch immer im «erregten» Zustand sind, bei dem sich die Kerneinheiten noch nicht in Positionen endgültigen Gleichgewichts geordnet haben, sondern immer noch einen Energieüberfluß besitzen, der nur in Form der charakteristischen Strahlung von aktiver Materie freigesetzt werden kann. Demgemäß besäßen nicht alle Atome einen zur Freisetzung bereiten Energievorrat, sondern lediglich eine besondere Atomgattung wie die radioaktiven Atome, die den endgültigen Gleichgewichtszustand noch nicht erreicht haben.

Es mag betont werden, daß der künstliche Zerfall gewisser Elemente durch Bombardement mit schnellen α-Teilchen einen entscheidenden Beweis für eine Speicherung von Energie in gewissen gewöhnlichen Elementen liefert, denn man weiß, daß einige der Wasserstoffkerne, zum Beispiel solche, die aus Aluminium freigesetzt wurden, mit solcher Geschwindigkeit ausgestoßen werden, daß das Teilchen eine größere individuelle Energie besitzt als das α-Teilchen, welches ihre Freilassung verursachte. Leider wird es sehr schwierig sein, diese Frage endgültig zu beantworten, bis wir mehr über die Einzelheiten dieses Zerfalls wissen.

Andrerseits hat man dieses Gebiet in den letzten Jahren auf eine andere Weise in Angriff genommen. Diese Methode, die an Bedeutung gewonnen hat, basiert auf einem Vergleich der relativen Massen der Elemente. Dieser neue Standpunkt läßt sich am besten durch einen Vergleich der Atommassen des Wasserstoffs und des Heliums veranschaulichen. Wie wir gesehen haben, scheint es sehr wahrscheinlich, daß das Helium keine letzte Einheit in der Struktur der Kerne ist, sondern eine sehr enge Kombination von vier Wasserstoffkernen und zwei Elektronen. Die Masse des Heliumkerns, 4.00 wenn man $O = 16$ setzt, ist wesentlich geringer als 4.03, die Masse von vier Wasserstoffkernen. Heutzutage vermutet man eine sehr enge Beziehung zwischen Masse und Energie, und dieser Verlust an Masse bei der Synthese des Heliumkerns aus Wasserstoffkernen weist darauf hin, daß eine große Energiemenge in der Form von Strahlung bei der Bildung des Heliumkerns aus seinen Bestandteilen freigesetzt worden ist. Auf Grund dieses Verlustes an Masse läßt sich leicht errechnen, daß die bei der Bildung eines Gramms Helium freigesetzte Energiemenge groß ist, sogar verglichen mit der, die beim totalen Zerfall eines Gramms Radium frei wird. Berechnungen zeigen zum Beispiel, daß die bei der Bildung eines Pfundes Heliumgas freigesetzte Energie derjenigen gleichkommt, die bei der vollständigen Verbrennung von etwa achttausend Tonnen reinen Kohlenstoffs ausgestrahlt wird. Eddington[1] und Perrin[2] haben den Gedanken geäußert, daß die Erhaltung der Wärmestrahlung der Sonne und der heißen Sterne während langer Perioden hauptsächlich auf diese Energiequelle zurückzuführen ist. Berechnungen des Wärmeverlustes der Sonne zeigen, daß diese Synthese des Heliums nur langsam erfolgen muß, um das gegenwärtige Maß an Strahlung während Perioden der Größenordnung von einer Milliarde Jahren zu erhalten. Man muß zugeben, daß diese Argumente einen etwas spekulativen Charakter haben, denn es ist noch nicht experimentell bewiesen worden, daß Helium aus Wasserstoff gebildet werden kann.

Die Beweise für das langsame Tempo der Sternentwicklung aber deuten zweifellos darauf hin, daß die Synthese des Heliums und vielleicht auch anderer Elemente höheren Atomgewichts, möglicherweise langsam im Inneren von heißen Sternen stattfindet. Während wir mit der elektrischen Entladung durch Wasserstoff bei niedrigem Druck die Verhältnisse im Inneren des heißesten Sterns hinsichtlich der Bewegungsenergie der Elektronen und Wasserstoffkerne leicht zu reproduzieren vermögen, können wir doch unmöglich die ungeheuere Strahlungsdichte reproduzieren, die im Inneren eines Riesensterns existieren muß. Aus diesem und anderen Gründen mag es sehr schwierig oder gar unmöglich sein, unter Laboratoriumsbedingungen Helium aus Wasserstoff zu erzeugen.

Wenn diese Vorstellung von der großen Wärmestrahlung bei der Bildung des Heliums richtig ist, dann liegt es auf der Hand, daß der Heliumkern der stabilste aller Kerne ist, denn es wäre eine Energiemenge entsprechend drei oder vier α-Teilchen nötig, um ihn in seine Bestandteile zu zerspalten. Zudem, da die Masse des Protons im Kern etwa 1·000 anstatt 1·0072 im freien Zustand ist, folgt, daß viel mehr Energie in das Atom hereingesteckt werden muß, als durch dessen Zerfall in seine Grundeinheiten frei wird. Wenn wir aber ein Sauerstoffatom betrachten, das, wie wir vermuten

[1] Sir Arthur Stanley Eddington (1882–1944), englischer Astronom, berühmt für seine astrophysikalischen Arbeiten. (Hg.)

[2] Jean Perrin (1870–1942), französischer Physiker und Chemiker, bestimmte durch Beobachtungen an Suspensionen mikroskopischer Teilchen in Flüssigkeiten die Loschmidtsche Zahl. Nobelpreis für Physik (1926). (Hg.)

können, aus vier Heliumkernen als sekundären Einheiten zusammengesetzt ist, so ist eine eventuelle Veränderung der Masse bei seiner Synthese aus bereits gebildeten Heliumkernen derartig gering, daß wir noch nicht sicher sein können, ob bei seinem Zerfall in Heliumkerne ein Gewinn oder ein Verlust an Energie stattfinden wird; auf jeden Fall wissen wir aber, daß die Energiemenge viel kleiner sein wird als bei der Synthese des Heliums aus Wasserstoff. Unsere Kenntnisse der Energieschwankungen bei der Bildung oder dem Zerfall von Atomen im allgemeinen sind noch zu ungewiß und spekulativ, als daß wir ein endgültiges Urteil über zukünftige Möglichkeiten in dieser Richtung abgeben könnten, aber ich habe trotzdem versucht, einige der Hauptargumente zu umreißen, die in Betracht gezogen werden sollten. [...]

Bei der Betrachtung dieser schnellen Fortschritte in der Physik bin ich mehr und mehr beeindruckt von dem Vermögen der wissenschaftlichen Methode, unsere Kenntnisse der Natur zu erweitern. Das Experimentieren unter der Leitung der disziplinierten Phantasie entweder eines einzelnen Individuums oder, noch besser, einer Gruppe von Individuen verschiedenartiger Anschauungen kann Resultate erzielen, welche die Phantasie des größten Naturwissenschaftlers allein bei weitem übertreffen. Experiment ohne Phantasie oder Phantasie ohne Zuziehung des Experiments kann nur wenig zustande bringen; wirkliche Fortschritte bedürfen einer glücklichen Mischung dieser zwei Faktoren. Das Unbekannte schwebt wie ein dichter Nebel vor unseren Augen. Beim Durchdringen dieser Dunkelheit können wir nicht die Hilfe von Übermenschen erflehen, sondern sind auf die kombinierten Bemühungen einiger entsprechend ausgebildeter gewöhnlicher Männer mit wissenschaftlicher Phantasie angewiesen. Kraft der wissenschaftlichen Methode vermag jeder auf seinem eigenen Forschungsgebiet einige wenige Fortschritte zu machen, wobei seine Arbeit auf alle anderen Forscher einwirkt und diese beeinflußt. Von Zeit zu Zeit, auf Grund akkumulierten Wissens, taucht eine erleuchtende Idee auf, die Licht auf einen weiten Bereich wirft und den Zusammenhang zwischen diesen individuellen Bemühungen zeigt, so daß ein allgemeiner Fortschritt folgt. Der Angriff fängt von neuem auf einer breiteren Front an, öfters mit besseren technischen Waffen. Die Idee, die ursprünglich zu diesem Fortschritt führte, scheint oft einfach und auf der Hand liegend, sobald sie vorgebracht worden ist. Dies ist eine geläufige Erfahrung, wobei der Wissenschaftler oft eine gewisse Enttäuschung spürt, weil er selber eine Entwicklung nicht vorausgesehen hatte, die letzten Endes so deutlich und unvermeidlich scheint.

Das auf die schnelle Entwicklung der Wissenschaften in unseren Tagen zurückzuführende intellektuelle Interesse muß die jungen Leute unweigerlich dazu antreiben, an der wissenschaftlichen Forschung teilzunehmen. In jedem Zweig der Wissenschaft gibt es zahlreiche Probleme von wesentlichem Interesse und großer Bedeutung, die ihrer Lösung harren. Wir dürfen mit Zuversicht einen immer schnelleren Fortschritt der wissenschaftlichen Entdeckungen vorhersagen, welche für die Menschheit zweifellos von materiellem, aber möglicherweise noch mehr von intellektuellem Nutzen sein werden.

NIELS BOHR

309
Über die Konstitution von Atomen und Molekülen

Um die Resultate der Versuche über die Streuung von α-Strahlen durch Materie zu erklären, hat Prof. Rutherford eine Theorie über den Bau der Atome aufgestellt. Nach dieser Theorie besteht das Atom aus einem positiv geladenen Kern, der von einem System von Elektronen umgeben ist, die durch Anziehungskräfte aus dem Kern zusammengehalten werden. Die gesamte negative Ladung der Elektronen ist gleich der positiven Ladung des Kernes. Weiter: der Kern soll der Sitz des wesentlichsten Teiles der Atommasse sein und lineare Abmessungen haben, die außergewöhnlich klein sind im Vergleich mit den linearen Abmessungen des ganzen Atoms. Die Zahl der Elektronen in einem Atom berechnet sich annähernd gleich der Hälfte des Atomgewichtes. Man muß diesem Atommodell großes Interesse entgegenbringen; denn, wie Rutherford gezeigt hat, scheint die Annahme der Existenz derartiger Kerne notwendig zu sein, um die experimentellen Resultate über die Streuung von α-Strahlen um große Winkel zu erklären.

Bei dem Versuch, einige der Eigenschaften der Materie auf der Grundlage dieses Atommodells zu erklären, stoßen wir jedoch auf ernste Schwierigkeiten, die sich aus der scheinbaren Instabilität des Elektronensystems ergeben – Schwierigkeiten, die bei früher herangezogenen Atommodellen, z. B. dem von Sir. J. J. Thomson vorgeschlagenen, absichtlich vermieden sind. Nach der Theorie des letzteren besteht das Atom aus einer Kugel von gleichmäßig verteilter, positiver elektrischer Ladung, in der die Elektronen sich kreisförmig bewegen.

Der Hauptunterschied zwischen den von Thomson und Rutherford vorgeschlagenen Atommodellen besteht in dem Umstand, daß die Kräfte, die in Thomsons Modell auf die Elektronen einwirken, gewisse Konfigurationen und Bewegungen der Elektronen zulassen, für die das System im stabilen Gleichgewicht ist; solche Konfigurationen existieren jedoch anscheinend nicht für das zweite (Rutherfordsche) Atommodell. Die Art des in Frage kommenden Unterschiedes ist vielleicht am klarsten zu erkennen, wenn man beachtet, daß unter den Größen, die das erste Atom charakterisieren, eine Größe erscheint – der Radius der positiv geladenen Kugel – mit der Dimension einer Länge und von derselben Größenordnung wie die lineare Ausdehnung des Atoms, während eine solche Länge nicht hervortritt unter den Größen, die das zweite Atom charakterisieren, nämlich die Ladungen und Massen der Elektronen und des positiven Kernes; auch kann eine solche Länge nicht ausschließlich mit Hilfe der letzteren Größen bestimmt werden.

Die Art, ein derartiges Problem zu betrachten, hat jedoch in den letzten Jahren wesentliche Änderungen erfahren durch die Entwicklung der Theorie von der Wärmestrahlung und die direkte Bestätigung der neuen, in diese Theorie eingeführten Annahmen durch Experimente an sehr verschiedenen Erscheinungen, wie spezifische Wärme, photoelektrischer Effekt, Röntgenstrahlen usw. Das Resultat bei der Erörterung dieser Fragen scheint das zu sein, daß man allgemein die Unzulänglichkeit der klassischen Elektrodynamik bei der Beschreibung des Verhaltens von Systemen von atomistischer Größe anerkennt. Was immer die Veränderung in den Bewegungsgesetzen der Elektronen sein mag, es scheint nötig, in die in Frage kommenden Gesetze eine Größe einzuführen, die der klassischen Elektrodynamik fremd ist, nämlich Plancks Konstante, oder, wie sie oft genannt wird, das elementare Wirkungsquantum. Indem man diese Größe einführt, wird die Frage der stabilen Konfiguration der Elektronen in den Atomen wesentlich geändert, da diese Konstante von solchen Dimensionen und solcher Größe ist, daß sie zusammen mit der Masse und der Ladung der Teilchen eine Länge von der geforderten Größenordnung bestimmen kann.

Diese Abhandlung ist ein Versuch, zu zeigen, daß die Anwendung der oben erwähnten Ideen auf Rutherfords Atommodell eine Grundlage bildet für eine Theorie über die Konstitution der Atome. Es soll ferner gezeigt werden, daß wir von dieser Theorie zu einer Theorie über die Beschaffenheit der Moleküle geführt werden.

In dem vorliegenden ersten Teil der Arbeit wird der Mechanismus der Bindung der Elektronen durch einen positiven Kern in Beziehung zu Plancks Theorie erörtert. Es soll gezeigt werden, daß es von dem eingenommenen Standpunkt aus möglich ist, in einfacher Weise das Gesetz des Linienspektrums von Wasserstoff zu erklären. Des weiteren werden die Ausgangspunkte für eine Haupthypothese angegeben, auf der die in den folgenden Teilen enthaltenen Betrachtungen aufgebaut sind. [...]

ERSTER TEIL: DIE BINDUNG VON ELEKTRONEN DURCH POSITIVE KERNE

Die Unzulänglichkeit der klassischen Elektrodynamik bei der Erklärung der Atomeigenschaften nach einem Atommodell wie demjenigen Rutherfords zeigt sich sehr deutlich, wenn wir ein einfaches System betrachten, das aus einem positiv geladenen Kern von sehr kleinen Dimensionen und einem Elektron, das geschlossene Bahnen darum beschreibt, besteht. Der Einfachheit halber wollen wir annehmen, daß die Masse des Elektrons so klein ist, daß man sie im Vergleich zu der des Kernes vernachlässigen kann, und weiter, daß die Geschwindigkeit des Elektrons klein ist im Vergleich zu der des Lichtes.

Wir wollen zuerst einmal annehmen, es fände keine Energiestrahlung statt. In diesem Falle wird das Elektron stationäre elliptische Bahnen beschreiben. Die Frequenz des Umlaufes ω und die Abmessung der größeren Achse der Bahn $2a$ wird von der Menge der Energie W abhängen, welche dem System zugeführt werden muß, um das Elektron in eine unendlich große Entfernung vom Kern zu rücken. [...]

Wir wollen nun jedoch die Wirkung der Energiestrahlung mit in Anschlag bringen, wie sie auf die gewöhnliche Weise aus der Beschleunigung des Elektrons berechnet wird. In diesem Falle wird das Elektron nicht länger stationäre Bahnen beschreiben. W wird ständig zunehmen, und das Elektron wird sich dem Kern nähern, indem es immer kleinere Bahnen beschreibt mit immer größerer Frequenz, während das Elektron im Durchschnitt an Energie gewinnt, gleichzeitig damit, daß das ganze System Energie verliert. Dieser Prozeß wird so lange dauern, bis die Dimensionen der Bahn von derselben Größenordnung sind wie die Dimensionen des Elektrons oder die des Kernes. Eine einfache Rechnung zeigt, daß die während des betreffenden Prozesses ausgestrahlte Energie ungeheuer groß sein wird, verglichen mit der, die durch gewöhnliche molekulare Prozesse ausgestrahlt wird.

Es ist offenbar, daß das Verhalten eines solchen Systems sehr verschieden sein wird von dem eines Atomsystems, wie es in der Natur vorkommt. Erstens scheinen die wirklichen Atome in ihrem Dauerzustand absolut feste Dimensionen und Frequenzen zu haben. Weiter scheint, wenn wir irgend einen Molekularprozeß betrachten, das Resultat immer das zu sein, daß, nachdem eine gewisse Menge von Energie ausgestrahlt ist, die für die in

Frage kommenden Systeme charakteristisch ist, die Systeme sich wieder in einen stabilen Gleichgewichtszustand begeben, in dem die Abstände der Teilchen voneinander von derselben Größenordnung sind wie vor dem Prozeß.

Nun ist der wesentlichste Punkt in Plancks Strahlungstheorie, daß die Energiestrahlung eines atomistischen Systems nicht kontinuierlich stattfindet, wie man in der gewöhnlichen Elektrodynamik annimmt, sondern daß sie im Gegenteil in bestimmten getrennten Emissionsvorgängen vor sich geht, wobei die Menge der aus einem Atomvibrator von der Frequenz ν ausgestrahlten Energie bei einer einzigen Emission gleich $\tau h\nu$ ist, wo τ eine ganze Zahl, h eine universelle Konstante ist. [...]

Plancks Theorie behandelt die Emission und Absorption der Strahlung eines Atomvibrators von konstanter Frequenz, unabhängig von der dem System im betrachteten Momente innewohnenden Energiemenge. Die Annahme eines solchen Vibrators schließt jedoch die Annahme quasielastischer Kräfte in sich ein und ist unvereinbar mit Rutherfords Theorie, nach der alle Kräfte zwischen den Teilchen eines atomistischen Systems sich umgekehrt wie das Quadrat ihrer Abstände verhalten. Um die hauptsächlichen Resultate Plancks anwenden zu können, ist es daher nötig, neue Annahmen einzuführen über die Emission und Absorption der Strahlung durch ein atomistisches System.

Die hauptsächlichen Annahmen in vorliegender Arbeit sind:

1. Energiestrahlung wird nicht in kontinuierlicher Weise emittiert (oder absorbiert), wie dies in der gewöhnlichen Elektrodynamik angenommen wird, sondern nur während des Überganges der Systeme von einem «stationären» Zustand in einen anderen.

2. Das dynamische Gleichgewicht der Systeme in den stationären Zuständen wird durch die gewöhnlichen Gesetze der Mechanik bestimmt, während diese Gesetze nicht für Übergänge der Systeme zwischen den verschiedenen stationären Zuständen gelten.

3. Die während des Überganges eines Systems zwischen zwei stationären Zuständen emittierte Strahlung ist homogen, und die Beziehung zwischen der Frequenz ν und der Gesamtmenge ausgestrahlter Energie E ist gegeben durch $E = h \cdot \nu$, wo h Plancks Konstante ist.

4. Die verschiedenen stationären Zustände eines einfachen Systems, das aus einem um einen positiven Kern rotierenden Elektron besteht, sind durch die Bedingung bestimmt, daß das Verhältnis zwischen der gesamten während der Bildung der betreffenden Konfiguration emittierten Energie und der Umlaufszahl des Elektrons ein ganzes Vielfaches von $\frac{h}{2}$ ist. Vorausgesetzt, daß die Bahn des Elektrons kreisförmig ist, ist diese Annahme

gleichbedeutend mit der, daß der Drehimpuls eines den Kern umkreisenden Elektrons gleich einem ganzen Vielfachen von $\frac{h}{2\pi}$ ist.

5. Der «permanente» Zustand eines jeden atomistischen Systems – d.h. der Zustand, bei welchem die emittierte Energie ein Maximum ist – wird bestimmt durch die Bedingung, daß der Drehimpuls eines jeden Elektrons um den Mittelpunkt seiner Bahn gleich $\frac{h}{2\pi}$ ist.

Es wurde gezeigt, daß es bei Anwendung dieser Annahmen auf Rutherfords Atommodell möglich ist, die Gesetze von Balmer[1] und Rydberg[2] zu erklären, die die Frequenz der verschiedenen Linien im Linienspektrum eines Elementes verbinden. Ferner wurden die Richtlinien zu einer Theorie für die Konstitution der Atome der Elemente und die Bildung der Moleküle chemischer Verbindungen gegeben, welche, wie wir gezeigt haben, in verschiedenen Punkten in angenäherter Übereinstimmung mit den Experimenten ist.

LOUIS DE BROGLIE

310

Die Quantenbeziehung und die Relativitätstheorie

Einer der wichtigsten neuen Begriffe, welcher durch die Relativitätstheorie eingeführt wurde, ist der der Trägheit der Energie. Nach Einstein muß man jeder Energie Masse zuordnen, und jede Masse repräsentiert Energie. Masse und Energie sind immer durch die allgemeine Beziehung miteinander verbunden:

$$\text{Energie} = \text{Masse} \cdot c^2,$$

wobei c eine Konstante, die sogenannte «Lichtgeschwindigkeit», ist, die wir aber lieber aus später zu erörternden Gründen «Grenzgeschwindigkeit der Energie» nennen wollen. Da also stets Proportionalität zwischen Masse und Energie besteht, so müssen Materie und Energie als zwei gleichbedeutende Ausdrücke aufgefaßt werden, die die gleiche physikalische Realität bezeichnen.

[1] Johann Jakob Balmer (1825–1898), Schweizer Mathematiker, stellte 1885 die nach ihm benannte Formel für eine der Serien des Wasserstoffspektrums auf. (Hg.)

[2] Johann Robert Rydberg (1854–1919), schwedischer Physiker, dessen Arbeiten über die Linienspektren der Atome die Atomtheorie entscheidend förderten. (Hg.)

Die Atomtheorie und später die Elektronentheorie haben uns gelehrt, daß wir die Materie als wesentlich diskontinuierlich aufzufassen haben, und dies führt uns zu der Annahme, daß alle Energieformen, im Gegensatz zu den älteren Vorstellungen über die Natur des Lichtes, vollständig in kleinen Raumteilen konzentriert oder wenigstens um gewisse singuläre Punkte verdichtet sind.

Das Prinzip der Trägheit der Energie ordnet jedem Körper, dessen Eigenmasse (d.h. gemessen vom Beobachter im gleichen System) m_0 ist, eine Eigenenergie m_0c^2 zu. [...]

Nachdem wir uns dies ins Gedächtnis zurückgerufen haben, wollen wir uns der Frage zuwenden, in welcher Form wir in die relativistische Dynamik die Quanten einführen können. Die Grundidee der Quantentheorie ist wohl die Unmöglichkeit, ein isoliertes Energiestück zu betrachten, ohne diesem eine gewisse Frequenz zuzuordnen. Diese Begriffsverbindung drückt sich in folgender Beziehung aus, die ich die Quantenbeziehung nennen will:

$$\text{Energie} = h \cdot \text{Frequenz},$$

wobei h die Plancksche Konstante ist. [...]

Die Quantenbeziehung würde zweifelsohne nicht mehr viel Sinn haben, wenn die Energie im Raum kontinuierlich verteilt wäre, jedoch haben wir gesehen, daß dies sicherlich nicht zutrifft. Es ist daher annehmbar, daß zufolge einem allgemeinen Naturgesetz mit jedem Energiestück von der Eigenmasse m_0 ein periodisches Phänomen von der Frequenz ν_0 nach der Beziehung verbunden ist:

$$h\nu_0 = m_0c^2.$$

ν_0 ist dabei, was wohl zu beachten ist, in dem mit dem Energiestück fest verbundenen System gemessen. Diese Hypothese ist die Grundlage unserer Theorie: Sie gilt, wie alle Hypothesen, so weit, wie die aus ihr zu ziehenden Folgerungen.

Muß man das periodische Phänomen als auf das Innere des Energiestückes beschränkt annehmen? Das ist keineswegs erforderlich; es [...] wird gefolgert werden, daß es über einen größeren Raumteil verbreitet ist. Was soll man andererseits unter dem Innern eines Energiestückes verstehen? Der Typus eines isolierten Energiestückes ist für uns das Elektron, das wir, vielleicht unberechtigterweise, am besten zu kennen glauben; nun ist aber gemäß den üblichen Vorstellungen die Energie des Elektrons über den ganzen Raum verteilt mit einer sehr starken Verdichtungsstelle in einem Bereich von sehr kleinen Dimensionen, dessen Eigenschaften uns überdies nur wenig bekannt sind. Was das Elektron als Energieatom charakterisiert, ist nicht etwa der kleine Platz, den es im Raum einnimmt, den es, ich betone nochmals, vollständig erfüllt, sondern vielmehr die Tatsache, daß es völlig unteilbar ist, daß es eine Einheit darstellt. [...]

Kurz, ich habe neue Ideen entwickelt, die vielleicht dazu beitragen können, den notwendigen Zusammenschluß zu beschleunigen, der die Strahlungsphysik wieder vereinigt, die heutigentages in zwei streng getrennte Gebiete zerfällt, in denen zwei völlig entgegengesetzte Anschauungen gelten: Die korpuskulare und die undulatorische Auffassung.

Die Wellennatur des Elektrons

311

Die Physiker hatten sich lange Zeit gefragt, ob das Licht nicht aus kleinen, schnell bewegten Korpuskeln gebildet wäre. Diese Meinung, die schon die Philosophen des Altertums geäußert hatten, wurde im achtzehnten Jahrhundert durch Newton unterstützt. Nach der Entdeckung der Interferenzerscheinungen durch Thomas Young und nach dem Erscheinen der bewundernswerten Arbeiten von Augustin Fresnel wurde jedoch die Hypothese einer Körnchenstruktur des Lichtes vollständig verlassen, und die Theorie der wellenförmigen Bewegung wurde einmütig angenommen. So gaben die Physiker des letzten Jahrhunderts den Gedanken einer atomaren Struktur des Lichtes vollkommen auf. Nun begannen aber die atomistischen Theorien, aus der Optik vertrieben, auf andern Gebieten große Erfolge davonzutragen: nicht nur in der Chemie, in der sie eine einfache Auslegung bestimmter Verhältnisgesetze erbrachten, sondern auch in der Physik der Materie, wo es mit ihrer Hilfe möglich war, eine Reihe von Eigenschaften der festen, flüssigen oder gasförmigen Körper zu interpretieren. Insbesondere konnte man so die wunderbare kinetische Theorie der Gase aufstellen, die, verallgemeinert unter dem Namen statistische Mechanik, den abstrakten Begriffen der Thermodynamik einen klaren Sinn zu geben vermochte. Auch hat das Experiment entscheidende Beweise zugunsten einer atomaren Beschaffenheit der Elektrizität erbracht. Dank Sir J. J. Thomson ist der Begriff «Elektrizitätskorpuskel» aufgetaucht, und Sie alle kennen den Nutzen, den H. A. Lorentz daraus in seiner Elektronentheorie gezogen hat.

Vor etwa dreißig Jahren fand sich also die Physik in zwei Lager gespalten: einerseits die Physik der Materie, begründet auf der Auffassung von Korpuskeln und Atomen, von denen man annahm, daß sie den klassischen Gesetzen der Mechanik Newtons gehorchen – andererseits die Physik der

Strahlung, ausgehend von dem Begriff der Wellenfortpflanzung in einem hypothetischen kontinuierlichen Medium: dem elektromagnetischen und Lichtäther. Diese beiden Physikarten aber konnten nicht getrennt nebeneinander bestehen. Es galt sie zusammenzufügen und eine Theorie des Energieaustausches zwischen Materie und Strahlung aufzustellen. Gerade das aber verursachte die größten Schwierigkeiten. Bei dem Versuch, die beiden Physikarten miteinander in Übereinstimmung zu bringen, gelangte man leider zu Schlußfolgerungen, die ungenau sind, und die, wo es sich um das Energiegleichgewicht zwischen Materie und Strahlung in einem thermisch abgeschlossenen Raum handelt, sogar unzulässig sind. Man kam nämlich zu dem Ergebnis, daß die Materie ihre gesamte Energie der Strahlung übertragen und daß sie selbst infolgedessen bis zur Temperatur des absoluten Nullpunktes absinken müsse! Dieser absurden Schlußfolgerung mußte man um jeden Preis entgehen. Mit genialer Intuition erkannte Planck den Weg, sie zu vermeiden. Anstatt mit der klassischen Wellentheorie anzunehmen, daß eine Lichtquelle ihre Strahlung kontinuierlich aussendet, muß man im Gegenteil voraussetzen, daß sie die Strahlung durch gleiche und endliche Mengen, durch Quanten, aussendet. Die Energie jedes Quants hat einen Wert, welcher der Frequenz ν der Strahlung proportional ist; sie ist gleich $h\nu$, wobei h eine universelle Konstante darstellt, die man seither die Plancksche Konstante nennt.

Der Erfolg der Planckschen Ideen führte zu schwerwiegenden Konsequenzen. Muß nicht das Licht, wenn es durch Quanten ausgesandt wird, nachdem es einmal ausgesandt ist, eine Körnchenstruktur haben? Die Existenz der Strahlungsquanten führt also zur Korpuskelauffassung vom Licht zurück. Andererseits kann man nachweisen, wie es Jeans[1] und Henri Poincaré[2] getan haben, daß, wenn die Bewegung der materiellen Teilchen in den Lichtquellen den Gesetzen der klassischen Mechanik folgt, man das exakte Gesetz der schwarzen Strahlung, das Plancksche Gesetz, nicht wiederfinden kann. Man muß also annehmen, daß die alte Dynamik, selbst wenn sie durch die Relativitätstheorie Einsteins modifiziert wird, den Bewegungen in sehr kleinem Maßstab nicht Rechnung tragen kann.

Die Existenz einer Körnchenstruktur des Lichtes und anderer Strahlungen ist durch die Entdeckung des photoelektrischen Effekts bestätigt worden. Wenn man ein Lichtstrahlen- oder Röntgenstrahlenbündel auf ein Stück Materie fallen läßt, sendet dieses schnell bewegte Elektronen aus. Die kinetische Energie wächst linear mit der Frequenz der eingesandten Strahlung

1 Sir James Jeans (1877–1946), englischer Physiker und Astrophysiker, bekannt durch sein Strahlungsgesetz und seine kosmologischen Arbeiten. (Hg.)
2 Vgl. Anm. auf S. 644.

und ist unabhängig von ihrer Intensität. Diese Tatsache läßt sich ganz einfach erklären, wenn man annimmt, daß die Strahlung aus Quanten *hν* besteht, die imstande sind, ihre Energie im ganzen an ein Elektron des bestrahlten Körpers abzugeben. So gelangte man zur Quantentheorie des Lichtes, die Einstein im Jahre 1905 vorgeschlagen hat und die im großen und ganzen eine Rückkehr zur korpuskularen Hypothese Newtons ist, ergänzt durch das Proportionalitätsverhältnis zwischen der Energie der Korpuskeln und der Frequenz. Einstein hat mehrere Argumente zugunsten seiner Anschauungsweise vorgebracht, und im Jahre 1922 wurde sie bestätigt durch H. A. Comptons[1] Entdeckung des Streuungsphänomens von Röntgenstrahlen, das seinen Namen trägt. Trotzdem blieb es stets nötig, zur Erklärung der Interferenz- und Beugungsphänomene auf die Wellentheorie zurückzugreifen, und man wußte durchaus nicht, wie die Wellentheorie mit der Existenz von Lichtkorpuskeln zu vereinbaren sei.

Die Arbeiten hatten, wie gesagt, über die Gültigkeit der Mechanik im sehr kleinen Maßstab Zweifel aufgeworfen. Wir wollen einmal einen materiellen Punkt betrachten, der eine kleine geschlossene oder in sich zurücklaufende Bahn beschreibt. Nach der klassischen Dynamik gibt es unendlich viele Bewegungen dieser Art, die gemäß den Anfangsbedingungen möglich sind, und die möglichen Energiewerte des bewegten Körpers bilden eine kontinuierliche Folge. Dagegen gelangte Planck zu der Auffassung, daß nur gewisse bevorzugte Bewegungen, die gequantelten Bewegungen, möglich oder wenigstens stabil sind und daß die Energie also nur Werte annehmen kann, welche eine diskontinuierliche Folge bilden. Diese Idee schien anfänglich sehr seltsam, bald jedoch stellte sich ihre Richtigkeit heraus, denn durch sie gelangte Planck zu dem fehlerfreien Gesetz der schwarzen Strahlung. Und auch auf vielen anderen Gebieten hat sich seither ihre Fruchtbarkeit erwiesen. Endlich hat Bohr seine berühmte Atomtheorie auf den Gedanken der Quantelung der Atombewegungen begründet. Sie ist den Wissenschaftlern so bekannt, daß ich sie hier nicht wiedergeben will.

Die Notwendigkeit, für das Licht zwei einander widersprechende Theorien gelten zu lassen – die Unmöglichkeit, zu verstehen, warum unter den unendlich vielen Bewegungen, die ein Elektron im Atom nach den klassischen Ideen ausführen könnte, nur gewisse möglich sind – diese beiden Rätsel beschäftigten die Physiker zu der Zeit, als ich meine theoretischen Physikstudien wieder aufnahm.

Als ich mir diese Schwierigkeiten überlegte, fielen mir hauptsächlich

[1] Arthur H. Compton (1892–1962), amerikanischer Physiker, Entdecker der Änderung der Wellenlänge von Röntgenstrahlen, wenn diese durch Elektronen gestreut werden («Compton-Effekt»). Nobelpreis für Physik (1927), zusammen mit C. T. R. Wilson. (Hg.)

zwei Dinge auf. Einmal kann die Theorie der Lichtquanten nicht als befriedigend angesehen werden, weil sie die Energie einer Lichtkorpuskel durch die Beziehung $W = h\nu$ bestimmt, in der eine Frequenz ν vorkommt. Nun enthält aber eine rein korpuskulare Theorie kein Element, nach dem man eine Frequenz bestimmen kann. Schon aus diesem Grunde muß man im Fall des Lichtes gleichzeitig die Korpuskelidee und den Gedanken der Periodizität einführen.

Zum andern treten bei der Bestimmung stabiler Bewegungen der Elektronen im Atom ganze Zahlen auf, und bisher waren die einzigen Erscheinungen, bei denen in der Physik ganze Zahlen auftraten, die Interferenzerscheinungen und die der Eigenschwingungen. Das brachte mich auf den Gedanken, daß sich auch die Elektronen nicht als einfache Korpuskeln darstellen lassen, sondern daß man ihnen gleichfalls eine Periodizität zuschreiben muß.

So bin ich zu folgender Gesamtidee gelangt, die meine Forschungen geleitet hat: sowohl für die Materie wie für die Strahlungen, insbesondere für das Licht, ist es geboten, den Korpuskel- und den Wellenbegriff gleichzeitig einzuführen. Mit anderen Worten, man muß in beiden Fällen die Existenz von Korpuskeln annehmen, die von Wellen begleitet werden. Da aber Korpuskeln und Wellen nicht voneinander unabhängig sein können, da sie, wie Bohr es ausdrückt, zwei komplementäre Gesichter der Wirklichkeit bilden, muß man einen gewissen Parallelismus feststellen können zwischen der Bewegung einer Korpuskel und der Fortpflanzung der ihr zugeordneten Welle. Als erstes galt es nunmehr, diese Zusammengehörigkeit zu begründen. [...]

Das sind die Hauptgedanken, die ich in meinen ersten Arbeiten entwickelt habe. Sie zeigten klar, daß es möglich war, eine Übereinstimmung zwischen Wellen und Korpuskeln festzustellen, so daß die Gesetze der Mechanik mit den Gesetzen der geometrischen Optik übereinstimmen. Aber in der Wellentheorie ist bekanntlich die geometrische Optik nur eine Näherung. Diese Näherung hat ihre Gültigkeitsgrenzen; sie ist insbesondere völlig ungenügend, wenn Interferenz- und Beugungserscheinungen auftreten. Das bringt uns auf den Gedanken, daß auch die alte Mechanik nur eine Näherung in bezug auf eine ausgedehntere Mechanik mit Wellencharakter sei. Ich habe dies zu Beginn meiner Arbeiten folgendermaßen ausgedrückt: «Es gilt, eine neue Mechanik zu schaffen, die für die alte Mechanik dasselbe bedeutet, was die Wellenoptik für die geometrische Optik ist.» Diese neue Mechanik hat sich seither entwickelt, vor allem dank den schönen Arbeiten von Schrödinger[1]. Sie geht von Fortpflanzungsgleichungen der Wellen aus

1 Erwin Schrödinger (1887–1961), österreichischer Physiker, Begründer der Wellenmechanik, welche die Quantentheorie auf eine neue Basis stellte. Nobelpreis für Physik (1933), zusammen mit Dirac. (Hg.)

und bestimmt genau die zeitliche Entwicklung der mit einer Korpuskel verbundenen Welle. Es ist ihr im besonderen gelungen, den Quantelungsbedingungen der inneratomaren Bewegungen eine neue Form zu geben, die mehr befriedigt, und das war nötig, denn die alten Quantelungsbedingungen ergaben sich, wie Sie gesehen haben, durch Anwendung der geometrischen Optik auf die mit den inneratomaren Korpuskeln verbundenen Wellen, und diese Anwendung ist nicht streng gerechtfertigt.

Ich kann hier nicht versuchen, die Entwicklung der neuen Mechanik zusammenzufassen. Ich will nur sagen, daß sich bei ihrer Prüfung gezeigt hat, daß sie mit einer Mechanik identisch ist, die unabhängig zuerst von Heisenberg, dann von Born[1], Jordan[2], Pauli, Dirac[3] u.a. entwickelt worden ist: der Quantenmechanik. Beide, Wellenmechanik und Quantenmechanik, sind vom mathematischen Standpunkt aus gleichwertig.

Wir wollen uns hier damit begnügen, die erhaltenen Ergebnisse ganz allgemein zu überdenken. Um die Bedeutung der Wellenmechanik zusammenzufassen, können wir sagen: man muß mit jeder Korpuskel eine Welle verbinden, und nur das Studium der Fortpflanzung dieser Welle kann uns Aufschluß über die aufeinanderfolgenden Lokalisierungen der Korpuskel im Raum geben. Bei den üblichen mechanischen Phänomenen im großen Maßstab sind die vorhergesagten Lokalisierungen in einer Kurve angeordnet, welche die Bahn im klassischen Sinne des Wortes ist. Was aber geschieht, wenn die Welle sich nicht gemäß den Gesetzen der geometrischen Optik fortpflanzt, wenn zum Beispiel Interferenzen und Beugungen eintreten? Dann kann man der Korpuskel nicht mehr eine Bewegung zuschreiben, die der klassischen Dynamik entspricht, soviel steht fest. Aber darf man noch annehmen, daß die Korpuskel in jedem Augenblick eine genau bestimmte Position in der Welle einnimmt und daß die Welle die Korpuskel bei ihrer Fortpflanzung mit sich führt, wie eine Woge einen Korken mit sich führen würde? Das alles sind schwierige Fragen, deren Erörterung uns zu weit, nämlich bis an die Grenzen der Philosophie, führen würde. Alles, was ich hier darüber sagen kann, ist, daß man heute allgemein dazu neigt, anzunehmen, daß es nicht ständig möglich ist, der Korpuskel eine genau be-

[1] Max Born (1882–1970), deutscher Physiker, dessen Arbeiten für die Atom- und Quantentheorie grundlegend waren. Seine wahrscheinlichkeitstheoretische Deutung der Schrödingerschen Wellengleichung (zusammen mit Jordan und Heisenberg) hat sich seit 1928 in der Quantenmechanik durchgesetzt. Nobelpreis für Physik (1954), zusammen mit W. Bothe. (Hg.)

[2] Pascual Jordan (geb. 1902), deutscher Physiker, bekannt durch seine theoretischen Arbeiten über Quantenmechanik und Kosmologie. (Hg.)

[3] Paul Adrian Maurice Dirac (geb. 1902), englischer Physiker, stellte 1928 die relativistische Wellengleichung des Wasserstoffatoms auf, die auch die Existenz des Positrons voraussagte. Nobelpreis für Physik (1933), zusammen mit Schrödinger. (Hg.)

stimmte Position in der Welle zuzuschreiben. Wenn man eine Beobachtung macht, bei der die Korpuskel lokalisiert werden kann, gelangt man stets dazu, ihr eine Position im Innern der Welle zuzuschreiben, und die Wahrscheinlichkeit, mit der sie sich an einem bestimmten Punkt *M* der Welle befindet, ist proportional dem Quadrat der Amplitude, d.h. der Intensität, in *M*.

WERNER HEISENBERG

312

Über den anschaulichen Inhalt der quantentheoretischen Kinematik und Mechanik

Um das quantenmechanische Verhalten irgend eines Gegenstandes verfolgen zu können, muß man die Masse dieses Gegenstandes und die Wechselwirkungskräfte mit irgendwelchen Feldern und anderen Gegenständen kennen. Nur dann kann die Hamiltonsche[1] Funktion des quantenmechanischen Systems aufgestellt werden. (Die folgenden Überlegungen sollen sich im allgemeinen auf die nichtrelativistische Quantenmechanik beziehen, da die Gesetze der quantentheoretischen Elektrodynamik noch sehr unvollständig bekannt sind.) Über die «Gestalt» des Gegenstandes ist irgendwelche weitere Aussage unnötig, am zweckmäßigsten bezeichnet man die Gesamtheit jener Wechselwirkungskräfte mit dem Worte Gestalt.

Wenn man sich darüber klar werden will, was unter dem Worte «Ort des Gegenstandes», z.B. des Elektrons (relativ zu einem gegebenen Bezugssystem), zu verstehen sei, so muß man bestimmte Experimente angeben, mit deren Hilfe man den «Ort des Elektrons» zu messen gedenkt; anders hat dieses Wort keinen Sinn. An solchen Experimenten, die im Prinzip den «Ort des Elektrons» sogar beliebig genau zu bestimmen gestatten, ist kein Mangel, z.B.: Man beleuchte das Elektron und betrachte es unter einem Mikroskop. Die höchste erreichbare Genauigkeit der Ortsbestimmung ist hier im wesentlichen durch die Wellenlänge des benutzten Lichtes gegeben. Man wird aber im Prinzip etwa ein γ-Strahl-Mikroskop bauen und mit diesem die Ortsbestimmung so genau durchführen können, wie man will. Es ist indes-

[1] Sir William Rowan Hamilton (1805–1865), irischer Mathematiker, der die Differentialgleichungen der Bewegung eines mechanischen Systems in einer besonders symmetrischen Form entwickelte. Man nennt sie in der Regel die «kanonischen Gleichungen» der Mechanik. (Hg.)

sen bei dieser Bestimmung ein Nebenumstand wesentlich: der Comptoneffekt. Jede Beobachtung des vom Elektron kommenden Streulichtes setzt einen lichtelektrischen Effekt (im Auge, auf der photographischen Platte, in der Photozelle) voraus, kann also auch so gedeutet werden, daß ein Lichtquant das Elektron trifft, an diesem reflektiert oder abgebeugt wird und dann durch die Linsen des Mikroskops nochmal abgelenkt den Photoeffekt auslöst. Im Augenblick der Ortsbestimmung, also dem Augenblick, in dem das Lichtquant vom Elektron abgebeugt wird, verändert das Elektron seinen Impuls unstetig. Diese Änderung ist um so größer, je kleiner die Wellenlänge des benutzten Lichtes, d.h. je genauer die Ortsbestimmung ist. In dem Moment, in dem der Ort des Elektrons bekannt ist, kann daher sein Impuls nur bis auf Größen, die jener unstetigen Änderung entsprechen, bekannt sein; also je genauer der Ort bestimmt ist, desto ungenauer ist der Impuls bekannt und umgekehrt. [...]

Sei q_1 die Genauigkeit, mit der der Wert *q*[1] bekannt ist (q_1 ist etwa der mittlere Fehler von *q*), also hier die Wellenlänge des Lichtes, p_1 die Genauigkeit, mit der der Wert *p* bestimmbar ist, also hier die unstetige Änderung von *p* beim Comptoneffekt, so stehen nach elementaren Formeln des Comptoneffekts p_1 und q_1 in der Beziehung

$$p_1 q_1 \sim h. \qquad (1)$$ [...]

Das Wort «Geschwindigkeit» eines Gegenstandes läßt sich durch Messungen leicht definieren, wenn es sich um kräftefreie Bewegungen handelt. Man kann z.B. den Gegenstand mit rotem Licht beleuchten und durch den Dopplereffekt des gestreuten Lichtes die Geschwindigkeit des Teilchens ermitteln. Die Bestimmung der Geschwindigkeit wird um so genauer, je langwelliger das benutzte Licht ist, da dann die Geschwindigkeitsänderung des Teilchens pro Lichtquant durch Comptoneffekt um so geringer wird. Die Ortsbestimmung wird entsprechend ungenau, wie es der Gleichung (1) entspricht. [...]

Die Resultate des vorhergehenden Abschnitts möchte man zusammenfassen und verallgemeinern in dieser Behauptung: *Alle Begriffe, die in der klassischen Theorie zur Beschreibung eines mechanischen Systems verwendet werden, lassen sich auch für atomare Vorgänge analog den klassischen Begriffen exakt definieren.* Die Experimente, die solcher Definition dienen, tragen aber rein erfahrungsgemäß eine Unbestimmtheit in sich, wenn wir von ihnen die simultane Bestimmung zweier kanonisch konjugierten Größen verlangen[2].

[1] *q* ist der Ort des Elektrons, *p* sein Impuls. (Hg.)

[2] Die Größenpaare Ort – Impuls bzw. Zeit – Energie in Hamiltons «kanonischen Gleichungen» der Bewegung eines mechanischen Systems. (Hg.)

Der Grad dieser Unbestimmtheit ist durch die (auf irgendwelche kanonisch konjugierten Größen erweiterte) Relation (1) gegeben. Es liegt nahe, hier die Quantentheorie mit der speziellen Relativitätstheorie zu vergleichen. Nach der Relativitätstheorie läßt sich das Wort «gleichzeitig» nicht anders definieren, als durch Experimente, in welche die Ausbreitungsgeschwindigkeit des Lichts wesentlich eingeht. Gäbe es eine «schärfere» Definition der Gleichzeitigkeit, also z.B. Signale, die sich unendlich schnell fortpflanzen, so wäre die Relativitätstheorie unmöglich. Weil es solche Signale aber nicht gibt, weil vielmehr in der Definition der Gleichzeitigkeit schon die Lichtgeschwindigkeit vorkommt, ist Raum geschaffen für das Postulat der konstanten Lichtgeschwindigkeit; deshalb steht dieses Postulat mit dem sinngemäßen Gebrauch der Wörter «Ort, Geschwindigkeit, Zeit» nicht in Widerspruch. Ähnlich steht es mit der Definition der Begriffe: «Elektronenort, Geschwindigkeit» in der Quantentheorie. Alle Experimente, die wir zur Definition dieser Worte verwenden können, enthalten notwendig die durch Gleichung (1) angegebene Ungenauigkeit, wenn sie auch den einzelnen Begriff p, q exakt zu definieren gestatten. Gäbe es Experimente, die gleichzeitig eine «schärfere» Bestimmung von p und q ermöglichen, als es der Gleichung (1) entspricht, so wäre die Quantenmechanik unmöglich.

313

Die physikalischen Prinzipien der Quantentheorie

I. THEORIE UND EXPERIMENT

Die Experimente der Physik und ihre Ergebnisse können beschrieben werden wie die Dinge des täglichen Lebens: mit den Begriffen der Raum-Zeitwelt, die uns anschaulich umgibt, und mit der gewöhnlichen Sprache, die zu dieser Raum-Zeitwelt paßt. Wenn sich die Physik damit begnügen könnte, etwa als Ergebnis der Experimente die Lage von Linien auf photographischen Platten oder ähnliche Dinge zu beschreiben und auf alle «Theorie» zu verzichten, so wäre jede erkenntnistheoretische Diskussion in der Physik überflüssig. Wir fassen aber verschiedene Erfahrungen in Gruppen zusammen, verbinden Ereignisse als «Ursache» und «Wirkung» und stellen, je nach dem Grade der Systematik, mehr oder weniger entwickelte Theorien auf. Dieses Vorgehen wird nicht nur in der Physik geübt, sondern ebenso schon bei den primitivsten Erfahrungen des täglichen Lebens und ist die Grundlage aller Begriffsbildung.

Bei diesem Prozeß der Begriffsbildung wird dann oft genug der Boden des erfahrungsmäßig Gegebenen verlassen, es wird häufig unbewußt verallgemeinert ohne Argumente, bis sich schließlich Widersprüche einstellen. Man müßte, so scheint es, um eine absolut sichere Grundlage für physikalische Theorien zu schaffen, die Forderung stellen, daß nur durchaus erfahrungsmäßig fundierte Begriffe zur Beschreibung der Erscheinungen angewendet werden dürfen. Diese Forderung wäre aber ganz und gar undurchführbar, denn dann bedürften wohl die alltäglichsten Begriffe einer Revision, und es ist schwer abzusehen, wieviel von unserer Sprache danach überhaupt noch übrig bliebe. Eine solche allgemeine Revision scheint daher mit unüberwindlichen gedanklichen Schwierigkeiten verknüpft. Bei dieser Sachlage scheint es geratener, zunächst einen großen Reichtum von Begriffen in eine physikalische Theorie einzuführen, ohne Rücksicht auf die strenge Rechtfertigung durch die Erfahrung, und der Natur im Einzelfall jeder Theorie die Entscheidung darüber zu überlassen, ob und an welchen Punkten eine Revision der Grundbegriffe erforderlich sei.

So war z. B. für die Relativitätstheorie eine Kritik der Begriffe: Maßstäbe, Uhren usw. charakteristisch. Diese Kritik ging davon aus, daß in unserer gewöhnlichen Begriffsbildung stets stillschweigend die Annahme enthalten war, daß es Signale von unendlich großer Fortpflanzungsgeschwindigkeit im Prinzip geben könne. Nachdem empirisch sichergestellt war, daß die Natur über Geschwindigkeiten, die größer sind als die des Lichtes, nicht verfügt, schritt man – indem man diese Begrenzung als Naturgesetz postulierte – zu einer Revision aller zum Problem gehörigen Begriffe und erzielte damit eine widerspruchsfreie Deutung für Tatsachen, die früher nicht in Einklang gebracht werden konnten. Eine noch viel radikalere Abkehr von der klassischen Begriffswelt brachte die allgemeine Relativitätstheorie, in der schließlich nur noch der Begriff der raum-zeitlichen Koinzidenz kritiklos hingenommen wurde. Nach dieser Theorie ist die gewöhnliche Sprache nur zur Beschreibung von Experimenten anwendbar, in denen die Gravitationskonstante und die reziproke Lichtgeschwindigkeit als sehr klein angesehen werden können. Obwohl also die Relativitätstheorie an das Abstraktionsvermögen des Physikers die größten Ansprüche stellt, so kommt sie doch seinen aus der naturwissenschaftlichen Tradition übernommenen Bedürfnissen insofern entgegen, als sie eine strenge Trennung der Welt in Subjekt und Objekt und eine präzise Formulierung des Kausalgesetzes erlaubt. Aber eben in diesem Punkte setzen die Schwierigkeiten der Quantentheorie ein. Während in der Atomphysik eine ausführliche Kritik der Begriffe: Maßstäbe, Uhren usw. zunächst überflüssig scheint (solange man von der relativistischen Quantentheorie absieht), muß eben der Begriff der raum-zeitlichen Koinzidenz und der Begriff «Beobachtung» gründlich revidiert werden. Insbesondere muß bei der Diskussion irgendwelcher Experimente die

Wechselwirkung zwischen Objekt und Beobachter berücksichtigt werden, die mit jeder Beobachtung zwangsläufig verbunden ist. In der klassischen Theorie hatte man diese Wechselwirkung entweder als vernachlässigbar klein oder als kontrollierbar angesehen, derart, daß man ihren Einfluß durch Rechnung nachträglich eliminieren konnte.

In der Atomphysik jedoch darf man diese Annahme nicht machen, da wegen der Diskontinuitäten im atomaren Geschehen jede Wechselwirkung teilweise unkontrollierbare, verhältnismäßig große Änderungen hervorrufen kann.

Dieser Umstand hat zur Folge, daß im allgemeinen die Experimente zur Bestimmung einer physikalischen Größe gleichzeitig die etwa früher gewonnene Kenntnis anderer Größen illusorisch machen, indem sie das zu messende System in unkontrollierbarer Weise beeinflussen und damit die früher bekannten Größen ändern. Verfolgt man diese Beeinflussung quantitativ, so findet man, daß in vielen Fällen für die gleichzeitige Kenntnis verschiedener Variabeln eine endliche Genauigkeitsgrenze existiert, die nicht unterschritten werden kann. In der Relativitätstheorie war der Ausgangspunkt für die Kritik der Begriffe das Postulat, daß es keine Signalgeschwindigkeit größer als die des Lichtes geben könne. In ähnlicher Weise kann man die genannten unteren Genauigkeitsgrenzen für die gleichzeitige Kenntnis verschiedener Variabeln in den sog. «Unbestimmtheitsrelationen» als Naturgesetz postulieren und sie zum Ausgangspunkt der Kritik der quantentheoretischen Begriffe machen. Diese «Unbestimmtheitsrelationen» geben eben den Grad von Freiheit gegenüber der klassischen Begriffswelt, der zur widerspruchsfreien Beschreibung atomarer Prozesse notwendig ist. [...]

2. NACHWEIS DER UNBESTIMMTHEITSRELATIONEN AN VERSCHIEDENEN MESSINSTRUMENTEN

Die Unbestimmtheitsrelationen beziehen sich auf den Genauigkeitsgrad unserer gegenwärtigen (gleichzeitigen) Kenntnis der verschiedenen quantentheoretischen Größen. Da diese Relationen nicht die Genauigkeit z.B. einer Ortsmessung allein oder einer Geschwindigkeitsmessung allein beschränken, so äußert sich ihre Wirkung nur darin, daß jedes Experiment, das eine Messung etwa des Ortes ermöglicht, notwendig die Kenntnis der Geschwindigkeit in gewissem Grade stört. Nehmen wir z.B. an, daß die Geschwindigkeit des Elektrons genau bekannt sei, der Ort dagegen völlig unbekannt. Dann muß jede folgende Beobachtung des Ortes das Impulsmoment des Elektrons ändern; und zwar muß diese Änderung um einen derartigen Betrag unbestimmt sein, daß nach Durchführung des Experiments unsere Kenntnis der Elektronenbewegung durch die Ungenauigkeitsrelationen beschränkt ist. Dies soll im folgenden an einigen Experimenten als Beispielen nachgewiesen werden. Vorher sei jedoch bemerkt, daß die Unbestimmtheitsrelationen sich offenbar nicht auf die Vergangenheit beziehen. Denn wenn zunächst die Elektronengeschwindigkeit bekannt ist, dann der Ort genau gemessen wird, so lassen sich auch für die Zeit *vor* der Ortsmessung die Elektronenorte genau ausrechnen; für diese Vergangenheit ist $\Delta q\, \Delta p$[1] dann kleiner als der übliche Grenzwert. Diese Kenntnis der Vergangenheit hat jedoch rein spekulativen Charakter, denn sie geht (wegen der Impulsänderung bei der Ortsmessung) keineswegs als Anfangsbedingung in irgendeine Rechnung über die Zukunft des Elektrons ein und tritt überhaupt in keinem physikalischen Experiment in Erscheinung. Ob man der genannten Rechnung über die Vergangenheit des Elektrons irgendeine physikalische Realität zuordnen soll, ist also eine reine Geschmacksfrage.

314
Die Kopenhagener Deutung der Quantentheorie

Die Kopenhagener Deutung der Quantentheorie beginnt mit einem Paradox. Jedes physikalische Experiment, gleichgültig, ob es sich auf Erscheinungen des täglichen Lebens oder auf Atomphysik bezieht, muß in den Begriffen der klassischen Physik beschrieben werden. Diese Begriffe der klassischen Physik bilden die Sprache, in der wir die Anordnung unserer Versuche angeben und die Ergebnisse festlegen. Wir können sie nicht durch andere ersetzen. Trotzdem ist die Anwendbarkeit dieser Begriffe begrenzt durch die Unbestimmtheitsrelationen. Wir müssen uns dieser begrenzten Anwendbarkeit der klassischen Begriffe bewußt bleiben, während wir sie anwenden, aber wir können und sollten nicht versuchen, sie zu verbessern. Um dieses Paradox besser zu verstehen, ist es nützlich, zu vergleichen, wie ein Versuch in der klassischen Physik oder in der Quantentheorie interpretiert wird. In der Newtonschen Himmelsmechanik z. B. können wir damit beginnen, den Ort und die Geschwindigkeit eines Planeten zu bestimmen, dessen Bewegung wir studieren wollen. Die Ergebnisse der Beobachtung werden in Mathematik übersetzt, indem man Zahlen für die Koordinaten und die Bewegungsgrößen des Planeten aus der Beobachtung ableitet. Dann verwendet man die Bewegungsgleichung, um aus diesen Zahlwerten der

[1] Δp und Δq bedeuten die Unbestimmtheiten von Ort und Impuls des Elektrons. (Hg.)

Koordinaten und Bewegungsgrößen zu einer gegebenen Zeit die Werte der Koordinaten oder irgendwelche anderen Eigenschaften des Systems zu einer späteren Zeit zu ermitteln, und in dieser Weise kann der Astronom die Eigenschaften des Systems zu einer späteren Zeit vorhersagen. Er kann z. B. die genaue Zeit einer Mondfinsternis berechnen.

In der Quantentheorie ist das Verfahren etwas anders. Wir könnten uns z. B. für die Bewegung eines Elektrons in einer Nebelkammer interessieren und könnten durch irgendeine Beobachtung die Anfangslage und Geschwindigkeit des Elektrons bestimmen. Aber diese Bestimmung kann nicht genau sein. Sie wird zum mindesten die Ungenauigkeiten enthalten, die aus den Unbestimmtheitsrelationen zwangsläufig folgen, und sie wird außerdem wahrscheinlich noch sehr viel größere Ungenauigkeiten enthalten, die durch die Schwierigkeit des Experiments bedingt sind. Die erste dieser Ungenauigkeiten gibt die Möglichkeit, das Ergebnis der Beobachtung in das mathematische Schema der Quantentheorie zu übersetzen. Eine Wahrscheinlichkeitsfunktion wird niedergeschrieben, die die experimentelle Situation zur Zeit der Messung darstellt, einschließlich der möglichen Ungenauigkeit der Messung.

Diese Wahrscheinlichkeitsfunktion stellt eine Mischung aus zwei verschiedenen Elementen dar, nämlich teilweise eine Tatsache, teilweise den Grad unserer Kenntnis einer Tatsache. Sie stellt ein Faktum, d. h. eine Tatsache dar, insoweit sie der Ausgangssituation die Wahrscheinlichkeit 1, d. h. vollständige Sicherheit, zuschreibt. Es ist völlig sicher, daß das Elektron sich an dem beobachteten Ort mit der beobachteten Geschwindigkeit bewegt hat. Beobachtet heißt dabei allerdings: beobachtet innerhalb der Genauigkeit des Experiments. Sie stellt den Grad unserer Kenntnis dar, insofern ein anderer Beobachter vielleicht die Lage des Elektrons noch genauer hätte kennen können. Der experimentelle Fehler oder die Ungenauigkeit des Experiments kann, wenigstens bis zu einem gewissen Grad, nicht als Eigenschaft des Elektrons betrachtet werden, sondern ist ein Mangel in unserer Kenntnis des Elektrons. Auch dieser Mangel an Kenntnis wird durch die Wahrscheinlichkeitsfunktion ausgedrückt.

In der klassischen Physik muß zwar auch eine sorgfältige Beobachtung die Beobachtungsfehler berücksichtigen. Als Ergebnis bekommt man dann eine Wahrscheinlichkeitsverteilung für die Anfangswerte der Koordinaten und Geschwindigkeiten, und daher etwas Ähnliches wie die Wahrscheinlichkeitsfunktionen der Quantenmechanik. Aber die besondere Unsicherheit, die zwangsläufig aus den Unbestimmtheitsrelationen folgt, fehlt in der klassischen Physik.

Sobald in der Quantentheorie die Wahrscheinlichkeitsfunktion zur Anfangszeit aus der Beobachtung bestimmt worden ist, kann man aus den Gesetzen dieser Theorie die Wahrscheinlichkeitsfunktion zu irgendeiner späteren Zeit berechnen, und man kann in dieser Weise im voraus die Wahrscheinlichkeit dafür bestimmen, daß eine Messung einen bestimmten Wert für die zu messende Größe liefert. Man kann z. B. eine Voraussage über die Wahrscheinlichkeit machen, mit der man zu einer späteren Zeit das Elektron an einem bestimmten Punkt der Nebelkammer finden wird. Es muß aber betont werden, daß die Wahrscheinlichkeitsfunktion nicht selbst einen Ablauf von Ereignissen in der Zeit darstellt. Sie stellt etwa eine Tendenz zu Vorgängen, die Möglichkeit für Vorgänge oder unsere Kenntnis von Vorgängen dar. Die Wahrscheinlichkeitsfunktion kann mit der Wirklichkeit nur verbunden werden, wenn eine wesentliche Bedingung erfüllt ist: wenn nämlich eine neue Messung oder Beobachtung gemacht wird, um eine bestimmte Eigenschaft des Systems festzulegen. Nur dann erlaubt die Wahrscheinlichkeitsfunktion, das wahrscheinliche Ergebnis der neuen Messung zu berechnen. Das Ergebnis der Messung wird dabei wieder in den Begriffen der klassischen Physik angegeben.

Daher erfordert die theoretische Deutung eines Experiments drei deutlich unterschiedene Schritte. Im ersten wird die experimentelle Ausgangssituation in eine Wahrscheinlichkeitsfunktion übersetzt. Im zweiten wird diese Funktion rechnerisch im Laufe der Zeit verfolgt. Im dritten wird eine neue Messung am System vorgenommen, deren zu erwartendes Ergebnis dann aus der Wahrscheinlichkeitsfunktion berechnet werden kann. Für den ersten Schritt ist die Gültigkeit der Unbestimmtheitsrelation eine notwendige Vorbedingung. Der zweite Schritt kann nicht in den Begriffen der klassischen Physik beschrieben werden. Es ist unmöglich, anzugeben, was mit dem System zwischen der Anfangsbeobachtung und der nächsten Messung geschieht. Nur im dritten Schritt kann wieder der Wechsel vom Möglichen zum Faktischen vollzogen werden.

Wir wollen diese drei Schritte an einem einfachen Gedankenexperiment erläutern. Es ist schon gesagt worden, daß das Atom aus einem Atomkern besteht und aus Elektronen, die sich um diesen Kern bewegen. Es ist auch festgestellt worden, daß der Begriff der Elektronenbahn etwas problematisch ist. Gegen die letztere Formulierung kann man zunächst einwenden, daß es doch wenigstens im Prinzip möglich sein sollte, das Elektron in seiner Bahn zu beobachten. Man könnte, so scheint es, das Atom einfach durch ein Mikroskop mit einem sehr hohen Auflösungsvermögen anschauen, dann würde man das Elektron auf seiner Bahn in Bewegung sehen. Allerdings könnte man ein so hohes Auflösungsvermögen nicht mit einem Mikroskop erhalten, das gewöhnliches Licht verwendet; denn die Ungenauigkeit in der Ortsmessung kann in einem solchen Versuch niemals kleiner werden als die Lichtwellenlänge. Aber ein Mikroskop, das γ-Strahlen benützt, mit einer Wellenlänge, die kleiner ist als die Größe des Atoms, müßte zur Beobachtung genügen. Ein solches Mikroskop ist bisher nicht konstruiert worden; aber diese technische Schwierigkeit soll uns nicht davon abhalten, das Gedankenexperiment zu diskutieren.

Ist der erste Schritt, die Übersetzung des Ergebnisses der Beobachtung in eine Wahrscheinlichkeitsfunktion, möglich? Er ist nur möglich, wenn die Unbestimmtheitsrelation nach der Beobachtung erfüllt ist. Der Ort des Elektrons wird mit einer Genauigkeit bekannt sein, die durch die Wellenlänge des γ-Strahls gegeben ist. Nehmen wir an, das Elektron sei vor der Beobachtung praktisch in Ruhe gewesen. In dem Akt der Beobachtung muß mindestens ein Lichtquantum des γ-Strahls durch das Mikroskop durchgegangen und vorher vom Elektron abgelenkt worden sein. Daher hat das Elektron von dem Lichtquant einen Stoß erlitten, es hat seine Bewegungsgröße und seine Geschwindigkeit geändert. Man kann zeigen, daß die Unbestimmtheit dieser Änderung ebenso groß ist, daß die Gültigkeit der Unbestimmtheitsrelation nach dem Stoß garantiert wird. Es gibt also keine Schwierigkeiten bei dem ersten Schritt.

Gleichzeitig kann man aber leicht sehen, daß es offenbar nicht möglich ist, die Bahn des Elektrons um den Kern zu beobachten. Denn der zweite Schritt – die rechnerische Verfolgung der Wahrscheinlichkeitsfunktion – zeigt nicht ein Wellenpaket, das sich um den Atomkern herum bewegt, sondern eines, das sich vom Atomkern weg bewegt, da das erste Lichtquant das Elektron schon aus dem Atom herausgeschlagen hat. Die Bewegungsgröße des γ-Quants ist erheblich größer als die ursprüngliche Bewegungsgröße des Elektrons, wenn die Wellenlänge des γ-Strahls viel kleiner ist als die Größe des Atoms. Daher genügt schon das erste Lichtquant, um das Elektron aus dem Atom herauszuschlagen, und man kann nie mehr als einen Punkt der Elektronenbahn beobachten. Man gerät also nicht in Widerspruch mit der Erfahrung, wenn man behauptet: es gibt gar keine Elektronenbahnen im gewöhnlichen Sinne.

Die nächste Beobachtung, der dritte Schritt, wird also das Elektron auf seiner Bahn vom Atom weg zeigen. Es ist ganz allgemein unmöglich, anschaulich zu beschreiben, was zwischen zwei aufeinanderfolgenden Beobachtungen geschieht. Natürlich ist man versucht zu sagen, das Elektron müsse zwischen den beiden Beobachtungen irgendwo gewesen sein, und es müsse irgendeine Art von Bahn oder Weg beschrieben haben – selbst wenn es etwa unmöglich sein sollte, diesen Weg festzustellen. So könnte man in der klassischen Physik vernünftigerweise argumentieren. In der Quantentheorie aber würde es sich dabei um einen Mißbrauch der Sprache handeln, der, wie wir später sehen werden, nicht gerechtfertigt werden kann. Wir können es hier für den Augenblick offen lassen, ob es sich bei dieser Warnung um eine Aussage über die Art handelt, wie wir über Atomvorgänge sprechen sollen, oder um eine Aussage über diese Vorgänge selbst, ob es sich gewissermaßen um Erkenntnistheorie oder um Ontologie handelt. Jedenfalls müssen wir bei der Formulierung einer Aussage, die sich auf das Verhalten atomarer Teilchen bezieht, äußerste Vorsicht üben.

Tatsächlich brauchen wir überhaupt nicht über Teilchen zu sprechen. Bei vielen Experimenten ist es zweckmäßiger, über Materiewellen zu reden, z. B. über die stehenden Schwingungen der Elektronen-Materie um einen Atomkern. Eine solche Beschreibung würde allerdings der anderen Beschreibung widersprechen, wenn man nicht auf die Grenzen achtete, die durch die Unbestimmtheitsrelationen gesetzt sind. Durch diese Begrenzung werden die Widersprüche vermieden. Der Gebrauch des Begriffs Materiewellen ist z. B. dann zweckmäßig, wenn es sich um die Strahlung handelt, die vom Atom emittiert wird. Durch ihre Frequenz und Intensität gibt uns die Strahlung Kunde von der schwingenden Ladungsverteilung im Atom, und an dieser Stelle kommt das Wellenbild der Wahrheit näher als die Teilchenvorstellung. Daher hat Bohr den Gebrauch beider Bilder empfohlen, die er als «komplementär» zueinander bezeichnete. Die beiden Bilder schließen sich natürlich gegenseitig aus, weil eine bestimmte Sache nicht gleichzeitig ein Teilchen (d. h. Substanz, beschränkt auf ein sehr kleines Volumen) und eine Welle (d. h. ein Feld, ausgebreitet über einen großen Raum) sein kann. Aber die beiden Bilder ergänzen sich; wenn man mit beiden Bildern spielt, indem man von einem Bild zum anderen übergeht und wieder zurück, so erhält man schließlich den richtigen Eindruck von der merkwürdigen Art von Realität, die hinter unseren Atomexperimenten steckt. Bohr gebraucht den Begriff «Komplementarität» in der Deutung der Quantentheorie an verschiedenen Stellen. Die Kenntnis des Ortes eines Teilchens ist komplementär zu der Kenntnis seiner Geschwindigkeit oder seiner Bewegungsgröße. Wenn wir die eine Größe mit großer Genauigkeit kennen, können wir die andere nicht mit hoher Genauigkeit bestimmen, ohne die erste Kenntnis wieder zu verlieren. Aber wir mußten doch beide kennen, um das Verhalten des Systems zu beschreiben. Die raum-zeitliche Beschreibung von Atomvorgängen ist komplementär zu ihrer kausalen oder deterministischen Beschreibung. Die Wahrscheinlichkeitsfunktion genügt einer Bewegungsgleichung, ähnlich wie die für die Koordinaten in der Newtonschen Mechanik. Ihre Änderung im Laufe der Zeit ist durch die quantenmechanischen Gleichungen vollständig bestimmt, aber sie liefert keine raum-zeitliche Beschreibung des Systems. Durch die Beobachtung andererseits wird eine raum-zeitliche Beschreibung erzwungen. Aber sie unterbricht den durch die Rechnung bestimmten Ablauf der Wahrscheinlichkeitsfunktion, indem sie unsere Kenntnis des Systems ändert.

Ganz allgemein kann der Dualismus zwischen zwei verschiedenen Beschreibungen der gleichen Wirklichkeit nicht länger als eine grundsätzliche Schwierigkeit betrachtet werden, da wir aus der mathematischen Formulierung der Theorie wissen, daß es in ihr keine Widersprüche geben kann. Der Dualismus zwischen den beiden komplementären Bildern, Wellen- und Teilchenbild, wird auch deutlich sichtbar in der Flexibilität des mathematischen Formalismus. Dieser Formalismus wird gewöhnlich so aufgeschrieben, daß er der Newtonschen Mechanik ähnelt, also mit Bewegungsgleichungen für die Koordinaten und die Geschwindigkeiten der Teilchen. Aber durch eine einfache Transformation kann er umgeschrieben werden in eine Wellengleichung für dreidimensionale Materiewellen; nur haben auch diese Wellen den Charakter von «Matrizen» oder «Operatoren», nicht von einfachen Feldgrößen. Daher hat die Möglichkeit, mit verschiedenen komplementären Bildern zu spielen, ihr Analogon in den verschiedenen Transformationen des mathematischen Formalismus. Sie führt in der Kopenhagener Deutung der Quantentheorie nicht zu irgendwelchen Schwierigkeiten.

Ein Hemmnis für das Verständnis dieser Deutung ergibt sich allerdings stets, wenn man die bekannte Frage stellt: Aber was geschieht denn «wirklich» in einem Atomvorgang? Zunächst ist schon vorher gesagt worden, daß man die Messung und die Ergebnisse der Beobachtung stets in den Begriffen der klassischen Physik beschreiben muß. Was man aus der Beobachtung entnimmt, ist aber eine Wahrscheinlichkeitsfunktion, also ein mathematischer Ausdruck, der Aussagen vereinigt über «Möglichkeiten» oder «Tendenzen» mit Aussagen über unsere Kenntnis von Tatsachen. Daher können wir das Ergebnis einer Beobachtung nicht vollständig objektivieren. Wir können nicht beschreiben, was zwischen dieser Beobachtung und der nächsten «passiert». Es sieht zunächst so aus, als hätten wir damit ein subjektives Element in die Theorie eingeführt, so als wollten wir sagen: das, was geschieht, hängt davon ab, wie wir das Geschehen beobachten, oder wenigstens von der Tatsache, daß wir es beobachten. Bevor wir diesen Einwand erörtern, ist es notwendig, ganz genau zu erklären, warum man in die allergrößten Schwierigkeiten geriete, wenn man versuchen wollte, zu beschreiben, was zwischen zwei aufeinanderfolgenden Beobachtungen geschieht.

Es ist hier zweckmäßig, das folgende Gedankenexperiment zu diskutieren. Nehmen wir an, daß eine kleine monochromatische Lichtquelle Licht ausstrahlt auf einen schwarzen Schirm, der zwei kleine Löcher hat. Die

Durchmesser der Löcher brauchen nicht viel größer zu sein als die Wellenlänge des Lichtes, aber ihr Abstand soll erheblich größer sein. In einigem Abstand hinter dem Schirm soll eine photographische Platte das ankommende Licht auffangen. Wenn man dieses Experiment in den Begriffen des Wellenbildes beschreibt, so sagt man, daß die Primärwelle durch die beiden Löcher dringt. Es wird also zwei sekundäre Kugelwellen geben, die von den Löchern ihren Ausgang nehmen und die miteinander interferieren. Die Interferenz wird ein Muster stärkerer und schwächerer Intensitäten, die sogenannten Interferenzstreifen, auf der photographischen Platte hervorbringen. Die Schwärzung der photographischen Platte ist im Quantenprozeß ein chemischer Vorgang, der durch einzelne Lichtquanten hervorgerufen wird. Daher muß man das Experiment auch in der Lichtquantenvorstellung beschreiben können. Wenn es nun erlaubt wäre, darüber zu sprechen, was dem einzelnen Lichtquant zwischen seiner Emission von der Lichtquelle und seiner Absorption in der photographischen Platte passiert, so könnte man in der folgenden Weise argumentieren. Das einzelne Lichtquant kann entweder durch das erste oder durch das zweite Loch gehen. Wenn es durch das erste Loch geht und dort gestreut wird, so ist die Wahrscheinlichkeit dafür, daß es später an einem bestimmten Punkt der photographischen Platte absorbiert wird, davon unabhängig, ob das zweite Loch geschlossen oder offen ist. Die Wahrscheinlichkeitsverteilung auf der Platte muß die gleiche sein, als wenn nur das erste Loch offen wäre. Wenn man das Experiment viele Male wiederholt und alle die Fälle zusammenfaßt, in denen das Lichtquant durch das erste Loch gegangen ist, so sollte die Schwärzung der photographischen Platte dieser Wahrscheinlichkeitsverteilung entsprechen. Wenn man nur die Lichtquanten betrachtet, die durch das zweite Loch gegangen sind, so sollte die Schwärzungsverteilung jener Wahrscheinlichkeitsverteilung entsprechen, die man aus der Annahme erhält, daß nur das zweite Loch offen war. Die Gesamtschwärzung sollte also genau die Summe der Schwärzungen in beiden Fällen sein; in anderen Worten, es sollte keine Interferenzstreifen geben. Aber wir wissen, daß dies falsch ist, und das Experiment wird zweifellos die Interferenzstreifen zeigen. Daraus erkennt man, daß die Aussage, das Lichtquant müsse entweder durch das eine oder durch das andere Loch gegangen sein, problematisch ist und zu Widersprüchen führt. Man erkennt aus diesem Beispiel deutlich, daß der Begriff der Wahrscheinlichkeitsfunktion nicht eine raum-zeitliche Beschreibung dessen erlaubt, was zwischen zwei Beobachtungen geschieht. Jeder Versuch, eine solche Beschreibung zu finden, würde zu Widersprüchen führen. Dies bedeutet, daß schon der Begriff «Geschehen» auf die Beobachtung beschränkt werden muß.

Das ist allerdings ein sehr merkwürdiges Resultat, das zu zeigen scheint, daß die Beobachtung eine entscheidende Rolle bei dem Vorgang spielt und daß die Wirklichkeit verschieden ist, je nachdem, ob wir sie beobachten oder nicht. Um diesen Punkt deutlicher zu machen, müssen wir den Beobachtungsprozeß noch etwas genauer analysieren.

Zunächst ist es an dieser Stelle wichtig, sich daran zu erinnern, daß wir uns in der Naturwissenschaft nicht für das Universum als Ganzes, das uns selbst einschließt, interessieren, sondern daß wir unsere Aufmerksamkeit auf gewisse Teile des Universums richten und zum Gegenstand unseres Studiums machen. In der Atomphysik ist dieser Teil gewöhnlich ein sehr kleiner Gegenstand, nämlich ein atomares Teilchen oder eine Gruppe solcher Teilchen, manchmal ist er auch größer; auf die Größe kommt es hier nicht an. Wohl aber ist es wichtig, daß ein großer Teil des Universums, der uns selbst einschließt, nicht mit zum «Gegenstand» gehört.

Die theoretische Deutung eines Experiments beginnt mit den beiden Schritten, über die gesprochen worden ist. Beim ersten Schritt müssen wir die Anordnung des Experiments evtl. verbunden mit einer ersten Beobachtung in den Begriffen der klassischen Physik beschreiben, und wir müssen diese Beschreibung in eine Wahrscheinlichkeitsfunktion übersetzen. Diese Wahrscheinlichkeitsfunktion genügt dann den Gesetzen der Quantentheorie, und ihre Änderung im Laufe der Zeit, die kontinuierlich ist, kann aus den Anfangsbedingungen berechnet werden. Darin besteht der zweite Schritt. Die Wahrscheinlichkeitsfunktion vereinigt objektive und subjektive Elemente. Sie enthält Aussagen über Wahrscheinlichkeiten oder besser Tendenzen (Potentia in der aristotelischen Philosophie), und diese Aussagen sind völlig objektiv, sie hängen nicht von irgendeinem Beobachter ab. Außerdem enthält sie Aussagen über unsere Kenntnis des Systems, die natürlich subjektiv sein müssen, insofern sie ja für verschiedene Beobachter verschieden sein können. In besonders günstigen Fällen kann das subjektive Element in der Wahrscheinlichkeitsfunktion gegenüber dem objektiven Element ganz vernachlässigt werden. Die Physiker sprechen dann von einem «reinen Fall».

Wenn wir jetzt zur nächsten Beobachtung kommen, deren Resultat aus der Theorie vorhergesagt werden sollte, so ist es wichtig, sich darüber klar zu werden, daß der Gegenstand vor oder wenigstens im Moment der Beobachtung in Wechselwirkung stehen muß mit dem übrigen Teil der Welt, nämlich mit der experimentellen Anordnung, den Maßstäben usw. Das bedeutet, daß die Bewegungsgleichung für die Wahrscheinlichkeitsfunktion jetzt den Einfluß berücksichtigen muß, den die Wechselwirkung mit den Meßanordnungen auf das System ausübt. Dieser Einfluß bringt ein neues

Element von Unbestimmtheit mit sich. Denn die Meßanordnung muß ja in den Begriffen der klassischen Physik beschrieben werden; eine solche Beschreibung aber enthält alle Unsicherheiten bezüglich der mikroskopischen Struktur der Anordnung, die wir schon von der Thermodynamik her kennen. Da die Anordnung außerdem mit dem Rest der Welt verbunden sein muß, enthält sie tatsächlich die Unsicherheiten der mikroskopischen Struktur der ganzen Welt. Diese Unsicherheiten kann man objektiv nennen, insofern sie ja einfach die Folge davon sind, daß wir das Experiment in den Begriffen der klassischen Physik beschreiben; sie hängen in den Einzelheiten nicht vom Beobachter ab. Man kann sie subjektiv nennen, insofern sie unsere unvollständige Kenntnis der Welt bezeichnen.

Nachdem die Wechselwirkung stattgefunden hat, enthält die Wahrscheinlichkeitsfunktion das objektive Element der «Tendenz» oder der «Möglichkeit» und das subjektive Element der unvollständigen Kenntnis, selbst dann, wenn es sich zunächst um einen «reinen Fall» gehandelt hatte. Eben aus diesem Grunde kann das Ergebnis einer Beobachtung im allgemeinen nicht mit Sicherheit vorhergesagt werden. Was man vorhersagen kann, ist die Wahrscheinlichkeit für ein bestimmtes Ergebnis der Beobachtung, und diese Aussage über die Wahrscheinlichkeit kann nachgeprüft werden, indem man das Experiment viele Male wiederholt. Die Wahrscheinlichkeitsfunktion beschreibt, anders als das mathematische Schema der Newtonschen Mechanik, nicht einen bestimmten Vorgang, sondern, wenigstens hinsichtlich des Beobachtungsprozesses, eine Gesamtheit von möglichen Vorgängen.

Die Beobachtung selbst ändert die Wahrscheinlichkeitsfunktion unstetig. Sie wählt von allen möglichen Vorgängen den aus, der tatsächlich stattgefunden hat. Da sich durch die Beobachtung unsere Kenntnis des Systems unstetig geändert hat, hat sich auch ihre mathematische Darstellung unstetig geändert, und wir sprechen daher von einem «Quantensprung». Wenn man aus dem alten Spruch «Natura non facit saltus» eine Kritik der Quantentheorie ableiten wollte, so können wir antworten, daß sich unsere Kenntnis doch sicher plötzlich ändern kann und daß eben diese Tatsache, die unstetige Änderung unserer Kenntnis, den Gebrauch des Begriffs «Quantensprung» rechtfertigt.

Der Übergang vom Möglichen zum Faktischen findet also während des Beobachtungsaktes statt. Wenn wir beschreiben wollen, was in einem Atomvorgang geschieht, so müssen wir davon ausgehen, daß das Wort «geschieht» sich nur auf die Beobachtung beziehen kann, nicht auf die Situation zwischen zwei Beobachtungen. Es bezeichnet dabei den physikalischen, nicht den psychischen Akt der Beobachtung, und wir können sagen, daß der Übergang vom Möglichen zum Faktischen stattfindet, sobald die Wechselwirkung des Gegenstandes mit der Meßanordnung, und dadurch mit der übrigen Welt, ins Spiel gekommen ist. Der Übergang ist nicht verknüpft mit der Registrierung des Beobachtungsergebnisses im Geiste des Beobachters. Die unstetige Änderung der Wahrscheinlichkeitsfunktion findet allerdings statt durch den Akt der Registrierung; denn hier handelt es sich um die unstetige Änderung unserer Kenntnis im Moment der Registrierung, die durch die unstetige Änderung der Wahrscheinlichkeitsfunktion abgebildet wird.

Inwieweit sind wir also schließlich zu einer objektiven Beschreibung der Welt, besonders der Atomvorgänge, gekommen? Die klassische Physik beruhte auf der Annahme – oder sollten wir sagen auf der Illusion –, daß wir die Welt beschreiben können oder wenigstens Teile der Welt beschreiben können, ohne von uns selbst zu sprechen. Das ist tatsächlich in weitem Umfang möglich. Wir wissen z. B., daß es die Stadt London gibt, unabhängig davon, ob wir sie sehen oder nicht sehen. Man kann sagen, daß die klassische Physik eben die Idealisierung der Welt darstellt, in der wir über die Welt oder über ihre Teile sprechen, ohne dabei auf uns selbst Bezug zu nehmen. Ihr Erfolg hat zu dem allgemeinen Ideal einer objektiven Beschreibung der Welt geführt. Objektivität gilt seit langem als das oberste Kriterium für den Wert eines wissenschaftlichen Resultats. Entspricht die Kopenhagener Deutung der Quantentheorie noch diesem Ideal? Man darf vielleicht sagen, daß die Quantentheorie diesem Ideal soweit wie möglich entspricht. Sicher enthält die Quantentheorie keine eigentlich subjektiven Züge, sie führt nicht den Geist oder das Bewußtsein des Physikers als einen Teil des Atomvorgangs ein. Aber sie beginnt mit der Einteilung der Welt in den Gegenstand und die übrige Welt und mit der Tatsache, daß wir jedenfalls diese übrige Welt mit den klassischen Begriffen beschreiben müssen. Diese Einteilung ist in gewisser Weise willkürlich und historisch eine unmittelbare Folge der in den vergangenen Jahrhunderten geübten naturwissenschaftlichen Methode. Der Gebrauch der klassischen Begriffe ist also letzten Endes eine Folge der allgemeinen geistigen Entwicklung der Menschheit. Aber in dieser Weise nehmen wir doch schon auf uns selbst Bezug, und insofern kann man unsere Beschreibung nicht vollständig objektiv nennen.

Es ist zu Anfang gesagt worden, daß die Kopenhagener Deutung der Quantentheorie mit einem Paradoxon beginnt. Sie fängt mit der Tatsache an, daß wir unsere Experimente mit den Begriffen der klassischen Physik beschreiben müssen, und gleichzeitig mit der Erkenntnis, daß diese Begriffe nicht genau auf die Natur passen. Die Spannung zwischen diesen beiden Ausgangspunkten ist für den statistischen Charakter der Quantentheorie verantwortlich. Es ist daher gelegentlich vorgeschlagen worden, man solle die klassischen Begriffe vollständig aufgeben. Vielleicht könnte eine radikale Änderung unserer Begriffe bei der Beschreibung der Experimente zu einer nichtstatistischen, völlig objektiven Beschreibung der Natur zurückführen.

Dieser Vorschlag beruht aber auf einem Mißverständnis. Die Begriffe der klassischen Physik sind nur eine Verfeinerung der Begriffe des täglichen Lebens und bilden einen wesentlichen Teil der Sprache, die die Voraussetzung für alle Naturwissenschaften bildet. Unsere wirkliche Lage in der Naturwissenschaft ist so, daß wir tatsächlich die klassischen Begriffe für die Beschreibung unserer Experimente benützen und benützen müssen; denn sonst können wir uns nicht verständigen. Und die Aufgabe der Quantentheorie bestand eben darin, die Experimente auf dieser Grundlage theoretisch zu deuten. Es hat keinen Sinn, zu erörtern, was getan werden könnte, wenn wir andere Wesen wären, als wir wirklich sind. An dieser Stelle müssen wir uns darüber klar werden, daß, wie v. Weizsäcker es formuliert hat, «die Natur früher ist als der Mensch, aber der Mensch früher als die Naturwissenschaft». Der erste Teil des Satzes rechtfertigt die klassische Physik mit ihrem Ideal der vollständigen Objektivität. Der zweite Teil erklärt uns, warum wir dem Paradoxon der Quantentheorie nicht entgehen können; warum wir nämlich nicht der Notwendigkeit entgehen können, die klassischen Begriffe zu verwenden. Vielleicht sollten hier einige Anmerkungen angefügt werden über das tatsächliche Verfahren bei der quantentheoretischen Deutung von Atomvorgängen. Es war vorher gesagt worden, daß wir immer anfangen müssen mit einer Einteilung der Welt in einen Gegenstand, den wir studieren wollen, und in die übrige Welt, zu der wir auch selbst gehören, und daß diese Einteilung bis zu einem gewissen Grade willkürlich sei. Tatsächlich sollte es keinen Unterschied im Endergebnis machen, wenn wir z.B. einen Teil unserer Meßanordnung oder die ganze Meßanordnung mit zum «Gegenstand» rechnen und die Gesetze der Quantentheorie auf diesen viel komplizierteren Gegenstand anwenden wollten. Man kann zeigen, daß eine solche Abänderung der theoretischen Behandlung die Voraussagen über das Ergebnis eines gegebenen Experiments tatsächlich nicht ändern würde. Mathematisch folgt dies aus der Tatsache, daß die Gesetze der Quantentheorie für die Erscheinungen, in denen die Plancksche Konstante als eine sehr kleine Größe angesehen werden darf, nahezu identisch sind mit den klassischen Gesetzen. Aber es wäre ein Fehler, zu glauben, daß man durch diese Anwendung der quantentheoretischen Gesetze das fundamentale Paradoxon der Quantentheorie vermeiden könnte.

Denn die Meßanordnung verdient diesen Namen ja nur, wenn sie in enger Berührung steht mit der übrigen Welt, wenn es eine physikalische Wechselwirkung zwischen der Meßanordnung und dem Beobachter gibt. Die Unsicherheit über das mikroskopische Verhalten der Welt wird also in die quantentheoretische Beschreibung des Systems hier genauso wie in der ersten Deutung eindringen. Wenn die Meßanordnung von der übrigen Welt isoliert wäre, dann würde sie keine Meßanordnung mehr genannt werden können, und sie könnte nicht mehr in den Begriffen der klassischen Physik beschrieben werden.

An dieser Stelle hat Bohr betont, daß es vielleicht in mancher Weise richtiger sei, zu sagen, daß die Einteilung in den Gegenstand und die übrige Welt nicht willkürlich ist. Unsere tatsächliche Lage bei der Untersuchung eines atomaren Vorganges ist gewöhnlich die folgende: Wir wollen ein bestimmtes Phänomen verstehen, wir wollen erkennen, wie dieses Phänomen aus den allgemeinen Naturgesetzen folgt. Daher ist der Teil der Materie oder Strahlung, der an der Erscheinung teilnimmt, der natürliche «Gegenstand» in der theoretischen Behandlung und sollte in dieser Hinsicht von den Werkzeugen getrennt werden, die man benützt, um die Erscheinungen zu studieren. Damit wird wieder ein subjektives Element in der Beschreibung der atomaren Vorgänge hervorgehoben, denn die Meßanordnung ist ja vom Beobachter konstruiert worden; und wir müssen uns daran erinnern, daß das, was wir beobachten, nicht die Natur selbst ist, sondern Natur, die unserer Art der Fragestellung ausgesetzt ist. Unsere wissenschaftliche Arbeit in der Physik besteht darin, Fragen über die Natur zu stellen in der Sprache, die wir besitzen, und zu versuchen, eine Antwort zu erhalten durch Experimente, die wir mit den Mitteln ausführen, die zu unserer Verfügung stehen. In dieser Weise erinnert uns, wie Bohr es ausgedrückt hat, die Quantentheorie daran, daß man beim Suchen nach der Harmonie im Leben niemals vergessen darf, daß wir im Schauspiel des Lebens gleichzeitig Zuschauer und Mitspielende sind. Es ist verständlich, daß in unserer wissenschaftlichen Beziehung zur Natur unsere eigene Tätigkeit dort sehr wichtig wird, wo wir es mit den Teilen der Natur zu tun bekommen, in die wir nur durch die kompliziertesten technischen Hilfsmittel eindringen können.

NIELS BOHR

315
Atomtheorie und Mechanik

I. DIE KLASSISCHEN THEORIEN

Die Analyse des Gleichgewichtes und der Bewegung von Körpern bildet nicht nur die Grundlage der Physik, sondern sie hat auch ein reiches Anwendungsgebiet für das mathematische Denken dargeboten, das sich als äußerst fruchtbar erwiesen hat für die Entwicklung der Methoden der reinen Mathematik. Diese Verbindung zwischen Mechanik und Mathematik sehen wir schon in frühester Zeit in den Arbeiten von Archimedes, Galilei und Newton, in deren Hand die Bildung der zur Analyse der mechanischen Erscheinungen geeigneten Begriffe einen vorläufigen Abschluß erhielt. In der Zeit nach Newton geht die Entwicklung der Behandlungsmethoden mechanischer Probleme Hand in Hand mit der Entwicklung der mathematischen Analysis, wobei wir nur an Namen wie Euler, Lagrange und Laplace zu denken brauchen. Auch die spätere Entwicklung der Mechanik, die auf Hamilton[1] zurückgeht, geschah in engster Wechselwirkung mit der Ausbildung der mathematischen Methoden, nämlich Variationsrechnung und Invariantentheorie, wie wir es noch in neuester Zeit in den Arbeiten Poincarés deutlich erkennen.

Die größten Erfolge hat die Mechanik wohl auf dem Gebiet der Astronomie errungen; aber ein äußerst interessantes Anwendungsgebiet ist ihr im Laufe des letzten Jahrhunderts auch in der mechanischen Wärmetheorie entstanden. Nach der von Clausius und Maxwell begründeten kinetischen Gastheorie werden die Eigenschaften der Gase in großem Umfang beschrieben als Folge der mechanischen Wechselwirkung der durcheinander fliegenden Atome oder Moleküle. Besonders wollen wir an die von dieser Theorie gelieferte Erklärung der beiden Hauptsätze der Wärmetheorie erinnern. Dabei ergibt sich der erste Hauptsatz als eine unmittelbare Folge des mechanischen Prinzips von der Erhaltung der Energie, während der zweite Hauptsatz, das Entropiegesetz, nach dem Vorgang von Boltzmann auf das statistische Verhalten einer großen Anzahl mechanischer Systeme zurückgeführt wird. Interessant dabei ist, daß statistische Betrachtungen nicht nur erlaubt haben, das mittlere Verhalten der Atome zu beschreiben, sondern auch die Schwankungserscheinungen, die bei der Erforschung der Brownschen Be-

[1] vgl. Fußnote 1, S. 672.

wegung[1] eine unerwartete Möglichkeit ergeben haben, die Atome zu zählen. Für den systematischen Aufbau der statistischen Mechanik, zu dem besonders Gibbs beigetragen hat, lieferte eben die mathematische Theorie der kanonischen Form von Systemen von Differentialgleichungen das geeignete Mittel.

Eine durchgreifende Erweiterung der mechanischen Vorstellungen brachte die Entwicklung der elektromagnetischen Theorien in der zweiten Hälfte des vorigen Jahrhunderts, die den Entdeckungen von Ørsted und Faraday folgte. Im Anfang war wohl die Maxwellsche Elektrodynamik in Anlehnung an Betrachtungen über mechanische Modelle aufgebaut, aber man sah bald die Vorteile ein, die es mit sich bringt, wenn man umgekehrt die mechanischen Vorstellungen auf die elektromagnetische Feldtheorie zurückzuführen versucht. In dieser Theorie werden die Erhaltungssätze dadurch begründet, daß Energie und Impuls in dem die Körper umgebenden Raum lokalisiert gedacht werden. Vor allem aber wird dadurch eine ungezwungene Deutung der Strahlungserscheinungen erreicht. Die Feldtheorie war der direkte Anlaß zur Entdeckung der elektromagnetischen Wellen, die heute in der Technik eine so große Rolle spielen. Ferner bot die von Maxwell begründete elektromagnetische Lichttheorie eine sinngemäße Grundlage für die Wellentheorie des Lichtes dar, die auf Huygens zurückgeht, und erlaubte in Anlehnung an die Atomtheorie eine allgemeine Beschreibung der Entstehung des Lichtes und der beim Durchgang des Lichtes durch Materie sich abspielenden Erscheinungen. Dabei wird angenommen, daß die Atome aus elektrischen Partikeln aufgebaut sind, die Schwingungen um Gleichgewichtslagen ausführen können. Einerseits sind die freien Schwingungen der Partikeln Ursache der Strahlung, deren Konstitution wir in den charakteristischen Spektren der Elemente erkennen. Andererseits sollen die Partikeln vermöge der elektrischen Kräfte in den Lichtwellen in erzwungene Schwingungen geraten, was wieder mit sich bringt, daß das Atom zum Ausgangspunkt sekundärer Wellen wird. Durch die Interferenz der von den einzelnen Atomen kommenden Kugelwellen mit den ursprünglichen Lichtwellen entstehen die wohlbekannten Phänomene der Spiegelung und Brechung des Lichtes. Wenn die Schwingungszahl der auffallenden Wellen nahe mit der Schwingungszahl einer der freien Schwingungen des Atoms übereinstimmt, tritt eine Resonanzwirkung auf, bei welcher die Partikeln in besonders kräftige Mitschwingung geraten. Dadurch erhielt man eine unge-

[1] Die unregelmäßige Bewegung von mikroskopischen Partikeln, welche von der thermischen Bewegung der Moleküle des Gases oder der Flüssigkeit, in denen die Partikel schweben, herrührt. Sie wurde erstmals vom englischen Botaniker Robert Brown (1773–1858) beobachtet. (Hg.)

zwungene Deutung der Phänomene der Resonanzstrahlung und der anomalen Dispersion einer Substanz für Licht, das in der Nähe einer ihrer Spektrallinien liegt. Ebenso wie bei der kinetischen Gastheorie kommt bei der elektromagnetischen Deutung der optischen Phänomene nicht nur die mittlere Wirkung einer großen Zahl von Atomen in Betracht, sondern bei der Streuung des Lichtes kommt wegen der unregelmäßigen Verteilung der Atome die Wirksamkeit des einzelnen Atoms in einer Weise zum Vorschein, die eine direkte Zählung der Atome zuläßt. So schätzte Rayleigh[1] aus der Stärke des gestreuten blauen Himmelslichtes die Anzahl der Atome in der atmosphärischen Luft in befriedigender Übereinstimmung mit der durch Perrin[2] beim Studium der Brownschen Bewegung ausgeführten Atomzählung.

Die sinngemäße mathematische Darstellung der elektromagnetischen Feldtheorie beruht auf einer Anwendung der Vektoranalysis oder allgemeiner der Tensoranalysis von mehrdimensionalen Mannigfaltigkeiten. Dieses von Riemann begründete Wissensgebiet lieferte die geeigneten Mittel zur Formulierung von Einsteins Relativitätstheorie, welche Begriffe einführt, die über die Galileische Kinematik herausgehen, und welche wohl als der natürliche Abschluß der klassischen Theorien angesehen werden darf.

2. DIE QUANTENTHEORIE UND DIE BAUSTEINE DER ATOME

Trotz aller genannten Erfolge der Anwendung mechanischer und elektrodynamischer Vorstellungen auf die Atomtheorie sollte doch die folgende Entwicklung tiefe innere Schwierigkeiten offenbaren. Wenn man in diesen Theorien zutreffende Kenntnisse über die Wärmebewegung sowie über die an Bewegung geknüpfte Strahlung besaß, so müßten die allgemeinen Gesetze der Wärmestrahlung einer direkten Deutung zugänglich sein. Gegen alles Erwarten zeigte sich jedoch, daß eine auf einer solchen Grundlage angestellte Berechnung keineswegs imstande war, die Beobachtungen über diese Gesetze zu erklären. Darüber hinausgehend zeigte Planck, unter Wahrung der Boltzmannschen Deutung des zweiten Hauptsatzes der Wärmetheorie, daß die Gesetze der Wärmestrahlung ein der klassischen Theorie fremdartiges Element von Diskontinuität bei der Beschreibung atomarer Prozesse verlangten. Plancks Entdeckung bestand darin, daß beim stati-

[1] John William, Lord Rayleigh (1842–1919), englischer Physiker, bestimmte die Loschmidtsche Zahl durch die Lichtstreuung in der Atmosphäre. Nobelpreis für Physik (1904) für die Entdeckung des Argons. (Hg.)

[2] Vgl. Anm. 2 auf S. 659.

stischen Verhalten von Teilchen, die um Gleichgewichtslagen harmonische Schwingungen ausführen, nur solche Schwingungszustände heranzuziehen waren, deren Energie ein Vielfaches eines «Quantums» ωh beträgt, wo ω die Schwingungszahl der Teilchen und h eine universelle Konstante, das sog. Plancksche Wirkungsquantum, bedeuten. Die genauere Formulierung des Inhaltes der Quantentheorie scheint aber eine äußerst schwierige Aufgabe, wenn man bedenkt, daß alle Begriffe der bisherigen Theorien auf Vorstellungen zurückgehen, die die Möglichkeit von kontinuierlichen Änderungen verlangen. Diese Schwierigkeit wurde besonders unterstrichen durch die bedeutungsvollen Untersuchungen von Einstein, nach denen wesentliche Züge der Wechselwirkung zwischen Licht und Materie scheinbar verlangen, daß die Fortpflanzung des Lichtes nicht durch Ausbreitung von Wellen geschieht, sondern durch «Lichtquanten», die, innerhalb eines kleinen Raumgebietes konzentriert, die Energie $h\nu$ enthalten, wo ν die Schwingungszahl des Lichtes ist. Der formelle Charakter dieser Aussage leuchtet schon deswegen ein, weil die Definition und Messung dieser Schwingungszahl ausschließlich auf der Wellenvorstellung beruht. Die besprochene Unzulänglichkeit der klassischen Theorien wurde durch die Entwicklung unserer Vorstellungen vom Atombau in ein helles Licht gerückt. Es bestand früher die Hoffnung, daß diese Vorstellungen sich allmählich ausbilden ließen durch die Analyse der Eigenschaften der Elemente in Anlehnung an die klassischen Theorien, die sich in so weitem Umfang bewährt hatten. Diese Hoffnung war kurz vor der Geburt der Quantentheorie besonders gestützt worden durch Zeemans[1] Entdeckung der Wirkung magnetischer Felder auf Spektrallinien. Wie Lorentz zeigen konnte, entspricht in vielen Fällen diese Wirkung gerade demjenigen Einfluß magnetischer Kräfte auf die Bewegung schwingender elektrischer Teilchen, die nach der klassischen Elektrodynamik zu erwarten wäre. Zumal erlaubte diese Deutung des Zeemaneffektes Schlüsse über die Natur der schwingenden Teilchen zu ziehen, die in schönster Übereinstimmung waren mit den experimentellen Entdeckungen von Lenard und Thomson auf dem Gebiet der Gasentladungen, bei welchen leichte negative Partikeln, die Elektronen, als gemeinsame Bausteine aller Atome erkannt wurden. Allerdings bereitete der sog. «anomale» Zeemaneffekt mancher Spektrallinien den klassischen Theorien tiefliegende Schwierigkeiten, ähnlich denen, die auftraten bei den Versuchen, mit Hilfe von elektrodynamischen Modellen die einfachen empirischen Gesetzmäßigkeiten der Schwingungszahlen der Spektren zu deuten, die durch

[1] Pieter Zeeman (1865–1943), holländischer Physiker, der die Aufspaltung der Spektrallinien unter dem Einfluß eines Magnetfeldes auf die Lichtquelle entdeckte. Nobelpreis für Physik (1902), zusammen mit H. A. Lorentz. (Hg.)

die Arbeiten von Balmer, Rydberg und Ritz[1] ans Licht gebracht waren. Besonders mußte eine Deutung der Spektralgesetze schwerlich vereinbar erscheinen mit der Schätzung der Anzahl der Elektronen im Atom, wie sie Thomson aus Beobachtungen über Zerstreuung von Röntgenstrahlen in einfacher Anlehnung an die klassische Theorie erzielen konnte.

Während diese Schwierigkeiten eine Zeitlang auf unsern Mangel von Kenntnis des Ursprungs der Kräfte, die die Elektronen im Atom festhalten, geschoben werden konnten, wurde die Sachlage völlig geändert durch die experimentellen Entdeckungen auf dem Gebiete der Radioaktivität, welche neue Mittel zur Erforschung der Atomstruktur in die Hand gab. So konnte Rutherford aus den Versuchen über den Durchgang der von radioaktiven Substanzen ausgeschleuderten Teilchen durch Materie eine überzeugende Begründung für die Vorstellung des Kernatoms erzielen. Nach dieser Vorstellung ist der Träger des größten Teiles der Masse des Atoms ein positiv geladener Kern, dessen Dimensionen außerordentlich klein gegenüber den Dimensionen des ganzen Atoms sind. Um den Kern bewegen sich eine Anzahl von leichteren negativ geladenen Elektronen. Das Problem des Atombaues erhielt in dieser Weise eine weitgehende Ähnlichkeit mit den Problemen der Himmelsmechanik. Eine nähere Untersuchung zeigt aber bald, daß nichtsdestoweniger zwischen einem Atom und einem Planetensystem eine grundsätzliche Verschiedenheit besteht. Vom Atom müssen wir nämlich eine Stabilität fordern, die einen der mechanischen Theorie gänzlich fremdartigen Zug darstellt. So lassen die mechanischen Gesetze eine kontinuierliche Variation der möglichen Bewegungen zu, die mit der Bestimmtheit der Eigenschaften der Elemente durchaus unverträglich ist. Die Verschiedenheit eines Atoms von einem elektrodynamischen Modell tritt auch deutlich hervor, wenn man nach der Konstitution der ausgesandten Strahlung fragt; denn für Modelle der betrachteten Art, wo die charakteristischen Frequenzen der Bewegung kontinuierlich mit der Energie variieren, wird die Schwingungszahl der Strahlung nach der klassischen Theorie sich während der Ausstrahlung kontinuierlich ändern und also gar keine Ähnlichkeit besitzen mit den Linienspektren der Elemente.

[1] Walther Ritz (1878–1909), Schweizer Physiker, stellte das nach ihm benannte Kombinationsprinzip für die Serien der Linienspektren der Atome auf. (Hg.)

3. DIE GRUNDPOSTULATE DER THEORIE DES ATOMBAUS

Das Suchen nach einer Präzisierung der Begriffe der Quantentheorie, welche imstande wäre, über die genannten Schwierigkeiten hinwegzukommen, führte nun zur Aufstellung folgender Postulate:

1. Ein Atomsystem besitzt eine gewisse Mannigfaltigkeit von Zuständen, die «stationären Zustände», welchen im allgemeinen eine diskrete Reihe von Energiewerten entspricht, und welche eine eigentümliche Stabilität besitzen, die darin zum Ausdruck kommt, daß jede Änderung der Energie des Atoms in einem Übergang des Atoms von einem stationären Zustand zu einem anderen bestehen muß.

2. Die Möglichkeit von Emission oder Absorption von Strahlung seitens des Atoms ist gebunden an die Möglichkeit von Energieänderungen des Atoms, derart, daß die Frequenz der Strahlung mit der Energiedifferenz zwischen Anfangs- und Endzustand durch die formale Beziehung $h\nu = E_1 - E_2$ verbunden ist.

Diese Postulate, die sich einer Deutung mittels der klassischen Vorstellungen entziehen, scheinen eine geeignete Grundlage für die allgemeine Beschreibung der physikalischen und chemischen Eigenschaften der Elemente darzubieten. Im besonderen findet durch sie ein grundsätzlicher Zug der empirischen Gesetzmäßigkeit der Spektren eine unmittelbare Deutung. Dieser Zug, das Ritzsche «Kombinationsprinzip der Spektrallinien», besagt, daß die Schwingungszahl jeder Linie in einem Spektrum dargestellt werden kann durch die Differenz zweier Terme aus einer Mannigfaltigkeit von Spektraltermen, die für das betreffende Element charakteristisch ist. Wir sehen nämlich, daß diese Terme identifiziert werden können mit den durch *h* dividierten Energiewerten der stationären Zustände des Atoms. Außerdem liefert diese Deutung des Ursprungs der Spektren eine unmittelbare Erklärung für den charakteristischen Unterschied zwischen Absorptions- und Emissionsspektren. Denn nach den Postulaten ist die Bedingung für selektive Absorption von Strahlung einer Schwingungszahl, die der Kombination zweier Terme entspricht, die, daß das Atom sich im Zustande kleinerer Energie befindet, während es sich bei Emission solcher Strahlung im Zustand größerer Energie befinden muß. Überhaupt ist die geschilderte Auffassung in engster Übereinstimmung mit den experimentellen Ergebnissen über die Anregung von Spektren. Besonders tritt dies hervor bei der Entdeckung von Franck[1] und Hertz, wonach bei Stößen zwischen freien Elektronen und

[1] James Franck (1882–1964), deutscher Physiker, dessen mit Gustav Hertz (geb. 1887) ausgeführte Experimente die Bohrsche Theorie von der Existenz diskreter Energiezustände in den Atomen stützten. Nobelpreis für Physik (1925), zusammen mit G. Hertz. (Hg.)

Atomen eine Energieübertragung von Elektron auf Atom nur in Beträgen stattfinden kann, die eben gleich sind den aus den Spektraltermen berechneten Energiedifferenzen der stationären Zustände. Dabei wird im allgemeinen das Atom zugleich zum Ausstrahlen angeregt. Ebenso kann nach den Ausführungen von Klein und Rosseland das angeregte Atom durch Stoß seine Strahlungsfähigkeit verlieren, wobei das stoßende Elektron einen entsprechenden Energiezuwachs bekommt. Wie Einstein gezeigt hat, bieten ferner die Postulate eine geeignete Grundlage dar für eine konsequente Behandlung statistischer Probleme, besonders für eine äußerst durchsichtige Herleitung der Planckschen Wärmestrahlungsformel. Bei dieser Theorie wird angenommen, daß ein Atom, das einen Übergangsprozeß zwischen zwei stationären Zuständen ausführen kann und sich im oberen Zustand befindet, eine gewisse nur vom Atom abhängige «Wahrscheinlichkeit» besitzt, innerhalb eines gegebenen Zeitintervalls spontan in den unteren Zustand überzugehen. Weiter wird angenommen, daß eine äußere Bestrahlung mit der dem Übergang entsprechenden Schwingungszahl im Atom eine der Intensität der Strahlung proportionale Wahrscheinlichkeit hervorruft, vom unteren Zustand zum oberen zu gehen. Auch ist ein wesentlicher Zug der Theorie, daß die Bestrahlung mit dieser Frequenz dem Atom im oberen Zustand außer der spontanen noch eine induzierte Wahrscheinlichkeit erteilt, nach unten zu gehen. [...]

Um den sich immer verschärfenden Gegensatz zwischen der Wellentheorie des Lichtes, die für die Beschreibung der optischen Phänomene scheinbar unentbehrlich ist, und der Lichtquantentheorie, die so viele wesentliche Züge der Wechselwirkung zwischen Licht und Stoff zwanglos wiedergibt, zu beheben, konnte man zu der Vermutung geneigt sein, daß das Versagen der klassischen Theorien sich sogar auf die Gültigkeit der Erhaltungssätze der Bewegungsgröße und der Energie erstreckte. Diesen Gesetzen, welche in der klassischen Theorie eine so zentrale Stelle einnehmen, dürfte so bei der Beschreibung atomarer Prozesse nur eine statistische Gültigkeit zukommen. Daß diese Vermutung keinen befriedigenden Ausweg darstellt, folgt aber aus Versuchen über die Streuung von Röntgenstrahlen, die neuerdings angestellt worden sind, mittels der schönen Methoden, die eine direkte Beobachtung der Einzelprozesse erlauben. So haben Geiger und Bothe[1] zeigen können, daß die Rückstoß- und Photoelektronen, die die Entstehung und Absorption der Streustrahlung begleiten, in Paaren zusammengekoppelt sind, in einer Weise, die durchaus dem Bild der Licht-

[1] Walther Wilhelm Bothe (1891–1957), deutscher Physiker, trug durch seine experimentellen Arbeiten wesentlich zur Kenntnis der Atomkernstruktur bei. Nobelpreis für Physik (1954), zusammen mit M. Born. (Hg.)

quantentheorie entspricht. Mittels der Methode der Wilsonschen Nebelkammer ist es ferner Compton und Simon gelungen, außer dieser Paarung auch den von der Lichtquantentheorie verlangten Zusammenhang der Richtung, in welcher die Wirkung der Streustrahlung beobachtet wird, und der Geschwindigkeitsrichtung der die Streuung begleitenden Rückstoßelektronen nachzuweisen. Aus diesen Ergebnissen darf man wohl entnehmen, daß es bei dem allgemeinen Problem der Quantentheorie sich nicht um eine auf Grundlage der gewöhnlichen physikalischen Begriffe beschreibbare Abänderung der mechanischen und elektrodynamischen Theorien handelt, sondern um ein tiefgehendes Versagen der raumzeitlichen Bilder, mittels welcher man bisher die Naturerscheinungen zu beschreiben versuchte. Dieses Versagen kommt auch deutlich zutage bei näherer Betrachtung der Stoßerscheinungen. Besonders für Stöße, bei denen die Stoßdauer kurz ist gegenüber den Perioden der Eigenschwingungen der Atome, und für die nach den gewöhnlichen mechanischen Vorstellungen besonders einfache Resultate zu erwarten wären, sieht man ein, daß das Postulat der stationären Zustände unvereinbar ist mit jeglicher raumzeitlicher Beschreibung des Stoßvorganges, die sich auf unsere Vorstellungen des Atombaus stützt.

316

Die Atomtheorie und die Prinzipien der Naturbeschreibung

Ebenso wie die klassische Mechanik beansprucht die Quantenmechanik eine erschöpfende Beschreibung aller Erscheinungen zu geben, welche innerhalb ihres Anwendungsgebietes liegen. In der Tat folgt die Notwendigkeit einer prinzipiell statistischen Beschreibungsweise für die Atomerscheinungen aus einer näheren Untersuchung der Auskunft, welche wir uns durch direkte Messungen von diesen Erscheinungen verschaffen können, und des Sinnes, den wir in diesem Zusammenhang den physikalischen Grundbegriffen zuschreiben können. Einerseits müssen wir bedenken, daß die Bedeutung dieser Begriffe ganz und gar mit den gewöhnlichen physikalischen Vorstellungen verknüpft ist. So hat z.B. jeder Hinweis auf Raum-Zeit-Verhältnisse die Beständigkeit der Elementarteilchen als Voraussetzung, ebenso wie die Erhaltungssätze von Energie und Impuls die Grundlage jeder Anwendung des Energie- und Impulsbegriffes bilden. Andererseits bedeutet das Postulat von der Unteilbarkeit des Wirkungsquantums ein für die klassischen Vorstellungen völlig fremdes Element, das bei Messungen nicht nur eine endliche Wechselwirkung zwischen Gegenstand und Meßmittel, sondern sogar einen gewissen Spielraum in unserer Darstellung dieser Wechselwirkung verlangt. Auf Grund dieser Sachlage fordert jede Messung, die eine Einordnung der Elementarteilchen in Zeit und Raum bezweckt, einen Verzicht hinsichtlich unserer Kenntnis von Energie- und Impulsaustausch zwischen den Teilchen und den als Bezugssystem benutzten Maßstäben und Uhren. Gleichfalls fordert jede Bestimmung der Energie und des Impulses der Teilchen, daß man auf ihre genaue Verfolgung in Raum und Zeit verzichtet. In beiden Fällen ist also die durch das Wesen der Messung geforderte Benutzung klassischer Begriffe von vornherein gleichbedeutend mit einem Verzicht auf eine streng kausale Beschreibung. Solche Betrachtungen führen unmittelbar auf die von Heisenberg aufgestellten Unbestimmtheitsrelationen, die er einer eingehenden Untersuchung der Widerspruchsfreiheit der Quantenmechanik zugrunde gelegt hat. Die prinzipielle Unbestimmtheit, der wir hier begegnen, ist, wie der Vortragende gezeigt hat, ein direkter Ausdruck für die absolute Begrenzung der Anwendbarkeit unserer anschaulichen Vorstellungen bei der Beschreibung der Atomerscheinungen, die in dem scheinbaren Dilemma, dem wir bei der Frage nach der Natur des Lichtes und der Materie gegenübergestellt werden, hervortritt.

Dieser Verzicht auf Anschaulichkeit und Kausalität, zu dem wir bei der Beschreibung der Atomerscheinungen gezwungen sind, könnte vielleicht als eine Enttäuschung der Hoffnungen, die den Ausgangspunkt der Atomvorstellungen bildeten, aufgefaßt werden. Nichtsdestoweniger müssen wir aber vom jetzigen Standpunkt der Atomtheorie diesen Verzicht selbst als einen wesentlichen Fortschritt unserer Erkenntnis begrüßen. Es handelt sich ja nicht um ein Versagen der allgemeinen Grundprinzipien der Naturwissenschaft innerhalb des Gebietes, in dem wir mit Recht ihre Stütze erwarten können. Die Entdeckung des Wirkungsquantums zeigt uns nämlich nicht nur die natürliche Begrenzung der klassischen Physik, sondern sie bringt die Naturwissenschaft in eine ganz neue Lage, indem die alte philosophische Frage nach der objektiven Existenz der Erscheinungen, unabhängig von unseren Beobachtungen, in neue Beleuchtung gestellt wird. Wie wir gesehen haben, fordert jede Beobachtung einen Eingriff in den Verlauf der Erscheinungen, der seinem Wesen nach der kausalen Beschreibungsweise die Grundlage entzieht. Die Grenze der Möglichkeit, von selbständigen Erscheinungen zu reden, die uns die Natur selber in dieser Weise gesetzt hat, findet allem Anschein nach eben ihren Ausdruck in der Formulierung der Quantenmechanik. Dies darf jedoch nicht als ein Hindernis für den weiteren Fortschritt aufgefaßt werden; wir müssen nur auf die Notwendigkeit einer immer weitergehenden Abstraktion von unseren gewohnten Forderungen an die unmittelbare Anschaulichkeit der Naturbeschreibung vorbereitet sein. Neue Überraschungen können wir wohl vor allem auf dem Gebiete erwarten, wo die Quantentheorie mit der Relativitätstheorie zusammentrifft und wo noch ungelöste Schwierigkeiten der vollständigen Zusammenschmelzung der Erweiterungen unserer Erkenntnis und unserer Hilfsmittel zur Beschreibung der Naturerscheinungen, welche diese Theorien gebracht haben, im Wege stehen.

Ist es auch erst am Schluß des Vortrages, so bin ich doch froh, Gelegenheit zu haben, die große Bedeutung der von Einstein geschaffenen Relativitätstheorie für die neuere Entwicklung der Physik hinsichtlich unserer Freimachung von der Anschaulichkeitsforderung zu betonen. Von der Relativitätstheorie haben wir gelernt, daß die Zweckmäßigkeit der scharfen, von unseren Sinnen geforderten Trennung von Raum und Zeit nur darauf beruht, daß die gewöhnlich auftretenden Geschwindigkeiten klein sind im Verhältnis zur Geschwindigkeit des Lichtes. Ebenso, können wir sagen, hat Plancks Entdeckung zu der Erkenntnis geführt, daß die Zweckmäßigkeit unserer durch die Kausalitätsforderung gekennzeichneten Einstellung bedingt ist durch die Kleinheit des Wirkungsquantums im Verhältnis zu den Wirkungen, mit denen wir es bei den gewöhnlichen Erscheinungen zu tun haben. Während wir in der Relativitätstheorie an den subjektiven, vom Standpunkt des Beobachters wesentlich abhängigen Charakter aller physikalischen Erscheinungen erinnert werden, zwingt uns die von der Quantentheorie klargelegte Zusammenkettung der Atomerscheinungen und ihrer Beobachtung bei der Anwendung unserer Ausdrucksmittel, eine ähnliche Vorsicht zu üben wie bei psychologischen Problemen, wo uns fortwährend die Schwierigkeit einer Abgrenzung des objektiven Inhalts entgegentritt. Ohne Gefahr, dahin mißverstanden zu werden, daß es die Absicht sei, eine Mystik einzuführen, die mit dem Geist der Naturwissenschaft unvereinbar ist, darf ich vielleicht hier auf die eigentümliche Parallelität hinweisen, welche zwischen der erneuten Diskussion über die Gültigkeit des Kausalitätsgesetzes und den seit den ältesten Zeiten fortdauernden Diskussionen über die Freiheit des Willens besteht. Während die Willensfreiheit die Erlebnisform der Subjektivität darstellt, ist die Kausalität die Anschauungsform für die Einordnung der Sinneswahrnehmungen. Gleichzeitig handelt es sich aber auf beiden Gebieten um Idealisationen, deren natürliche Begrenzung näher untersucht werden kann, und die einander in dem Sinne bedingen, daß Willensgefühl und Kausalitätsforderung gleich unentbehrlich sind in dem Verhältnis zwischen Subjekt und Objekt, das den Kern des Erkenntnisproblems bildet. [...]

Übrigens müssen wir wohl schon wegen der Tatsache, daß Bewußtsein, so wie wir es kennen, untrennbar mit lebenden Organismen verknüpft ist, darauf gefaßt sein, daß das Problem der Scheidung zwischen Belebtem und

Unbelebtem sich einem Verständnis im gewöhnlichen Sinne des Wortes entziehen kann. Vielleicht mag als Entschuldigung dafür, daß ein Physiker solche Fragen berührt, der Umstand dienen, daß die in der Physik vorliegende neue Situation uns so eindringlich an die alte Wahrheit erinnert hat, daß wir sowohl Zuschauer als Teilnehmer in dem großen Schauspiel des Daseins sind.

317

Atome und menschliche Erkenntnis

Mit Hilfe der quantenmechanischen Methoden gelang es im Laufe weniger Jahre, ein außerordentlich großes Erfahrungsmaterial in bezug auf die physikalischen und chemischen Eigenschaften der Stoffe zu erklären. Es wurde nicht nur möglich, die Bindung von Elektronen in Atomen und Molekülen zu beherrschen, sondern auch tiefgehende Einsicht in den Bau und die Reaktionen des Atomkernes selbst zu gewinnen. In Verbindung mit den letzteren konnten auch die frühzeitig entdeckten Wahrscheinlichkeitsgesetze für die spontanen radioaktiven Kernumwandlungen harmonisch in die statistische quantenmechanische Beschreibung eingegliedert werden. Auch das Verständnis der Eigenschaften der neuen Elementarteilchen, die beim Studium von Atomkernumwandlungen unter Einwirkung hoher Energien im Laufe der letzten Jahre beobachtet worden sind, ist immer weiter vertieft worden durch Anpassung des Formalismus an die in der Relativitätstheorie geforderte Invarianz. Hier begegnen wir jedoch neuen Problemen, zu deren Lösung augenscheinlich weitergehende Abstraktionen erforderlich sind, welche der Verknüpfung des Wirkungsquantums mit der elektrischen Elementarladung dienen können.

Trotz der Fruchtbarkeit der Quantenmechanik innerhalb eines sehr großen Erfahrungsbereiches hat der Verzicht auf gewohnte Forderungen an physikalische Erklärungen vielen Physikern und Philosophen Anlaß zu Bedenken darüber gegeben, ob wir es hier mit einer erschöpfenden Beschreibung der Atomphänomene zu tun haben. Im besonderen ist die Auffassung zu Wort gekommen, daß die statistische Beschreibungsweise als ein vorläufiger Ausweg zu betrachten sei und jedenfalls im Prinzip durch eine deterministische Beschreibung ersetzt werden müsse. Die eingehende Diskussion dieser Frage hat jedoch eine Klärung unserer Stellung als Beobachter im Bereiche der Atomphysik mit sich gebracht, die uns gerade jene erkenntnistheoretische Belehrung verschafft hat, auf die ich zu Beginn dieses Vortrages hingewiesen habe.

Da es das Ziel der Naturwissenschaften ist, unsere Erfahrungen zu vermehren und zu ordnen, muß jede Untersuchung der Bedingungen menschlicher Erkenntnis auf Überlegungen betreffend die Art und die Reichweite unserer Mitteilungsmittel beruhen. Die Grundlage hierzu ist natürlich die zur Orientierung in der uns umgebenden Welt und zur Organisation der menschlichen Gemeinschaften entwickelte Sprache. Mit der Erweiterung unserer Erfahrungen erhebt sich jedoch immer wieder die Frage nach der Zulänglichkeit der Begriffe und Vorstellungen aus der Umgangssprache. Wegen ihrer relativen Einfachheit sind die physikalischen Probleme zur Untersuchung der Anwendbarkeit der Mitteilungsmittel besonders geeignet, und gerade die Entwicklung der Atomphysik hat uns gelehrt, wie es möglich ist, ohne die Umgangssprache zu verlassen, einen Rahmen zu schaffen, der für eine erschöpfende Beschreibung unserer Erfahrungen weit genug ist.

In diesem Zusammenhang kommt es vor allem darauf an, sich zu vergegenwärtigen, daß bei jedem Bericht über physikalische Experimente sowohl die Versuchsbedingungen als auch die Beobachtungen mit Hilfe jener Verständigungsmittel beschrieben werden, deren wir uns in der klassischen Physik bedienen. Bei der Untersuchung einzelner atomarer Teilchen wird dies durch irreversible Verstärkungseffekte möglich – wie z.B. eine durch das Eindringen eines Elektrons in eine photographische Platte entstandene Spur oder durch einen Stromstoß in einer Zähleranordnung –, und die Beobachtungen betreffen nur die Auskünfte darüber, wo und wann das Teilchen auf der photographischen Platte aufgefangen wurde oder welche Energie es beim Eindringen in den Zähler hatte. Diese Aufschlüsse setzen natürlich voraus, daß die Lage der photographischen Platte relativ zu den anderen in die Versuchsanordnung eingehenden Teile – wie regulierende Blenden und Schieber, welche die raumzeitliche Koordinierung festlegen, oder elektrisch geladene und magnetisierte Körper, welche die auf das Teilchen einwirkenden äußeren Kraftfelder bestimmen und damit die Grundlage für Energiemessungen abgeben – bekannt ist. Die Versuchsbedingungen können vielfältig verändert werden; entscheidend ist jedoch, daß wir in jedem einzelnen Fall anderen mitteilen können, was wir getan und beobachtet haben, und daß deshalb die Funktionen der Meßgeräte innerhalb des Vorstellungsbereiches der klassischen Physik beschrieben werden.

Da somit alle Messungen nur Körper betreffen, die so schwer sind, daß bei ihrer Beschreibung das Wirkungsquantum außer acht gelassen werden kann, besteht also streng genommen kein neues Beobachtungsproblem in der Atomphysik. Die Verstärkung atomarer Effekte, die es gestattet, die Beschreibung auf meßbare Größen zu basieren, und die den Phänomenen einen eigentümlich abgeschlossenen Charakter verleiht, unterstreicht in dieser Verbindung nur die Irreversibilität, die den Beobachtungsbegriff an sich kennzeichnet. Während innerhalb des Rahmens der klassischen Physik kein prinzipieller Unterschied zwischen der Beschreibung der Meßgeräte und der zu untersuchenden Objekte besteht, ist hinsichtlich der Quantenphänomene die Situation eine andere, weil das Wirkungsquantum der Beschreibung des Zustandes der Systeme durch raumzeitliche Koordinaten und Impuls- und Energiegrößen gewisse Grenzen setzt. Da die deterministische Beschreibung der klassischen Physik auf der Annahme einer unbegrenzten Vereinbarkeit der raumzeitlichen Koordinierung mit den dynamischen Erhaltungsgesetzen beruht, stehen wir hier offenbar vor der Frage, ob eine solche Beschreibung atomarer Objekte uneingeschränkt durchführbar ist.

Zur Klärung dieses wesentlichen Punktes trug im besonderen der Hinweis auf die Rolle bei, welche die Wechselwirkung zwischen den Objekten und den Meßgeräten in der Beschreibung der Quantenphänomene spielt. Wie Heisenberg betont hat, ist die Feststellung des Vorhandenseins eines Objektes in einem begrenzten raumzeitlichen Bereiche nach der Quantenmechanik mit einem Austausch von Impuls und Energie zwischen dem Meßgerät und dem Objekt verbunden, und diese Wechselwirkung ist um so größer, je kleiner der behandelte Bereich gewählt wird. Es war deshalb von entscheidender Bedeutung zu untersuchen, in welchem Ausmaß eine solche mit der Beobachtung verbundene Wechselwirkung bei der Beschreibung der Phänomene in Betracht gezogen werden kann. Diese Frage ist Gegenstand eingehender Diskussionen gewesen, und viele Vorschläge tauchten auf, die auf eine vollständige Kontrolle aller Wechselwirkungen abzielen. Bei solchen Erwägungen wurde jedoch nicht genügend Rücksicht auf die Tatsache genommen, daß bei der Beschreibung der Wirkung der Meßgeräte jede durch das Wirkungsquantum bedingte Wechselwirkung zwischen diesen und den atomaren Objekten auf unlösliche Weise in die Phänomene eingeht.

In jeder beliebigen Versuchsanordnung, die die Registrierung eines Teilchens in einem begrenzten raumzeitlichen Bereich gestattet, muß man ja fest angebrachte Maßstäbe und synchronisierte Uhren verwenden, die definitionsgemäß eine Kontrolle der auf sie übertragenen Impuls- oder Energiemengen ausschließen. Umgekehrt verlangt jede eindeutige Anwendung dynamischer Erhaltungsgesetze in der Quantenphysik, daß die Beschreibung der Phänomene, soweit sie das Verhalten atomarer Objekte betreffen, einen prinzipiellen Verzicht auf detaillierte raumzeitliche Koordinierung enthält. Dieses gegenseitige Ausschließungsverhältnis zwischen den Versuchsbedingungen, welche die Benutzung elementarer Begriffe voraussetzen, bringt es mit sich, daß die ganze Versuchsanordnung bei der wohldefinierten Beschreibung der Phänomene berücksichtigt werden muß. Die Unteilbarkeit der Quantenphänomene findet konsequenten Ausdruck darin, daß jede definierbare Unterteilung eine Änderung der Versuchsanordnung verlangt, die neue individuelle Phänomene zur Erscheinung bringen würde. Somit fällt die Grundlage einer deterministischen Beschreibung fort, und der statistische Charakter der Voraussagen tritt dadurch hervor, daß unter gleichen Versuchsbedingungen im allgemeinen Beobachtungen auftreten, die verschiedenen möglichen individuellen Prozessen entsprechen.

Solche Betrachtungen haben nicht allein das bereits angedeutete Dilemma bei der Fortpflanzung des Lichtes aufgeklärt, sondern auch die vollständige Lösung der entsprechenden Paradoxien im Hinblick auf anschauliche Darstellung der Zustände materieller Teilchen gebracht. Hier können wir natürlich keine physikalische Erklärung im gewohnten Sinne suchen; die Eliminierung jedes augenscheinlichen Widerspruchs ist alles, was wir in einem neuen Erfahrungsbereiche verlangen können. Wie groß auch die Gegensätze immer sein mögen, welche ein Vergleich zwischen unter verschiedenen Versuchsbedingungen gewonnenen Erfahrungen über atomare Objekte darbietet, so müssen solche Phänomene als komplementär in dem Sinne bezeichnet werden, daß jedes für sich wohldefiniert ist und daß sie zusammen alle definierbare Kenntnis von den betreffenden Objekten erschöpfen. Der quantenmechanische Formalismus, der unmittelbar auf die Zusammenfassung von Beobachtungen hinzielt, die unter mit elementaren physikalischen Begriffen beschriebenen Versuchsbedingungen gewonnen wurden, gibt eine erschöpfende komplementäre Beschreibung eines sehr großen Erfahrungsbereiches. Der Verzicht auf anschauliche Bilder gilt nur für den Zustand der atomaren Objekte selbst, während die Grundlage für die Beschreibung der Versuchsbedingungen wie auch unsere Freiheit, diese zu wählen, vollständig bewahrt bleibt. Der ganze Formalismus, der nur auf abgeschlossene Phänomene angewandt werden kann, ist in allen solchen Beziehungen als eine konsequente Verallgemeinerung der klassischen Physik zu betrachten.

In Anbetracht des Einflusses, den die mechanistische Naturauffassung auf das philosophische Denken ausgeübt hat, ist es verständlich, daß man zuweilen im Komplementaritätsgesichtspunkt einen mit der Objektivität wissenschaftlicher Beschreibung unvereinbaren Hinweis auf den subjektiven Beobachter gesehen hat. Innerhalb jedes Erfahrungsbereiches müssen wir natürlich eine scharfe Unterscheidung zwischen dem Beobachter und dem Inhalt der Beobachtungen beibehalten. Anderseits müssen wir aber bedenken, daß die Entdeckung des Wirkungsquantums die Grundlagen der Naturbeschreibung an sich in neues Licht gerückt und uns bisher unbeachtete Voraussetzungen für die widerspruchsfreie Anwendung der Begriffe, auf denen die Mitteilungen über die Erfahrungen ruhen, enthüllt hat. Wie wir gesehen haben, ist in der Quantenphysik eine Beschreibung der Funktionen der Meßgeräte bei der Definition der Phänomene unentbehrlich, und wir müssen sozusagen zwischen Subjekt und Objekt in einer Weise unterscheiden, die in jedem einzelnen Fall die unzweideutige Anwendung der in der Beschreibung benutzten elementaren physikalischen Begriffe sicherstellt. Weit entfernt von einem dem Geiste der Wissenschaft fremden Mystizismus weist die Bezeichnung Komplementarität nur auf die mit unserer Stellung bei Beschreibung und Zusammenfassung von Erfahrungen im Bereiche der Atomphysik verbundenen logischen Bedingungen hin.

WOLFGANG PAULI

318
Phänomen und physikalische Realität

Im folgenden will ich einige Hinweise geben, welche Probleme in Verbindung mit den Stichworten Phänomen und Realität in der heutigen Physik eine wichtige Rolle spielen, ohne Anspruch, dieses unerschöpfliche Thema auch nur annähernd bemeistern zu können. Dabei will ich aber auch kontroverse Fragen berühren, denn diese sind es ja, denen sich das allgemeine Interesse am meisten zuwendet. Zur Orientierung der Philosophen möchte ich gleich bemerken, daß ich selbst keiner bestimmten philosophischen Richtung angehöre, die einen mit den Silben «-ismus» endenden Namen trägt. Darüber hinaus bin ich auch dagegen, spezielle physikalische Theorien wie zum Beispiel die Relativitätstheorie oder die Quanten- oder Wellenmechanik speziellen -ismen zuzuordnen, obwohl dies zuweilen von physikalischer Seite her geschieht. Meine allgemeine Tendenz ist vielmehr, zwischen extremen Richtungen eine gewisse Mitte einzuhalten. In diesem Sinne ist es wohl am besten, sich zunächst darüber zu besinnen, wie Phänomen und Realität im beruflichen Alltagsleben des Physikers vorkommen.

I. PHÄNOMEN UND REALITÄT IM ALLTAGSLEBEN DES PHYSIKERS

Das Phänomen, die Erscheinung, kann elementar oder auch recht komplex sein. Zu den unmittelbaren Phänomenen gehören die Bewußtseinsinhalte. Die Beschreibung derselben als Wahrnehmungen ist insofern einseitig, als auch Gedanken und Ideen spontan entstehen. Man spricht ja von «Einfällen», was bedeutet, daß etwas in das Bewußtsein fällt. Ich möchte deshalb vorschlagen, auch das Auftreten von Ideen und Gedanken Phänomene zu nennen, ebenso wie Töne, Farben, Tasteindrücke.

Unsere Vorstellungen verlaufen nicht willkürlich, sondern erscheinen in einer gewissen Ordnung. Es ist der Zusammenhang der Bewußtseinsinhalte, der uns erlaubt, Träumen von Wachen zu unterscheiden und unwillkürlich äußere Objekte, sowie auch das Bewußtsein der Mitmenschen als existierend zu erleben. Das, was wir antreffen, was sich unserer Willkür entzieht, womit wir rechnen müssen, ist das, was man als wirklich bezeichnet. Die europäischen Sprachen haben zwei verschieden abgeleitete Worte hierfür, das eine, lateinische: Realität von res = Sache, das andere, deutsche: Wirklichkeit, von Wirken. Im Englischen ist beides vertreten als reality und actuality. Der abstraktere, von Wirken abgeleitete Begriff ist derjenige, der dem in der Wissenschaft gebrauchten nähersteht.

Wenn wir nun zu formulieren versuchen, was das physikalische Phänomen und was die physikalische Wirklichkeit ist, so gehen die Meinungen bereits auseinander. Ich persönlich sehe nicht, wie in der Physik eine Definition des Phänomens möglich ist, die Perzeptionsdaten von rationellen und ordnenden Prinzipien zu isolieren trachtet. Vielmehr erscheint mir eine solche Trennung selbst bereits das Resultat einer besonderen kritischen Gedankenarbeit, welche die stets vorhandenen unbewußt instinktiven Denkzutaten entfernt. Eine Beschränkung auf festgestellte oder feststellbare Bewußtseinsinhalte würde sowohl das Leben wie die Wissenschaft unmöglich machen. Erst unwillkürlich und später bewußt, setzt der Mensch an und für sich nicht Feststellbares, man kann auch sagen relativ Transzendentes – wie zum Beispiel das Bewußtsein der anderen, die Rückseite des Mondes, eine Geschichte der Erde, die zum Teil kein Lebewesen gesehen hat –, um daraus wieder Feststellbares abzuleiten.

Von dieser Mitte aus ist es ein gleich weiter Weg bis zur Elimination des Wirklichkeitsbegriffes einerseits und der Annahme von metaphysischen, unbedingt und für immer geltenden Seinsurteilen andererseits. Ich glaube, daß für die Naturwissenschaften keines von beiden nötig ist. Der Mensch wird immer wieder die spontane Erfahrung einer Wirklichkeit erleben und diese in Worten beschreiben, die ihm angemessen scheinen. Er kann aber

Seinsurteile *als bedingt* erkennen durch die Bestrebungen, Hoffnungen, Wünsche, kurz durch die allgemeine seelische Einstellung des Einzelnen oder der Gruppe, welche diese Aussagen machen. Hierzu gehört, insbesondere auch beim Forscher, der Grad seiner Kenntnisse, das Maß des Wissens seiner Zeit. Auf diese Weise entsteht eine Spannung zwischen Phänomen und Wirklichkeit, die den Reiz des Lebens wie der Forschung ausmacht.

Der Naturwissenschaftler hat es mit besonderen Phänomenen und einer besonderen Wirklichkeit zu tun. Er hat sich auf das zu beschränken, *was reproduzierbar ist.* Hierzu rechne ich auch das, für dessen Reproduktion die Natur von selbst gesorgt hat. Ich behaupte nicht, daß das Reproduzierbare an und für sich wichtiger sei als das Einmalige, aber ich behaupte, daß das wesentlich Einmalige sich der Behandlung durch naturwissenschaftliche Methoden entzieht. Zweck und Ziel dieser Methoden ist ja, Naturgesetze zu finden und zu prüfen, worauf die Aufmerksamkeit des Forschers allein gerichtet ist und gerichtet bleiben muß.

Die zusammenhängende Formulierung von Gedankensystemen, bestehend aus mathematischen Gleichungen und aus Regeln, wie diese mit Erfahrungsdaten zu verknüpfen sind, nennen wir eine physikalische Theorie, die man dann innerhalb der Begrenzung ihres Anwendungsbereiches als «Modell der Wirklichkeit» bezeichnen kann. Wie ich an anderer Stelle ausgeführt habe, halte ich es für müßig, darüber zu spekulieren, was zuerst da war, die Idee oder das Experiment. Ich hoffe, daß niemand mehr der Meinung ist, daß Theorien durch zwingende logische Schlüsse aus Protokollbüchern abgeleitet werden, eine Ansicht, die in meinen Studententagen noch sehr in Mode war. Theorien kommen zustande durch ein vom empirischen Material inspiriertes *Verstehen,* welches am besten im Anschluß an *Plato* als Zur-Deckung-Kommen von inneren Bildern mit äußeren Objekten und ihrem Verhalten zu deuten ist. Die Möglichkeit des Verstehens zeigt aufs Neue das Vorhandensein regulierender typischer Anordnungen, denen sowohl das Innen wie das Außen des Menschen unterworfen sind.

ANHANG

AUTORENVERZEICHNIS

Abu 'l-Barakāt (ca. 1077– ca. 1165), jüdischer Philosoph, stellte die Konzeption des Aristoteles von Raum, Zeit und Bewegung in Frage. Er schuf eine Impetus-Theorie, die in einigen Punkten von derjenigen des Avicenna abweicht.

al-Bīrūnī, d.i. Muḥammad b. Aḥmed Abu Raiḥān (ca. 973–1048), islamischer Mathematiker und Wissenschaftler. Unter seinen zahlreichen Abhandlungen sind Arbeiten über den Kalender, über Mathematik, Astronomie und Astrologie wie über Geographie und Mineralogie.

d'Alembert, Jean le Rond (1717–1783), französischer Mathematiker und Philosoph. In seinem «Traité de Dynamique» (1743) formulierte er das nach ihm benannte Prinzip, durch welches die Gesetze der Bewegung auf die des Gleichgewichts zurückgeführt wurden. Mit Diderot gab er die «Encyclopédie» heraus (1751 ff.).

Alhazen, d.i. Muḥammad b. al-Ḥasan Ibn al-Haiṭam (ca. 965–nach 1039), islamischer Mathematiker, Physiker und Astronom, einer der Begründer der Optik.

Alkmaion von Kroton (ca. 570–500 v. Chr.), Pythagoreer, Arzt und einer der Begründer der antiken Medizin.

Ampère, André Marie (1775–1836), französischer Physiker, Mathematiker und Chemiker. Seine wissenschaftlich bedeutendsten Leistungen liegen auf dem Gebiet der Elektrodynamik.

Anaxagoras (ca. 500–425 v. Chr.). Seine Lehre von der Materie fußt auf der Vorstellung einer unendlichen Vielheit von Elementarteilchen, aus deren Mischung sich alle stofflichen Erscheinungen herleiten. Diese werden gelenkt durch das bewegende und ordnende Prinzip des Geistes.

Anaximander (ca. 610–540 v. Chr.). Einer der drei ersten Naturphilosophen und jüngerer Zeitgenosse des Thales von Milet, des Begründers der monistischen Naturlehre. Er betrachtete das Unbegrenzte als das erste Prinzip der Materie.

Anaximenes (ca. 580–520 v. Chr.), nach antiker Tradition Schüler des Anaximander. Er setzte als Ursprung aller Dinge die Luft an.

Archimedes (287–212 v. Chr.). Einer der größten Mathematiker des griechischen Altertums. In seinem «Sandrechner» beschreibt er die heliozentrische Lehre seines Zeitgenossen Aristarch.

Archytas von Tarent (1. Hälfte 4. Jh. v. Chr.). Freund Platons und pythagoreischer Mathematiker. Er befaßte sich auch mit Fragen der Akustik und Mechanik.

Aristoteles (384–322 v. Chr.) begann als Schüler Platons und gründete dann die als «peripatetische» bekanntgewordene Schule. Seine Lehren haben das wissenschaftliche Denken bis zum Beginn der Neuzeit beeinflußt.

Averroës, d.i. Muḥammad b. Aḥmed b. Rušd (1126–1198), islamischer Philosoph, berühmt für seine Aristoteles-Kommentare.

Avicenna, d.i. al-Ḥusain b. 'Abdallah Ibn Sīnā (980–1037), islamischer Philosoph, Physiker und Arzt, stellte eine Theorie über den Impetus auf, ähnlich der des Philoponos.

Bacon, Francis (1561–1626), Philosoph und Lordkanzler von England. Seine radikale Ablehnung der Scholastik, seine Betonung der Wichtigkeit einer empirisch fundierten Betrachtungsweise der Natur und seine «Neue Philosophie», welche wissenschaftliche Forschung auf Induktion basieren läßt, hatten einen außerordentlichen Einfluß vor allem auf die englischen Wissenschaftler des 17. Jh.

Bacon, Roger (ca. 1219–1294), englischer Philosoph und Franziskanermönch. Sein wissenschaftliches Hauptinteresse richtete sich auf die Mathematik und ihre Anwendung auf die Wissenschaften, vor allem auf Optik und Alchemie. Er betonte die Wichtigkeit experimentellen Vorgehens.

Bernoulli, Daniel (1700–1782), Schweizer Physiker und Mathematiker. Seine «Hydrodynamica» (1738) enthält die Anfänge der kinetischen Gastheorie.

Bernoulli, Jakob (1654–1705), Schweizer Mathematiker. Sein Buch über Wahrscheinlichkeitsrechnung («Ars conjectandi»), in dem er das Gesetz der großen Zahl aufstellte, erschien posthum 1712.

Bernoulli, Johann (1667–1748), Schweizer Mathematiker, trug zur Klärung und Formulierung mechanischer Prinzipien Wesentliches bei.

Bohr, Niels (1885–1962), dänischer Physiker, einer der bedeutendsten Theoretiker im Bereich der Atom- und Nuklearphysik. Seine Abhandlung über die Atomstruktur (1913) ist ein grundlegender Beitrag zur Vereinigung von Atomphysik und Quantentheorie. Er publizierte wichtige Aufsätze über die philosophische Bedeutung der Quantenmechanik und führte den Begriff der Komplementarität ein. Nobelpreis für Physik 1922.

Boltzmann, Ludwig (1844–1906), österreichischer Physiker und Wissenschaftsphilosoph. Er leistete wichtige Beiträge zur statistischen Mechanik und entdeckte den Zusammenhang von Entropie und Wahrscheinlichkeit des Zustandes eines thermodynamischen Systems.

Bošković, Roger (1711–1787), serbokroatischer Jesuit. Er war bekannt für seine Arbeiten in vielen Gebieten der Wissenschaft. In seinem Buch «Theoria philosophiae naturalis» (1758) entwickelte er seine Hypothese von den Atomen als Singularitäten in einem Kontinuum, welche als Kraftzentren von Abstoßung und Anziehung wirken.

Boyle, Robert (1627–1691), englischer Physiker und Chemiker, einer der Gründer der Royal Society. Seine Experimente über die physikalischen Eigenschaften der Luft wurden 1660 publiziert. Er war einer der Verfechter der Korpuskulartheorie der Materie. Sein berühmtes Gesetz vom Verhältnis zwischen Druck und Volumen eines Gases wurde 1662 aufgestellt.

de Broglie, Louis (* 1892), französischer Physiker, Begründer der Wellentheorie der Materie, deren Ausgangspunkt die Zuordnung einer Frequenz zu jedem Elementarteilchen war (1924). Seine Grundideen wurden später durch Schrödinger in seiner Wellenmechanik weiterentwickelt und führten zu einer neuen Interpretation des Dualismus von Wellen und Partikeln. Nobelpreis für Physik 1929.

Bruno, Giordano (1548–1600), italienischer Philosoph und Dominikanermönch. Er war ein enthusiastischer Anhänger der kopernikanischen Theorie, die er in Vorlesungen in ganz Europa der Öffentlichkeit bekanntmachte. Er wurde von der Inquisition verurteilt und erlitt den Tod auf dem Scheiterhaufen. In seinem Werk «De l'infinito, universo e mondi» (1584) vertrat er die These, wonach die Fixsterne in Wirklichkeit Sonnen seien.

Bunsen, Robert (1811–1899), deutscher Chemiker. Zusammen mit Gustav Kirchhoff entwickelte er von 1859 an die Spektroskopie als eine physikalische Disziplin und entdeckte durch Spektralanalyse die Elemente Caesium und Rubidium.

Carnot, Sadi (1796–1832), französischer Physiker. Seine «Reflexions sur la puissance motrice du feu» (1824), welche den Nutzeffekt einer idealen thermischen Maschine untersuchen, waren ein erster wesentlicher Beitrag zum zweiten Hauptsatz der Thermodynamik.

Chrysipp (ca. 281–208 v.Chr.), stoischer Philosoph, Begründer der Auffassung des Universums als eines vom Pneuma erfüllten und beherrschten Kontinuums.

Clausius, Rudolf (1822–1888), deutscher Physiker, der als erster den zweiten Hauptsatz der Thermodynamik formulierte (1850), indem er davon ausging, daß Wärme nicht von selbst von einem kälteren in einen wärmeren Körper übergeht. Im Verlauf seiner Untersuchungen führte er 1864 den Begriff der Entropie ein.

Dalton, John (1766–1844), englischer Chemiker und Physiker, einer der Pioniere der modernen Atomlehre. Sein Hauptbeitrag zu dieser Theorie ist enthalten in seinem Werk «A New System of Chemical Philosophy» (1808).

Demokrit (ca. 460 – ca. 370 v. Chr.). Er entwickelte die Hauptbegriffe der Lehre von den Atomen zu einem System. Er war außerdem bedeutungsvoll als Philosoph.

Descartes, René (1596–1650), französischer Philosoph und Mathematiker und einer der Hauptbegründer des modernen wissenschaftlichen Denkens. In seinen «Principia philosophiae» (1644) entwickelte er seine mechanistische Auffassung der Natur und vor allem der physikalischen Erscheinungen (Ätherwirbel, mechanische Erklärung des Magnetismus, Ausbreitung des Lichtes).

Diogenes von Apollonia (ca. 460–ca. 390 v. Chr.). Einer der ersten Philosophen, welcher das teleologische Prinzip auf Naturerscheinungen anwandte.

Einstein, Albert (* 1879 Ulm, † 1955 Princeton), einer der größten Wissenschaftler aller Zeiten, Begründer der speziellen Relativitätstheorie (1905) und der allgemeinen Relativitätstheorie (1916). Seine Abhandlung über die Theorie der Lichtquanten (1905) war ein entscheidender Beitrag zur Quantentheorie. Seine mathematische Herleitung der Brownschen Bewegung (1905) liefert den überzeugenden Beweis für die molekulare Struktur der Materie. Nobelpreis für Physik 1921.

Empedokles (ca. 500–430 v. Chr.). Seine Lehre von den vier Elementen beeinflußte die Wissenschaften bis zum Ende des Mittelalters. Er führte die Auffassung von den entgegengesetzten Kräften Liebe und Streit als den aktiven Prinzipien der Bewegung ein.

Epikur (341–270 v. Chr.). Gründer der nach ihm benannten philosophischen Schule, welche die Atomlehre des Demokrit übernahm, entwickelte und ausbaute. Zu den wichtigsten Quellen seiner physikalischen Lehre gehören seine Briefe an Herodot und Pythokles.

Euler, Leonhard (1707–1783), Schweizer Mathematiker, von dessen zahlreichen wichtigen Publikationen sich viele mit Problemen der Physik und Astronomie befassen. Er war ein Anhänger der Wellentheorie des Lichts. Seine «Lettres à une Princesse d'Allemagne» gehören zu den klassischen Werken populärer Wissenschaft.

Faraday, Michael (1791–1867), englischer Physiker und Chemiker, einer der größten Experimentalwissenschaftler, Begründer des Begriffes des physikalischen Kraftfeldes, welcher der Konzeption von der Fernwirkung ein Ende setzte. Seine wichtigsten Entdeckungen sind die elektromagnetische Induktion (1831), die Grundgesetze der Elektrochemie (1833/34) und die durch einen Magneten bewirkte Rotation der Polarisationsebene des Lichts (1845). 1851 publizierte er eine zusammenfassende Darstellung seiner Vorstellungen über die Realität der Kraftlinien.

Fermat, Pierre (1601–1665), französischer Jurist und bedeutender Mathematiker, berühmt vor allem durch seine Arbeiten über die Zahlentheorie; entwickelte die Methode der Maxima und Minima und stellte in der Optik das Prinzip der kürzesten Zeit auf.

Fresnel, Augustin (1788–1827), französischer Physiker. Nachdem Thomas Young 1801 die Interferenz von Lichtwellen entdeckt hatte, schuf Fresnel mit seinem Werk über Diffraktion und Polarisation eine solide Basis für die Wellentheorie des Lichtes, welche auf der Annahme fußt, daß Licht aus Transversalwellen des elastischen Äthers besteht.

Galilei, Galileo (1564–1642), italienischer Physiker und Astronom, ein Vorkämpfer der kopernikanischen Theorie. Seine Entdeckungen mittels des von ihm 1609 konstruierten Teleskops trugen zur Bestätigung des heliozentrischen Systems Wesentliches bei. Sein «Dialogo sopra i due massimi sistemi del mondo, Tolemaico e Copernicano» (1632) wurde ohne Erlaubnis der Kirche publiziert und führte zum berühmten Inquisitionsprozeß (1633). Galileis Untersuchungen über die Fallgesetze und andere mechanische Probleme (in seinen «Discorsi e dimonstrazioni matematiche intorno a due nuove scienze», 1638) legten zusammen mit seiner Widerlegung des Aristoteles den Grund für die moderne Mechanik.

Gassendi, Pierre (1592–1655), französischer Wissenschaftler, der die griechische Atom-Hypothese wieder aufgriff. Seine Forschungen über Bewegungsvorgänge trugen zur Klärung des Trägheitsbegriffs bei.

Gilbert, William (1544–1603), Leibarzt Königin Elisabeths I. In seinem Buch «De magnete» (1600), einem der ersten Werke moderner Physik, stellt Gilbert, gestützt auf systematische Experimente, die Eigenschaften des Magneten und seine Theorie vom Erdmagnetismus dar. Das Buch beeinflußte das Denken vieler Wissenschaftler, unter ihnen Kepler.

Grosseteste, Robert (ca. 1175–1253), englischer Naturphilosoph, Bischof von Lincoln. Er entwickelte eine Kosmologie, die sich aus seinem Begriff vom Licht und dessen Eigenschaften herleitet.

Heisenberg, Werner (* 1901), deutscher Physiker, zusammen mit Born und Jordan Begründer der Quantenmechanik. Er formulierte die Unbestimmtheitsrelationen, welche unter anderem auch für die Erkenntnistheorie der Wissenschaften von grundlegender Bedeutung sind. Nobelpreis für Physik 1932.

Helmholtz, Hermann (1821–1894), deutscher Physiker und Physiologe. Seine berühmte Abhandlung «Über die Erhaltung der Kraft» (1847) stellte das Gesetz von der Erhaltung der Energie auf, dessen Gültigkeit er auch für organische Vorgänge betonte. Sein Buch «Die Lehre von den Tonempfindungen als physiologische Grundlage für die Theorie der Musik» (1862) leitete die moderne physiologische Akustik ein.

Heraklit (ca. 550–480 v. Chr.). Seine Ideen über die Rolle des Feuers in der Natur und über den fortwährenden Wandel der Materie beeinflußten die physikalischen Konzeptionen der Stoiker.

Hertz, Heinrich (1857–1894), deutscher Physiker. Seine Erforschung der Eigenschaften der elektrischen Wellen (1887) bestätigte Maxwells elektromagnetische Lichttheorie und bildete den Ausgangspunkt für die Entwicklung der drahtlosen Telegraphie.

Hooke, Robert (1635–1703), englischer Physiker, eines der ersten Mitglieder der Royal Society, entdeckte das nach ihm benannte Elastizitätsgesetz. Er erforschte die Anwendung mechanischer Prinzipien auf die Planetenbewegungen und regte die Entwicklung der Meteorologie als einer selbständigen Wissenschaft an. Sein berühmtestes Werk ist die «Micrographia» (1665).

Huygens, Christian (1629–1695), holländischer Physiker, Mathematiker und Astronom. Zu seinen bedeutenden physikalischen Arbeiten zählen die Wellentheorie des Lichts (1678) und sein Werk über das Pendel und über die Zentrifugalkraft.

Joule, James Prescott (1818–1889), englischer Physiker. Sein Werk über das mechanische Wärmeäquivalent (1843) war ein entscheidender Beitrag zur Fundierung des Energiesatzes.

Kant, Immanuel (1724–1804). Seine «Allgemeine Naturgeschichte und Theorie des Himmels» (1755) war die erste moderne Kosmologie.

Kepler, Johannes (1571–1630), deutscher Mathematiker und Astronom. Seine drei Gesetze über die Umlaufsbahnen und Umlaufszeiten der Planeten (1609 und 1619 publiziert) vervollständigten und erweiterten das kopernikanische System, dessen Vorkämpfer Kepler sein Leben lang gewesen war. Seine Gesetze legten außerdem den Grund für Newtons Gravitationstheorie.

Kirchhoff, Gustav (1824–1887), deutscher Physiker, bekannt für seine Gesetze über elektrischen Strom und Wärmestrahlung. Mit Bunsen Begründer der Spektroskopie (1859).

Kopernikus, Nikolaus (1473–1543), polnischer Astronom, Begründer der heliozentrischen Theorie, welche die Ära der modernen Naturwissenschaft einleitete. Sein Werk «De revolutionibus orbium coelestium», an dem er während über dreißig Jahren arbeitete, wurde in seinem Todesjahr publiziert.

Kues, Nikolaus von (1401–1464), Bischof von Brixen, einer der großen Mystiker des 15. Jh., entwickelte die Idee von der Unendlichkeit des Universums.

Laplace, Pierre Simon de (1749–1827), französischer Astronom, Mathematiker und Physiker. Einer seiner wichtigsten Beiträge zur Astronomie war die «Störungstheorie». Seine berühmte Kosmogonie publizierte er in seinem «Système du monde» (1796). Seine «Théorie analytique des probabilités» (1812) ist einer der klassischen Beiträge im Gebiet der Wahrscheinlichkeitsrechnung.

Leibniz, Gottfried Wilhelm (1646–1716), erfand unabhängig von Newton die Differential- und Integralrechnung. Im Gegensatz zu diesem sah er Raum und Zeit als relative Wesenheiten an. Er betonte die Bedeutung des Begriffs der «vis viva» für die Mechanik und die Notwendigkeit eines teleologischen Prinzips für die letzte Erklärung physikalischer Phänomene.

Leukippos (Mitte 5. Jh. v. Chr.), Gründer der Schule der Atomisten, deren erste Prinzipien die Atome und das Leere sind. Er war der Lehrer des Demokrit und möglicherweise Schüler des Zenon von Elea.

Lukrez (Titus Lucretius Carus) (97–55 v. Chr.), römischer Dichter, dessen Lehrgedicht «De rerum natura» eine wichtige Quelle zur epikureischen Lehre darstellt.

Mach, Ernst (1838–1916), österreichischer Physiker und Wissenschaftsphilosoph, einer der Vorkämpfer des wissenschaftlichen Positivismus. Sein Buch «Die Mechanik in ihrer Entwicklung historisch-kritisch dargestellt» (1883) hatte einen bedeutenden Einfluß auf das wissenschaftliche Denken der Jahrhundertwende.

Maimonides, Moses (1135–1204), jüdischer Philosoph und Arzt. Sein spekulatives Hauptwerk ist der «Führer der Unschlüssigen», welches im 13. Jh. ins Lateinische übersetzt wurde und einen beträchtlichen Einfluß auf die christliche Scholastik hatte.

Maupertuis, Pierre Louis Moreau de (1698–1759), französischer Wissenschaftler, der als erster das Prinzip der kleinsten Wirkung formulierte (1744), welches er durch metaphysische Argumente zu begründen versuchte.

Maxwell, James Clerk (1831–1879), englischer Physiker, entwickelte die mathematische Theorie des elektromagnetischen Feldes («Maxwellsche Gleichungen»), die er in einer Reihe von Abhandlungen ausarbeitete (1861 bis 1865). Durch diese Theorie, welche u. a. zeigte, daß elektromagnetische Felder sich mit Lichtgeschwindigkeit ausbreiten, wurde die Optik zu einem Zweig des Elektromagnetismus. Er leistete außerdem wesentliche Beiträge zur kinetischen Gastheorie.

Mendelejew, Dimitrij Iwanowitsch (1834–1907), russischer Chemiker, Entdecker des Periodischen Systems der Elemente (1869), welches die Voraussage und Bestimmung neuer chemischer Elemente ermöglichte.

Michelson, Albert Abraham (1852–1931), amerikanischer Physiker, konstruierte 1881 das nach ihm benannte Interferometer, um den Einfluß der Erdbewegung auf die Lichtgeschwindigkeit festzustellen. Sein berühmtes Experiment (zusammen mit Morley, 1887) zeigte, daß ein solcher Einfluß nicht besteht. Nobelpreis für Physik 1907.

Newton, Isaac (1643–1727), englischer Physiker und Mathematiker, einer der größten Wissenschaftler aller Zeiten. Seine berühmtesten Leistungen sind die Differential- und Integralrechnung, das allgemeine Gravitationsgesetz und seine Anwendungen sowie die Lichtzerlegung durch das Prisma. Seine «Philosophiae naturalis principia mathematica» (1687), das erste systematische Werk der theoretischen Physik, eröffnete die Ära der klassischen Mechanik. In seiner «Opticks» (1704) nimmt er die korpuskulare Natur des Lichts an, verbunden mit der Hypothese seiner periodischen «Anwandlungen».

Oresme, Nicole (ca. 1325–1382), französischer Philosoph, Ökonom und Wissenschaftler, Bischof von Lisieux, bemerkenswert für seine Ablehnung von Aristoteles' Kosmologie und für seine Vorwegnahme kopernikanischer Ideen; einer der führenden Theoretiker des Impetus.

Ørsted, Hans Christian (1777–1851), dänischer Physiker, entdeckte 1820 die Ablenkung einer Magnetnadel durch den elektrischen Strom. Auf Grund dieser Entdeckung entwickelte Ampère seine elektrodynamische Theorie.

Pascal, Blaise (1623–1662), französischer Wissenschaftler und Philosoph. Nach Torricellis Entdeckung führte er eine Reihe von Experimenten aus (1647), welche die Erscheinungen des Luftdrucks erklärten und seine Abhängigkeit von der Höhe bestätigten. Dies setzte dem Begriff des «horror vacui» der Natur ein Ende.

Pauli, Wolfgang (* 1900 Wien, † 1958 Zürich), theoretischer Physiker, Entdecker des nach ihm benannten Ausschließungsprinzips, welches die Struktur der Atomhülle und das periodische System der Elemente erklärt. Er war ein tiefgründiger Interpret und Kritiker der modernen Physik. Nobelpreis für Physik 1945.

Philolaos (5./4. Jh. v. Chr.), einer der Begründer der pythagoreischen Zahlenphilosophie.

Philoponos, Johannes (ca. 485–ca. 555), christlicher Neuplatoniker, Philosophieprofessor in Alexandrien, berühmter Aristoteles-Kommentator und bekannt für seine anti-aristotelische Auffassung von Raum, Vakuum und Bewegung. Er entwickelte den Begriff des Impetus.

Planck, Max (1858–1947), deutscher Physiker, Begründer der Quantentheorie (1900), gelangte zum Begriff des Energiequants (das Produkt des Planckschen Wirkungsquantums und der Strahlungsfrequenz) durch seine Untersuchungen der Strahlung schwarzer Körper. Er veröffentlichte auch wichtige Arbeiten über wissenschaftliche Erkenntnistheorie. Nobelpreis für Physik 1918.

Platon (427–348/47 v. Chr.), griechischer Philosoph und Begründer der athenischen Akademie, welche seit ihrem Beginn 387 v. Chr. das geistige Zentrum seiner philosophischen Lehren war, bis sie 529 n. Chr. durch Justinian geschlossen wurde. Seine wichtigste kosmologische Abhandlung ist der «Timaios»; viele andere bedeutungsvolle Äußerungen zur Naturwissenschaft und Astronomie sind in der «Politeia» zu finden.

Plutarchos von Chaironeia (ca. 45–120 n. Chr.), fruchtbarer griechischer Schriftsteller und platonischer Philosoph. Seine Schriften gegen Epikureer und Stoiker sind wichtige Quellen zu deren philosophischen Systemen. Sein Buch «Über das Mondgesicht» spiegelt die astrophysikalischen Vorstellungen seiner Zeit wider.

Proklos (ca. 412–485), neuplatonischer Philosoph und Haupt der athenischen Akademie. Sein Werk über die ptolemäische Astronomie ist das letzte große naturwissenschaftliche Werk der griechischen Antike.

Prout, William (1785–1850), englischer Arzt und Chemiker. Seine Hypothese, wonach die Wasserstoffatome die Grundbausteine aller chemischen Elemente seien, wurde 1815 erstmals anonym publiziert.

Ptolemaios, Claudius (ca. 100–ca. 170), griechischer Astronom und Naturwissenschaftler, verfaßte (ca. 150) neben andern wichtigen Traktaten über Geographie und Astrologie die berühmte «Syntaxis mathematica», bekannt als der «Almagest», dessen umfassende Darstellung des geozentrischen Systems erst 1543 durch Kopernikus' heliozentrische Theorie abgelöst wurde.

Rhazes, d. i. Muḥammad ibn Zakariyyā' ar-Rāzī (850–925 oder 935), islamischer Arzt, Wissenschaftler und Philosoph. Seine medizinischen und naturwissenschaftlichen Schriften sind Zeugnisse eines ausgesprochenen Empirismus. Seine physikalische Denkweise war anti-aristotelisch.

Rømer, Ole (1644–1710), dänischer Astronom, bestimmte 1676 die Lichtgeschwindigkeit durch seine Beobachtungen der Verfinsterungen von Jupiter-Satelliten.

Rutherford, Ernest (1871–1937), englischer Physiker, stellte in Zusammenarbeit mit Soddy die Theorie der Radioaktivität auf. Seine Forschungen über die Streuung von α-Teilchen führten 1911 zur Kerntheorie, nach der das Atom aus einem kleinen positiven Kern und einer ihn umgebenden Hülle von negativen Elektronen besteht. Nobelpreis für Chemie 1908.

Seneca, Lucius Annaeus (4 v. Chr.–65 n. Chr.), römischer Schriftsteller und Philosoph, einer der Hauptvertreter der späten Stoa. Seine «Naturales Quaestiones» sind eine wichtige Quelle für das Studium seiner Naturphilosophie.

Sprat, Thomas (1635–1713), englischer Bischof, eines der ersten Mitglieder der Royal Society. Sein Buch «The History of the Royal Society» erschien 1667, fünf Jahre nach der Gründung der Royal Society. Das Buch enthält Zusammenfassungen der Forschungsresultate von einigen der ersten Mitglieder.

Torricelli, Evangelista (1608–1647), italienischer Physiker, dessen berühmtes Experiment von 1643 zur Erfindung des Barometers führte.

Zenon von Elea (ca. 490–2. H. des 5. Jh. v. Chr.). Seine Paradoxe stellten, im Geist seines Lehrers Parmenides, die Realität von Bewegung und Wechsel in Frage.

Zenon von Kition (ca. 334–263 v. Chr.), Begründer der Schule der Stoiker.

BEGRIFFSREGISTER

NAMENREGISTER

Kursiv gesetzt ist jeweils diejenige Ziffer einer Seite, auf der ein Zitat des betreffenden Autors beginnt.
Verweise mit ★ beziehen sich auf die Fußnoten.

QUELLENVERZEICHNIS

Die Texte sind laufend numeriert, und auf diese Laufnummern ist im Quellenverzeichnis verwiesen. Textüberschriften, die nicht zum Originaltext gehören, sind *vor* die Laufnummer gestellt, während originale Überschriften der Autoren *unter* den Laufnummern stehen. Auslassungen sind durch Punkte in eckigen Klammern angedeutet.

Abkürzungen:
T = Text
Ü = Übersetzung
VS = H. Diels / W. Kranz: Die Fragmente der Vorsokratiker. Griech. und dt., 6. Aufl., Berlin 1951 (1903), 1961
SVF = H. von Arnim: Stoicorum Veterum Fragmenta, Leipzig 1903

Verlag und Herausgeber danken an dieser Stelle den Übersetzern, die eigens für diesen Band Texte erstmals ins Deutsche übertrugen. Es sind dies: Theodor G. Bucher (Chur), Olof Gigon (Bern), Anthony J. Lloyd (Opfikon), Monique Moser (Montreal), Walter W. Müller (Tübingen), Liselotte Rüegg (Belp), Elisabeth Schmid (Zollikon). Folgende Verlage erteilten die Abdrucksgenehmigungen für ihre Texte: Verlag Felix Meiner, Hamburg (Ü 150, 151, 152, 192, 193), Verlag Philipp Reclam jun., Leipig (Ü 48), Verlag Ferdinand Schöningh, Paderborn (Ü 29), Verlag Friedrich Vieweg, Braunschweig (T 318). Frau Prof. Margrethe Bohr sowie Prof. Werner Heisenberg sei für die Gewährung der Abdrucksrechte auf die Texte 309, 312, 313, 314, 315, 316, 317 ebenfalls bestens gedankt.
Wo es dem Herausgeber aus Gründen der Klarheit geboten schien, wurden gelegentliche Änderungen an bereits publizierten Übersetzungen vorgenommen.

1 *T:* VS 12 A 9. *Ü:* S. Sambursky: Das physikalische Weltbild der Antike, Zürich/Stuttgart 1965, S. 21/22

2 *T:* VS 13 A 5. *Ü:* S. Sambursky

3 *T* und *Ü:* VS 13 B 2

4 *T:* VS 22 B 49a. *Ü:* Die Anfänge der abendländischen Philosophie. Fragmente und Lehrberichte der Vorsokratiker. Eingel. von Ernst Howald, übertr. von Michael Grünwald, Zürich 1949, S. 60

5 *T:* VS 22 B 51. *Ü:* wie Ü 4, S. 61

6 *T:* VS 22 B 54. *Ü:* wie Ü 4, S. 61

7 *T:* VS 22 B 90. *Ü:* wie Ü 4, S. 57

8 *T:* VS 22 B 123. *Ü:* wie Ü 4, S. 71

9 *T:* VS 58 B 15. *Ü:* L. Rüegg

10 *T:* VS 58 B 5. *Ü:* Aristoteles: Einführungsschriften. Eingel. und neu übertr. von Olof Gigon, Zürich/Stuttgart 1961, S. 184/185

11 *T:* VS 58 B 34. *Ü:* wie Ü 1, S. 348

12 *T:* VS 58 B 35. *Ü:* Aristoteles: Vom Himmel. Von der Seele. Von der Dichtkunst. Eingel. und neu übertr. von Olof Gigon, Zürich 1950, S. 118/119

13 *T:* VS 58 B 37. *Ü:* wie Ü 12, S. 124/125

14 *T:* VS 24 B 4. *Ü:* wie Ü 4, S. 33/34

15 *T:* VS 44 B 4. *Ü:* wie Ü 4, S. 36

16 *T:* VS 44 B 6. *Ü:* wie Ü 4, S. 37

17 *T:* VS 44 B 10. *Ü:* wie Ü 4, S. 37

18 *T:* VS 44 B 12. *Ü:* wie Ü 4, S. 38

19 *T:* VS 47 B 1. *Ü:* wie Ü 4, S. 43

20 *T:* VS 29 B 4. *Ü:* wie Ü 4, S. 82

21 *T:* VS 29 A 25. *Ü:* wie Ü 4, S. 83

22 *T:* VS 29 A 26. *Ü:* wie Ü 4, S. 84

23 *T:* VS 29 A 27. *Ü:* wie Ü 4, S. 84

24 *T:* VS 29 A 28. *Ü:* S. Sambursky

25 *T:* VS 31 B 17. *Ü:* wie Ü 4, S. 88/89

26 *T* und *Ü:* VS 31 B 23

27 *T* und *Ü:* VS 31 B 26

28 *T:* VS 31 A 67. *Ü:* wie Ü 12, S. 129/130

29 *T:* VS 31 A 87. *Ü:* Aristoteles: Über den Himmel. Vom Werden und Vergehen. *In:* Aristoteles: Die Lehrschriften. Hg., übertr. und in ihrer Entstehung erl. von Paul Gohlke, Paderborn 1958, S. 227/228

30 *T:* VS 31 A 89. *Ü:* wie Ü 1, S. 526

31 *T:* VS 31 A 57. *Ü:* wie Ü 1, S. 37

32 *T:* VS 59 A 1. *Ü:* Diogenes Laertius: Leben und Meinungen berühmter Philosophen. Übers. aus dem Griech. von Otto Apelt. Band 1 (Buch I–VI), Berlin 1955, S. 77

33 *T* und *Ü:* VS 59 B 3

34 *T* und *Ü:* VS 59 B 4

35 *T* und *Ü:* VS 59 B 6

36 *T:* VS 59 B 12. *Ü:* wie Ü 4, S. 120/121

37 *T* und *Ü:* VS 59 B 13

38 *T* und *Ü:* VS 59 B 16

39 *T:* VS 59 A 12. *Ü:* Plutarch: Große Griechen und Römer. Eingel. und übers. von Konrat Ziegler. Band 3, Zürich/Stuttgart 1955, S. 19

40 *T:* VS 59 A 42. *Ü:* Des heiligen Hippolytus von Rom Widerlegung aller Häresien (Philosophumena). Übers. von Graf Konrad Preysing. München/Kempten 1922, S. 26

41 *T:* VS 59 A 1. *U:* wie Ü 4, S. 122

42 *T:* VS 59 B 21. *Ü:* wie Ü 4, S. 124

43 *T:* VS 59 B 21 a. *Ü:* wie Ü 4, S. 124

44 *T:* VS 64 B 3. *Ü:* wie Ü 4, S. 125/126

45 *T:* VS 67 A 6. *Ü:* wie Ü 10, S. 183

46 *T:* VS 67 B 2. *Ü:* wie Ü 4, S. 137

47 *T:* VS 68 A 37. *Ü:* wie Ü 4, S. 138/139

48 *T:* VS 68 A 135. *Ü:* Griechische Atomisten. Texte und Kommentare zum materialistischen Denken der Antike, Leipzig 1973, S. 188, 141/142, 190, 191, 192, 193/194

49 *T:* VS 68 B 7. *Ü:* wie Ü 4, S. 146

50 *T:* VS 68 B 8. *Ü:* wie Ü 4, S. 146

51 *T* und *Ü:* VS 68 B 11

52 *T* und *Ü:* VS 68 B 125

53 *T:* Plat. Tim. 48a. *Ü:* Platon: Spätdialoge, Band 2. Übertr. von Rudolf Rufener, eingel. von Olof Gigon, Zürich/Stuttgart 1969, S. 234/235

54 *T:* Plat. Phil. 55d–e. *Ü:* wie Ü 53, S. 82/83

55 *T:* Plat. Tim. 53c–57d. *Ü:* wie Ü 53, S. 243–250

56 *T:* Plat. rep. 528e–530c, 530e bis 531c. *Ü:* Platon: Der Staat. Übertr. von Rudolf Rufener, eingel. von Olof Gigon, Zürich/München 1973, S. 376–378, 379/380

57 *T:* Aristot. phys. 184a 10–26. *Ü:* O. Gigon

58 *T:* Aristot. cael. 306a 9–11. *Ü:* wie Ü 12, S. 159

59 *T:* Aristot. phys. 192b 8–23. *Ü:* O. Gigon

60 *T:* Aristot. phys. 194b 16–195a 4. *Ü:* O. Gigon

61 *T:* Aristot. int. 19a 23–39. *Ü:* Aristoteles: Peri Hermeneias oder Lehre vom Satz (Des Organon zweiter Teil). Neu übers. und mit einer Einleitung und erklärenden Anmerkungen vers. von Eugen Rolfs, Leipzig 1925, S. 12/13

62 *T:* Aristot. part. an. 641b 10–26. *Ü:* wie Ü 10, S. 243

63 *T:* Aristot. phys. 198b 16–199a 20. *Ü:* O. Gigon

64 *T:* Aristot. phys. 203b 15–204a 1. *Ü:* O. Gigon

65 *T:* Aristot. phys. 205b 24–206a 8. *Ü:* O. Gigon

66 *T:* Aristot. phys. 208a 32–b 25. *Ü:* O. Gigon

67 *T:* Aristot. phys. 210b 32–211a 6. *Ü:* O. Gigon

68 *T:* Aristot. phys. 211b 5–21, 211b 29–212a 21. *Ü:* O. Gigon

69 *T:* Aristot. phys. 213a 12–19, 214b 28–215b 22, 216a 11–21. *Ü:* O. Gigon

70 *T:* Aristot. phys. 217b 29–218a 8. *Ü:* O. Gigon

71 *T:* Aristot. phys. 218b 9–20, 219a 1–b5. *Ü:* O. Gigon

72 *T:* Aristot. phys. 221a 27–b3, 222b 22–27. *Ü:* O. Gigon

73 *T:* Aristot. phys. 242a 15–20, 243a 3–18. *Ü:* O. Gigon

74 *T:* Aristot. phys. 249b 27–250a 19. *Ü:* O. Gigon

75 *T:* Aristot. phys. 266b 27–267a 18. *Ü:* O. Gigon

76 *T:* Aristot. phys. 267b 18–26. *Ü:* O. Gigon

77 *T:* Aristot. phys. 265a 13–34. *Ü:* O. Gigon

78 *T:* Aristot. cael. 268b 27–269a 32, 269b 18–270b 31. *Ü:* wie Ü 12, S. 57–59, 60, 61, 62/63

79 *T:* Aristot. gen. corr. 323b 1–324a 9. *Ü:* wie Ü 29, S. 223, 224, 225

80 *T:* Aristot. gen. corr. 329b 17–33, 330a 30–b8. *Ü:* wie Ü 29, S. 243/244, 245/246

81 *T:* Aristot. gen. corr. 331a 7–b2. *Ü:* wie Ü 29, S. 247/248

82 *T:* Aristot. metaph. 1073b 17 bis 1074a 12. *Ü:* wie Ü 29, S. 372/373

83 *T:* Epikur: Brief an Herodotos, *in:* Diog. Laert. X, 39ff. *Ü:* Epikur: Von der Überwindung der Furcht. Katechismus. Lehrbriefe. Spruchsammlung. Fragmente. Eingel. und übertr. von Olof Gigon, Zürich/Stuttgart 1968, S. 68/69

84 *T:* wie T 83. *Ü:* wie Ü 83, S. 69/70

85 *T:* wie T 83. *Ü:* wie Ü 83, S. 70

86 *T:* wie T 83. *Ü:* wie Ü 83, S. 71/72

87 *T:* wie T 83. *Ü:* wie Ü 83, S. 73–75

88 *T:* wie T 83. *Ü:* wie Ü 83, S. 81

89 *T:* wie T 83. *Ü:* wie Ü 83, S. 82/83

90 *T:* Epikur: Brief an Pythokles, *in* Diog. Laert. X, 85ff. *Ü:* wie Ü 83, S. 86 bis 88

91 *T:* Lucr. I, 265–328. *Ü:* O. Gigon

92 *T:* Lucr. II, 62–141. *Ü:* O. Gigon

93 *T:* Lucr. II, 216–262. *Ü:* O. Gigon

94 *T:* Lucr. III, 177–230. *Ü:* O. Gigon

95 *T:* Lucr. III, 323–349. *Ü:* O. Gigon

96 *T:* Plut. Stoic. repugn. 1053 F (SVF II 449). *Ü:* wie Ü 1, S. 189

97 *T:* Plut. comm. not. 1085 C–D (SVF II 444). *Ü:* wie Ü 1, S. 187/188

98 *T:* Sext. Emp. adv. math. IX, 78 (SVF II 1013). *Ü:* S. Sambursky

99 *T:* Philon Alex., Quod deus s. immut. 35 (SVF II 458). *Ü:* wie Ü 1, S. 211/212

100 *T:* Alex. Aphr. mixt. 216, 14 (SVF 473). *Ü:* wie Ü 1, S. 197/198

101 *T:* Cleom. circul. doctr. I, 1. *Ü:* Kleomedes: Die Kreisbewegung der Gestirne. Übers. und erl. von Arthur Czwalina, Leipzig 1927, S. 1/2, 3

102 *T:* wie T 101. *Ü:* wie Ü 101, S. 4, 5

103 *T:* Aet. 4, 19, 4 (SVF II 425). *Ü:* wie Ü 1, S. 203

104 *T:* Diog. Laert. VII, 158 (SVF II 872). *Ü:* wie Ü 1, S. 203

105 *T:* Plut. comm. not. 1079 A (SVF II 484). *Ü:* wie Ü 1, S. 306

106 *T:* Plut. comm. not. 1078 E (SVF II 485). *Ü:* wie Ü 1, S. 304

107 *T:* Plut. comm. not. 1081 C (SVF II 519). *Ü:* wie Ü 1, S. 312

108 *T:* Alex. Aphr. fat. 191, 30 (SVF II 945). *Ü:* S. Sambursky / L. Rüegg

109 *T:* Alex. Aphr. fat. 181, 13 (SVF II 979). *Ü:* wie Ü 1, S. 259/260

110 *T:* Gell. 7, 2, 11 (SVF II 1000). *Ü:* Die attischen Nächte des Aulus Gellius. Zum ersten Male vollständig übers. und mit Anmerkungen vers. von Fritz Weiß. Band 1 (I.–VIII. Buch), Leipzig 1875, S. 377

111 *T:* Alex. Aphr. an. 179, 6 (SVF II 967). *Ü:* wie Ü 1, S. 274/275

112 *T:* Plut. Stoic. repugn. 1045 B–C (SVF II 973). *Ü:* wie Ü 1, S. 249/250

113 *T:* Archim. aren. *in:* Opera omnia, Leipzig 1913, Bd. II, S. 216–220, *Ü:* Archimedes: Die Sandzahl, übers. von A. Czwalina, Leipzig 1925, S. 67/68

114 *T:* Archim. ad Eratosth. methodus, *in:* Opera omnia, Bd. II, S. 428–430, *Ü:* wie Ü 113, S. 73/74

115 *T:* Sen. nat. quaest. *Ü:* Lucius Annäus Seneca des Philosophen Werke. 10. Bändchen: Abhandlungen, übers. von J. M. Moser, Stuttgart 1830, S. 1359 bis 1361

116 *T:* Plut. de facie 923 A–924 F. *Ü:* Plutarch: Das Mondgesicht (De facie in orbe lunae). Eingel., übers. und erl. von Herwig Görgemanns, Zürich 1968, S. 22 bis 27

117 *T:* Ptol. alm. I, 1–7. *Ü:* Ptolemäus: Handbuch der Astronomie. Band 1. Dt. Übersetzung und erläuternde Anmerkungen von K. Manitius, Leipzig 1912, S. 1–4, 5/6, 6/7, 8–10, 10/11, 12, 15–20

118 *T:* Ptol. alm. 13, 2. *Ü:* wie 117, Band 2, S. 333/334

119 *T:* Prokl. hyp. I, 1–10. *Ü:* Procli Diadochi Hypotyposis astronomicarum positionum ed. Carolus Manitius, Leipzig 1909, S. 3–7

120 *T:* wie T 119, 7, 50–58. *Ü:* wie Ü 119, S. 237–239

121 *T:* Johannes Philoponos, in phys. 201, 10s. *Ü:* wie Ü 1, S. 494–496

122 *T:* Johannes Philoponos, in de an. 106, 8; 107, 26; 108, 24. *Ü:* wie Ü 1, S. 511/512

123 *T:* Johannes Philoponos, in phys. 641, 13; 641, 29; 642, 9. *Ü:* wie Ü 1, S. 468, 469, 470

124 *T:* Simpl. in cael. 158, 14. *Ü:* wie Ü 1, S. 594

125 *T:* Johannes Philoponos, de opificio mundi 4, 12. *Ü:* wie Ü 1, S. 576/577

126 *T:* Simpl. in cael. 142, 7. *Ü:* wie Ü 1, S. 581

127 *T:* Simpl. in phys. 1332, 15. *Ü:* wie Ü 1, S. 582

128 *T:* Simpl. in phys. 1331, 10. *Ü:* wie Ü 1, S. 584

129 *T:* Simpl. in phys. 1151, 8. *Ü:* wie Ü 1, S. 589/590

130 *T:* Simpl. in cael. 141, 14. *Ü:* wie Ü 1, S. 596

131 *T:* Persischer Text aus Nāṣir-i Ḫusraw, Zād al-musāfir, bei: Abi Bakr Mohammadi filii Zachariae Raghensis (Razis) Opera philosophica fragmenta quae supersunt collegit et edidit Paulus Kraus, Kairo 1939, S. 172f. *Ü:* W. W. Müller

132 *T:* Arabischer Text in der bei T 131 aufgeführten Quelle, S. 304–307. *Ü:* W. W. Müller

133 *T:* wie T 132, S. 304–307. *Ü:* W. W. Müller

134 *T:* der arabische Text der Schrift *aš-Šukuk 'alà Ǧālīnūs* ist noch nicht veröffentlicht; wiedergegeben nach der franz. Übersetzung von S. Pinès: Razi critique de Galien. *In:* Actes du VIIe Congrès International d'Histoire des Sciences, Jerusalem (4–12 Août 1953), Paris o.J., S. 481/482. *Ü:* W. W. Müller

135 *T:* Arabischer Text bei Abū Raiḥān Muḥammad ibn Aḥmad al-Bīrūnī, al-Qānūn al-Mas 'ūdī. Vol. I, Hyderabad 1954, S. 49–51, 52/53. *Ü:* W. W. Müller

136 *T:* Arabischer Text mit dt. Übersetzung bei: Johannes Baarmann: Ibn al Haiṯam's Abhandlung über das Licht. Diss., Halle a.S. 1882, S. 3, 6/7, 14–16, 28–32, 38–40. *Ü:* W. W. Müller nach unter T 136 aufgeführter Ü

137 *T:* wie T 136. *Ü:* wie Ü 136

138 *T:* Arabischer Text bei al-Ḥasan ibn al-Haiṯam, aš-Šukūk 'alà Baṭlamyūs (Dubitationes in Ptolemaeum). Hg. von 'Abdalḥamīd Ṣabra und Nabīl aš-Sihābī, Kairo 1971, S. 3/4. *Ü:* W. W. Müller

139 *T:* Arabischer Text bei Ibn Sīnā, Kitāb aš-Šifā, Teheran 1885/86, S. 154 bis 156. *U:* W. W. Müller

140 *T:* Arabischer Text bei Abu 'l-Barakāt Hibatallāh ibn 'Alī al-Baghdādī, al-Kitāb al-Mu'tabar. Vol. 2, Hyderabad 1939, S. 101. *Ü:* W. W. Müller

141 *T:* Arabischer Text bei: Averroes, Tafsīr mā ba'd aṭ-ṭabī'a («Grand Commentaire» de la Métaphysique, édité par M. Bouyges). *In:* Bibliotheca arabica scholasticorum. Série arabe, tome VII, Vol. 3, Beyrouth 1948, S. 1661–1664. *Ü:* W. W. Müller

142 *T:* Arabischer Text bei: Mose ben Maimon: Dalālat al-Ḥā'irīn, Jerusalem 1929, Teil II, Kap. 24. *Ü:* Mose ben Maimon: Führer der Unschlüssigen. Ins Dt. übertr. und mit erkl. Anmerkungen vers. von Adolf Weiß. Zweites Buch, Leipzig 1924, S. 160–168

143 *T:* wie T 142, Teil 1, Kap. 73. *Ü:* wie Ü 142, zweites Buch, Leipzig 1923, S. 317–324

144 *T:* Commentaria Roberti Linconiensis in libros posteriorum Aristotelis. Cum textu seriatim inserto. (Hain 10107, Universitätsbibliothek Basel) Venedig 1497. *Ü:* L. Rüegg

145 *T:* Robert Grosseteste: De iride seu de iride et speculo. *In:* Die philosophischen Werke des Robert Grosseteste, Bischofs von Lincoln, zum erstenmal vollständig in kritischer Ausgabe besorgt von Ludwig Baur, Münster 1912, S. 75 bis 77. *Ü:* L. Rüegg

146 *T:* Roger Bacon: Opus maius, London 1897, S. 103, 105–108. *Ü:* Th. G. Bucher

147 *T:* wie T 146, S. 171–174. *Ü:* Th. G. Bucher

148 *T:* Epistola fratris Rogerii Baconis de secretis operibus artis et naturae, et de nullitate magiae. *In:* Fr. Rogeri Bacon opera quaedam hactenus inedita. Vol. 1, ed. by J. S. Brewer, London 1859, S. 533. *Ü:* L. Rüegg

149 *T:* Nicole Oresme: Le livre du ciel et du monde, ed. by A. D. Menut and A. J. Denomy, Madison, Milwaukee and London 1968, S. 520–526. *Ü:* E. Schmid

150 *T:* Nicolaus Cusanus: De docta ignorantia, 2. Buch, Kap. 4. *In:* Opera omnia, edd. Hoffmann / Klibansky, Bd. 1, Leipzig 1932, S. 72/73. *Ü:* Nikolaus von Kues: Die belehrte Unwissenheit. Übers. und mit Vorwort, Anmerkungen und Register hg. von Paul Wilpert. Lat.-dt., Buch II, Hamburg 1967, S. 81–83

151 *T:* wie T 150, Kap. 11, S. 99–101. *Ü:* wie Ü 150, S. 85, 87, 89

152 *T:* wie T 150, Kap. 12, S. 103 bis 104, 106–107. *Ü:* wie Ü 150, S. 93–95, 99–101

153 *T:* Nicolaus Copernicus: De revolutionibus orbium coelestium; Osianders Einleitung; edd. F. et C. Zeller, München 1949, S. 403/404. *Ü:* Nicolaus Coppernicus aus Thorn: Über die Kreisbewegungen der Weltkörper. Übers. und mit Anmerkungen von C. L. Menzzer. Durchges. und mit einem Vorwort von Moritz Cantor, Thorn 1879, S. 1/2

154 *T:* wie T 153, Copernicus' Einleitung, S. 4–6. *Ü:* wie Ü 153, S. 5–7

155 *T:* wie T 153, Kap. 6, S. 15–17. *Ü:* wie Ü 153, S. 16–18

156 *T:* wie T 153, Kap. 7, S. 17–18. *Ü:* wie Ü 153, S. 18/19

157 *T:* wie T 153, Kap. 8, S. 18, 19, 20/21. *Ü:* wie Ü 153, S. 19/20, 20/21, 22

158 *T:* wie T 153, Kap. 9, S. 21. *Ü:* wie Ü 153, S. 23

159 *T:* wie T 153, Kap. 10, S. 22, 23–27. *Ü:* wie Ü 153, S. 23/24, 25–28

160 *T:* Giordano Bruno: De l'infinito, universo e mondi. *In:* Bruno: Opere italiane, ed. G. Gentile, Bd. 1, Bari 1907, S. 274/275. *Ü:* Giordano Bruno: Zwiegespräche vom unendlichen All und den Welten. Verdeutscht und erl. von Ludwig Kuhlenbeck. *In:* Ges. Werke III, Jena 1904, S. 22/23

161 *T:* wie T 160, S. 279–283. *Ü:* wie Ü 160, S. 27–31

162 *T:* wie T 160, S. 309/310. *Ü:* wie Ü 160, S. 61/62

163 *T:* wie T 160, S. 334–337. *Ü:* wie Ü 160, S. 88–91

164 *T:* William Gilbert: De magnete, magneticisque corporibus, et de magno magnete tellure; Physiologia Nova,

1. Buch, Kap. 3, London 1600, S. 12–14. *Ü:* William Gilbert begründet die Lehre vom Erdmagnetismus (1600). Hg. von Erich Boehm, Leipzig 1914, S. 24–27

165 *T:* wie T 164, 1. Buch, Kap. 5, S. 15–17. *Ü:* wie Ü 164, S. 29–31, 31/32

166 *T:* wie T 164, 2. Buch, Kap. 14, S. 81/82. *Ü:* Th. G. Bucher

167 *T:* wie T 164, 6. Buch, Kap. 1, S. 211/212. *Ü:* wie Ü 164, S. 67–69

168 *T:* Francis Bacon: Novum Organum, ed. J. Spedding, R. L. Ellis, D. D. Heath, Vol. I, 1. Buch; 1–14, 18/19, London 1858, S. 157/158, 159. *Ü:* Franz Baco's Neues Organon. Übers., erl. und mit einer Lebensbeschreibung des Verfassers vers. von J. H. v. Kirchmann, Berlin 1870, S. 83–86, 87/88

169 *T:* wie T 168; 39–44, S. 163–165. *Ü:* wie Ü 168, S. 93–96

170 *T:* wie T 168; 70, S. 179/180. *Ü:* wie Ü 168, S. 119/120

171 *T:* wie T 168; 100, 105, S. 203, 205/206. *Ü:* wie Ü 168, S. 153, 155/156

172 *T:* wie T 168; 2. Buch, 2, 16, S. 228, 257. *Ü:* wie Ü 168, S. 183–186, 231/232

173 *T:* Johann Kepler: Mysterium Cosmographicum, Kap. 2. *In:* Ges. Werke, Band 1, München 1938, S. 24–26. *Ü:* Johann Kepler: Die Zusammenklänge der Welten, neue Sternkunde, Auseinandersetzung mit dem Sternenherold, Schöpfungsgeheimnis in Weltentiefen, hg. und übers. von Otto J. Bryk, Jena 1918, S. 146/147, 147/148, 148–150

174 *T:* Johann Kepler: Epitome astronomiae Copernicanae. 4. Buch, 3. Teil. *In:* Ges. Werke, Band 7, München 1953, S. 330–332. *Ü:* Th. G. Bucher

175 *T:* Johann Kepler: Harmonice Mundi, 5. Buch, 3. Kap. *In:* Ges. Werke, Band 6, München, S. 296, 300. *Ü:* wie Ü 173, S. 58, 62/63

176 *T:* wie T 175, S. 301/302. *Ü:* wie Ü 173, S. 65/66

177 *T:* wie T 175, 5. Buch, 9. Kap., S. 330/331. *Ü:* wie Ü 173, S. 109/110

178 *T:* wie T 175, S. 361. *Ü:* wie Ü 173, S. 119/120

179 *T:* Galileo Galilei: Lettera a madama Cristina di Lorena, Granduchessa di Toscana. *In:* Le opere di Galileo Galilei, vol. V, Florenz 1895, S. 316/317. *Ü:* M. Müller

180 *T:* wie T 179; vol. VII: Dialogo sopra i due massimi sistemi del mondo, Tolemaico e Copernicano, Florenz 1897, S. 77–79. *Ü:* Dialog über die beiden hauptsächlichsten Weltsysteme, das ptolemäische und das kopernikanische, von Galileo Galilei. Aus dem It. übers. und erl. von Emil Strauß, Leipzig 1891, S. 56 bis 58

181 *T:* wie T 180, S. 83/84. *Ü:* wie Ü 180, S. 62/63

182 *T:* wie T 180, S. 169–171, 171 bis 174. *Ü:* wie Ü 180, S. 150–152, 152–155

183 *T:* wie T 180, S. 261–263. *Ü:* wie Ü 180, S. 250–252

184 *T:* wie T 180, S. 366/367, 367/368. *Ü:* wie Ü 180. S. 354, 355/356

185 *T:* wie T 179, vol. VIII: Discorsi e dimonstrazioni matematiche intorno a due nuove scienze, Florenz 1898, S. 87/88. *Ü:* Unterredungen und mathematische Demonstrationen über zwei neue Wissenszweige, die Mechanik und die Fallgesetze betreffend, von Galileo Galilei. Arcetri, 6. März 1638. Erster und zweiter Tag. Aus dem It. übers. und hg. von Arthur von Oettingen, Leipzig 1890, S. 39/40

186 *T:* wie T 185, S. 105–110. *Ü:* wie Ü 185, S. 56–60

187 *T:* wie T 185, S. 127–130. *Ü:* wie Ü 185, S. 74–76

188 *T:* wie T 185, S. 190. *Ü:* wie Ü 185, dritter und vierter Tag, Leipzig 1891, S. 4/5

189 *T:* wie T 185, S. 196–201, 202/203. *Ü:* wie Ü 188, S. 9–14, 15/16

190 *T:* wie T 185, S. 212/213. *Ü:* wie Ü 188, S. 25/26

191 *T:* wie T 185, S. 243. *Ü:* wie Ü 188, S. 57

192 *T:* René Descartes: Regulae ad directionem ingenii (1701). *In:* Œuvres, Bd. X, ed. C. Adams und P. Tannery. Regula II, Paris 1908, S. 362/363, 364 bis 366. *Ü:* René Descartes: Regeln zur Ausrichtung der Erkenntniskraft. Übers. und hg. von Lüder Gäbe, Hamburg 1972, S. 5/6, 7/8

193 *T:* wie T 192, Regula IX, S. 400 bis 403. *Ü:* wie Ü 192, S. 30–32

194 *T:* René Descartes: Principia philosophiae (1644). *In:* Œuvres, wie T 192, Band VIII, Paris 1905, S. 41/42. *Ü:* René Descartes: Untersuchungen über die Grundlagen der Philosophie. *In:* Werke, zweite Abteilung, Leipzig 1882, S. 43/44

195 *T:* René Descartes: La Dioptrique. *In:* Œuvres, ed. C. Adams und P. Tannery, Band VI, Paris 1902, S. 96 bis 98, 100/101, 102/103. *Ü:* M. Moser

196 *T:* wie T 194, S. 42. *Ü:* wie Ü 194, S. 44

197 *T:* wie T 194, S. 49. *Ü:* wie Ü 194, S. 53/54

198 *T:* wie T 194, S. 49/50. *Ü:* wie Ü 194, S. 54/55

199 *T:* wie T 194, S. 50/51. *Ü:* wie Ü 194, S. 55/56

200 *T:* wie T 194, S. 51/52. *Ü:* wie Ü 194, S. 56/57

201 *T:* wie T 194, S. 325. *Ü:* wie Ü 194, S. 282

202 *T:* wie T 194, S. 61/62. *Ü:* wie Ü 194, S. 66/67

203 *T:* wie T 194, S. 89. *Ü:* wie Ü 194, S. 92

204 *T:* wie T 194, S. 89. *Ü:* wie Ü 194, S. 92

205 *T:* wie T 194, S. 89. *Ü:* wie Ü 194, S. 92

206 *T:* wie T 194, S. 89/90. *Ü:* wie Ü 194, S. 93

207 *T:* wie T 194, S. 92. *Ü:* wie Ü 194, S. 95

208 *T:* wie T 194, S. 315/316. *Ü:* wie Ü 194, S. 217/272

209 *T:* wie T 194, S. 325/326. *Ü:* wie Ü 194, S. 283/284

210 *T:* wie T 194, S. 327. *Ü:* wie Ü 194, S. 284/285

211 *T:* wie T 194, S. 327/328. *Ü:* wie Ü 194, S. 285

212 *T:* Pierre de Fermat: Brief an C. de la Chambre vom 1. Januar 1662. *In:* Œuvres, ed. P. Tannery und Ch. Henry, tome II, Paris 1894, S. 457–460. *Ü:* M. Moser

213 *T:* Petrus Gassendi: Physica. *In:* Opera omnia, tomus primus, Leiden 1658, S. 279–282. *Ü:* Th. G. Bucher

214 *T:* wie T 213: De motu impresso a motore translato. *In:* tomus tertius, S. 478. *Ü:* Th. G. Bucher

215 *T:* Evangelista Torricelli: Brief an Michelangelo Ricci vom 11. Juni 1644. *In:* Opere, vol. III, Faenza 1919, S. 186 bis 188. *Ü:* M. Müller

216 *T:* Blaise Pascal: Traité de la pesanteur de la masse de l'air. *In:* Œuvres complètes, tome I, Paris 1923, S. 93–96. *Ü:* E. Schmid

217 *T:* Blaise Pascal: Conclusion des deux précédents traités. *In:* Œuvres, wie T 216, S. 127, 131–133. *Ü:* E. Schmid

218 *T:* Thomas Sprat: The History of the Royal Society of London, London 1702, S. 134, 138, 141, 142. *Ü:* A. J. Lloyd

219 *T:* wie T 218, S. 243–245. *Ü:* A. J. Lloyd

220 *T:* Robert Hooke: A Method for making the History of the Weather. *In:* T 218, S. 173–179. *Ü:* A. J. Lloyd

221 *T:* Robert Boyle: New Experiments Physico-Mechanical touching the spring of air. *In:* Works, vol. I, London 1772, S. 11/12, 13/14, 15. *Ü:* A. J. Lloyd

222 *T:* Olaf Rømer: A Demonstration Concerning the Motion of Light. *In:* Phil. Trans. Roy. Soc., vol. 12, London 1677, S. 893/894. *Ü:* A. J. Lloyd

223 *T:* Christian Huygens: Traité de la lumière, Leiden 1690, S. 1/2, 2–4, 7, 11–13, 13–20. *Ü:* Abhandlung über das Licht. Worin die Ursachen der Vorgänge bei seiner Zurückwerfung und Brechung und besonders bei der eigentümlichen

Brechung des isländischen Spates dargelegt sind. Von Christian Huygens von Zuilichem (1678). Hg. von E. Lommel, Leipzig 1890, S. 9/10, 10/11, 14, 17–19, 19–26

224 *T:* Isaac Newton: Philosophiae naturalis principia mathematica (1687). *In:* Isaac Newton, Opera omnia, ed. S. Horsley, Bd. 2, London 1779, S. IX bis XI. *Ü:* Sir Isaac Newton's Mathematische Prinzipien der Naturlehre. Mit Bemerkungen und Erläuterungen hg. von J. Ph. Wolfers, Berlin 1872, S. 1/2

225 *T:* wie T 224, S. XIII–XIV, XVIII–XXIII. *Ü:* wie Ü 224, S. 4/5, 11/12, 12–14, 16/17

226 *T:* wie T 224, S. 6–7. *Ü:* wie Ü 224, S. 25–27

227 *T:* wie T 224, S. 9–11. *Ü:* wie Ü 224, S. 29/30

228 *T:* wie T 224, S. 13/14. *Ü:* wie Ü 224, S. 32/33

229 *T:* wie T 224, Band 3, S. 2–4. *Ü:* wie Ü 224, S. 380/381

230 *T:* wie T 224, Bd. 3, S. 170–174. *Ü:* wie Ü 224, S. 507/508, 508/509, 510, 511/512

231 *T:* wie T 224, Bd. 3, S. 179–182. *Ü:* wie Ü 224, S. 513–516

232 *T:* Isaac Newton: Opticks (1704). *In:* Isaac Newton, Opera omnia, ed. S. Horsley, Bd. 4, London 1782, S. 17. *Ü:* Sir Isaac Newton's Optik oder Abhandlung über Spiegelungen, Brechungen, Beugungen und Farben des Lichts (1704). Übers. und hg. von William Abendroth. I. Buch, Leipzig 1898, S. 15

233 *T:* wie T 232, Bd. 4, S. 21–22, 23, 24. *Ü:* wie Ü 232, S. 19/20, 22, 23

234 *T:* wie T 232, Bd. 4, S. 31/32. *Ü:* wie Ü 232, S. 31/32

235 *T:* wie T 232, Bd. 4, S. 177, 178/179. *Ü:* wie Ü 232, II. und III. Buch, Leipzig 1898, S. 61, 62/63

236 *T:* wie T 232, Bd. 4, S. 179/180. *Ü:* wie Ü 235, S. 63/64

237 *T:* wie T 232, Bd. 4, S. 223. *Ü:* wie Ü 235, S. 107

238 *T:* wie T 232, Bd. 4, S. 223/224. *Ü:* wie Ü 235, S. 107/108

239 *T:* wie T 232, Bd. 4, S. 224. *Ü:* wie Ü 235, S. 108

240 *T:* wie T 232, Bd. 4, S. 224/225. *Ü:* wie Ü 235, S. 108/109

241 *T:* wie T 232, S. 225/226. *Ü:* wie Ü 232, S. 109/110

242 *T:* wie T 232, Bd. 4, S. 232/233, 233/234. *Ü:* wie Ü 235, S. 115/116, 117/118

243 *T:* wie T 232, Bd. 4, S. 242/243. *Ü:* wie Ü 235, S. 125/126

244 *T:* G. W. Leibniz: Die philosophischen Schriften, hg. von C. J. Gerhardt, Band 4, Berlin 1880, S. 370–372. *Ü:* G. W. Leibniz: Hauptschriften zur Grundlegung der Philosophie. Übers. von A. Buchenau. Durchges. und mit Einleitungen und Erläuterungen hg. von E. Cassirer, Leipzig 1904, S. 309–313

245 *T:* G. W. Leibniz: Mathematische Schriften, hg. von C. J. Gerhardt, Band 6, Berlin / Halle 1860, S. 238. *Ü:* wie Ü 244, S. 263

246 *T:* wie T 244, Band 7, S. 363/364. *Ü:* wie Ü 244, S. 134, 136

247 *T:* wie T 244, Band 6, S. 603. *Ü:* wie Ü 244, Band II, Leipzig 1906, S. 430

248 *T:* Pierre Louis Moreau de Maupertuis: Essai de cosmologie. *In:* Les Œuvres de M. de Maupertuis, tome I, Lyon 1753, S. 38–42, 99, 103/104. *Ü:* M. Moser

249 *T:* Jakob Bernoulli: Ars conjectandi, 4. Teil, 4. Kap., Basel 1713, S. 223–228. *Ü:* Wahrscheinlichkeitsrechnung (Ars conjectandi) von Jakob Bernoulli (1713). Dritter und vierter Teil. Übers. und hg. von R. Haußner, Leipzig 1899, S. 88–93

250 *T:* Daniel Bernoulli: Hydrodynamica, 10. Teil, Straßburg 1738, S. 200–202. *Ü:* Daniel Bernoulli: Hydrodynamik. Übers. von K. Flierl. *In:* Veröffentlichungen des Forschungsinstituts des Deutschen Museums für die Geschichte der Naturwissenschaften und der Technik, Reihe C, Quellentexte und Übersetzungen, Nr. 1a, München 1965, S. 198/199, 200

251 *T:* Johannis Bernoulli Opera omnia, tomus tertius, Lausanne/Genf 1742, S. 23/24. *Ü:* M. Moser

252 *T:* Jean d'Alembert: Traité de Dynamique (1742). *In:* Les maîtres de la pensée scientifique, Paris 1921, S. XVIII/XIX, XXI–XXVI, XXVIII–XXXI, XXXIV–XXXVII. *Ü:* Abhandlung über Dynamik [...] von d'Alembert, de l'Académie Royale des Sciences (1743). Übers. und hg. von Arthur Korn, Leipzig 1899, S. 7/8, 9–13, 14–16

253 *T:* Immanuel Kant: Allgemeine Naturgeschichte und Theorie des Himmels, Wiesbaden 1960, S. 227/228, 233 bis 235

254 *T:* wie T 253, S. 275/276, 277–279

255 *T:* wie T 253, S. 326–328, 334/335, 336

256 *T:* P. Josephus Boscovich: Philosophiae naturalis theoria, Wien 1759, S. 4–6. *Ü:* Th. G. Bucher

257 *T:* Leonhard Euler: Lettres à une Princesse d'Allemagne, Band 2, Brief 134, Paris 1768–1772, S. 248ff. *Ü:* Leonhard Euler: Briefe an eine deutsche Prinzessin über verschiedene Gegenstände aus der Physik und Philosophie. Aus dem Französischen übersetzt. Zweiter Teil, Leipzig 1796, S. 222–225

258 *T:* wie T 257, Brief 136, S. 257 bis 260. *Ü:* wie Ü 257, S. 229–233

259 *T:* wie T 257, Brief 139, S. 270ff. *Ü:* wie Ü 257, S. 240–244

260 *T:* wie T 257, Brief 140, S. 278. *Ü:* wie Ü 257, S. 244–248

261 *T:* wie T 257, Brief 142, S. 284/285. *Ü:* wie Ü 257, S. 252

262 *T:* Pierre Simon Laplace: Exposition du système du monde. *In:* Œuvres complètes, tome VI, Paris 1884, S. 474 bis 477, 479/480. *Ü:* E. Schmid

263 *T:* wie T 262, S. 498, 499–503, 506. *Ü:* E. Schmid

264 *T:* Pierre Simon Laplace: Essai philosophique sur les probabilités (1814). *In:* Les maîtres de la pensée scientifique, vol. I, Paris 1921, S. 2–9, 9–12. *Ü:* P. S. de Laplace (1814): Philosophischer Versuch über die Wahrscheinlichkeit. Hg. von R. v. Mises, Leipzig 1932, S. 1–9

265 *T:* John Dalton: A New System of Chemical Philosophy, London 1808, S. 141–143, 211–213. *Ü:* Ein neues System des chemischen Theiles der Naturwissenschaft von John Dalton. Aus dem Engl. übers. von Friedrich Wolff. Band 1, Berlin 1812, S. 160–162, 236–238

266 *T:* William Prout: On the Relation between the Specific Gravities of Bodies in their Gaseous State and Weights of their Atoms. *In:* Annals of Philosophy, Bd. 6, London 1815, S. 321ff. *Ü:* A. J. Lloyd

267 *T:* Augustin Fresnel: Théorie de la lumière. *In:* Œuvres complètes, vol. I, Paris 1866, S. 12/13. *Ü:* M. Moser

268 *T:* wie T 267, S. 247–254, 257, 258/259, 261. *Ü:* Augustin Fresnel: Über die Diffraction des Lichts. *In:* Annalen der Physik und Chemie, hg. von J. C. Poggendorf, Nr. 30, Leipzig 1836, S. 100 bis 106, 109, 110/111, 113

269 *T:* wie T 267, S. 635/636. *Ü:* M. Moser

270 *T:* Hans Christian Ørsted: Experiments on the effect of the current of electricity on the magnetic needle. *In:* Annals of Philosophy, London 1820, S. 273ff. *Ü:* Zur Entdeckung des Elektromagnetismus. Abhandlungen von Hans Christian Ørsted und Thomas Johann Seebeck (1820–1821). Hg. von A. J. v. Oettingen, Leipzig 1895, S. 3, 4/5, 5/6, 7/8

271 *T:* Mémoires sur l'électromagnétisme et l'électrodynamique par André-Marie Ampère (1822), Paris 1921, S. 1–6, 11/12. *Ü:* M. Moser

272 *T:* wie T 271, S. 59/60, 63–66. *Ü:* M. Moser

273 *T:* Théorie mathématique des phénomènes électrodynamiques uniquement déduite de l'expérience par André-Marie Ampère (1826), Paris 1883, S. 1–5. *Ü:* M. Moser

274 *T:* Sadi Carnot: Réflexions sur la puissance motrice du feu (1824). Faksimile-Ausgabe, Paris 1953, S. 1/2, 6–22, 28/29. *Ü:* Betrachtungen über die bewegende Kraft des Feuers und die zur Entwickelung dieser Kraft geeigneten Maschinen von S. Carnot (1824). Übers. und hg. von W. Ostwald, Leipzig 1909, S. 3, 6–15, 17/18

275 *T:* James Prescott Joule: Scientific Papers, vol. I, London 1884, S. 298–300, 301/302, 303/304, 305/306, 328. *Ü:* Das mechanische Wärmeäquivalent. Gesammelte Abhandlungen von James Prescott Joule. Ins Dt. übers. von J. W. Sprengel, Braunschweig 1872, S. 87–89, 90/91, 92/93, 96–98, 119

276 *T:* Hermann Helmholtz: Über die Erhaltung der Kraft (1847), Leipzig 1889, S. 3, 4–7

277 *T:* Hermann Helmholtz: On the application of the law of the conservation of force to organic nature (1861) [englisch im Original]. *In:* Wissenschaftliche Abhandlungen, Band III, Leipzig 1895, S. 565–570, 574/575, 578–580. *Ü:* A. J. Lloyd

278 *T:* Abhandlungen über die mechanische Wärmetheorie von R. Clausius. Erste Abteilung, Braunschweig 1864, S. 297–301

279 *T:* Michael Faraday: Experimental Researches in Electricity, vol. I, London 1839, S. 3, 9, 10, 16. *Ü:* Experimental-Untersuchungen über Elektrizität von Michael Faraday. Hg. von A. J. v. Oettingen, Leipzig 1920, S. 5, 11/12, 19

280 *T:* wie T 279, vol. III, London 1855, S. 1–4. *Ü:* Experimental-Untersuchungen über Elektrizität von Michael Faraday. Hg. von A. J. v. Oettingen, Leipzig 1903, S. 25/26, 27, 28

281 *T:* wie T 280, S. 438–443. *Ü:* A. J. Lloyd

282 *T:* wie T 280, S. 447–452. *Ü:* A. J. Lloyd

283 *T:* wie T 280, S. 528/529, 530 bis 532. *Ü:* A. J. Lloyd

284 *T:* wie T 280, S. 570–574. *Ü:* A. J. Lloyd

285 *T:* James Clerk Maxwell: Scientific Papers, vol. I, Cambridge 1890, S. 451/452, 454/455. *Ü:* Über physikalische Kraftlinien. Von James Clerk Maxwell. Hg. von L. Boltzmann, Leipzig 1898, S. 3/4, 5, 8/9

286 *T:* wie T 285, S. 467/468, 471/472, 485–488. *Ü:* wie Ü 285, S. 23–25, 28/29, 29/30, 48–53

287 *T:* wie T 285, S. 526, 527–529, 530/531, 532–534, 535, 580. *Ü:* A. J. Lloyd

288 *T:* wie T 285, vol. II, S. 315–319. *Ü:* A. J. Lloyd

289 *T:* wie T 288, S. 319–323. *Ü:* A. J. Lloyd

290 *T:* wie T 288, S. 372, 373/374. *Ü:* A. J. Lloyd

291 *T:* James Clerk Maxwell: Theory of Heat (1871), London 1885, S. 328/329. *Ü:* Theorie der Wärme von J. C. Maxwell. Nach der vierten Auflage des Originals ins Dt. übertr. von F. Auerbach, Breslau 1877, S. 321

292 *T:* G. Kirchhoff und R. Bunsen: Chemische Analyse durch Spectralbeobachtungen. *In:* Poggendorfs Annalen der Physik und Chemie, Bd. 110, Leipzig 1860, S. 161ff.

293 *T:* D. Mendelejew: Die periodische Gesetzmäßigkeit der chemischen Elemente. *In:* Annalen der Chemie und Pharmacie, Supplement VIII, Leipzig 1871, S. 133ff.

294 *T:* Vorlesungen über Gastheorie von Ludwig Boltzmann, II. Teil, Leipzig 1898, S. 256–259

295 *T:* Ludwig Boltzmann: Statistische Mechanik. *In:* Populäre Schriften, Leipzig 1905, S. 358–363.

296 *T:* Albert Abraham Michelson: Light Waves and their Uses, Chicago 1907, S. 146/147, 149–151, 156–158, 159. *Ü:* Lichtwellen und ihre Anwendungen von A. A. Michelson, übers. und durch Zusätze erw. von M. Iklé, Leipzig 1911, S. 153/154, 156–158, 164–166, 168

297 *T:* Schriften vermischten Inhalts von Heinrich Hertz. Hg. von Ph. Lenard. Band 1 der Gesammelten Werke, Leipzig 1895, S. 339/340, 344, 346/347, 350/351, 351–354

298 *T:* Die Prinzipien der Mechanik, in neuem Zusammenhang dargestellt von Heinrich Hertz. Band III der Gesammelten Werke, Leipzig 1894, S. 4, 5/6, 16, 18, 29, 30/31, 31/32, 46/47

299 *T:* Die Mechanik in ihrer Entwicklung historisch-kritisch dargestellt von Ernst Mach, Leipzig 1912, S. 225/226

300 *T:* wie T 299, S. 457/458, 458/459, 464/465, 466

301 *T:* Max Planck: Neue Bahnen der physikalischen Erkenntnis. *In:* Physikalische Rundblicke. Gesammelte Reden und Aufsätze, Leipzig 1922, S. 67–69, 72–80

302 *T:* Albert Einstein: Zur Elektrodynamik bewegter Körper. *In:* Annalen der Physik, 4. Folge, Band 17, Leipzig 1905, S. 892–897

303 *T:* Albert Einstein: Über den Einfluß der Schwerkraft auf die Ausbreitung des Lichtes. *In:* Annalen der Physik, 4. Folge, Band 35, Leipzig 1911, S. 898 bis 900

304 *T:* Albert Einstein: Die Grundlage der allgemeinen Relativitätstheorie. *In:* Annalen der Physik, 4. Folge, Band 49, Leipzig 1916, S. 770–773

305 *T:* Albert Einstein: Geometrie und Erfahrung. *In:* Sitzungsberichte der Preußischen Akademie der Wissenschaften. 1. Halbband, Berlin 1921, S. 123–128

306 *T:* Äther und Relativitätstheorie. Rede gehalten am 5. Mai 1920 an der Reichs-Universität zu Leiden von Albert Einstein, Berlin 1920, S. 7–9, 10–12, 15

307 *T:* Albert Einstein: Über einen die Erzeugung und Verwandlung des Lichtes betreffenden heuristischen Gesichtspunkt. *In:* T 302, S. 132/133, 145–147

308 *T:* Ernest Rutherford: The electric structure of matter. *In:* Nature, Band 112, London 1923, S. 410/411, 412/413, 417–419. *Ü:* A. J. Lloyd

309 *T:* Niels Bohr: On the Constitution of Atoms and Molecules. *In:* Philosophical Magazine, Band 26, London 1913, S. 1–3, 4, 874/875. *Ü:* N. Bohr: Abhandlungen über Atombau aus den Jahren 1913–1916. Autorisierte dt. Übers. mit einem Geleitwort von N. Bohr von Hugo Stintzing, Braunschweig 1921, S. 1–3, 3/4, 68/69

310 *T:* Louis de Broglie: Recherches sur la théorie des quanta. *In:* Annales de Physique 10, vol. 3, Paris 1925, S. 31–34, 127. *Ü:* Untersuchungen zur Quantentheorie von Louis de Broglie. Übers. von Walther Becker, Leipzig 1927, S. 9, 10/11, 88

311 *T:* Louis de Broglie: The Wave Nature of the Electron (1929). *In:* Nobel Lectures (Physics), 1922–1941, Amsterdam/London/New York 1965, S. 244 bis 247, 251–252. *Ü:* Louis de Broglie: Licht und Materie. Ergebnisse der Neuen Physik, Hamburg 1939, S. 305–309, 314–316

312 *T:* Werner Heisenberg: Über den anschaulichen Inhalt der quantentheoretischen Kinematik und Mechanik. *In:* Zeitschrift für Physik 43 (1927), S. 174/175, 177, 179/180

313 *T:* Die physikalischen Prinzipien der Quantentheorie von W. Heisenberg, Leipzig 1930, S. 1–3, 15

314 *T:* Werner Heisenberg: Die Kopenhagener Deutung der Quantentheorie. *In:* Physik und Philosophie, Stuttgart 1963, S. 27–42

315 *T:* Niels Bohr: Atomic Theory and Mechanics (1925). *In:* Atomic Theory and the Description of Nature, London / Cambridge 1934, S. 25–35. *Ü:* Atomtheorie und Naturbeschreibung. Vier Aufsätze mit einer einleitenden Übersicht von Niels Bohr, Berlin 1931, S. 16–21, 22

316 *T:* Niels Bohr: The Atomic Theory and the Fundamental Principles

underlying the Description of Nature (1929): wie 315, S. 113–117, 119. *Ü:* wie Ü 309, S. 74–76, 77

317 *T:* Niels Bohr: Atoms and Human Knowledge. *In:* Atomic Physics and Human Knowledge (1955), London 1958, S. 87–91. *Ü:* Niels Bohr: Die Atome und die menschliche Erkenntnis. *In:* Niels Bohr: Atomphysik und menschliche Erkenntnis, Braunschweig 1958, S. 88 bis 92

318 *T:* Wolfgang Pauli: Phänomen und physikalische Realität. *In:* Wolfgang Pauli: Aufsätze über Physik und Erkenntnistheorie, Braunschweig 1961, S. 93–95

TEXTVERZEICHNIS

ANTIKE

DIE VORSOKRATIKER

DIE KLASSISCHE PERIODE: PLATON

MITTELALTER

VON KOPERNIKUS BIS PASCAL

VON DER ROYAL SOCIETY BIS LAPLACE

VON DALTON BIS MACH

VON PLANCK BIS PAULI

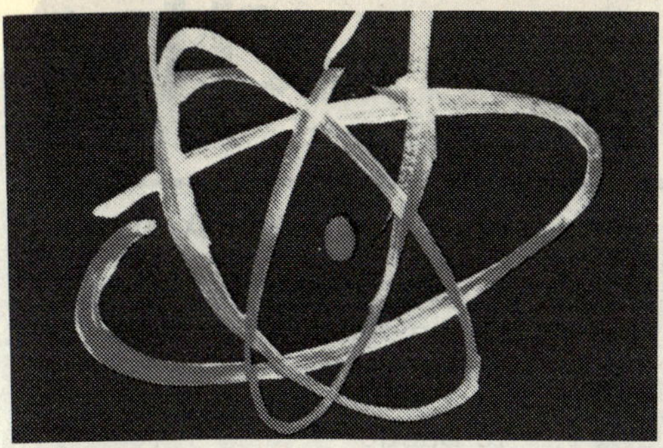